Peter Wriggers

Nichtlineare Finite-Element-Methoden

Springer
Berlin
Heidelberg
New York
Hongkong
London
Mailand
Paris
Tokio

Peter Wriggers

Nichtlineare Finite-Element-Methoden

Mit 250 Abbildungen

Springer

Professor Dr.-Ing. habil. Peter Wriggers
Universität Hannover
Institut für Baumechanik und Numerische Mechanik
Appelstraße 9A
30167 Hannover

ISBN 3-540-67747-X Springer-Verlag Berlin Heidelberg New York

Die Deutsche Bibliothek – CIP-Einheitsaufnahme
Wriggers, Peter
Nichtlineare Finite-Element-Methoden / Peter Wriggers
Berlin; Heidelberg; New York; Hongkong; London; Mailand; Paris; Tokio: Springer 2001
ISBN 3-540-67747-X

Springer-Verlag ist ein Unternehmen von Springer Science + Business Media
springer.de

Printed in Germany

Einbandentwurf: medio Innovative Medien Service GmbH, Berlin
Satz: Reproduktionsfertige Vorlage des Autors
Gedruckt auf säurefreiem Papier SPIN: 12069637 62/3180Rw - 5 4 3 2

Vorwort

Die Methode der finiten Elemente (FEM) hat sich in den letzten Jahren als universelles Hilfsmittel des Ingenieurs zur Berechnung von komplexen Tragstrukturen erwiesen. Mit zunehmender Rechnerkapazität werden die unterschiedlichsten nichtlinearen Aufgabenstellungen behandelbar.

Das vorliegende Buch beschreibt neben den physikalischen und mathematischen Grundlagen der Methode der finiten Elemente auch spezielle Elementtechniken und Algorithmen zur Behandlung von nichtlinearen Problemen der Festkörpermechanik. Dies schließt eine Darstellung der kontinuumsmechanischen Grundlagen, ingenieurgerechter Materialgleichungen und der für die FEM notwendigen Variationsprinzipien ebenso ein, wie die matrizielle Formulierung der Methode in unterschiedlichen Bezugsdarstellungen und die Angabe von Algorithmen zur Lösung der entstehenden nichtlinearen algebraischen Gleichungen. Auch zeitabhängige Problemstellungen werden diskutiert und die entsprechende algorithmische Behandlung wird beschrieben. Dies gilt sowohl für nichtlineare dynamische Probleme als auch für zeitabhängiges Materialverhalten. Da bei nichtlinearen Problemen auch Singularitäten auftreten, die zu Durchschlags- oder Verzweigungspunkten gehören, werden Formulierungen angegeben, die die Berechnung dieser Punkte ermöglichen.

Daneben werden Elementformulierungen für nichtlineare Fachwerke, Balken- und Schalenstrukturen bereitgestellt und beispielhaft angewendet. Ebenso werden unterschiedliche spezielle Diskretisierungsansätze für die Finite-Element-Analyse dreidimensionaler Bauteile entwickelt und diskutiert.

Adaptive Verfahren gewinnen heute immer mehr Bedeutung für die sichere und effiziente Anwendung der Methode der finiten Elemente. Daher werden diese Verfahren beschrieben und so formuliert, daß sie auf geometrisch und physikalisch nichtlineare Problemstellungen angewendet werden können. Entsprechendes gilt auch für die Formulierung von nichtlinearen Randbedingungen im Rahmen von Kontaktanalysen, deren Diskretisierung und algorithmische Aufbereitung dargestellt wird.

Das Buch wendet sich an Ingenieurstudenten aller Fachrichtungen, die sich im Vertiefungsstudium befinden und sich in numerischen Methoden für nichtlineare Problemstellungen der Festkörpermechanik einarbeiten wollen. Dies gilt auch für Doktoranden unterschiedlicher Disziplinien und in der Praxis tätige Ingenieure, die auf dem genannten Gebiet arbeiten. Aus diesem

Grund sind im Text Beispiele eingefügt, die das Verständnis für die gewählten Formulierungen und Algorithmen vertiefen sollen.

Die einzelnen Kapitel wurden von D. Freßmann, C. S. Han, C. Hahn, T. Raible, S. Reese und H. Tschöpe mit großer Sorgfalt durchgesehen. Viele Zeichnungen fertigte T. Raible an. Numerische Ergebnisse stammen unter anderem aus Arbeiten, die zusammen mit A. Boersma, R. Eberlein, C. S. Han, S. Meynen, T. Raible, S. Reese, A. Rieger, O. Scherf, J. Sansour und H. Tschöpe entstanden sind. Ihnen allen gebührt mein Dank für die hervorragende Zusammenarbeit.

Zu erwähnen ist in diesem Zusammenhang auch die meinem Institut seitens der Deutschen Forschungsgemeinschaft (DFG) gewährte Förderung unterschiedlicher Projekte im Bereich nichtlinearer Finite-Element-Methoden. Die hieraus entstandenen Ergebnisse sind an vielen Stellen des Buches zu finden. Nicht zuletzt sei auch dem Springer Verlag für Geduld und die angenehme Zusammenarbeit gedankt.

Hannover, im Juli 2000 *Peter Wriggers*

Inhaltsverzeichnis

1. Einleitung

Die Anwendung der Finite-Element-Methode auf nichtlineare Problemstellungen hat in den letzten Jahren stark zugenommen, was nicht zuletzt durch die Entwicklung leistungsfähiger und preiswerter Hardware beeinflußt ist. Damit einhergehend, sind heute die Ansprüche des praktisch tätigen Ingenieurs angestiegen, der konstruktive Problemstellungen numerisch behandeln will, die früher häufig nur einer experimentellen Untersuchung zugänglich waren. Die mit der Methode der finiten Elemente behandelbaren Aufgabenstellungen kommen aus ganz unterschiedlichen Bereichen wie der Strukturmechanik im Bauwesen, Flugzeug- und Schiffbau und Maschinenbau. Weiterhin werden Wärmeleitungsprobleme, elektrische und magnetische Feldberechnungen mit diesem Näherungsverfahren gelöst, sowie Simulationen aus dem Bereich der Fluidmechanik durchgeführt.

So ist es nicht verwunderlich, daß heute eine Reihe von sog. Allzweckprogrammen existiert, die auf die vielfältigsten Aufgaben angewandt werden können. Daneben existiert eine schon kaum mehr übersehbare Anzahl von Programmen, die auf spezielle Anwendungen zugeschnitten sind. Viele dieser Programme lösen auch nichtlineare Problemstellungen. Leider ist die theoretische Grundlage und der zugehörige Lösungsalgorithmus häufig für den Anwender undurchsichtig, so daß er nicht immer über die genaue Grundlage des Rechenganges informiert ist, was die Beurteilung und Bewertung der Ergebnisse erschweren kann. Nichtlineare Berechnungen sind mit der Problematik behaftet, daß häufig die Lösungen nicht eindeutig sind (es gibt z.B. Durchschlagpunkte oder es sind Verzweigungen möglich). Oft existiert auch keine mathematische Fehleranalysis der numerischen Methode. Aus diesem Grunde braucht der Anwender neben der experimentellen Erfahrung auch ein fundiertes Grundwissen der Näherungsmethode. Hierzu möchte dieses Buch beitragen, wobei jedoch die ganze Bandbreite nichtlinearer Finite-Element-Analysen nicht in diesem Band abgedeckt werden kann, der sich im wesentlichen auf Problemstellungen der Festkörpermechanik beschränkt.

Die Nichtlinearitäten, die bei praktischen Anwendungen auftreten sind vielfältiger Natur. So sind im Stahl- und Behälterbau elasto-plastische Analysen von Rahmen- und Schalentragwerken zur Traglastberechnung notwendig. Bei Seilstrukturen muß die geometrische Nichtlinearität eingeschlossen werden, damit die auftretenden großen Verschiebungen richtig berücksichtigt werden. Im Massivbau ist die Beschreibung des Werkstoffes Beton nur durch komplizierte nichtlineare Materialgesetze möglich. Auch die detaillierte Untersuchung von Verankerungen ist hochgradig nichtlinear, was durch die Materialgesetze von Stahl und Beton und die zusätzliche Berücksichtigung von Kontakt mit Reibung zwischen Bewehrung und Beton bedingt ist. Bei Abbindeprozessen tritt im Beton Wärmeentwicklung infolge der Hydratation auf, was wiederum bei großen Bauteilen zu nicht vernachläßigbaren Wärmespannungen führt. Dieser gekoppelte thermomechanische Prozeß ist nur durch ein nichtlineares Modell wirklichkeitsnah erfaßbar. Weitere nichtlineare Problemstellungen sind mit der Boden- und Gesteinsmechanik verknüpft, wo neben nichtlinearen Materialgesetzen auch noch große Deformationen auftreten können.

Auch im Maschinenbau treten diverse Problemstellungen auf, die nur mittels nichtlinearen Berechnungen theoretisch befriedigend behandelt werden können. Hierzu zählen z.B. die Untersuchung des Tragverhaltens von Gummilagern bei großen elastischen Deformationen, die Behandlung von Umformprozessen mit elasto-plastischen Materialverhalten und nicht zuletzt die Simulation von Crashproblemen aus dem Automobilbau.

Es lassen sich noch eine Vielzahl weiterer fachübergreifender, nichtlinearer Aufgabenstellungen - wie z. B. das große Gebiet der Stabilitätstheorie - nennen, für die es gilt, effiziente und sichere numerische Methoden zu entwickeln.

Da die Lösungsmethoden auf den Typ der Nichtlinearität abgestimmt werden müssen, soll hier eine Grobklassifizierung angegeben werden, die sich noch beliebig fein unterteilen ließe.

- **Geometrische Nichtlinearität**: hiermit verbinden sich Problemstellungen, wo große Verschiebungen und Verdrehungen bei kleinen Verzerrungen zu berücksichtigen sind, wie z.B. bei Strukturelementen wie Seilen, Balken oder Membranen. Vielfach reicht diese Modellbildung für die Behandlung von Stabilitätsproblemen aus.
- **Große Deformationen**: während bei der geometrischen Nichtlinearität nur kleine Verzerrungen auftreten, können diese bei endlichen Deformationen beliebig sein. Zugehörige Prozesse sind das Deformationsverhalten von gummiartigen Materialien oder das Umformen von metallischen Werkstoffen.
- **Physikalische Nichtlinearität**: Hierunter faßt man nichtlineares Werkstoffverhalten zusammen, wie z.B. im elastischen Bereich das Verhalten von Gummi. Materialien wie Beton, Stahl oder Boden weisen bleibende Verformungen auf, die man z.B. durch die sog. Klasse der elasto-plastischen Werkstoffen bestimmen kann.
- **Stabilitätsprobleme** lassen sich im Bereich der Strukturmechanik in zwei Klassen unterteilen: geometrische Instabilität und Materialinstabilität. Die geometrischen Instabilitäten schließen Verzweigungen (wie das Ausknicken von Stäben oder das Beulen von Schalen) ein, sie können aber auch mit

sog. Limitpunkten verknüpft sein, die das Durchschlagen eines Tragwerks anzeigen.
Materialinstabilitäten manifestieren sich in Einschnürungen von Proben oder in der Bildung von Scherbändern in Metallen aber auch Geomaterialien. Die Ursache hierfür liegt entweder in einer Instabilität des Gleichgewichtes oder in dem Verlust der positiven Definitheit des dem inkrementellen Materialtensor zugeordneten Akustiktensors.
Sowohl geometrische als auch materielle Instabilitäten reagieren sehr sensitiv auf Imperfektionen. Bei Materialinstabilitäten tritt zusätzlich eine Lokalisierung der Deformation auf einen schmalen Bereich (z.B. ein Scherband oder ein Riß) auf.

- **Nichtlineare Randbedingungen**: Problemstellungen, die durch die Nichtlinearität infolge von Randbedingungen charakterisiert sind. Hiermit sind z.B. der Kontakt zwischen Bauteilen, die Behandlung freier Oberflächen oder die Wärmeabstrahlung gemeint.
- **Gekoppelte Probleme**: hierunter wird die Kopplung von unterschiedlichen Feldproblemen zusammengefaßt, die sich gegenseitig beinflussen wie z.B. thermomechanische Kopplung während des Abbindeprozesses beim Beton oder Fluid-Struktur Interaktionen bei der Berechnung von Dämmen. Dabei sind i.d.R. auch Nichtlinearitäten der jeweiligen Feldprobleme zu beachten.

Für jedes dieser Teilgebiete sind in den letzten Jahren im Rahmen weltweiter Forschung Fortschritte erzielt worden, die sich sowohl in der Elemententwicklung als auch im algorithmischen Bereich bemerkbar machen. Ziel dieser Entwicklungen ist es, die Robustheit, Genauigkeit und Effizienz nichtlinearer Methoden zu erhöhen und sie somit einem breiteren Kreis von Anwendern sicher nutzbar zu machen. So sind heute Probleme mit kleinen bis moderaten Verzerrungen für elastische, aber auch gängige inelastische Materialien mit Standardprogrammen lösbar. Die numerische Behandlung von großen Deformationen mit über 100% Dehnungen, materiellen Instabilitäten, Kontaktproblemen und gekoppelten Feldproblemen hat noch nicht den Stand von Routineberechnungen erreicht. Hier sind noch erhebliche Forschungsaktivitäten erforderlich.

In diesem Buch sollen nun die Grundlagen der mathematischen Modellbildung und der Algorithmen sowie deren Auswirkung auf die drei vorgenannten Anforderungen (Robustheit, Genauigkeit und Effizienz) untersucht werden. Aufgrund der Fülle nichtlinearer Problemstellungen und zugehöriger Lösungsmethoden kann jedoch in diesem Buch nur eine Einführung in dieses umfangreiche Gebiet gegeben werden.

Das Buch ist in zehn weitere Kapitel unterteilt, die sich thematisch wie folgt gliedern:

- **Kap. 2** soll den Leser in die wesentlichen Unterschiede nichtlinearen Verhaltens einführen. Dabei zeigt es anhand von einfachen Beispielen entsprechende Phänomene auf, die dann in den folgenden Kapiteln in allgemeiner Form vertieft behandelt werden.

- Im **Kap. 3** werden die Grundlagen der nichtlinearen Kontinuumsmechanik zusammengefaßt, um eine einheitliche Basis für die nachfolgenden Finite-Element-Formulierungen zu schaffen. In der Kinematik werden die unterschiedlichen Verzerrungsmaße eingeführt, dann die Spannungstensoren angegeben und mit der Variationsformulierung die stofffreien Gleichungen abgeschlossen. Aufgrund der Komplexität der Materialtheorie, die selbst Bücher füllen könnte, werden hier nur hyperelastische Materialien bei großen Deformationen, sowie elastoplastisches Werkstoffverhalten bei kleinen Verzerrungen betrachtet. Entsprechende Literaturverweise auf weiterführende Arbeiten ergänzen die Ausführungen.
- Das **Kap. 4** ist den Ansatzfunktionen gewidmet, die für die Behandlung von ein-, zwei- und dreidimensionalen Problemen innerhalb eines finiten Elementes Verwendung finden. Hier wird im wesentlichen das isoparametrische Konzept aufgrund seiner hervorragenden Eignung für nichtlineare Aufgabenstellungen diskutiert. Weiterhin wird die Diskretisierung der nichtlinearen Grundgleichungen der Festkörpermechanik für die klassische Verschiebungsformulierung hergeleitet, die auf nichtlineare algebraische Gleichungssysteme führt.
- **Kap. 5** behandelt die Algorithmen zur Lösung durch die Diskretisierung mittels finiter Elemente aus den partiellen Differentialgleichungen der Kontinuumsmechanik enstandenen nichtlinearen Gleichungssysteme. Hier werden neben dem klassischen NEWTON-Verfahren auch die Bogenlängenmethoden besprochen. Gegenstand dieses Kapitels sind weiterhin Methoden zur direkten oder iterativen Lösung der bei der Linearisierung der nichtlinearen algebraischen Gleichungen folgenden inkrementellen Gleichungssysteme. Weiterhin werden Algorithmen für Parallelrechner mit verteiltem Speicher besprochen.
- **Kap. 6** behandelt explizite und implizite Algorithmen zur Zeitintegration der dynamischen Bewegungsgleichungen. Hier werden neben den klassischen Verfahren auch moderne Methoden vorgestellt, die Impuls, Drall und Energie erhalten. Daneben wird die Integration zeitabhängiger inelastischer Materialgleichungen für die Viskoelastizität, die Plastizität und die Viskoplastizität beschrieben. Die Algorithmen behandeln sowohl Probleme mit kleinen als auch großen Deformationen.
- Die Grundlagen zur Behandlung von Stabilitätsproblemen ist Gegenstand von **Kap. 7**. Hier werden auch die bei Stabilitätsuntersuchungen erforderlichen Algorithmen behandelt. Neben der klassischen Beulanalyse wird auch die Berechnung von Stabilitätspunkten mittels erweiterter Systeme dargestellt und Algorithmen zum Pfadwechsel angegeben.
- Ein wesentlicher Aspekt moderner Finite-Element-Methoden wird im **Kap. 8** behandelt. Hier geht es um die automatische Fehlerkontrolle mittels Fehlerschätzern oder Fehlerindikatoren. Die zugehörigen adaptiven Verfahren

und Algorithmen für elastische und elasto-plastische Aufgabenstellungen schließen nebst Beispielanwendungen dieses Kapitel ab.

- Im **Kap. 9** werden dann nichtlineare finite Strukturelemente im Detail diskutiert, die eine ein- oder zweiparametrige Beschreibung der Geometrie erlauben. Für die einparametrige Beschreibung der Geometrie sind dies der Fachwerkstab, der Balken und die Rotationsschalen einschl. der achsensymmetrischen Membran, für die unterschiedliche Materialmodelle implementiert werden. Eine zweiparametrige Geometriebeschreibung liegt dann den nichtlinearen Elementen für dünne Schalen zugrunde. Hier werden Formulierungen im Rahmen der geometrisch exakten Theorie vorgestellt und mittels finiter Elemente diskretisiert.
- **Kap. 10** widmet sich den zwei- oder dreidimensionalen nichtlinearen Kontinuumselementen, die speziell für inkompressible Aufgabenstellungen und Biegeprobleme konstruiert werden. Diese werden sowohl mit Bezug auf die Ausgangs- als auch Momentankonfiguration formuliert. Es werden verschiedene gemischte Formen vorgestellt, aber auch die einfachen stabilisierten Elemente beschrieben.
- **Kap. 11** diskutiert Kontaktformulierungen für große Deformationen diskutiert, da praktische Aufgabenstellungen aus allen Bereichen der Technik entsprechende Beschreibungen benötigen. Hierbei wird auf die kinematischen Beziehungen sowie die Materialgleichungen in der Kontaktzone eingegangen. Weiterhin werden die zugehörigen Variationsungleichungen formuliert und deren Diskretisierung für den zweidimensionalen Fall angegeben.

Innerhalb der Kap. 4 - 11 wird die Matrizenformulierung der Methode der finiten Elemente detailliert wiedergegeben. Beispielrechnungen diskutieren das Verhalten der nichtlinearen Elemente und der zugehörigen Lösungsalgorithmen.

Da dieses Buch als Lehrbuch für nichtlineare Anwendungen der Methode der finiten Elemente dienen soll, sind die einzelnen Kapitel im wesentlichen chronologisch aufeinander aufgebaut. Jedoch können – bei entsprechendem Vorwissen – auch die Kap. 4 - 11 einzeln studiert werden, da dort die wesentlichen theoretischen Ableitungen für die entsprechende Aufgabenstellung mit Referenz auf das dritte Kapitel angegeben sind.

2. Nichtlineare Phänomene

In der Festkörpermechanik kann eine Vielzahl von unterschiedlichen Nichtlinearitäten auftreten, die sowohl geometrischer als auch physikalischer Natur sind. Die Behandlung der zugehörigen Aufgabenstellungen bedarf einer großen Bandbreite von Methoden, von denen ein Teil in den nachfolgenden Kapiteln dargestellt wird. Hier sollen zunächst anhand von einfachen Beispielen die wesentlichen Phänomene nichtlinearen Verhaltens aufgeführt werden, um den Leser in die Problematik einzuführen. Dabei wird bewußt von vereinfachten mechanischen Modellen ausgegangen, die gerade in der Lage sind, die gewünschte Form der Nichtlinearität zu repräsentieren. Die zugehörigen Lösungen können hier noch in analytischer Form angegeben werden. Dies ist aber für reale Problemstellungen aus dem Ingenieurwesen i.d.R. nicht möglich, so daß dann numerische Methoden zum Einsatz kommen müssen.

2.1 Geometrische Nichtlinearität

Gewöhnlich ist es in der Strukturmechanik ausreichend, kleine Deformationen und Verzerrungen zu betrachten, da viele Bauteile nur kleine Verformungen erleiden dürfen, um gebrauchsfähig zu bleiben. Bei dieser Annahme ist die Verwendung einer linearisierten Theorie (lineare Theorie) ausreichend, wenn ein elastisches Materialverhalten vorausgesetzt werden kann. Es gibt jedoch viele Problemstellungen, bei denen z.B. große Verschiebungen auftreten obwohl die Verzerrungen klein sind und linear elastisches Materialverhalten vorliegt (z.B. bei Seilen, Balken oder Schalen). Diese Aufgaben erfordern eine Betrachtung mittels einer nichtlinearen Theorie, die die Geometrie exakt erfaßt. Einige Beispiele, die unterschiedliches geometrisch nichtlineares Verhalten repräsentieren, werden nachfolgend diskutiert.

2.1.1 Große Verschiebungen eines starren Balkens

Als erstes Beispiel für geometrisch nichtlineares Verhalten wird der in Bild 2.1a gegebene starre Balken der Länge l betrachtet, der durch eine Drehfeder der Federsteifigkeit c am linken Auflager elastisch eingespannt ist.

Das Gleichgewicht am verformten System liefert nach Bild 2.1b direkt

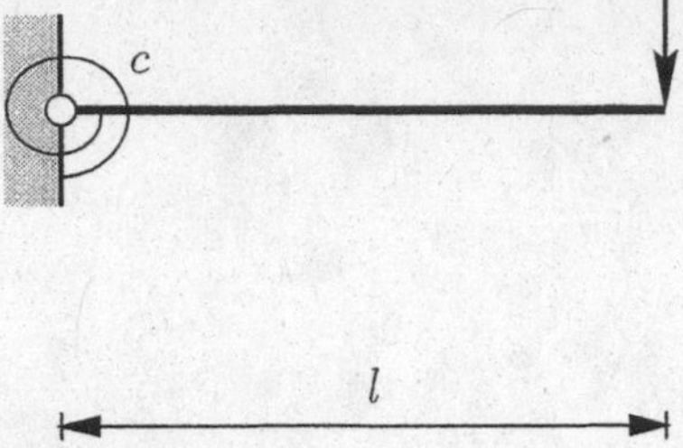

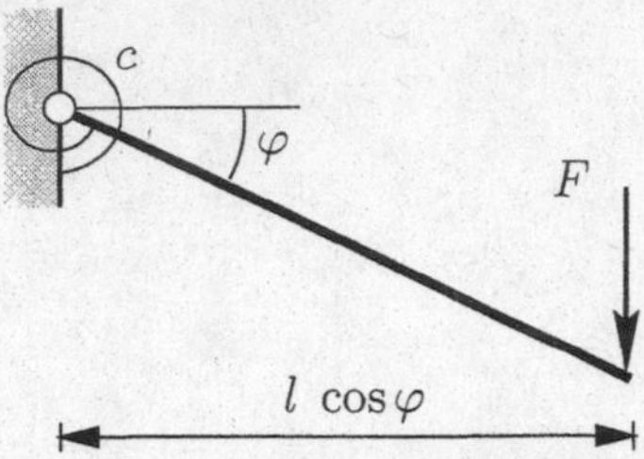

Bild 2.1a. System und Belastung **Bild 2.1b.** verformtes System

$$F\, l \cos\varphi = c\varphi\,. \tag{2.1}$$

Gleichung (2.1) stellt eine nichtlineare Beziehung zwischen der Kraft und der Balkenverdrehung φ dar. Die Nichtlinearität wird durch die Änderung der Geometrie in der Gleichgewichtsbeziehung hervorgerufen. Man nennt diese Form der Nichtlinearität deshalb auch geometrische Nichtlinearität. Für kleine Winkel φ geht $\cos\varphi \to 1$. Damit folgt aus (2.1) die lineare Beziehung $F = c\varphi\,/\,l$. Bild 2.2 zeigt das Anwachsen der Kraft in Abhängigkeit des Winkels φ für beide Fälle. Man sieht deutlich, daß die lineare Lösung von der nichtlinearen für große Winkel stark abweicht.

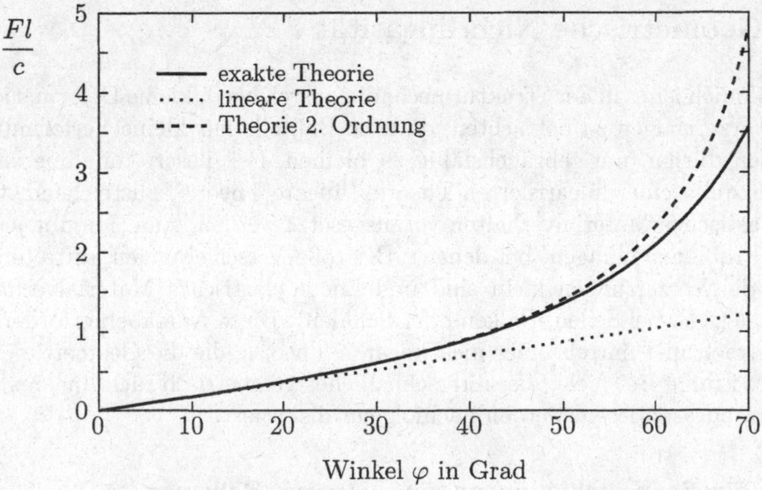

Bild 2.2. Kraft-Deformationsbeziehung

Häufig werden auch sog. Theorien 2. Ordnung angewandt, um nichtlineare Effekte zu berücksichtigen. Dabei werden die nichtlinearen Terme in eine

Reihe entwickelt, die dann nach dem zweiten Term abgebrochen wird. In dem vorliegenden Beispiel ergibt sich mit $\cos\varphi \approx 1 - \frac{\hat{\varphi}^2}{2}$ die Beziehung

$$F = \frac{c\,\hat{\varphi}}{l\,(1 - \frac{\hat{\varphi}^2}{2})}. \tag{2.2}$$

Diese Näherung approximiert den Kurvenverlauf bis zum Winkel von $\hat{\varphi} \approx \pi/3$ sehr gut, aber für größere Winkel weicht die Lösung (2.2) von der exakten Lösung sichtbar ab.

Wenn man die Flexibilität des Balkens jetzt auch noch berücksichtigen wollte, so würde die geometrische Nichtlinearität auch in die Verzerrungs-Verschiebungs-Beziehung eingehen. Die zugehörigen Gleichungen sind jedoch einer analytischen Behandlung nicht mehr zugänglich, sie finden sich im Abschn. 6.2.

2.1.2 Große Verschiebungen eines elastischen Systems

Der Einfluß der Flexibilität der Struktur wird im zweiten Beispiel untersucht. Dazu werden zwei horizontal angeordnete elastische Federn mit linearer Kennlinie betrachtet, die mittig durch die Kraft F gemäß Bild 2.3a belastet sind.

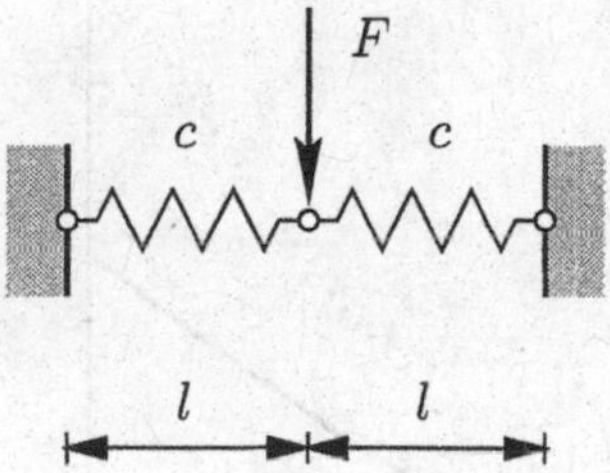

Bild 2.3a. System und Belastung

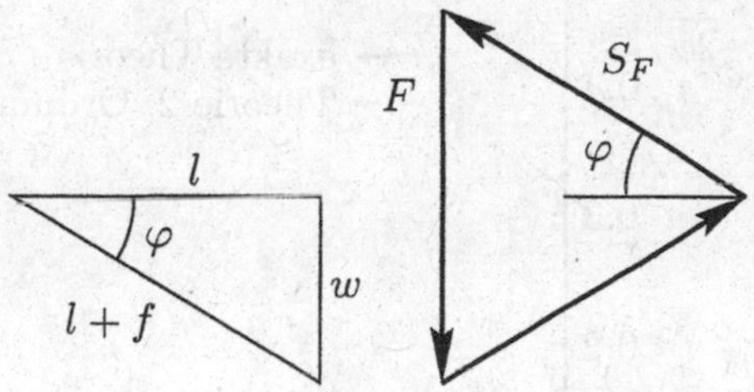

Bild 2.3b. Geometrie und Gleichgewicht

Gesucht ist das Kraft-Verschiebungsdiagramm der Kraft F über der Verschiebung w. Zur Lösung benötigt man eine kinematische Beziehung zwischen der Verschiebung w und der Längenänderung der Feder, die Gleichgewichtsbedingungen und ein Materialgesetz für die Feder. Die Kinematik liefert gemäß Bild 2.3b

$$w^2 + l^2 = (l + f)^2 \quad \longrightarrow \quad f = l\left[\sqrt{1 + \left(\frac{w}{l}\right)^2} - 1\right] \tag{2.3}$$

und

$$\sin\varphi = \frac{w}{l+f}\,. \tag{2.4}$$

Die Gleichgewichtsbeziehung lautet unter Ausnutzung der Symmetrie nach Bild 2.3b

$$S_F\,\sin\varphi = \frac{F}{2}\,. \tag{2.5}$$

Weiterhin liegt eine lineare Federkennlinie mit der Federsteifigkeit c vor, so daß sich für die Federkraft

$$S_F = c\,f \tag{2.6}$$

ergibt. Das Einsetzen von (2.4) in (2.5) liefert mit (2.6)

$$c\,f\,\frac{w}{l+f} = \frac{F}{2}\,. \tag{2.7}$$

Die Gleichung kann nun mittels (2.3) in Abhängigkeit von w geschrieben werden, was auf

$$\frac{w}{l}\left[1 - \frac{1}{\sqrt{1+\left(\frac{w}{l}\right)^2}}\right] = \frac{F}{2\,c\,l} \tag{2.8}$$

führt. Die zugehörige Kraft-Verschiebungskurve ist in Bild 2.4 dargestellt.

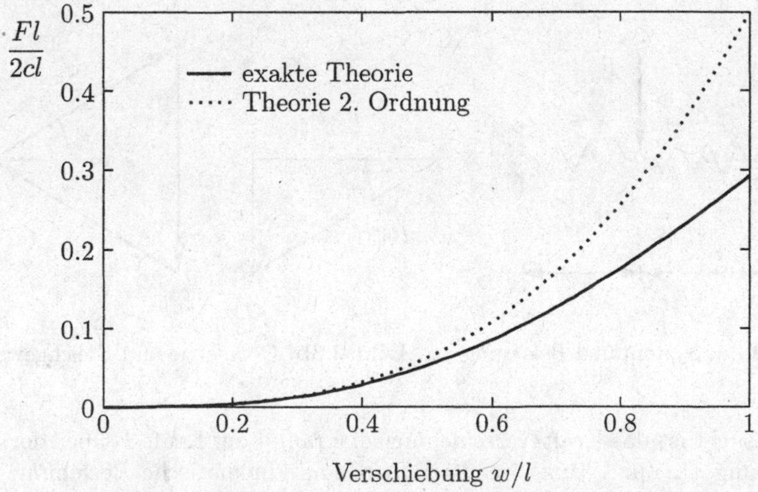

Bild 2.4. Lastverschiebungskurve

Sie weist im Nullpunkt eine horizontale Tangente auf. Damit ist eine Behandlung dieser Aufgabenstellung selbst für kleine Winkel mittels einer linearisierten Theorie nicht möglich. Man kann für $w/l << 1$ die Gl. (2.8) vereinfachen (Theorie 2. Ordnung), indem man von der Reihenentwicklung

$1 / \sqrt{1 + \left(\frac{w}{l}\right)^2} \approx 1 - \frac{1}{2}\left(\frac{\hat{w}}{l}\right)^2$ Gebrauch macht. Dies liefert die kubische Parabel

$$\frac{\hat{w}}{l}\left[\frac{1}{2}\left(\frac{\hat{w}}{l}\right)^2\right] = \frac{F}{2\,c\,l}, \tag{2.9}$$

die die exakte Lösung für $w\,/\,l < 0.4$ gut approximiert.

ANMERKUNG 2.1: Bei diesem Beispiel treten neben den großen Verschiebungen w auch noch große Längenänderungen (Verzerrungen) in der Feder auf. Dies bedeutet für die meisten Materialien, daß eine lineare Federkennlinie – wie angenommen – nicht existiert. Bei Stahlstäben würde der elastische Bereich verlassen werden und der Stab plastizieren, s. Abschn. 2.2. Auch elastische Gummibänder würden bei diesen Verzerrungen eine nichtlineare Federcharakteristic aufweisen, s. Abschn. 3. Dennoch wurde hier nur das einfache Materialverhalten (2.6) – wie man es bei Schraubenfedern findet – zugrundegelegt, um den Einfluß der geometrischen Nichtlinearität herausarbeiten zu können.

2.1.3 Verzweigungsproblem

Die Eindeutigkeit der Lösung ist bei nichtlinearen Problemstellungen nicht immer gegeben. Dies wird hier an dem, in in Bild 2.5a beschriebenen, Stabilitätsproblem aufgezeigt. Das System entspricht dem des ersten Beispiels, nur

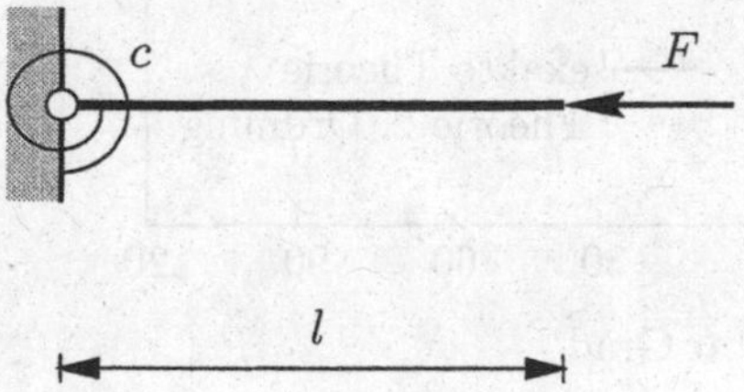

Bild 2.5a. System und Belastung

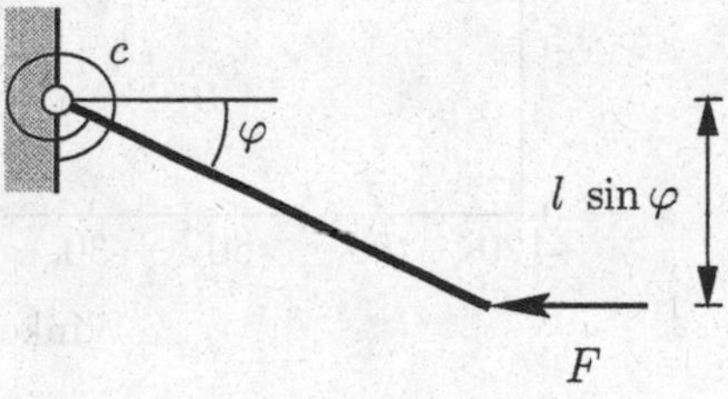

Bild 2.5b. verformtes System

wirkt die Last jetzt in horizontaler Richtung. Das Anschreiben der Gleichgewichtsbedingungen am ausgelenkten System (Bild 2.5b) liefert

$$F\,l\,\sin\varphi = c\varphi \quad \longrightarrow \quad \frac{\varphi}{\sin\varphi} = \frac{F\,l}{c}. \tag{2.10}$$

Die Gleichung besitzt mehrere Lösungen. Die triviale Lösung ist $\varphi = 0$, die für alle F gilt. Für $\frac{F\,l}{c} > 1$ ($|\varphi| \geq |\sin\varphi|$) gibt es zwei weitere Lösungen, die in Bild 2.6 dargestellt sind. Es sind für $\frac{F\,l}{c} > 1$ also insgesamt drei Lösungen der Gl. (2.10) möglich, d. h. die Lösung ist nicht mehr eindeutig. Man nennt den Punkt ($\frac{F\,l}{c} = 1$), an dem die drei Äste der Lösung beginnen, Verzweigungspunkt. Eine wichtige Fragestellung ist nun damit verknüpft, welcher

Lösung das System nach Erhöhung der Last über den Verzweigungspunkt hinaus folgt. Eine Antwort darauf liefert die Stabilitätstheorie. Für den vorliegenden Fall kann man zeigen, daß die triviale Lösung instabil ist. Physikalisch bedeutet dies, daß jede noch so kleine Störung der instabilen Lösung $\varphi = 0$ (in Bild 2.6 die gepunktete Gerade) zu einem Gleichgewichtsverlust führen wird, bei dem das System in eine neue stabile Gleichgewichtslage übergehen wird. Die hiermit verbundenen großen Verschiebungen bedingen bei technischen Konstruktionen häufig deren Versagen, so daß das Erkennen von instabilen Lösungen von großer praktischer Bedeutung ist. Die beiden anderen Lösungsäste von (2.10) repräsentieren dagegen stabiles Gleichgewicht. Diese stabilen Lösungen – in Bild 2.6 als durchgezogene Kurve dargestellt – sind gegenüber einer kleinen Störung unempfindlich. Eine Näherung von

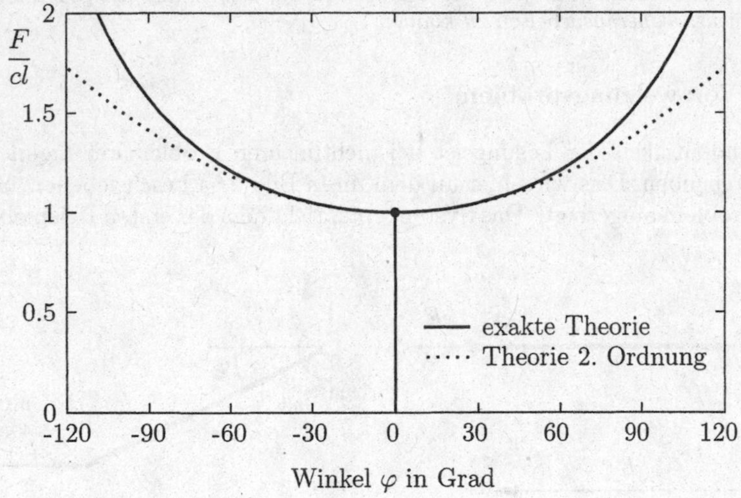

Bild 2.6. Lastverschiebungskurve

(2.10) gemäß der Theorie zweiter Ordnung führt mit $\sin\varphi \approx \hat{\varphi} - \hat{\varphi}^3/6$ und $1/(1-x) \approx 1 + \hat{x}$ auf

$$1 + \frac{\hat{\varphi}^2}{6} = \frac{F\,l}{c}\,. \tag{2.11}$$

Diese Gleichung reproduziert im wesentlichen das Verhalten der Gl. (2.10), da auch hier die drei Lösungen für $\frac{F\,l}{c} > 1$ enthalten sind. (Auf eine allgemeinere Formulierung von Stabilitätsproblemen wird im Kap. 5 eingegangen).

ANMERKUNG 2.2: Häufig reicht es für praktische Anwendungen aus, nur den Verzweigungspunkt zu ermitteln. In dessen Nähe kann man, s. Bild 2.6, davon ausgehen, daß φ klein ist und damit $\sin\varphi \approx \hat{\varphi}$ setzen. Aus (2.10) folgt dann die lineare homogene Gleichung

$$(F\,l - c)\,\hat{\varphi} = 0\,, \tag{2.12}$$

die entweder trivial für $\hat{\varphi} = 0$ oder nichtrivial für $F = F_k = \frac{c}{l}$ erfüllt ist. Man nennt F_k auch kritische Last (F_k ist Eigenwert des hier vorliegenden Eigenwertproblems). Die kritische Last F_k entspricht genau der Verzweigungslast der exakten Gl. (2.10).

2.1.4 Durchschlagproblem

In diesem Beispiel betrachten wir das im Bild 2.7a gegebene System aus zwei Federn, die durch die Kraft F zusammengedrückt werden.

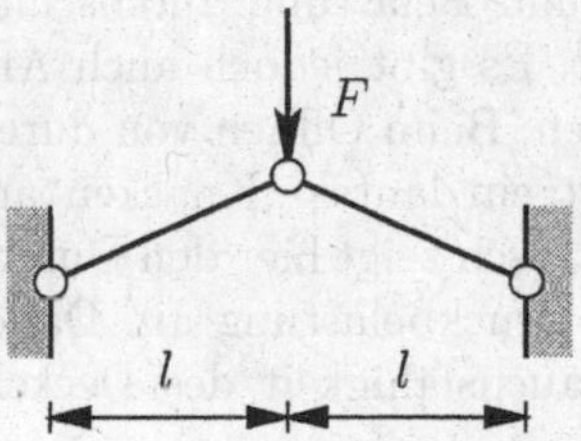

Bild 2.7a. System und Belastung

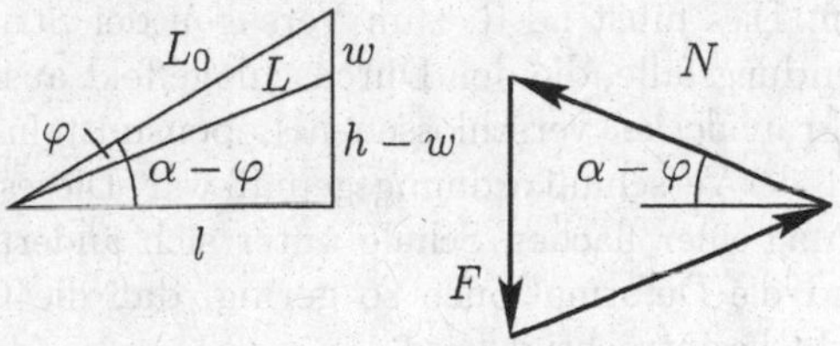

Bild 2.7b. Geometrie und Gleichgewicht

Mit den kinematischen Beziehungen $(h-w)^2 + l^2 = L^2$ und $h^2 + l^2 = L_0^2$, s. Bild 2.7b, folgt für die Änderung der Federlänge

$$f = L - L_0 = l \left[\sqrt{1 + (\frac{h-w}{l})^2} - \sqrt{1 + (\frac{h}{l})^2} \right] . \tag{2.13}$$

Weiterhin liefert das Gleichgewicht am ausgelenkten System, Bild 2.7b

$$N \sin(\alpha - \varphi) = -\frac{F}{2} \tag{2.14}$$

und mit der Winkelbeziehung $\sin(\alpha - \varphi) = (h - w)/L$

$$N \frac{h-w}{L} = -\frac{F}{2} . \tag{2.15}$$

Die Federkennline sei linear, so daß $N = c\,f$ gilt, s. auch Anmerkung 2.1. Das Einsetzen von (2.13) in (2.15) ergibt die nichtlineare Beziehung zwischen der Kraft F und der Verschiebung w

$$c\,(h-w)\frac{L-L_0}{L} = -\frac{F}{2} \Longrightarrow \quad \frac{w-h}{l} \left[1 - \frac{L_0}{l\sqrt{1 + (\frac{w-h}{l})^2}} \right] - \frac{F}{2\,c\,l} = 0 . \tag{2.16}$$

Die zugehörige Last-Verschiebungskurve ist für $L_0 / l = 1.25$ in Bild 2.8 dargestellt. Hier kann die Last bis zum Punkt D gesteigert werden und fällt danach bei noch größer werdendem w wieder ab. Bei einer statisch aufgebrachten Belastung kann dieser Zustand nicht erreicht werden. Vielmehr beginnt im Punkt D ein dynamischer Prozeß. Das System kann erst im Punkt E wieder ein statisches Gleichgewicht einnehmen. Der zugehörige Vorgang, bei dem das System „schlagartig“von einer Gleichgewichtslage in die andere wechselt, wird mit Durchlagen bezeichnet; entsprechend nennt man D auch Durchschlagspunkt. Wieder liegt ein Stabilitätsphänomen vor, da auch hier zu der Kraft F mehrere Lösungen für w existieren und somit keine eindeutige Lösung vorliegt. Technische Tragstrukturen – wie Fachwerke, Balken oder Schalen – können bei entsprechender Geometrie und Belastung durchschlagen. Dies führt i.d.R. zum Versagen der Struktur. Es gibt jedoch auch Anwendungsfälle, die den Durchschlageffekt ausnutzen: Beim Öffnen von durch Schraubdeckel verschlossenen Lebensmitteln zeigt ein lautes „Knacken“an, daß der Verschluß ordnungsgemäß war. Dieses Geräusch zeigt hier den Durchschlag einer flachen Schale unter sich ändernder Druckbelastung an. Dabei sind die Deformationen so gering, daß die Gebrauchsfähigkeit des Deckels nicht beeinträchtigt wird.

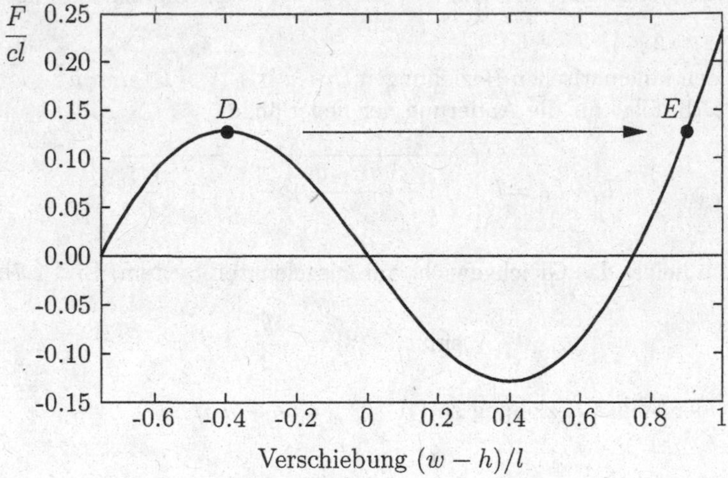

Bild 2.8. Lastverschiebungskurve

Aus diesen Beispielen folgt, daß die Berücksichtigung der geometrischen Nichtlinearität eine Vielzahl unterschiedlicher Phänomene aufweist, die einzeln oder auch kombiniert bei entsprechenden Analysen auftreten können. Grundsätzlich sollte man bei der Auslegung neuartiger technischer Anwendungen immer von nichtlinearem Verhalten ausgehen und sich davon ausgehend überzeugen, ob eine linearisierte Behandlung ausreichend ist.

ANMERKUNG 2.3: Die Verwendung von Näherungstheorien (z.B. Theorie 2. Ordnung) ist in den vorliegenden Beispielen nicht notwendig, da auch die exakten Gleichungen einfach auszuwerten sind. Solche theoretischen Näherungsansätze machen immer dann Sinn, wenn man dadurch eine mechanische Aufgabenstellung so vereinfachen kann, daß die zugehörigen Gleichungen noch analytisch lösbar sind. Wählt man jedoch – wie in diesem Buch – einen rein numerischen Zugang, so können ohne Schwierigkeiten auch die vollständigen nichtlinearen Gleichungen berücksichtigt werden. Aus diesem Grund wird im weiteren weitgehend auf die Ableitung von Näherungstheorien verzichtet.

2.2 Physikalische Nichtlinearität

Bei der Behandlung der geometrischen Nichtlinearität wurde vorausgesetzt, daß die Beziehung zwischen der Spannung und der Dehnung linear ist (lineare Kennlinie der Feder etc.). Dies ist aber bei den meisten Materialien eine Näherung, die nur unter bestimmten vereinfachenden Voraussetzungen Gültigkeit besitzt, z.B. Annahme von kleinen Dehnungen. Anhand einfacher Beispiele kann man sich nichtlineares Materialverhalten verdeutlichen: so wird etwa ein in der Länge gezogenes Gummiband mit wachsender Dehnung immer steifer (nichtlineare Elastizität) oder ein Draht erleidet bleibende Verformungen wenn man ihn biegt (elasto-plastisches Verhalten). Im letzteren Fall treten die bleibenden Verformungen dann auf, wenn eine Grenzspannung überschritten wird, bei der das Material zu fließen beginnt (Fließspannung).

Als ein Beispiel für elasto-plastisches Materialverhalten sei das in Bild 2.9a gezeigte System vorgestellt, das aus zwei Stäben gleicher Querschnittsfläche A aber unterschiedlichen Werkstoffen besteht. Es wird die in Bild 2.9b gezeigte Materialkennlinie vorausgesetzt, die ein elastisch-idealplastisches Verhalten darstellt. Speziell gilt für die Elastizitätsmoduli $E_1 = 2\,E_2 = 2\,E$ und für die Fließspannungen $\sigma_{y1} = 3\,\sigma_{y2} = 3\,\sigma_y$, wobei der Index sich auf den jeweiligen Stab bezieht.

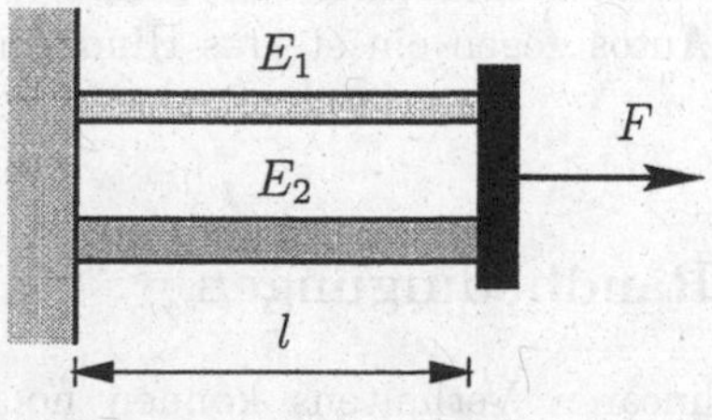

Bild 2.9a. System und Belastung

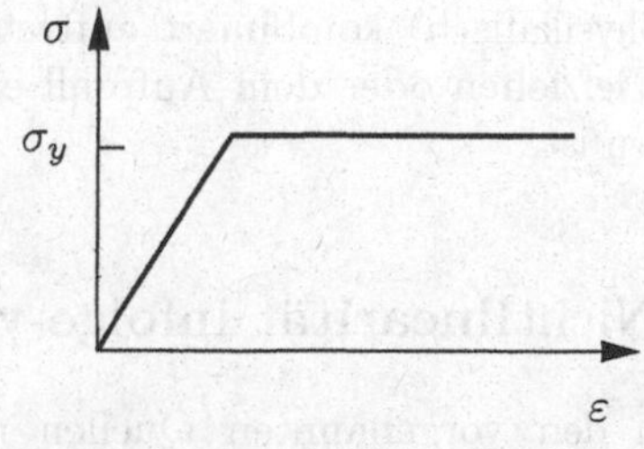

Bild 2.9b. Materialfunktion

Unter der Voraussetzung, daß die Fließspannung in keinem der beiden Stäbe erreicht wird, reagiert das System elastisch und man erhält mit dem Gleichgewicht (Normalkraft des Stabes i: $N_i = A\,\sigma_i$)

$$N_1 + N_2 = F \quad \longrightarrow \quad \sigma_1 + \sigma_2 = \frac{F}{A} \tag{2.17}$$

der Geometrie

$$u_1 = u_2 = u\,, \qquad \epsilon = \frac{u}{l} \tag{2.18}$$

und dem Hookeschen Gesetz

$$\sigma_i = E_i\,\epsilon = E_i\,\frac{u}{l} \tag{2.19}$$

die Beziehung zwischen der Kraft F und der Verschiebung u:

$$E_1 A\,\frac{u}{l} + E_2 A\,\frac{u}{l} = F \quad \longrightarrow \quad u = \frac{F\,l}{(E_1 + E_2)A}\,. \tag{2.20}$$

Die Spannungen in den Stäben ergeben sich dann zu

$$\sigma_i = E_i\,\frac{F}{(E_1 + E_2)A} \quad \longrightarrow \quad \sigma_i = E_i\,\frac{F}{3EA}\,, \tag{2.21}$$

so daß für $F = 3\,A\,\sigma_y$ Stab 2 zu fließen beginnt. Die Verschiebung beträgt dann $u = \sigma_y\,l\,/\,E$. Bei weiterer Laststeigerung ist die Normalkraft im Stab 2 konstant: $N_2 = A\,\sigma_y$. Damit erhalten wir analog zu (2.20) eine Verschiebung von

$$u = \left(\frac{F}{A} - \sigma_y\right)\frac{l}{2E} \tag{2.22}$$

und bei $F = 4\,A\,\sigma_y$ beginnt auch Stab 1 zu fließen. Danach ist eine weitere Laststeigerung nicht mehr möglich, und man erhält das in Bild 2.10 dargestellte Lastverschiebungsdiagramm.

Wie in den Beispielen des vorangegangenen Abschnitts ist ein nichtlinearer Zusammenhang zwischen der Last und der Verschiebung zu erkennen. Er resultiert hier jedoch aus dem elastoplastischen Materialgesetz nach Bild 2.9b.

Natürlich können auch die beiden Arten der Nichtlinearität (geometrisch und physikalisch) kombiniert auftreten, was in technischen Problemen wie dem Tiefziehen oder dem Aufprall eines Autos gegen ein starres Hindernis gegeben ist.

2.3 Nichtlinearität infolge von Randbedingungen

Neben den vorgenannten Quellen nichtlinearen Verhaltens können noch Nichtlinearitäten auftreten, die durch spezielle Randbedingungen hervorgerufen werden. Die häufigste Ursache hierfür sind sich während des Deformationsvorganges (z.B. bei Laststeigerung) ändernde Randbedingungen. Dies geschieht z.B. bei Kontaktproblemen, bei denen sich die Berühr- oder Kontaktzone zwischen zwei Körpern während der Deformation ändert, wobei das Eindringen eines Körpers in den anderen ausgeschlossen wird.

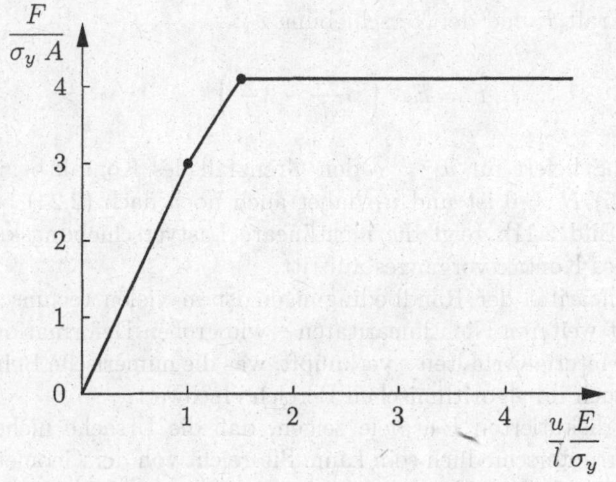

Bild 2.10. Last-Verschiebungsdiagramm

An einem einfachen Modell sollen nun die wesentlichen Zusammenhänge beschrieben werden. Dazu wird das in Bild 2.11a gegebene System zweier Stäbe mit der Steifigkeit EA betrachtet, das durch die Last F beansprucht wird und zwischen den Stäben 1 und 2 den Abstand δ aufweist.

Voraussetzungsgemäß ist ein Eindringen des Stabes 1 in den Stab 2 ausgeschlossen. Dies führt gemäß Bild 2.11a auf die Ungleichung

$$u_1 - u_2 \leq \delta \tag{2.23}$$

bei der das „kleiner"Zeichen dann gilt, wenn keine Berührung (Kontakt) vorhanden ist. Das Gleichheitszeichen gilt im Falle des Kontaktes.

Für den Fall $u_1 - u_2 < \delta$ tritt keine Verschiebung u_2 auf. Die Verschiebung des Stabes 1 beträgt dann

$$u_1 = \frac{F\,l}{EA}\,. \tag{2.24}$$

Wird die Last so gesteigert, daß $F > EA\,\frac{\delta}{l}$ ist, tritt Kontakt auf und die Gleichung $u_1 - u_2 = \delta$ gilt. Mit den Verschiebungen der beiden Stäbe an der Stelle $x = 2\,l$

$$u_1 = \frac{F\,l}{EA} + \frac{N_1\,2\,l}{EA} \qquad \text{und} \qquad u_2 = -\frac{N_2\,l}{EA} \tag{2.25}$$

und der Bedingung, daß die Normalkraft im Berührpunkt beider Stäbe gleich sein muß: $N_1(2l) = N_2(2l) = N$, folgt aus $u_1 - u_2 = \delta$:

$$\frac{F\,l}{EA} + 3\,\frac{N\,l}{EA} = \delta \longrightarrow N = \frac{1}{3}\left(EA\,\frac{\delta}{l} - F\right)\,. \tag{2.26}$$

Mit (2.25) und (2.26) lautet dann im Falle des Kontaktes der Zusammenhang zwischen der Kraft F und der Verschiebung u_1:

$$F = EA\left(3\,\frac{u_1}{l} - 2\,\frac{\delta}{l}\right). \tag{2.27}$$

Diese Beziehung liefert für $u_1 = \delta$ den Grenzfall des Kontaktbeginns, bei dem nach (2.26) $N = 0$ ist und u_1 daher auch noch nach (2.24) berechnet werden kann. Bild 2.11b zeigt die nichtlineare Lastverschiebungskurve, die allein infolge des Kontaktvorganges auftritt.

Die Nichtlinearität der Randbedingungen ist in vielen technischen Anwendungen mit weiteren Nichtlinearitäten – wie großen Deformationen oder inelastischem Materialverhalten – verknüpft, was die numerische Behandlung insbesondere auch im algorithmischen Bereich erschwert.

Die bisher diskutierten Beispiele zeigen, daß die Ursache nichtlinearen Verhaltens sehr unterschiedlich sein kann. Sie reicht von der Geometrie über die Materialeigenschaften bis hin zu sich verändernden Rand- oder Übergangsbedingungen. In den folgenden Kapiteln sollen nun die hier angesprochenen Themenbereiche auf zwei- und dreidimensionale Festkörper verallgemeinert, und die zur Lösung notwendigen numerischen Methoden entwickelt werden.

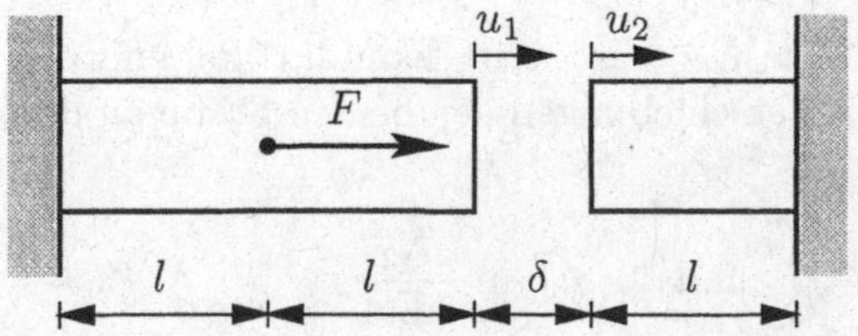

Bild 2.11a. System und Belastung

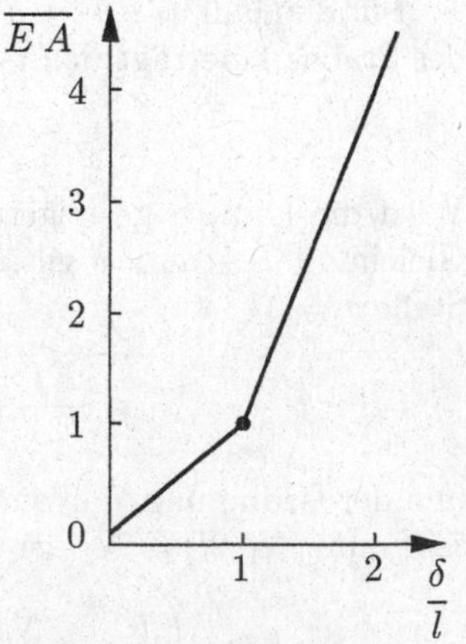

Bild 2.11b. Lösung

3. Kontinuumsmechanische Grundgleichungen

In diesem Kapitel wird eine kurze Zusammenfassung der kontinuumsmechanischen Grundlagen für das Verhalten von Festkörpern gegeben, die Grundlage für die späteren Finite-Element-Formulierungen ist. Dies sind die kinematischen Beziehungen, die Bilanzsätze sowie die Materialgleichungen.

In der Kinematik wird sowohl die räumliche als auch die LAGRANGEsche Beschreibung der Bewegung diskutiert und die zugehörigen Verzerrungsmaße abgeleitet. Weiterhin werden die Variationsformulierungen der Bilanzsätze angegeben, die Basis der Methode der finiten Elemente sind. Als Beispiele für nichtlinear elastisches Materialverhalten werden isotrope hyperelastische Werkstoffe betrachtet. Damit können sowohl geometrisch nichtlineares Verhalten von Strukturelementen – wie große Verschiebungen von Fachwerken oder Balken – als auch große Verzerrungen von dreidimensionalen Problemstellungen – wie die Behandlung von gummiartigen Materialien – beschrieben werden. Inelastisches Werkstoffverhalten wird für kleine Verzerrungen und große Deformationen im Rahmen klassischer Materialgleichungen diskutiert.

Da das vorliegende Buch im wesentlichen nichtlinearen Finite-Element-Formulierungen gewidmet sein soll, können die kontinuumsmechanischen Ideen nicht immer in der notwendigen Tiefe verfolgt werden. So werden umfangreiche Ableitungen nicht wiedergegeben und es wird an den entsprechenden Stellen auf die Literatur verwiesen. Der Leser, der eine tiefere Einsicht in die zugehörigen Theorien gewinnen möchte, sollte ein Standardbuch der Kontinuumsmechanik konsultieren, z. B. (TRUESDELL and TOUPIN 1960), (TRUESDELL and NOLL 1965), (ERINGEN 1967), (MALVERN 1969), (BECKER und BÜRGER 1975), (ALTENBACH und ALTENBACH 1994), (CHADWICK 1999) oder (HOLZAPFEL 2000) für die Grundlagen der Kontinuumsmechanik, (OGDEN 1984) für die Elastizitätstheorie und (MARSDEN and HUGHES 1983) oder (CIARLET 1988) für die mathematische Begründung der Elastizitätstheorie.

3.1 Kinematik

Die kinematischen Grundlagen der Kontinuumsmechanik betreffen die Beschreibung der Deformation eines Körpers, die Angabe von Verzerrungsmaßen und von zeitlichen Ableitungen kinematischer Größen. Alle Beziehungen werden später sowohl in der konstitutiven Beschreibung als auch bei der Formulierung der Bilanzgleichungen und schwachen Formen benötigt.

3.1.1 Bewegung, Deformationsgradient

In diesem Abschnitt werden die Bewegungen und Deformationen von homogenen Körpern betrachtet. Formal kann der Körper B als eine Menge von Punkten – den Partikeln – beschrieben werden, die eine Region des Euklidischen Punktraumes $\mathbb{E}^3$ einnehmen. Eine Konfiguration von B ist eine eineindeutige Abbildung φ: $B \longrightarrow \mathbb{E}^3$, die die Partikel von B im $\mathbb{E}^3$ plaziert. Damit wird der Ort eines Partikel X aus B in der Konfiguration φ durch $\mathbf{x} = \varphi\,(X)$ angegeben. Aus diesem Grund wird die Plazierung des Körpers B mit $\varphi(B) = \{\,\varphi(X)\,|\,X \in B\}$ bezeichnet und Konfiguration $\varphi(B)$ des Körpers B genannt.

Die Bewegung des Körpers B ist dann als eine einparametrige Folge von Konfigurationen φ_t: $B \to \mathbb{E}^3$ gegeben. Für den Ort des Partikels X zur Zeit $t \in \mathbb{R}^+$ gilt

$$\mathbf{x} = \varphi_t\,(X) = \varphi\,(X, t). \tag{3.1}$$

Diese Gleichung beschreibt für das Partikel X eine Kurve im $\mathbb{E}^3$. $\mathbf{X} = \varphi_0\,(X)$ definiert die Referenzkonfiguration des Körpers B, wobei $\mathbf{X}$ der Ort des Partikels X in dieser Konfiguration ist. Mit (3.1) folgt

$$\mathbf{x} = \varphi\,(\varphi_0^{-1}(\mathbf{X}), t). \tag{3.2}$$

ANMERKUNG 3.1 : Die Referenzkonfiguration muß zu keiner Zeit von dem Körper eingenommen werden. Da die Referenzkonfiguration weiterhin beliebig gewählt werden kann, wird sie für viele praktische Belange gleich der Konfiguration gesetzt, die der Körper zu Beginn der Deformation einnimmt (Ausgangskonfiguration). Jedoch gibt es auch Anwendungen wie bei den isoparametrischen Ansätzen der Methode der finiten Elemente – wie später gezeigt wird – bei denen eine einfach zu handhabende Referenzkonfiguration definiert wird, die rein fiktiv ist.

Für die praktische Anwendung braucht im allgemeinen kein Unterschied zwischen $\mathbf{X}$ und X gemacht zu werden. Damit vereinfacht sich die Notation und man schreibt (3.2) als

$$\mathbf{x} = \varphi\,(\mathbf{X}, t), \tag{3.3}$$

wobei $\mathbf{X}$ das Partikel X in der Referenzkonfiguration B darstellt. Damit können die Plazierungen $\mathbf{x}$ und $\mathbf{X}$ auch als Ortsvektoren im $\mathbb{E}^3$ bezüglich des Ursprungs $\mathbf{O}$ – wie in Bild 3.1 gezeigt – beschrieben werden. Der Punkt X wird in der Referenzkonfiguration durch den Ortsvektor $\mathbf{X} = X_A\,\mathbf{E}_A$ gekennzeichnet. $\mathbf{E}_A$ definiert hier ein orthogonales Basissystem in der Referenzkonfiguration mit dem Ursprung $\mathbf{O}$. Damit läßt sich die Komponentenform von (3.3) angeben

$$x_i = \varphi_i\,(X_A, t\,). \tag{3.4}$$

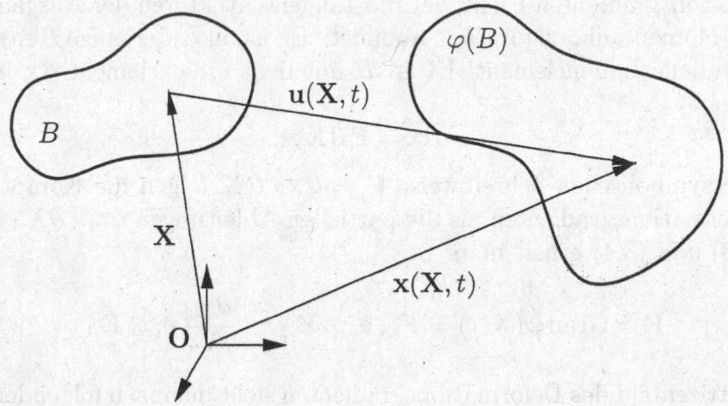

Bild 3.1. Bewegung des Körpers B

Im weiteren sollen große Buchstaben als Indizes für Komponenten von Vektoren und Tensoren verwendet werden, wenn diese auf die Basis $\mathbf{E}_A$ der Referenzkonfiguration bezogen sind, wobei X_A die LAGRANGEschen Koordinaten des Partikels X bezeichnen. Kleine Buchstaben sind Indizes, die den Bezug auf die Basis $\mathbf{e}_i$ der räumlichen Konfiguration andeuten. Die Größen x_i nennen wir dann räumliche Koordinaten von X. Zur Vereinfachung der Darstellung wird im folgenden eine orthogonale kartesische Basis zugrunde gelegt. Dies ist auch im Einklang mit dem hier angewandten numerischen Verfahren, denn bei der Methode der finiten Elemente werden i.d.R. isoparametrische Ansätze mit einer orthogonalen Basis in der Referenzkonfiguration benutzt. Der Übergang zu allgemeinen krummlinigen Koordinaten ist rein technischer Natur, aber mit erheblich mehr Schreibarbeit verbunden.

Die Gleichungen der Kontinuumsmechanik können mit Bezug auf die verformte oder unverformte Konfiguration des Körpers formuliert werden. Vom theoretischen Standpunkt aus, macht es keinen Unterschied, ob die Gleichungen auf die Momentan- oder Ausgangskonfiguration bezogen werden. Man ist bei der Wahl also völlig frei. Jedoch sollte man die Implikationen der physikalischen Modellbildung beachten, so z.B. bei der Plastizitätstheorie (s. z.B. (LUBLINER 1990), S. 453 ff). Natürlich sollten auch die Auswirkungen der Formulierung auf die numerischen Methoden berücksichtigt werden, da hier erhebliche Unterschiede in der Effizienz auftreten können. Aus diesem Grund werden im folgenden die Verzerrungsmaße und auch die weiteren Gleichungen sowohl mit Bezug auf die Referenzkonfiguration B als auch mit Bezug auf die Momentankonfiguration $\varphi(B)$ angegeben. Hierbei bezeichnen i.d.R. große Buchstaben Tensoren, die auf B bezogen sind; während Tensoren, die in der Momentankonfiguration $\varphi(B)$ wirken, durch kleine Buchstaben beschrieben werden.

Um den Deformationsprozeß lokal beschreiben zu können, führt man den Deformationsgradienten **F** ein, der die Tangentenvektoren der Ausgangs- auf die der Momentankonfiguration abbildet. Er ist also derjenige Tensor, der das materielle Linienelement **dX** in B mit dem Linienelement **dx** in $\varphi(B)$ verbindet:

$$\mathbf{dx} = \mathbf{F}\,\mathbf{dX}\,. \tag{3.5}$$

Aus der symbolischen Schreibweise $\mathbf{F} = \partial\,\mathbf{x}\,/\,\partial\,\mathbf{X}$ folgen die Komponenten des Deformationsgradienten als die partiellen Ableitungen $\partial x_i\,/\,\partial X_A = x_{i,A}$. Mit (3.3) und (3.4) erhält man

$$\mathbf{F} = \operatorname{Grad}\varphi(\mathbf{X},t) = F_{iA}\,\mathbf{e}_i\otimes\mathbf{E}_A = \frac{\partial x_i}{\partial X_A}\,\mathbf{e}_i\otimes\mathbf{E}_A\,. \tag{3.6}$$

Das Matrizenbild des Deformationsgradienten sieht demnach folgendermaßen aus

$$[F_{iA}] = \begin{bmatrix} x_{1,1} & x_{1,2} & x_{1,3}\\ x_{2,1} & x_{2,2} & x_{2,3}\\ x_{3,1} & x_{3,2} & x_{3,3}\end{bmatrix}. \tag{3.7}$$

Da der Gradient (3.6) ein linearer Operator ist, ist die lokale Transformation (3.5) linear. Um den Zusammenhang von B während der Deformation zu gewährleisten, muß die Abbildung (3.5) eineindeutig sein, also darf **F** nicht singulär sein. Dies ist gleichbedeutend mit der Bedingung

$$J = \det\mathbf{F} \neq 0\,, \tag{3.8}$$

mit der die nach JACOBI benannten Determinante J definiert wird. Weiterhin ist zu fordern, daß $J > 0$ ist, um Selbstdurchdringungen eines Körpers auszuschließen. Wenn **F** nichtsingulär ist, existiert die Inverse $\mathbf{F}^{-1}$, mit der sich die Beziehung (3.5) umkehren läßt

$$\mathbf{dX} = \mathbf{F}^{-1}\,\mathbf{dx}\,. \tag{3.9}$$

Die Inverse des Deformationsgradienten hat die folgende Darstellung

$$\mathbf{F}^{-1} = (F^{-1})_{iA}\,\mathbf{E}_A\otimes\mathbf{e}_i \qquad \text{mit} \quad (F^{-1})_{iA} = \frac{\partial X_A}{\partial x_i}\,, \tag{3.10}$$

wobei **X** durch $\mathbf{X} = \varphi^{-1}(\mathbf{x})$ gegeben ist.

Die Kenntnis des Deformationsgradienten **F** ermöglicht nun Transformationen weiterer differentieller Größen zwischen B und $\varphi(B)$. So ist die Transformation von Flächenelementen zwischen B und $\varphi(B)$ durch die Formel von NANSON (s. z.B. (OGDEN 1984), S. 88)

$$\mathbf{da} = \mathbf{n}\,da = J\,\mathbf{F}^{-T}\,\mathbf{N}\,dA = J\,\mathbf{F}^{-T}\,\mathbf{dA} \tag{3.11}$$

gegeben. In dieser Gleichung ist **n** der Flächennormalenvektor in $\varphi(B)$ und **N** der Flächennormalenvektor in B, s. Bild 3.2.

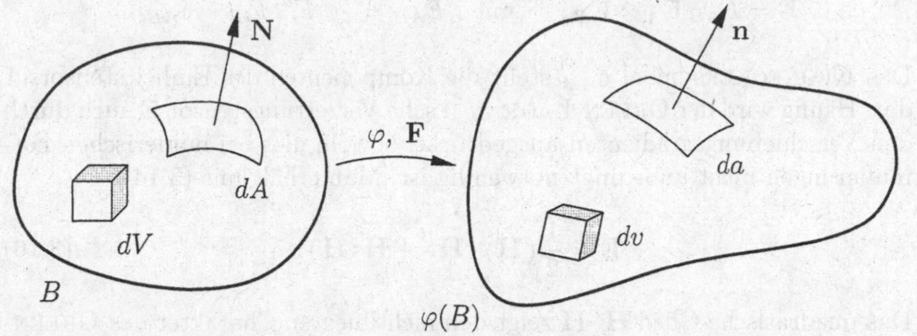

Bild 3.2. Transformation differentieller Größen

J ist die in Gl. (3.8) definierte JACOBIdeterminante, und da bzw. dA sind Flächenelemente in der jeweiligen Konfiguration. Für die Transformation der Volumenelemente von der Ausgangs- in die Momentankonfiguration gilt

$$dv = J\,dV\,. \tag{3.12}$$

Mit der Einführung eines Verschiebungsvektors $\mathbf{u}(\mathbf{X},t)$ als Differenz der Ortsvektoren der Momentan- und der Ausgangskonfiguration

$$\mathbf{u}(\mathbf{X},t) = \boldsymbol{\varphi}(\mathbf{X},t) - \mathbf{X} \tag{3.13}$$

kann nun der Deformationsgradient (3.6) wie folgt geschrieben werden

$$\mathbf{F} = \operatorname{Grad}\left[\,\mathbf{X} + \mathbf{u}(\mathbf{X},t)\,\right] = \mathbf{1} + \operatorname{Grad}\mathbf{u} = \mathbf{1} + \mathbf{H}\,, \tag{3.14}$$

wobei mit $\mathbf{H} = \operatorname{Grad}\mathbf{u}$ der Verschiebungsgradient definiert ist.

3.1.2 Verzerrungsmaße

In diesem Abschnitt werden unterschiedliche Verzerrungsmaße diskutiert, die bei späteren Aufgabenstellungen Verwendung finden werden. Als erster Verzerrungstensor sei der auf die Referenzkonfiguration B bezogene GREEN-LAGRANGEsche Verzerrungstensor $\mathbf{E}$ eingeführt, der durch

$$\mathbf{E} := \frac{1}{2}\,(\,\mathbf{F}^T\mathbf{F} - \mathbf{1}\,) = \frac{1}{2}\,(\,\mathbf{C} - \mathbf{1}\,) \tag{3.15}$$

definiert ist. In (3.15) ist mit $\mathbf{C} := \mathbf{F}^T\,\mathbf{F}$ der positiv definite rechte CAUCHY-GREEN-Tensor definiert, der das Quadrat des Linienelementes $\mathbf{dx}$ mittels des materiellen Linienelementes $\mathbf{dX}$ ausdrückt: $\mathbf{dx}\cdot\mathbf{dx} = \mathbf{dX}\cdot\mathbf{C}\,\mathbf{dX}$. Damit wird die Verzerrung durch $\mathbf{E}$ als Differenz der Quadrate der Linienelemente in B und $\varphi(B)$ beschrieben. In Komponentenschreibweise lautet der Verzerrungstensor $\mathbf{E}$

$$\mathbf{E} = E_{AB}\,\mathbf{E}_A \otimes \mathbf{E}_B \qquad \text{mit} \quad E_{AB} = \frac{1}{2}\,(\,F_{iA}\,F_{iB} - \delta_{AB}\,)\,.$$

Das KRONECKERsymbol δ_{AB} stellt die Komponenten des Einheitstensors **1** dar. Häufig wird der GREEN-LAGRANGEsche Verzerrungstensor **E** auch durch den Verschiebungsgradienten ausgedrückt, obwohl dies bei numerischen Formulierungen nicht unbedingt notwendig ist. Man erhält mit (3.14)

$$\mathbf{E} = \frac{1}{2}\,(\,\mathbf{H} + \mathbf{H}^T + \mathbf{H}^T\mathbf{H}\,)\,. \tag{3.16}$$

Das quadratische Glied $\mathbf{H}^T\mathbf{H}$ zeigt den nichtlinearen Charakter des GREEN-LAGRANGEschen Verzerrungstensors auf. In der linearen Theorie wird dieser Anteil unter der Annahme kleiner Verschiebungsgradienten ($\|\mathbf{H}\| \ll 1$) vernachlässigt, so daß aus **E** dann der lineare Verzerrungstensor $\boldsymbol{\varepsilon}$ folgt:

$$\boldsymbol{\varepsilon} = \frac{1}{2}\,(\,\mathbf{H} + \mathbf{H}^T\,) = \frac{1}{2}\,(\,u_{A,B} + u_{B,A}\,)\mathbf{E}_A \otimes \mathbf{E}_B\,. \tag{3.17}$$

Aufgabe 3.1: Für den Fall einer ebenen Deformation sind der Deformationsgradient (3.6) und der GREEN-LAGRANGEsche Verzerrungstensor (3.16) zu bestimmen. Die Deformation ist durch $\mathbf{x} = \mathbf{X} + \mathbf{u}\,(\,X_1,\,X_2\,)$ gegeben, s. Bild 3.3.

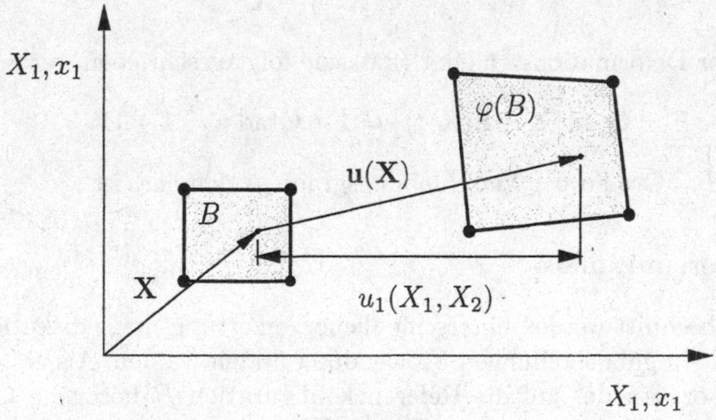

Bild 3.3. Ebene Bewegung

Lösung: **F** wird mittels (3.7) berechnet. Dazu gibt man die Komponenten von **x** an

$$\begin{aligned} x_1 &= X_1 + u_1\,(\,X_1,\,X_2\,)\,, \\ x_2 &= X_2 + u_2\,(\,X_1,\,X_2\,)\,, \\ x_3 &= X_3\,. \end{aligned}$$

Dies liefert das Matrizenbild von **F**

$$\{\mathbf{F}\} = \begin{bmatrix} 1+u_{1,1} & u_{1,2} & 0 \\ u_{2,1} & 1+u_{2,2} & 0 \\ 0 & 0 & 1 \end{bmatrix}.$$

Der GREEN-LAGRANGEsche Verzerrungstensor $\mathbf{E}$ läßt sich mit Hilfe von $\mathbf{F}$ aus (3.15) bestimmen. Jedoch wäre auch die Berechnung von $\mathbf{E}$ nach (3.16) möglich, hier aber etwas aufwendiger. Durch Matrixmultiplikation erhalten wir

$$\left\{\mathbf{F}^T\,\mathbf{F}\right\} = \begin{bmatrix} (1+u_{1,1})^2 + u_{2,1}^2 & (1+u_{1,1})\,u_{1,2} + (1+u_{2,2})\,u_{2,1} & 0 \\ (1+u_{1,1})\,u_{1,2} + (1+u_{2,2})\,u_{2,1} & (1+u_{2,2})^2 + u_{1,2}^2 & 0 \\ 0 & 0 & 1 \end{bmatrix}.$$

Damit lauten die Komponenten des GREEN-LAGRANGEschen Verzerrungstensors

$$E_{11} = u_{1,1} + \frac{1}{2}\,(\,u_{1,1}^2 + u_{2,1}^2\,)\,,$$

$$E_{22} = u_{2,2} + \frac{1}{2}\,(\,u_{2,2}^2 + u_{1,2}^2\,)\,,$$

$$E_{12} = \frac{1}{2}\,(\,u_{1,2} + u_{2,1}\,) + \frac{1}{2}\,(\,u_{1,1}\,u_{1,2} + u_{2,2}\,u_{2,1}\,).$$

Die Komponenenten E_{33}, E_{13}, E_{23} ergeben sich für die ebene Deformation identisch zu Null. Die ersten Terme auf der rechten Seite stellen jeweils den linearen Anteil des Verzerrungstensors dar.

Der GREEN-LAGRANGEsche Verzerrungstensor wird häufig in nichtlinearen Ingenieuranwendungen benutzt. Er wird insbesondere bei Problemen mit großen Verschiebungen aber kleinen Verzerrungen eingesetzt (z.B. innerhalb von Platten- oder Schalentheorien), da er gegenüber beliebigen Starrkörperbewegungen invariant ist.

Eine Verallgemeinerung von (3.15) findet sich z.B. bei (OGDEN 1984)

$$\mathbf{E}^\alpha = \frac{1}{\alpha}\,(\,\mathbf{U}^\alpha - \mathbf{1}\,)\,, \quad \alpha \in \mathbb{R}\,. \tag{3.18}$$

Dieser Verzerrungstensor ist auf die Referenzkonfiguration B bezogen und so konstruiert, daß seine Linearisierung wieder auf den klassischen Verzerrungstensor (3.17) der linearen Theorie führt. Für $\alpha = 0$ folgt das verallgemeinerte Verzerrungsmaß

$$\mathbf{E}^{(0)} = \ln \mathbf{U}\,, \tag{3.19}$$

daß unter dem Namen HENCKYscher Verzerrungstensor bekannt ist.

Das Äquivalent zu den verallgemeinerten Verzerrungen (3.18) – in der Momentankonfiguration $\varphi\,(B)$ wirkend – ist durch

$$\mathbf{e}^\alpha = \frac{1}{\alpha}\,(\,\mathbf{V}^\alpha - \mathbf{1}\,)\,, \quad \alpha \in \mathbb{R}\,. \tag{3.20}$$

gegeben. Zur Definition dieser Verzerrungsmaße wurde Gebrauch von der polaren Zerlegung des Deformationsgradienten in einen eigentlich orthogonalen Rotationstensor $\mathbf{R}$ (mit $\mathbf{R}^{-1} = \mathbf{R}^T$) und die symmetrischen Strecktensoren $\mathbf{U}\,,\mathbf{V}$ gemacht, s. z.B. ((OGDEN 1984), S. 92):

$$\begin{aligned} \mathbf{F} &= \mathbf{R}\,\mathbf{U} = \mathbf{V}\,\mathbf{R}\,, \\ F_{iB}\,\mathbf{e}_i \otimes \mathbf{E}_B &= (\,R_{iA}\mathbf{e}_i \otimes \mathbf{E}_A\,)\,(\,U_{CB}\,\mathbf{E}_C \otimes \mathbf{E}_B\,) \\ F_{iB}\,\mathbf{e}_i \otimes \mathbf{E}_B &= (\,V_{ik}\mathbf{e}_i \otimes \mathbf{e}_k\,)\,(\,R_{mB}\,\mathbf{e}_m \otimes \mathbf{E}_B\,)\,. \end{aligned} \tag{3.21}$$

Wegen der Orthogonalität von $\mathbf{R}$ ergibt sich für den rechten CAUCHY-GREENschen Deformationstensor $\mathbf{C} = \mathbf{F}^T\,\mathbf{F} = \mathbf{U}^T\,\mathbf{R}^T\,\mathbf{R}\,\mathbf{U} = \mathbf{U}^T\,\mathbf{U} = \mathbf{U}^2$. Letzeres Ergebnis folgt aus der Symmetrie von $\mathbf{U}$. Damit schreibt sich der GREEN-LAGRANGEsche Verzerrungstensor (3.15) $\mathbf{E} = \frac{1}{2}\,(\mathbf{U}^2 - \mathbf{1})$ und ist somit als Spezialfall für $\alpha = 2$ in (3.18) enthalten.

Bei der Anwendung der Verzerrungmaße (3.18) und (3.20) ist darauf zu achten, daß sie im allgemeinen Fall nur über die Spektralzerlegung von $\mathbf{U}$ oder $\mathbf{V}$:

$$\mathbf{U} = \sum_{i=1}^{3} \lambda_i\,\mathbf{N}_i \otimes \mathbf{N}_i \qquad \mathbf{V} = \sum_{i=1}^{3} \lambda_i\,\mathbf{n}_i \otimes \mathbf{n}_i \tag{3.22}$$

berechenbar sind (z.B. ist für den Fall $\alpha = 0.5$ die Wurzel $\mathbf{U}^{1/2}$ des rechten Strecktensors $\mathbf{U}$ nur über die Spektralzerlegung gegeben). Die bei dieser Zerlegung auftretenden Eigenwerte λ_i werden auch Hauptstreckungen genannt. Sie sind für $\mathbf{U}$ und $\mathbf{V}$ gleich. Die zu $\mathbf{U}$ gehörigen Eigenvektoren $\mathbf{N}_i$ beziehen sich auf die Referenzkonfiguration. Die Eigenvektoren $\mathbf{n}_i$ von $\mathbf{V}$ wirken in der Momentankonfiguration. Die Eigenvektoren $\mathbf{n}_i$ lassen sich aus den $\mathbf{N}_i$ über die Transformation $\mathbf{n}_i = \mathbf{R}\,\mathbf{N}_i$ berechnen, was direkt aus (3.21): $\mathbf{V} = \mathbf{R}\,\mathbf{U}\,\mathbf{R}^T = \sum_{i=1}^{3} \lambda_i\,(\mathbf{R}\,\mathbf{N}_I) \otimes (\mathbf{R}\,\mathbf{N}_I)$ mit $(3.22)_2$ folgt.

Wegen $\mathbf{C} = \mathbf{U}^2$ ist es weiterhin leicht zu zeigen, daß die Spektralzerlegung des rechten CAUCHY-GREEN-Tensors durch

$$\mathbf{C} = \sum_{i=1}^{3} \lambda_i^2\,\mathbf{N}_i \otimes \mathbf{N}_i \tag{3.23}$$

gegeben ist; für die praktische Durchführung der Spektralzerlegung siehe auch Anhang A.1.5.

Aufgabe 3.2: Man bestimme die Hauptdehnungen für eine in einer Ebene beanspruchte Scheibe, wenn der Deformationsgradient $\mathbf{F}$ durch

$$\mathbf{F} = \begin{bmatrix} 3 & -1 & 0 \\ 2 & 2 & 0 \\ 0 & 0 & 1 \end{bmatrix}$$

gegeben ist. Weiterhin sind $\mathbf{U}$ und $\mathbf{R}$ zu berechnen.

Lösung: Mit der polaren Zerlegung (3.21) kann der rechte CAUCHY-GREENsche Deformationstensor $\mathbf{C}$ folgendermaßen geschrieben werden

$$\mathbf{C} = \mathbf{F}^T\,\mathbf{F} = \mathbf{U}^2\,.$$

Damit gilt, daß die Eigenwerte von $\mathbf{C}$ gleich dem Quadrat der Eigenwerte von $\mathbf{U}$ sind. Somit reicht es zunächst aus die Eigenwerte von $\mathbf{C}$ zu berechnen, die hier mit

λ_i^2 bezeichnet werden. Dazu sind die Nullstellen der Determinante: $\det[\mathbf{C} - \lambda^2 \mathbf{1}]$ zu bestimmen. Mit $\mathbf{F}$ erhält man

$$\mathbf{C} = \begin{bmatrix} 13 & 1 & 0 \\ 1 & 5 & 0 \\ 0 & 0 & 1 \end{bmatrix}$$

und weiterhin

$$\det[\mathbf{C} - \lambda^2 \mathbf{1}] = \begin{vmatrix} (13-\lambda^2) & 1 & 0 \\ 1 & (5-\lambda^2) & 0 \\ 0 & 0 & (1-\lambda^2) \end{vmatrix} .$$

Das zugehörige charakteristische Polynom hat die Form

$$(1-\lambda^2)\,(\lambda^4 - 18\,\lambda^2 + 64) = 0\,,$$

und liefert die Lösungen

$$\lambda_{1,2}^2 = 9 \pm \sqrt{17}\,, \quad \lambda_3^2 = 1\,.$$

Man sieht, daß die dritte Richtung vollständig entkoppelt (triviale Lösung $\lambda_3^2 = 1$). Damit sind die Hauptdehnungen bestimmt. Um $\mathbf{U}$ zu berechnen, werden die Eigenwerte λ_i^2 in das homogene Gleichungssystem $\mathbf{C} - \lambda^2\,\mathbf{1} = \mathbf{0}$ eingesetzt. Dies liefert nach der Normierung ($\|\mathbf{N}_i\| = 1$) die Eigenvektoren von $\mathbf{U}$

$$\mathbf{N}_1 = \begin{Bmatrix} 0.993 \\ 0.122 \\ 0.0 \end{Bmatrix}, \quad \mathbf{N}_2 = \begin{Bmatrix} -0.122 \\ 0.993 \\ 0.0 \end{Bmatrix}, \quad \mathbf{N}_3 = \begin{Bmatrix} 0.0 \\ 0.0 \\ 1.0 \end{Bmatrix}.$$

Man erhält $\mathbf{U}$ als

$$\mathbf{U} = \lambda_1\,\mathbf{N}_1 \otimes \mathbf{N}_1 + \lambda_2\,\mathbf{N}_2 \otimes \mathbf{N}_2 + \lambda_3\,\mathbf{N}_3 \otimes \mathbf{N}_3\,.$$

In Matrizenschreibweise werden die dyadischen Produkte $\mathbf{N}_i \otimes \mathbf{N}_i$ durch $\mathbf{N}_i\,\mathbf{N}_i^T$ dargestellt, wodurch sich die obige Gleichung zu

$$\mathbf{U} = \lambda_1\,\mathbf{N}_1\,\mathbf{N}_1^T + \lambda_2\,\mathbf{N}_2\,\mathbf{N}_2^T + \lambda_3\,\mathbf{N}_3\,\mathbf{N}_3^T = \begin{bmatrix} 3.60 & 0.17 & 0 \\ 0.17 & 2.23 & 0 \\ 0 & 0 & 1 \end{bmatrix}$$

ergibt. Damit ist $\mathbf{U}$ zahlenmäßig bestimmt. Der zugehörige Rotationstensor $\mathbf{R}$ berechnet sich anschließend aus $\mathbf{R} = \mathbf{F}\,\mathbf{U}^{-1}$. Die entsprechende Matrixmultiplikation liefert

$$\mathbf{R} = \begin{bmatrix} 0.86 & -0.51 & 0 \\ 0.51 & 0.86 & 0 \\ 0 & 0 & 1 \end{bmatrix}.$$

Wenn man direkt davon ausgeht, daß die Aufgabenstellung eine ebene Deformation beinhaltet, so kann die Berechnung von $\mathbf{R}$ und $\mathbf{U}$ vereinfacht werden. Mit dem Ansatz

$$\mathbf{R} = \begin{bmatrix} \cos\theta & \sin\theta & 0 \\ -\sin\theta & \cos\theta & 0 \\ 0 & 0 & 1 \end{bmatrix}$$

wird die Drehung der zwei – in der Ebene zueinander orthogonalen – Eigenvektoren mit dem noch unbekannten Winkel θ beschrieben. Da $\mathbf{R}^T = \mathbf{R}^{-1}$ ist, berechnet sich $\mathbf{U}$ mit (3.21) aus $\mathbf{U} = \mathbf{R}^T \mathbf{F}$. Die Bedingung $\mathbf{U} = \mathbf{U}^T$

$$U_{12} = R_{11} F_{12} + R_{21} F_{22} \equiv R_{12} F_{11} + R_{22} F_{21} = U_{21}$$

ergibt dann die Bestimmungsgleichung für den unbekannten Winkel θ

$$\tan\theta = \frac{F_{12} - F_{21}}{F_{11} + F_{22}},$$

die in diesem Beispiel den Winkel $\theta = -31.0$ liefert. Damit ist dann $\mathbf{R}$ und entsprechend $\mathbf{U} = \mathbf{R}^T \mathbf{F}$ bestimmt.

Als weiteren Spezialfall der verallgemeinerten Verzerrungsmaße (3.18) und (3.20) folgt mit $\alpha = -2$ aus (3.20) der ALMANSIschen Verzerrungstensor

$$\mathbf{e} := \mathbf{e}^{(-2)} = \frac{1}{2}(\mathbf{1} - \mathbf{V}^{-2}) = \frac{1}{2}(\mathbf{1} - \mathbf{b}^{-1}) = \frac{1}{2}(\mathbf{1} - \mathbf{F}^{-T}\mathbf{F}^{-1}), \qquad (3.24)$$

wobei in (3.24) der linke CAUCHY-GREEN-Tensor

$$\mathbf{b} := \mathbf{F}\,\mathbf{F}^T = \mathbf{V}\,\mathbf{R}\,\mathbf{R}^T\,\mathbf{V}^T = \mathbf{V}^2 \qquad (3.25)$$

eingeführt wurde, der auch später bei der Formulierung von Materialgesetzen und in den numerischen Umsetzungen noch von Bedeutung sein wird.

Mit der Spektralzerlegung (3.22) der Strecktensoren $\mathbf{U}$ und $\mathbf{V}$ lassen sich die verallgemeinerten Verzerrungstensoren (3.18) und (3.20) folgendermaßen schreiben

$$\mathbf{E}^\alpha = \frac{1}{\alpha}\sum_{i=1}^{3}(\lambda_i^\alpha - 1)\,\mathbf{N}_i \otimes \mathbf{N}_i \quad \text{und} \quad \mathbf{e}^\alpha = \frac{1}{\alpha}\sum_{i=1}^{3}(\lambda_i^\alpha - 1)\,\mathbf{n}_i \otimes \mathbf{n}_i\,. \qquad (3.26)$$

Damit ergeben sich die beiden Spezialfälle des GREENschen und des ALMANSIschen Verzerrungstensors in den Hauptdehnungen zu

$$\mathbf{E} = \sum_{i=1}^{3}\frac{1}{2}(\lambda_i^2 - 1)\,\mathbf{N}_i \otimes \mathbf{N}_i\,, \quad \text{und} \quad \mathbf{e} = \sum_{i=1}^{3}\frac{1}{2}(1 - \lambda_i^{-2})\,\mathbf{n}_i \otimes \mathbf{n}_i\,. \qquad (3.27)$$

ANMERKUNG 3.2: In einigen Anwendungsfällen – wie z.B. bei Fachwerken oder axialsymmetrischen Membranen mit isotropen Materialverhalten – sind die Hauptdehnungsrichtungen von vornherein bekannt, s. z.B. Abschn. 9.3. Dann ist eine Formulierung in den Hauptdehnungen von Vorteil. Weiterhin lassen sich Materialgleichungen für die endliche Elastizität, die in Hauptdehnungen formuliert sind, besser an experimentelle Daten anpassen, so daß auch dort die Formulierung in Hauptdehnungen vorzuziehen ist.

Bei Bewegungen, bei denen die Deformation durch Zwangsbedingungen eingeschränkt sind, lassen sich diese Zwangsbedingungen oftmals direkt in die Kinematik einbauen. Im Falle der Inkompressibilität, die bei gummiartigen Materialien und in der Plastizitätstheorie eine Rolle spielt, lautet diese Zwangsbedingung: $\det \mathbf{F} = J = 1$. Die folgende multiplikative Aufspaltung des materiellen Deformationsgradienten

$$\mathbf{F} = J^{\frac{1}{3}}\,\widehat{\mathbf{F}} \qquad\qquad \widehat{\mathbf{F}} = J^{-\frac{1}{3}}\,\mathbf{F} \tag{3.28}$$

die von (FLORY 1961) vorgeschlagen wurde, führt zu einer *a priori* Erfüllung der Volumenkonstanz von $\widehat{\mathbf{F}}$, da immer $\det \widehat{\mathbf{F}} \equiv 1$ gilt.

Durch Einsetzen von (3.28) in (3.15) erhält man weiterhin die Beziehung zwischen dem isochoren Anteil des rechten CAUCHY GREENschen Deformationstensors $\widehat{\mathbf{C}}$ und $\mathbf{C}$ selbst:

$$\widehat{\mathbf{C}} = \widehat{\mathbf{F}}^T\,\widehat{\mathbf{F}} = J^{-\frac{2}{3}}\,\mathbf{F}^T\,\mathbf{F} = J^{-\frac{2}{3}}\,\mathbf{C}\,. \tag{3.29}$$

Diese – in der nichtlinearen Theorie – multiplikative Aufspaltung von $\mathbf{F}$ in einen dilatorischen oder volumenändernden Anteil (J) und einen volumenerhaltenden Anteil ($\widehat{\mathbf{F}}$) entspricht der additiven Zerlegung des Verzerrungstensors in einen deviatorischen $\mathbf{e}_D$ und einen volumetrischen Part in der infinitesimalen Theorie

$$\boldsymbol{\epsilon} = \mathbf{e}_D + \frac{1}{3}\,\mathrm{tr}\,\boldsymbol{\epsilon}\,\mathbf{1}\,. \tag{3.30}$$

Aufgabe 3.3: Der in Aufgabe 3.2 gegebene Deformationsgradient soll in seinen isochoren und dilatorischen Anteil zerlegt werden.

Lösung: Die Anwendung von Gl. (3.28) liefert mit $J = \det \mathbf{F} = 8$ die Aufteilung

$$\mathbf{F} = J^{\frac{1}{3}}\,\widehat{\mathbf{F}} = 2\begin{bmatrix} 1.5 & -0.5 & 0 \\ 1 & 1 & 0 \\ 0 & 0 & 0.5 \end{bmatrix}.$$

3.1.3 Transformation von Vektoren und Tensoren

Die Kenntnis des Transformationsverhaltens zwischen differentiellen Größen der Momentankonfiguration und der Referenzkonfiguration ist wichtig für viele Umformungen bei theoretischen Ableitungen und in den numerischen Anwendungen. Feldgrößen, die auf die Momentankonfiguration bezogen sind, lassen sich auf Größen in der Ausgangskonfiguration überführen, was man nach der Notation von (MARSDEN and HUGHES 1983) auch als "Zurückziehen" oder *pull back* bezeichnen kann. Umgekehrt lassen sich durch den sog. *push forward*, Größen der Ausgangskonfiguration auf $\varphi(B)$ beziehen.

Dazu sind die Basisvektoren der entsprechenden Vektor- oder Tensorfelder zu transformieren. Für den Gradienten eines Skalarfeldes $G(\mathbf{X}) = g(\mathbf{x}) = g[\varphi(\mathbf{X})]$ gilt folgende Beziehung

$$\operatorname{Grad} G = \mathbf{F}^T \operatorname{grad} g \Longleftrightarrow \frac{\partial G}{\partial X_A} = \frac{\partial g}{\partial x_i}\frac{\partial x_i}{\partial X_A}, \tag{3.31}$$

$$\operatorname{grad} g = \mathbf{F}^{-T} \operatorname{Grad} G. \tag{3.32}$$

Analog erhalten wir für das Tensorfeldes $\mathbf{W}(\mathbf{X}) = \mathbf{w}(\mathbf{x}) = \mathbf{w}[\varphi(\mathbf{X})]$ den Gradienten

$$\operatorname{Grad} \mathbf{W} = \operatorname{grad} \mathbf{w}\, \mathbf{F} \Longleftrightarrow \operatorname{grad} \mathbf{w} = \operatorname{Grad} \mathbf{W}\, \mathbf{F}^{-1}. \tag{3.33}$$

Als Anwendung können wir die Berechnung des Deformationsgradienten infolge des auf die Momentankonfiguration bezogenen Verschiebungsfeldes $\mathbf{u}[\boldsymbol{\varphi}(\mathbf{X})]$ angeben. Es gilt mit (3.14) und (3.33)

$$\begin{aligned} \mathbf{F} &= \mathbf{1} + \operatorname{Grad} \mathbf{u} \qquad \mid \mathbf{F}^{-1} \\ \mathbf{1} &= \mathbf{F}^{-1} + \operatorname{Grad} \mathbf{u}\, \mathbf{F}^{-1}, \\ \Longrightarrow \mathbf{F}^{-1} &= \mathbf{1} - \operatorname{grad} \mathbf{u}. \end{aligned} \tag{3.34}$$

Es kann also die Inverse des Deformationsgradienten mit den auf die Momentankonfiguration bezogenen Verschiebungsgrößen berechnet werden. Hiervon werden wir später bei den Finite-Element-Formulierungen noch Gebrauch machen.

Durch Anwendung einer *pull back* Operation läßt sich beispielhaft der ALMANSIsche in den GREEN-LAGRANGEschen Verzerrrungstensor mit (3.15) und (3.24) überführen

$$\mathbf{E} = \mathbf{F}^T \frac{1}{2} (\mathbf{1} - \mathbf{F}^{-T}\mathbf{F}^{-1})\, \mathbf{F} = \mathbf{F}^T \mathbf{e}\, \mathbf{F}, \tag{3.35}$$

wobei natürlich der physikalische Gehalt der Aussage nicht geändert wird sondern nur die Bezugskonfiguration.

ANMERKUNG 3.3: Eine häufig in numerischen Methoden verwendete Parametrisierung der Ausgangs- und Momentankonfiguration erfolgt durch die konvektiven Koordinaten, die man sich als auf dem Körper eingeritzt vorstellt, s. Anhang A.1.2 und speziell dort Bild A.1. Hier geht man davon aus, daß die kartesischen Koordinaten $\{X_A\}$ und $\{x_i\}$ als Funktionen der konvektiven Koordinaten $\{\Theta^j\}$ geschrieben werden können. Wenn man mit konvektiven Koordinaten arbeitet, dann gilt für die Tangentenvektoren in einem Punkt $\mathbf{X}$ in B

$$\mathbf{G}_j = \frac{\partial \mathbf{X}}{\partial \Theta^j} = \mathbf{X}_{,j} \tag{3.36}$$

und analog für einen durch $\boldsymbol{\varphi}(\mathbf{X}, t)$ beschriebenen Punkt in $\varphi(B)$

$$\mathbf{g}_j = \frac{\partial \boldsymbol{\varphi}(\mathbf{X}, t)}{\partial \Theta^j} = \boldsymbol{\varphi}_{,j}. \tag{3.37}$$

Mit der Kettenregel folgt aus den beiden vorherstehenden Beziehungen

$$\mathbf{g}_j = \frac{\partial \boldsymbol{\varphi}(\mathbf{X},t)}{\partial \mathbf{X}} \frac{\partial \mathbf{X}}{\partial \Theta^j} = \mathbf{F}\,\mathbf{G}_j\,. \tag{3.38}$$

Dies heißt, daß sich die Tangentenvektoren wie die Linienelemente $\mathbf{dx}$ *und* $\mathbf{dX}$*, s. (3.5), transformieren. Aus (3.38) folgt, daß der Deformationsgradient mit den Tangentenvektoren wie folgt dargestellt werden kann*

$$\mathbf{F} = \mathbf{g}_i \otimes \mathbf{G}^i\,. \tag{3.39}$$

Die Tangentenvektoren sind kovariante Vektoren, die mit ihrem kontravarianten Gegenpart über $\mathbf{g}_i \cdot \mathbf{g}^k = \delta_i^k$ *verbunden sind. Mit Gl. (3.38) erhalten wir*

$$\mathbf{F}\,\mathbf{G}_i \cdot \mathbf{A}\,\mathbf{G}^k = \delta_i^k \longrightarrow \mathbf{A} = \mathbf{F}^{-T}\,, \tag{3.40}$$

worin $\mathbf{A} = \mathbf{F}^{-T}$ *den Transformationstensor für die kontravarianten Basisvektoren darstellt und somit die Transformation* $\mathbf{g}^k = \mathbf{F}^{-T}\,\mathbf{G}^k$.

Die ko- bzw. kontravarianten Basisvektoren können als Basis für einen Tensor dienen. Kennt man diese, so ist es leicht, die entsprechenden pull back oder push forward Operationen auszuführen, s. Anhang A.2.6. Für den GREEN-LAGRANGE*schen Verzerrungstensor erhalten wir z.B.*

$$\begin{aligned}\mathbf{E} &= \frac{1}{2}\,(g_{ik} - G_{ik})\,\mathbf{G}^i \otimes \mathbf{G}^k \\ &= \frac{1}{2}\,(g_{ik} - G_{ik})\,\mathbf{F}^T\,\mathbf{g}^i \otimes \mathbf{F}^T\,\mathbf{g}^k = \mathbf{F}^T\,[\,\frac{1}{2}\,(g_{ik} - G_{ik})\,\mathbf{g}^i \otimes \mathbf{g}^k\,]\,\mathbf{F}\,,\end{aligned} \tag{3.41}$$

was genau der pull back Operation (3.35) entspricht.

3.1.4 Zeitableitungen

Die Abhängigkeit der Deformation $\boldsymbol{\varphi}(\mathbf{X},t)$ von der Zeit muß in nichtlinearen Problemstellungen dann berücksichtigt werden, wenn entweder das Materialverhalten geschichtsabhängig ist (z.B. Plastizität oder Viskoelastizität) oder wenn der gesamte Prozeß dynamischer Natur ist. Zu diesem Zweck werden hier die Zeitableitungen kinematischer Größen angegeben.

Die Geschwindigkeit des materiellen Punktes bezogen auf die Referenzkonfiguration wird durch die materielle Zeitableitung

$$\mathbf{v}(\mathbf{X},t) = \frac{D\boldsymbol{\varphi}}{Dt} = \frac{\partial \boldsymbol{\varphi}(\mathbf{X},t)}{\partial t} = \dot{\boldsymbol{\varphi}}(\mathbf{X},t) \tag{3.42}$$

definiert. In der räumlichen Beschreibung gilt für die Geschwindigkeit $\hat{\mathbf{v}}$ eines Partikels, das den Punkt $\mathbf{x}$ zur Zeit t in $\varphi(B)$ einnimmt,

$$\hat{\mathbf{v}}(\mathbf{x},t) = \hat{\mathbf{v}}(\boldsymbol{\varphi}(\mathbf{X},t),t) = \mathbf{v}(\mathbf{X},t)\,. \tag{3.43}$$

Analog ist die Beschleunigung durch zweimaliges Ableiten nach der Zeit gegeben:

$$\mathbf{a} = \ddot{\boldsymbol{\varphi}}(\mathbf{X},t) = \dot{\mathbf{v}}(\mathbf{X},t)\,. \tag{3.44}$$

Mit dieser Definition kann auch die Beschleunigung mit Bezug auf die räumliche Konfiguration bestimmt werden. Mit (3.43) gilt dann unter Beachtung der Kettenregel

$$\hat{\mathbf{a}} = \dot{\hat{\mathbf{v}}} = \frac{\partial}{\partial t}\left[\,\hat{\mathbf{v}}\left(\boldsymbol{\varphi}(\mathbf{X},t)\,,t\right)\right] = \frac{\partial \hat{\mathbf{v}}}{\partial t} + \operatorname{grad}\hat{\mathbf{v}}\,\hat{\mathbf{v}}\,, \tag{3.45}$$

wobei der erste Term als lokaler und der zweite Term als konvektiver Anteil der Zeitableitung bezeichnet wird. Die lokale Zeitableitung wird dabei unter Festhalten der räumlichen Position $\mathbf{x}$ gebildet. Die Zeitableitung (3.45) hat im wesentlichen in der Fluidmechanik Bedeutung.

Die Zeitableitung des Deformationsgradienten $\mathbf{F}$ liefert mit (3.6), (3.42) und (3.33)

$$\dot{\mathbf{F}} = \operatorname{Grad}\dot{\boldsymbol{\varphi}}\,(\mathbf{X},t) = \operatorname{Grad}\mathbf{v} = \operatorname{grad}\hat{\mathbf{v}}\,\mathbf{F}\,. \tag{3.46}$$

Den hier auftretenden räumlichen Geschwindigkeitsgradienten $\operatorname{grad}\hat{\mathbf{v}}$ bezeichnet man auch durch den Buchstaben $\mathbf{l}$. Mit (3.46) ist dieser auch durch

$$\mathbf{l} = \dot{\mathbf{F}}\,\mathbf{F}^{-1} \tag{3.47}$$

gegeben. Gleichung (3.46) kann jetzt für die Berechnung der Zeitableitung des GREEN-LAGRANGEschen Verzerrungstensors (3.15) verwendet werden

$$\dot{\mathbf{E}} = \frac{1}{2}\,(\dot{\mathbf{F}}^T\,\mathbf{F} + \mathbf{F}^T\,\dot{\mathbf{F}})\,. \tag{3.48}$$

Mit der letzten Beziehung in (3.46) schreibt sich die Zeitableitung von $\mathbf{E}$ auch

$$\dot{\mathbf{E}} = \mathbf{F}^T\,\frac{1}{2}\,(\mathbf{l} + \mathbf{l}^T)\,\mathbf{F} = \mathbf{F}^T\,\mathbf{d}\,\mathbf{F}\,. \tag{3.49}$$

Diese Gleichung hat eine zu (3.35) äquivalente Struktur und stellt somit einen *pull back* des symmetrischen räumlichen Geschwindigkeitsgradienten $\mathbf{d} = \frac{1}{2}\,(\mathbf{l} + \mathbf{l}^T)$ auf die Referenzkonfiguration dar.

Abschließend sei noch die konvektive Zeitableitung einer räumlichen Größe betrachtet, die auch LIE-Ableitung genannt wird. Sie ist für einen räumlichen Tensor $\mathbf{g}(\mathbf{x},t)$ mit kovarianter Basis durch die folgende Beziehung

$$\mathcal{L}_v\,\mathbf{g} := \mathbf{F}\,\left\{\frac{\partial}{\partial t}\left[\,\mathbf{F}^{-1}\,\mathbf{g}\,\mathbf{F}^{-T}\,\right]\right\}\,\mathbf{F}^T \tag{3.50}$$

definiert. Dies bedeutet für die praktische Ausführung dieser Zeitableitung, daß der Tensor $\mathbf{g}$ zunächst mittels einer *pull back* Operation auf die Referenzkonfiguration transformiert wird. Dann findet dort die materielle Zeitableitung statt und danach wird das Ergebnis wieder durch eine *push forward* Operation auf die Monentankonfiguration bezogen.

Die analoge Vorschrift für die Berechnung der LIE-Ableitung einer räumlichen Größe $\hat{\mathbf{g}}$ mit kontravarianter Basis lautet sinngemäß

$$\mathcal{L}_v\,\hat{\mathbf{g}} := \mathbf{F}^{-T}\,\left\{\frac{\partial}{\partial t}\left[\,\mathbf{F}^T\,\hat{\mathbf{g}}\,\mathbf{F}\,\right]\right\}\,\mathbf{F}^{-1}\,. \tag{3.51}$$

So erhalten wir für die LIE-Ableitung des ALMANSIschen Verzerrungstensors

$$\mathcal{L}_v \, \mathbf{e} = \mathbf{F}^{-T} \left\{ \frac{\partial}{\partial t} [\, \mathbf{F}^T \mathbf{e} \, \mathbf{F} \,] \right\} \mathbf{F}^{-1} = \mathbf{F}^{-T} \, \dot{\mathbf{E}} \, \mathbf{F}^{-1} \,, \tag{3.52}$$

woraus

$$\dot{\mathbf{E}} = \mathbf{F}^T \mathcal{L}_v \, \mathbf{e} \, \mathbf{F} \tag{3.53}$$

folgt. Der Vergleich mit Gl. (3.49) zeigt, daß die LIE-Ableitung des ALMANSIschen Verzerrungstensors gleich dem symmetrischen räumlichen Geschwindigkeitsgradienten **d** ist.

Aufgabe 3.4: In der Plastizitätstheorie großer Deformationen wird häufig eine multiplikative Aufteilung des Deformationsgradienten in einen elastischen und inelastischen Anteil postuliert: $\mathbf{F} = \mathbf{F}_e \, \mathbf{F}_p$. Man berechne die LIE-Ableitung des räumlichen Verzerrungsmaßes $\mathbf{b}_e = \mathbf{F}_e \, \mathbf{F}_e^T$.

Lösung: Der *pull back* von $\mathbf{b}_e$ auf die Referenzkonfiguration liefert unter Beachtung von (3.50)

$$\mathbf{F}^{-1} \, \mathbf{b}_e \, \mathbf{F}^{-T} = \mathbf{F}^{-1} (\mathbf{F} \, \mathbf{F}_p^{-1} \, \mathbf{F}_p^{-T} \, \mathbf{F}^T) \, \mathbf{F}^{-T} = \mathbf{F}_p^{-1} \, \mathbf{F}_p^{-T} \,. \tag{3.54}$$

Die anschließende Zeitableitung ergibt dann

$$\frac{\partial}{\partial t} \mathbf{F}_p^{-1} \, \mathbf{F}_p^{-T} = \dot{\mathbf{F}}_p^{-1} \, \mathbf{F}_p^{-T} + \mathbf{F}_p^{-1} \, \dot{\mathbf{F}}_p^{-T} \,. \tag{3.55}$$

Diese Gleichung kann durch zeitliche Ableitung der Identität $\mathbf{F}_p \, \mathbf{F}_p^{-1} = \mathbf{1}$, die das Ergebnis $\dot{\mathbf{F}}_p^{-1} = -\mathbf{F}_p^{-1} \, \dot{\mathbf{F}}_p \, \mathbf{F}_p^{-1}$ liefert, umgeformt werden

$$\frac{\partial}{\partial t} \mathbf{F}_p^{-1} \, \mathbf{F}_p^{-T} = -\mathbf{F}_p^{-1} \, \dot{\mathbf{F}}_p \, \mathbf{F}_p^{-1} \, \mathbf{F}_p^{-T} - \mathbf{F}_p^{-1} \, \mathbf{F}_p^{-T} \, \dot{\mathbf{F}}_p^{-T} \, \mathbf{F}_p^{-T} \,. \tag{3.56}$$

Die abschließende Transformation in die Momentankonfiguration durch die *push forward* Operation liefert

$$\mathcal{L}_v \, \mathbf{b}_e = -\mathbf{F}_e \, (\dot{\mathbf{F}}_p \, \mathbf{F}_p^{-1} + \mathbf{F}_p^{-T} \, \dot{\mathbf{F}}_p^{-T}) \, \mathbf{F}_e^T \,. \tag{3.57}$$

Mit der Definition des plastischen Geschwindigkeitsgradienten $\tilde{\mathbf{L}}_p = \dot{\mathbf{F}}_p \, \mathbf{F}_p^{-1}$ in der plastischen Zwischenkonfiguration, s. Abschn. 3.3.2, erhält man schließlich mit

$$\mathcal{L}_v \, \mathbf{b}_e = -2 \, \mathbf{F}_e \, \frac{1}{2} (\, \tilde{\mathbf{L}}_p + \tilde{\mathbf{L}}_p^T \,) \, \mathbf{F}_e^T \tag{3.58}$$

die LIE-Ableitung von $\mathbf{b}_e$ als *push forward* des symmetrischen Anteils des plastischen Geschwindigkeitsgradienten von der plastischen Zwischenkonfiguration auf die Momentankonfiguration.

3.2 Bilanzgleichungen

In diesem Abschnitt sollen die Differentialgleichungen zusammengefaßt werden, die die lokalen Bilanzgleichungen wie die Massenbilanz, die Impulsbilanz, die Drallbilanz und den 1. Hauptsatz der Thermodynamik wiedergeben. Diese Gleichungen stellen die fundamentalen Beziehungen der Kontinuumsmechanik dar. Eine detaillierte Ableitung kann z.B. in (TRUESDELL and TOUPIN 1960), (TRUESDELL and NOLL 1965), ((MALVERN 1969), Kap. 5), (BECKER und BÜRGER 1975) oder (ALTENBACH und ALTENBACH 1994) gefunden werden.

3.2.1 Volumenbilanz

In der LAGRANGEschen Beschreibung ist die Massenerhaltung durch die Beziehung $\rho_0 = J\,\rho$ gegeben, wobei mit ρ_0 die Dichte der Referenzkonfiguration und mit ρ die der Momentankonfiguration eingeführt wurde. Aus dieser Gleichung erhalten wir eine Beziehung zwischen den Volumenelementen der Referenz- und Momentankonfiguration

$$dv = \frac{\rho_0}{\rho}\,dV = J\,dV\,. \tag{3.59}$$

3.2.2 Lokale Impulsbilanz, Drallbilanz

Der Impuls oder die Bewegungsgröße ist im kontinuierlichen Fall mit (3.59) durch

$$\mathbf{L} = \int_{\varphi(B)} \rho\,\mathbf{v}\,dv = \int_{B} \rho_0\,\mathbf{v}\,dV \tag{3.60}$$

bezüglich der Momentan- und Ausgangskonfiguration gegeben. Die Impulsbilanz lautet: *Die zeitliche Änderung (materielle Zeitableitung) des Impulses* **L** *ist gleich der Summe aller auf den Körper von außen wirkenden Kräfte (Volumen- und Oberflächenkräfte).* Mathematisch wird dies durch

$$\dot{\mathbf{L}} = \int_{\varphi(B)} \rho\,\bar{\mathbf{b}}\,dv + \int_{\varphi(\partial B)} \mathbf{t}\,da \tag{3.61}$$

beschrieben. $\rho\,\bar{\mathbf{b}}$ stellt die Volumenkraft (z.B. infolge der Schwerkraft) dar, $\mathbf{t}$ ist der Spannungsvektor auf der Oberfläche des Körpers. Mit dem CAUCHY-Theorem, in dem der Spannungsvektor $\mathbf{t}$ dem Oberflächennormalenvektor $\mathbf{n}$ über die Beziehung

$$\mathbf{t} = \boldsymbol{\sigma}\,\mathbf{n}\,, \quad t_i = \sigma_{ik}\,n_k\,, \quad \begin{Bmatrix} t_1 \\ t_2 \\ t_3 \end{Bmatrix} = \begin{bmatrix} \sigma_{11} & \sigma_{12} & \sigma_{13} \\ \sigma_{21} & \sigma_{22} & \sigma_{23} \\ \sigma_{31} & \sigma_{32} & \sigma_{33} \end{bmatrix} \begin{Bmatrix} n_1 \\ n_2 \\ n_3 \end{Bmatrix} \tag{3.62}$$

zugeordnet wird (hier in direkter Notation, Summen- und Matrixschreibweise angegeben), und der Anwendung des GAUSSschen Integralsatzes folgt aus (3.61) die lokale Impulsbilanz. Sie lautet mit Bezug auf die Momentankonfiguration $\varphi(B)$

$$\operatorname{div}\boldsymbol{\sigma} + \rho\,\bar{\mathbf{b}} = \rho\dot{\mathbf{v}}\,, \quad \sigma_{ik,i} + \rho\,\bar{b}_k = \rho\,\dot{v}_k\,. \tag{3.63}$$

Hierin ist $\boldsymbol{\sigma}$ der CAUCHYsche Spannungstensor. $\rho\dot{\mathbf{v}}$ beschreibt die Trägheitskraft, die wir bei rein statischen Untersuchungen vernachlässigen können.

Der Drall oder Drehimpuls bezüglich eines Punktes O – gegeben durch $\mathbf{x}_0$ – ist mit (3.59) durch

$$\mathbf{J} = \int\limits_{\varphi(B)} (\boldsymbol{\varphi} - \mathbf{x}_0) \times \rho \, \mathbf{v} \, dv = \int\limits_{B} (\boldsymbol{\varphi} - \mathbf{x}_0) \times \rho_0 \, \mathbf{v} \, dV \tag{3.64}$$

bezüglich der Momentan- und der Ausgangskonfiguration definiert. Die Aussage der Drehimpulsbilanz lautet: *Die zeitliche Änderung (materielle Zeitableitung) des Drehimpules* **J** *bezüglich des Punktes O ist gleich der Summe der Momente bezüglich des Punktes O infolge der von außen wirkenden Volumen- und Oberflächenkräfte*

$$\dot{\mathbf{J}} = \int\limits_{\varphi(B)} (\boldsymbol{\varphi} - \mathbf{x}_0) \times \rho \, \bar{\mathbf{b}} \, dv + \int\limits_{\varphi(\partial B)} (\boldsymbol{\varphi} - \mathbf{x}_0) \times \mathbf{t} \, da \, . \tag{3.65}$$

Hieraus folgt nach einigen Zwischenrechnungen die lokale Drallbilanz, die zu der Forderung der Symmetrie des CAUCHYschen Spannungstensor

$$\boldsymbol{\sigma} = \boldsymbol{\sigma}^T \, , \qquad \sigma_{ik} = \sigma_{ki} \tag{3.66}$$

führt.

Man beachte, daß in dem Spezialfall, wenn keine äußeren Kräfte auf den Körper wirken, die Erhaltung von Impuls und Drehimpuls folgt:

$$\dot{\mathbf{L}} = \mathbf{0} \Leftrightarrow \mathbf{L} = \text{konst.} \, , \tag{3.67}$$

$$\dot{\mathbf{J}} = \mathbf{0} \Leftrightarrow \mathbf{J} = \text{konst.} \, . \tag{3.68}$$

3.2.3 1. Hauptsatz der Thermodynamik

Eine weitere Bilanzaussage, die die Erhaltung der Energie eines thermodynamischen Prozesses postuliert, ist der 1. Hauptsatz der Thermodynamik. Er sagt aus: *die zeitliche Änderung (materielle Zeitableitung) der totalen Energie E ist gleich der Summe aus der mechanischen Leistung P aller äußeren Kräfte und der Wärmezufuhr Q*

$$\dot{E} = P + Q \, . \tag{3.69}$$

Die mechanische Leistung infolge der Volumen- und Oberflächenkräfte ist durch

$$P = \int\limits_{\varphi(B)} \rho \, \bar{\mathbf{b}} \cdot \mathbf{v} \, dv + \int\limits_{\varphi(\partial B)} \mathbf{t} \cdot \mathbf{v} \, da \tag{3.70}$$

gegeben. Die Wärmezufuhr

$$Q = - \int\limits_{\varphi(\partial B)} \mathbf{q} \cdot \mathbf{n} \, da + \int\limits_{\varphi(B)} \rho \, r \, dv \tag{3.71}$$

besteht aus einer Konduktion über die Oberfläche des Körpers, die durch den Wärmeflußvektor $\mathbf{q}$ und die Oberflächennormale $\mathbf{n}$ beschrieben wird, und einer verteilten inneren Wärmequelle r (spezifische Wärmezufuhr).

Die totale Energie setzt sich aus der kinetischen Energie

$$K = \int_{\varphi(B)} \frac{1}{2} \rho \mathbf{v} \cdot \mathbf{v} \, dv \tag{3.72}$$

und der inneren Energie

$$U = \int_{\varphi(B)} \rho u \, dv \tag{3.73}$$

zusammen. u ist die spezifische innere Energie. Das Einsetzen aller Beziehungen in die Gleichung $\dot{E} = P + Q$ liefert nach einigen Umformungen die lokale Form des 1. Hauptsatzes der Thermodynamik

$$\rho \, \dot{u} = \boldsymbol{\sigma} \cdot \mathbf{d} + \rho \, r - \operatorname{div} \mathbf{q} \, . \tag{3.74}$$

Hierin stellt der Term $\boldsymbol{\sigma} \cdot \mathbf{d}$ die spezifische Spannungsleistung dar.

Im Rahmen der konstitutiven Theorie wird häufig noch die freie HELMHOLTZsche Energie eingeführt, die durch die Beziehung

$$\psi = u - \eta \, \theta \tag{3.75}$$

definiert ist, wobei η die Entropie des Systems und θ die absolute Temperatur darstellt. Damit schreibt sich der 1. Hauptsatz auch als

$$\rho \, \dot{\psi} = \boldsymbol{\sigma} \cdot \mathbf{d} + \rho \, r - \operatorname{div} \mathbf{q} - \dot{\eta} \, \theta - \eta \, \dot{\theta} \, . \tag{3.76}$$

Der Fall, daß einem elastischen Körper weder Wärme zugeführt noch auf ihn äußere Kräfte wirken, führt auf die Erhaltung der totalen Energie

$$\dot{E} = \dot{K} + \dot{U} = 0 \Leftrightarrow E = \text{konst.} \, . \tag{3.77}$$

3.2.4 Umrechnung auf die Ausgangskonfiguration, verschiedene Spannungstensoren

Gleichungen (3.63) und (3.66) beziehen sich auf die Momentankonfiguration. Häufig ist es wünschenswert alle Größen in der Ausgangskonfiguration B anzugeben. Dazu werden dann weitere Spannungstensoren eingeführt. Da ein vorgegebener Spannungsvektor sich nicht ändern darf, wenn er mit Bezug auf die Ausgangs- oder Momentankonfiguration dargestellt wird, können wir die folgende Transformation mittels der Formel von NANSON für die Flächenelemente (3.11) durchführen

$$\int_{\partial\varphi(B)} \boldsymbol{\sigma} \, \mathbf{n} \, da = \int_{\partial B} \boldsymbol{\sigma} \, J \, \mathbf{F}^{-T} \, \mathbf{N} \, dA = \int_{\partial B} \mathbf{P} \, \mathbf{N} \, dA \, , \tag{3.78}$$

die den 1. PIOLA-KIRCHHOFFschen Spannungstensor $\mathbf{P}$ definiert. Es ergibt sich also der Zusammenhang

$$\mathbf{P} = J\,\boldsymbol{\sigma}\mathbf{F}^{-T} \quad P_{Ak} = J\,\sigma_{ik}(F_{iA})^{-1} \tag{3.79}$$

zwischen dem CAUCHYschen und dem 1. PIOLA-KIRCHHOFFschen Spannungstensor. Da in Gl. (3.79) die räumliche Größe $\boldsymbol{\sigma}$ nur von einer Seite mit $\mathbf{F}$ transformiert wird, handelt es sich bei $\mathbf{P}$ um einen sog. Zweifeldtensor, dessen eine Basis auf die Ausgangskonfiguration und die andere auf die Momentankonfiguration bezogen ist. Nach einiger Rechnung kann man die lokale Impulsbilanz (3.63) auf die Ausgangskonfiguration beziehen

$$\mathrm{DIV}\,\mathbf{P} + \rho_0\,\bar{\mathbf{b}} = \rho_0\,\dot{\mathbf{v}} \tag{3.80}$$

Ferner stellt man durch Einsetzen in die Drallbilanz (3.66) fest, daß der 1. PIOLA-KIRCHHOFFsche Spannungstensor unsymmetrisch ist; es gilt mit (3.79): $\mathbf{P}\,\mathbf{F}^T = \mathbf{F}\,\mathbf{P}^T$.

Da man auch in der Ausgangskonfiguration einfacher mit symmetrischen Spannungstensoren arbeitet, ist es sinnvoll einen neuen Spannungstensor – den 2. PIOLA-KIRCHHOFFschen Spannungstensor – einzuführen, der durch die vollständige Rücktransformation des CAUCHYschen Spannungstensors auf die Ausgangskonfiguration B entsteht

$$\mathbf{S} = \mathbf{F}^{-1}\,\mathbf{P} = J\,\mathbf{F}^{-1}\,\boldsymbol{\sigma}\mathbf{F}^{-T}\,, \tag{3.81}$$

$$S_{AB} = (F_{Ai})^{-1}\,P_{Bi} = J\,(F_{Ai})^{-1}\,\sigma_{ik}(F_{kB})^{-1}\,. \tag{3.82}$$

$\mathbf{S}$ repräsentiert kein physikalisch interpretierbares Spannungsmaß und ist somit eine reine Rechengröße, die jedoch in der Materialtheorie eine wichtige Rolle spielt, da $\mathbf{S}$ das zu dem GREEN-LAGRANGEschen Verzerrungstensor (3.15) konjugierte Spannungsmaß darstellt. Neben dem CAUCHYschen Spannungstensor $\boldsymbol{\sigma}$ wird häufig auch noch der KIRCHHOFFsche Spannungstensor $\boldsymbol{\tau}$ verwendet, der durch *push forward* des 2. PIOLA-KIRCHHOFFschen Spannungstensors $\mathbf{S}$ auf die Momentankonfiguration definiert ist

$$\boldsymbol{\tau} = \mathbf{F}\,\mathbf{S}\,\mathbf{F}^T\,, \quad \boldsymbol{\tau} = J\,\boldsymbol{\sigma}\,. \tag{3.83}$$

Auch für die Spannungstensoren läßt sich – analog zur Vorgehensweise bei den Verzerrungstensoren – eine Spektralzerlegung durchführen. Sie liefert für den CAUCHYschen, den KIRCHHOFFschen, den 1. und den 2. PIOLA-KIRCHHOFFschen Spannungstensor die folgende Tensordarstellung

$$\begin{aligned}\boldsymbol{\sigma} &= \sum_{i=1}^{3} \sigma_i\,\mathbf{m}_i \otimes \mathbf{m}_i\,, \quad \boldsymbol{\tau} = \sum_{i=1}^{3} \tau_i\,\mathbf{m}_i \otimes \mathbf{m}_i\,,\\ \mathbf{P} &= \sum_{i=1}^{3} P_i\,\mathbf{m}_i \otimes \mathbf{M}_i\,, \quad \mathbf{S} = \sum_{i=1}^{3} S_i\,\mathbf{M}_i \otimes \mathbf{M}_i\,.\end{aligned} \tag{3.84}$$

Die Transformation des 1. Hauptsatzes der Thermodynamik (3.74) auf die Ausgangskonfiguration liefert mit (3.49)

$$J\boldsymbol{\sigma} \cdot \mathbf{d} = \mathbf{F}\,\mathbf{S}\,\mathbf{F}^T \cdot \mathbf{F}^{-T}\,\dot{\mathbf{E}}\,\mathbf{F}^{-1} = \mathbf{S} \cdot \dot{\mathbf{E}} \tag{3.85}$$

und (3.59) die Form

$$\rho_0\,\dot{u} = \mathbf{S} \cdot \dot{\mathbf{E}} - \operatorname{Div} \mathbf{Q} + \rho_0\,R\,, \tag{3.86}$$

wobei jetzt R und $\mathbf{Q}$ auf die Ausgangskonfiguration bezogen sind. Mit (3.83) oder (3.15) kann die auf ein Einheitsvolumen der Ausgangskonfiguration bezogene Spannungsleistung (3.85) auch als

$$\mathbf{S} \cdot \dot{\mathbf{E}} = \frac{1}{2}\mathbf{S} \cdot \dot{\mathbf{C}} = \boldsymbol{\tau} \cdot \mathbf{d} \tag{3.87}$$

angegeben werden.

3.2.5 Zeitableitungen der Spannungstensoren

Die zeitliche Ableitung der Spannungstensoren ist später bei der inkrementellen Formulierung der Materialgleichungen von Bedeutung. Für die auf die Ausgangskonfiguration bezogenen Spannungstensoren (z.B. den 2. PIOLA-KIRCHHOFFschen Spannungstensor $\mathbf{S}$) ist die zeitliche Ableitung durch die materielle Zeitableitung gegeben

$$\dot{\mathbf{S}} = \frac{\partial \mathbf{S}(\mathbf{X}, t)}{\partial t}\,. \tag{3.88}$$

Spannungstensoren, die wie der CAUCHYsche Spannungstensor $\boldsymbol{\sigma}$ auf die Momentankonfiguration bezogen sind, lassen sich analog zu (3.45) ableiten. Für $\boldsymbol{\sigma}$ erhalten wir dann

$$\dot{\boldsymbol{\sigma}} = \frac{\partial \boldsymbol{\sigma}}{\partial t} + \operatorname{grad} \boldsymbol{\sigma}\,\mathbf{v}\,, \tag{3.89}$$

$$\dot{\sigma}_{ik} = \frac{\partial \sigma_{ik}}{\partial t} + \frac{\partial \sigma_{ik}}{\partial x_l}\,v_l\,. \tag{3.90}$$

Es ist leicht zu zeigen, s. z.B. (TRUESDELL and TOUPIN 1960), daß die materielle Zeitableitung des CAUCHYschen Spannungstensors nicht objektiv ist, was für die Formulierung von Materialgleichungen aber unabwendbare Voraussetzung ist. Daher sind in der Literatur eine Vielzahl von modifizierten Zeitableitungen, sog. objektive Spannungsraten, entstanden. Eine geometrisch motivierte Zeitableitung ist durch die LIE-Ableitung des entsprechenden Spannungstensors gegeben, s. z.B. (TRUESDELL and TOUPIN 1960) oder (MARSDEN and HUGHES 1983). Für den KIRCHHOFFschen Spannungstensor liefert die Definition (3.50)

$$\mathcal{L}_v \boldsymbol{\tau} = \mathbf{F} \left\{ \frac{\partial}{\partial t} [\mathbf{F}^{-1} \boldsymbol{\tau} \mathbf{F}^{-T}] \right\} \mathbf{F}^T . \tag{3.91}$$

Mit $\dot{\mathbf{F}}^{-1} = -\mathbf{F}^{-1} \dot{\mathbf{F}} \mathbf{F}^{-1}$ folgt daraus nach einigen Umformungen unter Berücksichtigung von (3.47)

$$\mathcal{L}_v \boldsymbol{\tau} = \dot{\boldsymbol{\tau}} - \mathbf{l} \boldsymbol{\tau} - \boldsymbol{\tau} \mathbf{l}^T = \overset{\triangle}{\boldsymbol{\tau}} . \tag{3.92}$$

In dieser Beziehung ist weiterhin durch $\overset{\triangle}{\boldsymbol{\tau}}$ die OLDROYDsche Spannungsrate bezeichnet, s. z.B. (MARSDEN and HUGHES 1983), die gleich der LIE-Ableitung des KIRCHHOFFschen Spannungstensors ist. Man beachte, daß die LIE-Ableitung von $\boldsymbol{\tau}$ auch als *push forward* der materiellen Zeitableitung des 2. PIOLA-KIRCHHOFFschen Spannungstensors geschrieben werden kann, wenn in (3.91) Gl. (3.83) verwendet wird. Es gilt dann

$$\mathcal{L}_v \boldsymbol{\tau} = \mathbf{F} \dot{\mathbf{S}} \mathbf{F}^T . \tag{3.93}$$

In vielen Publikationen zu elasto-plastischem Materialverhalten bei großen Deformationen wird auch die objektive JAUMANNsche Spannungsrate benutzt. Sie ist durch

$$\overset{\nabla}{\boldsymbol{\tau}} = \dot{\boldsymbol{\tau}} - \mathbf{w} \boldsymbol{\tau} + \boldsymbol{\tau} \mathbf{w} \tag{3.94}$$

definiert, wobei $\mathbf{w} = \frac{1}{2} (\mathbf{l} - \mathbf{l}^T) = -\mathbf{w}^T$ der schiefsymmetrische Anteil des räumlichen Geschwindigkeitsgradienten ist. Da $\mathbf{l} = \mathbf{d} + \mathbf{w}$ gilt, kann mit (3.92) die LIE-Ableitung von $\boldsymbol{\tau}$ als

$$\mathcal{L}_v \boldsymbol{\tau} = \overset{\nabla}{\boldsymbol{\tau}} - \mathbf{d} \boldsymbol{\tau} - \boldsymbol{\tau} \mathbf{d} \tag{3.95}$$

geschrieben werden, wodurch der Zusammenhang mit der JAUMANNschen Spannungsrate hergestellt ist, s. auch Anhang A.2.7.

Es lassen sich durch Austausch von $\mathbf{F}$ durch den Rotationstensor der polaren Zerlegung $\mathbf{R}$ in den bisher angegebenen LIE-Ableitungen weitere Spannungsraten definieren. Hier gilt dann z.B.

$$L_{\mathbf{V}}^R(\boldsymbol{\tau}) = \dot{\boldsymbol{\tau}} - \boldsymbol{\Omega} \boldsymbol{\tau} + \boldsymbol{\tau} \boldsymbol{\Omega}; \qquad \text{mit} \quad \boldsymbol{\Omega} = \dot{\mathbf{R}} \mathbf{R}^T, \tag{3.96}$$

was der GREEN-NAGHDI Spannungsrate entspricht. Für den Fall $\mathbf{d} \equiv \mathbf{0}$ ist leicht zu zeigen, daß die JAUMANNsche mit der GREEN-NAGHDIschen Spannungsrate identisch ist, da dann $\mathbf{w} = \boldsymbol{\Omega}$ gilt.

3.3 Materialgleichungen

Die in den vorigen Kapiteln abgeleiteten kinematischen Beziehungen und die Erhaltungs- und Bilanzsätze reichen für sich noch nicht aus, ein Randwertproblem der Kontinuumsmechanik zu lösen. Zur vollständigen Beschreibung eines Randwertproblems ist die Kenntnis der individuellen Eigenschaften des zu betrachtenden Körpers – seine Materialbeschaffenheit – notwendig.

Die Materialtheorie beschreibt je nach Aufgabenstellung entweder das mikroskopische oder das makroskopische Verhalten eines Materials. Für Werkstoffe der Technik, wie Stahl oder Beton, reicht für die meisten Probleme eine makroskopische Beschreibung aus. Dann sucht man konstitutive Gleichungen, die den funktionellen Zusammenhang der Spannungen und Wärmeflüsse in Abhängigkeit von der Bewegung und der Temperatur herstellen. Da reale Materialien sich in sehr komplexer Weise verhalten können, werden häufig Approximationen in den Materialgleichungen vorgenommen, die dann umfassend genug sein müssen, um das in Experimenten festgestellte Materialverhalten für technische Belange beschreiben zu können. Dabei sind allerdings die Prinzipien der Materialtheorie zu beachten, die ihrerseits auch zur Vereinfachung der Spannungsverzerrungsbeziehungen beitragen können. Sie werden im folgenden kurz aufgezählt.

Mittels des Prinzips des Determinismus werden die abhängigen und unabhängigen Variablen in den Materialgesetzen bestimmt, wobei klassischerweise die Bewegung und die Temperatur als Unbekannte verwendet werden. Das Prinzip der Äquipräsenz läßt nur einen gleichen Variablensatz für sämtliche konstitutiven Beziehungen zu. Durch das Prinzip der lokalen Wirkung ergibt sich die Restriktion auf Materialfunktionen, die punktweise vom Deformationsgradienten, der Temperatur und ihrem Gradienten abhängen. Schließlich wird durch das Prinzip von der Invarianz der Stoffgleichungen bei Starrkörperbewegungen die Form der konstitutiven Beziehung weiter spezifiziert und so z.B. $\mathbf{F}$ durch $\mathbf{U}$ ersetzt.

Weitere wichtige Restriktionen für die Materialgleichung liefert der 2. Hauptsatz der Thermodynamik. Der 2. Hauptsatz der Thermodynamik beinhaltet die Aussage, daß Wärme nie von selbst von einem System mit niedriger Temperatur auf ein System mit höherer Temperatur übergehen kann. Eine weitere physikalische Beobachtung sagt, daß eine Substanz mit gleichmäßiger Temperatur, die frei von Wärmequellen ist, nur mechanische Energie aufnehmen aber nicht abgeben kann. Diese Beobachtungen führen auf zwei Ungleichungen ((TRUESDELL and NOLL 1965), S.295), die Aussagen über die lokale Entropieproduktion und über die Entropieproduktion infolge von Wärmeleitung beinhalten. Wesentlich ist die Aussage, daß für abgeschlossene Systeme die Entropie bei irreversiblen Prozessen stets zunimmt ($d\eta > 0$), womit die Prozeßrichtung in die Betrachtungen eingeht. Da im folgenden nur eine schwächere Formulierung des 2. Hauptsatzes notwendig ist, beschränken wir uns auf eine Ungleichung, s. ((MALVERN 1969), S. 255). Mit der Einführung der absoluten Temperatur $\theta : (\theta > 0)$ ist die Entropieproduktion durch

$$\Gamma \equiv \frac{d}{dt} \int_{\Phi(B)} \rho\,\eta\, dv - \int_{\Phi(B)} \frac{\rho\, r}{\theta}\, dv + \int_{\Phi(\partial B)} \frac{1}{\theta}\, \mathbf{q} \cdot \mathbf{n}\, da. \tag{3.97}$$

gegeben. Aus dem Postulat, daß die Entropieproduktion Γ immer größer gleich Null sein soll: $\Gamma \geq 0$, folgt unter Hinzunahme des Energiebilanz (3.74) der 2. Hauptsatz der Thermodynamik

$$\rho \dot{\eta} \geq \frac{\rho r}{\theta} - \operatorname{div}\left(\frac{\mathbf{q}}{\theta} \right). \tag{3.98}$$

Mit Einführung der freien HELMHOLTZschen Energie (3.75), $\psi = e - \eta\,\theta$, ist unter Berücksichtigung von (3.74) die sog. reduzierte Form des 2. Hauptsatzes angebbar

$$\rho\,(\dot{\theta} \eta + \dot{\psi}) - \boldsymbol{\sigma} \cdot \mathbf{d} + \frac{1}{\theta} \mathbf{q} \cdot \operatorname{grad} \theta \leq 0\,. \tag{3.99}$$

Die freie HELMHOLTZsche Energie ψ stellt den Anteil der inneren Energie dar, der zur Verfügung steht, um Arbeit bei konstanter Temperatur zu verrichten. Die freie HELMHOLTZsche Energie ist bei der Ableitung konstitutiver Beziehungen von Bedeutung, da ihre Ableitung nach den Deformationsmaßen die Spannungen liefert.

Mit den Ungleichungen (3.98) und (3.99) wird die Irreversibilität von Prozessen beschrieben, bei denen mechanische Energie in Wärmeenergie umgewandelt wurde (z.B. durch Reibung oder inelastische Deformationen).

Die materielle Form von (3.98) leitet sich ebenso her, wie die des 1. Hauptsatzes, man erhält

$$\rho_R \dot{\eta} \geq \rho_R \frac{R}{\theta} - \operatorname{Div}\left(\frac{\mathbf{Q}}{\theta} \right). \tag{3.100}$$

Einige Spezialfälle von thermodynamischen Prozessen können nun angegeben werden. Ist die Zufuhr von Wärmeenergie sowohl im Inneren als auch über die Oberfläche des Körpers ausgeschlossen ($R = 0\,, \mathbf{q} = \mathbf{0}$), so bezeichnet man den zugehörigen Prozeß als adiabatisch. Für den Fall einer konstanten Temperatur im Körper ($\theta = const.$) folgt ein isothermer Prozeß.

3.3.1 Elastisches Materialverhalten

In diesem Abschnitt wird rein elastisches Verhalten untersucht, wobei die sogananntе GREENelastiziät oder auch Hyperelastizität , s. z.B. (OGDEN 1984), Kap. 4) vorausgesetzt wird. Diese Beschreibung ist für viele Materialien (z.B. Schaumstoffe oder Gummi) ausreichend, die auch große Deformationen erleiden können. Im Fall kleiner Verzerrungen reduzieren sich die Gleichungen dann auf das HOOKEsche Gesetz der linearen Elastizitätstheorie.

Die konstitutive Gleichung des 2. PIOLA-KIRCHHOFFschen Spannungstensors leitet sich im Fall des hyperelastischen Materials aus einem Potential ψ her, das die im Körper gespeicherte Verzerrungsenergie beschreibt (aus diesem Grund wird ψ auch Verzerrungsenergiefunktion genannt). Durch Ableitung von ψ nach dem rechten CAUCHY-GREEN-Tensor erhält man

$$\mathbf{S} = 2\,\rho_0\,\frac{\partial \psi(\mathbf{C})}{\partial \mathbf{C}}\,; \qquad S_{AB} = 2\,\rho_0\,\frac{\partial \psi(C_{CD})}{\partial C_{AB}}. \tag{3.101}$$

Es sei hier noch angemerkt, daß die alleinige Abhängigkeit von ψ von $\mathbf{C}$ über die verschiedenen Prinzipien begründet werden kann, die beim Aufstellen von Materialgleichungen zu beachten sind, s. (TRUESDELL and NOLL 1965), (MALVERN 1969) oder (BECKER und BÜRGER 1975).

Bei der wichtigen Klasse der isotropen Werkstoffe (zu denen z.B. Stahl, Aluminium, Gummi oder Beton gehören) ist das Materialverhalten unabhängig von der Richtung. Damit kann die in (3.101) noch sehr allgemein gehaltenen Funktion ψ weiter spezifiziert werden. Eine genauere Betrachtung mit Einführung von Isotropiegruppen liefert eine nur von den Invarianten der Verzerrungstensoren abhängige Funktion, s. z.B. (OGDEN 1984). Für den rechten CAUCHY-GREENschen Deformationstensors $\mathbf{C} = \mathbf{F}^T\,\mathbf{F}$ und den linken CAUCHY-GREENschen Deformationstensors $\mathbf{b} = \mathbf{F}\,\mathbf{F}^T$, die aufgrund ihrer Definition die gleichen Invarianten besitzen, folgt dann

$$\psi(\mathbf{C}) = \psi\,(\,I_C,\,II_C,\,III_C\,) = \psi\,(\,I_b,\,II_b,\,III_b\,) = \psi(\mathbf{b})\,. \tag{3.102}$$

Die Verzerrungsenergiefunktion ψ läßt sich auch mit $\mathbf{C} = \mathbf{U}^2$ oder $\mathbf{b} = \mathbf{V}^2$ als Funktion des rechten ($\mathbf{U}$) bzw. linken ($\mathbf{V}$) Strecktensors angeben

$$\bar{\psi}(\mathbf{U}) = \bar{\psi}\,(\,I_U,\,II_U,\,III_U\,)\,. \tag{3.103}$$

Mit den Beziehungen

$$\begin{aligned} I_C &= \lambda_1^2 + \lambda_2^2 + \lambda_3^2 \\ II_C &= \lambda_1^2\,\lambda_2^2 + \lambda_2^2\,\lambda_3^2 + \lambda_3^2\,\lambda_1^2 \\ III_C &= \lambda_1^2\,\lambda_2^2\,\lambda_3^2 \end{aligned} \tag{3.104}$$

können anstelle der Invarianten als Variablen auch die Hauptdehnungen, s. z.B. (TRUESDELL and NOLL 1965), eingesetzt werden, so daß mit den Hauptdehnungen λ_i^2 von $\mathbf{C}$ bzw. $\mathbf{b}$ das elastische Potential die Form

$$\psi(\mathbf{C}) \equiv \psi(\mathbf{b}) = \psi\,(\,\lambda_1^2,\,\lambda_2^2,\,\lambda_3^2\,) \tag{3.105}$$

animmt.

Die Darstellung der Materialfunktion als isotrope Tensorfunktion, s. z.B. (OGDEN 1984) führt unter Verwendung der Kettenregel auf die folgende Beziehung zwischen dem 2. PIOLA-KIRCHHOFFschen Spannungstensor und dem rechten CAUCHY-GREEN-Tensor

$$\mathbf{S} = 2\,\rho_0\,[\,(\,\frac{\partial\psi}{\partial I_C} + I_C\,\frac{\partial\psi}{\partial II_C}\,)\,\mathbf{1} - \frac{\partial\psi}{\partial II_C}\,\mathbf{C} + III_C\,\frac{\partial\psi}{\partial III_C}\,\mathbf{C}^{-1}\,]\,. \tag{3.106}$$

Dabei wurden die Beziehungen

$$\frac{\partial I_C}{\partial \mathbf{C}} = \mathbf{1}\,, \quad \frac{\partial II_C}{\partial \mathbf{C}} = I_C\,\mathbf{1} - \mathbf{C}\,, \quad \frac{\partial III_C}{\partial \mathbf{C}} = III_C\,\mathbf{C}^{-1} \tag{3.107}$$

für die Ableitungen der Invarianten eines Tensors nach dem Tensor selbst verwandt.

Aufgabe 3.5: Man beziehe die Materialgleichung (3.106) auf die Momentankonfiguration und drücke dabei den CAUCHYschen Spannungstensor in Abhängigkeit des linken CAUCHY-GREEN-Tensors aus.

Lösung: Mit (3.82) erhält man $\boldsymbol{\sigma} = J^{-1}\,\mathbf{F}\,\mathbf{S}\,\mathbf{F}^T$ und damit unter Beachtung von (3.59)

$$\boldsymbol{\sigma} = 2\,\rho\,\mathbf{F}\,\frac{\partial\psi(\mathbf{C})}{\partial\mathbf{C}}\,\mathbf{F}^T .$$

Dies liefert

$$\boldsymbol{\sigma} = 2\,\rho\left[\,(\frac{\partial\psi}{\partial I_C} + I_C\,\frac{\partial\psi}{\partial II_C})\,\mathbf{F}\,\mathbf{F}^T - \frac{\partial\psi}{\partial II_C}\,\mathbf{F}\,\mathbf{C}\,\mathbf{F}^T + III_C\,\frac{\partial\psi}{\partial III_C}\,\mathbf{F}\,\mathbf{C}^{-1}\,\mathbf{F}^T\,\right].$$

Mit der Gleichheit der Invarianten von $\mathbf{C}$ und $\mathbf{b}$ erhalten wir unter Beachtung von $\mathbf{F}\mathbf{C}^{-1}\mathbf{F}^T = \mathbf{1}$ das gesuchte Ergebnis

$$\boldsymbol{\sigma} = 2\,\rho\left[\,(\frac{\partial\psi}{\partial I_b} + I_b\,\frac{\partial\psi}{\partial II_b})\,\mathbf{b} - \frac{\partial\psi}{\partial II_b}\,\mathbf{b}^2 + III_b\,\frac{\partial\psi}{\partial III_b}\,)\,\mathbf{1}\,\right].$$

Durch Vergleich mit (3.106) läßt sich zeigen, daß diese Gleichung äquivalent zu der Beziehung

$$\boldsymbol{\sigma} = 2\,\rho\,\mathbf{b}\,\frac{\partial\psi(\mathbf{b})}{\partial\mathbf{b}} \tag{3.108}$$

ist, die den CAUCHYschen Spannungstensor im Fall eines isotropen Materials direkt liefert.

Materialgesetze der Form (3.106) sind noch sehr komplex, da ψ eine beliebige Form der Inverianten sein kann. Dies kann auf Materialgleichungen mit vielen Parametern führen, deren versuchstechnische Bestimmung dann auf Schwierigkeiten führt. Es ist daher in der nichtlinearen Elastizitätstheorie wünschenswert eine Materialfunktion anzugeben, die mit einer geringstmöglichen Anzahl von Parametern die physikalischen Vorgänge hinreichend genau beschreibt. Für Gummi – ein inkompressibles Material – existieren solche Materialfunktionen, die ersten wurden von (MOONEY 1940) und (RIVLIN 1948) angegeben:

$$W(I_C,\,II_C) = c_1\,(I_C - 3) + c_2\,(II_C - 3)\,. \tag{3.109}$$

Hierin wurde vereinfachend die spezifische Formänderungsenergie $\rho_0\,\psi$ als W geschrieben. Für die vollständige Formulierung eines inkompressiblen Problems muß dann noch die Zwangsbedingung der Inkompressibilität $(J-1=0)$ berücksichtigt werden, was z.B. durch die LAGRANGEsche Multiplikatoren Methode geschehen kann.

Für eine ausführliche Diskussion weiterer Verzerrungsenergiefunktionen sei hier auf den Übersichtsartikel von (OGDEN 1982) hingewiesen. Sehr gute Anpassung an Versuchsdaten liefert die verallgemeinerte Materialfunktion, die von (OGDEN 1972) entwickelt wurden und die durch Hinzufügen eines Terms $g(J)$ auch auf kompressible Materialien erweitert werden kann

$$W(\lambda_k) = \sum_{i=1}^{r}\mu_i\,K_i\,(\lambda_k) + g(J)\,;\ \text{mit}\ K_i(\lambda_k) = \frac{1}{\alpha_i}\,(\lambda_1^{\alpha_i} + \lambda_2^{\alpha_i} + \lambda_3^{\alpha_i} - 3)\,. \tag{3.110}$$

Die Konstruktion dieses Materialgesetzes in den Hauptstreckungen (auch Hauptdehnungen genannt) ist durch die verallgemeinerten Verzerrungsmaße (3.18), (3.20) motiviert worden. Die Parameter μ_i und α_i sind aus Versuchen zu bestimmen, wobei jedoch Bedingungen eingehalten werden müssen, um z.B. den Übergang zum HOOKEschen Gesetz der linearen Theorie zu ermöglichen oder mathematisch abgesicherte Existenzsätze für die Lösung der zugeordneten Randwertprobleme erhalten zu können, s. z.B. (MARSDEN and HUGHES 1983) oder (CIARLET 1988). Diese Bedingungen lauten explizit

$$\sum_{i=1}^{r} \mu_i\, \alpha_i = 2\,\mu \qquad \text{und} \quad \mu_i\, \alpha_i > 0\,. \tag{3.111}$$

Die erste Restriktion bewirkt, daß die Verzerrungenergiefunktion (3.110) an der Stelle $\lambda_k = 1$ den Materialtensor der klassischen linearen Theorie ergibt (μ entspricht hier dem Schubmodul). Die zweite Restriktion hängt mit der Existenz von Lösungen in der finiten Elastizität zusammen, s. (OGDEN 1972). Die aus Versuchen bestimmten Parameter müssen beiden Restriktionen genügen. Um die Forderung der Polykonvexität zu erfüllen, die die Existenz der Lösung in der finiten Elastizität sichert, muß $\mu_i > 0$ und $\alpha_i > 1$ oder $\mu_i < 0$ und $\alpha_i < 1$ gelten, s. (MARSDEN and HUGHES 1983). Diese Forderung ist strenger als die zweite Restriktion in (3.111); jedoch erfüllen die aus Versuchen an realen Materialien unter $(3.111)_2$ bestimmten Parameter μ_i und α_i i.d.R. auch die strengere Forderung.

Die Verzerrungsenergiefunktion des MOONEY-RIVLIN-Materials läßt sich durch die Vorgabe von $r = 2$, $c_1 = \frac{1}{2}\,\mu_1$, $c_2 = -\frac{1}{2}\,\mu_2$, und $\alpha_1 = 2$, $\alpha_2 = -2$ aus (3.110) ableiten. Dies führt für $g(J) = 0$ zu

$$W(\lambda_i) = \frac{1}{2}\,\mu_1\,(\,\lambda_1^2 + \lambda_2^2 + \lambda_3^2 - 3\,) - \frac{1}{2}\,\mu_2\,(\lambda_1^{-2} + \lambda_2^{-2} + \lambda_3^{-2} - 3\,) \text{ mit } \mu_1 - \mu_2 = \mu\,. \tag{3.112}$$

Neo-Hooke-Material. Die spezielle Wahl von $W(\lambda_k) = \mu_1\, K_1(\lambda_k) + g(J)$ mit $\alpha_1 = 2$ und $\mu_1 = \mu$ liefert den Sonderfall eines kompressiblen NEO-HOOKE-Materials, das auch mit $(3.105)_1$ in der Form

$$W(I_C\,, J) = g(J) + \frac{1}{2}\,\mu\,(I_C - 3) \tag{3.113}$$

geschrieben werden kann.

Für kompressible Materialien ist zu fordern, daß die Funktion $g(J)$ in (3.110) und (3.113) konvex ist. Ferner müssen die Wachstumsbedingungen

$$\lim_{J \to +\infty} W \to \infty \qquad \text{und} \qquad \lim_{J \to 0} W \to \infty \tag{3.114}$$

eingehalten werden. Aus diesen Bedingungen folgen die physikalisch interpretierbaren Aussagen, daß die Spannungen für gegen Null gehendes Volumen gegen $-\infty$ und für gegen $+\infty$ gehendes Volumen gegen $+\infty$ gehen. Diese

Wachstumsbedingungen spielen eine hervorragende Rolle in der mathematischen Elastizitätstheorie, z.B. bei Fragen der Existenz und Eindeutigkeit von Lösungen. Der hieran interessierte Leser sei auf die weiterführende Literatur verwiesen, z.B. (MARSDEN and HUGHES 1983), (CIARLET 1988).

Die oben genannten Wachstumsbedingungen werden für den in (CIARLET 1988) vorgeschlagenen Ansatz durch den kompressiblen Anteil in Gl. (3.113) erfüllt

$$g(J) = c\,(J^2 - 1) - d \ln J - \mu \ln J \quad \text{mit} \quad c > 0\,, d > 0\,. \tag{3.115}$$

Damit kann nun das NEO-HOOKEsche Material erweitert werden. Die zugehörige konstitutive Beziehung für den 2. PIOLA-KIRCHHOFFschen Spannungstensor erhält man mit dem oben genannten Ansatz für $g(J)$ mit $c = \Lambda\,/\,4$ and $d = \Lambda\,/\,2$ aus (3.106)

$$\mathbf{S} = \frac{\Lambda}{2}\,(\,J^2 - 1\,)\,\mathbf{C}^{-1} + \mu\,(\,\mathbf{1} - \mathbf{C}^{-1}\,)\,. \tag{3.116}$$

Die Materialkonstanten Λ, μ entsprechen den LAMÉ-Konstanten. An dieser Stelle sei darauf hingewiesen, daß die konstitutive Beziehung für den 2. PIOLA-KIRCHHOFFschen Spannungstensor nichts mit einer linearen Beziehung zwischen **S** und **E** gemein hat, die vielfach in der Ingenieurliteratur Verwendung findet, s. Anmerkung 3.4.

Der Bezug von Gl. (3.116) auf die Momentankonfiguration kann geschehen, indem der 2. PIOLA-KIRCHHOFFschen Spannungstensor durch den CAUCHYschen Spannungstensor mittels $\boldsymbol{\sigma} = J^{-1}\,\mathbf{F}\,\mathbf{S}\,\mathbf{F}^T$ ausgedrückt wird. Nach elementarer Rechnung, s. z.B. (WRIGGERS 1988), erhält man mit

$$\boldsymbol{\sigma} = \frac{\Lambda}{2\,J}\,(\,J^2 - 1\,)\,\mathbf{1} + \frac{\mu}{J}\,(\,\mathbf{b} - \mathbf{1}\,) \tag{3.117}$$

die Transformation auf die Momentankonfiguration.

ANMERKUNG 3.4: Kompressible elastische Materialien werden im größten Teil der Ingenieurliteratur durch die Annahme eines linearen Zusammenhanges zwischen dem 2. PIOLA-KIRCHHOFFschen Spannungstensor und dem GREEN-LAGRANGEschen Verzerrungstensor (ST. VENANT-Material)

$$\mathbf{S} = \Lambda\, tr \mathbf{E}\,\mathbf{1} + 2\,\mu\,\mathbf{E} \tag{3.118}$$

beschrieben. Dieses Gesetz entspricht der sinngemäßen Übertragung des HOOKEschen Gesetzes der infinitesimalen Theorie auf die endliche Elastizitätstheorie (mit den LAMÉ-Konstanten Λ und μ). Entsprechend können dann die LAMÉ-Konstanten in den Elastizitätsmodul $E = \frac{(3\Lambda + 2\mu)\,\mu}{\Lambda + \mu}$ und die Querkontraktionszahl $\nu = \frac{\Lambda}{2\,(\Lambda + \mu)}$ umgerechnet werden.

Allgemein kann gezeigt werden, daß dieses Gesetz auf Problemstellungen mit zwar großen Rotationen jedoch kleinen Verzerrungen beschränkt ist. Wesentliche Probleme bereitet dieses Materialgesetz im Kompressionsbereich, wo sogar als Grenzfall für eine Zusammendrückung eines Körpers auf das Volumen „0"anstelle von $\lim_{J \to 0} \boldsymbol{\sigma} \to -\infty$ die Spannung $\boldsymbol{\sigma} = \mathbf{0}$ resultiert. Mit diesen Restriktionen ist das Materialgesetz (3.118) für die Beschreibung endlicher Deformationen nicht geeignet.

Split in isochore und volumetrische Anteile. Häufig wird auch der volumetrische Anteil der Deformation, J, von dem isochoren Anteil $\widehat{\mathbf{C}}$, s. (3.29), getrennt, da beiden unterschiedliches Materialverhalten zuzuordnen ist, s. z.B. (LUBLINER 1985). Dies ist auch dann nützlich, wenn man fast inkompressible Materialien mit speziellen numerischen Ansätzen beschreiben will, da der Split eine gesonderte Behandlung des inkompressiblen Anteils zuläßt.

Eine Möglichkeit zur Formulierung der Materialgleichung besteht darin, die Verzerrungsenergiefunktion in die beiden entsprechenden Anteile additiv aufzuspalten: $W(\widehat{\mathbf{C}}, J) = \hat{W}(\widehat{\mathbf{C}}) + U(J)$. Die in (3.113) gegebene Verzerrungsenergiefunktion schreibt sich dann

$$W(\widehat{\mathbf{C}}, J) = U(J) + \frac{1}{2}\,\mu\,(I_{\widehat{C}} - 3)\,, \tag{3.119}$$

wobei sich jetzt $U(J)$ von $g(J)$ unterscheidet: $U(J) = \frac{K}{4}\,(J^2 - 1) - \frac{K}{2}\ln J$, da der dritte Summand in (3.115) entfällt und die LAMÉ-Konstante Λ gegen den Kompressionsmodul K ausgetauscht wird.

Die 2. PIOLA-KIRCHHOFFschen Spannungen berechnen sich gemäß

$$\mathbf{S} = 2\,\frac{\partial W}{\partial \mathbf{C}} = 2\,\frac{\partial \hat{W}}{\partial \widehat{\mathbf{C}}}\,\frac{\partial \widehat{\mathbf{C}}}{\partial \mathbf{C}} + 2\,\frac{\partial U}{\partial J}\,\frac{\partial J}{\partial \mathbf{C}}\,. \tag{3.120}$$

Um dies explizit ausrechnen zu können, sind die Ableitungen $\partial J \,/\, \partial \mathbf{C}$ und $\partial \widehat{\mathbf{C}} \,/\, \partial \mathbf{C}$ zu bestimmen. Wir erhalten

$$\frac{\partial J}{\partial \mathbf{C}} = \frac{\partial \sqrt{\det \mathbf{C}}}{\partial \mathbf{C}} = \frac{1}{2}\,J\,\mathbf{C}^{-1}\,, \tag{3.121}$$

s. auch $(3.107)_3$, und mit (3.29)

$$\begin{aligned}
\frac{\partial \widehat{\mathbf{C}}}{\partial \mathbf{C}} &= \frac{\partial (J^{-\frac{2}{3}}\,\mathbf{C})}{\partial \mathbf{C}} = \frac{\partial J^{-\frac{2}{3}}}{\partial \mathbf{C}} \otimes \mathbf{C} + J^{-\frac{2}{3}}\,\frac{\partial \mathbf{C}}{\partial \mathbf{C}} \\
&= J^{-\frac{2}{3}}\,(\mathbb{I} - \frac{1}{3}\,\mathbf{C}^{-1} \otimes \mathbf{C}\,) =: \mathbb{P} \\
\frac{\partial \hat{C}_{EF}}{\partial C_{AB}} &= J^{-\frac{2}{3}}\,(\,\mathbb{I}_{ABEF} - \frac{1}{3}\,C^{-1}_{AB}\,C_{EF}\,) =: \mathbb{P}_{ABEF}\,,
\end{aligned} \tag{3.122}$$

wobei der vierstufige Einheitstensor $\mathbb{I}_{ABEF} = \frac{1}{2}\,(\delta_{AE}\delta_{BF} + \delta_{AF}\delta_{BE})$ aus $\partial \mathbf{C} \,/\, \partial \mathbf{C}$ folgt. Allgemein schreibt sich jetzt (3.120)

$$\begin{aligned}
\mathbf{S} &= \mathbb{P}\,[\,2\,\frac{\partial \hat{W}}{\partial \widehat{\mathbf{C}}}\,] + \frac{\partial U}{\partial J}\,J\,\mathbf{C}^{-1} = \mathbf{S}_{ISO} + \mathbf{S}_{VOL}\,, \\
S_{AB} &= \mathbb{P}_{ABEF}\,2\,\frac{\partial \hat{W}}{\partial \hat{C}_{EF}} + \frac{\partial U}{\partial J}\,J\,C^{-1}_{AB}\,.
\end{aligned} \tag{3.123}$$

Für die spezielle Wahl der Verzerrungsenergiefunktion gemäß (3.119) gilt dann

$$\mathbf{S}_{ISO} = \mu\,\mathbb{P}[\,\mathbf{1}\,], \qquad \mathbf{S}_{VOL} = \frac{K}{2}\,(\,J^2 - 1\,)\,\mathbf{C}^{-1}\,. \tag{3.124}$$

Explizit ergibt sich der isochore Anteil des 2. PIOLA-KIRCHHOFFschen Spannungstensors: $\mathbf{S}_{ISO} = \mu\,J^{-\frac{2}{3}}\,(\mathbf{1} - \frac{1}{3}\,\mathrm{tr}\mathbf{C}\,\mathbf{C}^{-1}\,)$.

Die Transformation auf die Momentankonfiguration liefert für den in (3.83) eingeführten KIRCHHOFFschen Spannungstensor

$$\begin{aligned} \boldsymbol{\tau} = \mathbf{F}\,\mathbf{S}\,\mathbf{F}^T &= \mathbf{F}\left\{ 2\,\mathbb{P}[\,\frac{\partial \hat{W}}{\partial \widehat{\mathbf{C}}}\,] + \frac{\partial U}{\partial J}\,J\,\mathbf{C}^{-1} \right\} \mathbf{F}^T \\ &= \mathbf{F}\left\{ 2\,\frac{\partial \hat{W}}{\partial \widehat{\mathbf{C}}} - \frac{1}{3}\,(\frac{\partial \hat{W}}{\partial \widehat{\mathbf{C}}}\cdot \mathbf{C})\,\mathbf{C}^{-1} \right\} \mathbf{F}^T + \frac{\partial U}{\partial J}\,J\,\mathbf{1}\,. \end{aligned} \tag{3.125}$$

Mit dem Operator $\mathrm{dev}(\bullet) = (\bullet) - \frac{1}{3}\,\mathrm{tr}(\bullet)\,\mathbf{1}$ kann (3.125) auch als

$$\boldsymbol{\tau} = J\,p\,\mathbf{1} + \mathrm{dev}\,\widehat{\boldsymbol{\tau}} = \tau_{vol}\,\mathbf{1} + \boldsymbol{\tau}_{iso} \tag{3.126}$$

geschrieben werden, was klar die Aufspaltung des Spannungstensors in einen volumetrischen und isochoren Anteil verdeutlicht. Dabei wurden in (3.126) die folgenden Definitionen

$$p = \frac{\partial U}{\partial J} \qquad \text{und} \qquad \widehat{\boldsymbol{\tau}} = \widehat{\mathbf{F}}\,2\,\frac{\partial \hat{W}}{\partial \widehat{\mathbf{C}}}\,\widehat{\mathbf{F}}^T \tag{3.127}$$

verwendet. Man kann leicht aus Aufgabe 3.5 ersehen, daß sich der zweite Term der letzten Gleichung auch als $\widehat{\boldsymbol{\tau}} = \widehat{\mathbf{b}}\,2\,\partial \hat{W}\,/\,\partial \widehat{\mathbf{b}}$ formulieren läßt, wobei die Definition $\widehat{\mathbf{b}} = J^{-\frac{2}{3}}\,\mathbf{b}$ entsprechend (3.29) anzuwenden ist, s. auch (?).

Formulierung in den Hauptdehnungen. Falls die elastische Verzerrungsenergie in Abhängigkeit der Hauptdehnungen $\lambda_1\,,\lambda_2\,,\lambda_3$ gegeben ist, s. (3.110), berechnen sich die 2. PIOLA-KIRCHHOFF Spannungen mit (3.101) aus

$$\mathbf{S} = 2\,\frac{\partial W(\lambda_k)}{\partial \mathbf{C}} = 2\sum_{i=1}^{3} \frac{\partial W}{\partial \lambda_i}\,\frac{\partial \lambda_i}{\partial \mathbf{C}}\,. \tag{3.128}$$

Hierin ist die Ableitung $\partial W\,/\,\lambda_i$ nach Vorgabe von w als Funktion der Hauptdehnungen, s. z.B. (OGDEN 1984), S. 482 ff, direkt bestimmbar. Die in der Kettenregel in (3.128) auftretende partielle Ableitung $\partial \lambda_i\,/\,\partial \mathbf{C}$ kann aus dem Eigenwertproblem $(\,\mathbf{C} - \lambda_i^2\,\mathbf{1}\,)\,\mathbf{N}_i = \mathbf{0}$ bestimmt werden, sie lautet nach (SIMO and TAYLOR 1991)

$$\frac{\partial \lambda_i}{\partial \mathbf{C}} = \frac{1}{2\,\lambda_i}\,\mathbf{N}_i \otimes \mathbf{N}_i\,. \tag{3.129}$$

Damit erhalten wir für die 2. PIOLA-KIRCHHOFF-Spannungen

$$\mathbf{S} = \sum_{i=1}^{3} \frac{1}{\lambda_{(i)}}\,\frac{\partial W}{\partial \lambda_{(i)}}\,\mathbf{N}_{(i)} \otimes \mathbf{N}_{(i)} = \sum_{i=1}^{3} S_{(i)}\,\mathbf{N}_{(i)} \otimes \mathbf{N}_{(i)}\,. \tag{3.130}$$

In dieser Gleichung wird nicht im Sinne der EINSTEINschen Summenkonvention über i summiert, was durch die Klammer am Index zu Ausdruck gebracht wird.

Der Vergleich mit der Spektralzerlegung (3.23) des rechten CAUCHY-GREENschen Verzerrungsmaßes zeigt, daß $\mathbf{S}$ und $\mathbf{C}$ die gleichen Eigenvektoren besitzen, was mit der Beschränkung auf isotropes Materialverhalten konsistent ist. Da die Eigenvektoren in der Momentankonfiguration durch reine Rotation aus den Eigenvektoren $\mathbf{N}_i$ hervorgehen ($\mathbf{n}_i = \mathbf{R}\,\mathbf{N}_i$), folgt mit $\boldsymbol{\tau} = \mathbf{F}\,\mathbf{S}\,\mathbf{F}^T$ für den KIRCHHOFFschen Spannungstensor

$$\boldsymbol{\tau} = \sum_{i=1}^{3} \lambda_{(i)} \frac{\partial W}{\partial \lambda_{(i)}} \mathbf{n}_{(i)} \otimes \mathbf{n}_{(i)} = \sum_{i=1}^{3} \tau_{(i)}\, \mathbf{n}_{(i)} \otimes \mathbf{n}_{(i)} \,. \tag{3.131}$$

Es gilt also für die Hauptwerte: $\tau_i = \lambda_i^2\, S_i$.

Der Bezug der in (3.130) und (3.131) definierten Materialgleichungen auf ein kartesisches Koordinatensystem ist für die Durchführung von Berechnungen mit allgemeinen Spannungszuständen unerläßlich. Sie läßt sich mittels der Transformationen $\mathbf{N}_I = \mathbf{D}\,\mathbf{E}_I$ bzw. $\mathbf{n}_i = \mathbf{D}^\varphi\, \mathbf{e}_i$ leicht durchführen. Hierbei sind die Transformationstensoren durch $\mathbf{D} = \mathbf{N}_J \otimes \mathbf{E}_J$ bzw. $\mathbf{D}^\varphi = \mathbf{n}_j \otimes \mathbf{e}_j$ definiert. Mit der Komponentendarstellung des Transformationstensors $\mathbf{D}$ (die $D_{IK} = \mathbf{E}_I \cdot \mathbf{N}_K$ stellen die Richtungskosinus der Eigenvektoren $\mathbf{N}_I$ zur kartesischen Basis $\mathbf{E}_I$ dar) schreiben wir für (3.130)

$$\mathbf{S} = \sum_{i=1}^{3} S_{(i)}\, D_{(i)\,J}\, D_{(i)\,K}\, \mathbf{E}_J \otimes \mathbf{E}_K \,. \tag{3.132}$$

Somit folgt für die Komponenten des 2. PIOLA-KIRCHHOFFschen Spannungstensors

$$S_{JK} = \sum_{i=1}^{3} S_{(i)}\, D_{(i)\,J}\, D_{(i)\,K} \,. \tag{3.133}$$

Entsprechende Beziehungen gelten für die KIRCHHOFF Spannungen

$$\tau_{jk} = \sum_{i=1}^{3} \tau_{(i)}\, D^\varphi_{(i)\,j}\, D^\varphi_{(i)\,k} \,, \tag{3.134}$$

wobei hier die Transformationsmatrix $\mathbf{D}^\varphi$ mit den Komponenten $D^\varphi_{ik} = \mathbf{e}_i \cdot \mathbf{n}_k$ zu verwenden ist.

ANMERKUNG 3.5:

a. *Eine geschlossene Darstellung der Eigenvektorbasis* $\mathbf{N}_{(i)} \otimes \mathbf{N}_{(i)}$ *findet sich in* (MORMAN *1987)*

$$\mathbf{N}_{(i)} \otimes \mathbf{N}_{(i)} = \frac{\lambda_i^2}{(\lambda_i^2 - \lambda_j^2)(\lambda_i^2 - \lambda_k^2)} \left[\mathbf{C} - (I_C - \lambda_i^2)\,\mathbf{1} + III_C\, \lambda_i^{-2}\, \mathbf{C}^{-1} \right], \quad (3.135)$$

in der für i, j, k *zyklische Vertauschungen der Indices 1,2,3 zu wählen sind. Diese Darstellung wurde z.B. in* (SIMO *and* TAYLOR *1991) für eine finite Element Implementierung der Materialgleichung (3.128) gewählt. Die zugehörige inkrementelle Form ist jedoch recht aufwendig, s. Abschn. 3.3.3.*

b. *Für numerische Berechnungen wird häufig eine Matrizendarstellung der Spannungen gewählt, in der die Spannungen – unter Beachtung der Symmetrie des Spannungstensors – in Vektorform angeordnet werden (*VOIGT *Notation), s. Kap. 4. Für den Fall der Transformation (3.133) folgt dann unter Beachtung, daß der Spannungsvektor, der die Eigenwerte darstellt, nur drei Komponenten besitzt*

$$\boldsymbol{S} = \begin{Bmatrix} S_{11} \\ S_{22} \\ S_{33} \\ S_{12} \\ S_{23} \\ S_{31} \end{Bmatrix} = \begin{bmatrix} D_{11}^2 & D_{21}^2 & D_{31}^2 \\ D_{12}^2 & D_{22}^2 & D_{32}^2 \\ D_{13}^2 & D_{23}^2 & D_{33}^2 \\ D_{11}\,D_{12} & D_{21}\,D_{22} & D_{31}\,D_{32} \\ D_{12}\,D_{13} & D_{22}\,D_{23} & D_{32}\,D_{33} \\ D_{13}\,D_{11} & D_{23}\,D_{21} & D_{33}\,D_{31} \end{bmatrix} \begin{Bmatrix} S_1 \\ S_2 \\ S_3 \end{Bmatrix} = \boldsymbol{D}\,\bar{\boldsymbol{S}}. \quad (3.136)$$

Aufgabe 3.6: Für einen einachsial beanspruchten Stab und eine biachsial beanspruchte Scheibe spezifiziere man die 1. PIOLA-KIRCHHOFF-Spannungen für ein NEO-HOOKE-, ein MOONEY-RIVLIN- und ein OGDEN-Material unter der Annahme inkompressiblen Verhaltens. Ausgang soll dabei eine Verzerrungsenergiefunktion nach (3.110) mit drei Termen sein. Der folgende Parametersatz für ein von (TRELOAR 1944) getestetes Gummi wurde von (OGDEN 1972) bestimmt: $\mu_1 = 6.3$, $\mu_2 = 0.013$, $\mu_3 = -0.1$ und $\alpha_1 = 1.3$, $\alpha_2 = 5.0$, $\alpha_3 = -2.0$.

Lösung: Bei einer einachsiale Beanspruchung des Stabes können direkt die Hauptwerte nach (3.131) angeben werden, da bei inkompressiblem Materialverhalten der CAUCHYsche Spannungstensor gleich dem KIRCHHOFFschen Spannungstensor ist. Bei Inkompressibilität muß noch der unbekannte Druck p berücksichtigt werden, der sich aus der Zwangsbedingung $J = 1$ bestimmt. Die CAUCHY Spannungen lauten

$$\sigma_i = \lambda_i \frac{\partial W}{\partial \lambda_i} + p. \quad (3.137)$$

Die Spannungen quer zur Stabrichtung sind bei einachsialer Beanspruchung gleich null, so daß

$$\sigma_2 = \lambda_2 \sum_{i=1}^{3} \mu_i\, \lambda_2^{\alpha_i - 1} + p = 0,$$

$$\sigma_3 = \lambda_3 \sum_{i=1}^{3} \mu_i\, \lambda_3^{\alpha_i - 1} + p = 0$$

gilt. Aus der Inkompressibilitätsbedingung $J = \lambda_1\, \lambda_2\, \lambda_3 = 1$ und der Annahme, daß die Streckung quer zur Stabachse gleich sind $\lambda_2 = \lambda_3$ folgt $\lambda_2 = \lambda_3 = \lambda_1^{-\frac{1}{2}}$. Durch Einsetzen in die vorhergehende Beziehung folgt

$$p = -\sum_{i=1}^{3} \mu_i \, \lambda_1^{-\frac{1}{2}\alpha_i}$$

und damit

$$\sigma_1 = \sum_{i=1}^{3} \left[\mu_i \, \lambda_1^{\alpha_i} - \lambda_1^{-\frac{1}{2}\alpha_i} \right] . \tag{3.138}$$

Die Komponente P_1 des 1. PIOLA-KIRCHHOFFsche Spannungstensor bestimmt sich nach (3.79) für $J = 1$ zu $P_1 = \sigma_1 \, / \, \lambda_1$, so daß wir schließlich

$$P_1 = \sum_{i=1}^{3} \left[\mu_i \, \lambda_1^{\alpha_i - 1} - \lambda_1^{-\frac{1}{2}\alpha_i - 1} \right] \tag{3.139}$$

erhalten.

Analog zur Herleitung von (3.139) folgt für die biachsiale Beanspruchung mit gleichen Streckungen ($\lambda_1 = \lambda_2$, $\lambda_3 = \lambda^{-2}$ und $\sigma_3 = 0$) die Komponente P_1^{bi} des 1. PIOLA-KIRCHHOFFsche Spannungstensor

$$P_1^{bi} = \sum_{i=1}^{3} \left[\mu_i \, \lambda_1^{\alpha_i - 1} - \lambda_1^{-2\alpha_i - 1} \right] . \tag{3.140}$$

Durch Einsetzen der Parameter für μ_i und α_i gemäß der Aufgabenstellung folgt dann die in Bild 3.4 dargestellte Approximation der experimentellen Daten nach OGDEN. Man beachte, daß die Restriktion $(3.111)_2$ von den Materialparametern eingehalten wird. Die Bedingung $(3.111)_1$ liefert für die gegebenen Parameter $2\,\mu = 8.45$. Man sieht, daß die von (OGDEN 1972) eingeführte Verzerrungsenerergiefunktion (3.110) mit drei Termen, die experimentellen Daten für das von (TRELOAR 1944) bis zu Dehnungen von 700% getestetes Gummimaterial sehr gut approximiert.

Die Restriktion $(3.111)_1$ muß jetzt auch für das NEO-HOOKE-Material eingehalten werden, das nur aus einem Summanden besteht. Es gilt $\alpha_1 = 2$, so daß dann $\mu_1 = \mu$ folgt. Damit lautet die 1. PIOLA-KIRCHHOFF-Spannung für den einachsialen bzw. für den biachsialen Fall

$$P_1 = \mu_1 \left[\lambda_1 - \lambda_1^{-2} \right] \quad \text{bzw.} \quad P_1^{bi} = \mu_1 \left[\lambda_1 - \lambda_1^{-5} \right] . \tag{3.141}$$

Man sieht in Bild 3.4a, daß das NEO-HOOKE-Material nur bis zu einer Streckung von $\lambda_1 \approx 1.7$ die Experimente im einachsialen Fall gut approximiert, dies entspricht aber immer noch einer Dehnung von 70 %.

Für das MOONEY-RIVLIN-Material können nach (3.112) zwei Parameter gewählt werden. Damit lassen sich die experimentellen Daten im Anfangsbereich der Kurver besser anpassen. Wieder gilt die Bedingung $(3.111)_1$. Mit der Wahl von $\mu_1 = 2.4$ folgt hieraus dann $\mu_2 = -1.825$ und für die 1. PIOLA-KIRCHHOFF-Spannung der beiden Fälle

$$P_1 = \mu_1 \left[\lambda_1 - \lambda_1^{-2} \right] + \mu_2 \left[\lambda_1^{-3} - \lambda_1 \right] \tag{3.142}$$

$$P_1^{bi} = \mu_1 \left[\lambda_1 - \lambda_1^{-5} \right] + \mu_2 \left[\lambda_1^{-3} - \lambda_1^{3} \right] . \tag{3.143}$$

Man erkennt in Bild 3.4, daß die experimentellen Ergebnisse ebenfalls bis $\lambda_1 \approx 1.7$ gut approximiert werden. Jedoch weichen die Ergebnisse für größere Streckungen weiter als die mit (3.141) berechneten ab.

Aufgabe 3.7: Man spezifiziere (3.117) und (3.118) für den Fall eines durch eine Zugkraft beanspruchten Stabes, bei dem die Querkontraktion gleich null ist. In beiden Fällen berechne man die CAUCHY Spannungen und diskutiere die Ergbnisse.

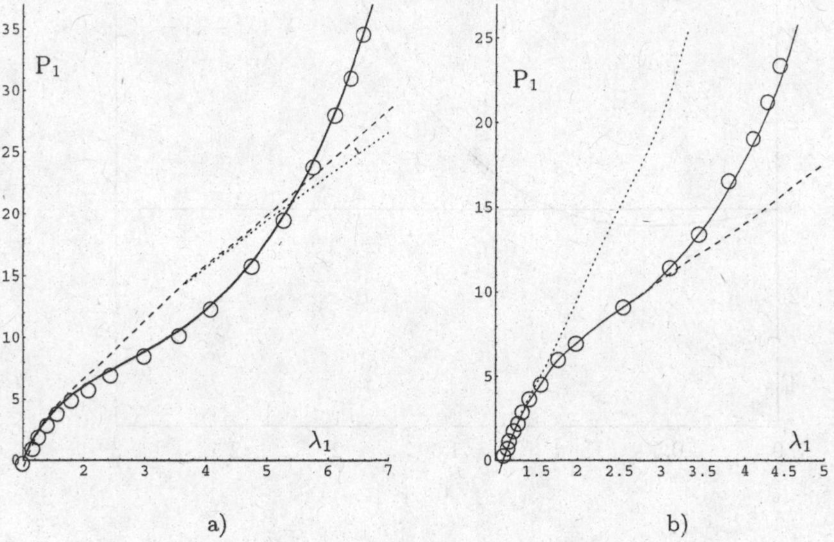

Bild 3.4. Approximation von experimentellen Daten nach Treloar (∘) durch verschiedene Materialfunktionen: Neo-Hooke (- -- ---), Mooney-Rivlin (·· ··· · ··) und Ogden (———), a) einachsialer und b) biachsialer Zug

Lösung: Der Zugstab erfährt bei nicht vorhandener Querkontraktion nur die Dehnung λ_1, da $\lambda_2 = \lambda_3 = 1$ sind. Damit wird $J = \lambda_1$, und die einzig interessante Komponente von $\mathbf{F}$ ist $F_{11} = \lambda_1$. Mit diesen Werten kann (3.117) direkt ausgewertet werden und man erhält mit $\gamma = (\Lambda / 2 + \mu)$

$$\sigma_1 = \frac{\Lambda}{2\,\lambda_1}\,(\,\lambda_1^2 - 1\,) + \frac{\mu}{\lambda_1}\,(\,\lambda_1^2 - 1\,) = \gamma\,(\,\lambda_1 - \frac{1}{\lambda_1}\,)\,. \tag{3.144}$$

Diese Materialgleichung für σ_1 hat nur eine Nullstelle bei $\lambda_1 = 1$; also wenn keine Deformation vorliegt. Wie man leicht sieht, werden die Grenzfälle erfüllt: $\lambda_1 \to +\infty \Longrightarrow \sigma_1 \to +\infty$ und $\lambda_1 \to 0 \Longrightarrow \sigma_1 \to -\infty$.

Aus dem St. Venantschen Materialgesetz folgt mit $E_{11} = \frac{1}{2}\,(\lambda_1^2 - 1)$

$$S_1 = \frac{\Lambda}{2}\,(\,\lambda_1^2 - 1\,) + \mu\,(\,\lambda_1^2 - 1\,) = \gamma\,(\,\lambda_1^2 - 1\,)\,. \tag{3.145}$$

Diese Beziehung muß nun noch in die Momentankonfiguration transformiert werden, (3.82) liefert $\sigma_1 = \lambda_1\, S_1$ und damit

$$\sigma_1 = \gamma\,\lambda_1\,(\,\lambda_1^2 - 1\,)\,. \tag{3.146}$$

Auch diese Gleichung erfüllt die Bedingung $\lambda_1 = 1 \to \sigma_1 = 0$. Aber für die Grenzfälle gilt jetzt: $\lambda_1 \to +\infty \Longrightarrow \sigma_1 \to +\infty$ und $\lambda_1 \to 0 \Longrightarrow \sigma_1 \to 0$, wobei der letzte Grenzfall, s. Anmerkung 3.4, physikalisch sinnlos ist. Bild 3.5 zeigt das recht unterschiedliche Verhalten der Materialfunktionen. Beide Gleichungen besitzen an der Stelle $\lambda_1 = 1$ die gleiche Steigung: $\Lambda + 2\,\mu$, die mit dem Hookeschen Materialgesetz der linearen Theorie übereinstimmt.

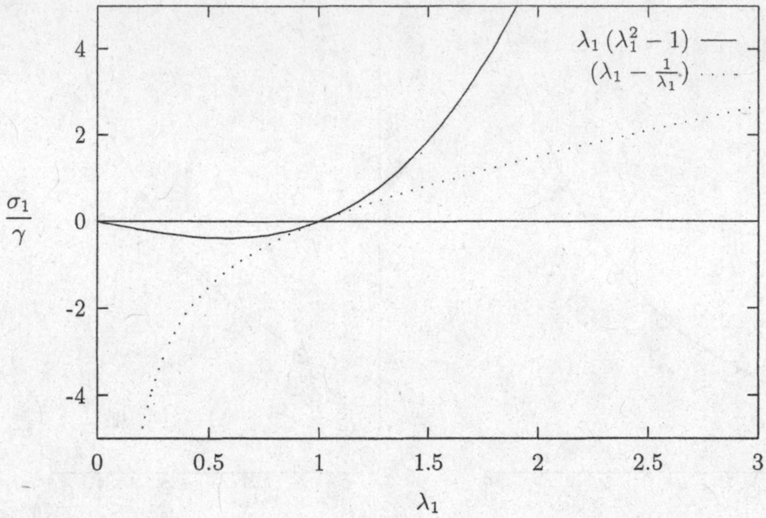

Bild 3.5. Vergleich von NEO-HOOKE und ST. VENANT Materialfunktionen

3.3.2 Elasto-plastische Materialgesetze

Viele Materialien, die in technischen Anwendungen weit verbreitet sind, verhalten sich selbst bei kleinen Deformationen nichtlinear. Eine große Klasse von nichtlinearen Materialien kann unter Annahme von elasto-plastischem Verhalten beschrieben werden. Hierunter fallen Werkstoffe wie Stahl, Aluminium, Beton aber auch geotechnische Materialien. Die zugehörigen Modelle sind häufig sehr komplex und können deshalb hier nicht in aller Ausführlichkeit diskutiert werden. Im folgenden werden die Gleichungen zur Beschreibung ratenunabhängigen elasto-plastischen Materialverhaltens für den allgemeinen Fall der isotropen und kinematischen Verfestigung zusammengefaßt, für eine ausführliche physikalische Interpretation der eingeführten Größen, s. z.B. (HILL 1950), (PRAGER 1955), (RECKLING 1967), (LIPPMANN 1981), (LUBLINER 1990) oder (KREISSIG 1992).

Elasto-plastische Materialgesetze für kleine Deformationen. Das phänomenologische Modell der Plastizitätstheorie geht davon aus, daß das plastische Fließen ein irreversibler Prozeß ist, der im materiellen Körper mittels eines Verzerrungsmaßes und den zusätzlichen Variablen, bestehend aus den plastischen Verzerrungen und den Verfestigungsparametern, beschrieben wird.

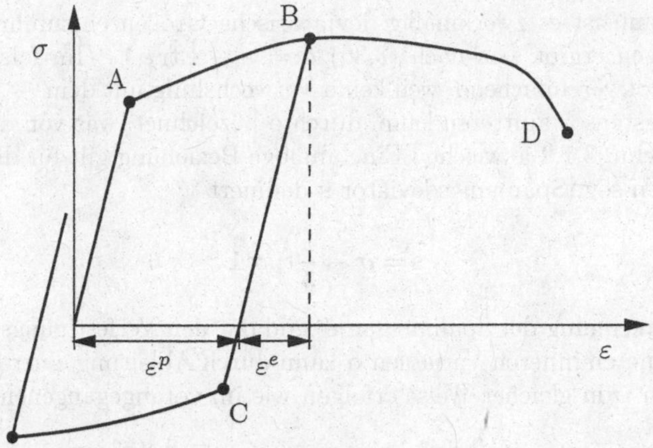

Bild 3.6. Elasto-plastisches Materialverhalten

Ein Beispiel für derartige Materialgleichungen ist das klassische Modell der Elastoplastizität mit isotroper (Aufweitung der Fließfläche) und kinematischer (Verschiebung des Ursprungs der Fließfläche) Verfestigung. Bild 3.6 soll das Verhalten des Materials für den eindimensionalen Fall veranschaulichen. Bis zum Punkt A verhält sich das Material elastisch. Nach Erreichen der Fließspannung σ_A in A treten plastische Deformationen auf. Man sieht, daß die Fließspannung im Punkt B höher als die im Punkt A ist, dies entspricht einer Verfestigung. Bei einer Entlastung in Punkt B geht die Spannung auf der elastischen Tangente zurück, erreicht in C jedoch einen kleineren betragsmäßigen Wert als in Punkt B. Der Mittelpunkt des elastischen Bereiches verschiebt sich also, was wir als kinematische Verfestigung bezeichnen. Eine mögliche Entfestigung, bei der die Fließspannung mit der plastischen Deformation abnimmt, kennzeichnet beispielhaft den Bereich BD.

Im folgenden wird die dreidimensionale Verallgemeinerung für dieses phänomenologische Modell angegeben. Dies geschieht zunächst für ein elastoplastisches Materialmodell der Metallplastizität, wobei kleine Deformationen vorausgesetzt werden. Danach folgt eine verallgemeinerte Darstellung der Materialgleichungen der Elastoplastizität, die eine große Klasse von Materialmodellen einschließt. Beispiele dafür sind Materialgleichungen anderer Werkstoffe wie Beton oder geologische Materialien wie Sand, Ton oder Fels. Zur genauen Beschreibung der zugehörigen Materialgleichungen wird jedoch auf die weiterführende Literatur verwiesen, s. z.B. (Desai and Siriwardane 1984) oder (Hofstetter and Mang 1995).

Bei kleinen Verzerrungen kann der lineare Verzerrungstensor (3.17) in einen elastischen und einen plastischen Part additiv aufgespalten werden

$$\varepsilon = \varepsilon^e + \varepsilon^p \,. \tag{3.147}$$

Häufig kann die Annahme inkompressibler plastischer Deformationen durch experimentelle Ergebnisse gerechtfertigt werden, z.B. bei metallischen Werkstoffen. Dann ist es zweckmäßig deviatorische Größen einzuführen. Für die Verzerrungen ergibt sich nach (3.30) $\mathbf{e} = \boldsymbol{\varepsilon} - \frac{1}{3}\operatorname{tr}\boldsymbol{\varepsilon}\,\mathbf{1}$. (Im folgenden wird der Deviator vereinfachend, weil keine Verwechslung mit dem ALMANSIschen Verzerrungstensor auftreten kann, durch $\mathbf{e}$ bezeichnet, was von der Notation $\mathbf{e}_D$ in Abschn. 3.1.2 abweicht.) Eine analoge Beziehung gilt für die Spannungen, die den sog. Spannungsdeviator $\mathbf{s}$ definiert

$$\mathbf{s} = \boldsymbol{\sigma} - \frac{1}{3}\operatorname{tr}\boldsymbol{\sigma}\,\mathbf{1}. \tag{3.148}$$

Die Berechnung der Spannungen $\boldsymbol{\sigma}$ und der den Verfestigungsparametern $\boldsymbol{\alpha}$ zugeordneten inneren Variablen $\mathbf{q}$ kann durch Ableitung einer freien Energiefunktion ψ in gleicher Weise erfolgen wie im vorangegangenen Abschnitt

$$\boldsymbol{\sigma} = \rho_0\,\frac{\partial\psi(\boldsymbol{\varepsilon}^e,\,\boldsymbol{\alpha})}{\partial\boldsymbol{\varepsilon}^e}\,, \qquad \mathbf{q} = -\rho_0\,\frac{\partial\psi(\boldsymbol{\varepsilon}^e,\,\boldsymbol{\alpha})}{\partial\boldsymbol{\alpha}} \tag{3.149}$$

Mit der für viele Anwendungen gültigen Annahme, daß ψ in $\boldsymbol{\varepsilon}^e$ und $\boldsymbol{\alpha}$ entkoppelt ist, erhält man

$$\rho_0\,\psi(\boldsymbol{\varepsilon}^e,\,\boldsymbol{\alpha}) = W_e(\boldsymbol{\varepsilon}^e) + W_v(\boldsymbol{\alpha})\,, \tag{3.150}$$

wobei $W_e(\boldsymbol{\varepsilon}^e)$ die elastische Verzerrungsenergiefunktion ist, s. z.B. (3.113), und $W_v(\boldsymbol{\alpha})$ eine Potentialfunktion für die Verfestigungsvariablen darstellt. Im Fall kleiner Verzerrungen ist $W_e = \frac{1}{2}\,\boldsymbol{\varepsilon}^e \cdot \mathbb{C}^e[\boldsymbol{\varepsilon}^e]$, so daß

$$\boldsymbol{\sigma} = \rho_0\,\frac{\partial\psi(\boldsymbol{\varepsilon}^e,\,\boldsymbol{\alpha})}{\partial\boldsymbol{\varepsilon}^e} = \mathbb{C}^e[\boldsymbol{\varepsilon}^e]\,, \qquad \sigma_{ij} = \mathbb{C}^e_{ijkl}\,\varepsilon^e_{kl} \tag{3.151}$$

das klassische HOOKEsche Gesetz der linearen Elastizitätstheorie wiedergibt. Gleichung (3.151) kann auch in den Deviatorgrößen geschrieben werden.

Nehmen wir die gleiche Struktur für W_v an, s. z.B. (LUBLINER 1990), so gilt mit $W_v = \frac{1}{2}\,\hat{H}\hat{\alpha}^2 + \frac{1}{3}\,H\,|\boldsymbol{\alpha}|^2$ für die isotropen $\hat{\alpha}$ und die kinematischen $\boldsymbol{\alpha}$ Verfestigungsvariablen

$$\mathbf{q} = -\frac{2}{3}\,H\,\boldsymbol{\alpha} \quad \text{und} \quad \hat{q} = -\hat{H}\,\hat{\alpha}\,, \qquad q_{ij} = -\frac{2}{3}\,H\,\alpha_{ij}\,. \tag{3.152}$$

Der elastische Bereich der Deformation wird durch die Fließbedingung eingeschränkt. Sie ist eine Funktion der Spannungen und der inneren Variablen und wird durch eine Ungleichung beschrieben. Wie in dem eindimensionalen Modell, s. Bild 3.6, erläutert, muß die Fließbedingung in der Lage sein, zwei unterschiedliche Phänomene zu beschreiben. Das sind einmal eine Aufweitung des zulässigen elastischen Bereiches (isotrope Verfestigung) und eine Verschiebung des zulässigen Bereiches (kinematische Verfestigung). Schematisch ist dies in Bild 3.7a dargestellt. Allgemein gilt für für isotrope und kinematische Verfestigung

$$f(\boldsymbol{\sigma}\,,\mathbf{q}\,,\hat{q}) \leq 0. \tag{3.153}$$

Im Fall der VON MISESschen Plastizität hängt f nur von der zweiten Invarianten des Spannungsdeviators ab, so daß

$$f(\boldsymbol{\sigma}, \mathbf{q}, \hat{q}) = \sqrt{(\mathbf{s} - \mathbf{q}) \cdot (\mathbf{s} - \mathbf{q})} - k(\hat{q}) \leq 0 \tag{3.154}$$

gilt. Diese Gleichung läßt sich für lineare isotrope und kinematische Verfestigung auch explizit als

$$f(\mathbf{s}, \mathbf{q}, \hat{q}) = \| \mathbf{s} - \mathbf{q} \| - \sqrt{\frac{2}{3}}\, (Y_0 - \hat{q}) \leq 0 \tag{3.155}$$

schreiben. Die zur kinematischen Verfestigung gehörende generalisierte Spannung $\mathbf{q}$ nennt man auch *back stress*. Für alle Werte $f < 0$ liegt ein Spannungspunkt im elastischen Bereich. Für $f = 0$ liegt der Spannungspunkt auf der Fließfläche und ermöglicht eine plastische Deformation. Der Bereich $f > 0$ ist nicht zulässig, s. Bild 3.7b.

Die Irreversibilität des plastischen Fließens kommt durch das Fließgesetz

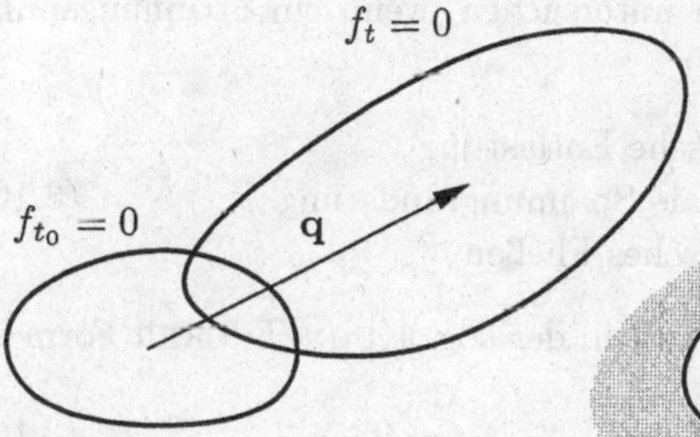

Bild 3.7a. Fließbedingung

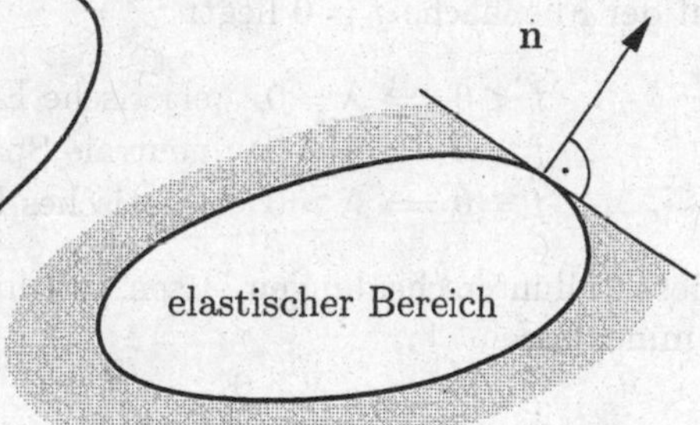

Bild 3.7b. Elastischer Bereich

zum Ausdruck. Für viele Metalle kann eine sog. assoziierte Fließregel angenommen werden, bei der eine Evolutionsgleichung für die deviatorischen plastischen Verzerrungen durch partielle Ableitung der Fließbedingung nach den deviatorischen Spannungen gewonnen wird

$$\dot{\mathbf{e}}^p = \lambda\, \frac{\partial f}{\partial \mathbf{s}}\,. \tag{3.156}$$

Hierin ist durch $\frac{\partial f}{\partial \mathbf{s}}$ die Fließrichtung gegeben, λ ist ein skalarer Faktor, der die Größe des plastischen Verzerrunginkrementes bestimmt. Für die Verfestigungsvariablen können die Evolutionsgleichungen

$$\dot{\boldsymbol{\alpha}} = \lambda\, \frac{\partial f}{\partial \mathbf{q}}\,, \qquad \dot{\hat{\alpha}} = \lambda\, \frac{\partial f}{\partial \hat{q}} \tag{3.157}$$

angegeben werden. Man sieht leicht, daß mit der Ableitung von f – hier für (3.155) spezifiziert –

$$\frac{\partial f}{\partial \mathbf{s}} = \frac{\mathbf{s} - \mathbf{q}}{\| \mathbf{s} - \mathbf{q} \|} =: \mathbf{n} \quad \text{und} \quad \frac{\partial f}{\partial \mathbf{q}} = -\mathbf{n} \tag{3.158}$$

die Fließrichtung bestimmt ist, so daß gilt:

$$\dot{\mathbf{e}}^p = \lambda \, \mathbf{n} , \quad \dot{\boldsymbol{\alpha}} = -\lambda \, \mathbf{n} \quad \text{und} \quad \dot{\hat{\alpha}} = \lambda \sqrt{\frac{2}{3}} . \tag{3.159}$$

Da $\|\dot{\mathbf{e}}^p\| = \lambda$ ist, liefert (3.159) die Vergleichsformänderungsgeschwindigkeit nach VON MISES $\dot{\hat{\alpha}} = \sqrt{\frac{2}{3}} \, \|\dot{\mathbf{e}}^p\|$. Die zeitliche Integration ergibt

$$\hat{\alpha} = \int_0^t \sqrt{\frac{2}{3}} \, \|\dot{\varepsilon}^p\| d\tau , \tag{3.160}$$

was der Vergleichsformänderung nach VON MISES entspricht, s. auch (KREISSIG 1992).

Der Parameter λ beschreibt in (3.159) die Größe des plastischen Fließens. Allgemein haben wir drei Fälle zu untersuchen, wenn ein Spannungspunkt auf der Fließfläche $f = 0$ liegt:

$$\begin{aligned} \dot{f} < 0 &\Longrightarrow \lambda = 0 \quad \text{elastische Entlastung} , \\ \dot{f} = 0 &\Longrightarrow \lambda = 0 \quad \text{neutrale Spannungsänderung} , \\ \dot{f} = 0 &\Longrightarrow \lambda > 0 \quad \text{plastisches Fließen} . \end{aligned} \tag{3.161}$$

Diese Fallunterscheidungen lassen sich in der sog. KUHN-TUCKER Form zusammenfassen

$$\lambda \geq 0 , \qquad f \leq 0 , \qquad \lambda \, f = 0 . \tag{3.162}$$

Weiterhin ist in (3.161) noch die sog. Konsistenzbedingung enthalten:

$$\lambda \, \dot{f} = 0 , \quad \text{wenn} \quad f = 0 . \tag{3.163}$$

Damit sind alle Evolutionsgleichungen für die plastischen Verzerrungen und internen Variablen sowie die Nebenbedingungen (Fließbedingung) des elastoplastischen Materialverhaltens bekannt. Im Abschn. 3.3.4 wird die inkrementelle Form dieser Gleichungen spezifiziert und im Abschn. 6.2.2 ein Algorithmus zur Integration dieser Gleichungen abgeleitet.

Verallgemeinerte elasto-plastische Materialgleichungen. Neben dem hier vorgestellten klassischen elasto-plastischen Materialmodell für Metall gibt es noch eine Vielzahl weiterer Plastizitätsmodelle, die das Versagen unterschiedlicher Materialien wie z.B. Sand oder Beton beschreiben. Daher wollen wir abschließend noch eine verallgemeinerte Darstellung der Materialgleichungen angeben, die eine große Klasse elasto-plastischer Materialgleichungen einschließt. Diese berücksichtigt die Tatsache, daß es technisch interessante Materialien gibt, die entweder – wie reibungsbehaftete Bodenmodelle – keine assoziierte Fließregel aufweisen oder deren inelastisches Verhalten sich nur durch ein Modell mit verschiedenen Fließflächen beschreiben läßt.

Mit den bereits eingeführten Bezeichnungen erhalten wir im allgemeinen Fall eines elasto-plastischen Materials mit m unabhängigen Fließflächen für die zwei Fälle der assoziierten und nichtassozierten Plastizität

- Spannungen $\boldsymbol{\sigma}$ und *back stress* $\mathbf{q}$

$$\begin{aligned} \boldsymbol{\sigma} &= \mathbb{C}\,[\,\boldsymbol{\varepsilon} - \boldsymbol{\varepsilon}^p\,] \\ \mathbf{q} &= -\,\mathbb{H}\,[\,\boldsymbol{\alpha}\,] \end{aligned} \tag{3.164}$$

- g Fließbedingungen (Beschränkung des elastischen Bereiches)

$$f_g\,(\boldsymbol{\sigma}\,,\mathbf{q}\,) \leq 0 \tag{3.165}$$

- Fließregel und Evolutionsgleichung für die Verfestigung
  1. assoziierte Plastizität

$$\begin{aligned} \dot{\boldsymbol{\varepsilon}}^p &= \sum_{g=1}^{m} \lambda_g \, \frac{\partial f_g(\boldsymbol{\sigma}\,,\mathbf{q})}{\partial \boldsymbol{\sigma}} \\ \dot{\boldsymbol{\alpha}} &= \sum_{g=1}^{m} \lambda_g \, \frac{\partial f_g(\boldsymbol{\sigma}\,,\mathbf{q})}{\partial \mathbf{q}} \end{aligned} \tag{3.166}$$

  2. nicht-assoziierte Plastizität

$$\begin{aligned} \dot{\boldsymbol{\varepsilon}}^p &= \sum_{g=1}^{m} \lambda_g \, \mathbf{r}_g(\boldsymbol{\sigma}\,,\mathbf{q}) \\ \dot{\boldsymbol{\alpha}} &= \sum_{g=1}^{m} \lambda_g \, \mathbf{h}_g(\boldsymbol{\sigma}\,,\mathbf{q}) \end{aligned} \tag{3.167}$$

- Be-/Entlastungsbedingungen in KUHN-TUCKER Form

$$\lambda_g \geq 0\,, \qquad f_g(\boldsymbol{\sigma}\,,\mathbf{q}) \leq 0\,, \qquad \lambda_g\, f_g(\boldsymbol{\sigma}\,,\mathbf{q}) = 0 \tag{3.168}$$

Alle oben genannten Beziehungen gelten für Plastizitätsmodelle mit m Fließflächen. Der Sonderfall nur einer Fließfläche ist natürlich mit $m = 1$ enthalten. In (3.164) sind $\mathbb{C}$ und $\mathbb{H}$ Tensoren vierter Stufe, die das elastische Materialgesetz bzw. das Verfestigungsgesetz repräsentieren. Die Tensoren $\mathbf{r}$ und $\mathbf{h}$ in (3.167) beschreiben die Richtung des Fließens bzw. die Änderung der Verfestigung für nicht-assoziierte Materialien.

Man beachte, daß in dieser verallgemeinerten Form der elasto-plastischen Materialgleichungen die Fließbedingungen von den Spannungen und nicht nur vom Deviator der Spannungen $\mathbf{s}$ abhängen, da durchaus bei Nichtmetallen oder bei Schädigungsmodellen der Metallplastizität eine Abhängigkeit der Fließbedingung vom Druck auftreten kann. Beispiele für derartige Beziehungen sind z.B. das GURSON Modell, das Schädigung in Metallen im Rahmen von Porenbildung beschreibt, s. (GURSON 1977). Die zugehörige Fließbedingung hängt von der ersten Invarianten des Spannungstensors und der zweiten Invarianten des Spannungsdeviators ab

$$f(\boldsymbol{\sigma}\,,\mathbf{q}) = \|\,\mathbf{s}\,\| - \left\{1 - p\left[\gamma \cosh\left(\frac{2}{9}\frac{\mathrm{tr}\boldsymbol{\sigma}}{Y_*}\right) + p\right]\right\} Y_0 \qquad (3.169)$$

hierin sind Y_0, Y_* und γ Materialkonstanten und p beschreibt die Porosität des Materials, für eine ausführliche Betrachtung der zugehörigen physikalischen Phänomene und die mathematische Modellbildung, s. z.B. (FEUCHT 1999). Beachte, daß Gl. (3.169) für $p = 0$ als Sonderfall das klassische VON MISESsche Fließkriterium liefert. Ein weiteres Model aus dem Bereich der Bodenmechanik ist das DRUCKER-PRAGER Modell für Böden, s. (DRUCKER and PRAGER 1952),

$$f(\boldsymbol{\sigma}\,,\mathbf{q}) = \|\,\mathbf{s}\,\| + \frac{1}{\sqrt{6}}\,\mu\,\mathrm{tr}\,\boldsymbol{\sigma} - Y_0 \leq 0 \qquad (3.170)$$

mit den Materialkonstanten $\mu < \sqrt{2}$ und Y_0.

ANMERKUNG 3.6: Inelastische Prozesse gehen damit einher, daß eine Dissipation stattfindet, die mit fortschreitender plastischer Deformation nur zunehmen kann. Auf der Basis eines lokalen Maximumsprinzips für die plastische Dissipation können einige Konsequenzen für die Beschreibung plastischen Fließens gefolgert werden. Die lokale Dissipation ist als die Differenz zwischen der Spannungsleistung und der zeitlichen Änderung der freien Energiefunktion definiert. Mit (3.64) und (3.150) schreiben wir

$$\mathcal{D} = \boldsymbol{\sigma} \cdot \dot{\boldsymbol{\varepsilon}} - \frac{D}{Dt}\,\psi(\boldsymbol{\varepsilon}^e\,,\boldsymbol{\alpha})\,. \qquad (3.171)$$

Die zeitliche Differentation liefert dann zusammen mit (3.147) die plastische Dissipation

$$\mathcal{D} = \boldsymbol{\sigma} \cdot \dot{\boldsymbol{\varepsilon}}^p + \mathbf{q} \cdot \dot{\boldsymbol{\alpha}} \geq 0\,. \qquad (3.172)$$

Das Prinzip vom Maximum der plastischen Dissipation lautet, s. z.B. (HILL 1950) oder (LUBLINER 1990),

$$\mathcal{D} = \max_{\boldsymbol{\tau}\,,\mathbf{p}} \boldsymbol{\tau} \cdot \dot{\boldsymbol{\varepsilon}}^p + \mathbf{p} \cdot \dot{\boldsymbol{\alpha}} \quad \forall \quad \{(\boldsymbol{\tau}\,,\mathbf{p}) \,|\, f(\boldsymbol{\tau}\,,\mathbf{p}) \leq 0\,\}\,. \qquad (3.173)$$

Dies führt auf die Ungleichung

$$(\boldsymbol{\sigma} - \boldsymbol{\tau}) \cdot \dot{\boldsymbol{\varepsilon}}^p + (\mathbf{q} - \mathbf{p}) \cdot \dot{\boldsymbol{\alpha}} \geq 0\,, \qquad (3.174)$$

wobei die $\boldsymbol{\tau}$ und $\mathbf{p}$ beliebige Spannungen charakterisieren, die im elastischen Bereich liegen. Aus dieser Variationsungleichung kann man folgern, s. z.B. (LUBLINER 1990), daß die Fließfläche konvex sein muß. Hierbei sind jedoch Fließflächen mit Ecken, die häufig bei realen Materialien auftreten, nicht ausgeschlossen. Sie erfordern nur eine spezielle mathematische Betrachtung, die durch (MOREAU 1976) begründet wurde, s. auch (SIMO 1999).

Auf der Basis der Variationsungleichung (3.174) mit der Nebenbedingung $f \leq 0$ kann man jetzt ein Sattelpunktsproblem formulieren, daß als Ergebnis die Fließgesetze liefert. Der aktuelle Spannungszustand berechnet sich dann als Extremwert des Funktionals

$$L(\boldsymbol{\tau}, \mathbf{p}, \lambda) = -\boldsymbol{\tau} \cdot \dot{\boldsymbol{\varepsilon}}^p - \mathbf{p} \cdot \dot{\boldsymbol{\alpha}} + \lambda f(\boldsymbol{\tau}, \mathbf{p}) \longrightarrow EXTREMUM \qquad (3.175)$$

Hierin wurde die Nebenbedingung $f \leq 0$ im Sinne der Methode der LAGRANGE*schen Multiplikatoren hinzugefügt. Die Lösung dieses Sattelpunktproblems liefert an der Stelle $\boldsymbol{\tau} = \boldsymbol{\sigma}$ und $\mathbf{p} = \mathbf{q}$ die notwendigen Bedingungen*

$$\dot{\boldsymbol{\varepsilon}}^p = \lambda \frac{\partial f}{\partial \boldsymbol{\sigma}}, \quad \dot{\boldsymbol{\alpha}} = \lambda \frac{\partial f}{\partial \mathbf{q}}, \quad f(\boldsymbol{\tau}, \mathbf{p}) = 0, \qquad (3.176)$$

zusammen mit den KUHN-TUCKER *Bedingungen, s. z.B. (*LUENBERGER *1984). Gleichung (3.176) repräsentieren die assoziierten Fließregeln (3.166), die das plastische Fließen bei $f = 0$ bestimmen.*

Elasto-plastische Materialgleichungen für große Deformationen. Um zu einer für große inelastische Deformationen brauchbaren konstitutiven Beziehung zu gelangen, gehen viele Autoren – z.B. bei der Berechnung großer elasto-plastischer Deformationen – von einer hypoelastischen Materialgleichung für den elastischen Anteil der Deformation aus, die im strengen Sinne kein elastisches Materialverhalten repräsentiert, s. z.B. (TRUESDELL and NOLL 1965) oder (SIMO and PISTER 1984). Neben dieser Einschränkung, die bei großen Verzerrungen unerwünschte physikalische Effekte zur Folge haben kann, s. z.B. (ATLURI 1984), sind mit dieser konstitutiven Gleichung auch Probleme numerischer Natur verknüpft, die hier kurz erwähnt werden sollen.

Die hypoelastische Materialgleichung ist in einer Ratenformulierung gegeben und verbindet einen objektiven Spannungsfluß, s. z.B. (3.94), mit dem räumlichen Deformationsgeschwindigkeitstensor $\mathbf{d}$. Infolge der Ratenformulierung ist eine zeitliche Integration dieses elastischen Werkstoffgesetzes erforderlich, was die Anwendung aufwendig macht. Aus diesem Grund wurden in letzter Zeit Verfahren entwickelt, die basierend auf einem sog. Operator-Splitting die Möglichkeit bieten, den elastischen Anteil der elasto-plastischen Deformation mittels der in den vorangegangenen Abschnitten beschriebenen hyperelastischen Materialgleichungen zu charakterisieren, s. z.B. (SIMO 1988). Damit entfällt eine Zeitintegration für das sonst häufig verwendete hypoelastische Gesetz.

Basierend auf dem Einkristallmodell der Metallplastizität wird anstelle der additiven Aufspaltung der Verzerrungsraten in elastische und plastische Anteile, s. z.B. KLEIBER (1976), NAGTEGAL, PARKS, RICE (1972), eine multiplikative Zerlegung des Deformationsgradienten gewählt. Für eine theoretische Begründung können z.B. die Arbeiten von LEE (1969) oder KRATOCHVIL (1973) herangezogen werden. Dies liefert

$$\mathbf{F} = \mathbf{F}^e \, \mathbf{F}^p, \qquad (3.177)$$

womit neben der Ausgangs- und Momentankonfiguration noch eine plastische Zwischenkonfiguration eingeführt wird, s. Bild 3.8.

Mit dieser Zerlegung können jetzt der rechte und linke „elastische" CAUCHY-GREEN-Tensor aus $\mathbf{F}^e$ definiert werden

$$\tilde{\mathbf{C}}^e = \mathbf{F}^{e^T} \mathbf{F}^e, \qquad \mathbf{b}^e = \mathbf{F}^e \, \mathbf{F}^{e^T}, \qquad (3.178)$$

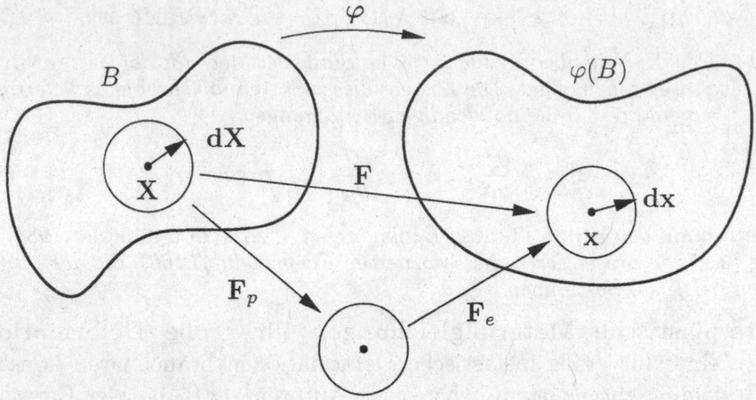

Bild 3.8. Multiplikative Zerlegung des Deformationsgradienten **F**

wobei die Tilde in $(3.178)_1$ andeutet, daß der rechte CAUCHY-GREEN-Tensor auf die Zwischenkonfiguration bezogen ist.

Analog zur Definition des räumlichen Geschwindigkeitsgradienten $\mathbf{l} = \dot{\mathbf{F}}\,\mathbf{F}^{-1}$, s. (3.47), können nun entsprechende elastische und plastische Anteile eingeführt werden

$$\mathbf{l}^e = \dot{\mathbf{F}}^e\,\mathbf{F}^{e^{-1}}, \qquad \tilde{\mathbf{L}}^p = \dot{\mathbf{F}}^p\,\mathbf{F}^{p^{-1}} . \tag{3.179}$$

Wiederum ist $\mathbf{l}^e$ auf die Momentankonfiguration bezogen, während $\tilde{\mathbf{L}}^p$ in der Zwischenkonfiguration wirkt. Da wir für $\mathbf{F}^p$ nach (3.177) auch $\mathbf{F}^{e^{-1}}\,\mathbf{F}$ schreiben können, ergibt sich mit $\dot{\overline{\mathbf{F}^{-1}}} = -\mathbf{F}^{-1}\,\dot{\mathbf{F}}\,\mathbf{F}^{-1}$ folgender Zusammenhang

$$\tilde{\mathbf{L}}^p = \frac{\partial}{\partial t}\,(\mathbf{F}^{e^{-1}}\,\mathbf{F})\,\mathbf{F}^{p^{-1}} = \mathbf{F}^{e^{-1}}\,[\,\dot{\mathbf{F}}\,\mathbf{F}^{-1} - \dot{\mathbf{F}}^e\,\mathbf{F}^{e^{-1}}\,]\,\mathbf{F}^e , \tag{3.180}$$

woraus mit $(3.179)_1$ und (3.47)

$$\mathbf{F}^e\,\tilde{\mathbf{L}}^p\,\mathbf{F}^{e^{-1}} = \mathbf{l} - \mathbf{l}^e \tag{3.181}$$

folgt. Diese Gleichung motiviert die folgende Definition des räumlichen plastischen Geschwindigkeitsgradienten $\mathbf{l}^p = \mathbf{F}^e\,\tilde{\mathbf{L}}^p\,\mathbf{F}^{e^{-1}}$, was anstelle von (3.181) auf

$$\mathbf{l}^p = \mathbf{l} - \mathbf{l}^e \tag{3.182}$$

führt. Zerlegt man jetzt die räumlichen Geschwindigkeitsgradienten in ihre symmetrischen, **d**, und antimetrischen Anteile, **w**, so folgt mit den vorausgegangenen Definitionen für den symmetrischen räumlichen Geschwindigkeitsgradienten die additive Zerlegung

$$\mathbf{d} = \mathbf{d}^e + \mathbf{d}^p , \tag{3.183}$$

die auch häufig als Ausgangsgleichung für die Ratengleichungen großer elastoplastischer Deformationen angenommen werden. Man beachte aber die in (3.181) enthaltene Definition $\mathbf{d}^p = \mathrm{sym}\,[\,\mathbf{F}^e\,\tilde{\mathbf{L}}^p\,\mathbf{F}^{e^{-1}}\,]$. Die zusätzliche Gleichung $\mathbf{w} = \mathbf{w}^e + \mathbf{w}^p$, die für den antimetrischen Teil des räumlichen Geschwindigkeitsgradienten (Spin) aus (3.182) folgt, erfordert weitere Überlegungen, s. z.B. die Diskussion in (BESSELING and VAN DER GIESSEN 1994), Kap. 7.2.

Wie in der geometrisch linearen Theorie elastoplastischer Deformationen kann die freie Energie Ψ als Funktion der elastischen Deformation und von m inneren Variablen α_k $(k = 1, \ldots, m)$

$$\Psi(\tilde{\mathbf{C}}^e, \alpha_k) = \tilde{W}(\tilde{\mathbf{C}}^e) + \tilde{H}(\alpha_k) \tag{3.184}$$

geschrieben werden, entsprechende Abhängigkeiten der Verzerrungsenergiefunktion von $\tilde{\mathbf{C}}^e$ finden sich z.B. in (MANDEL 1974). Unter Berücksichtigung der spezifischen Spannungsleistung $\boldsymbol{\tau} \cdot \mathbf{d}$ gilt für die lokale Dissipation $\mathcal{D}$

$$\mathcal{D} = \boldsymbol{\tau} \cdot \mathbf{d} - \dot{\Psi}(\tilde{\mathbf{C}}^e, \alpha_k) \geq 0 \tag{3.185}$$

Aus der Zeitableitung der freien Energiefunktion folgt mit $\dot{\tilde{\mathbf{C}}}^e = 2\,\mathbf{F}^{e^T}\,\mathbf{d}^e\,\mathbf{F}^e$

$$\mathcal{D} = \left(\boldsymbol{\tau} - 2\,\mathbf{F}^e\,\frac{\partial \tilde{W}}{\partial \tilde{\mathbf{C}}^e}\,\mathbf{F}^{e^T} \right) \cdot \mathbf{d}^e + \boldsymbol{\tau} \cdot \mathbf{d}^p - \sum_{k=1}^{m} \frac{\partial \tilde{H}}{\partial \alpha_k}\,\dot{\alpha}_k \geq 0\,. \tag{3.186}$$

Hieraus folgen mit den üblichen Argumenten der Materialtheorie, s. z.B. (TRUESDELL and NOLL 1965) oder (LUBLINER 1990), die konstitutiven Beziehungen für die Spannungen und Verfestigungsvariablen

$$\boldsymbol{\tau} = 2\,\mathbf{F}^e\,\frac{\partial \tilde{W}}{\partial \tilde{\mathbf{C}}^e}\,\mathbf{F}^{e^T} \quad \text{und} \quad q_k = -\frac{\partial \tilde{H}}{\partial \alpha_k}\,, \tag{3.187}$$

sowie die reduzierte Form der Dissipationsungleichung

$$\mathcal{D} = \boldsymbol{\tau} \cdot \mathbf{d}^p + \sum_{k=1}^{m} q_k\,\dot{\alpha}_k \geq 0\,, \tag{3.188}$$

die eine Restriktion für die Evolutionsgleichungen des plastischen Fließens darstellt. Die oben angegebenen Beziehungen lassen sich auch bezüglich der Zwischenkonfiguration darstellen. Man erhält dann für den auf die Zwischenkonfiguration bezogenen Spannungstensor

$$\tilde{\mathbf{S}} = \mathbf{F}^p\,\mathbf{S}\,\mathbf{F}^{p\,T} = \mathbf{F}^{e\,-1}\,\boldsymbol{\tau}\,\mathbf{F}^{e\,-T} \tag{3.189}$$

die Materialgleichungen

$$\tilde{\mathbf{S}} = 2\,\frac{\partial \tilde{W}}{\partial \tilde{\mathbf{C}}^e} \quad \text{und} \quad q_k = -\frac{\partial \tilde{H}}{\partial \alpha_k}\,. \tag{3.190}$$

Die reduzierte Dissipationsgleichung lautet dann mit den auf der Zwischenkonfiguration bezogenen Spannungsleistung

$$\boldsymbol{\tau} \cdot \mathbf{d}^p = \tilde{\mathbf{S}} \cdot (\tilde{\mathbf{C}}^e \, \tilde{\mathbf{L}}^p)^S = \boldsymbol{\Sigma} \cdot L^p$$

und dem MANDELschen Spannungstensor $\boldsymbol{\Sigma} = \tilde{\mathbf{C}}^e \, \tilde{\mathbf{S}}$, der im allgemeinen unsymmetrisch sein kann,

$$\mathcal{D} = \boldsymbol{\Sigma} \cdot \tilde{\mathbf{L}}^p + \sum_{k=1}^{m} q_k \, \dot{\alpha}_k \geq 0 \,, \tag{3.191}$$

s. (MANDEL 1974). Diese noch allgemein gültigen Beziehungen werden im Folgenden so spezifiziert, daß sie isotropes Materialverhalten wiedergeben können. Dabei wird die Annahme gemacht, daß die freie Energiefunktion von der Orientierung in der Ausgangskonfiguration unabhängig ist. Weiterhin geht auch die Orientierung der Zwischenkonfiguration nicht weiter in die Gleichungen ein, woraus die Konsequenz folgt, daß der plastische Spin $\mathbf{w}^p$ unbestimmt ist. Oft wird daher als konstitutive Annahme $\mathbf{w}^p = \mathbf{0}$ gewählt. Andere Ansätze finden sich in (DAFALIAS 1985) oder (BESSELING and VAN DER GIESSEN 1994).

Der elastische Bereich der Deformation wird wie im vorangegangenen Abschnitt durch die Fließbedingung beschrieben, die hier bezogen auf die Momentankonfiguration durch die KIRCHHOFF-Spannungen formuliert wird

$$f\,(\boldsymbol{\tau}, \alpha_k) \leq 0 \,. \tag{3.192}$$

Im Fall von assoziativer Plastizität gilt die Annahme der maximalen plastischen Dissipation bei festgehaltener Konfiguration, was mit (3.188) zu den Evolutionsgleichungen für die plastischen Variablen

$$\mathbf{d}^p = \lambda \, \frac{\partial f}{\partial \boldsymbol{\tau}} \,, \qquad \dot{\alpha}_k = \lambda \, \frac{\partial f}{\partial \alpha_k} \tag{3.193}$$

führt, s. z.B. (SIMO 1992) oder (SIMO and MIEHE 1992), die den Gleichungen der linearen Theorie direkt entsprechen. Eine äquivalente Form von (3.193) kann mittels (3.58) gewonnen werden. Es gilt dann mit (3.181) und (3.182)

$$\mathcal{L}_v \, \mathbf{b}^e = -2 \, \mathbf{F}^e \, \text{sym} \, (\tilde{\mathbf{L}}^p) \, \mathbf{F}^{e^T} = -2 \, \text{sym} \, (\mathbf{l}^p \, \mathbf{b}^e) \,. \tag{3.194}$$

Unter der weiteren konstitutiven Annahme, daß kein plastischer Spin ($\mathbf{w}^p = \mathbf{0}$) auftritt und somit aus (3.182) und (3.183) $\mathbf{d}^p = \mathbf{l}^p$ folgt, läßt sich $(3.193)_1$ auch als

$$-\frac{1}{2} \, \mathcal{L}_v \, \mathbf{b}^e = \text{sym} \, (\lambda \, \frac{\partial f}{\partial \boldsymbol{\tau}} \, \mathbf{b}^e) \tag{3.195}$$

schreiben, s. (SIMO and MIEHE 1992). Hierin ist die LIE-Ableitung von $\mathbf{b}^e$ durch

$$\mathcal{L}_v\,\mathbf{b}^e = -2\,\mathbf{F}^e\,\frac{1}{2}\,(\,\tilde{\mathbf{L}}^p + \tilde{\mathbf{L}}^{pT}\,)\,\mathbf{F}^{eT} \tag{3.196}$$

definiert. Für den hier betrachteten isotropen Fall können wir auch die KIRCHHOFF-Spannungen in Abhängigkeit von dem linken CAUCHY-GREEN-Tensor $\mathbf{b}^e$ schreiben, s. auch (3.108)

$$\boldsymbol{\tau} = 2\,\frac{\partial \tilde{W}}{\partial \mathbf{b}^e}\,\mathbf{b}^e\,. \tag{3.197}$$

Der linke CAUCHY-GREEN-Tensor folgt aus

$$\mathbf{b}^e = \mathbf{F}^e\,\mathbf{F}^{eT} = \mathbf{F}\,\mathbf{C}^{p-1}\,\mathbf{F}^T \qquad \text{mit} \quad \mathbf{C}^p = \mathbf{F}^{pT}\,\mathbf{F}^p\,. \tag{3.198}$$

Dies heißt, daß $\mathbf{b}^e$ sich in Abhängigkeit des inversen rechten CAUCHY-GREEN-Tensor $\mathbf{C}^{p-1}$ darstellen läßt, der sich auf die Ausgangskonfiguration bezieht.

Im Fall der Metallplastizität ist durch Experimente belegt, daß das plastische Fließen ohne Volumenänderung vonstatten geht. Dies ist gleichbedeutend mit der Annahme $\text{tr}(\mathbf{d}^p) = 0$ oder $\det \mathbf{F}^p = 1$, die der Annahme der Inkrompessibilität bei gummiartigen Materialien entspricht und die dort auf die in isochore und volumetrische Anteile aufgespaltene Verzerrungsenergiefunktion (3.119) führte. Verfolgt man diese Aufspaltung auch bei den oben angegebenen Gleichungen, so erhält man mit (3.28) anstelle von (3.177)

$$\mathbf{F} = J^{e\,\frac{1}{3}}\,\hat{\mathbf{F}}^e\,\mathbf{F}^p \qquad \text{mit} \quad \det \mathbf{F}^p = 1\,. \tag{3.199}$$

3.3.3 Viskoelastisches und viskoplastisches Materialverhalten

Viele Materialien weisen ein Verhalten auf, bei dem eine echte Zeitabhängigkeit der Deformationen und Spannungen zu berücksichtigen ist. Ein häufiger Anwendungsfall ist das Kriechen von Beton, Metallen bei hohen Temperaturen oder Salzgesteinen, bei dem nur die Deformationen unter konstant gehaltener Spannung mit fortschreitender Zeit weiter anwachsen. Auch viele Kunststoffe weisen ein entsprechendes Verhalten auf. Bei der kontinuumsmechanischen Beschreibung der zugehörigen Phänomene muß dieses zeitabhängige (rheologische) Materialverhalten berücksichtigt werden. Hierfür existieren eine Vielzahl von Modellen, die im Rahmen der Modellrheologie durch Federn, Dämpfer und Reibelemente beschrieben werden, für eine Einführung in die elementaren Grundlagen s. z.B. (GROSS et al. 1999) oder (FINDLEY et al. 1989), in dem sich auch eine Literaturübersicht bis zum Jahre 1988 befindet.

Als Beispiele wollen wir die zwei einfachsten viskoelastischen Modelle betrachten und deren dreidimensionale Verallgemeinerung im Rahmen großer Deformationen angeben. Weiterhin wird uch noch viskoplastisches Materialverhalten für infinitesimale und finite Verzerrungen behandelt.

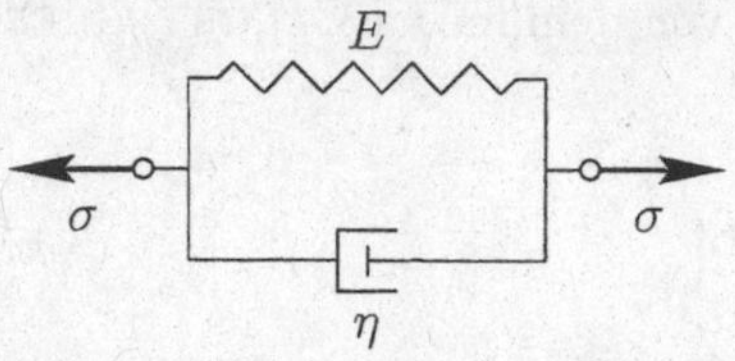

Bild 3.9a. KELVIN-VOIGT-Material

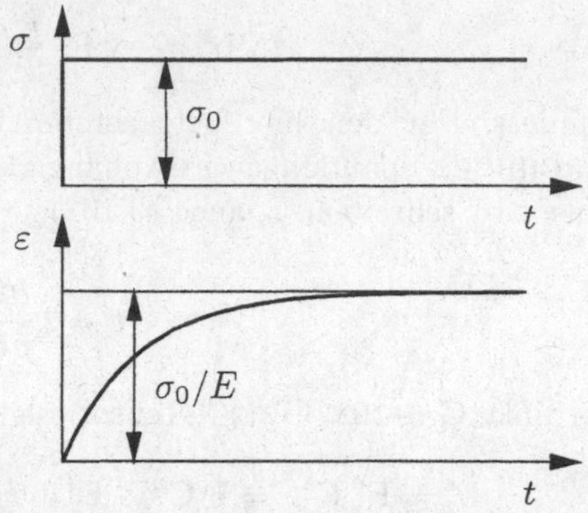

Bild 3.9b. Kriechenvorgang

Kelvin-Voigt-Körper. Das erste Modell, auch KELVIN-VOIGT-Körper genannt besteht aus der Parallelschaltung eines Dämpfers, der die viskosen Materialeigenschaften beschreibt, und einer Feder, die für die elastische Antwort des Systems steht, s. Bild 3.9a.

Aus Bild 3.9a ist zu entnehmen, daß die Dehnung ε in Dämpfer und Feder gleich ist, während sich die Spannungen auf Feder und Dämpfer aufteilen ($\sigma = \sigma_E + \sigma_D$). Wir erhalten für den eindimensionalen Fall mit der elastischen Materialgleichung $\sigma_E = E\,\varepsilon$ und der Materialgleichung für den Dämpfer $\sigma_D = \eta\,\dot{\varepsilon}$ die von der Zeit t abhängige Materialgleichung

$$\sigma(t) = E\,\varepsilon(t) + \eta\,\dot{\varepsilon}(t) = E\,[\,\varepsilon(t) + \tau\,\dot{\varepsilon}(t)\,] \tag{3.200}$$

wobei mit der Konstanten $\tau = \eta\,/\,E$ die sog. Retardationszeit definiert wurde. Für eine schlagartig nach Bild 3.9b aufgebrachte konstante Spannung σ_0 kann der zeitliche Verlauf der Dehnung durch Integration von (3.200) leicht ermittelt werden, s. z.B. (GROSS et al. 1999),

$$\varepsilon(t) = \frac{\sigma_0}{E}\,(1 - \mathrm{e}^{-(t\,/\,\tau)})\,. \tag{3.201}$$

Die Lösung in Bild 3.9b zeigt, daß Kriechen – d.h. ein Anwachsen der Dehnung mit der Zeit – stattfindet. Im Gleichgewichtszustand zur Zeit $t \to \infty$ wird die gesamte Spannung von der Feder aufgenommen ($\varepsilon(\infty) = \sigma_0\,/\,E$). Der KELVIN-VOIGT-Körper reagiert also zunächst wie ein Fluid, hat aber dann ein Endverhalten wie ein Festkörper.

Die dreidimensionale Erweiterung des eindimensionalen Modells findet sich für große Deformationen z.B. in (ERINGEN 1967) oder (TRUESDELL and NOLL 1965). Im einfachsten isotropen Fall folgt eine Materialgleichung für den KIRCHHOFFschen Spannungstensor der Form

$$\boldsymbol{\tau} = \alpha_1(I_b\,, II_b\,, III_b)\,\mathbf{1} + \alpha_2(I_b\,, II_b\,, III_b)\,\mathbf{b} + \alpha_3(I_b\,, II_b\,, III_b)\,\mathbf{d}\,, \tag{3.202}$$

in der die skalaren Funktionen α_i von den Invarianten des linken CAUCHY-GREEN-Tensors $\mathbf{b}$ (3.25) abhängen, $\mathbf{d}$ ist der symmetrische räumliche Geschwindigkeitsgradient, s. (3.49). Die Materialgleichung (3.202) kann unter Beachtung von (3.49) mit der Beziehung (3.83) auf die Ausgangskonfiguration transformiert werden

$$\begin{aligned} \mathbf{S} = \mathbf{F}^{-1}\,\boldsymbol{\tau}\,\mathbf{F}^{-T} = \; & \alpha_1(I_C\,, II_C\,, III_C)\,\mathbf{C}^{-1} + \alpha_2(I_C\,, II_C\,, III_C)\,\mathbf{1} \\ & + \alpha_3(I_C\,, II_C\,, III_C)\,\mathbf{C}^{-1}\,\dot{\mathbf{E}}\,\mathbf{C}^{-1}\,, \end{aligned} \tag{3.203}$$

wobei die Invarianten des linken CAUCHY-GREEN-Tensors $\mathbf{b}$ durch die des rechten CAUCHY-GREEN-Tensor $\mathbf{C}$ ausgedrückt werden können, s. auch (3.102). In Gl. (3.202) und (3.203) beschreiben die ersten zwei Terme den elastischen Anteil der Materialgleichung. Sie können z.B. durch die einfache hyperelastische Materialgleichung (3.117) ausgedrückt werden. Wählt man dann noch die einfachst mögliche Form der Funktion $\alpha_3 = J\,\eta$, so folgt bezogen auf die Momentankonfiguration die Materialgleichung

$$\boldsymbol{\tau} = \frac{\Lambda}{2}\,(\,J^2 - 1\,)\,\mathbf{1} + \mu\,(\,\mathbf{b} - \mathbf{1}\,) + J\,\eta\,\mathbf{d}\,. \tag{3.204}$$

Bezogen auf die Ausgangskonfiguration lautet diese Gleichung, s. auch (3.116),

$$\mathbf{S} = \frac{\Lambda}{2}\,(\,J^2 - 1\,)\,\mathbf{C}^{-1} + \mu\,(\,\mathbf{1} - \mathbf{C}^{-1}\,) + J\,\eta\,\mathbf{C}^{-1}\,\dot{\mathbf{E}}\,\mathbf{C}^{-1}\,. \tag{3.205}$$

Häufig sind Materialien, die viskoelastisches Verhalten aufweisen, (wie z.B. Gummi) inkompressibel. Dann können die elastischen Materialgleichungen in volumetrische und deviatorische Anteile aufgespalten werden, dies erfolgt gemäß (3.124) oder (3.126), soll hier aber nicht weiter verfolgt werden.

Wird in der Materialgleichung (3.204) der elastische Anteil zu null gesetzt, dann folgt für den CAUCHYschen Spannungstensor mit (3.83) die Beziehung

$$\boldsymbol{\sigma} = \eta\,\mathbf{d}\,, \tag{3.206}$$

die für konstante Spannung eine lineares Ansteigen der Dehnungen und Verschiebungen aufweist und somit ein zähes kompressibles Fluid beschreibt.

Maxwell-Körper. Das zweite Modell der Viskoelastizität besteht im Gegensatz zum KELVIN-VOIGT-Modell aus einer Reihenschaltung von Feder und Dämpfer, s. Bild 3.10a.

Es ist offensichtlich, daß bei dem eindimensionalen Modell die Spannung in Dämpfer und Feder gleich ist. Die Dehnungsgeschwindigkeiten, die sich additiv zusammensetzen ($\dot\varepsilon = \dot\varepsilon_E + \dot\varepsilon_D$) folgen aus den Materialgleichungen $\dot\varepsilon_E = \dot\sigma \,/\, E$ und $\dot\varepsilon_D = \sigma \,/\, \eta$. Damit erhalten wir für die Gesamtdehnung

$$E\,\dot\varepsilon(t) = \frac{1}{\hat\tau}\,\sigma(t) + \dot\sigma(t) \tag{3.207}$$

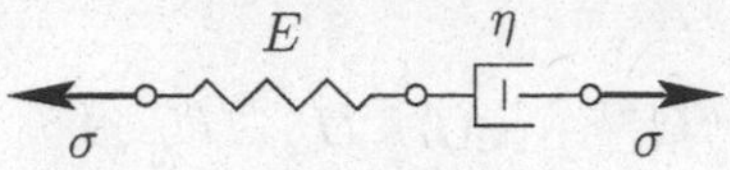

Bild 3.10a. MAXWELL-Material

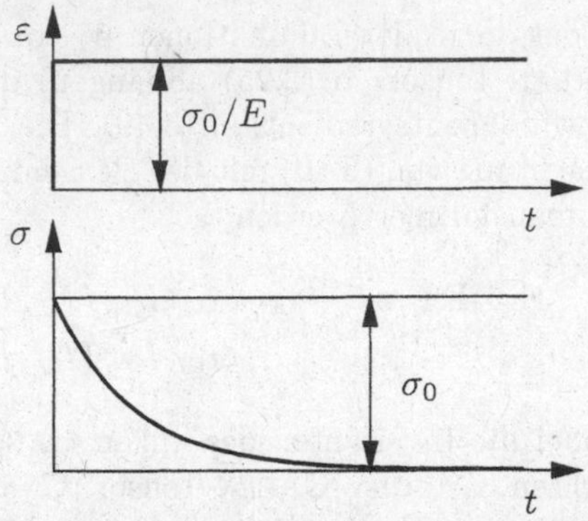

Bild 3.10b. Relaxationsvorgang

mit der Konstanten $\hat{\tau} = \eta \,/\, E$, die auch Relaxationszeit genannt wird. Wie man leicht zeigen kann, ist die Antwort dieses Materials bei einer aufgebrachten konstanten Spannung σ_0 die eines Fluides, da die Dehnung nach einem sofortigen Sprung um $\sigma_0 \,/\, E$ linear in der Zeit anwächst. Hält man jedoch die Dehnung ($\varepsilon_0 = \sigma_0 \,/\, E$) konstant, dann folgt als Lösung von (3.207)

$$\sigma(t) = \sigma_0 \, \mathrm{e}^{-(t \,/\, \hat{\tau})} \, . \tag{3.208}$$

Die Spannung relaxiert vom Anfangswert σ_0 für $t \to \infty$ auf den Wert null.

Da dieses Material keinen Festkörper beschreibt, wird oft ein sog. generalisiertes MAXWELL-Modell definiert, daß sich aus der Parallelschaltung des Modells (3.207) und einer Feder (E^∞) ergibt. Dieses Material besitzt bei aufgebrachter konstanter Spannung ein unmittelbares elastisches Anfangsverhalten, kriecht dann aber gegen einen Grenzwert. Ebenso geht die Spannung bei konstanter Dehnung nicht auf null zurück sondern gegen einen Grenzwert. Dieses Modell wird auch linearer Standardkörper genannt. Die Gleichungen des eindimensionalen Modells lauten

$$\begin{aligned} \sigma(t) &= \sigma_M(t) + \sigma_E(t) \, , \\ E \, \dot{\varepsilon}(t) &= \frac{1}{\hat{\tau}} \, \sigma_M(t) + \dot{\sigma}_M(t) \, , \\ \sigma_E(t) &= E^\infty \, \varepsilon(t) \, , \end{aligned} \tag{3.209}$$

wobei die Spannung σ_M dem MAXWELL-Modell und σ_E der parallelgeschalteten Feder zugeordnet sind, s. Bild 3.11.

Bei der dreidimensionalen Version des linearen Standardkörpers geht man davon aus, daß der viskose Anteil der Deformation nur infolge der deviatorischen Spannungs- und Verzerrungsgrößen, s. (3.30) und (3.148), hervorgerufen wird. Für den parallel zur elastischen Feder geschalteten MAXWELL-Körper folgt dann analog zu (3.209)

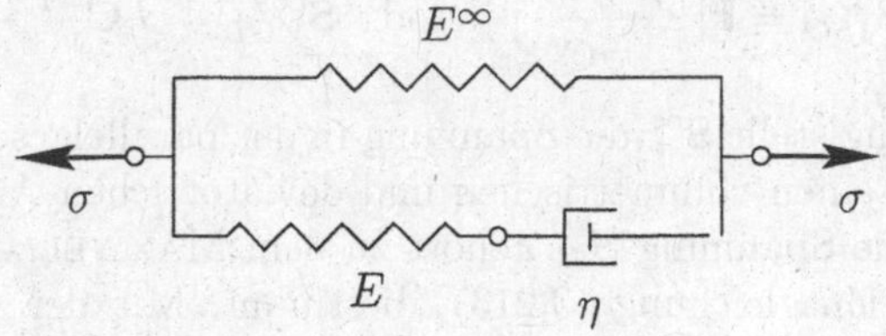

Bild 3.11. Generalisiertes MAXWELL-Modell

$$
\begin{aligned}
\boldsymbol{\sigma}(t) &= \boldsymbol{\sigma}_E(t) + \mathbf{s}_M(t) \\
&= K \operatorname{tr} \boldsymbol{\varepsilon}\, \mathbf{1} + 2\,\mu\,(\,\nu^{\infty}\, \mathbf{e} + \nu\, \mathbf{q}\,)\,, \\
\dot{\mathbf{e}}(t) &= \frac{1}{\hat{\tau}}\, \mathbf{q} + \dot{\mathbf{q}}\,,
\end{aligned}
\tag{3.210}
$$

wobei $\nu^{\infty} + \nu = 1$ sein muß, was äquivalent zu $\nu^{\infty} = (1 - \nu)$ ist. Der Wert $\mu\, \nu^{\infty}$ entspricht hier μ^{∞}, s. $(3.209)_3$, da die volumetrischen Anteile rein elastisch sind $K = K^{\infty}$. Anstelle der Deviatorspannung $\mathbf{s}_M$ wird in $(3.210)_3$ mit der zugeordneten Dehnung $\mathbf{q}$ gearbeitet, wodurch man sich auf der linken Seite die Multiplikation mit dem Schubmodul spart.

Der Gleichungssatz (3.210) stellt ein Differentialgleichungssystem erster Ordnung in der Zeit dar. Die Materialgleichung kann durch zeitlich veränderliche Parameter noch erweitert werden, um z.B. Alterungsprozesse, s. z.B. (ARGYRIS et al. 1976), berücksichtigen zu können. Für konstante Parameter und das angenommenen lineare Materialverhalten kann man aus dem Superpositionsprinzip eine Integralgleichung für die Spannungen gewinnen. Da der volumetrische Part keinen Einfluß auf das viskose Verhalten hat, folgt für den Spannungsdeviator

$$
\mathbf{s}(t) = \int_{-\infty}^{t} G(t-\tau)\, \dot{\mathbf{e}}(\tau)\, d\tau\,, \tag{3.211}
$$

wobei die Relaxationsfunktion $G(t)$ durch

$$
G(t) = 2\,\mu\, \left[\, \nu^{\infty} + \nu\, e^{-(t\,/\,\hat{\tau})} \,\right] \tag{3.212}
$$

definiert ist.

Eine Verallgemeinerung dieses Modells für finite Deformationen findet sich bei (SIMO 1987). Bezogen auf die Ausgangskonfiguration folgt dort für eine hyperelastische Materialgleichung mit dem 2. PIOLA-KIRCHHOFFschen Spannungstensor und (3.123) für den Fall eines rein deviatorischen viskosen Verhaltens

$$
\begin{aligned}
\mathbf{S} &= \mathbf{S}_M + \mathbf{S}_{ISO}^{\infty} + \mathbf{S}_{VOL}^{\infty}\,, \\
\dot{\mathbf{S}}_M + \frac{1}{\hat{\tau}}\, \mathbf{S}_M &= \frac{d}{dt} \mathbb{P}\,[\, 2 \frac{\partial \hat{W}}{\partial \widehat{\mathbf{C}}}\,]\,,
\end{aligned}
\tag{3.213}
$$

$$\mathbf{S}_{ISO}^{\infty} = \mathbb{P}[\,2\,\frac{\partial \hat{W}^{\infty}}{\partial \widehat{\mathbf{C}}}\,] \quad \text{und} \quad \mathbf{S}_{VOL}^{\infty} = J\,\mathbf{C}^{-1}\,\frac{\partial U^{\infty}}{\partial J}\,.$$

In dieser Beziehung stellt $\mathbf{S}^{\infty}$ die Spannung in der parallelgeschalteten Feder dar, sie wurde in einen volumetrischen und deviatorischen Anteil aufgespalten, s. (3.123). Die Spannung $\mathbf{S}_M$ gehört zu dem MAXWELL-Modell und ist durch die Evolutionsgleichung $(3.213)_2$ bestimmt. Mit der Annahme, daß das viskoelastische Material aus identischen Polymerketten besteht, kann die Verzerrungsenergiefunktion $\hat{W}$ durch die Verzerrungsenergie des elastischen Anteils ausgedrückt werden: $\hat{W}_M(\widehat{\mathbf{C}}) = \beta\,\hat{W}^{\infty}(\widehat{\mathbf{C}})$, mit $\beta > 0$, s. (GOVINDJEE and SIMO 1992). Damit hängt dieses Modell nur von dem volumetrischen (U^{∞}) und deviatorischen ($\hat{W}^{\infty}$) Teil der Verzerrungsenergiefunktion ab. Das in (3.213) beschriebene Materialverhalten wird auch als linear viskoelastisches Verhalten bei endlichen Deformationen bezeichnet. Eine Verallgemeinerung für finite Viskoelastizität findet sich unter anderem bei (REESE and GOVINDJEE 1998).

Viskoplastisches Materialverhalten. Aus Experimenten ist bekannt, daß die ratenunabhängige Plastizitätstheorie, in der die Existenz einer wohldefinierten Fließgrenze vorausgesetzt wird, nur ein – wenn auch sehr gutes – Modell des tatsächlichen physikalische Verhaltens ist. Es gibt daher Schulen, die fließflächenfreie Materialmodelle zur Beschreibung inelastischen Materialverhaltens vorschlagen, das im wesentlichen für Metalle bei hohen Temperaturen angewendet wird, Beispiele dafür finden sich z.B. in (BODNER and PARTOM 1975), (HART 1976) oder (KREMPL et al. 1986). Diese Modelle werden in der entsprechenden Literatur als viskoplastisch bezeichnet. Sie können aber ebenso als Modelle mit nichtlinearem viskoelastischen Verhalten angesehen werden, s. z.B. (LUBLINER 1990). Wir wollen hier unter einem viskoplastischen Material eine ratenabhängiges Modell mit einer definierten Fließbedingung verstehen, s. (PRAGER 1961) oder (PERZYNA 1966).

Der wesentliche Unterschied zur ratenunabhängigen Plastizität besteht darin, daß der durch eine Fließbedingung $f \leq 0$ im Spannungsraum definierte zulässige elastische Bereich, in dem die Spannungen liegen, jetzt verlassen werden kann. Es sind Überspannungen möglich, s. Bild 3.13, die aus dem durch die Fließbedingung $f \leq 0$ definierten elastischen Bereich herausführen. Beim reinen Kriechen, s. z.B. Bild 3.9b, gibt es diesen elastischen Bereich nicht, hier treten nur Überspannungen auf. Man kann sich daher das viskoplastische Materialverhalten als eine Kopplung von viskosem und plastischen Verhalten vorstellen. Das zugehörige rheologische Modell, das nach BINGHAM benannt ist, baut auf einer Parallelschaltung eines Dämpfers mit einem plastischen Reibelement auf, die zusammen in Reihe mit einer Feder angeordnet sind, s. Bild 3.12.

Dieses Modell reagiert solange elastisch bis die Fließspannung Y_0 im Reibelement überschritten wird: $|\,\sigma\,| \geq Y_0$. Dann tritt plastisches Fließen in Kombination mit dem ratenabhängigen Effekt infolge des viskosen Dämpfers auf und wir erhalten mit den bereits definierten Bezeichnungen und der

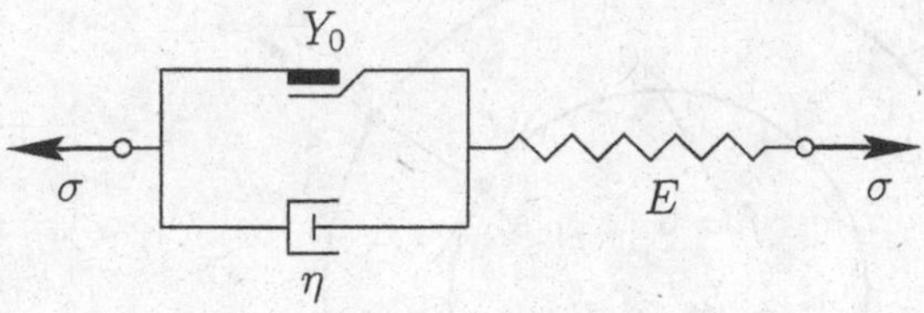

Bild 3.12. Eindimensionales elasto-viskoplastisches Material

viskoplastischen Dehnungsrate $\dot{\varepsilon}_{VP}$

$$\sigma = Y_0 + \eta\,\dot{\varepsilon}_{VP} = E\,\varepsilon_E\,. \tag{3.214}$$

Das Umschreiben dieser Beziehung liefert für $|\,\sigma\,| \geq Y_0$

$$\dot{\varepsilon}_{VP} = \frac{1}{\eta}\,(\,\sigma - Y_0\,)\,. \tag{3.215}$$

Man sieht, daß die viskoplastische Verzerrungsgeschwindigkeit von der Differenz zwischen der anliegenden Spannung (sie ist in diesem Fall durch die elastische Materialgleichung $\sigma = E\,\varepsilon$ gegeben) und der Fließspannung (im allgemeinen der Projektion der Spannungen auf den elastischen Bereich $f = 0$, s. Bild 3.13 für den mehrdimensionalen Fall, bei dem das plastische Fließen eine Funktion des Spannungsdeviator $\mathbf{s}$ ist) abhängt. Die Differenz $(\sigma - Y_0)$ bezeichnen wir als Überspannung, s. auch Bild 3.13. Ist keine Fließgrenze vorhanden ($Y_0 = 0$) dann reduziert sich das Materialverhalten auf das des MAXWELL-Modells. Häufig wird das sog. FÖPPL Symbol (im Englischen MACAULEY *bracket*) eingeführt, um die Bedingung, daß inelastische Verzerrungen nur für $|\,\sigma\,| \geq Y_0$ auftreten, direkt in der Materialgleichung zu berücksichtigen. Mit der Definition

$$\langle\,\Phi\,\rangle = \frac{1}{2}\,(\,\Phi + |\,\Phi\,|\,) = \begin{cases} \Phi \text{ für } & \Phi > 0 \\ 0 \text{ für } & \Phi \leq 0 \end{cases} \tag{3.216}$$

folgt die Materialgleichung für eindimensionales elasto-viskoplastisches Verhalten unter Beachtung von $\dot{\varepsilon} = \dot{\varepsilon}_E + \dot{\varepsilon}_{VP}$ als

$$E\,\dot{\varepsilon} = \dot{\sigma} + \frac{1}{\tau}\,\langle\,\sigma - Y_0\,\rangle\,, \tag{3.217}$$

wobei τ wie in (3.207) definiert wurde.

Die dreidimensionale Verallgemeinerung dieses Materialmodells erfolgt hier unter der Annahme kleiner Deformationen. In (PERZYNA 1963) wird folgender Ansatz für die Berechnung der viskoplastischen deviatorischen Verzerrungsgeschwindigkeiten gewählt

$$\dot{\mathbf{e}}^{vp} = \frac{1}{2\,\eta}\,\langle\,\Phi(\bar{f})\,\rangle\,\mathbf{n}\,, \tag{3.218}$$

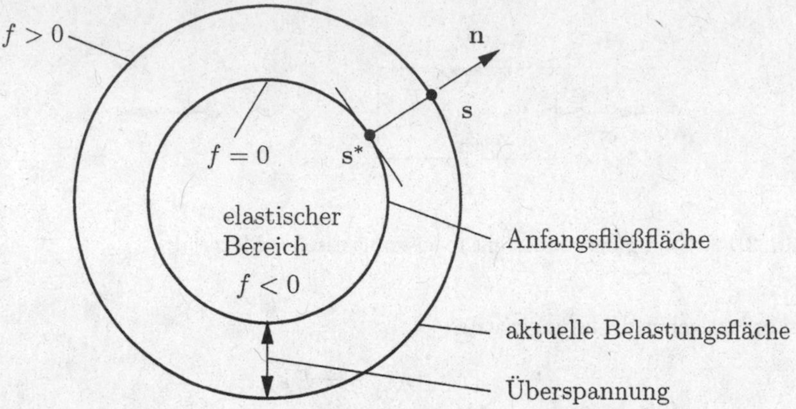

Bild 3.13. Viskoplastisches Materialverhalten im Spannungsraum

wobei hier die Definition von $\mathbf{n}$ gemäß (3.158) für $\mathbf{q} = \mathbf{0}$ verwendet wurde. Der Skalar γ ist eine Materialkonstante, die das viskoplastische Verhalten beschreibt. Wie man leicht sieht, ist diese heute allgemein akzeptierte Materialgleichung eine Verallgemeinerung der in Gl. (3.215) dargestellten Beziehung. Die Funktion Φ ermöglicht durch einen Potenz- oder Exponentialansatz eine bessere Anpassung an Versuchsdaten. Speziell für Metalle unter dynamischer Belastung sind folgenden Ansätze sinnvoll

$$\text{Potenzansatz:} \quad \Phi = \bar{f}^{\,m}$$
$$\text{Exponentialansatz:} \quad \Phi = \mathrm{e}^{\bar{f}} - 1$$

Die Fließfunktion $\bar{f}$ ist hier normiert. Beschränkt man sich auf die klassische VON MISES Fließfunktion ohne Verfestigung, so lautet die Normierung: $\bar{f} = \|\mathbf{s}\|/(\sqrt{\frac{2}{3}}\,Y_0) - 1$. In (3.218) können natürlich auch die bereits in Abschn. 3.3.2 beschriebenen Fließfunktionen für $\bar{f}$ eingesetzt werden. Die einfachste Wahl für ein viskoplatisches Material, die bereits in (HOHENEMSER und PRAGER 1932) angegeben wurde, lautet

$$\dot{\mathbf{e}}^{vp} = \frac{1}{2\eta}\,\langle f \rangle\,\frac{\partial f}{\partial \mathbf{s}} = \gamma\,\langle \bar{f} \rangle\,\mathbf{n}\,. \tag{3.219}$$

Im Fall des elasto-viskoplastischen Verhaltens kommt zu der Gl. (3.218) noch die elastische Materialgleichung für die Spannungen und die kinematische Annahme der additiven Zerlegung der Verzerrungen in elastische und viskoplastische Anteile

$$\boldsymbol{\sigma} = \mathbb{C}\,[\,\boldsymbol{\varepsilon}^e\,], \quad \boldsymbol{\varepsilon}^e = \boldsymbol{\varepsilon} - \boldsymbol{\varepsilon}^{vp}\,, \tag{3.220}$$

wodurch das Materialverhalten vollständig definiert ist.

Wir können auch Gebrauch von dem Konzept der Überspannungen machen, um die Materialgleichung zur Bestimmung der viskoplastischen Verzerrungsgeschwindigkeit (3.218) abzuleiten. Die dem eindimensionalen Modell (3.215) entsprechende dreidimensionale Erweiterung für isotropes Materialverhalten lautet dann (in der Definition der Relaxationszeit τ wird hier E durch den Schubmodul μ ersetzt)

$$\dot{\mathbf{e}}^{vp} = \frac{1}{2\eta} \langle \, \mathbf{s} - \mathbf{s}^* \, \rangle , = \frac{1}{\tau} \frac{1}{2\mu} \langle \, \mathbf{s} - \mathbf{s}^* \, \rangle , \tag{3.221}$$

s. z.B. (MAUGIN 1992) oder (SIMO 1999). In dieser Beziehung, die in deviatorischen Größen geschrieben ist, bedeutet $\mathbf{s}^*$ die Projektion der Spannungen auf die Fließfläche, s. Bild 3.13, so daß die Differenz $\mathbf{s} - \mathbf{s}^*$ die Überspannung definiert, die für das Auftreten der viskoplastischen Verzerrungen verantwortlich ist. Bei einer Verallgemeinerung führt diese Betrachtung auf

$$\dot{\mathbf{e}}^{vp} = \frac{1}{\tau} \, \langle \Phi(f) \rangle \, (\, \mathbf{s} - \mathbf{s}^* \,) , \tag{3.222}$$

s. (SIMO 1999), was im wesentlichen der Materialgleichung (3.218) entspricht. Es ist also in dieser Gleichung der Normalenvektor $\mathbf{n}$, der die Fließrichtung bestimmt, durch die Differenz $\mathbf{s} - \mathbf{s}^*$ ersetzt worden. Aufgrund der Konvexität der Fließfläche liefern beide die gleiche Richtung, so daß die Beziehung (3.222) äquivalent zu Gl. (3.218) ist, s. (SIMO 1999). Weiterhin entpricht Gl. (3.219) der Fließregel (3.156), wenn dort anstelle vom Konsistenzparameter λ die konstitutive Beziehung $\gamma \, \langle \, \Phi(f) \, \rangle$ eingesetzt wird. Letztere Interpretationen eröffnen eine effiziente algorithmische Behandlung der Viskoplastizität im Rahmen der Algorithmen der Plastizität, s. Abschn. 6.2.

ANMERKUNG 3.7: Eine Herleitung des viskoplastischen Materialverhaltens kann auch auf der Basis des Prinzips vom Maximum der Dissipationsarbeit, s. Anmerkung 3.6., erfolgen. In diesem Fall ist das Optimierungsproblem (3.175), das die Ungleichungsnebenbedingung in Form der LAGRANGE*schen Multiplikatoren einbringt, durch eine Penalty Formulierung zu ersetzen. In dieser wird die Nebenbedingung als Strafterm zu der viskoplastischen Dissipationsleistung hinzugefügt. Für das einfache Materialmodell (3.219) erhalten wir*

$$\mathcal{D} = -\mathbf{s} \cdot \dot{\mathbf{e}}^{vp} + \frac{1}{2} \gamma \, [\, f(\mathbf{s}) \,]^2 , \quad \gamma > 0 , \quad \text{für } f(\mathbf{s}) > 0 \, . \tag{3.223}$$

Der Skalar γ ist als Penalty Parameter aufzufassen. Für $\gamma \to \infty$ erhält man als Grenzfall die Lösung von (3.175), also das ratenunabhängige Materialverhalten. Dies entspricht einer gegen null gehenden Viskosität, da $\gamma \sim \frac{1}{\eta}$ ist. Der Gradient von $\mathcal{D}$ bezüglich des Spannungsdeviators liefert die Beziehung (3.219)

$$\dot{\mathbf{e}}^{vp} = \gamma \, \langle \, f \, \rangle \, \frac{\partial f}{\partial \mathbf{s}} , \tag{3.224}$$

wobei das FÖPPL *Symbol wegen der Bedingung $f > 0$ in (3.223) eingefügt wurde.*

3.3.4 Inkrementelle Form der Materialgleichungen

In diesem Abschnitt werden die inkrementellen Formen der bisher diskutierten Materialgleichungen angegeben. Dazu werden die entsprechenden Gleichungen nach der Zeit differenziert.

Inkrementelle Form der hyperelastischen Materialgleichungen. Wir gehen von der konstitutiven Beziehung (3.101) in der Ausgangskonfiguration aus und differenzieren mit $W = \rho_0\,\psi$ nach der Zeit

$$\dot{\mathbf{S}} = 2\,\frac{\partial^2 W}{\partial \mathbf{C}\,\partial \mathbf{C}}\,[\,\dot{\mathbf{C}}\,], \tag{3.225}$$

was zu einer inkrementellen Beziehung zwischen dem 2. PIOLA-KIRCHHOFFschen Spannungstensor $\mathbf{S}$ und dem rechten CAUCHY-GREEN-Tensor $\mathbf{C}$ führt. Mit der Definition des inkrementellen konstitutiven Tensors

$$\mathbb{C} = 4\,\frac{\partial^2 W}{\partial \mathbf{C}\,\partial \mathbf{C}}, \qquad \mathbb{C}_{ABCD} = 4\,\frac{\partial^2 W}{\partial C_{AB}\,\partial C_{CD}} \tag{3.226}$$

schreibt sich (3.225) auch als

$$\dot{\mathbf{S}} = \mathbb{C}\,[\,\frac{1}{2}\,\dot{\mathbf{C}}\,], \qquad \dot{S}_{AB} = \mathbb{C}_{ABCD}\,\frac{1}{2}\dot{C}_{CD} \tag{3.227}$$

Die Überführung von (3.227) auf Größen der Momentankonfiguration liefert mit der LIE-Ableitung des KIRCHHOFFschen Spannungstensors (3.93), die hier in Indexnotation wiederholt werden soll

$$(\mathcal{L}_v\,\boldsymbol{\tau})_{ik} = F_{iA}\,\dot{S}_{AB}\,F_{kB}\,, \tag{3.228}$$

und der Zeitableitung des rechten CAUCHY-GREEN-Tensors, s. (3.15) und (3.49),

$$\dot{C}_{CD} = 2\,F_{lC}\,d_{lm}\,F_{mD} \tag{3.229}$$

den Zusammenhang

$$(\mathcal{L}_v\,\boldsymbol{\tau})_{ik} = F_{iA}\,F_{lC}\,F_{mD}\,F_{kB}\,\mathbb{C}_{ABCD}\,d_{lm}\,, \tag{3.230}$$

wobei $\mathbf{d}$ der symmetrische räumliche Geschwindigkeitsgradient ist. Da in (3.230) jeder Basisvektor des inkrementellen konstitutiven Tensors $\mathbb{C}$ transformiert wird, kann der inkrementelle räumliche konstitutive Tensor $\mathbb{c}$ gemäß

$$\mathbb{c}_{iklm} = F_{iA}\,F_{lC}\,F_{mD}\,F_{kB}\,\mathbb{C}_{ABCD} \tag{3.231}$$

eingeführt werden. Damit schreibt sich (3.230)

$$(\mathcal{L}_v\,\boldsymbol{\tau})_{ik} = \mathbb{c}_{iklm}\,d_{lm}\,, \qquad \mathcal{L}_v\,\boldsymbol{\tau} = \mathbb{c}\,[\,\mathbf{d}\,]. \tag{3.232}$$

In vielen Arbeiten wird die in (3.94) definierte JAUMANNsche Spannungsrate zur Beschreibung elasto-plastischen Materialverhaltens herangezogen. Aus diesem Grund wollen wir die inkrementelle Materialgleichung (3.232) für diese Größe angeben. Mit der Beziehung (3.95) folgt

$$\overset{\nabla}{\boldsymbol{\tau}} = \mathbb{c}[\,\mathbf{d}\,] + \boldsymbol{\tau}\,\mathbf{d} + \mathbf{d}\,\boldsymbol{\tau}$$

$$\overset{\nabla}{\tau}_{ik} = \mathbb{c}_{iklm}\, d_{lm} + \tau_{in}\, d_{nk} + d_{in}\, \tau_{nk} \tag{3.233}$$

Dies kann durch Ausklammern des symmetrischen räumlichen Geschwindigkeitsgradienten d_{lm} auch als

$$\overset{\nabla}{\tau}_{ik} = \mathbb{a}_{iklm}\, d_{lm} \quad \text{mit} \quad \mathbb{a}_{iklm} = \mathbb{c}_{iklm} + \delta_{il}\, \tau_{km} + \delta_{km}\, \tau_{il} \tag{3.234}$$

abgekürzt formuliert werden. Gl. (3.234) entspricht in ihrer physikalischen Aussage exakt Gl. (3.232).

ANMERKUNG 3.8: Bei Ratenformulierungen kann für elasto-plastisches Materialverhalten von Metallen angenommen werden, daß nur kleine elastische Verzerrungen auftreten. Damit einhergehend wird häufig in der Literatur für den elastischen Teil der Deformation die Ratengleichung

$$\overset{\nabla}{\tau}_{ik} = \mathbb{a}^{L}_{iklm}\, d_{lm} \tag{3.235}$$

postuliert, wobei $\mathbb{a}^L$ *der klassische konstante Materialtensor der linearen Elastizitätstheorie für isotropes Materialverhalten ist:* $\mathbb{a}^{L}_{iklm} = \Lambda\, \delta_{ik}\, \delta_{lm} + \mu\, (\, \delta_{il}\, \delta_{km} + \delta_{kl}\, \delta_{im}\,)$. *Ein solches Materialgesetz stellt im allgemeinen jedoch keine hyperelastische Materialgleichung dar; man spricht hier von hypoelastischem konstitutiven Verhalten, s. z.B. (TRUESDELL and NOLL 1965). Es sei noch angemerkt, daß die Annahme derartigen elastischen Materialverhaltens bei großen plastischen Deformationen zu physikalisch falschen Systemantworten führen kann, s. z.B. (ATLURI 1984).*

Hyperelastisches Materialgleichungen mit Split in volumetrische und isochore Anteile. Inkrementelle Stofftensoren lassen sich auch für die Materialgleichung (3.122) angeben, die additiv in volumetrische und isochore Anteile aufgespalten ist. Die Berechnung des inkrementellen Materialtensors erfolgt nach Gl. (3.226), die mit (3.120) und (3.123) in Indexnotation

$$\hat{\mathbb{C}}_{ABCD} = 2\, \frac{\partial S_{AB}}{\partial C_{CD}} \tag{3.236}$$

$$2\, \frac{\partial}{\partial C_{CD}} \left[\, J \frac{\partial U}{\partial J}\, C^{-1}_{AB} + 2\, J^{-\frac{2}{3}}\, (\, \mathbb{I}_{ABEF} - \frac{1}{3}\, C^{-1}_{AB}\, C_{EF}\,)\, \frac{\partial \hat{W}}{\partial \hat{C}_{EF}} \right]$$

lautet. Nach einiger Rechnung folgen aus dieser Beziehung unter Beachtung von (3.122) bzw. (3.123) ein inkrementeller Materialtensor für den volumetrischen und einer für den isochoren Anteil

$$\hat{\mathbb{C}}_{ABCD} = \hat{\mathbb{C}}^{VOL}_{ABCD} + \hat{\mathbb{C}}^{ISO}_{ABCD} \tag{3.237}$$

mit

$$\hat{\mathbb{C}}^{VOL}_{ABCD} = \left(J\,\frac{\partial U}{\partial J} + J^2\,\frac{\partial^2 U}{\partial J^2} \right) C^{-1}_{AB}\,C^{-1}_{CD} - 2\,J\,\frac{\partial U}{\partial J}\,\mathbb{I}_{C^{-1}\,ABCD}\,,$$

$$\begin{aligned} \hat{\mathbb{C}}^{ISO}_{ABCD} = & -\frac{2}{3}\Big[\; C^{-1}_{CD}\,\mathbb{P}_{ABEF} + C^{-1}_{AB}\,\mathbb{P}_{CDEF} + \\ & J^{-\frac{2}{3}}\left(\frac{1}{3}\,C^{-1}_{AB}\,C^{-1}_{DC} - C^{-1}_{AC}\,C^{-1}_{BD} \right) C_{EF} \Big]\, 2\,\frac{\partial \hat{W}}{\partial \hat{C}_{EF}} + \\ & \mathbb{P}_{ABEF}\,4\,\frac{\partial^2 \hat{W}}{\partial \hat{C}_{EF}\partial \hat{C}_{MN}}\,\mathbb{P}_{CDMN}\,. \end{aligned} \tag{3.238}$$

In direkter Notation erhält man entsprechend mit (3.123)

$$\hat{\mathbf{C}}_{VOL} = \left(J\,\frac{\partial U}{\partial J} + J^2\,\frac{\partial^2 U}{\partial J^2} \right) \mathbf{C}^{-1} \otimes \mathbf{C}^{-1} - 2\,J\,\frac{\partial U}{\partial J}\,\mathbf{I}_{C^{-1}}\,,$$

$$\begin{aligned} \hat{\mathbf{C}}_{ISO} = & -\frac{2}{3}\left[\mathbf{C}^{-1} \otimes \mathbf{S}_{ISO} + \mathbf{S}_{ISO} \otimes \mathbf{C}^{-1} \right] + \\ & \frac{2}{3}\,J^{-\frac{2}{3}} \left(\mathbf{C} \cdot 2\,\frac{\partial \hat{W}}{\partial \hat{\mathbf{C}}} \right) \left[\frac{1}{3}\,\mathbf{C}^{-1} \otimes \mathbf{C}^{-1} - \mathbf{I}_{C^{-1}} \right] + 4\,\mathbf{P}\,\frac{\partial^2 \hat{W}}{\partial \hat{\mathbf{C}} \partial \hat{\mathbf{C}}}\,\mathbf{P}\,. \end{aligned} \tag{3.239}$$

In diesen Gleichungen wurde von der Ableitung des inversen rechten CAUCHY-GREEN-Tensors $\partial \mathbf{C}^{-1} / \partial \mathbf{C}$ gebrauch gemacht. Sie ist in Indexnotation durch

$$\frac{\partial C^{-1}_{AB}}{\partial C_{CD}} = -C^{-1}_{AC}\,C^{-1}_{BD} = -\mathbb{I}_{C^{-1}\,ABCD} \tag{3.240}$$

gegeben. Damit können wir abkürzend $\partial \mathbf{C}^{-1} / \partial \mathbf{C} = \mathbf{I}_{C^{-1}}$ einführen. Aufgrund der Symmetrien von $\mathbf{C}$ kann der Tensor $\mathbf{I}_{C^{-1}}$ auch als

$$\mathbb{I}_{C^{-1}\,ABCD} = \frac{1}{2}\,\left(C^{-1}_{AC}\,C^{-1}_{BD} + C^{-1}_{AD}\,C^{-1}_{BC} \right) \tag{3.241}$$

geschrieben werden.

Hyperelastische Materialgleichungen in Hauptstreckungen. Wenn die Spannungen in den Hauptrichtungen definiert sind, dann ist die Angabe der zugehörigen inkrementellen Stofftensoren insofern kompliziert, als auch die Änderung der Eigenvektoren zu berücksichtigen ist. Die entsprechende Herleitung soll hier für die Materialgleichung (3.130) erfolgen. Bevor wir deren zeitliche Ableitung berechnen, soll die weiterhin benötigte zeitliche Ableitung des rechten CAUCHY-GREEN-Tensors angegeben werden. Da die Darstellung von $\mathbf{C}$ bezüglich der Hauptachsen als $\mathbf{C} = \sum_{i=1}^{3} C_{(i)}\,\mathbf{N}_{(i)} \otimes \mathbf{N}_{(i)}$ gegeben ist, folgt für $\dot{\mathbf{C}}$ nach (OGDEN 1984)

$$\dot{\mathbf{C}} = \sum_{i=1}^{3} \dot{C}_{(i)}\,\mathbf{N}_{(i)} \otimes \mathbf{N}_{(i)} + \sum_{i \neq k} \Omega_{(ik)}\,(\,C_{(k)} - C_{(i)}\,)\,\mathbf{N}_{(i)} \otimes \mathbf{N}_{(k)}\,. \tag{3.242}$$

Der letzte Term resultiert aus der zeitlichen Ableitung des Normalenvektors $\dot{\mathbf{N}}_{(i)} = \boldsymbol{\Omega}\,\mathbf{N}_{(i)}$. Hierin ist $\boldsymbol{\Omega}$ der schiefsymmetrische Tensor, der durch $\boldsymbol{\Omega} = \dot{\mathbf{D}}\,\mathbf{D}$ gegeben ist. Der Tensor $\mathbf{D}$ beschreibt die Transformation der Eigenvektoren $\mathbf{N}_{(i)}$ auf die kartesische Basis $\mathbf{E}_K$, s. (3.132).

Eine Gl. (3.242) entsprechende Beziehung läßt sich auch für die 2. PIOLA-KIRCHHOFF-Spannungen herleiten. Da die Hauptwerte des Spannungstensors $S_{(i)}$ in (3.130) nur von $\lambda_{(i)}$ und damit von $C_{(i)}$) abhängen folgt dann

$$\dot{\mathbf{S}} = \sum_{i,k=1}^{3} \frac{\partial S_{(i)}}{\partial C_{(k)}} \dot{C}_{(k)}\, \mathbf{N}_{(i)} \otimes \mathbf{N}_{(i)} + \sum_{i \neq k} \Omega_{(ik)}\, (\, C_{(k)} - C_{(i)}\,) \left(\frac{S_{(k)} - S_{(i)}}{C_{(k)} - C_{(i)}} \right) \mathbf{N}_{(i)} \otimes \mathbf{N}_{(k)} \,. \tag{3.243}$$

Analog zur Beziehung (3.227) können wir jetzt auch durch Inspektion von (3.243) für die Spektraldarstellung

$$\dot{\mathbf{S}} = \mathbb{C}\,[\, \frac{1}{2}\, \dot{\mathbf{C}}\,] \tag{3.244}$$

schreiben, was explizit zu dem inkrementellen Materialtensor

$$\mathbb{C} = \sum_{i,k=1}^{3} \mathbb{L}_{(iikk)}\, \mathbf{N}_{(i)} \otimes \mathbf{N}_{(i)} \otimes \mathbf{N}_{(k)} \otimes \mathbf{N}_{(k)} + \sum_{i \neq k} \mathbb{L}_{(ikik)}\, \mathbf{N}_{(i)} \otimes \mathbf{N}_{(k)} \otimes (\, \mathbf{N}_{(i)} \otimes \mathbf{N}_{(k)} + \mathbf{N}_{(k)} \otimes \mathbf{N}_{(i)}\,) \tag{3.245}$$

führt. Hierin sind die Koeffizienten des Materialtensors durch

$$\mathbb{L}_{(iikk)} = 2\, \frac{\partial S_{(i)}}{\partial C_{(k)}} \qquad \mathbb{L}_{(ikik)} = \left(\frac{S_{(i)} - S_{(k)}}{C_{(i)} - C_{(k)}} \right) \tag{3.246}$$

gegeben. Da die Hauptwerte von $\mathbf{C}$ über die Gleichung $C_{(i)} = \lambda_{(i)}^2$ von den Hauptdehnungen abhängen, gilt mit $\frac{\partial(\ldots)}{\partial C_{(i)}} = \frac{1}{2\,\lambda_{(i)}} \frac{\partial(\ldots)}{\partial \lambda_{(i)}}$ und $S_{(i)} = \frac{1}{\lambda_{(i)}} \frac{\partial w}{\partial \lambda_{(i)}}$, s. (3.131), für die Komponenten des inkrementellen Materialtensors

$$\mathbb{L}_{(iikk)} = \frac{1}{\lambda_{(k)}} \frac{\partial}{\partial \lambda_{(k)}} \left(\frac{1}{\lambda_i} \frac{\partial w}{\partial \lambda_{(i)}} \right) \qquad \mathbb{L}_{(ikik)} = \left(\frac{S_{(i)} - S_{(k)}}{\lambda_{(i)}^2 - \lambda_{(k)}^2} \right) . \tag{3.247}$$

Für die praktische Berechnung ist es noch wichtig, die Symmetrien des inkrementellen Materialtensors $\mathbb{L}$ zu beachten. Es gilt allgemein wegen der Symmetrie von $\mathbf{S}$ und $\mathbf{C}$

$$\mathbb{L}_{ijkl} = \mathbb{L}_{jikl} = \mathbb{L}_{ijlk} \tag{3.248}$$

und zusätzlich für hyperelastisches Material

$$\mathbb{L}_{ijkl} = \mathbb{L}_{klij} \tag{3.249}$$

Es ist leicht zu sehen, daß in (3.247) gleiche Eigendehnungen einen unbestimmten Ausdruck für die Komponenten $\mathbb{L}_{(ikik)}$ liefern. Die Komponenten $\mathbb{L}_{(ikik)}$ können jedoch durch einen Grenzübergang bestimmt werden, s. (CHADWICK and OGDEN 1971). Man erhält

$$\lim_{C_i \to C_k} \mathbb{L}_{ikik} = \frac{1}{2} (\mathbb{L}_{iiii} - \mathbb{L}_{iikk}) . \tag{3.250}$$

Nicht immer geht man in der schwachen Formulierung vom 2. PIOLA-KIRCHHOFFschen Spannungstensor aus. Natürlich ist auch die Wahl des 1. PIOLA-KIRCHHOFFschen Spannungstensors, s. z.B. (3.276). In diesem Fall berechnet sich der inkrementelle Materialtensor analog zu (3.226) aus

$$\mathbb{A} = \frac{\partial^2 W}{\partial \mathbf{F} \partial \mathbf{F}} . \tag{3.251}$$

Explizit kann dann die Darstellung, s. z.B. (OGDEN 1984), gefunden werden

$$\mathbb{A}_{iJkL} = F_{iM}\, \mathbb{L}_{MJNL}\, F_{kN} + \delta_{ik}\, S_{JL} , \tag{3.252}$$

die aus den Komponenten des inkrementellen Materialtensors (3.245), des Deformationsgradienten, des KRONECKER-Symbols und des 2. PIOLA-KIRCHHOFFschen Spannungstensors bestimmt wird. Der inkrmentelle Materialtensor $\mathbb{A}$ ist wie auch der 1. PIOLA-KIRCHHOFFsche Spannungstensor $\mathbf{P}$ sowohl auf die Ausgangs- als auch auf die Momentankonfiguration bezogen. Wie schon bei der Transformation (3.231) wird durch große Indizes auf die Ausgangskonfiguration und durch kleine Indizes auf die Momentankonfiguration Bezug genommen.

ANMERKUNG 3.9: Ähnlich wie in Anmerkung 3.5 (b) gezeigt, ist es sinnvoll, den Materialtensor $\mathbb{L}$ in eine Matrixform zu bringen. Dabei ist zu beachten, daß durch die Zeitableitung auch Komponenten der Spannungen und Verzerrungen außerhalb der Diagonale auftreten. Dies führt mit $\dot{\mathbf{E}} = \frac{1}{2}\dot{\mathbf{C}}$ auf die Form

$$\begin{Bmatrix} \dot{S}_{11} \\ \dot{S}_{22} \\ \dot{S}_{33} \\ \dot{S}_{12} \\ \dot{S}_{23} \\ \dot{S}_{31} \end{Bmatrix} = \begin{bmatrix} L_{1111} & L_{1122} & L_{1133} & 0 & 0 & 0 \\ L_{2211} & L_{2222} & L_{2233} & 0 & 0 & 0 \\ L_{3311} & L_{3322} & L_{3333} & 0 & 0 & 0 \\ 0 & 0 & 0 & L_{1212} & 0 & 0 \\ 0 & 0 & 0 & 0 & L_{2323} & 0 \\ 0 & 0 & 0 & 0 & 0 & L_{3131} \end{bmatrix} \begin{Bmatrix} \dot{E}_{11} \\ \dot{E}_{22} \\ \dot{E}_{33} \\ 2\,\dot{E}_{12} \\ 2\,\dot{E}_{23} \\ 2\,\dot{E}_{31} \end{Bmatrix}$$

$$\dot{\mathbf{S}} = \mathbf{L} (\dot{\mathbf{E}}) . \tag{3.253}$$

Die in dieser Gleichung auftretenden Größen sind jetzt noch wie in (3.136) auf die kartesische Basis für die numerische Implementation zu beziehen. Als Basis wird die in Gl. (3.132) verwendete Formulierung verwendet. Diese kann jetzt auf jeden Basisvektor in (3.245) angewendet werden und führt dann auf den inkrementellen Materialtensor $\mathbb{L}_K$ *bezogen auf die kartesische Basis*

$$\mathbb{L}_K = \sum_{i,k=1}^{3} \mathbb{L}_{(iikk)}\, D_{(i)\,J}\, D_{(i)\,K}\, D_{(k)\,L}\, D_{(k)\,M}\, \mathbf{E}_J \otimes \mathbf{E}_K \otimes \mathbf{E}_L \otimes \mathbf{E}_M \qquad (3.254)$$
$$+ \sum_{i \neq k} \mathbb{L}_{(ikik)}\, D_{(i)\,J}\, D_{(k)\,K}\, D_{(i)\,L}\, D_{(k)\,M}\, \mathbf{E}_J \otimes \mathbf{E}_K \otimes (\mathbf{E}_L \otimes \mathbf{E}_M + \mathbf{E}_M \otimes \mathbf{E}_L)$$

*Für eine ausführliche Darstellung der zugehörigen Matrizen wird an dieser Stelle auf (*REESE *1994) oder (*REESE *and* WRIGGERS *1995) verwiesen.*

Aufgabe 3.8: Für die Materialgleichungen (3.116), (a), und (3.124), (b), leite man die inkrementellen Stofftensoren bezogen auf die Ausgangs- und Momentankonfiguration her und gebe ihre Form für den undeformierten Ausgangszustand an.

Lösung: (a) NEO HOOKE **Material.** Die in (3.116) angegebene Materialgleichung

$$\mathbf{S} = \frac{\Lambda}{2}(J^2 - 1)\,\mathbf{C}^{-1} + \mu(\mathbf{1} - \mathbf{C}^{-1})$$

ist eine Funktion des Verzerrungsmaßes $\mathbf{C}^{-1}$ und der Determinante des Deformationsgradienten J. Deren Ableitungen nach dem rechten CAUCHY-GREEN-Tensor $\mathbf{C}$ sind nun zur Berechnung von $\mathbb{C}$ zu bestimmen. Die Ableitung $\partial J / \mathbf{C}$ findet sich in (3.121). Die Ableitung von $\mathbf{C}^{-1}$ ist in (3.240) gegeben. Damit folgt aus der Materialgleichung (3.116) in direkter und indizierter Notation

$$\mathbb{C} = \Lambda J^2\, \mathbf{C}^{-1} \otimes \mathbf{C}^{-1} + [\,2\mu - \Lambda(J^2 - 1)\,]\, \mathbb{I}_{C^{-1}},$$
$$\mathbb{C}_{ABCD} = \Lambda J^2\, C^{-1}_{AB}\, C^{-1}_{CD} + [\,2\mu - \Lambda(J^2 - 1)\,]\, \mathbb{I}_{C^{-1}\,ABCD}\,. \qquad (3.255)$$

Die Transformation des inkrementellen Materialtensors $\mathbb{C}$ auf die Momentankonfiguration liefert mit (3.231) unter Beachtung von z.B.

$$C^{-1}_{AC}\, C^{-1}_{BD} = F^{-1}_{pA}\, F^{-1}_{pC}\, F^{-1}_{qB}\, F^{-1}_{qD}\, F_{iA}\, F_{lC}\, F_{mD}\, F_{kB} = \delta_{pi}\,\delta_{pl}\,\delta_{qk}\,\delta_{qm} = \delta_{il}\,\delta_{km}$$

$$\mathbb{c} = \Lambda J^2\, \mathbf{1} \otimes \mathbf{1} + [\,2\mu - \Lambda(J^2 - 1)\,]\, \mathbb{I},$$
$$\mathbb{c}_{iklm} = \Lambda J^2\, \delta_{ik}\, \delta_{lm} + [\,2\mu - \Lambda(J^2 - 1)\,]\, \mathbb{I}_{iklm}\,, \qquad (3.256)$$

wobei $\mathbf{1}$ der Einheitstensor 2. Stufe und $\mathbb{I}$ der vierstufige Einheitstensor auf die Momentankonfiguration bezogen sind. Die Indexdarstellung für $\mathbb{I}$ lautet analog zu $\mathbb{I}_{C^{-1}}$

$$\mathbb{I}_{iklm} = \frac{1}{2}(\delta_{il}\,\delta_{km} + \delta_{im}\,\delta_{kl})\,. \qquad (3.257)$$

Innerhalb der numerischen Behandlung der Elastizitätstheorie mittels der Methode der finiten Elemente ist es sinnvoll, eine Matrizendarstellung der Gl. (3.256) anzugeben. Dazu werden die Komponenten der LIE-Ableitung des KIRCHHOFFschen Spannungstensors, die nach (3.92) gleich der OLDROYDschen Spannungsrate ist, und des symmetrischen räumlichen Geschwindigkeitsgradienten wie in (3.253) in einem Spaltenvektor zusammengefaßt

$$\begin{Bmatrix} \mathcal{L}_v\tau_{11} \\ \mathcal{L}_v\tau_{22} \\ \mathcal{L}_v\tau_{33} \\ \mathcal{L}_v\tau_{12} \\ \mathcal{L}_v\tau_{23} \\ \mathcal{L}_v\tau_{31} \end{Bmatrix} = \begin{bmatrix} 2\mu+\Lambda & \Lambda J^2 & \Lambda J^2 & 0 & 0 & 0 \\ \Lambda J^2 & 2\mu+\Lambda & \Lambda J^2 & 0 & 0 & 0 \\ \Lambda J^2 & \Lambda J^2 & 2\mu+\Lambda & 0 & 0 & 0 \\ 0 & 0 & 0 & \alpha & 0 & 0 \\ 0 & 0 & 0 & 0 & \alpha & 0 \\ 0 & 0 & 0 & 0 & 0 & \alpha \end{bmatrix} \begin{Bmatrix} d_{11} \\ d_{22} \\ d_{33} \\ 2\,d_{12} \\ 2\,d_{23} \\ 2\,d_{31} \end{Bmatrix}$$

$$\overset{\triangle}{\boldsymbol{\tau}} = \boldsymbol{D}\,\boldsymbol{d} \qquad \text{mit} \quad \alpha = \mu - \frac{1}{2}\,\Lambda\,(J^2-1)\,. \tag{3.258}$$

Im undeformierten Ausgangszustand ist der Deformationsgradient $\mathbf{F} = \mathbf{1}$, womit sofort $\mathbf{C}^{-1} = \mathbf{1}$ und $J = 1$ folgen. Dies führt nach Einsetzen in (3.255) auf die Beziehung

$$\mathbb{C}_0 = \Lambda\,\mathbf{1} \otimes \mathbf{1} + 2\,\mu\,\mathbb{I}\,. \tag{3.259}$$

Diese Gleichung ist auch aus (3.256) abzulesen, da für $\mathbf{F} = \mathbf{1}$ die Ausgangs- und die Momentankonfiguration zusammenfallen. Wir erkennen weiterhin, daß der Materialtensor $\mathbb{C}_0$ mit dem Elastizitätstensor der geometrisch linearen Theorie identisch ist, s. z.B. (ESCHENAUER und SCHNELL 1993). Wir erhalten die Matrixform

$$\begin{Bmatrix} \sigma_{11} \\ \sigma_{22} \\ \sigma_{33} \\ \sigma_{12} \\ \sigma_{23} \\ \sigma_{31} \end{Bmatrix} = \begin{bmatrix} 2\mu+\Lambda & \Lambda & \Lambda & 0 & 0 & 0 \\ \Lambda & 2\mu+\Lambda & \Lambda & 0 & 0 & 0 \\ \Lambda & \Lambda & 2\mu+\Lambda & 0 & 0 & 0 \\ 0 & 0 & 0 & \mu & 0 & 0 \\ 0 & 0 & 0 & 0 & \mu & 0 \\ 0 & 0 & 0 & 0 & 0 & \mu \end{bmatrix} \begin{Bmatrix} \epsilon_{11} \\ \epsilon_{22} \\ \epsilon_{33} \\ 2\,\epsilon_{12} \\ 2\,\epsilon_{23} \\ 2\,\epsilon_{31} \end{Bmatrix}$$

$$\boldsymbol{\sigma} = \boldsymbol{D}_0\,\boldsymbol{\epsilon}\,. \tag{3.260}$$

(b) NEO HOOKE Material mit Aufspaltung in Druck- und Deviatoranteil. Die in (3.226) angegebene Materialgleichung lautet ausgeschrieben

$$\mathbf{S} = \mu\,J^{-\frac{2}{3}}\left[\mathbf{1} - (\frac{1}{3}\,\mathrm{tr}\,\mathbf{C})\,\mathbf{C}^{-1}\right] + \frac{K}{2}\,(J^2-1)\,\mathbf{C}^{-1} = \mathbf{S}_{ISO} + \mathbf{S}_{VOL}\,. \tag{3.261}$$

Diese Gleichung hängt wie (3.116) nur von dem rechten CAUCHY-GREEN-Tensor und der Determinante des Deformationsgradienten $\mathbf{F}$ ab. Die Ableitung (3.238) kann direkt mit den bereits angegebenen Ableitungsvorschriften (3.121) und (3.240) aus (3.238) berechnet werden. Mit

$$2\,\frac{\partial \hat{W}}{\partial \hat{C}_{EF}} = \frac{1}{2}\,\mu\,\delta_{EF} \quad \text{und} \quad \frac{\partial^2 \hat{W}}{\partial \hat{C}_{EF}\partial \hat{C}_{MN}} = 0$$

und aus $U(J) = \frac{K}{4}\,(J^2-1) - \frac{K}{2}\,\ln J$:

$$\frac{\partial U}{\partial J} = \frac{K}{2}\,(J - \frac{1}{J})\,, \quad \frac{\partial^2 U}{\partial J^2} = \frac{K}{2}\,(J + \frac{1}{J^2})$$

folgt

$$\begin{aligned} \hat{\mathbb{C}}^{VOL}_{ABCD} &= K\,\left[\,J^2\,C^{-1}_{AB}\,C^{-1}_{CD} - (\,J^2-1\,)\,\mathbb{I}_{C^{-1}\,ABCD}\right]\,, \\ \hat{\mathbb{C}}^{ISO}_{ABCD} &= -\frac{2}{3}\left[C^{-1}_{CD}\,S^{ISO}_{AB} + C^{-1}_{AB}\,S^{ISO}_{CD}\; + \right. \\ &\qquad \left. J^{-\frac{2}{3}}\,C_{EE}\,\left(\frac{1}{3}\,C^{-1}_{AB}\,C^{-1}_{DC} - \mathbb{I}_{C^{-1}\,ABCD}\right)\right] \end{aligned} \tag{3.262}$$

oder

$$
\begin{aligned}
\hat{\mathbb{C}}_{VOL} &= K\left[J^2\,\mathbf{C}^{-1}\otimes\mathbf{C}^{-1}-(J^2-1)\,\mathbb{I}_{C^{-1}}\right],\\
\hat{\mathbb{C}}_{ISO} &= -\frac{2}{3}\,\mu\,\Big[\mathbf{C}^{-1}\otimes\mathbf{S}_{ISO}+\mathbf{S}_{ISO}\,\mathbf{C}^{-1}+ \\
&\qquad J^{-\frac{2}{3}}\,(\mathrm{tr}\mathbf{C})\left(\frac{1}{3}\,\mathbf{C}^{-1}\otimes\mathbf{C}^{-1}-\mathbb{I}_{C^{-1}}\right)\Big].
\end{aligned}
\tag{3.263}
$$

Die Umrechnung auf die Momentankonfiguration kann jetzt wieder nach (3.231) durchgeführt werden und ergibt

$$
\begin{aligned}
\hat{\mathbb{c}}_{vol} &= K\left[J^2\,\mathbf{1}\otimes\mathbf{1}-(J^2-1)\,\mathbb{I}\right],\\
\hat{\mathbb{c}}_{iso} &= -\frac{2}{3}\,\mu\left[\mathbf{1}\otimes\boldsymbol{\tau}_{iso}+\boldsymbol{\tau}_{iso}\otimes\mathbf{1}+J^{-\frac{2}{3}}\,(\mathrm{tr}\mathbf{b})\left(\frac{1}{3}\,\mathbf{1}\otimes\mathbf{1}-\mathbb{I}\right)\right].
\end{aligned}
\tag{3.264}
$$

Eine Darstellung dieses inkrementellen Materialtensors kann in Matrixform durch die Einführung der Vektoren und Matrizen

$$
\mathbf{i}=\begin{Bmatrix}1\\1\\1\\0\\0\\0\end{Bmatrix},\quad
\hat{\boldsymbol{\tau}}=\begin{Bmatrix}\tau_{iso\,11}\\\tau_{iso\,22}\\\tau_{iso\,33}\\\tau_{iso\,12}\\\tau_{iso\,23}\\\tau_{iso\,31}\end{Bmatrix},\quad
\mathbb{I}=\begin{bmatrix}1&&&&&\\&1&&&&\\&&1&&&\\&&&1&&\\&&&&1&\\&&&&&1\end{bmatrix}
\tag{3.265}
$$

erfolgen

$$
\begin{aligned}
\hat{\mathbb{c}}_{vol} &= K\left[J^2\,\mathbf{i}\,\mathbf{i}^T-(J^2-1)\,\mathbb{I}\right]\\
\hat{\mathbb{c}}_{iso} &= -\frac{2}{3}\,\mu\left[\mathbf{i}\,\hat{\boldsymbol{\tau}}^T+\hat{\boldsymbol{\tau}}\,\mathbf{i}^T+J^{-\frac{2}{3}}\,(\mathrm{tr}\mathbf{b})\left(\frac{1}{3}\,\mathbf{i}\,\mathbf{i}^T-\mathbb{I}\right)\right].
\end{aligned}
$$

Für den Fall $\mathbf{F}=\mathbf{1}$ liefern die obigen Beziehungen für die inkrementellen Materialtensoren

$$
\begin{aligned}
\hat{\mathbb{C}}_{vol} &= K\,\mathbf{1}\otimes\mathbf{1},\\
\hat{\mathbb{C}}_{iso} &= 2\,\mu\,[\mathbb{I}-\frac{1}{3}\,\mathbf{1}\otimes\mathbf{1}],
\end{aligned}
\tag{3.266}
$$

die die Aufteilung in den volumetrischen und isochoren Anteil beinhalten. Die Tensoren in (3.266) entsprechen den Elastizitätstensoren der linearen Theorie, wenn die Aufteilung der Spannungen und Verzerrungen gemäß (3.30) in volumetrische und deviatorische Anteile durchgeführt wird. Wir erhalten die Matrixform

$$
\begin{Bmatrix}\sigma_{11}\\\sigma_{22}\\\sigma_{33}\\\sigma_{12}\\\sigma_{23}\\\sigma_{31}\end{Bmatrix}
= K\begin{bmatrix}1&1&1&0&0&0\\1&1&1&0&0&0\\1&1&1&0&0&0\\0&0&0&0&0&0\\0&0&0&0&0&0\\0&0&0&0&0&0\end{bmatrix}
+\mu\begin{bmatrix}\frac{4}{3}&-\frac{2}{3}&-\frac{2}{3}&0&0&0\\-\frac{2}{3}&\frac{4}{3}&-\frac{2}{3}&0&0&0\\-\frac{2}{3}&-\frac{2}{3}&\frac{4}{3}&0&0&0\\0&0&0&1&0&0\\0&0&0&0&1&0\\0&0&0&0&0&1\end{bmatrix}
\begin{Bmatrix}\epsilon_{11}\\\epsilon_{22}\\\epsilon_{33}\\2\epsilon_{12}\\2\epsilon_{23}\\2\epsilon_{31}\end{Bmatrix}
$$

$$
\boldsymbol{\sigma}=(\boldsymbol{D}_{vol}+\boldsymbol{D}_{iso})\,\boldsymbol{\epsilon}.
\tag{3.267}
$$

Inkrementelle Form der elasto-plastischen Materialgleichung der geometrisch linearen Thorie. Mit den Bedingungen des Abschn. 3.3.2 ist die Grundlage für die Ableitung des inkrementellen elastoplastischen Materialgesetzes für isotrope und kinematische Verfestigung gegeben. Da mit der Konsistenzbedingung (3.163)

$$\dot{f} = \frac{\partial f}{\partial \mathbf{s}} \cdot \dot{\mathbf{s}} + \frac{\partial f}{\partial \mathbf{q}} \cdot \dot{\mathbf{q}} + \frac{\partial f}{\partial \hat{q}} \dot{\hat{q}} = 0 \tag{3.268}$$

gilt, erhält man mit (3.151), (3.152) und (3.159)

$$\begin{aligned} \dot{f} &= \frac{\partial f}{\partial \mathbf{s}} \cdot \mathbb{C}^e[\dot{\mathbf{e}} - \dot{\mathbf{e}}^p] + \frac{\partial f}{\partial \mathbf{q}} \cdot \dot{\mathbf{q}} + \frac{\partial f}{\partial \hat{q}} \dot{\hat{q}} \\ &= \mathbf{n} \cdot \mathbb{C}^e[\dot{\mathbf{e}}] - \lambda \left(\mathbf{n} \cdot \mathbb{C}^e[\mathbf{n}] + \frac{2}{3} H \mathbf{n} \cdot \mathbf{n} + \frac{2}{3} \hat{H} \right) = 0 \,. \end{aligned} \tag{3.269}$$

Mit der Abkürzung $A = \mathbf{n} \cdot \mathbb{C}^e[\mathbf{n}] + \frac{2}{3} H + \frac{2}{3} \hat{H}$ kann nach λ aufgelöst werden

$$\lambda = A^{-1} \, \mathbf{n} \cdot \mathbb{C}^e[\dot{\mathbf{e}}] \,. \tag{3.270}$$

Das Einsetzen von (3.159) in die elastische Materialgleichung (3.151) liefert schließlich

$$\dot{\mathbf{s}} = \mathbb{C}^e[\dot{\mathbf{e}} - A^{-1} \, (\mathbf{n} \cdot \mathbb{C}^e[\dot{\mathbf{e}}] \,) \, \mathbf{n} \,] \tag{3.271}$$

Wenn wir isotropes Materialverhalten voraussetzen und den Materialtensor der geometrisch linear elastischen Theorie, s. (3.266), mit dem Kompressionsmodul K und dem Schubmodul μ als $\mathbb{C}^e = K \, \mathbf{1} \otimes \mathbf{1} + 2 \, \mu \, (\mathbb{I} - \frac{1}{3} \, \mathbf{1} \otimes \mathbf{1} \,)$ schreiben, dann kann das Endergebnis für die zeitliche Ableitung der Spannung nach Ergänzung um den kompressiblen Anteil, der bei der von Misesschen Plastizität rein elastisch ist, angegeben werden

$$\dot{p} = \frac{1}{3} \operatorname{tr} \dot{\boldsymbol{\sigma}} = K \operatorname{tr} \dot{\boldsymbol{\varepsilon}}^e \,, \tag{3.272}$$

$$\dot{\mathbf{s}} = 2 \, \mu \, \dot{\mathbf{e}} - \frac{2 \, \mu}{1 + \frac{H + \hat{H}}{3 \, \mu}} \, (\dot{\mathbf{e}} \cdot \mathbf{n} \,) \, \mathbf{n} \,. \tag{3.273}$$

Diese Form der Gleichung stellt das klassische Prandtl Reusssche Materialgesetz für ein elasto-plastisches Material dar. Das Zusammenfassen, $\dot{\boldsymbol{\sigma}} = \dot{\mathbf{s}} + \dot{p} \, \mathbf{1}$, und das Ausklammern von $\dot{\boldsymbol{\varepsilon}}$ liefert die inkrementelle Form der Materialgleichung der sog. J_2-Plastizität: $\dot{\boldsymbol{\sigma}} = \mathbb{C}^{ep} \, [\, \dot{\boldsymbol{\varepsilon}} \,]$. Hierin ist der elasto-plastische Tangententensor explizit durch

$$\mathbb{C}^{ep} = K \, \mathbf{1} \otimes \mathbf{1} + 2 \, \mu \, (\mathbb{I} - \frac{1}{3} \, \mathbf{1} \otimes \mathbf{1} \,) - 2 \, \mu \, \frac{1}{1 + \frac{H + \hat{H}}{3 \, \mu}} \, \mathbf{n} \otimes \mathbf{n} \tag{3.274}$$

gegeben. Dieser inkrementelle Materialtensor wird häufig auch als elastoplastische Kontinuumstangente bezeichnet. Bis vor kurzem wurde diese im

Rahmen expliziter Integrationsverfahren noch in vielen Finite-Element-Anwendungen benutzt, s. z.B. (ZIENKIEWICZ and TAYLOR 1991). Sie ist jedoch für die Konstruktion eines effizienten Lösungsalgorithmus, der auf dem NEWTON-Verfahren beruht, nicht brauchbar, s. z.B. (SIMO and TAYLOR 1985), (GRUTTMANN und STEIN 1988) oder – für eine detaillierte Diskussion – (SIMO and HUGHES 1998). Die entsprechenden Gleichungen werden im Abschn. 6.2.2 bei der Ableitung des Integrationsalgorithmus für inelastisches Materialverhalten angegeben.

3.4 Schwache Form des Gleichgewichts, Variationsprinzipien

Zur Berechnung von statischen Randwertproblemen der Kontinuumsmechanik ist das gekoppelte System von partiellen Differentialgleichungen – hier zunächst in den Größen der Referenzkonfiguration B formuliert – bestehend aus den kinematischen Beziehungen, der lokalen Impulsbilanz und dem Materialgesetz zu lösen. Im folgenden sind zwei alternative Möglichkeiten für hyperelastische Materialien zusammengestellt.

$$\begin{array}{lll} \text{Kinematik:} & \mathbf{F} & \mathbf{E} = \frac{1}{2}(\mathbf{F}^T\,\mathbf{F} - \mathbf{1}) \\ \text{Gleichgewicht:} & \operatorname{Div}\mathbf{P} + \rho_0\,\bar{\mathbf{b}} = \rho_0\,\dot{\mathbf{v}} & \operatorname{Div}(\mathbf{F}\,\mathbf{S}) + \rho_0\,\bar{\mathbf{b}} = \rho_0\,\dot{\mathbf{v}} \\ \text{Materialgesetz:} & \mathbf{P} = \dfrac{\partial W}{\partial \mathbf{F}} & \mathbf{S} = \dfrac{\partial W}{\partial \mathbf{E}} \end{array}$$

Zusätzlich sind auf ∂B_u die Verschiebungsrandbedingungen und auf ∂B_σ die Spannungsrandbedingungen anzugeben

$$\mathbf{u} = \bar{\mathbf{u}} \quad \text{auf} \quad \partial B_u \qquad \text{und} \qquad \mathbf{P}\,\mathbf{N} = \mathbf{F}\,\mathbf{S}\,\mathbf{N} = \bar{\mathbf{t}} \quad \text{auf} \quad \partial B_\sigma$$

Weiterhin können die Grundgleichungen durch den Bezug auf die Momentankonfiguration $\varphi(B)$ formuliert werden, wobei die Materialgleichungen für den CAUCHYschen, $\boldsymbol{\sigma}$ und den KIRCHHOFFschen Spannungstensor, $\boldsymbol{\tau}$, angegeben werden.

$$\begin{array}{lll} \text{Kinematik:} & \mathbf{b} = \mathbf{F}\,\mathbf{F}^T & \\ \text{Gleichgewicht:} & \operatorname{div}\boldsymbol{\sigma} + \rho\,\bar{\mathbf{b}} = \rho\dot{\mathbf{v}} & \operatorname{div}(\frac{1}{J}\,\boldsymbol{\tau}) + \rho\,\bar{\mathbf{b}} = \rho\dot{\mathbf{v}} \\ \text{Materialgesetz:} & \boldsymbol{\sigma} = 2\,\rho\,\mathbf{b}\,\dfrac{\partial\psi}{\partial\mathbf{b}} & \boldsymbol{\tau} = 2\,\mathbf{b}\,\dfrac{\partial W}{\partial\mathbf{b}} \end{array}$$

Die Randbedingungen lauten dann: $\mathbf{u} = \bar{\mathbf{u}}$ auf $\varphi(\partial B_u)$ und $\boldsymbol{\sigma}\mathbf{n} = \hat{\mathbf{t}}$ auf $\varphi(\partial B_\sigma)$.

Eine analytische Lösung dieser Systeme von Feldgleichungen ist in der nichtlinearen Kontinuumsmechanik nur für wenige einfache Randwertprobleme möglich. Eine näherungsweise Berechnung auf der Basis von Variationsverfahren (z.B. mittels der FEM) eröffnet jedoch eine Ausdehnung auf ein breites Aufgabenspektrum. Den Variationsverfahren liegen Arbeits- und Energieprinzipe zugrunde, die in diesem Abschnitt kurz beschrieben werden sollen. Sie können sowohl in der Referenz- als auch in der Momentankonfiguration formuliert werden.

3.4.1 Schwache Formulierung des Gleichgewichts in der Ausgangskonfiguration

Das Prinzip der virtuellen Verschiebungen ist eine der Impuls- und Drallbilanz äquivalente Formulierung, die in der mathematischen Literatur auch als schwache Form der durch die Impulsbilanz gegebenen Differentialgleichung bezeichnet wird. Da im Prinzip der virtuellen Verschiebungen keine weiteren Annahmen – wie z.B. die Existenz eines Potentials – eingehen, ist dieses Arbeitsprinzip ganz allgemein anwendbar: so z.B. für Probleme mit Reibung, nichtkonservativer Belastung oder inelastischem Materialverhalten. Die Herleitung des Prinzips der virtuellen Verschiebungen beginnt mit dem lokalen Gleichgewicht ($\operatorname{Div}\mathbf{P} + \rho_0\,\bar{\mathbf{b}} = \rho_0\,\dot{\mathbf{v}}$), das skalar mit einer vektorwertigen Funktion $\boldsymbol{\eta} = \{\boldsymbol{\eta}\,|\,\boldsymbol{\eta} = \mathbf{0}$ auf $\partial \mathrm{B_u}\}$ – oft virtuelle Verschiebung oder Testfunktion genannt – multipliziert wird. Die anschließende Integration über das Volumen des betrachteten Körpers liefert

$$\int\limits_B \operatorname{Div}\mathbf{P}\cdot\boldsymbol{\eta}\,dV + \int\limits_B \rho_0\,(\bar{\mathbf{b}} - \dot{\mathbf{v}})\cdot\boldsymbol{\eta}\,dV = 0\,. \tag{3.275}$$

Durch partielle Integration des ersten Terms mit nachfolgender Anwendung des Divergenztheorems und der Einarbeitung der Spannungsrandbedingungen erhält man die schwache Form des Gleichgewichtes

$$G(\boldsymbol{\varphi},\boldsymbol{\eta}) = \int\limits_B \mathbf{P}\cdot\operatorname{Grad}\boldsymbol{\eta}\,dV - \int\limits_B \rho_0\,(\bar{\mathbf{b}} - \dot{\mathbf{v}})\cdot\boldsymbol{\eta}\,dV - \int\limits_{\partial B_\sigma} \bar{\mathbf{t}}\cdot\boldsymbol{\eta}\,dA = 0\,. \tag{3.276}$$

Der Gradient von $\boldsymbol{\eta}$ kann auch als Variation $\delta\,\mathbf{F}$ des Deformationsgradienten gedeutet werden. In (3.276) läßt sich der 1. PIOLA-KIRCHHOFFsche Spannungstensor gemäß $\mathbf{P} = \mathbf{F}\,\mathbf{S}$ durch den 2. PIOLA-KIRCHHOFFschen Spannungstensor ersetzen. Dann gilt

$$\mathbf{P}\cdot\operatorname{Grad}\boldsymbol{\eta} = \mathbf{S}\cdot\mathbf{F}^T\operatorname{Grad}\boldsymbol{\eta} = \mathbf{S}\cdot\frac{1}{2}\,(\mathbf{F}^T\operatorname{Grad}\boldsymbol{\eta} + \operatorname{Grad}^T\boldsymbol{\eta}\,\mathbf{F}) = \mathbf{S}\cdot\delta\mathbf{E}\,, \tag{3.277}$$

wobei ausgenutzt wird, daß das Skalarproduckt eines symmetrischen Tensors (hier $\mathbf{S}$) mit dem antimetrischen Teil eines Tensors verschwindet. $\delta\,\mathbf{E}$ bezeichnet die Variation des GREEN-LAGRANGEschen Verzerrungstensors. Mit (3.277) kann Gl. (3.276) umgeschrieben werden

$$G(\boldsymbol{\varphi},\boldsymbol{\eta}) = \int\limits_B \mathbf{S}\cdot\delta\mathbf{E}\,dV - \int\limits_B \rho_0\,(\bar{\mathbf{b}} - \dot{\mathbf{v}})\cdot\boldsymbol{\eta}\,dV - \int\limits_{\partial B_\sigma} \bar{\mathbf{t}}\cdot\boldsymbol{\eta}\,dA = 0\,. \tag{3.278}$$

Der erste Term in (3.278) entspricht der virtuellen inneren Arbeit. Die zwei letzten Terme beschreiben die virtuelle Arbeit der äußeren Belastung und den Trägheitsterm.

Aufgabe 3.9: In der Kontinuumsmechanik bestehen viele Möglichkeiten, die virtuelle innere Arbeit in (3.276) zu beschreiben. Wenn man das verallgemeinerte Deformationsmaß (3.18) für $\alpha = 1$ auswertet, dann ergibt sich $\mathbf{E}^{(1)} = \mathbf{U} - \mathbf{1}$. Für dieses Verzerrungsmaß ist der arbeitskonjugierte Spannungstensor zu finden.

Lösung: Mit (3.21) gilt $\mathbf{F} = \mathbf{R}\,\mathbf{U}$ und für die Variation

$$\delta\mathbf{E}^{(1)} = \delta\mathbf{U} = \delta\mathbf{R}^T\,\mathbf{F} + \mathbf{R}^T\,\delta\mathbf{F}\,,$$

so daß im ersten Term von (3.276) $\delta\mathbf{F}$ ersetzt werden kann:

$$\mathbf{P}\cdot\delta\mathbf{F} = \mathbf{P}\cdot(\,\mathbf{R}\,\delta\mathbf{U} - \mathbf{R}\,\delta\mathbf{R}^T\,\mathbf{F}\,)\,.$$

Mit der Spuroperation $\mathbf{A}\cdot\mathbf{B} = \mathrm{tr}(\,\mathbf{A}\,\mathbf{B}^T\,)$ und entsprechenden zyklischen Vertauschungen folgt

$$\mathbf{P}\cdot\delta\mathbf{F} = \mathbf{R}^T\,\mathbf{P}\cdot\delta\mathbf{U} - \mathbf{P}\,\mathbf{F}^T\cdot\mathbf{R}\,\delta\mathbf{R}^T$$

Hierin ist durch $\boldsymbol{\tau} = \mathbf{P}\,\mathbf{F}^T$ der symmetrische KIRCHHOFFsche Spannungstensor definiert, der mit dem schiefsymmetrischen Term $\mathbf{R}\,\delta\mathbf{R}^T$ keine virtuelle Arbeit leistet $\delta\,(\mathbf{R}\,\mathbf{R}^T) = \mathbf{R}\,\delta\mathbf{R}^T + \delta\mathbf{R}\,\mathbf{R}^T = \mathbf{0}$]. Damit ist der zum Verzerrungmaß $\mathbf{E}^{(1)}$ arbeitskonforme Spannungstensor durch den symmetrischen Anteil des BIOTschen Spannungstensor $\mathbf{T}_B = \mathbf{R}^T\,\mathbf{P}$ gegeben, und die schwache Form des Gleichgewichtes lautet

$$G\,(\boldsymbol{\varphi},\boldsymbol{\eta}) = \int\limits_B \mathbf{T}_B\cdot\delta\mathbf{U}\,dV - \int\limits_B \rho_0\,(\bar{\mathbf{b}} - \dot{\mathbf{v}})\cdot\boldsymbol{\eta}\,dV - \int\limits_{\partial B_\sigma} \bar{\mathbf{t}}\cdot\boldsymbol{\eta}\,dA = 0\,. \qquad (3.279)$$

3.4.2 Räumliche schwache Formulierung des Gleichgewichtes

Der Bezug der schwachen Form (3.276) auf die Momentankonfiguration geschieht durch rein geometrische Operationen, indem die Basisvektoren entsprechend der in den vorangegangenen Abschnitten angegebenen Transformationen durch *push forward* auf die Konfiguration $\varphi(B)$ bezogen werden. Mit der Transformation des 1. PIOLA-KIRCHHOFFschen auf den CAUCHYschen Spannungstensor, s. (3.79): $\boldsymbol{\sigma} = \frac{1}{J}\,\mathbf{P}\,\mathbf{F}^T$, folgt mit (3.33)

$$\mathbf{P}\cdot\mathrm{Grad}\,\boldsymbol{\eta} = J\,\boldsymbol{\sigma}\,\mathbf{F}^{-T}\cdot\mathrm{Grad}\,\boldsymbol{\eta} = J\,\boldsymbol{\sigma}\cdot\mathrm{Grad}\,\boldsymbol{\eta}\,\mathbf{F}^{-1} = J\,\boldsymbol{\sigma}\cdot\mathrm{grad}\,\boldsymbol{\eta}\,.$$

Da weiterhin mit (3.12) $dv = J\,dV$ und daher $\rho = \rho_0\,J$ gilt, kann die schwache Form (3.276) auf die Momentankonfiguration bezogen werden:

$$g\,(\boldsymbol{\varphi},\boldsymbol{\eta}) = \int\limits_{\varphi(B)} \boldsymbol{\sigma}\cdot\mathrm{grad}\,\boldsymbol{\eta}\,dv - \int\limits_{\varphi(B)} \rho\,(\bar{\mathbf{b}} - \dot{\mathbf{v}})\cdot\boldsymbol{\eta}\,dv - \int\limits_{\varphi(\partial B_\sigma)} \hat{\mathbf{t}}\cdot\boldsymbol{\eta}\,da = 0\,. \quad (3.280)$$

Hierin wird noch von Gl. (3.78) Gebrauch gemacht, um den Spannungsvektor $\bar{\mathbf{t}}$ auf $\varphi(B)$ zu transformieren. Die Ausnutzung der Symmetrie des

CAUCHYschen Spannungstensors ermöglicht das Ersetzen des räumlichen Gradienten von η durch seinen symmetrischen Anteil, so daß mit der Definition

$$\nabla^S \eta = \frac{1}{2} (\operatorname{grad} \eta + \operatorname{grad}^T \eta) \tag{3.281}$$

folgt

$$g(\varphi, \eta) = \int\limits_{\varphi(B)} \sigma \cdot \nabla^S \eta \, dv - \int\limits_{\varphi(B)} \rho \, (\bar{\mathbf{b}} - \dot{\mathbf{v}}) \cdot \eta \, dv - \int\limits_{\varphi(\partial B_\sigma)} \hat{\mathbf{t}} \cdot \eta \, da = 0 \, . \tag{3.282}$$

Diese Beziehung entspricht formal dem Prinzip der virtuellen Arbeit der geometrisch linearen Theorie. Man muß allerdings beachten, daß das Integral und die Spannungs- und virtuellen Verzerrungsgrößen hier in der Momentankonfiguration auszuwerten sind, wodurch die Nichtlinearität ins Spiel kommt.

In den weiteren Formulierungen in diesem Abschnitt wollen wir die Trägheitsterme $\rho \, \dot{\mathbf{v}}$ vernachlässigen und daher nur die statische Grundgleichungen betrachten.

3.4.3 Variationsprinzipien

Prinzip vom Minimum des elastischen Gesamtpotentials. Für den Fall, daß hyperelastisches Materialverhalten vorliegt, existiert eine Verzerrungsenergiefunktion W, die die in einem Körper gespeicherte elastische Energie beschreibt. Mit ihr läßt sich das klassische Prinzip vom Minimum des elastischen Gesamtpotentials formulieren, wenn zusätzlich noch die potentielle Energie der eingeprägten Lasten berücksichtigt wird. Hierbei nehmen wir an, daß die eingeprägten Lasten konservativ – d.h. wegunabhängig – sind (für nichtkonservative Belastungen, s. Aufgabe 3.12). Für statische Probleme erhält man

$$\Pi(\varphi) = \int\limits_B [W(\mathbf{C}) - \rho_0 \, \bar{\mathbf{b}} \cdot \varphi] \, dV - \int\limits_{\partial B_\sigma} \bar{\mathbf{t}} \cdot \varphi \, dA \Longrightarrow MIN \, . \tag{3.283}$$

Von allen möglichen Deformationen φ erfüllen diejenigen das Gleichgewicht, die Π zum Minimum machen. Das Minimum kann aus der Variation berechnet werden, die äquivalent zu der schwachen Form (3.278)ist. Dies kann durch Anwendung der Richtungsableitung gezeigt werden

$$\delta \Pi = D \, \Pi(\varphi) \cdot \eta = \frac{d}{d\alpha} \Pi(\varphi + \alpha \, \eta) \bigg|_{\alpha=0} \, , \tag{3.284}$$

die auch erste Variation von Π genannt wird. Die Durchführung der Variation liefert

$$D \, \Pi(\varphi) \cdot \eta = \int\limits_B [\frac{\partial W}{\partial \mathbf{C}} \cdot D \, \mathbf{C} \cdot \eta - \rho_0 \, \bar{\mathbf{b}} \cdot \eta] \, dV - \int\limits_{\partial B_\sigma} \bar{\mathbf{t}} \cdot \eta \, dA = G(\mathbf{u}, \eta) = 0 \, . \tag{3.285}$$

Die Richtungsableitung des rechten CAUCHY-GREENschen Verzerrungstensors läßt sich auf die des GREEN-LAGRANGEschen Verzerrungstensors leicht umrechnen: $D\,\mathbf{C}\cdot\boldsymbol{\eta} = 2\,D\,\mathbf{E}\cdot\boldsymbol{\eta}$. Letztere entspricht der bereits eingeführten Variation $\delta\mathbf{E}$, (3.277). Die partielle Ableitung von W nach $\mathbf{C}$ führt auf den 2. PIOLA-KIRCHHOFFschen Spannungstensor $\mathbf{S}$, s. (3.101), so daß letztendlich Gl. (3.285) mit der schwache Form (3.278) äquivalent ist.

Die Konstruktion eines Minimalprinzips ist aus mehreren Gründen von Bedeutung. Es ermöglicht z.B. die mathematische Untersuchung der Existenz- und Eindeutigkeit von Lösungen und erlaubt die Entwicklung von effizienten Algorithmen auf der Basis der Optimierungsverfahren.

Hu-Washizu-Prinzip. Ein weiteres Variationsprinzip, das in letzter Zeit für die Konstruktion finiter Elemente an Bedeutung gewonnen hat, ist das Prinzip von HU-WASHIZU, s. (WASHIZU 1975). In diesem Prinzip treten die Deformationen, der Spannungstensor und das Verzerrungsmaß als gleichberechtigte Partner auf, so daß sich hieraus die statischen Feldgleichungen, die kinematischen Beziehungen und das hyperelastische Materialgesetz durch Variation herleiten lassen. Die Formulierung kann in beliebigen, einander arbeitskonform zugeordneten Größen erfolgen. Hier wollen wir als Variable den Deformationsgradienten $\mathbf{F}$, den 1. PIOLA-KIRCHHOFFschen Spannungstensor $\mathbf{P}$ und die Deformation $\boldsymbol{\varphi}$ selbst wählen. Man erhält dann

$$\begin{aligned} \Pi(\boldsymbol{\varphi},\mathbf{F},\mathbf{P}) = & \int_B [\,W(\mathbf{F}) + \mathbf{P}\cdot(\,\operatorname{Grad}\boldsymbol{\varphi} - \mathbf{F}\,)\,]\,dV \\ & - \int_B \boldsymbol{\varphi}\cdot\rho_0\,\bar{\mathbf{b}}\,dV - \int_{\partial B_\sigma} \boldsymbol{\varphi}\cdot\hat{\mathbf{t}}\,dA \end{aligned} \tag{3.286}$$

Die Variation liefert drei Gleichungen

$$\begin{aligned} D\Pi(\boldsymbol{\varphi},\mathbf{F},\mathbf{P})\cdot\boldsymbol{\eta} &= \int_B (\,\mathbf{P}\cdot\operatorname{Grad}\boldsymbol{\eta} - \boldsymbol{\eta}\cdot\rho_0\,\bar{\mathbf{b}}\,)\,dV - \int_{\partial B_\sigma} \boldsymbol{\eta}\cdot\hat{\mathbf{t}}\,dA = 0\,, \\ D\Pi(\boldsymbol{\varphi},\mathbf{F},\mathbf{P})\cdot\delta\mathbf{P} &= \int_B \delta\mathbf{P}\cdot(\,\operatorname{Grad}\boldsymbol{\varphi} - \mathbf{F}\,)\,dV = 0\,, \\ D\Pi(\boldsymbol{\varphi},\mathbf{F},\mathbf{P})\cdot\delta\mathbf{F} &= \int_B \delta\mathbf{F}\cdot(\,\frac{\partial W}{\partial\mathbf{F}} - \mathbf{P}\,)\,dV = 0\,, \end{aligned} \tag{3.287}$$

aus denen die schwache Form (3.276), die kinematische Beziehung (3.6) und das hyperelastische Materialgesetz für $\mathbf{P}$ folgen.

Eine spezielle Form des HU-WASHIZU-Variationsprinzips kann für die Behandlung von nahezu inkompressiblem Materialverhalten angewendet werden. Da inkompressibles Materialverhalten eine Zwangsbedingung für den volumetrischen Anteil der Deformation bedeutet ($J \equiv 1$), spaltet man nach

(SIMO et al. 1985a) das Materialverhalten in isochore und volumetrische Anteile auf. Das Dreifeldfunktional (3.286) wird jetzt nur für den volumetrischen Anteil formuliert, so daß als unabhängige Variablen die Deformation $\boldsymbol{\varphi}$, der Druck p und eine zu J äquivalente Feldvariable θ, die der Zwangsbedingung $\theta = J$ genügt, eingeführt werden.

Mit dem multiplikativen Split des Deformationsgradienten (3.28)

$$\bar{\mathbf{F}} = \theta^{\frac{1}{3}}\,\widehat{\mathbf{F}} \tag{3.288}$$

können für die isochoren und volumetrischen Anteile der Deformation getrennte Variablen verwendet werden. Man beachte in der Beziehung (3.288), daß $\widehat{\mathbf{F}} = J^{-\frac{1}{3}}\,\mathrm{Grad}\,\boldsymbol{\varphi}$ ist. Weiterhin können wir mit (3.29) schreiben: $\bar{\mathbf{C}} = \theta^{\frac{2}{3}}\,J^{-\frac{2}{3}}\,\mathbf{C} = \theta^{\frac{2}{3}}\,\widehat{\mathbf{C}}$. Gleichzeitig ist auch die Verzerrungsenergiefunktion $W(\mathbf{C})$, s. (3.119), in Abhängigkeit dieser neuen Variablen anzugeben: $W(\mathbf{C}) = W(\theta^{\frac{2}{3}}\,\widehat{\mathbf{C}})$. Mit dem additiven Split $W = W(\theta) + W(\widehat{\mathbf{C}})$, s. (3.119), kann nun das Dreifeldfunktional angegeben werden

$$\begin{aligned}\Pi(\boldsymbol{\varphi}, p, \theta) = & \int_B [\,W(\widehat{\mathbf{C}}) + W(\theta) + p(\,J - \theta\,)\,]\,dV \\ & - \int_B \boldsymbol{\varphi} \cdot \rho_0\,\bar{\mathbf{b}}\,dV - \int_{\partial B_\sigma} \boldsymbol{\varphi} \cdot \hat{\mathbf{t}}\,dA\,.\end{aligned} \tag{3.289}$$

Unter Beachtung der Beziehungen (3.122) und (3.122) lauten die EULER-LAGRANGEschen Gleichungen jetzt

$$\begin{aligned}D\Pi(\boldsymbol{\varphi}, p, \theta) \cdot \boldsymbol{\eta} &= \int_B \{\,(\,\mathbb{P}[2\,\frac{\partial W}{\partial \widehat{\mathbf{C}}}] + p\,J\,\mathbf{C}^{-1}\,) \cdot \frac{1}{2}\,\delta\mathbf{C} - \boldsymbol{\eta} \cdot \rho_0\,\bar{\mathbf{b}}\,\}\,dV \\ &\quad - \int_{\partial B_\sigma} \boldsymbol{\eta} \cdot \hat{\mathbf{t}}\,dA = 0 \\ D\Pi(\boldsymbol{\varphi}, p, \theta)\,\delta p &= \int_B \delta p\,(\,J - \theta\,)\,dV = 0 \\ D\Pi(\boldsymbol{\varphi}, p, \theta)\,\delta\theta &= \int_B \delta\theta\,(\,\frac{\partial W}{\partial \theta} - p\,)\,dV = 0\,,\end{aligned} \tag{3.290}$$

Durch Vergleich mit den Beziehungen (3.123) und (3.124) erkennt man leicht, daß in Gl. $(3.290)_1$ auch für den ersten Ausdruck im ersten Integranden $\mathbf{S}_{ISO} + \mathbf{S}_{VOL}$ eingesetzt werden könnte, was den Split in isochore und volumetrische Anteile verdeutlicht.

Die Terme in Gl. $(3.290)_1$ werden häufig in räumlichen Größen geschrieben, da die entsprechenden Ausdrücke für eine numerische Implementation einfacher sind. Mit der Umrechnung für die Variation des rechten CAUCHY-GREEN-Tensors unter Beachtung der Beziehung $(3.33)_1$

$$\delta\,\mathbf{C} = \mathbf{F}^T\,\mathrm{Grad}\,\boldsymbol{\eta} + \mathrm{Grad}^T\,\boldsymbol{\eta}\,\mathbf{F} = \mathbf{F}^T\,(\,\mathrm{grad}\,\boldsymbol{\eta} + \mathrm{grad}^T\,\boldsymbol{\eta}\,)\,\mathbf{F} \tag{3.291}$$

folgt mit der Definition (3.281): $\nabla^S\,\boldsymbol{\eta} = \frac{1}{2}\,(\,\mathrm{grad}\,\boldsymbol{\eta} + \mathrm{grad}^T\,\boldsymbol{\eta}\,)$

$$\begin{aligned} D\Pi(\boldsymbol{\varphi},p,\theta)\cdot\boldsymbol{\eta} &= \int_B \{\,(\,\mathbf{F}\,\mathbb{P}[2\,\frac{\partial W}{\partial\widehat{\mathbf{C}}}]\,\mathbf{F}^T + p\,J\,\mathbf{1}\,)\cdot\nabla^S\,\boldsymbol{\eta} - \boldsymbol{\eta}\cdot\rho_0\,\bar{\mathbf{b}}\,\}\,dV \\ &- \int_{\partial B_\sigma} \boldsymbol{\eta}\cdot\hat{\mathbf{t}}\,dA = 0\,. \end{aligned} \tag{3.292}$$

Mit den Beziehungen (3.126) und (3.127) folgt schließlich

$$\begin{aligned} D\Pi(\boldsymbol{\varphi},p,\theta)\cdot\boldsymbol{\eta} &= \int_B \{\,\boldsymbol{\tau}_{iso}\cdot\nabla^S\,\boldsymbol{\eta} + \tau_{vol}\,\mathrm{div}\,\boldsymbol{\eta} - \boldsymbol{\eta}\cdot\rho_0\,\bar{\mathbf{b}}\,\}\,dV \\ &- \int_{\partial B_\sigma} \boldsymbol{\eta}\cdot\hat{\mathbf{t}}\,dA = 0 \\ D\Pi(\boldsymbol{\varphi},p,\theta)\,\delta p &= \int_B \delta p\,(\,J-\theta\,)\,dV = 0 \\ D\Pi(\boldsymbol{\varphi},p,\theta)\,\delta\theta &= \int_B \delta\theta\,(\frac{\partial W}{\partial\theta} - p\,)\,dV = 0\,, \end{aligned} \tag{3.293}$$

Hierin wird die Integration über die Ausgangskonfiguration ausgeführt. Die erste Gleichung stellt die schwache Form des Gleichgewichtes (3.282) mit geänderten Variablen (KIRCHHOFF anstelle der CAUCHY Spannungen) dar. Die zweite Gleichung gibt die Zwangsbedingung $J = \theta$ wider und die dritte Gleichung liefert die Materialgleichung für den Druck p, s. auch $(3.127)_1$.

3.5 Linearisierungen

In der Kontinuumsmechanik treten Nichtlinearitäten aufgrund von unterschiedlichen Phänomenen auf. Hier sind geometrische Nichtlinearitäten zu nennen, die von einem nichtlinearen Verzerrungsmaß wie dem GREEN-LAGRANGEschen Verzerrungstensor herrühren. Physikalische Nichtlinearitäten sind z.B. mit elasto-plastischen oder -viskoplastischen Prozessen verknüpft und führen auf nichtlineare Materialgesetze. Schließlich können noch durch einseitige Randbedingungen – auch Kontaktrandbedingungen genannt –, die mathematisch in Ungleichungsform gefaßt werden, Nichtlinearitäten in ein Berechnungsmodell eingebracht werden.

Linearisierungen der zugehörigen Modelle sind unter mehreren Aspekten für die Lösung der zugehörigen Rand- oder Anfangswertaufgaben notwendig. Zum einen können mittels eines Linearisierungsprozesses Näherungstheorien hergeleitet werden, die analytische Lösungen zulassen. Dies ist z.B. in der klassischen Elastizitätstheorie oder bei der linearen Balken-, Platten- oder Schalentheorie der Fall. Zum anderen werden Linearisierungen für numerische Verfahren benötigt, die es erlauben komplexe nichtlineare Randwertaufgaben zu behandeln. Dies ist auch für Näherungsverfahren, wie die Methode der finiten Elemente gültig, wenn z.B. NEWTON-RAPHSON-Verfahren zur Lösung der entstehenden nichtlinearen algebraischen Gleichungen herangezogen werden, s. Kap. 5.

Es ist also wünschenswert, eine möglichst allgemein anwendbare Methode zur Linearisierung von nichtlinearen Theorien zu haben. Der Zweck dieses Abschnittes ist es, eine einheitliche Definition der Linearisierung anzugeben und sie anhand von Beispielen zu illustrieren. Auf mathematische technische Details wird dabei weitgehend verzichtet.

Die Idee der Linearisierung soll zunächst an einem Beispiel erläutert werden. Wir nehmen eine skalarwertige Funktion f an, die in $\mathcal{R}$ definiert ist. Die Funktion sei stetig und einmal stetig differenzierbar (C^1-Stetigkeit). Unter diesen Voraussetzungen kann f an der Stelle $\bar{x}$ in eine TAYLORreihe entwickelt werden:

$$f(\bar{x}+u) = \bar{f} + \bar{D}f \cdot u + R. \tag{3.294}$$

In dieser Gleichung wurde die folgende Notation eingeführt: $\bar{f} = f(\bar{x})$ und $\bar{D}f = Df(\bar{x})$. Der Operator D bedeutet die Ableitung von f nach der Variablen x. Der „·“ist hier zunächst eine einfache Multiplikation. u ist ein Zuwachs oder Inkrement und das Restglied $R = R(u)$ besitzt die Eigenschaft $\lim_{u \to 0} R \,/\, |u| \to 0$. Bild 3.14 zeigt die geometrische Interpretation der Gl. (3.294). Wenn man u als unabhängige Variable bei festem $\bar{x}$ in (3.294) betrachtet, so stellt die Gleichung

$$f(u) = \bar{f} + \bar{D}f \cdot u \tag{3.295}$$

die Tangente an die Kurve $f(x)$ dar, die diese im Punkt $(\bar{x}, \bar{f})$ berührt. Dieses Resultat führt zur Definition des linearen Teils – der Linearisierung – von $f(x)$ in $x = \bar{x}$:

$$L\,[\,f\,]_{x=\bar{x}} \equiv f(u). \tag{3.296}$$

Das eindimensional gewonnene, anschauliche Ergebnis läßt sich leicht auf eine skalarwertigen Funktion von Punkten im dreidimensionalen Raum $\mathcal{R}^3$ erweitern. Dann ist f ein Funktion von $(\mathbf{x})$. Die TAYLORsche Reihenentwicklung lautet dann

$$f(\bar{\mathbf{x}}+\mathbf{u}) = \bar{f} + \bar{D}f \cdot \mathbf{u} + R. \tag{3.297}$$

Hierin ist $\bar{\mathbf{x}}$ ein Punkt im euklidischen Raum und $\mathbf{u}$ ein Vektor im euklidischen Raum mit Ursprung in $\bar{\mathbf{x}}$. Es gilt weiterhin

$$\bar{f} = f(\bar{\mathbf{x}}) \qquad \text{und} \qquad \bar{D}f = Df(\bar{\mathbf{x}}) = \left.\frac{\partial f(\mathbf{x})}{\partial \mathbf{x}}\right|_{\mathbf{x}=\bar{\mathbf{x}}}, \tag{3.298}$$

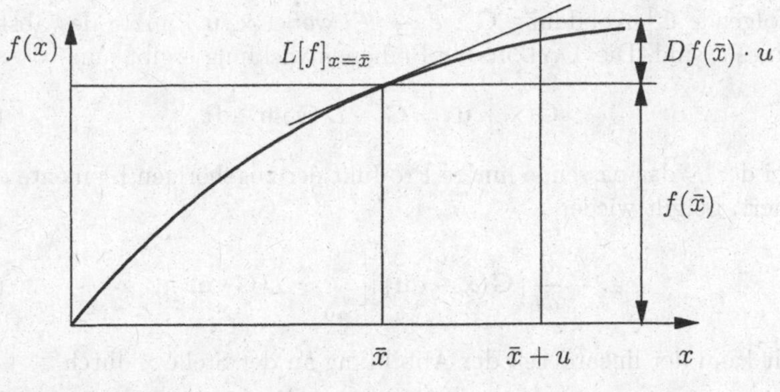

Bild 3.14. Linearisierung der Funktion f

wobei $\bar{D}f$ der Gradientenvektor von f an der Stelle $\bar{\mathbf{x}}$ ist. Damit kann Gl. (3.297) folgendermaßen geschrieben werden:

$$f(\bar{\mathbf{x}}+\mathbf{u}) = \bar{f} + \text{Grad}\, f(\bar{\mathbf{x}}) \cdot \mathbf{u} + R. \qquad (3.299)$$

Das Produkt „·"in (3.299) stellt hier das Skalarprodukt zwischen zwei Vektoren dar. Jetzt soll die Richtungsableitung der Funktion f and der Stelle $\bar{\mathbf{x}}$ in Richtung von $\mathbf{u}$ gebildet werden. Diese ist durch

$$\frac{d}{d\epsilon}\left[f(\bar{\mathbf{x}}+\epsilon\,\mathbf{u}) \right]\Big|_{\epsilon=0}$$

definiert, worin ϵ ein skalarer Parameter ist. Da $\bar{\mathbf{x}} + \epsilon\,\mathbf{u}$ eine Gerade im $\mathcal{R}^3$ darstellt, mißt die Richtungsableitung den Zuwachs der Funktion f in die Richtung dieser Geraden im Punkt $\bar{\mathbf{x}}$. Die Berechnung der Richtungsableitung erfolgt mittels der Kettenregel

$$\frac{d}{d\epsilon}\left[f(\bar{\mathbf{x}}+\epsilon\,\mathbf{u}) \right]\Big|_{\epsilon=0} = \left[\frac{\partial f(\bar{\mathbf{x}}+\epsilon\,\mathbf{u})}{\partial \mathbf{x}} \cdot \frac{\partial (\bar{\mathbf{x}}+\epsilon\,\mathbf{u})}{\partial \epsilon} \right]_{\epsilon=0} = \frac{\partial f(\mathbf{x})}{\partial \mathbf{x}} \cdot \mathbf{u}$$

Ein Koeffizientenvergleich ergibt, daß die Richtungsableitung

$$\frac{d}{d\epsilon}\left[f(\bar{\mathbf{x}}+\epsilon\,\mathbf{u}) \right]\Big|_{\epsilon=0} = \bar{D}f \cdot \mathbf{u}$$

mit der Tangente an f in $\bar{\mathbf{x}}$ übereinstimmt. Somit ist der lineare Teil der Kurve f an einer Stelle $\bar{\mathbf{x}}$ durch den Wert der Funktion sowie die Richtungsableitung an dieser Stelle bestimmt. **Wichtig:** Die Richtungsableitung ist ein linearer Operator. Damit können die Rechenregeln für die Ableitungen von Summen und Produkten wie bei der gewöhnlichen Differentiation angewendet werden.

In formaler Weise läßt sich die Richtungsableitung für unendlichdimensionale Räume (z.B. Funktionenräume) verallgemeinern. Dazu betrachtet man die folgende C^1-Abbildung $\mathbf{G} : \mathcal{E} \rightarrow \mathcal{F}$, wobei $\bar{\mathbf{x}}$, $\mathbf{u}$ Punkte des abstrakten Raumes $\mathcal{E}$ sind. Die TAYLORsche Reihenentwicklung ergibt nun

$$\mathbf{G}(\bar{\mathbf{x}} + \mathbf{u}) = \bar{\mathbf{G}} + \bar{D}\,\mathbf{G} \cdot \mathbf{u} + \mathbf{R}, \tag{3.300}$$

wobei der „·"das passende innere Produkt der zugehörigen Elemente charakterisiert. Es gilt wieder

$$\frac{d}{d\epsilon}\left[\,\mathbf{G}(\bar{\mathbf{x}} + \epsilon\,\mathbf{u})\,\right]\Big|_{\epsilon=0} = \bar{D}\,\mathbf{G} \cdot \mathbf{u}. \tag{3.301}$$

Somit kann der lineare Teil der Abbildung an der Stelle $\bar{\mathbf{x}}$ durch

$$\mathbf{L}\,[\,\mathbf{G}\,]_{x=\bar{x}} = \bar{\mathbf{G}} + \bar{D}\,\mathbf{G} \cdot \mathbf{u} \tag{3.302}$$

angegeben werden. In diesem Zusammenhang können die Elemente von $\mathcal{E}$ und $\mathcal{F}$ beliebige Feldgrößen wie z.B. Skalare, Vektoren oder Tensoren sein.

Zur Vereinfachung der Schreibweise wird im folgenden für die Richtungsableitung $\bar{D}\,\mathbf{G}\cdot\mathbf{u}$ auch $\Delta\bar{\mathbf{G}}$ geschrieben, wobei der Querstrich die Auswertung an der Stelle $\bar{\mathbf{x}}$ anzeigt.

3.5.1 Linearisierung der kinematischen Größen

In diesem Abschnitt soll die Linearisierung unterschiedlicher kinematischer Beziehungen beispielhaft angegeben werden. Dabei werden sowohl auf die Ausgangskonfiguration bezogene Größen als auch räumliche kinematische Beziehungen betrachtet.

Green-Lagrange-Verzerrungstensor. Der lineare Teil des Verzerrungsmaßes (3.15) liefert gemäß Gl. (3.302)

$$\mathbf{L}\,[\,\mathbf{E}\,]_{\varphi=\bar{\varphi}} = \bar{\mathbf{E}} + \bar{D}\,\mathbf{E} \cdot \mathbf{u} = \bar{\mathbf{E}} + \Delta\,\bar{\mathbf{E}}\,, \tag{3.303}$$

wobei nun die Richtungsableitung $\bar{D}\,\mathbf{E} \cdot \mathbf{u} = \Delta\bar{\mathbf{E}}$ nach (3.301) zu berechnen ist

$$\begin{aligned} \bar{D}\,\mathbf{E} \cdot \mathbf{u} &= \frac{d}{d\epsilon}\,[\,\frac{1}{2}\,\mathbf{F}^T(\bar{\varphi} + \epsilon\,\mathbf{u})\,\mathbf{F}(\bar{\varphi} + \epsilon\,\mathbf{u}) - \mathbf{1}\,]\Big|_{\epsilon=0} \\ \Delta\bar{\mathbf{E}} &= \frac{1}{2}\,[\,\bar{\mathbf{F}}^T\,\mathrm{Grad}\mathbf{u} + \mathrm{Grad}^T\mathbf{u}\,\bar{\mathbf{F}}\,]\,. \end{aligned} \tag{3.304}$$

Diese Beziehung ist erwartungsgemäß linear in $\mathbf{u}$ und enthält noch Anteile der Deformation an der Stelle $\bar{\varphi}$, die durch $\bar{\mathbf{F}}$ repräsentiert werden. Die Auswertung der Beziehung (3.304) an der Stelle $\varphi = \mathbf{X}$ liefert den Verzerrungstensor (3.17) der linearen Theorie

$$\mathbf{L}\,[\,\mathbf{E}\,]_{\varphi=X} = \mathbf{0} + \frac{1}{2}\,[\,\mathrm{Grad}\mathbf{u} + \mathrm{Grad}^T\mathbf{u}\,]\,. \tag{3.305}$$

Inverser Cauchy-Green-Tensor. Bei der Linearisierung von inversen Tensoren, $\mathbf{T}^{-1}$, wird von dem Produkt $\mathbf{T}\,\mathbf{T}^{-1} = \mathbf{1}$ ausgegangen. Wendet man auf diese Form die Produktregel an, so gilt für den CAUCHY-GREEN-Tensor

$$D\,(\mathbf{C}\,\mathbf{C}^{-1})\cdot\mathbf{u} = [\,D\,\mathbf{C}\cdot\mathbf{u}\,]\,\mathbf{C}^{-1} + \mathbf{C}\,[\,D\,\mathbf{C}^{-1}\cdot\mathbf{u}\,] = \mathbf{0} \tag{3.306}$$

Daraus folgt für die Richtungsableitung des inversen Tensors

$$D\,\mathbf{C}^{-1}\cdot\mathbf{u} = -\mathbf{C}^{-1}\,[\,D\,\mathbf{C}\cdot\mathbf{u}\,]\,\mathbf{C}^{-1}\,, \tag{3.307}$$

was mit dem vorausgegangenen Resultat (3.304) wegen $\mathbf{E} = \frac{1}{2}\,(\mathbf{C} - \mathbf{1})$ einfach zu berechnen ist

$$\Delta\,\mathbf{C}^{-1} = \bar{D}\,\mathbf{C}^{-1}\cdot\mathbf{u} = -\bar{\mathbf{C}}^{-1}\,[\,\bar{\mathbf{F}}^T\,\mathrm{Grad}\mathbf{u} + \mathrm{Grad}^T\mathbf{u}\,\bar{\mathbf{F}}\,]\,\bar{\mathbf{C}}^{-1}\,. \tag{3.308}$$

Damit kann der lineare Teil von $\mathbf{C}^{-1}$ als

$$\mathbf{L}\,[\,\mathbf{C}^{-1}\,]_{\varphi=\bar{\varphi}} = \bar{\mathbf{C}}^{-1} + \bar{D}\,\mathbf{C}^{-1}\cdot\mathbf{u} \tag{3.309}$$

geschrieben werden. Gleichung (3.308) läßt sich noch etwas umformen, wobei dann der räumliche Gradient $\overline{\mathrm{grad}}\mathbf{u} = \partial\mathbf{x}\,/\,\partial\bar{\mathbf{x}}$ eingeführt wird

$$\bar{D}\,\mathbf{C}^{-1}\cdot\mathbf{u} = -\bar{\mathbf{F}}^{-1}\,[\,\overline{\mathrm{grad}}\mathbf{u} + \overline{\mathrm{grad}}^T\,\mathbf{u}\,]\,\bar{\mathbf{F}}^{-T}\,. \tag{3.310}$$

Die Auswertung des linearen Teils des inversen CAUCHY-GREEN-Tensors bezüglich der Ausgangskonfiguration liefert weiterhin mit (3.17)

$$\mathbf{L}\,[\,\mathbf{C}^{-1}\,]_{\varphi=X} = \mathbf{1} - 2\,\boldsymbol{\varepsilon} \tag{3.311}$$

Jacobi Determinante. Ein weiteres Beispiel ist die Linearisierung der skalaren Größe $J = \det\mathbf{F}$. Der lineare Teil ist mittels der Richtungableitung der Determinante

$$\bar{D}\,J\cdot\mathbf{u} = \frac{d}{d\epsilon}\,[\,\det\mathbf{F}(\bar{\varphi} + \epsilon\,\mathbf{u})\,]\Big|_{\epsilon=0} \tag{3.312}$$

zu berechnen. Nach der Kettenregel erhält man

$$D\,(\det\mathbf{F})\cdot\mathbf{u} = \frac{\partial(\det\mathbf{F})}{\partial\mathbf{F}}\cdot[\,D\,\mathbf{F}\cdot\mathbf{u}\,]\,. \tag{3.313}$$

Für die partielle Ableitung der Determinante eines Tensors nach dem Tensor selbst gilt

$$\frac{\partial(\det\mathbf{F})}{\partial\mathbf{F}} = J\,\mathbf{F}^{-T}\,, \tag{3.314}$$

siehe auch $(3.107)_3$. Da weiterhin $\mathbf{F} = \mathrm{Grad}\,\varphi$ eine lineare Funktion ist, folgt das Ergebnis $\bar{D}\,J\cdot\mathbf{u} = \Delta\,\bar{J} = \bar{J}\,\bar{\mathbf{F}}^{-T}\cdot\mathrm{Grad}\mathbf{u}$ und so der lineare Teil

$$L\,[J]_{\varphi=\bar{\varphi}} = \bar{J} + \bar{J}\,\bar{\mathbf{F}}^{-T}\cdot\mathrm{Grad}\mathbf{u}\,, \tag{3.315}$$

der sich mit $\bar{\mathbf{F}}^{-T} \cdot \operatorname{Grad}\mathbf{u} = \operatorname{tr}(\bar{\mathbf{F}}^{-T} \operatorname{Grad}^T \mathbf{u}) = \operatorname{tr}(\overline{\operatorname{grad}}^T \mathbf{u}) = \overline{\operatorname{div}}\mathbf{u}$ noch in die Form

$$L\,[J]_{\varphi=\bar{\varphi}} = \bar{J} + \bar{J}\,\overline{\operatorname{div}}\,\mathbf{u} \tag{3.316}$$

bringen läßt. Die Auswertung von (3.315) bezüglich der Ausgangskonfiguration liefert weiterhin

$$L\,[J]_{\varphi=X} = 1 + \operatorname{Div}\mathbf{u}\,. \tag{3.317}$$

Almansischer Verzerrungstensor. Die Linearisierung räumlicher Vektoren und Tensoren erfolgt durch Zurückziehen der Größen auf die Ausgangskonfiguration. Dort wird dann wie bisher linearisiert und anschließend auf die Momentankonfiguration zurücktransformiert. So folgt für die Linearisierung des ALMANSIschen Verzerrungstensors $\mathbf{e} = \frac{1}{2}(\mathbf{1} - \mathbf{b}^{-1})$, s. (3.24), mit dem *pull back* nach (3.35)

$$\begin{aligned} D\mathbf{e}\cdot\mathbf{u} &= \bar{\mathbf{F}}^{-T}\{\,D\mathbf{E}\cdot\mathbf{u}\}\,\bar{\mathbf{F}}^{-1} = \frac{1}{2}\,(\operatorname{Grad}\mathbf{u}\,\bar{\mathbf{F}}^{-1} + \bar{\mathbf{F}}^{-T}\operatorname{Grad}^T\mathbf{u}) \\ &= \frac{1}{2}\,(\overline{\operatorname{grad}}\,\mathbf{u} + \overline{\operatorname{grad}}^T\,\mathbf{u}) = \nabla^S_{\bar{x}}\,\mathbf{u} \end{aligned} \tag{3.318}$$

Durch Vergleich mit (3.304) sehen wir, daß

$$\Delta\bar{\mathbf{E}} = \bar{\mathbf{F}}^T\,(\nabla^S_{\bar{x}}\,\mathbf{u})\,\bar{\mathbf{F}} \tag{3.319}$$

ist. Wir erkennen weiterhin, daß die Linearisierung des ALMANSIschen Verzerrungstensors die gleiche Struktur wie die LIEsche Zeitableitung (3.53) besitzt.

3.5.2 Linearisierung der Materialgleichungen

Die Linearisierung der Materialgleichungen kann für elastische Materialien auf der Basis der in Abschnitt 3.3.1 angegebenen Beziehungen bestimmt werden. Für inelastische Materialgleichungen kann zwar auch die Linearisierung im kontinuierlichen Fall angegeben werden, jedoch wird im Rahmen der FEM immer eine Zeitintegration zur Auswertung der Gleichungen notwendig, so daß dann die Linearisierung von dem gewählten Zeitintegrationsalgorithmus abhängt. Dies gilt auch für ratenunabhängiges Verhalten, wo eine „Pseudozeit“zur Erfassung der Belastungsgeschichte eingeführt wird. Daher werden die entsprechenden Linearisierungen inelastischer Materialgleichungen im Abschnitt 6.2 hergeleitet.

Die elastische Materialgleichung (3.101) beschreibt die Abhängigkeit des 2. PIOLA-KIRCHHOFFschen Spannungstensors von dem rechten CAUCHY-GREEN-Tensor. Ihre Linearisierung gemäß (3.302) lautet

$$\begin{aligned} \mathbf{L}\,[\,\mathbf{S}\,]_{\varphi=\bar{\varphi}} &= \bar{\mathbf{S}} + \bar{D}\,\mathbf{S}\cdot\mathbf{u} = \bar{\mathbf{S}} + \Delta\bar{\mathbf{S}} \\ &= \bar{\mathbf{S}} + \left.\frac{\partial\mathbf{S}}{\partial\mathbf{C}}\right|_{\varphi=\bar{\varphi}}\,[\bar{D}\,\mathbf{C}\cdot\mathbf{u}]\,, \end{aligned} \tag{3.320}$$

wobei sich diese Beziehung mit (3.226) und (3.304) auch als

$$\mathbf{L}\,[\,\mathbf{S}\,]_{\varphi=\bar{\varphi}} = \bar{\mathbf{S}} + \bar{\mathbb{C}}\,[\Delta\bar{\mathbf{E}}] \tag{3.321}$$

schreiben läßt. Dies liefert im Vergleich mit (3.320)

$$\Delta\bar{\mathbf{S}} = \bar{\mathbb{C}}\,[\Delta\bar{\mathbf{E}}]\,. \tag{3.322}$$

Diese Beziehung hat die gleiche Struktur wie die der inkrementellen Materialgleichung (3.227). Es sind nur entsprechend die Zeitableitungen durch die Richtungsableitungen zu ersetzen, s. auch Anmerkung 3.8. Aus diesem Grund ist es auch nicht notwendig, die Linearisierung der anderen, in Abschnitt 3.3.1 beschriebenen Materialgleichungen anzugeben. Diese berechnen sich einfach durch das Auswerten der zugehörigen inkrementellen Stofftensoren im Abschnitt 3.3.4 an der Stelle $\bar{\boldsymbol{\varphi}}$.

Aufgabe 3.10: Für das hyperelastische Materialgesetz in (3.116)

$$\mathbf{S} = \frac{\Lambda}{2}\,(J^2 - 1)\mathbf{C}^{-1} + \mu\,(\mathbf{1} - \mathbf{C}^{-1})$$

gebe man die Linearisierung bezüglich der Ausgangskonfiguration an.

Lösung: Die in (3.116) vorkommenden kinematischen Größen J und C^{-1} müssen zunächst linearisiert werden. Mit den vorangegangenen Ausführungen sowie (3.308) und (3.315) folgt

$$L[J]_{\varphi=\bar{\varphi}} = \bar{J} + \frac{1}{\bar{J}}\,\mathrm{tr}(\bar{\mathbf{F}}^{-T}\;\mathrm{Grad}^T\mathbf{u})$$
$$\mathbf{L}[\mathbf{C}^{-1}]_{\varphi=\bar{\varphi}} = \bar{\mathbf{C}}^{-1} - \bar{\mathbf{C}}^{-1}\,(\,\bar{\mathbf{F}}^T\;\mathrm{Grad}\mathbf{u} + \mathrm{Grad}^T\mathbf{u}\,\bar{\mathbf{F}}\,)\,\bar{\mathbf{C}}^{-1}$$

Die Auswertung bezüglich der Ausgangskonfiguration ($\boldsymbol{\varphi} = \mathbf{X}$) liefert mit $\bar{\mathbf{C}}^{-1} = \mathbf{1}$, $\bar{\mathbf{F}} = \mathbf{1}$ und $\bar{J} = 1$

$$L[J]_{\varphi=X} = 1 + \mathrm{Div}\mathbf{u}$$
$$\mathbf{L}[\mathbf{C}^{-1}]_{\varphi=X} = \mathbf{1} - 2\boldsymbol{\varepsilon}\,,$$

wobei in der letzten Gleichung der lineare Verzerrungstensor $\boldsymbol{\varepsilon}$, s. auch (3.17), verwendet wurde. Die Linearisierung des Spannungstensors $\mathbf{S}$ kann nun wie folgt berechnet werden

$$D\,\mathbf{S}\cdot\mathbf{u}|_{\varphi=X} = \left[\frac{\Lambda}{2}\left\{(2\,\bar{J}\,(D\,J\cdot\mathbf{u})\,\bar{\mathbf{C}}^{-1} + (\bar{J}^2 - 1)\,D\,\mathbf{C}^{-1}\cdot\mathbf{u}\right\} - \mu\,D\,\mathbf{C}^{-1}\cdot\mathbf{u}\right]_{\varphi=X}$$

Das Einsetzen der Linearisierungen der kinematischen Beziehungen ergibt mit der Umrechnung $\mathrm{Div}\,\mathbf{u} = \mathrm{tr}\,\boldsymbol{\varepsilon}$ das Endresultat

$$\mathbf{L}[\mathbf{S}]_{\varphi=X} = D\,\mathbf{S}\cdot\mathbf{u}|_{\varphi=X} = \Lambda\,\mathrm{tr}\,\boldsymbol{\varepsilon}\,\mathbf{1} + 2\mu\,\boldsymbol{\varepsilon}\,,$$

welches das klassische HOOKEsche Elastizitätsgesetz der linearen Theorie mit den LAMÉ-Konstanten Λ und μ darstellt.

Dies Ergebnis hätte auch durch die Auswertung des inkrementellen Stofftensors (3.237) an der Stelle $\boldsymbol{\varphi} = \mathbf{X}$ erhalten werden können, s. Aufgabe 3.8 (a).

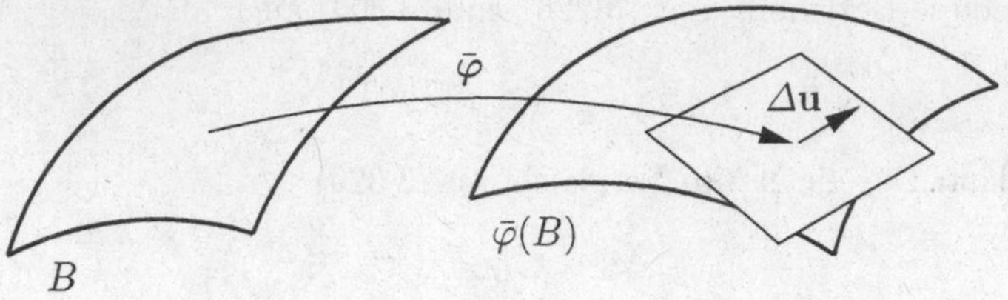

Bild 3.15. Zur Linearisierung gehörende Konfiguration

3.5.3 Linearisierung der Variationsformulierung

Lösungen von nichtlinearen Randwertproblemen in der Kontinuumsmechanik können im allgemeinen Fall nur mittels Näherungsverfahren bestimmt werden. Da viele dieser Verfahren – wie auch die Finite-Element-Methode – auf der Variationsformulierung der Feldgleichungen beruhen, stellt das Prinzip der virtuellen Verschiebungen (3.276) oder (3.278) eine Basis für numerische Verfahren bereit. Zur Lösung der entstehenden nichtlinearen Gleichungen ist dann ein iterativer Algorithmus erforderlich.

Unter den vielen möglichen Algorithmen – eine Übersicht findet sich in Kapitel 5 – wird häufig das NEWTON-Verfahren ausgewählt, weil es den Vorteil der quadratischen Konvergenz in der Nähe der Lösung besitzt. Beim NEWTON-Verfahren wird eine verbesserte Lösung durch eine TAYLORreihenentwicklung der nichtlinearen Gleichung an der Stelle einer schon gegebenen Näherungslösung erhalten. Diese TAYLORreihenentwicklung entspricht der Linearisierung des Prinzips der virtuellen Verschiebungen und kann mit Hilfe der Richtungsableitung berechnet werden. Dabei erfolgt hier eine Beschränkung auf elastische Materialien.

Die Linearisierung wird zunächst für die auf die Ausgangskonfiguration bezogene Fassung des Prinzips der virtuellen Verschiebungen (3.276), auch schwache Form genannt, angegeben. Die Linearisierung erfolgt in einem Deformationszustand des Körpers, in dem Gleichgewicht herrscht. Dieser Zustand sei mit $\bar{\boldsymbol{\varphi}}$ bezeichnet, s. Bild 3.15.

Der lineare Anteil der schwachen Form ist durch

$$L\,[\,G\,]_{\varphi=\bar{\varphi}} = G\,(\bar{\boldsymbol{\varphi}},\boldsymbol{\eta}) + DG\,(\bar{\boldsymbol{\varphi}},\boldsymbol{\eta})\cdot\Delta\mathbf{u} \tag{3.323}$$

gegeben. $G(\bar{\boldsymbol{\varphi}},\boldsymbol{\eta})$ entspricht (3.277), wenn anstelle von $\boldsymbol{\varphi}$ die Deformation $\bar{\boldsymbol{\varphi}}$ eingesetzt wird. Unter Voraussetzung einer konservativen Belastung ist die zur Linearisierung erforderliche Richtungsableitung von G in Richtung von $\Delta\mathbf{u}$ nur auf den 1. Term in (3.277) beschränkt

$$D\,G\,(\bar{\boldsymbol{\varphi}},\boldsymbol{\eta})\cdot\Delta\mathbf{u} = \int_B [D\mathbf{P}(\bar{\boldsymbol{\varphi}})\cdot\Delta\mathbf{u}]\cdot\operatorname{Grad}\boldsymbol{\eta}\,dV\,, \tag{3.324}$$

da die anderen Terme unabhängig von der Deformation sind. Die Linearisierung des 1. PIOLA-KIRCHHOFFschen Spannungstensors ergibt mit $\mathbf{P} = \mathbf{F}\,\mathbf{S}$

$$DG\,(\bar{\varphi}, \boldsymbol{\eta}) \cdot \Delta\mathbf{u} = \int_B \{\, \text{Grad}\, \Delta\mathbf{u}\, \bar{\mathbf{S}} + \bar{\mathbf{F}}\, [D\mathbf{S}(\bar{\varphi}) \cdot \Delta\mathbf{u}]\, \} \cdot \text{Grad}\, \boldsymbol{\eta}\, dV\,. \quad (3.325)$$

Mit einem Querstrich gekennzeichnete Größen werden an der Stelle $\bar{\varphi}$ ausgewertet. Für die Linearisierung des 2. PIOLA-KIRCHHOFFschen Spannungstensor kann nun Gl. (3.322) herangezogen werden. Es folgt

$$D\mathbf{S}(\bar{\varphi}) \cdot \Delta\mathbf{u} = \bar{\mathbb{C}}\, [\, \Delta\bar{\mathbf{E}}\,]\,, \quad (3.326)$$

wobei der letzte Term die Linearisierung des GREEN-LAGRANGEschen Verzerrungstensors $\mathbf{E}$ an der Stelle $\bar{\varphi}$ darstellt, s. (3.304). Der auf die Ausgangskonfiguration B bezogene Elastizitätstensor $\mathbb{C}_R$ ist mit (3.193) durch

$$\bar{\mathbb{C}} = 4\, \frac{\partial^2 W}{\partial \mathbf{C}\, \partial \mathbf{C}} \bigg|_{\varphi = \bar{\varphi}} \quad (3.327)$$

an der Stelle $\bar{\varphi}$ gegeben.

Das Einsetzen von (3.327) in (3.325) vervollständigt die Linearisierung

$$DG(\bar{\varphi}, \boldsymbol{\eta}) \cdot \Delta\mathbf{u} = \int_B \{\, \text{Grad}\, \Delta\mathbf{u}\, \bar{\mathbf{S}} + \bar{\mathbf{F}}\, \bar{\mathbb{C}}\, [\Delta\bar{\mathbf{E}}\,]\, \} \cdot \text{Grad}\, \boldsymbol{\eta}\, dV\,. \quad (3.328)$$

Beachte, daß auch $\bar{\mathbb{C}}$ an der Stelle $\bar{\varphi}$ auszuwerten ist. Wendet man nun noch die Spuroperation auf den zweiten Term an und nutzt die Symmetrie von $\bar{\mathbb{C}}$ aus, so kann (3.328) auch in der kompakteren Form

$$DG(\bar{\varphi}, \boldsymbol{\eta}) \cdot \Delta\mathbf{u} = \int_B \{\, \text{Grad}\, \Delta\mathbf{u}\, \bar{\mathbf{S}} \cdot \text{Grad}\, \boldsymbol{\eta} + \delta\bar{\mathbf{E}} \cdot \bar{\mathbb{C}}\, [\Delta\bar{\mathbf{E}}\,]\, \}\, dV \quad (3.329)$$

geschrieben werden, aus der man leicht die Symmetrie des Linearisierungsoperators bezüglich $\boldsymbol{\eta}$ und $\Delta\mathbf{u}$ abliest. In Gl. (3.329) stellt der erste Term die sog. 'geometrische Matrix' oder 'Anfangsspannungsmatrix' dar, während der zweite Term neben dem inkrementellen Materialtensor $\bar{\mathbb{C}}$, die Variation des GREEN-LAGRANGEschen Verzerrungstensors $\delta\bar{\mathbf{E}} = \frac{1}{2}(\bar{\mathbf{F}}^T\, \text{Grad}\, \boldsymbol{\eta} + \text{Grad}^T\, \boldsymbol{\eta}\, \bar{\mathbf{F}})$ und das Inkrement des GREEN-LAGRANGEschen Verzerrungstensors $\Delta\bar{\mathbf{E}} = \frac{1}{2}(\bar{\mathbf{F}}^T\, \text{Grad}\, \Delta\mathbf{u} + \text{Grad}^T\, \Delta\mathbf{u}\, \bar{\mathbf{F}})$ enthält.

Die Linearisierung des Prinzips der virtuellen Verschiebungen in Größen der Momentankonfiguration kann durch *push forward* der Linearisierung (3.329) in die bereits erreichte Konfiguration $\bar{\varphi}$ bestimmt werden. Mit den Umformungen für die Linearisierung des GREEN-LAGRANGEschen Verzerrungstensors (3.319), die als *push forward* $\nabla^S_{\bar{x}} \Delta\mathbf{u}$ ergaben, folgt für den zweiten Term in (3.329)

$$\int_B \nabla^S_{\bar{x}} \boldsymbol{\eta} \cdot \bar{\mathbb{c}}\, [\nabla^S_{\bar{x}} \Delta \mathbf{u}]\, dV \,.$$

Hierin berechnet sich der vierstufige Tensor $\bar{\mathbb{c}}$ gemäß der Transformation (3.231) aus $\bar{\mathbb{C}}$.

Der erste Term in (3.329) kann mit $\bar{\boldsymbol{\tau}} = \bar{\mathbf{F}}\, \bar{\mathbf{S}}\, \bar{\mathbf{F}}^T$ direkt umgeformt werden

$$\text{Grad}\, \Delta \mathbf{u}\, \bar{\mathbf{S}} \cdot \text{Grad}\, \boldsymbol{\eta} = \text{Grad}\, \Delta \mathbf{u}\, \bar{\mathbf{F}}^{-1}\, \bar{\boldsymbol{\tau}}\, \bar{\mathbf{F}}^{-1} \cdot \text{Grad}\, \boldsymbol{\eta} = \overline{\text{grad}} \Delta \mathbf{u}\, \bar{\boldsymbol{\tau}} \cdot \overline{\text{grad}} \boldsymbol{\eta} \,. \tag{3.330}$$

So ergibt sich dann die Linearisierung bezüglich der in der Momentankonfiguration $\bar{\boldsymbol{\varphi}}$ ausgewerteten Größen

$$Dg(\bar{\boldsymbol{\varphi}}, \boldsymbol{\eta}) \cdot \Delta \mathbf{u} = \int_B \{ \overline{\text{grad}} \Delta \mathbf{u}\, \bar{\boldsymbol{\tau}} \cdot \overline{\text{grad}} \boldsymbol{\eta} + \nabla^S_{\bar{x}} \boldsymbol{\eta} \cdot \bar{\mathbb{c}}\, [\nabla^S_{\bar{x}} \Delta \mathbf{u}\,] \}\, dV \,. \tag{3.331}$$

Mit $d\bar{v} = \bar{J} dV$ kann jetzt das Integral (3.331) auf die Momentankonfiguration $\bar{\boldsymbol{\varphi}}$ bezogen werden. Dazu führen wir den CAUCHYschen Spannungstensor $\bar{\boldsymbol{\sigma}} = \frac{1}{\bar{J}}\, \bar{\boldsymbol{\tau}}$ ein und definieren einen weiteren inkrementellen Materialtensor

$$\bar{\bar{\mathbb{c}}} = \frac{1}{\bar{J}}\, \bar{\mathbb{c}} \tag{3.332}$$

so daß

$$Dg(\bar{\boldsymbol{\varphi}}, \boldsymbol{\eta}) \cdot \Delta \mathbf{u} = \int_{\bar{\varphi}(B)} \{ \overline{\text{grad}} \Delta \mathbf{u}\, \bar{\boldsymbol{\sigma}} \cdot \overline{\text{grad}} \boldsymbol{\eta} + \nabla^S_{\bar{x}} \boldsymbol{\eta} \cdot \bar{\bar{\mathbb{c}}}\, [\nabla^S_{\bar{x}} \Delta \mathbf{u}\,] \}\, dv \tag{3.333}$$

folgt.

Diese Beziehung wird auch in der Literatur als *updated Lagrangesche* Formulierung bezeichnet, s. z.B. (BATHE et al. 1975), da der Deformationszustand $\bar{\boldsymbol{\varphi}}$, auf den man sich bezieht, erst während der nichtlinearen Berechnung eingenommen wird. Der Zustand $\bar{\boldsymbol{\varphi}}$ wird also in einem inkrementellen Lösungsprozeß durch Aufdatieren der bisher erreichten Deformationszustände erreicht.

Hiermit sind die für die iterative Lösung mittels z.B. des NEWTON-Verfahrens notwendigen Beziehungen sowohl für die Ausgangskonfiguration als auch für die Momentankonfiguration zusammengestellt. Sie können als Grundlage für Finite-Element Berechnungen dienen, deren allgemeine Beschreibung für nichtlineare Problemstellungen im Kap. 4.

ANMERKUNG 3.10: Es sei nochmals darauf hingewiesen, daß die Linearisierung des durch (3.277) gegebenen kontinuierlichen Problems nicht in allen Fällen mit der Linearisierung des diskreten Problem, das bei Verwendung der Methode der Finiten Elemente entsteht, übereinstimmt. Im Fall einer FE- Formulierung mit stetigen Verschiebungsansätzen ist die Übereinstimmung gegeben. Wendet man die FEM jedoch auf etwa elasto-plastische oder inkompressible Probleme an, so muß in Abhängigkeit der FE- Formulierung oder der Wahl des Zeitintegrationsalgorithmus *die Linearisierung der diskreten Form nicht mehr gleich der diskreten Form der Linearisierung der kontinuierlichen Formulierung sein, s. z.B. (*SIMO *et al. 1985a).*

Aufgabe 3.11: Die schwache Form des Gleichgewichtes (3.278), die in Aufgabe 3.10 in Abhängigkeit der symmetrischen BIOT-Spannungen $\mathbf{T}_B$ und dem rechten Strecktensor $\mathbf{U}$ angegeben wurde, ist unter Zugrundelegung der Materialgleichung (3.116) zu linearisieren.

Lösung: Um die Linearisierung der virtuellen inneren Arbeit $\mathbf{T}_B \cdot \delta\mathbf{U}$ zu berechnen, müssen der BIOTsche Spannungstensor und die Variation des rechten Strecktensors jeweils für sich linearisiert werden. Dazu soll zunächst die Materialgleichung (3.116) so umgeschrieben werden, daß sie den BIOTschen Spannungstensor in Abhängigkeit vom rechten Strecktensor widergibt. Aus der in Aufgabe 3.10 abgeleiteten Beziehung $\mathbf{T}_B = \mathbf{R}^T \mathbf{P}$ folgt mit $\mathbf{P} = \mathbf{F}\,\mathbf{S}$, s. (3.81),

$$\mathbf{T}_B = \mathbf{U}\,\mathbf{S}\,.$$

Damit erhalten wir aus der Materialgleichung (3.116) nach einigen Umformungen

$$\mathbf{T}_B = \frac{\Lambda}{2}\,(J^2 - 1)\mathbf{U}^{-1} + \mu\,(\mathbf{U} - \mathbf{U}^{-1})\,.$$

Somit liefert die Linearisierung des BIOTschen Spannungstensors

$$D\,\mathbf{T}_B(\bar{\boldsymbol{\varphi}}) \cdot \Delta\mathbf{u} = \left.\frac{\partial \mathbf{T}_B}{\partial \mathbf{U}}\right|_{\varphi=\bar{\varphi}} [D\,\mathbf{U} \cdot \Delta\mathbf{u}] = \bar{\mathbb{C}}_U\,[\Delta\,\mathbf{U}]\,,$$

wobei der inkrementelle Materialtensor mit

$$\mathbb{C}_U = \Lambda J^2\,\mathbf{U}^{-1} \otimes \mathbf{U}^{-1} + [\mu - \Lambda(J^2 - 1)]\mathbb{I}_{U^{-1}} + \mu\,\mathbb{I}$$

die gleiche Struktur wie (3.255) besitzt. Der Tensor $\mathbb{I}_{U^{-1}}$ wird analog zu (3.241) berechnet.

Die Linearisierung des rechten Strecktensors kann wie dessen Variation in Aufgabe 3.10 bestimmt werden, man erhält dann

$$\Delta\mathbf{U} = \Delta\mathbf{R}^T\mathbf{F} + \mathbf{R}^T\,\Delta\mathbf{F}.$$

Als letztes ist jetzt noch die Linearisierung der Variation des rechten Strecktensors $\delta\mathbf{U} = \delta\mathbf{R}^T\mathbf{F} + \mathbf{R}^T\delta\mathbf{F}$ zu bestimmen. Formal erhalten wir

$$\Delta\delta\mathbf{U} = \Delta\delta\mathbf{R}^T\,\mathbf{F} + \delta\mathbf{R}^T\Delta\mathbf{F} + \Delta\mathbf{R}^T\,\delta\mathbf{F}\,,$$

so daß sich für die Linearisierung der schwachen Form

$$D\,G(\bar{\boldsymbol{\varphi}}, \boldsymbol{\eta}) \cdot \Delta\mathbf{u} = \int\limits_B \{\,\delta\mathbf{U} \cdot \bar{\mathbb{C}}_U\,[\Delta\,\mathbf{U}] + \mathbf{T}_B \cdot (\Delta\delta\mathbf{R}^T\,\mathbf{F} + \delta\mathbf{R}^T\,\Delta\mathbf{F} + \Delta\mathbf{R}^T\,\delta\mathbf{F})\,\}\,dV$$

ergibt.

Für eine Auswertung dieser Gleichung muß jetzt noch die explizite Darstellung der Variation und der Linearisierung des orthogonalen Drehtensors $\mathbf{R}$ erfolgen. Im zweidimensionalen Fall haben wir eine Darstellung des Drehtensors in Aufgabe 3.2 angegeben. Sie lautet

$$\mathbf{R} = \begin{bmatrix} \cos\theta & \sin\theta \\ -\sin\theta & \cos\theta \end{bmatrix}\,, \quad \tan\theta = \frac{F_{12} - F_{21}}{F_{11} + F_{22}}\,.$$

Hieraus läst sich jetzt die Variation von $\mathbf{R}$ bestimmen

$$\delta \mathbf{R} = \frac{\partial \mathbf{R}}{\partial \theta}\, \delta\theta = \mathbf{R}_{,\theta}\, \delta\theta = \begin{bmatrix} -\sin\theta & -\cos\theta \\ \cos\theta & -\sin\theta \end{bmatrix} \delta\theta \,.$$

Die Variation des Drehwinkels θ folgt nach einiger Rechnung und kann durch die Variation der Komponenten des Deformationstensors gemäß

$$\delta\theta = \frac{1}{2}\,[(1+\cos 2\theta)\frac{\delta F_{12} - \delta F_{21}}{F_{11} + F_{22}} - \sin 2\theta\, \frac{\delta F_{11} + \delta F_{22}}{F_{11} + F_{22}}\,]$$

ausgedrückt werden. Analog ergibt sich die Linearisierung $\Delta \mathbf{R}$, in dem in den vorangegangenen zwei Gleichungen die Variation δ durch Δ ersetzt wird.

Entsprechende Gleichungen, nur etwas komplexer folgen dann für die Linearisierung der Variation des Drehtensors. Wir berechnen

$$\Delta\, \delta \mathbf{R} = \mathbf{R}_{,\theta\,\theta}\, \delta\theta\, \Delta\theta + \mathbf{R}_{,\theta}\, \Delta\delta\theta \,,$$

wobei $\mathbf{R}_{,\theta\,\theta}$ die zweite Ableitung von $\mathbf{R}$ nach θ ist. Der Term $\Delta\delta\theta$ folgt durch Linearisierung von $\delta\theta$. Er lautet explizit

$$\begin{aligned} \Delta\delta\theta = -\frac{1+\cos 2\theta}{2\,(\,F_{11} + F_{22})} \quad [\ & \sin 2\theta\, (\delta F_{12} - \delta F_{21})(\Delta F_{12} - \Delta F_{21}) \\ & + \cos 2\theta\, (\delta F_{12} - \delta F_{21})(\Delta F_{11} + \Delta F_{22}) \\ & + \cos 2\theta\, (\delta F_{11} + \delta F_{22})(\Delta F_{12} - \Delta F_{21}) \\ & - \sin 2\theta\, (\delta F_{11} + \delta F_{22})(\Delta F_{11} + \Delta F_{22})\,] \end{aligned}$$

Im dreidimensionalen werden die entsprechenden Gleichungen noch aufwendiger. Da die in dieser Aufgabe gewählte Darstellung in den Größen des BIOTschen Spannungstensors und des rechten Strecktensors absolut gleichwertig zu der in (3.278) gewählten schwachen Form ist, sollte man sich immer, wenn keine anderweitigen Gründe vorliegen, für die einfachere Darstellung (3.278) entschließen, die zu der im Vergleich einfachen Linearisierung (3.329) führt.

Aufgabe 3.12: Die Beschreibung einer Druckbelastung infolge von Gasen oder Fluiden ohne innere Reibung führt auf eine Oberflächenbelastung, die von der momentanen Deformation abhängt. Der Spannungsvektor ist dann mit dem Druck p und der Oberflächennormale $\mathbf{n}$ durch $\bar{\mathbf{t}} = p\,\mathbf{n}$ gegeben und führt in der schwachen Form (3.270) auf den zusätzlichen Ausdruck

$$g(\boldsymbol{\varphi}\,,\boldsymbol{\eta}) + g_p(\boldsymbol{\varphi},\boldsymbol{\eta}) = g(\boldsymbol{\varphi}\,,\boldsymbol{\eta}) + \int\limits_{\varphi(\partial B_p)} p\,\mathbf{n}\cdot\boldsymbol{\eta}\, da\,. \tag{3.334}$$

Für diesen Term gebe man die Linearisierung an.

Lösung: Um die Linearisierung auszuführen, ist es sinnvoll, den auf die Momentankonfiguration bezogenen Term auf die Ausgangskonfiguration zu beziehen. Dies läßt sich auf zwei Wegen erreichen. Der erste besteht darin, den Flächenvektor $\mathbf{n}\, da$ mittels der Formel von NANSON (3.11) umzurechnen. Dies führt zu dem Ausdruck $\int_B p\, J\, \mathbf{F}^{-T}\, \mathbf{N}\cdot\boldsymbol{\eta}\, dA$, dessen Linearisierung kompliziert ist. Einfacher ist der zweite Weg, bei dem der Normalenvektor in der Momentankonfiguration durch das Kreuzprodukt der Tangentenvektoren an die die Oberfläche des Körpers beschreibenden konvektiven Koordinaten θ_α ausgedrückt wird, s. Bild 3.16.

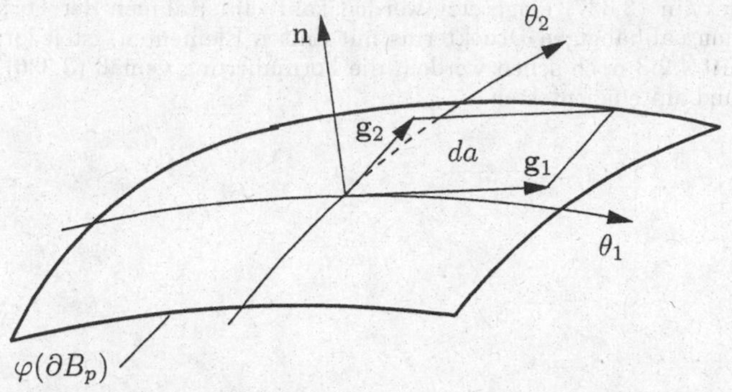

Bild 3.16. Verformungsabhängige Lasten in konvektiven Koordinaten

Mit den im Bild 3.16 eingeführten Tangentenvektoren $\mathbf{g}_\alpha$ ($\alpha = 1, 2$) erhalten wir den normierten Einheitsvektor

$$\mathbf{n} = \frac{\mathbf{g}_1 \times \mathbf{g}_2}{\|\mathbf{g}_1 \times \mathbf{g}_2\|} .$$

Mit Gl. (3.38) können die Tangentenvektoren aus der Deformation durch $\mathbf{g}_\alpha = \boldsymbol{\varphi}_{,\alpha}$ berechnet werden. Da sich weiterhin das Flächenelement da durch $da = \|\mathbf{g}_1 \times \mathbf{g}_2\| d\theta_1\, d\theta_2$ auf die konvektiven Koordinaten beziehen läßt, erhält man für die virtuelle Arbeit des Druckes

$$g_p(\boldsymbol{\varphi}, \boldsymbol{\eta}) = \int_{(\theta_1)} \int_{(\theta_2)} p\, (\boldsymbol{\varphi}_{,1} \times \boldsymbol{\varphi}_{,2}) \cdot \boldsymbol{\eta}\, d\theta_1\, d\theta_2 . \tag{3.335}$$

Weiterhin folgt mit (3.13) $\boldsymbol{\varphi}_{,\alpha} = (\mathbf{X} + \mathbf{u})_{,\alpha}$, so daß die Linearisierung von (3.335)

$$D\, g_p(\boldsymbol{\varphi}, \boldsymbol{\eta}) \cdot \Delta\mathbf{u} = \int_{(\theta_1)} \int_{(\theta_2)} p\, (\Delta\mathbf{u}_{,1} \times \boldsymbol{\varphi}_{,2} + \boldsymbol{\varphi}_{,1} \times \Delta\mathbf{u}_{,2}) \cdot \boldsymbol{\eta}\, d\theta_1\, d\theta_2 \tag{3.336}$$

lautet, wenn p selbst nicht von der Deformation abhängt. Die Linearisierung ist auf die konvektiven Koordinaten bezogen. Sie läßt sich aber wieder auf die Momentankonfiguration mit den bereits eingeführten Beziehungen zurücktransformieren

$$D\, g_p(\boldsymbol{\varphi}, \boldsymbol{\eta}) \cdot \Delta\mathbf{u} = \int_{\varphi(\partial B_p)} p\, \frac{\Delta\mathbf{u}_{,1} \times \boldsymbol{\varphi}_{,2} + \boldsymbol{\varphi}_{,1} \times \Delta\mathbf{u}_{,2}}{\|\boldsymbol{\varphi}_{,1} \times \boldsymbol{\varphi}_{,2}\|} \cdot \boldsymbol{\eta}\, da . \tag{3.337}$$

Damit ist die Linearisierung des verformungsabhängigen Druckterms (3.334) bestimmt. Weitere theoretische Betrachtungen zu verformungsabhängigen Belastungen, die deren konservativen oder nichtkonservativen Charakter betreffen, finden sich u. a. in (Sewell 1967), (Bufler 1984), (Ogden 1984) oder (Simo et al. 1991).

Die Transformation des Integrals in (3.337) auf die Ausgangskonfiguration kann durch die Umrechnung der Flächenelemente mit den Basisvektoren erfolgen, es gilt

$$\frac{da}{dA} = \frac{\|\mathbf{g}_1 \times \mathbf{g}_2\|}{\|\mathbf{G}_1 \times \mathbf{G}_2\|} = \frac{\|\boldsymbol{\varphi}_{,1} \times \boldsymbol{\varphi}_{,2}\|}{\|\mathbf{X}_{,1} \times \mathbf{X}_{,2}\|} , \tag{3.338}$$

was direkt in (3.337) eingesetzt werden kann. Im Rahmen der Formulierung des verformungsabhängigen Druckterms mit finiten Elementen, ist jedoch, wie wir im Abschnitt 4.2.3 noch sehen werden, die Formulierung gemäß (3.336) völlig ausreichend und am effizientesten.

4. Räumliche Diskretisierung der Grundgleichungen

Innerhalb der Methode der finiten Elemente finden verschiedene Approximationen statt. Zum einen wird das der Aufgabenstellung zugrunde liegende Gebiet durch die finiten Elemente angenähert, zum anderen werden die Feldgrößen – wie Verschiebungen, Spannungen, etc. – approximiert. Schließlich können auch häufig die auftretenden Integrale nicht mehr exakt bestimmt werden, was dann mittels numerischer Integration zu erfolgen hat und damit einen weiteren Fehler in die Berechnung einbringt.

In diesem Kapitel werden die wesentlichen Ansätze für die Feldgrößen innerhalb eines finiten Elementes beschrieben. Dazu wird angenommen, daß die folgende Diskretisierung für die Referenzkonfiguration B gilt

$$B \approx B^h = \bigcup_{e=1}^{n_e} \Omega_e \,. \tag{4.1}$$

Der kontinuierliche Körper wird also in n_e finite Elemente unterteilt. Die Konfiguration eines Elementes wird dabei mit $\Omega_e \subset B^h$ bezeichnet, s. Bild 4.1 für den zweidimensionalen Fall. Dabei setzt sich der Rand des Gebietes ∂B^h aus den Kanten oder Flächen der am Rand liegenden Elemente $\partial \Omega_e$ zusammen: $\partial B^h = \cup_{e=1}^{n_r} \partial \Omega_e$. Dies ist i.d.R. eine Approximation des wirklichen Randes ∂B.

Bei der Diskretisierung sind Überlappungen nicht erlaubt. Das heißt, gemeinsame Ränder der finiten Elemente können je nach Dimension des Problems nur Punkte, Linien oder Flächen sein. Weiterhin dürfen die assemblierten Elemente keine Zwischenräume in dem Gebiet B aufweisen, sie müssen also die Geometrie stetig annähern.

4.1 Generelles isoparametrisches Konzept

Bei der Berechnung mittels der Methode der finiten Elemente sind Ansatzfunktionen für die zu approximierenden Feldgrößen innerhalb der einzelnen Elemente zu wählen. Grundsätzlich wird damit die exakte Lösung des Problems in einem Element Ω_e durch

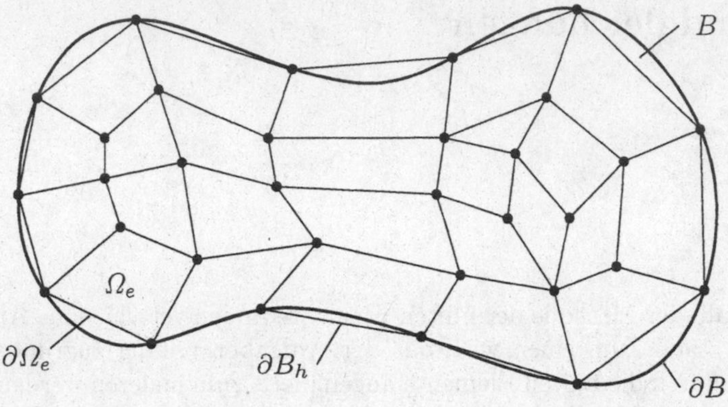

Bild 4.1. Diskretisierung des Körpers ∂B

$$\mathbf{u}_{exakt}(\mathbf{X}) \approx \mathbf{u}(\mathbf{X}) = \sum_{I=1}^{n} N_I(\mathbf{X})\, \boldsymbol{u}_I \tag{4.2}$$

angenähert. In (4.2) ist $\mathbf{X}$ der Ortsvektor in Ω_e, $N_I(\mathbf{X})$ sind die Ansatzfunktionen, die in Ω_e definiert sind und mit $\boldsymbol{u}_I$ bezeichnen wir die unbekannten Knotengrößen der zu interpolierenden Feldgrößen (z.B. die Knotenverschiebungen: $\boldsymbol{u}_I = \{u_1, u_2, u_3\}_I^T$ für den dreidimensionalen Fall).

Während der Entwicklung der Finite-Element-Methode wurden eine Vielzahl von Möglichkeiten zur Interpolation der Feldgrößen und der Geometrie aufgezeigt. Infolge der generellen Anwendbarkeit hat sich jedoch für die meisten Problemstellungen das isoparametrische Konzept durchgesetzt, bei dem sowohl die Geometrie als auch die Feldgrößen im Elementgebiet durch die gleichen Ansatzfunktionen approximiert werden.

Isoparametrische Elemente ermöglichen dank ihrer Transformationseigenschaften eine sehr gute Abbildung beliebiger Geometrien in ein FE-Netz. Darüberhinaus ist die räumliche Formulierung eines Kontinuumsproblems gerade mit diesen Elementen besonders einfach, da es keinen Unterschied ausmacht, ob man von der Ausgangs- oder der Momentankonfiguration eines Elementes auf das der isoparametrischen Formulierung zugrunde liegende Einheitsquadrat transformiert, das eine Referenzkonfiguration darstellt, die nie von dem Körper eingenommen wird. Weiterhin ist das lokale Koordinatensystem im Einheitsquadrat orthogonal, so daß z.B. bei der Bildung von Ableitungen weder ko- noch kontravarianten Ableitungen zu berücksichtigen sind.

Wie schon hervorgehoben, bedeutet das klassische isoparametrische Konzept, daß alle kinematischen Feldgrößen, wie z.B. die Geometrie der Ausgangskonfiguration $\mathbf{X}$ und die Momentankonfiguration $\mathbf{x}$, durch dieselben

Ansatzfunktionen N_I im Element Ω_e approximiert werden, s. Bild 4.2

$$\mathbf{X}_e = \sum_{I=1}^{n} N_I(\boldsymbol{\xi})\, \mathbf{X}_I\,, \tag{4.3}$$

$$\mathbf{x}_e = \sum_{I=1}^{n} N_I(\boldsymbol{\xi})\, \mathbf{x}_I\,. \tag{4.4}$$

Üblicherweise wählt man für die Ansatzfunktionen N_I Polynome, die auf dem Referenzelement $\Omega_\square$ definiert werden, um beliebige Elementgeometrien darstellen zu können. Durch die mit (...) gekennzeichneten Größen sind hier und im folgenden die Finite-Element-Approximationen definiert.

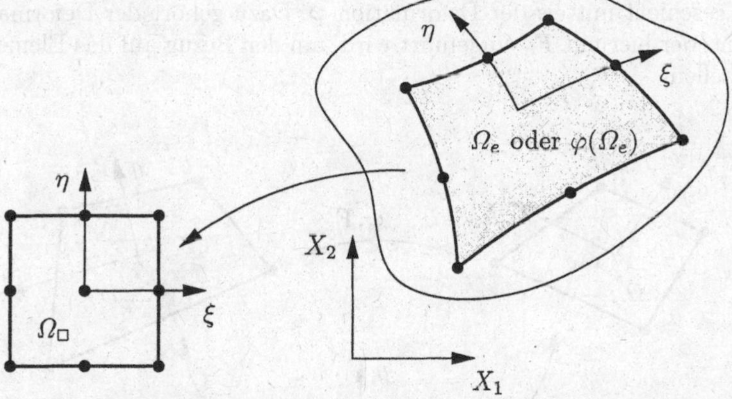

Bild 4.2. Isoparametrische Abbildung auf die Referenzkonfiguration

In Gl. (4.3) und (4.4) wurden die Ansatzfunktionen auf dem Element im Gebiet B durch die Ansatzfunktionen $N_I(\boldsymbol{\xi})$ auf einem Referenzelement $\Omega_\square$ ersetzt. Wir haben also für jedes Element Ω_e eine Transformation (4.3), die die Koordinaten $\mathbf{X}_e = \mathbf{X}_e(\boldsymbol{\xi})$ in den Koordinaten $\boldsymbol{\xi}$ des Referenzelementes $\Omega_\square$ angibt. Diese Transformation muß folgenden Bedingungen genügen:

- Zu jedem Punkt des Referenzelementes $\Omega_\square$ existiert ein und nur ein Punkt in Ω_e oder $\varphi(\Omega_e)$.
- Die geometrischen Knotenpunkte $\boldsymbol{X}_I$ oder $\boldsymbol{x}_I$ von $\Omega_\square$ entsprechen denen von Ω_e oder $\varphi(\Omega_e)$.
- Jeder Teil des Randes auf $\Omega_\square$, der durch die Knotenpunkte $\boldsymbol{X}_I$ oder $\boldsymbol{x}_I$ dieses Randes definiert ist, korrespondiert zu dem zugehörigen Teil des Randes von Ω_e oder $\varphi(\Omega_e)$.

Damit bleibt bei dieser Transformation der Typ des Elementes erhalten, also wird z.B. ein Dreieckselement nur in ein Dreieckselement abgebildet. Diese isoparametrische Transformation wird für alle Koordinatenrichtungen identisch ausgeführt. Man bezieht sich auf eine Referenzkonfiguration, die nie wirklich von dem Element während des physikalischen Deformationsprozesses angenommen wird. Jedoch ist durch diese isoparametrische Transformation eine einfach zu handhabende Referenzkonfiguration entstanden, in der die gesamte geometrische Transformation der Gleichungen auf beliebige Geometrien – solange diese Transformationen in o. g. Sinne zulässig sind – enthalten ist. Dies vereinfacht insbesondere Formulierungen in der Momentankonfiguration, da es völlig beliebig ist, ob wir vom Referenzelement auf die Ausgangskonfiguration eines Prozesses oder auf die Momentankonfiguration transformieren.

Dieser Prozeß wird jetzt in Bild 4.3 veranschaulicht. Die Abbildung eines Elementes in der Ausgangskonfiguration Ω_e auf die Momentankonfiguration $\varphi(\Omega_e)$ geschieht mittels der Deformation φ. Dazu gehört der Deformationsgradient, der hier mit $\boldsymbol{F}_e$ eingeführt wird, um den Bezug auf das Element Ω_e herzustellen.

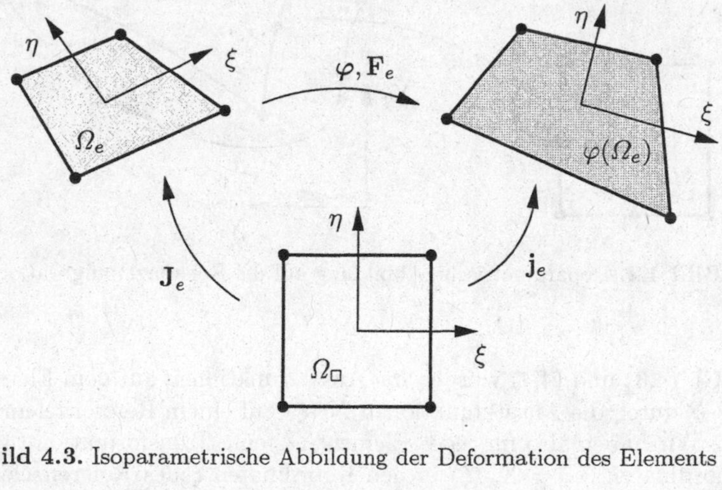

Bild 4.3. Isoparametrische Abbildung der Deformation des Elements

Wie man leicht sieht, entspricht Bild 4.3 der diskreten Version der kontinuumsmechanischen Beschreibung der Bewegung eines Körpers, die in Bild 3.1 dargestellt ist. Zusätzlich wird jedoch für die isoparametrische Beschreibung die Referenzkonfiguration $\Omega_\square$ eingeführt. Wir erhalten damit die kinematischen Beziehungen innerhalb eines Elementes

$$\boldsymbol{F}_e = \boldsymbol{j}_e\,\boldsymbol{J}_e^{-1} \quad \text{und} \quad J_e = \det \boldsymbol{F}_e = \frac{\det \boldsymbol{j}_e}{\det \boldsymbol{J}_e}\,, \tag{4.5}$$

die zeigen, daß sich der Deformationsgradient allein durch die isoparametrische Abbildung von $\Omega_\square$ in die Ausgangskonfiguration Ω_e und in die Momentankonfiguration $\varphi(\Omega_e)$ darstellen läßt. Hierin sind die Gradienten $\boldsymbol{j}_e$ und $\boldsymbol{J}_e$ folgendermaßen definiert

$$\begin{aligned}
\boldsymbol{j}_e &= \operatorname{Grad}_\xi \mathbf{x}_e = \frac{\partial \mathbf{x}}{\partial \boldsymbol{\xi}} = \sum_{I=1}^{n} N_{I,\xi}(\boldsymbol{\xi})\, \mathbf{x}_I \otimes \mathbf{E}_\xi\,, \\
\boldsymbol{J}_e &= \operatorname{Grad}_\xi \mathbf{X}_e = \frac{\partial \mathbf{X}}{\partial \boldsymbol{\xi}} = \sum_{I=1}^{n} N_{I,\xi}(\boldsymbol{\xi})\, \mathbf{X}_I \otimes \mathbf{E}_\xi\,.
\end{aligned} \tag{4.6}$$

Da die Ableitungen $N_{I,\xi}$ skalare Größen sind, können sie auch vor die Basen $\mathbf{E}_\xi$ gestellt werden, so daß

$$\begin{aligned}
\boldsymbol{j}_e &= \sum_{I=1}^{n} \mathbf{x}_I \otimes N_{I,\xi}(\boldsymbol{\xi})\, \mathbf{E}_\xi = \sum_{I=1}^{n} \mathbf{x}_I \otimes \nabla_\xi N_I\,, \\
\boldsymbol{J}_e &= \sum_{I=1}^{n} \mathbf{X}_I \otimes N_{I,\xi}(\boldsymbol{\xi})\, \mathbf{E}_\xi = \sum_{I=1}^{n} \mathbf{X}_I \otimes \nabla_\xi N_I
\end{aligned} \tag{4.7}$$

geschrieben werden kann. Hierin ist $\nabla_\xi N_I$ der Gradient der skalaren Funktion N_I bezüglich der Koordinaten $\boldsymbol{\xi}$.

Damit können die bezüglich der Ausgangs- oder Momentankonfiguration zu bildenden Gradienten besonders einfach berechnet werden. Wir erhalten für die entsprechenden Gradienten eines Vektorfeldes $\mathbf{u}$

$$\begin{aligned}
\operatorname{Grad} \mathbf{u}_e &= \sum_{I=1}^{n} \boldsymbol{u}_I \otimes \nabla_X N_I\,, \\
\operatorname{grad} \mathbf{u}_e &= \sum_{I=1}^{n} \boldsymbol{u}_I \otimes \nabla_x N_I\,.
\end{aligned} \tag{4.8}$$

Analog zu den Transformationen der Ableitungen zwischen verschiedenen Konfigurationen, s. (3.32), schreiben wir

$$\nabla_\xi N_I = \boldsymbol{J}_e^T\, \nabla_X N_I \quad \text{und} \quad \nabla_\xi N_I = \boldsymbol{j}_e^T\, \nabla_x N_I\,, \tag{4.9}$$

oder die inversen Beziehungen

$$\nabla_X N_I = \boldsymbol{J}_e^{-T}\, \nabla_\xi N_I \quad \text{und} \quad \nabla_x N_I = \boldsymbol{j}_e^{-T}\, \nabla_\xi N_I\,, \tag{4.10}$$

so daß die Gradienten in (4.8) vollständig in den Größen der Referenzkonfiguration $\Omega_\square$ angegeben werden können

$$\begin{aligned}
\operatorname{Grad} \mathbf{u}_e &= \sum_{I=1}^{n} \boldsymbol{u}_I \otimes \boldsymbol{J}_e^{-T}\, \nabla_\xi N_I \\
\operatorname{grad} \mathbf{u}_e &= \sum_{I=1}^{n} \boldsymbol{u}_I \otimes \boldsymbol{j}_e^{-T}\, \nabla_\xi N_I
\end{aligned} \tag{4.11}$$

Der einzige Unterschied in der Formulierung beider Gradienten in (4.11) besteht im Austausch der Gradienten $\boldsymbol{j}_e$ und $\boldsymbol{J}_e$, so daß gerade bei nichtlinearen Finite-Element-Formulierungen diese Vorgehensweise von großer Einfachheit ist.

ANMERKUNG 4.1 : Die oben beschriebene Berechnung der Ableitungen bezüglich der Koordinaten der Ausgangskonfiguration, s. Gl. (4.10), weicht in der Darstellung von der klassischen Vorgehensweise ab, die sich in vielen Büchern über die Methode der finiten Elemente findet, z.B. (ZIENKIEWICZ and TAYLOR 1989) oder (KNOTHE und WESSELS 1991). Dort geht man z.B. im zweidimensionalen Fall von den Beziehungen

$$\frac{\partial N_I}{\partial X} = \frac{\partial N_I}{\partial \xi}\frac{\partial \xi}{\partial X} + \frac{\partial N_I}{\partial \eta}\frac{\partial \eta}{\partial X}$$
$$\frac{\partial N_I}{\partial Y} = \frac{\partial N_I}{\partial \xi}\frac{\partial \xi}{\partial Y} + \frac{\partial N_I}{\partial \eta}\frac{\partial \eta}{\partial Y}$$

aus, die auf die Form

$$\nabla_X N_I = \begin{Bmatrix} \frac{\partial N_I}{\partial X} \\ \frac{\partial N_I}{\partial Y} \end{Bmatrix} = \begin{bmatrix} \frac{\partial \xi}{\partial X} & \frac{\partial \eta}{\partial X} \\ \frac{\partial \xi}{\partial Y} & \frac{\partial \eta}{\partial Y} \end{bmatrix} \begin{Bmatrix} \frac{\partial N_I}{\partial \xi} \\ \frac{\partial N_I}{\partial \eta} \end{Bmatrix} = \bar{\mathbf{J}}_e^{-1}\, \nabla_\xi N_I \,. \tag{4.12}$$

Hierin ist die Matrix $\bar{\mathbf{J}}_e$ transponiert zur Matrix $\boldsymbol{J}_e^T$ in (4.10) eingeführt, s. auch Berechnung der Ableitungen im zweidimensionalen Fall in Abschn. 4.1.2.

Für Kontinuums-, schubelastische Schalen- oder schubelastische Balkenprobleme ist eine wesentliche Anforderung an die Ansatzfunktionen $N_I(\boldsymbol{\xi})$ die C^0-Stetigkeit. Weiterhin sollten die Ansatzfunktionen $N_I(\boldsymbol{\xi})$ vollständige Polynome in X_1 , X_2 and X_3 sein.

Unter den verschiedenen Möglichkeiten Ansatzfunktionen zu konstruieren, die die o.g. Voraussetzungen erfüllen, wird hier exemplarisch, das Konzept der LAGRANGEschen Interpolation verfolgt, s. z.B. (ZIENKIEWICZ and TAYLOR 1989). Für ein LAGRANGEsches Polynom von Grad $n-1$ erhalten wir im eindimensionalen Fall

$$N_I(\xi) = \prod_{\substack{J=1 \\ J \neq I}}^{n} \frac{(\xi_J - \xi)}{(\xi_J - \xi_I)} \,. \tag{4.13}$$

Für zwei-oder dreidimensionale Ansätze ist ein Produktansatz der Form

$$N_J(\xi\,,\eta) = N_I(\xi)\, N_K(\eta) \quad \text{oder} \quad N_J(\xi\,,\eta\,,\zeta) = N_I(\xi)\, N_K(\eta)\, N_L(\zeta) \tag{4.14}$$

mit $J = 1, \dots n^{dim}$ und $I\,, K\,, L = 1, \dots n$ möglich (dim stellt die räumliche Dimension des Problems dar). Die Ansatzfunktionen sind in dem lokalen Koordinatensystem $\boldsymbol{\xi} = \{\,\xi,\, \eta,\, \zeta\,\}$ definiert. Daher ist eine Transformation auf die globalen Koordinaten X_1, X_2 oder X_3 notwendig, s. Bild 4.2 oder 4.3, in denen ja die Theorie formuliert wurde. In den nächsten Abschnitten sollen die isoparametrischen Ansatzfunktionen für ein-, zwei- und dreidimensionale Probleme spezifiziert werden.

Für die klassischen Balken- oder Schalenformulierungen sind aufgrund der unterschiedlichen mathematischen Modelle verschiedene Finite-Element-Approximationen zu wählen. Auf die zugehörigen speziellen Formulierungen der Ansatzfunktionen wird bei Bedarf in den entsprechenden Abschnitten eingegangen.

4.1.1 Eindimensionale Ansätze

Ansatzfunktionen. Bei den eindimensionalen Ansatzfunktionen sollen C^0- und C^1-stetige Ansätze behandelt werden. Zunächst wollen wir die Ansatzfunktionen angeben, die die C^0-Stetigkeit erfüllen. Diese Ansätze sind bereits ausführlich in der Literatur diskutiert worden, so daß hier nur die Endergebnisse angegeben werden sollen, auf eine Ableitung der zugrunde liegenden Gleichungen wird verzichtet.

Bei eindimensionalen Problemstellungen tritt nur eine Koordinate und eine Verschiebungskomponente auf. Damit schreiben sich die Gleichungen (4.3) und (4.4)

$$X_e = \sum_{I=1}^{n} N_I(\xi) X_I , \qquad u_e = \sum_{I=1}^{n} N_I(\xi) u_I . \tag{4.15}$$

für die Koordinate X_e und die zugehörige Verschiebungskomponente u_e im Element. n stellt die Anzahl der Ansatzfunktionen dar, $\xi \in [-1, 1]$ ist die Koordinate bezogen auf das Referenzelement, s. Bild 4.4.

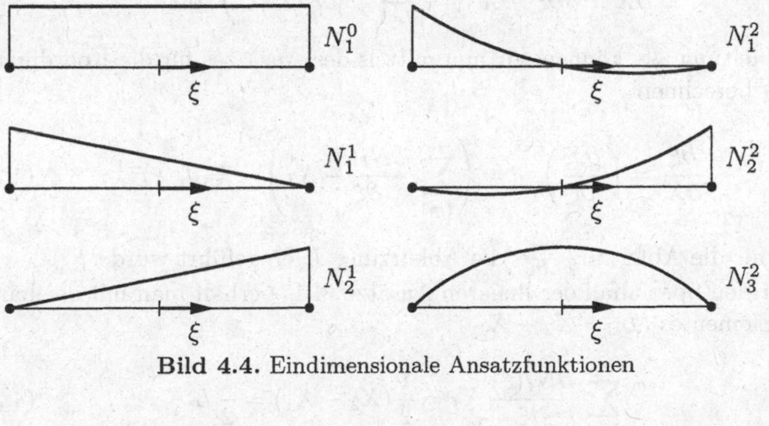

Bild 4.4. Eindimensionale Ansatzfunktionen

Die Ansatzfunktionen $N_I(\xi)$ ergeben sich aus (4.13) und sind je nach Wahl der Polynomordnung unterschiedlich. Bis zur quadratischen Polynomordnung sind die Ansatzfunktionen im folgenden zusammengestellt, wobei der obere Index die Ansatzordnung angibt, s. auch Bild 4.4.

- Konstante Ansatzfunktion

$$N_1^0(\xi) = 1 \tag{4.16}$$

- Lineare Ansatzfunktionen

$$N_1^1(\xi) = \frac{1}{2}(1-\xi) \qquad N_2^1(\xi) = \frac{1}{2}(1+\xi) \tag{4.17}$$

- Quadratische Ansatzfunktionen

$$N_1^2(\xi) = \frac{1}{2}\,\xi\,(\xi-1) \qquad N_3^2(\xi) = (1-\xi^2) \qquad N_2^2(\xi) = \frac{1}{2}\,\xi\,(1+\xi) \tag{4.18}$$

Wie leicht zu überprüfen ist, erfüllen die Ansatzfunktionen die in Abschn. 3.1 genannten Bedingungen. Die isoparametrische Abbildung der Funktion u auf das Referenzelement erfolgt mittels der Gl. (4.15).

Berechnung der Ableitungen. Für die Berechnung von Verzerrungen und deren Variationen oder Linearisierung werden in den Materialgleichungen und in der schwachen Formulierung des Gleichgewichtes die Ableitungen des Verschiebungsfeldes benötigt. Innerhalb des isoparametrischen Konzeptes berechnen sich diese wie folgt

$$\frac{\partial u_e}{\partial X} = \sum_{I=1}^{n} \frac{\partial N_I(\xi)}{\partial X}\, u_I \,. \tag{4.19}$$

Hierin muß, die Kettenregel benutzt werden, um die partiellen Ableitungen von N_I nach X zu bestimmen. Wir erhalten für die Verschiebungskomponente u

$$\frac{\partial u_e}{\partial X} = \frac{\partial u_e}{\partial \xi}\,\frac{\partial \xi}{\partial X} = \left(\sum_{I=1}^{n} \frac{\partial N_I(\xi)}{\partial \xi}\, u_I \right) \frac{\partial \xi}{\partial X} \,. \tag{4.20}$$

Die Ableitung $\frac{\partial \xi}{\partial X}$ können wir nun mittels des Ansatzes für die Koordinaten $(4.15)_1$ berechnen

$$\frac{\partial \xi}{\partial X} = \left(\frac{\partial X}{\partial \xi} \right)^{-1} = \left(\sum_{I=1}^{n} \frac{\partial N_I(\xi)}{\partial \xi}\, X_I \right)^{-1} = J_e(\xi)^{-1} \,, \tag{4.21}$$

wobei für die Ableitung $\frac{\partial X_e}{\partial \xi}$ die Abkürzung J_e eingeführt wurde.

Für den Spezialfall der linearen Ansätze (4.17) erhält man mit der Länge eines Elementes ($L_e = X_2 - X_1$)

$$\sum_{I=1}^{n} \frac{\partial N_I(\xi)}{\partial \xi}\, X_I = \frac{1}{2}\,(X_2 - X_1) = \frac{1}{2}\, L_e \tag{4.22}$$

und nach Einsetzen in (4.20) die einfache Beziehung

$$\frac{\partial u_e}{\partial X} = \frac{u_2 - u_1}{L_e} \,, \tag{4.23}$$

die konstant, also unabhängig von ξ ist.

Aufgabe 4.1: Für die quadratischen Ansatzfunktionen (4.18) bestimme man die Ableitung J_e und diskutiere das Ergebnis für die Wahl der Lage des Mittelknotens, $X_3 = (1-\eta)\,X_1 + \eta\,X_2$, für $\eta = \frac{1}{2}, \frac{1}{4}$ und $\frac{3}{4}$.

Lösung: Gemäß (4.21) sind zunächst die Ableitungen der Ansatzfunktionen N_I nach der Koordinate ξ zu berechnen

$$N_{1,\xi} = \xi - \frac{1}{2} \qquad N_{2,\xi} = \xi + \frac{1}{2} \qquad N_{3,\xi} = -2\,\xi\,.$$

Damit erhält man das gesuchte Ergebnis

$$J_e = \frac{\partial X_e}{\partial \xi} = (\xi - \frac{1}{2})\,X_1 + (\xi + \frac{1}{2})\,X_2 - 2\,\xi\,X_3 = \frac{1}{2}\,L_e + \xi\,(X_1 + X_2 - 2\,X_3)\,.$$

Eine besonders einfach Form nimmt J_e an, wenn der Knoten 3 genau in der Mitte zwischen Knoten 1 und 2 liegt ($\eta = \frac{1}{2}$). Dann ist $X_3 = \frac{1}{2}\,(X_1 + X_2)$ und in J_e entfällt der zweite Summand, so daß $J_e = \frac{1}{2}\,L_e$ konstant ist.

Für $\eta = \frac{1}{4}$ und $\eta = \frac{3}{4}$ ergibt sich

$$J_e = \frac{1}{2}\,(1 \pm \xi)\,L_e\,.$$

Es ist leicht zu sehen, daß dann J_e für $\xi = \pm 1$ zu null wird. Damit wird die Ableitung an diesen Stellen singulär, was nur in ganz speziellen Fällen (z.B. bei bruchmechanischen Problemen) gewünscht ist. Um dies auszuschließen sollte die Koordinate X_3 des Mittelknotens in dem Bereich $\frac{1}{4} < \eta < \frac{3}{4}$ gewählt werden. Zusätzlich kann für $\eta < \frac{1}{4}$ und $\eta > \frac{3}{4}$ die Ableitung J_e negativ werden kann, so daß die isoparametrische Abbildung wegen det $\boldsymbol{F}_e$ = det $\boldsymbol{j}_e$ / det $\boldsymbol{J}_e$ nicht mehr die Bedingung $J = \det \mathbf{F} > 0$ erfüllt.

Integration im Parameterraum. Bei der Berechnung der finiten Elemente sind neben den Ableitungen der Formfunktionen auch immer Integrationen über den Elementbereich erforderlich. Diese werden zweckmäßigerweise im Parameterraum des Referenzelementes ausgeführt. Dazu muß das Integral transformiert werden

$$\int\limits_{(X)} g(X)\,dX = \int\limits_{-1}^{+1} g(\xi)\,\frac{dX}{d\xi}\,d\xi = \int\limits_{-1}^{+1} g(\xi)\,J_e(\xi)\,d\xi\,. \tag{4.24}$$

Die anschließende Integration erfolgt numerisch, da das Produkt $g(\xi)\,J_e(\xi)$ i.d.R. kein Polynom, sondern eine rationale Funktion darstellt. Somit wird das Integral in (4.24) durch

$$\int\limits_{-1}^{+1} g(\xi)\,J_e(\xi)\,\delta\xi \approx \sum_{p=1}^{n_p} g(\xi_p)\,J_e(\xi_p)\,W_p \tag{4.25}$$

approximiert. W_p sind hierin die Wichtungsfaktoren, und ξ_p stellen die Stützstellen für die Auswertung dar. Aufgrund ihrer Genauigkeit wird fast immer die Gauss-Integration verwendet. Die Tabelle 4.1 gibt die Stützstellen und Wichtungsfaktoren bis zur Ordnung $n_p = 3$ an, die ein Polynom des Grades $p = 2\,n_p - 1$ exakt integrieren.

Tabelle 4.1: Eindimensionale GAUSS-Integration

n_p	p	ξ_p	W_p	
1	1	0	2	
2	1	$1/\sqrt{3}$	1	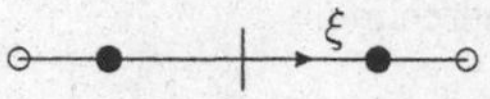
	2	$1/\sqrt{3}$	1	
3	1	$-\sqrt{3/5}$	$5/9$	
	2	0	$8/9$	
	3	$+\sqrt{3/5}$	$5/9$	

4.1.2 Zweidimensionale Ansätze

Ansatzfunktionen. Bei den zweidimensionalen Problemen wollen wir Dreiecks- und Viereckselemente betrachten, die 3 bis 9 Knoten aufweisen. Es sollen nur C^0-stetige Ansätze behandelt werden. Aussagen über die Approximationseigenschaften dieser Ansätze finden sich in Kap. 8.

Dreieckselemente. Das einfachste zweidimensionale finite Element ist das Dreieckselement mit drei Knoten. Zu dessen Beschreibung läßt sich ein isoparametrischer Ansatz für die Geometrie und die Feldvariablen verwenden. In Bild 4.5 ist das Element in der Referenzkonfiguration $\Omega_\square$, ξ–η-Koordinaten, und seiner tatsächlichen Lage im X_1–X_2-Koordinatensystem dargestellt.

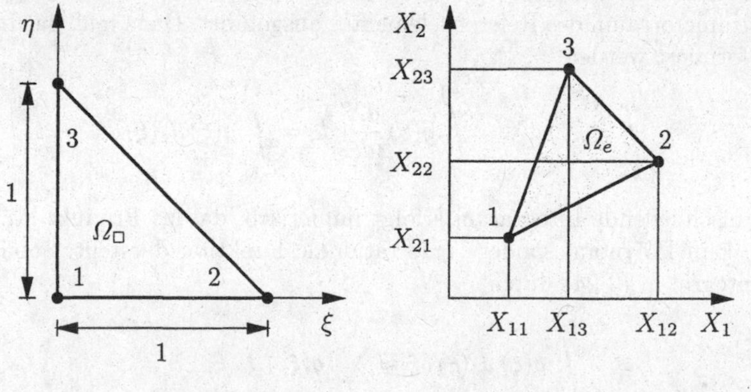

Bild 4.5. 3-Knoten Dreieckselement

Die Ansatzfunktionen sind durch

$$N_1 = 1 - \xi - \eta \qquad N_2 = \xi \qquad N_3 = \eta \tag{4.26}$$

gegeben. Wie man leicht sieht, sind die partiellen Ableitungen der Ansatzfunktionen nach ξ und η konstant, so daß kinematische Größen – wie die Verzerrungen – konstant im Element sind.

Es sei an dieser Stelle kurz vermerkt, daß dieses Element zwar sehr einfach ist, jedoch keine besonders guten Approximationseigenschaften besitzt. Daraus resultiert ein sehr steifes Verhalten, insbesondere, wenn die zu berechnende Struktur Lasten über Biegung abträgt, oder wenn inkompressibles Materialverhalten zu berücksichtigen ist.

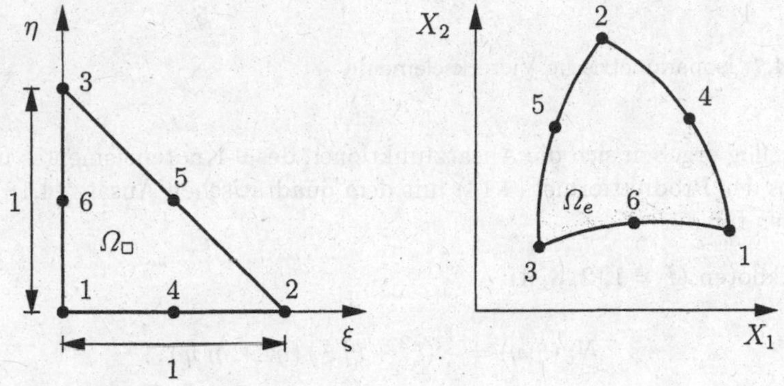

Bild 4.6. 6-Knoten Dreieckselement

Erheblich besser ist das 6-knotige Element mit quadratischem Ansatz, s. Bild 4.6. Dessen Ansatzfunktionen lauten

$$\begin{aligned} N_1 &= \lambda\,(2\,\lambda - 1)\,, & N_4 &= 4\,\xi\,\lambda, \\ N_2 &= \xi\,(2\,\xi - 1)\,, & N_5 &= 4\,\xi\,\eta, \\ N_3 &= \eta\,(2\,\eta - 1)\,, & N_6 &= 4\,\eta\,\lambda, \end{aligned} \tag{4.27}$$

wobei die Abkürzung $\lambda = 1 - \xi - \eta$ eingeführt wurde.

Viereckselemente. Das einfachste Viereckselement besteht aus 4 Eckknoten. Der entsprechende Näherungsansatz für Geometrie und Feldgrößen ist bilinear und der Produktansatz (4.14) liefert zusammen mit den Ansatzfunktionen (4.17)

$$N_I\,(\xi, \eta) = \frac{1}{2}\,(\,1 + \xi_I\,\xi\,)\,\frac{1}{2}\,(\,1 + \eta_I\,\eta\,)\,. \tag{4.28}$$

wobei mit ξ_I und η_I die im Bild 4.7 aufgeführten Eckknotenkoordinaten des jeweiligen Knotens im Referenzelement $\Omega_\square$ gemeint sind

$$\boldsymbol{\xi}_1 = (-1,\,-1) \quad \boldsymbol{\xi}_2 = (1,\,-1) \quad \boldsymbol{\xi}_3 = (1,\,1) \quad \boldsymbol{\xi}_4 = (-1,\,1)\,. \tag{4.29}$$

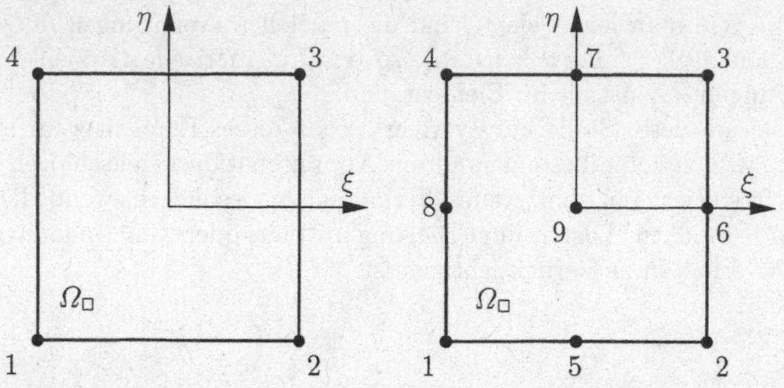

Bild 4.7. Isoparametrische Viereckselemente

Analog ergeben sich die Ansatzfunktionen des 9-Knotenelementes in Bild 4.7 aus der Produktformel (4.14) mit dem quadratischen Ansatz (4.18). Wir erhalten für die

- Eckknoten ($I = 1, 2, 3, 4$):

$$N_I(\xi,\eta) = \frac{1}{4}\,(\xi^2 + \xi_I\,\xi)\,(\eta^2 + \eta_I\,\eta)\,, \tag{4.30}$$

- die Mittelknoten ($I = 5, 6, 7, 8$):

$$N_I(\xi,\eta) = \frac{1}{2}\,\xi_I^2(\xi^2 + \xi_I\,\xi)\,(1-\eta^2) + \frac{1}{2}\,\eta_I^2(\eta^2 + \eta_I\,\eta)\,(1-\xi^2)\,. \tag{4.31}$$

- und den Zentralknoten ($I = 9$):

$$N_9(\xi,\eta) = (1-\xi^2)\,(1-\eta^2)\,. \tag{4.32}$$

Dies ist jedoch nicht die einzige Möglichkeit diese neun Ansatzfunktionen anzugeben. Häufig wird auch eine hierarchische Formulierung – aufbauend auf den 4–Knoten Ansätzen - gewählt, s. z.B. (ZIENKIEWICZ and TAYLOR 1989).

Berechnung der Ableitungen. Für die Berechnung der Verzerrungen (3.15) und deren Variationen werden in den Materialgleichungen und in der schwachen Formulierung des Gleichgewichtes (3.278) Ableitungen des Verschiebungsfeldes benötigt. Innerhalb des isoparametrischen Konzeptes können diese wie folgt berechnet werden

$$\frac{\partial \mathbf{u}_e}{\partial X_\alpha} = \sum_{I=1}^{n} \frac{\partial N_I(\xi,\eta)}{\partial X_\alpha}\,\mathbf{u}_I\,, \qquad (\alpha = 1\,,2)\,. \tag{4.33}$$

Hierin wird die partielle Ableitung von N_I nach X_α gemäß (4.10) für die zweidimensionale isoparametrische Abbildung bestimmt

$$\nabla_X N_I = \left\{ \begin{array}{c} N_{I,1} \\ N_{I,2} \end{array} \right\} = \boldsymbol{J}_e^{-T} \left\{ \begin{array}{c} N_{I,\xi} \\ N_{I,\eta} \end{array} \right\} \tag{4.34}$$

mit der JACOBImatrix $\boldsymbol{J}_e$ für die Transformation zwischen Referenz- und Ausgangskonfiguration eines Elementes Ω_e

$$\boldsymbol{J}_e = \sum_{I=1}^{n} \mathbf{X}_I \otimes \nabla_\xi N_I = \sum_{I=1}^{n} \left\{ \begin{array}{c} X_{1\,I} \\ X_{2\,I} \end{array} \right\} \left\{ \begin{array}{c} N_{I,\xi} \\ N_{I,\eta} \end{array} \right\}^T = \begin{bmatrix} X_{1,\xi} & X_{1,\eta} \\ X_{2,\xi} & X_{2,\eta} \end{bmatrix},$$

$$\text{und} \quad X_{\alpha,\beta} = \sum_{I=1}^{n} N_{I,\beta}\, X_{\alpha\, I} \,. \tag{4.35}$$

Explizit ergibt sich daraus die Form mit der in (4.33) die Ableitungen nach $\mathbf{X}$ berechnet werden können

$$\left\{ \begin{array}{c} N_{I,1} \\ N_{I,2} \end{array} \right\} = \frac{1}{\det \boldsymbol{J}_e} \begin{bmatrix} X_{2,\eta} & -X_{2,\xi} \\ -X_{1,\eta} & X_{1,\xi} \end{bmatrix} \left\{ \begin{array}{c} N_{I,\xi} \\ N_{I,\eta} \end{array} \right\}. \tag{4.36}$$

Aufgabe **4.2:** Man bestimme für das Dreiknotendreieck den Deformationsgradienten $\boldsymbol{F}_e$ im Element Ω_e.

Lösung: Der Deformationsgradient kann direkt aus den isoparametrischen Abbildungen zur Ausgangs- und Momentankonfiguration nach (4.5) und (4.7) berechnet werden. Das Auswerten dieser Gleichungen hat für die Ansatzfunktionen des Dreieckelementes (4.26) zu erfolgen. Mit

$$N_{1,\xi} = -1 \quad N_{2,\xi} = 1 \quad N_{3,\xi} = 0$$
$$N_{1,\eta} = -1 \quad N_{2,\eta} = 0 \quad N_{3,\eta} = 1$$

erhält man mit den Bezeichnungen aus Bild 4.5

$$\boldsymbol{J}_e = \left\{ \begin{array}{c} X_{11} \\ X_{21} \end{array} \right\} \left\{ \begin{array}{c} -1 \\ -1 \end{array} \right\}^T + \left\{ \begin{array}{c} X_{12} \\ X_{22} \end{array} \right\} \left\{ \begin{array}{c} 1 \\ 0 \end{array} \right\}^T + \left\{ \begin{array}{c} X_{13} \\ X_{23} \end{array} \right\} \left\{ \begin{array}{c} 0 \\ 1 \end{array} \right\}^T$$
$$= \begin{bmatrix} X_{12} - X_{11} & X_{13} - X_{11} \\ X_{22} - X_{21} & X_{23} - X_{21} \end{bmatrix}.$$

Die Determinante der Transformationsmatrix $\det \mathbf{J}_e$, lautet dann

$$\det \boldsymbol{J}_e = (X_{12} - X_{11})(X_{23} - X_{21}) - (X_{13} - X_{11})(X_{22} - X_{21}) = 2\,A_e\,,$$

wobei A_e die Fläche des Elementes angibt. In gleicher Weise wird jetzt die Matrix $\boldsymbol{j}_e$ bestimmt, es sind nur die Koordinaten der Ausgangskonfiguration gegen die der Momentankonfiguration auszutauschen

$$\boldsymbol{j}_e = \begin{bmatrix} x_{12} - x_{11} & x_{13} - x_{11} \\ x_{22} - x_{21} & x_{23} - x_{21} \end{bmatrix}.$$

Jetzt können wir den Deformationsgradienten für das Dreieckselement explizit angeben und erhalten mit $\boldsymbol{F}_e = \boldsymbol{j}_e\, \boldsymbol{J}_e^{-1}$

$$\boldsymbol{F}_e = \frac{1}{2\,A_e} \begin{bmatrix} x_{12} - x_{11} & x_{13} - x_{11} \\ x_{22} - x_{21} & x_{23} - x_{21} \end{bmatrix} \begin{bmatrix} X_{23} - X_{21} & X_{13} - X_{13} \\ X_{21} - X_{22} & X_{12} - X_{11} \end{bmatrix}.$$

Wie nicht anders zu erwarten, ist der Deformationsgradient innerhalb des Elementes konstant. Will man jetzt das Ergebnis in den Verschiebungsvariablen $\mathbf{u}$ ausdrücken, so gilt mit der Beziehung $x_{\alpha I} = X_{\alpha I} + u_{\alpha I}$

$$\boldsymbol{F}_e = \mathbf{1} + \frac{1}{2\,A_e} \begin{bmatrix} u_{12} - u_{11} & u_{13} - u_{11} \\ u_{22} - u_{21} & u_{23} - u_{21} \end{bmatrix} \begin{bmatrix} X_{23} - X_{21} & X_{11} - X_{13} \\ X_{21} - X_{22} & X_{12} - X_{11} \end{bmatrix},$$

was auch dem Ergebnis $\mathbf{F} = \mathbf{1} + \operatorname{Grad} \mathbf{u}$, s. (3.14), entspricht.

Integration im Parameterraum. Zur Berechnung der schwachen Form (3.278) ist eine Integration der Formfunktionen oder deren Ableitungen über den Elementbereich Ω_e erforderlich. Diese werden zweckmäßigerweise im Parameterraum des Referenzelementes $\Omega_\square$ ausgeführt. Dazu muß das Integral transformiert werden

$$\int\limits_{(\Omega_e)} g(\mathbf{X})\, dA = \int\limits_{(\Omega_\square)} g(\boldsymbol{\xi}) \det \boldsymbol{J}_e(\boldsymbol{\xi})\, d\square = \int\limits_{-1}^{+1} \int\limits_{-1}^{+1} g(\xi\,,\eta) \det \boldsymbol{J}_e\, d\xi\, d\eta\,. \tag{4.37}$$

Die Integration über $\Omega_\square$ erfolgt dann numerisch, da das Produkt $g(\boldsymbol{\xi}) \det \boldsymbol{J}_e(\xi)$ nicht auf ein Polynom führt, sondern eine rationale Funktion darstellt. Dies liefert für das Integral in (4.37) die Approximation

$$\int\limits_{-1}^{+1} \int\limits_{-1}^{+1} g(\xi\,,\eta) \det \boldsymbol{J}_e\, d\xi\, d\eta \approx \sum_{p=1}^{n_p} g(\xi_p\,,\eta_p) \det \boldsymbol{J}_e(\xi_p\,,\eta_p)\, W_p \tag{4.38}$$

Die Wichtungsfaktoren W_p und die Koordinaten der Stützstellen ξ_p und η_p sind in Tabelle 4.2 für die GAUSS-Integration zusammengestellt, die bei Viereckselementen angewendet wird. Tabelle 4.2 gibt die Stützstellen und Wichtungsfaktoren bis zur Anzahl $n_p = 3 \times 3$ an. Durch diese Integrationsformeln werden Polynome $\xi^i\,\eta^k$ bis zur Ordnung $i + k \leq m$ exakt intergiert. Es sei angemerkt, daß sich die Integrationsformeln in ähnlicher Form wie die Erweiterung der Ansatzfunktionen von einer auf zwei Dimensionen durch den Produktansatz (4.14) herleiten lassen. Die GAUSS-Integration hat sich innerhalb der Methode der finiten Elemente aufgrund ihrer Genauigkeit durchgesetzt. Eine Zusammenstellung weiterer Integrationsregeln, die zur numerischen Integration von (3.156) herangezogen werden können, findet sich z.B. in (DHATT and TOUZOT 1985).

Für Dreieckselemente sieht die Transformation des Integrals auf das Referenzelement etwas anders aus. Man erhält allgemein die folgende Beziehung

$$\int\limits_{(\Omega_e)} g(\mathbf{X})\, dA = \int\limits_{0}^{1} \int\limits_{0}^{1-\xi} g(\xi\,,\eta) \det \boldsymbol{J}_e\, d\eta\, d\xi\,, \tag{4.39}$$

die wieder durch die numerische Integrationsformel (4.38) ausgewertet werden kann. Tabelle 4.3 enthält die entsprechenden Stützstellen und Wichtungsfaktoren. Die Formeln integrieren Polynome $\xi^k\,\eta^l$ bis zur Ordnung m

Tabelle 4.2: Zweidimensionale GAUSS-Integration für Viereckselemente

m	n_p	p	ξ_p	η_p	W_p	Lage der Punkte
1	1	1	0	0	4	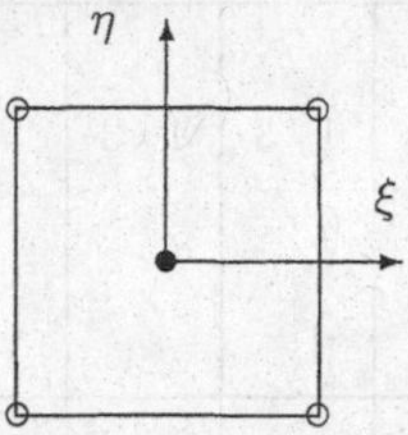
3	4	1	$-1/\sqrt{3}$	$-1/\sqrt{3}$	1	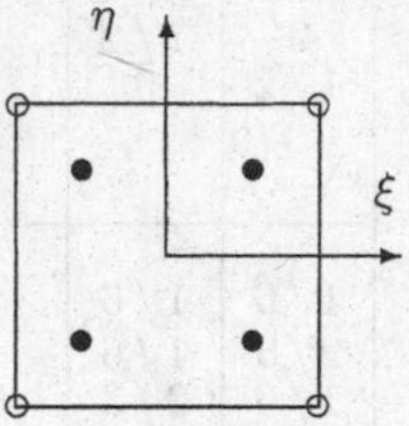
		2	$+1/\sqrt{3}$	$-1/\sqrt{3}$	1	
		3	$-1/\sqrt{3}$	$+1/\sqrt{3}$	1	
		4	$+1/\sqrt{3}$	$+1/\sqrt{3}$	1	
5	9	1	$-\sqrt{3/5}$	$-\sqrt{3/5}$	25/81	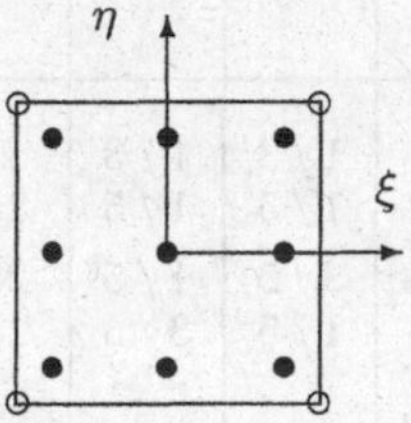
		2	0	$-\sqrt{3/5}$	40/81	
		3	$+\sqrt{3/5}$	$-\sqrt{3/5}$	25/81	
		4	$-\sqrt{3/5}$	0	40/81	
		5	0	0	64/81	
		6	$+\sqrt{3/5}$	0	40/81	
		7	$-\sqrt{3/5}$	$+\sqrt{3/5}$	25/81	
		8	0	$+\sqrt{3/5}$	40/81	
		9	$+\sqrt{3/5}$	$+\sqrt{3/5}$	25/81	

(mit $m \geq k + l$) exakt. Eine Vielzahl weiterer Integrationsregeln mit anderen Stützstellen oder höherer Genauigkeit finden sich z.B. in (ZIENKIEWICZ and TAYLOR 1989) oder (DHATT and TOUZOT 1985).

4.1.3 Dreidimensionale Ansätze

Dreidimensionale finite Elemente werden i.d.R. als Tetraeder- oder als Quaderelemente formuliert. Auch hier ist die generelle Formulierung im Rahmen des isoparametrischen Konzeptes vorteilhaft, um beliebig geformte Bauteile beschreiben zu können. Neben den bereits erwähnten Elementformen gibt es noch weitere geometrische Formen, wie z.B. Prismenelemente, die aber hier nicht näher betrachtet werden sollen. Die entsprechenden Ansatzfunktionen finden sich z.B. in (DHATT and TOUZOT 1985).

Für das dreidimensionale Element Quaderelement lauten die Ansatzfunktionen

$$N_I(\xi,\eta,\zeta) = \frac{1}{2}(1+\xi_I\,\xi)\,\frac{1}{2}(1+\eta_I\,\eta)\,\frac{1}{2}(1+\zeta_I\,\zeta), \tag{4.40}$$

Tabelle 4.3: Zweidimensionale Integration für Dreieckselemente

m	n_p	p	ξ_p	η_p	W_p	Lage der Punkte
1	1	1	1/3	1/3	1/2	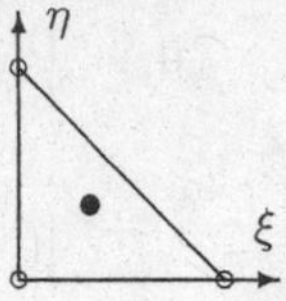
2	3	1	1/2	1/2	1/6	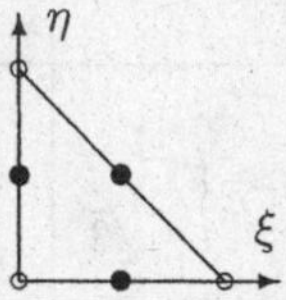
		2	0	1/2	1/6	
		3	1/2	0	1/6	
2	3	1	1/6	1/6	1/6	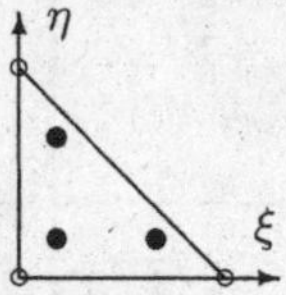
		2	2/3	1/6	1/6	
		3	1/6	2/3	1/6	
3	4	1	1/3	1/3	-27/96	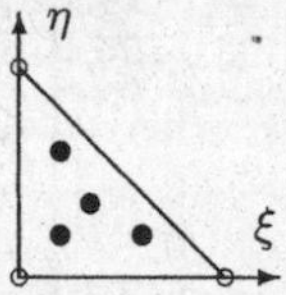
		2	1/5	1/5	25/96	
		3	3/5	1/5	25/96	
		4	1/5	3/5	25/96	

die sich über den Produktansatz (4.14) aus (4.17) ergeben. In Bild 4.8 ist beispielsweise ein 8 Knoten Quaderelement in der Referenzkonfiguration, $\Omega_\square$, und der Ausgangskonfiguration, Ω_e, dargestellt. Quadratische Ansätze können mit (4.14) und (4.18) hergeleitet werden. Dies führt auf folgenden Ansatz mit 27 Knoten pro Element

$$N_I(\xi\,,\eta\,,\zeta) = N_I(\xi)\,N_I(\eta)\,N_I(\zeta)\,, \tag{4.41}$$

wobei die Funktionen N_I sich aus den 27 möglichen Kombinationen der Werte $-1\,,0\,,+1$ für die Knotenkoordinaten im Referenzelement ergeben.

Die Ansatzfunktionen für Tetraederelemente können entsprechend der zweidimensionalen Formulierung angegeben werden. Wir erhalten die folgenden isoparametrischen Ansatzfunktionen:

- 4-Knoten Tetraeder (linearer Ansatz)

$$N_1 = 1 - \xi - \eta - \zeta\,, \quad N_2 = \xi\,, \quad N_3 = \eta\,, \quad N_4 = \zeta\,. \tag{4.42}$$

- 10-Knoten Tetraeder (quadratischer Ansatz)

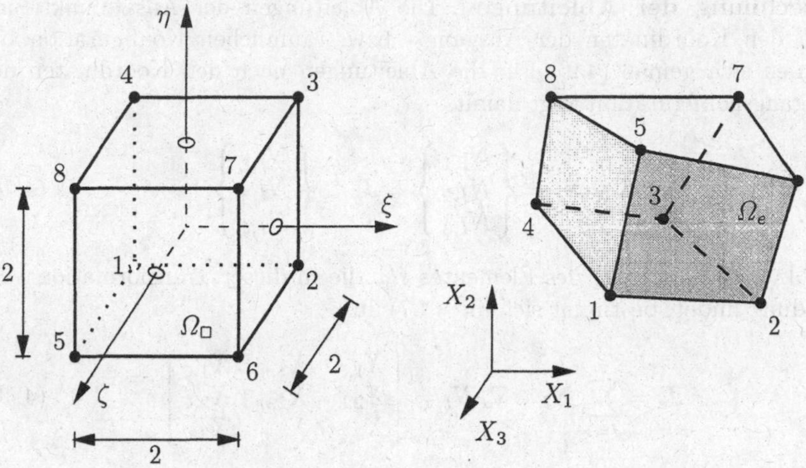

Bild 4.8. Isoparametrisches 8-Knotenelement

$$
\begin{aligned}
N_1 &= \lambda(2\lambda - 1)\,, & N_6 &= 4\xi\eta,\\
N_2 &= \xi(2\xi - 1)\,, & N_7 &= 4\eta\lambda,\\
N_3 &= \eta(2\eta - 1)\,, & N_8 &= 4\zeta\lambda,\\
N_4 &= \zeta(2\zeta - 1)\,, & N_9 &= 4\xi\zeta,\\
N_5 &= 4\xi\lambda\,, & N_{10} &= 4\eta\zeta,
\end{aligned}
\tag{4.43}
$$

mit $\lambda = 1 - \xi - \eta - \zeta$

die zugehörigen lokalen Knotennummern der beiden Elemente finden sich in Bild 4.9.

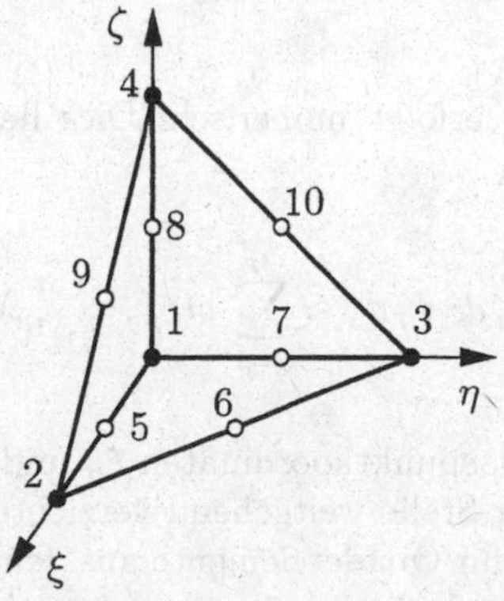

Bild 4.9. Isoparametrische 4 und 10 knotige Tetraeder

Berechnung der Ableitungen. Die Ableitungen der Ansatzfunktionen nach den Koordinaten der Ausgangs- bzw. räumlichen Konfiguration berechnen sich gemäß (4.9). Für die Ableitungen nach den Koordinaten der Ausgangskonfiguration folgt damit

$$\nabla_X N_I = \begin{Bmatrix} N_{I,1} \\ N_{I,2} \\ N_{I,3} \end{Bmatrix} = \boldsymbol{J}_e^{-T} \begin{Bmatrix} N_{I,\xi} \\ N_{I,\eta} \\ N_{I,\zeta} \end{Bmatrix}. \tag{4.44}$$

Die JACOBI-Matrix $\boldsymbol{J}_e$ des Elementes Ω_e, die in dieser Transformation Verwendung findet, bestimmt sich mit (4.7) aus

$$\boldsymbol{J}_e = \sum_{I=1}^{n} \mathbf{X}_I \otimes \nabla_\xi N_I = \begin{bmatrix} X_{1,\xi} & X_{1,\eta} & X_{1,\zeta} \\ X_{2,\xi} & X_{2,\eta} & X_{2,\zeta} \\ X_{3,\xi} & X_{3,\eta} & X_{3,\zeta} \end{bmatrix}. \tag{4.45}$$

Hierin berechnen sich die einzelnen Komponenten von $\boldsymbol{J}_e$ nach

$$X_{m,k} = \sum_{I=1}^{n} N_{I,k}\, X_{m\,I}\,,$$

wobei die partielle Ableitung nach k jeweils die entsprechende Ableitung nach ξ, η oder ζ bedeutet.

Integration im Parameterraum. Wie schon bei der zweidimensionalen Formulierung wird die Integration der Formfunktionen oder deren Ableitungen über den Elementbereich Ω_e zweckmäßigerweise im Parameterraum des Referenzelementes $\Omega_\square$ ausgeführt. Wir erhalten

$$\int\limits_{(\Omega_e)} g(\mathbf{X})\, dV = \int\limits_{(\Omega_\square)} g(\boldsymbol{\xi}) \det \boldsymbol{J}_e(\boldsymbol{\xi})\, d\square = \int\limits_{-1}^{+1}\int\limits_{-1}^{+1}\int\limits_{-1}^{+1} g(\xi\,,\eta\,,\zeta) \det \boldsymbol{J}_e\, d\xi\, d\eta\, d\zeta\,. \tag{4.46}$$

Die Integration über $\Omega_\square$ erfolgt numerisch. Dies liefert für das Integral in (4.46) die Approximation

$$\int\limits_{-1}^{+1}\int\limits_{-1}^{+1}\int\limits_{-1}^{+1} g(\xi\,,\eta\,\zeta) \det \boldsymbol{J}_e\, d\xi\, d\eta\, d\zeta \approx \sum_{p=1}^{n_p} g(\xi_p\,,\eta_p\,,\zeta_p) \det \boldsymbol{J}_e(\xi_p\,,\eta_p\,,\zeta_p)\, W_p. \tag{4.47}$$

Auf die Angabe der GAUSSpunktkoordinaten $\boldsymbol{\xi}_p$ und der zugehörigen Wichtungen W_p wird an dieser Stelle weitgehend verzichtet. Die Koordinaten der GAUSSpunkte leiten sich für Quaderelemente aus den zweidimensionalen Koordinaten her, s. Tabelle 4.2, diese müssen nur entsprechend räumlich angeordnet werden. Beim trilinearen Element ist z.B. eine $2 \times 2 \times 2$ Integration erforderlich. Entsprechend müß beim quadratischen Ansatz eine $3 \times 3 \times 3$ Integration mit insgesamt 27 Funktionsauswertungen angewendet werden. Wie man leicht sieht, steigt der Aufwand stark an. Daher sollen in Tabelle 4.4 noch spezielle Integrationsregeln angegeben werden, die bei gleicher Genauigkeit, wie sie die GAUSS-Integration liefert, beim trilinearen Ansatz nur sechs Punkte verwendet und für den Quader mit quadratischen Ansätzen die Anzahl der Funktionsauswertungen auf 14 reduziert, s. (IRONS 1971). Bei der Wahl letzterer Integrationsregel spart man etwa die Hälfte der Funktionsauswertungen der GAUSSquadratur, was die Effizienz bei der Berechnung der Elementmatrizen erheblich verbessert.

Tabelle 4.4: Spezielle Integration für Quader mit trilinearen Ansatzfunktionen

m	n_p	p	ξ_p	η_p	ζ_p	W_p
2	4	1	0	$\sqrt{2/3}$	$-1/\sqrt{3}$	2
		2	0	$-\sqrt{2/3}$	$-1/\sqrt{3}$	2
		3	$\sqrt{2/3}$	0	$1/\sqrt{3}$	2
		4	$-\sqrt{2/3}$	0	$1/\sqrt{3}$	2
3	6	1	1	0	0	4/3
		2	-1	0	0	4/3
		3	0	1	0	4/3
		4	0	-1	0	4/3
		5	0	0	1	4/3
		6	0	0	-1	4/3
5	14	1	$\sqrt{19/30}$	0	0	320/361
		2	$-\sqrt{19/30}$	0	0	320/361
		3	0	$\sqrt{19/30}$	0	320/361
		4	0	$-\sqrt{19/30}$	0	320/361
		5	0	0	$\sqrt{19/30}$	320/361
		6	0	0	$-\sqrt{19/30}$	320/361
		7	$\sqrt{19/33}$	$\sqrt{19/33}$	$\sqrt{19/33}$	121/361
		8	$-\sqrt{19/33}$	$\sqrt{19/33}$	$\sqrt{19/33}$	121/361
		9	$\sqrt{19/33}$	$-\sqrt{19/33}$	$\sqrt{19/33}$	121/361
		10	$-\sqrt{19/33}$	$-\sqrt{19/33}$	$\sqrt{19/33}$	121/361
		11	$\sqrt{19/33}$	$\sqrt{19/33}$	$-\sqrt{19/33}$	121/361
		12	$\sqrt{19/33}$	$-\sqrt{19/33}$	$-\sqrt{19/33}$	121/361
		13	$-\sqrt{19/33}$	$-\sqrt{19/33}$	$-\sqrt{19/33}$	121/361
		14	$-\sqrt{19/33}$	$\sqrt{19/33}$	$-\sqrt{19/33}$	121/361

Für Tetraeder sind Integrationsregeln der Ordnung $m = 1$ und $m = 3$ in Tabelle 4.5 dargestellt, wobei die Koordinaten ξ_p, η_p und ζ_p auf die im Bild 4.9 angegebenen lokalen Koordinaten bezogen sind. Weitere Integrationsregeln für Quader- und Tetraederelemente finden sich in expliziter Form in z.B. (ZIENKIEWICZ and TAYLOR 1989) oder (DHATT and TOUZOT 1985).

Tabelle 4.5: Dreidimensionale Integration für Tetraederelemente

m	n_p	p	ξ_p	η_p	ζ_p	W_p
1	1	1	1/4	1/4	1/4	1/6
3	5	1	1/4	1/4	1/4	-2/15
		2	1/6	1/6	1/6	3/40
		3	1/6	1/6	1/2	3/40
		4	1/6	1/2	1/6	3/40
		5	1/2	1/6	1/6	3/40

4.2 Diskretisierung der Grundgleichungen

Generell können nun die ein-, zwei- oder dreidimensionalen isoparametrischen Ansätze für die Beschreibung der Geometrie und der Feldvariablen in die entsprechenden Grundgleichungen der Kontinuumsmechanik eingesetzt werden. An dieser Stelle soll dies zunächst exemplarisch für die in Kap. 3 hergeleiteten Variationsgleichungen (3.278) und (3.282) und deren Linearisierungen geschehen. Dazu wird das zu betrachtende Gebiet gemäß Bild 4.1 in n_e finite Elemente aufgeteilt, wodurch die Geometrie nach (4.1) näherungsweise erfaßt wird. Für jedes dieser Elemente wird dann ein Ansatz gemäß (4.3) und (4.4) gewählt, der die Geometrie und die Verschiebungen $\mathbf{u}$ approximiert. Mit diesen Näherungen schreiben sich die in der schwachen Form auftretenden Integrale als

$$\int_B (\dots)\, dV \approx \int_{B_h} (\dots)\, dV_h = \bigcup_{e=1}^{n_e} \int_{\Omega_e} (\dots)\, d\Omega = \bigcup_{e=1}^{n_e} \int_{\Omega_\Box} (\dots)\, d\Box \qquad (4.48)$$

Der Operator $\cup$ wird anstelle eines einfachen Summenzeichens gewählt, um den späteren Assemblierungsprozeß aller Elemente zu einem globalen algebraischen System von nichtlinearen Gleichungen für eine gegebenene Problemstellung anzudeuten. Dieser Operator beschreibt sowohl den Einbau der Übergangsbedingungen für die zu approximierenden Feldgrößen als auch den Einbau der wesentlichen Randbedingungen innerhalb des globalen Gleichungssystems. Da diese Assemblierung genau wie bei der Methode der finiten Elemente für lineare Problemstellungen verläuft, sei hier nur auf die entsprechende Literatur verwiesen, z.B. (Bathe 1982), (Knothe und Wessels 1991), oder (Gross et al. 1999).

4.2.1 FE-Formulierung der schwachen Form bezogen auf die Ausgangskonfiguration

Die Approximation der schwachen Form (3.278) erfordert die Diskretisierung der virtuellen inneren Arbeit $\int_B \mathbf{S} \cdot \delta\, \mathbf{E}\, dV$, der Trägheitsterme $\int_B \rho_0 \dot{\mathbf{v}} \cdot \boldsymbol{\eta}\, dV$

und der Volumen- und Oberflächenlasten $\int_B \rho_0\, \bar{\mathbf{b}} \cdot \boldsymbol{\eta}\, dV + \int_{\partial B} \bar{\mathbf{t}} \cdot \boldsymbol{\eta}\, dA$. Für die virtuelle innere Arbeit muß also die Variation des GREEN-LAGRANGEschen Verzerrungstensors innerhalb eines Elementes Ω_e, s. (4.48) bestimmt werden. Mit (3.277) und (4.8) erhalten wir

$$\delta \mathbf{E}_e = \frac{1}{2} \sum_{I=1}^{n} \left[\boldsymbol{F}_e^T \left(\boldsymbol{\eta}_I \otimes \nabla_X N_I \right) + \left(\nabla_X N_I \otimes \boldsymbol{\eta}_I \right) \boldsymbol{F}_e \right] . \tag{4.49}$$

Hierin wurde die Finite-Element-Approximation des Deformationsgradienten (3.6) verwendet, die sich mittels (4.8) auch in einem Element Ω_e als

$$\boldsymbol{F}_e = \sum_{K=1}^{n} \left(\mathbf{x}_K \otimes \nabla_X N_K \right) \tag{4.50}$$

schreiben läßt. Zur Herleitung der bei der Methode der finiten Elemente benötigten Matrizenformulierung dieser Tensorgleichungen ist es sinnvoll, auf die Indexschreibweise zurückzugehen. Sie liefert für (4.49)

$$\delta E_{AB} = \frac{1}{2} \sum_{I=1}^{n} \left[F_{kA}\, N_{I,B} + N_{I,A}\, F_{kB} \right] \eta_{k\,I} \tag{4.51}$$

mit den Komponenten des Deformationsgradienten $F_{kB} = \sum_{J=1}^{n} x_{k\,J}\, N_{J,B}$.

Bei der Matrixformulierung berücksichtigt man die Symmetrie des GREEN-LAGRANGEschen Verzerrungstensors und seiner Variation. Damit kann im dreidimensionalen Fall ein Vektor mit sechs unabhängigen Komponenten eingeführt werden

$$\delta \boldsymbol{E}_e = \begin{Bmatrix} \delta E_{11} \\ \delta E_{22} \\ \delta E_{33} \\ 2\,\delta E_{12} \\ 2\,\delta E_{23} \\ 2\,\delta E_{13} \end{Bmatrix} = \sum_{I=1}^{n} \boldsymbol{B}_{L\,I}\, \boldsymbol{\eta}_I \,, \tag{4.52}$$

der durch eine Summe über die Knoten mit den Matrizen

$$\boldsymbol{B}_{L\,I} = \begin{bmatrix} F_{11}\, N_{I,1} & F_{21}\, N_{I,1} & F_{31}\, N_{I,1} \\ F_{12}\, N_{I,2} & F_{22}\, N_{I,2} & F_{32}\, N_{I,2} \\ F_{13}\, N_{I,3} & F_{23}\, N_{I,3} & F_{33}\, N_{I,3} \\ F_{11}\, N_{I,2} + F_{12}\, N_{I,1} & F_{21}\, N_{I,2} + F_{22}\, N_{I,1} & F_{31}\, N_{I,2} + F_{32}\, N_{I,1} \\ F_{12}\, N_{I,3} + F_{13}\, N_{I,2} & F_{22}\, N_{I,3} + F_{23}\, N_{I,2} & F_{32}\, N_{I,3} + F_{33}\, N_{I,2} \\ F_{11}\, N_{I,3} + F_{13}\, N_{I,1} & F_{21}\, N_{I,3} + F_{23}\, N_{I,1} & F_{31}\, N_{I,3} + F_{33}\, N_{I,1} \end{bmatrix} \tag{4.53}$$

approximiert werden kann. Der Index L deutet in (4.52) an, daß die Matrix $\boldsymbol{B}_{L\,I}$ noch linear von den Verschiebungen abhängt; bekanntlich gilt für den Deformationsgradienten $\mathbf{F} = \mathbf{1} + \operatorname{Grad} \mathbf{u}$.

Die Spannungen ergeben sich aus der jeweiligen Approximation der Materialgleichungen, sie werden später in den entsprechenden Abschnitten genauer spezifiziert. Auch bei den Spannungen wird die Symmetrie, s. (3.82), ausgenutzt, was zu dem Vektor $\boldsymbol{S}_e = \{ S_{11}, S_{22}, S_{33}, S_{12}, S_{23}, S_{13} \}^T$ führt. Damit schreibt sich die virtuelle innere Arbeit

$$\begin{aligned}\int_B \delta\mathbf{E} \cdot \mathbf{S}\, dV &= \bigcup_{e=1}^{n_e} \int_{\Omega_e} \delta\boldsymbol{E}_e^T\, \boldsymbol{S}_e\, d\Omega \\ &= \bigcup_{e=1}^{n_e} \sum_{I=1}^{n} \boldsymbol{\eta}_I^T \int_{\Omega_e} \boldsymbol{B}_{L\,I}^T\, \boldsymbol{S}_e\, d\Omega \\ &= \bigcup_{e=1}^{n_e} \sum_{I=1}^{n} \boldsymbol{\eta}_I^T \int_{\Omega_\square} \boldsymbol{B}_{L\,I}^T\, \boldsymbol{S}_e \det \boldsymbol{J}_e\, d\square\,.\end{aligned} \tag{4.54}$$

Die letzte Form in (4.54) beinhaltet bereits den Bezug auf das isoparametrische Referenzelement. Abkürzend führen wir den Vektor

$$\boldsymbol{R}_I(\boldsymbol{u}_e) = \int_{\Omega_e} \boldsymbol{B}_{L\,I}^T\, \boldsymbol{S}_e\, d\Omega \tag{4.55}$$

ein, so daß für die virtuelle innere Arbeit

$$\int_B \delta\mathbf{E} \cdot \mathbf{S}\, dV = \bigcup_{e=1}^{n_e} \sum_{I=1}^{n} \boldsymbol{\eta}_I^T\, \boldsymbol{R}_I(\boldsymbol{u}_e) = \boldsymbol{\eta}^T\, \boldsymbol{R}(\boldsymbol{u}) \tag{4.56}$$

gilt. Dabei wird mit $\boldsymbol{\eta}$ die virtuelle Verschiebung und mit $\boldsymbol{R}(\boldsymbol{u})$ die zur virtuellen inneren Arbeit gehörende Kraft bezeichnet, die sich nach dem Zusammenbau der einzelnen Elementbeiträge zur Gesamtstruktur ergeben.

Der Trägheitsterm wird mit dem Produktansatz für die Geschwindigkeit $\mathbf{v}(\mathbf{X}, t) = \sum_K \mathbf{N}_K(\boldsymbol{\xi})\, \boldsymbol{v}_K(t)$ berechnet, so daß die Beschleunigung durch

$$\dot{\mathbf{v}}(\mathbf{X}, t) = \sum_{K=1}^{n} N_K(\boldsymbol{\xi})\, \dot{\boldsymbol{v}}_K \tag{4.57}$$

approximiert wird. Dies liefert

$$\begin{aligned}\int_B \rho_0\, \boldsymbol{\eta} \cdot \dot{\mathbf{v}}\, dV &= \bigcup_{e=1}^{n_e} \int_{\Omega_e} \rho_0\, \boldsymbol{\eta}^T\, \dot{\boldsymbol{v}}\, dV \\ &= \bigcup_{e=1}^{n_e} \sum_{I=1}^{n} \sum_{K=1}^{n} \boldsymbol{\eta}_I^T \int_{\Omega_e} N_I\, \rho_0\, N_K\, d\Omega\, \dot{\boldsymbol{v}}_K\end{aligned}$$

Mit der Anwendung der Einheitsmatrix auf $\dot{\boldsymbol{v}}_K = \boldsymbol{I}\, \dot{\boldsymbol{v}}_K$ läßt sich die Massenmatrix

$$\boldsymbol{M}_{IK} = \int_{\Omega_e} N_I\, \rho_0\, N_K\, d\Omega\, \boldsymbol{I} \tag{4.58}$$

einführen, so daß der Trägheitsterm insgesamt zu

$$\int_B \rho_0 \boldsymbol{\eta} \cdot \dot{\mathbf{v}} \, dV = \bigcup_{e=1}^{n_e} \sum_{I=1}^{n} \sum_{K=1}^{n} \boldsymbol{\eta}_I^T \, M_{IK} \, \dot{\mathbf{v}}_K = \boldsymbol{\eta}^T \, \boldsymbol{M} \, \dot{\mathbf{v}} \tag{4.59}$$

zusammengefaßt werden kann, wobei $\boldsymbol{M}$ die Massenmatrix und $\dot{\mathbf{v}}$ den Beschleunigungsvektor nach dem Zusammenbau zur Gesamtstruktur darstellt. Die Integration von (4.58) liefert eine zum finiten Element Ω_e gehörige Massenmatrix mit ähnlicher Struktur wie die Tangentenmatrix. Diese Massenmatrix wird auch konsistente Massenmatrix genannt.

*ANMERKUNG 4.2 : Häufig wird in dynamischen Berechnungen nicht mit der in (4.58) definierten konsistenten Massenmatrix gerechnet, sondern aus Effizienzgründen mit einer diagonalisierten Massenmatrix. Es gibt unterschiedliche Methoden zur Bestimmung der diagonalen Massenmatrix (lumped mass matrix), die jedoch alle die Bedingung der Massenkonstanz erfüllen müssen, s. z.B. (*HUGHES *1987) oder (*BATHE *1982). Eine Möglichkeit besteht darin, spezielle Quadraturformeln zur Integration von (4.58) zu verwenden. Da die Ansatzfunktionen N_I (4.14) die Eigenschaft besitzen, im Knoten I den Wert 1 anzunehmen und in allen weiteren Knoten des Elementes gleich null zu sein, erfolgt eine Diagonalisierung automatisch, wenn man Quadraturregeln anwendet, bei denen die Knotenpunkte des Elementes die Stützstellen sind. Man erhält dann*

$$\begin{aligned} \boldsymbol{M}_{IK} &= \int_{\Omega_e} N_I \, \rho_0 \, N_K \, d\Omega \, \boldsymbol{I} = \int_{\Omega_\square} N_I \, \rho_0 \, N_K \det \mathbf{J}_e \, d\square \, \boldsymbol{I} \\ &= \sum_{p=1}^{n_p} N_I(\boldsymbol{\xi}_p) \, \rho_0(\boldsymbol{\xi}_p) \, N_K(\boldsymbol{\xi}_p) \det \mathbf{J}_e(\boldsymbol{\xi}_p) \, W_p \, \boldsymbol{I} \\ \boldsymbol{M}_{IK}^{diag} &= \rho_0(\boldsymbol{\xi}_p) \det \mathbf{J}_e(\boldsymbol{\xi}_p) \, W_p \, \boldsymbol{I} \quad (\text{für } I = K) \end{aligned} \tag{4.60}$$

Für $I \neq K$ liefert die numerische Integration den Wert null, da dann mindestens eine der Ansatzfunktionen gleich null ist. Quadraturformeln, deren Stützstellen in den Elementknoten liegen, sind z.B. die Trapez- oder die SIMPSON *Regel, s. (*HUGHES *1987). Bei der Wahl der Integrationsregel muß darauf geachtet werden, daß keine Masse verlorengeht und die Bedingungen für die Konvergenz der Lösung eingehalten werden. Dies ist i.d.R. der Fall, wenn man für lineare Ansätze die Trapezregel und für quadratische Ansatzfunktionen die* SIMPSON *Regel verwendet. Es ist bei Anwendung dieser Quadratur zu beachten, daß eventuell negative Massen an Knoten – z.B. beim 8 Knoten Serendipity Element – auftreten können, was jedoch physikalisch nicht erwünscht ist. Abhilfe schafft dann nur eine andere Diagonalisierungvorschrift.*

*Eine weitere Möglichkeit zur Bestimmung der diagonalisierten Massenmatrix stammt von (*HINTON *et al. 1976). Sie liefert immer positive Massen. Die Idee ist hier, von der konsistenten Massenmatrix auszugehen, und deren Diagonaleinträge proportional so zu skalieren, daß die Masse des finiten Elementes erhalten bleibt. Diese Vorgehensweise liefert*

$$\boldsymbol{M}_{II}^{diag} = \vartheta_e \, M_{II} \, \boldsymbol{I} \quad \text{mit} \quad M_{II} = \int_{\Omega_e} \rho_0 \, N_I^2 \, d\Omega \tag{4.61}$$

mit dem Skalierungsfaktor

$$\vartheta_e = \frac{M_e}{\sum_{I=1}^{n} M_{II}}, \qquad M_e = \int\limits_{\Omega_e} \rho_0 \, d\Omega \,.$$

M_e ist die Gesamtmasse des Elementes Ω_e.

Die Lastterme werden jetzt in analoger Weise bestimmt. Nach Einsetzen der Finite-Element-Approximation für die virtuelle Verschiebung $\boldsymbol{\eta}$ folgt

$$\int\limits_B \rho_0 \, \boldsymbol{\eta} \cdot \bar{\mathbf{b}} \, dV + \int\limits_{\Gamma_\sigma} \boldsymbol{\eta} \cdot \bar{\mathbf{t}} \, dA = \bigcup_{e=1}^{n_e} \sum_{I=1}^{n} \boldsymbol{\eta}_I^T \int\limits_{\Omega_e} \rho_0 \, \bar{\mathbf{b}} \, N_I \, d\Omega + \bigcup_{r=1}^{n_r} \sum_{I=1}^{m} \boldsymbol{\eta}_I^T \int\limits_{\Gamma_r} N_I \, \bar{\mathbf{t}} \, d\Gamma \,,$$

wobei n_r die Anzahl der belasteten Elementränder und Γ_l die Elementoberfläche eines durch eine durch den Spannungsvektor $\bar{\mathbf{t}}$ gegebenen Flächenlast beanspruchten Elementes darstellt, das durch eine gegebene Flächenlast, s. Bild 4.10a beansprucht wird. Man beachte, daß für den Term der Oberflächenlasten die Ansatzfunktionen für ein um eine Dimension reduziertes Element einzusetzen sind. So ist in Bild 4.10a der Körper als zweidimensionales Kontinuum dargestellt, was für die Approximation der Flächenlasten eindimensionale Ansatzfunktionen erfordert, s. Bild 4.10b. Diese beziehen sich auch nur auf m (in Bild 4.10b gilt $m = 2$) Knoten.

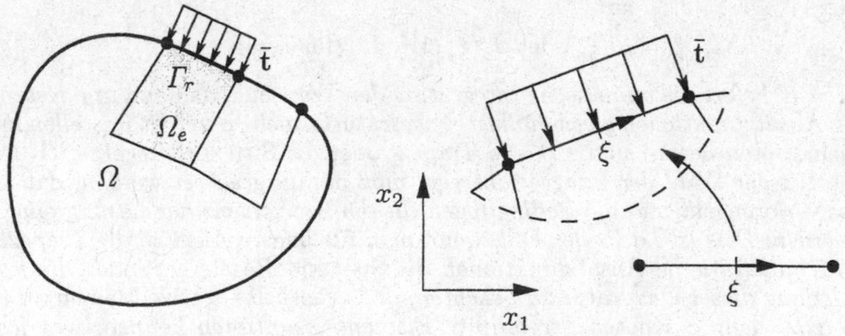

Bild 4.10. a) Flächenlast b) Diskretisierung

Auch hier wird zur Vereinfachung zusammengefaßt. Mit

$$\boldsymbol{P}_I = \int\limits_{\Omega_e} N_I \, \rho \, \bar{\mathbf{b}} \, d\Omega \quad \text{und} \quad \boldsymbol{P}_I^\sigma = \int\limits_{\Gamma_r} N_I \, \bar{\mathbf{t}} \, d\Gamma \tag{4.62}$$

folgt

$$\int_B \rho \boldsymbol{\eta} \cdot \bar{\mathbf{b}} \, dV + \int_{\Gamma_\sigma} \boldsymbol{\eta} \cdot \bar{\mathbf{t}} \, dA = \bigcup_{e=1}^{n_e} \sum_{I=1}^{n} \boldsymbol{\eta}_I^T \boldsymbol{P}_I + \bigcup_{r=1}^{n_r} \sum_{I=1}^{n} \boldsymbol{\eta}_I^T \boldsymbol{P}_I^\sigma = \boldsymbol{\eta}^T \boldsymbol{P} . \quad (4.63)$$

Hierin erfaßt der Vektor $\boldsymbol{P}$ die Gesamtheit der auf die Struktur wirkenden Lasten.

Mit der Matrixnotation in (4.56), (4.59) und (4.63) erhalten wir für die schwache Form (3.278) die Beziehung

$$\boldsymbol{\eta}^T \left[\boldsymbol{M} \dot{\boldsymbol{v}} + \boldsymbol{R}(\boldsymbol{u}) - \boldsymbol{P} \right] = 0 , \quad (4.64)$$

die wegen der Beliebigkeit der virtuellen Verschiebung $\boldsymbol{\eta}$ auf das nichtlineare diskrete gewöhnliche Differentialgleichungssystem führt

$$\boldsymbol{M} \dot{\boldsymbol{v}} + \boldsymbol{R}(\boldsymbol{u}) - \boldsymbol{P} = \boldsymbol{0} \qquad \forall \boldsymbol{u} \in \mathbb{R}^N . \quad (4.65)$$

In Gl. (4.65) sind alle Größen auf die Ausgangskonfiguration bezogen. N bedeutet die Gesamtzahl der Freiheitsgrade, die im Unbekanntenvektor $\boldsymbol{u}$ zusammengefaßt sind. $\dot{\boldsymbol{v}}$ ist der Beschleunigungsvektor und $\boldsymbol{M}$ kennzeichnet die Massenmatrix. Oft wird bei linearen und nichtlinearen Berechnungen auch noch ein Dämpfungsterm der Art $\boldsymbol{C}\,\boldsymbol{v}$ eingeführt, um unterschiedliche Effekte wie z.B. Materialdämpfung oder Reibung in Gelenken oder Auflagern mit in dem diskreten Modell abbilden zu können. Da diese zusätzlichen Anteile aus sehr unterschiedlichen Quellen entstammen, ist eine konsistente Einführung der Dämpfungsterme auf kontinuumsmechanischem Wege schwer, s. auch Abschn. 6.1.

Im Fall verschwindender Trägheitskräfte und Dämpfungskräfte ($\boldsymbol{M}\dot{\boldsymbol{v}} = \boldsymbol{C}\,\boldsymbol{v} = \boldsymbol{0}$) wird aus dem Differentialgleichungssystem ein i.d.R. nichtlineares algebraisches Gleichungssystem. Die Lösung des algebraischen Differentialgleichungssystems (4.65) ist Gegenstand des Kap. 5.

4.2.2 Linearisierung der schwachen Form in der Ausgangskonfiguration

Für die effiziente numerische Behandlung des nichtlinearen algebraischen Gleichungssystems (4.65) wird i.d.R. das NEWTON-Verfahren angewandt, das eine Linearisierung von (4.65) erfordert. Da sich eine genauere Darstellung der entsprechenden Verfahren in den nächsten Kapiteln findet, soll hier nur auf die Linearisierung von (4.65) eingegangen werden, wobei die Trägheitsterme vernachlässigt werden. Die Linearisierung basiert auf der Diskretisierung der bereits im vorangegangenen Kapitel angegebenen Linearisierung (3.329)

$$DG(\bar{\varphi}, \boldsymbol{\eta}) \cdot \Delta \mathbf{u} = \int_B \{ \operatorname{Grad} \Delta \mathbf{u} \, \bar{\mathbf{S}} \cdot \operatorname{Grad} \boldsymbol{\eta} + \delta \bar{\mathbf{E}} \cdot \bar{\mathbb{C}} [\Delta \bar{\mathbf{E}}] \} \, dV, . \quad (4.66)$$

Für den ersten Term erhalten wir direkt mit

$$\mathrm{Grad}\,\Delta\mathbf{u}_e = \sum_{K=1}^{n} \Delta\boldsymbol{u}_K \otimes \nabla_X N_K\,,$$

$$\mathrm{Grad}\,\boldsymbol{\eta}_e = \sum_{I=1}^{n} \eta_I \otimes \nabla_X N_I \tag{4.67}$$

die Diskretisierung

$$\int_B \mathrm{Grad}\Delta\mathbf{u}\,\bar{\mathbf{S}}\cdot\mathrm{Grad}\,\boldsymbol{\eta}\,dV = \bigcup_{e=1}^{n_e}\sum_{I=1}^{n}\sum_{K=1}^{n}\int_{\Omega_e}(\Delta\boldsymbol{u}_K\otimes\nabla_X N_K)\,\bar{\mathbf{S}}\cdot(\boldsymbol{\eta}_I\otimes\nabla_X N_I)\,d\Omega\,,$$

die sich mit den Rechenregeln für das dyadische und das skalare Produkt und unter Beachtung von $\Delta\boldsymbol{u}_K\cdot\boldsymbol{\eta}_I = \boldsymbol{\eta}_I^T\,\Delta\boldsymbol{u}_K = \boldsymbol{\eta}_I^T\,\boldsymbol{I}\,\Delta\boldsymbol{u}_K$ auch als

$$\int_B \mathrm{Grad}\,\Delta\mathbf{u}\,\bar{\mathbf{S}}\cdot\mathrm{Grad}\,\boldsymbol{\eta}\,dV = \bigcup_{e=1}^{n_e}\sum_{I=1}^{n}\sum_{K=1}^{n}\boldsymbol{\eta}_I^T\int_{\Omega_e}\bar{G}_{IK}\,\boldsymbol{I}\,d\Omega\,\Delta\boldsymbol{u}_K \tag{4.68}$$

mit der Abkürzung

$$\bar{G}_{IK} = (\nabla_X N_I)^T\,\bar{\mathbf{S}}_e\,\nabla_X N_K \tag{4.69}$$

schreiben läßt. Die Matrizenform des Skalarproduktes (4.69) kann jetzt angegeben werden, wenn die Gradienten als Vektoren dargestellt werden. Sie lautet

$$\bar{G}_{IK} = [\,N_{I,1}\quad N_{I,2}\quad N_{I,3}\,]\begin{bmatrix}\bar{S}_{11} & \bar{S}_{12} & \bar{S}_{13}\\ \bar{S}_{21} & \bar{S}_{22} & \bar{S}_{23}\\ \bar{S}_{31} & \bar{S}_{32} & \bar{S}_{33}\end{bmatrix}\begin{Bmatrix}N_{K,1}\\ N_{K,2}\\ N_{K,3}\end{Bmatrix}. \tag{4.70}$$

Die Beziehung (4.68) ist unabhängig von der Materialgleichung, da hier nur die Spannung der Konfiguration $\bar{\varphi}$ selbst eingeht. Die durch (4.68) definierte Matrix wird deshalb auch häufig als Anfangsspannungsmatrix bezeichnet.

Der zweite Term in (3.329)

$$\int_B \delta\bar{\mathbf{E}}\cdot\bar{\mathbb{C}}\,[\Delta\bar{\mathbf{E}}\,]\,dV$$

hängt über den inkrementellen Materialtensor $\bar{\mathbb{C}}$ der zur Konfiguration $\bar{\varphi}$ gehört, direkt von der Materialgleichung ab. Für elastische Materialien wurde dieser Tensor in Abschn. 3.3 bestimmt, s. z.B. (3.255). Die entsprechende Matrizenformulierung findet sich in (3.258). Da weiterhin $\Delta\bar{\mathbf{E}}$ die gleiche Struktur wie $\delta\bar{\mathbf{E}}$ hat, s. Anmerkung 3.8, gilt mit (4.49)

$$\Delta\mathbf{E}_e = \frac{1}{2}\sum_{I=1}^{n}\Big[\,\boldsymbol{F}_e^T\,(\,\Delta\boldsymbol{u}_I\otimes\nabla_X N_I) + (\nabla_X N_I\otimes\Delta\boldsymbol{u}_I)\,\boldsymbol{F}_e\Big]\,, \tag{4.71}$$

woraus mit (4.53) die Matrizendarstellung

$$\Delta \boldsymbol{E}_e = \sum_{I=1}^{n} \boldsymbol{B}_{L\,I}\, \Delta \boldsymbol{u}_I . \tag{4.72}$$

Das Einsetzen dieser Beziehung liefert mit dem inkrementellen Stofftensor $\bar{\boldsymbol{D}}$

$$\int_B \delta \bar{\mathbf{E}} \cdot \bar{\mathbb{C}} \, [\Delta \bar{\mathbf{E}}] \, dV = \bigcup_{e=1}^{n_e} \sum_{I=1}^{n} \sum_{K=1}^{n} \boldsymbol{\eta}_I^T \int_{\Omega_e} \bar{\boldsymbol{B}}_{L\,I}^T \bar{\boldsymbol{D}} \bar{\boldsymbol{B}}_{L\,K} \, d\Omega \, \Delta \boldsymbol{u}_K \tag{4.73}$$

Zusammengefaßt folgt dann die Diskretisierung

$$\int_B \{ \operatorname{Grad} \Delta \mathbf{u} \, \bar{\mathbf{S}} \cdot \operatorname{Grad} \boldsymbol{\eta} + \delta \bar{\mathbf{E}} \cdot \bar{\mathbb{C}} \, [\Delta \bar{\mathbf{E}}] \, \} \, dV = \bigcup_{e=1}^{n_e} \sum_{I=1}^{n} \sum_{K=1}^{n} \boldsymbol{\eta}_I^T \, \bar{\boldsymbol{K}}_{T_{IK}} \Delta \boldsymbol{u}_K \, , \tag{4.74}$$

worin die Matrix $\bar{\boldsymbol{K}}_{IK}$ die Tangentenmatrix

$$\bar{\boldsymbol{K}}_{T_{IK}} = \int_{\Omega_e} \Big[(\nabla_X N_I)^T \, \bar{\mathbf{S}}_e \, \nabla_X N_K + \bar{\boldsymbol{B}}_{L\,I}^T \bar{\boldsymbol{D}} \bar{\boldsymbol{B}}_{L\,K} \Big] \, d\Omega \tag{4.75}$$

für die Knotenkombination I, K innerhalb eines finiten Elementes darstellt. In dieser Schreibweise hat die Submatrix $\bar{\boldsymbol{K}}_{T_{IK}}$ die Größe $n_{dof} \times n_{dof}$, wobei n_{dof} die Anzahl der Freiheitsgrade eines Elementes ist (bei dreidimensionalen Problemen der Kontinuumsmechanik haben wir drei Freiheitsgrade für jeden Punkt, also ist dann $n_{dof} = 3$). Die Indizes I und K sind den Knoten des Elementes und damit direkt der Diskretisierung zugeordnet. So ist dann beispielsweise bei einem 9-Knoten Tetraeder Element $n = 9$, so daß insgesamt die Tangentenmatrix eines Elementes $\bar{\boldsymbol{K}}_{T_e}$ die Größe $(n \cdot n_{dof}) \times (n \cdot n_{dof}) = 27 \times 27$ hat.

Aufgabe 4.3: Man gebe die explizite Matrixformulierung für ein zweidimensionales finites Vierknotenelement bezüglich der Ausgangskonfiguration an. Dabei verwende man die ST. VENANTsche Materialgleichung unter der Annahme des ebenen Verzerrungszustandes um das Residuum und die tangentiale Steifigkeitsmatrix herzuleiten.

Lösung: Zur Berechnung des Residuums müssen wir die virtuelle Arbeit (4.55) spezifizieren. Dazu wird neben der Spannung $\boldsymbol{S}$ auch die virtuelle Verzerrung $\delta \boldsymbol{E}$ benötigt. Um zu einer schwachen Form zu gelangen, die vollständig in den Verschiebungen ausgedrückt ist, muß also die ST. VENANTsche Materialgleichung (3.118) in Matrixform angegeben werden. Gleichung (3.118) läßt sich leicht mit dem vierstufigen Einheitstensor $\mathbb{I}$ in eine Form umschreiben

$$\mathbf{S} = (\Lambda \mathbf{1} \otimes \mathbf{1} + 2\mu \mathbb{I}) \, [\mathbf{E}] \, ,$$

die eine direkte Matrizenformulierung ermöglicht. Daraus folgt im zweidimensionalen Fall sofort die Materialgleichung für den in (4.55) benötigten 2. PIOLA-KIRCHHOFFschen Spannungstensor

$$\boldsymbol{S} = \boldsymbol{D}\boldsymbol{E} = \begin{Bmatrix} S_{11} \\ S_{22} \\ S_{12} \end{Bmatrix} = \begin{bmatrix} \Lambda + 2\mu & \Lambda & 0 \\ \Lambda & \Lambda + 2\mu & 0 \\ 0 & 0 & \mu \end{bmatrix} \begin{Bmatrix} E_{11} \\ E_{22} \\ 2\,E_{12} \end{Bmatrix} , \tag{4.76}$$

wobei der GREEN-LAGRANGEsche Verzerrungstensor $\boldsymbol{E}$ noch zu bestimmen ist.

Die Komponenten, der in (4.76) eingeführten Matrixform des GREEN-LAGRANGE-schen Verzerrungstensors (3.15), ergeben sich mit (4.50) im zweidimensionalen Fall für ein finites Element Ω_e aus

$$\boldsymbol{E}_e = \frac{1}{2}\,(\boldsymbol{F}_e^T\,\boldsymbol{F}_e - \boldsymbol{I}) \quad \text{mit} \quad \boldsymbol{F}_e = \sum_{K=1}^{n} \begin{bmatrix} x_{1K}\,N_{K,1} & x_{1K}\,N_{K,2} \\ x_{2K}\,N_{K,1} & x_{2K}\,N_{K,2} \end{bmatrix}, \tag{4.77}$$

wobei die Knotenkoordinaten $x_{\alpha K} = X_{\alpha K} + u_{\alpha K}$ zu der verformten Konfiguration $\bar{\varphi}$ gehören.

Die Approximation der virtuellen Verzerrungen $\delta\boldsymbol{E}$ des GREEN-LAGRANGEschen Verzerrungstensors führt nach (4.52) auf die Matrix $\boldsymbol{B}_{L\,I}$, die im Zweidimensionalen die explizite Form

$$\boldsymbol{B}_{L\,I} = \begin{bmatrix} F_{11}\,N_{I,1} & F_{21}\,N_{I,1} \\ F_{12}\,N_{I,2} & F_{22}\,N_{I,2} \\ F_{11}\,N_{I,2} + F_{12}\,N_{I,1} & F_{21}\,N_{I,2} + F_{22}\,N_{I,1} \end{bmatrix} \tag{4.78}$$

Man kann aber auch die virtuelle Verzerrung mit $\mathbf{F} = \mathbf{1} + \text{Grad}\,\mathbf{u}$ abweichend von (4.53) durch

$$\delta\,\boldsymbol{E}_e = \sum_{I=1}^{4} [\,\boldsymbol{B}_{0\,I} + \boldsymbol{B}_{V\,I}(\,\boldsymbol{u}\,)\,]\,\boldsymbol{\eta}_I\,, \tag{4.79}$$

ausdrücken. Dann besitzen $\boldsymbol{B}_0$ und $\boldsymbol{B}_L$ die explizite Form

$$\boldsymbol{B}_{0\,I} = \begin{bmatrix} N_{I,1} & 0 \\ 0 & N_{I,2} \\ N_{I,2} & N_{I,1} \end{bmatrix}; \quad \boldsymbol{B}_{V\,I} = \begin{bmatrix} u_{1,1}\,N_{I,1} & u_{2,1}\,N_{I,1} \\ u_{1,2}\,N_{I,2} & u_{2,2}\,N_{I,2} \\ u_{1,1}\,N_{I,2} + u_{1,2}\,N_{I,1} & u_{2,2}\,N_{I,1} + u_{2,1}\,N_{I,2} \end{bmatrix}. \tag{4.80}$$

Die Ableitung $u_{\alpha,\beta}$ berechnet sich für jeden Integrationspunkt analog zu den Komponenten des Deformationsgradienten in (4.51) aus $u_{\alpha,\beta} = \sum_{K=1}^{4} N_{K,\beta}\,u_{\alpha\,K}$, wobei die Indizes α und β die Werte 1 und 2 annehmen. Man beachte, daß die den nichtlinearen Anteil in $\mathbf{E}$ beschreibende Matrix $\boldsymbol{B}_{V\,I}$ für $\mathbf{u} = \mathit{const}$ verschwindet.

Das Einsetzen der Gleichungen (4.79) in die virtuelle Arbeit der inneren Kräfte (4.55) eines Elementes Ω_e liefert

$$\boldsymbol{R}_I\,(\boldsymbol{u}_e) = \int_{\Omega_e} (\,\boldsymbol{B}_{0\,I} + \boldsymbol{B}_{V\,I}\,)^T\,\boldsymbol{S}_e\,d\Omega \tag{4.81}$$

Der Lastvektor wird aus (4.62) bestimmt und soll hier nicht näher spezifiziert werden.

Die Linearisierung von (4.81) an der Stelle $\bar{\varphi}$ führt auf die Definition der tangentialen Steifigkeitsmatrix eines finiten Elementes, die mit (4.79) analog zu (4.75) angegeben werden kann

$$\bar{\boldsymbol{K}}_{T_{IK}} = \int_{\Omega_e} \Big[\,(\,\boldsymbol{B}_{0\,I} + \bar{\boldsymbol{B}}_{V\,I}\,)^T\,\bar{\boldsymbol{D}}\,(\,\boldsymbol{B}_{0\,K} + \bar{\boldsymbol{B}}_{V\,K}\,) + \bar{G}_{IK}\,\boldsymbol{I}\Big]\,d\Omega\,. \tag{4.82}$$

Man beachte, daß alle mit einem Querstrich versehenen Größen an der Stelle $\bar{\varphi}$ auszuwerten sind. Natürlich kann die Tangentmatrix mit (4.78) kompakter geschrieben werden. Wir erhalten dann

$$\bar{\boldsymbol{K}}_{T_{IK}} = \int_{\Omega_e} \Big[\,\bar{\boldsymbol{B}}_{L\,I}^T\,\bar{\boldsymbol{D}}\,\bar{\boldsymbol{B}}_{L\,K} + \bar{G}_{IK}\,\boldsymbol{I}\Big]\,d\Omega\,. \tag{4.83}$$

Für zweidimensionale Probleme ist $\bar{G}_{IK}$ durch das Produkt

$$\bar{G}_{IK} = [\,N_{I,1} \quad N_{I,2}\,] \begin{bmatrix} \bar{S}_{11} & \bar{S}_{12} \\ \bar{S}_{21} & \bar{S}_{22} \end{bmatrix} \begin{Bmatrix} N_{K,1} \\ N_{K,2} \end{Bmatrix} \tag{4.84}$$

gegeben. Beide Gleichungen, (4.82) und (4.84), sind an der Stelle $\bar{\varphi}$ auszuwerten, an der die Linearisierung stattzufinden hat. Die Spannungen in (4.84) berechnen sich mittels der konstitutiven Beziehung (4.76) und der diskreten Form der Verzerrungen (4.77).

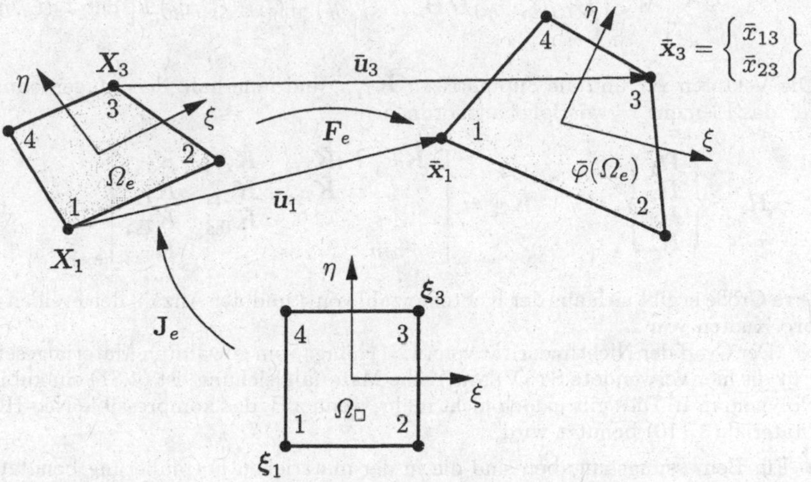

Bild 4.11. Konfigurationen des Vierknotenelementes

Die Integrale in (4.81) und (4.82) sind mittels numerischer Integration zu berechnen, wobei dann zweckmäßiger Weise die Transformation auf das Referenzelement zu erfolgen hat, s. (4.54) und Bild 4.11. Dies liefert nach (4.55) einen $n_{dof} \times 1 = 2 \times 1$ Vektor für die zum Knoten I gehörende rechten Seite

$$\begin{aligned} \boldsymbol{R}_I\,(\boldsymbol{u}_e) &= \int_{\Omega_e} (\,\boldsymbol{B}_{0\,I} + \boldsymbol{B}_{V\,I}\,)^T \boldsymbol{S}_e\, d\Omega \\ &\approx \sum_{p=1}^{n_p} W_p\, [\,\boldsymbol{B}_{0\,I}(\xi_p\,, \eta_p) + \boldsymbol{B}_{V\,I}(\xi_p\,, \eta_p)\,]^T\, \boldsymbol{S}(\xi_p\,, \eta_p)\, \det\, \mathbf{J}_e(\xi_p\,, \eta_p)\,, \end{aligned} \tag{4.85}$$

wobei bei einem Vierknotenelement $n_p = 2 \times 2 = 4$ GAUSS-Punkte zur numerischen Integration ausreichen. Die zugehörigen Werte für die GAUSSpunktkoordinaten ξ_p, η_p und die Gewichte W_p finden sich in Tabelle 4.2. Für die Berechnung der Spannungen am GAUSSpunkt $\boldsymbol{S}(\xi_p\, \eta_p)$ ist der Deformationsgradient, s. (4.77), in $(\xi_p\,, \eta_p)$ auszuwerten. Dies führt zu

$$\boldsymbol{F}_e(\xi_p\,, \eta_p) = \sum_{K=1}^{n} \begin{bmatrix} x_{1K}\, N_{K,1}(\xi_p\,, \eta_p) & x_{1K}\, N_{K,2}(\xi_p\,, \eta_p) \\ x_{2K}\, N_{K,1}(\xi_p\,, \eta_p) & x_{2K}\, N_{K,2}(\xi_p\,, \eta_p) \end{bmatrix} \tag{4.86}$$

Die Spannung am GAUSSpunkt folgt dann mit den Verzerrungen (4.77) aus (4.76). Man beachte, daß in (4.86) die Summation (Index K) über alle Knoten ausgeführt werden muß, da alle Ansatzfunktionen einen Beitrag zu der Deformation an einem GAUSSpunkt innerhalb eines Elementes leisten. Analog gehen wir bei der numerischen Integration der Tangentenmatrix (4.82) vor. Die Submatrizen für die Indices I und K sind 2×2 Matrizen. Wir erhalten mit (4.83)

$$\bar{\boldsymbol{K}}_{T_{IK}} = \int\limits_{\Omega_e} \left[\bar{\boldsymbol{B}}_{L\,I}^T \, \bar{\boldsymbol{D}} \, \bar{\boldsymbol{B}}_{L\,K} + \bar{G}_{IK} \, \boldsymbol{I} \right] d\Omega \tag{4.87}$$

$$\approx \sum_{p=1}^{n_p} W_p \left[\bar{\boldsymbol{B}}_{L\,I}^T(\xi_p, \eta_p) \bar{\boldsymbol{D}} \, \bar{\boldsymbol{B}}_{L\,K}(\xi_p, \eta_p) + \bar{G}_{IK}(\xi_p\,, \eta_p) \, \boldsymbol{I} \right] \det \mathbf{J}_e(\xi_p, \eta_p)\,.$$

Die Vektoren $\boldsymbol{R}_I$ und die Submatrizen $\bar{\boldsymbol{K}}_{T_{IK}}$ sind innerhalb der Tangentenmatrix für das Element Ω_e wie folgt anzuordnen

$$\boldsymbol{R}_e = \begin{Bmatrix} \boldsymbol{R}_1 \\ \boldsymbol{R}_2 \\ \boldsymbol{R}_3 \\ \boldsymbol{R}_4 \end{Bmatrix}_{8\times 1} \qquad \bar{\boldsymbol{K}}_{T_e} = \begin{bmatrix} \bar{\boldsymbol{K}}_{T_{11}} & \bar{\boldsymbol{K}}_{T_{12}} & \bar{\boldsymbol{K}}_{T_{13}} & \bar{\boldsymbol{K}}_{T_{14}} \\ & \bar{\boldsymbol{K}}_{T_{22}} & \bar{\boldsymbol{K}}_{T_{23}} & \bar{\boldsymbol{K}}_{T_{24}} \\ & & \bar{\boldsymbol{K}}_{T_{33}} & \bar{\boldsymbol{K}}_{T_{34}} \\ symm. & & & \bar{\boldsymbol{K}}_{T_{44}} \end{bmatrix}_{8\times 8} . \tag{4.88}$$

Ihre Größe ergibt sich aus der Knotenanzahl von 4 und der Anzahl der Freiheitgrade pro Knoten von 2.

Der Grad der Nichtlinearität von (4.81) hängt vom gewählten Materialgesetz ab. Für die hier verwendete ST. VENANTsche Materialgleichung, ist (4.81) ein kubisches Polynom in $\mathbf{u}$. Dies gilt jedoch nicht mehr, wenn z.B. das kompressible Neo-HOOKE Material (3.116) benutzt wird.

- Für Bemessungsaufgaben sind die in der materiellen Formulierung benutzten 2. PIOLA-KIRCHHOFFschen Spannungen noch in die wahren CAUCHY Spannungen mittels (3.82) umzurechnen.
- Für eine geometrisch lineare Theorie kleiner Verzerrungen und Verschiebungen fallen die Terme $\bar{G}_{IK}$ und $\bar{\boldsymbol{B}}_{V\,I}, \bar{\boldsymbol{B}}_{V\,K}$ in (4.81) und (4.82) weg, so daß die resultierenden Gleichungen linear in $\mathbf{u}$ sind und exakt einer Diskretisierung der Gleichungen der linearen Elastizitätstheorie entsprechen, die mit der zweidimensionalen Form von (3.260) auf die klassische Steifigkeitsmatix

$$\boldsymbol{K}_{IK} = \int\limits_{\Omega_e} \boldsymbol{B}_{0\,I}^T \, \boldsymbol{D}_0 \, \boldsymbol{B}_{0\,K} \, d\Omega \,.$$

führt.

Damit sind alle Matrizen für eine Implementierung dieses finiten Elementes bekannt.

4.2.3 FE-Formulierung der schwachen Form bezüglich der Momentankonfiguration

Analog zu der Herleitung der Diskretisierung von Gl. (3.278) gehen wir bei der Gl. (3.280) vor. Hier ist im die innere virtuelle Arbeit beschreibenden Integral die räumliche Version (*push forward*) der Variation des Verzerrungsmaßes $\delta\mathbf{E} = \nabla^S \boldsymbol{\eta}$, s. (3.281), zu approximieren, was mit $(4.8)_2$ auf

$$\nabla^S \boldsymbol{\eta}_e = \frac{1}{2} \sum_{I=1}^{n} \left[\left(\boldsymbol{\eta}_I \otimes \nabla_x N_I \right) + \left(\nabla_x N_I \otimes \boldsymbol{\eta}_I \right) \right] \tag{4.89}$$

führt. Wie im vorangegangenen Abschnitt ist die Indexschreibweise für die anschließende Matrizenformulierung vorteilhaft. Wir erhalten

$$(\nabla^S \boldsymbol{\eta}_e)_{ik} = \frac{1}{2} \sum_{I=1}^{n} \left[\eta_{i\,I}\, N_{I,k} + N_{I,i}\, \eta_{k\,I} \right], \tag{4.90}$$

wobei jetzt $N_{I,m} = \partial N_I \,/\, \partial x_m$ die partielle Ableitung der Ansatzfunktionen nach den räumlichen Koordinaten x_m bedeutet. Diese kann mittels $(4.10)_2$ berechnet werden

$$N_{I,k} = \{ j_e^{-1} \}_{1k}\, N_{I,\xi} + \{ j_e^{-1} \}_{2k}\, N_{I,\eta} + \{ j_e^{-1} \}_{3k}\, N_{I,\zeta}\,, \tag{4.91}$$

wobei $\{ j_e^{-1} \}_{ik}$ die entsprechenden Komponenten der Inversen der JACOBI-Matrix $\boldsymbol{j}_e$ sind. Gleichung (4.90) führt jetzt auf die einzelnen unabhängigen Komponenten von $\nabla^S \boldsymbol{\eta}$, die unter Anwendung der Symmetrie durch den Vektor $(\nabla^S \boldsymbol{\eta})^T = [\, \eta_{1,1}\,, \eta_{2,2}\,, \eta_{3,3}\,, (\eta_{1,2} + \eta_{2,1})\,, (\eta_{2,3} + \eta_{3,2})\,, (\eta_{1,3} + \eta_{3,1}) \,]$

$$\nabla^S \boldsymbol{\eta}_e = \sum_{I=1}^{n} \begin{bmatrix} N_{I,1} & 0 & 0 \\ 0 & N_{I,2} & 0 \\ 0 & 0 & N_{I,3} \\ N_{I,2} & N_{I,1} & 0 \\ 0 & N_{I,3} & N_{I,2} \\ N_{I,3} & 0 & N_{I,1} \end{bmatrix} \begin{Bmatrix} \eta_1 \\ \eta_2 \\ \eta_3 \end{Bmatrix}_I = \sum_{I=1}^{n} \boldsymbol{B}_{0\,I}\, \boldsymbol{\eta}_I \tag{4.92}$$

dargestellt werden können. Man beachte, daß die Matrix $\boldsymbol{B}_{0\,I}$ keine Verschiebungsanteile enthält, was hier durch den Index „0“ angedeutet wird.

ANMERKUNG 4.3 : Im Gegensatz zur Matrix $\boldsymbol{B}_{L\,I}$ ist die Matrix $\boldsymbol{B}_{0\,I}$ nur schwach besetzt. Die Hälfte aller Einträge ist null. Es ist daher leicht einzusehen, daß bei Multiplikation von $\boldsymbol{B}_{0\,I}$ mit Vektoren und Matrizen die entsprechenden Nulleinträge übersprungen werden können. Daher ist die auf der Momentankonfiguration beruhende Finite-Element-Formulierung sehr viel effizienter.

Man beachte weiterhin, daß die Struktur von $\boldsymbol{B}_{0\,I}$ exakt der $\boldsymbol{B}$-Matrix der linearen Theorie entspricht, s. (KNOTHE und WESSELS 1991). Der einzige – jedoch nicht unbedeutende – Unterschied besteht darin, daß bei der $\boldsymbol{B}$-Matrix der linearen Theorie die Ableitung der Ansatzfunktionen nach den Koordinaten $\mathbf{X}$ der Ausgangskonfiguration auszuführen ist, während hier die Ableitungen gemäß (4.90) und (4.91) zu bilden sind.

Mit diesen Vorbemerkungen und der Zusammenfassung des CAUCHYschen Spannungstensors in Vektorform $\boldsymbol{\sigma} = \{ \sigma_{11}\,, \sigma_{22}\,, \sigma_{33}\,, \sigma_{12}\,, \sigma_{23}\,, \sigma_{13} \}^T$ ergibt sich die virtuelle innere Arbeit in (3.280) zu

$$\int_{\varphi(B)} \nabla^S \boldsymbol{\eta} \cdot \boldsymbol{\sigma}\, dv = \bigcup_{e=1}^{n_e} \int_{\varphi(\Omega_e)} (\nabla^S \boldsymbol{\eta}_e)^T \boldsymbol{\sigma}_e\, d\omega$$

$$= \bigcup_{e=1}^{n_e} \sum_{I=1}^{n} \boldsymbol{\eta}_I^T \int_{\varphi(\Omega_e)} \boldsymbol{B}_{0\,I}^T \boldsymbol{\sigma}_e \, d\omega \tag{4.93}$$

$$= \bigcup_{e=1}^{n_e} \sum_{I=1}^{n} \boldsymbol{\eta}_I^T \int_{\Omega_\square} \boldsymbol{B}_{0\,I}^T \boldsymbol{\sigma}_e \det \boldsymbol{j}_e \, d\square \,.$$

Die letzte Form in (4.94) beinhaltet bereits den Bezug auf das isoparametrische Referenzelement. Vergleicht man diese letzte Beziehung mit der entsprechenden in (4.54), so fällt auf, daß sich diese beiden Formen nur in der $\boldsymbol{B}$-Matrix, der Determinante der isoparametrischen Abbildung (4.6) und natürlich dem auf die Momentankonfiguration bezogenen CAUCHYschen Spannungstensor unterscheiden. Mit der Einführung von

$$\boldsymbol{r}_I(\boldsymbol{u}_e) = \int_{\varphi(\Omega_e)} \boldsymbol{B}_{0\,I}^T \boldsymbol{\sigma}_e \, d\omega \tag{4.94}$$

kann wiederum die virtuelle innere Arbeit abgekürzt als

$$\int_{\varphi(B)} \nabla^S \boldsymbol{\eta} \cdot \boldsymbol{\sigma} \, dv = \bigcup_{e=1}^{n_e} \sum_{I=1}^{n} \boldsymbol{\eta}_I^T \boldsymbol{r}_I(\boldsymbol{u}_e) = \boldsymbol{\eta}^T \boldsymbol{r}(\boldsymbol{u}) \tag{4.95}$$

geschrieben werden.

Da nach (3.12) für die Transformation der Volumenelemente $dv = J\, dV$ gilt und sich weiterhin der CAUCHYsche Spannungstensor durch den KIRCHHOFFschen Spannungstensor gemäß (3.83) als $\boldsymbol{\tau} = J\,\boldsymbol{\sigma}$ ausdrücken läßt, kann man die virtuelle innere Arbeit in (4.94) auch als

$$\int_{\varphi(B)} \nabla^S \boldsymbol{\eta} \cdot \boldsymbol{\sigma} \, dv = \int_{B} \nabla^S \boldsymbol{\eta} \cdot \boldsymbol{\tau} \, dV \tag{4.96}$$

schreiben. Damit ist das Integral der räumlichen Größen auf die Ausgangskonfiguration transformiert. Die Diskretisierung im Rahmen der finiten Elemente liefert

$$\int_{B} \nabla^S \boldsymbol{\eta} \cdot \boldsymbol{\tau} \, dV = \bigcup_{e=1}^{n_e} \int_{\Omega_e} (\nabla^S \boldsymbol{\eta}_e)^T \boldsymbol{\tau}_e \, d\Omega$$

$$= \bigcup_{e=1}^{n_e} \sum_{I=1}^{n} \boldsymbol{\eta}_I^T \int_{\Omega_e} \boldsymbol{B}_{0\,I}^T \boldsymbol{\tau}_e \, d\Omega \tag{4.97}$$

$$= \bigcup_{e=1}^{n_e} \sum_{I=1}^{n} \boldsymbol{\eta}_I^T \int_{\Omega_\square} \boldsymbol{B}_{0\,I}^T \boldsymbol{\tau}_e \det \boldsymbol{J}_e \, d\square \,.$$

So kann der zur virtuellen inneren Arbeit gehörende Vektor in diesem Fall als

$$r_I(u_e) = \int\limits_{\Omega_\Box} B_{0\,I}^T \, \tau_e \, d\Box \tag{4.98}$$

definiert werden. Die gesamte virtuelle innere Arbeit wird dann gemäß (4.95) berechnet.

Die Approximation des Trägheitsterms erfolgt wie bei (4.59). Ebenso werden die äußeren Belastungen wie in (4.63) formuliert. Damit kann die Diskretisierung der räumlichen schwachen Form (3.280) in folgender Weise zusammengefaßt werden

$$\boldsymbol{\eta}^T \left[\boldsymbol{M} \dot{\boldsymbol{v}} + \boldsymbol{r}(\boldsymbol{u}) - \boldsymbol{P} \right] = 0 \,, \tag{4.99}$$

was für beliebige virtuelle Verschiebungen $\boldsymbol{\eta}$ zu dem nichtlinearen Differentialgleichungssystem

$$\boldsymbol{M} \dot{\boldsymbol{v}} + \boldsymbol{r}(\boldsymbol{u}) - \boldsymbol{P} = \boldsymbol{0} \tag{4.100}$$

führt, das sich für statische Problemstellungen auf das nichtlineare algebraische Gleichungssystem für die unbekannten Knotenverschiebungen $\boldsymbol{u}$ reduziert

$$\boldsymbol{g}(\boldsymbol{u}) = \boldsymbol{r}(\boldsymbol{u}) - \boldsymbol{P} = \boldsymbol{0} \,. \tag{4.101}$$

Hierin kann der die innere virtuelle Arbeit repräsentierende Vektor $\boldsymbol{r}(\boldsymbol{u})$ entweder mittels der Beziehung (4.94) oder (4.98) berechnet werden. Beide Formulierungen sind gleichwertig. Es sei auch hier noch angemerkt, daß die Beziehung (4.95) der Formulierung im Rahmen der linearen Theorie gleicht. Es sind nur die Größen $\nabla^S \boldsymbol{\eta}$ und $\boldsymbol{\sigma}$ auf die Momentankonfiguration zu beziehen.

4.2.4 Linearisierung der schwachen Form in der Momentankonfiguration

Im vorangegangenen Abschnitt wurden zwei schwache Formen, Gl. (4.95) oder (4.98), angegeben, die sich im wesentlichen nur im Integrationsgebiet, $\varphi(B)$ oder B, unterscheiden. Die entsprechende Linearisierung dieser Formen ist im Abschn. 3.5.3. beschrieben, sodaß jetzt nur noch die Diskretisierung wie im Abschn. 4.2.2 eingesetzt werden muß.

Die Linearisierung für die schwache Form (4.95) folgt aus Gl. (3.333) als

$$Dg(\bar{\varphi}, \boldsymbol{\eta}) \cdot \Delta \mathbf{u} = \int\limits_{\bar{\varphi}(B)} \{ \overline{\text{grad}} \Delta \mathbf{u} \, \bar{\boldsymbol{\sigma}} \cdot \overline{\text{grad}} \boldsymbol{\eta} + \nabla^S_{\bar{x}} \boldsymbol{\eta} \cdot \bar{\bar{\mathbb{c}}} [\nabla^S_{\bar{x}} \Delta \mathbf{u}] \} \, dv \,. \tag{4.102}$$

Der erste Term hat genau die gleiche Struktur wie der entsprechende Term, der in der auf die Ausgangskonfiguration bezogenen Linearisierung auftritt. Damit können wir die dort angegebene Diskretisierung (4.68) direkt übernehmen. Es müssen nur die Ableitungen mit Bezug auf die Koordinaten $\bar{x}_i$

der Konfiguration $\varphi(\bar{B})$ ausgeführt werden. Mit der Diskretisierung der Gradienten

$$\overline{\text{grad}}\, \Delta \mathbf{u}_e = \sum_{K=1}^{n} \Delta \boldsymbol{u}_K \otimes \nabla_{\bar{x}} N_K \,,$$

$$\overline{\text{grad}}\, \boldsymbol{\eta}_e = \sum_{I=1}^{n} \boldsymbol{\eta}_I \otimes \nabla_{\bar{x}} N_I \tag{4.103}$$

folgt für den ersten Teil des Integrals

$$\int\limits_{\varphi(B)} \overline{\text{grad}}\, \Delta \mathbf{u}\, \bar{\boldsymbol{\sigma}} \cdot \overline{\text{grad}}\, \boldsymbol{\eta}\, dv = \bigcup_{e=1}^{n_e} \sum_{I=1}^{n} \sum_{K=1}^{n} \boldsymbol{\eta}_I^T \int\limits_{\varphi(\Omega_e)} \bar{g}_{IK}\, \boldsymbol{I}\, d\Omega\, \Delta \boldsymbol{u}_K \,. \tag{4.104}$$

Hierin wird die Abkürzung

$$\bar{g}_{IK} = (\nabla_{\bar{x}} N_I)^T\, \bar{\boldsymbol{\sigma}}\, \nabla_{\bar{x}} N_K \tag{4.105}$$

verwendet. Wie in (4.70) folgt die Matrixform des Skalarprodukts als

$$\bar{g}_{IK} = [\, \bar{N}_{I,1} \quad \bar{N}_{I,2} \quad \bar{N}_{I,3} \,] \begin{bmatrix} \bar{\sigma}_{11} & \bar{\sigma}_{12} & \bar{\sigma}_{13} \\ \bar{\sigma}_{21} & \bar{\sigma}_{22} & \bar{\sigma}_{23} \\ \bar{\sigma}_{31} & \bar{\sigma}_{32} & \bar{\sigma}_{33} \end{bmatrix} \begin{Bmatrix} \bar{N}_{K,1} \\ \bar{N}_{K,2} \\ \bar{N}_{K,3} \end{Bmatrix} . \tag{4.106}$$

Wie (4.68) ist auch diese Beziehung unabhängig von der Materialgleichung, da hier nur die Spannung der Konfiguration $\bar{\boldsymbol{\varphi}}$ selbst eingeht.

Der zweite Term in (3.329)

$$\int\limits_{\varphi(\bar{B})} \nabla_{\bar{x}}^S \boldsymbol{\eta} \cdot \bar{\hat{\mathbb{c}}}\, [\nabla_{\bar{x}}^S \Delta \mathbf{u}]\, dv$$

hängt über den zur Konfiguration $\bar{\boldsymbol{\varphi}}$ gehörenden inkrementellen Materialtensor $\bar{\hat{\mathbb{c}}}$ direkt von der Materialgleichung ab, s. z.B. Abschn. 3.3 Gl. (3.256). Mit den gleichen Argumenten wie in 4.2.2 und den Beziehungen (3.319) und (4.92) folgt dann

$$\int\limits_{\varphi(\bar{B})} \nabla_{\bar{x}}^S \boldsymbol{\eta} \cdot \bar{\hat{\mathbb{c}}}\, [\nabla_{\bar{x}}^S \Delta \mathbf{u}]\, dv = \bigcup_{e=1}^{n_e} \sum_{I=1}^{n} \sum_{K=1}^{n} \boldsymbol{\eta}_I^T \int\limits_{\varphi(\Omega_e)} \bar{\boldsymbol{B}}_{0\,I}^T\, \bar{\boldsymbol{D}}^M\, \bar{\boldsymbol{B}}_{0\,K}\, d\Omega\, \Delta \boldsymbol{u}_K \,, \tag{4.107}$$

wobei Die Auswertungen und Ableitungen aller Größen an der Stelle $\bar{\boldsymbol{\varphi}}$ auszuführen sind. Zusammengefaßt folgt dann die Diskretisierung

$$\int\limits_{\bar{\varphi}(B)} \{ \overline{\text{grad}} \Delta \mathbf{u}\, \bar{\boldsymbol{\sigma}} \cdot \overline{\text{grad}} \boldsymbol{\eta} + \nabla_{\bar{x}}^S \boldsymbol{\eta} \cdot \bar{\hat{\mathbb{c}}}\, [\nabla_{\bar{x}}^S \Delta \mathbf{u}] \}\, dv = \bigcup_{e=1}^{n_e} \sum_{I=1}^{n} \sum_{K=1}^{n} \boldsymbol{\eta}_I^T\, \bar{\boldsymbol{K}}_{T_{IK}}^M\, \Delta \boldsymbol{u}_K \,, \tag{4.108}$$

worin die auf die Momentankonfiguration bezogene Matrix $\bar{\boldsymbol{K}}^M_{T_{IK}}$ die Tangentenmatrix

$$\bar{\boldsymbol{K}}^M_{T_{IK}} = \int\limits_{\varphi(\Omega_e)} \left[(\nabla_{\bar{x}} N_I)^T \, \bar{\boldsymbol{\sigma}}_e \, \nabla_{\bar{x}} N_K + \bar{\boldsymbol{B}}^T_{0\,I} \, \bar{\boldsymbol{D}}^M \, \bar{\boldsymbol{B}}_{0\,K} \right] d\omega \tag{4.109}$$

für die Knotenkombination I , K innerhalb eines finiten Elementes darstellt, s. auch 4.2.2. Die Diskretisierung der räumlichen schwachen Form (4.98) erfolgt entsprechend, hier wird nur das Endergebnis angegeben:

$$\int\limits_{(B)} \{ \overline{\text{grad}} \Delta \mathbf{u} \, \bar{\boldsymbol{\tau}} \cdot \overline{\text{grad}} \boldsymbol{\eta} + \nabla^S_{\bar{x}} \boldsymbol{\eta} \cdot \bar{\mathbb{c}} \, [\nabla^S_{\bar{x}} \Delta \mathbf{u}] \, \} \, dv = \bigcup_{e=1}^{n_e} \sum_{I=1}^{n} \sum_{K=1}^{n} \boldsymbol{\eta}_I^T \, \bar{\boldsymbol{K}}^{MR}_{T_{IK}} \Delta \boldsymbol{u}_K \, . \tag{4.110}$$

Hierin ist die Momentankonfiguration bezogene Matrix $\bar{\boldsymbol{K}}^{MR}_{T_{IK}}$ die durch die Tangentenmatrix

$$\bar{\boldsymbol{K}}^{MR}_{T_{IK}} = \int\limits_{\Omega_e} \left[(\nabla_{\bar{x}} N_I)^T \, \bar{\boldsymbol{\tau}}_e \, \nabla_{\bar{x}} N_K + \bar{\boldsymbol{B}}^T_{0\,I} \, \bar{\boldsymbol{D}}^{MR} \, \bar{\boldsymbol{B}}_{0\,K} \right] d\Omega \tag{4.111}$$

gegeben. Die Matrixform $\bar{\boldsymbol{D}}^{MR}$ des inkrementellen Materialtensors $\bar{\mathbb{c}}$ findet sich für ein NEO-HOOKE-Material z.B. in (3.258). Die entsprechende Beziehung für $\bar{\boldsymbol{D}}^M$ folgt durch Anwendung der Transformation mit der JACOBI Determinanten J gemäß (3.332).

Aufgabe 4.4: Man leite die Matrixformulierung eines rotationssymmetrischen finiten Elementes für große elastische Deformationen mit Bezug auf die Momentankonfiguration her. Das konstitutive Verhalten soll durch das kompressibles NEO-HOOKE-Material (3.117) beschrieben werden. Zur Approximation des Verschiebungsfeldes sind im Element entweder bilineare oder quadratische Ansätze zu wählen.

Lösung: Unter einer rotationssymmetrischen Problemstellung wollen wir in dieser Aufgabe eine rotationssymmetrische Struktur unter rotationssymmetrischer Belastung verstehen, s. Bild 4.12. Die Rotationsachse ist durch X_2 gekennzeichnet.

Bei einem rotationssymmetrischen System treten zusätzlich zu den Verzerrungen in der X_1–X_2 Ebene noch Verzerrungen in Umfangsrichtung auf. Der Deformationsgradient ist dann durch

$$\mathbf{F} = \text{Grad}\,\mathbf{x} = \begin{bmatrix} \frac{\partial x_1}{\partial X_1} & \frac{\partial x_1}{\partial X_2} & 0 \\ \frac{\partial x_2}{\partial X_1} & \frac{\partial x_2}{\partial X_2} & 0 \\ 0 & 0 & \frac{x_1}{X_1} \end{bmatrix} \tag{4.112}$$

gegeben. Da das virtuelle Verschiebungsfeld zweidimensional ist, reduziert sich das Skalarprodukt in (3.281) auf

$$\boldsymbol{\sigma} \cdot \text{grad}\,\boldsymbol{\eta} = \sigma_{11} \frac{\partial \eta_1}{\partial x_1} + \sigma_{12} \frac{\partial \eta_1}{\partial x_2} + \sigma_{21} \frac{\partial \eta_2}{\partial x_1} + \sigma_{22} \frac{\partial \eta_2}{\partial x_2} + \sigma_{33} \frac{\eta_1}{x_1} \, , \tag{4.113}$$

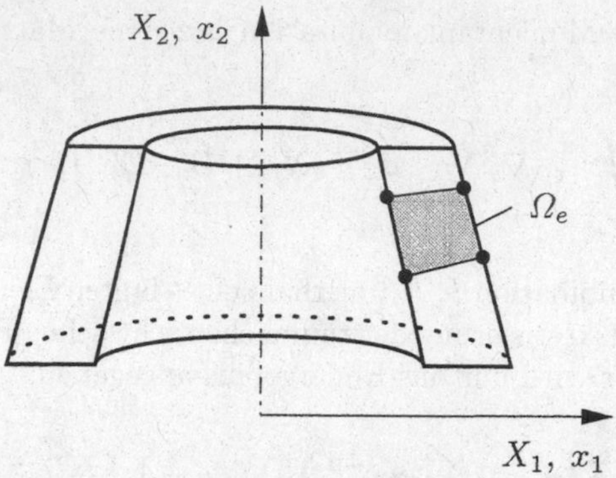

Bild 4.12. Rotationssymmetrisches finites Vierknotenelement

wobei der räumliche Gradient genauso wie der Deformationsgradient zu bilden ist, nur ist anstelle von $\mathbf{X}$ nach den Koordinaten $\mathbf{x}$ abzuleiten. Um diese räumlichen Ableitungen berechnen zu können, ist der isoparametrische Ansatz auf die Deformation $\boldsymbol{\varphi}$ anzuwenden, die durch die räumlichen Koordinaten $\mathbf{x}$ beschrieben wird, s. (4.91).

Mit den Ansatzfunktionen für das virtuelle Verschiebungsfeld $\boldsymbol{\eta}$ und dem symmetrischen Gradient $(\nabla^S \boldsymbol{\eta})^T = [\,\eta_{1,1}\,, \eta_{2,2}\,, \frac{\eta_1}{x_1}\,, (\eta_{1,2} + \eta_{2,1})\,]$ erhält man mit dem Einführen der Ableitungsmatrix $\mathbf{B}_{0\,I}^A$ (A für Achsen- oder Rotationssymmetrie) analog zu (4.92)

$$\boldsymbol{B}_{0\,I}^A = \begin{bmatrix} N_{I,1} & 0 \\ 0 & N_{I,2} \\ N_I/x_1 & 0 \\ N_{I,2} & N_{I,1} \end{bmatrix} \tag{4.114}$$

eine kompakte Schreibweise des in (4.113) ausgeführten Skalarproduktes im Elementgebiet Ω_e. Dazu wird noch für die CAUCHYspannungen der Vektor $\boldsymbol{\sigma}^T = [\,\sigma_{11}\,, \sigma_{22}\,, \sigma_{33}\,, \sigma_{12}\,]$ eingeführt. Dies liefert

$$\boldsymbol{\sigma} \cdot \operatorname{grad} \boldsymbol{\eta}|_{\Omega_e} = \sum_{I=1}^{n} \boldsymbol{\eta}^T\, \boldsymbol{B}_{0\,I}^{A\,T}\, \boldsymbol{\sigma}\,.$$

Hieraus folgt für die virtuelle innere Arbeit innerhalb eines Elementes Ω_e

$$\sum_{I=1}^{n} \boldsymbol{\eta}_I^{h^T}\; 2\,\pi \int\limits_{\varphi(\Omega_e)} \boldsymbol{B}_{0\,I}^{A\,T}\, \boldsymbol{\sigma}\, x_1\, d\omega\,. \tag{4.115}$$

Dieses Ergebnis kann in die Formulierung (4.94) eingesetzt werden. Beachte, daß bei Rotationssymmetrie zusätzlich die Integration über den Umfang auszuführen ist, was das Auftreten der Koordinate x_1 im Integral (4.115) bewirkt. Man erhält für den Knoten I des Elementes Ω_e

$$\mathbf{r}_I^A\,(\mathbf{u}_e) = 2\,\pi \int\limits_{\varphi(\Omega_e)} \boldsymbol{B}_{0\,I}^T\, \boldsymbol{\sigma}\, x_1\, d\omega \tag{4.116}$$

In (4.116) ist der Vektor der Komponenten des CAUCHYschen Spannungstensors $\boldsymbol{\sigma}$ durch das hyperelastische Materialgesetz (3.117) in Abhängigkeit der Knotenverschiebungen $\boldsymbol{u}$ auszudrücken. Dazu muß zunächst der linke CAUCHY-GREEN-Tensor $\mathbf{b} = \mathbf{F}\,\mathbf{F}^T$ berechnet werden. Da in der Momentankonfiguration nur der Ortsvektor $\mathbf{x}$ bekannt ist, kann der materielle Deformationsgradient nicht direkt angegeben werden. Man muß zunächst die Inverse von $\mathbf{F}$ berechnen, die sich in $\varphi(B)$ mit Hilfe des räumlichen Verschiebungsgradienten berechnet, s. (3.34): $\mathbf{F}^{-1} = \mathbf{1} - \operatorname{grad}\mathbf{u}$. Innerhalb des Elementes Ω_e gilt dann für den zweidimensionalen Fall

$$\begin{bmatrix} F_{11} & F_{12} \\ F_{21} & F_{22} \end{bmatrix}^{-1} = \begin{bmatrix} 1 & 0 \\ 0 & 1 \end{bmatrix} - \sum_{I=1}^{n} \begin{bmatrix} N_{I,1}\, u_{I1} & N_{I,2}\, u_{I1} \\ N_{I,1}\, u_{I2} & N_{I,2}\, u_{I2} \end{bmatrix}. \tag{4.117}$$

Die Komponenten F_{11}, F_{12}, F_{21}, F_{22}, Deformationsgradienten folgt dann durch Invertieren von (4.117). Bei der Rotationssymmetrie ist weiterhin noch die Komponente F_{33} zu berechnen. Dies kann wegen der speziellen Form des Deformationsgradienten (4.112) entkoppelt von (4.117) geschehen. Mit der zur Umfangsrichtung des Deformationsgradienten gehörenden Komponente $u_{3\,,3} = u_1 \,/\, x_1$ folgt $F_{33}^{-1} = 1 - u_{3\,,3} = 1 - u_1 \,/\, x_1$ und damit

$$F_{33} = \frac{x_1}{x_1 - u_1}\,.$$

Man beachte, daß durch diese Form F_{33} in Größen der Momentankonfiguration ausgedrückt wird. Natürlich könnte man auch einfach F_{33} aus (4.112) übernehmen, dies läßt jedoch keine so effiziente Kodierung des finiten Elementes zu.

Nach (3.25) läßt sich $\mathbf{b} = \mathbf{F}\,\mathbf{F}^T$ durch einfache Matrizenmultiplikation bestimmen. Die anschließende Umordnung von $\mathbf{b}$ in eine Spaltenmatrix führt dann zu der Form von $\mathbf{b}$, die in der weiteren Matrizenformulierung benötigt wird:

$$\boldsymbol{b} = \begin{Bmatrix} b_{11} \\ b_{22} \\ b_{33} \\ b_{12} \end{Bmatrix} = \begin{Bmatrix} F_{12}^2 + F_{11}^2 \\ F_{21}^2 + F_{22}^2 \\ F_{33}^2 \\ F_{12}\,F_{22} + F_{21}\,F_{11} \end{Bmatrix}. \tag{4.118}$$

Damit ist $\boldsymbol{b}$ in Abhängigkeit der Knotenverschiebungen $\boldsymbol{u}$ bekannt, sodaß die CAUCHY Spannungen aus (3.117) berechnet werden können. Mit der Determinante des Deformationsgradienten $J = \det \mathbf{F}$ und der Einführung eines Einheitsvektors $\boldsymbol{i}^T = [\,1, 1, 1, 0\,]$ ergibt sich

$$\boldsymbol{\sigma} = \frac{\Lambda}{2\,J}\,(J^2 - 1)\,\boldsymbol{i} + \frac{\mu}{J}\,(\boldsymbol{b} - \boldsymbol{i})\,. \tag{4.119}$$

Die LAMÉ-Konstanten Λ und μ sind Materialparameter, s. Abschn. 3.3.1. Die Matrizenform des zu (4.119) gehörenden inkrementellen Materialtensors ist in Aufgabe 3.8 für den dreidimensionalene Fall zu finden, s. Gl. (3.258). Hier spezifizieren wir auf den rotationssymmetrischen Fall und erhalten

$$\boldsymbol{D}^A = \Lambda\,J^2\,\boldsymbol{i}\,\boldsymbol{i}^T + [\mu - \frac{1}{2}\,\Lambda\,(J^2 - 1)\,]\,\boldsymbol{E}\,, \tag{4.120}$$

wobei $\boldsymbol{E}$ eine Diagonalmatrix ist

$$\boldsymbol{E} = \begin{bmatrix} 2 & 0 & 0 & 0 \\ 0 & 2 & 0 & 0 \\ 0 & 0 & 2 & 0 \\ 0 & 0 & 0 & 1 \end{bmatrix}. \tag{4.121}$$

Die Linearisierung des Residuums (4.116) führt auf die Tangentenmatrix, die im dreidimensionalen Fall durch (4.109) gegeben ist. Die Anfangsspannungsmatrix folgt mit (4.104) aus

$$\int_{\varphi(B)} \overline{\operatorname{grad}}\, \Delta \mathbf{u}\, \bar{\boldsymbol{\sigma}} \cdot \overline{\operatorname{grad}}\, \boldsymbol{\eta}\, dv\,.$$

Dazu benötigen wir eine Darstellung der räumlichen Gradienten. Im Fall der Rotationssymmetrie ist die folgende Matrixformulierung des Gradienten der Testfunktion $\boldsymbol{\eta}$ vorteilhaft

$$\overline{\operatorname{grad}}\, \boldsymbol{\eta}_e = \begin{Bmatrix} \bar{\eta}_{1,1} \\ \bar{\eta}_{1,2} \\ \bar{\eta}_{3,3} \\ \bar{\eta}_{2,1} \\ \bar{\eta}_{2,2} \end{Bmatrix} = \sum_{I=1}^{n} \begin{bmatrix} \bar{N}_{I,1} & 0 \\ \bar{N}_{I,2} & 0 \\ \bar{N}_I / \bar{x}_1 & 0 \\ 0 & \bar{N}_{I,1} \\ 0 & \bar{N}_{I,2} \end{bmatrix} \begin{Bmatrix} \eta_1 \\ \eta_2 \end{Bmatrix}_I = \sum_{I=1}^{n} \bar{\boldsymbol{G}}_I\, \boldsymbol{\eta}_I\,. \tag{4.122}$$

Dann kann die Anfangsspannungsmatrix (4.104) mit

$$\hat{\bar{\boldsymbol{\sigma}}}_e = \begin{bmatrix} \bar{\sigma}_{11} & \bar{\sigma}_{12} & 0 & 0 & 0 \\ \bar{\sigma}_{21} & \bar{\sigma}_{22} & 0 & 0 & 0 \\ 0 & 0 & \bar{\sigma}_{33} & 0 & 0 \\ 0 & 0 & 0 & \bar{\sigma}_{11} & \bar{\sigma}_{12} \\ 0 & 0 & 0 & \bar{\sigma}_{21} & \bar{\sigma}_{22} \end{bmatrix} \tag{4.123}$$

als

$$\int_{\varphi(B)} \overline{\operatorname{grad}}\, \Delta \mathbf{u}\, \bar{\boldsymbol{\sigma}} \cdot \overline{\operatorname{grad}}\, \boldsymbol{\eta}\, dv = \bigcup_{e=1}^{n_e} \sum_{I=1}^{n} \sum_{K=1}^{n} \boldsymbol{\eta}_I^T\, 2\pi \int_{\varphi(\Omega_e)} \bar{\boldsymbol{G}}_I^T\, \hat{\bar{\boldsymbol{\sigma}}}\, \bar{\boldsymbol{G}}_K\, x_1\, d\omega\, \Delta \boldsymbol{u}_K\,. \tag{4.124}$$

geschrieben werden. Werden die Matrizen (4.122) und (4.123) in die oben angegebenen Form (4.124) eingesetzt, so treten bei der Kodierung von (4.124) viele Operationen auf, bei denen Nullen miteinander multipliziert werden. Durch direktes Ausmultiplizieren des Integranden werden diese überflüssigen Operationen eingespart und die Effizienz des Elementes wird erheblich gesteigert. Wir erhalten mit den Abkürzungen

$$\begin{aligned} \bar{\alpha}_{1\,IK} &= (\,\bar{N}_{I,1}\,\bar{\sigma}_{11} + \bar{N}_{I,2}\,\bar{\sigma}_{21}\,)\,\bar{N}_{K,1} \\ \bar{\alpha}_{2\,IK} &= (\,\bar{N}_{I,1}\,\bar{\sigma}_{12} + \bar{N}_{I,2}\,\bar{\sigma}_{22}\,)\,\bar{N}_{K,2} \\ \bar{\alpha}_{3\,IK} &= \frac{\bar{N}_I}{\bar{x}_1}\,\bar{\sigma}_{33}\,\frac{\bar{N}_K}{\bar{x}_1} \end{aligned}$$

die explizite Form

$$\bar{\boldsymbol{G}}_I^T\, \hat{\bar{\boldsymbol{\sigma}}}\, \bar{\boldsymbol{G}}_K = \begin{bmatrix} \bar{\alpha}_{1\,IK} + \bar{\alpha}_{2\,IK} + \bar{\alpha}_{3\,IK} & 0 \\ 0 & \bar{\alpha}_{1\,IK} + \bar{\alpha}_{2\,IK} \end{bmatrix}. \tag{4.125}$$

Unter Beachtung der Beziehungen (4.114) und (4.120) folgt mit (4.124) für die Tangentenmatrix

$$\int_{\bar{\varphi}(B)} \{ \overline{\operatorname{grad}} \Delta \mathbf{u}\, \bar{\boldsymbol{\sigma}} \cdot \overline{\operatorname{grad}} \boldsymbol{\eta} + \nabla^S_{\bar{x}} \boldsymbol{\eta} \cdot \bar{\mathbb{c}}\, [\nabla^S_{\bar{x}} \Delta \mathbf{u}]\, \}\, dv = \bigcup_{e=1}^{n_e} \sum_{I=1}^{n} \sum_{K=1}^{n} \boldsymbol{\eta}_I^T\, \bar{\boldsymbol{K}}^A_{T_{IK}}\, \Delta \boldsymbol{u}_K\,, \tag{4.126}$$

worin die auf die Momentankonfiguration bezogene Submatrix $\bar{\boldsymbol{K}}^A_{T_{IK}}$ die zu dem Knotenpaar I, K gehörende Tangentenmatrix

$$\bar{\boldsymbol{K}}^A_{T_{IK}} = 2\,\pi \int\limits_{\varphi(\Omega_e)} \left[\, \bar{\boldsymbol{G}}_I^T\, \hat{\bar{\boldsymbol{\sigma}}}_e\, \bar{\boldsymbol{G}}_K + \bar{\boldsymbol{B}}_{0\,I}^{A\,T}\, \bar{\boldsymbol{D}}^A\, \bar{\boldsymbol{B}}^A_{0\,K} \right] x_1\, d\omega \tag{4.127}$$

eines rotationssymmetrischen Elementes ist. Auch für den zweiten Summanden in $\bar{\boldsymbol{K}}^A_{T_{IK}}$ können durch explizites Ausmultiplizieren Rechenoperationen eingespart werden, da die Matrizen $\bar{\boldsymbol{B}}^A_{0\,I}$ und $\bar{\boldsymbol{D}}^A$ nicht vollbesetzt sind. Beachte, daß alle mit Querstrich bezeichneten Größen in (4.127) für den Deformationszustand $\bar{\varphi}$ ausgewertet werden müssen. Das Einsetzen der Ansatzfunktionen (4.28) oder (4.30) bis (4.32) liefert dann das Vier- bzw. Neunknotenelement. Die weiterhin notwendige numerische Integration von (4.116) und (4.127) wird hier nicht weiter angegeben. Sie erfolgt entsprechend wie in Aufgabe 4.3.

4.2.5 Verformungsabhängige Lasten

In einigen technischen Anwendungsfällen hängen die Lasten von der Deformation des Tragwerkes ab. Dies kann sowohl für die Richtung der Last als auch deren Größe der Fall sein. Beispiele dafür sind Belastungen einer Tragstruktur infolge von Fluiden oder durch Wind. Eine ausführliche Diskussion deformationsabhängiger Lasten und deren Diskretisierung im Rahmen der finiten Elemente findet sich z.B. bei (Schweizerhof 1982), (Schweizerhof and Ramm 1984) oder (Simo et al. 1991).

Hier soll nur der Fall einer richtungsabhängigen Belastung betrachtet werden, die immer in Richtung der Normalen der Oberfläche eines Festkörpers zeigt. Dann kann man für den in (4.62) eingeführten Term der Oberflächenlasten $\int_{\Gamma_\sigma} \boldsymbol{\eta} \cdot \bar{\mathbf{t}}\, dA$ mit $\bar{\mathbf{t}} = \hat{p}\,\mathbf{n}$

$$g_p(\boldsymbol{\varphi}, \boldsymbol{\eta}) = \int\limits_{\varphi(\Gamma_\sigma)} \boldsymbol{\eta} \cdot \hat{p}\,\mathbf{n}\, da \tag{4.128}$$

schreiben, wobei die Berechnung dieses Lastterms jetzt auf die verformte Konfiguration zu beziehen ist. Zur Diskretisierung von (4.128) verwenden wir zweckmäßigerweise konvektive Koordinaten mit den Basisvektoren $\mathbf{g}_\alpha$, s. auch Aufgabe 3.12. Dies ist in Bild 4.11 für eine Diskretisierung der Elementoberfläche eines dreidimensionalen finiten Elementes mit quadratischem Verschiebungsansatz dargestellt.
Dann ergibt sich der Normalenvektor an die diskretisierte Oberfläche der Momentankonfiguration

$$\mathbf{n} = \frac{\mathbf{g}_1 \times \mathbf{g}_2}{\|\, \mathbf{g}_1 \times \mathbf{g}_2 \,\|}\,. \tag{4.129}$$

Die Basisvektoren berechnen sich aus der Deformation gemäß $\mathbf{g}_\alpha = \boldsymbol{\varphi}_{,\alpha}$ durch Ableitung des Ortsvektors, der die entsprechende Oberfläche beschreibt, nach den Koordinaten ξ und η. Damit folgt für den Normalenvektor

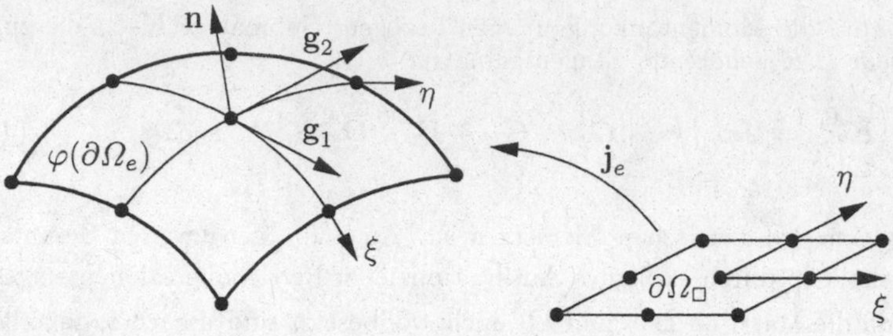

Bild 4.13. Koordinatensystem für verformungsabhängige Lasten

$$\mathbf{n} = \frac{\boldsymbol{\varphi}_{,\xi} \times \boldsymbol{\varphi}_{,\eta}}{\| \boldsymbol{\varphi}_{,\xi} \times \boldsymbol{\varphi}_{,\eta} \|}. \tag{4.130}$$

Da das Flächenelement da bezüglich der Referenzkonfiguration als $da = \| \boldsymbol{\varphi}_{,\xi} \times \boldsymbol{\varphi}_{,\eta} \| \, d\xi \, d\eta$ angeben werden kann, läßt sich der verformungsabhängige Lastvektor (4.128) leicht mit Bezug auf die Referenzkonfiguration der belasteten Elementoberflächen darstellen, s. auch Gl. (3.335),

$$g_p(\boldsymbol{\varphi}, \boldsymbol{\eta}) = \int\limits_{\varphi(\Gamma_\sigma)} \boldsymbol{\eta} \cdot \hat{p} \, \mathbf{n} \, da = \int\limits_{\Gamma_{ref}} \boldsymbol{\eta} \cdot \bar{p} \, (\boldsymbol{\varphi}_{,\xi} \times \boldsymbol{\varphi}_{,\eta}) \, d\xi \, d\eta \,. \tag{4.131}$$

Dies ermöglicht dann direkt die Formulierung für die Methode der finiten Elemente. Wir formulieren den isoparametrischen Ansatz

$$\boldsymbol{\varphi}_e = \mathbf{x}_e = \sum_{A=1}^{m} N_A(\xi, \eta) \, \mathbf{x}_A \tag{4.132}$$

und die daraus folgenden Ableitungen der Komponenten des Ortsvektors x_i

$$x_{i,\alpha} = \sum_{A=1}^{m} N_A(\xi, \eta)_{,\alpha} \, x_{i\,A} \tag{4.133}$$

für die belastete Elementoberfläche. Damit kann das Kreuzproduktes in (4.131) ausgewertet werden. Dessen Darstellung in Vektorform folgt

$$\hat{\mathbf{n}}_e = \boldsymbol{\varphi}_{e,\xi} \times \boldsymbol{\varphi}_{e,\eta} = \left\{ \begin{array}{c} x_{2,\xi} \, x_{3,\eta} - x_{3,\xi} \, x_{2,\eta} \\ x_{3,\xi} \, x_{1,\eta} - x_{1,\xi} \, x_{3,\eta} \\ x_{1,\xi} \, x_{2,\eta} - x_{2,\xi} \, x_{1,\eta} \end{array} \right\}. \tag{4.134}$$

Mit diesen Definitionen schreibt sich die Diskretisierung von (4.128) als

$$\int\limits_{\varphi(\Gamma_\sigma)} \boldsymbol{\eta} \cdot \hat{p} \, \mathbf{n} \, da = \bigcup_{r=1}^{n_r} \sum_{A=1}^{m} \boldsymbol{\eta}_A^T \, \mathbf{r}_A(\mathbf{x}_e) \,, \text{ mit } \quad \mathbf{r}_A(\mathbf{x}_e) = \int\limits_{\partial\Omega_\square} N_A \, \hat{p} \, \hat{\mathbf{n}}_e \, d\xi \, d\eta \,, \tag{4.135}$$

wobei $\bigcup_{r=1}^{n_r}$ den Zusammenbau der n_r belasteten Oberflächen und $\partial\Omega_\square$ die Oberfläche des Referenzelementes, s. Bild 4.13, bezeichnet.

Die Linearisierung des virtuellen Arbeitsausdrucks (4.135) an der Stelle $\bar{\boldsymbol{\varphi}}$ erfolgt jetzt mit den in Aufgabe 3.12 bereitgestellten Beziehungen für einen konstanten Druck p. Mit (4.131) folgt dann für die Linearisierung (3.336)

$$D\,g_p(\boldsymbol{\varphi},\boldsymbol{\eta})\cdot\Delta\mathbf{u}=\int_{\Gamma_{ref}}\boldsymbol{\eta}\cdot\hat{p}\,(\,\Delta\mathbf{u}_{,\xi}\times\bar{\boldsymbol{\varphi}}_{,\eta}+\bar{\boldsymbol{\varphi}}_{,\xi}\times\Delta\mathbf{u}_{,\eta}\,)\,d\xi\,d\eta \qquad (4.136)$$

Werten wir hier explizit die Kreuzprodukte aus und setzen gleichzeitig die Ansatzfunktionen für die Diskretisierung der räumlichen Koordinaten der Oberfläche ein, so folgt

$$\int_{\Gamma_{ref}}\boldsymbol{\eta}\cdot\hat{p}\,(\,\Delta\mathbf{u}_{,\xi}\times\bar{\boldsymbol{\varphi}}_{,\eta}+\bar{\boldsymbol{\varphi}}_{,\xi}\times\Delta\mathbf{u}_{,\eta}\,)\,d\xi\,d\eta=\bigcup_{r=1}^{n_r}\sum_{A=1}^{m}\sum_{B=1}^{m}\boldsymbol{\eta}_A^T\,\bar{\boldsymbol{k}}_{AB}\,\Delta\boldsymbol{u}_B\,, \qquad (4.137)$$

wobei die Submatrix $\bar{\boldsymbol{k}}_{AB}$ die folgende Form hat

$$\bar{\boldsymbol{k}}_{AB}=\int_{\partial\Omega_\square}\hat{p}\,N_A\,(\,N_{B,\xi}\,\bar{\mathbf{N}}_{,\eta}-N_{B,\eta}\,\bar{\mathbf{N}}_{,\xi}\,)\,d\xi\,d\eta \qquad (4.138)$$

und mit $\bar{\mathbf{N}}_{,\alpha}$ (für α kann ξ oder η gesetzt werden) die schiefsymmetrische Matrix

$$\bar{\mathbf{N}}_{,\alpha}=\begin{bmatrix}0 & \bar{x}_{3,\alpha} & -\bar{x}_{2,\alpha}\\ -\bar{x}_{3,\alpha} & 0 & \bar{x}_{1,\alpha}\\ \bar{x}_{2,\alpha} & -\bar{x}_{1,\alpha} & 0\end{bmatrix} \qquad (4.139)$$

definiert wird. Insgesamt sieht man, daß die Submatrix für die Knoten A und B und damit auch die gesamte Tangentenmatrix für die Druckbelastung unsymmetrisch ist. Dies weißt darauf hin, daß der Druckbelastung kein Potential zugeordnet werden kann. Diese Nichtkonservativität soll hier nicht weiter betrachtet werden. Eine ausführliche Diskussion findet man z.B. in (SEWELL 1967) oder (SCHWEIZERHOF 1982).

Für zweidimensionale Probleme vereinfacht sich die Darstellung des Normalenvektors $\mathbf{n}$ erheblich, da dann der Basisvektor $\mathbf{g}_2$ durch den Einheitsvektor senkrecht zur Zeichenebene, $\mathbf{e}_3$, ausgedrückt werden kann, s. Bild 4.14. Es folgt

$$\hat{\boldsymbol{n}}_e=\mathbf{e}_3\times\boldsymbol{\varphi}_{e,\xi}=\begin{Bmatrix}-x_{2,\xi}\\ x_{1,\xi}\end{Bmatrix}. \qquad (4.140)$$

Die Ableitung der Komponenten des Ortsvektors der verformten Konfiguration läßt sich wieder aus dem isoparametrischen Ansatz für die Elementoberfläche, s. Bild 4.10 b und Sektion 4.2, bestimmen

$$x_{\alpha,\xi}=\sum_{A=1}^{m}N_A(\xi)_{,\xi}\,x_{\alpha\,A} \qquad (4.141)$$

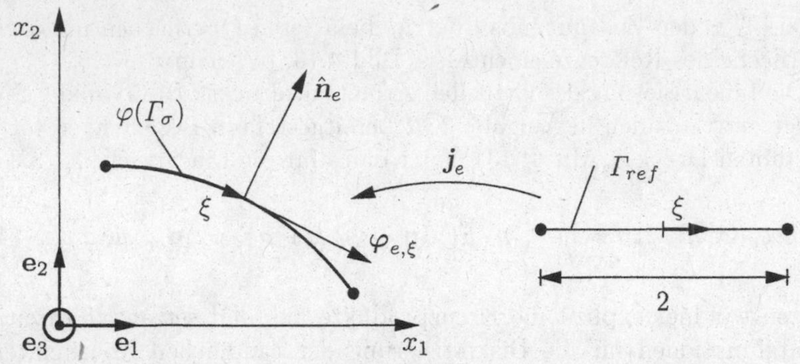

Bild 4.14. 2-D Diskretisierung verformungsabhängiger Lasten

Der Ausdruck (4.140) kann nun direkt in (4.135) eingesetzt werden, wenn die anderen dort auftretenden Größen entsprechend auf die zweidimensionale Beschreibung angepaßt werden. Man erhält

$$\int_{\varphi(\Gamma_\sigma)} \boldsymbol{\eta} \cdot \hat{p}\, \mathbf{n}\, da = \bigcup_{r=1}^{n_r} \sum_{A=1}^{m} \boldsymbol{\eta}_A^T\, \mathbf{r}_A(\mathbf{x}_e)\,, \text{ mit } \quad \mathbf{r}_A(\mathbf{x}_e) = \int_{-1}^{+1} \hat{p}\, N_A \begin{Bmatrix} -x_{2,\xi} \\ x_{1,\xi} \end{Bmatrix} d\xi\,. \tag{4.142}$$

Entsprechend der dreidimensionalen Vorgehensweise kann auch hier die Tangentenmatrix hergeleitet werden. Wir erhalten mit (3.336) und (4.137) direkt aus (4.142) die Tangentenmatrix

$$\int_{\Gamma_{ref}} \boldsymbol{\eta} \cdot \hat{p}\, (\mathbf{e}_3 \times \Delta \mathbf{u}_{,\xi}\,)\, d\xi = \bigcup_{r=1}^{n_r} \sum_{A=1}^{m} \sum_{B=1}^{m} \boldsymbol{\eta}_A^T\, \bar{\boldsymbol{k}}_{AB}\, \Delta \boldsymbol{u}_B\,, \tag{4.143}$$

wobei die Submatrix $\bar{\boldsymbol{k}}_{AB}$ die folgende Form hat

$$\bar{\boldsymbol{k}}_{AB} = \int_{-1}^{+1} \hat{p}\, N_A\, N_{B\,,\xi} \begin{bmatrix} 0 & -1 \\ 1 & 0 \end{bmatrix} d\xi\,. \tag{4.144}$$

Aufgabe 4.5: Für den Fall der Rotationssymmetrie ist der Lastvektor sowie die zugehörige Tangentenmatrix für eine verformungsabhängige, aber konstante Druckbelastung herzuleiten. Die Gleichungen sind für ein Element mit linearen isoparametrischen Verschiebungsansätzen zu spezifizieren.

Lösung: Zur Erfassung der gesamten Belastung benötigt man bei der Rotationssymmetrie eine Umfangsintegration. Damit wird aus (4.142)

$$g_P(\boldsymbol{\varphi}\,, \boldsymbol{\eta}) = \int_{\varphi(\Gamma_\sigma)} \boldsymbol{\eta} \cdot \hat{p}\, \mathbf{n}\, da = 2\,\pi \int_{-1}^{+1} \boldsymbol{\eta} \cdot \hat{p}\, (\mathbf{e}_3 \times \boldsymbol{\varphi}_{,\xi}\,)\, r(\xi)\, d\xi\,. \tag{4.145}$$

Für die Testfunktion $\boldsymbol{\eta}$ und die Deformation $\boldsymbol{\varphi}$ werden lineare Ansätze, s. (4.17), gewählt, die die in Bild 4.15 dargestellte Diskretisierung erlauben.

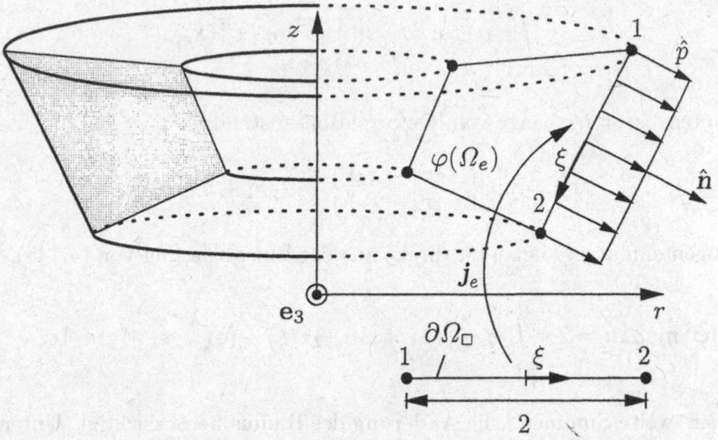

Bild 4.15. Diskretisierung einer rotationssymmetrischen Folgelast

Damit erhalten wir für den Radius r_e im Element

$$r_e = \sum_{B=1}^{2} N_B(\xi)\, r_B \quad \text{mit} \quad N_B = \frac{1}{2}\,(\,1 + \xi_A\,\xi\,)\,. \tag{4.146}$$

Die Koordinaten ξ_A entsprechen den Knotenkoordinaten des Referenzelementes $\partial\Omega_\square$, s. Bild 4.15, dies entspricht $\xi_1 = -1$ und $\xi_2 = 1$. Die Testfunktion und die Deformation werden in gleicher Weise approximiert, es gilt dann für den linearen Ansatz

$$\boldsymbol{\eta} = \sum_{B=1}^{2} N_B(\xi)\,\boldsymbol{\eta}_B\,,\ \boldsymbol{\varphi}_e = \sum_{B=1}^{2} N_B(\xi)\,\mathbf{x}_B \quad \text{und} \quad \boldsymbol{\varphi}_{e,\xi} = \frac{1}{2}\,(\mathbf{x}_2 - \mathbf{x}_1)\,, \tag{4.147}$$

wobei leicht zu sehen ist, daß $\boldsymbol{\varphi}_{,\xi}$ der Tangentenvektor an den durch die Knoten 1 und 2 definierten Rand ist. Das Einsetzen der Diskretisierung in (4.145) liefert jetzt explizit

$$\int\limits_{\varphi(\Gamma_\sigma)} \boldsymbol{\eta} \cdot \hat{p}\,\mathbf{n}\,da = \bigcup_{r=1}^{n_r} \pi\,\hat{p} \sum_{A=1}^{2} \boldsymbol{\eta}_A^T\,[\mathbf{e}_3 \times (\mathbf{x}_2 - \mathbf{x}_1)] \int\limits_{-1}^{+1} N_A \sum_{B=1}^{2} N_B\, r_B\, d\xi\,. \tag{4.148}$$

Das in (4.148) enthaltene Integral läßt sich für die linearen Ansatzfunktionen exakt lösen:

$$\sum_{B=1}^{2} \int\limits_{-1}^{+1} \frac{1}{2}(1 + \xi_A \xi)\,\frac{1}{2}(1 + \xi_B \xi)\,d\xi = \sum_{B=1}^{2} \left[\,\frac{1}{2} + \frac{1}{6}\,\xi_A \xi_B\,\right] = \sum_{B=1}^{2} \gamma_{AB}\,.$$

Jetzt kann der diskretisierte Lastvektor (4.148) mit den in Bild 4.15 definierten Koordinaten und

$$\mathbf{e}_3 \times (\mathbf{x}_2 - \mathbf{x}_1) = \left\{\begin{array}{c} -(z_2 - z_1) \\ (r_2 - r_1) \end{array}\right\}$$

explizit angegeben werden

$$\int_{\varphi(\Gamma_\sigma)} \boldsymbol{\eta} \cdot \hat{p}\, \mathbf{n}\, da = \bigcup_{r=1}^{n_r} \sum_{A=1}^{2} \boldsymbol{\eta}_A^T\, \mathbf{r}_A^R(\mathbf{x}_e)\,. \tag{4.149}$$

Der Knotenvektor $\mathbf{r}_A^R$ hängt vom Deformationszustand ab

$$\mathbf{r}_A^R = \pi\, \hat{p} \begin{Bmatrix} -(z_2 - z_1) \\ (r_2 - r_1) \end{Bmatrix} (\gamma_{A1}\, r_1 + \gamma_{A2}\, r_2)\,. \tag{4.150}$$

Die Tangentenmatrix folgt jetzt direkt aus der Linearisierung von (4.145)

$$D\, g_p(\boldsymbol{\varphi}, \boldsymbol{\eta}) \cdot \Delta\mathbf{u} = 2\,\pi \int_{-1}^{+1} \boldsymbol{\eta} \cdot \hat{p}\, [\, (\mathbf{e}_3 \times \Delta\mathbf{u}_{,\xi}\,)\, r(\xi) + (\mathbf{e}_3 \times \boldsymbol{\varphi}_{e,\xi}\,)\, \Delta u_1\,]\, d\xi\,, \tag{4.151}$$

wobei der zweite Summand die Änderung des Radius berücksichtigt. Unter Beachtung der expliziten Form (4.150) und mit der matriziellen Darstellung des Kreuzproduktes

$$\mathbf{e}_3 \times (\mathbf{x}_2 - \mathbf{x}_1) = \begin{bmatrix} 0 & -1 \\ 1 & 0 \end{bmatrix} (\mathbf{x}_2 - \mathbf{x}_1)$$

erhalten wir das Ergebnis

$$\begin{aligned} D\, g_p(\boldsymbol{\varphi}, \boldsymbol{\eta}) \cdot \Delta\mathbf{u} = \bigcup_{r=1}^{n_r} \boldsymbol{\eta}_A^T\, \pi\, \hat{p} \Bigg\{ & \begin{bmatrix} 0 & -1 \\ 1 & 0 \end{bmatrix} (\Delta\boldsymbol{u}_2 - \Delta\boldsymbol{u}_1) \sum_{C=1}^{2} \gamma_{AC}\, r_C \\ & + \begin{bmatrix} 0 & -1 \\ 1 & 0 \end{bmatrix} (\mathbf{x}_2 - \mathbf{x}_1) \sum_{B=1}^{2} \gamma_{AB}\, \Delta u_{1\,B}) \Bigg\}\,, \end{aligned} \tag{4.152}$$

das sich mit $\Delta\boldsymbol{u}_2 - \Delta\boldsymbol{u}_1 = \sum_{B=1}^{2} \xi_B\, \Delta\boldsymbol{u}_B$ auch in die Form

$$\bigcup_{r=1}^{n_r} \sum_{A=1}^{2} \sum_{B=1}^{2} \boldsymbol{\eta}_A^T\, \bar{\boldsymbol{k}}_{AB}^R\, \Delta\boldsymbol{u}_B\,. \tag{4.153}$$

bringen läßt. Die Matrix $\bar{\boldsymbol{k}}_{AB}^R$ folgt nach einigen Umrechnungen mit der Abkürzung $\beta_A = \sum_{B=1}^{2} \gamma_{AB}\, r_B$ als

$$\bar{\boldsymbol{k}}_{AB}^R = \pi\, \hat{p} \begin{bmatrix} -(z_2 - z_1)\,\gamma_{AB} & -\beta_A\, \xi_B \\ \beta_A\, \xi_B + (r_2 - r_1)\,\gamma_{AB} & 0 \end{bmatrix}. \tag{4.154}$$

Damit sind alle benötigten Matrizen bekannt. Man beachte, daß in diesem Fall eine analytische Integration möglich ist, da die JACOBI-Determinante $\boldsymbol{j}_e$, die die isoparametrische Transformation auf das Referenzelement bewirkt, s. auch Bild 4.15, aus den Integralen (4.149) und (4.151) herausfällt.

5. Lösungsverfahren für zeitunabhängige Probleme

Problemstellungen aus der Festkörpermechanik führen i.d.R. auf nichtlineare partielle Differentialgleichungssysteme, die die zu lösenden Anfangsrandwertaufgaben beschreiben. Wählt man finite Elemente zur Ortsdiskretisierung des Randwertproblems, so entsteht ein System von nichtlinearen gewöhnlichen Differentialgleichungen in der Zeit. Zunächst wollen wir uns auf zeitunabhängige Probleme beschränken. Dann wird aus dem System gewöhnlicher Differentialgleichungen ein nichtlineares algebraisches Gleichungssystem

$$\boldsymbol{G}(\boldsymbol{v}) = \boldsymbol{0},$$

s. (4.65), aus dem die unbekannten Variablen $\boldsymbol{v} \in \mathbb{R}^N$ zu bestimmen sind (N gibt hier die Anzahl der Unbekannten an). Um für diese Gleichungen Lösungen zu gewinnen, sind im allgemeinen zwei unterschiedliche Aspekte zu betrachten. Dies sind

1. Überlegungen zur generellen Lösbarkeit der nichtlinearen Gleichungssysteme und
2. Formulierung von adäquaten numerischen Methoden und Algorithmen.

Die erste Fragestellung involviert Betrachtungen wie

- Existenz von Lösungen in einem vorgegebenen Bereich,
- Anzahl der Lösungen in diesem Bereich und
- Einfluß einer Änderung der Funktion $\boldsymbol{G}$ auf die Lösung.

Die Klärung dieser Fragestellungen erfordert Methoden der nichtlinearen Funktionalanalysis, die auf die nichtlinearen partiellen Differentialgleichungen angewendet werden müssen. Dieses Gebiet kann im Rahmen des vorliegenden Buches nicht vertieft werden, es sei jedoch im Zusammenhang mit der nichtlinearen Elastizitätstheorie auf die Bücher (MARSDEN and HUGHES 1983), (CIARLET 1988) oder (BRAESS 1992) verwiesen. Weitere Bücher, die sich allgemein mit diesem Thema beschäftigen, sind (VAINBERG 1964) oder (ORTEGA and RHEINBOLDT 1970). Wir wollen im weiteren annehmen, daß Lösungen der Gleichung $\boldsymbol{G}(\boldsymbol{v}) = \boldsymbol{0}$ existieren und uns hier nur den numerischen Methoden zur Bestimmung dieser Lösungen widmen.

Die Approximation der Lösungen für die Gleichung $\boldsymbol{G}(\boldsymbol{v}) = \boldsymbol{0}$ kann mit unterschiedlichen Methoden erzielt werden. Dazu gehören

1. Methoden zur Konstruktion von Mengen, die Lösungen enthalten,
2. Verfahren zum Auffinden aller Lösungen oder
3. Verfahren zur Approximation einer Lösung.

Die ersten beiden Methoden erfordern i.d.R. weitere Kenntnisse der zugehörigen Differentialgleichungen im Sinne der Funktionalanalysis. Aus diesem Grund werden wir uns hier nur mit Verfahren zur Approximation einer Lösung beschäftigen. Da eine direkte Lösung der Gleichung $\boldsymbol{G}(\boldsymbol{v}) = \boldsymbol{0}$ nicht möglich ist, werden i.d.R. iterative Lösungsverfahren zur Anwendung kommen. Iterative Lösungsverfahren erlauben wiederum verschiedene Herangehensweisen, die in den folgenden Abschnitten näher erläutert werden. Generell unterscheidet man

- Methoden, die auf Linearisierungen basieren,
- Minimierungsverfahren oder
- Reduktionsmethoden, die auf einfachere nichtlineare Gleichungen führen.

Wenn man eine Methode auswählt, dann sind noch die folgenden grundsätzlichen Fragen zu klären, die den Erfolg einer iterativen Methode und des zugehörigen Algorithmus ausmachen:

- Konvergiert der Algorithmus zur Lösung?
- Wie schnell ist diese Konvergenz? Hängt die Konvergenzgeschwindigkeit von der Größe des Problems ab?
- Wie effizient ist der Algorithmus?
  - Wieviele Rechenoperationen benötigt ein Iterationsschritt?
  - Wieviele Iterationen sind zur Erzielung einer ausreichenden Genauigkeit erforderlich?
  - Wieviel Kernspeicher benötigt das iterative Verfahren?

Die erste Frage betrifft die globalen Konvergenzeigenschaften des Algorithmus' und ist für den Anwender wichtig, denn der benötigt ein robustes und verläßliches iteratives Verfahrens zur Lösung seiner Problemstellungen. Auch die weiteren Fragen sind von großer Bedeutung. Die Effizienz hängt von mehreren Faktoren ab, die z.B. durch den linearen Gleichungslöser bei iterativen Methoden, die Elementformulierung und die Konvergenzgeschwindigkeit der Lösungsmethode bestimmt werden. So treten bei großdimensionierten Problemen nichtlineare Gleichungen mit vielen Unbekannten auf und erfordern einerseits große Speicherkapazitäten und andererseits viele Operationen. Wenn die Anzahl der Operationen bei Verfahren der Ordnung $O(N^2)$ quadratisch ansteigt, läßt die zugehörige Methode eventuell die Lösung von sehr großen Problemen nicht mehr zu. Insgesamt sind also Methoden mit $O(N)$ Operationen erstrebenswert und stellen zur Zeit ein lebhaftes Forschungsfeld dar, s. z.B. den Überblick in (Rheinboldt 1984) oder (Hackbusch 1991).

Da die Problemstellungen im Rahmen der nichtlinearen Strukturmechanik sehr unterschiedlich sind (geometrische Nichtlinearität, physikalische Nichtlinearität, Stabilitätsprobleme etc.) gibt es bisher kein iteratives Verfahren, das alle Problemstellungen effizient und robust behandeln kann. Daher werden in diesem Kapitel mehrere Methoden vorgestellt, die zur Lösung der Gleichung $\boldsymbol{G}(\boldsymbol{v}) = \boldsymbol{0}$ entwickelt wurden.

Finite-Element-Approximationen mit den in Kap. 4 beschriebenen Ansätzen führen auf ein System von nichtlinearen algebraischen Gleichungen mit N Unbekannten, s. (4.65) in Abschn. 4.2.1. Dieses Gleichungssystem kann für die folgenden Betrachtungen umgeschrieben werden

$$\boldsymbol{G}(\boldsymbol{v}, \lambda) = \boldsymbol{R}(\boldsymbol{v}) - \lambda\, \boldsymbol{P} = \boldsymbol{0}, \qquad \boldsymbol{v} \in \mathbb{R}^N . \tag{5.1}$$

Der Skalierungsfaktor λ, den wir auch Lastparameter nennen wollen, wird eingeführt, um bei der Bestimmung der Höhe des Lastniveaus noch eine Variationsmöglichkeit vorzuhalten. Dieser Parameter ist i.d.R. durch die Aufgabenstellung vorgegeben. Wir werden aber sehen, das es bei bestimmten Verfahren Sinn macht, λ als Variable zu betrachten.

Gleichung (5.1) soll durch die Anwendung eines iterativen Verfahrens gelöst werden. Für die Auswahl eines der Aufgabenstellung angemessenen Verfahrens sind die oben aufgeführten Faktoren von Bedeutung. Es existiert eine Vielzahl von angepaßten Algorithmen und Lösungsverfahren zur Behandlung nichtlinearer Probleme der Strukturmechanik. Sie werden ständig erweitert und fortgeführt. Häufige Verfahren zur Lösung der bei der Diskretisierung mittels der FEM entstehenden nichtlinearen Gleichungssysteme sind

- Fixpunkt-Verfahren,
- NEWTON-RAPHSON-Verfahren,
- Quasi-NEWTON-Verfahren,
- dynamische Relaxation und
- Kurvenverfolgungsverfahren.

Gleichungslöser haben einen wesentlichen Anteil an der effizienten Lösung von nichtlinearen Finite-Element-Analysen. Dies liegt einmal daran, daß bei der Anwendung der Methode der finiten Elemente sehr große Gleichungssysteme entstehen; zum anderen wird die Lösung nichtlinearer Gleichungssysteme in vielen Fällen auf eine Sequenz von linearen Subproblemen zurückgeführt. Während bei kleineren und mittleren Finite-Element-Netzen Eliminationsmethoden zur Lösung der linearen Gleichungssysteme bewährt sind, haben sich in letzter Zeit iterative Gleichungslöser wie die Methode der vorkonditionierten konjugierten Gradienten und Multigridverfahren für die effiziente Lösung großer Problem in den Vordergrund geschoben, für einen mathematischen Überblick s. z.B. (HACKBUSCH 1991) oder (SCHWETLICK und KRETSCHMAR 1991). Anwendungen aus dem Bereich der Festkörpermechanik innerhalb der Methode der finiten Elemente sind z.B. in (BRAESS 1992), (RUST 1991), (BOERSMA 1995) oder (KICKINGER 1996) zu finden. Verfahren wie die dynamische Relaxation gehen einen „Umweg"über die Dynamik, wo dann mit speichersparenden expliziten Integrationsverfahren eine statische Lösung erzielt wird, s. auch Abschn. 6.1.1.

Die Effizienz der unterschiedlichen Verfahren zur Lösung nichtlinearer Gleichungssysteme hängt also von den Aufgabenstellungen ab. So ist z.B. das NEWTON-RAPHSON Verfahren in Kombination mit direkten Lösern für kleindimensionierte Probleme aufgrund seiner geringen Anzahl von Iterationen sehr effizient, während bei großdimensionierten Problemen die Zeit zur Faktorisierung des beim NEWTON-RAPHSON Verfahren entstehenden Gleichungssystems so stark ansteigt, daß andere Methoden, wie Quasi-NEWTON-Verfahren oder dynamische Relaxation, wesentlich weniger Rechenzeit trotz deutlich höherer Iterationsanzahl beanspruchen. Jedoch hat die Entwicklung robuster iterativer Gleichungslöser in letzter Zeit den Trend bei großdimensionierten Problemstellungen umgekehrt, so daß gerade das NEWTON-RAPHSON-Verfahren wieder sehr effizient wird, wenn iterative Löser, die zur Lösung der auftretenden linearen Gleichungssysteme verwendet werden, nur $O(N)$ Operationen benötigen, s. z.B. (HACKBUSCH 1991), (MEYER 1990) oder (BOERSMA 1995).

5.1 Lösung nichtlinarer Gleichungssysteme

In diesem Abschnitt sollen drei heute gängige Algorithmen zur Lösung von nichtlinearen Finite-Element-Problemen, die durch Gl. (5.1) charakterisiert sind, vorgestellt und verglichen werden. Das bereits erwähnte Verfahren der dynamischen Relaxation ist eine aus der Dynamik abgeleitete Methode zur Lösung statischer Problemstellungen. Aus diesem Grund wird es später behandelt.

5.1.1 Newton-Raphson-Verfahren

Das wohl am häufigsten angewandte Verfahren zur iterativen Lösung von Systemen nichtlinearer algebraischer Gleichungen ist das NEWTON-RAPHSON-Verfahren. Es geht von einer TAYLORreihenentwicklung der Gl. (5.1) an einem bereits erreichten (also bekannten) Zustand $\boldsymbol{v}_k$ aus

$$\boldsymbol{G}(\,\boldsymbol{v}_k + \Delta\boldsymbol{v},\, \bar{\lambda}\,) = \boldsymbol{G}(\,\boldsymbol{v}_k,\, \bar{\lambda}\,) + D\,\boldsymbol{G}(\,\boldsymbol{v}_k,\, \bar{\lambda}\,)\,\Delta\boldsymbol{v} + \boldsymbol{r}(\,\boldsymbol{v}_k,\, \bar{\lambda}\,)\,. \tag{5.2}$$

Der Lastparameter $\bar{\lambda}$ stellt das Lastniveau dar, für das die Lösung zu bestimmen ist. In (5.2) bezeichnet $D\,\boldsymbol{G}\cdot\Delta\boldsymbol{v}$ die Richtungsableitung oder Linearisierung, s. Abschn. 3.5, von $\boldsymbol{G}$ an der Stelle $\boldsymbol{v}_k$. Die Linearisierung des Vektors $\boldsymbol{G}$ liefert eine Matrix, die auch als HESSE-, JACOBI- oder Tangentenmatrix bekannt ist. Sie soll im folgenden mit $\boldsymbol{K}_T$ abgekürzt werden, s. Abschn. 4.2.2 oder 4.2.4. Der Vektor $\boldsymbol{r}$ stellt das Restglied der TAYLORreihe dar. Vernachlässigt man das Restglied, so führt $\boldsymbol{G}(\,\boldsymbol{v}_k + \Delta\boldsymbol{v},\, \bar{\lambda}\,) = \boldsymbol{0}$ zu dem folgenden iterativen Algorithmus zur Bestimmung der Lösung von Gl. (5.1).

Setze Anfangswerte: $\mathbf{v}_0 = \mathbf{v}_k$.

Iterationsschleife $i = 0, 1, \ldots$ *bis zur Konvergenz*

1. Berechne $\boldsymbol{G}(\mathbf{v}_i, \bar{\lambda})$ und $\boldsymbol{K}_T(\mathbf{v}_i)$
2. Berechne Verschiebungsinkremente: $\boldsymbol{K}_T(\mathbf{v}_i)\, \Delta\mathbf{v}_{i+1} = -\boldsymbol{G}(\mathbf{v}_i, \bar{\lambda})$
3. Berechne neue Verschiebung: $\mathbf{v}_{i+1} = \mathbf{v}_i + \Delta\mathbf{v}_{i+1}$
4. Konvergenztest

$$\| \boldsymbol{G}(\mathbf{v}_{i+1}, \bar{\lambda}) \| \quad \begin{cases} \leq \text{TOL} \longrightarrow & \text{Setze : } \mathbf{v}_{k+1} = \mathbf{v}_{i+1}\,, \quad \text{STOP} \\ > \text{TOL} \longrightarrow & \text{Setze } i = i+1 \quad \text{gehe zu 1)} \end{cases}$$

Box 5.1. Algorithmus für das NEWTON-RAPHSON-Verfahren

In dem soweit beschriebenen Verfahren wird die iterative Lösung des Problems für den vorgegebenen Lastfaktor $\bar{\lambda}$ berechnet. Für ein eindimensionales Problem ist das Konvergenzverhalten im Bild 5.1 dargestellt. Dabei wurde die nichtlineare Gleichung $G(v, \bar{\lambda}) = R(v) - \bar{\lambda}\, P = 0$ normiert: $\hat{R}(v) - \bar{\lambda} = 0$.

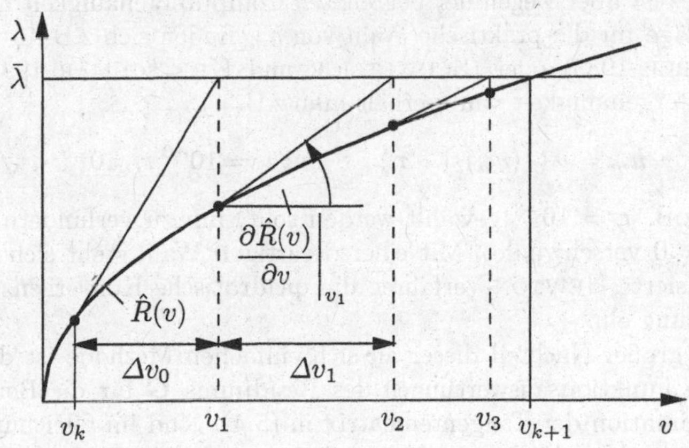

Bild 5.1. Veranschaulichung des NEWTON-RAPHSON-Verfahrens

Die Konvergenzgeschwindigkeit des NEWTON-RAPHSON-Verfahrens ist durch die Ungleichung $\| \mathbf{v}_{k+1} - \mathbf{v} \| \leq C \| \mathbf{v}_k - \mathbf{v} \|^2$ charakterisiert, wobei $\mathbf{v}$ die Lösung von (5.1) ist, s. z.B.((ISAACSON and KELLER 1966), S. 115) oder ((SCHWETLICK und KRETSCHMAR 1991), S. 195). Die durch diese Ungleichung manifestierte quadratische Konvergenz des NEWTON-RAPHSON-Verfahrens in der Nähe der Lösung (lokale Konvergenz) ist bei vielen Aufgabenstellungen von großem Vorteil, da oft nur wenige Iterationen benötigt werden, um die Lösung von (5.1) zu bestimmen. Dagegen steht der Nachteil, daß in jedem Iterationsschritt die Tangentenmatrix $\boldsymbol{K}_T$ neu aufgestellt und ein lineares Gleichungssystem gelöst werden muß, was sehr rechenintensiv ist.

Um die Schreibweise abzukürzen, wird das NEWTON-RAPHSON-Verfahrens im Buch auch häufig nur als NEWTON-Verfahren bezeichnet.

Da es häufig sehr aufwendig ist, die Tangentenmatrix in analytischer Form zu berechnen, könnte man auch auf die Idee kommen, die Ableitungen, die zur Tangentenmatrix führen, durch Differenzenquotienten zu ersetzen. Dann spricht man auch von einem diskretisierten NEWTON-Verfahren. Die Vorgehensweise beruht auf der Verwendung des vorderen Differenzenquotienten. Mit diesem folgt für die m-te Spalte der Tangentenmatrix die Näherung

$$\boldsymbol{k}_m \approx \frac{1}{h_m} \left[\boldsymbol{G}(\boldsymbol{v}_i + h_m \, \boldsymbol{e}_m \, , \bar{\lambda}) - \boldsymbol{G}(\boldsymbol{v}_i \, , \bar{\lambda}) \right] . \tag{5.3}$$

Hierin sind h_m die Schrittweite und $\boldsymbol{e}_m$ ein Vektor, der bis auf die Stelle m, an der er den Wert 1 annimmt, überall null ist. Die Tangentenmatrix setzt sich jetzt bei N Unbekannten aus den Spalten $\boldsymbol{k}_m$ wie folgt zusammen

$$\boldsymbol{K}_T = [\, \boldsymbol{k}_1 \quad \boldsymbol{k}_2 \quad \cdots \quad \boldsymbol{k}_m \quad \cdots \quad \boldsymbol{k}_N \,] \, . \tag{5.4}$$

Die Schrittweite in (5.3) sollte so gewählt werden, daß die Approximation der Tangentmatrix möglichst gut ist. Optimal wäre ein sehr kleiner Wert für h_m. Dies ist aber wegen der begrenzten Computergenauigkeit nicht möglich. Vorschläge für die praktische Wahl von h_m finden sich z.B. in (DENNIS and SCHNABEL 1983) oder (SCHWETLICK und KRETSCHMAR 1991). Bei einer Computergenauigkeit von η erhält man z.B.

$$h_m = \nu \, (\, | \, (v_m)_i \, | + \tau \,) \qquad \text{mit } \nu = 10^{-3} \ldots 10^{-5} < \sqrt{\eta} \, , \tag{5.5}$$

wobei z.B. $\tau = 10^{-3}$ gewählt werden sollt, um zu verhindern, daß h_m für $(v_m)_i = 0$ verschwindet. Mit einer derartigen Wahl stellt sich auch für das diskretisierte NEWTON-Verfahren die quadratische Konvergenz in der Nähe der Lösung ein.

Ein großer Nachteil dieser an sich einfachen Methode ist die große Anzahl an Funktionsauswertungen des Residuums $\boldsymbol{G}$ für die Berechnung der Approximation der Tangentenmatrix in (5.4). Sind im Gleichungssystem N unbekannte Verschiebungen zu berechnen, so sind auch N Auswertungen des Residuums vorzunehmen, was dieses Verfahren für große Systeme zu ineffizient macht. Jedoch kann diese Methodik sehr hilfreich bei der Entwicklung von nichtlinearen finiten Elementen sein, da man mit Hilfe der Differenzenquotienten die analytisch entwickelten Tangentenmatrizen auf Elementebene überprüfen kann. Auch bei komplizierten Materialgesetzen läßt sich der Differenzenquotient für die Bestimmung der inkrementellen Stofftensoren einsetzen. Wir werden auf diese Anwendung im Kap. 6 zurückkommen.

5.1.2 Modifiziertes Newton-Verfahren

Eine einfache Änderung des NEWTON-RAPHSON-Verfahrens besteht darin, die Tangentenmatrix nicht in jedem Iterationsschritt oder sogar nur einmal zu

Beginn der Iteration aufzustellen, s. Bild 5.2. Dann spricht man vom modifizierten NEWTON-Verfahren. Dieses Vorgehen hat den offensichtlichen Vorteil, daß beim Lösen des Gleichungssystems $\boldsymbol{K}_T(\boldsymbol{v}_i)\,\Delta\boldsymbol{v}_{i+1} = -\boldsymbol{G}(\boldsymbol{v}_i, \bar{\lambda})$ in Box 5.1 die Tangentenmatrix $\boldsymbol{K}_T(\mathbf{v}_i)$ nur ein oder wenige Male invertiert werden muß. Dabei kann erheblich Rechenzeit gespart werden kann, da die Invertierung oder Dreieckszerlegung von $\boldsymbol{K}_T(\boldsymbol{v}_i)$ im ungünstigsten Fall $O(N^3)$ Operationen benötigt, während das Rückwärtseinsetzen zur Berechnung der neuen Lösung mit der alten Tangentenmatrix nur $O(N^2)$ Operationen – also um eine Größenordnung weniger Operationen – erfordert.

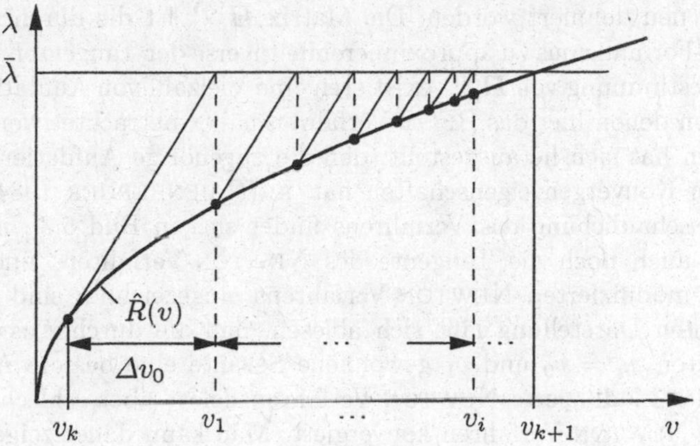

Bild 5.2. Modifiziertes NEWTON-RAPHSON-Verfahren

Dagegen steht jedoch die nur lineare Konvergenz des geänderten Algorithmus, die sich besonders dann auswirkt, wenn sich die Tangentenmatrix $\boldsymbol{K}_T$ stark während der Iteration ändert. Die langsame Konvergenz läßt sich auch sehr gut aus Bild 5.2 ablesen, in dem prinzipiell das modifizierte NEWTON-RAPHSON-Verfahren dargestellt ist. Hierin ist die Tangentenmatrix $\boldsymbol{K}_T$ nur einmal zu Beginn der Iteration aufgestellt worden. Man spricht dann auch anschaulich vom Verfahren der Anfangssteifigkeiten, da $\boldsymbol{K}_T(\mathbf{v}_0)$ die Systemsteifigkeit zu Beginn der Iteration repräsentiert. Wegen der schlechten Konvergenzeigenschaften wird das modifizierte NEWTON-Verfahren jedoch in der Praxis nur dort mit Erfolg eingesetzt, wo schwache Nichtlinearitäten vorliegen.

5.1.3 Quasi-Newton-Verfahren

Da beim NEWTON-RAPHSON-Verfahren jeweils die aktuelle tangentiale Steifigkeitsmatrix $\boldsymbol{K}_T$ verwendet wird, kann es bei großdimensionierten Problemen sinnvoll sein, diese Matrix näherungsweise zu berechnen. Die Grundidee eines Quasi-NEWTON-Verfahrens ist es, die Inverse von $\boldsymbol{K}_T(\boldsymbol{v}_i)$, die im Algorithmus in Box 5.1 benötigt wird, möglichst genau und mit wenig Rechenaufwand zu approximieren. Dazu soll die Gleichung

$$\boldsymbol{K}_{T\,i}^{QN}\,(\boldsymbol{v}_i - \boldsymbol{v}_{i-1}) = -(\boldsymbol{G}_i - \boldsymbol{G}_{i-1}) \tag{5.6}$$

erfüllt werden, die anstelle der Tangente $\boldsymbol{K}_T(\boldsymbol{v}_i)$ die Sekante $\boldsymbol{K}_{T\,i}^{QN}$ einführt. Diese Beziehung kann auch für die Inverse $\boldsymbol{H}_i^{QN}$ von $\boldsymbol{K}_T^{QN}$ angeschrieben werden

$$\boldsymbol{H}_i^{QN}\,\boldsymbol{g}_i = \boldsymbol{w}_i\,. \tag{5.7}$$

Hierin sind zur Abkürzung die Vektoren $\boldsymbol{g}_i = -(\boldsymbol{G}_i - \boldsymbol{G}_{i-1})$ und $\boldsymbol{w}_i = \boldsymbol{v}_i - \boldsymbol{v}_{i-1}$ neu definiert worden. Die Matrix $\boldsymbol{H}_i^{QN}$ ist die durch den Quasi-NEWTON-Formalismus zu approximierende Inverse der Tangentenmatrix $\boldsymbol{K}_T$. Für die Bestimmung von $\boldsymbol{H}_i^{QN}$ existieren eine Vielzahl von Aufdatierungsverfahren, von denen hier das BFGS-Verfahren näher betrachtet werden sollen. Bei diesem hat sich herausgestellt, daß die zugehörige Aufdatierungsformel die besten Konvergenzeigenschaften hat, s. ((LUENBERGER 1984), S. 269). Ein Veranschaulichung des Verfahrens findet sich in Bild 5.3, in dem zum Vergleich auch noch die Tangente des NEWTON-Verfahrens und die Steigung des modifizierten NEWTON-Verfahrens eingezeichnet sind. An dieser vereinfachten Darstellung läßt sich ablesen, daß die durch Auswertung an den Punkten $v_k = v_0$ und v_1 gewonnene Sekante eine bessere Approximation als das modifizierte NEWTON-Verfahren liefert aber schlechter als das klassische NEWTON-Verfahren konvergiert. Man kann daher zeigen, daß ein Quasi-NEWTON-Verfahren überlineare Konvergenzeigenschaften hat, s. z.B. (LUENBERGER 1984) oder (SCHWETLICK und KRETSCHMAR 1991).

Das BFGS-Verfahren – nach den Entwicklern BROYDEN, FLETCHER, GOLDFARB und SHANNO benannt –, das ursprünglich für nichtlineare Optimierungsprobleme entwickelt wurde, gehört in die Klasse der Verfahren, die in jedem Iterationsschritt versuchen, die Inverse der Tangentenmatrix durch eine Sekante zu approximieren, s. Gl. (5.7). Auch bei der BFGS-Methode kann der in Box 5.1 angegebene Algorithmus weiter verwendet werden. Es muß nur die bei der Lösung des Gleichungssystems unter Punkt 2.) benötigte Matrix $\mathbf{K}_T$ entsprechend ausgetauscht werden.

Da eine detaillierte Ableitung der BFGS-*updates* zu aufwendig wäre, soll neben der o.g. Grundidee nur noch das Endergebnis angegeben werden. Aus mathematischer Sicht wird die Methode ausführlich z.B. in (LUENBERGER 1984) diskutiert. Die Anwendung innerhalb der Methode der finiten Elemente findet sich in (MATTHIES and STRANG 1979) oder (BATHE 1982).

Die Änderung der Inversen der Matrix $\boldsymbol{K}_T$ erfolgt beim BFGS-Verfahren durch eine Aufdatierungsformel (Rank-2-*update*), die wie folgt definiert ist

$$\boldsymbol{K}_{T\,i}^{-1} \approx \boldsymbol{H}_i^{QN} = (\,\boldsymbol{1} + \boldsymbol{a}_i\,\boldsymbol{b}_i^T\,)\,\boldsymbol{H}_{i-1}^{QN}\,(\,\boldsymbol{1} + \boldsymbol{b}_i\,\boldsymbol{a}_i^T\,)\,. \tag{5.8}$$

Dabei sind die Definitionen

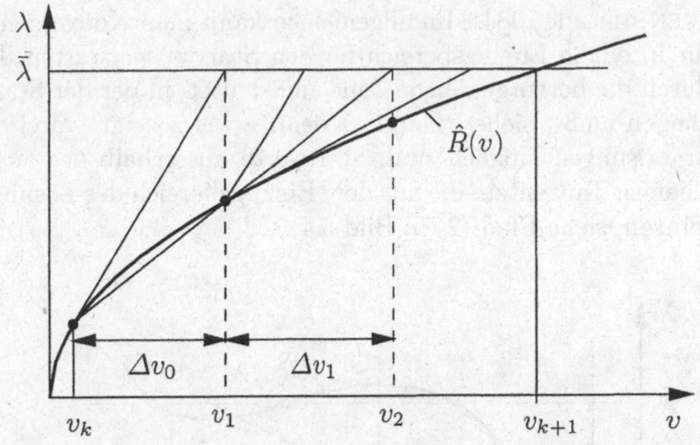

Bild 5.3. Veranschaulichung des BFGS-Verfahrens

$$
\begin{aligned}
\boldsymbol{w}_i &= \boldsymbol{v}_i - \boldsymbol{v}_{i-1} \\
\boldsymbol{g}_i &= \boldsymbol{G}_{i-1} - \boldsymbol{G}_i \\
\boldsymbol{a}_i &= \frac{1}{\boldsymbol{g}_i^T\,\boldsymbol{w}_i}\,\boldsymbol{w}_i \\
\boldsymbol{b}_i &= -\left\{ \boldsymbol{g}_i - \left[\frac{\boldsymbol{w}_i^T\,\boldsymbol{g}_i}{\boldsymbol{w}_i^T\,\boldsymbol{K}_{i-1}^{QN}\,\boldsymbol{w}_i} \right]^{\frac{1}{2}} \boldsymbol{G}_{i-1} \right\}
\end{aligned}
\tag{5.9}
$$

verwendet worden. Dieser *update* bewahrt die Symmetrie von $\boldsymbol{K}_{i-1}^{QN}$. Man beachte weiter, daß $\boldsymbol{K}_{i-1}^{QN}\,\boldsymbol{w}_i = -\boldsymbol{G}_{i-1}$ und somit bereits bekannt ist. Durch die Form von Gl. (5.8) muß $\boldsymbol{K}_T$ nur einmal zu Beginn der Iteration faktorisiert werden, was bei großen Gleichungssystemen den zeitaufwendigsten Teil der Lösung darstellt. Wie man leicht sieht, entstehen bei der Multiplikation von $\boldsymbol{K}_T(\boldsymbol{v}_i)^{-1}$ mit $\boldsymbol{G}_{i+1}$ zur Berechnung von $\Delta\boldsymbol{v}_{i+1}$ (nach Punkt 2.) von Box 5.1) nur Skalarprodukte, die schnell berechenbar sind. Damit muß auch die neue Approximation der Inversen nicht explizit aufgebaut werden, sondern es reicht die Durchmultiplikation mit den Vektoren $0 \leq j \leq i-1$ aus. Dies erfordert die Abspeicherung aller j Vektoren $\boldsymbol{a}_j$, $\boldsymbol{b}_j$ und $\boldsymbol{g}_j$. In praktischen Anwendungen wird man aus Speicherplatzgründen nur eine bestimmte Anzahl von Vektoren $\boldsymbol{a}_j$, $\boldsymbol{b}_j$ vorhalten (ein praxigerechter Bereich ist z.B. $0 < j < 15$). Man spricht dann auch von einem partiellen BFGS-Verfahren. Es sei hier noch angemerkt, daß ein explizites Multiplizieren entsprechend Gl. (5.8) die Bandstruktur von $\boldsymbol{K}_T(\boldsymbol{v})^{-1}$ zerstören würde, da die dyadischen Produkte $\boldsymbol{a}_i\,\boldsymbol{b}_i^T$ zu vollbesetzten Matrizen führen.

5.1.4 Gedämpftes Newton Verfahren, Line-Search

Häufig genug ist das Aufbringen der gesamten Belastung in einem Schritt nicht möglich, da das NEWTON-RAPHSON-Verfahren nur lokal konvergiert,

s. z.B. (LUENBERGER 1984). Im allgemeinen kann man Konvergenz zu einer Lösung nur in einem Einzugsbereich für den Startwert erwarten. Dies ist in Bild 5.4 durch die hervorgehobene Zone angedeutet, in der der Startwert der Iteration liegen muß (siehe Pfad (1)) wenn – wie gezeigt – drei oder sogar noch mehr Lösungen möglich sind. Startwerte ausserhalb des angegebenen Bereiches liefern Tangenten, die aus dem Einzugsbereich des Lösungspunktes P herausführen, siehe Pfad (2) in Bild 5.4.

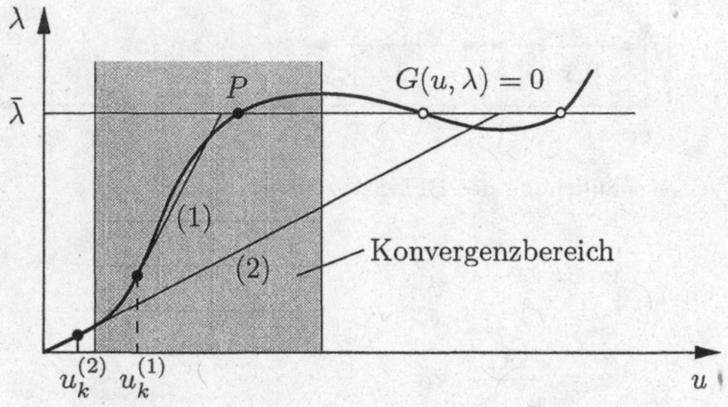

Bild 5.4. Konvergenzbereich des NEWTON-RAPHSON-Verfahrens

Trotz dieser Schwierigkeit gibt es mehrere Möglichkeiten, zu einer Lösung des Problems zu gelangen. Zunächst kann man versuchen, die Belastung in n_{ink} Inkrementen aufzubringen. Dabei wird die durch $\bar{\lambda}$ vorgegebene Belastung wie folgt aufgeteilt: $\bar{\lambda} = \sum_{i=1}^{n_{ink}} \Delta\lambda_i$. Jetzt kann der Algorithmus in Box 5.1 innerhalb einer Schleife über die Lastinkremente $\Delta\lambda_i$ aufgerufen werden. Hierbei wird das nichtlineare Problem n_{ink}-mal gelöst, was jedoch einen erheblichen Mehraufwand gegenüber der anfänglich gestellten Aufgabe bedeutet.

Eine weitere Möglichkeit, ein global konvergentes Verfahren zu konstruieren, ist durch die Einführung einer „Dämpfung"der NEWTON-RAPHSON-Iteration gegeben. Dazu wird der NEWTON-RAPHSON-Algorithmus, s. Box 5.1, umgeschrieben, so daß die Berechnung der neuen Verschiebungen, s. Punkt 3, jetzt durch

$$\mathbf{v}_{i+1} = \mathbf{v}_i + \alpha_i\, \Delta\mathbf{v}_{i+1} = \mathbf{v}_i - \alpha_i\, \mathbf{K}_{T\,i}^{-1}\, \mathbf{G}_i \tag{5.10}$$

erfolgt. Damit wird vermieden, daß eine Situation – wie in Bild 5.4, Pfad (2), dargestellt – auftreten kann, bei der die Lösung zu einem anderen Minimum springt. Dies führt bei mehrdimensionalen Problemen der Festkörpermechanik oft zur Divergenz der Lösung, so daß überhaupt keine Lösung erhalten wird.

Für eine Dämpfung des Verfahrens ist α_i so zu wählen, daß dieser Faktor zwischen 0 und 1 liegt. Dies könnte heuristisch erfolgen, also vom Anwender vorgegeben werden. Besser ist es jedoch ein mathematisch basiertes Verfahren zu entwickeln, mit dem α_i bestimmt werden kann. Das zugehörige Verfahren darf natürlich nicht zu aufwendig sein. Ausgehend von der Idee eines Abstiegsverfahrens, daß das Residuum in jedem Schritt reduziert wird

$$\| \boldsymbol{G}_{i+1} \| = \| \boldsymbol{G}(\boldsymbol{v}_i + \alpha_i \Delta \boldsymbol{v}_{i+1}) \| < \| \boldsymbol{G}_i \| ,$$

ist es sinnvoll, die Energie des Systems zu minimieren, um im Einzugsbereich der Lösung zum Punkt P zu bleiben. Neben der Energie kann man aber auch noch ganz allgemein die Funktion

$$f(\boldsymbol{v}) = \boldsymbol{G}(\boldsymbol{v})^T \, \boldsymbol{G}(\boldsymbol{v}) \tag{5.11}$$

minimieren, da die zugehörige Lösung auch Lösung von $\boldsymbol{G}(\boldsymbol{v}) = \boldsymbol{0}$ ist. Zur Bestimmung von α_i ist dann entweder die Energie des Systems oder (5.11) in Abhängigkeit von α_i anzuschreiben, was auf eine skalare Beziehung zur Bestimmung von α_i führt. Für hyperelastische Festkörper schreiben wir die Energie $\Pi(\boldsymbol{v})$, s. (3.283), jetzt in Abhängigkeit von α_i. Die zugehörige Minimalforderung lautet $\Pi(\alpha_i) \longrightarrow MIN$. Das Minimum wird für

$$\frac{\partial \Pi}{\partial \alpha_i} = \frac{\partial \Pi}{\partial \boldsymbol{v}} \, \frac{\partial \boldsymbol{v}}{\partial \alpha_i} = \boldsymbol{G}(\alpha_i)^T \, \Delta \boldsymbol{v}_{i+1} = 0 \tag{5.12}$$

angenommen. Ausgeschrieben muß also der Skalierungsparameter α_i die Bedingung

$$g(\alpha_i) = \Delta \boldsymbol{v}_{i+1}^T \, \boldsymbol{G}(\boldsymbol{v}_i + \alpha_i \, \Delta \boldsymbol{v}_{i+1} \, , \bar{\lambda}) = 0 \tag{5.13}$$

erfüllen. Ein ähnliches Resultat erhält man, wenn als Basis (5.11) verwendet wird

$$g(\alpha_i) = -\boldsymbol{G}_i^T \, \boldsymbol{G}\,(\boldsymbol{v}_i + \alpha_i \, \Delta \boldsymbol{v}_{i+1} \, , \bar{\lambda}) = 0 \tag{5.14}$$

Um aus (5.13) oder (5.14) α_i zu bestimmen, könnte man das NEWTON-Verfahren verwenden, was jedoch viel zu aufwendig wäre. Effiziente Möglichkeiten zur näherungsweisen Bestimmung von α_i sind durch inexakte *line-search* Verfahren gegeben. Zur Nullstellenbestimmung von (5.13) kann das Sekantenverfahren Anwendung finden, das auch als *regula falsi* Methode bekannt ist. Dies benötigt nur Funktionsauswertungen von $\boldsymbol{G}$. Der *line-search* wird nur dann ausgeführt, wenn wirklich eine Nullstelle von (5.13) im Bereich $0 \leq \alpha_i \leq 1$ vorhanden ist, da wir den Einzugsbereich der Lösung einschränken wollen und somit kein $\alpha_i > 1$ zulassen. Die zugehörige Bedingung, daß eine Nullstelle zwischen 0 und 1 vorhanden ist, lautet dann, wenn man für α_i gleich 0 und 1 in (5.13) einsetzt: $g(0) \cdot g(1) < 0$. Ist diese Bedingung erfüllt, wird die Iterationsvorschrift (Iterationsindex $k = 1, 2, \ldots$)

$$\alpha_i^{k+1} = \alpha_i^k - g(\alpha_i^k) \left[\frac{\alpha_i^k - \alpha_i^{k-1}}{g(\alpha_i^k) - g(\alpha_i^{k-1})} \right] \tag{5.15}$$

angewendet, um die Nullstelle zu bestimmen. Wie oben bereits erwähnt, muß mit diesem Verfahren nicht die genaue Nullstelle von (5.13) bestimmt werden. In den meisten praktischen Fällen reicht es aus, die Iteration (5.15) abzubrechen, wenn die Bedingung

$$| g(\alpha_i^{k+1}) | \leq 0.8 \, | g(0) | \tag{5.16}$$

erfüllt ist, s. z.B. (CRISFIELD 1991). Weitere Abbruchkriterien sind z.B. die ARMIJO Regel oder der GOLDSTEIN Test; sie sind in (LUENBERGER 1984) oder (BAZARAA et al. 1993) genauer beschrieben.

5.1.5 Bogenlängenverfahren

Wie in Bild 5.4 aufgezeigt, muß der Lösungspfad von $G(v, \lambda) = 0$ nicht mehr eine eindeutige Lösung für jeden Lastparameter λ besitzen. In derartigen Fällen wird man mit den bisher beschriebenen Verfahren, bei denen für ein vorgegebenes $\bar{\lambda}$ die Lösung gesucht wurde, den Bereich nach dem Maximum der Kurve nicht erreichen können. Genauer ist dies noch in Bild 5.5 herausgestellt, in dem eine Lastverschiebungskurve angegeben ist, die sogar einen in der Verschiebung rückläufigen Teil zwischen den Punkten L_1 und L_2 aufweist.

Die vollständige Verfolgung von allgemeinen nichtlinearen Lösungspfaden der Gl. (5.1) ist von praktischem Interesse, wenn man das Verhalten einer Tragstruktur in überkritischen Bereichen kennenlernen möchte. Dies kann z.B. der Nachbeulbereich einer Struktur sein oder mit der Berechnung von Materialinstabilitäten im Entfestigungsbereich verknüpft sein. Aus diesem Grund wurden Kurvenverfolgungsverfahren entwickelt, mit denen es möglich ist, beliebige nichtlineare Lösungspfade zu verfolgen. Dies gelingt auch dann, wenn singuläre Punkte, an denen die Determinante der Tangentenmatrix gleich null ist, auf diesen Lösungsästen vorhanden sind. Methoden, die dies erlauben, sind auch unter den Bezeichnungen Bogenlängen- oder Fortsetzungsverfahren bekannt. Sie sollen hier wegen ihrer allgemeinen Anwendbarkeit im Detail diskutiert werden. Insbesondere sind diese Algorithmen notwendig, wenn nachkritische Lösungspfade berechnet werden sollen, bei denen stabile Lösungen nicht mehr existieren.

Das Bild 5.5 charakterisiert eine allgemeine nichtlineare Lösungskurve, die neben zwei Limitpunkten L_1 und L_2 auch noch einen Verzweigungspunkt B enthält, an dem die Lösung in einen anderen Lösungsast abzweigen kann. Eine genaue Definition dieser singulären Punkte und Algorithmen für die Berechnung der Stabilitätspunkte werden im Kap. 7) angegeben. Hier sollen nur Verfahren entwickelt werden, mit denen die Lösungspunkte der nichtlinearen Gleichung $\boldsymbol{G}(\boldsymbol{v}, \lambda) = \boldsymbol{0}$ bestimmt werden können.

Da die Kurvenverfolgungsverfahren etabliert sind, steht auch eine ganze Reihe von Literatur zur Verfügung, die mit der ersten Arbeit auf diesem Gebiet von (RIKS 1972) beginnt. In den folgenden Jahren wurden dann unterschiedliche Varianten angegeben und in ihrer Effizienz diskutiert. Hierzu

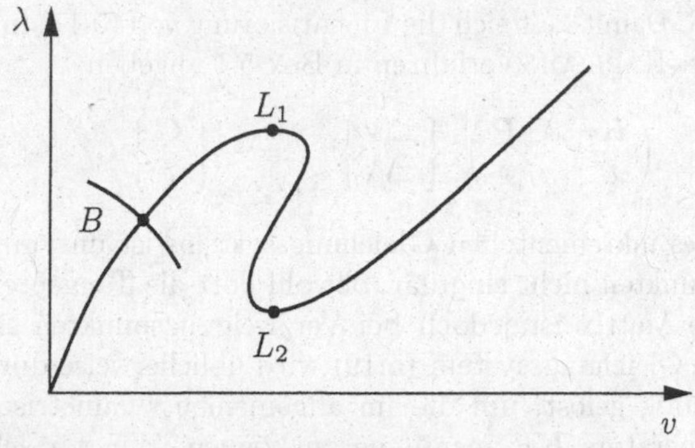

Bild 5.5. Nichtlineare Lastverschiebungskurve

sei auf die Arbeiten von (KELLER 1977), (RAMM 1981), (CRISFIELD 1981), (SCHWEIZERHOF and WRIGGERS 1986) und (WAGNER 1991) hingewiesen. Ein Überblick kann z.B. in (RIKS 1984), (WAGNER und WRIGGERS 1988) oder (CRISFIELD and SHI 1991) gefunden werden.

Die wesentliche Idee der Fortsetzungsverfahren ist, eine Zwangsbedingung zu dem nichtlinearen Satz von Gleichungen (5.1) hinzuzufügen, um den noch unbekannten Lastparameter bestimmen zu können. Damit erweitert sich (5.1), und wir erhalten mit Einführung des verallgemeinerten Verschiebungsvektors $\boldsymbol{w}$ das Gleichungssystem

$$\tilde{\boldsymbol{G}}(\boldsymbol{w}) = \left\{ \begin{array}{c} \mathbf{G}(\mathbf{v}, \lambda) \\ f(\mathbf{v}, \lambda) \end{array} \right\} = \mathbf{0}, \quad \boldsymbol{w} = \left\{ \begin{array}{c} \mathbf{v} \\ \lambda \end{array} \right\} \tag{5.17}$$

mit der allgemeinen Form der Zwangsbedingung $f(\mathbf{v}, \lambda) = 0$. Basierend auf dieser Formulierung können nun spezielle Techniken entwickelt werden, die neben verschiedenen Varianten des Bogenlängenverfahrens auch die Laststeuerung und die Verschiebungssteuerung als Spezialfälle enthalten. Wenn diese Methoden im Rahmen des NEWTON-RAPHSON-Verfahrens angewendet werden sollen, so ist Gl. (5.17) konsistent zu linearisieren, s. z.B. (SCHWEIZERHOF and WRIGGERS 1986). Die Linearisierung des Systems (5.17) an einem schon berechneten Zustand $\boldsymbol{w}_i = (\mathbf{v}_i, \lambda_i)$, liefert

$$D\,\tilde{\boldsymbol{G}}(\boldsymbol{w}_i) \cdot \Delta \boldsymbol{w} = \left\{ \begin{array}{c} D\,\boldsymbol{G}(\mathbf{v}_i, \lambda_i) \cdot \Delta \mathbf{v} + D\,\boldsymbol{G}(\mathbf{v}_i, \lambda_i) \cdot \Delta \lambda \\ D\,f(\mathbf{v}_i, \lambda_i) \cdot \Delta \mathbf{v} + D\,f(\mathbf{v}_i, \lambda_i) \cdot \Delta \lambda \end{array} \right\} . \tag{5.18}$$

Die bei der Linearisierung auftretenden Größen können jetzt weiter spezifiziert werden. $D\,\boldsymbol{G}(\mathbf{v}, \lambda) = \boldsymbol{K}_T$ repräsentiert die bereits beim NEWTON-RAPHSON-Verfahren eingeführte Tangentenmatrix. Mit (5.1) kann der Ausdruck $D\,\boldsymbol{G}(\mathbf{v}, \lambda) \cdot \Delta\lambda = -\boldsymbol{P}\,\Delta\lambda$ explizit bestimmt werden. Weiterhin wird die Definition $D\,f \cdot \Delta \mathbf{v} = \boldsymbol{f}^T\,\Delta \mathbf{v}$ eingeführt, wobei $\boldsymbol{f}^T = \nabla_v f$ der Gradient von der Nebenbedingung f bezüglich der Verschiebung $\mathbf{v}$ ist. Schließlich liefert der Term $D\,f(\mathbf{v}, \lambda) \cdot \Delta\lambda = f_{,\lambda}\,\Delta\lambda$ die partielle Ableitung von f nach dem

Lastparameter λ. Damit läßt sich die Linearisierung von (5.17) in Matrixform für das NEWTON-RAPHSON Verfahren in Box 5.1 angeben

$$\begin{pmatrix} \boldsymbol{K}_T & -\boldsymbol{P} \\ \boldsymbol{f}^T & f_{,\lambda} \end{pmatrix}_i \begin{Bmatrix} \Delta \boldsymbol{v} \\ \Delta \lambda \end{Bmatrix}_{i+1} = - \begin{Bmatrix} \boldsymbol{G} \\ f \end{Bmatrix}_i . \tag{5.19}$$

Die Matrix dieses inkrementellen Gleichungssystems ist unsymmetrisch. Sie wird bei Limitpunkten nicht singulär, obwohl dort die Tangentenmatrix $\boldsymbol{K}_T$ singulär ist. Die Matrix ist jedoch bei Verzweigungspunkten singulär. Das unsymmetrische Gleichungssystem (5.19) wird üblicherweise durch eine Partitionierungstechnik gelöst, um die im allgemeinen symmetrische Struktur des Tangentenoperators $\boldsymbol{K}_T$ ausnützen zu können. Wie wir sehen werden, ist diese Vorgehensweise sehr effizient. Man verliert aber die Eigenschaft der Regularität bei Limitpunkten, was allerdings für praktische Zwecke nicht von großer Bedeutung ist, da man bei der Verfolgung eines Lösungspfades selten genau auf einen Limitpunkt trifft.

Die Partitionierungstechnik – auch Blockelimination genannt – führt auf zwei Gleichungen für die Verschiebungsinkremente $\Delta \boldsymbol{v}_{i+1}$ und den Zuwachs des Lastparameters $\Delta\lambda_{i+1}$. Durch Umschreiben der ersten Gleichung von (5.19) erhalten wir mit den Definitionen

$$\Delta \boldsymbol{v}_{Pi+1} = (\boldsymbol{K}_{Ti})^{-1}\, \boldsymbol{P}, \quad \Delta \boldsymbol{v}_{Gi+1} = -(\boldsymbol{K}_{Ti})^{-1}\, \boldsymbol{G}_i \tag{5.20}$$

das Verschiebungsinkrement in der Form

$$\Delta \boldsymbol{v}_{i+1} = \Delta\lambda_{i+1} \Delta \boldsymbol{v}_{Pi+1} + \Delta \boldsymbol{v}_{Gi+1} . \tag{5.21}$$

Der unbekannte Zuwachs des Lastparameters muß nun aus der zweiten Gleichung von (5.19) bestimmt werden. Durch Einsetzen von (5.21) folgt

$$\Delta\lambda_{i+1} = - \frac{f_i + \boldsymbol{f}_i^T \Delta \boldsymbol{v}_{Gi+1}}{(f_{,\lambda})_i + \boldsymbol{f}_i^T \Delta \boldsymbol{v}_{Pi+1}} . \tag{5.22}$$

Dieses Vorgehen liefert neben dem Verschiebungsinkrement auch die Größe des Lastparameters. Der zusätzliche Aufwand ist nicht sehr groß für diese Methode, da das zeitaufwendige Zerlegen der Matrix $\boldsymbol{K}_T$ nur einmal ausgeführt werden muß. Es sind nur zwei Skalarprodukte zur Bestimmung von λ_i nach Gl. (5.22), sowie ein zusätzliches einmaliges Rückwärtseinsetzen zur Bestimmung von $\Delta \boldsymbol{v}_{Pi+1}$ in $(5.20)_1$ notwendig.

Da die bisher gewonnenen Beziehungen konsistent linearisiert sind, wird ein auf Gln. (5.20) bis (5.22) aufbauender Algorithmus quadratisch konvergieren. Im Gegensatz zum NEWTON-RAPHSON Verfahren in Box 5.1 benötigt das Bogenlängenverfahren noch einen Prädiktorschritt. In diesem wird zunächst das lineare Gleichungssystem $(5.20)_1$ mit der rechten Seite $\boldsymbol{P}$ gelöst und dann der Lastfaktor $\Delta\lambda_0$ durch Skalierung des sich aus $\Delta \boldsymbol{v}_{P0}$ und $\Delta\lambda_0$ zusammensetzenden Tangentenvektors bestimmt. Dies geschieht durch Bezug auf ein vom Anwender vorgebenes Bogenlängeninkrement Δs und liefert

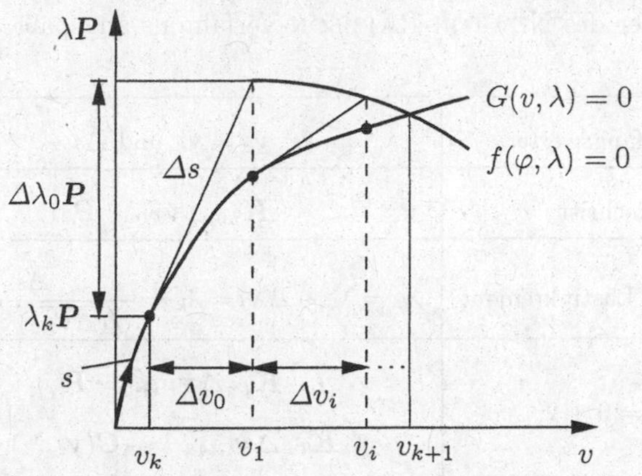

Bild 5.6. Bogenlängenverfahren

$\pm\Delta\lambda_0 \, \|\Delta \mathbf{v}_{P0}\| = \Delta s$, s. z.B. (Ramm 1981) oder (Wagner 1991). In Bild 5.6 kann man ablesen, daß der Name „Bogenlängenverfahren"auf die Parametrisierung des Lösungspfades durch die Bogenlänge s zurückzuführen ist. Das Vorzeichen des inkrementellen Lastfaktors $\Delta\lambda_0$ hängt davon ab, ob die nichtlineare Lösungskurve ansteigt, oder aber, wie in Bild 5.5 nach dem Überschreiten des Limitpunktes L_1, abfällt. Für ansteigende Lösungspfade ist das Pluszeichen, für abfallende das Minuszeichen zu wählen. Die Entscheidung über das richtige Vorzeichen kann davon abhängig gemacht werden, ob die Tangentenmatrix positiv definit ist oder nicht. Dies führt jedoch zu Schwierigkeiten, da die Tangentenmatrix auch nach dem Passieren von Verzweigungspunkten – in Bild 5.5 der Punkt B – nicht mehr positiv definit ist. Wir benötigen also ein Kriterium, daß auf Verzweigungspunkte nicht reagiert. Ein einfaches und leicht zu berechnendes Maß ist der sog. *current stiffness parameter*, der von (Bergan et al. 1978) eingeführt wurde. Dieser Parameter ist wie folgt definiert:

$$CS_i = \frac{\kappa_i}{\kappa_0} \quad \text{mit} \quad \kappa_i = \frac{\boldsymbol{P}^T \Delta \boldsymbol{v}_{i+1}}{\Delta \boldsymbol{v}_{i+1}^T \Delta \boldsymbol{v}_{i+1}}\,. \tag{5.23}$$

Anschaulich ist klar, daß das Skalarprodukt $\boldsymbol{P}^T \Delta \boldsymbol{v}_{i+1}$ bei dem Passieren eines Verzweigungspunktes sein Vorzeichen nicht wechselt, da dort die Last $\boldsymbol{P}$ und das Verschiebungsinkrement $\Delta \boldsymbol{v}_{i+1}$ in dieselbe Richtung zeigen. Dies ist jedoch nicht mehr der Fall beim Passieren eines Limitpunktes, so daß der *current stiffness parameter* als ein Maß für die Richtungsumkehr des Belastungsinkrementes verwendet werden kann. Weitere Meßgrößen für den Verlauf eines nichtlinearen Lösungspfades finden sich in (Eriksson 1988).

Der gesamte zum Bogenlängenverfahren gehörende Algorithmus ist in der folgenden Box 5.2 zusammengefaßt, wobei als Startpunkt der Verschiebungszustand $\boldsymbol{v}_k$ und der zugehörige Lastzustand λ_k gewählt wird, s. Bild 5.6. Die Notation ist der des NEWTON-RAPHSON-Verfahrens angepaßt. Dieser Algo-

1.	Setze Anfangswerte:	$\boldsymbol{v}_0 = \boldsymbol{v}_k$ und Δs
2.	Prädiktorschritt	$\boldsymbol{K}_{T0}\,\Delta\,\boldsymbol{v}_{P0} = \boldsymbol{P}$
3.	Berechne Lastinkrement	$\lambda_0 = \lambda_k + \Delta\lambda_0 = \lambda_k \pm \dfrac{\Delta s}{\sqrt{(\Delta\boldsymbol{v}_{P0})^T\Delta\boldsymbol{v}_{P0}}}$
4.	Iterations-schleife $i = 0, 1, 2, \ldots$	$\boldsymbol{K}_{Ti}\,\Delta\,\boldsymbol{v}_{Pi+1} = \boldsymbol{P}$ $\boldsymbol{K}_{Ti}\,\Delta\,\boldsymbol{v}_{Gi+1} = -\boldsymbol{G}(\boldsymbol{v}_i, \lambda_i)$
5.	Berechne Inkremente	$\Delta\lambda_{i+1} = -\dfrac{f_i + \boldsymbol{f}_i^T\,\Delta\boldsymbol{v}_{Gi+1}}{f_{,\lambda i} + \boldsymbol{f}_i^T\,\Delta\boldsymbol{v}_{Pi+1}}$ $\Delta\boldsymbol{v}_{i+1} = \Delta\lambda_{i+1}\Delta\boldsymbol{v}_{Pi+1} + \Delta\boldsymbol{v}_{Gi+1}$
6.	Update	$\lambda_{i+1} = \lambda_i + \Delta\lambda_{i+1}\,, \quad \boldsymbol{v}_{i+1} = \boldsymbol{v}_i + \Delta\boldsymbol{v}_{i+1}$
7.	Konvergenzkriterium	$\lVert\boldsymbol{G}(\boldsymbol{v}_{i+1}, \lambda_{i+1})\rVert \le \text{TOL} \Longrightarrow \text{Stop}$ sonst gehe zu 4.

Box 5.2. Algorithmus für das Bogenlängenverfahren

rithmus unterscheidet sich von der klassischen NEWTON-RAPHSON-Methode nur dadurch, daß hier der Lastparameter aus der Zwangsbedingung $f(\boldsymbol{v}, \lambda) = 0$ für eine gegebene Bogenlänge Δs mitbestimmt wird. Optimal wäre die Wahl der Zwangsbedingung in einer Form, die den Lösungspfad $\boldsymbol{G}(\boldsymbol{v}, \lambda) = \boldsymbol{0}$ immer senkrecht schneidet, da dies zu einer sehr robusten Methode führen würde. Leider kennt man die Form des Lösungspfades nicht, so daß diese Forderung nur näherungsweise erfüllt werden kann. In der folgenden Tabelle sind einige ausgewählte Zwangsbedingungen für nichtlineare Gleichungslösungen aufgeführt, die in den Bildern 5.7 bis 5.10 veranschaulicht sind. Die letzte Bedingung erfüllt die oben genannte Bedingung am besten. Bild 5.7 zeigt die klassische Methode der Laststeuerung, die im Rahmen des Bogenlängenverfahrens als Zwangsbedingung $f = \lambda - \bar{\lambda}$ beschrieben wird und damit für den vorgegebenen Wert $\bar{\lambda}$ eine zur v-Achse parallele Gerade darstellt. Wertet man Gl. (5.22) für diese Zwangsbedingung aus, so verbleiben $\lambda_k + \Delta\lambda_k = \bar{\lambda}$ oder $\Delta\lambda_k = 0$ und mit (5.21) $\Delta\boldsymbol{v}_k = \Delta\boldsymbol{v}_{Gk}$ genau die Gleichungen des klassischen NEWTON-RAPHSON-Verfahrens. Man sieht leicht, daß der nach λ^* folgende Bereich durch die Laststeuerung nicht erreicht werden kann. Dieses ist mit der Verschiebungssteuerung möglich, was für die Zwangsbedingung $f = v_A - \bar{v}$ aus Bild 5.8 abzulesen ist. Da die Zwangsbedingung der Verschiebungssteue-

Tabelle 5.1. Beispiele für Zwangsbedingungen

Nr.	Name	Zwangsbedingung
1.	Laststeuerung	$f = \lambda - \bar{\lambda}$
2.	Verschiebungssteuerung BATOZ, DHATT (1979)	$f = v_A - \bar{v}$
3.	Bogenlängenmethode RIKS (1972)	$f = (\boldsymbol{v}_0 - \bar{\boldsymbol{v}})^T(\boldsymbol{v} - \boldsymbol{v}_0)$ $+(\lambda_0 - \bar{\lambda})(\lambda - \lambda_0)$
4.	Bogenlängenmethode CRISFIELD (1981)	$f = \sqrt{(\boldsymbol{v} - \bar{\boldsymbol{v}})^T(\boldsymbol{v} - \bar{\boldsymbol{v}}) + (\lambda - \bar{\lambda})^2} - \Delta s$

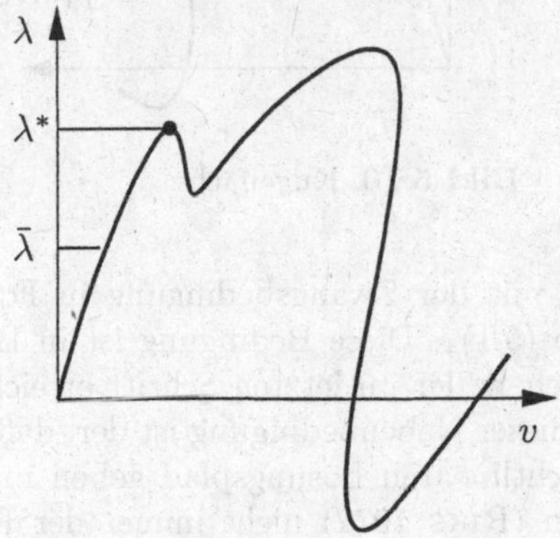

Bild 5.7. Laststeuerung

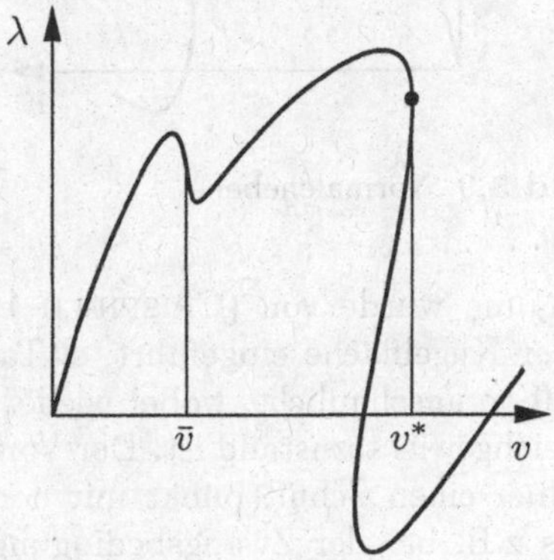

Bild 5.8. Verschiebungssteuerung

rung nur für eine Komponente v_A des Verschiebungsfeldes angegeben werden kann, muß der Anwender eine Komponente wählen, die maßgebend für den nichtlinearen Prozeß ist. Die Spezifizierung der Gl. (5.22) führt dann mit $\nabla_v(v_A - \bar{v}) = \boldsymbol{e}_A^T$, wobei der Vektor $\boldsymbol{e}_A$ mit Nullen besetzt ist und nur an der Stelle A eine 1 enthält, auf die Beziehung

$$\Delta\lambda_k = -\frac{v_{A_k} - \bar{v} + \boldsymbol{e}_{Ak}^T \Delta \boldsymbol{v}_{Gk}}{\boldsymbol{e}_{Ak}^T \Delta \boldsymbol{v}_{Pk}} = -\frac{v_{Ak} - \bar{v} + \Delta v_{AGk}}{\Delta v_{APk}} . \tag{5.24}$$

Durch die Verschiebungssteuerung kann der Bereich jenseits von v^* nicht erreicht werden. Dies ist erst mit dem Bogenlängenverfahren und den Zwangsbedingungen der Tabelle 5.1 möglich, die von $\boldsymbol{v}$ und λ abhängen. Die von (RIKS 1972) eingeführte Zwangsbedingung, Tabelle $(5.1)_3$ ist linear in $\boldsymbol{v}$ und λ. Sie beschreibt eine Normalenebene senkrecht zum Tangentenvektor $\boldsymbol{w}_0 - \bar{\boldsymbol{w}} = (\boldsymbol{v}_0 - \bar{\boldsymbol{v}}, \lambda_0 - \bar{\lambda})$ im zuletzt erreichten Gleichgewichtszustand $(\tilde{\boldsymbol{G}}(\bar{\boldsymbol{w}}) = \boldsymbol{0})$, wobei $\boldsymbol{w}_0$ die Lösung aus dem Prädiktorschritt bedeutet, s. Bild 5.9. Die Linearisierung der Nebenbedingung, Tabelle $(5.1)_3$, liefert die Beziehungen

$$\boldsymbol{f}_k^T = (\boldsymbol{v}_0 - \bar{\boldsymbol{v}})^T \qquad f_{,\lambda k} = \lambda_0 - \bar{\lambda} , \tag{5.25}$$

die dann in (5.22) zur Berechnung von $\Delta\lambda_k$ benötigt werden. Wird hier anstelle von $\mathbf{w}_0$ die letzte Iterierte $\mathbf{w}_k$ eingesetzt, so erfolgt eine angepaßte Drehung der Normalenebene, s. (Ramm 1981). Eine nichtlineare Nebenbe-

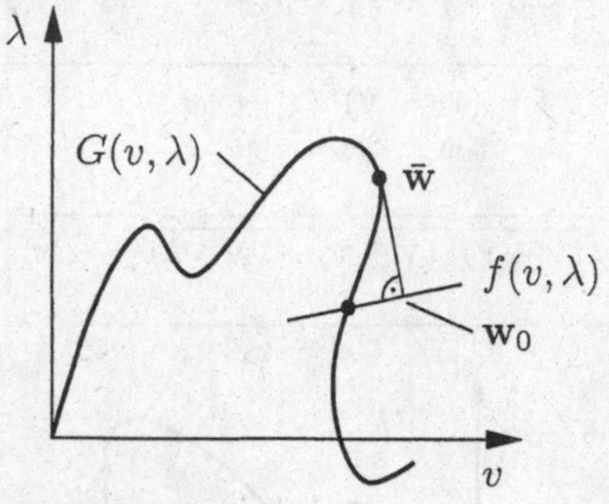

Bild 5.9. Normalenebene

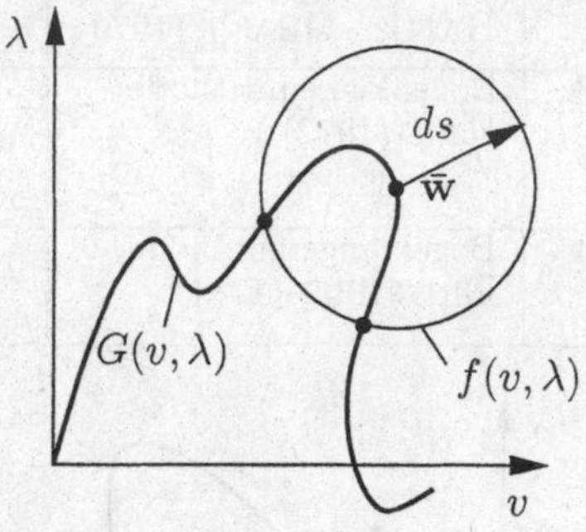

Bild 5.10. Kugelfäche

dingung wurde von (Crisfield 1981) mit der Zwangsbedingung in Form einer Kugelfläche eingeführt, s. Tabelle $(5.1)_4$. Diese Bedingung ist in Bild 5.10 veranschaulicht, wobei wieder durch $\bar{\mathbf{w}}$ der im letzten Schritt erreichte Gleichgewichtszustand ist. Der Vorteil dieser Nebenbedingung ist der, daß es immer einen Schnittpunkt mit dem nichtlinearen Lösungspfad geben muß, was z.B. bei der Zwangsbedingung von (Riks 1972) nicht immer der Fall ist. Der Nachteil besteht darin, daß zwei Lösungen auftreten, s. Bild 5.10, von denen die „richtige"ausgewählt werden muß, s. (Crisfield 1981). Eine konsistente Linearisierung der Nebenbedigung wurde von Crisfield nicht angegeben, sie findet sich bei (Schweizerhof and Wriggers 1986). Mit $g(\mathbf{v},\lambda) = \sqrt{(\mathbf{v}-\bar{\mathbf{v}})^T(\mathbf{v}-\bar{\mathbf{v}}) + (\lambda-\bar{\lambda})^2}$ folgt dann im Iterationsschritt k

$$\mathbf{f}_k^T = (\mathbf{v}_k - \bar{\mathbf{v}})^T \,/\, g(\mathbf{v}_k,\lambda_k) \qquad f_{,\lambda k} = (\lambda_k - \bar{\lambda})^T \,/\, g(\mathbf{v}_k,\lambda_k)\,. \qquad (5.26)$$

Weitere Nebenbedingungen sind z.B. in (Ramm 1981), (Fried 1984) oder (Wagner 1991) diskutiert worden.

Da sich bei Schalenproblemen in dem Verschiebungsvektor $\mathbf{v}$ neben Verschiebungen auch noch Rotationen befinden, die im Gegensatz zu den Verschiebungen dimensionslos sind, kann es angebracht sein, die Komponenten des Verschiebungsvektors in der Zwangsbedingung, s. Box 5.2, unterschiedlich zu wichten. Eine Diskussion über die Wichtung unterschiedlicher Freiheitsgrade (z. B. der Verschiebungs- und Rotationsfreiheitsgrade) findet sich in (Schweizerhof and Wriggers 1986). In der letztgenannten Arbeit wurden unterschiedliche Zwangsbedingungen anhand von Beispielen verglichen. Dabei stellte sich heraus, daß alle Zwangsbedingungen nahezu die gleiche Robustheit aufweisen, wobei die ursprüngliche Version der Iteration auf einer Kugelfläche von (Crisfield 1981) am robustesten jedoch auch am aufwendigsten ist.

Leider ist auch das Bogenlängenverfahren, obwohl es erheblich robuster als das ungedämpfte NEWTON-RAPHSON-Verfahren ist, kein global konvergentes Verfahren. Dies bedeutet, daß es Fälle geben kann, in denen ein *line-search* angebracht ist, s. Abschn. 5.1.4. Die Prozedur entspricht im wesentlichen der in Abschn. 5. 1. 4 angewendeten Vorgehensweise. Für eine detaillierte Beschreibung des *line-search*-Algorithmus bei der Kurvenverfolgung wird hier auf (CRISFIELD 1997) verwiesen.

Neben der Anwendung von *line-search* Algorithmen zur Sicherstellung der globalen Konvergenz des Bogenlängenverfahrens sind auch noch unterschiedliche heuristische Methoden entwickelt worden, die das Ziel haben, die Schrittweite – hier das Bogenlängeninkrement Δs – so auszuwählen, daß eine automatische Anpassung an den Verlauf der Lösung erfolgt. Dies ist insofern wichtig, als es oft Bereiche im Verlauf der nichtlinearen Gleichung $\boldsymbol{G}(\boldsymbol{v}, \lambda) = \boldsymbol{0}$ gibt, in denen Punkte auf dem Lösungspfad mit großen Schrittweiten berechnet werden können. Andererseits gibt es Bereiche mit scharfen Krümmungsänderungen (z.B. in der Nähe von Limitpunkten), wo kleine Schrittweiten notwendig sind, um überhaupt eine Lösung zu erzielen. Da man i.d.R. den Berechnungsvorgang nicht interaktiv durchführt, sind automatische Schrittweitensteuerungen notwendig. Eine einfache Methode ist z.B. durch die Kontrolle der Anzahl der NEWTON-Iterationen zur Berechnung der Lösungspunkte gegeben. Für den Fall, daß die Anzahl der zur Erzielung der Konvergenz erforderlichen NEWTONschritte unter 5 liegt, wird die Schrittweite verdoppelt, werden mehr als 9 Schritte benötigt, so ist die Schrittweite zu halbieren (wobei man neu vom zuletzt berechneten Lösungspunkt starten muß). Eine Diskussion weiterer Algorithmen zur Schrittweitensteuerung findet sich z. B. in (CRISFIELD 1991).

Aufgabe 5.1: Im Bild 5.11 ist ein System dargestellt, das durch eine am Rand vorgegebene Verschiebung $\bar{\boldsymbol{v}}$ beansprucht wird. Für eine derartige Problemstellung sind die Gleichungen des Bogenlängenverfahrens herzuleiten, wobei die Randbedingungen im Rahmen einer Penaltymethode zu formulieren sind.

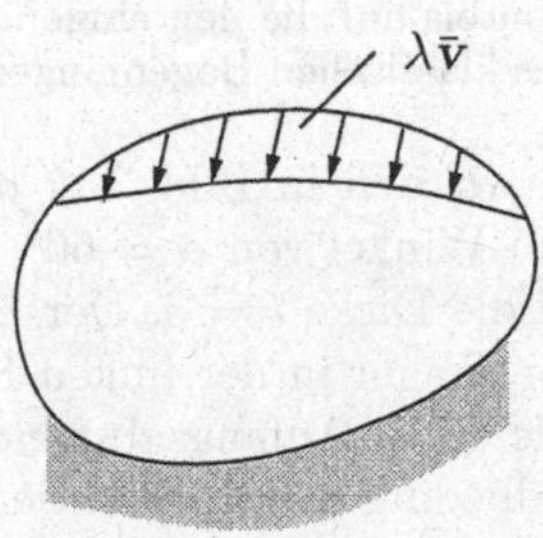

Bild 5.11 Vorgabe eines Verschiebungszustandes beim Bogenlängenverfahren

Lösung: Da das System keinen äußeren Kräften unterworfen ist, ist der Lastverktor $\boldsymbol{P}$ in (5.1) gleich null. Für die Vorgabe der Randverschiebungen mittels der

Penaltymethode geht man von der Zwangsbedingung

$$\boldsymbol{v} - \lambda\,\bar{\boldsymbol{v}} = \boldsymbol{0}$$

aus, die für einen „Lastfaktor" λ die Verschiebung auf dem Rand $\boldsymbol{v}$ gleich den vorgegebenen Verschiebungen $\bar{\boldsymbol{v}}$ setzt. Diese Zwangsbedingung wird nun in der Matrixform der diskretisierten nichtlinearen Gleichgewichtsbedingung berücksichtigt. Dies führt auf

$$\boldsymbol{R}(\boldsymbol{v}) + \epsilon\,\mathbb{I}_{\bar{v}}\,(\,\boldsymbol{v} - \lambda\,\bar{\boldsymbol{v}}) = \boldsymbol{0}\,. \tag{5.27}$$

Hierin is $\mathbb{I}_{\bar{v}}$ eine Einheitsdiagonalmatrix, die nur an den Stellen besetzt ist, die den Verschiebungsfreiheitsgraden der vorgegebenen Randverschiebung $\bar{\boldsymbol{v}}$ entsprechen. ϵ ist der Penaltyparameter, der groß genug gewählt werden muß, damit die Randverschiebung $\bar{\boldsymbol{v}}$ richtig berücksichtigt wird. Die in (5.27) beschriebene Methode wird seit langem in verschiedenen Finite-Element-Programmen verwendet, um Randbedingungen zu beschreiben, s. z.B. (Bathe 1986). Zu der nichtlinearen Gleichgewichtsbedingung (5.27) kommt bei dem Bogenlängenverfahren noch die in (5.17) angegebene Zwangsbedingung $f(\boldsymbol{v}, \lambda) = 0$ hinzu. Die Linearisierung führt dann auf ein Gleichungssystem für die unbekannten Zuwächse in den Knotenverschiebungen $\boldsymbol{v}$ und dem Lastparameter λ

$$\begin{bmatrix} \boldsymbol{K}_T + \epsilon\,\mathbb{I}_{\bar{v}} & -\epsilon\,\mathbb{I}_{\bar{v}}\,\bar{\boldsymbol{v}} \\ \boldsymbol{f}_{,u}^T & f_{,\lambda} \end{bmatrix} \begin{Bmatrix} \Delta\boldsymbol{v} \\ \Delta\lambda \end{Bmatrix} = - \begin{Bmatrix} \boldsymbol{R}(\boldsymbol{v}) + \epsilon\,\mathbb{I}_{\bar{v}}\,(\,\boldsymbol{v} - \lambda\,\bar{\boldsymbol{v}}) \\ f(\boldsymbol{v}, \lambda) \end{Bmatrix} \tag{5.28}$$

Die Lösung dieses Gleichungssystems kann analog zu (5.17) erfolgen. Dies liefert nach einigen Umrechnungen mit

$$\hat{\boldsymbol{K}}_T = \boldsymbol{K}_T + \epsilon\,\mathbb{I}_{\bar{v}} \qquad \text{und} \qquad \hat{\boldsymbol{G}} = \boldsymbol{R}(\boldsymbol{v}) + \epsilon\,\mathbb{I}_{\bar{v}}\,(\,\boldsymbol{v} - \lambda\,\bar{\boldsymbol{v}}) \tag{5.29}$$

und

$$\Delta\boldsymbol{v}_G = -\hat{\boldsymbol{K}}_T^{-1}\,\hat{\boldsymbol{G}} \qquad \text{und} \qquad \Delta\boldsymbol{v}_P = \hat{\boldsymbol{K}}_T^{-1}\,\epsilon\,\mathbb{I}_{\bar{v}}\,\bar{\boldsymbol{v}} \tag{5.30}$$

die Bestimmungsgleichungen für die Verschiebungsinkremente

$$\Delta\boldsymbol{v} = \Delta\boldsymbol{v}_G + \Delta\lambda\,\Delta\boldsymbol{v}_P \tag{5.31}$$

und den Lastparameter

$$\Delta\lambda = -\frac{f + \boldsymbol{f}^T\,\Delta\boldsymbol{v}_G}{(f_{,\lambda}) + \boldsymbol{f}^T\,\Delta\boldsymbol{v}_P}\,. \tag{5.32}$$

Diese Beziehungen entsprechen bis auf die neu eingeführten Definitionen in (5.29) den Gln. (5.21) und (5.22) des klassischen Bogenlängenverfahrens.

Als Beispiel betrachten wir den in Bild 5.12 dargestellten Bogenträger, der einen Bereich mit einem Winkel von $\alpha = 60^o$ überspannt. Der Innenradius beträgt $R_i = 100$ und die Dicke $t = 3$. Der Bogen ist beidseitig eingespannt. Weiterhin ist in der Träger in der linken Hälfte noch in einer Hülse der Dicke $b = 2$ geführt, die einen Anfangsabstand $\delta = 0.1$ vom Träger hat und somit eine Kontaktrandbedingung repräsentiert. Die Berechnung erfolgt mittels isoparametrischer Elemente mit quadratischem Verschiebungsansatz, wobei 3 Elemente über die Dicke gewählt und insgesamt 150 Elemente verwendet wurden. Die nichtlineare Finite-Element-Formulierung entspricht der in Aufgabe 4.3 angegebenen. Die Parameter des St. Venant Materials sind $E = 40000$ und $\nu = 0.2$. Das diskretisierte System ist in Bild 5.13 dargestellt.

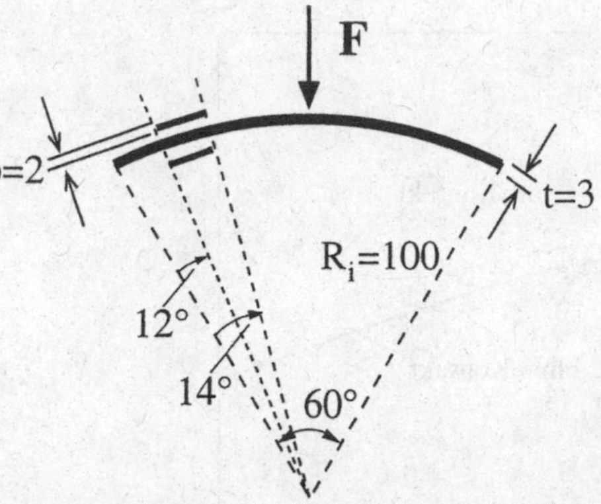

Bild 5.12 Bogenträger mit Kontaktrandbedingungen

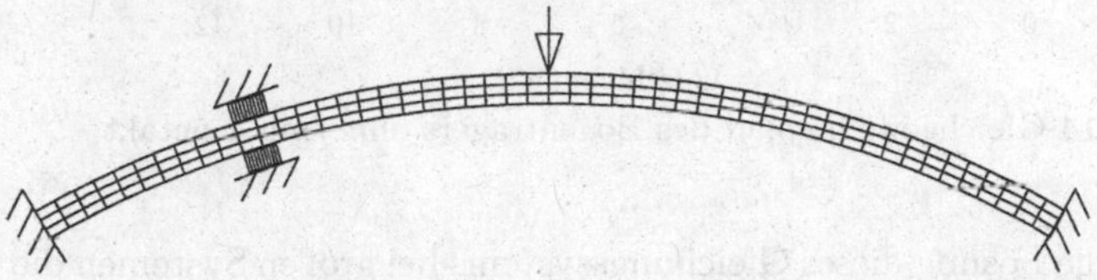

Bild 5.13 FE-Diskretisierung des Bogenträgers

Die Berechnung des Lastverschiebungspfades erfolgt mit dem Bogenlängenverfahren für den Bogenträger mit und ohne Kontaktrandbedingung. Dabei wird der Kontakt gemäß der *penalty* Methode berücksichtigt, s. Abschn. 11.3. Man sieht, daß die Hülse den Bogen im nachkritischen Bereich nach Überschreiten des Durchschlagpunktes (Maximalwert der Lastverschiebungskurve, für die Definition, s. Kap. 7) stabilisiert.

5.2 Löser für lineare Gleichungssysteme

Wie wir den vorangegangenen Abschnitten entnehmen können, erfordern nichtlineare Problemstellungen, die auf algebraische Gleichungen der Form (5.1) $\boldsymbol{G}(\boldsymbol{v}, \lambda) = \boldsymbol{0}$ führen, iterative Lösungsverfahren. Bei der Methode der finiten Elemente werden i.d.R. NEWTON-RAPHSON-Verfahren angewendet. Diese basieren nach Box 5.1 auf der Aufstellung und Lösung des linearen Gleichungssystems $\boldsymbol{K}_T(\boldsymbol{v}_i)\,\Delta\boldsymbol{v}_{i+1} = -\boldsymbol{G}(\boldsymbol{v}_i)$ während eines Iterationsschrittes i.

Dieses Gleichungssystem ist i.d.R. symmetrisch, kann aber bei Aufgabenstellungen in Verbindung mit inelastischen Materialien, verformungsabhängigen Lasten oder Reibkontakt auch unsymmetrisch sein. Ein wesentliches Merkmal der Koeffizientenmatrix $\boldsymbol{K}_T$ ist die Bandstruktur, die aus den lokalen Ansatzfunktionen in den finiten Elementen resultiert. Bei Matrizen mit vielen Nullelementen spricht man auch von schwacher Besetztheit.

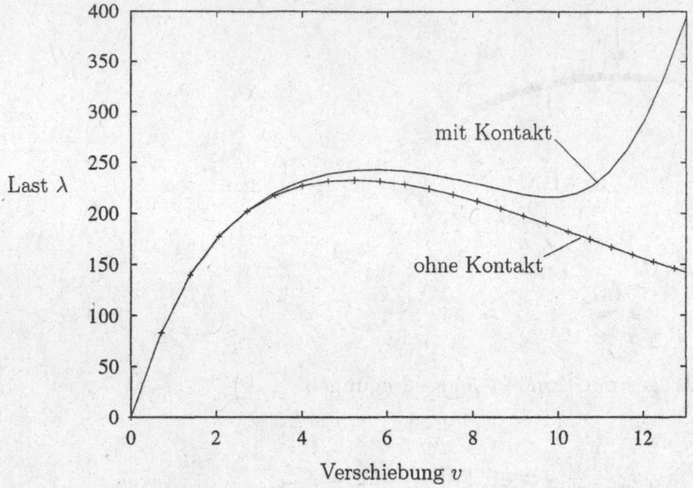

Bild 5.14 Gleichgewichtspfad des Bogenträgers ohne/mit Kontakt

Da die Lösung dieses Gleichungssystems bei großen Systemen die überwiegende Rechenzeit beansprucht, ist es von Bedeutung, schnelle Gleichungslöser zu konstruieren. Dabei geht die Definition eines großen Systems die Raumdimension des Problems ein. Weiterhin ist der Begriff „groß" in heutiger Zeit aufgrund der schnellen Weiterentwicklung der Rechner fließend. Der folgende Überblick zeigt einige Verfahren zur Lösung der Gleichungssysteme. Im wesentlichen unterscheidet man direkte und iterative Löser. Im folgenden sollen diese unterschiedlichen Lösungsverfahren diskutiert werden.

5.2.1 Direkte Gleichungslöser

Zu den direkten Verfahren zählen die folgenden Techniken

- GAUSSsche Elimination,
- CHOLESKY-Zerlegung,
- Frontlöser,
- *Sparse*-Löser und
- Blockeliminationsmethoden.

Auf die zugehörigen Algorithmen soll hier nicht näher eingegangen werden, da sich die entsprechenden Verfahren in vielen Bibliotheken für mathematische Software befinden, s. z.B. Verweise in (GOLUB and VAN LOAN 1989). Speziell auf finite Elemente zugeschnittene Verfahren nutzen die schwache Besetztheit von $\boldsymbol{K}_T$ aus. Die zugehörigen Algorithmen verwenden Band- oder Profilspeichertechniken, um möglichst nur Nichtnullelemente zu speichern. Werden die Gleichungssysteme zu groß und passen nicht in den Kernspeicher, so benutzt man Blockeliminationstechniken oder Frontlösungsmethoden, die jeweils nur einen Teil der Gleichungen im Kernspeicher bearbeiten und damit das Gleichungssystem sukzessive lösen. In FORTRAN geschriebenen Quellcode findet man z.B. für die GAUSSelimination mit Profilspeichertechnik in (TAYLOR 1985), für die Blockelimination in (WILSON and DOVEY 1978) oder als Frontlöser in (OWEN and HINTON 1980) bzw. in (IRONS and AHMAD 1986). Ein Vergleich von Blockeliminationsverfahren und der Frontlösungsmethode ist z.B. in (TAYLOR et al. 1981) enthalten.

Der Vorteil der direkten Verfahren liegt bei nichtlinearen Berechnungen darin, daß selbst für schlecht konditionierte Systeme eine Lösung berechnet wird, wenn die Kondition des Gleichungssystems nicht so schlecht wird, daß Rundungsfehler die Lösung verfälschen. Der Nachteil der direkten Gleichungslöser liegt in ihrem Aufwand, der selbst bei Band- oder Profillösern von der Ordnung $O(N\,b^2)$ ist, wobei mit N die Anzahl der Unbekannten und mit b die Band-oder Profilbreite gegeben ist. Bei großen, insbesondere dreidimensionalen Systemen führt dies zu sehr langen Rechenzeiten. Hinzu kommt noch, daß die Speicherung der Koeffizientenmatrix $\boldsymbol{K}_T$ nicht kompakt, d. h. ohne Nullelemente erfolgen kann und Platz für das ganze Profil erfordert, da sich dies bei dem Eliminationsprozeß auffüllt (*fill-in*). Dies wirkt sich besonders bei dreidimensionalen Problemen aus, da dort die Matrix $\boldsymbol{K}_T$ viele Nullen im Profil selbst aufweist.

Um die vorgenannten Nachteile bezüglich des Speicherplatzes und des Aufwandes zu minimieren, sind in den letzten zehn Jahren spezielle Techniken entwickelt worden. Diese basieren auf einer Kompaktspeicherung, bei der nur die Nichtnullelemente der Koeffizientenmatrix und die im Laufe der Elimination durch *fill-in* entstehenden Elemente gespeichert werden. Dabei wird noch auf geeignete Pivotisierungsstrategien geachtet, die das *fill-in* möglichst gering halten. Die zugehörigen Algorithmen sind aufwendig in ihrer Codierung, haben jedoch in letzter Zeit bewiesen, daß sie für großdimensionierte dreidimensionale Problemstellungen in effizienter Weise einsetzbar sind. Für die mathematischen Grundlagen wird auf (DUFF et al. 1989) verwiesen. Eine entsprechende Software ist z.B. der *multi-frontal* Löser für unsymmetrische Koeffizientenmatrizen *UMFPACK*, s. (DAVIS and DUFF 1999).

Effiziente direkte Löser für spezielle Aufgabenstellungen sind z.B. auch in (MEIS und MARKOWITZ 1978) zu finden. Sie haben z.B. für die Lösung der POISSON Gleichung einen reduzierten Aufwand von der Ordnung $O(N \log N)$.

Die folgende Tabelle, die (LANGER 1996) entnommen ist, veranschaulicht für den einfachen Fall der LAPLACE Gleichung (nur eine Unbekannte pro Knoten des diskretisierten Systems) das Anwachsen der Gleichungssystemgröße und der Rechenzeit bei direkten Gleichungslösern. In (LANGER 1996) wird zur Vorhersage der in Tabelle 5.2 dokumentierten CPU-Zeit von einem Rechner mit einer Leistung von 100 MFLOPS ausgegangen. Speziell bei dreidimensionalen Gleichungssystemen sieht man, daß direkte Löser bei einer Diskretisierung mit $100^3 = 10^6$ Elementen schon 38 GB Speicher und ungefähr 6 Tage Rechenzeit benötigen. Noch ungünstiger wird die Situation,

Tabelle 5.2. Aufwand bei direkten Gleichungslösern, n Elemente je Raumrichtung

n	CPU (2D)	Memory (2D)	CPU (3D)	Memory (3D)
20	0.8 ms	31 kB	6.4 s	12.2 MB
50	30 ms	488 kB	65 Min	1192 MB
100	0.5 s	3.6 MB	5.8 Tage	38.1 GB
200	8 s	30.5 MB	2.1 Jahre	1220 GB
500	5.2 Min	476 MB	—	—

wenn man Probleme der Festkörpermechanik betrachtet, die im dreidimensionalen Fall drei Unbekannte pro Knoten aufweisen.

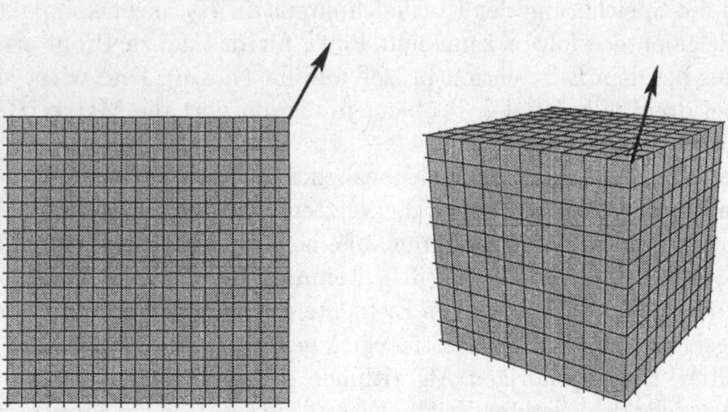

Bild 5.15: Beispiel für Speicherbedarfsvergleich

Für die in Bild 5.15 dargestellte Scheibe und den Würfel jeweils gleicher Kantenlänge n wird in Tabelle 5.3 der Speicherbedarf angegeben. Die Belastung erfolgt an einem Knoten. Die diesem Knoten gegenüberliegenden zwei bzw. drei Seiten sind vollständig in Normalrichtung festgehalten. Es wird der Speicherbedarf des Profillösers nach (Taylor 1985) mit einer Variante der Sparsespeichertechnik verglichen. Wie schon in Tabelle 5.2 sieht man hier deutlich den extrem stark ansteigenden Speicherbedarf im dreidimensionalen Fall. Er wird bei Verwendung eines direkten Sparselösers nach z. B. (Duff et al. 1989) deutlich reduziert. Bei den wachsenden Anforderungen bezüglich der Genauigkeit diskreter Lösungen und den heutigen komplexen Aufgabenstellungen der Ingenieurpraxis sind Diskretisierungen mit sehr großer Elementanzahl oft notwendig. Ist zusätzlich das Problem nichtlinear, so muß das Gleichungssystem im Rahmen des Newton-Verfahrens mehrfach gelöst werden. Dies bedeutet, daß derartige Probleme nicht mit direkten Profillösern

Tabelle 5.3. Speicherbedarf für Festkörperprobleme bei direkten Gleichungslösern

n	M_{Profil} (2D)	M_{Sparse} (2D)	M_{Profil} (3D)	M_{Sparse} (3D)
5	2.7 kB	1.7 kB	212 kB	56 kB
10	19 kB	7.3 kB	5.2 MB	480 kB
20	140 kB	29.7 kB	136.8 MB	3.9 MB
40	1.07 MB	120 kB	4.01 GB	31.3 MB

berechenbar sind. Als Ausweg bieten sich Sparse Löser oder iterative Verfahren an, da durch die klassischen Band- oder Profillöser die Ordnung, mit der die Gleichungssysteme anwachsen, nicht reduzierbar ist.

Setzt man dennoch (z.B. im zweidimensionalen Fall) Band- oder Profillöser ein, so ist es für große Gleichungssysteme von entscheidender Bedeutung, das Band oder das Profil der Matrix $\boldsymbol{K}_T$ zu minimieren, da dann sowohl der Speicherbedarf als auch die Anzahl der Operationen und damit die Rechenzeit reduziert werden. Hierzu sind unterschiedliche Optimierunsstrategien entwickelt worden, ein Überblick hinsichtlich der Anwendungen dieser Strategien in der Strukturmechanik findet sich in z.B. (BAUMANN et al. 1990). Wesentlich für die Bandbreitenoptimierung ist, daß die Rechenzeit zur Optimierung nur ein Bruchteil der Rechenzeit für die Elimination des Gleichungssystems ausmacht, da sonst der Vorteil der Optimierung verlorengeht. Zu den bekannten Verfahren zählen hier das Verfahren von (CUTHILL and MCKEE 1969). Der Quellcode für diesen Algorithmus findet sich z.B. in (SCHWARZ 1981). Eine schnelle Optimierungsvariante ist auch in (HOIT and WILSON 1983) im Quellcode zu finden, die jedoch zu Verschlechterungen bei gut geordneten Ausgangsprofilen führen kann. Für eine ausführliche Diskussion wird auf die Arbeiten von (BREMER 1986) oder (BAUMANN et al. 1990) verwiesen.

5.2.2 Iterative Gleichungslöser

Die bei der Behandlung von FEM Problemen entstehenden Gleichungssysteme enthalten große, wenn auch schwach besetzte Matrizen. Dies ist zum Beispiel bei 3-dimensionalen Applikationen in der Strukturmechanik der Fall. Tabelle 5.4 zeigt die Reduktion des Speicherbedarfs für das der Tabelle 5.2 zugrunde liegende Beispiel, wenn iterative Löser angewendet werden. Auch diese Tabelle ist (LANGER 1996) entnommen. Der Vergleich mit Tabelle 5.2 zeigt klar, daß die Kompaktspeichertechnik gerade bei dreidimensionalen Problemen unabdingbar ist. Da die so kompakt gespeicherte Matrix keine Nullen mehr enthält, läßt diese Speichertechnik den bei direkten Lösern auftretenden

Tabelle 5.4. Speicherbedarf bei Kompaktspeicherung

n	20	100	200	1000	2000
M (2D)	3.8 kB	81.3 kB	319 kB	7.9 MB	31 MB
M (3D)	83.2 kB	8.3 MB	64.4 MB	7.8 GB	64 GB

fill-in nicht zu. Damit kann die Kompaktspeichertechnik nur bei iterativen Lösern eingesetzt werden.

Bei den iterativen Lösern muß man unterscheiden, ob symmetrische oder unsymmetrische Koeffizientenmatrizen vorliegen. Für symmetrische Gleichungssysteme gibt es mehrere Verfahren, die nachfolgend aufgeführt sind:

- die Methode der konjugierten Gradienten (CG-Methode) für positiv definite Gleichungssysteme,
- der LANCZOS Algorithmus,
- JACOBI- oder Überrelaxations-Verfahren oder
- Multigrid Methoden.

Für unsymmetrische Gleichungssysteme kann man

- das Verfahren der bi-konjugierten Gradienten,
- das GMRES Verfahren oder
- den CGSTAB Algorithmus

anwenden.

Iterative Löser sind immer dann ein Vorteil, wenn große Gleichungssysteme gelöst werden müssen, da sowohl ihr Speicherbedarf als auch die Anzahl der benötigten Rechenoperationen niedriger als bei den direkten Lösern sein kann. Sie sind aber nur dann effizient, wenn geeignete Vorkonditionierer gefunden werden, die möglichst so konstruiert sind, daß die Anzahl von Iterationen zur Lösung des Gleichungssystems gering ist und mit wachsender Unbekanntenzahl nicht stark ansteigt. Im optimalen Fall, der jedoch meist nicht realisiert werden kann, bedeutet dies einen Aufwand der Ordnung $O(N)$. Einen aus mathematischer Sicht umfassenden Einstieg in diese Klasse von Gleichungslösern findet man in (HACKBUSCH 1991). Bei den nichtlinearen Problemstellungen wird der iterative Löser in ein NEWTON-Verfahren eingebettet, wobei in jedem Schritt ein lineares Gleichungssystem zu lösen ist. Dies erfordert noch eventuell weitere Überlegungen, da man in den ersten NEWTON-Schritten noch weit von der Lösung entfernt ist und so auch der iterative Löser das Gleichungssystem noch nicht sehr genau lösen muß.

Verfahren der vorkonditionierten konjugierten Gradienten. Als Beispiel soll hier der Algorithmus des Verfahrens der vorkonditionierten konjugierten Gradienten (PCG-Verfahren) zur Lösung des linearen Gleichungssystems im i-ten Iterationsschritt des in Box 5.1 dargestellten NEWTON-

Verfahrens angegeben werden: $\boldsymbol{K}_{T\,i}\,\Delta \mathbf{v}_{i+1} = -\boldsymbol{G}_i$. Zur Vereinfachung der Schreibweise wird dieses Gleichungssystem in die Form $\boldsymbol{K}_T\,\mathbf{v} = \boldsymbol{f}$ gebracht.

Die Grundlage für das Gradientenverfahren folgt aus der Beobachtung, daß wenn $\bar{\mathbf{v}}$ Lösung von $\boldsymbol{K}_T\,\mathbf{v} = \boldsymbol{f}$ ist, $\bar{\mathbf{v}}$ auch gleichzeitig die Minimalstelle von

$$f(\mathbf{v}) = \frac{1}{2}\,\mathbf{v}^T\,\boldsymbol{K}_T\,\mathbf{v} - \boldsymbol{f}^T\,\mathbf{v} \tag{5.33}$$

ist. Als Voraussetzung muß dabei angenommen werden, daß $\boldsymbol{K}_T$ symmetrisch und positiv definit ist. Aus der Suche der Nullstelle des Minimalproblems kann ein iteratives Lösungsverfahren konstruiert werden, wobei man für eine Abstiegsrichtung $\boldsymbol{s}$ das Minimum von

$$f(\mathbf{v}_k + \alpha_k\,\boldsymbol{s}_k) = \min_{\alpha} f(\mathbf{v}_k + \alpha\,\boldsymbol{s}_k) \tag{5.34}$$

bestimmt. Dies führt auf eine Gleichung für den Skalar α_k

$$\alpha_k = \frac{\boldsymbol{r}_k^T\,\boldsymbol{s}_k}{\boldsymbol{s}_k^T\,\boldsymbol{K}_T\,\boldsymbol{s}_k} \qquad \boldsymbol{r}_k = \boldsymbol{f} - \boldsymbol{K}_T\,\mathbf{v}_k\,. \tag{5.35}$$

Die Richtung $\boldsymbol{s}_k$ wird aus

$$\boldsymbol{s}_k = \boldsymbol{C}^{-1}\,\boldsymbol{r}_k \tag{5.36}$$

bestimmt, wobei $\boldsymbol{C}$ eine Vorkonditionierungsmatrix ist. Mit $\nabla_v f = -(\boldsymbol{f} - \boldsymbol{K}_T\,\mathbf{v})$ aus (5.33) folgt $\boldsymbol{s}_k = -\boldsymbol{C}^{-1}\,\nabla_v f(\mathbf{v}_k)$. Die Abstiegsrichtung entspricht also dem negativen Gradienten der Funktion f was den Namen Gradientenverfahren erläutert. Die Konstuktion der Vorkonditionierungsmatrix $\boldsymbol{C}$ wird im nächsten Abschnitt beschrieben.

Bessere Konvergenzeigenschaften besitzt das Verfahren der konjugierten Gradienten, bei dem die Richtung des Abstiegs zum Minimum hin aus der Linearkombination

$$\boldsymbol{p}_k = \boldsymbol{s}_k + \beta_k\,\boldsymbol{p}_{k-1} \tag{5.37}$$

bestimmt wird. Der Parameter β_k berechnet sich aus der Bedingung

$$\boldsymbol{p}_k^T\,\boldsymbol{K}_T\,\boldsymbol{p}_{k-1} = (\boldsymbol{s}_k + \beta_k\,\boldsymbol{p}_{k-1})^T\,\boldsymbol{K}_T\,\boldsymbol{p}_{k-1} = 0\,, \tag{5.38}$$

womit $\boldsymbol{p}_k$ und $\boldsymbol{p}_{k-1}$ konjugiert bezüglich $\boldsymbol{K}_T$ sind. Dieses Verfahren ist in Box 5.3 als Algorithmus angegeben, wobei effizienzsteigernde Umformungen berücksichtigt wurden.

Ist $\boldsymbol{K}_T$ unsymmetrisch, so funktioniert das in Box 5.3 angegebene Verfahren aufgrund der in (5.33) enthaltenen Annahmen nicht. Man muß dann eine Variante des PCG Verfahrens entwickeln. Dies kann z.B. dadurch erfolgen, daß man das lineare Gleichungssystem symmetrisch ergänzt

$$\begin{bmatrix} \mathbf{0} & \boldsymbol{K}_T \\ \boldsymbol{K}_T^T & \mathbf{0} \end{bmatrix} \begin{Bmatrix} \mathbf{w} \\ \mathbf{v} \end{Bmatrix} = -\begin{Bmatrix} \boldsymbol{f} \\ \mathbf{0} \end{Bmatrix}. \tag{5.39}$$

PCG ($\boldsymbol{v}, \boldsymbol{f}, \boldsymbol{K}$)

$$
\begin{array}{rl}
 & \text{Wähle Startvektor: } \boldsymbol{v}_0 \\
\boldsymbol{r}_0 = & \boldsymbol{f} - \boldsymbol{K}_T\, \boldsymbol{v}_0 \\
\text{FOR} & k = 0, 1, 2, \ldots \\
\boldsymbol{C}\, \boldsymbol{s}_k = & \boldsymbol{r}_k \text{(Vorkonditionierung)} \\
\alpha_k = & (\boldsymbol{s}_k)^T \boldsymbol{r}_k \\
\text{IF } k = 0 & \text{THEN} \\
 & \quad \boldsymbol{p}_0 = \boldsymbol{s}_0 \\
 & \text{ELSE} \\
 & \quad \beta_k = \alpha_k \,/\, \alpha_{k-1} \\
 & \quad \boldsymbol{p}_k = \boldsymbol{s}_k + \beta_k\, \boldsymbol{p}_{k-1} \\
 & \text{END IF} \\
\boldsymbol{z}_k = & \boldsymbol{K}_T\, \boldsymbol{p}_k \\
\delta_k = & (\boldsymbol{p}_k)^T \boldsymbol{z}_k \\
\gamma_k = & \alpha_k \,/\, \delta_k \\
\boldsymbol{r}_{k+1} = & \boldsymbol{r}_k - \gamma_k\, \boldsymbol{z}_k \\
\boldsymbol{v}_{k+1} = & \boldsymbol{v}_k + \gamma_k\, \boldsymbol{p}_k \\
\varepsilon_k = & (\boldsymbol{r}_{k+1})^T \boldsymbol{r}_{k+1} \\
\text{UNTIL} & \text{CONVERGENCE } (\varepsilon_k \leq TOL)
\end{array}
$$

Box 5.3: Die Methode der vorkonditionierten konjugierten Gradienten

Auf diese jetzt symmetrische Beziehung kann nun wieder das PCG-Verfahren angewendet werden, wobei man von der speziellen Blockstruktur in (5.39) Gebrauch macht. Dies liefert einen Algorithmus mit doppeltem Aufwand für das unsymmetrische Problem, s. z.B. (FLETCHER 1976). Stabilere und robustere Methoden wurden später konstruiert. Zu ihnen gehören das GMRES-Verfahren, s. (SAAD and SCHULTZ 1986), und der CGSTAB Algorithmus, s. (DEN VORST 1992). Der zum CGSTAB Verfahren gehörende Algorithmus ist im folgenden angegeben. Hierin sind die Vektoren $\boldsymbol{s}$, $\boldsymbol{u}$, $\boldsymbol{w}$, $\boldsymbol{y}$ und $\boldsymbol{z}$ Hilfsvektoren, die während der Berechnung belegt werden.

Die aufwendigsten Operationen der in Box 5.3 und Box 5.4 dargestellten Verfahren sind die Lösung des Gleichungssystems zur Vorkonditionierung und die Multiplikationen der Matrix $\boldsymbol{K}_T$ mit den Vektoren $\boldsymbol{p}_k$, $\boldsymbol{y}$ und $\boldsymbol{z}$. Da beim Verfahren der konjugierten Gradienten bei großen Systemen oft mehr als 100 Iterationen notwendig werden, um die Lösung zu berechnen, ist es notwendig, die Multiplikation $\boldsymbol{K}_T\, \boldsymbol{p}_k$ hinsichtlich des Aufwandes zu optimieren, damit das Verfahren konkurrenzfähig ist. Hierzu ist die Matrix $\boldsymbol{K}_T$ kompakt zu speichern, so daß wirklich nur Nichtnullelemente multipliziert werden. Außerdem reduziert sich hierdurch der benötigte Speicherplatz für $\boldsymbol{K}_T$ enorm,

s. auch Tabelle 5.3. Zur Vertiefung dieser Techniken wird auf die mathematische Literatur verwiesen, z.B. (GOLUB and VAN LOAN 1989).

CGSTAB $(\boldsymbol{v}, \boldsymbol{f}, \boldsymbol{K}_T)$

Wähle Startwerte:

$$\boldsymbol{v}_0\,,\boldsymbol{r}_0 = \boldsymbol{f} - \boldsymbol{K}_T\,\boldsymbol{v}_0\,,\boldsymbol{u}_0 = \boldsymbol{p}_0 = \boldsymbol{0}\,,\gamma_0 = 0\,,\delta_0 = 10^{30}$$

FOR $k = 0, 1, 2, \ldots$

$$\alpha_{k+1} = \boldsymbol{r}_0^T\,\boldsymbol{r}_k$$
$$\beta_{k+1} = (\,\alpha_{k+1}\,\gamma_k)\,/\,(\,\delta_k\,\alpha_k\,)$$
$$\boldsymbol{p}_{k+1} = \boldsymbol{r}_k + \beta_{k+1}(\,\boldsymbol{p}_k - \delta_k\,\boldsymbol{u}_k\,)$$
$$\boldsymbol{C}\,\boldsymbol{z} = \boldsymbol{p}_{k+1} \quad \text{(Vorkonditionierung)}$$
$$\boldsymbol{u}_{k+1} = \boldsymbol{K}_T\,\boldsymbol{z}$$
$$\gamma_k = \alpha_{k+1}\,/\,(\boldsymbol{u}_{k+1}^T\boldsymbol{r}_0)$$
$$\boldsymbol{w} = \boldsymbol{r}_k - \gamma_{k+1}\,\boldsymbol{p}_{k+1}$$
$$\boldsymbol{C}\,\boldsymbol{y} = \boldsymbol{w} \quad \text{(Vorkonditionierung)}$$
$$\boldsymbol{s} = \boldsymbol{K}_T\,\boldsymbol{y}$$
$$\delta_{k+1} = (\boldsymbol{s}^T\,\boldsymbol{r}_{k+1})\,/\,(\boldsymbol{s}^T\,\boldsymbol{s})$$
$$\boldsymbol{r}_{k+1} = \boldsymbol{w} - \alpha_{k+1}\,\boldsymbol{s}$$
$$\boldsymbol{v}_{k+1} = \boldsymbol{v}_k + \gamma_{k+1}\,\boldsymbol{z} + \delta_{k+1}\,\boldsymbol{y}$$
$$\varepsilon_k = (\boldsymbol{r}_{k+1})^T\,\boldsymbol{r}_{k+1}$$

UNTIL CONVERGENCE $(\,\varepsilon_k \leq TOL\,)$

Box 5.4: CGSTAB Algorithmus

Vorkonditionierungstechniken. Wie bereits erwähnt, hat die Konditionszahl $\kappa(\boldsymbol{K}_T) = \|\,\boldsymbol{K}_T\,\|\,\|\,\boldsymbol{K}_T^{-1}\,\|$ des großen, dünn besetzten Gleichungssystems $\boldsymbol{K}_T\boldsymbol{v} - \boldsymbol{f} = \boldsymbol{0}$ einen erheblichen Einfluß auf die Genauigkeit bei direkten und auf die Konvergenz bei iterativen Gleichungslösern. So konvergiert das Verfahren der konjugierten Gradienten im schlechtesten Falle bei jedem Schritt durchschnittlich mit dem Faktor $(\sqrt{\kappa}-1)/(\sqrt{\kappa}+1)$, s. (GOLUB und ORTEGA 1996). Je kleiner die Konditionszahl $\kappa(\boldsymbol{K}_T)$, desto besser wird die Konvergenz. Aus diesem Grund wird im Algorithmus in Box 5.3 mit dem Ziel vorkonditioniert, um die Anzahl der Iterationen zur Lösung von $\boldsymbol{K}_T\Delta\boldsymbol{v} = \boldsymbol{f}$ zu verbessern.

Die wesentliche Idee der Vorkonditionierung ist, eine Matrix $\boldsymbol{C}$ zu finden, die $\boldsymbol{K}_T$ ähnlich, aber erheblich einfacher zu invertieren ist. Setzt man voraus, daß die Vorkonditionierungsmatrix $\boldsymbol{C}$ symmetrisch und positiv definit und $\boldsymbol{H}$ regulär sei, so kann man schreiben

$$\boldsymbol{C} = \boldsymbol{H}\boldsymbol{H}^T\,. \tag{5.40}$$

$\boldsymbol{H}$ ist zum Beispiel die linke Dreiecksmatrix einer Cholesky-Zerlegung von $\boldsymbol{C}$. Aus dem linearen Gleichungssystem $\boldsymbol{K}_T\boldsymbol{v} - \boldsymbol{f} = \boldsymbol{0}$ wird dann

$$\boldsymbol{H}^{-1}\boldsymbol{K}_T\,\boldsymbol{H}^{-T}\,\boldsymbol{H}^T\boldsymbol{v} - \boldsymbol{H}^{-1}\boldsymbol{f} = \tilde{\boldsymbol{K}}_T\tilde{\boldsymbol{v}} - \tilde{\boldsymbol{f}} = \boldsymbol{0} \tag{5.41}$$

mit $\tilde{\boldsymbol{K}}_T = \boldsymbol{H}^{-1}\boldsymbol{K}_T\,\boldsymbol{H}^{-T}$, $\tilde{\boldsymbol{v}} = \boldsymbol{H}^T\,\boldsymbol{v}$ und $\tilde{\boldsymbol{f}} = \boldsymbol{H}^{-1}\,\boldsymbol{f}$. Die Matrizen $\boldsymbol{C}$ oder $\boldsymbol{H}$ sollten jetzt so gewählt werden, daß die Konditionszahl des transformierten Gleichungssystem reduziert wird: $\kappa(\tilde{\boldsymbol{K}}_T) < \kappa(\boldsymbol{K}_T)$. Um eine optimale Form für die Matrix $\boldsymbol{C}$ zu finden, betrachte man

$$\boldsymbol{H}^{-T}\,\tilde{\boldsymbol{K}}_T\,\boldsymbol{H}^T = \boldsymbol{H}^{-T}\,\boldsymbol{H}^{-1}\boldsymbol{K}_T\,\boldsymbol{H}^{-T}\,\boldsymbol{H}^T = \boldsymbol{C}^{-1}\boldsymbol{K}_T\,. \tag{5.42}$$

Die Wahl von $\boldsymbol{C} = \boldsymbol{K}_T$ liefert $\tilde{\boldsymbol{K}}_T = \boldsymbol{I}$ und die optimale Konditionszahl $\kappa(\tilde{\boldsymbol{K}}_T) = 1$. Praktisch macht dies aber keinen Sinn, da es bedeutet, daß das Gleichungssystem direkt gelöst wird. Dennoch kann aus Gl. (5.42) abgeleitet werden, daß $\boldsymbol{C}$ ähnlich wie $\boldsymbol{K}_T$ gewählt werden muß, um eine Verbesserung von κ zu erreichen. Da aber in jedem Relaxationsschritt $\boldsymbol{C}$ invertiert wird, muß der Ansatz so gewählt werden, daß sich die Lösung des Gleichungssystems zur Vorkonditionierung möglichst effizient gestaltet. Zerlegt man eine schwach besetzte Matrix in $\boldsymbol{K}_T = \boldsymbol{E} + \boldsymbol{D} + \boldsymbol{F}$, so läßt sich nach AXELSSON für $\boldsymbol{C}$ folgender Ansatz wählen

$$\begin{aligned} \boldsymbol{C} &= (\boldsymbol{D} + \omega\boldsymbol{E})\,\boldsymbol{D}^{-1}\,(\boldsymbol{D} + \omega\boldsymbol{F}) \\ &= \boldsymbol{D} + \omega\boldsymbol{E} + \omega\boldsymbol{F} + \omega^2\boldsymbol{E}\boldsymbol{D}^{-1}\boldsymbol{F}\,, \end{aligned} \tag{5.43}$$

wobei ω ein Relaxationsparameter, $\boldsymbol{E}$ die untere, $\boldsymbol{F}$ die obere Dreiecksmatrix und $\boldsymbol{D}$ die Diagonale von $\boldsymbol{K}_T$ ist. Im folgenden sollen vier „klassische"Vorkonditionierer kurz genannt werden.

- **Diagonale Skalierung:** Die einfachste Möglichkeit, die Konditionszahl von $\boldsymbol{K}_T$ zu verbessern, ist die diagonale Skalierung (GOLUB und ORTEGA 1996). Für $\omega = 0$ reduziert sich die Vorkonditionierung in (5.43) auf das Skalieren mit den Diagonalelementen, da $\boldsymbol{H} = \boldsymbol{D}^{\frac{1}{2}}$ gilt. Bei dieser Vorkonditionierung wird also einfach die Matrix $\boldsymbol{C}$ durch die Diagonale $\boldsymbol{D}$ von $\boldsymbol{K}_T$ gebildet. Die diagonale Skalierung ist am wenigsten rechenintensiv, da die Lösung des Gleichungssystems in Box 5.3 mit $\boldsymbol{C} = \boldsymbol{D}$ trivial ist.
- **JOR Vorkonditionierung:** Eine andere Möglichkeit, die Konditionszahl $\kappa(\boldsymbol{K}_T)$ zu verbessern, ist die Abarbeitung einiger JOR-Relaxationsschleifen (SCHWETLICK und KRETSCHMAR 1991). Der Iterationsalgorithmus dazu lautet:

$$\boldsymbol{v}_{i+1} = \boldsymbol{v}_i - \omega\boldsymbol{D}^{-1}(\,\boldsymbol{K}_T\;\boldsymbol{v}_i - \boldsymbol{f})\,. \tag{5.44}$$

  Hier wird also die Lösung der Vorkonditionierungsgleichung in Box 5.3 und damit die Vorkonditionierung selbst implizit über einen Algorithmus bestimmt. Vergleichsrechnungen in (BOERSMA 1995) zeigen, daß sich für $\omega = 0.3$ und vier JOR Schritte eine ausreichenden Vorkonditionierung für das CG-Verfahren in Box 5.3 ergibt. Für mehr JOR-Schleifen wurde keine nennenswerte Konvergenzbeschleunigung erzielt.

- **Polynomiale Vorkonditionierung:** Die Inverse der Tangentenmatrix $\boldsymbol{K}_T^{-1}$ kann durch eine endliche gewichtete NEUMANN Serie als ein Polynom $P(\boldsymbol{K})$ niedriger Ordnung angenähert werden
$$\boldsymbol{C} = P(\boldsymbol{K}) = \sum_{i=0}^{k} \gamma_i \boldsymbol{K}^i , \tag{5.45}$$
mit kleinem k ($k \approx 2$ oder 3 ist optimal), s. (SAAD 1985). Die Parameter γ_i sollen das Polynom
$$\| \boldsymbol{I} - P(\boldsymbol{K})\boldsymbol{K} \|_2 = \max_{\lambda_i \in \sigma(K)} |1 - \lambda_i P(\lambda_i)| \tag{5.46}$$
minimieren, wobei $\sigma(K) = \{\lambda\}_{i=1,\cdots,N}$ das Spektrum von $\boldsymbol{K}$ ist. Nach (GOLUB and VAN LOAN 1989) kann man dies durch Chebychev-Polynome oder alternativ durch ein Polynom der kleinsten Quadrate mit JACOBI-Gewichtsfunktionen erreichen.
$$\gamma(\lambda) = \lambda^{\alpha-1} (1-\lambda)^{\beta} , \tag{5.47}$$
mit $\alpha = 1/2$, $\beta = -1/2$. Diese Polynome $P(\boldsymbol{K})$ der Ordnung $k-1$ minimieren
$$\max_{\lambda \in [a,b]} |1 - \lambda P(\lambda)| ; \tag{5.48}$$
wenn $a = \lambda_{\min}$ und $b = \lambda_{\max}$ gelten. Die Polynome der kleinsten Quadrate funktionieren recht gut, obwohl keine Eigenwertabschätzung wie bei den Chebychev-Polynomen erforderlich ist. Sie können insbesondere bei Vektor- oder Parallelarchitekturen vorteilhaft sein.
- **Unvollständige Faktorisierung:** Die unvollständige Cholesky-Vorkonditionierung (GOLUB and VAN LOAN 1989) benutzt eine nicht vollständige Faktorisierung (IC) der Tangentenmatrix
$$\boldsymbol{K}_T = \boldsymbol{L}_T \boldsymbol{L}_T^T \; , \tag{5.49}$$
wobei nur die Einträge von $\boldsymbol{K}_T$ in $\boldsymbol{L}_T$ abgespeichert werden, die nicht Null sind. Auf diese Art und Weise tritt kein zusätzlicher Speicherbedarf auf, der durch das Auffüllen der Einträge unterhalb der Profillinie entstehen würde, was sonst bei einer Cholesky-Zerlegung geschieht. Als Alternative kann die unvollständige Cholesky-Vorkonditionierung mit einer diagonalen Stabilisierung vorgenommen werden, der modifizierten Cholesky-Vorkonditionierung (MIC). Hierbei werden solche Einträge von $\boldsymbol{L}_T$, die zu den Nulleinträgen von $\boldsymbol{K}_T$ gehören, auf die Diagonale von $\boldsymbol{L}_T$ addiert. Diese Methode führt zu einer stabileren Faktorisierung. Die Vorkondinierungsmatrix ist bei beiden Methoden durch $\boldsymbol{C} = \boldsymbol{L}_T \boldsymbol{L}_T^T$ gegeben.

In den klassischen FE-Programmen kommen überwiegend direkte Löser zur Anwendung. Dies liegt daran, daß man die iterativen Löser nicht als generelles Werkzeug betrachten kann, mit dem jedes Problem effizient behandelbar ist. Dies liegt daran, daß die Vorkonditionierungsmatrix generell nicht für alle möglichen Aufgabenstellungen angegeben werden kann. So sind z.B. Probleme, in denen inkompressible Materialien behandelt werden mit den bisher angegebenen Vorkonditionierungstechniken nicht in effizienter Weise lösbar. Dies gilt auch für Ingenieurstrukturen, die sich aus verschiedenen Strukturelementen – wie Schalen, Balken und dreidimensionalen Elementen – zusammensetzen. Zur Zeit sind iterative Löser also problemangepaßt einzusetzen, was im Abschn. 5.3 exemplarisch gezeigt wird.

5.2.3 Parallele Gleichungslöser

In der Praxis treten immer öfter Probleme auf, die nach größeren Rechenleistungen und -kapazitäten verlangen. Als Beispiele seien die Berechnung komplizierter Strukturen im Ingenieurbau, wie Bohrinseln, Autokarosserien oder Schiffsrümpfe oder die Optimierung von Tragwerken genannt. Häufig ist dabei nichtlineares Werkstoffverhalten zu berücksichtigen.

Die klassischen seriellen Rechner werden zwar immer schneller und leistungsfähiger, aber diese Entwicklung ist durch physikalische Gesetzmäßigkeiten begrenzt. Für großmaßstäbliche numerische Simulationen werden heute parallele Rechner eingesetzt. Der Vorteil ihrer Benutzung liegt zum einen in der höheren Rechenleistung infolge Parallelverarbeitung und zum anderen in dem größeren Hauptspeicher. Für die parallele Lösung ist spezielle Software einzusetzen, bei der alte, serielle Programmstrukturen nicht direkt übernommen werden können. Es müssen also neue Algorithmen entwickelt werden, um Parallelrechner effizient einsetzen zu können. Eine wesentliche zeitaufwendige Komponente bei FE-Berechnungen stellt die Gleichungslösung dar. Da direkte Löser aufgrund ihres hohen Kommunikationsaufwandes für Parallelrechner nicht sehr effektiv sind, sind iterative Strategien zur Lösung der Gleichungssysteme heranzuziehen. Diese erfordern neben einer geringeren Kommunikation auch weniger Speicherplatz. In den letzten Jahren sind eine Vielzahl von parallelen Lösungsalgorithmen mit dem Ziel entstanden, die Anzahl der zur Gleichungslösung notwendigen Operationen in Richtung $O(N)$ (mit N - Anzahl der Gleichungen) zu minimieren. Entsprechende Verfahren beruhen auf der Methode der konjugierten Gradienten, den hierachischen Basen oder den Mehr-Gitter-Methoden.

Die Parallelisierung eines FE-Programms soll hier kurz beschrieben werden, für unterschiedliche Darstellungen und andere Algorithmen s. z.B. (Papadrakakis 1993). Hier wird das Konzept der Gebietszerlegung ohne überlappende Ränder verfolgt, s. Bild 5.16.

Die Kommunikation zwischen den Gebieten Ω_s läuft nur über die äußeren Knoten der Diskretisierung von Ω_s ab, während die inneren nur für die jeweiligen Prozessoren relevant sind. Diese Struktur wird über ein Grobnetz realisiert, das über dem zu diskretisierenden Gebiet liegt. Jedes Grobnetzelement repräsentiert ein Teilgebiet Ω_s, welches genau einem Prozessor $\mathbf{P^S}$ zugeordnet wird, s. Bild 5.16. Auf diesem findet dann die Netzgenerierung

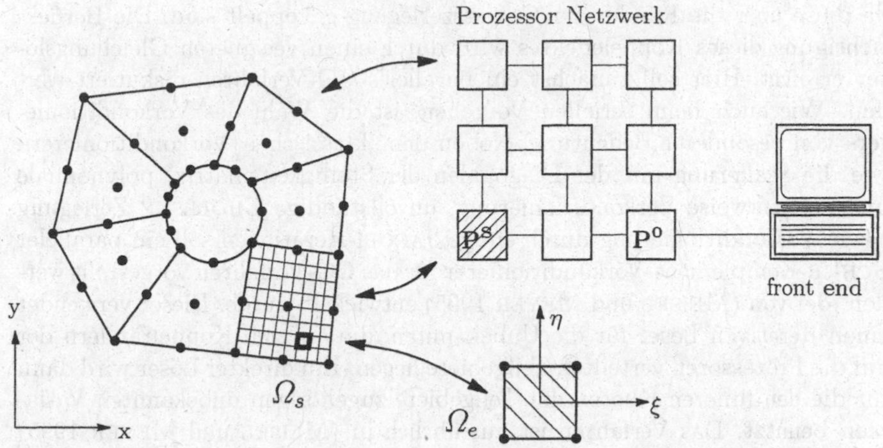

Bild 5.16: Zuordnung des Finite-Element-Netzes zu den Prozessoren bei der Gebietszerlegung

und Assemblierung der Steifigkeitsmatrix aus den Elementen Ω_e ohne Kommunikation statt. Bei der Aufteilung des Netzes in Grobnetzelemente ist auf die Lastverteilung (*load balance*) zwischen den einzelnen Prozessoren zu achten, so daß die Prozessoren beim Rechnen gleichmäßig ausgelastet sind.

Insgesamt sind bei der parallelen Abarbeitung eines FE-Problems die folgenden Schritte notwendig:

1. Aufbereitung der Ein- und Ausgabe für die einzelnen Prozessoren,
2. parallele Netzgenerierung,
3. parallele Assemblierung der Steifigkeitsmatrizen und
4. parallele Gleichungslöser.

Wir wollen uns hier im wesentlichen auf die Phase der Gleichungslösung konzentieren. Für die Ein- bzw. Ausgabe sind die speziellen Kommunikationsmöglichkeiten des jeweiligen Parallelrechnersystems zu beachten. Die Netzgenerierung läuft in dem jeweiligen Teilgebiet ab, so daß auch hier im Vergleich zu seriellen Versionen wenig Unterschiede sind. Für die Kommunikation innerhalb der iterativen Gleichungslösung ist es sinnvoll, zunächst die Eckknoten, dann die Knoten C entlang der Koppelränder und schließlich die inneren Knoten I zu numerieren. Damit erhält man eine Form der Steifigkeitsmatrizen, die eine unterschiedliche Behandlung der Knoten aufgrund der Kommunikation erlaubt, s. z.B. (Meyer 1990). Da eine nichtüberlappende Gebietszerlegung, s. Bild 5.16, verwendet wird, ist weder bei der Erstellung der Elementsteifigkeitsmatrizen noch bei deren Assemblierung Kommunikation erforderlich, so daß dieser Prozeß in natürlicher Weise parallel abläuft.

Verfahren der konjugierten Gradienten. Bei den parallelen Gleichungslösern sind die eigentlichen Unterschiede zu den entsprechenden seriellen Versionen zu finden. Hier kann man keine Lösung für ein Teilgebiet bestimmen, da diese über die Ränder der Gebietszerlegung gekoppelt sind. Die Berücksichtigung dieses Koppeleffektes wird durch einen geeigneten Gleichungslöser erreicht. Hier soll zunächst ein paralleles CG-Verfahren diskutiert werden. Wie auch beim seriellen Vorgehen, ist die Wahl des Vorkonditionierers von besonderer Bedeutung. Neben den „klassischen"Vorkonditionierern wie die Skalierung mit der Diagonalen der Steifigkeitsmatrix, polynomiale und elementweise Vorkonditionierung, unvollständige CHOLESKY Zerlegung sowie Vorkonditionierung durch einige JACOBI-Iterationen soll ein paralleler SCHUR-Komplement-Vorkonditionierer für das CG-Verfahren vorgestellt werden, der von (MEISEL und MEYER 1995) entwickelt wurde. Dieser verwendet einen iterativen Löser für die Unbekannten, die auf den Koppelrändern der auf die Prozessoren verteilten Teilgebiete liegen. Ein direkter Löser wird dann für die den inneren Knoten der Teilgebiete zugehörigen unbekannten Variablen benutzt. Das Verfahren ist ausführlich in (MEISEL und MEYER 1995) beschrieben. Dabei wird die schon erwähnte spezielle Knotennumerierung innerhalb der Subdomains Ω_s benötigt, die eine Steifigkeitsmatrix mit der Struktur

$$\boldsymbol{K}_s = \begin{bmatrix} \boldsymbol{K}^C & \boldsymbol{K}^{CI} \\ \boldsymbol{K}^{IC} & \boldsymbol{K}^I \end{bmatrix}_s \tag{5.50}$$

liefert. Dies erleichert die getrennte Behandlung der Koppelknoten, C, und der inneren Knoten, I, da ein Umsortierungsprozeß nicht erforderlich ist. So kann die Steifigkeitsmatrix eines Subdomains auf den Prozessor $\mathbf{P^S}$ in der folgenden Form

$$\boldsymbol{K} = \begin{pmatrix} \boldsymbol{I} & \boldsymbol{K}^{CI}\boldsymbol{K}^{-I} \\ \boldsymbol{0} & \boldsymbol{I} \end{pmatrix} \begin{pmatrix} \boldsymbol{S} & \boldsymbol{0} \\ \boldsymbol{0} & \boldsymbol{K}^I \end{pmatrix} \begin{pmatrix} \boldsymbol{I} & \boldsymbol{0} \\ \boldsymbol{K}^{-I}\boldsymbol{K}^{IC} & \boldsymbol{I} \end{pmatrix} \tag{5.51}$$

mit der SCHUR-Komplement-Matrix $\boldsymbol{S} = \boldsymbol{K}^C - \boldsymbol{K}^{CI}\boldsymbol{K}^{-I}\boldsymbol{K}^{IC}$ dargestellt werden. Man beachte, daß hier durch die negativen hochgestellten Indizes die jeweiligen inversen Matrizen bezeichnet sind. Ist ein geeigneter Vorkonditionierer $\boldsymbol{V}^C$ für die SCHUR-Komplement-Matrix $\boldsymbol{S}$ und $\boldsymbol{V}^I$ für die innere Matrix gefunden, so erhält man mit

$$\boldsymbol{C}_s = \begin{pmatrix} \boldsymbol{I} & \boldsymbol{K}^{CI}\boldsymbol{V}^{-I} \\ \boldsymbol{0} & \boldsymbol{I} \end{pmatrix} \begin{pmatrix} \boldsymbol{V}^C & \boldsymbol{0} \\ \boldsymbol{0} & \boldsymbol{V}^I \end{pmatrix} \begin{pmatrix} \boldsymbol{I} & \boldsymbol{0} \\ \boldsymbol{V}^{-I}\boldsymbol{K}^{IC} & \boldsymbol{I} \end{pmatrix} \tag{5.52}$$

einen positiv definiten Vorkonditionierer für $\boldsymbol{K}_T$. Dieser kann dann in dem vorkonditionierten konjugierten Gradientenverfahren eingesetzt werden, das in der nachfolgenden Box 5.5 beschrieben wird. Die Form (5.52) ist insbesondere gut geeignet, da sich die inverse Form explizit bestimmen läßt, s. (AXELSSON 1994)

$$\boldsymbol{C}_s^{-1} = \begin{pmatrix} \boldsymbol{I} & \boldsymbol{0} \\ -\boldsymbol{V}^{-I}\boldsymbol{K}^{IC} & \boldsymbol{I} \end{pmatrix} \begin{pmatrix} \boldsymbol{V}^{-C} & \boldsymbol{0} \\ \boldsymbol{0} & \boldsymbol{V}^{-I} \end{pmatrix} \begin{pmatrix} \boldsymbol{I} & -\boldsymbol{K}^{CI}\boldsymbol{V}^{-I} \\ \boldsymbol{0} & \boldsymbol{I} \end{pmatrix} . \tag{5.53}$$

PCG($\boldsymbol{v}, \boldsymbol{f}, \boldsymbol{K}_T$)		
	$\boldsymbol{r}_0^{(s)} = \boldsymbol{K}_T^{(s)}\, \boldsymbol{v}_0 - \boldsymbol{f}^{(s)}$	
	$\boldsymbol{r}_0 =$ **comm** $(\boldsymbol{r}_0^{(s)})$	
FOR	$k = 0, 1, 2, \ldots$	
	$\boldsymbol{s}_k = \boldsymbol{C}^{-1}\, \boldsymbol{r}_k$ (Vorkonditionierung nach (5.53))	
	$\alpha_k^{(s)} = \boldsymbol{s}_k^T\, \boldsymbol{r}_k^{(s)}$	
	$\alpha_k =$ **sum** $(\alpha_k^{(s)})$	
IF $k = 0$	THEN	
		$\boldsymbol{p}_0 = \boldsymbol{s}_0$
	ELSE	
		$\beta_k = \alpha_k / \alpha_{k-1}$
		$\boldsymbol{p}_k = \boldsymbol{s}_k + \beta_k\, \boldsymbol{p}_{k-1}$
	END IF	
	$\boldsymbol{z}_k^{(s)} = \boldsymbol{K}_T^{(s)}\, \boldsymbol{p}_k$	
	$\delta_k^{(s)} = \boldsymbol{p}_k^T\, \boldsymbol{z}_k^{(s)}$	
	$\delta_k =$ **sum** $(\delta_k^{(s)})$	
	$\gamma_k = \alpha_k / \delta_k$	
	$\boldsymbol{r}_{k+1}^{(s)} = \boldsymbol{r}_k^{(s)} - \gamma_k\, \boldsymbol{z}_k^{(s)}$	
	$\boldsymbol{v}_{k+1} = \boldsymbol{v}_k - \gamma_k\, \boldsymbol{p}_k$	
	$\boldsymbol{z}_k =$ **comm** $(\boldsymbol{z}_k^{(s)})$	
	$\boldsymbol{r}_{k+1} = \boldsymbol{r}_k - \gamma_k\, \boldsymbol{z}_k$	
	$\varepsilon_k^{(s)} = \boldsymbol{r}_{k+1}^T\, \boldsymbol{r}_{k+1}^{(s)}$	
	$\varepsilon_k =$ **sum** $(\varepsilon_k^{(s)})$	
UNTIL	CONVERGENCE ($\varepsilon_k < TOL$)	

Box 5.5: Parallele Version der Methode der konjugierten Gradienten

Durch die Wahl von $\boldsymbol{V}^I = \boldsymbol{K}^I$ als Vorkonditionierer werden die Freiheitsgrade im inneren der Teilgebiete auskondensiert. Bei der Vorkonditionierung der zu den Koppelknoten gehörenden Freiheitsgrade wird weiter zwischen Eck- und Randknoten unterschieden. Eckknoten gehören zu mehr als zwei Rändern, so daß hier die einfachste Vorkonditionierung eine diagonale Skalierung darstellt, die wenig Kommunikationsbedarf hat. Die Randknoten werden dann nach (Meisel und Meyer 1995) durch den eindimensionalen Laplace Operator vorkonditioniert, wobei das entstehende Gleichungssystem mittels schneller Fourier Transformation gelöst wird. In Box 5.5 ist die parallele VBersion der CG-Methode dargestellt. Darin sind zwei unterschiedliche Typen von Kommunikation zwischen den Prozessoren notwendig, um das Verfahren der konjugierten Gradienten, s. Box 5.3, zu parallelisieren. Diese betreffen die Aufdatierung (*Update*) eines Vektors am Koppelrand und die Summation eines Skalars für das Gesamtgebiet Ω, der in den Gebieten Ω_s berechnet wurde. In Box 5.5 wird ein lokaler Vektor durch den Index (s) gekennzeichnet,während ein globaler Vektor keinen Index bekommt. Die Routine $\mathbf{comm}[\mathbf{x}^{(s)}]$ in Box 5.5 wird verwendet, um einen Vektor an den Koppelrändern aufzudatieren, z.B. $\mathbf{x} = \mathbf{comm}[\mathbf{x}^{(s)}]$. Diese Operation ist notwendig, da ein Matrix-Vektor Produkt aus Kompatibilitätsgründen nur mit einem globalen Vektor ausgeführt werden kann. Das Resultat liefert einen lokalen Vektor z.B. $\boldsymbol{y}^{(s)} = \boldsymbol{K}_T^{(s)}\,\mathbf{x}$ da die Matrix $\boldsymbol{K}_T^{(s)}$ nur auf dem Prozessor $\mathbf{P^S}$ definiert ist.

Weiterhin sind verschiedene Skalarprodukte im CG-Verfahren zu berechnen. Bei der vorgestellten parallelen Version kann ein Skalarprodukt nur zwischen einem lokalen und einem globalen Vektor berechnet werden. Auf dem Prozessor $\mathbf{P^S}$ wird dann der Anteil $h^{(s)} = \mathbf{x}^T\,\mathbf{x}^{(s)}$ am Skalarprodukt berechnet. Das vollständige Skalarprodukt ergibt sich durch eine globale Kommunikation $h = \mathbf{sum}\,[h^{(s)}]$, die äquivalent zu $h = \sum_s h^{(s)}$ ist.

Eine andere Möglichkeit des Vorkonditionierens besteht in der Verwendung von Multigridverfahren. Diese basieren entweder auf einer hierarchischen Netzstruktur oder einer algebraischen Zerlegung, s. z.B. (HACKBUSCH 1991), (BOERSMA 1995), (MEYNEN et al. 1997) oder (WRIGGERS und BOERSMA 1998).

Mehrgitterverfahren. Eine andere Variante zur parallelen Lösung von Gleichungssystemen ist die Mehrgittermethode (*multigrid method* (MG)), die man parallelisieren kann, ohne daß die Methode ihre Vorteile verliert, s. z.B. (BASTIAN and WITTUM 1994). Eine spezielle Form des Multigridverfahrens, die leicht in bestehende Finite-Element-Programme implementiert werden kann, ist die algebraische Multigridmethode (AMG), s. z.B. (STUEBEN 1983), (RUGE 1986) oder (KOČVARA and MANDE 1987). AMG benötigt keine spezielle hierarchische Netzstruktur, sondern baut die zu unterschiedlichen Gittern gehörenden Koeffizientenmatrizen des Gleichungssystems direkt aus der gegebenen Tangentenmatrix auf, s. (BRANDT et al. 1985), (BRANDT 1986) oder für Ingenieuranwendungen (BOERSMA und WRIGGERS 1997).

In den üblichen Mehrgittermethoden sind vier Punkte zu beachten: 1. eine Netzhierarchie mit l Stufen (*level*), 2. die Bestimmung von Transferoperatoren, 3. eine algebraische Gleichung der Form $\boldsymbol{K}_{T\,l}\,\mathbf{v} = \boldsymbol{f}$ auf jedem Netz l und 4. ein Glättungoperator. Die Ansätze bei der AMG-Methode sind im wesentlichen identisch, weichen jedoch in den Punkten 1. bis 4. leicht von den Multigrid-Verfahren mit Netzhierarchie ab. Im einzelnen sollen jetzt die Punkte etwas genauer erläutert werden.

1. Netzhierarchie: Die klassische Multigridtechnik basiert auf einer Netzhierarchie, die auf einer Vergröberung des feinsten Netzes durch geeignete geometrische Maßnahmen beruht. In der AMG-Methode definiert man ein grobes Netz als Untermenge der auf dem feinsten Netz liegenden Knoten, ohne sich auf die geometische Netzstruktur zu beziehen. Damit entbehren die groben Netze einer geometrischen Interpretation.

Die Menge aller Knotenpunkte wird in Grobgitterknoten $\mathcal{C}$ und Feingitterknoten $\mathcal{F}$ aufgeteilt, s. Bild 5.17. Dort sind beispielhaft für ein einfaches reguläres Netz die entsprechenden Definitionen dargestellt. Zusätzlich werden noch sog. Masterknoten gezeigt, die zur Formdefinition des Netzes dienen. Vor der Vergröberung des Netzes muß entschieden werden,

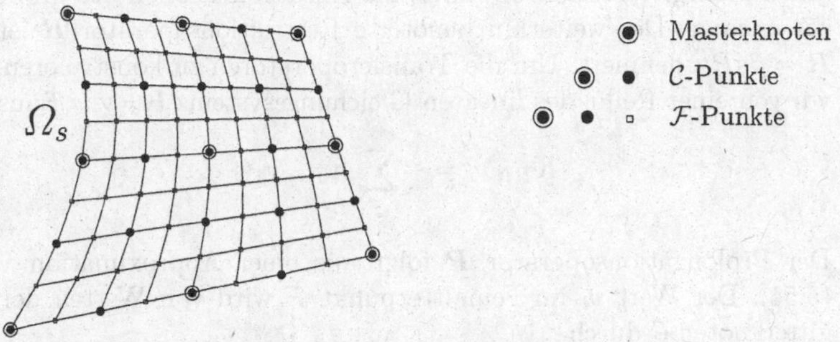

Bild 5.17 Aufteilung des FE-Netzes in die Grob- und Feingitterpunkte $\mathcal{C}$- und $\mathcal{F}$

wieviele *level* benötigt werden, um das Problem zu lösen. Dies hängt von der Anzahl der Knoten (nk) des feinen Netzes und der Raumdimension (ndm) ab. Eine Abschätzung liefert die Beziehung

$$l_{max} = \left\lfloor \log(\text{nk}) \ / \ \log(2^{\text{ndm}}) \right\rfloor .$$

Für ein reguläres Netz mit 2^l Knoten in jeder Raumdimension folgt die Vorgabe von l *levels*, was üblicherweise bei Multigridanwendungen gewählt wird.

Die Definition der Grobgitterpunkte $\mathcal{C}$ ist ein linearer Prozeß, der über alle Knoten (mit den Nummern $1, \ldots, n_l$) auszuführen ist. Es sei $\mathcal{U}\{node\}$ die Menge aller Nachbarknoten zum gerade betrachteten Knoten *node*. Dann erfolgt das Vergröbern nach dem in Box 5.6 angegebenen Algorithmus.

a) Bestimme die wesentlichen Grobgitterpunkte
b) Definiere $\mathcal{F} = \emptyset, \mathcal{C} = \{1, \ldots, n_l\}$
c) FOR $node = 1, 2, \ldots, n_l$ DO
   IF $node \in \mathcal{C}$ THEN
      $\mathcal{F} = \mathcal{F} + \mathcal{U}\{node\}/\mathcal{C}$
      $\mathcal{C} = \mathcal{C} - \mathcal{U}\{node\}/\mathcal{C}$

Box 5.6 Vergröberungsprozedur

Diese Prozedur muß auf jedem Netz $l = 1, \ldots, l_{max} - 1$ durchgeführt werden. Wesentliche Grobgitterpunkte sind dabei solche, die physikalische

Bedeutung haben, z.B. zur Beschreibung der korrekten Randbedingungen.

2. Transfer-Operatoren: Für den Transfer der Information zwischen zwei unterschiedlichen Berechnungsstufen (*levels*) dient der Prolongationsoperator $\boldsymbol{P}$, der im Fall der AMG-Methode direkt aus den Einträgen der Koeffizientenmatrix berechnet wird. Diese Aufgabe wird in dem klassischen Mehrgitterverfahren durch die Ansatzfunktionen des groben Netzes erledigt. Der weiterhin benötigte Restriktionsoperator $\boldsymbol{R}$ ist durch $\boldsymbol{R} = \beta s P^T$ definiert. Um die Transferoperatoren zu konstruieren, gehen wir von einer Reihe des linearen Gleichungssystems $\boldsymbol{K_T}\, \boldsymbol{v} = \boldsymbol{f}$ aus
$$K_{T\,ii}\, v_i = -\sum_j K_{T\,ij}\, v_j + f_i. \tag{5.54}$$
Der Prolongationsoperator $\boldsymbol{P}$ folgt aus einer Approximation von Gl. (5.54). Der Wert v_i im Feingitterpunkt $\mathcal{F}$ wird von Werten der Grobgitterknoten $\mathcal{C}$ durch
$$v_i = \frac{1}{\sum\limits_{k\in\mathcal{C}} |K_{T\,ik}|} \sum_{j\in\mathcal{C}} K_{T\,ij}\, v_j \tag{5.55}$$
angenähert. Diese Beziehung garantiert, daß die Summe alle Gewichte für jeden Feingitterpunkt gleich eins ist. Dann ergibt sich der Eintrag in den Transferoperator für den Freiheitsgrad i und einen benachbarten Freiheitsgrad k als
$$P_{ik} = \frac{|\, K_{T\,ik}\,|}{\sum_{j\in\mathcal{C}} K_{T\,ij}} \tag{5.56}$$
Details zu dieser Prozedure finden sich z.B. in (Boersma 1995).
3. Gleichungen auf jeder Stufe: Die Grobgittermatrix wird algebraisch mit den Transferoperatoren $\boldsymbol{R}$ und $\boldsymbol{P}$ durch $\boldsymbol{K_\mathcal{C}} = \boldsymbol{R}\,\boldsymbol{K_\mathcal{F}}\,\boldsymbol{P}$ berechnet. Wenn man hierbei $\boldsymbol{R}$ als $\boldsymbol{P}^T$ wählt, so bleiben die Symmetrieeigenschaften der Feingittermatrix $\boldsymbol{K_\mathcal{F}}$ in der Grobgittermatrix $\boldsymbol{K_\mathcal{C}}$ erhalten.
4. Glättungsoperator: Beim AMG-Verfahren erfolgt die Glättung wie in den üblichen Mehrgitterverfahren durch z.B. eine Gauss-Seidel-Iteration oder durch das Verfahren der konjugierten Gradienten. Die Glättungsoperation wird durch den Operator S bezeichnet.

Die Parallelisierung des AMG-Verfahrens erfolgt in zwei Schritten. In der Startphase werden die Koeffizientenmatrix, die Transferoperatoren und die zugehörigen Grobgittermatrizen für alle Berechnungsstufen bestimmt. In der zweiten Phase erfolgt dann die iterative Lösung des Gleichungssystems.

Startphase: Bestimmung der Grobgitterpunkte unter Berücksichtigung der Aufteilung der auf den Teilgebietsrändern liegenden Knoten auf die entsprechenden Prozessoren. Da diese Knoten zu verschiedenen Prozessoren gehören, hat eine Datenaustausch zu erfolgen. Aufteilung der inneren Knoten auf jedem Prozessor in Grob- und Feingitterknoten (kein Datenaustausch). Zunächst werden die Transferoperatoren auf den Rändern berechnet (Datenaustausch), dann erfolgt die Bestimmung der Operatoren innerhalb der Teilgebiete. Damit wird die Grobgittermatrix parallel berechnet. Nach der Berechnung von $\boldsymbol{R}\,\boldsymbol{K}_{\mathcal{F}}\,\boldsymbol{P}$ hat man auf jedem Teilgebiet die Grobgittermatrix $\boldsymbol{K}_C$ vorliegen. Man beachte, daß das Matrizenprodukt zur Bestimmung der Grobgittermatrix $\boldsymbol{R}\,\boldsymbol{K}_{\mathcal{F}}$ nie direkt berechnet wird, da dies die Effizienz des Verfahrens zerstören würde. Eine Möglichkeit zur schnellen Bestimmung von $\boldsymbol{K}_C$ ist z.B. in (Boersma und Wriggers 1997) beschrieben.

Iterationsphase: Während der iterativen Lösung des Gleichungssystems wird eine Glättung erforderlich. Diese wird mittels des parallelen Glättungsoperators $S_{\mathbf{P}}(\boldsymbol{v},\boldsymbol{f})$ ausgeführt. Hierbei sind unterschiedliche Verfahren möglich, wie z.B. ein paralleler Gauss-Seidel-Algorithmus, eine unvollständige Cholesky Zerlegung oder die Methode der konjugierten Gradienten. Innerhalb der iterativen Lösung müssen Vektoren zwischen den verschiedenen Berechnungsstufen transferiert werden. Auch dies ist – bis auf die Behandlung der Koppelknoten zwischen den Teilgebieten – eine parallele Operation. Box 5.7 beschreibt den Algorithmus des parallelen algebraischen

```
pAMG(l, v, f, ν)

1)   v     ←  S_P(v, f)
2)   r     =  comm(K_T l v) − f
3)   f_l+1 =  comm(R r)
4)   IF l = l_max THEN
              Löse K_T l_max w = f_l_max
     ELSE
              Führe ν Schritte durch:
              AMG(l + 1, w, f_l+1, ν_l+1)
     END IF
5)   v     ←  v − comm(P w)
6)   v     ←  S_P(v, f)
```

Box 5.7: Das parallele algebraische Multigridverfahren (pAMG)

Multigridverfahrens (pAMG). Um das lineare Gleichungssystem $\boldsymbol{K}_T\,\boldsymbol{v} = \boldsymbol{f}$ zu lösen, wird der Algorithmus mit pAMG$(1, \boldsymbol{v}, \boldsymbol{f}, \nu)$ gestartet, wobei die zum Problem gehörende Tangentenmatrix $\boldsymbol{K}_T$ des feinsten Gitters – jetzt als $\boldsymbol{K}_{T\,1}$ bezeichnet – und der Vektor $\boldsymbol{f}$ der rechten Seite verwendet werden. Der Operator $S_{\mathbf{P}}$ bezeichnet hier eine auf den Parallelrechner angepaßte Glättungsstrategie. Die notwendigen Kommunikationsroutinen wurden bereits beim parallelen CG-Verfahren beschrieben.

Innerhalb des parallelen algebraischen Multigridverfahrens werden alle Operatoren durch den Index l ausgezeichnet, der die Netzfolge charakterisiert. Dabei beschreibt der Index 1 das feinste und der Index l_{max} das gröbste Netz. Weiterhin wird noch der Parameter ν eingeführt, der angibt, wie oft das Mehrgitterverfahren aufgerufen wird. Die Wahl $\nu = 1$ führt zu dem sog. V-Zyklus, $\nu = 2$ ergibt den W-Zyklus, s. Bild 5.18 ($l = 3$ gehört hier zur gröbsten Stufe). Der F-Zyklus ist eine Mischung V- und W-Zyklus. Man kann in Bild 5.18 erkennen, daß der V-Zyklus nur einen Schritt auf der gröbsten Stufe benötigt. Dagegen sind innerhalb des W- Zyklus l_{max}^2 Schritte auf der gröbsten Stufe erforderlich. Der F-Zyklus kommt mit l_{max} Schritten aus. Hieraus kann man schließen, daß der V-Zyklus eine höhere parallele Effizienz als der W- oder der F-Zyklus besitzt.

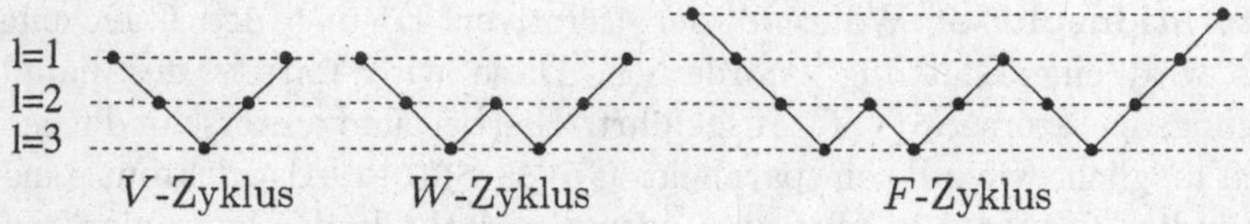

Bild 5.18 Die unterschiedlichen Zyklen

In Anwendungen auf Probleme der Festkörpermechanik hat sich herausgestellt, daß die algebraische Mehrgittermethode (pAMG) hervorragend und robust als Vorkonditionierer für andere iterative Verfahren eingesetzt werden kann. Hier bietet sich z.B. der in Box 5.5 angegebenen CG-Algorithmus an, bei dem in jeder Iteration das pAMG-Verfahren zur Vorkonditionierung herangezogen wird.

5.3 Beispiele zu den Algorithmen und Gleichungslösern

Die nachfolgenden Beispiele verdeutlichen an zwei geometrisch und physikalisch nichtlinearen Problemen das Iterationsverhalten einiger im Kap. 5 genannter Verfahren.

Der in Bild 5.19 gezeigte Gummiblock wird durch eine starre Platte nach unten gedrückt, wobei keine Reibung zwischen Block und Platte angenommen wird. Die Ausgangsgeometrie ist mit den Abmessungen und den Materialparametern Λ und μ für ein Neo-HOOKE Material, s. Abschn. 3. 5, in Bild 5.19 dargestellt.

Die Grundlage der Finite-Element-Formulierung ist in Abschn. 4.2.3 erläutert, deshalb soll hier darauf nicht näher eingegangen werden. Für die Berechnung wird die Symmetrie des Problems ausgenutzt und ein FE-Netz für eine Hälfte mit 40×80 Elementen gewählt. Die Belastung wird zunächst innerhalb von 10 Laststufen auf den Endwert gesteigert. Danach wird die Belastung in 5 Stufen, 2 Stufen und schließlich in einer einzigen Stufe aufgebracht. Die zur letzten Laststufe gehörende verformte Konfiguration, die einer Zusammendrückung von 30 % entspricht, kann Bild 5.19 entnommen werden.

Tabelle 5.5 ist zu entnehmen, daß das NEWTON-RAPHSON-Verfahren insgesamt die geringste Anzahl an Gleichgewichtsiterationen benötigt.

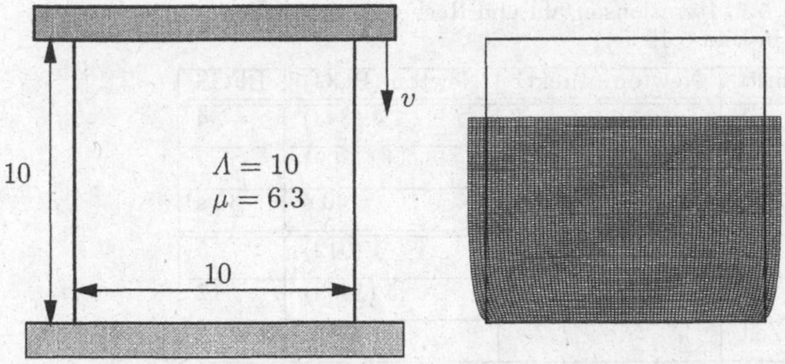

Bild 5.19. Gummielastischer Block unter Druckbeanspruchung — Verformte Konfiguration der letzten Laststufe

Es zeigt sich, daß bei höheren Laststufen die Anzahl der Iterationen beim BFGS-Verfahren überproportional ansteigt. Dies liegt an der Zunahme der nichtlinearen Deformationen. Das BFGS-Verfahren ist in diesem Beispiel, wenn man die Gesamtrechenzeit vergleicht, dann am effizientesten, wenn die Last in kleineren Stufen aufgebracht wird.

Die Wahl der Abbruchtoleranz – hier 10^{-8} – hat einen nicht unerheblichen Einfluß auf die Iterationsanzahl. Wählt man z. B. eine Toleranz von 10^{-4}, so wird die Anzahl der Iterationen bei allen drei Verfahren gesenkt. Jedoch wirkt sich dies beim NEWTON-RAPHSON-Verfahren geringer aus, da zum Erreichen der Toleranzgröße von 10^{-8} nur ein zusätzlicher Schritt benötigt wird. Dagegen reduzieren sich die Iterationszahlen der anderen beiden Verfahren erheblich. Interessant ist, daß das diagonalvorkonditionierte Verfahren der konjugierten Gradienten sehr viele Iterationen – in Tabelle 5.5 in Klammern für die jeweilige Laststufe angegeben – benötigt und daher hier bei der relativ kleinen Größe des Gleichungssystems (6439 Unbekannte) nicht konkurrenzfähig ist. Man sieht weiterhin an der Zunahme der Iterationen in den höheren Laststufen, daß sich die Konditionszahl der Tangentenmatrix $\boldsymbol{K}_T$ mit wachsender Deformation infolge des Einflusses der geometrischen Steifigkeitsmatrix und der Materialtangente verschlechtert.

Als nächstes wird das entsprechende dreidimensionale Problem mit unterschiedlichen Verfahren gelöst. Dazu wird – wie im ersten Beispiel – ein Block aus kompressiblem hyperelastischen Material diskretisiert und mit dem BFGS- und dem NEWTON-Verfahren gelöst. Bei letzterem werden sowohl direkte als auch iterative Gleichungslöser innerhalb eines NEWTON-Schrittes eingesetzt. Als iterativer Löser kommt das in Box 5.3 beschriebene Verfahren der konjugierten Gradienten zum Einsatz, das durch Diagonalskalierung vorkonditioniert wird. Das System der Abmessung $10 \times 10 \times 5$ ist in Bild 5.20 dargestellt. Die Materialparameter werden so gewählt, daß sich für die LAMÉ-Konstanten die Werte $\Lambda = 830$ und $\mu = 50$ ergeben. Der Block wird durch eine starre Platte insgesamt um 30 % nach unten gedrückt. Reibung

Tabelle 5.5. Iterationsanzahl und Rechenzeiten für das Beispiel in Bild 5.19

Lastschritt	Newton (direkt)	Newton (PCG)	BFGS
1	4	4 (843)	4
10	5	4 (1309)	9
Zeit	52 s	140 s	34 s
1	4	4 (912)	5
5	5	5 (1409)	12
Zeit	27 s	77 s	21 s
1	4	4 (1018)	9
2	6	5 (1627)	16
Zeit	13 s	37 s	13 s
1	6	6 (1687)	28
Zeit	8 s	24 s	12 s

zwischen Platte und Block wird vernachlässigt. Die Last wird in 2 und in 3 Stufen aufgebracht, um das unterschiedliche Verhalten der Lösungsverfahren vergleichen zu können. Die Diskretisierung wird aus Symmetriegründen nur für ein Viertel des Systems vorgenommen, das mit $12 \times 12 \times 12$ Acht-Knoten-Elementen vernetzt wird, so daß sich insgesamt 5606 unbekannte Knotenverschiebungen ergeben. Die Berechnungen wurden mittels des Programmes FEAP, s. (Zienkiewicz and Taylor 1989), auf einem Pentium PC mit 300 MHz Taktfrequenz durchgeführt.

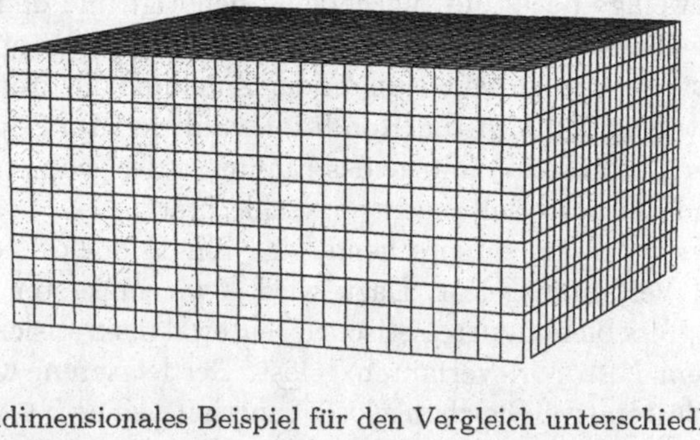

Bild 5.20: Dreidimensionales Beispiel für den Vergleich unterschiedlicher Lösungsalgorithmen

Die verformte Figur und die Kontur der Normalspannung σ_{33} in vertikaler Richtung ist in Bild 5.21 für eine Kompression von 30 % zu sehen. Die Anzahl der Iterationen sowie die Gesamtrechenzeit sind in Tabelle 5.6 zu finden. Als Abbruchschranke für das Erreichen des Gleichgewichtes wird

TOL in Box 5.1 zu $TOL = 10^{-4}$ gesetzt. Man erkennt, daß insgesamt für

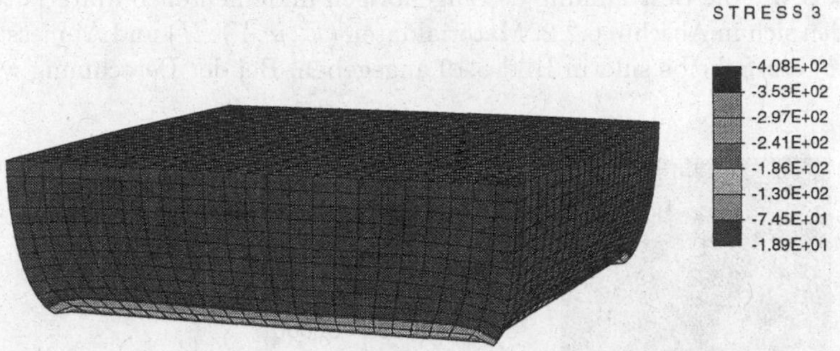

Bild 5.21: Deformierte Struktur und Normalspannungen σ_{33} in vertikaler Richtung

dieses Beispiel die Kombination von NEWTON-Verfahren mit einem iterativen Gleichungslöser die effizienteste Variante darstellt, da dort die Gesamtrechenzeit am niedrigsten ist. Die Zahlen in Klammern geben bei dem Verfahren der konjugierten Gradienten die Gesamtiterationen innerhalb einer Laststufe an. Im Mittel benötigte das diagonalvorkonditionierte CG-Verfahren 140 Iterationen pro Gleichungslösung innerhalb eines Iterationsschrittes des NEWTON-Verfahrens. Bei Wahl eines größeren Lastschrittes steigt die Anzahl der NEWTON-Iterationen innerhalb der Laststufe nicht wesentlich an. Dies ist bei BFGS-Verfahren ganz anders. Daher nimmt in diesem Beispiel wie auch im vorangegangenen Beispiel beim NEWTON-Verfahren die Gesamtrechenzeit ab, während die des BFGS-Verfahren zunimmt.

Tabelle 5.6. Iterationsanzahl und Rechenzeiten für das Beispiel in Bild 5.20

Lastschritt	Newton (direkt)	Newton (PCG)	BFGS
1	4	4 (551)	13
2	4	4 (562)	17
3	5	5 (661)	26
Rechenzeit	430 s	76 s	167 s
1	5	5 (608)	20
2	5	5 (676)	41
Rechenzeit	328 s	52 s	194 s

Im dritten Beispiel werden die Lösungsverfahren an einem Problem mit inelastischem Materialverhalten verglichen. Die in Bild 5.22 dargestellte Scheibe mit Loch besteht aus einem Material mit elastoplastischem Werkstoffverhalten. Dabei wird isotrope lineare Verfestigung vorausgesetzt, s. Abschn. 3.3.2. Die Ableitung der für entsprechenden Integrationsverfahren der Materialgesetze sowie die Bestimmung des zugehörigen inkrementellen Materialtensors finden sich in Abschn. 6.2.2. Materialdaten (E, ν, Y_0, H) und Abmessungen (h, b) der Scheibe sind in Bild 5.19 angegeben. Bei der Berechnung wird

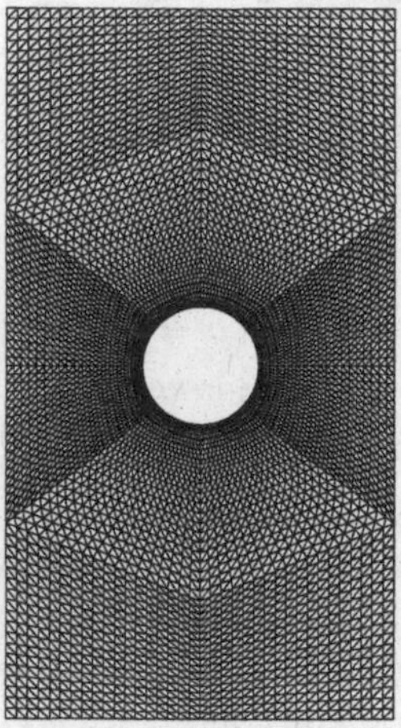

Bild 5.22: Scheibe mit Loch aus elastoplastischem Material

die geometrisch lineare Theorie vorausgesetzt. Aus Symmetriegründen wird nur ein Viertel der Scheibe durch 1944 Sechs-Knoten-Dreieckselemente diskretisiert, was auf insgesamt 7919 unbekannte Knotenverschiebungen führt. Als Belastung wird am oberen Rand der Scheibe eine konstante Verschiebung von $v = 0.6$ vorgegeben, die in 6 Laststufen aufgebracht wird. Tabelle 5.7 ist zu entnehmen, daß der erste Schritt noch elastisch ist, während sich bei den weiteren Laststufen die plastische Zone ausweitet, bis am Ende der Querschnitt fast durchplastiziert ist, s. auch Bild 5.23. Als Abbruchschranke für die Gleichgewichtsiteration wurde $TOL = 10^{-4}$ gewählt. Das Konvergenzverhalten des NEWTON-Verfahrens ist für den letzten Lastschritt in Tabelle 5.7 aufgeführt, dieses Verfahren ist in der Kombination mit dem direkten Gleichungslöser am effizientesten. Das BFGS-Verfahren, das im ersten Beispiel bei mehreren Laststufen auf die niedrigste Gesamtrechenzeit führte, verliert hier in den beiden letzten Laststufen die Eigenschaft der superlinearen Konvergenz und ist hier die langsamste Methode. Auch der iterative Löser ist – wie schon im ersten Beispiel – mit der Diagonalvorkonditionierung bei der vorliegenden Problemgröße nicht konkurrenzfähig. Dank des zugrunde liegenden NEWTON-Verfahrens ist es aber effizienter als das BFGS-Verfahren. Es sei noch angemerkt, daß die Anzahl der CG-Iterationen in den letzten beiden Laststufen überproportional ansteigt. Dies liegt an der sich verschlechternden

Tabelle 5.7. Iterationsanzahl und Rechenzeiten für das Beispiel in Bild 5.22

Lastschritt	Newton (direkt)	Newton (PCG)	BFGS
1	1	1 (797)	1
2	3	3 (1250)	7
3	5	5 (2488)	27
4	7	6 (2937)	30
5	7	6 (4406)	104
6	8	7 (5794)	93
Zeit	181 s	359 s	373 s

Konditionszahl von $\boldsymbol{K}_T$ bei der fast durchplastizierten Scheibe. Der zu diesem Zustand gehörende Spannungsplot der Vertikalspannungen ist im Bild 5.23 auf der 100-fach überhöhten verformten Konfiguration dargestellt.

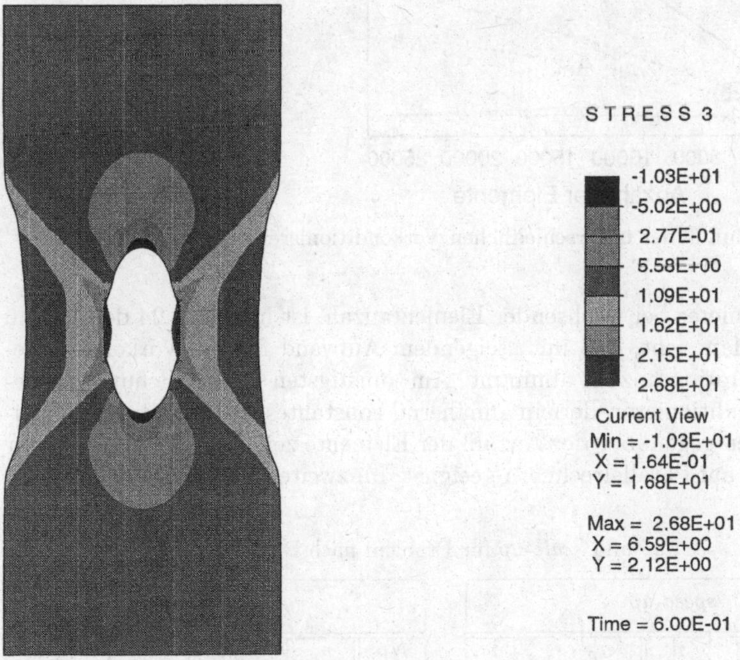

Bild 5.23: Spannungsverteilung σ_y in der 6. Laststufe

Die nächsten zwei Beispiele sollen die Wirkungsweise der parallelen Gleichungslöser vorgestellen, sie sind der Arbeit (WRIGGERS und MEYNEN 1995)

entnommen. An einer Scheibe mit Loch unter einachsigem Zug, s. Bild 5.22, wird der Einfluß der Vorkonditionierer auf die Iterationszahlen gezeigt, die das CG-Verfahren zur Lösung des Gleichungssystems benötigt.

Wie im vorhergehenden Beispiel wird zur Berechnung ist nur ein Viertel diskretisiert, die Belastungssteigerung erfolgt verschiebungsgesteuert. Es wurden Elemente mit elastisch-plastischem Materialverhalten mit linearer isotroper Verfestigung und der Fließbedingung nach von Mises verwendet. Die Materialparameter wurden abweichend von Bild 5.22 zu $E = 70000$ N/mm^2, $H = 2000$ N/mm^2, $Y_0 = 243$ N/mm^2 und $\nu = 0.2$ gewählt. Die Abmessungen betragen $36 * 20$ mm. Das unterschiedliche Verhalten der verschiedenen

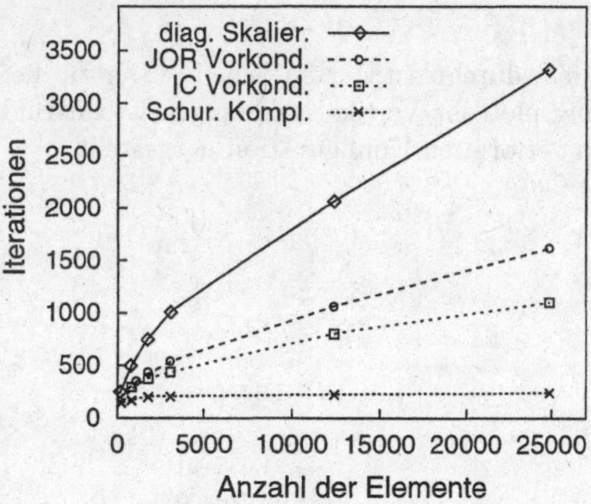

Bild 5.24 Einfluß der unterschiedlichen Vorkonditionierer bei einer Lochscheibe

Vorkonditionierer bei wachsender Elementanzahl ist in Bild 5.24 deutlich zu erkennen. Man sieht, daß mit steigendem Aufwand für die Vorkonditionierung die Iterationsanzahl abnimmt. Am günstigsten ist der Schur-Komplement Vorkonditionierer, der ein annähernd konstantes und damit unabhängiges Verhalten gegenüber der Anzahl der Elemente zeigt. Somit ist er gut für den Einsatz auf Parallelrechnern geeignet. Im zweiten Beispiel soll auf die in

Tabelle 5.8. *speed-up* und *scale-up* für Problem nach Bild 5.25

speed-up				
N_P	n_p	$\sum n$	n_p	$\sum n$
16	882		3362	
32	462	14112	1722	53792
64	242		882	

scale-up				
N_P	n_p	$\sum n$	n_p	$\sum n$
16		14112		53792
32	882	28224	3362	107584
64		56448		215168

Bild 5.25 dargestellte Struktur zurückgegriffen werden, um die Effizienz der

Parallelisierung anhand von zwei Größen, dem *speed-up* und dem *scale-up*, zu überprüfen. Das Verhalten des parallelen Lösers soll anhand der in Bild 5.25 dargestellte Struktur untersucht werden. Das Problem wurde auf 16, 32 und 64 Prozessoren gerechnet, wobei die Anzahl der Unbekannten für das Gesamtproblem je nach Diskretisierungsstufe zwischen 14112 und 215168 lag. Dabei wurde die Struktur des Netzes nicht geändert.

Um Aussagen über die numerische Effizienz der Parallelisierung machen zu können, führt man zwei Kenngrößen ein, den *speed-up* und den *scale-up*. So wurde einmal das Problem mit konstanter Gesamtgröße (14112 und 53792) auf unterschiedlich viele Prozessoren aufgeteilt, wie in Tabelle 5.8 zu sehen ist. Hier bedeutet N_P die Anzahl der Prozessoren, n_p die Anzahl der Unbekannten pro Prozessor und $\sum n$ die Gesamtanzahl der Unbekannten. Zum anderen wurde ein Problem so auf eine steigende Anzahl von Prozessorknoten verteilt, daß die Last auf den Prozessoren konstant blieb (882 und 3362 Unbekannte pro Knoten), s. Tabelle 5.8. Dabei steigt die Gesamtanzahl der Unbekannten an.

Der *speed-up* beschreibt die Güte der Parallelisierung:

$$Sp\,(n) = \frac{\text{Rechenzeit mit 1 Prozessor}}{\text{Rechenzeit mit } n \text{ Prozessoren}} = \frac{T_1}{T_n} \qquad (5.57)$$

Im Idealfall verläuft die Kurve mit der Steigung 1. Anschaulich bedeutet dies, daß mit der doppelten Prozessorenanzahl ein Problem theoretisch in der halben Zeit gelöst werden kann. In Realität führen Verluste durch die Kommunikation aber zu längeren Rechenzeiten. Der Nachteil der Effizienzmessung nach (5.57) ist, daß bei steigender Anzahl der Prozessoren die Last auf den einzelnen immer geringer wird, bis dies schließlich mangelnder Auslastung der einzelnen Knoten führt. So werden in Abbildung 5.25 auch nur 16

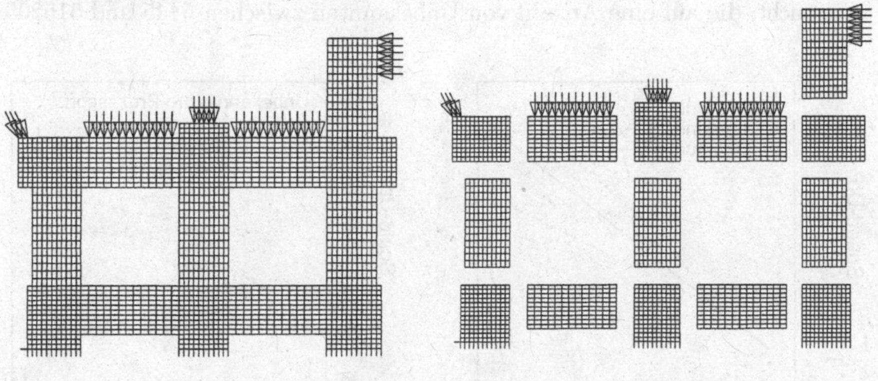

(a) (b)

Bild 5.25 (a) Belastete Struktur, (b) Aufteilung des Netzes auf vierzehn Prozessoren nach dem Prinzip der Gebietszerlegung

bis 64 Prozessoren verglichen. Der Effizienzverlust ist an der unteren Kurve deutlich zu erkennen, da dort bei 64 Prozessoren nur noch ca 242 Unbekannte, s. Tabelle 5.8, auf den einzelnen Knoten zu lösen sind, so daß die Zeiten für die Kommunikation verstärkt ins Gewicht fallen. Für das größere Beispiel werden die theoretischen *spped-up* Werte erreicht. Alle Zeiten sind auf eine Rechnung mit 16 Prozessoren bezogen.

Ein weiteres Kriterium ist der *scale-up*, der als Index dafür benutzt werden kann, wie gut die Vorkonditionierung und die Kommunikation bei steigender Prozessorzahl funktionieren:

$$Sc(n) = \frac{n*l \text{ Unbekannte auf } n \text{ Prozessoren}}{l \text{ Unbekannte auf 1 Prozessor}} = \frac{T_n(l*n)}{T_1(l)} \tag{5.58}$$

Dazu wird ein Problem mit wachsender Zahl der Unbekannten wird auf entsprechend wachsender Prozessorzahl gerechnet, so daß die Last pro Rechenknoten konstant bleibt. Im Idealfall sollen sich die Rechenzeiten nicht erhöhen. Da das CG-Verfahren nicht unabhängig von der Elementgröße ist, die sich aber bei *scale-up* verringert, kann man eine Verschlechterung mit steigender Anzahl der Unbekannten des Gesamtproblems feststellen, Als Hardware stand für die Untersuchung ein Parsytec Superluster mit 64 Knoten mit je 8 MB Hauptspeicher zur Verfügung, das nach heutigen Maßstäben veraltet ist. Jedoch weist dieses System durch die Transputertechnologie eine auf die Rechnerleistung optimal angepaßte Kommunikationsleistung auf.

Das Verhalten der parallelen algebraischen Mehrgittermethode (pAMG) wird an dem in Abschn. 9.5.3 beschriebenen inelastischen Schalenproblem beispielhaft aufgezeigt, s. auch (MEYNEN et al. 1997). Geometrie, Belastung und Materialdaten folgen aus Bild 9.25. Aus Gründen der Symmetrie wird nur ein Achtel der Schale diskretisiert. Der Einfluß der Problemgröße und der Prozessorlast auf die Gleichungslösung soll untersucht werden. Dazu werden verschiedene Diskretisierungen von 32 × 32 bis zu 320 × 320 Elementen untersucht, die auf eine Anzahl von Unbekannten zwischen 5445 und 515205

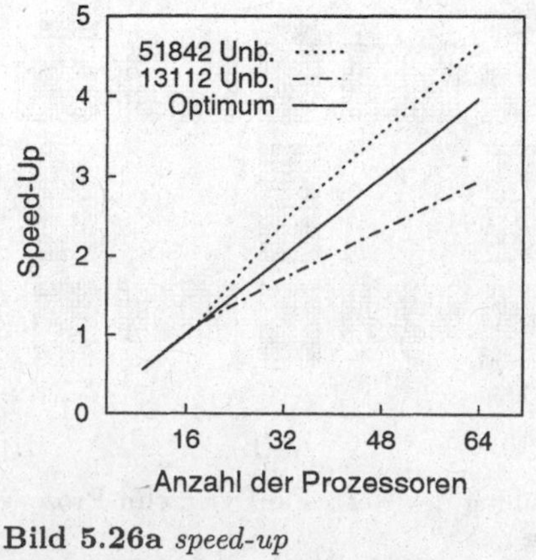

Bild 5.26a *speed-up*

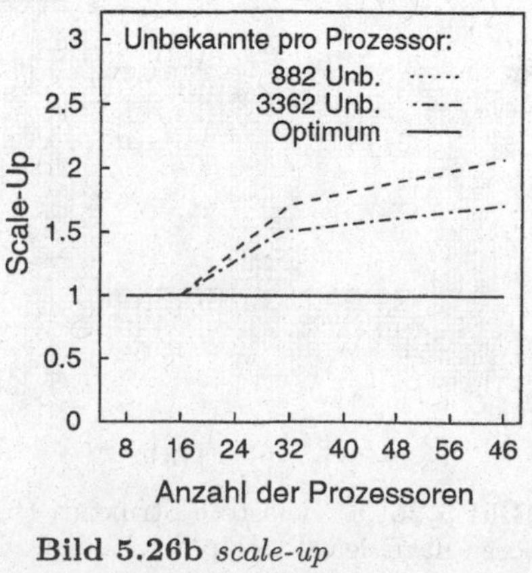

Bild 5.26b *scale-up*

für das in Kap. 9.4.6 beschriebene Schalenelement führen. Die Netze werden auf 4, 8 und 16 Prozessoren gerechnet, die einen PowerPC Prozessor zum Rechnen und einen Transputer zur Kommunikation aufweisen.

In Bild 5.27 ist der *speed-up* dargestellt, wenn die parallele CG-Methode mit dem pAMG-Verfahren als Vorkonditionierer eingesetzt wird. Die Ergebnisse wurden mit einem V-Zyklus bestimmt, der hier die besten Resultate ergab. Die Rechnung mit der größten Prozessorauslastung erzielt hier den besten *speed-up*. Wegen schlechter Ausbalanzierung zwischen Prozessor und Kommunikation bei dem verwendeten Parallelcomputer wird anstelle von 4 nur der Wert von 2.23 erreicht, wenn von 4 auf 16 Prozessoren übergegeangen wird. Mehr Prozessoren wurden nicht verwendet, um bei dieser Aufgabenstellung keine zu geringe Auslastung der einzelnen Prozessoren infolge zu kleiner Grobgitter zu erhalten. Eine von der Problemgröße unabhängige Konver-

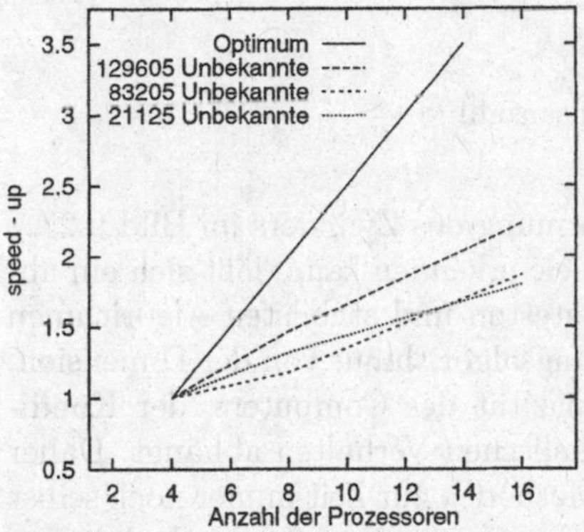

5.27 *Speed-up* bei der Schalenberechnung

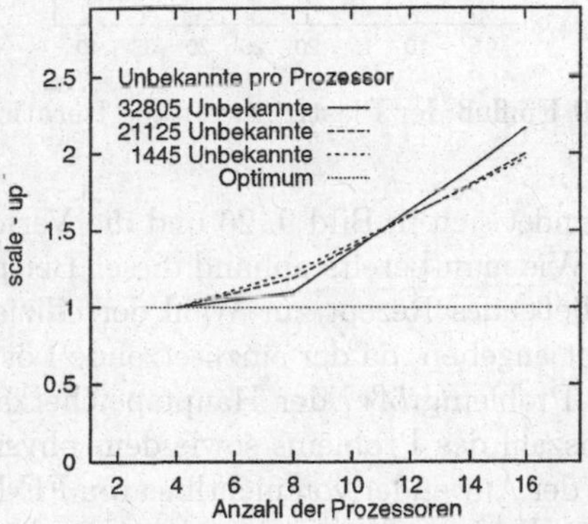

5.28 *Scale-up* bei der Schalenberechnung

genzrate ist theoretische beim Mehrgitterverfahren möglich, aber nicht bei der Methode der konjugierten Gradienten. Daher ist auch in Bild 5.28 ein Abweichen von der optimalen Gerade zu erkennen. Wie man sieht, gilt dies für unterschiedliche Prozessorauslastungen.

Der Einfluß des inelastischen Verhaltens auf die Iterationsanzahl des pAMG-Verfahrens ist in Bild 5.29 dargestellt, wobei die Anzahl der Iterationen für den ersten NEWTONschritt und die Gesamtanzahl der Iterationen in einer Laststufe über der Zeit geplottet sind. Man sieht, daß die Anzahl der NEWTONschritte für den ersten Schritt konstant ist. Sobald plastisches Fließen einsetzt, steigt die Anzahl der NEWTONschritte innerhalb einer Laststufe an, jedoch beeinflußt die Plastizität das iterative Verfahren zur Gleichungslösung nicht. Die Konvergenzrate ist bei diesem Beispiel mit einem Mittelwert von 0.72 nicht optimal, was daran liegt, daß hier ein Schalenproblem gerechnet wird, das schlecht konditioniert ist. Man müsste hier eigentlich spezielle Vorkonditionierer wählen, s. z.B. (ARNOLD et al. 1997) oder (SCHÖBERL 1999). Die zu diesem Problem zugehörige Lastverschiebungskur-

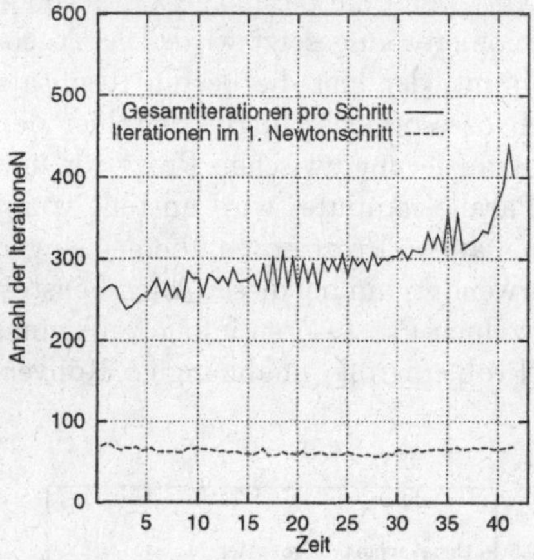

5.29 Einfluß der Plastizität auf die Iterationsanzahl

ve findet sich in Bild 9. 26 und die Verformung des Zylinders im Bild 9.27.

Wie man bereits anhand dieser Beispiele erkennen kann, läßt sich ein abschließendes Rezept zur Wahl der effizientesten und stabilsten Algorithmen nicht angeben, da der einzusetzende Lösungsalgorithmus von der Dimension, der Problemgröße, der Hauptspeicherkapazität des Computers, der Konditionszahl des Problems sowie dem physikalischen Verhalten abhängt. Daher hat der Anwender von nichtlinearen FE-Methoden zur Zeit immer noch selbst seine Wahl des Lösungsverfahrens problemangepaßt zu treffen. Jedoch lassen sich aus den Beispielrechnungen einige Regeln für die Auswahl der Lösungsverfahren ableiten.

- Das NEWTON-RAPHSON-Verfahren ist bei stark nichtlinearen Problemstellungen und hohen Genauigkeitsforderungen zu bevorzugen. Hinzu kommt, daß man unter Umständen mit sehr großen Lastschritten rechnen kann. Im zweidimensionalen Beispiel kann mit dem NEWTON-Verfahren auch in 1 Lastinkrement der in Bild 5.2 gezeigte Zustand erreicht werden.
- Sekantenmethoden – wie das BFGS-Verfahren – haben Vorteile bei schwacher Nichtlinearität und sehr großen Problemen, wo die Lösung des Gleichungssystems den überwiegenden Rechenaufwand ausmacht.
- Die Kombination von iterativen Lösern mit dem NEWTON-Verfahren ist bei dreidimensionalen Problemen vorteilhaft. In der Numerischen Mathematik ist die Konstruktion von leistungsfähigen Vorkonditionierern zur Zeit Gegenstand aktueller Forschungen. Dies gilt auch für die Verbesserung der parallelen Algorithmen.

6. Lösungsverfahren für zeitabhängige Probleme

Bei der Behandlung nichtlinearer partieller Differentialgleichungen, die die Bewegungen von Festkörpern unter äußeren Einwirkungen beschreiben, treten neben zeitunabhängigen Problemstellungen (Randwertproblemen) häufig auch Anwendungen auf, bei denen die zeitliche Änderung von Zustandsgrößen zu berücksichtigen sind (Anfangsrandwertprobleme). Nicht zu vernachlässigen sind z.B. bei Schwingungsaufgaben die Trägheitsterme in der Impulsbilanz, s. (4.65) oder (4.100). Auch zeitlich veränderliches (z. B. elastoplastisches, viskoplastisches oder viskoelastisches) Materialverhalten, das durch Evolutionsgleichungen beschrieben wird, führt auf Anfangsrandwertprobleme. In diesem Abschnitt wollen wir jetzt Verfahren zur Integration von Bewegungsgleichungen und zur Integration inelastischer Materialgleichungen vorstellen. Bevor wir damit beginnen, sollen jedoch noch einige grundlegende Bemerkungen zur Integration von algebraischen Differentialgleichungssystemen erfolgen.

Ganz allgemein kann das aus der örtlichen Diskretisierung resultierende Gleichungssystem (4.65) mit N Unbekannten abkürzend in der Form

$$\dot{\boldsymbol{L}}(t) = \boldsymbol{P}(t) - \boldsymbol{R}\,[\,\boldsymbol{u}(t)\,] \tag{6.1}$$

geschrieben werden. Hierin ist $\boldsymbol{L}(t)$ der Impuls, der für das diskrete System aus (4.65) als $\boldsymbol{L}(t) = \boldsymbol{M}\,\boldsymbol{v}(t)$ folgt. Der Vektor $\boldsymbol{R}$ repräsentiert den Vektor der inneren Knotenkräfte, der von der Bewegung und den Spannungen abhängt, da in (4.65) noch keine Materialgleichung eingesetzt ist. Der Vektor $\boldsymbol{P}$ enthält die vorgegebenen eingeprägten Knotenkräfte. Die Art der Nichtlinearität von (6.1) ist durch den Vektor $\boldsymbol{R}$ bestimmt. Dieser hängt von dem der Bewegungsgleichung (4.65) zugrunde liegenden Modell ab, das sowohl durch Strukturmodelle, wie Stäbe, Balken oder Schalen, s. Kap. 9, als auch durch Kontinuumselemente, s. Kap. 4 und 10, definiert sein kann. In dem Term $\boldsymbol{R}\,(\boldsymbol{u})$ sind noch keine Materialgleichungen eingearbeitet. Da diese sowohl zeitabhängiges (z.B. viskoelastisches oder viskoplastisches) als auch zeitunabhängiges (elastisches) Verhalten beschreiben können, kann hier keine allgemeine Form des Vektors der inneren Kräfte angegeben werden. Diese findet sich bei den entsprechenden Anwendungen.

Mit der Einführung der Geschwindigkeit $\boldsymbol{v}(t)$ als neue unabhängige Variable läßt sich die obenstehende Gleichung auch als nichtlineares Differentialgleichungssystem erster Ordnung schreiben

$$\dot{y}(t) = g[y(t)], \tag{6.2}$$

wobei der Vektor $y^T(t) = \{ u(t), v(t) \}$ jetzt $2N$ Unbekannte enthält.

Da wir in diesem Kapitel immer voraussetzen, daß alle Variablen von der Zeit abhängen, soll im folgenden die Abhängigkeit von der Zeit nicht explizit angegeben werden, also wird anstelle von z.B. $u(t)$ abkürzend nur u geschrieben.

Generell verwendet man unterschiedliche Algorithmen zur Lösung von (6.1), da sowohl der Typ der zugrunde liegenden Differentialgleichung, als auch deren Charakter verschieden sein können. Weiterhin ist das inelastische Materialverhalten lokaler Natur (je nach Beanspruchungszustand tritt inelastisches Verhalten nur in Teilen des Körpers auf), während die dynamischen Trägheitskräfte global auf alle Teile der Struktur gleichermaßen wirken. Dem lokalen oder globalen Verhalten kann man durch die Konstruktion spezieller, angepaßter Lösungsalgorithmen Rechnung tragen, was auch in den folgenden Abschnitten geschehen soll.

Allen Algorithmen ist jedoch gemeinsam, daß eine Approximation der Zeitableitungen innerhalb eines Zeitschrittes gewählt werden muß. Beispielsweise könnte die Geschwindigkeit $v(t)$ durch die Verschiebungen zu verschiedenen Zeiten

$$v(t) = \frac{d}{dt}\, u(t) \approx \frac{1}{\Delta t}\left[\alpha\, u(t_{n-1}) + \beta\, u(t_n) + \gamma\, u(t_{n+1}) \right] \tag{6.3}$$

ausgedrückt werden. Dazu führen wir die in Bild 6.1 angegebenen Bezeichnungen ein, in dem der zeitliche Verlauf einer Komponente u_i des Vektors u darstellt ist.

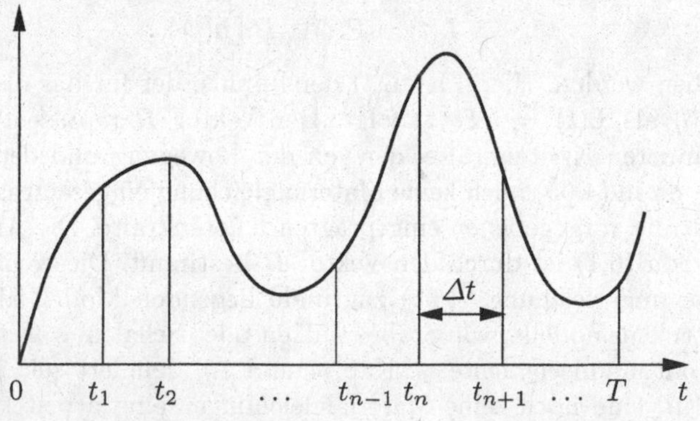

Bild 6.1. Zeitverlauf der Komponente u_i

Wir definieren ein Zeitintervall $0 \leq t \leq T$, innerhalb dessen wir die Lösung von (6.1) bestimmen wollen. Das Zeitintervall ist in m Zeitschritte Δt aufgeteilt. Die Zeit t_n ist dann durch $(n\,\Delta t)$ gegeben; allgemein haben wir $t_{n+j} = (n+j)\Delta t$.

Gerade bei nichtlinearen Analysen ist es häufig sinnvoll, die Zeitschritte während der Integration der Bewegungsgleichungen zu ändern, da sich das Verhalten des nichtlinearen Terms $\boldsymbol{R}(\boldsymbol{u})$ drastisch ändern kann. Hierzu muß eine Fehleranalyse durchgeführt werden, die jedoch bei nichtlinearen Problemen sehr schwierig ist und an dieser Stelle nicht vertieft werden soll. Einige Ansätze finden sich in z.B. (WOOD 1990).

6.1 Integration der Bewegungsgleichungen

Im Kap. 4 wurden die diskreten Bewegungsgleichungen aus der schwachen Form der Impulsbilanz hergeleitet. Sie lauten nach z.B. (6.1)

$$\boldsymbol{M}\,\ddot{\boldsymbol{u}} + \boldsymbol{R}(\boldsymbol{u}) = \boldsymbol{P}, \tag{6.4}$$

wobei $\boldsymbol{M}$ für die Massenmatrix steht, $\boldsymbol{R}(\boldsymbol{u})$ den Vektor der inneren Kräfte bezeichnet und im Vektor $\boldsymbol{P}$ die zeitabhängigen äußeren Belastungen (Einwirkungen) zusammengefaßt sind.

Aus experimenteller Erfahrung ist bekannt, daß bei schwingenden Tragwerken Dämpfungseffekte auftreten, die die Folge viskoser Effekte, innerer Reibung oder Reibung in Verbindungsmitteln sind. Sie werden i.d.R. zusammengefaßt und durch die Annahme einer geschwindigkeitsproportionalen Dämpfung beschrieben. Daraus resultiert ein zusätzlicher Term in (6.4), der durch die Einführung einer konstanten Dämpfungsmatrix $\boldsymbol{C}$ beschrieben wird und somit die Form $\boldsymbol{C}\,\dot{\boldsymbol{u}}$ annimmt. Die Dämpfungsmatrix $\boldsymbol{C}$ wird oft als eine Kombination aus Massen- und Steifigkeitsmatrix ($\boldsymbol{C} = d_1\,\boldsymbol{M} + d_2\,\boldsymbol{K}$) angegeben und als modale Dämpfung bezeichnet. Dies hat insbesondere bei linearen Analysen Vorteile, da dann eine entsprechende modale Form der Bewegungsgleichungen angegeben werden kann, bei der die einzelnen Moden entkoppelt sind, s. z.B. (BATHE 1982) oder (ZIENKIEWICZ and TAYLOR 1989). Da – wie oben beschrieben – die Dämpfung vielerlei Ursachen haben kann, ist eine experimentelle Verifikation der angenommenen Dämpfungsmatrix $\boldsymbol{C}$ oder der Parameter d_1 und d_2 notwendig.

ANMERKUNG 6.1 : Natürlich könnte man hier einen nichtlinearen Dämpfungsterm $\boldsymbol{C}(\boldsymbol{u}, \dot{\boldsymbol{u}})$ anstelle der linearen Approximation $\boldsymbol{C}\,\dot{\boldsymbol{u}}$ wählen, aber dieser ist durch Experimente schwer identifizierbar. Auch eine genauere Beschreibung von z.B. der Materialdämpfung mittels eines viskoelastischen oder viskoplastischen Materialmodells, s. Abschn. 3.3.3, wäre möglich. Dies würde sich dann aber nicht direkt in der Dämpfungsmatrix $\boldsymbol{C}$ auswirken, sondern würde in dem Vektor der inneren Kräfte $\boldsymbol{R}$ enthalten sein.

Mit diesen Vorbemerkungen folgt die allgemeine Form der Bewegungsgleichungen

$$\boldsymbol{M}\,\ddot{\boldsymbol{u}} + \boldsymbol{C}\,\dot{\boldsymbol{u}} + \boldsymbol{R}(\boldsymbol{u}) = \boldsymbol{P}. \tag{6.5}$$

Diese Gleichung läßt sich mit der Einführung der Geschwindigkeit als unabhängiger Variablen $\dot{\boldsymbol{u}} = \boldsymbol{v}$ und $\ddot{\boldsymbol{u}} = \dot{\boldsymbol{v}}$ in ein System von Gleichungen erster Ordnung überführen

$$\begin{aligned} \dot{\boldsymbol{u}} &= \boldsymbol{v}\,, \\ \dot{\boldsymbol{v}} &= \boldsymbol{M}^{-1}\,[\boldsymbol{P} - \boldsymbol{C}\,\boldsymbol{v} - \boldsymbol{R}\,(\boldsymbol{u})]\,. \end{aligned} \tag{6.6}$$

Zur Beschreibung der Algorithmen wählen wir zur Übersichtlichkeit den Buchstaben $\boldsymbol{a}$ für die Beschleunigung $\ddot{\boldsymbol{u}}$ und den Buchstaben $\boldsymbol{v}$ für die Geschwindigkeit $\dot{\boldsymbol{u}}$, so daß die Impulsbilanz (6.5) zur Zeit t_{n+1} die Form

$$\boldsymbol{M}\,\boldsymbol{a}_{n+1} + \boldsymbol{C}\,\boldsymbol{v}_{n+1} + \boldsymbol{R}\,(\boldsymbol{u}_{n+1}) = \boldsymbol{P}_{n+1} \tag{6.7}$$

annimmt. Der Index $(..)_{n+1}$ bedeutet, daß die entsprechende Größe zur Zeit t_{n+1} auszuwerten ist.

Zur abschließenden Definition eines Anfangsrandwertproblems der Strukturmechanik sind die Anfangsbedingungen $\bar{\boldsymbol{u}}$ und $\bar{\boldsymbol{v}}$ für die Verschiebungen und Geschwindigkeiten zur Zeit $t = t_0$ (i.d.R. ist $t_0 = 0$) vorzugeben:

$$\begin{aligned} \boldsymbol{u}_0 &= \bar{\boldsymbol{u}}\,, \\ \boldsymbol{v}_0 &= \bar{\boldsymbol{v}}\,. \end{aligned} \tag{6.8}$$

Die Wahl eines Integrationsverfahrens zur Bestimmung des zeitlichen Verlaufes der Bewegung $\boldsymbol{u}(t)$ hängt von dem gestellten Problem ab. Grundsätzlich stehen mit den expliziten und impliziten Integrationsschemen zwei unterschiedliche Vorgehensweisen zur Integration von (6.5) zur Verfügung.

- **Explizite** Verfahren sind sehr einfach zu implementieren, da die Lösung zur Zeit t_{n+1} nur von den Größen zur Zeit t_n abhängt. Besonders effizient sind die expliziten Verfahren, wenn die Massenmatrix $\boldsymbol{M}$ in (6.5) durch eine *lumped* Massenmatrix ersetzt wird, die Diagonalstruktur hat, s. Anmerkung 4.2. Nachteil der expliziten Verfahren ist die Beschränkung des Zeitschrittes infolge einer Stabilitätsschranke.
- **Implizite** Integrationsschemen ersetzen die Zeitableitungen durch Größen, die sowohl vom letzten Schritt (Zeit t_n) als auch von den noch unbekannten Werten einer Zeit $t_{n+\alpha}$ abhängen. Sie erfordern in jedem Zeitschritt die Lösung eines nichtlinearen Gleichungssystems und sind entsprechend aufwendiger, da sie mit den in Kap. 5 entwickelten Verfahren (z.B. dem NEWTON-Verfahren) zu kombinieren sind. Der Vorteil der impliziten Verfahren liegt darin, daß sie die Wahl sehr viel größerer Zeitschritte Δt erlauben und so konstruiert werden können, daß sie unbedingt stabil sind.

Die größeren Zeitschritte müssen natürlich physikalisch gerechtfertigt sein. Sind z.B. die Auswirkungen von Stoß- oder Schockeinwirkungen (z.B. bei *crash*-Berechnungen) zu simulieren, dann ist die Wahl kleiner Zeitschritte unumgänglich, um die hochfrequenten Anteile abzubilden. Demzufolge sind für derartige Probleme explizite Verfahren vorzuziehen. Implizite Verfahren haben Vorteile, wo sich die Antwort des Systems hauptsächlich aus niederfrequenten Anteilen zusammensetzt (z.B. Berechnung von Maschinenschwingungen oder Erdbebenanalysen). Aus diesen Gründen werden in den nächsten zwei Abschnitten sowohl explizite als auch implizite Methoden vorgestellt.

Aus mechanischer Sicht sollten die Integrationsverfahren zur Lösung der nichtlinearen Bewegungsgleichung (6.5) so konstruiert werden, daß sie die wesentlichen Erhaltungsgleichungen erfüllen. Dies schließt die Erhaltung des Impulses, des Dralles und – bei elastischen Materialien – der Energie ein. Auf diesem Gebiet hat es in letzter Zeit viele Entwicklungen gegeben, s. z.B. (SIMO and TARNOW 1992), (CRISFIELD 1997) oder (SANSOUR et al. 1997). Wir wollen später zwei unterschiedliche Vorgehensweisen von (SIMO and TARNOW 1992) und (SANSOUR et al. 1997) vorstellen. Weitere Integrationsverfahren, die die symplektische Struktur erhalten, sollen hier nicht diskutiert werden.

6.1.1 Explizite Verfahren

Dominieren hohe Frequenzen (z.B. durch Stoß hervorgerufen) die Lösung oder soll die Ausbreitung von Wellen simuliert werden, erfordert dies oft kleine Zeitschritte zur Abbildung des physikalischen Prozesses. Die Integration kann dann am effizientesten durch explizite Verfahren durchgeführt werden.

Am häufigsten kommt bei Strukturproblemen das zentrale Differenzenverfahren zum Einsatz, bei dem die Geschwindigkeiten $\boldsymbol{v}$ und die Beschleunigungen $\boldsymbol{a}$ zur Zeit t_n durch

$$\boldsymbol{v}_n = \frac{\boldsymbol{u}_{n+1} - \boldsymbol{u}_{n-1}}{2\,\Delta t}$$

$$\boldsymbol{a}_n = \frac{\boldsymbol{u}_{n+1} - 2\,\boldsymbol{u}_n + \boldsymbol{u}_{n-1}}{(\Delta t)^2} \tag{6.9}$$

approximiert werden. Setzt man diese Beziehungen in die Impulsbilanz (6.5) zur Zeit t_n ein, so folgt mit

$$\boldsymbol{M}(\boldsymbol{u}_{n+1} - 2\,\boldsymbol{u}_n + \boldsymbol{u}_{n-1}) + \frac{\Delta t}{2}\,\boldsymbol{C}(\boldsymbol{u}_{n+1} - \boldsymbol{u}_{n-1}) + (\Delta t)^2 \boldsymbol{R}(\boldsymbol{u}_n) = (\Delta t)^2\,\boldsymbol{P}_n \tag{6.10}$$

ein Gleichungssystem zur Bestimmung der unbekannten Verschiebungen $\boldsymbol{u}_{n+1}$ zur Zeit t_{n+1}

$$(\boldsymbol{M} + \frac{\Delta t}{2}\,\boldsymbol{C})\,\boldsymbol{u}_{n+1} = (\Delta t)^2\,[\,\boldsymbol{P}_n - \boldsymbol{R}(\boldsymbol{u}_n)\,] + \frac{\Delta t}{2}\,\boldsymbol{C}\,\boldsymbol{u}_{n-1} + \boldsymbol{M}(2\,\boldsymbol{u}_n - \boldsymbol{u}_{n-1})\,. \tag{6.11}$$

Hierin sind $\boldsymbol{M}$ und $\boldsymbol{C}$ konstante Matrizen. Somit ist für die Koeffizientenmatrix $\boldsymbol{M} + \frac{\Delta t}{2}\,\boldsymbol{C}$ nur einmal eine Dreieckszerlegung durchzuführen, was eine effiziente Lösung von (6.11) zuläßt. Man beachte, daß der alle Nichtlinearitäten enthaltende Term nur auf der rechten Seite als Vektor $\boldsymbol{R}(\boldsymbol{u}_n)$ auftritt.

Falls $\boldsymbol{M}$ und $\boldsymbol{C}$ in Diagonalform vorliegen (*lumping*), dann ist das Invertieren von $\boldsymbol{M} + \frac{\Delta t}{2}\,\boldsymbol{C}$ trivial und auf der rechten Seite von (6.11) sind nur Vektorauswertungen erforderlich.

Spezielle Beachtung muß in (6.11) der adäquaten Definition der Startwerte zur Zeit t_0 gewidmet werden, da dort die Werte für $\boldsymbol{u}_{-1}$ aus den Anfangsbedingungen $\boldsymbol{u}_0$ und $\boldsymbol{v}_0$ zu bestimmen sind. Dies erreicht man durch eine Taylorentwicklung der Verschiebungen zur Zeit t_{-1}

$$\boldsymbol{u}_{-1} = \boldsymbol{u}_0 - \Delta t\, \boldsymbol{v}_0 + \frac{(\Delta t)^2}{2}\, \boldsymbol{a}_0\,, \tag{6.12}$$

wobei die Beschleunigungen zur Zeit t_0 aus der Impulsbilanz (6.7) bestimmt werden

$$\boldsymbol{a}_0 = \boldsymbol{M}^{-1}\, [-\boldsymbol{C}\, \boldsymbol{v}_0 - \boldsymbol{R}\,(\boldsymbol{u}_0) + \boldsymbol{P}_0\,]\,. \tag{6.13}$$

Eine zu der oben angegebenen Form des expliziten Verfahrens äquivalente Variante für die Gleichung (6.5) ist in (Wood 1990), S. 264, zu finden. Man geht dabei von den Approximationen

$$\begin{aligned} \boldsymbol{u}_{n+1} &= \boldsymbol{u}_n + \Delta t\, \boldsymbol{v}_n + \frac{(\Delta t)^2}{2}\, \boldsymbol{a}_n \\ \boldsymbol{v}_{n+1} &= \boldsymbol{v}_n + \frac{1}{2}\, \Delta t\, (\, \boldsymbol{a}_n + \boldsymbol{a}_{n+1}\,) \end{aligned} \tag{6.14}$$

aus und verwendet die Gleichung (6.7) zur Bestimmung der Beschleunigungen. Dies führt auf das Gleichungssystem

$$(\boldsymbol{M} + \frac{\Delta t}{2}\, \boldsymbol{C})\, \boldsymbol{a}_{n+1} = \boldsymbol{P}_{n+1} - \boldsymbol{R}\,(\boldsymbol{u}_n + \Delta t\, \boldsymbol{v}_n + \frac{(\Delta t)^2}{2}\, \boldsymbol{a}_n) - \frac{\Delta t}{2}\, \boldsymbol{C}\, \boldsymbol{a}_n\,, \tag{6.15}$$

das auf der rechten Seite, bis auf die bekannte Belastungsfunktion, nur Größen aufweist, die zur Zeit t_n gemessen sind. Damit können hier die Anfangsbedingungen direkt eingebaut werden. Die Verschiebungen und Geschwindigkeiten ergeben sich nach Lösung von (6.15) aus (6.14). Die in (6.15) zu invertierende Koeffizientenmatrix ändert sich gegenüber (6.11) nicht, so daß auch hier die gleiche Effizienz erreicht wird und *lumping* Prozeduren eingesetzt werden können.

Dynamische Relaxation. Es gibt Programme, die nur für die explizite Integration der nichtlinearen Bewegungsgleichungen ausgelegt sind. Mit diesen Programmen kann nur dynamisch gerechnet werden. Um auch statische Berechnungen durchführen zu können, wird das Verfahren der dynamischen Relaxation angewendet. Die Idee ist hier, durch Vorgabe einer entsprechenden Dämpfung möglichst schnell zur statischen Lösung zu konvergieren. Eine einfache Möglichkeit besteht darin, die Dämpfungsmatrix in (6.10) durch ein Vielfaches der Massenmatrix $\vartheta\, \boldsymbol{M}$ zu ersetzen, s. z.B. (Skeie et al. 1995). Damit erhält man aus (6.10) ein Gleichungssystem zur Bestimmung der unbekannten Verschiebung $\boldsymbol{u}_{n+1}$

$$(1 + \vartheta_n\, \frac{\Delta t}{2})\, \boldsymbol{M}_{diag}\, \boldsymbol{u}_{n+1} = (\Delta t)^2\, [\, \boldsymbol{P}_n - \boldsymbol{R}\,(\boldsymbol{u}_n)\,] + [\,(\,\vartheta_n\, \frac{\Delta t}{2} - 1\,)\, \boldsymbol{u}_{n-1} + 2\, \boldsymbol{u}_n]\,, \tag{6.16}$$

wobei die Massenmatrix durch eine Diagonalmatrix $\boldsymbol{M} = \boldsymbol{M}_{diag}$ approximiert wird. Die Wahl von ϑ resultiert aus dem Wunsch, die Dämpfung so zu wählen, daß die sich einstellende Schwingung dem aperiodischen Grenzfall nahekommt. Aus der Differentialgleichung des linearen Einmassenschwingers, die durch $(m\,\ddot{x} + d\,\dot{x} + k\,x = 0)$ gegeben ist, bestimmt man mit $d = \vartheta\, m$ das LEHRsche Dämpfungsmaß zu $D = d\,/\,2\,m\omega = \vartheta\,/\,2\,\omega$. Der aperiodische Grenzfall tritt auf, wenn $D = 1$ gilt, woraus $\vartheta = 2\,\omega$ folgt. Da wir hier von nichtlinearen Problemstellungen ausgehen, kann der aperiodische Grenzfall nur angenähert werden. Wir wollen weiter annehmen, daß die erste Eigenkreisfrequenz ω für das Abklingen der nichtlinearen Lösung maßgebend ist. Da die Eigenkreisfrequenz dem kleinsten Eigenwert des zu berechnenden Systems entspricht, läßt sie sich näherungsweise aus dem RAYLEIGH Quotienten bestimmen

$$\omega^2 = \frac{\boldsymbol{\varphi}^T \boldsymbol{K}_T \, \boldsymbol{\varphi}}{\boldsymbol{\varphi}^T \boldsymbol{M} \boldsymbol{\varphi}}\,, \tag{6.17}$$

wenn man den zugehörigen Eigenvektor $\boldsymbol{\varphi}$ kennt. Da sich bei einem nichtlinearen Problem die Steifigkeit in Abhängigkeit vom erreichten Deformationsgrad ändert, ist die Eigenkreisfrequenz ω nicht konstant. Es ist daher zweckmäßig, den Parameter ϑ in Abhängigkeit von der Verformung zu bestimmen. Wir nehmen dazu an, daß sich der Eigenvektor durch das Verschiebungsinkrement $\Delta\boldsymbol{u}_{n+1} = \boldsymbol{u}_{n+1} - \boldsymbol{u}_n$ approximieren läßt. Dies macht auch insofern Sinn, als man mit diesem Verfahren die statische Lösung bestimmen will. Damit ergibt sich die folgende Näherung für die Eigenkreisfrequenz und den Faktor ϑ_{n+1}

$$\omega_{n+1}^2 \approx \frac{\Delta\boldsymbol{u}_{n+1}^T \, \boldsymbol{K}_T \, \Delta\boldsymbol{u}_{n+1}}{\Delta\boldsymbol{u}_{n+1}^T \, \boldsymbol{M}_{diag} \, \Delta\boldsymbol{u}_{n+1}} = \frac{\Delta\boldsymbol{u}_{n+1}^T \, [\boldsymbol{P}_n - \boldsymbol{R}(\boldsymbol{u}_n)]}{\Delta\boldsymbol{u}_{n+1}^T \, \boldsymbol{M}_{diag} \, \Delta\boldsymbol{u}_{n+1}} \longrightarrow \vartheta_{n+1} = 2\,\omega_{n+1}\,. \tag{6.18}$$

Im letzten Schritt wurde von der inkrementellen Gleichung des NEWTON-Verfahrens ($\boldsymbol{K}_T \, \Delta\boldsymbol{u}_{n+1} = -\boldsymbol{G}(\boldsymbol{u}_n)$) Gebrauch gemacht. Die Berechnung von ϑ_{n+1} ist numerisch nicht aufwendig, weil nur zwei Skalarprodukte zu berechnen sind. Der Faktor ϑ_{n+1} aus (6.18) kann in die Bestimmungsgleichung für die Verschiebung des nächsten Zeitschrittes (6.16) eingesetzt werden.

6.1.2 Implizite Verfahren

Das wohl in der Strukturmechanik bekannteste Integrationsverfahren zur Lösung der Bewegungsgleichung (6.5) ist das NEWMARK Verfahren, s. (NEWMARK 1959). Es beruht auf der folgenden Approximation der Verschiebungen und Geschwindigkeiten zur Zeit t_{n+1}

$$\begin{aligned} \boldsymbol{u}_{n+1} &= \boldsymbol{u}_n + \Delta t \, \boldsymbol{v}_n + \frac{(\Delta t)^2}{2} \, [\,(1 - 2\,\beta)\, \boldsymbol{a}_n + 2\,\beta\, \boldsymbol{a}_{n+1}\,] \\ \boldsymbol{v}_{n+1} &= \boldsymbol{v}_n + \Delta t \, [\,(1 - \gamma)\, \boldsymbol{a}_n + \gamma\, \boldsymbol{a}_{n+1}\,]\,, \end{aligned} \tag{6.19}$$

die neben den Werten zur Zeit t_n auch von den Beschleunigungen zur Zeit t_{n+1} abhängen. Die Parameter β und γ sind zunächst frei zu wählende Konstanten, die das Verhalten des Integrationsverfahren bestimmen. Ihre Grenzen sind durch $0 \leq \beta \leq 0.5$ und $0 \leq \gamma \leq 1$ gegeben, s. z.B. (BATHE 1982).

Die Beschleunigungen $\boldsymbol{a}_{n+1}$ lassen sich jetzt aus der Impulsbilanz (6.7) mit den obenstehenden Approximationen für $\boldsymbol{u}_{n+1}$ und $\mathbf{v}_{n+1}$ bestimmen. Man erhält dann die in $\mathbf{a}_{n+1}$ nichtlineare algebraische Beziehung

$$(\boldsymbol{M}+\gamma\,\Delta t\,\boldsymbol{C})\,\boldsymbol{a}_{n+1}+\boldsymbol{R}(\boldsymbol{a}_{n+1}, \boldsymbol{u}_n, \mathbf{v}_n, \boldsymbol{a}_n) = \boldsymbol{P}_{n+1}-\bar{\boldsymbol{G}}(\boldsymbol{u}_n, \mathbf{v}_n, \boldsymbol{a}_n)\,. \tag{6.20}$$

Im Vektor $\bar{\boldsymbol{G}}$ sind alle Terme zusammengefaßt, die sich beim Einsetzen von (6.19) in (6.7) ergeben und linear von den Verschiebungen, Geschwindigkeiten und Beschleunigungen zur Zeit t_n abhängen. Gleichung (6.20) läßt sich z.B. mittels des NEWTON-Verfahrens lösen und liefert dann die Beschleunigungen $\boldsymbol{a}_{n+1}$. Die Verschiebungen und Geschwindigkeiten folgen aus (6.19).

ANMERKUNG 6.2 : Für die Wahl der Parameter $\gamma = 0.5$ und $\beta = 0$ erhält man aus (6.19) die Approximationen für die Verschiebungen und Geschwindigkeiten des expliziten Verfahrens der zentralen Differenzen, s. Gleichungen (6.14).

Häufig werden die Approximationen (6.19) so umgeformt, daß die Geschwindigkeiten und Beschleunigungen in Abhängigkeit der Verschiebungen ausgedrückt werden

$$\begin{aligned} \boldsymbol{a}_{n+1} &= \alpha_1\,(\boldsymbol{u}_{n+1} - \boldsymbol{u}_n) - \alpha_2\,\mathbf{v}_n - \alpha_3\,\boldsymbol{a}_n\,, \\ \mathbf{v}_{n+1} &= \alpha_4\,(\boldsymbol{u}_{n+1} - \boldsymbol{u}_n) + \alpha_5\,\mathbf{v}_n + \alpha_6\,\boldsymbol{a}_n\,. \end{aligned} \tag{6.21}$$

Dabei ergeben sich die Konstanten aus

$$\begin{aligned} &\alpha_1 = \tfrac{1}{\beta\,(\Delta t)^2}\,, \quad \alpha_2 = \tfrac{1}{\beta\,\Delta t}\,, \quad \alpha_3 = \tfrac{1-2\,\beta}{2\,\beta}\,, \\ &\alpha_4 = \tfrac{\gamma}{\beta\,\Delta t}\,, \quad \alpha_5 = (1 - \tfrac{\gamma}{\beta})\,, \quad \alpha_6 = (1 - \tfrac{\gamma}{2\,\beta})\,\Delta t\,. \end{aligned}$$

Setzt man diese Beziehungen in die Impulsbilanz (6.7) ein, so folgt eine nichtlineare algebraische Gleichung für die noch unbekannten Verschiebungen $\boldsymbol{u}_{n+1}$:

$$\begin{aligned} \boldsymbol{G}(\boldsymbol{u}_{n+1}) = \; & \boldsymbol{M}\,[\,\alpha_1\,(\boldsymbol{u}_{n+1} - \boldsymbol{u}_n) - \alpha_2\,\mathbf{v}_n - \alpha_3\,\boldsymbol{a}_n\,] \\ & + \boldsymbol{C}\,[\,\alpha_4\,(\boldsymbol{u}_{n+1} - \boldsymbol{u}_n) + \alpha_5\,\mathbf{v}_n + \alpha_6\,\boldsymbol{a}_n\,] \\ & + \boldsymbol{R}(\boldsymbol{u}_{n+1}) - \boldsymbol{P}_{n+1} = \boldsymbol{0}, \end{aligned} \tag{6.22}$$

aus der mittels des NEWTON-Verfahrens die unbekannten Verschiebungen zur Zeit t_{n+1} bestimmt werden können. Dies führt mit der tangentialen Steifigkeitsmatrix

$$\boldsymbol{K}_T\,(\boldsymbol{u}^i_{n+1}) = \left.\frac{\partial \boldsymbol{R}}{\partial \boldsymbol{u}_{n+1}}\right|_{\boldsymbol{u}^i_{n+1}} \tag{6.23}$$

auf den Algorithmus

$$\begin{aligned}\left[\alpha_1 \boldsymbol{M} + \alpha_4 \boldsymbol{C} + \boldsymbol{K}_T (\boldsymbol{u}^i_{n+1})\right] \Delta\, \boldsymbol{u}^{i+1}_{n+1} &= -\boldsymbol{G}(\boldsymbol{u}^i_{n+1}),\\ \boldsymbol{u}^{i+1}_{n+1} &= \boldsymbol{u}^i_{n+1} + \Delta\, \boldsymbol{u}^{i+1}_{n+1}, \end{aligned} \tag{6.24}$$

der in jedem Zeitschritt des NEWMARK Verfahrens durchzuführen ist. Als Anfangswert für die Verschiebungen wird i.d.R. der konvergierte Wert aus dem letzten Zeitschritt gewählt: $\boldsymbol{u}^0_{n+1} = \boldsymbol{u}_n$. Für das Ende der in (6.24) beschriebenen Iteration gilt das in Box 5.1 angegebene Abbruchkriterium.

Bei der Anwendung des NEWMARK Verfahrens auf lineare Probleme läßt sich die Genauigkeit und Stabilität der Methode analysieren. Es gilt z.B. nach (WOOD 1990) die folgende Tabelle. Man sieht in Tabelle 6.1, daß das

Tabelle 6.1. Genauigkeit und Stabilität des Newmark- und zentralen Differenzen Verfahrens.

Parameter	Amplitudenfehler ($\boldsymbol{C} = \boldsymbol{0}$)	Amplitudenfehler ($\boldsymbol{C} \neq \boldsymbol{0}$)	Stabilität
$\gamma = 0.5$	0	$O(\Delta t^2)$	$\beta \geq 0.25$
$\gamma \neq 0.5$	$O(\Delta t)$	$O(\Delta t)$	$2\beta \geq \gamma \geq 0.5$
$\gamma = 0$	0	$O(\Delta t^2)$	$\Delta t \leq \frac{T_N}{\pi}$

NEWMARK Verfahren bei linearen Problemen für $\gamma = 0.5$ optimal ist. Im dämpfungslosen Fall ist dann der Amplitudenfehler gleich null, was gleichbedeutend mit der Erhaltung der Energie ist, s. (WOOD 1990). Von gleicher Ordnung ist auch die Genauigkeit des Verfahrens der zentralen Differenzen ($\gamma = 0$), das jedoch, wie schon zuvor erwähnt, nicht unbedingt stabil ist. Bei linearen Problemen gilt folgende Abschätzung des kritischen Zeitschrittes

$$\Delta t \leq \frac{T_N}{\pi}, \tag{6.25}$$

in dem der Wert T_N die kleinste Periode der FE-Diskretisierung charakterisiert, die sich auf Elementbasis abschätzen läßt, s. z.B. (BATHE 1982). Für nichtlineare Problemstellungen ist z.B. in (BELYTSCHKO et al. 1976) eine Schranke des kritischen Zeitschritts angegeben

$$\Delta t \leq \delta \, \frac{h}{c_L}. \tag{6.26}$$

Hierin bedeutet h eine charakteristische Dimension des kleinsten Elementes im FE-Netz und c_L ist die Geschwindigkeit einer Kompressionswelle im linearelastischen Medium ($c_L = \frac{3\,K\,(1-\nu)}{\rho\,(1+\nu)}$) mit dem Kompressionsmodul K, der Querkontraktionszahl ν und der Dichte ρ. Die Konstante δ ($0.2 < \delta < 0.9$) ist ein zu wählender Reduktionsfaktor, der die nichtlinearen Eigenschaften des Systems erfassen soll.

Da die räumliche FE-Diskretisierung die niedrigen Eigenmoden eines Systems erheblich besser approximiert als die höheren, s. (STRANG and FIX

1973), wäre es jedoch wünschenswert, die höheren Moden während der Integration der Bewegungsgleichungen herauszudämpfen. Dies ist im ingenieurmäßigen Sinne zulässig, da mit den impliziten Zeitintegrationsverfahren Problemstellungen zu behandeln sind, bei denen die niederfrequenten Moden maßgebend für die Antwort des Systems sind. Beim NEWMARK Verfahren ist dazu der Parameter $\gamma > 0.5$ zu wählen, was aber, s. Tabelle 6.1, zu einem Ordnungsverlust in der Genauigkeit des Verfahrens führt. Aus diesem Grund sind Modifikationen des NEWMARK Verfahrens vorgeschlagen worden, die die Ordnung $O(\Delta t^2)$ erhalten, aber dennoch die hohen Frequenzen herausdämpfen, s. (HILBER et al. 1977) oder (WOOD et al. 1981). Die von Bossak, s. (WOOD et al. 1981), propagierte Methode geht von einer geänderten Bewegungsgleichung (6.7)

$$(1-\alpha)\,\boldsymbol{M}\boldsymbol{a}_{n+1} + \alpha\,\boldsymbol{M}\boldsymbol{a}_n + \boldsymbol{C}\boldsymbol{v}_{n+1} + \boldsymbol{R}(\boldsymbol{u}_{n+1}) - \boldsymbol{P}_{n+1} = \boldsymbol{0} \tag{6.27}$$

aus, behält aber die Approximationen für die Verschiebungen und Geschwindigkeiten (6.19) bei.

Die Methode, die von (HILBER et al. 1977) für die lineare Elastodynamik entwickelt wurde, geht von einer anderen Approximation der Impulsbilanz aus, bei der die Verschiebungen gewichtet sind. Ihre nichtlineare Erweiterung führt anstelle von (6.27) auf

$$\boldsymbol{M}\boldsymbol{a}_{n+1} + (1-\alpha)\,[\boldsymbol{C}\,\boldsymbol{v}_{n+1} - \boldsymbol{P}_{n+1}] + \alpha\,[\boldsymbol{C}\,\boldsymbol{v}_n - \boldsymbol{P}_n] + \boldsymbol{R}\,[(1-\alpha)\,\boldsymbol{u}_{n+1} + \alpha\,\boldsymbol{u}_n)] = \boldsymbol{0}\,. \tag{6.28}$$

Auch hier werden, wie bei der Methode von (WOOD et al. 1981), die Verschiebungen und Geschwindigkeiten zur Zeit t_{n+1} gemäß (6.19) berechnet. Diese Methode erfordert die Auswertung des Vektors der inneren Knotenkräfte $\boldsymbol{R}$ an der Stelle $t_{n+\alpha} = (1-\alpha)\,t_{n+1} + \alpha\,t_n$, was bei komplizierten nichtlinearen Materialgleichungen nicht trivial ist, wie wir in den folgenden Abschnitten noch sehen werden. Das Integrationsverfahren dämpft die hohen Frequenzen für die Wahl der Parameter $0.5 < \alpha < 1$.

6.1.3 Impuls-, drall- und energieerhaltende Algorithmen

Wenn man die bisher angegebenen impliziten Algorithmen, die im wesentlichen für lineare Problemstellungen entwickelt wurden, für nichtlineare Analysen verwendet, so wird man feststellen, daß diese i.d.R. die Drallerhaltung für endliche Rotationen und die Energieerhaltung für elastische Systeme nicht gewährleisten. Es wurde in (SIMO and TARNOW 1992) gezeigt, daß das NEWMARK Verfahren nur für einen einzigen Satz der Parameter, nämlich $\gamma = \frac{1}{2}$ und $\beta = 0$, den Drall erhält. Wie in Anmerkung 6.2 gezeigt, entartet dann das NEWMARK Verfahren zu dem expliziten Verfahren der zentralen Differenzen, so daß wir folgern können, daß selbst für den Parametersatz $\beta = \frac{1}{4}$ und $\gamma = \frac{1}{2}$, bei dem keine Amplitudendämpfung auftritt, s. Tabelle 6.1, das NEWMARK Verfahren nicht drallerhaltend ist. Im Gegensatz dazu ist diese

Erhaltungsgleichung im Rahmen des expliziten Verfahrens der zentralen Differenzen erfüllt. Wie oben angegeben, dämpft das Verfahren von (HILBER et al. 1977) bei der Wahl $0.5 < \alpha < 1$ die hohen Frequenzen. Auch hier gilt nach (SIMO and TARNOW 1992), daß selbst bei ungedämpften Systemen ($\boldsymbol{C} = \boldsymbol{0}$) der Drall nicht erhalten wird. Aus diesem Grund sind in letzter Zeit weitere Algorithmen entwickelt worden, die sowohl Drall als auch Impuls und für elastische Systeme die Energie erhalten. Dies ist insbesondere wichtig für Probleme, bei denen endliche Rotationen auftreten, und für Langzeitintegrationen, die für Stabilitätsuntersuchungen nichtlinearer dynamischer Systeme notwendig sind.

Der Herleitung der Zeitintgrationsverfahren, die Impuls, Drall und Energie erhalten, sollen einige Voraussetzungen vorangestellt werden, die aus den folgenden Annahmen resultieren:

- hyperelastisches Materialverhalten,
- keine Einwirkung von äußeren Kräften und
- keine Vorgabe von Verschiebungsrandbedingungen, so daß sich der Körper frei bewegen kann.

Damit folgt aus (3.67), (3.68) und (3.77) die Erhaltung von Impuls, Drall und Energie, die hier in diskreter Form zwischen zwei Zeitschritten t_n und t_{n+1} aufgeschrieben werden

$$\boldsymbol{L}_n = \boldsymbol{L}_{n+1}, \qquad \boldsymbol{J}_n = \boldsymbol{J}_{n+1}, \qquad \text{und} \qquad E_n = E_{n+1}\,. \tag{6.29}$$

In (SIMO and TARNOW 1992) wird der folgende Ansatz für die Verschiebung und die Geschwindigkeiten gewählt

$$\begin{aligned} \boldsymbol{u}_{n+\alpha} &= \alpha\, \boldsymbol{u}_{n+1} + (1-\alpha)\, \boldsymbol{u}_n\,, \\ \boldsymbol{v}_{n+\alpha} &= \alpha\, \boldsymbol{v}_{n+1} + (1-\alpha)\, \boldsymbol{v}_n \end{aligned} \tag{6.30}$$

mit $0 \le \alpha \le 1$. Diese Approximation wird in das System (6.6) eingesetzt

$$\begin{aligned} \frac{1}{\Delta t}\,(\,\boldsymbol{u}_{n+1} - \boldsymbol{u}_n\,) &= \boldsymbol{v}_{n+\alpha}\,, \\ \frac{1}{\Delta t}\,(\,\boldsymbol{v}_{n+1} - \boldsymbol{v}_n\,) &= \boldsymbol{M}^{-1}\,[\,\boldsymbol{P}_{n+\alpha} - \boldsymbol{R}(\boldsymbol{u}_{n+\alpha})\,]\,, \end{aligned} \tag{6.31}$$

wobei die Dämpfung wegen der o.g. Voraussetzungen nicht berücksichtigt wird. Eine Analyse des Zeitintegrationsverfahrens (6.31) liefert, daß für $0 \le \alpha \le 1$ der Impuls erhalten wird. Die Drallerhaltung folgt für die spezielle Wahl von $\alpha = \frac{1}{2}$, wobei die Diskretisierung des Spannungstensors noch beliebig ist. Der Beweis geht von der schwachen Formulierung der Impuls- und Drallbilanz aus, in die die Zeitdiskretisierung (6.30) eingesetzt wird. Da die in der schwachen Form auftretende Testfunktion beliebig ist, kann sie auch mit der dritten Annahme konstant gewählt werden, woraus dann die Impuls- und Drallerhaltung für einen beliebigen aber symmetrischen Spannungstensor folgt. Für die Energieerhaltung muß man bei der Berechnung der

Spannungen aus dem Materialgesetzes so vorgehen, daß $E_{n+1} = E_n$ gilt. In (SIMO and TARNOW 1992) wird gezeigt, daß die in E vorhandene kinetische Energie K exakt durch (6.30) und (6.31) approximiert wird, so daß jetzt nur noch die Änderung der inneren Energie U betrachtet werden muß. Aus (3.86) folgt für rein mechanische Deformationen $\rho_0\, \dot{u} = \mathbf{S} \cdot \dot{\mathbf{E}} = \mathbf{F}\,\mathbf{S} \cdot \text{Grad}\mathbf{v}$ oder in integraler Form

$$\dot{U} = \int_B \mathbf{F}\,\mathbf{S} \cdot \text{Grad}\mathbf{v}\, dV \tag{6.32}$$

Die Zeitintegration liefert entsprechend (6.31)

$$U_{n+1} - U_n = \Delta t \int_B \mathbf{F}_{n+\frac{1}{2}}\, \mathbf{S} \cdot \text{Grad}\mathbf{v}_{n+\frac{1}{2}} dV\,. \tag{6.33}$$

Mit $(6.30)_1$ – hier angeschrieben für die Deformation φ – erhält man für den Deformationsgradienten zur Zeit $t_{n+\frac{1}{2}}$

$$\mathbf{F}_{n+\frac{1}{2}} = \frac{1}{2}\,\text{Grad}\,(\varphi_{n+1} + \varphi_n) = \frac{1}{2}\,(\mathbf{F}_{n+1} + \mathbf{F}_n)\,.$$

Der Geschwindigkeitsgradient wird durch Einsetzen von $(6.31)_1$ approximiert:

$$\text{Grad}\mathbf{v}_{n+\frac{1}{2}} = \frac{1}{\Delta t}\,\text{Grad}(\varphi_{n+1} - \varphi_n) = \frac{1}{\Delta t}\,(\mathbf{F}_{n+1} - \mathbf{F}_n)\,.$$

Mit der Definition des GREEN-LAGRANGEschen Verzerrungstensors (3.15) ergibt sich dann nach elementarer Umrechnung

$$U_{n+1} - U_n = \int_B \mathbf{S} \cdot (\,\mathbf{E}_{n+1} - \mathbf{E}_n)dV \tag{6.34}$$

und damit eine Restriktion, die bei der algorithmischen Auswertung der konstitutiven Gleichung befriedigt werden muß. Diese kann beim ST. VENANTschen Material direkt erfüllt werden. Dazu schreiben wir die Verzerrungsenergie an

$$U = \frac{1}{2} \int_B \mathbf{E} \cdot \mathbb{C}\,[\,\mathbf{E}\,]\, dV\,,$$

so daß mit

$$\begin{aligned} U_{n+1} - U_n &= \frac{1}{2} \int_B \mathbf{E}_{n+1} \cdot \mathbb{C}\,[\,\mathbf{E}_{n+1}\,] - \mathbf{E}_n \cdot \mathbb{C}\,[\,\mathbf{E}_n\,]\, dV \\ &= \frac{1}{2} \int_B (\mathbf{E}_{n+1} - \mathbf{E}_n) \cdot \mathbb{C}\,[\,\mathbf{E}_{n+1} + \mathbf{E}_n\,]\, dV \end{aligned}$$

sich der 2. PIOLA-KIRCHHOFFsche Spannungstensor durch Vergleich mit (6.34) nach der Vorschrift

$$\boldsymbol{S} = \frac{1}{2}\,\mathbb{C}\,[\,\boldsymbol{E}_{n+1} + \boldsymbol{E}_n\,] \tag{6.35}$$

berechnet.

Mit Bezug auf die Ausgangskonfiguration kann jetzt die virtuelle innere Arbeit nach (4.56)

$$\int\limits_B \delta\mathbf{E}_{n+\frac{1}{2}} \cdot \mathbf{S}\, dV = \boldsymbol{\eta}^T \boldsymbol{R}\,(\boldsymbol{u}_{n+\frac{1}{2}}) = \bigcup_{e=1}^{n_e} \sum_{I=1}^{n} \boldsymbol{\eta}_I^T \boldsymbol{R}_I\,(\boldsymbol{u}_{n+\frac{1}{2}}) \tag{6.36}$$

bestimmt werden, wobei mit (6.35) der zum Elementknoten I gehörende Vektor

$$\boldsymbol{R}_I\,(\boldsymbol{u}_{n+\frac{1}{2}}) = \int\limits_{\Omega_e} \boldsymbol{B}^T_{L\,I\,n+\frac{1}{2}}\,\frac{1}{2}\,\mathbb{C}\,[\,\boldsymbol{E}_{n+1} + \boldsymbol{E}_n\,]\,d\Omega\,. \tag{6.37}$$

folgt. Damit sind die Beziehungen des Zeitintegrationsverfahrens bekannt, das Impuls, Drall und Energie erhält. Ein Nachteil des Verfahrens liegt darin, daß die Tangentenmatrix, die sich aus der Linearisierung von (6.37) ergibt, unsymmetrisch ist. Dies liegt daran, daß die $\boldsymbol{B}$-Matrix in (6.37) zur Zeit $t_{n+\frac{1}{2}}$ ausgewertet wird, während sich die Spannung aus dem arithmetischen Mittel der Verzerrungen innerhalb des Zeitschrittes ergibt. Die Linearisierung kann mit (4.68), (4.71) und (4.72) angegeben werden, wobei bei der Auswertung der Gradienten $(6.30)_1$ zu beachten ist. Man erhält dann

$$\boldsymbol{K}_T = \bigcup_{e=1}^{n_e} \sum_{I=1}^{n} \sum_{K=1}^{n} \boldsymbol{\eta}_I^T\, \bar{\boldsymbol{K}}_{T\,IK}\, \Delta \boldsymbol{u}_K\,, \tag{6.38}$$

worin die Matrix $\bar{\boldsymbol{K}}_{IK}$

$$\bar{\boldsymbol{K}}_{T\,IK} = \frac{1}{2} \int\limits_{\Omega_e} \Big[\, (\nabla_X N_I)^T\, \bar{\boldsymbol{S}}_e\, \nabla_X N_K + \bar{\boldsymbol{B}}^T_{L\,I\,n+\frac{1}{2}}\, \bar{\boldsymbol{D}}\, \bar{\boldsymbol{B}}_{L\,K\,n+1} \Big]\, d\Omega \tag{6.39}$$

im zweiten Term die Unsymmetrie aufweist.

Den zu diesem Integrationsverfahren gehörenden Algorithmus gewinnt man durch Elimination der Geschwindigkeiten, indem $(6.31)_1$ in $(6.31)_2$ eingesetzt wird. Dies führt auf ein nichtlineares algebraisches Gleichungssystem für $\boldsymbol{u}_{n+1}$

$$\boldsymbol{G}\,(\boldsymbol{u}_{n+1}) = \frac{2}{(\Delta t)^2}\,\boldsymbol{M}(\boldsymbol{u}_{n+1} - \boldsymbol{u}_n - \Delta t\,\boldsymbol{v}_n) - \boldsymbol{P}_{n+\frac{1}{2}} + \boldsymbol{R}(\boldsymbol{u}_{n+\frac{1}{2}}) = \boldsymbol{0}\,, \tag{6.40}$$

das durch das NEWTON-Verfahren iterativ gelöst werden kann. Die Linearisierung liefert mit (6.38) die Iterationsvorschrift

$$\begin{aligned} \left[\frac{2}{(\Delta t)^2}\,\boldsymbol{M} + \boldsymbol{K}_T\right]\,\Delta\,\boldsymbol{u}^{i+1}_{n+1} &= -\boldsymbol{G}\,(\boldsymbol{u}^{i}_{n+1})\,,\\ \boldsymbol{u}^{i+1}_{n+1} &= \boldsymbol{u}^{i}_{n+1} + \Delta\,\boldsymbol{u}^{i+1}_{n+1}\,, \end{aligned} \tag{6.41}$$

die in jedem Zeitschritt des Integrationsverfahrens durchzuführen ist. Als Anfangswert für die Verschiebungen wird i.d.R. der konvergierte Wert aus dem letzten Zeitschritt gewählt: $\boldsymbol{u}_{n+1}^0 = \boldsymbol{u}_n$. Für die Beendigung der in (6.41) beschriebenen Iteration gilt das in Box 5.1 angegebene Abbruchkriterium.

Der oben angegebene Zeitintegrations-Algorithmus hat den Nachteil, daß er bei Schalenproblemen in denen Rotationsfelder zu approximieren sind, siehe z.B. die Formulierung in Abschnitt 9.4.6, nicht mehr drallerhaltend ist. Um jetzt den Erhaltungsgleichungen genügende Algorithmen auch für Balken- oder Schalenprobleme mit finiten Rotationen zu erreichen, sind zusätzliche Überlegungen notwendig, siehe z.B (CRISFIELD and SHI 1994), oder (KUHL and RAMM 1996). Eine weitere Vorgehensweise ist in (SANSOUR et al. 1997) vorgestellt. Diese geht davon aus, daß die Approximation des Verschiebungsfeldes $\boldsymbol{u}$ und des Rotationsfeldes $\boldsymbol{\theta}$ nach

$$\begin{aligned} \boldsymbol{u}_{n+\frac{1}{2}} &= \frac{1}{2}\,(\,\boldsymbol{u}_{n+1} + \boldsymbol{u}_n\,) \\ \boldsymbol{\theta}_{n+\frac{1}{2}} &= \frac{1}{2}\,(\,\boldsymbol{\theta}_{n+1} + \boldsymbol{\theta}_n\,) \end{aligned} \tag{6.42}$$

erfolgt. Weiterhin wird wie oben angenommen, daß sich die Geschwindigkeiten gemäß

$$\begin{aligned} \boldsymbol{v}_{n+\frac{1}{2}} &= \frac{1}{\Delta t}\,(\,\boldsymbol{u}_{n+1} - \boldsymbol{u}_n\,) \\ \dot{\boldsymbol{\theta}}_{n+\frac{1}{2}} &= \frac{1}{\Delta t}\,(\,\boldsymbol{\theta}_{n+1} - \boldsymbol{\theta}_n\,) \end{aligned} \tag{6.43}$$

berechnen. Anders ist nun die direkte Approximation der Membran- und Biegeverzerrungen, die für die allgemeine Schale in (9.191) und für die Rotationsschale in (9.97) angegeben sind. Mit den Membranverzerrungen $\mathbf{E}^m$ und den Biegeverzerrungen $\mathbf{E}^m$, siehe z.B (9.97), folgt

$$\begin{aligned} \mathbf{E}^m_{n+\frac{1}{2}} &= \mathbf{E}^m_n + \frac{1}{2\,\Delta t}\,\dot{\mathbf{E}}^m_{n+\eta} \\ \mathbf{E}^b_{n+\frac{1}{2}} &= \mathbf{E}^b_n + \frac{1}{2\,\Delta t}\,\dot{\mathbf{E}}^b_{n+\eta} \end{aligned} \tag{6.44}$$

In (SANSOUR et al. 1997) wurde gezeigt, daß für $\eta = \frac{1}{2}$ die Energieerhaltung folgt. Für die Berechnung der schwachen Form ist eine Schalenformulierung gemäß Abschn. 9.3 oder Abschn. 9.4 zu verwenden, je nachdem ob man rotationssymmetrische oder allgemeine Schalen beschreiben will. Die Ableitung der zugehörigen Diskretisierung und Linearisierung kann nach dem oben angegebenen Schema bestimmt werden. Dies wird hier jedoch nicht weiter verfolgt, da die Diskretisierung von Schalen schon ausführlich in Abschnitt 9.4 behandelt wurde und sich hier keine neuen Aspekte ergeben. Die entsprechenden Beziehungen finden sich z.B. in (SANSOUR et al. 1996).

6.1.4 Numerische Beispiele

Zwei Beispiele behandeln nichtlineare Dynamik bei Balken und Schalen und deren Integration mittels der in Abschn. 6.1.3 angegebenen Algorithmen.

Im ersten Beispiel wird der in Bild 6.2 dargestellte schwach gekrümmte Bogen mit dem Radius $R = 400$ und der Querschnittsfläche $A = 1$ betrachtet. Der Elastizitätsmodul beträgt $E = 2 \cdot 10^7$, die Dichte $\rho = 7.5 \cdot 10^{-5}$. Es

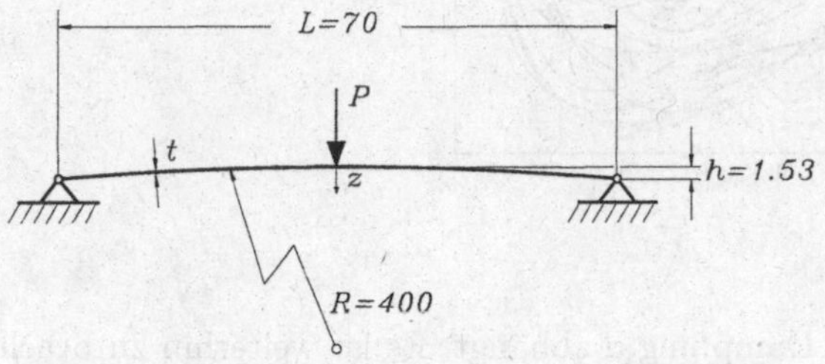

Bild 6.2 Gelenkig gelagerter Bogenträger

wird eine Dämpfung von $d = 6 \cdot 10^{-3}$ angenommen. Die Kraft $P = F \cos \Omega t$ wirkt periodisch. Ihre maximale Amplitude wurde mit $F = 360$ so gewählt, daß diese unter dem kritischen Wert der statischen Durschlagslast lag. Damit gibt es gemäß Bild 6.3 einen instabilen Sattelpunkt und man kann chaotisches Verhalten erwarten. Die Erregerfrequenz wurde mit $\Omega = 1000$ vorgegeben.

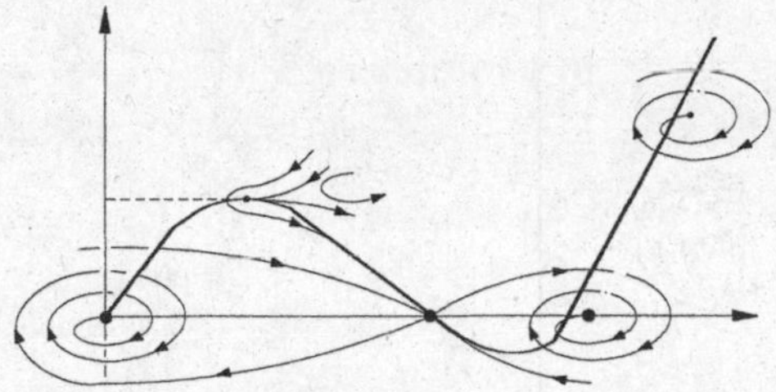

Bild 6.3 Last-Verschiebungs-Diagramm des Bogenträgers

Als Zeitschrittweite für die Berechnung wurde $\Delta t = 10^{-5}$ gewählt. Der Bogen wurde durch 20 nichtlineare finite Balkenelemente diskretisiert. Die Rechnung erfolgte mittels des auf (6.44) basierende Algorithmus und lieferte das in Bild 6.4 dargestellte Phasendiagramm zu dem die in Bild 6.5 angegebene Poincare Abbildung gehört. Es ist leicht zu erkennen, daß die Integration einen Algorithmus bedarf, der für mehrere 10000 Zeitschritte stabil läuft und keine numerische Dämpfung enthält, damit das Endergebnis wirklich nur von der

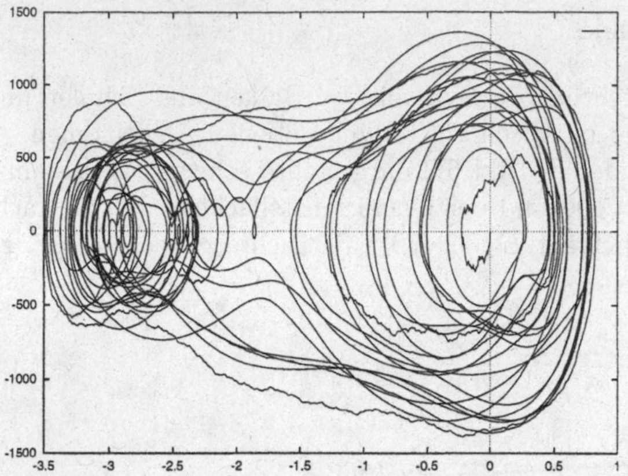

Bild 6.4 Phasendiagramm

physikalisch vorgegebenen Dämpfung d abhängt. Es ist weiterhin zu beachten, daß das chaotische Verhalten der Lösung auch von der Diskretisierung abhängen kann. Hier wurde eine Diskretisierung gewählt, die die Dynamik des System richtig wiedergibt. Würde man, wie in (SANSOUR et al. 1996) gezeigt, weniger Elemente verwenden, dann stellt sich unter Umständen gar kein chaotisches Lösungsverhalten ein.

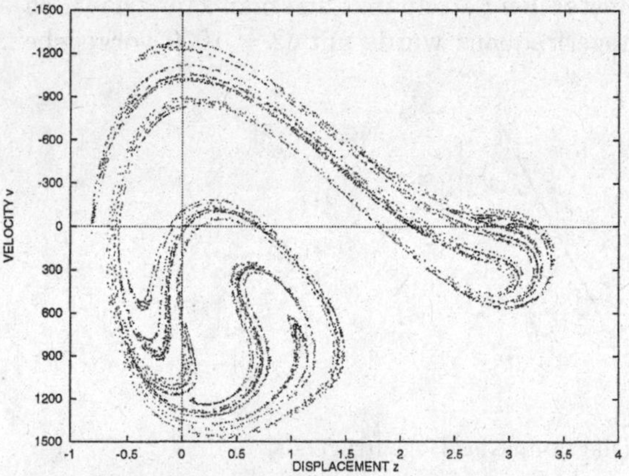

Bild 6.5 POINCARE Abbildung

Im nächsten Beispiel wird eine Schale behandelt, die – wie schon der Bogenträger – eine periodisch wirkende Einzellast zu chaotischen Schwingungen anregt. Die Schale ist in Bild 6.6 dargestellt, in dem auch die Material- und Systemparameter angegeben sind. Sie ist an den Seiten gelenkig gelagert, die Stirnseiten sind freie Ränder. Die Einzellast wirkt in Schalenmitte. Ihre Amplitude und Frequenz ist Bild 6.6 zu entnehmen. Die chaotische Bewegung, die

$$R = 254$$
$$L = 25.4$$
$$\Theta = 0.1 \text{ rad}$$
$$E = 31027.5$$
$$\nu = 0.3$$
$$h = 1.27$$
$$\rho = 1E\text{-}08$$
$$P = 40\,(1 + 0.92\cos\Omega t)$$
$$\Omega = 2000\pi$$
$$c = 1.0E\text{-}05$$

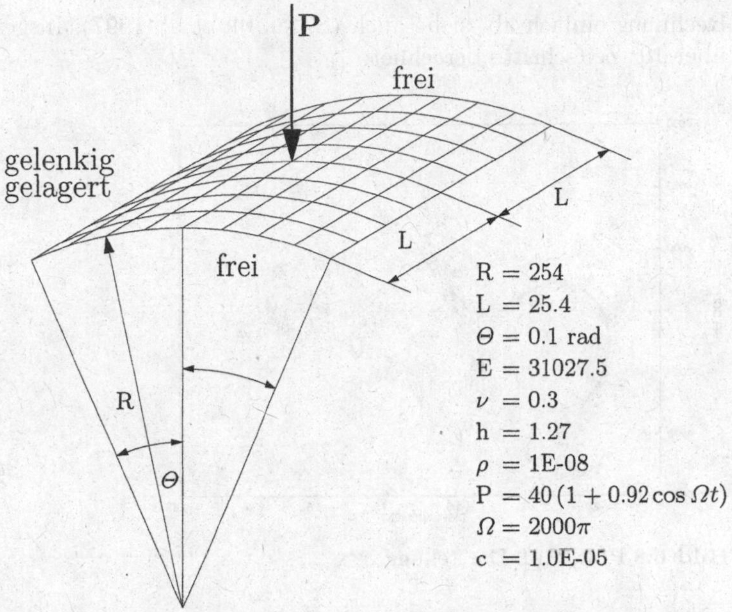

Bild 6.6 Der harmonisch erregte Zylinder

ähnlich wie beim Bogenträger infolge eines instabilen Sattelpunktes eintritt, kann dem Phasenportrait in Bild 6.7 entnommen werden. Die Darstellung ei-

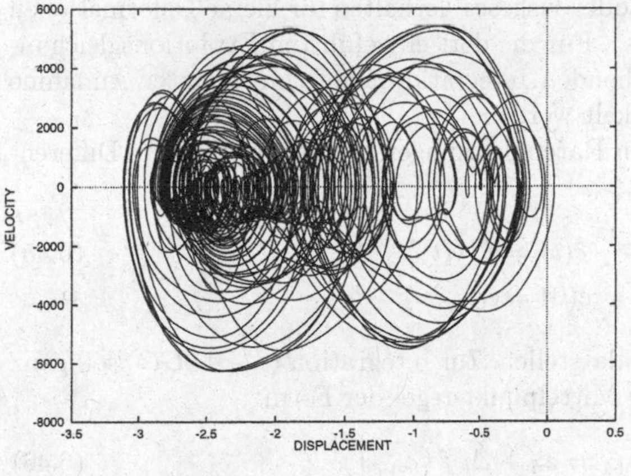

Bild 6.7 Phasenraum

nes POINCARE-Schnittes folgt dann im Bild 6.8. Hierzu ist zu bemerken, daß man z.B. mit dem in Abschn. 6.1.2 dargestellten NEWMARK-Algorithmus nur eine bestimmte Anzahl von Zeitschritte rechnen kann; danach bricht die

Rechnung einfach ab, siehe auch (SANSOUR et al. 1997). Insgesamt wurden über 10^5 Zeitschritte berechnet.

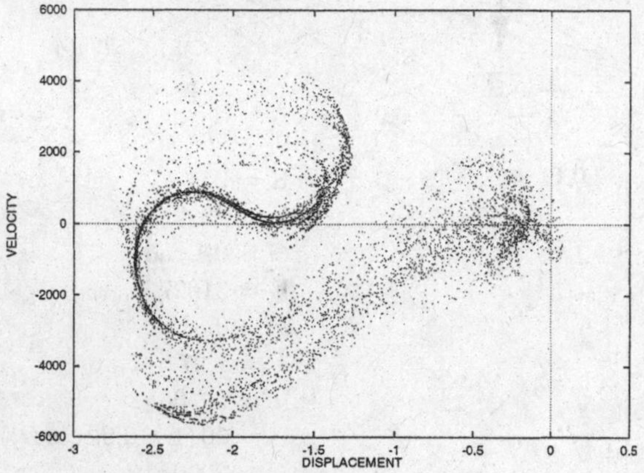

Bild 6.8 POINCARE-Darstellung

6.2 Integration inelastischer Materialgleichungen bei kleinen Deformationen

Die in Abschn. 3.3.2 angegebenen Materialgleichungen beschreiben elastoplastisches, viskoplastisches oder viskoses Verhalten für kleine Deformationen (geometrisch lineare Theorie). Für die dort eingeführten Evolutionsgleichungen sollen nun die entsprechenden Integrationsalgorithmen unter Annahme kleiner Verzerrungen entwickelt werden.

Bei den zu integrierenden Ratengleichungen handelt es sich um Differentialgleichungen vom Typ

$$\begin{aligned} \dot{e}(t) &= f\,[\,e(t)\,] \\ e(0) &= e_0\,, \end{aligned} \tag{6.45}$$

die ein Anfangswertproblem darstellen. Zur Integration $(I-ALGO)$ soll ganz allgemein eine generalisierte Mittelpunktsregel der Form

$$e_{n+1} = e_n + \Delta t\, f\,(\,e_{n+\theta}\,) \tag{6.46}$$

mit $e_{n+\theta} = (\,1-\theta\,)\,e_n + \theta\,e_{n+1}\,,\quad 0 \leq \theta \leq 1$ herangezogen werden. Hier ist, wie schon bei der Zeitintegration in der Dynamik, $e_n = e(\,t_n\,)$ und $e_{n+1} = e(\,t_{n+1}\,)$. Die Approximation (6.46) entspricht folgenden Integrationsalgorithmen

- für $\theta = 0$ dem expliziten EULERschema,
- für $\theta = 1$ dem impliziten EULERschema und
- für $\theta = \frac{1}{2}$ der *midpoint-rule*.

Das Schema (6.46) ist für $\theta = \frac{1}{2}$ von zweiter Ordnung genau, ansonsten ein Integrationsalgorithmus mit der Genauigkeit erster Ordnung. Weitere Untersuchungen dieser Algorithmen bezüglich Konsistenz, Stabilität und Genauigkeit findet man in der einschlägigen mathematischen Literatur, z. B. (GEAR 1971) oder (STOER und BULIRSCH 1990). Die ersten beiden Punkte (Konsistenz und Stabilität) werden für die Konvergenz der numerischen Lösung für beliebig kleine Zeitschritte benötigt.

Da die Materialgleichungen lokal in jedem Punkt des Festkörpers zu erfüllen sind, ist es sinnvoll und effizient diesen lokalen Charakter bei den Integrationsschemen beizubehalten. Im Fall der örtlichen Diskretisierung mittels finiter Elemente bedeutet dies, daß der Algorithmus so partitioniert wird, daß die Integration der Materialgleichungen auf Elementebene erfolgen kann ($I - ALGO$). Das heißt, die Materialgleichungen sind an den jeweiligen Integrationspunkten (GAUSSpunkten) im Element Ω_e zu erfüllen. Daneben muß aber auch noch die schwache Form des Gleichgewichtes (6.1) eingehalten werden. Aus diesen zwei Forderungen folgt eine Iteration in jedem Zeitschritt. Beginnend mit den bekannten Verschiebungen $\boldsymbol{u}_n$, den inelastischen Variablen $\mathbf{e}_n^{in}$, den Spannungen $\boldsymbol{\sigma}_n$ und den internen Variablen $\boldsymbol{\alpha}_n$ des Zeitschrittes t_n läßt sich der folgende Algorithmus (Zählindex i) konstruieren, der als Ergebnis die Verschiebungen und Spannungen nebst den internen inelastischen Variablen zur Zeit t_{n+1} liefert.

1. Setze Anfangsbedingungen:

$$\boldsymbol{u}_{n+1}^0 = \boldsymbol{u}_n\,, \qquad \boldsymbol{\sigma}_{n+1}^0 = \boldsymbol{\sigma}_n\,,$$
$$\mathbf{e}_{n+1}^{in\,0} = \mathbf{e}_n^{in}\,, \qquad \boldsymbol{\alpha}_{n+1}^0 = \boldsymbol{\alpha}_n\,,$$

2. Iterationsschleife : $DO\ i = 0, 1, 2, \ldots$
   - **Global**: Löse das Gleichungssystem für $\boldsymbol{u}_{n+1}^{i+1}$

   $$\boldsymbol{G}_{n+1}^{i+1} = \boldsymbol{R}(\boldsymbol{u}_{n+1}^{i+1}, \boldsymbol{\sigma}_{n+1}^{i}) - \boldsymbol{P}_{n+1} = \boldsymbol{0}\,.$$

   Dies liefert Gesamtverzerrungsinkrement $\Delta\boldsymbol{\varepsilon}_{n+1}^{i+1}$.
   - Konvergenz: $\| \boldsymbol{G}_{n+1}^{i+1} \| < TOL \longrightarrow STOP$
   - **Lokal** ($I - ALGO$): Berechne mit $\Delta\boldsymbol{\varepsilon}_{n+1}^{i+1}$ die Spannungen $\boldsymbol{\sigma}_{n+1}^{i+1}$, die die inelastischen Materialgleichungen am GAUSSpunkt erfüllen.

   END DO

Eine schematische Beschreibung des Algorithmus findet sich in Bild 6.9.

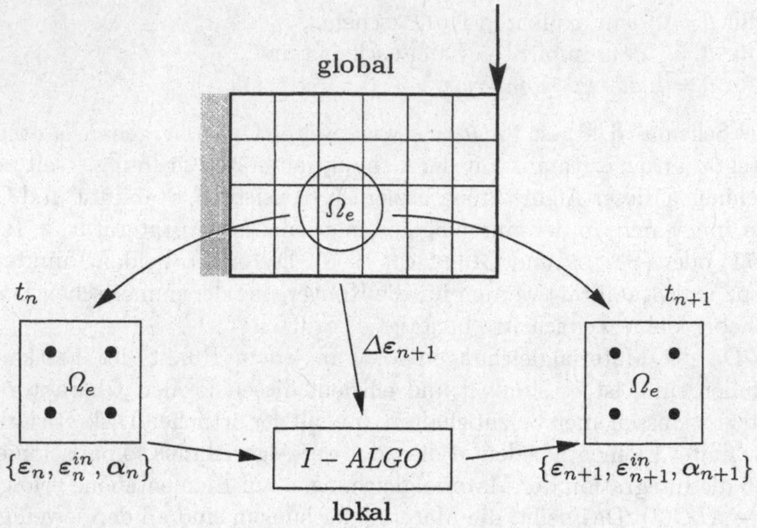

Bild 6.9. Projektionsalgorithmus für elastoplastisches Material

6.2.1 Viskoelastisches Materialverhalten

Die Grundgleichungen der linearen Viskoelastizitätstheorie finden sich für den linearen Standardkörper in den Beziehungen (3.210) bis (3.212). Für dieses Materialmodell wollen wir die Vorgehensweise bei der Integration der Materialgleichung exemplarisch erläutern, wobei wir annehmen, daß viskoses Verhalten nur infolge des Verzerrungsdeviators $\mathbf{e}$ auftritt. Nach Gl. (3.210) lautet die konstitutive Beziehung für den linearen Standardkörper mit $\nu^\infty = (1-\nu)$

$$\boldsymbol{\sigma}(t) = K \operatorname{tr} \boldsymbol{\varepsilon} \, \mathbf{1} + 2\,\mu\,[\,(1-\nu)\,\mathbf{e} + \nu\,\mathbf{q}\,]$$
$$\dot{\mathbf{e}}(t) = \frac{1}{\hat{\tau}}\,\mathbf{q} + \dot{\mathbf{q}}$$

$\mathbf{q}$ ist hier die der Deviatorspannung $\mathbf{s}_M$ in $(3.210)_3$ zugeordnete Dehnung. Die letzte Beziehung ist eine Differentialgleichung erster Ordnung in der Zeit. Sie kann mit unterschiedlichen Integrationsalgorithmen, siehe auch das vorangegangene Kapitel integriert werden. Wir wollen hier das implizite EULER Verfahren verwenden, das von erster Ordnung genau und unbedingt stabil ist. Das Einsetzen der Integrationsregel liefert dann in einem Zeitschritt $\Delta t = t_{n+1} - t_n$

$$\frac{1}{\Delta t}\,(\mathbf{q}_{n+1} - \mathbf{q}_n\,) + \frac{1}{\hat{\tau}}\,\mathbf{q}_{n+1} = \frac{1}{\Delta t}\,(\mathbf{e}_{n+1} - \mathbf{e}_n\,)\,. \qquad (6.47)$$

Diese Beziehung läßt sich nun nach $\mathbf{q}_{n+1}$ auflösen

$$\mathbf{q}_{n+1} = \frac{\hat{\tau}}{\hat{\tau} + \Delta t}\, \mathbf{e}_{n+1} + \frac{\hat{\tau}}{\hat{\tau} + \Delta t}\, (\, \mathbf{q}_n - \mathbf{e}_n \,) \,. \tag{6.48}$$

Das Einsetzen von (6.48) in die erste Gleichung liefert mit

$$\boldsymbol{\sigma}_{n+1} = K \operatorname{tr} \boldsymbol{\varepsilon}_{n+1}\, \mathbf{1} + 2\, \mu\, (\, 1 - \nu\, \frac{\Delta t}{\hat{\tau} + \Delta t}\,)\, \mathbf{e}_{n+1} + \nu\, \frac{\hat{\tau}}{\hat{\tau} + \Delta t}\, (\, \mathbf{q}_n - \mathbf{e}_n \,) \tag{6.49}$$

eine Gleichung zur Berechnung der jeweils neuen Spannungen am Ende des Zeitschritts. Da die Beziehung linear in den Verzerrungen ist, entfällt eine Iteration im Zeitschritt. Man muß nur bei der Berechnung der zugehörigen Steifigkeitsmatrix die richtige Materialtangentenmatrix einsetzen. Diese folgt unter Beachtung der Definition der deviatorischen Verzerrungen mit (3.266) aus $\partial \boldsymbol{\sigma}_{n+1} \,/\, \partial \boldsymbol{\varepsilon}_{n+1}$ als

$$\mathbb{C}_{ve} = \frac{\partial \boldsymbol{\sigma}_{n+1}}{\partial \boldsymbol{\varepsilon}_{n+1}} = K\, \mathbf{1} \otimes \mathbf{1} + 2\, \mu\, (\, 1 - \nu\, \frac{\Delta t}{\hat{\tau} + \Delta t}\,) [\, \mathbb{I} - \frac{1}{3}\, \mathbf{1} \otimes \mathbf{1}\,] \,. \tag{6.50}$$

Die Materialtangentenmatrix unterscheidet sich von der zum HOOKEschen Gesetz gehörigen Elastizitätsmatrix (3.267) nur durch den Faktor $(1 - \nu\, \frac{\Delta t}{\hat{\tau} + \Delta t})$. Für die Implementierung in einem Finite-Element-Programm bedeutet dies, daß die Änderungen bei der Kodierung der viskoelstischen Materialgleichungen gegenüber einem linear elastischen Element äußerst gering sind. Neben einer veränderten Spannungsberechnung, s. (6.49) und der Speicherung der Verzerrungen $\mathbf{e}$ und $\mathbf{q}$ zur Zeit t_n ist nur noch der oben erwähnte Faktor in der Materialtangente $\mathbb{C}_{ve}$ zu berücksichtigen. Für die explizite Matrixform der einzelnen Anteile von $\mathbb{C}_{ve}$ s. (3.267).

Neben der bisher durchgeführten Integration mittels des impliziten EULER Verfahrens gibt es noch die Möglichkeit die Beziehung (3.211)

$$\mathbf{s}(t) = \int\limits_{-\infty}^{t} G(t - \tau)\, \dot{\mathbf{e}}(\tau)\, d\tau$$

zugrunde zu legen und dieses Integral auszuwerten. Das Integral kann unter der Annahme, daß erst zur Zeit $t = 0$ eine Verzerrung wirkt aufgespalten werden. Dabei wird das Integral mit $\Delta t = t_{n+1} - t_n$ nun so umgeformt, daß eine Rekursionsformel entsteht

$$\int\limits_0^t (\bullet)\, d\tau = \int\limits_0^{t_n} (\bullet)\, d\tau + \int\limits_{t_n}^{t_n + \Delta t} (\bullet)\, d\tau \,. \tag{6.51}$$

Nach Einsetzen der Beziehung (3.212) folgt für die Spannung

$$\mathbf{s}_{n+1} = 2\, \mu\, \left[\, (1 - \nu)\, \mathbf{e}_{n+1} + \nu\, \left(\, e^{-(\Delta t \,/\, \hat{\tau})}\, \mathbf{h}_n + \Delta \mathbf{h}_{n+1} \right) \right] \tag{6.52}$$

mit den Definitionen

$$\mathbf{h}_n = e^{-(t_n\,/\,\hat{\tau})} \int\limits_0^{t_n} e^{(\tau\,/\,\hat{\tau})}\,\dot{\mathbf{e}}(\tau)\,d\tau\,,$$

$$\Delta\mathbf{h}_{n+1} = e^{-(t_n+\Delta t\,/\,\hat{\tau})} \left(\int\limits_{t_n}^{t_n+\Delta t} e^{(\tau\,/\,\hat{\tau})}\,\dot{\mathbf{e}}(\tau)\,d\tau \right). \tag{6.53}$$

Unter der Annahme, daß in einem Zeitschritt Δt das Verzerrungsinkrement konstant ist,

$$\dot{\mathbf{e}}(\tau) \approx \frac{1}{\Delta t}\,(\,\mathbf{e}_{n+1} - \mathbf{e}_n\,)\,,$$

kann das Integral in $\Delta\mathbf{h}_{n+1}$ in geschlossener Weise gelöst werden, s. (TAYLOR et al. 1970). Man erhält nach einigen Umrechnungen

$$\Delta\mathbf{h}_{n+1} = \frac{\hat{\tau}}{\Delta t}\,(1 - e^{-(\Delta t\,/\,\hat{\tau})}\,)\,(\,\mathbf{e}_{n+1} - \mathbf{e}_n\,)\,. \tag{6.54}$$

Da $\mathbf{h}_n$ bereits aus den vorangegangenen Schritten bekannt ist, sind damit alle Größen, die zur Berechnung des deviatorischen Spannungen in (6.52) benötigt werden, bestimmt. Wie bei der Integration mittels der impliziten EULER Regel gewinnt man den Materialtangententensor aus $\partial\boldsymbol{\sigma}_{n+1}\,/\,\partial\boldsymbol{\varepsilon}_{n+1}$ als

$$\mathbb{C}_{ve} = \frac{\partial\boldsymbol{\sigma}_{n+1}}{\partial\boldsymbol{\varepsilon}_{n+1}} = K\,\mathbf{1}\otimes\mathbf{1} + 2\,\mu\,[\,(1-\nu) + \nu\,\frac{\hat{\tau}}{\Delta t}\,(1 - e^{-(\Delta t\,/\,\hat{\tau})}\,)\,][\,\mathbb{I} - \frac{1}{3}\,\mathbf{1}\otimes\mathbf{1}\,]\,. \tag{6.55}$$

Wieder ändert sich nur der Faktor mit dem der Schubmodul μ zu multiplizieren ist, so daß sich auch hier die Implementation sehr einfach gestaltet. Im Unterschied zu der impliziten EULER Regel, die ein von erster Ordnung genaues Integrationsverfahren liefert, hat das Verfahren nach (6.52) und (6.54) eine Genauigkeit der Ordnung zwei, s. z.B. (SIMO and HUGHES 1998).

Ein kleiner Nachteil der Form (6.54) ist, daß durch Δt geteilt wird. Dies kann für $\Delta t \to 0$ zu numerischen Schwierigkeiten führen. Durch eine Reihenentwicklung um den Nullpunkt kann $\Delta\mathbf{h}_{n+1}$ jedoch auch für sehr kleine Werte von Δt genau berechnet werden. Wir erhalten die Approximation

$$\frac{\hat{\tau}}{\Delta t}\,(\,1 - e^{-(\Delta t\,/\,\hat{\tau})}\,) \approx 1 - \frac{1}{2}\,\frac{\Delta t}{\hat{\tau}} + \frac{1}{6}\left(\frac{\Delta t}{\hat{\tau}}\right)^2. \tag{6.56}$$

Für den Fall $\Delta t = 0$ ergeben sowohl (6.50) als auch (6.55) den Materialtensor des HOOKEschen Gesetzes (3.267).

6.2.2 Elasto-plastisches Materialienverhalten

Für die allgemeinen Materialgleichungen (3.164) bis (3.168) des Abschn. 3.3.2 kann jetzt ein genereller Integrationsalgorithmus konstruiert werden. Dabei wollen wir uns auf den Fall einer Fließfläche beschränken; für den allgemeinen Fall von Mehrflächenplastizitätsmodellen, s. z.B. (SIMO 1999) oder für spezielle Materialmodelle von z.B. kohäsionslosen Böden (LEPPIN and WRIGGERS 1997).

Da die den elasto-plastischen Deformationsprozeß beschreibenden Differentialgleichungen im mathematischen Sinne steif sind, s. z.B. (SIMO and HUGHES 1998), ist die Verwendung des impliziten EULER Verfahrens sinnvoll.

Dies führt für den allgemeinen Fall der nicht-assoziierten Plastizität anstelle von (3.164) bis (3.168) zu den Gleichungen

$$\boldsymbol{\sigma}_{n+1} = \mathbb{C}\,[\,\boldsymbol{\varepsilon}_{n+1} - \boldsymbol{\varepsilon}^p_{n+1}\,]\,, \tag{6.57}$$

$$\mathbf{q}_{n+1} = \mathbb{H}\,[\,\boldsymbol{\alpha}_{n+1}\,]\,, \tag{6.58}$$

$$\frac{1}{\Delta t}\,(\,\boldsymbol{\varepsilon}^p_{n+1} - \boldsymbol{\varepsilon}^p_n\,) = \dot{\lambda}_{n+1}\,\mathbf{r}(\boldsymbol{\sigma}_{n+1}\,,\mathbf{q}_{n+1})\,, \tag{6.59}$$

$$\frac{1}{\Delta t}\,(\,\boldsymbol{\alpha}_{n+1} - \boldsymbol{\alpha}_n\,) = \dot{\lambda}_{n+1}\,\mathbf{h}(\boldsymbol{\sigma}_{n+1}\,,\mathbf{q}_{n+1})\,, \tag{6.60}$$

$$f(\boldsymbol{\sigma}_{n+1}\,,\mathbf{q}_{n+1}) \le 0\,. \tag{6.61}$$

Dieser Satz von Gleichungen ist an jedem GAUSSpunkt einer Diskretisierung mit finiten Elementen zu erfüllen.

Die oben bereits angeführte implizite Integration der Gleichungen wird üblicherweise mittels eines sog. Operator-Split Algorithmus durchgeführt. Dieser beruht darauf, die plastischen Variablen zunächst zu Beginn eines Zeitschrittes von t_n nach t_{n+1} einzufrieren:

$$\boldsymbol{\varepsilon}^{p\,tr}_{n+1} = \boldsymbol{\varepsilon}^p_n\,, \qquad \boldsymbol{\alpha}^{tr}_{n+1} = \boldsymbol{\alpha}_n\,. \tag{6.62}$$

Durch den Superskript $()^{tr}$ wird angedeutet, daß es sich bei diesen Größen um einen Versuch (*trial*) handelt. Die eingefrorenen plastischen Variablen werden in Gln. (6.57) und (6.58) eingesetzt

$$\begin{aligned} \boldsymbol{\sigma}^{tr}_{n+1} &= \mathbb{C}\,[\,\boldsymbol{\varepsilon}_{n+1} - \boldsymbol{\varepsilon}^{p\,tr}_{n+1}\,]\,, \\ \mathbf{q}^{tr}_{n+1} &= \mathbb{H}\,[\,\boldsymbol{\alpha}^{tr}_{n+1}\,]\,. \end{aligned} \tag{6.63}$$

Diese Beziehungen können benutzt werden, um herauszufinden, ob der Schritt elastisch oder plastisch ist. Durch Einsetzen in die Fließbedingung erhält man

$$f(\,\boldsymbol{\sigma}^{tr}_{n+1}\,,\mathbf{q}^{tr}_{n+1}\,)\begin{cases} < 0 & \Rightarrow \quad \text{elastisch} \\ \ge 0 & \Rightarrow \quad \text{plastisch} \end{cases} \tag{6.64}$$

Zeigt f einen elastischen Zustand zur Zeit t_{n+1} an, werden alle plastischen Variablen am Ende des Zeitschrittes gleich den *trial* Größen gesetzt:

$$\boldsymbol{\varepsilon}^p_{n+1} = \boldsymbol{\varepsilon}^{p\,tr}_{n+1}\,, \qquad \boldsymbol{\alpha}_{n+1} = \boldsymbol{\alpha}^{tr}_{n+1} \tag{6.65}$$

und der Algorithmus ist für den Zeitschritt beendet.

Im anderen Fall sind die Spannungen so zu korrigieren, daß die Fließbedingung (6.61) erfüllt ist. Man erhält dann mit $\gamma_{n+1} = \dot{\lambda}_{n+1}\,\Delta t$ aus (6.57) bis (6.61)

$$\begin{aligned} \mathbf{R}^i_\sigma &= -\boldsymbol{\varepsilon}_{n+1} + \boldsymbol{\varepsilon}^p_n + \mathbb{C}^{-1}[\,\boldsymbol{\sigma}^i_{n+1}\,] + \gamma_{n+1}\,\mathbf{r}(\,\boldsymbol{\sigma}^i_{n+1}\,,\mathbf{q}^i_{n+1}\,) = \mathbf{0} \\ \mathbf{R}^i_q &= \mathbb{H}^{-1}[\,\mathbf{q}^i_{n+1}\,] - \boldsymbol{\alpha}_n - \gamma^i_{n+1}\,\mathbf{h}(\,\boldsymbol{\sigma}^i_{n+1}\,,\mathbf{q}^i_{n+1}\,) = \mathbf{0} \\ R^i_f &= f(\,\boldsymbol{\sigma}^i_{n+1}\,,\mathbf{q}^i_{n+1}\,) = 0 \end{aligned} \tag{6.66}$$

Diese 3 Gleichungen stellen ein nichtlineares System für die Unbekannten $\boldsymbol{\sigma}^i_{n+1}\,,\mathbf{q}^i_{n+1}$ und γ^i_{n+1} dar. Zur Lösung setzen wir das NEWTON-Verfahren ein (als Iterationsindex wird i gewählt). Dies führt auf das den Algorithmus

$$\begin{aligned} \mathbf{A}^i_{n+1}\,\Delta\mathbf{p}^{i+1}_{n+1} &= -\mathbf{R}^i_{n+1} \\ \mathbf{p}^{i+1}_{n+1} &= \mathbf{p}^i_{n+1} + \Delta\mathbf{p}^{i+1}_{n+1} \end{aligned} \tag{6.67}$$

Hierin entsteht die Matrix $\mathbf{A}$ infolge der Linearisierung der in (6.66) definierten Residuen. Explizit erhalten wir

$$\mathbf{A}^i_{n+1} = \begin{bmatrix} \mathbb{C}^{-1} + \gamma^i_{n+1}\,\dfrac{\partial\mathbf{r}^i_{n+1}}{\partial\boldsymbol{\sigma}} & \gamma^i_{n+1}\,\dfrac{\partial\mathbf{r}^i_{n+1}}{\partial\mathbf{q}} & \dfrac{\partial(\gamma^i_{n+1}\,\mathbf{r}^i_{n+1})}{\partial\gamma} \\ -\gamma^i_{n+1}\,\dfrac{\partial\mathbf{h}^i_{n+1}}{\partial\boldsymbol{\sigma}} & \mathbb{H}^{-1} - \gamma^i_{n+1}\,\dfrac{\partial\mathbf{h}^i_{n+1}}{\partial\mathbf{q}} & -\dfrac{\partial(\gamma^i_{n+1}\,\mathbf{h}^i_{n+1})}{\partial\gamma} \\ \dfrac{\partial f^i_{n+1}}{\partial\boldsymbol{\sigma}} & \dfrac{\partial f^i_{n+1}}{\partial\mathbf{q}} & \dfrac{\partial f^i_{n+1}}{\partial\gamma} \end{bmatrix}, \tag{6.68}$$

mit den Definitionen der Vektoren:

$$\mathbf{p}^i_{n+1} = \left\{ \begin{array}{c} \boldsymbol{\sigma}^i_{n+1} \\ \mathbf{q}^i_{n+1} \\ \gamma^i_{n+1} \end{array} \right\} \quad \text{und} \quad \mathbf{R}^i_{n+1} = \left\{ \begin{array}{c} \mathbf{R}^i_\sigma \\ \mathbf{R}^i_q \\ R^i_f \end{array} \right\}. \tag{6.69}$$

Am Ende der NEWTON-Iteration sind Spannungen und plastischen Variablen an einem GAUSS-Punkt bekannt.

Neben der Erfüllung der durch die Plastizität gegebenen Ungleichungsnebenbedingungen ist auch noch das globale Gleichgewicht zu erfüllen, siehe auch die einführenden Bemerkungen und Bild 6.9. Um auch hier das NEWTON-Verfahren anwenden zu können, ist es selbst bei kleinen Verzerrungen notwendig, die Materialtangente $\bar{\boldsymbol{D}}^p_{n+1}$ zu bestimmen, die in der Linearisierung (4.109) der schwache Form (4.95) benötigt wird (beachte, daß die geometrische Matrix bei kleinen Verzerrungen entfällt und daß alle Ableitungen bezüglich der Koordinaten der Ausgangskonfiguration durchzuführen sind)

$$\bar{\boldsymbol{K}}^p_{T_{IK}} = \int\limits_{\varphi(\Omega_e)} \bar{\boldsymbol{B}}^T_{0\,I}\,\bar{\boldsymbol{D}}^p_{n+1}\,\bar{\boldsymbol{B}}_{0\,K}\,d\omega\,. \tag{6.70}$$

Die Materialtangente folgt aus

$$\bar{\boldsymbol{D}}^{p}_{n+1} = \frac{\partial \boldsymbol{\sigma}_{n+1}}{\partial \boldsymbol{\varepsilon}_{n+1}} = \frac{\partial \Delta \boldsymbol{\sigma}_{n+1}}{\partial \boldsymbol{\varepsilon}_{n+1}} \tag{6.71}$$

Mit der Inversen von $\mathbf{A}^i_{n+1}$, die im konvergierten Zustand der oben aufgeführten NEWTON-Iteration auszuwerten ist,

$$(\mathbf{A}^i_{n+1})^{-1} = \begin{bmatrix} \mathbf{A}_{11} & \mathbf{A}_{12} & \mathbf{A}_{13} \\ \mathbf{A}_{21} & \mathbf{A}_{22} & \mathbf{A}_{23} \\ \mathbf{A}_{31} & \mathbf{A}_{32} & \mathbf{A}_{33} \end{bmatrix}^i_{n+1} \tag{6.72}$$

kann die Ableitung explizit aus

$$\frac{\partial \Delta \boldsymbol{\sigma}_{n+1}}{\partial \boldsymbol{\varepsilon}_{n+1}} = \mathbf{A}_{11} \,. \tag{6.73}$$

bestimmt werden. Dies liefert die Materialtangente

$$\bar{\boldsymbol{D}}^{p}_{n+1} = \mathbf{A}_{11} \,, \tag{6.74}$$

die in der Linearisierung der schwachen Form benötigt wird. Man kann also die Materialtangente einfach aus der Matrix $\mathbf{A}$ des letzten NEWTONschrittes in (6.67) berechnen. Wie weiterhin leicht zu sehen ist, hängt die Materialtangente – anders als bei der Elastizitätstheorie – vom gewählten Integrationsverfahren ab. Aus diesem Grund wird die Materialtangente in vielen Veröffentlichungen auch konsistente Tangente genannt, da sie konsistent mit dem elasto-plastischen Algorithmus sein muß, s. z.B. (SIMO and TAYLOR 1985) oder (SIMO and HUGHES 1998).

Die Vorgehensweise zur Integration elasto-plastischer Materialgleichungen soll jetzt noch einmal explizit auf ein Material mit nichtlinearer isotroper und linearer kinematischer Verfestigung angewendet werden. Das plastische Fließen wird dabei durch die zweite Invariante des Spannungsdeviators II_S (VON MISES Material) bestimmt (in der Literatur auch J_2-Plastiziträt genannt, da die zweite Invariante des Spannungsdeviators auch durch J_2 bezeichnet wird). Im Abschn. 3.3.2 wurden die Materialgleichungen für einen derartigen Werkstoff angegeben. Dazu wurden die internen plastischen Variablen $\mathbf{e}^p$, $\boldsymbol{\alpha}$, $\hat{\alpha}$ mit den zugehörigen generalisierten Spannungen $\mathbf{s}$, $\mathbf{q}$, q eingeführt, wobei $\mathbf{s}$ und $\mathbf{e}^p$ die Deviatoren des Spannungstensors $\boldsymbol{\sigma}$, s. (3.148), und des Verzerrungstensors $\boldsymbol{\varepsilon}$ sind und angenommen wurde, daß die plastische Volumenänderung gleich null ist ($\text{tr}\, \boldsymbol{\varepsilon}^p = 0$).

Die zugehörigen Materialgleichungen sollen nach (3.147), (3.155), (3.156) und (3.157) noch einmal kompakt zusammengestellt werden, wobei die Verschiebung der Fließfläche $\mathbf{q}$ und die Vergleichsdehnung $\hat{\alpha}$ direkt eingesetzt werden. Neben der Aufspaltung der deviatorischen Verzerrungen in elastische und plastische Anteile

$$\mathbf{e} = \mathbf{e}^e + \mathbf{e}^p \tag{6.75}$$

gilt das elastische Materialgesetz (Schubmodul μ, Kompressionsmodul K)

$$\mathbf{s} = 2\,\mu\,\mathbf{e}^e \qquad p = K \operatorname{tr} \boldsymbol{\varepsilon}^e \tag{6.76}$$

für die Deviatorspannungen $\mathbf{s}$ und den Druck p. Weiterhin lauten die Evolutionsgleichungen für die plastischen Verzerrungen, generalisierten Spannungen und die Verfestigungsvariablen

$$\dot{\mathbf{e}}^p = \dot{\lambda}\,\frac{\partial f}{\partial \mathbf{s}} \qquad \dot{\mathbf{q}} = -\frac{2}{3}\,H\,\dot{\lambda}\,\frac{\partial f}{\partial \mathbf{q}} \qquad \dot{\hat{\alpha}} = \sqrt{\frac{2}{3}}\,\dot{\lambda}\,. \tag{6.77}$$

Die generalisierten Spannungen müssen die Fließbedingung

$$f(\bar{\mathbf{s}}, \hat{\alpha}) = \|\bar{\mathbf{s}}\| - \sqrt{\frac{2}{3}}\,[Y_0 + \hat{H}(\hat{\alpha})] \leq 0 \tag{6.78}$$

erfüllen, wobei abkürzend $\bar{\mathbf{s}} = \mathbf{s} - \mathbf{q}$ eingeführt wurde.

Dieser Satz von Gleichungen, der elastoplastisches Materialverhalten mit linearer kinematischer und nichtlinear isotroper Verfestigung beschreibt, repräsentiert ein steifes Algebrodifferentialgleichungssystem. Zur Integration eines solchen Systems haben sich sog. Projektionsverfahren durchgesetzt, die auf voll impliziten EULER Schemen beruhen. Diese haben den Vorteil unbedingt stabil zu sein, s. z.B. (SIMO and HUGHES 1998), sind aber nur von erster Ordnung genau.

Das Einsetzen der impliziten Euler Regel in die Evolutionsgleichungen für die plastischen Größen (6.77) liefert im Zeitschritt $\Delta t = t_{n+1} - t_n$ für die plastischen Verzerrungen

$$\frac{1}{\Delta t}\,(\mathbf{e}^p_{n+1} - \mathbf{e}^p_n) = \dot{\lambda}\,\left[\frac{\partial f}{\partial \mathbf{s}}\right]_{n+1} = \frac{1}{\Delta t}\,(\lambda_{n+1} - \lambda_n)\,\mathbf{n}_{n+1} \tag{6.79}$$

mit der schon im Abschn. 3.3.2 eingeführten Bezeichnung $\frac{\partial f}{\partial \mathbf{s}} = \frac{\bar{\mathbf{s}}}{\|\bar{\mathbf{s}}\|} = \mathbf{n}$. In gleicher Weise erhalten wir für die Verfestigungsvariablen

$$\frac{1}{\Delta t}\,(\mathbf{q}_{n+1} - \mathbf{q}_n) = \frac{1}{\Delta t}\,(\lambda_{n+1} - \lambda_n)\,\frac{2}{3}\,H\,\mathbf{n}_{n+1} \tag{6.80}$$

und

$$\frac{1}{\Delta t}\,(\hat{\alpha}_{n+1} - \hat{\alpha}_n) = \frac{1}{\Delta t}\,(\lambda_{n+1} - \lambda_n)\,\sqrt{\frac{2}{3}}\,. \tag{6.81}$$

Gleichungen (6.79) bis (6.81) werden jetzt mit $\Delta\gamma_{n+1} = \lambda_{n+1} - \lambda_n$ abkürzend als

$$\begin{aligned}
\mathbf{e}^p_{n+1} &= \mathbf{e}^p_n + \Delta\gamma_{n+1}\,\mathbf{n}_{n+1} \\
\mathbf{q}_{n+1} &= \mathbf{q}_n + \Delta\gamma_{n+1}\,\frac{2}{3}\,H\,\mathbf{n}_{n+1} \\
\hat{\alpha}_{n+1} &= \hat{\alpha}_n + \sqrt{\frac{2}{3}}\,\Delta\gamma_{n+1}
\end{aligned} \tag{6.82}$$

geschrieben. Damit können die Spannungen zur Zeit t_{n+1} bestimmt werden:

$$\mathbf{s}_{n+1} = 2\,\mu\,(\mathbf{e}_{n+1} - \mathbf{e}^p_{n+1}) = 2\mu\,(\mathbf{e}_{n+1} - \mathbf{e}^p_n) - 2\,\mu\,\Delta\gamma_{n+1}\,\mathbf{n}_{n+1}\,. \tag{6.83}$$

Aus (6.83) läßt sich erkennen, daß die Zeitintegration als einen Prädiktor-Korrektor-Algorithmus geschrieben werden kann. Dabei denkt man sich für den Prädiktorschritt die plastischen Variablen als „eingefroren". Dies liefert die sog. generalisierten *trial* Spannungen

$$\begin{aligned} \mathbf{s}^{tr}_{n+1} &= 2\mu\,(\mathbf{e}_{n+1} - \mathbf{e}^p_n)\,, \\ \bar{\mathbf{s}}^{tr}_{n+1} &= \mathbf{s}^{tr}_{n+1} - \mathbf{q}_n\,, \\ \hat{\alpha}^{tr}_{n+1} &= \hat{\alpha}_n\,, \end{aligned} \tag{6.84}$$

die die ersten Summanden in $(6.82)_3$ und $(6.83)_{1,2}$ repräsentieren.

Da die plastischen Variablen $\{\,\mathbf{e}^p_n\,,\boldsymbol{\alpha}_n\,,\hat{a}_n\}$ aus dem letzten Zeitschritt bekannt sind und $\mathbf{e}_{n+1} = \mathbf{e}_n + \Delta\mathbf{e}_{n+1}$ aus der Lösung der schwachen Form bestimmt wurde, lassen sich die *trial* Größen direkt berechnen, s. auch Bild 6.9. Erfüllen die *trial* Größen nun die Fließbedingung (6.78), so ist das Materialverhalten im Zeitintervall $[\,t_n\,,t_{n+1}\,]$ elastisch, s. Bild 6.10a. Das beendet den Algorithmus für diesen Zeitschritt.

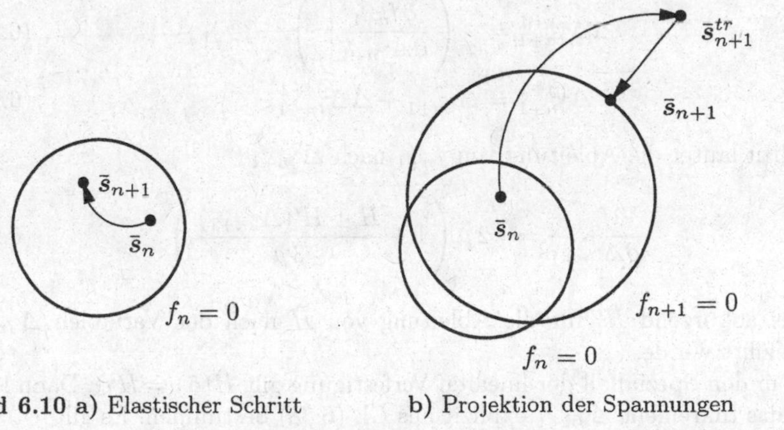

Bild 6.10 a) Elastischer Schritt b) Projektion der Spannungen

Falls die mit den *trial* Größen ausgewertete Fließbedingung zur Zeit t_{n+1} – wie in Bild 6.10b gezeigt – verletzt ist, dann sind sowohl die Größe des plastischen Fließens $\Delta\gamma_{n+1}$ als auch die Richtung $\mathbf{n}_{n+1}$ in Gl. (6.83) zu berechnen. Mit $(6.84)_{1,2}$ folgt aus (6.83)

$$\begin{aligned} (\mathbf{s}_{n+1} - \mathbf{q}_{n+1}) &= (\bar{\mathbf{s}}^{tr}_{n+1} - [\,2\mu + \frac{2}{3}\,H\,]\Delta\gamma_{n+1}\,\mathbf{n}_{n+1}\,, \\ \bar{\mathbf{s}}^{tr}_{n+1} &= \bar{\mathbf{s}}_{n+1}\left[\,1 + (\,2\mu + \frac{2}{3}\,H\,)\,\frac{\Delta\gamma_{n+1}}{\|\,\bar{\mathbf{s}}_{n+1}\,\|}\right]\,, \end{aligned} \tag{6.85}$$

woraus wir schließen, da die eckige Klammer ein Skalar ist, daß

$$\mathbf{n}_{n+1}^{tr} = \frac{\bar{\mathbf{s}}_{n+1}^{tr}}{\| \bar{\mathbf{s}}_{n+1}^{tr} \|} = \mathbf{n}_{n+1} \tag{6.86}$$

gilt. Damit reduziert sich der plastische Korrektorschritt auf die Bestimmung von $\Delta\gamma_{n+1}$.

Multiplizieren wir jetzt Gl. (6.85) skalar mit $\mathbf{n}_{n+1}$, so folgt mit (6.86) und $\bar{\mathbf{s}} \cdot \mathbf{n} = \|\bar{\mathbf{s}}\|$

$$\| \bar{\mathbf{s}}_{n+1} \| = \| \bar{\mathbf{s}}_{n+1}^{tr} \| - (2\mu + \frac{2}{3} H)\Delta\gamma_{n+1} . \tag{6.87}$$

Diese Beziehung kann in die Fließbedingung (6.78) eingesetzt werden, die zur Zeit t_{n+1} zu erfüllen ist. Wir erhalten dann aus

$$f_{n+1} = \| \bar{\mathbf{s}}_{n+1}^{tr} \| - (2\mu + \frac{2}{3} H)\Delta\gamma_{n+1} - \sqrt{\frac{2}{3}} \left[Y_0 + \hat{H}(\hat{\alpha}_n + \sqrt{\frac{2}{3}} \Delta\gamma_{n+1}) \right] = 0 \tag{6.88}$$

eine nichtlineare Bestimmungsgleichung für $\Delta\gamma_{n+1}$, die mittels des NEWTON-Verfahrens gelöst werden kann. Dies führt auf die lokale Iteration, die an jedem GAUSSpunkt durchzuführen ist,

$$\Delta\Delta\gamma_{n+1}^{j+1} = - \left(\left. \frac{\partial f_{n+1}}{\partial \Delta\gamma_{n+1}} \right|_j \right)^{-1} f_{n+1}^j , \tag{6.89}$$

$$\Delta\gamma_{n+1}^{j+1} = \Delta\gamma_{n+1}^j + \Delta\Delta\gamma_{n+1}^{j+1} . \tag{6.90}$$

Explizit lautet die Ableitung von f_{n+1} nach $\Delta\gamma_{n+1}$

$$\frac{\partial f_{n+1}}{\partial \Delta\gamma_{n+1}} = -2\,\mu \left(1 + \frac{H + \hat{H}'(\Delta\gamma_{n+1})}{3\,\mu} \right), \tag{6.91}$$

wobei abkürzend $\hat{H}'$ für die Ableitung von $\hat{H}$ nach der Variablen $\Delta\gamma_{n+1}$ eingeführt wurde.

Für den Spezialfall der linearen Verfestigung gilt $\hat{H}(\hat{\alpha}) = \hat{H}\,\hat{\alpha}$. Dann läßt sich das Inkrement $\Delta\gamma_{n+1}$ explizit aus Gl. (6.88) bestimmen. Es gilt

$$2\,\mu\,\Delta\gamma_{n+1} = \frac{f_{n+1}^{tr}}{1 + \frac{H+\hat{H}}{3\,\mu}} \tag{6.92}$$

mit $f_{n+1}^{tr} = \| \bar{\mathbf{s}}^{tr} \| - \sqrt{\frac{2}{3}}\,(Y_0 + \hat{H}\,\hat{\alpha}_n)$.

Ist das Inkrement des plastischen Fließens bekannt, dann können Spannungen, plastische Dehnungen und die internen Variablen aus den Beziehungen (6.82) berechnet werden. Für die Spannungen folgt

$$\boldsymbol{\sigma}_{n+1} = K \operatorname{tr} \boldsymbol{\varepsilon}_{n+1} + 2\,\mu\,(\mathbf{e}_{n+1} - \mathbf{e}_n^p) - 2\,\mu\,\Delta\gamma_{n+1}\,\mathbf{n}_{n+1}^{tr} . \tag{6.93}$$

Mit Kenntnis der Spannungen im Zeitschritt t_{n+1} läßt sich die Materialtangente gemäß Abschn. 3.3.4 berechnen. Aus

$$\mathbb{C}^{ep}_{n+1} = \frac{\partial \boldsymbol{\sigma}_{n+1}}{\partial \boldsymbol{\varepsilon}_{n+1}} \tag{6.94}$$

folgt dann

$$\mathbb{C}^{ep}_{n+1} = \mathbb{C}^{el} - 2\,\mu\,\mathbf{n}^{tr}_{n+1} \otimes \frac{\partial \Delta\gamma_{n+1}}{\partial \boldsymbol{\varepsilon}_{n+1}} - 2\,\mu\,\Delta\gamma_{n+1}\,\frac{\partial \mathbf{n}^{tr}_{n+1}}{\partial \boldsymbol{\varepsilon}_{n+1}} \tag{6.95}$$

mit $\mathbb{C}^{el} = K\,\mathbf{1}\otimes\mathbf{1} + 2\,\mu\,(\,\mathbb{I} - \frac{1}{3}\,\mathbf{1}\otimes\mathbf{1}\,)$. Die in (6.95) auftretenden partiellen Ableitungen nach dem Dehnungstensor berechnen sich wie folgt

$$\frac{\partial \Delta\gamma_{n+1}}{\partial \boldsymbol{\varepsilon}_{n+1}} = \frac{\partial \Delta\gamma_{n+1}}{\partial f_{n+1}}\,\frac{\partial f_{n+1}}{\partial \bar{\mathbf{s}}_{n+1}}\,\frac{\partial \bar{\mathbf{s}}_{n+1}}{\partial \boldsymbol{\varepsilon}_{n+1}} = \left(1 + \frac{H + \hat{H}'(\Delta\gamma_{n+1})}{3\,\mu}\right)^{-1} \mathbf{n}^{tr}_{n+1} \tag{6.96}$$

und

$$\frac{\partial \mathbf{n}^{tr}_{n+1}}{\partial \boldsymbol{\varepsilon}_{n+1}} = \frac{\partial \mathbf{n}^{tr}_{n+1}}{\partial \mathbf{s}_{n+1}}\,\frac{\partial \mathbf{s}_{n+1}}{\partial \boldsymbol{\varepsilon}_{n+1}} = -\frac{2\,\mu}{\|\bar{\mathbf{s}}^{tr}_{n+1}\|}\,[\,\mathbb{I} - \frac{1}{3}\,\mathbf{1}\otimes\mathbf{1} + \mathbf{n}^{tr}_{n+1}\otimes\mathbf{n}^{tr}_{n+1}\,]\,. \tag{6.97}$$

Durch Einsetzen von (6.96) und (6.97) in Gl. (6.95) folgt schließlich die algorithmische Tangente für das elastoplastische Material

$$\begin{aligned}
\mathbb{C}^{ep}_{n+1} &= K\,\mathbf{1}\otimes\mathbf{1} + 2\,\mu\,a_{n+1}\,(\,\mathbb{I} - \frac{1}{3}\,\mathbf{1}\otimes\mathbf{1}\,) - 2\,\mu\,b_{n+1}\,\mathbf{n}^{tr}_{n+1}\otimes\mathbf{n}^{tr}_{n+1}\,,\\
a_{n+1} &= 1 - \frac{2\,\mu\,\Delta\gamma_{n+1}}{\|\bar{\mathbf{s}}^{tr}_{n+1}\|}\,,\\
b_{n+1} &= \left(1 + \frac{H + \hat{H}'(\Delta\gamma_{n+1})}{3\,\mu}\right)^{-1} - \frac{2\,\mu\,\Delta\gamma_{n+1}}{\|\bar{\mathbf{s}}^{tr}_{n+1}\|}\,.
\end{aligned} \tag{6.98}$$

Diese Tangente unterscheidet sich von der Kontinuumsform der elastoplastischen Materialtangente (3.274) nur durch die Vorfaktoren a_{n+1} und b_{n+1}. Für $\Delta\gamma_{n+1} \to 0$ fallen algorithmische Materialtangente und Kontinuumstangente zusammen. Dies ist für $\Delta t \to 0$ der Fall, woraus die Konsistenz zwischen dem Integrationsalgorithmus und dem Kontinuumsproblem folgt.

Der hier angegebene Integrationsalgorithmus ist für dreidimensionale Probleme oder zweidimensionale Probleme mit ebenem Verzerrungszustand gültig. Im Fall eines ebenen Spannungszustandes sind noch Zusatzüberlegungen notwendig, um die Bedingungen des ebenen Spannungszustandes während des Projektionsverfahrens nicht zu verletzen. Eine Lösung des Problems ist in (SIMO and TAYLOR 1986) angegeben, die die Projektion direkt in dem Unterraum des ebenen Spannungszustandes durchführen. Diese Formulierung, die ähnlich auch in (GRUTTMANN und STEIN 1988) aufgegriffen wurde, soll hier aber nicht näher behandelt werden, die entsprechenden Ableitungen finden sich auch in (SIMO and HUGHES 1998). Ein Projektionsalgorithmus für ebenen Spannungszustand bei finiten Deformationen findet sich im Abschn. 9.4.5.

6.2.3 Elasto-viskoplastisches Materialverhalten

Aufbauend auf den Beziehungen, die im Abschn. 3.3.3 für elasto-viskoplastisches Materialverhalten angegeben wurden, kann jetzt die Integration dieser zeitabhängigen Materialgleichungen erfolgen. Wesentlicher Unterschied zum elasto-plastischen Material ist hier die echte Ratenabhängigkeit der Materialgleichung. Daher ist der Konsistenzparameter λ durch eine konstitutive Gleichung gegeben. Das Materialmodell von PERZYNA, s. (3.219), führt auf die Beziehung

$$\lambda = \frac{1}{2\,\eta}\,\langle\, f\,\rangle\,. \tag{6.99}$$

Mit dem elastischen Materialgesetz für die deviatorischen Größen erhält man für viskoplastisches Materialverhalten mit linearer isotroper Verfestigung

$$\dot{\mathbf{e}}^{vp} = \frac{1}{2\,\eta}\,\langle\, f\,\rangle\,\mathbf{n}\,, \qquad \mathbf{s} = 2\,\mu\,(\mathbf{e} - \mathbf{e}^{vp}\,)\,, \qquad \dot{\hat{\alpha}} = \sqrt{\frac{2}{3}}\,\frac{1}{2\,\eta}\,\langle\, f\,\rangle\,. \tag{6.100}$$

Die Fließfunktion f ist für lineare isotrope Verfestigung durch

$$f(\mathbf{s}\,,\hat{\alpha}) = \|\mathbf{s}\| - \sqrt{\frac{2}{3}}\,[Y_0 + \hat{H}\,\hat{\alpha}\,] \le 0 \tag{6.101}$$

gegeben. Die Integration von (6.99) innerhalb eines Zeitschrittes $\Delta t = t_{n+1} - t_n$ mittels des impliziten EULER Verfahrens liefert

$$\begin{aligned} \mathbf{e}^{vp}_{n+1} &= \mathbf{e}^{vp}_{n} + \frac{\Delta t}{2\,\eta}\,\langle\, f_{n+1}\,\rangle\,\mathbf{n}_{n+1} \\ \hat{\alpha}_{n+1} &= \hat{\alpha}_n + \sqrt{\frac{2}{3}}\,\frac{\Delta t}{2\,\eta}\,\langle\, f_{n+1}\,\rangle\,. \end{aligned}$$

Die Materialgleichung für die deviatorischen Spannungen kann jetzt für den Zeitpunkt t_{n+1} angeschrieben werden

$$\mathbf{s}_{n+1} = 2\,\mu\,(\mathbf{e}_{n+1} - \mathbf{e}^{vp}_{n+1}\,) = \mathbf{s}^{tr}_{n+1} - 2\,\mu\,\frac{\Delta t}{2\,\eta}\,\langle\, f_{n+1}\,\rangle\,\mathbf{n}_{n+1}\,. \tag{6.102}$$

Hierin ist f_{n+1} noch zu bestimmen. Wie im vorangegangen Abschnitt wurde hier die sog. *trial* Spannung definiert, die das Überschreiten der Fließgrenze anzeigt,

$$\mathbf{s}^{tr}_{n+1} = 2\,\mu\,(\mathbf{e}_{n+1} - \mathbf{e}^{vp\,tr}_{n+1}\,)\,, \tag{6.103}$$

wobei die viskoplastische Verzerrung gleich den viskoplastischen Verzerrungen des letzten Schrittes gesetzt wird: $\mathbf{e}_{n+1}^{vp\,tr} = \mathbf{e}_n^{vp}$. Mit den selben Argumenten, die im letzten Abschnitt in Gl. (6.85) verwendet wurden, folgt aus (6.102) und (6.103)

$$\| \mathbf{s}_{n+1} \| = \| \mathbf{s}_{n+1}^{tr} \| - 2\,\mu\, \frac{\Delta t}{2\,\eta} \,\langle\, f_{n+1} \,\rangle\,. \tag{6.104}$$

Im Gegensatz zur Plastizität, wo aus der Erfüllung der Fließbedingung zur Zeit t_{n+1} der Konsistenzparameter folgte, liefert die Auswertung der Fließbedingung

$$f_{n+1} = \| \mathbf{s}_{n+1} \| - \sqrt{\frac{2}{3}}\,[\,Y_0 + \hat{H}\,(\hat{\alpha} + \sqrt{\frac{2}{3}}\,\frac{\Delta t}{2\,\eta}\, f_{n+1}\,)\,]\,. \tag{6.105}$$

den Parameter

$$\Delta\gamma_{n+1} = \frac{\Delta t}{2\,\eta}\,\langle\, f_{n+1}\,\rangle = \frac{1}{2\,\mu}\,\frac{\langle\, f_{n+1}^{tr}\,\rangle}{\frac{2\eta}{\Delta t} + (1 + \frac{\hat{H}}{3\,\mu})}\,, \tag{6.106}$$

womit die viksoplastischen Dehnungen in (6.102) und damit auch die Spannungen in (6.102) in Abhängigkeit der *trial* Größen bestimmt sind.

Die Linearisierung im Zeitschritt Δt erfolgt wie im letzten Abschnitt durch Ableitung der Spannungen nach den Gesamtverzerrungen

$$\mathbb{C}_{n+1}^{vp} = \frac{\partial \boldsymbol{\sigma}_{n+1}}{\partial \boldsymbol{\varepsilon}_{n+1}}\,. \tag{6.107}$$

Dies liefert wie im vorangegangenen Abschnitt die inkrementelle Materialtangente unter Berücksichtigung von (6.102) und (6.106) als

$$\begin{aligned} \mathbb{C}_{n+1}^{vp} &= K\,\mathbf{1} \otimes \mathbf{1} + 2\,\mu\, a_{n+1}\,(\,\mathbb{I} - \frac{1}{3}\,\mathbf{1} \otimes \mathbf{1}\,) - 2\,\mu\, b_{n+1}\,\mathbf{n}_{n+1}^{tr} \otimes \mathbf{n}_{n+1}^{tr} \\ a_{n+1} &= 1 - \frac{2\,\mu\,\Delta\gamma_{n+1}}{\|\mathbf{s}_{n+1}^{tr}\|} \\ b_{n+1} &= \left(\frac{\eta}{2\,\mu\,\Delta t} + (1 + \frac{\hat{H}}{3\,\mu}) \right)^{-1} - \frac{2\,\mu\,\Delta\gamma_{n+1}}{\|\mathbf{s}_{n+1}^{tr}\|}\,. \end{aligned} \tag{6.108}$$

6.3 Integration der Materialgleichungen bei großen Deformationen

Materialgleichungen für große Deformationen lassen sich auf unterschiedlichste Weise formulieren. Die Wahl der mathematischen Beschreibung hängt natürlich von dem zu betrachtenden Material ab, kann aber auch durch die Effizienz bestimmter Lösungsverfahren vorgegeben sein. In diesem Abschnitt werden zwei mögliche Formulierungen und dazugehörige Integrationsverfahren für das Verhalten von elasto-plastischem Material mit isotroper Verfestigung angegeben, das bereits in Abschn. 3.3.2 beschrieben wurde.

6.3.1 Allgemeine implizite Integration

Wie auch bei der Integration von inelastischen Materialgesetzen unter der Voraussetzung kleiner Deformationen (geometrisch lineare Theorie), soll hier ein Algorithmus vorgestellt werden, der auf dem impliziten EULER-Verfahren beruht. Der Integrationsalgorithmus wird für das Zeitintervall $[\, t_n \,, t_{n+1} \,]$ angeschrieben. Wir nehmen an, daß die Deformation $\boldsymbol{\varphi}$ und ihr Gradient $\mathbf{F}$ zur Zeit t_n bekannt sind. Dies soll auch für die inneren Variablen $\{\, \mathbf{F}^e \,, \boldsymbol{\xi}_\alpha \,\}$ gelten. Daraus folgen die Anfangsdaten

$$\mathbf{F}_n = \operatorname{Grad} \boldsymbol{\varphi}_n \,, \qquad \{\, \mathbf{F}^e_n \,, \boldsymbol{\xi}_{\alpha_n} \,\} \tag{6.109}$$

Gesucht ist jetzt die algorithmische Approximation der Evolutionsgleichungen für das plastische Fließen,

$$\mathbf{l}^p = \sum_{g=1}^{m} \lambda_g \, \frac{\partial f_g(\boldsymbol{\tau} \,, q_\alpha)}{\partial \boldsymbol{\tau}} \tag{6.110}$$

$$\dot{\xi}_\alpha = \sum_{g=1}^{m} \lambda_g \, \frac{\partial f_g(\boldsymbol{\tau} \,, q_\alpha)}{\partial q_\alpha} \tag{6.111}$$

mit den KUHN-TUCKER Bedingungen

$$\lambda_g \geq 0 \,, \quad f_g(\boldsymbol{\tau} \,, q_\alpha) \leq 0 \,, \quad \lambda_g \, f_g(\boldsymbol{\tau} \,, q_\alpha) = 0 \,. \tag{6.112}$$

Die Formulierung der plastischen Evolutionsgleichungen ist im Abschn. 3.3.2 zu finden. Kinematische Verfestigung wird nicht behandelt.

Die oben beschriebenen Evolutionsgleichungen schließen Mehrflächenplastizität mit ein, im Fall von nur einer Fließfläche entfällt das Summenzeichen in (6.111).

Mit den in Abschn. 3.3.2 abgeleiteten Beziehungen und eingeführten Definitionen kann die räumliche plastische Rate $\mathbf{l}^p$ auch als

$$\mathbf{l}^p = \mathbf{F}^e \, \mathbf{L}^p \mathbf{F}^{e\,-1} \qquad \text{mit} \quad \dot{\mathbf{F}}^p = \mathbf{L}^p \, \mathbf{F}^p \tag{6.113}$$

geschrieben werden. Die Struktur der letzten Gleichung läßt eine exponentielle Approximation der Evolution des plastischen Deformationsgradienten zu, s. (SIMO 1992) oder (MIEHE 1993). Man erhält

$$\mathbf{F}^p_{n+1} = \exp \left[\, (\, t_{n+1} - t_n) \, \mathbf{L}^p_{n+1} \right] \mathbf{F}^p_n \,. \tag{6.114}$$

Einige Umformungen – unter Beachtung des multiplikativen Splits des Deformationsgradienten $\mathbf{F}_{n+1} = \mathbf{F}^e_{n+1}\,\mathbf{F}^p_{n+1}$ – liefern mit (6.114)

$$\begin{aligned}\mathbf{F}_{n+1} &= \mathbf{F}^e_{n+1}\,\exp\left[\,(t_{n+1} - t_n)\,\mathbf{L}^p_{n+1}\right]\mathbf{F}^{e\,-1}_{n+1}\mathbf{F}^e_{n+1}\mathbf{F}^p_n \\ &= \exp\left[\,(t_{n+1} - t_n)\,\mathbf{F}^e_{n+1}\,\mathbf{L}^p_{n+1}\,\mathbf{F}^{e\,-1}_{n+1}\right]\mathbf{F}^e_{n+1}\mathbf{F}^p_n\,, \end{aligned} \tag{6.115}$$

wobei die üblichen Eigenschaften der exponentiellen Abbildung benutzt wurden. Mit der Definition in $(6.113)_1$ und $\Delta t = t_{n+1} - t_n$ läßt sich (6.115) mit $\mathbf{F}^{e\,tr}_{n+1} = \mathbf{F}_{n+1}\,\mathbf{F}^{p\,-1}_n$ nach $\mathbf{F}^e_{n+1}$ auflösen

$$\mathbf{F}^e_{n+1} = \exp\left[-(\Delta t\,)\,\mathbf{l}^p_{n+1}\right]\mathbf{F}^{e\,tr}_{n+1}\,. \tag{6.116}$$

Die Definition des *trial* Wertes $\mathbf{F}^{e\,tr}_{n+1}$ ist hier physikalisch dadurch motiviert, daß die Berechnung des elastischen Teils des Deformationsgradienten mit festgehaltenen plastischen Variablen $\mathbf{F}^p_{n+1} = \mathbf{F}^p_n$ geschieht. Nach dem Einsetzen von $(6.111)_1$ in Gl. (6.116) folgt

$$\mathbf{F}^e_{n+1} = \exp\left[\,-\sum_{g=1}^{m}\lambda_g\,\Delta t\,\frac{\partial f_g(\boldsymbol{\tau}, q_\alpha)}{\partial \boldsymbol{\tau}}\right]\mathbf{F}^{e\,tr}_{n+1}\,. \tag{6.117}$$

Mit der Definition des Fließinkrements $\Delta\lambda_g = \Delta t\,\lambda_g$ und der impliziten EULER Approximation von $(6.111)_2$ erhalten wir die algorithmische Version der Fließregel (6.111)

$$\mathbf{F}^e_{n+1} = \exp\left[\,-\sum_{g=1}^{m}\Delta\lambda_g\,\frac{\partial f_g(\boldsymbol{\tau}, q_\alpha)}{\partial \boldsymbol{\tau}}\right]\mathbf{F}^{e\,tr}_{n+1} \tag{6.118}$$

$$\xi_{\alpha_{n+1}} = \xi_{\alpha_n} + \sum_{g=1}^{m}\Delta\lambda_g\,\frac{\partial f_g(\boldsymbol{\tau}, q_\alpha)}{\partial q_\alpha} \tag{6.119}$$

und die KUHN-TUCKER Bedingungen

$$\Delta\lambda_g \geq 0\,, \quad f_g(\boldsymbol{\tau}, q_\alpha) \leq 0 \text{ und } \Delta\lambda_g\, f_g(\boldsymbol{\tau}, q_\alpha) = 0\,. \tag{6.120}$$

In diesen Gleichungen sind die Spannungen durch

$$\boldsymbol{\tau}_{n+1} = \mathbf{F}^e_{n+1}\left[\frac{\partial W(\,\mathbf{C}^e_{n+1})}{\partial \mathbf{C}^e}\right]\mathbf{F}^{e\,T}_{n+1} \tag{6.121}$$

und die Verfestigungsvariablen durch

$$q_{\alpha_{n+1}} = -\frac{\partial H(\xi_{\alpha_{n+1}})}{\partial \xi_\alpha} \tag{6.122}$$

gegeben. Die Lösung des stark nichtlinearen Systems (6.118) bis (6.122) kann mittels des NEWTON-Verfahrens erfolgen.

Es sei noch angemerkt, daß die in der Metallplastizität häufig auftretende Zwangsbedingung der plastischen Inkompressibilität, $J^p = 1$, von der algorithmischen Fließregel (6.118) exakt erfüllt wird, s. (SIMO 1992).

6.3.2 Implizite Integration mit Bezug auf Hauptachsen

Für den Fall, daß das Materialverhalten isotrop ist und isotrope Verfestigung vorliegt, können die vorgenannten Beziehungen noch vereinfacht werden. Mit Gl. (3.198) folgt für den elastischen Prädiktor

$$\mathbf{b}^{e\,tr}_{n+1} = \mathbf{F}_{n+1}\,\mathbf{C}^{p\,-1}_{n}\,\mathbf{F}^{T}_{n+1} \qquad ; \qquad \alpha^{tr}_{n+1} = \alpha_n . \tag{6.123}$$

Physikalisch bedeutet dies einen elastischen Schritt zur Zeit t_n, in dem das plastische Fließen „eingefroren"ist. Damit kann der inverse plastische rechte CAUCHY-GREEN-Tensor $\mathbf{C}^{p\,-1}$ als Feld verwendet werden, in dem die Belastungsgeschichte als irreversibler Teil der elasto-plastischen Deformation gespeichert ist.

Wenn der Prädiktorschritt nicht aus dem zulässigen Bereich der elastischen Deformationen herausführt, was gleichbedeutend mit der Erfüllung der Fließbedingung $f(\boldsymbol{\tau}, q) < 0$ ist, folgen die Spannungen direkt aus den Beziehungen (3.187) und der Schritt ist abgeschlossen.

$$\boldsymbol{\tau}_{n+1} = 2\left.\frac{\partial \hat{W}}{\partial \mathbf{b}^e}\right|_{\mathbf{b}^e = \mathbf{b}^{e\,tr}_{n+1}} \mathbf{b}^{e\,tr}_{n+1} \qquad ; \qquad q_{n+1} = -\left.\frac{\partial \hat{H}}{\partial \alpha}\right|_{\alpha = \alpha^{tr}_{n+1}} . \tag{6.124}$$

Wird die Fließbedingung im Prädiktorschritt überschritten, dann muß ein plastischer Korrektorschritt erfolgen, damit die Fließbedingung $f(\boldsymbol{\tau}, q) = 0$ eingehalten wird. Diese Korrektur der Spannungen und internen Variablen wird wie in den vorangegangenen Abschnitten durch ein Projektionsverfahren erreicht, das die Prädiktorspannungen auf die Fließfläche $f(\boldsymbol{\tau}, q) = 0$ projiziert. Während dieser Prozedur wird die momentane Position des Vektors $\mathbf{x} = \mathbf{x}^{tr}$ festgehalten. Damit wird aus (3.195) eine gewöhnliche Differentialgleichung erster Ordnung in der Zeit

$$\mathcal{L}_v\,\mathbf{b}^e = -2\,\gamma\,\frac{\partial f}{\partial \boldsymbol{\tau}}\,\mathbf{b}^e . \tag{6.125}$$

Diese kann durch ein implizites EULER Rückwärtsverfahren integriert werden, s. z.B. (WEBER and ANAND 1990), (CUITINO and ORTIZ 1992) and (SIMO 1992)

$$\mathbf{b}^e_{n+1} = \exp\Big[-2\,\underbrace{(t_{n+1} - t_n)\,\gamma}_{\Delta\gamma_{n+1}}\,\left.\frac{\partial f}{\partial \boldsymbol{\tau}}\right|_{n+1}\Big]\,\mathbf{b}^{e\,tr}_{n+1} . \tag{6.126}$$

Der Term $\Delta\gamma\,(\frac{\partial f}{\partial \boldsymbol{\tau}})$ ist im Zeitintervall $[t_{n+1}, t_n]$ konstant. Da von Anbeginn der Deformation vollständig isotropes Material angenommen wurde, sind die Basen der Eigenvektoren von $\mathbf{b}^e$ und $\boldsymbol{\tau}$ gleich. Ferner werden die Basen während der Projektion auf die Fließfläche fixiert. Damit macht es Sinn, eine Spektralzerlegung der elastischen Verzerrungen und der KIRCHHOFF-Spannungen durchzuführen

$$
\begin{aligned}
\mathbf{b}^e_{n+1} &= \sum_{A=1}^{3} (\lambda^e_{A\,n+1})^2\, \mathbf{n}^{tr}_{A\,n+1} \otimes \mathbf{n}^{tr}_{A\,n+1}\,, \\
\mathbf{b}^{e\,tr}_{n+1} &= \sum_{A=1}^{3} (\lambda^{e\,tr}_{A\,n+1})^2\, \mathbf{n}^{tr}_{A\,n+1} \otimes \mathbf{n}^{tr}_{A\,n+1}\,, \\
\boldsymbol{\tau}_{n+1} &= \sum_{A=1}^{3} \tau_{A\,n+1}\, \mathbf{n}^{tr}_{A\,n+1} \otimes \mathbf{n}^{tr}_{A\,n+1}\,.
\end{aligned}
\tag{6.127}
$$

Eine detaillierte Darstellung der Spektralzerlegung für Verzerrungen und Spannungen findet sich ab Gl. (3.22) oder (3.128). Diese Formulierung erlaubt jetzt, die algorithmische Fließregel (6.126) in Hauptdehnungen darzustellen:

$$
(\lambda^e_{A\,n+1})^2 = \exp\,[-2\,\Delta\gamma_{n+1}\; \frac{\partial f}{\partial \tau_A}\bigg|_{n+1}]\,(\lambda^{e\,tr}_{A\,n+1})^2\,. \tag{6.128}
$$

Mit der Einführung der logarithmischen Verzerrungen $\varepsilon^e_A = \ln[\lambda^e_A]$ folgt

$$
\varepsilon^{e\,tr}_{A\,n+1} = \varepsilon^e_{A\,n+1} + \Delta\gamma_{n+1}\; \frac{\partial f}{\partial \tau_A}\bigg|_{n+1}\,. \tag{6.129}
$$

Wie man sieht, liefert diese Darstellung eine additive Aufspaltung der elastischen *trial* Verzerrungen in elastische und plastische Anteile. In (SIMO 1992) wird für deviatorische Fließregeln gezeigt, daß die Inkompressibilität der plastischen Deformation automatisch durch die Formulierung von (6.128) und (6.129) in den Hauptdehnungen gewährleistet wird. Für die weiteren Umformungen soll nun (6.129) in Vektorform geschrieben werden

$$
\boldsymbol{\varepsilon}^{e\,tr}_{n+1} = \boldsymbol{\varepsilon}^e_{n+1} + \Delta\gamma_{n+1}\; \frac{\partial f}{\partial \boldsymbol{\tau}}\bigg|_{n+1} \qquad \text{mit} \quad \boldsymbol{\varepsilon} = \{\,\varepsilon_1\,, \varepsilon_2\,, \varepsilon_3\,\}\,. \tag{6.130}
$$

Die plastischen Vergleichsdehnungen α werden – wie bei kleinen Verzerrungen – durch die implizite Euler Formel integriert

$$
\alpha_{n+1} = \alpha_n + \Delta\gamma_{n+1}\; \frac{\partial f}{\partial q}\bigg|_{n+1}\,. \tag{6.131}
$$

Damit muß zur Projektion der Spannungen auf die Fließfläche das folgende nichtlineare System gelöst werden

$$
\begin{aligned}
\mathbf{r} &= \boldsymbol{\varepsilon}^{e\,tr}_{n+1} - \boldsymbol{\varepsilon}^e_{n+1} - \Delta\gamma_{n+1}\; \frac{\partial f}{\partial \boldsymbol{\tau}}\bigg|_{n+1} &&= \mathbf{0}\,, \\
r &= \alpha_{n+1} - \alpha_n - \Delta\gamma_{n+1}\; \frac{\partial f}{\partial q}\bigg|_{n+1} &&= 0\,, \\
f &= f(\boldsymbol{\tau}_{n+1}\,, q_{n+1}) &&= 0\,.
\end{aligned}
\tag{6.132}
$$

Zur Lösung dieses nichtlinearen Gleichungssystems wird – wie in den vorangegangenen Abschnitten – das NEWTON-Verfahren angewandt. Dabei werden

$\boldsymbol{\varepsilon}^{e\,tr}_{n+1}$ and α_n festgehalten, siehe oben. Es läßt sich jetzt ein Algorithmus angeben, aus dem die plastischen Variablen und die auf die Fließfläche projizierte Spannung iterativ folgen.

Zunächst linearisieren wir (6.132) und erhalten im i-ten NEWTON-Schritt

$$\begin{aligned}
\mathbf{r}^{i+1} &= \mathbf{r}^i - \Delta\boldsymbol{\varepsilon}^{e\,i}_{n+1} - \Delta\Delta\gamma^i_{n+1}\,\mathbf{n}^i_{n+1} - \Delta\gamma^i_{n+1}\,\mathbf{D}^i\,\mathbf{C}^i\,\Delta\boldsymbol{\varepsilon}^{e\,i}_{n+1} = \mathbf{0}\,,\\
r^{i+1} &= r^i + \Delta\alpha^i_{n+1} - \Delta\Delta\gamma^i_{n+1} n^i - \Delta\gamma^i_{n+1}\,D^i\,C^i\,\Delta\alpha^i_{n+1} = 0\,,\\
f^{i+1} &= f^i + \mathbf{n}^{i\,T}_{n+1}\mathbf{C}^i\,\Delta\boldsymbol{\varepsilon}^{e\,i}_{n+1} + n^i\,C^i\,\Delta\alpha^i_{n+1} = 0\,,
\end{aligned} \tag{6.133}$$

wobei die Matrizen

$$\mathbf{D}^i = \left.\frac{\partial^2 f}{\partial\boldsymbol{\tau}\partial\boldsymbol{\tau}}\right|_i\,,\qquad \mathbf{C}^i = \left.\frac{\partial\boldsymbol{\tau}}{\partial\boldsymbol{\varepsilon}}\right|_i\,,$$

die Skalare

$$C^i = \left.\frac{\partial q}{\partial\alpha}\right|_i\,,\quad D^i = \left.\frac{\partial^2 f}{\partial q\partial q}\right|_i\,,\quad n^i = \left.\frac{\partial f}{\partial q}\right|_i$$

und der Vektor

$$\mathbf{n}^i = \left.\frac{\partial f}{\partial\boldsymbol{\tau}}\right|_i$$

verwendet wurden. Aus der linearisierten Form (6.133) lassen sich jetzt direkt die Inkremente der Verzerrungen $\Delta\boldsymbol{\varepsilon}^i_{n+1}$, der Verfestigungsvariablen $\Delta\alpha^i_{n+1}$ und des Fließparameters $\Delta\Delta\gamma^i_{n+1}$ bestimmen. So folgt nach einigen Umrechnungen für die Verzerrungsinkremente und das Inkrement der Verfestigungsvariablen

$$\Delta\boldsymbol{\varepsilon}^{e\,i}_{n+1} = (\mathbf{E}^i)^{-1}\,(\mathbf{r}^i - \Delta\Delta\gamma^i_{n+1}\,\mathbf{n}^i_{n+1})\,, \tag{6.134}$$

$$\Delta\alpha^i_{n+1} = (E^i)^{-1}\,(r^i - \Delta\Delta\gamma^i_{n+1}\,n^i_{n+1})\,, \tag{6.135}$$

mit

$$\mathbf{E}^i = \mathbf{1} + \Delta\gamma^i_{n+1}\,\mathbf{D}^i\,\mathbf{C}^i \quad \text{und} \quad E^i = -1 + \Delta\gamma^i_{n+1}\,D^i\,C^i\,.$$

Hierin ist das Inkrement des Fließparameters durch

$$\Delta\Delta\gamma^i_{n+1} = \frac{f^i + \mathbf{n}^{i\,T}\,\mathbf{H}^i\,\mathbf{r}^i + n^i\,H^i\,r^i}{\mathbf{n}^{i\,T}\,\mathbf{H}^i\,\mathbf{n}^i + n^i\,H^i\,n^i} \tag{6.136}$$

gegeben. Dabei wurden die Abkürzungen

$$\mathbf{H}^i = \mathbf{C}^i(\mathbf{E}^i)^{-1}\,,\quad \text{und} \quad H^i = C^i\,(E^i)^{-1}\,.$$

benutzt. Nach der Bestimmung der Inkremente erfolgt wie üblich die Aufdatierung (*update*) der Variablen

$$
\begin{aligned}
\boldsymbol{\varepsilon}^{e\,i+1}_{n+1} &= \boldsymbol{\varepsilon}^{e\,i}_{n+1} + \Delta\boldsymbol{\varepsilon}^{e\,i}_{n+1}\,, \\
\alpha^{i+1}_{n+1} &= \alpha^{i}_{n+1} + \Delta\alpha^{i}_{n+1}\,, \\
\Delta\gamma^{i+1}_{n+1} &= \Delta\gamma^{i}_{n+1} + \Delta\Delta\gamma^{i}_{n+1}\,.
\end{aligned}
\tag{6.137}
$$

Die KIRCHHOFF-Spannungen ergeben sich dann durch Funktionsauswertung der Verzerrungsenergiefunktion

$$
\boldsymbol{\tau}^{i+1}_{n+1} = \left.\frac{\partial W}{\partial \boldsymbol{\varepsilon}^{e}_{n+1}}\right|_{i+1}. \tag{6.138}
$$

Für die Berechnung einer konkreten Aufgabenstellung müssen noch Verzerrungsenergiefunktion, Verfestigungsgesetz und Fließfunktion spezifiziert werden. Bisher wurden außer der Annahme der Isotropie keine weiteren Einschränkungen bezüglich der Wahl der Verzerrungsenergiefunktion vorgenommen. Daher kann in dem obengenannten Algorithmus z.B. die Verzerrungsenergiefunktion (3.110), s. (OGDEN 1982), verwendet werden. Diese ist hier in den logarithmischen Hauptdehnungen zu formulieren

$$
\begin{aligned}
W = \sum_r \left\{ \frac{\mu_r}{\alpha_r} \left(\exp\left[\varepsilon^e_1\,\alpha_r\right] + \exp\left[\varepsilon^e_2\,\alpha_r\right] + \exp\left[\varepsilon^e_3\,\alpha_r\right] - 3\right) - \mu_r \ln J \right\} \\
+ \frac{\Lambda}{4}\left(J^2 - 1 - 2\ln J\right),
\end{aligned}
\tag{6.139}
$$

mit $\ln J = \ln(\lambda_1\lambda_2\lambda_3) = \varepsilon_1 + \varepsilon_2 + \varepsilon_3$. Die Materialparameter α_r sind dimensionslose Größen, Λ kann als LAMÉ-Konstante des klassischen HOOKEschen Gestzes interpretiert werden, s. auch Abschn. 3.3.1.

ANMERKUNG 6.2 : Eine alternative Verzerrungsenergiefunktion W_{Lin} wurde von (SIMO 1992) für den Fall kleiner elastischer Verzerrungen vorgeschlagen

$$
W_{Lin} = \mu\,(\varepsilon^{e\,2}_1 + \varepsilon^{e\,2}_2 + \varepsilon^{e\,2}_3) + \frac{\Lambda}{2}\,(\varepsilon^e_1 + \varepsilon^e_2 + \varepsilon^e_3)^2\,. \tag{6.140}
$$

Sie hat den Vorteil, daß man für lineare isotrope Verfestigung

$$
q = -\hat{H}\,\alpha \tag{6.141}
$$

und J_2-Plastizität nach VON MISES

$$
f_{Mises} = \|dev\,\boldsymbol{\tau}\| - \sqrt{\frac{2}{3}}\,(\tau_Y - q) \tag{6.142}
$$

eine geschlossene Lösung von (6.132) erhält. Es folgt

$$
\Delta\gamma_{n+1} = \frac{f^{tr}_{n+1}}{\mu + \frac{2}{3}\,\hat{H}}
$$

$$\alpha_{n+1} = \alpha_n + \Delta\gamma_{n+1}\sqrt{\frac{2}{3}} \tag{6.143}$$

$$\boldsymbol{\varepsilon}^e_{n+1} = \boldsymbol{\varepsilon}^{e\,tr}_{n+1} - \Delta\gamma_{n+1}\,\mathbf{n}^{tr}_{n+1}$$

mit $\mathbf{n}^{tr}_{n+1} = dev\boldsymbol{\tau}^{tr}_{n+1} \,/\, \| dev\boldsymbol{\tau}^{tr}_{n+1}\|$. *Die* KIRCHHOFF-*Spannung berechnet sich dann aus*

$$\boldsymbol{\tau}_{n+1} = \mathbf{C}\,\boldsymbol{\varepsilon}^{e\,tr}_{n+1} - 2\,\mu\Delta\gamma_{n+1}\,\mathbf{n}^{tr}_{n+1}\,, \tag{6.144}$$

was der Berechnung der Spannungen in der geometrisch linearen Theorie für die VON MISES *Plastizität entspricht, s. (6.83).*

Da die Formulierung auf in Hauptachsen transformierte Größen aufbaut, ist es natürlich notwendig, die Hauptachsenrichtungen und die Hauptwerte der Verzerrungs- und Spannungstensoren zu bestimmen. Wesentlich ist, daß alle in Hauptachsen gegebenen Beziehungen bei der Ableitung der Finite-Element-Formulierung wieder auf kartesische Basen zurücktransformiert werden müssen. Die Vorgehensweise dazu ist bereits in (3.132) für die 2. PIOLA-KIRCHHOFF-Spannung beschrieben worden. Im Fall des linken CAUCHY-GREEN-Tensors folgen zunächst die Hauptachsen aus dem Eigenwertproblem

$$(\mathbf{b}^{e\,tr}_{n+1} - (\lambda^{e\,tr}_{i\,n+1})^2\,\mathbf{1})\,\mathbf{n}^{\mathrm{tr}}_{i\,n+1} = \mathbf{0}. \tag{6.145}$$

Der Basisvektor $\mathbf{n}^{tr}_{i\,n+1}$ läßt sich wie folgt auf die kartesischen Basen $\mathbf{E}_I$ beziehen

$$\mathbf{n}^{tr}_{i\,n+1} = \sum_{J=1}^{3}(\mathbf{E}_J \otimes \mathbf{E}_J)\cdot\mathbf{n}^{tr}_{i\,n+1} = (\mathbf{E}_J\cdot\mathbf{n}^{tr}_{i\,n+1})\,\mathbf{E}_J = D_{iJ\,n+1}\,\mathbf{E}_J\,. \tag{6.146}$$

Die Hauptwerte $b^{e\,tr\,\mathrm{H}}_{ij}$ von $\mathbf{b}^{e\,tr}_{n+1}$ können in Komponentenform angegeben werden (Der Index $()_{n+1}$ wird bei den folgenden Transformationen zur Erhöhung der Übersichtlichkeit weggelassen)

$$b^{e\,tr\,\mathrm{H}}_{ii} = \exp\,[2\,\varepsilon^e_i] \quad , \quad b^{e\,tr\,\mathrm{H}}_{ij} = 0 \quad \text{für} \quad i \neq j\,. \tag{6.147}$$

Dann folgt mit der Beziehung (6.146) die Transformation auf die kartesische Basis

$$\mathbf{b}^{e\,tr}_{n+1} = b^{e\,tr\,\mathrm{H}}_{ij}\,\mathbf{n}^{tr}_i \otimes \mathbf{n}^{tr}_j = D_{Ki}\,b^{e\,tr\,\mathrm{H}}_{ij}\,D_{Lj}\mathbf{E}_K \otimes \mathbf{E}_L = b^{e\,tr}_{KL}\,\mathbf{E}_K \otimes \mathbf{E}_L. \tag{6.148}$$

Die Komponenten des Spannungstensors werden auf die gleiche Weise transformiert, s. (3.134). Die Transformation von $\mathbf{b}^{e\,tr}$ und $\boldsymbol{\tau}$ auf Vektorform, s. (6.130), liefert die modifizierten Transformationsbeziehungen

$$\bar{b}^{e\,tr}_A = T_{AB}\,\bar{b}^{e\,tr\,\mathrm{H}}_B, \quad \bar{\tau}_A = T_{AB}\,\bar{\tau}^{\mathrm{H}}_B \qquad \text{mit} \qquad A, B = 1, 2, \ldots, 6\,, \tag{6.149}$$

wobei die Komponenten der Vektoren $\{\bar{b}^{e\,tr}_A\}$ und $\{\bar{\tau}_A\}$ durch

$$\begin{aligned} \{\bar{b}^{e\,tr}_A\}^T &= \{b^{e\,tr}_{11}\,, b^{e\,tr}_{22}\,, b^{e\,tr}_{33}\,, b^{e\,tr}_{12}\,, b^{e\,tr}_{13}\,, b^{e\,tr}_{23}\} \\ \{\bar{\tau}_A\}^T &= \{\tau_{11}\,, \tau_{22}\,, \tau_{33}\,, \tau_{12}\,, \tau_{13}\,, \tau_{23}\}, \end{aligned} \tag{6.150}$$

gegeben sind. Die Transformationsmatrix T_{AB} ist eine 6×6 Matrix. Sie ist ähnlich aufgebaut wie (3.136) und kann in expliziter Form in (REESE 1994) gefunden werden. Man beachte, daß der Vektor $\bar{\tau}_B^H$ nur in den ersten drei Komponenten von null verschieden ist, da sämtliche Schubspannungen bei der Hauptachsendarstellung verschwinden, s. (3.136) und (6.147).

6.3.3 Konsistenter Tangentenmodul

Für die Anwendung des NEWTON-Verfahrens bei der Lösung der zu den finiten plastischen Deformationen gehörenden Randwertaufgaben benötigt man die Linearisierung der schwachen Form des Gleichgewichtes, s. z.B. (3.325). Bei der Linearisierung der schwachen Form tritt auch die Materialtangente (3.324) auf. Wie wir bereits bei den kleinen plastischen Verformungen gesehen haben, liefert das im vorangegangenbnen Abschnitt beschriebene Projektionsverfahren bei plastischer Deformation eine spezielle Form der Materialtangente, s. (6.74), die bei der NEWTON-Iteration berücksichtigt werden muß, um quadratische Konvergenz zu erzielen.

Die Bestimmung der Tangentenmoduli für elastische Materialgleichungen, die in Hauptachsen formuliert sind, erfolgte bereits im Abschn. 3.3.4. Auf dieser Basis sollen hier die Materialtangenten für die endlichen plastischen Deformationen bei isotropem Materialverhalten angegeben werden.

Dazu wird zunächst der zweite PIOLA-KIRCHHOFFsche Spannungstensor $\tilde{\mathbf{S}}$ mit $\mathbf{F}^{e\,tr} = \mathbf{F}\,\mathbf{F}_n^{p\,-1}$, siehe auch (6.116), in der plastischen Zwischenkonfiguration definiert, wobei der Index $()_{n+1}$ wie im letzten Abschnitt weggelassen wurde

$$\mathbf{S} = \mathbf{F}^{-1}\boldsymbol{\tau}\,\mathbf{F}^{-T} = \mathbf{F}_n^{p\,-1}\,\tilde{\mathbf{S}}\,\mathbf{F}_n^{p\,-T} \qquad \text{mit} \qquad \tilde{\mathbf{S}} = \mathbf{F}^{e\,tr\,-1}\,\boldsymbol{\tau}\,\mathbf{F}^{e\,tr\,-T}. \tag{6.151}$$

Die Spektralzerlegung von $\tilde{\mathbf{S}}$ hat die Form

$$\tilde{\mathbf{S}} = \sum_{i=1}^{3} \frac{\tau_i}{(\lambda_{i\,e}^{tr})^2}\,\tilde{\mathbf{N}}_i \otimes \tilde{\mathbf{N}}_i = \sum_{i=1}^{3} \tilde{S}_i\,\tilde{\mathbf{N}}_i \otimes \tilde{\mathbf{N}}_i. \tag{6.152}$$

Basierend auf (6.152) kann jetzt das Spannungsinkrement $\Delta\tilde{\mathbf{S}}$ bestimmt werden

$$\Delta\tilde{\mathbf{S}} = \frac{\partial \tilde{\mathbf{S}}}{\partial \tilde{\mathbf{C}}^e}\,\Delta\tilde{\mathbf{C}}^e = \sum_{i=1}^{3} \frac{\partial \tilde{\mathbf{S}}}{\partial \varepsilon_i^{e\,tr}} \otimes \frac{\partial \varepsilon_i^{e\,tr}}{\partial \tilde{\mathbf{C}}^e}\,\Delta\tilde{\mathbf{C}}^e \qquad \text{mit} \qquad \tilde{\mathbf{C}}^e = \mathbf{F}^{e\,tr\,T}\,\mathbf{F}^{e\,tr}. \tag{6.153}$$

Für die Hauptspannungen erhalten wir als partielle Ableitungen nach den logarithmischen Verzerrungen (6.153)

$$\frac{\partial \tilde{S}_i}{\partial \varepsilon_j^{e\,tr}} = \frac{1}{\lambda_i^{e\,tr\,4}}\,\Big(\underbrace{\frac{\partial \tau_i}{\partial \varepsilon_j^{e\,tr}}}_{C_{ij}^{ALG}}\,\lambda_i^{e\,tr\,2} - \tau_i\,2\,\lambda_i^{e\,tr}\,\underbrace{\frac{\partial \lambda_i^{e\,tr}}{\partial \varepsilon_j^{e\,tr}}}_{\lambda_i^{e\,tr}\,\delta_{ij}}\Big), \tag{6.154}$$

wobei die τ_i die KIRCHHOFFspannungen darstellen. Der algorithmische Tangentenmodul C_{ij}^{ALG} ist für rein elastisches Verhalten ($f < 0$) durch

$$C_{ij}^{ALG} = \frac{\partial^2 \hat{W}}{\partial \varepsilon_i^{e\,tr}\, \partial \varepsilon_j^{e\,tr}} \quad \text{oder} \quad \mathbf{C}^{e\,ALG} = \frac{\partial^2 \hat{W}}{\partial \boldsymbol{\varepsilon}^{e\,tr}\, \partial \boldsymbol{\varepsilon}^{e\,tr}} \tag{6.155}$$

gegeben. Für den Fall des plastischen Fließens ist $f = 0$ und man erhält aus den Beziehungen der konvergierten NEWTON-Iteration (6.133) die inkrementelle Form

$$\begin{aligned}
\mathbf{0} &= \Delta\boldsymbol{\varepsilon}_{n+1}^{e\,tr} - \Delta\boldsymbol{\varepsilon}_{n+1}^{e\,i} - \Delta\Delta\gamma_{n+1}^{i}\,\mathbf{n}_{n+1}^{i} - \Delta\gamma_{n+1}^{i}\,\mathbf{D}^{i}\,\mathbf{C}^{i}\,\Delta\boldsymbol{\varepsilon}_{n+1}^{e\,i}\,,\\
0 &= \Delta\alpha_{n+1}^{i} - \Delta\Delta\gamma_{n+1}^{i} n^{i} - \Delta\gamma_{n+1}^{i}\,D^{i}\,C^{i}\,\Delta\alpha_{n+1}^{i} = 0\,,\\
0 &= \mathbf{n}_{n+1}^{i\,T}\mathbf{C}^{i}\,\Delta\boldsymbol{\varepsilon}_{n+1}^{e\,i} + n^{i}\,C^{i}\,\Delta\alpha_{n+1}^{i} = 0\,.
\end{aligned} \tag{6.156}$$

Diese gelten für den globalen NEWTON-Schritt zur Zeit t_{n+1}. Damit werden auch die elastischen *trial* Verzerrungen $\boldsymbol{\varepsilon}_{n+1}^{e\,tr}$ nicht länger festgehalten, wie es bei der lokalen NEWTON-Iteration der Fall war. Aus dieser Beziehung folgt für das Inkrement des Fließparameters

$$\Delta\Delta\gamma_{n+1} = \frac{\mathbf{n}_{n+1}^{T}\,\mathbf{H}_{n+1}\,\Delta\boldsymbol{\varepsilon}_{n+1}^{e\,tr}}{\mathbf{n}_{n+1}^{T}\,\mathbf{H}_{n+1}\,\mathbf{n}_{n+1} + n_{n+1}\,H_{n+1}\,n_{n+1}}\,. \tag{6.157}$$

Alle hierin auftretenden Beziehungen sind dabei mit den am Ende der lokalen NEWTON-Iteration bestimmten Größen auszuwerten. Der algorithmische Modul für die zu dem Projektionsverfahren gehörende Materialtangente folgt dann aus (6.134) und der inkrementellen Form für den KIRCHHOFFschen Spannungstensor: $\Delta\boldsymbol{\tau}_{n+1} = \mathbf{C}_{n+1}\,\Delta\boldsymbol{\varepsilon}_{n+1}^{e}$

$$\Delta\boldsymbol{\tau}_{n+1} = \mathbf{H}_{n+1}\,(\,\Delta\boldsymbol{\varepsilon}_{n+1}^{e\,tr} - \Delta\Delta\gamma_{n+1}\,\mathbf{n}_{n+1}\,) = \mathbf{C}^{ALG\,p}\,\Delta\boldsymbol{\varepsilon}_{n+1}^{e\,tr}\,. \tag{6.158}$$

Explizit lautet die Materialtangente für große plastische Deformationen $\mathbf{C}_p^{ALG}$ mit den zu (6.133) gehörenden Definitionen von Tensoren und Skalaren

$$\mathbf{C}^{ALG\,p} = \mathbf{H}_{n+1} - \frac{\mathbf{H}_{n+1}\mathbf{n}_{n+1} \otimes \mathbf{n}_{n+1}^{T}\,\mathbf{H}_{n+1}}{\mathbf{n}_{n+1}^{T}\,\mathbf{H}_{n+1}\,\mathbf{n}_{n+1} + n_{n+1}\,H_{n+1}\,n_{n+1}}\,. \tag{6.159}$$

Die zweite partielle Ableitung in (6.153) berechnet sich gemäß

$$\frac{\partial \tilde{\mathbf{C}}^{e}}{\partial \varepsilon_j^{e\,tr}} = \sum_{i=1}^{3} \frac{\partial \lambda_i^{e\,tr\,2}}{\partial \varepsilon_j^{e\,tr}}\,\tilde{\mathbf{N}}_i \otimes \tilde{\mathbf{N}}_i = \sum_{i=1}^{3} 2\,\lambda_i^{e\,tr}\,\delta_{ij}\,\lambda_j^{e\,tr}\,\tilde{\mathbf{N}}_i \otimes \tilde{\mathbf{N}}_i = 2\,\lambda_j^{e\,tr\,2}\tilde{\mathbf{N}}_j \otimes \tilde{\mathbf{N}}_j\,. \tag{6.160}$$

Dies führt auf die Beziehung

$$2\,\frac{\partial \varepsilon_i^{e\,tr}}{\partial \tilde{\mathbf{C}}^e} = \frac{1}{\lambda_i^{e\,tr\,2}}\,\tilde{\mathbf{N}}_i \otimes \tilde{\mathbf{N}}_i. \tag{6.161}$$

Zusammen mit Gl. (6.154) folgt dann das Inkrement des Spannungstensors $\Delta\tilde{\mathbf{S}}$

$$\begin{aligned}\Delta\tilde{\mathbf{S}} = \frac{1}{2}&\left(\sum_{i=1}^{3}\sum_{j=1}^{3}\frac{C_{ij}^{\mathrm{ALG}} - \tau_i\,2\,\delta_{ij}}{\lambda_i^{e\,tr\,2}\lambda_j^{e\,tr\,2}}\,\tilde{\mathbf{N}}_i \otimes \tilde{\mathbf{N}}_i \otimes \tilde{\mathbf{N}}_j \otimes \tilde{\mathbf{N}}_j\right)\\ &\left[2\sum_{k=1}^{3}(\lambda_k^{e\,tr}\,\Delta\lambda_k^{e\,tr}\,\tilde{\mathbf{N}}_k \otimes \tilde{\mathbf{N}}_k)\right] + \sum_{i=1}^{3}\tilde{S}_i\,\Delta(\tilde{\mathbf{N}}_i \otimes \tilde{\mathbf{N}}_i).\end{aligned} \tag{6.162}$$

Hierin ist das Inkrement des Eigenvektors $\tilde{\mathbf{N}}_i$ noch unbekannt. Dies ist durch

$$\Delta\tilde{\mathbf{N}}_i = \sum_{i=1}^{3}\underbrace{(\tilde{\mathbf{N}}_j \cdot \Delta\tilde{\mathbf{N}}_i)}_{\Omega_{ji}}\,\tilde{\mathbf{N}}_j$$

gegeben. Mit den bereits in (3.242) und (3.243) abgeleiteten Beziehungen für die Zeitableitung von Spannungen und Verzerrungen, die in Hauptspannungen gegeben sind, schreiben wir für die Spannungs- und Verzerrungsinkremente

$$\begin{aligned}\Delta\tilde{\mathbf{S}} &= \sum_{i=1}^{3}\Delta\tilde{S}_i\,\tilde{\mathbf{N}}_i \otimes \tilde{\mathbf{N}}_i + \sum_{i=1}^{3}\sum_{j\neq i=1}^{3}(\tilde{S}_j - \tilde{S}_i)\,\Omega_{ji}\,\tilde{\mathbf{N}}_i \otimes \tilde{\mathbf{N}}_j\,;\\ \Delta\tilde{\mathbf{C}} &= \sum_{i=1}^{3}2\,\lambda_i^{e\,tr}\,\Delta\lambda_i^{e\,tr}\,\tilde{\mathbf{N}}_i \otimes \tilde{\mathbf{N}}_i + \sum_{i=1}^{3}\sum_{j\neq i=1}^{3}(\lambda_j^{e\,tr\,2} - \lambda_i^{e\,tr\,2})\,\Omega_{ji}\,\tilde{\mathbf{N}}_i \otimes \tilde{\mathbf{N}}_j\,.\end{aligned} \tag{6.163}$$

Wie in (3.244) erhält man durch Vergleich von (6.162) mit (6.163) die inkrementelle konstitutive Gleichung

$$\Delta\tilde{\mathbf{S}} = \mathbb{L}\,[\,\frac{1}{2}\Delta\tilde{\mathbf{C}}\,]\,, \tag{6.164}$$

in der $\mathbb{L}$ den konsistenten Tangentenmodul mit Bezug auf die festgehaltene plastische Zwischenkonfiguration darstellt

$$\begin{aligned}\mathbb{L} = &\sum_{i=1}^{3}\sum_{j=1}^{3}\left(\frac{C_{ij}^{ALG} - \tau_i\,2\,\delta_{ij}}{\lambda_i^{e\,tr\,2}\,\lambda_j^{e\,tr\,2}}\,\tilde{\mathbf{N}}_i \otimes \tilde{\mathbf{N}}_i \otimes \tilde{\mathbf{N}}_j \otimes \tilde{\mathbf{N}}_j\right) +\\ &\frac{1}{2}\sum_{i\neq j}2\,\frac{\tilde{S}_j - \tilde{S}_i}{\lambda_j^{e\,tr\,2} - \lambda_i^{e\,tr\,2}}\,(\tilde{\mathbf{N}}_i \otimes \tilde{\mathbf{N}}_j \otimes \tilde{\mathbf{N}}_i \otimes \tilde{\mathbf{N}}_j + \tilde{\mathbf{N}}_i \otimes \tilde{\mathbf{N}}_j \otimes \tilde{\mathbf{N}}_j \otimes \tilde{\mathbf{N}}_i)\\ = &\,L_{ijkl}^{H}\,\tilde{\mathbf{N}}_i \otimes \tilde{\mathbf{N}}_j \otimes \tilde{\mathbf{N}}_k \otimes \tilde{\mathbf{N}}_l\,.\end{aligned} \tag{6.165}$$

Der zugehörige Tangentenmodul $\mathbb{c}$, der auf die Momentankonfiguration bezogen ist, folgt aus dem *push forward* von (6.164)

$$\begin{aligned} \mathbb{c} &= L^H_{ijkl}\, \lambda_i^{e\,tr}\, \lambda_j^{e\,tr}\, \lambda_k^{e\,tr}\, \lambda_l^{e\,tr}\, \mathbf{n}_i^{tr} \otimes \mathbf{n}_j^{tr} \otimes \mathbf{n}_k^{tr} \otimes \mathbf{n}_l^{tr} \\ &= c^H_{ijkl}\, \mathbf{n}_i^{tr} \otimes \mathbf{n}_j^{tr} \otimes \mathbf{n}_k^{tr} \otimes \mathbf{n}_l^{tr} . \end{aligned} \tag{6.166}$$

Die Transformation der Tangentenmoduli auf die kartesische Basis folgt nach der in (6.148) dargestellten Vorschrift. Mit der Transformationsmatrix T_{AB}, s. (6.149) und der Matrixnotation in (6.166) folgt dann

$$\bar{C}_{AB} = T_{AC}\, \bar{C}^H_{CD}\, T_{BD} . \tag{6.167}$$

7. Stabilitätsprobleme

Reale Bauteile und Strukturen verhalten sich bei äußeren Einwirkungen mehr oder weniger nichtlinear. Gewisse Nichtlinearitäten sind mit dem Auftreten von einschneidenden Änderungen des Systemverhaltens verbunden. Zu diesen Effekten gehören z.B. das Ausbeulen von Kreiszylinderschalen, das Ausknicken bzw. Kippen von Trägern oder das Durchschlagen flacher Schalen. Die Punkte auf der Lastverschiebungskurve, an denen ein derartiges Verhalten auftritt, nennt man auch Instabilitätspunkte, da das Struktursystem dort seine Stabilität verliert, keine zusätzlichen Lasten mehr aufnehmen kann oder gar durch eintretenden Steifigkeitsverlust einstürzt. Die Berechnung von Instabilitätspunkten ist daher wesentlicher Aspekt nichtlinearer Strukturanalysen und es ist wichtig, für diese Untersuchungen geeignete und effiziente Verfahren zur Verfügung zu stellen.

7.1 Vorbemerkungen

Ein Kriterium für Instabilitätspunkte ist bei elastischen Systemen, daß die 2. Ableitung der potentiellen Energie verschwindet. Eine mechanische Interpretation kann wie folgt angegeben werden, s. z.B. (PFLÜGER 1975): Zu einem vorhandenen Gleichgewichtszustand G existiert ein benachbarter Gleichgewichtszustand N mit dem gleichen Lastniveau. Ausgehend vom vorhandenen Gleichgewichtszustand, auch Grundzustand genannt,

$$\boldsymbol{G}^{(G)} = \boldsymbol{R}^{(G)} - \lambda^{(G)} \boldsymbol{P} = \boldsymbol{0} \tag{7.1}$$

erhält man durch Linearisierung an dieser Stelle eine Gleichung, mit der der aus einer infinitesimalen Störung entstehende benachbarte Zustand berechnet werden kann

$$\boldsymbol{K}_T^{(G)} \Delta \boldsymbol{v} = -(\boldsymbol{R}^{(N)} - \lambda^{(N)} \boldsymbol{P}) . \tag{7.2}$$

Nun soll aber dieser Nachbarzustand auf dem gleichen Lastniveau wie der Grundzustand liegen, so daß $\lambda^{(N)} = \lambda^{(G)}$ gelten muß. Da der Nachbarzustand ebenfalls ein Gleichgewichtszustand ist, gilt

$$\boldsymbol{G}^{(N)} = \boldsymbol{R}^{(N)} - \lambda^{(N)} \boldsymbol{P} = \boldsymbol{0} . \tag{7.3}$$

Damit folgt $\boldsymbol{R}^{(N)} = \boldsymbol{R}^{(G)}$, so daß das homogene Gleichungssystem

$$\boldsymbol{K}_T^{(G)} \Delta \boldsymbol{v} = \boldsymbol{0} \tag{7.4}$$

entsteht. Für das Ausknicken eines Balkens ist der Grund- und Nachbarzustand nebst Last-Verschiebungskurve im Bild 7.1 dargestellt.

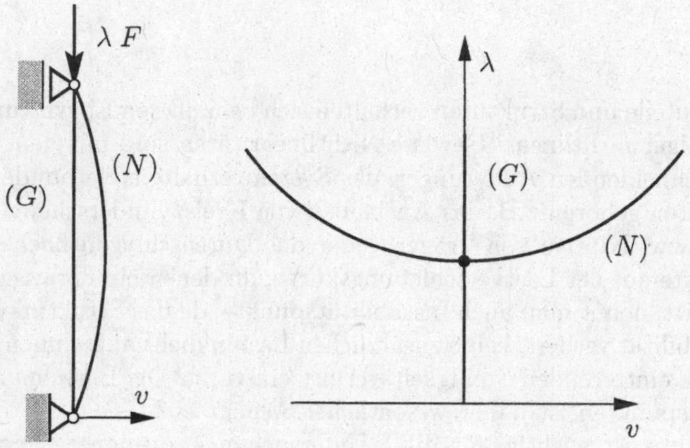

Bild 7.1 Deformation eines Balkens und Lastverschiebungskurve

Aus mathematischer Sicht ist also die Berechnung von Instabilitätspunkten verbunden mit der Untersuchung der tangentialen Steifigkeitsmatrix hinsichtlich ihrer Singularitätseigenschaften. Das homogene Gleichungssystem (7.4) hat nichttriviale Lösungen für $\det \boldsymbol{K}_T = 0$. Diese Forderung repräsentiert ebenfalls das Eigenwertproblem

$$(\boldsymbol{K}_T - \omega_j \boldsymbol{1})\, \boldsymbol{\phi}_j = \boldsymbol{0}\,. \tag{7.5}$$

Mit dem Eigenwert ω_j wird der j-te Eigenwert bezeichnet, $\boldsymbol{\phi}_j$ ist der zugehörige Eigenvektor. Ein Instabilitätspunkt ist durch das Auftreten eines Nulleigenwertes gekennzeichnet.

7.1.1 Klassische und lineare Beulanalyse

In der Ingenieurliteratur und damit in den praktischen Nachweisverfahren ist die Vorgehensweise der klassischen bzw. linearen Beulanalyse weit verbreitet. Diese Methodik liefert eine Näherung für den ersten Instabilitätspunkt, die in vielen Berechnungen ausreicht. Bei dieser Methode wird ein allgemeines Eigenwertproblem für den Lastparameter λ formuliert, der in (5.1) eingeführt wurde. Zur Herleitung des Eigenwertproblems werden die Verschiebungen, die vor dem Erreichen des Instabilitätspunkt auftreten (bei Schalen auch

Vorbeulverschiebungen genannt) in eine Potenzreihe bezüglich des Lastparameters entwickelt

$$v = \lambda v^{(1)} + \lambda^2 v^{(2)} + \lambda^3 v^{(3)} + \cdots . \tag{7.6}$$

Beschränkt man sich in der Untersuchung auf lineare Terme, so läßt sich ein lineares Eigenwertproblem formulieren. Die Vorgehensweise ist dadurch begründet, daß der vor Erreichen des Instabilitätspunktes auftretende Verschiebungszustand in vielen Fällen ein nicht verformungsabhängiger Spannungszustand ist, der durch eine lineare Analyse ausreichend genau berechnet werden kann. Dies gilt insbesondere bei Strukturen wie Balken oder Schalen, bei denen die Normalkräfte bzw. der Membranspannungszustand vor Auftreten des Stabilitätsfalles nicht von der Verformung abhängen.

Um das lineare Eigenwertproblem aufstellen zu können, wird die tangentiale Steifigkeitsmatrix $\boldsymbol{K}_T$, s. z.B. (4.75), hinsichtlich ihrer Abhängigkeit von den Verschiebungen aufgespalten und man erhält formal

$$\boldsymbol{K}_T = \boldsymbol{K}_L + \boldsymbol{K}_U + \boldsymbol{K}_\sigma \tag{7.7}$$

mit der linearen Steifigkeitsmatrix $\boldsymbol{K}_L$, der Anfangsverschiebungsmatrix $\boldsymbol{K}_U$ und der geometrischen Steifigkeitsmatrix oder Anfangsspannungsmatrix $\boldsymbol{K}_\sigma$. Die Beschränkung auf lineare Verschiebungsanteile $\boldsymbol{v}_L$ führt zu den 'linearisierten' Steifigkeitsmatrizen

$$\begin{aligned} \hat{\boldsymbol{K}}_U &= \boldsymbol{K}_U\,(\,\boldsymbol{v}_L\,) \\ \hat{\boldsymbol{K}}_\sigma &= \boldsymbol{K}_\sigma\,(\,\boldsymbol{v}_L\,)\,. \end{aligned} \tag{7.8}$$

Mit dieser Aufteilung der tangentialen Steifigkeitsmatrix $\boldsymbol{K}_T$ folgt ein lineares Eigenwertproblem für den Lastparameter

$$[\,\boldsymbol{K}_L + \lambda\,(\,\hat{\boldsymbol{K}}_U + \hat{\boldsymbol{K}}_\sigma\,)\,]\,\boldsymbol{\phi} = \boldsymbol{0}\,. \tag{7.9}$$

Der Einfluß des Verschiebungszustandes (Vorbeulzustandes) wird unterdrückt, wenn man die Matrix $\hat{\boldsymbol{K}}_U$ vernachlässigt. Dann reduziert sich (7.9) auf das klassische Eigenwertproblem

$$[\,\boldsymbol{K}_L + \lambda\,\hat{\boldsymbol{K}}_\sigma\,]\,\boldsymbol{\phi} = \boldsymbol{0}\,. \tag{7.10}$$

Die Auswertung des Eigenwertproblems liefert dann als kleinsten Eigenwert den kritischen Lastfaktor λ_c und damit die kritische Last $\boldsymbol{P}_c = \lambda_c\,\boldsymbol{P}$. Der zu λ_c gehörende Eigenvektor $\boldsymbol{\phi}$ gibt dann die Form des Versagensmodes an. Mit den Beziehungen (7.8) und (7.9) folgt der Algorithmus:

1. Löse das lineare Problem	$\boldsymbol{K}_L\,\boldsymbol{v}_L = \boldsymbol{P}$
2. Löse	$[\,\boldsymbol{K}_L + \lambda_c(\,\hat{\boldsymbol{K}}_U + \hat{\boldsymbol{K}}_\sigma\,)\,]\,\boldsymbol{\phi} = \boldsymbol{0}$
3. Berechne kritische Werte	$\boldsymbol{P}_c = \lambda_c\,\boldsymbol{P}\,, \qquad \boldsymbol{v}_c = \lambda_c\,\boldsymbol{v}_L$

Box 7.1: Algorithmus für klassische und lineare Beulanalyse

Für praktische Probleme, in denen keine großen Verschiebungen vor dem Eintreten eines Stabilitätspunktes auftreten, liefert dieses Verfahren in der Regel ausreichend genaue Ergebnisse.

7.1.2 Nichtlineare Stabilitätsuntersuchungen

Im Fall hochgradig nichtlinearer Probleme können die Lösungen der linearen Stabilitätsanalyse erheblich von den tatsächlichen Lösungen abweichen, so daß eine vollständig geometrisch nichtlineare Berechnung erforderlich ist. Wie in Abschn. 5.1.5 beschrieben werden hier im Rahmen einer inkrementell-iterativen Lösungsstrategie Bogenlängenverfahren eingesetzt. Innerhalb der Kurvenverfolgung wird das Instabilitätsverhalten der zu untersuchenden Struktur „begleitend"untersucht. Eine sehr einfache Methode zum Auffinden von Instabilitätspunkten ist die Beobachtung der Determinante bzw. der Beobachtung eines Vorzeichenwechsels in mindestens einem Diagonalelement der tangentialen Steifigkeitsmatrix $\boldsymbol{K}_T$. Ersteres ist gleichbedeutend mit Existenz von nichttrivialen Lösungen der Gl. (7.4). Die zweite Bedingung besagt, daß ein Nulldurchgang in der Determinante von $\boldsymbol{K}_T$ während der Bogenlängenberechnung observiert wird und so ein Instabilitätspunkt durchlaufen worden ist. Die Berechnung von $\det \boldsymbol{K}_T$ kann nahezu ohne zusätzlichen Aufwand innerhalb der Dreieckzerlegungsphase von $\boldsymbol{K}_T$ durchgeführt werden. Hierbei gilt:

$$\det \boldsymbol{K}_T = \prod_{i=1}^{ndof} D_{ii}\,, \tag{7.11}$$

mit $\boldsymbol{K}_T = \boldsymbol{L}^T \boldsymbol{D} \boldsymbol{L}$. Leider ist die Determinante kein besonders gut geeignetes Maß, da ihr Wert selbst bei kleineren diskreten Systemen schnell so groß werden kann, daß er das Limit der Zahlendarstellung des Rechners erreicht und überschreitet. Abhilfe schafft hier eine logarithmische Darstellung der Determinante, die anstelle der Produktformel in (7.11) auf eine Summenformel mit entsprechend kleineren Werten führt. Da aber selbst dieser Wert für z.B. eine Finite-Element-Diskretisierung eines Schalensystem mit mehreren Tausend Unbekannten zu groß werden kann, wird für praktische Berechnungen häufig nur das Auftreten von Vorzeichenwechseln (negativen) Diagonalelementen D_{ii} als Indikator für das Vorhandensein eines Instabilitätspunktes verwendet.

Grundsätzlich werden instabile Pfade durch ein oder mehrere negative Diagonalelemente D_{ii} beschrieben. Man beachte, daß sich bei geradzahliger Anzahl von negativen Diagonalelementen eine positive Determinante ergibt, obwohl ein instabiler Gleichgewichtszustand vorliegt. Aus den Vorzeichen der Diagonalelemente von $\boldsymbol{K}_T$ können folgende Aussagen über die Art des Gleichgewichtszustands gemacht werden:

alle $D_{ii} > 0$	$\rightarrow \boldsymbol{K}_T$ pos. def.:	stabiles Gleichgewicht
mind. 1 $D_{ii} = 0$	$\rightarrow \boldsymbol{K}_T$ pos. semidef.:	indifferentes Gleichgewicht
mind. 1 $D_{ii} < 0$	$\rightarrow \boldsymbol{K}_T$ neg. def.:	instabiles Gleichgewicht

Box 7.2: Beurteilung des Gleichgewichts in Abhängigkeit von den Vorzeichen der Diagonalelemente von $\boldsymbol{K}_T$

Die Forderung $\det \boldsymbol{K}_T = 0$ läßt sich auch durch das Eigenwertproblem $(\boldsymbol{K}_T - \omega \boldsymbol{1})\,\boldsymbol{\phi} = \boldsymbol{0}$ darstellen, s. Gl. (7.5). Ein anderer, häufig verwendeter Ansatz ergibt sich aus der Übertragung der linearen Stabilitätsanalyse auf nichtlineare Probleme. In diesem Fall hat man ein Eigenwertproblem des Typs

$$\begin{aligned} [\,\boldsymbol{K}_L + \boldsymbol{K}_U + \lambda_c \boldsymbol{K}_\sigma\,]\,\boldsymbol{\phi} &= \boldsymbol{0} \\ [\,\boldsymbol{K}_L + \lambda_c(\boldsymbol{K}_U + \boldsymbol{K}_\sigma\,)\,]\,\boldsymbol{\phi} &= \boldsymbol{0} \end{aligned} \tag{7.12}$$

zu lösen, s. z.B. (Ramm 1976) und (Brendel und Ramm 1982).

ANMERKUNG 7.1:

1. *Für die Art der Aufteilung der tangentialen Steifigkeitskeitsmatrix* $\boldsymbol{K}_T$ *bezüglich des Lastfaktors* λ *in (7.12) läßt sich keine mathematische Begründung angeben.*
2. *Die Aufteilung der tangentialen Steifigkeitsmatrix in drei Teile ist normalerweise innerhalb der Finite-Element-Formulierung nicht verfügbar und bedeutet einerseits erhöhten Codieraufwand beim Erstellen der jeweiligen Elementroutine sowie andererseits erhöhten Zeitaufwand innerhalb der Berechnung.*
3. *Das Eigenwertproblem (7.9) ist ein allgemeines Eigenwertproblem. Im Gegensatz hierzu handelt es sich in Gl. (7.5) um ein spezielles Eigenwertproblem. Der Rechenaufwand zur Lösung des speziellen Eigenwertproblems ist geringer.*
4. *Die Lösung der Eigenwertprobleme (7.12) ist nur mit besonderen Eigenwertlösern möglich, da die Matrizen* $\boldsymbol{K}_U$ *und* $\boldsymbol{K}_\sigma$ *i.d.R. nicht positiv definit sind. Dies ist sofort ersichtlich, da z.B. in der Matrix* $\boldsymbol{K}_\sigma$ *mit Normalkräften behaftete Terme auf der Hauptdiagonalen stehen, deren Vorzeichen beliebig ist.*

Innerhalb der inkrementell-iterativen Rechnung mittels des Bogenlängenverfahrens, s. Abschn. 5.1.5, werden Instabilitätspunkte nicht genau berechnet, da nur eine Berechnung des nichtlinearen Lösungspfades erfolgt. Je nach Fragestellung kann diese Strategie durchaus ausreichend sein. Singuläre Punkten werden während der Berechnung mit dem Bogenlängenverfahren durch das Auftreten von negativen Diagonalelementen angezeigt, s. Box 7.2. Ist man an einer genaueren Berechnung der Instabilitätspunkte interessiert, so müssen innerhalb der inkrementell-iterativen Berechnung weitere Maßnahmen erfolgen. Eine einfache Methode ist die Anwendung eines Bisektions Verfahrens zur genaueren Ermittlung des Instabilitätspunktes, s. z.B. (Wagner und Wriggers 1988). Diese Art der Vorgehensweise wird auch im Bereich der mathematischen Literatur propagiert, s. z.B. (Keller 1977), wenn es nicht notwendig ist, den Instabilitätspunkt exakt zu berechnen. Ein entsprechender Algorithmus setzt voraus, daß innerhalb des Kurvenverfolgungsverfahrens Möglichkeiten der Lastumkehr (Zurückrechnen auf dem bereits bestimmten Pfad) sowie der Modifikation der Bogenlänge (kleinere Schrittweite) gegeben sein müssen.

Bei dem Bisektionsverfahren wird nach Überschreiten eines singulären Punktes (im Bereich zwischen Lösungspunkt (i) und $(i+1)$) mit der halben Bogenlänge zurückgerechnet. Ausgehend vom zuletzt erreichten Zustand $(i+1)$ wird dieser Vorgang solange wiederholt, bis der zur Singularität gehörende Eigenwert ω_j in (7.5), der ja im singulären Punkt gleich null ist, innerhalb einer vorgegebenen Toleranz ($\omega_j \leq TOL$) liegt, s. Bild 7.2. In praktischen Anwendungen hat es sich als ausreichend genau erwiesen für $TOL = 10^{-5}$ vorzugeben. Die Folge der Iterationen ist dabei in Bild 7.2 mit (k), $(k+1)$, ... bezeichet. Man sieht, daß $(k+2)$ schon nahe des kritischen Punktes liegt.

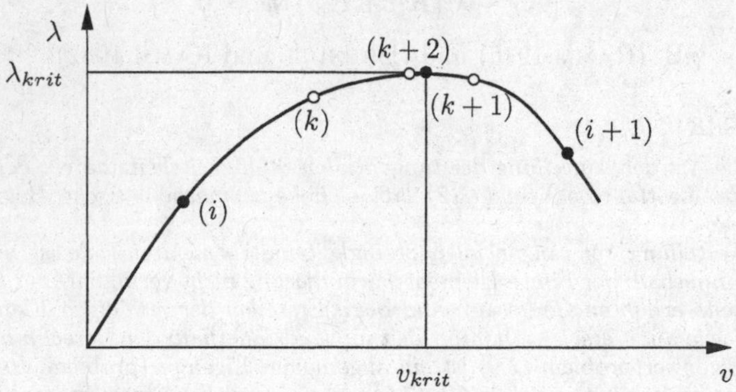

Bild 7.2 Iterationsfolge beim Bisektionsverfahren

Bei dem Bisektionsverfahren ist darauf zu achten, daß jeweils beim Wechsel von einer Seite des singulären Punktes zur anderen eine Lastumkehr innerhalb des Bogenlängenverfahrens zu erfolgen hat. Details zu diesem Verfahren finden sich z.B. in (WAGNER und WRIGGERS 1988) oder (WAGNER 1991).

Es soll hier noch angefügt werden, daß die Verwendung des Bisektionsverfahrens auch bei der Berechnung von plastischen Verzweigungs- oder Durchschlaglasten möglich ist. Allerdings ist dann der Algorithmus so umzuformulieren, daß Lastumkehr ausgeschlossen wird, da sonst die plastische Materialgleichung mit einer Entlastung antwortet, was zu unbrauchbaren Ergebnissen führt. Dies führt auf ein Bisektionsverfahren, das sich dem kritischen Punkt von einer Seite annähert.

Eine weitere Möglichkeit Instabilitätspunkte genauer zu berechnen wird im nächsten Abschnitt diskutiert.

Kennt man den kritischen Punkte, so liefert die Lösung des Eigenwertproblems den zum singulären Punkt gehörenden Eigenvektor. Mit dessen Hilfe kann ein Kriterium für den Typ des Instabilitätspunktes angegeben werden, s. z.B. (SPENCE and JEPSON 1984),

$$\phi^T \, P = \begin{cases} = 0 \ldots \text{Verzweigungspunkt} \\ \neq 0 \ldots.. \text{Durchschlagpunkt} \end{cases} . \tag{7.13}$$

Diese Bedingung ist gültig für Durchschlags- oder Limitpunkte (L) und einfache Verzweigungs- oder Bifurkationspunkte (B), s. auch Bild 5.5. Wie man diesem Bild entnimmt hat Gl. (5.1) in einem Verzweigungspunkt zwei oder mehr Lösungspfade. Man nennt die von der primären Lösung abweichenden Pfade auch sekundäre Äste. Eine Klassifizierung weiterer singulärer Punkte findet sich in (Jepson and Spence 1985) oder in (Wagner 1991).

Die Behandlung von Verzweigungsproblemen, speziell die Berechnung von sekundären Ästen, erfordert zusätzliche Überlegungen. Die Anzahl der abzweigenden Äste hängt von der Zahl der Null-Eigenwerte ab. Die zugehörigen Eigenvektoren liefern Hinweise für die Richtung der sekundären Äste. Daher werden diese Eigenvektoren zur Störung der Gleichgewichtslösung im Verzweigungspunkt verwendet

$$\boldsymbol{v}_j = \bar{\boldsymbol{v}} + \xi_j \, \frac{\boldsymbol{\phi}_j}{\|\boldsymbol{\phi}_j\|} \, , \tag{7.14}$$

wenn in den entsprechenden Sekundärast hineingerechnet werden soll. Dabei ist $\boldsymbol{v}_j$ ein gestörter Verschiebungszustand, der als Startvektor für eine anschließende Korrektorrechnung mit Hilfe des Bogenlängenverfahrens zum sekundären Ast vorgegeben wird. Der Vektor $\bar{\boldsymbol{v}}$ enthält den Verschiebungszustand des Verzweigungspunktes. Die Größe des Faktors ξ_j ist maßgebend für eine erfolgreiche Pfadwechselprozedur. Eine detaillierte Beschreibung findet sich in (Wagner und Wriggers 1988). Weitere Strategien können z.B. (Riks 1984) oder (Rheinboldt 1981) entnommen werden.

7.2 Direkte Berechnung von Stabilitätspunkten

Mit den bisher vorgestellten Verfahren können Instabilitätspunkte im Rahmen einer inkrementell-iterativen Berechnung näherungsweise durch Feststellen eines Vorzeichenwechsels in einem Diagonalelement der tangentialen Steifigkeitsmatrix bestimmt werden. Wenn Instabilitätspunkte genauer berechnet werden sollen, ist es möglich das bereits vorgestellte Bisektionsverfahren anzuwenden. Es kann jedoch damit keine quadratische sondern nur lineare Konvergenz zum Instabilitätspunkt hin erreicht werden. Aus diesem Grund wurden Verfahren entwickelt, die es erlauben, einerseits die Instabilitätspunkte direkt zu berechnen und andererseits dabei ein quadratisches Konvergenzverhalten zu sichern, s. Bild 7.3.

Grundsätzlich wird eine inkrementell-iterative Lösungsstrategie beibehalten. D. h. man führt die Berechnung zunächst mittels des Bogenlängenverfahrens durch. In der Nähe von Instabilitätspunkten wird dann auf das im folgenden anzugebende Iterationsverfahren zur direkten Berechnung der singulären Punkte umgeschaltet. Zur Sicherung der quadratischen Konvergenz

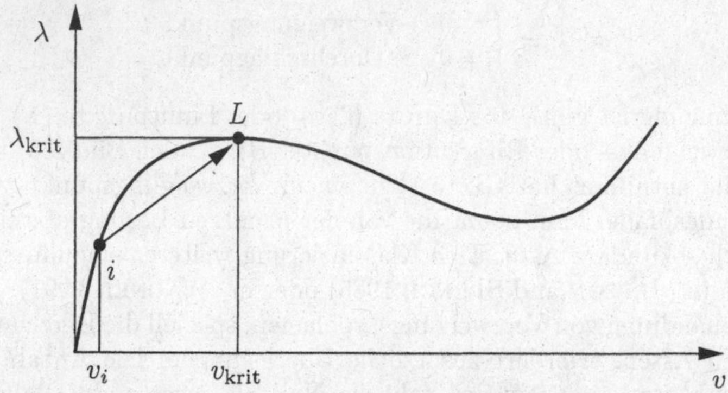

Bild 7.3 Direktes Verfahren zur Bestimmung eines singulären Punktes

des Verfahrens muß eine konsistente Linearisierung aller Terme durchgeführt werden.

7.2.1 Formulierung eines erweiterten Systems

Eine direkte Berechnung von Instabilitätspunkten basiert auf der Idee, zur Lösungsmenge nur Punkte zuzulassen, die die Gleichgewichtsbedingung erfüllen und gleichzeitig instabil sind. Dazu sind die vorhandenen Gleichungen um eine – das Instabilitätsverhalten beschreibende – Zusatzinformationen zu erweitern.

Eine Möglichkeit ist, die Zwangsbedingung $\det \boldsymbol{K}_T = 0$ zu dem nichtlinearen Gleichungssystem hinzuzufügen, da diese Bedingung bei singulären Punkten erfüllt ist. Praktische Anwendungen dieser Formulierung haben jedoch gezeigt, daß sie für Problemstellungen mit vielen Unbekannten nicht geeignet ist, da dann die Determinante von $\boldsymbol{K}_T$ sehr große Werte annehmen kann und die notwendige Linearisierung der Determinante schwer effizient zu kodieren ist.

Eine weitere Vorgehensweise geht von dem zugehörigen Eigenwertproblem $(\boldsymbol{K}_T - \omega\, \boldsymbol{1})\, \boldsymbol{\phi} = \boldsymbol{0}$ aus. An Durchschlags- bzw. Verzweigungspunkten ist der Eigenwert ω der Tangentenmatrix $\boldsymbol{K}_T$ Null, so daß die Gleichung $\boldsymbol{K}_T \boldsymbol{\phi} = \boldsymbol{0}$ verwendet werden kann, um einen Instabilitätspunkt zu definieren. Damit kann das folgende erweiterte System von Gleichungen konstruiert werden

$$\widehat{\boldsymbol{G}}(\boldsymbol{v}, \lambda, \boldsymbol{\phi}) = \left\{ \begin{matrix} \boldsymbol{G}(\boldsymbol{v}, \lambda) \\ \boldsymbol{K}_T(\boldsymbol{v}, \lambda)\, \boldsymbol{\phi} \\ l\,(\boldsymbol{\phi}) \end{matrix} \right\} = \boldsymbol{0}. \tag{7.15}$$

Die letzte Gleichung muß eingefügt werden, um die triviale Lösung $\boldsymbol{\phi} = \boldsymbol{0}$ auszuschließen. Sie hat z.B. die Form

$$l\,(\boldsymbol{\phi}) = \| \boldsymbol{\phi} \| - 1 = 0\,. \tag{7.16}$$

Will man entweder nur Limit- bzw. Durschlagspunkte oder nur Verzweigungspunkte berechnen, so kann von Gl. (7.13) Gebrauch gemacht werden. Die Nebenbedingung für die Bestimmung von Durchschlagspunkten lautet dann z.B.

$$l(\boldsymbol{\phi}) = \boldsymbol{\phi}^T \boldsymbol{P} - 1 = 0 . \tag{7.17}$$

Die Formulierung (7.15) ist auf Durchschlag- und einfache Verzweigungsprobleme beschränkt.

Die Verwendung erweiterter Systeme ist in der mathematischen Literatur weit verbreitet und auf viele Probleme anwendbar, s. hierzu der Übersichtsaufsatz von (MITTELMANN and WEBER 1980). Das oben formulierte erweiterte System wurde z.B. von (WERNER and SPENCE 1984) für die Berechnung von Durchschlag- und symmetrischen Verzweigungspunkten verwendet. In der mathematischen Literatur werden diese Verfahren jedoch jeweils nur auf Systeme mit wenigen Freiheitsgraden angewendet. In der Arbeit von (WRIGGERS et al. 1988) wurde diese Methode erstmals im Rahmen der Finite-Element-Methode unter Verwendung einer konsistenten Linearisierung formuliert, um das Stabilitätsverhalten von Fachwerkstrukturen zu untersuchen. Eine Erweiterung auf Balken- und Schalenprobleme ist in (WRIGGERS und SIMO 1990) zu finden.

Zur Formulierung eines NEWTON-Verfahrens für den erweiterten Satz von Gleichungen ist eine konsistente Linearisierung von Gl. (7.15) durchzuführen. Man erhält

$$\begin{aligned} \widehat{\boldsymbol{K}}_{T\,i}\, \Delta \boldsymbol{w}_{i+1} &= -\widehat{\boldsymbol{G}}(\boldsymbol{w}_i) \\ \boldsymbol{w}_{i+1} &= \boldsymbol{w}_i + \Delta \boldsymbol{w}_{i+1} \end{aligned} \tag{7.18}$$

mit

$$\widehat{\boldsymbol{K}}_{T\,i} = \left.\frac{\partial \widehat{\boldsymbol{G}}}{\partial \boldsymbol{w}}\right|_i \quad \text{und} \quad \boldsymbol{w} = \begin{Bmatrix} \boldsymbol{v} \\ \boldsymbol{\phi} \\ \lambda \end{Bmatrix} . \tag{7.19}$$

Zur Beurteilung des Mehraufwandes bei Verwendung des erweiterten Satzes von Gleichungen wird (7.18) genauer betrachtet. Lassen wir im allgemeinen Fall auch die in Abschn. 4.2.5 beschrieben verformungsabhängigen Belastungen zu, dann ist die Tangentenmatrix nicht nur von den Deformationen sondern auch vom Lastparameter λ abhängig. In diesem Fall ergibt sich

$$\begin{bmatrix} \boldsymbol{K}_T & \boldsymbol{0} & -\boldsymbol{P} \\ \nabla_v (\boldsymbol{K}_T \boldsymbol{\phi}) & \boldsymbol{K}_T & \nabla_\lambda (\boldsymbol{K}_T \boldsymbol{\phi}) \\ \boldsymbol{0} & \nabla_\phi\, l(\boldsymbol{\phi}) & 0 \end{bmatrix} \begin{Bmatrix} \Delta \boldsymbol{v} \\ \Delta \boldsymbol{\phi} \\ \Delta \lambda \end{Bmatrix} = - \begin{Bmatrix} \boldsymbol{G}(\boldsymbol{v}, \lambda) \\ \boldsymbol{K}_T(\boldsymbol{v}, \lambda)\, \boldsymbol{\phi} \\ l(\boldsymbol{\phi}) \end{Bmatrix} \tag{7.20}$$

mit

$$\nabla_v (\boldsymbol{K}_T \boldsymbol{\phi}) = \frac{\partial}{\partial \boldsymbol{v}} (\boldsymbol{K}_T \boldsymbol{\phi}) ,$$

$$\nabla_\lambda (\boldsymbol{K}_T \boldsymbol{\phi}) = \frac{\partial}{\partial \lambda} (\boldsymbol{K}_T \boldsymbol{\phi}) ,$$

$$\nabla_{\phi}\, l\,(\boldsymbol{\phi}) = \frac{\partial}{\partial \boldsymbol{\phi}} l\,(\boldsymbol{\phi})\,.$$

Auf den ersten Blick sieht es so aus, als ob der Aufwand bei der Lösung des Gleichungssystems (7.20) sehr groß ist. Der eingeführte Prozeßvektor $\boldsymbol{w}$ enthält $2\,n+1$ Unbekannte, die tangentiale Steifigkeitsmatrix $\widehat{\boldsymbol{K}}_T$ ist unsymmetrisch und es sind Ableitungen der tangentialen Steifigkeitsmatrix $\boldsymbol{K}_T$ zu bilden. Bei genauerer Betrachtung von $\widehat{\boldsymbol{K}}_T$ zeigt sich jedoch, daß (7.20) mittels einer Partitionierungsmethode effektiv gelöst werden kann, da die Tangentenmatrix $\boldsymbol{K}_T$ zweimal in der Hauptdiagonalen des Gleichungssystems (7.20) auftritt. Durch Ausmultiplikation des Gleichungssystems und Blockelimination der entsprechenden Gleichungen folgt ein Lösungsalgorithmus, der ähnlich dem des Bogenlängenverfahrens ist, s. Abschn. 5.1.5. Für den Iterationsschritt i erhalten wir

1. Löse $\boldsymbol{K}_T\, \Delta\, \boldsymbol{v}_P = \boldsymbol{P}\,, \quad \boldsymbol{K}_T\, \Delta\, \boldsymbol{v}_G = -\boldsymbol{G}\,.$
2. Berechne Richtungsableitungen

$$\begin{aligned} \boldsymbol{h}_1 &= \nabla_v\,(\boldsymbol{K}_T\,\boldsymbol{\phi})\,\Delta \boldsymbol{v}_P + \nabla_\lambda\,(\boldsymbol{K}_T\,\boldsymbol{\phi})\,, \\ \boldsymbol{h}_2 &= \boldsymbol{K}_T\,\boldsymbol{\phi} + \nabla_v\,(\boldsymbol{K}_T\,\boldsymbol{\phi})\,\Delta \boldsymbol{v}_G\,. \end{aligned}$$

3. Löse $\boldsymbol{K}_T\,\Delta\boldsymbol{\phi}_1 = -\boldsymbol{h}_1\,, \quad \boldsymbol{K}_T\,\Delta\boldsymbol{\phi}_2 = -\boldsymbol{h}_2\,.$
4. Berechne Inkremente

$$\Delta\lambda = -\frac{\nabla_\phi\, l\,(\boldsymbol{\phi})\,\Delta\boldsymbol{\phi}_2 + l(\boldsymbol{\phi})}{\nabla_\phi\, l\,(\boldsymbol{\phi})\,\Delta\boldsymbol{\phi}_1}\,,$$

$$\Delta \boldsymbol{v} = \Delta\lambda\,\Delta \boldsymbol{v}_P + \Delta \boldsymbol{v}_G \qquad \Delta\boldsymbol{\phi} = \Delta\lambda\,\Delta\boldsymbol{\phi}_1 + \Delta\boldsymbol{\phi}_2\,.$$

5. Update für Verschiebungen, Eigenvektor und Lastfaktor.

$$\lambda = \lambda + \Delta\lambda\,, \quad \boldsymbol{v} = \boldsymbol{v} + \Delta \boldsymbol{v}\,, \quad \boldsymbol{\phi} = \boldsymbol{\phi} + \Delta\boldsymbol{\phi}\,.$$

Box 7.3: Algorithmus zur Berechnung von Instabilitätspunkten mit erweitertem System.

In dem in Box 7.3 angegebenen Algorithmus sind Startwerte für die Verschiebungen $\boldsymbol{v}$, den Lastparameter λ und den Eigenvektor $\boldsymbol{\phi}$ vorzugeben. Während man $\boldsymbol{v}$ und λ aus dem letzten Berechnungsschritt, z.B. mit dem Bogenlängenverfahren, kennt oder einfach zu Beginn einer Berechnung zu null setzen kann, ist der Eigenvektor zunächst nicht bekannt. Dieser darf nicht als Nullvektor gewählt werden, da sonst die Bedingung (7.16) nicht erfüllbar ist.

Es gibt mehrere Möglichkeiten, den Starteigenvektor $\boldsymbol{\phi}_0$ zu wählen, dabei sollte von einem skalierten Vektor ausgegangen werden. Nachfolgend sind zwei unterschiedliche Verfahren aufgeführt

1. Einheitsvektor:

$$\boldsymbol{\phi}_0 = \frac{1}{\|\boldsymbol{e}\|}\,\boldsymbol{e} \qquad \text{mit} \quad \boldsymbol{e} = \{1\,,1\,,\ldots\,,1\} \tag{7.21}$$

Dieser Startvektor für $\boldsymbol{\phi}$ enthält das gesamte Spektrum und läßt damit alle Möglichkeiten für $\boldsymbol{\phi}$ offen, sich im Algorithmus frei einzustellen.

2. Eigenvektor von $\boldsymbol{K}_T$:

$$\begin{aligned} &\boldsymbol{\phi}_0^0 = \mathbf{e} \,/\, \|\mathbf{e}\| \\ &LOOP\ k = 1\,,\ldots\,,m \\ &\quad \boldsymbol{\phi}_0^k = \boldsymbol{K}_T^{-1}\,\boldsymbol{\phi}_0^{k-1} \\ &ENDLOOP \end{aligned}$$

Hier werden m Schritte einer Vektoriteration durchgeführt. Damit wird als Startvektor $\boldsymbol{\phi}_0$ der Eigenvektor von $\boldsymbol{K}_T$ des gerade erreichten Zustandes gewählt. Dies kann die Konvergenz des Verfahrens erheblich beschleunigen, wenn der zum zu berechnenden Instabilitätspunkt gehörende Eigenvektor nahezu mit $\boldsymbol{\phi}_0$ übereinstimmt. Meistens reichen nur wenige (z.B. $m = 3$ bis 5) Iterationen aus, um $\boldsymbol{\phi}_0$ ausreichend genau zu bestimmen. Die Wahl des Eigenvektors von $\boldsymbol{K}_T$ kann aber auch dazu führen, daß schlechte Konvergenz eintritt, wenn nämlich der Eigenvektor im Lösungspunkt orthogonal zu $\boldsymbol{\phi}_0$ ist.

Man erkennt in Box 7.3, daß nur die Matrix $\boldsymbol{K}_T$ zu faktorisieren ist. Diese Operation ist – besonders bei großen Systemen – entscheidend für den Rechenaufwand, s. Abschn. 5.2. Im Vergleich zu einem Standard-NEWTON-Verfahren ergibt sich durch die Verwendung des erweiterten Systems nur ein relativ geringer zusätzlicher Aufwand. Neben der Berechnung der Vektoren $\boldsymbol{h}_1$ und $\boldsymbol{h}_2$ muß das Gleichungssystem mit drei weiteren rechten Seiten zur Berechnung der Vektoren $\Delta\boldsymbol{v}_1$, $\Delta\boldsymbol{\phi}_1$ und $\Delta\boldsymbol{\phi}_2$ gelöst werden. Die Unsymmetrie von $\widehat{\boldsymbol{K}}_T$ geht dabei nicht ein. Die Beurteilung des Mehraufwands zur Berechnung der Ableitung von $\boldsymbol{K}_T$ erfolgt im nächsten Abschnitt.

7.2.2 Berechnung der Richtungsableitung von $\boldsymbol{K}_T$

Die Formulierung der tangentialen Steifigkeitsmatrix erhält man unter Verwendung der in Abschn. 4.2.2 angegebenen Linearisierungsprozedur

$$\boldsymbol{K}_T = \bigcup_{e=1}^{n_e} \int_{\Omega_e} \{\, \bar{\boldsymbol{B}}_L^T\, \bar{\boldsymbol{D}}\, \bar{\boldsymbol{B}}_L + \boldsymbol{G}^T\, \bar{\boldsymbol{S}}\, \boldsymbol{G} \,\}\, d\Omega\,. \tag{7.22}$$

Die für die Formulierung erweiterter Systeme notwendige Richtungsableitung von $\boldsymbol{K}_T$ läß sich unter Verwendung der bekannten $\bar{\boldsymbol{B}}_L$-Matrizen angeben, s. 4.53). Um zu einer expliziten Form für die Richtungsableitung zu gelangen, spalten wir die $\bar{\boldsymbol{B}}_L$-Matrizen in einen konstanten und einen Anteil auf, der linear von den Verschiebungen $\boldsymbol{v}_e$ abhängt

$$\bar{\boldsymbol{B}}_L = \boldsymbol{B}_0 + \bar{\boldsymbol{B}}_{Li}(\boldsymbol{v}_e) . \tag{7.23}$$

Damit folgt

$$\begin{aligned} \boldsymbol{h} &= \nabla_v \left(\boldsymbol{K}_T \boldsymbol{\phi} \right) \Delta \boldsymbol{v} \\ &= \bigcup_{e=1}^{n_e} \int_{\Omega_e} \{ \bar{\boldsymbol{B}}_{Li}^T(\Delta \boldsymbol{v}_e) \, \bar{\boldsymbol{D}} \, \bar{\boldsymbol{B}}_L(\boldsymbol{v}_e) + \bar{\boldsymbol{B}}_L^T(\boldsymbol{v}_e) \, \bar{\boldsymbol{D}} \, \bar{\boldsymbol{B}}_{Li}(\Delta \boldsymbol{v}_e) \\ &\qquad + \boldsymbol{G}^T \, \Delta \bar{\boldsymbol{S}} \, \boldsymbol{G} \} \, \boldsymbol{\phi}_e \, d\Omega . \end{aligned} \tag{7.24}$$

In Gl. (7.22) enthält der Vektor $\Delta\bar{\boldsymbol{S}}$ inkrementelle Spannungen, die sich aus

$$\Delta \bar{\boldsymbol{S}} = \boldsymbol{D} \, \bar{\boldsymbol{B}}(\boldsymbol{v}_e) \, \Delta \boldsymbol{v}_e \tag{7.25}$$

ergeben. Eine detaillierte Ableitung findet sich in (WRIGGERS et al. 1988). Für die Lösung des erweiterten Systems (7.15) ist es erforderlich, zusätzlich die beiden rechten Seiten $\boldsymbol{h}_1$ and $\boldsymbol{h}_2$ zu berechnen, s. Box 7.3. Gl. (7.24) liefert hierfür die Basis. Mit $\Delta\boldsymbol{v}_e = \Delta\boldsymbol{v}_{1e}$ erhält man den ersten Term von $\boldsymbol{h}_1$, während $\Delta\boldsymbol{v}_e = \Delta\boldsymbol{v}_{2e}$ für die Berechnung des zweiten Terms von $\boldsymbol{h}_2$ erforderlich ist. Der Term $\nabla_\lambda(\boldsymbol{K}_T\,\boldsymbol{\phi})$ in $\boldsymbol{h}_1$ entfällt für konservative Belastung.

Zur Abschätzung des Aufwands zur Berechnung der Vektoren $\boldsymbol{h}_1$ und $\boldsymbol{h}_2$ kann man von folgenden Überlegungen ausgehen. Die $\bar{\boldsymbol{B}}$-Matrizen sind nach (4.53) bekannt. Die in (7.24) benötigten Modifkationen dieser Matrizen sind geringfügig. Weiterhin sind alle Matrizen nur auf Elementebene zu berechnen. Daher entspricht der Aufwand zur Berechnung der Vektoren $\boldsymbol{h}_1$, $\boldsymbol{h}_2$ etwa der Berechnung eines Residuums $\boldsymbol{G}$ und ist vergleichsweise gering.

Die vorgestellte analytische Bestimmung der Ableitung der Tangentenmatrix $\boldsymbol{K}_T$ nach den Verschiebungen hat eine relative einfache Struktur, da das Materialgesetz linear bezüglich des GREEN-LAGRANGEschen Verzerrungstensors und des 2. PIOLA-KIRCHHOFFschen Spannungstensors ist. Für die Klasse der hyperelastischen Materialien, die im Abschn. 3.3.1 besprochen wurden, ist es erheblich aufwendiger, die Ableitung von $\boldsymbol{K}_T$ zu bestimmen. Für die Klasse der Materialien vom OGDEN Typ – formuliert in den Hauptdehnungen – ist die analytische Form in (REESE 1994) oder (REESE and WRIGGERS 1995) zu finden. Noch komplexer wird die Bestimmung der Ableitung bei Strukturelementen wie Schalen und Balken für finite Rotationen, da dort, s. Abschn. 9.4, die Rotationen aus $SO(3)$ sind. Aus diesen Gründen kann es sinnvoll sein, die Ableitung der Tangente $\boldsymbol{K}_T$ auf numerischem Wege zu bestimmen. Dazu folgen wir der Arbeit (WRIGGERS und SIMO 1990)und gehen von der Definition von $\boldsymbol{K}_T$ aus, die aus der Richtungsableitung des Residuums $\boldsymbol{G}$ folgt

$$\boldsymbol{K}_T\,\boldsymbol{\phi} = \nabla_v\,\boldsymbol{G}\,(\boldsymbol{v},\lambda)\,\boldsymbol{\phi} = \frac{d}{d\epsilon}\,\boldsymbol{G}\,(\boldsymbol{v}+\epsilon\,\boldsymbol{\phi},\lambda)\Big|_{\epsilon=0} . \tag{7.26}$$

Durch Ausnutzung der Symmetrie der zweiten Ableitung von $\boldsymbol{G}$ kann die Richtungsableitung von $\boldsymbol{K}_T\,\boldsymbol{\phi}$ in Richtung von $\Delta\boldsymbol{v}$ in der folgenden äquivalenten Form geschrieben werden

$$\begin{aligned}\nabla_v\,[\,\boldsymbol{K}_T\,\boldsymbol{\phi}]\,\Delta\boldsymbol{v} &= \nabla_v\,[\,\nabla_v\,\boldsymbol{G}(\boldsymbol{v},\lambda)\,\boldsymbol{\phi}]\,\Delta\boldsymbol{v}\\ &= \nabla_v\,[\,\nabla_v\,\boldsymbol{G}(\boldsymbol{v},\lambda)\,\Delta\boldsymbol{v}]\,\boldsymbol{\phi}\,. \end{aligned} \tag{7.27}$$

Mit diesen Beziehungen können die Vektoren $\boldsymbol{h}_1$ und $\boldsymbol{h}_2$, die im Algorithmus in Box 7.3 auftreten, bestimmt werden. Dabei ist nur eine zusätzliche Auswertung der Tangentenmatrix $\boldsymbol{K}_T$ notwendig. Wir erhalten

$$\nabla_v\,[\,\boldsymbol{K}_T\,\boldsymbol{\phi}]\,\Delta\boldsymbol{v} = \frac{d}{d\epsilon}\,[\,\boldsymbol{K}_T(\boldsymbol{v}+\epsilon\,\boldsymbol{\phi})\,]\,\Delta\boldsymbol{v}\Big|_{\epsilon=0}\,. \tag{7.28}$$

Diese Beziehung wird jetzt in eine alternative Form gebracht, aus der die numerische Approximation direkt folgt

$$\nabla_v\,[\,\boldsymbol{K}_T\,\boldsymbol{\phi}]\,\Delta\boldsymbol{v} = \lim_{\epsilon=0}\,\frac{1}{\epsilon}\,[\,\boldsymbol{K}_T(\boldsymbol{v}+\epsilon\,\boldsymbol{\phi})\,\Delta\boldsymbol{v} - \boldsymbol{K}_T(\boldsymbol{v})\,\Delta\boldsymbol{v}\,]\,. \tag{7.29}$$

Mit einer festen Wahl des Parameters ϵ, s. auch Anmerkung 7.2, erhalten wir

$$\nabla_v\,[\,\boldsymbol{K}_T\,\boldsymbol{\phi}]\,\Delta\boldsymbol{v} \approx \frac{1}{\epsilon}\,[\,\boldsymbol{K}_T(\boldsymbol{v}+\epsilon\,\boldsymbol{\phi})\,\Delta\boldsymbol{v} - \boldsymbol{K}_T(\boldsymbol{v})\,\Delta\boldsymbol{v}\,]\,. \tag{7.30}$$

Die Anwendung dieser Näherung auf die Richtungsableitung innerhalb des in Box 7. 3 beschriebenen Algorithmus liefert die folgenden Ausdrücke für die Vektoren $\boldsymbol{h}_1$ und $\boldsymbol{h}_2$:

$$\begin{aligned}\boldsymbol{h}_1 &\approx \frac{1}{\epsilon}\,[\,(\boldsymbol{K}_T(\boldsymbol{v}+\epsilon\,\boldsymbol{\phi})\,\Delta\boldsymbol{v}_P - \boldsymbol{P}\,]\,,\\ \boldsymbol{h}_2 &\approx \boldsymbol{K}_T\,\boldsymbol{\phi} + \frac{1}{\epsilon}\,[\,(\boldsymbol{K}_T(\boldsymbol{v}+\epsilon\,\boldsymbol{\phi})\,\Delta\boldsymbol{v}_G + \boldsymbol{G}\,]\,.\end{aligned} \tag{7.31}$$

Man beachte, daß die Vektoren $\boldsymbol{P}$ und $\boldsymbol{G}$ bereits bekannt sind. Somit hält sich der numerische Aufwand zur Bestimmung der Vektoren $\boldsymbol{h}_\alpha$ $(\alpha = 1, 2)$ in Grenzen und erfordert nur eine zusätzliche Auswertung des Steifigkeitsmatrix: $\boldsymbol{K}_{T\gamma}(\boldsymbol{v}+\epsilon\,\boldsymbol{\phi})$.

ANMERKUNG 7.2: Folgende zusätzliche Überlegungen sind notwendig, um die Berechnung der numerischen Richtunsableitung effizient zu implementieren

1. *Die Funktionsauswertung von $\boldsymbol{K}_T$ muß nur einmal ausgeführt werden. Alle Matrixmultiplikationen in (7.31) können auf Elementebene durchgeführt werden, so daß die Matrix $\boldsymbol{K}_T(\boldsymbol{v}+\epsilon\boldsymbol{\phi})$ nicht assembliert werden muß. Die Assemblierung ist nur für die Vektoren $\boldsymbol{h}_\alpha$ durchzuführen.*
2. *Die Wahl des Parameters ϵ in (7.31) ist eine wesentlicher Faktor für die erfolgreiche Anwendung der numerischen Richtungsableitung. Die Wahl hängt von dem Vektor $\boldsymbol{\phi}$ sowie von der Computergenauigkeit ab. Eine Abschätzung für ϵ kann (*DENNIS *and* SCHNABEL *1983) entnommen werden und führt auf*

$$\epsilon = \max_{1<k<n}\;\phi_k\,\eta_{TOL}\,. \tag{7.32}$$

Hierin ist ϕ_k die k-te Komponente des Vektors $\boldsymbol{\phi} \in \mathbb{R}^n$. η_{TOL} ist die Konstante, die die Maschinengenauigkeit repräsentiert. Bei der Wahl doppelter Genauigkeit kann $\eta_{TOL} \approx 10^{-6}$ gesetzt werden.

7.2.3 Beispiel: Verzweigungspunkt eines Bogenträgers

Die vorgestellte direkte Methode zur Bestimmung von singulären Punkten soll am Beispiel des in Bild 7.4 dargestellten Bogenträgers in ihrer Wirkungsweise veranschaulicht werden.

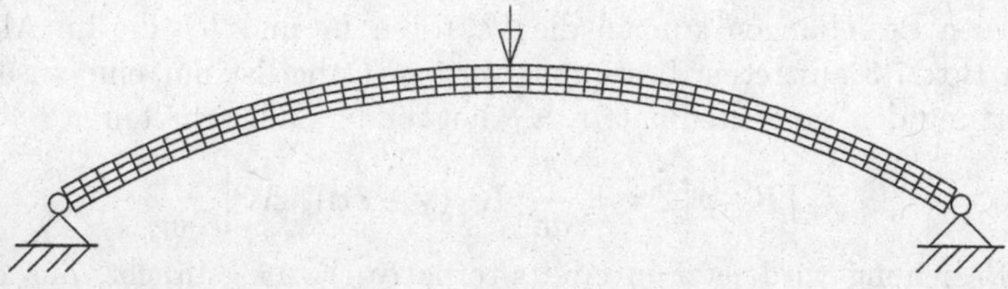

Bild 7.4 Bogenträger unter Einzellast

Der Innenradius beträgt $R_i = 100$ und der äußere Radius des Bogens hat den Wert $R_a = 103$, so daß die Dicke $t = 3$ ist. Der Bogen überspannt einen Bereich mit einem Winkel von $\alpha = 60^o$, er ist beidseitig gelenkig gelagert. Die Diskretisierung erfolgt durch isoparametrischen Elemente mit quadratischem Verschiebungsansatz, wobei 3 Elemente über die Dicke gewählt und insgesamt 150 Elemente verwendet wurden. Die nichtlineare Finite-Element-Formulierung entspricht der in Aufgabe 4.3 angegebenen. Die Parameter des St. Venant Materials sind $E = 40000$ und $\nu = 0.2$.

Wie man in Bild 7.5 erkennen kann, ist es möglich mit dem direkten Verfahren den Verzweigungspunkt B ausgehend von Startpunkt S direkt zu berechnen. Daß es sich um einen Verzweigungspunkt handelt, folgt aus der Auswertung von Gl. (7.13). Die zugehörige Iterationsfolge findet sich in der

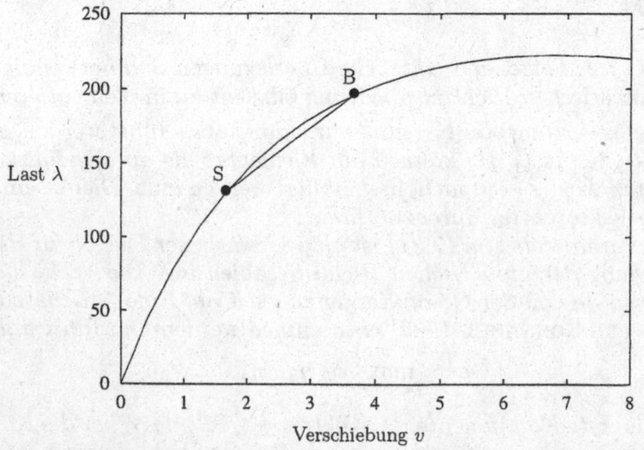

Bild 7.5 Berechnung des Verzweigungspunktes B

folgenden Tabelle. Man erkennt, daß das Verfahren schnell und quadratisch

Residuum	λ	v
1.3041823E+02	198.6	-3.0446E+00
9.6354141E+02	202.8	-3.4496E+00
4.9948826E+01	195.8	-3.6558E+00
2.1673679E+01	195.5	-3.6649E+00
3.0736882E-02	195.5	-3.6649E+00
2.6957110E-07	195.5	-3.6649E+00

konvergiert. Interessant ist, daß die Lösung schon im ersten Schritt einen Wert für den Lastparameter λ liefert, der mit nur 2 % Abweichung bereits sehr nahe der konvergierten Lösung liegt. Die zu dem Verzweigungspunkt gehörende Eigenform wird beim erweiterten System gemäß Box 7.3 gleich mitgeliefert. Sie ist in Bild 7.6 dargestellt.

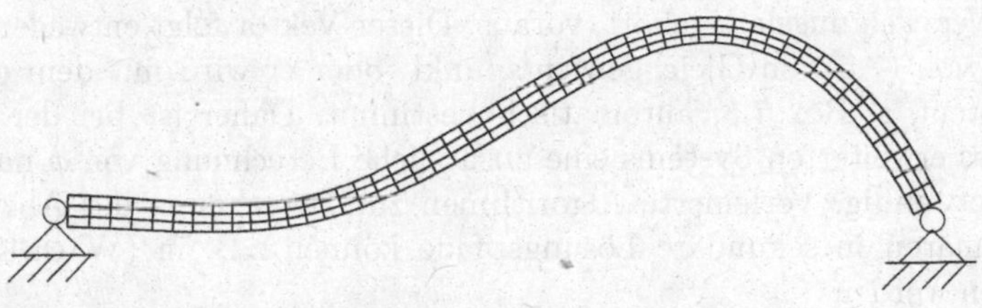

Bild 7.6 Eigenform des Bogens im Verzweigungspunkt B

7.3 Algorithmus für nichtlineare Stabilitätsprobleme

Die erweiterten Systeme stellen ein Werkzeug bereit, das der direketen Bestimmung singuläre Punkte dient. Da innerhalb einer nichtlinearen Pfadverfolgung mehrere singuläre Punkte auftreten können, ist es vorteilhaft, diese Methode mit den Bogenlängenverfahren des Abschn. 5.1.5 zu koppeln. Dabei wird das Bogenlängenverfahren benutzt, um dem nichtlinearen Lösungspfad zu folgen. Wird während der Berechnung ein Durchschlag- oder Verzweigungspunkt überschritten, dann schaltet man auf das erweiterte System um, um diesen Punkt in effizienter Weise zu bestimmen. Für diese Vorgehensweise benötigt man ein Kriterium, wann vom Bogenlängenverfahren auf das erweiterte System umzuschalten ist.

Dazu lassen sich zwei unterschiedliche heuristische Kriterien wählen. Das erste basiert auf der Betrachtung der Determinante der Tangentenmatrix $det\, \boldsymbol{K}_T$ längs des Lösungspfades. Treten Wendepunkte in dem Verlauf von det $\boldsymbol{K}_T$ auf, dann wird vom Bogenlängenverfahren auf das erweiterte System umgeschaltet. Damit sind relativ große Schritte möglich, um direkt die Instabilitätspunkte zu bestimmen. Der Wendepunkt in der Determinante wird abgewartet, damit der Algorithmus nicht den zurückliegenden singulären Punkt noch einmal berechnet. Die zweite Möglichkeit besteht darin, solange mit dem Bogenlängenverfahren den Lösungspfad zu verfolgen, bis sich die Anzahl der negativen Diagonalelemente von $\boldsymbol{K}_T$ ändert. Dies zeigt an, daß ein singulärer Punkt passiert wurde. Danach kann das erweiterte System zur schnellen und genauen Bestimmung dieses Punktes angewendet werden. Wie bereits besprochen, muß bei elasto-plastischen Stabilitätsproblemen ein Bisektionsverfahren angewendet werden, daß Entlastungen ausschließt und sich daher nur von einer Seite dem Stabilitätspunkt nähern kann. Der gesamte Algorithmus ist in Box 7.4 zusammengefaßt.

Hat man den Stabilitätspunkt gefunden, dann kann wieder auf das Bogenlängenverfahren umgeschaltet werden, um postkritische Lösungspfade zu berechnen. Im Fall von Verzweigungspunkten gibt es sowohl den Primär- als auch den Sekundärpfad. Um auf den abzweigenden Sekundärast zu gelangen, muß man eine spezielle Prozedur verwenden, s. z.B. (Wagner und Wriggers 1988) und Gl. (7.14). Dies setzt die Kenntnis des Eigenvektors $\boldsymbol{\phi}$, der zu der Verzweigungslast gehört, voraus. Dieser Vektor folgt entweder aus der Lösung von (7.5) am Gleichgewichtspunkt, oder er wird mit dem erweiterten System, s. Box 7.3, automatisch bestimmt. Daher ist bei der Anwendung des erweiterten Systems eine zusätzliche Berechnung von $\boldsymbol{\phi}$ nach (7.5) nicht notwendig. Verfeinerte Algorithmen zur Berechnung der Abzweigung von primären in sekundäre Lösungspfade können z.B. in (Wagner 1991) gefunden werden.

Abschließend soll noch auf Berechnung von Limit- und Verzweigungspunkten bei elasto-plastischen Problemen eingegangen werden. Unter der Voraussetzung einer assoziierten Fließregel, s. Abschn. 3.3.2, kann ein linearer Vergleichskörper nach (Hill 1958) eingeführt werden. Dieser Vergleichskörper wird verwendet, um die Verzweigungslasten, z.B. beim Einschnüren einer zylindrischen Zugprobe zu bestimmen. Dabei wird an dem entsprechenden Lastniveau von einer inkrementelle Formulierung mit zwei benachbarten Lösungen ausgegangen. Der zugehörige inkrementelle Materialtensor wird als konstant angenommen.
Diese Vorgehensweise schließt bei der Verzweigungsberechnung explizit die Entlastung aus. Diese Formulierung liefert dann Grenzen für plastische Verzweigungslasten, s. z.B. (Needleman 1972).

Algorithmen für die Behandlung elasto-plastischer Materialgesetze im Rahmen der Methode der finiten Elemente wurden für finite Deformationen im Abschn. 6.3.2 angegeben. Diese Formulierung liefert explizite Ausdrücke für die mit den Algorithmen konsistente Materialtangente, s. Abschn. 6.3.3. Das Einsetzen dieser Materialtangente in die Beziehungen für die im Newton-Verfahren benötigte Tangentenmatrix $\boldsymbol{K}_T$ führt auf die gleiche Struktur wie die Diskretisierung des Vergleichskörpers. Damit folgt, daß man die inkrementelle Beziehungen des NEWTON-Verfahrens benutzen kann, um die plastischen Verzweigungslasten zu berechnen. Man muß nur $\boldsymbol{K}_T$ am Gleichgewichtspunkt konstant halten und somit Entlastungen ausschließen. Der zu der Verzweigungslast gehörige Eigenvektor folgt dann aus (7.5). Entsprechende Berechnungen sind z.B. in (WRIGGERS und SIMO 1990) oder (WRIGGERS et al. 1992) zu finden.

1. Berechnung der Gleichgewichtspunkte auf dem Lösungspfad mittels des Bogenlängenverfahren, s. Algorithmus in Box 5.2

$$\boldsymbol{G}(\boldsymbol{v},\lambda) = \boldsymbol{R}(\boldsymbol{v}) - \lambda \boldsymbol{P} = \boldsymbol{0}$$

2. Beobachtung der Diagonalelemente oder der Determinante von $\boldsymbol{K}_T$:
   a) Wendepunkt im Determinantenverlauf oder Wechsel der Anzahl der negativen Diagonalemente: Gehe zu 3
   b) sonst: Gehe zu 1
3. Berechne singulären Punkt
   a) Im Fall eines elastischen Problem benutze erweitertes System:
      i. Berechne Startvektor für Eigenvektor $\boldsymbol{\phi}$ durch ein bis zwei Iterationsschritte ($i = 0, 1, 2,$) einer inversen Iteration

$$\boldsymbol{\phi}_{i+1} = \boldsymbol{K}_T^{-1}\,\boldsymbol{\phi}_i \quad \text{mit} \quad \boldsymbol{\phi}_0 = \boldsymbol{1}$$

      ii. Berechne singulären Punkt mit erweitertem System, s. Box 7.3

$$\hat{\boldsymbol{G}}(\boldsymbol{v},\lambda,\boldsymbol{\phi}) = \boldsymbol{0}$$

   b) Im Fall eines elasto-plastischen Problems verwende einseitge Bisektion:
      i. Starte mit der zuletzt berechneten Lösung
      ii. Wähle halbe Bogenlänge
      iii. Berechne nächsten Punkt auf Lösungspfad
      iv. Falls det $\boldsymbol{K}_T < TOL$: Gehe zu 4
      v. Wenn Anzahl der neg. Diagonalelemente konstant ist: Gehe zu 3(b)ii
      vi. sonst: Gehe zu 3(b)i
4. Typ des Stabilitätspunktes

$$\boldsymbol{\phi}^T\,\boldsymbol{P} = \begin{cases} \neq 0 \ldots \text{Limitpunkt} & \text{Gehe zu 1} \\ = 0 \ldots \text{Verzweigungspunkt} & \text{Gehe zu 4(a)(b)} \end{cases}$$

   a) Fortsetzung auf Primärast: Gehe zu 1
   b) Fortsetzung auf Sekundärast: Verwende (7.14) und gehe zu 1

Box 7.4: Kombinierter Algorithmus zur Berechnung von Instabilitätspunkten.

8. Adaptive Verfahren

Die Lösung von Problemen aus dem Bereich der Festkörpermechanik mittels der Methode der finiten Elemente ist – bis auf wenige, ganz spezielle Fälle, wo die FE Ansätze auch Lösung der Differentialgleichungen sind (z.B. Balken– oder Fachwerkelemente in der linearen Theorie) – immer fehlerbehaftet. Die Fehler setzen sich aus Diskretisierungsfehlern in Raum und Zeit als auch Geometriefehlern zusammen, die je nach Typ der Differentialgleichung unterschiedlich starken Einfluß besitzen.

Dazu kommen noch Fehler, die durch eine falsche Wahl des Modells hervorgerufen werden. Dies kann z.B. aus der Approximation einer dreidimensionalen Aufgabenstellung durch ein zweidimensionales oder sogar eindimensionales Modell resultieren, aber auch mit der unzureichenden Wahl einer konstitutiven Beziehung einhergehen, die das wirkliche physikalische Materialverhalten nicht richtig repräsentiert. Dieser Aspekt soll im folgenden nicht weiter verfolgt werden, es sei jedoch auf die Arbeiten (Stein and Ohnimus 1996) oder (Oden et al. 1996) und die dort enthaltenen Literaturstellen verwiesen.

Für den Anwender von Finite-Element-Methoden ist es daher wesentlich, die Größe des Fehlers der diskreten Lösung zu kennen, oder noch besser Verfahren bereitgestellt zu bekommen, die eine Lösung mit vorgegebener Fehlertoleranz liefern. Dies ist z.B. wichtig, wenn Probleme mit hohen, lokal auftretenden Gradienten behandelt werden, deren Ort a priori nicht bekannt ist. Man ist daher an adaptiven Methoden interessiert, die im Sinne einer gleichmäßigen Verteilung der Fehler im Finite-Element-Netz, automatisch eine optimale Lösung liefern. Unterschieden werden Verfahren, die unter den Namen h-, p- und r-Adaption bekannt sind. In Bild 8.1 sind diese verschiedenen Möglichkeiten zur Netzverfeinerung exemplarisch dargestellt, wobei davon ausgegangen wird, daß im unteren linken Teil des Netzes eine Verfeinerung notwendig wird.

Bei der h-Adaption wird die Elementgröße im Netz auf der Basis der berechneten Fehler angepaßt. Diese Vorgehensweise liefert FE-Netze mit einer größer werdenden Anzahl von Knoten, so daß auch der Aufwand zur Lösung der entstehenden Gleichungssysteme wächst. Für die Verfeinerung werden i.d.R. zwei unterschiedliche Verfahren gewählt. Bei dem ersten wird der ver-

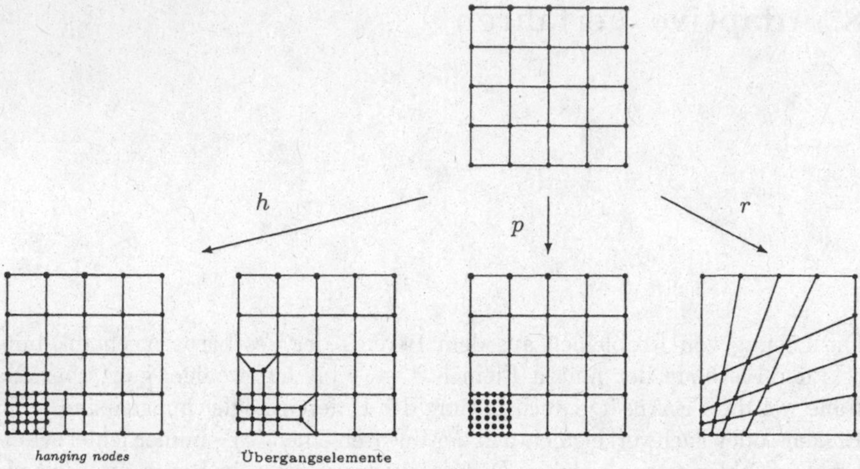

Abb. 8.1 h–, p– und r– Adaption

feinerte Bereich über Zwangsbedingungen an das vorhandene grobe Gitter gekoppelt, dabei werden sog. *hanging nodes* zugelassen. Bei der zweiten Methode erfolgt die Verfeinerung durch das Einfügen von Übergangselementen und liefert ein neues konformes Netz. s. Bild 8.1.

Die p-Adaption erhöht den Polynomgrad der Ansatzfunktionen. Damit treten entsprechend mehr Unbekannte im Rechenprozeß auf und die Bandbreite der Systemmatrix wächst stark an. Zusätzlich benötigt man erheblich mehr Rechenzeit, um die Elementmatrizen mit hohem Polynomgrad zu erzeugen.

Schließlich wird bei der r-Adaption eine Verschiebung der Knoten eines bestehenden Finite-Element-Netzes so durchgeführt, daß die Elementgrößen bei gegebener Knotenzahl bezüglich des Fehlers optimiert werden. Hierbei bleibt die Struktur und Größe des Gleichungssystems erhalten, es kann jedoch bei der Verschiebung der Knoten zu unerwünschten negativen JACOBImatrizen in den GAUSSpunkten kommen. Da die Anzahl der Elemente konstant ist, kann man mit dieser Methode bei komplexen Problemen unter Umständen eine vorgegebene Genauigkeit der Lösung nicht erfüllen.

Da man i.d.R. die exakte Lösung eines Problems nicht kennt, ist die Frage nach der absoluten Größe des Fehlers in den meisten Fällen nicht beantwortbar. Daher wollen wir uns hier darauf konzentrieren, Verfahren anzugeben, die es ermöglichen, den Fehler unter einer bestimmten Toleranzgrenze zu halten. Wegen der Unkenntnis der exakte Lösung ist es wesentlich, daß der Fehler *a posteriori* aus den Geometrie- und Materialdaten sowie einer berechneten Näherungslösung bestimmt werden kann. Die zugehörige mathematische Theorie ist für lineare Probleme weit entwickelt. Sie liefert Fehlerschätzungen, die für jedes Element eines FE-Netzes bestimmt werden können.

Grundsätzlich konvergiert eine Approximation eines elliptischen Variationsproblems mittels finiter Elemente nur dann, wenn die gewählte Polynomordnung k der Ansatzfunktionen die Ungleichung $k + 1 > m$ erfüllt, wobei m die Ordnung des Variationsproblems ist. m ist gleich der höchsten Ableitung, die im Variationsproblem auftritt. Diese Bedingung entspricht der ingenieurmäßig einsichtigen Forderung, daß die finiten Elemente in der Lage sein sollen, einen konstanten Verzerrungszustand exakt wiederzugeben.

Die Ordnung m eines Variationsproblems entspricht der Ordnung $2\,m$ der zugehörigen Differentialgleichung des Problems. Für lineare Elastizitätstheorie oder die POISSON Gleichung gilt $m = 1$, für die Platte $m = 2$.

Wird jetzt der Fehler zwischen der exakten Lösung $\mathbf{u}$ im Funktionenraum V und der Näherungslösung $\mathbf{u}_h$ im Raum der Ansatzfunktionen V_h des Verschiebungsfeldes durch $\mathbf{e} = \mathbf{u} - \mathbf{u}_h$ definiert, so gilt für ein elliptisches Variationsproblem

$$\| \mathbf{u} - \mathbf{u}_h \|_V \leq C \, \| \mathbf{u} - \boldsymbol{\eta} \|_V \qquad \forall \boldsymbol{\eta} \in V_h \,. \tag{8.1}$$

Dabei stellt V_h abstrakt den Ansatzraum der Finite-Element-Approximation dar. Die in (8.1) angegebene Norm ist bezüglich des Raumes V definiert, in dem eine eindeutige Lösung $\mathbf{u}$ des Variationsproblems existiert, das kurz als Bilinearform

$$a(\mathbf{u}\,, \boldsymbol{\eta}) = f(\boldsymbol{\eta}) \tag{8.2}$$

geschrieben werden kann. Für die lineare Elastizitätstheorie gilt beispielsweise mit (3.17) und (3.260)

$$\begin{aligned} a(\mathbf{u}, \boldsymbol{\eta}) &= \int_\Omega \boldsymbol{\varepsilon}(\boldsymbol{\eta}) \cdot \mathbb{C} \left[\boldsymbol{\varepsilon}(\mathbf{u}) \right] d\Omega \,, \\ f(\boldsymbol{\eta}) &= \int_\Omega \hat{\mathbf{b}} \cdot \boldsymbol{\eta} \, d\Omega + \int_{\Gamma_\sigma} \hat{\mathbf{t}} \cdot \boldsymbol{\eta} \, d\Gamma \end{aligned} \tag{8.3}$$

Es sei noch angemerkt, daß das Ergebnis (8.1) aus der Fehlerorthogonalität folgt, die sich aus der Differenz von (8.2) und $a(\mathbf{u}_h\,, \boldsymbol{\eta}) = f(\boldsymbol{\eta})$ ergibt:

$$a(\mathbf{u} - \mathbf{u}_h\,, \boldsymbol{\eta}) = 0 \,. \tag{8.4}$$

Die Ungleichung (8.1) liefert eine weitere bemerkenswerte Aussage: von allen im Raum V_h vorhandenen Funktionen $\boldsymbol{\eta}$ hat $\mathbf{u}_h$ die Eigenschaft, die beste Approximation der Lösung zu sein. D. h. mit der Methode der finiten Elemente berechnet man die beste Approximation $\mathbf{u}_h$ für eine gegebene Diskretisierung, ohne die exakte Lösung $\mathbf{u}$ zu kennen.

Mit der Wahl von $\boldsymbol{\eta} = \pi_h\, \mathbf{u}$, wobei $\pi_h\, \mathbf{u} \in V_h$ die Kurzschreibweise für eine Interpolation von $\mathbf{u}$ mit einer Ansatzfunktion gemäß Abschn. 4.1 darstellt, kann für (8.1)

$$\| \mathbf{u} - \mathbf{u}_h \|_V \leq C \, \| \mathbf{u} - \pi_h \, \mathbf{u} \|_V \tag{8.5}$$

geschrieben werden. Der auf der rechten Seite stehende Interpolationsfehler $\| \mathbf{u} - \pi_h \, \mathbf{u} \|_V$ läßt sich abschätzen, s. z.B. (JOHNSON 1987) oder (BRAESS 1992). Für lineare Tetraederelemente, s. (4.42), folgt z.B.

$$\| \mathbf{u} - \mathbf{u}_h \|_{H^1} \leq C \, h \, | \, \mathbf{u} \, |_{H^2} \, . \tag{8.6}$$

Hierin ist h eine charakteristische Elementabmessung der Finite-Element-Approximation, z.B. den Außenkreisdurchmesser des Elementes, s. Bild 8.2. Die Konstante C hängt vom gewählten Netz aber nicht von h ab und ist umso kleiner je regelmäßiger die Vernetzung ist. Nimmt man z.B. Dreiecke und läßt einen Innenwinkel der Dreieckselemente gegen null gehen, so geht C gegen Unendlich, d. h. die Näherungslösung hat dann sehr schlechte Konvergenzeigenschaften.

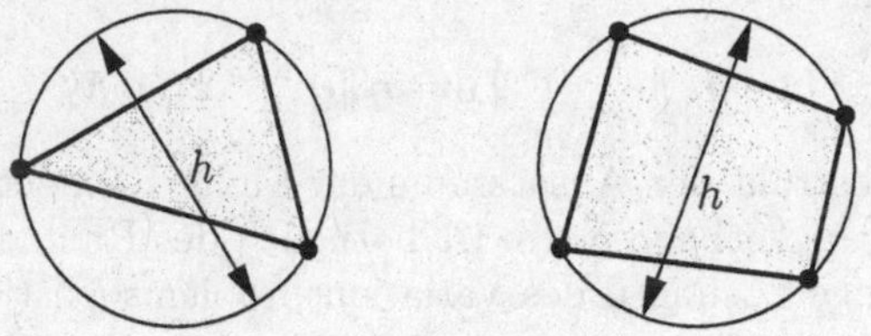

Bild 8.2 Definition der charakteristischen Elementabmessung h

Die Norm $\|\mathbf{u}\|_{H^s}$ in (8.6) ist in der folgenden Weise definiert

$$\|\mathbf{u}\|_{H^s} = \left\{ \int_\Omega [\, u_i \, u_i + u_{i,j} \, u_{i,j} + \cdots + u_{i,jk\ldots s} \, u_{i,jk\ldots s} \,] \, d\Omega \right\}^{\frac{1}{2}} < \infty \tag{8.7}$$

Hierin treten Ableitungen des Vektors $\mathbf{u}$ bis zum Grad s auf. Die mathematischen Räume, die mit diesen Normen verknüpft sind, werden auch SOBOLEV Räume genannt. Man sagt, daß eine Lösung $\mathbf{u}$, die Bedingung (8.7) erfüllt, im SOBOLEV Raum H^s liegt. Der Spezialfall

$$\|\mathbf{u}\|_{H^0} = \left\{ \int_\Omega [\, u_i \, u_i \,] \, d\Omega \right\}^{\frac{1}{2}} < \infty \tag{8.8}$$

wird auch als L^2-Norm ($\|\mathbf{u}\|_{H^0} = \|\mathbf{u}\|_{L^2}$) bezeichnet.

Eine für Problemstellungen der Elastizitätstheorie natürliche Norm ist die Energienorm

$$\|\mathbf{u}\|_E^2 = a(\mathbf{u} \, , \mathbf{u}) \, . \tag{8.9}$$

Man kann zeigen, daß die Energienorm unter der Voraussetzung

$$c\,\|\mathbf{u}\|_V \leq \|\mathbf{u}\|_E \leq C\|\mathbf{u}\|_V$$

mit den Konstanten $c > 0$ und $C > 0$, äquivalent zu der entsprechenden Sobolev Norm ist. Bei Elastizitätproblemen mit ausreichend glatten Rändern liegt die Lösung im Raum H^1.

Allgemein gilt für ein elliptisches Variationsproblem der Ordnung m, das mit einer konformen FE-Methode mit Ansätzen des Grades k approximiert wird, die asymptotische Konvergenzaussage

$$\| \mathbf{u} - \mathbf{u}_h \|_{H^s} = O(h^{min\,[\,k+1-s\,,2(k+1-m)\,]})\,, \tag{8.10}$$

s. z.B. (Strang and Fix 1973). Wertet man Gl. (8.10) für verschiedene Ansätze aus, so folgen z.B. für einen linearen Verschiebungsansatz ($k = 1$) bei einem linearen Elastizitätsproblem ($m = 1$) für die Norm mit ($s = 1$): $O(h^{min\,[2-1,2(2-1)]}) = O(h)$. Dieses Ergebnis entspricht (8.6) . Die allgemeine Aussage (8.10) läßt sich auf weitere elliptische Problemstellungen (z.B. Platten oder Schalen) anwenden, oder für Ansatzfunktionen auswerten, die einen höheren Polynomgrad aufweisen. Man sieht, daß höhere Polynomansätze zu schnellerer Konvergenz führen: so liefert z.B. bei dem Elastizitätsproblem $m = 1$, $s = 1$ and $k = 3$ die Ordnung $O(h^3)$.

Leider gelten diese Aussagen nur für Problemstellungen mit hinreichend glatten Rändern und einer stetigen Belastungsfunktion. Werden diese Voraussetzungen verletzt, so treten unter Umständen Singularitäten in der Lösung auf und die in (8.10) angegebenen Konvergenzordnungen können nicht mehr erreicht werden. Ein Beispiel dafür ist die Vorgabe von Einzellasten bei Elastizitätsproblemen, die zu einer Singularität unter der Last führt. In derartigen Fällen ist es nicht möglich, die Lösung durch höhere Polynomansätze zu verbessern, da die Lösung nicht entsprechend glatt ist. Man soolte dann eine h- oder r- Adaption bevorzugen.

Die zu den o. g. Aussagen führende mathematische Analysis basiert auf einer tiefen Kenntnis der Funktionalanalysis, so daß eine Beschäftigung mit diesem Thema hier den Rahmen des Buches sprengen würde. Die zu den Fehleraussagen gehörende mathematische Theorie kann detailliert z. B. in (Strang and Fix 1973), (Johnson 1987), (Braess 1992) oder (Verfürth 1996) studiert werden.

Durch die Verwendung eines adaptiven Verfahrens versucht man eine Lösung zu bestimmen, deren Näherungslösung $\mathbf{u}_h$ eine Schranke für ein vorgegebenes Fehlermaß, z.B. die Bedingung

$$\| \mathbf{u} - \mathbf{u}_h \|_{H^1} \leq TOL\,, \tag{8.11}$$

erfüllt. Dabei ist TOL eine vorgegebene Schranke. Wenn man den Fehler auf z.B. $\bar{\delta} = 5$ % beschränken will, dann kann anstelle von (8.11) auch

$$\delta = \frac{\| \mathbf{u} - \mathbf{u}_h \|_{H^1}}{\| \mathbf{u} \|_{H^1}} \times 100\% \tag{8.12}$$

als relatives Fehlermaß eingeführt werden und es gilt als Abbruchschranke für die adaptive Berechnung

$$\delta \leq \bar{\delta}. \tag{8.13}$$

Häufig wird in Ingenieuranwendungen die Energienorm zur Berechnung des relativen Fehlers herangezogen. Dann gilt

$$\delta = \frac{\| \mathbf{u} - \mathbf{u}_h \|_E}{\| \mathbf{u} \|_E} \times 100\% \leq \bar{\delta}. \tag{8.14}$$

Für die Berechnung des relativen Fehlers sind die bisher vorgestellten asymptotischen Aussagen nicht direkt anwendbar. Vielmehr muß der auf der linken Seite in (8.12) angegebene Fehler aus den bereits bekannten Näherungslösungen abschätzbar sein. Die dafür notwendigen Fehlerschätzer oder -indikatoren werden in den folgenden Abschnitten bereitgestellt. Diese wurden im wesentlichen unter der Voraussetzung der linearen Elastizität entwickelt.

Für die uns hier interessierenden nichtlinearen Problemstellungen existieren jedoch nur erste Ansätze, die auf der Behandlung der nichtlinearen Probleme im Tangentenraum (linearisiertes Problem) basieren. Viele den Ingenieur interessierende Aufgabenstellungen die z.B. inelastisches Materialverhalten bei großen Deformationen oder das Stabilitätsverhalten von komplizierten Schalenstrukturen betreffen sind heute nur mittels heuristisch erweiterter Fehlerschätzer zu behandeln, die wir Fehlerindikatoren nennen wollen. Die Konstruktion adaptiver Verfahren für derartige Problemstellungen ist Gegenstand der aktuellen Forschung, s. z.B. den Überblick in (VERFÜRTH 1996). Wir werden in den weiteren Abschnitten die Fehlerschätzer und -indikatoren mit Deformationen und Spannungen definieren, die auf den Tangentenraum bezogenen sind. Die entsprechenden Größen für die lineare Theorie ergeben sich dann einfach durch Auswertung im undeformierten Ausgangszustand.

Generell sind die folgenden Schritte innerhalb eines adaptiven Verfahren für zeitunabhängige Probleme durchzuführen:

1. Wähle ein geeignetes Startnetz, das die Geometrie des Problems ausreichend genau approximiert.
2. Löse das diskrete Problem.
3. Berechne den Fehlerschätzer oder -indikator.
4. Teste, ob der globale Fehler unterhalb der vorgegebenen Toleranzschranke liegt. Wenn ja, ist die Berechnung abgeschlossen. Wenn nein, muß ein neues FE-Netz konstruiert werden. Dabei sind bereits berechnete Deformationszustände und Geschichtsvariablen in geeigneter Weise auf das neue Netz zu projizieren. Danach ist mit Schritt 2 fortzufahren.

Das neue Netz wird im allgemeinen sowohl Verfeinerungen als auch Vergröberungen aufweisen.

Bei zeitabhängigen Aufgabenstellung unterscheiden wir dynamische Probleme, s. Abschn. 6.1 oder inelastische Aufgabenstellungen, s. Abschn. 6.2. Bei diesem Problemkreis kommen noch weitere Überlegungen hinzu, die die

Genauigkeit der Approximation in der Zeit und die Fehler bei der Übertragung geschichtsabhängiger Daten, z.B. der plastischen Variablen in Abschn. 6.2.2, betreffen. Dies bedeutet, daß man eine adaptive Zeitschrittkontrolle einzuführen hat und auch geeignete Projektionsalgorithmen für die Übertragung der geschichtsabhängigen Daten konstruieren muß. Die zugehörige mathematische Methodik befindet sich zur Zeit in der Entwicklung, s. z.B. (RANNACHER and SUTTMEIER 1997) oder (JOHNSON and HANSBO 1992).

8.1 Randwertproblem und Diskretisierung

Die in der Numerischen Mathematik selbstverständliche Fehleranalysis und die daraus resultierende Verbesserung von Näherungslösungen ist in den großen kommerziellen Finite-Element-Programmsystemen nur ansatzweise realisiert. Es werden jedoch in der Praxis immer mehr Aufgabenstellungen behandelt, die sehr komplex und daher für den Anwender der FEM bezüglich der Genauigkeit der gewählten Diskretisierung nicht einschätzbar sind. Mit steigender Rechnerleistung wird dies noch zunehmen. Daher werden heute auch in der Ingenieurpraxis Forderungen nach Lösungen mit kontollierter oder auch gewünschter Genauigkeit gestellt. Darüber hinaus sind bei derartig fortschreitendem Einsatz der FEM Robustheit und Zuverlässigkeit der Methode unabdingbar. Dies sind jedoch Forderungen, die über die Fehlerkontrolle bezüglich der Netzqualität hinausgehen und z.B. die nichtlinearen Lösungsverfahren betreffen, s. Kap. 5.

Im folgenden soll das Konzept von Netzanpassungen aufgrund von *a posteriori* Abschätzungen zunächst am Beispiel von linearen Elastizitätsproblemen dargelegt werden, die im Tangentraum einer nichtlinearen Berechnung auf der Basis der finiten Elastizität formulierbar sind. Damit wird die Methodik der Fehlerschätzung bei linearen Problemen auf die Behandlung von nichtlinearen Problemstellungen erweitert.

Unter den verschiedenen Verfahren zur Berechnung von Fehlerestimatoren und -indikatoren konkurrieren zur Zeit die folgenden Methoden

- residuale Fehlerschätzer, s. z.B. (BABUSKA and RHEINBOLDT 1978) oder (JOHNSON and HANSBO 1992),
- Fehlerindikatoren basierend auf Projektionsverfahren, s. (ZIENKIEWICZ and ZHU 1987), oder auf der *superconvergent patch recovery* Methode, s. (ZIENKIEWICZ and ZHU 1992),
- Fehlerschätzung durch die Anwendung von Gleichgewichtsbeziehungen auf Elementpatches, s. (LADEVEZE and LEGUILLON 1983), (AINSWORTH und ODEN 1992) oder (STEIN and OHNIMUS 1996), sowie
- Fehlerschätzung mittels dualer Methoden, s. z.B. (RANNACHER and SUTTMEIER 1997), (RAMM and CIRAK 1997).

Einige dieser Methoden sollen im folgenden kurz vorgestellt werden. Dazu wird zunächst das inkrementelle linearisierte Randwertproblem formuliert.

8.1.1 Randwertproblem für finite Elastizität

Die Gleichungen, die zu der Formulierung des Randwertproblem im Rahmen der Methode der finiten Elemente führen, sind im Kap. 3 und 4 ausführlich behandelt worden. Für die numerische Simulation von Problemen der finiten Elastizität mittels der Methode der finiten Elemente benötigen wir die schwache Form des Gleichgewichts, s. (3.278). Diese wird hier mit den auf die Momentankonfiguration bezogenen KIRCHHOFFschen Spannungen formuliert, s. auch (3.282)

$$\int_\Omega \boldsymbol{\tau} \cdot \nabla_x^S \boldsymbol{\eta} \, dV = \int_\Omega \bar{\mathbf{f}} \cdot \boldsymbol{\eta} \, dV + \int_\Gamma \bar{\mathbf{t}} \cdot \boldsymbol{\eta} \, dA \,, \tag{8.15}$$

Die Integration erfolgt bezüglich der Ausgangskonfiguration Ω. Der KIRCHHOFFsche Spannungstensor $\boldsymbol{\tau} = \mathbf{P}\,\mathbf{F}^T$ und der symmetrische Gradientenoperator $\nabla_x^S(\bullet) = \frac{1}{2}\,[\nabla_x(\bullet) + \nabla_x^T(\bullet)]$ werden in der Momentankonfiguration ausgewertet, s. auch (4.96). Abkürzend können wir für Gl. (8.15) schreiben

$$R(\boldsymbol{\varphi}\,,\boldsymbol{\eta}) = g\,(\boldsymbol{\varphi}\,,\boldsymbol{\eta}) - \lambda\, f\,(\boldsymbol{\eta}) = 0\,. \tag{8.16}$$

$\boldsymbol{\varphi}$ ist die Deformation und $\boldsymbol{\eta}$ die zugehörige Variation. Der Lastparameter λ wurde zur Skalierung der Belastung eingeführt. Explizit sind g und f durch

$$g\,(\boldsymbol{\varphi}\,,\boldsymbol{\eta}) = \int_\Omega \boldsymbol{\tau} \cdot \nabla_x^S \boldsymbol{\eta} \, dV \,,$$

$$f\,(\boldsymbol{\eta}) = \int_\Omega \bar{\mathbf{f}} \cdot \boldsymbol{\eta} \, dV + \int_{\Gamma_\sigma} \bar{\mathbf{t}} \cdot \boldsymbol{\eta} \, dA \tag{8.17}$$

gegeben. Hierin wurden deformationsabhängige Lasten, s. z.B. Aufgabe 3.12, nicht berücksichtigt, was aber grundsätzlich keine Schwierigkeit darstellt.

8.1.2 Das linearisierte Randwertproblem

Die Linearisierung der schwachen Form (8.16) wird bezüglich eines bekannten Deformationszustandes $\bar{\boldsymbol{\varphi}}$ berechnet

$$R\,(\bar{\boldsymbol{\varphi}} + \Delta\mathbf{u}\,,\boldsymbol{\eta}) = R\,(\bar{\boldsymbol{\varphi}}\,,\boldsymbol{\eta}) + Dg\,(\bar{\boldsymbol{\varphi}}\,,\boldsymbol{\eta}) \cdot \Delta\mathbf{u} + \cdots = 0 \tag{8.18}$$

mit $g\,(\bar{\boldsymbol{\varphi}}\,,\boldsymbol{\eta})$ gemäß (8.17). Die explizite Form der Linearisierung $Dg\,(\bar{\boldsymbol{\varphi}}\,,\boldsymbol{\eta}) \cdot \Delta\mathbf{u}$ bestimmt sich mit der Richtungsableitung aus $g\,(\bar{\boldsymbol{\varphi}}\,,\boldsymbol{\eta})$, s. Abschn. 3.5. Es folgt mit (8.17), s. auch (3.331),

$$Dg\,(\bar{\boldsymbol{\varphi}}\,,\boldsymbol{\eta}) \cdot \Delta\mathbf{u} = \int_\Omega \left(\nabla_{\bar{x}}^S \boldsymbol{\eta} \cdot \mathbb{C}_{\bar{x}}\,[\nabla_{\bar{x}}^S \Delta\mathbf{u}] + \overline{\mathrm{grad}}\,\boldsymbol{\eta} \cdot \overline{\mathrm{grad}}\Delta\mathbf{u}\,\bar{\boldsymbol{\tau}} \right) dV \,, \tag{8.19}$$

In (8.19) sind alle Ableitungen mit Bezug auf den bekannten Deformationszustand $\bar{\varphi}$ zu berechnen, dies wird in (8.19) durch $\bar{x}$ zum Ausdruck gebracht. Die Linearisierung der Spannungen führt auf den inkrementellen Materialtensor $\mathbb{C}_{\bar{x}}$, s. Abschn. 3.3.4.

Die Auswertung der inkrementellen schwachen Form (8.18) im undeformierten Ausgangszustand $\bar{\varphi} = \mathbf{X}$ führt auf die entsprechende Gleichung der geometrisch linearen Theorie. Diese wird als Bilinearform geschrieben, s. auch (8.2),

$$a(\Delta \mathbf{u}, \boldsymbol{\eta}) = f(\boldsymbol{\eta}) \tag{8.20}$$

mit der Definition

$$a(\Delta \mathbf{u}, \boldsymbol{\eta}) = Dg\,(\mathbf{X}, \boldsymbol{\eta}) \cdot \Delta \mathbf{u} = \int_{\Omega} [\,\nabla_X^S \boldsymbol{\eta} \cdot \mathbb{C}_X \, \nabla_X^S \Delta \mathbf{u}\,]\, dV\,. \tag{8.21}$$

Der konstitutive Tensor $\mathbb{C}_X$ ist bei der Auswertung im Ausgangszustand äquivalent zu dem klassischen HOOKEschen Materialtensor der linearen Theorie, s. (3.260). Weiterhin entspricht $\nabla_X^S \Delta \mathbf{u}$ dem Verzerrungstensor $\boldsymbol{\epsilon}(\mathbf{u}) = \frac{1}{2}\,[\operatorname{grad} \mathbf{u} + \operatorname{grad}^T \mathbf{u}\,]$ der lineare Elastizitätstheorie, wenn wir das Verschiebungsinkrement im Tangentenraum $\Delta \mathbf{u}$ gleich den Verschiebungen der linearen Theorie $\mathbf{u}$ setzen.

8.1.3 Diskretisierung

Um das Randwertproblem der nichtlinearen Elastizität im Rahmen der Methode der finiten Elemente zu lösen, muß eine Diskretisierung der schwachen Form (8.16) erfolgen. Dazu teilen wir das Gebiet $\mathcal{B}$ in nicht überlappende finite Elemente T mit dem Radius h_T gemäß Kap. 4 auf. Dies führt zu einem Ansatzraum der finiten Elemente der Form

$$\mathbf{V}_h = \{\boldsymbol{\eta} \in \mathbf{V} \mid \boldsymbol{\eta} \in C(\Omega),\, \boldsymbol{\eta}|_T \in [P(T)]^{ndim},\, \forall T\}\,, \tag{8.22}$$

worin $P(T)$ Polynome des Grades p_T auf T sind und $ndim$ die räumlich Dimension des Problems angibt. Damit erhalten wir die diskrete Version von (8.16)

$$R\,(\boldsymbol{\varphi}_h, \boldsymbol{\eta}) = g\,(\boldsymbol{\varphi}_h, \boldsymbol{\eta}) - \lambda\, f\,(\boldsymbol{\eta}) = 0 \quad \forall \boldsymbol{\eta} \in V_h\,, \tag{8.23}$$

die eine nichtlineare Gleichung bezüglich des Deformationszustandes darstellt. Für diese Gleichung ist jetzt die Lösung $\boldsymbol{\varphi}_h \in V_h$ zu finden, so daß $R(\boldsymbol{\varphi}_h, \boldsymbol{\eta}) = 0$ erfüllt ist. Mit Einführung der Matrixnotation gemäß Abschn. 4.2 schreibt sich (8.17) in der Form

$$g(\boldsymbol{\varphi}_h, \boldsymbol{\eta}) = \bigcup_{e=1}^{n_e} \boldsymbol{\eta}_e^T \int_{\Omega_e} \boldsymbol{B}^T \boldsymbol{\tau}_h \, dV = \boldsymbol{\eta}^T \boldsymbol{G}(\boldsymbol{v})$$

$$f(\boldsymbol{\eta}) = \bigcup_{e=1}^{n_e} \boldsymbol{\eta}_e^T \int_{\Omega_e} \mathbf{N}^T \bar{\mathbf{f}} dV + \bigcup_{e=1}^{n_\sigma} \boldsymbol{\eta}_e^T \int_{\Gamma_{\sigma e}} \mathbf{N}^T \bar{\mathbf{t}}\, dA = \boldsymbol{\eta}^T \boldsymbol{P}.$$

$\boldsymbol{N}$ enthält die Ansatzfunktionen und $\boldsymbol{B}$ die zugehörigen Gradienten, die sich auf die Momentankonfiguration beziehen, s. auch (4.98). Für beliebiges $\boldsymbol{\eta} \in V_h$ folgt mit den klassischen Argumenten der Variationsrechnung anstelle von (8.23) die Gleichung

$$\boldsymbol{R}(\boldsymbol{v}) = \boldsymbol{G}(\boldsymbol{v}) - \lambda\,\boldsymbol{P} = \boldsymbol{0}\,, \tag{8.24}$$

mit dem Lastparameter λ, s. auch (5.1). Gl. (8.24) stellt ein nichtlineares algebraisches Gleichungssystem dar, das für jede Laststufe $\lambda_{n+1} = \lambda_n + \Delta\lambda$ gelöst werden muß. Dies geschieht mittels des NEWTON-Verfahrens, s. Box 5.1 in Abschn. 5.1.1. Es folgt innerhalb der Laststufe λ_{n+1} der Algorithmus für $k = 0, 1, \dots$ bis zur Konvergenz:

$$\begin{aligned} D\,\boldsymbol{G}(\boldsymbol{v}_{n+1}^k)\,\Delta\boldsymbol{v}_{n+1}^k &= -\boldsymbol{R}(\boldsymbol{v}_{n+1}^k)\,, \\ \boldsymbol{v}_{n+1}^{k+1} &= \boldsymbol{v}_{n+1}^k + \Delta\boldsymbol{v}_{n+1}^k\,. \end{aligned} \tag{8.25}$$

Die Linearisierung lautet

$$D\,\boldsymbol{G}(\boldsymbol{v}_{n+1}^k) = \bigcup_{e=1}^{n_e} \int_{\Omega_e} (\,\boldsymbol{B}^T\,\mathbb{C}_{\bar{x}}\,\boldsymbol{B} + \boldsymbol{H}^T\,\bar{\boldsymbol{\tau}}\,\boldsymbol{H})\,dV\,, \tag{8.26}$$

mit dem inkrementellen Materialtensor $\mathbb{C}_{\bar{x}}$ und der Diskretisierung der Gradienten $\boldsymbol{H}$, s. auch (4.75). Alle Terme im Integral in (8.26) sind auf den bereits erreichten Verschiebungszustand $\mathbf{v}_{n+1}^k$ bezogen.

8.2 Fehlerschätzer und -indikatoren

Die Anwendung des GAUSS-Theorems auf das inkrementelle Randwertproblem (8.19) liefert den zum Deformationszustand $\bar{\varphi}$ gehörenden inkrementellen Operator

$$\mathbf{L}_{\bar{x}}(\mathbf{u}) = \mathrm{div}_{\bar{x}}\,\left(\mathbb{C}_{\bar{x}}\,[\,\nabla_{\bar{x}}^S\,\mathbf{u}\,] + \bar{\boldsymbol{\tau}}\,\nabla_{\bar{x}}^S\,\mathbf{u}\right) \tag{8.27}$$

Mit diesem kann (8.19) als

$$\mathbf{L}_{\bar{x}}(\mathbf{u}) = \Delta\lambda\,\mathbf{f} \tag{8.28}$$

formuliert werden, wobei $\mathbf{f}$ die Volumenbelastung darstellt. Hierin soll $\mathbf{u}$ die exakte Lösung sein. Im linearen Fall erhalten wir durch das Einsetzen der linear elastischen Materialgleichung (3.260) in die lokale Form der Impulsbilanz (3.63) den Operator

$$\mathbf{L}_X(\mathbf{u}) = \mathrm{div}\,\left(\mathbb{C}_X\,\left[\nabla_X^S\,\mathbf{u}\right]\right)\,. \tag{8.29}$$

Dies führt auf das lineare Randwertproblem

$$\mathbf{L}_X(\mathbf{u}) = \mathbf{f}\,. \tag{8.30}$$

Wir nehmen an, daß $\mathbf{u}$ die exakte Lösung von (8.28) oder (8.30) ist. Mit $\mathbf{u}_h$ wird die diskrete FE-Lösung bezeichnet. Mit

$$\mathbf{e}_u = \mathbf{u} - \mathbf{u}_h \tag{8.31}$$

definiert man den Fehler in den Verschiebungen. Entsprechend kann auch ein Fehler in den Spannungen angegeben werden

$$\mathbf{e}_\tau = \boldsymbol{\tau} - \boldsymbol{\tau}_h . \tag{8.32}$$

8.2.1 Fehlerschätzung bei nichtlinearen Problemen

Um die Fehler, die bei der numerischen Simulation von nichtlinearen Problemen auftreten, zu bestimmen, sind Fehlerschätzer für lineare Problemstellungen in geeigneter Weise zu modifizieren. Dabei lehnen wir uns an die Vorgehensweise von (RHEINBOLDT 1985) an, der Fehlerschätzer und -indikatoren für das linearisierte Problem an einem Gleichgewichtspunkt – hier mit $\bar{\varphi}$ bezeichnet – berechnet. Die Idee der mathematischen Formulierung wird im folgenden skizziert.

Es sei **G**, s. z.B. (8.16), ein nichtlinearer Operator der $\varphi \in V$ aus dem Raum der Deformationen V auf den Raum der Kräfte V^* abbildet

$$\mathbf{G}(\varphi) = \lambda \mathbf{P} . \tag{8.33}$$

λ ist der skalare Lastparameter, s. (8.24), und $\mathbf{P} \in V^*$ ist die vorgegebene Belastung. Im allgemeinen erhalten wir die vektorwertige Funktion **G** aus (8.16), indem wir die Variation durchführen.

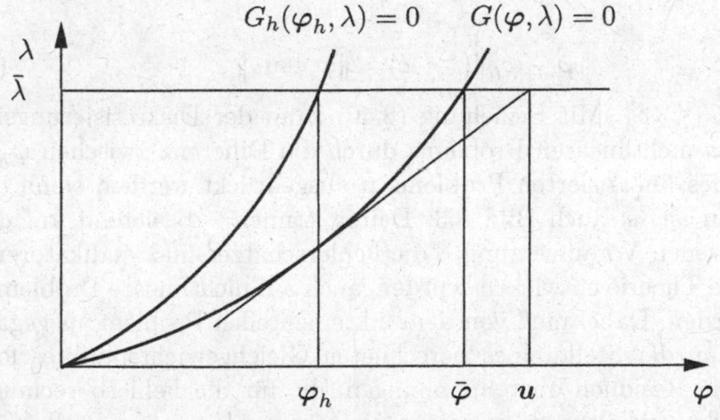

Bild 8.3 Fehlerschätzung für nichtlineare Probleme

Schließen wir aus, daß der betrachtete Gleichgewichtspunkt ein singulärer Punkt (Limit- oder Verzweigungspunkt) ist, so können wir annehmen, daß die Inverse der Richtungsableitung von **G** existiert und für jedes φ durch $\|\varphi - \bar{\varphi}\| \leq \delta_2$ beschränkt ist. Damit gilt

$$\|D\,\mathbf{G}^{-1}(\varphi)\| \leq C_1 \qquad \text{and} \qquad \|D^2\,\mathbf{G}(\varphi)\| \leq C_2\,, \tag{8.34}$$

wobei $(\bar{\varphi}\,,\bar{\lambda})$ der exakte Gleichgewichtspunkt ist, der den Deformationszustand beschreibt, an dem die Linearisierung durchgeführt wird. Durch eine Reihenentwicklung der Funktion $\mathbf{G}(\boldsymbol{\varphi})$ an der Stelle der Näherungslösung $\boldsymbol{\varphi}_h$, s. Bild 8.3, gelangt (RHEINBOLDT 1985) mit den Abschätzungen (8.34) zu dem Ergebnis

$$\|\mathbf{G}(\bar{\boldsymbol{\varphi}}) - \mathbf{G}(\boldsymbol{\varphi}_h) - D\mathbf{G}(\boldsymbol{\varphi}_h)\,(\boldsymbol{\varphi}_h - \bar{\boldsymbol{\varphi}})\| \leq \frac{1}{2}\,C_2\,\delta_2^2\,. \tag{8.35}$$

Hieraus folgt nach einigen Umrechnungen mit $(8.34)_1$

$$\|\bar{\boldsymbol{\varphi}} - \boldsymbol{\varphi}_h + D\mathbf{G}^{-1}(\boldsymbol{\varphi}_h)\,(\mathbf{G}(\boldsymbol{\varphi}_h) - \bar{\lambda}\mathbf{P})\| \leq \frac{1}{2}\,C_1\,C_2\,\delta_2^2\,. \tag{8.36}$$

Durch Einführung von

$$\mathbf{w} = \boldsymbol{\varphi}_h - D\mathbf{G}^{-1}(\boldsymbol{\varphi}_h)\,(\,\mathbf{G}(\boldsymbol{\varphi}_h) - \bar{\lambda}\mathbf{P}\,)\,, \tag{8.37}$$

folgt das lineare Problem

$$D\mathbf{G}(\boldsymbol{\varphi}_h)\,(\mathbf{w} - \boldsymbol{\varphi}_h) = -\mathbf{G}(\boldsymbol{\varphi}_h) + \bar{\lambda}\mathbf{P}\,, \tag{8.38}$$

dessen Lösung $\mathbf{w}$ ist. Aus (8.36) resultiert

$$\|\mathbf{w} - \bar{\boldsymbol{\varphi}}\| \leq \frac{1}{2}\,C_1\,C_2\,\delta_2^2\,. \tag{8.39}$$

oder auch

$$\|\bar{\boldsymbol{\varphi}} - \boldsymbol{\varphi}_h\|(1 + c) = \|\bar{\boldsymbol{\varphi}} - \mathbf{u}_h\|\,, \tag{8.40}$$

mit $|c| \leq \frac{1}{2}\,C_1\,C_2\,\delta_2^2$. Mit Beziehung (8.40) kann der Diskretisierungsfehler $\|\bar{\boldsymbol{\varphi}} - \boldsymbol{\varphi}_h\|$ des nichtlinearen Problems durch die Differenz zwischen $\boldsymbol{\varphi}_h$ und der Lösung des linearisierten Problems $\mathbf{u}$ ausgedrückt werden, wenn c hinreichend klein ist, s. auch Bild 8.3. Damit können – basierend auf der in (8.34) enthaltenen Voraussetzung – die Fehlerschätzer und -indikatoren, die für die lineare Theorie entwickelt wurden, auch auf nichtlineare Probleme angewendet werden. Dabei muß von dem inkrementellen Problem ausgegangen werden, das an der Stelle eines berechneten Gleichgewichtspunktes formuliert wird. Die Residuen oder Spannungen, die für die Fehlerberechnungen benötigt werden, erhält man dann aus der Lösung des an der Stelle $(\bar{\boldsymbol{\varphi}}_h, \bar{\lambda})$ linearisierten Problems (8.18)

$$D\,g(\boldsymbol{\varphi}_h, \bar{\lambda}) \cdot \mathbf{u}_h^{\epsilon} = -R(\boldsymbol{\varphi}_h, \bar{\lambda} + \epsilon\lambda)\,. \tag{8.41}$$

$D\,g(\boldsymbol{\varphi}_h, \bar{\lambda})$ ist die Linearisierung, die in (8.19) definiert wurde. ϵ ist ein Parameter, für den gilt $\epsilon \ll 1$. Daher beschreibt $\bar{\lambda} + \epsilon\lambda$ einen gestörten Belastungszustand in der Nähe von $(\boldsymbol{\varphi}_h, \bar{\lambda})$. Die Residuen und Spannungen für die Fehlerberechnung werden aus den zu diesem gestörten Belastungszustand gehörenden Verschiebungen $\mathbf{u}_h^\epsilon$ berechnet. Bei der Anwendung der Methode der finiten Elemente wird anstelle von (8.18) von der Lösung des diskretisierten Problems (8.25) ausgegangen. Dies führt auf

$$D\,\boldsymbol{G}(\bar{\mathbf{v}}, \bar{\lambda})\,\Delta \boldsymbol{v}_{n+1}^{\epsilon} = -\boldsymbol{R}(\bar{\mathbf{v}}, \bar{\lambda} + \epsilon\lambda). \tag{8.42}$$

8.2.2 Residuenbasierter Fehlerschätzer

Der zum Fehler der Verschiebungen $\mathbf{e}_u = \mathbf{u} - \mathbf{u}_h$ gehörige Fehler des inkrementellen Problems (8.42) kann durch eine Bilinearform für den Fehler in der Energie

$$\gamma_i(\mathbf{e}_u) = a_i(\mathbf{e}_u, \mathbf{e}_u) = \int\limits_{\Omega_{P_i}} \nabla_x^S(\mathbf{u} - \mathbf{u}_h) \cdot \mathbb{C}_x \, [\nabla_x^S(\mathbf{u} - \mathbf{u}_h)] \, d\,\Omega \tag{8.43}$$

ausgedrückt werden, wobei ∇_x^S der symmetrische Teil des Gradientenoperators ist. Ω_{P_i} stellt ein Teilgebiet (*Patch*) dar, das aus einer bestimmten Anzahl finiter Elemente Ω_e besteht. Nach (Babuska and Rheinboldt 1978) ergibt sich die Einschließung für den Fehler, wenn man über alle *M Patches* des Gebietes summiert

$$C_1 \sum_{i=1}^{M} \|\gamma_i(\mathbf{e}_u)\|_E^2 \leq \|\mathbf{e}_u\|_{H^1}^2 \leq C_2 \sum_{i=1}^{M} \|\gamma_i(\mathbf{e}_u)\|_E^2 \,. \tag{8.44}$$

Für die in (8.27) und (8.29) definierten Randwertaufgaben kann für die Estimatoren eine berechenbare Abschätzung angegeben werden.

$$\|\gamma_i(\mathbf{e}_u)\|_E^2 \leq h_i^2 \int\limits_{\Omega_{P_i}} [\mathbf{L}\,(\mathbf{u}_h) + \mathbf{f}]^T [\mathbf{L}\,(\mathbf{u}_h) + \mathbf{f}] \, d\,\Omega + h_i \int\limits_{\partial\Omega_{P_i}} \mathbf{J}(\bar{\boldsymbol{\tau}}_h)^T \mathbf{J}(\bar{\boldsymbol{\tau}}_h) \, ds, \tag{8.45}$$

wobei $\mathbf{J}$ die Spannungssprünge der Näherungslösung an den Patchrändern sind. Im Falle linearer Ansätze entfallen die Gebietsintegrale, die jedoch auch bei höheren Ansätzen häufig für die Berechnung von Fehlerestimatoren vernachlässigt werden.

Die hier angegebene Methodik wird in (Johnson and Hansbo 1992) in etwas anderer Form dargestellt, wobei die Fehlerterme nicht auf einem *Patch* von Elementen sondern direkt aus den Elementbeiträgen bestimmt werden. Die Autoren geben für linear elastische Problemstellungen einen residuenbasierten Fehlerschätzer für die Spannungen an, der sich wie der vorgenannte Fehlerschätzer aus verschiedenen Anteilen zusammensetzt, die das Gebiet und dessen Ränder betreffen. Man erhält

$$\|\,\bar{\boldsymbol{\tau}} - \bar{\boldsymbol{\tau}}_h\,\|_{E^{-1}}^2 \leq \|\,h\,C_1\,R_1(\bar{\boldsymbol{\tau}}_h)\,\|_{L^2(\Omega)}^2 + \|\,h\,C_2\,R_2(\bar{\boldsymbol{\tau}}_h)\,\|_{L^2(\partial\Omega)}^2 \tag{8.46}$$

mit den folgenden, auf einem finiten Element definierten Größen

$$\begin{aligned}
R_1(\bar{\boldsymbol{\tau}}_h) &= |\,R_1(\bar{\boldsymbol{\tau}}_h)\,| = |\operatorname{div}\bar{\boldsymbol{\tau}}_h + \mathbf{f}| && \text{in}\, T \\
R_2(\bar{\boldsymbol{\tau}}_h) &= \max_{S\in\partial T}\,\sup_S \frac{1}{2\,h_T}\,|\,[\,\bar{\boldsymbol{\tau}}_h\,\mathbf{n}_S\,]\,| && \text{auf}\,\partial T \\
\text{oder } R_2(\bar{\boldsymbol{\tau}}_h) &= \frac{1}{h_T}\,(\,\bar{\mathbf{t}} - \bar{\boldsymbol{\tau}}_h\,\mathbf{n}\,) && \text{auf}\,\partial T \cap \Gamma_\sigma
\end{aligned} \tag{8.47}$$

Hierin stellt Ω das diskretisierte Gebiet dar, $\partial\Omega$ ist der Rand des Gebietes und h_T ist eine charakteristische Elementabmessung, s. Bild 8.2. T bezeichnet die Fläche des finiten Elementes und ∂T seine Oberfläche oder Berandung. Die L^2-Norm wurde bereits in (8.8) definiert, die $\|\cdot\|_{E^{-1}}$ in (8.46) ist die komplementäre Energienorm (hier geschrieben im Spannungsraum)

$$\|\,\bar{\boldsymbol{\tau}} - \bar{\boldsymbol{\tau}}_h\,\|^2_{E^{-1}} = \int_\Omega (\,\bar{\boldsymbol{\tau}} - \bar{\boldsymbol{\tau}}_h\,)\cdot\mathbb{C}^{-1}_{\bar{x}}\,[\,\bar{\boldsymbol{\tau}} - \bar{\boldsymbol{\tau}}_h\,]\,d\Omega \tag{8.48}$$

mit dem inversen inkrementellen Elastizitätstensor $\mathbb{C}^{-1}_{\bar{x}}$.

Innerhalb der Finite-Element-Berechnung muß Gl. (8.47) bezüglich der Elementebene ausgewertet werden. Dies führt auf

$$\|\,\bar{\boldsymbol{\tau}} - \bar{\boldsymbol{\tau}}_h\,\|^2_{E^{-1}} \le C\,\sum_T\,[E_T(h_T, \mathbf{u}_h, \mathbf{f}_T)]^2\,. \tag{8.49}$$

E_T wird für jedes Element wie folgt bestimmt

$$\begin{aligned}
E_T^2 = h_T^2 \int_T |\operatorname{div}\bar{\boldsymbol{\tau}}_h + \mathbf{f}|^2 d\Omega \;+\; h_T \int_{\partial T\cap\Omega} \frac{1}{2}\,|\,[\mathbf{t}_h]\,|^2 d\Gamma \;+ \\
h_T \int_{\partial T\cap\Gamma_\sigma} |\,\bar{\mathbf{t}} - \mathbf{t}_h\,|^2\, d\Gamma
\end{aligned} \tag{8.50}$$

Die Ungleichung (8.49) liefert eine obere Schranke für den Fehler, die von der Abweichung von der diskreten Lösung und der Elementgröße abhängt. Der erste und dritte Term der rechten Seite beschreiben den Fehler im lokalen Gleichgewicht und in den Spannungsvektoren am Rand. Lokales Gleichgewicht, siehe den zweiten Term, bedeutet, daß $[\mathbf{t}_h] = \mathbf{0}$ ist. Der Sprung in den Spannungsvektoren an den Elementgrenzen wird durch $[\mathbf{t}_h]$ beschrieben.

Ein Problem bei den Fehlerschätzern, die auf der Auswertung der Residuen beruhen, liegt in der Bestimmung der Konstanten C_i. Werden diese nicht genügend genau abgeschätzt, dann kann zwar die Verteilung des Fehlers innerhalb des Finite-Element-Netzes gut wiedergegeben werden, aber die Schranke ist nicht scharf genug, um eine adaptive Rechnung kontrolliert beenden zu können. Weiterhin kann eine zu große Wahl – z.B. der Schranke C_1 für den Gebietsfehler – dazu führen, daß der zum zweiten Summanden in (8.46) gehördende Fehler unterdrückt wird, obwohl dieser auf den Gesamtfehler einen Einfluß hat. Oft werden die Konstanten zu eins gesetzt oder es werden Abschätzungen, die sich z.B. in (JOHNSON and HANSBO 1992) finden, verwendet. Diese sind aber i.d.R. nicht ausreichend genau, da sie für allgemeine Probleme mit beliebiger Geometrie gelten. Es ist jedoch auch möglich, die Konstanten aus vorangegangenen Finite-Element-Lösungen im adaptiven Prozeß zu bestimmen.

8.2.3 Fehlerindikator basierend auf der Z^2-Methode

Eine weitere Möglichkeit Fehler von Finite-Element-Berechnungen zu bestimmen, geht direkt von der komplementären elastischen Energie (8.48) aus. Ein einfacher – aber in vielen Fällen effizienter – Fehlerindikator wird durch ein Projektionsverfahren, s. (ZIENKIEWICZ and ZHU 1987), oder durch die sog. *superconvergent-patch-recovery* Technik nach (ZIENKIEWICZ and ZHU 1992) zur Verfügung gestellt. Neuere Untersuchungen haben gezeigt, daß diese Art der Berechnung von Fehlerindikatoren eine hohe Effektivität aufweist. Dies bedeutet, daß der durch die Methode abgeschätze Fehler dem wirklichen Fehler sehr nahe kommt, s. z.B. (BABUSKA et al. 1994).

Die Idee zur Ableitung des Fehlerindikators besteht darin, daß es in den Finite-Element-Netzen Punkte gibt, an denen die Genauigkeit der Spannungen von höherer Ordnung ist. Diese Eigenschaft wird auch mit Superkonvergenz bezeichnet, s. (ZIENKIEWICZ and TAYLOR 1989). I.d.R. sind bei Elementen mit niedriger Ordnung die Spannungen konstant im Element. Basierend auf den Spannungen in den superkonvergenten Punkten wird jetzt eine zweite Lösung konstruiert, die stetig ist, s. (ZIENKIEWICZ and ZHU 1992). Diese wird mit $\bar{\boldsymbol{\tau}}^*$ bezeichnet. Es soll hier noch darauf hingewiesen werden, daß diese Art der Spannungsberechnung auch dann zu verbesserten Ergebnissen führt, wenn die Punkte für die Spannungsberechnung keine superkonvergenten Punkte sind, dies wurde in (BABUSKA et al. 1994) numerisch verifiziert.

Abstrakt formuliert, liefert die Anwendung eines Projektionsoperators $\mathbb{P}$ die verbesserten Spannungen $\bar{\boldsymbol{\tau}}^*$

$$\int_{\Omega} \mathbb{P}\,[\,\bar{\boldsymbol{\tau}}^* - \bar{\boldsymbol{\tau}}_h\,]\, d\Omega = \mathbf{0}\,. \tag{8.51}$$

Eine effiziente Projektionstechnik zur Berechnung der Spannungen basiert auf einer *lumped* L^2 Projektion, s. (ZIENKIEWICZ and TAYLOR 1989). Dabei wird ausgehend von dem Fehlerquadratminimum zwischen den Spannungen an den superkonvergenten Punkten $\bar{\boldsymbol{\tau}}_h$ und den stetigen Spannungen $\bar{\boldsymbol{\tau}}^*$

$$\int_{\Omega} [\,\bar{\boldsymbol{\tau}}^* - \bar{\boldsymbol{\tau}}_h]^2\, d\Omega \rightarrow MIN \tag{8.52}$$

durch Einsetzen eines Polynomansatzes im Element für die stetigen Spannungen

$$\bar{\boldsymbol{\tau}}^* = \sum_{I=1}^{n} N_I \, \hat{\boldsymbol{\tau}}_I \tag{8.53}$$

ein Gleichungssystem zur Berechnung der Knotenspannungen $\hat{\boldsymbol{\tau}}_I$ aufgestellt. Das Minimum wird für

$$\boldsymbol{M}_p \, \hat{\boldsymbol{\tau}} = \boldsymbol{t}_p \tag{8.54}$$

angenommen. Hierin sind

$$\boldsymbol{M}_p = \bigcup_{e=1}^{n_e} \sum_{I=1}^{n} \sum_{K=1}^{n} \int_{\Omega_e} N_I \, N_K \, \boldsymbol{I} \, d\Omega$$

$$\boldsymbol{t}_p = \bigcup_{e=1}^{n_e} \sum_{I=1}^{n} \int_{\Omega_e} N_I \, \bar{\boldsymbol{\tau}}_h \, d\Omega \tag{8.55}$$

Matrizen und Vektoren. $\boldsymbol{M}_p$ entspricht bis auf das Fehlen der Dichte ρ_0 der in (4.58) definierten Massenmatrix. Eine besonders effiziente Lösung des Gleichungssystems (8.54) basiert auf der Einführung einer *lumped* Matrix anstelle von $\boldsymbol{M}_p$, die auf eine Diagonalstruktur von $\boldsymbol{M}_p$ führt, s. Anmerkung 4.2.

Ein anderes Projektionsverfahren wurde z.B. in (ZIENKIEWICZ and ZHU 1992) vorgestellt. Diese gehen von einer Ausgleichsrechnung mit Hilfe der superkonvergenten Punkte aus, welche eine gute Fehlerindikation liefert. Wie auch bei der oben dargestellten L^2-Projektion ergeben sich am Rand nicht so gute Resultate. Verbesserte Methoden zur Fehlerindikation am Rand sind in (WIBERG et al. 1994) zu finden.

Basierend auf (8.53) kann man mit (8.48) eine Näherung für den Fehler berechnen

$$\| \bar{\boldsymbol{\tau}} - \bar{\boldsymbol{\tau}}_h \|^2_{E^{-1}} \le \int_{\Omega} (\, \bar{\boldsymbol{\tau}}^* - \bar{\boldsymbol{\tau}}_h \,) \cdot \mathbb{C}^{-1} [\, \bar{\boldsymbol{\tau}}^* - \bar{\boldsymbol{\tau}}_h \,] \, d\Omega \,. \tag{8.56}$$

Der Gesamtfehler in (8.56) berechnet sich aus der Summe der einzelnen Fehleranteile über alle Elemente T:

$$\| \bar{\boldsymbol{\tau}} - \bar{\boldsymbol{\tau}}_h \|^2_{E^{-1}} = \| \mathbf{e}_\tau \|^2_{E^{-1}} \le \sum_T \| \mathbf{e}_\tau \|^2_T \tag{8.57}$$

mit

$$\| \mathbf{e}_\tau \|^2_T = \int_T (\, \bar{\boldsymbol{\tau}}^* - \bar{\boldsymbol{\tau}}_h \,) \cdot \mathbb{C}^{-1} [\, \bar{\boldsymbol{\tau}}^* - \bar{\boldsymbol{\tau}}_h \,] \, d\Omega \,. \tag{8.58}$$

Der Vorteil dieses Verfahrens liegt darin, daß keine Konstanten zu berechnen sind.

8.2.4 Fehlerestimatoren basierend auf dualen Methoden

Die Strategien zur Berechnung von Fehlern der Finite-Element-Lösungen, die in den vorangegangenen Abschnitten besprochen wurden, basieren auf globalen Aussagen wie der z.B. Gesamtenergie. Dabei werden die dort benötigten Spannungen entweder aus lokalen Residuen oder durch ein *postprocessing* der Spannungen mit bestimmt. In praktischen Anwendungen ist die Energie jedoch nicht die Größe, die der Anwender kontrollieren möchte. Dies sind eher die Verschiebungen oder die Spannungen selbst. Aus diesem Grund sind in letzter Zeit Methoden entwickelt worden, die auf lokalen Fehlerfunktionalen basieren, in denen die Verschiebungen oder Spannungen explizit auftreten. Mathematische Analysen hierzu sind in (BECKER and RANNACHER 1996) und (RANNACHER and SUTTMEIER 1997) zu finden. Auf Ingenieuraufgaben im Bereich der Schalenstatik wurden diese Methoden von (RAMM and CIRAK 1997) oder in der Kontaktmechanik von (WRIGGERS et al. 2000) angewendet.

Der Fehlerestimator basiert auf einer weiteren Auswertung des zu dem Finite-Element-Problem gehörenden Gleichungssystems und durch Anwendung der bekannten Fehlerestimatoren oder Indikatoren zur Abschätzung der auftretenden Konstanten. Insgesamt ergibt die Kombination des Diskretisierungsfehlers für das Ausgangs- und das duale Problem die gewünschte Fehlergröße. Der formale Zugang ist im folgenden dargestellt.

Fehlerkontrolle für Verschiebungen. Wie bei der Berechnung der Residuenfehlerschätzer gehen wir auch hier von der Differentialgleichung (8.29) für den Diskretisierungfehler $\mathbf{e}_u = \mathbf{u} - \mathbf{u}_h$ aus

$$\mathbf{L}_{\bar{x}}(\mathbf{u} - \mathbf{u}_h) = \mathbf{L}(\mathbf{e}_u) = \mathbf{f} - \mathbf{L}_{\bar{x}}(\mathbf{u}_h) = \mathbf{R}_1 \tag{8.59}$$

Hierin bezeichnet $\mathbf{L}_{\bar{x}}$ den Differentialoperator des inkrementellen oder linearen Problems. $\mathbf{R}_1$ ist das zur inneren Energie des Elementes gehörende Residuum. Mit der Testfunktion $\boldsymbol{\eta}$ kann man für die schwache Form des Gleichgewichts auch die Bilinearform

$$a(\mathbf{e}_u, \boldsymbol{\eta}) = \sum_T \Bigg[\int_T (\operatorname{div} \bar{\boldsymbol{\tau}}_h + \mathbf{f}) \cdot \boldsymbol{\eta} \, d\Omega + \int_{\partial T \cap \Gamma_\sigma} (\hat{\mathbf{t}} - \bar{\boldsymbol{\tau}}_h \mathbf{n}) \cdot \boldsymbol{\eta} \, d\Gamma + \int_{\partial T \cap \Omega} \frac{1}{2} [\mathbf{t}_h] \cdot \boldsymbol{\eta} \, d\Gamma \Bigg] \tag{8.60}$$

angeben. Das erste Integral repräsentiert die virtuelle innere Arbeit, die von den Spannungen längs der virtuellen Verzerrungen geleistet wird. Das zweite Integral enthält die virtuelle Arbeit der Sprungterme in den Spannungsvektoren längs der Ränder, an denen Spannungen vorgegeben sind. Im dritten Integral ist die virtuelle Arbeit der Spannungssprünge zwischen den einzelnen Elementen im Netz enthalten. Der Faktor 1/2 resultiert daraus, daß im

Inneren des Gebietes immer zwei finite Elemente eine gemeinsame Kante besitzen.

Zur Vereinfachng der Schreibweise werden in $\mathbf{R}_1$ alle elementinternen und in $\mathbf{R}_2$ alle Sprungresiduen zusammengefaßt

$$a(\mathbf{e}_u, \boldsymbol{\eta}) = \sum_T \{(\mathbf{R}_1, \boldsymbol{\eta})_T + (\mathbf{R}_2, \boldsymbol{\eta})_{\Gamma_T}\} . \tag{8.61}$$

Um den Fehler für eine bestimmte Verschiebung (z.B. die Verschiebungskomponente i am Punkt $\mathbf{x} = \hat{\mathbf{x}}$) zu bestimmen, wird zusätzlich das duale Problem

$$\operatorname{div} \boldsymbol{\tau}(\mathbf{G}) + \boldsymbol{\delta}_i(\hat{\mathbf{x}}) = \mathbf{0} \tag{8.62}$$

betrachtet, das in schwacher Form

$$a(\mathbf{G}, \boldsymbol{\eta}) = (\boldsymbol{\delta}_i, \boldsymbol{\eta}) \tag{8.63}$$

lautet. Hierin ist $\boldsymbol{\delta}_i$ der DIRACsche Deltavektor in Richtung i, der einer Einzellast entspricht. $\mathbf{G}$ bezeichnet die zugehörige GREENsche Funktion.

Durch Anwendung des Satzes von BETTI-MAXWELL auf die Bilinearform des Fehlers (8.61) und auf das duale Problem (8.63) folgt die Beziehung

$$(\mathbf{e}_u, \boldsymbol{\delta}_i) = \sum_T \{(\mathbf{R}_1, \mathbf{G})_T + (\mathbf{R}_2, \mathbf{G})_{\Gamma_T}\} . \tag{8.64}$$

Der Term auf der linken Seite entspricht der Arbeit einer Einzellast längs des Fehlers $\mathbf{e}$. Er ist damit gleich dem lokalen Fehler $e_i(\hat{\mathbf{x}})$ der i-ten Komponente der Verschiebung am Punkt $\hat{\mathbf{x}}$.
Setzt man jetzt $\mathbf{G}$ in die Gl. (8.61) anstelle der Testfunktion $\boldsymbol{\eta}$ ein, so kann der lokale Fehler durch die Bilinearform

$$e_i(\hat{\mathbf{x}}) = a(\mathbf{e}_u, \mathbf{G}) \tag{8.65}$$

augedrückt werden. Die Lösung des dualen Problems ist nicht bekannt, sie kann aber numerisch bestimmt werden. Dazu verwendet man die gleiche Diskretisierung, jedoch mit veränderter rechter Seite, die durch eine Einzellast in Richtung der zu bestimmenden Verschiebungskomponente gegeben ist. Es ist also nur ein weiterer Lastfall bei gleichbleibender Systemmatrix zu berechenen.

Mit Berücksichtigung der GALERKIN Orthognalität (der Fehler ist orthogonal zum Ansatzraum: $a(\mathbf{e}_u\,, \mathbf{G}_h) = 0$, s. z.B. (8.4) oder (JOHNSON 1987) schreibt sich der lokale Fehler durch Hinzunahme der FE-Approximation des dualen Problems $\mathbf{G}_h$ als

$$e_i(\hat{\mathbf{x}}) = a(\mathbf{e}_u\,, \mathbf{G} - \mathbf{G}_h) . \tag{8.66}$$

Durch Anwendung der CAUCHY-SCHWARZ Ungleichung ($|\,(\mathbf{u}\,, \mathbf{v})\,| \leq \|\mathbf{u}\|\,\|\mathbf{v}\|$, mit $(\mathbf{u}\,, \mathbf{v}) = \int_\Omega \mathbf{u} \cdot \mathbf{v}\, d\Omega$ und $\|\mathbf{u}\|^2 = \int_\Omega \mathbf{u} \cdot \mathbf{u}\, d\Omega$) folgt eine Schätzung des lokalen Fehlers, die sich aus der Wichtung der Fehlerenergie des primalen Problems $a(\mathbf{e}_u\,, \mathbf{e}_u)$ (8.61) und der Fehlerenergie des dualen Problems $a(\mathbf{G}-\mathbf{G}_h, \mathbf{G}-\mathbf{G}_h)$ (8.63) ergibt,

$$e_i^2(\hat{\mathbf{x}}) \leq a(\mathbf{e}_u\,, \mathbf{e}_u)\, a(\mathbf{G}-\mathbf{G}_h, \mathbf{G}-\mathbf{G}_h)\,. \tag{8.67}$$

Der zweite Term wirkt wie eine Wichtungsfunktion, die den Einfluß der Gesamtfehlerverteilung im Sinne des lokalen Verschiebungsfehlers herausfiltert. Ungleichung (8.67) kann elementweise berechnet werden

$$e_i^2(\hat{\mathbf{x}}) \leq \sum_T a(\mathbf{e}_u\,, \mathbf{e}_u)_T\, a(\mathbf{G}-\mathbf{G}_h, \mathbf{G}-\mathbf{G}_h)_T\,. \tag{8.68}$$

Die einzelnen Terme können jetzt durch die Methoden der letzten beiden Abschnitte abgeschätzt und damit berechnet werden. Nimmt man z.B. den Fehlerindikator nach (Zienkiewicz and Zhu 1987), dann lassen sich die Terme in (8.68) durch

$$a(\mathbf{e},\mathbf{e})_T = \int\limits_{\Omega_T} (\boldsymbol{\tau}^*(\mathbf{u}_h) - \boldsymbol{\tau}(\mathbf{u}_h)\,)\cdot \mathbb{C}^{-1}[\boldsymbol{\tau}^*(\mathbf{u}_h) - \boldsymbol{\tau}(\mathbf{u}_h)\,]\, d\Omega \tag{8.69}$$

und

$$a(\mathbf{G}-\mathbf{G}_h, \mathbf{G}-\mathbf{G}_h)_T = \int\limits_{\Omega_T} (\boldsymbol{\tau}^*(\mathbf{G}_h) - \boldsymbol{\tau}(\mathbf{G}_h)\,)\cdot \mathbb{C}^{-1}[\boldsymbol{\tau}^*(\mathbf{G}_h) - \boldsymbol{\tau}(\mathbf{G}_h)\,]\, d\Omega\,. \tag{8.70}$$

näherungsweise berechnen. Mit der gleichen Begründung wie in den vorangegangenen Abschnitten werden die Spannungen, die zur Auswertung von (8.69) und (8.70) benötigt werden, als Lösung des zugehörigen linearisierten Problems gewonnen, s. Gl. (8.42) (Dies ist zwar mathematisch nicht vollständig konsistent, führt aber i.d.R. zu guten Abschätzungen; für die mathematisch korrekte Behandlung s. (Rannacher and Suttmeier 1997). Die Spannungen $\bar{\boldsymbol{\tau}}(\varphi_h)$ und die zugehörigen verbesserten Spannungen $\bar{\boldsymbol{\tau}}^*(\varphi_h)$ folgen also aus dem gestörten Belastungszustand $\bar{\lambda} + \epsilon\lambda$, der eine Lösung in der Nähe des Gleichgewichtpunktes $(\bar{\varphi}_h, \bar{\lambda})$ und damit des linearisierten Problems liefert. In gleicher Weise werden $\boldsymbol{\tau}(\mathbf{G}_h)$ und $\boldsymbol{\tau}^*(\mathbf{G}_h)$ bestimmt. Diese folgen aus der Zunahme der Verschiebungen unter einer zusätzlichen Einzellast $\boldsymbol{\delta}_i$.

Analog wie in Gl. (8.12) kann der absolute Fehler in (8.68) durch ein relatives Fehlermaß ersetzt werden

$$\eta = \sqrt{\frac{e^2(\hat{\mathbf{x}})}{e^2(\hat{\mathbf{x}}) + u_h^2(\hat{\mathbf{x}})}}\,. \tag{8.71}$$

Berechnung des Spannungsfehlers. Lokale Fehler der Spannungen in einem bestimmten Punkt $\hat{\mathbf{x}}$ können in derselben Weise wie im letzten Abschnitt geschätzt werden. Hier muß jetzt jedoch eine Diskontinuität für die zugehörigen Verschiebungen im dualen Problem vorgegeben werden. Dies führt auf

$$\operatorname{div} \boldsymbol{\tau}(\mathbf{z}) + \frac{\partial}{\partial x_j} \boldsymbol{\delta}_i(\hat{\mathbf{x}}) = \mathbf{0}\,. \tag{8.72}$$

Wendet man wieder das Reziprozitätstheorem an und verwendet anschließend die GALERKIN Orthogonalität mit der CAUCHY-SCHWARZ Ungleichung, dann kann der Fehler im Verschiebungsgradient oder in dem zugehörigen Spannungswert durch

$$(\mathbf{e}_u, \frac{\partial}{\partial x_j} \boldsymbol{\delta}_i) = \frac{\partial e_i(\hat{\mathbf{x}})}{\partial x_j} = \sum_T \{(\mathbf{R}_1, \mathbf{z})_{\Omega_T} + (\mathbf{R}_2, \mathbf{z})_{\Gamma_T}\} = a(\mathbf{e}_u\,, \mathbf{z} - \mathbf{z}_h) \tag{8.73}$$

berechnet werden. Um die Diskontinuität einer Verschiebung in einem zwei- oder dreidimensionalen Problem aufzubringen, ist es erforderlich eine Regularisierung vorzunehmen. Die einfachste Vorgehensweise besteht darin, den Sprung in der Verschiebungskomponente durch eine sich im Gleichgewicht befindende Kräftegruppe zu ersetzen. Praktisch werden zwei gleich große Einzellasten an zwei benachbarten Knoten im Finite-Element-Netzes in entgegengesetzter Richtung angebracht, die nah dem Punkt $\hat{\mathbf{x}}$ sind, an dem der Verschiebungssprung wirkt.

8.3 Fehlerschätzung für Plastizität

Bei inelastischen Problemstellungen kommt neben dem Diskretisierungsfehler im Raum auch noch der in der Zeit hinzu. Letzterer hängt mit dem in Abschn. 6.2 gewählten Integrationsalgorithmus zusammen. Da sich die Fehlerschätzung für den Zeitfehler noch im Entwicklungsstadium befindet – Ansätze hierzu finden sich s. z.B. (LADEVEZE 1998) – wollen wir hier nur den räumlichen Diskretisierungsfehler innerhalb eines Zeitschrittes $\Delta t = [\, t_n\,,\, t_{n+1}\,]$ betrachten. Die im folgenden angewandte Methodik wurde in (WRIGGERS und SCHERF 1995) vorgestellt. Weitere Fehlerabschätzungen für elastoplastische Probleme können den Arbeiten von (BASS and ODEN 1987), (JOHNSON and HANSBO 1992), (PERIC and OWEN 1994), (FOURMENT and CHENOT 1995) und (RANNACHER and SUTTMEIER 1997) entnommen werden.

Um den Formalismus für die Herleitung des Fehlerindikators zu vereinfachen, wird elastoplastisches Materialverhalten mit linearer isotroper Verfestigung betrachtet, s. Abschn. 6.2.2. Dies stellt aber für die Anwendung des Fehlerindikators auch auf kompliziertere elastoplastische Materialgleichungen keine Einschränkung dar.

Für den Fall der VON MISES Plastizität mit linearer isotroper Verfestigung sind zur Zeit t_n die plastischen Dehnungen $\boldsymbol{\varepsilon}_n^p$ und die Verfestigungsvariable

$\hat{\alpha}_n$) bekannt. Das in 6.2.2 beschriebene Projektionsverfahren zur Integration der elastoplastischen Materialgleichungen geht von dem *trial* Zustand für die Deviatorspannungen und die Verfestigungsvariable

$$\begin{aligned} \mathbf{s}_{n+1}^{tr} &= 2\,\mu\,(\,\mathbf{e}_{n+1} - \mathbf{e}_n^p\,)\,, \\ \hat{\alpha}_{n+1}^{tr} &= \hat{\alpha}_n \end{aligned}$$

aus. Die Projektion auf die Fließfläche liefert gemäß $(6.82)_3$ und (6.83) die Spannungen und die Verfestigungsvariable zur Zeit t_{n+1}

$$\begin{aligned} \mathbf{s}_{n+1} &= \mathbf{s}_{n+1}^{tr} - 2\,\mu\,\Delta\gamma_{n+1}\,\mathbf{n}_{n+1}\,, \\ \hat{\alpha}_{n+1} &= \hat{\alpha}_{n+1}^{tr} + \sqrt{\tfrac{2}{3}}\,\Delta\,\gamma_{n+1}\,. \end{aligned}$$

Der hierin auftretende Konsistenzparameter $\Delta\gamma_{n+1}$ kann für lineare isotrope Verfestigung explizit angegeben werden, s. auch (6.92),

$$\Delta\,\gamma_{n+1} = \frac{f_{n+1}^{tr}}{2\,\mu + \frac{2}{3}\,\hat{H}}\,, \tag{8.74}$$

wobei f_{n+1}^{tr} die mit den *trial* Größen ausgewertete Fließbedingung ist

$$f_{n+1}^{tr} = \|\,\mathbf{s}_{n+1}^{tr}\,\| - \sqrt{\frac{2}{3}}\,(Y_0 + \hat{H}\,\alpha_{n+1}^{tr}\,)\,. \tag{8.75}$$

Diese Beziehungen lassen sich jetzt mit Berücksichtigung des Elastizitätsgesetzes für isotropes Material nach den Gesamtverzerrungen $\boldsymbol{\varepsilon}_{n+1}$ zur Zeit t_{n+1} auflösen

$$\boldsymbol{\varepsilon}_{n+1} - \mathbf{e}_n^p = \frac{1}{2\mu}\mathbf{s}_{n+1} + \frac{1}{9K}\operatorname{tr}\bar{\boldsymbol{\tau}}_{n+1}\mathbf{1} + \frac{3}{2\hat{H}}\left[\mathbf{s}_{n+1} - \Pi(\mathbf{s}_{n+1})\right]. \tag{8.76}$$

K ist der Kompressions- und μ der Schubmodul der elastischen Materialgleichung. In (8.76) stellt

$$\Pi(\mathbf{s}_{n+1}) = \begin{cases} \mathbf{s}_{n+1} : & \text{für elastischen Schritt} \\ \dfrac{\|\,\mathbf{s}_n\,\|}{\|\,\mathbf{s}_{n+1}\,\|}\,\mathbf{s}_{n+1} : & \text{für plastischen Schritt} \end{cases}$$

eine Projektion dar, die das Anwachsen der plastischen Dehnungen in (8.76) beschreibt. Mit diesen Umformungen kann jetzt der Fehler in den Verzerrungen innerhalb des Zeitschrittes Δt bestimmt werden

$$\begin{aligned} (\boldsymbol{\varepsilon} - \mathbf{e}_n^p) - (\boldsymbol{\varepsilon}_h - \mathbf{e}_{h\,n}^p) = {} & \frac{1}{2\mu}\,(\mathbf{s} - \mathbf{s}_h) + \frac{1}{9K}\operatorname{tr}(\bar{\boldsymbol{\tau}} - \bar{\boldsymbol{\tau}}_h)\,\mathbf{1} \\ & + \frac{3}{2\hat{H}}\left[\mathbf{s} - \Pi(\mathbf{s}) - (\mathbf{s}_h - \Pi(\mathbf{s}_h))\right]. \end{aligned} \tag{8.77}$$

Die Multiplikation mit $(\bar{\boldsymbol{\tau}} - \bar{\boldsymbol{\tau}}_h)$, Integration über das Gebiet Ω führt unter Ausnutzung der Monotonie $[\,\Pi(\mathbf{q}) - \Pi(\mathbf{p})\,] \cdot (\mathbf{q} - \mathbf{p}) \geq 0$, die der Form der Dissipationsungleichung (3.174) entspricht, auf

$$\| \bar{\boldsymbol{\tau}} - \bar{\boldsymbol{\tau}}_h \|^2_{E^{-1}} \leq \int_\Omega [\,(\boldsymbol{\varepsilon} - \boldsymbol{\varepsilon}_h) - (\mathbf{e}^p_n - \mathbf{e}^p_{h\,n})\,] \cdot (\bar{\boldsymbol{\tau}} - \bar{\boldsymbol{\tau}}_h)\, d\Omega\,. \tag{8.78}$$

Diese Beziehung kann zur Abschätzung des Fehlers innerhalb eines Zeitschrittes angewendet werden. Dazu spalten wir die Differenz der Verzerrungen in (8.78) in elastische und inkrementelle plastische Dehnungen auf

$$\boldsymbol{\varepsilon}_{n+1} = \boldsymbol{\varepsilon}^e_{n+1} + \boldsymbol{\varepsilon}^p_{n+1} \Longrightarrow \boldsymbol{\varepsilon}_{n+1} - \mathbf{e}^p_n = \boldsymbol{\varepsilon}^e_{n+1} + \Delta\, \mathbf{e}^p_{n+1}\,. \tag{8.79}$$

Der Fehler berechnet sich dann zu

$$\begin{aligned} \| \bar{\boldsymbol{\tau}} - \bar{\boldsymbol{\tau}}_h \|^2_{E^{-1}} \leq & \int_\Omega (\,\Delta\, \mathbf{e}^p - \Delta\, \mathbf{e}^p_h\,) \cdot (\bar{\boldsymbol{\tau}} - \bar{\boldsymbol{\tau}}_h)\, d\Omega \\ & + \int_\Omega (\,\boldsymbol{\varepsilon}^e - \boldsymbol{\varepsilon}^e_h\,) \cdot (\bar{\boldsymbol{\tau}} - \bar{\boldsymbol{\tau}}_h)]\, d\Omega\,. \end{aligned} \tag{8.80}$$

Mit den Methoden des Abschn. 8.2.3 lassen sich durch Projektion verbesserte Verzerrungen und Spannungen berechnen. Setzt man diese in (8.80) ein, kann für jedes finites Element der Fehler bestimmt werden

$$\begin{aligned} (E^{ep}_T)^2 = (\| \mathbf{e}_\tau \|^{ep}_T)^2 \approx & \int_T (\,\Delta\, \mathbf{e}^{*\,p} - \Delta\, \mathbf{e}^p_h\,) \cdot (\bar{\boldsymbol{\tau}}^* - \bar{\boldsymbol{\tau}}_h)\, d\Omega \\ & + \int_T (\,\boldsymbol{\varepsilon}^{*\,e} - \boldsymbol{\varepsilon}^e_h\,) \cdot (\bar{\boldsymbol{\tau}}^* - \bar{\boldsymbol{\tau}}_h)\, d\Omega \end{aligned} \tag{8.81}$$

Dieses Verfahren zur Fehlerabschätzung bei elastoplastischen Problemen stellt eine Erweiterung der in Abschn. 8.2.3 angegebenen Methodik dar. Es ist einfach zu implementieren und liefert in praktischen Anwendungen gute Ergebnisse, siehe das Beispiel in Abschn. 8.6.2 oder (Han 1999).

8.4 Netzverfeinerung

Insgesamt entspricht die adaptive Verfeinerung innerhalb einer Finite-Element-Berechnung einem Optimierungsproblem, das folgendermaßen lautet: Konstruiere ein Finite-Element-Netz, so daß die Lösung die Ungleichung

$$\| \boldsymbol{\tau} - \boldsymbol{\tau}_h \|_{E^{-1}} \leq \sum_T [E_T(h_T, \mathbf{u}_h, \bar{\mathbf{f}}_T)]^2 \leq TOL\,, \tag{8.82}$$

erfüllt. TOL ist eine vorgegebene Toleranz. Dabei sollen die Kosten zur Berechnung von $\mathbf{u}_h$ oder $\boldsymbol{\tau}_h$, die (8.82) erfüllen, minimal sein. Der Elementfehler E_T in (8.82) kann entweder

$$E_{T1}^2 = E_T^2 \text{ aus Gl. (8.50) oder}$$

$$E_{T2}^2 = \| \mathbf{e}_\tau \|_T^2 \text{ aus Gl. (8.58) oder}$$

$$E_{T3}^2 = e_i^2 \text{ aus Gl. (8.68) oder}$$

$$E_{T4}^2 = (E_T^{ep})^2 \text{ aus Gl. (8.81)} \tag{8.83}$$

berechnet werden.

Ein Maß für den numerischen Aufwand zur Lösung eine Finite-Element-Problems kann die maximale Anzahl der unbekannten Verschiebungen sein. Natürlich könnten auch andere Kriterien gefunden werden, die als Zielfunktion für die Optimierung bezüglich der adaptiven Netzanpassung dienen könnten. Hier soll aber das erste Kriterium gelten. Da die exakte Lösung nicht bekannt ist, sollte der Fehler möglichst in allen finiten Elementen gleich groß und damit gleichmässig über das Netz verteilt sein.

Nach (8.82) ist für einen vorgegebene Toleranz die Ungleichung

$$\sum_T E_T^2 \leq TOL\,, \tag{8.84}$$

zu erfüllen. Diese Gleichung ist auch das Kriterium, mit dem die adaptive Berechnung abgebrochen wird.

Wenn wir jetzt fordern, daß der Fehler in allen Elementen gleich groß ist und der Gesamtfehler Gl. (8.84) erfüllt, dann liegt ein optimales Netz vor. Mit Bild 8.3 gilt in diesem Idealfall für die finiten Elemente I, J und K

$$E_I = E_J = E_K\,. \tag{8.85}$$

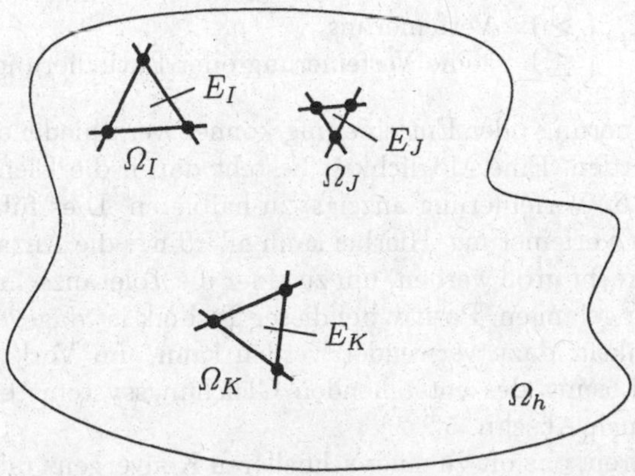

Bild 8.4 Gleichverteilter Fehler im Finite-Element-Netz

Mit dieser Annahme können wir den Gesamtfehler in der folgenden Form

$$\sum_T E_T^2 = n_e \, E_T^2 \,. \tag{8.86}$$

schreiben, wobei n_e die Anzahl der finiten Elemente im Netz bedeutet. Gleichung (8.84) liefert zusammen mit der letzten Gleichung das Kriterium, wann ein Element zu verfeinern ist

$$E_T^2 \leq \frac{TOL}{n_e} \,. \tag{8.87}$$

Eine weiter Möglichkeit den zur Bestimmung der Elemente, die verfeinert werden müssen, findet sich in (ZIENKIEWICZ and TAYLOR 1989). Die Autoren gehen von dem relativen Fehler δ, s. (8.14), mit dem Ziel aus, diesen unter einer vorgegebenen Toleranzschranke $\bar{\delta}$ zu halten. Wie in (8.87) soll der Fehler gleichmäßig über das Netz verteilt werden. Bezeichnet man den Fehler in einem Element mit $\| \mathbf{e} \|_e$ dann ergibt sich die Bedingung

$$\| \mathbf{e} \|_e \leq \bar{\delta} \sqrt{\frac{\| \mathbf{e}_\tau \|^2 + \| \boldsymbol{\tau}_h \|^2}{n_e}} = \bar{e}_{n_e} \,. \tag{8.88}$$

Hierin kann $\bar{e}_{n_e}$ als Fehlersollwert für ein Element Ω_e angesehen werden. Der Fehler in Ungleichung (8.88) wird in den Spannungen gemessen. Diese Gleichung kann aber in äquivalenter Form auch für die Verschiebungen angewendet werden. Mit der Definition des dimensionslosen Faktors

$$\beta_e = \frac{\| \mathbf{e}_\tau \|_e}{\bar{e}_{n_e}} \tag{8.89}$$

ergibt sich das Verfeinerungskriterium

$$\beta_e \begin{cases} > 1 & \text{Verfeinerung,} \\ \leq 1 & \text{keine Verfeinerung oder Entfeinerung.} \end{cases} \tag{8.90}$$

Für die Verfeinerung oder Entfeinerung können verschiedene Strategien eingeschlagen werden. Eine Möglichkeit besteht darin, die Elemente bei denen der Indikator β_e Verfeinerung anzeigt, zu halbieren. Dies führt zu einer sog. hierarchischen Verfeinerung. Hierbei kann allerdings die Anzahl der Verfeinerungsschritte recht groß werden, um zu einer die Toleranzschranke $\bar{\delta}$ erfüllenden Lösung zu gelangen. Positiv bei dieser Technik ist dagegen, daß die hierarchische Struktur dazu verwendet werden kann, um Vorkonditionierer für die iterative Lösung des entstehenden Gleichungssystems effizient zu konstruieren, s. auch Abschn. 5.2.2.

Ein Verfahren, das oft zu einer schnelleren Konvergenz mit weniger adaptiven Schritten führt, basiert auf der Konstruktion einer Dichtefunktion, die zur Konstruktion eines neuen FE-Netzes Ω_{n+1}^h verwendet wird. Dabei geht man von der allgemeinen Konvergenzaussage (8.10) aus, die besagt , daß der Fehler innerhalb eines Elementes proportional zu $O(h^{k+1-s})$. Diese Proportionalität kann genutzt werden, um die neue Elementgröße festzulegen. Es gilt dann

$$h_{e\,n+1} = \beta_e^{-\frac{1}{k+1-s}}\, h_{e\,n} \tag{8.91}$$

Hierin ist k die vollständige Polynomordnung des FE-Ansatzes und s die Norm in der der Fehler gemessen wird. Die Angabe des Fehlers in den Spannungen, s. (8.88), entspricht $s = 1$.

Damit kann jetzt der Gesamtalgorithmus für eine h-adaptive Methode angegeben werden. Basierend auf der Geleichung (8.87) sind die folgenden Schritte auszuführen.

Generiere des Startnetz: $\mathcal{M}_i$, setze $i = 0$

1. Schleife über alle Lastschritte: $t = k\,\Delta t$, $k = 1, \dots$
2. Iteration zur Lösung des Problems unter Verwendung von (8.25)
3. Optimierung des Netzes
   - Berechne E_T^2
   - IF $\sum E_T^2 < TOL \Longrightarrow k = k+1$, GOTO 1
   - IF $E_T^2 > TOL\,/\,N \Longrightarrow$ verfeinere Element T
   - Setze $i = i + 1$
   - Generiere neues Netz $\mathcal{M}_i$
     - Transfer der Geschichtsdaten, wenn notwendig
     - Netzglättung, wenn notwendig
   - GOTO 2

Im Algorithmus kann eine beliebige Form der Netzerzeugung eingesetzt werden. Dies gilt auch für den Transfer der Geschichtsdaten, die z.B. bei inelastischen Materialien vorgenommen werden muß. Der zusätzliche Fehler, der bei diesem Transfer entsteht, wird im Abschn. 8.5.2 diskutiert. Die Netzglättung wird immer dann verwendet, wenn Elemente eine ungünstige Form annehmen, z.B. wenn die Innenwinkel im Element zu klein oder zu groß werden und sich damit die Konvergenzeigenschaften verschlechtern. Details einer entsprechenden Implementierung können (Scherf 1997) oder (Han 1999) entnommen werden. In analoger Weise kann dieser Algorithmus auch die Beziehungen des relativen Fehlers (8.89) verwenden. Auf eine entsprechende detaillierte Darstellung wird hier verzichtet.

8.5 Adaptive Netzgenerierung

Zur Netzgenerierung ist in den letzten Jahren eine große Anzahl von Algorithmen entwickelt worden. Dabei gibt es spezielle Verfahren zur automatischen Generierung von zwei- oder dreidimensionalen Netzen. Wir wollen hier einige gängige Methoden nennen, dabei aber im wesentlichen nur auf die existierende Literatur verweisen.

Ferner ist bei der adaptiven Netzverfeinerung auch noch der Fall zu betrachten, daß Geschichtsdaten bei Problemen mit inelastischem Materialverhalten von alten Netz auf das neugenerierte Netz übertragen werden müssen. Gleiches gilt in nichtlinearen Simulationen für die bereits berechneten Verschiebungszustände.

Eventuell ist das neugenerierte Netz auch noch Glättungsoperationen zu unterwerfen. Die zugehörigen Grundlagen sollen im folgenden kurz erläutert werden.

8.5.1 Netzerzeugung

Für adaptive Methoden ist es notwendig, automatische Verfahren zur Generierung des Finite-Element-Netzes einzusetzen. Das Gebiet wird dabei im zweidimensionalen Fall entweder in Dreiecke oder allgemeine Vierecke und im dreidimensionalen Fall in Tetraeder oder Hexaeder unterteilt. Dazwischen liegt die Erzeugung von Netzes auf beliebigen Flächen im dreidimensionalen Raum, die bei Schalenproblemen auftreten. Die Form und Verteilung der Elemente sollte im Idealfall vom Netzgenerierungsalgorithmus automatisch erzeugt werden. Das Gebiet selbst wird heute bei modernen Netzgenerierern durch ein CAD-Modell, mittels BEZIER oder anderen Funktionen geometrisch beschrieben. Um für eine solche vorgegebene Geometrie auch eine konvergente Lösung zu erzielen, muß der adaptive Netzverfeinerungsprozeß immer auf diesem Geometriemodell aufsetzen.

Grundsätzlich gibt es Algorithmen zur Erzeugung von strukturierten und unstrukturierten Netzen. Bei adaptiver Netzverfeinerung sind letztere anzuwenden, daher wollen wir uns hier auf Algorithmen für die Generierung unstrukturierter Netze beschränken. Da sich die Algorithmen für die Dreiecks- oder Tetraederernetzzeugung wesentlich von denen zur Generierung von Quad- oder Hexadernetzen unterscheiden, werden die zugehörigen Algortihmen getrennt aufgeführt.

Vernetzungsalgorithmen für Dreiecke oder Tetraeder basieren auf unterschiedlichen Methoden. Dazu gehören

- die *octree* Technik, bei der der zu vernetzende Körper zunächst durch ein Netz von Zellen überzogen wird. An den Rändern wird dann durch eine rekursive weitere Unterteilung soweit verfeinert bis die Approximation des geometrischen Modells hinreichend genau ist, s. z.B. (SHEPARD and GEORGES 1991).
- Die DELAUNAY Methode basiert darauf, daß im zu vernetzenden Bereich Punkte gesetzt werden, die die Dichte der Vernetzungsteuern. Die Punktvorgabe kann durch unterschiedliche Algorithmen erfolgen. Das DELAUNAY Kriterium dient dann dazu, die Triangulierung durch Dreiecke oder Tetraeder aus der bestehenden Punktwolke zu erzeugen, ein Algorithmus für zweidimensionale Netzerzeugung findet sich z.B. in (SLOAN 1987).

- Die *advancing front* Methode geht von einer Triangulierung der Oberfläche des zu vernetzendes Gebietes aus und bestimmt so vom Rand her die nächste Schicht von Elementen. Dabei muß darauf geachtet werden, daß keine Überschneidungen auftreten. Algorithmen finden sich z.B. bei (LÖHNER 1996).
- Das Prinzip der *recursive region splitting* setzt Knoten auf dem Rand unter Berücksichtigung einer Dichtefunktion. Danach wird ausgehend vom Rand rekursiv in kleinere Regionen unterteilt. Dies liefert ein in Drei- und Vierecke aufgeteiltes Gebiet. Die Vierecke werden abschließend über die kürzere Diagonale geteilt, s. z.B. (BANK 1990).

Vernetzungsalgorithmen für Viereckselemente oder Hexaeder basieren entweder auf indirekten Methoden, die auf einer Triangulierung mit Dreiecken oder Tetraedern basieren, oder direkten Verfahren, die die Viereckselemente oder Hexaeder ohne Umweg erzeugen.

- Bei den indirekten Methoden werden aus zwei Dreiecken vier Vierecke generiert. Die übrigbleibenden Dreiecke werden dann in drei Vierecke zerlegt, s. z.B. (RANK et al. 1993). Ähnlich kann man im dreidimensionalen Fall vorgehen. Dort wird ein Tetraeder in vier Hexaeder geteilt. Das Problem, das sich beim Zusammenfassen von fünf Tetraeder zu einem Hexaeder ergibt, ist bislang noch nicht zufriedenstellend gelöst.
- Direkte Methoden gehen im Zweidimensionalen entweder von der *advancing front* Technik aus, s. (ZHU et al. 1991) oder benutzen Algorithmen, die das Gebiet in so einfache Regionen zerlegen, die sich durch Vierecke leicht vernetzen lassen, s. z.B. (JOE 1995).
- Für die Generierung dreidimensionaler Hexaedernetze sind Algorithmen entwickelt worden, die mit medialen Flächen, mit einer sog. Pflasterung oder direkt mit angepaßten Netzen arbeiten. Eine Übersicht findet sich für diese Techniken in (OWEN 1999).

Schalenprobleme mit beliebigen Freiformflächen nehmen bei der Netzgenerierung eine Stellung zwischen dem zwei- und dreidimensionalen Vernetzern ein, da sie durch eine zweidimensionale Fläche im dreidimensionalen Raum beschrieben werden. Algorithmen zur Netzerzeugung orientieren sich an denen für die zweidimensionalen Gebiete. Eine Vorgehensweise ist, die Schalenmittelfläche im Raum auf eine Ebene abzubilden, dort die Vernetzung durchzuführen und dann dieses Netz auf die Schalenfläche zu projizieren. Dazu muß jedoch die Schalenmetrik beachtet werden, damit bei der Rücktransformation keine verzerrten Elemente entstehen. Entsprechende methodische Ansätze sind in (REHLE 1996) diskutiert.

Die genannten Algorithmen werden in der adaptiven Berechnung zunächst zur Erzeugung des Startnetzes verwendet. Während der adaptiven Netzverfeinerung wird dieses Netz entweder durch die Vorgabe einer Dichtefunktion mit anschließender Neuvernetzung oder durch die Halbierung von Elementen nach dem hierachischen Prinzip an die Fehlerverteilung angepaßt. Bei letzterem muß oft noch eine Netzglättung durchgeführt werden um zu vermeiden, daß Elemente mit zu großen oder zu kleinen Winkeln entstehen, s. 8.6. Hierzu gibt es unterschiedliche Techniken. Eine einfache Möglichkeit liefert eine Verbesserung des Netzes durch die Minimierung der Elementanzahl, die mit einem Knoten verknüpft sind, s. z.B. Bild 8.5.

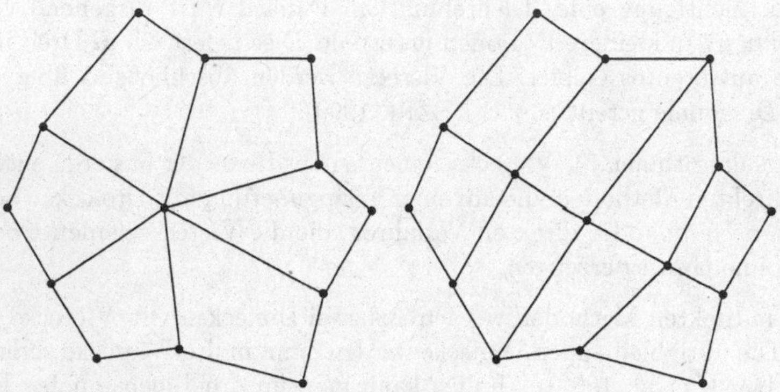

Abb. 8.5 Netzverbesserung bei Vierecken

Dabei werden neue Knoten eingefügt, s. z.B. (HAN 1999). Dies erhöht in geringer Weise die Anzahl der Elemente, dafür werden aber Elemente mit spitzen Winkeln ausgeschlossen. Insgesamt verringert sich durch diese Vorgehensweise der Fehler, da die in (8.6) angegebene Konstante kleiner wird. Netzverbesserungen können jedoch auch durch Elimination von Knoten erzielt werden. Strategien hierzu findet man z.B. in (ZHU et al. 1991). Algorithmen zur Netzglättung bei zusammengesetzten Schalen wurden in (RICCIUS et al. 1997) entwickelt.

8.5.2 Transfer der Geschichtsdaten

Bei inelastischen Problemen hängen die Evolutionsgleichungen von inneren Variablen ab, s. z.B. Abschn. 3.3.2. Diese Geschichtsvariablen sind bei adaptiver Netzverfeinerung von alten Netz auf das neue zu übertragen. Für den Transfer von Geschichtsdaten wird häufig der folgende Algorithmus angewendet, der in Bild 8.6 veranschaulicht ist.

1. L^2-Projektion der Geschichtsvariablen $\boldsymbol{\alpha}$, die in den GAUSS-Punkten gegeben sind, auf die Knoten im Netz $i \Rightarrow \boldsymbol{\alpha}_K^i$. Dies geschieht mittels der bereits in Abschn. 8.2.3 erläuterten Verfahren, siehe linkes Bild 8.6.
2. Interpolation der Daten auf dem Netz Ω_e^i durch isoparametrische Ansatzfunktionen:

   $$\boldsymbol{\alpha}^i = \sum_{K=1}^{n} N_K(\boldsymbol{\xi}^i)\, \boldsymbol{\alpha}_K^i .$$

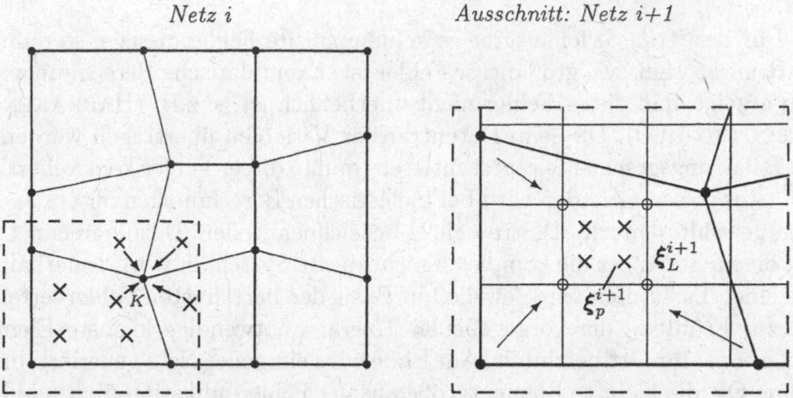

Abb. 8.6 Transfer vongeschichtsabhängigen Daten

3. Suche des Punktes $\boldsymbol{\xi}_L^{i+1}(\Omega_e^{i+1})$ im alten Netz Ω_e^i. (Dazu wird der zum Punkt nächstgelegene Knoten des alten Netzes und die Elemente, die zu diesem Knoten gehören, gesucht. Danach werden die lokalen Koordinaten des Punktes bestimmt, was i.d.R. auf ein lokales nichtlineares Gleichungssystem führt, da die inverse isoparametrische Abbildung benötigt wird und diese nichtlinear ist.)
4. Auswertung der Interpolation an den Knoten $\boldsymbol{\xi}_L^{i+1}$ des neuen Netzes Ω_e^{i+1}: $\boldsymbol{\alpha}_L^{i+1} = \sum_{K=1}^n N_K(\boldsymbol{\xi}_L^{i+1})\, \boldsymbol{\alpha}_K^i$.
5. Die isoparametrische Abbilung liefert die Geschichtsvariablen an den Gauß-Punkten $\boldsymbol{\xi}_p^{i+1}$ des neuen Netzes: $\boldsymbol{\alpha}_p^{i+1} = \sum_{L=1}^n N_K(\boldsymbol{\xi}_p^{i+1})\, \boldsymbol{\alpha}_L^{i+1}$

Nach Ausführung dieser Schritte, sind die geschichtsabhängigen Daten auf das neue Netz transferiert. Mit diesen Daten muß jetzt vor der Berechnung der zum nächsten Lastinkrement gehörenden Lösung ein Gleichgewichtszustand erzeugt werden, da bei dem Transfer der Daten, das globale Gleichgewicht mehr oder weniger stark verletzt werden kann. Der zugehörige Fehler im Residuum ist dabei gemäß (4.54) durch

$$\boldsymbol{G}^{i+1} = \bigcup_{e=1}^{n_e} \sum_{I=1}^{n} \boldsymbol{\eta}_I^T \int_{(\Omega_e)} [\mathbf{B}_I^T\, \mathbf{S}_e(\boldsymbol{\alpha}^{i+1}) - N_I\, \mathbf{p}]\, d\Omega \neq 0 \tag{8.92}$$

gegeben. Die Abweichung im Gleichgewicht ist durch eine dem nächsten Lastschritt vorgeschaltete Iteration zu eliminieren. Diese Iteration kann sehr rechenintensiv sein, s. z.B. (HAN 1999). Alternativ kann das Residuum $\boldsymbol{G}^{i+1}$ nach dem Transfer auch direkt im nächsten Lastschritt berücksichtigt werden. Dies führt aber oft zu so großen Abweichungen vom Gleichgewicht, daß dann mit dem NEWTON-Verfahren – auch bei Verwendung von *line search* (s. Abschn. 5.1.4) – keine Konvergenz mehr erzielt werden kann.

Für den Transferfehler gibt es keine explizite Fehleraussage, so daß man i.d.R. nicht weiß, wie groß dieser Fehler ist. Exemplarische Berechnungen haben gezeigt, daß dieser Fehler nicht unerheblich ist, s. z.B. (HABRAKEN and CESCOTTO 1990). Da beim Datentransfer Variablen übertragen werden, die die Belastungsgeschichte repräsentieren, müßte dieser Fehler kontrolliert werden. Aus diesen Gründen wird bei inelastischen Berechnungen oft ein anderer Weg gewählt, den wir als Strategie II bezeichnen wollen. Dazu berechnet man mit einem Startnetz die komplette nichtlineare Systemantwort. Innerhalb der einzelnen Laststufen wird jeweils auf Basis der berechneten Fehlerverteilung die zur Erfüllung der vorgegebenen Toleranz notwendige kleinste Elementgröße sowie ihr Ort bestimmt. Am Ende wird ein neues Netz generiert, das an jedem Ort die kleinste Elementgröße aus der Fehlerindikation über alle Laststufen enthält. Danach startet die Berechnung neu vom ersten Lastschritt ab. Die adaptive Simulation wird dann abgebrochen, wenn ein Rechenlauf durch alle Lastschritte ohne Überschreitung der vorgegebenen Toleranz ($\delta \leq \bar{\delta}$) durchgeführt werden kann. Strategie II hat folgende Vorteile

- Es ist kein Übertragen von Geschichtsvariablen erforderlich. Somit entfällt diese Fehlerquelle.
- Treten singuläre Punkte auf, so muß i.d.R. auch bei der ersten Strategie mehrere Lastschritte zurückgegangen werden, da sich die singulären Punkte bei verfeinertem Netz gravierend verschieben können. Dies ist mit Strategie II nicht notwendig.
- Die programmtechnische Realisierung ist erheblich einfacher, da die beschriebenen Suchprozesse innerhalb beim Transfers der Geschichtsvariablen entfallen.
- Komplexe Elementformulierungen, wie z.B. die *enhanced strain* Elemente erfordern zusätzlich eine Übertragung von inneren Variablen, die bei einem Neustart entfällt.

Natürlich sind auch die Nachteile mit Strategie II verbunden:

- Durch das mehrmalige Berechnen aller Lastschritte ensteht ein erhöhter Rechenaufwand.
- Das in der adaptiven Vernetzung generierte neue Netz ist nicht optimal für die einzelnen Laststufen.
- Probleme, bei denen große plastische Deformationen auftreten, lassen sich mit dieser Methode nicht behandeln, da sich die Netze oft so stark deformieren, daß eine Neuvernetzung der deformierten Geometrie zwingend erforderlich wird.

Aus dieser Gegenüberstellung erkennt man, daß die zu wählende Strategie von der jeweiligen Aufgabenstellung abhängt. So kann man für elastoplastische Schalenprobleme durchaus mit Strategie II arbeiten, s. (HAN 1999), während man bei Umformprozessen mit großen plastischen Deformationen nur mit der ersten Strategie rechnen kann, s. z.B. (ORTIZ and QUIGLEY 1991) oder (FOURMENT and CHENOT 1995)

8.6 Beispiele

In diesem Abschnitt sollen die unterschiedlichen Fehlerschätzer und -indikatoren exemplarisch verglichen werden. Dies geschieht anhand von zwei nichtlinearen Beispielen. Die Berechnungen wurden mit einer für adaptive Probleme erweiterten Version des Programmes FEAP durchgeführt, das in (ZIENKIEWICZ and TAYLOR 1989) beschrieben ist. Die Finite-Element-Netze wurden auf Basis der von (BANK 1990) und (RANK et al. 1993) entwickelten Netzgeneratoren erzeugt. Die Netzverfeinerung der Dreiecksnetze basiert auf dem in (SLOAN 1987) angegebenen Algorithmus, während Vierecksnetze durch komplette Neuvernetzung mittels einer Dichtefunktion verfeinert wurden.

8.6.1 Kontaktproblem nach Hertz

Im ersten Beispiel wird ein Kontaktproblem betrachtet, bei dem ein elastischer Zylinder (Elastizitätsmodul $E = 7000$ und Querkontraktionszahl $\nu = 0.3$) auf eine ebene starre Fläche gedrückt wird. Die starre Ebene wird in dem FE-Modell durch eine elastische Struktur mit sehr hoher Steifigkeit ($E = 100000$ und $\nu = 0.45$) modelliert. Der Zylinders hat den Radius $r = 1$ und ist durch eine verteilte Last am oberen Rand mit der resultierenden Kraft $F = 100$ belastet. Aufgrund der Symmetrie des Problems wird nur mit dem halben Netz gerechnet.

Für den HERTZschen Kontakt existiert eine analytische Lösung der Kontaktspannungen, so daß die Ergebnisse der adaptiven Berechnung direkt mit dieser Lösung verglichen werden können. Die Lösung enthält allerdings auch Approximationen, s. z.B. (SZABÓ 1977), so daß die Lösung nicht exakt ist. Der maximale Kontaktdruck zwischen einem unendlich langen Zylinder mit Radius r und einer starren Platte ergibt sich dann zu

$$p_{max} = \sqrt{\frac{F}{\pi\, r} \frac{E}{(1+\nu)(1-\nu)}}\,.$$

Dieser Wert wird in der folgenden Berechnung vergleichend herangezogen, um die Qualität der unterschiedlichen Fehlerschätzer und -indikatoren zu diskutieren.

Das Startnetz ist in Bild 8.7 dargestellt. Es werden drei verschiedene Fehlermaße benutzt, um die adaptive Berechnung zu steuern. Dies sind der residuenbasierte Fehlerschätzer von (JOHNSON and HANSBO 1992), der Z^2-Indikator von (ZIENKIEWICZ and ZHU 1987) und der lokale Fehlerschätzer von (RANNACHER and SUTTMEIER 1997). Alle Fehlerschätzer wurden für die Kontaktproblematik erweitert, s. (WRIGGERS et al. 2000), was jedoch für die Diskussion der Ergebnisse nicht entscheidend ist.

Für die lokale Fehlerschätzung wurde als Maß des Fehlers der maximale Kontaktdruck ausgewählt. Nach (8.73) müssen zwei sich im Gleichgewicht befindliche Kräfte in der Kontaktzone aufgebracht werden, die den entsprechenden Sprung in der Verschiebung für das duale Problem ergeben.

Bild 8.7: Startnetz: 258 Elemente

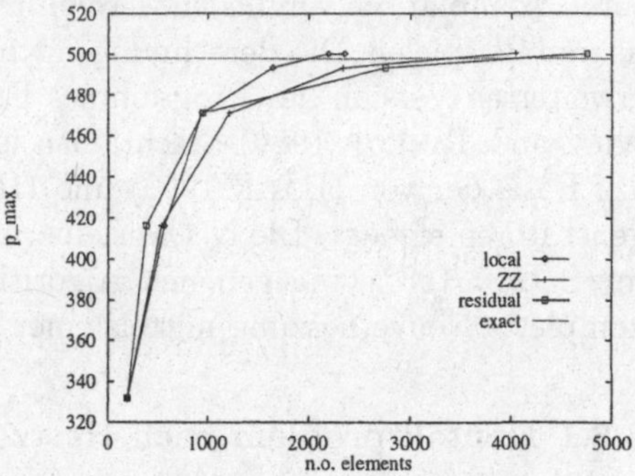

Bild 8.8: Konvergenzverhalten

Bild 8.9: Netzverfeinerung: lokaler Fehlerschätzer

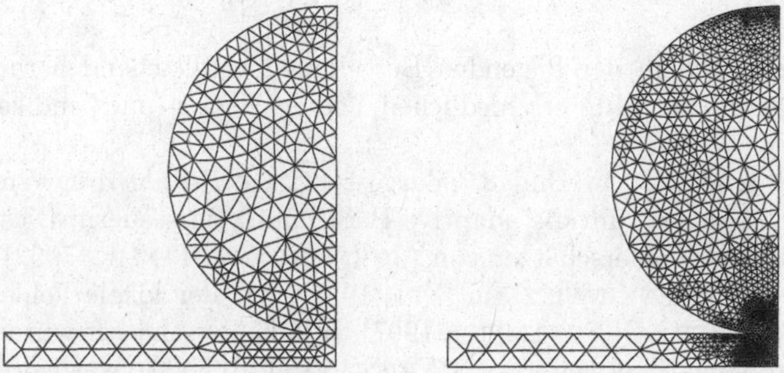

Bild 8.10: Netzverfeinerung: Z^2 Fehlerindikator

Bild 8.11: Netzverfeinerung: residuenbasierter Fehlerschätzer

Die Bilder 8.9 bis 8.11 zeigen Netze, die durch die adaptive Methode für die unterschiedlichen Fehlerschätzer erzeugt wurden. Das letzte Netz gehört zu der konvergierten Lösung.

Der maximale Kontaktdruck ist in Bild 8.8 mit der analytischen Lösung von ($p_{max} = 494,83$) verglichen. Man sieht deutlich, daß der lokale Fehlerschätzer nur etwa die Hälfte der Elemente benötigt, um zu einer konvergenten Lösung zu gelangen. An dem zugehörigen verfeinerten Netz erkennt man, daß durch die Überlagerung von dualer und primaler Lösung nur im interessanten Bereich, nämlich in der Nähe der Kontaktzone verfeinert wurde. Dagegen verfeinern die residuale Methode und der Z^2 Indikator auch dort, wo die Last angreift und halten so den Fehler im ganzen Netz unter der vorgegebenen Toleranz. Aus diesen Resulaten folgt, daß der lokale Fehlerschätzer effizienter ist. Dies gilt aber nur, wenn eine lokale Größe interessiert. Bei komplexen Bauteilen kennt man i.d.R. nicht den Ort, an dem z.B. maximale Spannungen auftreten. Dann muß ein Fehlerschätzer oder -indikator eingesetzt werden, der den Fehler global im Rahmen der vorgegebenen Toleranz $\bar{\delta}$ beschränkt.

8.6.2 Elastoplastische Deformation einer Zylinderschale

Im zweiten Beispiel wird die adaptive Methode zur Simulation der elastoplastischen Deformation eines Zylinders unter Einzellast verwendet, dieses Beispiel ist (HAN 1999) entnommen und dient dazu den Unterschied zwischen den in Abschn. 8.5.2 besprochenen Methoden zu erläutern. Geometrie, Randbedingungen und Materialkennwerte sind in Bild 8.12 zu finden, s. auch (EBERLEIN 1997) oder (WRIGGERS et al. 1996). Die zugrundeliegende Schalentheorie wird in Abschn. 9.4 erläutert. Die Berechnung wird verschiebungsgesteuert durchgeführt, indem Punkt M und der entsprechende Punkt auf der Unterseite zusammengedrückt werden, vgl. Bild 8.12. Die Symmetrie des Randwertproblems erlaubt, nur ein Achtel des Zylinders zu diskretisieren. Die in M vorgebenene Verschiebung wurde bis zu dem Wert von 120 in-

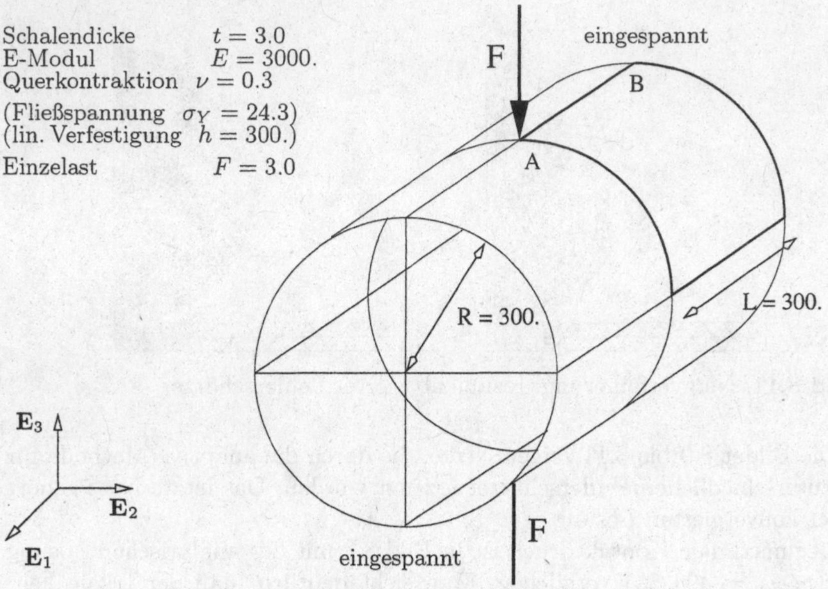

Bild 8.12 Zylinder unter Einzellast

krementell gesteigert. Für die ersten 20 Schritte wurden ein Inkrement von $\Delta u_M = 1$, für die nächsten 60 Schritte von $\Delta u_M = 0.5$ und für die letzten Schritte von $\Delta u_M = 0.25$ gewählt. Es wird hier also keine Adaption des Zeitschrittes vorgenommen, was eigentlich notwendig wäre. Damit wirkt sich die adaptive Berechnung nur auf das räumliche nicht aber auf das zeitliche Problem aus. Durch Testrechnungen wurde jedoch vorher festgestellt, daß die so gewählten Zeitschritte ausreichend klein sind, um die Lastgeschichte korrekt wiederzugeben.

Für die adaptiven Simulation wird die Elementgröße auf 1/8 der Schalendicke beschränkt. Damit vermeidet man die Singularität, die durch die Verschiebungsvorgabe im Punkt M entstehen würde. Die adaptiven Lösungen werden mit relativen Toleranzen von 15 und 10% bzgl. $\|.\|_K$ berechnet. Die Ergebnisse werden mit einer Referenzlösung verglichen, die mit einem regulären Netz von 5000 Elementen erzeugt wurde. In diesem Beispiel wird die Vorgehensweise der in Abschn. 8.5.2 beschriebenen adaptiven Strategien (mit und ohne Datentransfer) angewendet. Die Last-Verschiebungskurven bei Verwendung der Strategie I sind im ersten Schaubild von Bild 8.13 dargestellt. Für eine Verschiebung bis zu $u_M = 80.0$ sind die Ergebnisse der adaptiven Berechnung in guter Übereinstimmung mit der Referenzlösung. Dies gilt insbesondere nach einer Neuvernetzung, wenn infolge der erhöhten Anzahl von Elementen die Struktur flexibler wird und sich daher die benötigte Kraft verringert.

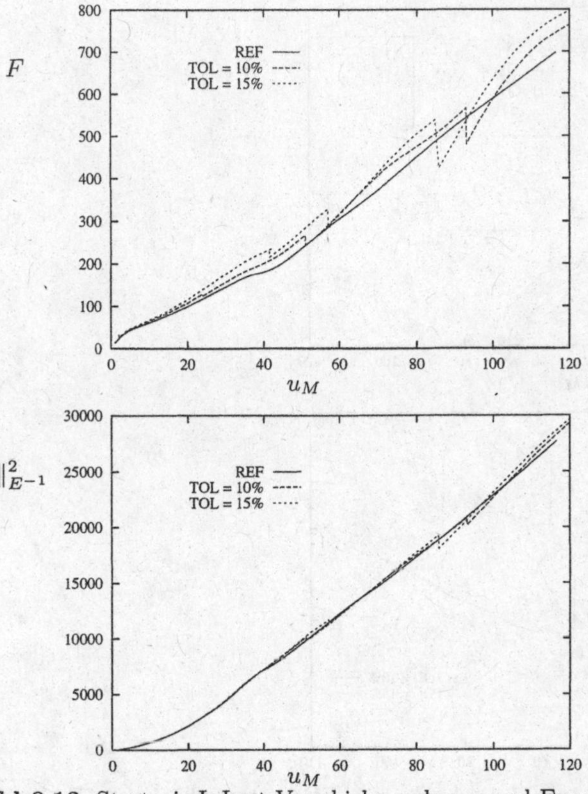

Bild 8.13. Strategie I: Last-Verschiebungskurve und Energienorm $\|\boldsymbol{\tau}\|^2_{E^{-1}}$.

Zwischen $u_M = 80$ und 100 weisen beide adaptive Rechnungen einen überproportionalen Abfall in den zum Gleichgewichtszustand gehörenden Lasten nach einem adaptiven Schritt mit Transfer des Momentanzustandes auf. Ursache für diesen starken Abfall sind das „Weicherwerden"der feiner diskretisierten Schale und der Fehler, der durch den Transfer von $\mathbf{C}^p$ und α entsteht. Daneben entsteht ein zusätzlicher Fehler beim Transfer infolge der gekrümmte Fläche, da für die Projektion von $\mathbf{C}^p$, die lokal im Gaußpunkt durch den ebenen Spannungszustand definiert ist, eine Transformation auf das globale Koordinatensystem erforderlich ist.

Eine weitere Ursache ist in der plastischen Ausbildung des Knickes zu sehen, der mit steigender Last wandert und charakteristisch für dieses Problem ist. Die Ergebnisse der Rechnungen sind stark abhängig von der Elementgröße in diesem Bereich, wobei dieser Knick mit der Last wandert. Die Struktur weist hohe Biegedehnungen in diesem Bereich auf. Die Ergebnisse der Rechnungen sind daher sensibel gegenüber Fehlern, die beim Transfer von $\mathbf{C}^p$ und α in diesem Gebiet gemacht werden. Wird die Vernetzung feiner, werden auch die Fehler durch diesen Transfer kleiner. Damit reduziert sich der Abfall

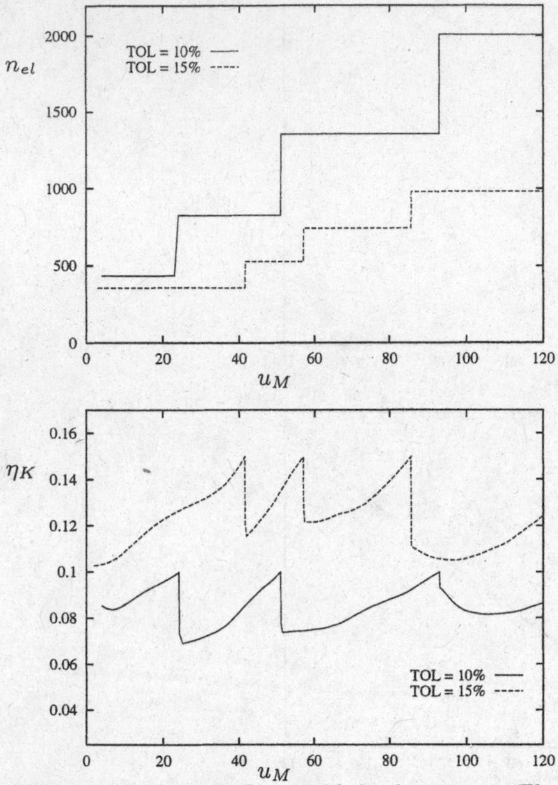

Bild 8.14. Strategie I: Anzahl der benötigten Elemente und relativer Fehler der adaptiven Berechnung

der Kraft F, wenn eine kleinere Toleranz gefordert wird, s. Bild 8.13, 1. Diagramm. Im Gegensatz zu dem starken Abfall in der Kraft ist der Fehlernorm $\| \bar{\boldsymbol{\tau}} - \bar{\boldsymbol{\tau}}_h \|_{E^{-1}}$ kein großer Abfall zu verzeichnen, s. Bild 8.13, 2. Diagramm. Dies weist auch darauf hin, daß lokale Effekte den starken Abfall in F verursachen. Vier adaptive Schritte wurden für die Simulationen mit 10 und 15% relativer Toleranz durchgeführt. In Bild 8.14 sind die Anzahl der adaptiv generierten Elemente und der Verlauf des relativen Fehlers in Abhängigkeit der Lastschritte aufgezeigt. In Bild 8.15 sind die Deformationszustände mit den generierten Vernetzungen für die Simulation mit 15% Toleranz und die plastische Zone im Endzustand dargestellt.

Bei der Strategie II wird gemäß Abschn. 8.5.2 mit einer Vernetzung die gesamte Lastgeschicht durchfahren und dabei die auftretenden Fehler bestimmt. Da die adaptive Netzgenerierung einige Iterationen benötigt, um die Einzellast adäquat zu erfassen und dort entsprechend unter Beachtung der minimalen Elementgrößezu verfeinern, wird als Anfangsnetz für die numerische Simulation nach Strategie II eine Netz gewählt, das im ersten Lastschritt die vorgegebenen Toleranzen unterschreitet. Damit vermeidet man unnötige

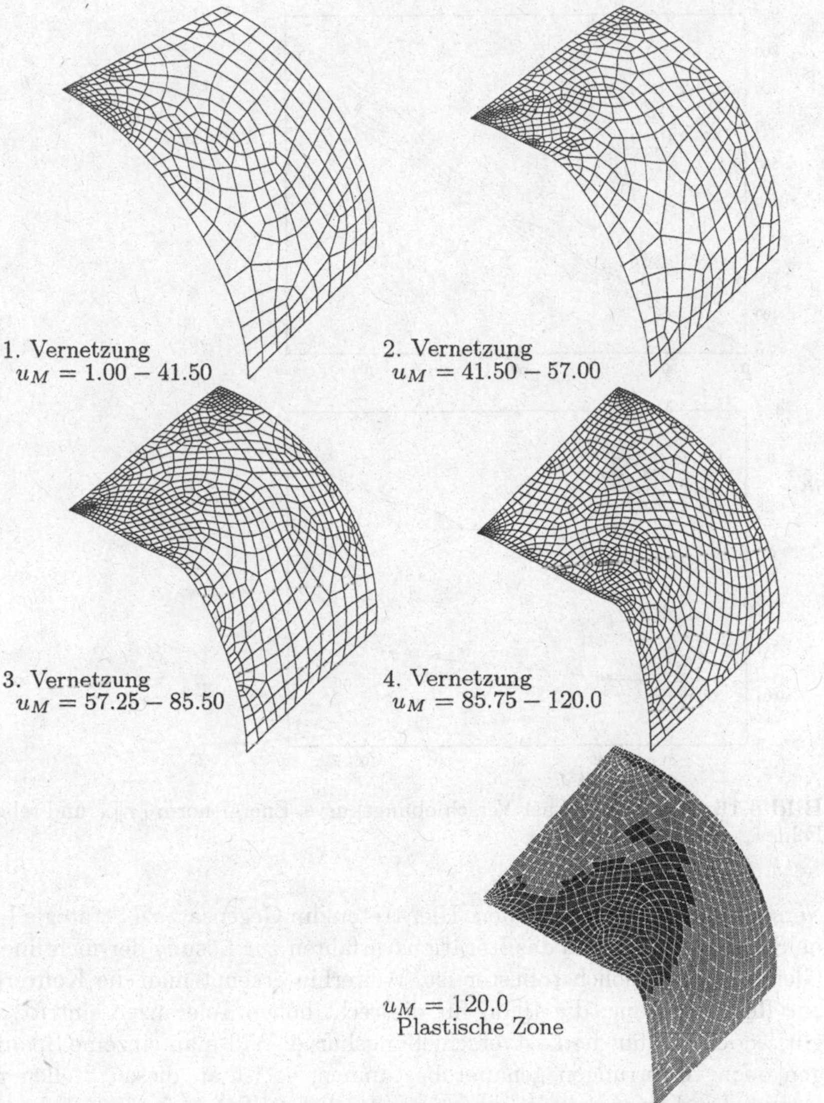

Bild 8.15. Strategie I: Adaptive Vernetzungen in der verformten Konfiguration der adaptiven Berechnung mit einer Toleranz von 15%

Simulationen über alle Lastschritte, die hier nur das richtige Erfassen der Singularität betrifft.

Es wurde danach nur eine zusätzliche Vernetzung benötigt, um über alle Lastschritte die relativen Toleranzen einzuhalten, was aus dem zweiten Diagramm in Bild 8.16 zu entnehmen ist. η_K entspricht der Norm $\| \bar{\boldsymbol{\tau}} - \bar{\boldsymbol{\tau}}_h \|_{E^{-1}}$, die nach Gl. (8.89) dimensionslos dargestellt wurde. In ersten Diagramm des Bildes 8.16 ist weiterhin die aus der adaptive Berechnung resultierende Last-

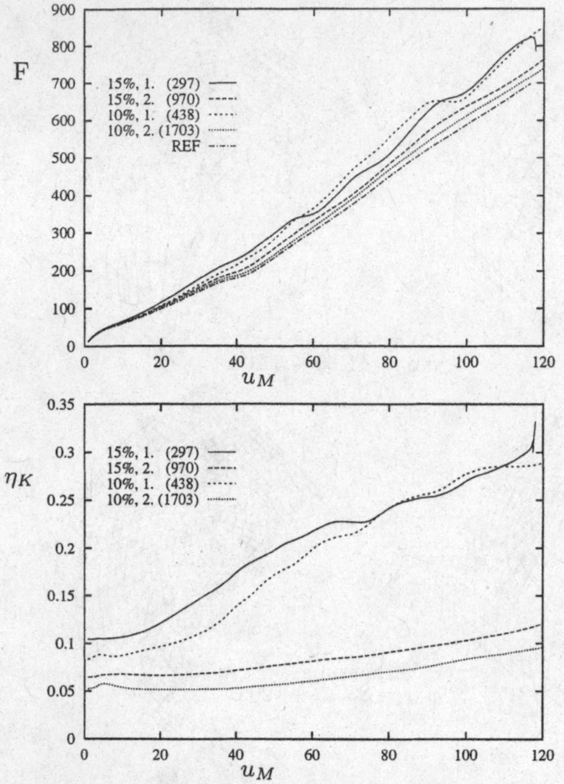

Bild 8.16. Strategie II: Last-Verschiebungskurve, Energienorm $\|\boldsymbol{\tau}\|_K$ und relativer Fehler

Verschiebungskurve angegeben. Hier treten, im Gegensatz zu Strategie I, keine Sprünge auf, so daß das Iterationsverfahren zur Lösung der nichtlinearen Gleichungen erheblich robuster ist. Weiterhin erkennt man die Konvergenz zur Referenzlösung, die schon für die recht hohen Toleranzen eintritt. Dies gilt jedoch nur für die Lastverschiebungskurve. Will man einzelne Spannungen oder Verzerrungen genauer bestimmen, so ist an diesen Stellen noch entsprechend zu verfeinern, wobei man dann die Strategie der lokalen Fehlerschätzer (siehe auch letztes Beispiel) verfolgen sollte. Bild 8.17 zeigt die deformierte Zylinderschalen im Endzustand. Es wird in etwa dieselbe Anzahl von Elementen wie bei der Verwendung von Strategie I benötigt. Auch die Dichteverteilung des Netzes ist der mit Strategie I bestimmten ähnlich.

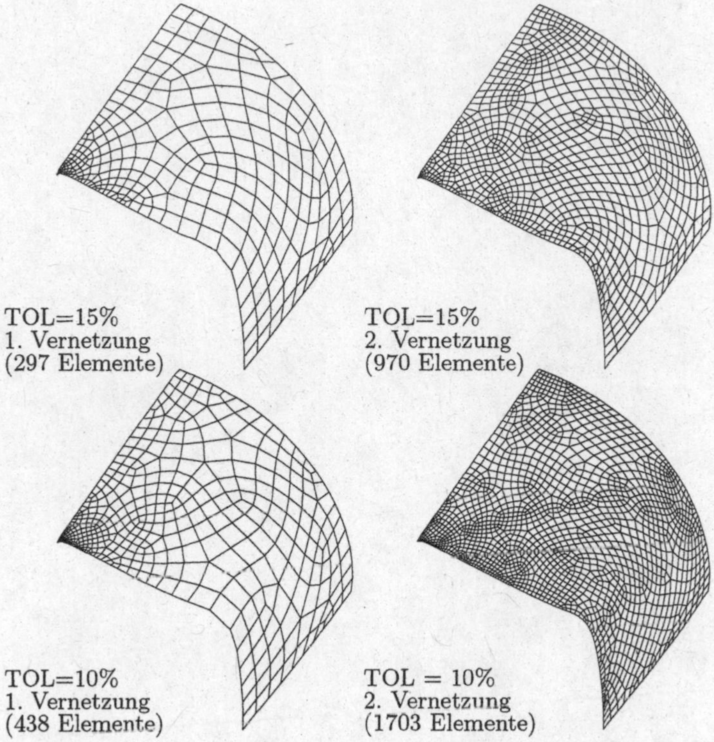

Bild 8.17. Strategie II: Netz in der Endkonfigurationen der adaptiven Berechnungen

9. Spezielle Strukturelemente

Stäbe, Balken und Schalen gehören zu den wichtigsten Tragwerkselementen des Ingenieurs. Aus ihnen setzen sich Tragwerke des Bauingenieurwesens – wie Maste, Fachwerkkuppeln, Hallenrahmen oder Behälter – zusammen. Aber auch Autokarosserien, Roboter oder Flugzeugrümpfe aus dem Maschinen- und Flugzeugbau lassen sich durch diese Strukturelemente mathematisch abbilden. Die sichere Berechnung derartiger Tragwerke ist von großer technischer Bedeutung und befindet sich seit langem in einem ausgereiften Zustand für normgerechte Nachweise. Für nichtlineare Berechnungen und Stabilitätsuntersuchungen wurden in der Vergangenheit unterschiedliche Näherungstheorien entwickelt, die relativ einfach und für viele praktische Zwecke ausreichend sind, siehe dazu auch die Einführung im Abschn. 2.1. Durch die Entwicklung leistungsfähiger und preiswerter Computer-Hardware ist es heute möglich geworden, Berechnungen auf der Basis von vollständig nichtlinearen Theorien durchzuführen, die im Gegensatz zu Näherungstheorien keine Einschränkung im Anwendungsbereich besitzen.

Die hier zu behandelnden Tragwerkselemente können bei Fachwerken bzw. Balken durch eindimensionale Modelle oder bei Schalen durch zweidimensionale Modelle abgebildet werden. Diese sind dadurch charakterisiert, daß die Beschreibung der Geometrie des entsprechenden Tragwerkes durch eine Raumkurve oder -fläche erfolgen kann. Als Formulierungen für die geometrische Darstellung sind bei Balken oder Stäben unter anderem die Parametrisierung der Raumkurve durch die Bogenlänge, die Angabe der Kurvengeometrie mit Bezug auf ein kartesisches Koordinatensystem oder die angenäherte Darstellung der Kurve durch einen Polygonzug möglich. Die letztgenannte Darstellung approximiert die Geometrie und wird häufig für Diskretisierungen mit der Methode der finiten Elemente gewählt. Daraus resultiert die Diskretisierung eines gekrümmten räumlichen Stabwerkes mittels gerader finiter Elemente. Die Approximation der Geometrie ruft neben dem Diskretisierungsfehler der Verschiebungs- und Rotationsfelder noch einen weiteren Fehler hervor. Man kann jedoch zeigen, daß die auf der Geometrieapproximation beruhende Diskretisierung bei Erhöhung der Elementanzahl konvergiert. Wichtig dabei ist, daß die Elementkoordinaten immer auf die exakte Geometrie bezogen werden. Für Schalen gelten ähnliche Überlegungen, wobei diese jedoch empfindlicher auf Geometriefehler reagieren. Dies liegt darin begründet, daß infolge einer Approximation der Geometrie lokal im finiten Element grundsätzlich andere Geometrien vorliegen können (z.B. eine Hyparfläche anstelle einer Zylinder- oder Kugelfläche beim Vierknotenelement).

Im folgenden sollen zunächst Fachwerkselemente, zweidimensionale Balkenelemente und rotationssymmetrische Schalenelemente näher betrachtet werden. Danach folgt die Verallgemeinerung der Diskretisierung von Schalen für dreidimensionale Schalengeometrien.

9.1 Nichtlineares Fachwerkelement

In diesem Abschnitt wird ein dreidimensionales finites Fachwerkelement hergeleitet. Dabei wird üblicherweise vorausgesetzt, daß dieses Strukturelement nur in seiner Stabachse beansprucht wird und so nur Zug- oder Druckkräfte aufnehmen kann. Bezüglich der kinematischen Beziehungen werden keine Einschränkungen getroffen, so daß die Formulierung des Fachwerkelementes geometrisch exakt ist. Die Materialgleichungen werden zunächst für den rein elastischen Fall angegeben. Speziell werden die ST. VENANTsche Materialgleichung, s. (3.118), und das hyperelastische OGDEN Material, s. (3.110), betrachtet. Im Anschluß daran folgt für kleine elastische aber große inelastische Verzerrungen die Berücksichtigung elasto-plastischen Materialverhaltens mit isotroper Verfestigung.

9.1.1 Kinematik und Verzerrungen

Zunächst werden die kinematischen Beziehungen, die schon im Abschn. 3.1 für dreidimensionale Problemstellungen angegeben wurden, auf den eindimensionalen Fall spezialisiert. Dies ist für Fachwerkelemente ausreichend, da sie nur in der Stabachse beansprucht werden.

Die Formulierung erfolgt mit Bezug auf die Referenzkonfiguration Ω. Die verformte Konfiguration des Fachwerkstabes $\varphi(\Omega)$ kann durch die Gleichung

$$\boldsymbol{\varphi}(\mathbf{X}) = (X + u(X))\mathbf{e}_1 + (Y + v(X))\mathbf{e}_2 + (Z + w(X))\mathbf{e}_3 \tag{9.1}$$

beschrieben werden, s. auch Bild 9.1. Hier sind X, Y, Z die Koordinaten bezüglich eines kartesischen Basissystems der Referenzkonfiguration. Die zugehörigen Verschiebungen werden mit u, v, w bezeichnet.

ANMERKUNG 9.1: Man beachte, daß hier eine spezielle Lage des Fachwerkstabes längs der X-Achse angenommen wird. Eine allgemeine Lage kann durch geeignete Transformationen beschrieben werden, dann stellt die X-Achse die lokale Stabachse dar. Da diese Transformationen nur den Bezug zwischen dem lokalen und dem globalen Koordinatensystem in der Referenzkonfiguration angeben, entsprechen sie genau den aus der linearen Theorie bekannten Transformationen, s. z.B. (KNOTHE und WESSELS 1991), S. 153 ff. oder (KRÄTZIG und BASAR 1997), S. 257 ff. Man erhält zwischen dem lokalen kartesischen Koordinatensystem mit den

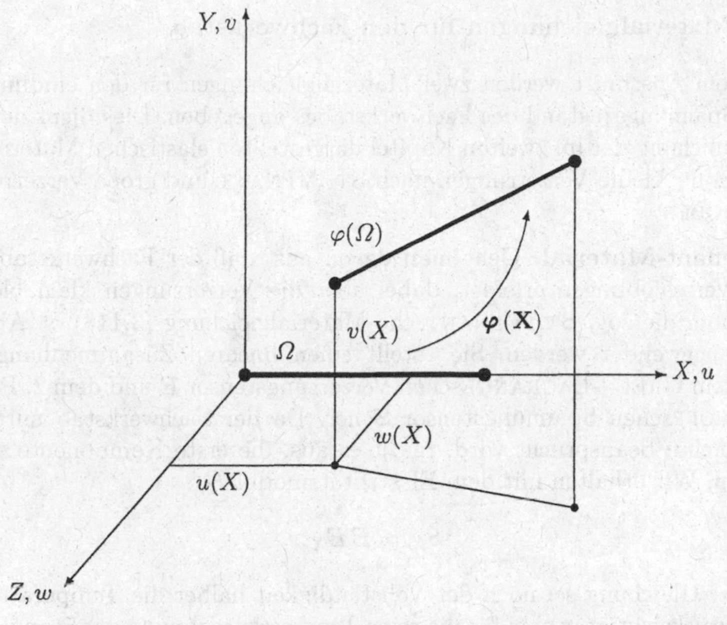

Bild 9.1. Fachwerkstab

Basisvektoren $\{\mathbf{E}_i^l\}$ *und dem globalen kartesischen Koordinatensystem mit den Basisvektoren* $\{\mathbf{E}_k^g\}$ *die Beziehung*

$$\mathbf{E}_i^l = (\mathbf{E}_i^l \cdot \mathbf{E}_k^g)\,\mathbf{E}_k^g \tag{9.2}$$

worin das Skalarprodukt $\mathbf{E}_i^l \cdot \mathbf{E}_k^g$ *den Richtungscosinus zwischen der lokalen Koordinatenachse i und der globalen Koordinatenachse k darstellt.*

Mit der kinematischen Beschreibung (9.1) wird der Deformationsgradient nach (3.6) spezifiziert. Wir erhalten

$$\mathbf{F} = \mathrm{Grad}\,\mathbf{x} = \begin{bmatrix} 1+u,_X & 0 & 0 \\ v,_X & 1 & 0 \\ w,_X & 0 & 1 \end{bmatrix} \tag{9.3}$$

und die JACOBI-Determinante $J = \det \mathbf{F} = 1 + u,_X$. Das Einsetzen von $\mathbf{F}$ in die Definition der GREEN-LAGRANGEschen Verzerrungen $\mathbf{E} = \frac{1}{2}(\mathbf{F}^T\mathbf{F} - \mathbf{1})$ (3.15) liefert die Verzerrungskomponente bezogen auf die X-Koordinate des Fachwerkstabes

$$E_X = u,_X + \frac{1}{2}(u,_X^2 + v,_X^2 + w,_X^2\,). \tag{9.4}$$

Es treten noch weitere Verzerrungskomponenten auf, die aber aufgrund der einachsigen Beanspruchung des Fachwerkstabes nicht relevant sind.

9.1.2 Materialgleichungen für den Fachwerkstab

In diesem Abschnitt werden zwei Materialgleichungen für den eindimensionalen Spannungszustand des Fachwerkstabes angegeben. Dies dient der Veranschaulichung der im zweiten Kapitel dargestellten elastischen Materialgleichungen für kleine Verzerrungen nach ST. VENANT und große Verzerrungen nach OGDEN.

St. Venant-Material. Geht man davon aus, daß der Fachwerkstab zwar große Verschiebungen erleidet, dabei aber die Verzerrungen klein bleiben, dann kann die sog. ST. VENANTsche Materialgleichung (3.118), s. Abschn. 3.3.1, angewendet werden. Sie stellt einen linearen Zusammenhang zwischen dem GREEN-LAGRANGEschen Verzerrungstensor **E** und dem 2. PIOLA-KIRCHHOFFschen Spannungstensor **S** her. Da der Fachwerkstab nur längs seiner Achse beansprucht wird, reicht es aus, die erste Komponente zu betrachten. Wir erhalten mit dem Elastizitätsmodul E

$$S_X = E\,E_X. \tag{9.5}$$

In dieser Gleichung sei noch der Vollständigkeit halber die Temperaturdehnung berücksichtigt, wobei für die reine Temperaturdehnung der Standardansatz, s. z.B. (ESCHENAUER und SCHNELL 1993)

$$E_\Theta = \alpha_T\,(\Theta - \Theta_A), \tag{9.6}$$

mit dem Temperaturausdehnungskoeffizienten α_T gültig ist. Θ_A ist eine gegebene Referenztemperatur. Beziehung (9.6) gilt nur für kleine Verzerrungen, da die zu den GREEN-LAGRANGEschen Verzerrungen gehörende arbeitskonforme 2. PIOLA-KIRCHHOFF-Spannung keine physikalische Spannung ist, siehe auch Abschn. 3.2.4, sich jedoch für kleine Dehnungen nur unwesentlich von den KIRCHHOFFschen Spannungen unterscheidet. Mit (9.4) und (9.6) erhalten wir dann die Spannung

$$S_X = E\,[\,E_X - E_\Theta\,] = E\,[u,_X + \frac{1}{2}\,(u,_X^2 + v,_X^2 + w,_X^2\,) - \alpha_T\,(\Theta - \Theta_A)\,]\,. \tag{9.7}$$

Ogden-Material. Als ein Beispiel für die Berücksichtigung großer Verzerrungen in der elastischen Materialgleichung dient das OGDEN-Material (3.110), s. Abschn. 3.3.1, das für den eindimensionalen Fall aufbereitet werden muß. Die zugehörige Gleichung für die Verzerrungsenergie lautet

$$W(\lambda_i) = \sum_r \frac{\mu_r}{\alpha_r}\,[\,\lambda_1^{\alpha_r} + \lambda_2^{\alpha_r} + \lambda_3^{\alpha_r} - 3\,]\,. \tag{9.8}$$

Hierin sind μ_r und α_r Materialparameter und λ_i die Hauptdehnungen, die sich im allgemeinen aus der Spektralzerlegung des Verzerrungstensors ergeben. Da der Fachwerkstab nur in Längsrichtung beansprucht wird, kann λ_1 direkt nach (3.23) aus (9.4) bestimmt werden. Es gilt $E_X = \frac{1}{2}\,(\lambda_1^2 - 1)$ oder

$$\lambda_1 = \sqrt{2\,E_X + 1}. \tag{9.9}$$

Bei den durch die OGDENsche Konstitutivgleichung beschriebenen Gummimaterialien ist neben großen elastischen Verzerrungen noch die Inkompressibilität zu berücksichtigen. Damit berechnen sich aus (3.131) die CAUCHY Spannungen zu

$$\sigma_i = \lambda_i \, \frac{\partial W}{\partial \lambda_i} + p\,, \tag{9.10}$$

wobei p den Druck darstellt, der im Fall der eindimensional beanspruchten Struktur aus der Inkompressibilitätsbedingung $\det \mathbf{F} = 1$ bestimmt wird. Die Spannungen ergeben sich dann nach (3.139), wie in Aufgabe 3.6 beschrieben, zu

$$\sigma_1 = \sum_r \mu_r \, [\, \lambda_1^{\alpha_r} - \lambda_1^{-\frac{1}{2}\,\alpha_r} \,]\,. \tag{9.11}$$

Für die weitere Formulierung soll die CAUCHY Spannung σ_1 in die 2. PIOLA-KIRCHHOFF-Spannung transformiert werden. Die Beziehung $\mathbf{S} = J\,\mathbf{F}^{-1}\,\boldsymbol{\sigma}\,\mathbf{F}^{-T}$, s. auch (3.81), liefert unter Berücksichtigung der Inkompressibilität ($J = 1$) für die Komponente in Stabrichtung

$$S_X = \frac{1}{\lambda_1^2}\,\sigma_1. \tag{9.12}$$

Damit kann die Materialgleichung nach OGDEN für den Fachwerkstab in den Größen des 2. PIOLA-KIRCHHOFFschen Spannungs- und des GREENschen Verzerrungstensors ausgedrückt werden

$$S_X = \sum_r \mu_r \, [\, \lambda_1^{\alpha_r - 2} - \lambda_1^{-\frac{1}{2}\,\alpha_r - 2} \,]. \tag{9.13}$$

Hierin ist λ_1 noch mittels (9.9) durch E_X auszudrücken.

Da sowohl das OGDEN als auch das ST. VENANT-Material auf die Referenzkonfiguration bezogen und in den Größen des 2. PIOLA-KIRCHHOFFschen Spannungs- und des GREEN-LAGRANGEschen Verzerrungstensors ausgedrückt sind, ist es möglich, für beide Materialformulierungen eine einheitliche Variationsformulierung anzugeben.

9.1.3 Variationsformulierung und Linearisierung

Bei der Behandlung des nichtlinearen Verhaltens von Fachwerken mittels der Methode der finiten Elemente geht man zweckmäßigerweise von einer Variationsformulierung der Gleichgewichtsbeziehungen aus. Wir erhalten in Anlehnung an Abschn. 3.4.1 die folgende eindimensionale schwache Form der Gleichgewichtsbeziehung des Fachwerkstabes

$$G(\mathbf{u}) = \int_{(X)} \delta E_X S_X A \, dX - \int_{(X)} \delta u_X b_X A \, dX - \sum_k \delta u_{Xk} P_k = 0\,, \tag{9.14}$$

wobei S_X durch die Materialgleichungen (9.5) oder (9.13) gegeben ist. b_X sind die Volumenkräfte, P_k bezeichnet äußere Knotenkräfte und A die Querschnittsfläche in der Referenzkonfiguration. Die Variation der GREEN-LAGRANGEschen Verzerrungen δE_X ist mit (9.4) durch

$$\delta\, E_X = (1 + u,_X\,)\, \delta u,_X + v,_X\ \delta v,_X + w,_X\ \delta w,_X \tag{9.15}$$

gegeben. Mit den im vorigen Abschnitt bereitgestellten Materialgleichungen für S_X erhalten wir aus (9.14) eine komplexe nichtlineare Beziehung.

Zur Lösung der nichtlinearen Gl. (9.14) wird üblicherweise das in Abschn. 5.1.1 beschriebene NEWTON-Verfahren angewandt. Dafür benötigen wir die Linearisierung von (9.14), die zu der sog. Tangentensteifigkeit oder zu dem Tangentenoperator führt. Mit der Standarddefinition der Richtungsableitung nach Abschn. 3.5 erhalten wir den Tangentenoperator

$$DG(\mathbf{u}) = \int_{(X)} \delta\, E_X \Delta S_X\, A\, dX + \int_{(X)} \Delta\delta\, E_X\, S_X\, A\, dX. \tag{9.16}$$

Hierin ist die Linearisierung der Verzerrungen (9.4)

$$\Delta\, E_X = \Delta u,_X\ (1 + u,_X\,) + \Delta v,_X\ v,_X + \Delta w,_X\ w,_X \tag{9.17}$$

und die Linearisierung der Variation der Verzerrungen (9.15)

$$\Delta\delta\, E_X = \Delta u,_X\ \delta u,_X + \Delta v,_X\ \delta v,_X + \Delta w,_X\ \delta w,_X \tag{9.18}$$

enthalten. Für die Materialgleichung (9.5) kann die Linearisierung der Spannung durch

$$\Delta S_X = E\, \Delta E_X = E\, [\, \Delta u,_X\ (1 + u,_X\,) + \Delta v,_X\ v,_X + \Delta w,_X\ w,_X\ ] \tag{9.19}$$

angegeben werden. Analog erhalten wir für das OGDEN-Material (9.13) mit der aus (9.9) folgenden Beziehung $\Delta\lambda_1 = \lambda_1^{-1}\, \Delta E_X$ die Linearisierung von S_X

$$\Delta S_X = C(\lambda_1)\, \Delta E_X\,, \tag{9.20}$$

wobei sich der inkrementelle Materialtensor nach einiger Rechnung zu

$$C(\lambda_1) = \sum_r \mu_r\, [\, (\alpha_r - 2)\lambda_1^{(\alpha_r - 4)} + (\frac{1}{2}\alpha_r + 2)\, \lambda_1^{-(\frac{1}{2}\,\alpha_r + 4)}\ ] \tag{9.21}$$

ergibt.

9.1.4 Finite-Element-Modell

Die Diskretisierung von Gln. (9.14) und (9.16) geschieht durch finite Elemente. Dazu werden die Verschiebungen u, v, w mittels linearer Ansätze im

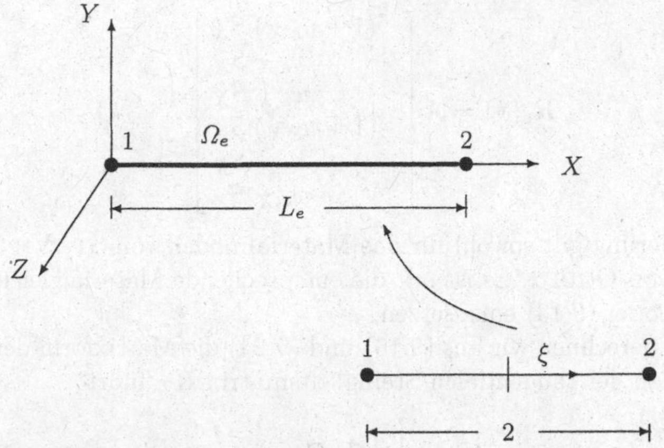

Bild 9.2. Finites Fachwerkelement

Element approximiert. Selbstverständlich könnten auch Elemente mit quadratischen oder höheren Ansätzen Verwendung finden, aber für die meisten Anwendungen sind die linearen Elemente, die im geometrisch und physikalisch linearen Fall die homogene Differentialgleichung des Fachwerkstabes bereits exakt erfüllen, ausreichend. Wir erhalten

$$u_e = \sum_{K=1}^{2} N_K(\xi)\, u_K, \quad v_e = \sum_{K=1}^{2} N_K(\xi)\, v_K \;\text{ und }\; w_e = \sum_{K=1}^{2} N_K(\xi)\, w_K\,, \tag{9.22}$$

wobei $N_K(\xi)$ durch die linearen Ansatzfunktionen (4.17) gegeben ist. Die Grössen u_K, v_K und w_K repräsentieren die Knotenfreiheitsgrade innerhalb des Fachwerkelementes Ω_e mit der Länge L_e, s. Bild 9.2.
Mit den Ansätzen (9.22) folgen die Verschiebungsableitungen gemäß (4.23) zu

$$u_{e,X} = \frac{u_2 - u_1}{L_e}\,, \quad v_{e,X} = \frac{v_2 - v_1}{L_e} \quad \text{und} \quad w_{e,X} = \frac{w_2 - w_1}{L_e}\,. \tag{9.23}$$

Das Einsetzen von (9.22) und (9.23) in die Variationsformulierung (9.14) führt auf die folgende Matrixform

$$G_h(\mathbf{u}_h, \boldsymbol{\eta}) = \boldsymbol{\eta}^T \boldsymbol{G}(\mathbf{v}) = \boldsymbol{\eta}^T \bigcup_{e=1}^{n_{el}} \boldsymbol{G}_e(\mathbf{v}) = \boldsymbol{\eta}^T \bigcup_{e=1}^{n_{el}} (\boldsymbol{R}_e - \boldsymbol{P}_e), \tag{9.24}$$

Hierin ist $\mathbf{v}$ der Vektor der am Element Ω_e vorkommenden Knotenverschiebungen

$$\mathbf{v}^T = \{\, u_1\,, v_1\,, w_1\,, u_2\,, v_2\,, w_2\,\} \tag{9.25}$$

und $\boldsymbol{R}_e$ das die innere Verzerrungsarbeit darstellende Residuum

$$\boldsymbol{R}_e(\mathbf{v}) = A \begin{bmatrix} (1+u_{e,X})\, S_X \\ v_{e,X}\, S_X \\ w_{e,X}\, S_X \\ -(1+u_{e,X})\, S_X \\ -v_{e,X}\, S_X \\ -w_{e,X}\, S_X \end{bmatrix}. \tag{9.26}$$

Diese Formulierung gilt sowohl für das Materialmodell von ST. VENANT als auch für das von OGDEN. Es ist nur die entsprechende Materialgleichung für S_X also (9.5) oder (9.13) einzusetzen.

Weiterhin berechnen wir aus (9.16) und (9.24) die Matrixform der Linearisierung, die zu der tangentialen Steifigkeitsmatrix $\boldsymbol{K}_T$ führt

$$\boldsymbol{K}_T = \bigcup_{e=1}^{n_{el}} D\, \boldsymbol{G}_e(\mathbf{v}). \tag{9.27}$$

$\boldsymbol{K}_T$ repräsentiert den globalen Tangentenoperator, der sich aus dem Zusammenbau der tangentialen (6×6) Steifigkeitsmatrizen eines Elementes ergibt. Die Elementmatrix $\boldsymbol{K}_T^e$ hat das folgende Aussehen

$$\boldsymbol{K}_T^e = \begin{bmatrix} (\boldsymbol{A}_1 + \boldsymbol{A}_2) & -(\boldsymbol{A}_1 + \boldsymbol{A}_2) \\ -(\boldsymbol{A}_1 + \boldsymbol{A}_2) & (\boldsymbol{A}_1 + \boldsymbol{A}_2) \end{bmatrix}. \tag{9.28}$$

Der erste Term von (9.28) ist durch

$$\boldsymbol{A}_1 = \frac{HA}{L_e} \begin{bmatrix} (1+u_{e,X})^2 & (1+u_{e,X})v_{e,X} & (1+u_{e,X})w_{e,X} \\ (1+u_{e,X})v_{e,X} & v_{e,X}^2 & v_{e,X}w_{e,X} \\ (1+u_{e,X})w_{e,X} & v_{e,X}w_{e,X} & w_{e,X}^2 \end{bmatrix}. \tag{9.29}$$

explizit gegeben. Der zweite Term von (9.28)

$$\boldsymbol{A}_2 = \frac{S_X\, A}{L_e} \begin{bmatrix} 1 & 0 & 0 \\ 0 & 1 & 0 \\ 0 & 0 & 1 \end{bmatrix} \tag{9.30}$$

wird häufig als Anfangsspannungsmatrix bezeichnet.

Für H ist in der Beziehung (9.29) der Tangentenmodul des jeweiligen Materialmodells einzusetzen. Für das ST. VENANT-Material ist $H = E$, während sich für das OGDEN-Material $H = C(\lambda_1)$ ergibt. Analog muß natürlich auch in (9.30) die zugehörige Gleichung für die Spannung verwendet werden. Der Index h wurde für die Approximation der Feldgrößen unterdrückt, um die Schreibweise zu vereinfachen. Mit dieser Matrizenform kann nun das entsprechende finite Element kodiert werden, das auf einer der diskutierten Materialgleichungen beruht.

Aufgabe 9.1: Für ein elasto-plastisches Materialverhalten leite man den Algorithmus für die Spannungsberechnung und die zugehörige Linearisierung analog zu den Beziehungen des Abschn. 6.3.2 für ein Fachwerkelement unter Annahme der VON MISES Plastizität her. Dabei sollen die folgenden zwei unterschiedlichen Materialmodelle gewählt werden:

a) Unter der Annahme kleiner elastischer Verzerrungen kann die Materialgleichung gemäß (6.140) formuliert werden. Die großen plastischen Dehnungen sind unter Einbeziehung linearer isotroper Verfestigung nach (6.141) zu bestimmen.

b) Die großen inkompressiblen elastische Dehnungen sind durch ein OGDEN-Material zu beschreiben. Für die plastischen Deformationen ist eine nichtlineare Verfestigung der Form $q = -(H^l\,\alpha + H^{nl}\alpha^\delta)$ anzunehmen.

Lösung: Die zugehörigen dreidimensionalen Grundgleichungen sind in Abschn. 3.3.2 angegeben. Da wir es hier mit einem eindimensionalen Problem zu tun haben, können alle Größen gleich auf die Hauptachsen bezogen und die algorithmischen Beziehungen des Abschn. 6.3.2 angewendet werden. Für die Streckungen gilt gemäß (3.177)

$$\lambda = \lambda^e\,\lambda^p\,.$$

Für die Herleitung des Fachwerkelementes müssen nur die Beziehungen, die aus der Integration der Materialgleichungen folgen, in Gln. (9.26) bis (9.30) eingesetzt werden. Explizit sind der 2. PIOLA-KIRCHHOFFsche Spannungetensor S_X und der Tangentenmodul H innerhalb eines Zeitschrittes $[\,t_n\,, t_{n+1}\,]$ zu bestimmen. Die Gleichungen des Abschn. 6.3.2 vereinfachen sich im eindimensionalen Fall erheblich. So erhalten wir für die *trial* Streckung

$$\lambda^{e\,tr}_{n+1} = \frac{\lambda_{n+1}}{\lambda^p_n}$$

und damit für die zugehörige logarithmische Dehnung

$$\varepsilon^{e\,tr}_{n+1} = \ln\,[\lambda^{e\,tr}_{n+1}]$$

Im Fall a) folgt aus der Beziehung (3.155) die eindimensionale Fließbedingung

$$f(\tau) = |\,\tau\,| - (\,Y_0 + \hat{H}\,\alpha\,) \leq 0$$

und aus (3.196) die Fließregel. Die elastische Materialgleichung lautet

$$\tau = E\,\varepsilon^e\,,$$

wobei hier logarithmische Verzerrungen $\varepsilon^e = \ln\lambda^e$ nach Abschn. 6.3.2 verwendet werden. E ist der Elastizitätsmodul, der sich im eindimensionalen Fall als einzige Materialkonstante durch Umrechnung aus der in Anmerkung 6.2 definierten Verzerrungsenergiefunktion für kleine elastische Verzerrungen ergibt. E entspricht in diesem Fall nicht der in Gl. (9.5) eingeführten Elastizitätskonstante, da er andere nichtlineare Verzerrungen und Spannungen miteinander verknüpft. Die *trial* KIRCHHOFF-Spannung lautet dann

$$\tau^{tr}_{n+1} = E\,\varepsilon^{e\,tr}_{n+1}\,.$$

Diese Spannung ist in die Fließbedingung einzusetzen

$$f^{tr}_{n+1} = |\,\tau^{tr}_{n+1}\,| - (\,Y_0 + \hat{H}\,\alpha^{tr}_{n+1}\,)\,,$$

wobei der *trial* Wert des Verfestigungsparameters $\alpha^{tr}_{n+1} = \alpha_n$ aus dem letzten Zeitschritt bestimmt ist. Mit f^{tr}_{n+1} können wir jetzt unterscheiden, ob sich der Fachwerkstab elastisch oder plastisch verhält. Die Auswertung der Beziehungen des Abschn. 6.3.2 liefert dann explizit:

- $f^{tr}_{n+1} < 0 \Longrightarrow$ elastisch:

1. 2. Piola-Kirchhoff-Spannung: $S_{X\,n+1} = \dfrac{\tau_{n+1}^{tr}}{(\lambda_{n+1}^{e\,tr})^2}$
2. Tangentenmodul (s. Abschn. 6.3.3): $H_{n+1} = \dfrac{E - 2\,\tau_{n+1}^{tr}}{(\lambda_{n+1}^{e\,tr})^4}$

- $f_{n+1}^{tr} \geq 0 \Longrightarrow$ plastisch:

1. Inkrement des Konsistenzparameters: $\Delta\gamma_{n+1} = \dfrac{f_{n+1}^{tr}}{E + \hat{H}}$
2. Elastische Verzerrung: $\varepsilon_{n+1}^{e} = \varepsilon_{n+1}^{e\,tr} - \Delta\gamma_{n+1}\,\dfrac{\tau_{n+1}^{tr}}{|\,\tau_{n+1}^{tr}\,|}$
3. Verfestigungsparameter: $\alpha_{n+1} = \alpha_n + \Delta\gamma_{n+1}$
4. Kirchhoff-Spannung: $\tau_{n+1} = E\,\varepsilon_{n+1}^{e}$
5. Algorithmischer Tangentenmodul: $C_p^{ALG} = \dfrac{E\,\hat{H}}{E + \hat{H}}$
6. *update* der plastischen Variablen: $\lambda_{n+1}^{p} = \dfrac{\lambda_{n+1}}{\exp[\varepsilon_{n+1}^{e}]}$
7. 2. Piola-Kirchhoff-Spannung: $S_{X\,n+1} = \dfrac{\tau_{n+1}}{(\lambda_{n+1}^{e\,tr})^2}$
8. Tangentenmodul (s. Abschn. 6.3.3): $H_{n+1} = \dfrac{C_p^{ALG} - 2\,\tau_{n+1}}{(\lambda_{n+1}^{e\,tr})^4}$

Damit sind alle Gleichungen bekannt, die für die elastoplastische Analyse eines Fachwerkstabes benötigt werden. Sie sind in die Finite-Element-Formulierung des vorangegangenen Abschnittes einzusetzen.

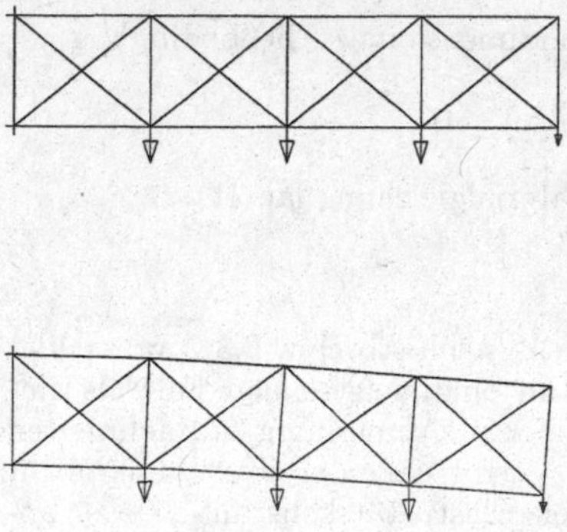

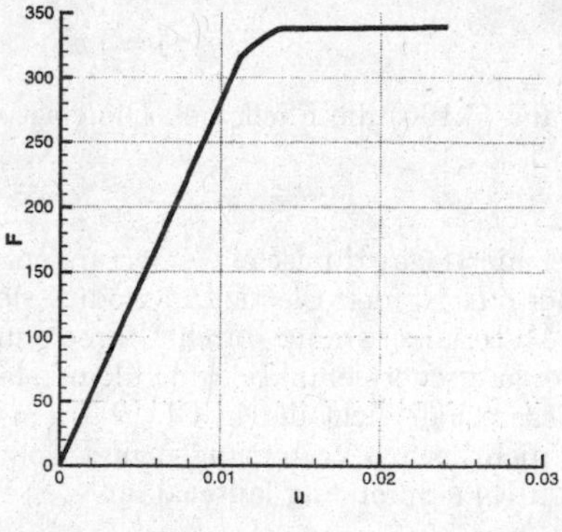

Bild 9.3a: Fachwerkträger: System und Deformation

Bild 9.3b: Lastverschiebungskurve des Fachwerkträgers

Als Beispiel wird ein Fachwerkträger betrachtet, der in Bild 9.3a in der Ausgangskonfiguration und einer verformten Konfiguration dargestellt ist. Die Materialparameter sind $E = 21000$, $A = 10$, $Y_0 = 24$ und $\hat{H} = 10$. Infolge einer Laststeigerung deformiert sich das System zunächst elastisch. Ab einer bestimmten Laststufe, siehe Lastverschiebungskurve in Bild 9.3b, plastizieren die Stäbe am Auflager und es bildet sich eine Art Fließgelenk im ersten Segment am Auflager aus, so daß die Steifigkeit des Gesamtsystems stark abnimmt.

Im Fall b) verwenden wir eine Fließbedingung mit der gegebenen nichtlinearen Verfestigung

$$f(\tau) = |\tau| - \left(Y_0 + \hat{H}^l\,\alpha + \hat{H}^{nl}\alpha^\delta\right) \le 0$$

und ein eindimensionales inkompressibles OGDEN-Material, s. auch (9.11), das hier in den KIRCHHOFF-Spannungen definiert ist

$$\tau = \sum_i \mu_i \left(\lambda^{\beta_i} - \lambda^{-\beta_i/2}\right) = \sum_i \mu_i \;(\exp(\beta_i\,\varepsilon) - \exp(-\beta_i\,\varepsilon/2))\,.$$

Für die algorithmische Behandlung benötigen wir die *trial* Spannungen, die durch die elastischen Dehnungen bei festgehaltenen plastischen Variablen gegeben sind ($\lambda^{e\;tr}_{n+1} = \lambda_{n+1} / \lambda^p_n$)

$$\tau^{tr}_{n+1} = \sum_i \mu_i \;(\exp(\beta_i\,\varepsilon^{e\;tr}_{n+1}) - \exp(-\beta_i\,\varepsilon^{e\;tr}_{n+1}/2))\,.$$

Der elastische Tangentenmodul ist dann durch

$$\tilde{E}_{n+1} = \frac{\partial \tau^{tr}_{n+1}}{\partial \varepsilon^{e\;tr}_{n+1}} = \sum_i \mu_i\,\beta_i\,\left[(\lambda^{e\;tr}_{n+1})^{\beta_i} + 0.5\,(\lambda^{e\;tr}_{n+1})^{-\beta_i/2}\right]$$

bestimmt. Zur Überprüfung, ob elastisches oder plastisches Verhalten vorliegt, setzen wir die *trial* Spannung in Fließbedingung ein

$$f^{tr}_{n+1} = |\tau^{tr}_{n+1}| - \left[Y_0 + \hat{H}^l\,\alpha^{tr}_{n+1} + \hat{H}^{nl}(\alpha^{tr}_{n+1})^\delta\right]\,.$$

Es ergeben sich dann bekanntermaßen die beiden Fälle

- $f^{tr}_{n+1} < 0$ elastisch und man erhält:
  1. 2. PIOLA-KIRCHHOFF-Spannungen: $S_{X\,n+1} = \dfrac{\tau^{tr}_{n+1}}{(\lambda^{e\;tr}_{n+1})^2}$
  2. Tangentenmodul: $H_{n+1} = \dfrac{\tilde{E}_{n+1} - 2\,\tau^{tr}_{n+1}}{(\lambda^{e\;tr}_{n+1})^4}$
- $f^{tr}_{n+1} > 0$ plastisch. Hier sind die folgenden Schritte zur Spannungsberechnung und zur Bestimmung des Tangentenmoduls erforderlich:
  1. Zunächst wird aus $f_{n+1} = 0$ das Inkrement des Konsistenzparameters $\Delta\gamma_{n+1}$ bestimmt, wobei f_{n+1} die Form

     $$f_{n+1} = \tau(\varepsilon^{e\;tr}_{n+1} - \Delta\gamma_{n+1}) - \left[Y_0 + H^l\,(\alpha_n + \Delta\gamma_{n+1}) + H^{nl}\,(\alpha_n + \Delta\gamma_{n+1})^\delta\right]$$

     besitzt. Hierin bedeutet $\tau(x)$, daß das Argument x in die Materialgleichung von OGDEN eingesetzt wird. Im Gegensatz zum vorausgegangenen Beispiel ist die Fließfunktion nichtlinear in $\Delta\gamma_{n+1}$. Dies erfordert eine lokale Iteration.
  2. Es folgen dann die elastischen Dehnungen $\varepsilon^e_{n+1} = \varepsilon^{e\;tr}_{n+1} - \Delta\gamma_{n+1}\,\dfrac{\tau^{tr}_{n+1}}{|\tau^{tr}_{n+1}|}$
  3. sowie der Verfestigungsparameter $\alpha_{n+1} = \alpha_n + \Delta\gamma_{n+1}\,.$
  4. Die KIRCHHOFF-Spannungen bestimmen sich aus der Materialgleichung von OGDEN zu $\tau_{n+1} = \sum_i \mu_i\;(\exp(\beta_i\,\varepsilon^e_{n+1}) - \exp(-\beta_i\,\varepsilon^e_{n+1}/2))\,.$

5. In der FE-Formulierung wird noch der algorithmische Tangentenmodul benötigt. Dieser folgt wie in Abschn. 6.3.2

$$\mathrm{C}_p^{\mathrm{ALG}} = \frac{\partial \tau(\varepsilon_{n+1}^{\mathrm{e}})}{\partial \varepsilon_{n+1}^{\mathrm{e\ tr}}} = \frac{\partial \tau(\varepsilon_{n+1}^{\mathrm{e}})}{\partial \varepsilon_{n+1}^{\mathrm{e}}} \cdot \frac{\partial \varepsilon_{n+1}^{\mathrm{e}}}{\partial \varepsilon_{n+1}^{\mathrm{e\ tr}}}$$

Der erste Term auf der rechten Seite entspricht dem bereits oben angegebenen elastischen Tangentenmodul $\tilde{E}_{n+1}$. Der zweite Term bestimmt sich aus

$$\frac{\partial}{\partial \varepsilon^{\mathrm{e\ tr}}} (\varepsilon_{n+1}^{\mathrm{e}}) = \frac{\partial}{\partial \varepsilon^{\mathrm{e\ tr}}} (\varepsilon_{n+1}^{\mathrm{e\ tr}} - \Delta\gamma_{n+1}) = \left(1 - \frac{\partial \Delta\gamma_{n+1}}{\partial \varepsilon^{\mathrm{e\ tr}}}\right),$$

wobei die Ableitung des Konsistenzparameters mittels der Fließbedingung bestimmt werden kann

$$\frac{\partial f}{\partial \varepsilon_{n+1}^{\mathrm{e\ tr}}} \cdot \mathrm{d}\varepsilon_{n+1}^{\mathrm{e\ tr}} + \frac{\partial f}{\partial \Delta\gamma_{n+1}} \cdot \mathrm{d}\Delta\gamma_{n+1} \equiv 0\,.$$

Dies liefert

$$\frac{\mathrm{d}\Delta\gamma_{n+1}}{\mathrm{d}\varepsilon_{n+1}^{\mathrm{e\ tr}}} = -\frac{\left(\dfrac{\partial f}{\partial \varepsilon_{n+1}^{\mathrm{e\ tr}}}\right)}{\left(\dfrac{\partial f}{\partial \Delta\gamma_{n+1}}\right)} = \frac{\tilde{E}_{n+1}}{\tilde{E}_{n+1} + \tilde{H}_{n+1}}$$

mit

$$\tilde{H}_{n+1} = H^l + \delta\,(\alpha_n + \Delta\gamma_{n+1})^{\delta-1}\, H^{nl}\,.$$

Damit folgt für C_p^{ALG}

$$\mathrm{C}_p^{ALG} = \frac{\tilde{H}_{n+1}\,\tilde{E}_{n+1}}{\tilde{H}_{n+1} + \tilde{E}_{n+1}}\,.$$

6. Die Aufdatierung (*update*) der plastischen Variablen liefert hier die plastische Streckung am Ende des Zeitschrittes: $\lambda_{n+1}^p = \dfrac{\lambda_{n+1}}{\exp[\varepsilon_{n+1}^e]}$.
7. Die in (9.26) einzusetzenden 2. PIOLA-KIRCHHOFF-Spannungen bestimmen sich aus den KIRCHHOFF-Spannungen: $S_{X\,n+1} = \dfrac{\tau_{n+1}}{(\lambda_{n+1}^{e\ tr})^2}$.
8. Der in (9.28) benötigte inkrementelle Tangentenmodul für das Materialgesetz lautet: $H_{n+1} = \dfrac{C_p^{ALG} - 2\,\tau_{n+1}}{(\lambda_{n+1}^{e\ tr})^4}$.

Das in b) besprochene Materialmodell mit nichtlinearer isotroper Verfestigung und nichtlinearem elastischen Verhalten kann z.B. herangezogen werden, um ein Material für einen Polyesterfadens zu beschreiben, s. (BIDMON 1989). Wenn man die Materialparameter an die in (BIDMON 1989) durchgeführten Versuche anpaßt, dann folgen die in Bild 9.4 angegebenen Werte. Der oben bereitgestellte Algorithmus wird jetzt zur Berechnung des in Bild 9.4 angegebenen Zugstabes herangezogen. Man erhält dann ein Last-Verschiebungsdiagramm, s. Bild 9.5, das die mit diesem Modell mögliche gute Anpassung an die Versuchswerte nach (BIDMON 1989) zeigt. Dies gilt sowohl für die Be- als auch für die Entlastungskurve, die beide nichtlineare Verläufe aufweisen.

Materialparameter
$\mu = 195.95 \text{ N/mm}^2$
$\alpha = 30.37$
$\sigma_{Y0} = 111.5 \text{ N/mm}^2$
$H_{lin} = 5969.49 \text{ N/mm}^2$
$H_{nl} = 43977191 \text{ N/mm}^2$
$k = 4.37$

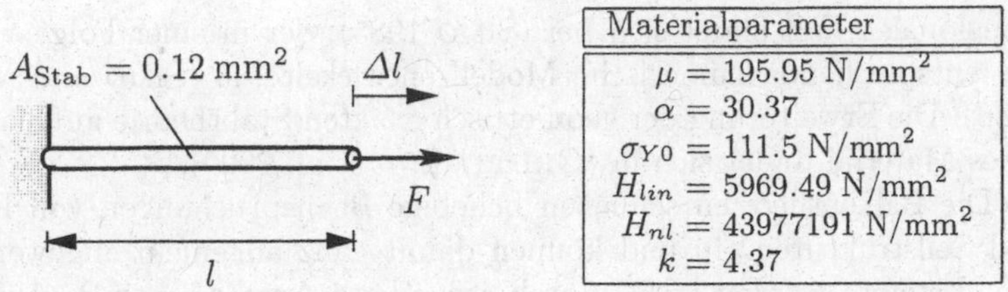

Bild 9.4: Eindimensionales elastoplastisches Stabmodell für Polyesterfäden

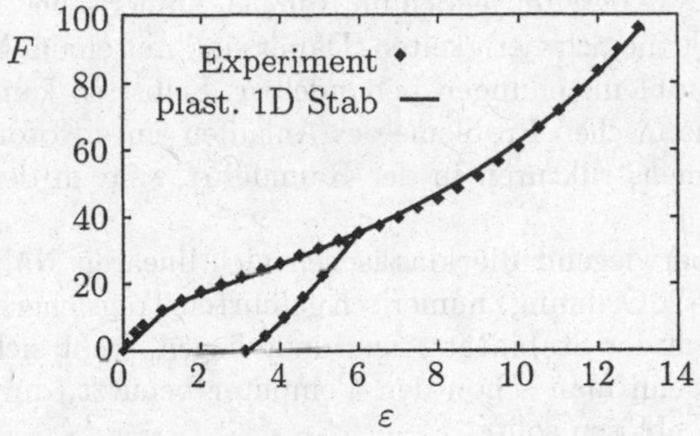

Bild 9.5 Last-Verschiebungskurve

9.2 Zweidimensionales geometrisch exaktes Balkenelement

Nichtlineare Theorien für Balken wurden in den letzten fünfzehn Jahren verstärkt entwickelt. Im wesentlichen können zwei Vorgehensweisen eingeschlagen werden. Die eine geht unter der Annahme kleiner Verzerrungen von der Abspaltung der Starrkörperrotationen von den Gesamtdeformationen aus und führt Relativverdrehungen und -verschiebungen bezüglich des durch Starrkörperrotationen gedrehten Koordinatensystems ein. Dies ermöglicht die Verwendung von vereinfachten nichtlinearen Verzerrungsmaße bezüglich des gedrehten Koordinatensystems. Formulierungen, die auf diesem Zugang beruhen, sind z.B. in (ORAN and KASSIMALI 1976), (WEMPNER 1969), (RANKIN and BROGAN 1984), (LUMPE 1982) oder (CRISFIELD 1991) zu finden.

Bei der zweiten Vorgehensweise zur Entwicklung nichtlinearer Stabtheorien werden außer den klassischen Annahmen der Stabtheorie – wie dem Ebenbleiben der Querschnitte – keine weiteren Näherungen berücksichtigt. Man nennt diese Theorien deshalb auch geometrisch „exakte" Stabtheorien. Sie sind sowohl für die Berechnung großer Verschiebungen und Rotationen als auch für Probleme mit großen Verzerrungen geeignet. Allerdings treten letztere Problemstellungen bei Balkentragwerken i.d.R. nicht auf. Die Entwicklung einer solchen, zunächst zweidimensionalen Stabtheorie geht auf die Arbeit von (REISSNER 1972) zurück. Eine Verallgemeinerung auf den dreidimensionalen Fall findet sich bei (SIMO 1985), der in einer Folgearbeit auch das entsprechende numerische Modell entwickelte, s. (SIMO and VU-QUOC 1986). Die Erweiterung der geometrisch exakten Stabtheorie auf elastoplastisches Material findet sich in (GRUTTMANN et al. 2000).

Die Balkentheorien schließen beliebige Beanspruchungen von Fachwerk- und Seilstrukturen ein und können damit ganz allgemein angewendet werden. Letztere werden i.d.R. durch gesonderte Ansätze, s. z.B. Abschn. 9.1, behandelt. Die diesen Theorien zugrunde liegenden Gleichungen sind bis auf wenige Sonderfälle einer Handrechnung nicht mehr zugänglich. Ihre Anwendung auf Tragwerke bereitet jedoch im Rahmen numerischer Methoden – wie z.B. der FEM – keine Schwierigkeiten. Damit sind mit einem Modell viele unterschiedliche Problemstellungen behandelbar. Selbst so komplizierte Fälle, wie z.B. die dynamischen Probleme des Anlaufen eines Rotors oder des Öffnens von Antennenstrukturen in der Raumfahrt, sind in der Formulierung eingeschlossen.

Da heute überwiegend die klassischen nichtlinearen Näherungstheorien (z.B. die Theorie 2. Ordnung) numerisch geführten Tragsicherheitsnachweisen – z.B. hinsichtlich der Stabilität – zugrunde liegen, stellt sich die Frage, ob man sie nicht, wenn man schon den Computer benutzt, durch geometrisch exakte Theorien ablösen sollte.

Um hier ein wenig Klarheit zu schaffen, werden ausgehend von den Grundgleichungen einer geometrisch exakten Stabtheorie auch verschiedene daraus folgende Näherungsstufen diskutiert. Danach werden die zugehörigen numerischen Modelle hergeleitet und algorithmisch aufbereitet. Anhand eines Beispiels werden dann die verschiedenen Theorien verglichen und Grenzen der Anwendung diskutiert.

9.2.1 Kinematik

Wir wollen hier eine schubelastische Stabtheorie angeben, die auf der Annahme vom Ebenbleiben der Querschnitte basiert, s. (REISSNER 1972). Hierfür lassen sich Verzerrungsmaße herleiten, die große Verschiebungen und Verdrehungen aber auch große Verzerrungen beinhalten, d. h. die Theorie enthält keine geometrischen Vernachlässigungen. Da bei Stäben jedoch meistens kleine Verzerrungen auftreten, werden wir uns bei der Angabe der Materialgleichung auf linearelastisches Verhalten beschränken. Selbstverständlich kann diese Theorie auch auf inelastisches Materialverhalten ausgedehnt werden, s. z.B. (KAHN 1987) für die Fließgelenktheorie. Neben den exakten Gleichungen für die Verzerrungen werden auch Näherungsbeziehungen angegeben und diskutiert.

Die nichtlinearen Verzerrungsmaße eines schubelastischen Balkens findet man für den zweidimensionalen Fall bei (REISSNER 1972) und für den dreidimensionalen Fall bei (SIMO 1985). Wie schon gesagt ist es möglich, die Verzerrungs-Verschiebungsbeziehungen so anzugeben, daß sie im Rahmen der klassischen kinematischen Annahme vom Ebenbleiben der Querschnitte exakt sind.

Wir wollen hier die Gleichungen des zweidimensionalen Problems explizit darstellen. Die kinematische Annahme bei der schubelastischen Theorie ist durch

$$\varphi = \left\{ \begin{array}{c} X_1 + u(X_1) \\ w(X_1) \end{array} \right\} + X_2 \left\{ \begin{array}{c} -\sin\psi(X_1) \\ \cos\psi(X_1) \end{array} \right\} = \varphi|_{X_2=0} + X_2\,\mathrm{t} \qquad (9.31)$$

gegeben, s. Bild 9.6.

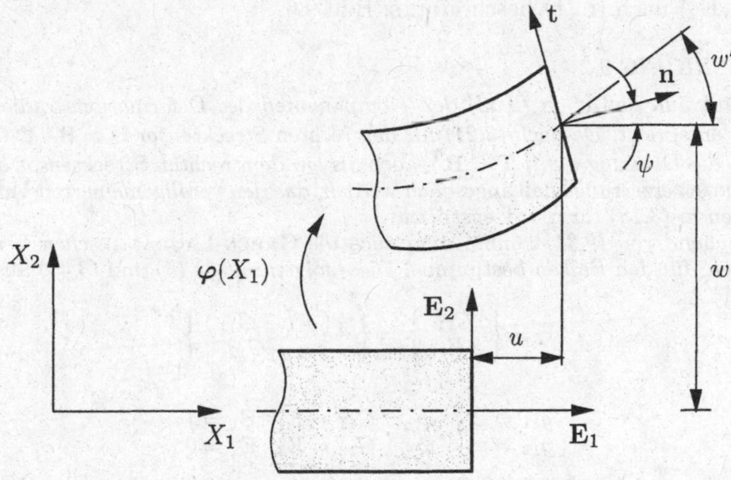

Bild 9.6 Balkenkinematik

Auf die Herleitung der Verschiebungs-Verzerrungsbeziehungen mit Hilfe der Gleichgewichtsbeziehungen aus dem Prinzip der virtuellen Arbeiten verzichten wir an dieser Stelle und verweisen auf die Originalarbeit von (REISSNER 1972). Die zugehörigen Überlegungen führen auf die folgenden Verzerrungsmaße für die Längsdehnung ϵ, die Schubgleitung γ und die Verkrümmungen κ:

$$\begin{aligned} \epsilon &= (1+u')\,\cos\psi + w'\,\sin\psi - 1\,, \\ \gamma &= w'\,\cos\psi - (1+u')\,\sin\psi\,, \\ \kappa &= \psi'\,, \end{aligned} \qquad (9.32)$$

wobei u die Längsverschiebung, w die Durchbiegung und ψ der Verdrehwinkel nach Bild 9.6 sind. Mit ()' wird die Ableitung, wie in der Balkentheorie üblich, nach der Koordinate X_1 abgekürzt. Es fällt auf, daß das Verzerrungsmaß $(9.32)_3$ für die Verkrümmungen linear in ψ ist. Die Verzerrungsmaße lassen sich auch in der matriziellen Darstellung

$$\boldsymbol{\epsilon} = \mathbf{T}(\psi)\, \mathbf{u}' - \boldsymbol{\psi} \tag{9.33}$$

angeben, wobei die Matrizen

$$\boldsymbol{\epsilon} = \begin{Bmatrix} \epsilon \\ \gamma \\ \kappa \end{Bmatrix}, \mathbf{T}(\psi) = \begin{bmatrix} \cos\psi & \sin\psi & 0 \\ -\sin\psi & \cos\psi & 0 \\ 0 & 0 & 1 \end{bmatrix}, \mathbf{u}' = \begin{Bmatrix} u' \\ v' \\ \psi' \end{Bmatrix}, \boldsymbol{\psi} = \begin{Bmatrix} 1-\cos\psi \\ \sin\psi \\ 0 \end{Bmatrix}$$

eingeführt wurden. Beziehung (9.33) zeigt die einfache Struktur dieser nichtlinearen Verzerrungsmaße. Die Nichtlinearität äußert sich nur in den Winkelfunktionen des Winkels ψ, die in der Rotationsmatrix $\mathbf{T}$ angeordnet auf u' und w' wirken. Beachte, daß die Rotationsmatrix $\mathbf{T}$ die Drehung der Basis von $(\mathbf{E}_1, \mathbf{E}_2)$ nach $(\mathbf{n}, \mathbf{t})$ beschreibt, s. Bild 9.6.

ANMERKUNG 9.2:

1. *Es fällt auf, daß $\mathbf{u}'$ in (9.33) den Komponenten des Deformationsgradienten (9.3) entspricht. Da nach (3.21) für den rechten Strecktensor $\mathbf{U} = \mathbf{R}^T\, \mathbf{F}$ folgt, kann die Dehnung $\boldsymbol{\epsilon}$ mit $\mathbf{T} = \mathbf{R}^T$ auch als ein dem rechten Strecktensor äquivalentes Verzerrungsmaß angesehen werden, das den verallgemeinerten Verzerrungen in (3.18) für $\alpha = 1$ enstpricht.*
2. *Ausgehend von (9.31) könnte man auch die GREEN-LAGRANGEschen Verzerrungen für den Balken bestimmen. Diese folgen mit (3.15) und (3.41) aus*

$$\mathbf{E} = \begin{Bmatrix} E_{11} \\ 2\,E_{12} \end{Bmatrix} = \begin{Bmatrix} \frac{1}{2}\,(g_{11} - G_{11}) \\ g_{12} - G_{12} \end{Bmatrix}$$

mit

$$\begin{aligned} g_{11} &= \boldsymbol{\varphi}_{,1} \cdot \boldsymbol{\varphi}_{,1} \quad & G_{11} &= \mathbf{E}_1 \cdot \mathbf{E}_1 = 1 \\ g_{12} &= \boldsymbol{\varphi}_{,1} \cdot \boldsymbol{\varphi}_{,2} \quad & G_{12} &= \mathbf{E}_1 \cdot \mathbf{E}_2 = 0 \end{aligned}$$

und können äquivalent zu (9.32) zur kinematischen Beschreibung des Balkenelementes herangezogen werden. Dies ist z.B. für dreidimensionale Balkenelemente in (GRUTTMANN et al. 2000) ausgeführt.

Aufgabe 9.2: Man leite aus den Verzerrungsmaßen (9.32) die entsprechenden Beziehungen für die BERNOULLI Kinematik her.

Lösung: Bei der BERNOULLI Kinematik wird vorausgesetzt, daß keine Schubverzerrung auftritt, es wird also γ zu null gesetzt. Mit dieser Zwangsbedingung folgen dann die Verzerrungsmaße der BERNOULLI Theorie. Explizit schreibt sich die Bedingung $\gamma = 0$ als

$$w' \cos\psi = (1 + u')\sin\psi\,.$$

Um den Winkel ψ zu eliminieren, können wir zunächst die erste Gleichung in (9.32) quadrieren und erhalten

$$(\epsilon + 1)^2 = (1 + u')^2 \cos^2\psi + w'^2 \sin^2\psi + 2\,(1 + u')\, w' \sin\psi \cos\psi\,.$$

Durch Einsetzen der Zwangsbedingung folgt nach elementarer Rechnung die Längsdehnung in Abhängigkeit der Längsverschiebung u und der Durchbiegung w

$$\epsilon = \sqrt{(1 + u')^2 + w'^2} - 1\,. \tag{9.34}$$

In gleicher Weise kann jetzt die Beziehung für die Verkrümmung κ hergeleitet werden. Die Ableitung der Zwangsbedingung liefert mit Einsetzen von $(9.32)_1$

$$w'' \cos\psi - u'' \sin\psi = (\epsilon + 1)\,\psi'$$

Die Multiplikation dieser Gleichung mit $(9.32)_1$ führt dann nach einiger Rechnung auf das gewünschte Ergebnis für die Verkrümmung, s. z.B. (KAPPUS 1939),

$$\kappa = \frac{w''\,(1+u') - u''\,w'}{(\epsilon+1)^2} = \frac{w''\,(1+u') - u''\,w'}{(1+u')^2 + w'^2}\,. \tag{9.35}$$

Man erkennt deutlich, daß die Verzerrungs-Verschiebungsbeziehungen der schubelastischen Theorie einfacher aufgebaut sind.

Eine konsistente Linearisierung von (9.32), s. Abschn. 3.5, die alle Größen einschl. der quadratischen Terme berücksichtigt, liefert mit der TAYLORschen Reihenentwicklung für die Winkelfunktionen bis zum 2. Glied an der Stelle ψ_0

$$\begin{aligned}\sin(\psi_0+\psi) &= \sin\psi_0 + \cos\psi_0\,\psi + \frac{1}{2}\,\sin\psi_0\psi^2 + \ldots\\ \cos(\psi_0+\psi) &= \cos\psi_0 - \sin\psi_0\,\psi - \frac{1}{2}\,\cos\psi_0\psi^2 + \ldots\end{aligned}$$

(mit $\sin\psi \approx \psi$ und $\cos\psi \approx 1 - \frac{1}{2}\,\psi^2$ für $\psi_0 = 0$) die Verzerrungsmaße

$$\left.\begin{aligned}\epsilon &= u' + w'\,\psi - \tfrac{1}{2}\,\psi^2\\ \gamma &= w' - (1+u')\,\psi\\ \kappa &= \psi'\end{aligned}\right\} \longrightarrow \boldsymbol{\epsilon} = \bar{\mathbf{T}}(\psi)\,\mathbf{u}' - \bar{\boldsymbol{\psi}}\,. \tag{9.36}$$

Die schiefsymmetrische Matrix $\bar{\mathbf{T}}$ ist die Linearisierung von $\mathbf{T}|_{\psi_0=0}$. Sie ist zusammen mit dem Vektor $\bar{\boldsymbol{\psi}}$ wie folgt definiert

$$\bar{\mathbf{T}}(\psi) = \begin{bmatrix} 1 & \psi & 0\\ -\psi & 1 & 0\\ 0 & 0 & 1\end{bmatrix} \quad \text{und} \quad \bar{\boldsymbol{\psi}} = \begin{Bmatrix} \frac{1}{2}\,\psi^2\\ \psi\\ 0\end{Bmatrix}.$$

Die Näherung (9.36) enthält noch alle quadratischen Terme. Die Gleichungen für die Verzerrungen sind nicht wesentlich einfacher als die in (9.32) angegebenen geometrisch exakten Beziehungen, es entfallen nur die Winkelfunktionen des Drehwinkels ψ.

Eine weitere Näherung gewinnt man durch die Vernachlässigung des Längsdehnungsanteil u' bei der Berechnung der Schubgleitung in (9.36). Setzt man dann noch zusätzlich die Schubgleitung zu null ($w' = \psi$), dann folgt das Verzerrungsmaß der klassischen Theorie mäßiger Drehungen für die BERNOULLI Kinematik:

$$\epsilon = u' + \frac{1}{2}\,w'^2\,, \qquad \kappa = w''\,. \tag{9.37}$$

Hier tritt als einziger nichtlinearer Term w'^2 auf.

9.2.2 Schwache Form des Gleichgewichtes

Die schwache Form des Gleichgewichtes, die dem Prinzip der virtuellen Verschiebungen entspricht, kann für den schubelastischen Balken in der Form

$$G(\mathbf{u},\boldsymbol{\eta}) = \int_0^l (\,N\,\delta\epsilon + Q\,\delta\gamma + M\,\delta\kappa\,)\,dx - \int_0^l (\,n\,\delta u + q\,\delta w\,)\,dx = 0 \tag{9.38}$$

mit den Schnittgrößen $N\,,Q\,,M$ und den Lasten in Längsrichtung n bzw. in Querrichtung q zum Balken angegeben werden. Die Definition der Schnittgrößen findet sich im nächsten Abschnitt. Führen wir den Vektor der Schnittgrößen $\mathbf{S}^T = \{\,N\,,Q\,,M\,\}$ ein, so läßt sich Gl. (9.38) auch kompakt als

$$G(\mathbf{u},\boldsymbol{\eta}) = \int_0^l \delta\boldsymbol{\epsilon}^T\,\mathbf{S}\,dx - \int_0^l \boldsymbol{\eta}^T\,\mathbf{q}\,dx = 0 \tag{9.39}$$

schreiben, wobei noch die äußeren Lasten in $\mathbf{q} = \{\,n\,,q\,,0\,\}^T$ und die Variation der Verformungen in $\boldsymbol{\eta} = \{\,\delta u\,,\delta w\,,\delta\psi\}^T$ zusammengefaßt wurden. Hierin sind mit $\boldsymbol{\epsilon}$ die in (9.33) definierten Verzerrungen gegeben. Für die geometrisch exakten Verzerrungen liefert die Variation von (9.33)

$$\delta\boldsymbol{\epsilon} = \mathbf{T}(\psi)\,\boldsymbol{\eta}' + \left[\,\frac{\partial\mathbf{T}(\psi)}{\partial\psi}\,\mathbf{u}' - \frac{\partial\boldsymbol{\psi}}{\partial\psi}\,\right]\,\delta\psi\,. \tag{9.40}$$

Das Einsetzen dieser Beziehung in das Prinzip der virtuellen Verschiebungen ergibt dann für den ersten Term in (9.39)

$$\int_0^l \delta\boldsymbol{\epsilon}^T\,\mathbf{S}\,dx = \int_0^l \left\{\,\boldsymbol{\eta}'^T\,\mathbf{T}(\psi)^T + \delta\psi\,\left[\,\mathbf{u}'^T\,\left(\frac{\partial\mathbf{T}(\psi)}{\partial\psi}\right)^T - \left(\frac{\partial\boldsymbol{\psi}}{\partial\psi}\right)^T\,\right]\right\}\,\mathbf{S}\,dx\,. \tag{9.41}$$

Damit ist das dem Gleichgewicht äquivalente Prinzip der virtuellen Verschiebungen für das geometrisch exakte Stabmodell formuliert.

Für diese nichtlineare Beziehung lassen sich i. a. keine analytischen Lösungen angeben, so daß Näherungsverfahren zur Lösung von (9.39) formuliert werden müssen. Bevor wir dies im Rahmen der FEM durchführen, sollen noch die entsprechenden schwachen Formen für die Verzerrungsmaße (9.36) und (9.37) bereitgestellt werden. Da sich das Prinzip der virtuellen Verschiebungen (9.38) für den Stab generell nicht ändert, ist nur entsprechend die Variation der Verzerrungen einzusetzen. Die Variation von (9.36) liefert

$$\delta\boldsymbol{\epsilon} = \bar{\mathbf{T}}(\psi)\,\boldsymbol{\eta}' + \left[\,\frac{\partial\bar{\mathbf{T}}(\psi)}{\partial\psi}\,\mathbf{u}' - \frac{\partial\bar{\boldsymbol{\psi}}}{\partial\psi}\,\right]\,\delta\psi\,. \tag{9.42}$$

und kann dann in (9.39) eingesetzt werden. Ebenso erhalten wir die Variation von (9.37)

$$\begin{aligned} \delta\epsilon &= \delta u' + w'\,\delta w' , \\ \delta\kappa &= \delta w'' , \end{aligned} \tag{9.43}$$

die dann unter Vernachlässigung des Schubterms in (9.38) auf das Prinzip der virtuellen Arbeit für die Theorie moderater Drehungen führt:

$$G(u, w, \delta u, \delta w) = \int_0^l \left((\delta u' + w'\,\delta w')\,N + \delta w''\,M \right) dx - \int_0^l (n\,\delta u + q\,\delta w)\,dx = 0 . \tag{9.44}$$

9.2.3 Materialgleichungen

Im Rahmen der Anwendungen der Balkentheorie kann man ohne große Einschränkungen annehmen, daß die Verzerrungen klein sind. Damit ist es dann möglich, elastisches Materialverhalten durch das klassische HOOKEsche Gesetz der linearen Theorie zu beschreiben. Es verknüpft bei der geometrisch „exakten“ Theorie aber genau genommen die mit der Matrix $\mathbf{T}$ zurückgedrehten 1. PIOLA-KIRCHHOFFschen Spannungen $\mathbf{T}^T\,\mathbf{P}$. Diese können als BIOTschen Spannungen $\mathbf{T}_B$, s. auch (3.279), interpretiert werden. Allerdings folgt $\mathbf{T}$ hier nicht aus der polaren Zerlegung des Deformationsgradienten. Mit den Ingenieurdehnungen $\mathbf{E}^{(1)}$, die hier $\boldsymbol{\epsilon}$ entsprechen, s. Anmerkung 9.2_1, erhalten wir wie in der linearen Theorie nach (3.260) mit $\nu = \Lambda = 0$ und $E = 2\,\mu$ für die Spannungen

$$\begin{Bmatrix} T_{11} \\ T_{12} \end{Bmatrix} = \begin{bmatrix} E & 0 \\ 0 & G \end{bmatrix} \begin{Bmatrix} \epsilon + X_2\,\kappa \\ \gamma \end{Bmatrix} \quad \text{oder} \quad \boldsymbol{T}_B = \boldsymbol{C}\boldsymbol{E}_B , \tag{9.45}$$

wobei mit $\boldsymbol{E}_B$ die Ingenieurdehungen bezeichnet sind. Die Integration der Spannungen über den Querschnitt (Breite b und Höhe h) liefert gemäß

$$N = \int_{(h)} T_{11}\,b\,dX_2 , \quad Q = \int_{(h)} T_{12}\,b\,dX_2 \quad \text{und} \quad M = \int_{(h)} T_{11}\,X_2\,b\,dX_2 \tag{9.46}$$

die Schnittgrößen

$$\mathbf{S} = \mathbf{D}\boldsymbol{\epsilon} , \quad \text{mit} \quad \mathbf{D} = \begin{bmatrix} EA & 0 & 0 \\ 0 & G\hat{A} & 0 \\ 0 & 0 & EI \end{bmatrix} , \tag{9.47}$$

mit dem Elastizitätsmodul E, dem Schubmodul G, der Querschnittsfläche A und dem Trägheitsmoment I. Mit $\hat{A}$ wird die sog. Schubfläche bezeichnet, die man in der Theorie schubelastischer Balken einführt. Damit wird der Fehler korrigiert, der aus der Annahme eines ebenen verformten Balkenquerschnitts resultiert, die zu einer Verletzung der Randbedingung für die Schubspannungen ($T_{12} = 0$) an der Stelle $X_2 = \pm h\,/\,2$ führt.

Wenn inelastisches Materialverhalten berücksichtigt werden soll, so ist ein Evolutionsgesetz für den inelastischen Anteil der Verzerrungen zu formulieren. Es hängt von den jeweiligen Materialeigenschaften ab, s. Abschn. 3.3.2 und 3.3.3. In der Stabtheorie bieten sich zwei Möglichkeiten an, inelastische Deformationen zu berücksichtigen. Die eine besteht in der zwei- oder dreidimensionalen Formulierung der inelastischen Materialgleichungen in den Spannungen. Die zweite Vorgehensweise beruht auf der Formulierung von sog. integrierten Materialgleichungen, die direkt in den Schnittgrößen beschrieben werden. Beide Varianten sollen im folgenden für elasto-plastisches Materialverhalten beschrieben werden.

Spannungsformulierung. Bei der ersten Methode können bekannte zwei- bzw. dreidimensionale Beziehungen für die Spannungen übernommen werden. Da die Spannungsverteilung bei Plastizität nicht mehr linear über den Querschnitt verläuft, können die Spannungen nicht wie im elastischen Fall analytisch vorab über den Querschnitt integriert werden. Daher ist dann eine numerische Integration der Spannungen über den Querschnitt auszuführen, um die Schnittgrößen zu berechnen, die im Prinzip der virtuellen Arbeiten (9.38) auftreten, s. Bild 9.7. Diese erfolgt im linken Bild durch eine GAUSS-Punkt-Integration während das rechte Bild eine Aufteilung in Schichten darstellt, die für sich zu integrieren sind.

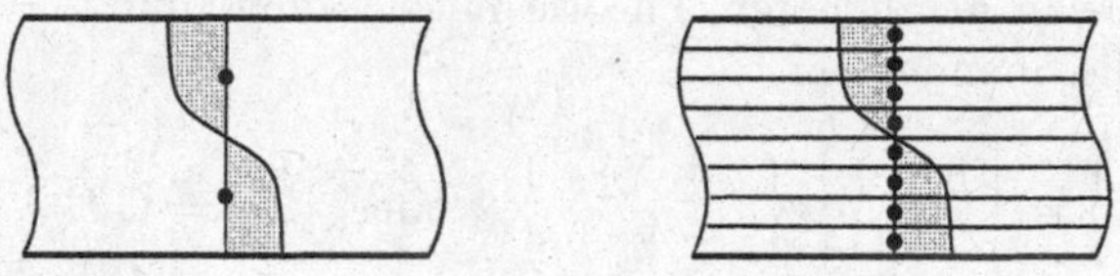

Bild 9.7 Integration über den Querschnitt

Die Verzerrungen in (9.45) werden in einen elastischen und plastischen Anteil additiv zerlegt

$$\boldsymbol{E}_B = \boldsymbol{E}_B^{el} + \boldsymbol{E}_B^{pl} \,. \tag{9.48}$$

Der elastische Anteil wird durch (9.45) beschrieben. Für den plastischen Anteil muß analog zu Abschn. 3.3.2 eine Fließregel, eine Fließbedingung und ein Verfestigungsgesetz angegeben werden. Dies geschieht analog zu Gln. (3.156), (3.155) und (3.152). Die Auswertung der Fließbedingung (3.155) liefert speziell für den Balken unter Annahme einer linearen Verfestigung $Y(\hat{\alpha}) = Y_0 + \hat{H}\,\hat{\alpha}$

$$f_B(\boldsymbol{T}_B\,, \hat{\alpha}) = \sqrt{\boldsymbol{T}_B^T \boldsymbol{P}\, \boldsymbol{T}_B} - Y(\alpha) \leq 0 \quad \text{mit} \quad \boldsymbol{P} = \begin{bmatrix} 1 & 0 \\ 0 & 3 \end{bmatrix} . \tag{9.49}$$

Die Evolution der plastischen Deformation wird über die Fließregel bestimmt. Gemäß (3.156) folgt für die Rate der plastischen Verzerrung

$$\dot{\boldsymbol{E}}_B^{pl} = \lambda \frac{\partial f_B}{\partial \boldsymbol{T}_B} = \lambda \frac{\boldsymbol{P}\,\boldsymbol{T}_B}{\sqrt{\boldsymbol{T}_B^T \boldsymbol{P}\,\boldsymbol{T}_B}} := \lambda\,\boldsymbol{N}_B \qquad \dot{\hat{\alpha}} = \lambda\,. \tag{9.50}$$

Als letztes sind noch für die algorithmische Behandlung die Belastungs- und Entlastungsbedingungen (3.162) zu beachten.

Die aufgestellten Beziehungen lassen sich jetzt numerisch integrieren. Hierzu wird nach Abschn. 6.2 vorgegangen. Innerhalb eines Zeitschrittes $\Delta t = t_{n+1} - t_n$ wendet man das implizite EULER Verfahren an. Dies liefert für die Integration der Fließregel

$$\boldsymbol{E}_{B\,n+1}^{pl} = \boldsymbol{E}_{B\,n}^{pl} + \zeta_{n+1}\,\boldsymbol{N}_{B\,n+1} \quad \text{und} \quad \hat{\alpha}_{n+1} = \hat{\alpha}_n + \zeta_{n+1} \tag{9.51}$$

mit $\zeta_{n+1} = \lambda\,\Delta t$. Mittels des Prädiktor-Korrektor Verfahrens, s. Abschn. 6.2.2 Gl. (6.84), folgt aus den vorangestellten Beziehungen

$$\begin{aligned} \boldsymbol{E}_{B\,n+1}^{tr} &= \boldsymbol{E}_{B\,n+1} - \boldsymbol{E}_{B\,n}^{pl}\,, \\ \boldsymbol{T}_{B\,n+1} &= \bar{\boldsymbol{C}}(\zeta_{n+1})\,\boldsymbol{E}_{B\,n+1}^{tr}\,. \end{aligned} \tag{9.52}$$

Die Matrix $\bar{\boldsymbol{C}}$ ergibt sich nach einigen Umformungen und unter Benutzung von $F_B = 0$ für das plastische Fließen zu

$$\bar{\boldsymbol{C}}(\zeta) = [\,\boldsymbol{C}^{-1} + \beta\,\boldsymbol{P}]^{-1} = \begin{bmatrix} \frac{E}{1+E\,\beta} & 0 \\ 0 & \frac{G}{1+3\,G\,\beta} \end{bmatrix} \quad \text{mit} \quad \beta = \frac{\zeta_{n+1}}{Y_{n+1}}\,. \tag{9.53}$$

Hierin ist der Konsistenzparameter ζ_{n+1} noch unbekannt. Er bestimmt sich aus der Erfüllung der Fließbedingung (9.49): $f_B(\boldsymbol{T}_{B\,n+1}\,, \hat{\alpha}_{n+1}) = 0$ zur Zeit t_{n+1}. Da diese Beziehung nichtlinear in ζ_{n+1} ist, bietet sich das NEWTON-Verfahren zur Lösung an.

Damit können die Spannungen an jedem Iterationspunkt über den Querschnitt nach folgendem Schema bestimmt werden

1. Prädiktorschritt: $\boldsymbol{T}_{B\,n+1}^{tr} = \boldsymbol{C}\,\boldsymbol{E}_{B\,n+1}^{tr}$.
2. Einsetzen in die Fließbedingung:
   a) Ist $f_B(\,\boldsymbol{T}_{B\,n+1}^{tr}\,, \hat{a}_n) \le 0$ dann ist der Spannungspunkt im elastischen Bereich, es gilt

$$\boldsymbol{T}_{B\,n+1} = \boldsymbol{T}_{B\,n+1}^{tr} \quad \text{und} \quad \Delta\boldsymbol{T}_{B\,n+1} = \boldsymbol{C}\,\Delta\boldsymbol{E}_{B\,n+1}\,. \tag{9.54}$$

   b) Ist $f_B(\,\boldsymbol{T}_{B\,n+1}^{tr}\,, \hat{a}_n) > 0$ dann erfolgt der plastische Korrektorschritt und man erhält:

$$\begin{aligned} \boldsymbol{T}_{B\,n+1} &= \bar{\boldsymbol{C}}\,\boldsymbol{E}_{B\,n+1}^{tr}\,. \quad \text{und} \\ \Delta\boldsymbol{T}_{B\,n+1} &= \left[\,\bar{\boldsymbol{C}} - \frac{\bar{\boldsymbol{C}}\,\boldsymbol{N}_B\,\boldsymbol{N}_B^T\,\bar{\boldsymbol{C}}}{\boldsymbol{N}_B^T\,\bar{\boldsymbol{C}}\,\boldsymbol{N}_B + \hat{H}/(1-\beta\,\hat{H})}\right] \Delta\boldsymbol{E}_{B\,n+1}\,. \end{aligned} \tag{9.55}$$

Hierin ist mit $\Delta \boldsymbol{T}_{B\,n+1}$ die inkrementelle Form der Materialgleichung angegeben, die in der Linearisierung der schwachen Form benötigt wird.

Man erhält jetzt die Schnittgrößen durch Integration über den Balkenquerschnitt nach Gl. (9.46). Hierin sind die Spannungen für die elastoplastische Materialgleichung durch (9.54) oder (9.55) gegeben. Diese Vorgehensweise erfaßt den Verlauf der Spannungen über den Querschnitt innerhalb der Annahmen der Balkentheorie in realistischer Weise. Die Berechnung ist jedoch recht aufwendig, da die Spannungen in mehreren Punkten im Querschnitt bestimmt werden müssen, um den nichtlinearen Verlauf erfassen zu können. Weiterhin sind die plastischen Variablen $\boldsymbol{E}_B^{pl}$ und $\hat{\alpha}$ in jedem Integrationspunkt als Geschichtsvariablen zu speichern. Die Integration ist in Bild 9.7 für die GAUSS-Quadratur links und ein Schichtenmodell mit Mittelpunktsregel rechts dargestellt. Beispiele zu dieser Vorgehensweise finden sich für Stahl z.B. in (VOGEL 1965), (HENNING 1975) , (BECKER 1985) oder (GRUTTMANN et al. 2000).

Schnittgrößenformulierung. Um das inelastische Verhalten numerisch effizienter erfassen zu können, wird in vielen Rechenprogrammen die Fließgelenktheorie angewandt. Diese basiert direkt auf den Schnittgrößen, für die die nichtlinearen Materialgleichungen formuliert werden. Unterschiedliche Ansätze für den Werkstoff Stahl sind z.B. in (WINDELS 1970) dargestellt. Sie führen i. a. auf nichtlineare Interaktionsbeziehungen zwischen den einzelnen Schnittgrößen, d. h. die Fließbedingungen sind in den Schnittgrößen formuliert. Zur Vereinfachung werden auch linearisierte Interaktionsbeziehungen verwandt, s. z.B. DIN 18800, diese haben die einheitliche Form

$$\Phi(N,Q,M) = \alpha_1 \frac{Q}{Q_{pl}} + \alpha_2 \frac{N}{N_{pl}} + \frac{M}{M_{pl}} - \alpha_3 \le 0\,. \tag{9.56}$$

Sie sind in ihrem Anwendungsbereich beschränkt, liefern jedoch für viele praktische Aufgabenstellung befriedigende Ergebnisse, s. z.B. (VOGEL 1985) oder (BECKER 1985). Für die genaue Formulierung sei an dieser Stelle auf die recht umfangreiche Literatur zu diesem Thema verwiesen. Formulierungen inelastischer Materialgleichungen für große Verschiebungen und Verdrehungen und ihre numerischen Umsetzung im Rahmen finiter Elemente findet man in (KAHN 1987) oder (SIMO et al. 1984).

Das Einsetzen der konstitutiven Beziehungen in die verschiedenen Formulierungen des Prinzips der virtuellen Arbeiten (9.38) vervollständigt die Formulierung der nichtlinearen Balkentheorie und ihrer Näherungsstufen. Wir wollen daher im nächsten Abschnitt die numerische Formulierung der vorgestellten Balkenmodelle diskutieren.

9.2.4 FE-Formulierung

Legen wir die schubelastische, geometrisch „exakte“ Theorie zugrunde, so ist für die Ansatzfunktionen (wie im geometrisch linearen Fall, s. z.B. (HUGHES

1987)), nur die C^0-Stetigkeit erforderlich. Dies bedeutet, daß nur die entsprechenden kinematischen Größen, nicht aber ihre Ableitungen an den Elementrändern, stetig sein müssen. Als Ansätze können daher die Polynome (4.17) und (4.18) für die Längsverschiebung u, die Durchbiegung w und die Verdrehung ψ gewählt werden.

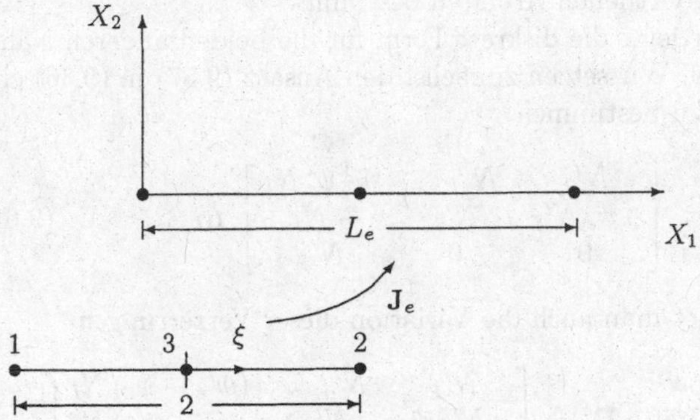

Bild 9.8. Finites Balkenelement

Es zeigt sich bei vielen Rechnungen, daß Elemente mit quadratischen Ansätzen erheblich genauere Werte liefern, so daß diese zu bevorzugen sind. Diese erfordern drei Knoten, s. Bild 9.8 und Ansatzfunktionen gemäß (4.18). Allgemein können wir die Finite-Element-Approximation

$$u_e = \sum_{I=1}^{n} N_I(X_1)\, u_I\,, \quad w_e = \sum_{I=1}^{n} N_I(X_1)\, w_I \quad \text{und} \quad \psi_e = \sum_{I=1}^{n} N_I(X_1)\, \psi_I\,, \tag{9.57}$$

für u, w und ψ wählen, wobei n die Anzahl der Knoten des Elementes bezeichnet (linearer Ansatz: $n = 2$, quadratischer Ansatz: $n = 3$). Die Größen u_I, w_I und ψ_I sind die Knotenkinematen, die aus dem Prinzip der virtuellen Arbeit zu bestimmen sind. Das Einsetzen des Ansatzes (9.57) in (9.33) liefert die Elementverzerrungen. Fassen wir die Knotenkinematen in $\boldsymbol{u}_I = \{u_I, w_I, \psi_I\}^T$ zusammen, so erhalten wir für die Verzerrungen

$$\boldsymbol{\epsilon}_e = \sum_{I=1}^{n} \boldsymbol{T}(\psi_e)\, \boldsymbol{B}_{0I}\, \boldsymbol{u}_I - \boldsymbol{\psi} \quad \text{mit} \quad \boldsymbol{B}_{0I} = \begin{bmatrix} N'_I & 0 & 0 \\ 0 & N'_I & 0 \\ 0 & 0 & N'_I \end{bmatrix} . \tag{9.58}$$

Hierin bedeutet ()' die Ableitung nach der Ortskoordinate X_1, der Winkel ψ_e in der Rotationsmatrix $\boldsymbol{T}$ berechnet sich mit Hilfe von $(9.57)_3$.

Die Variation der Verzerrungen (9.40) kann jetzt durch die Ansatzfunktionen ausgedrückt werden. Wir erhalten

$$\delta\boldsymbol{\epsilon}_e = \sum_{I=1}^{n} \boldsymbol{B}_I\, \boldsymbol{\eta}_I \quad \text{mit} \quad \boldsymbol{B}_I = \begin{bmatrix} N'_I \cos\psi_e & N'_I \sin\psi_e & \alpha_e N_I \\ -N'_I \sin\psi_e & N'_I \cos\psi_e & \beta_e N_I \\ 0 & 0 & N'_I \end{bmatrix} , \tag{9.59}$$

wobei die Abkürzungen α_e und β_e folgendermaßen definiert sind

$$\begin{aligned} \alpha_e &= -(1+u'_e)\,\sin\psi_e + w'_e\,\cos\psi_e\,, \\ \beta_e &= -(1+u'_e)\,\cos\psi_e - w'_e\,\sin\psi_e\,. \end{aligned} \tag{9.60}$$

Mit der Materialgleichung (9.47) ist nach Einsetzen in (9.41) die diskretisierte Form des Prinzips der virtuellen Arbeiten bestimmt.

Analog können wir jetzt die diskrete Form für die beiden anderen Näherungstheorien angeben. Wir setzen zunächst den Ansatz (9.57) in (9.36) ein, um die Verzerrungen zu bestimmen

$$\boldsymbol{\epsilon}_e = \sum_{I=1}^{n} \begin{bmatrix} N'_I & N'_I\,\psi_e & -\frac{1}{2}\psi_e\,N_I \\ -\psi_e\,N'_I & N'_I & -N_I \\ 0 & 0 & N'_I \end{bmatrix} \boldsymbol{u}_I\,. \tag{9.61}$$

Entsprechend berechnet man auch die Variation dieser Verzerrungen

$$\delta\boldsymbol{\epsilon}_e = \sum_{I=1}^{n} \boldsymbol{B}_I^S\,\boldsymbol{\eta}_I \quad \text{mit} \quad \boldsymbol{B}_I^S = \begin{bmatrix} N'_I & N'_I\,\psi_e & (w'_e-\psi_e)\,N_I \\ -N'_I\,\psi_e & N'_I & -(1+u'_e)\,N_I \\ 0 & 0 & N'_I \end{bmatrix}, \tag{9.62}$$

die dann in (9.41) eingesetzt werden können, wobei wieder die Materialgleichung (9.47) Verwendung findet.

Dies vervollständigt die Formulierung für die Näherungstheorien, da mit der Materialgleichung (9.47) die Schnittgrößen in (9.38) durch die Knotenkinematen ausgedrückt werden können und so nach Einsetzen in das Prinzip der virtuellen Arbeiten das nichtlineare algebraische Gleichungssystem für die unbekannten Knotenkinematen $\boldsymbol{u}_I$ bestimmt ist. Allgemein läßt sich das nichtlineare Gleichungssystem wie folgt

$$G(\mathbf{u},\boldsymbol{\eta}) = \bigcup_{j=1}^{n_e} \sum_{i=I}^{n} \boldsymbol{\eta}_I^T\,[\,\boldsymbol{R}_I(\boldsymbol{u}_I) - \boldsymbol{P}_I\,] = 0 \tag{9.63}$$

mit den Vektoren

$$\begin{aligned} \boldsymbol{R}_I(\boldsymbol{u}_I) &= \int_0^{L_e} \boldsymbol{B}_I^T(\boldsymbol{u}_I)\,\boldsymbol{S}_e(\boldsymbol{u}_I)\,dx\,, \\ \boldsymbol{P}_I &= \int_0^{L_e} N_I\,\boldsymbol{q}_e\,dx \end{aligned} \tag{9.64}$$

darstellen. Das Symbol $\cup$ in (9.63) beschreibt den Zusammenbau aller Elemente unter Berücksichtigung der Übergangsbedingungen für die Verschiebungsvariablen, L_e ist die Länge des entsprechenden Elementes, s. Bild 9.4. Man beachte, daß die Integrale in (9.64) i.d.R. nicht analytisch berechnet werden können. Aus diesem Grund ist die GAUSS-Quadratur, s. Tabelle 4.1, anzuwenden. Für das erste Integral folgt mit (4.25)

$$\boldsymbol{R}_I(\boldsymbol{u}_I) = \int_{-1}^{+1} \boldsymbol{B}_I^T(\xi)\, \boldsymbol{S}_e(\xi)\, \frac{L_e}{2}\, d\xi \approx \sum_{p=1}^{n_p} \boldsymbol{B}_I^T(\xi_p)\, \boldsymbol{S}_e(\xi_p)\, \frac{L_e}{2}\, W_p\,. \tag{9.65}$$

Dabei reicht für ein Zweiknotenelement die Einpunktintegration aus, die für den Biegeanteil exakt ist, während der Schubanteil unterintegriert wird. Dies ist jedoch erwünscht, da damit Schublocking ausgeschlossen wird. Dieser Effekt ist aus der linearen Theorie wohlbekannt und soll hier daher nicht weiter vertieft werden. Eine ausführliche Darstellung findet man z. B. in (HINTON and OWEN 1979) oder (KRÄTZIG und BASAR 1997). Für ein dreiknotiges Element sind dann entsprechend zwei GAUSSpunkte zur Integration von (9.65) zu wählen.

Für den Fall, daß man die elasto-plastische Materialgleichung nach (9.54) und (9.55) verwendet, sind nicht die Schnittgrößen, sondern die Spannungen gegeben; weiterhin folgen dic Verzerrungen aus (9.45). Daher ist in diesem Fall die schwache From des Gleichgewichtes umzuschreiben. Dazu führen wir einen Projektionstensor $\boldsymbol{P}_B$ ein, mit dem sowohl die Verzerrungen $\boldsymbol{E}_B$ in die Verzerrungen $\boldsymbol{\epsilon}$ aus (9.33) als auch die Spannungen $\boldsymbol{T}_B$ in die Schnittgrößen $\boldsymbol{S}$ umgerechnet werden können. Mit

$$\boldsymbol{P}_B = \begin{bmatrix} 1 & 0 & X_2 \\ 0 & 1 & 0 \end{bmatrix} \tag{9.66}$$

folgt

$$\boldsymbol{E}_B = \boldsymbol{P}_B\, \boldsymbol{\epsilon} \quad \text{und} \quad \boldsymbol{S} = \int_{(A)} \boldsymbol{P}_B^T\, \boldsymbol{T}_B\, dA\,, \tag{9.67}$$

wobei das Integral über die Querschnittsfläche auszuführen ist. Diese Integration berücksichtigt das nichtlineare Materialverhalten innerhalb des Balkenquerschnitts. Sie kann durch GAUSS-Quadratur oder auch einfach mit einer Trapez- oder Mittelpunktsregel numerisch ausgeführt werden. Aus

$$\int_{(x)} \delta\boldsymbol{\epsilon}^T\, \boldsymbol{S}\, dx = \int_{(x)} \int_{(A)} \delta\boldsymbol{E}_B^T\, \boldsymbol{T}_B\, dA\, dx \tag{9.68}$$

ergibt sich mit (9.67) für den Anteil der inneren Arbeit in der schwachen Form

$$\boldsymbol{R}_I(\boldsymbol{u}_I) = \int_0^{L_e} \boldsymbol{B}_I^T(\boldsymbol{u}_I) \left[\int_{(A)} \boldsymbol{P}_B^T\, \boldsymbol{T}_B\, dA \right] dx\,. \tag{9.69}$$

Die numerische Integration wird hier für den zweidimensionalen Fall angegeben. Dabei wird eine veränderliche Querschnittsbreite $b(X_2)$ angenommen (dies liegt z.B. bei einem I-Träger vor) und eine Parametrisierung über die Querschnittshöhe h durch die Koordinate χ eingeführt. Verwendet man n_q GAUSS-Punkte für die Integration über die Querschnittshöhe dann folgt analog zu (9.65)

$$
\begin{aligned}
\boldsymbol{R}_I(\boldsymbol{u}_I) &= \int_{-1}^{+1} \boldsymbol{B}_I^T(\xi) \left[\int_{-1}^{+1} \boldsymbol{P}_B^T(\chi)\, \boldsymbol{T}_B(\xi\,,\chi)\, b(\chi)\, \frac{h}{2}\, d\chi \right] \frac{L_e}{2}\, d\xi \qquad (9.70) \\
&\approx \sum_{p=1}^{n_p} \sum_{q=1}^{n_q} \boldsymbol{B}_I^T(\xi_p)\, \boldsymbol{P}_B^T(\chi_q)\, \boldsymbol{T}_B(\xi_p\,,\chi_q)\, b(\chi_q)\, \frac{h}{2}\, \frac{L_e}{2}\, W_p\, W_q\,.
\end{aligned}
$$

Die nichtlineare schwache Form des Gleichgewichtes ist hier für die geometrisch exakte Theorie angegeben. Für die Näherungstheorien sind die entsprechenden **B**-Matrizen einzusetzen und die Spannungen gemäß der dort vorliegenden Verzerrungen zu berechnen. Die Lösung von (9.63) wird im nächsten Abschnitt diskutiert.

Aufgabe 9.3: Für die Verzerrungsmaße (9.37) der BERNOULLI Kinematik ist die Diskretisierung der schwachen Form (9.44) anzugeben.

Lösung: Die schwache Formulierung (9.44), deren Verzerrungsmaß (9.37) auf einer linearisierten BERNOULLIschen Kinematik beruht, erfordert Ansatzfunktionen für die Durchbiegung, die C^1-stetig sind, da bei den Verzerrungen zweite Ableitungen der Durchbiegung w nach der Ortkoordinate X_1 auftreten. Wir wählen für die Längsverschiebung u lineare Funktionen N_I gemäß Gl. (4.17) und für w kubische HERMITEsche Funktionen H_I, die auch zur Diskretisierung von Balkenelementen nach der linearen Theorie verwendet werden, s. z.B. (GROSS et al. 1999). Mit diesen Funktionen kann die Durchbiegung durch den Ansatz

$$
w_e = H_1\, w_1 + \bar{H}_1\, w_1' + H_2\, w_2 + \bar{H}_2\, w_2'
$$

approximiert werden. H_α und $\bar{H}_\alpha$ sind kubische Polynome. Mit der Einführung einer Koordinate $-1 \le \xi \le 1$ schreiben wir die Polynome als

$$
\begin{aligned}
H_1 &= \frac{1}{4}\,(\,2 - 3\xi + \xi^3\,)\,, \quad \bar{H}_1 = \frac{1}{4}\,(\,1 - \xi + \xi^2 + \xi^3\,)\,, \\
H_2 &= \frac{1}{4}\,(\,2 + 3\xi - \xi^3\,)\,, \quad \bar{H}_2 = \frac{1}{4}\,(\,-1 - \xi + \xi^2 + \xi^3\,)\,. \qquad (9.71)
\end{aligned}
$$

Wie bei den isoparametrischen C^0-Ansätzen gilt wieder die Transformation $X_1 = \frac{L_e}{2}\,(\xi{+}1)$ auf die aktuelle Elementlänge L_e, s. Bild 9.4. Die Polynome (9.63) besitzen die Eigenschaft

$$
\begin{aligned}
&H_1(-1) = 1, \quad \bar{H}_1(-1) = H_2(-1) = \bar{H}_2(-1) = 0 \\
&\bar{H}_1'(-1) = 1, \quad ,H_1'(-1) = H_2'(-1) = \bar{H}_2'(-1) = 0 \quad \text{u.s.w.}
\end{aligned}
$$

Dies liefert die Ansatzfunktion als Funktion von ξ

$$
w_e(\xi) = H_1(\xi)\, w_1 + \bar{H}_1(\xi)\, \frac{dw_1}{d\xi} + H_2(\xi)\, w_2 + \bar{H}_2(\xi)\, \frac{dw_2}{d\xi}\,.
$$

Hierin ist die Knotenneigung noch auf X_1 zu transformieren. Mit $dx = (L_e/2)\, d\xi$ erhalten wir $dw/d\xi = dw/dX_1\,(dX_1/d\xi) = w'\,(L_e/2)$ und damit

$$w_e(\xi) = \sum_{I=1}^{2} \left[H_I(\xi)\, w_I + \bar{H}_I(\xi)\, \frac{L_e}{2}\, w'_I \right] \tag{9.72}$$

Die Verzerrungen $\boldsymbol{\epsilon}_e^B = \{\epsilon\,,\kappa\}^T$ schreiben sich mit diesem Ansatz als

$$\boldsymbol{\epsilon}_e^B = \sum_{I=1}^{2} \begin{bmatrix} N'_I & \frac{1}{2} w'_e\, H'_I & \frac{1}{2} w'_e\, \bar{H}'_I\, \frac{L_e}{2} \\ 0 & H''_I & \bar{H}''_I\, \frac{L_e}{2} \end{bmatrix} \boldsymbol{u}_I^B\,. \tag{9.73}$$

mit $\boldsymbol{u}_I^B = \{u_I\,, w_I\,, w'_I\}^T$. Die Variation von $\boldsymbol{\epsilon}_e^B$ liefert dann

$$\delta\boldsymbol{\epsilon}_e^B = \sum_{I=1}^{2} \boldsymbol{B}_I^B\, \boldsymbol{\eta}_I \quad \text{mit} \quad \boldsymbol{B}_I^B = \begin{bmatrix} N'_I & w'_e\, H'_I & w'_e\, \bar{H}'_I\, \frac{L_e}{2} \\ 0 & H''_I & \bar{H}''_I\, \frac{L_e}{2} \end{bmatrix}. \tag{9.74}$$

Das Einsetzen der letzten Gleichung in die Beziehung (9.44) führt auf die Matrixformulierung der schwachen Form

$$G^B(\mathbf{u},\boldsymbol{\eta}) = \bigcup_{j=1}^{n_e} \sum_{I=1}^{2} \delta\boldsymbol{u}_I^B \Bigg[\int_{-1}^{1} \boldsymbol{B}_I^{B\,T}(\mathbf{u}_e)\, \boldsymbol{S}_e(\mathbf{u}_e)\, \frac{L_e}{2}\, d\xi$$
$$- \int_{-1}^{1} [\, N_I\, \mathbf{e}_1\, n_e + (\, H_I\, \mathbf{e}_2 + \bar{H}_I(\xi)\, \mathbf{e}_3\,)\, q_e\,]\, d\xi \Bigg] = 0\,. \tag{9.75}$$

mit den Vektoren $\mathbf{e}_1 = \{1\,,0\,,0\}^T$, $\mathbf{e}_2 = \{0\,,1\,,0\}^T$ und $\mathbf{e}_3 = \{0\,,0\,,\frac{L_e}{2}\}^T$.

Mit Kenntnis der Linearisierung von (9.63) oder (9.75) können die in Kap. 5 beschriebenen Methoden wie das NEWTON-Verfahren oder das Bogenlängenverfahren zur Lösung von (9.63) oder (9.75) angewendet werden. Bei der Linearisierung ist es wichtig, daß keine Terme vernachlässigt werden, da sich sonst die quadratische Konvergenz des NEWTON-Verfahrens nicht einstellen kann. Dies ist in einigen früheren Arbeiten über die Berechnung nichtlinearer Stabstrukturen übersehen worden, wodurch dann manchmal der Trugschluß entstand, daß in der Nähe von fast horizontalen Tangenten der Last-Verformungskurve das NEWTON-Verfahren schlecht konvergiert. Zur Linearisierung gehen wir vom Prinzip der virtuellen Arbeiten (9.38) aus. Setzen wir dort die Materialgleichung (9.47) ein, so erhalten wir

$$G(\mathbf{u},\boldsymbol{\eta}) = \int_0^l (\,\delta\epsilon\, EA\, \epsilon + \delta\gamma G\hat{A}\,\gamma + \delta\kappa\, EI\, \kappa\,)\, dx - \int_0^l (\, n\, \delta u + q\, \delta w\,)\, dx = 0\,. \tag{9.76}$$

Die Linearisierung von G kann nun formal durchgeführt werden, sie liefert

$$DG(\mathbf{u},\boldsymbol{\eta}) \cdot \Delta\mathbf{u} = \int_0^l (\,\delta\epsilon\, EA\, \Delta\epsilon + \delta\gamma G\hat{A}\, \Delta\gamma + \delta\kappa\, EI\, \Delta\kappa\,)\, dx +$$

$$+ \int_0^l (\Delta\delta\epsilon\, N + \Delta\delta\gamma Q + \Delta\delta\kappa M)\, dx\,. \tag{9.77}$$

Für die elasto-plastischen Materialgleichungen (9.54) und (9.55) ist auch hier wieder eine Integration über die Querschnittshöhe vorzusehen.

Da sich die mathematischen Regeln zur Bildung der Variation und der Linearisierung nicht unterscheiden, s. Abschn. 3.5, haben $\delta\boldsymbol{\epsilon}$ und $\Delta\boldsymbol{\epsilon}$ die gleiche Struktur, es ist nur $\boldsymbol{\eta}$ durch $\Delta\mathbf{u}$ auszutauschen. Damit kann die Diskretisierung des ersten Integrals ohne weitere Ableitungen direkt angegeben werden. Für die Diskretisierung des zweiten Integrals, das die Linearisierung der virtuellen Verzerrungen enthält, müssen wir diese noch bestimmen. Mit (9.32) erhalten wir für das geometrisch exakte Modell

$$\begin{aligned}
\Delta\delta\epsilon &= [-\delta u' \sin\psi + \delta w' \cos\psi]\Delta\psi + [-\Delta u' \sin\psi + \Delta w' \cos\psi]\delta\psi + \\
&\quad + \delta\psi[-(1+u')\cos\psi - w' \sin\psi]\Delta\psi\,, \\
\Delta\delta\gamma &= [-\delta u' \cos\psi - \delta w' \sin\psi]\Delta\psi + [-\Delta u' \cos\psi - \Delta w' \sin\psi]\delta\psi + \\
&\quad + \delta\psi[(1+u')\sin\psi - w' \cos\psi]\Delta\psi\,, \\
\Delta\delta\kappa &= 0\,.
\end{aligned} \tag{9.78}$$

Führen wir jetzt die Finite-Element-Ansätze nach (9.57) ein, so läßt sich aus der Linearisierung (9.77) die Tangentensteifigkeitsmatrix $\boldsymbol{K}_T$ für das NEWTON-Verfahren gewinnen. Wir erhalten für das geometrisch exakte Modell

$$\boldsymbol{K}_T = \bigcup_{j=1}^{n_e} \sum_{I=1}^{n} \sum_{K=1}^{n} \boldsymbol{K}_{T\,IK} \tag{9.79}$$

mit

$$\boldsymbol{K}_{T\,IK} = \int_0^{L_e} \boldsymbol{B}_I^T\, \boldsymbol{D}\, \boldsymbol{B}_K\, dx + \int_0^{L_e} (N\, \boldsymbol{G}_{IK}^N + Q\, \boldsymbol{G}_{IK}^Q)\, dx\,. \tag{9.80}$$

Die Integration erfolgt wie bei dem Residuum in (9.65) numerisch, so daß für die Tangentenmatrix schließlich

$$\begin{aligned}
\boldsymbol{K}_{T\,IK} &= \int_{-1}^{+1} [\boldsymbol{B}_I^T\, \boldsymbol{D}\, \boldsymbol{B}_K + N\, \boldsymbol{G}_{IK}^N + Q\, \boldsymbol{G}_{IK}^Q]\, \frac{L_e}{2}\, d\xi \\
&\approx \sum_{p=1}^{n_p} \left[\boldsymbol{B}_I^T(\xi_p) \boldsymbol{D} \boldsymbol{B}_K(\xi_p) + N(\xi_p)\, \boldsymbol{G}_{IK}^N(\xi_p) + Q(\xi_p)\, \boldsymbol{G}_{IK}^Q(\xi_p) \right] \frac{L_e}{2} W_p
\end{aligned}$$

folgt.

Für das elasto-plastische Material gemäß (9.54) und (9.55) ist wieder die Integration über den Querschnitt auszuführen. Mit dem Projektionsoperator (9.50), der veränderlichen Breite $b(X_2)$ und der Parametrisierung der Koordinate X_2 in Dickenrichtung des Balkens durch χ kann die Tangentenmatrix bestimmt werden. Bei Verwendung einer GAUSS-Quadratur mit n_q Punkten in Dickenrichtung ergibt sich die Tangentenmatrix für die Knotenkombination $I\,,K$, die in (9.79) einzusetzen ist

$$
\begin{aligned}
\boldsymbol{K}_{T\,IK} &= \int\limits_{-1}^{+1}\int\limits_{-1}^{+1} [\,\boldsymbol{B}_I^T\,\boldsymbol{P}_B^T\,\hat{\boldsymbol{C}}\,\boldsymbol{P}_B\,\boldsymbol{B}_K + T_{B\,11}\,\boldsymbol{G}_{IK}^N + T_{B\,12}\,\boldsymbol{G}_{IK}^Q]\,b\,\frac{h}{2}\,\frac{L_e}{2}\,d\chi\,d\xi \\
&\approx \sum_{p=1}^{n_p}\sum_{q=1}^{n_q}\Big[\boldsymbol{B}_I^T(\xi_p)\boldsymbol{P}_B^T(\chi_p)\,\hat{\boldsymbol{C}}(\xi_p\,,\chi_q)\,\boldsymbol{P}_B(\chi_q)\boldsymbol{B}_K(\xi_p) \\
&+ \quad T_{B\,11}(\xi_p\,,\chi_q)\,\boldsymbol{G}_{IK}^N(\xi_p) + T_{B\,12}(\xi_p\,,\chi_q)\,\boldsymbol{G}_{IK}^Q(\xi_p)\Big]\,b(\chi_q)\frac{L_e}{2}W_p\,W_q\,.
\end{aligned}
$$

Für die Materialtangente $\hat{\boldsymbol{C}}$ wird hier entweder der elastische Modul (9.54) oder der elasto-plastische Modul (9.55) gemäß des zugehörigen Algorithmus verwendet.

In (9.80) werden die Matrizen

$$
\boldsymbol{G}_{IK}^N = \begin{bmatrix} 0 & 0 & -N'_I\,N_K\,\sin\psi_e \\ 0 & 0 & N'_I\,N_K\,\cos\psi_e \\ -N_I\,N'_K\sin\psi_e & N_I\,N'_K\cos\psi_e & \alpha_3\,N_I N_K \end{bmatrix}
$$

$$
\boldsymbol{G}_{IK}^Q = \begin{bmatrix} 0 & 0 & -N'_I\,N_K\,\cos\psi_e \\ 0 & 0 & -N'_I\,N_K\,\sin\psi_e \\ -N_I\,N'_K\cos\psi_e & -N_I\,N'_K\sin\psi_e & \alpha_4\,N_I N_K \end{bmatrix}
$$

verwendet, die die Linearisierung der variierten Verzerrungsmaße beschreiben. Die Abkürzungen lauten

$$
\begin{aligned}
\alpha_3 &= -(1+u'_e)\,\cos\psi_e - w'_e\,\sin\psi_e\,, \\
\alpha_4 &= (1+u'_e)\,\sin\psi_e - w'_e\,\cos\psi_e\,.
\end{aligned} \tag{9.81}
$$

Analog läßt sich nun auch die tangentiale Steifigkeitsmatrix für die Näherungstheorie angeben. Wir erhalten für die auf (9.36) basierende Formulierung mit der Matrix $\boldsymbol{B}_I^S$ aus (9.62)

$$
\boldsymbol{K}_T^S = \bigcup_{j=1}^{n_e}\sum_{I=1}^{n}\sum_{K=1}^{n}\left[\int\limits_0^{L_e}\boldsymbol{B}_I^{S\,T}\,\boldsymbol{D}\boldsymbol{B}_K^S\,dx + \int\limits_0^{L_e}(N\,\boldsymbol{G}_{IK}^{S\;N} + Q\,\boldsymbol{G}_{IK}^{S\;Q})\,dx\right], \tag{9.82}
$$

mit

$$
\boldsymbol{G}_{IK}^{S\;N} = \begin{bmatrix} 0 & 0 & 0 \\ 0 & 0 & N'_I\,N_K \\ 0 & N_I\,N'_K & -N_I N_K \end{bmatrix},\;
\boldsymbol{G}_{IK}^{S\;Q} = \begin{bmatrix} 0 & 0 & -N'_I\,N_K \\ 0 & 0 & 0 \\ -N_I\,N'_K & 0 & 0 \end{bmatrix}. \tag{9.83}
$$

Dieses Ergebnis läßt sich auch direkt aus den oben angegebenen Beziehungen der geometrisch exakten Theorie ableiten, wenn man den Grenzübergang $\sin\psi \to \psi$ und $\cos\psi \to 1$ für $\psi \to 0$ durchführt.

Damit sind alle Matrizen, die innerhalb des NEWTON-Verfahrens benötigt werden, bekannt. Man beachte jedoch, daß die tangentiale Steifigkeitsmatrix und auch der Residuenvektor auf das lokale Koordinatensystem der Stabachse bezogen sind. Für den Zusammenbau der Elemente zu allgemeinen Stabwerken, wie z.B. Rahmen, müssen diese Matrizen und Vektoren noch auf ein globales Koordinatensystem transformiert werden. Dies kann genau wie in der linearen Theorie geschehen, da alle Gleichungen auf die Ausgangskonfiguration bezogen sind. Die zugehörigen Transformationsbeziehungen findet man in (GROSS et al. 1999), (KNOTHE und WESSELS 1991) oder (KRÄTZIG und BASAR 1997) s. auch Anmerkung 9.1. So lassen sich die lokalen Verformungen $\boldsymbol{u}_I^l$ am Knoten I, s. (9.57), durch die globalen Verformungen $\boldsymbol{u}_I^g$ ausdrücken

$$\boldsymbol{u}_I^l = \bar{\boldsymbol{T}}_I\, \boldsymbol{u}_I^g\,. \tag{9.84}$$

Die explizite Form lautet für den zweidimensionalen Fall

$$\begin{Bmatrix} u_I \\ w_I \\ \psi_I \end{Bmatrix}^l = \begin{bmatrix} \cos\alpha & \sin\alpha & 0 \\ -\sin\alpha & \cos\alpha & 0 \\ 0 & 0 & 1 \end{bmatrix} \begin{Bmatrix} u_I \\ w_I \\ \psi_I \end{Bmatrix}^g . \tag{9.85}$$

Hierin ist α der Winkel zwischen der lokalen und globalen X_1-Achse. Diese Transformation gilt auch entsprechend für den Vektor der virtuellen Verschiebungen $\boldsymbol{\eta}_I$. Damit folgt für das in (9.63) bezüglich der lokalen Achsen angegebene Residuum $\boldsymbol{R}_I^l$ und die in (9.80) definierte lokale tangentielle Steifigkeitsmatrix $\boldsymbol{K}_{T\,IK}^l$

$$\boldsymbol{R}_I^g = \bar{\boldsymbol{T}}_I^T\, \boldsymbol{R}_I^l \qquad \text{und} \qquad \boldsymbol{K}_{T\,IK}^g = \bar{\boldsymbol{T}}_I^T\, \boldsymbol{K}_{T\,IK}^l\, \bar{\boldsymbol{T}}_I\,. \tag{9.86}$$

Aufgabe 9.4: Für die in Aufgabe 9.3 hergeleiteten Verzerrungsmaße und deren zugehöriger schwacher Form ist die Linearisierung anzugeben und mit den Gleichungen der Theorie II. Ordnung zu vergleichen, die viel in baupraktischen Berechnungen verwendet wird.

Lösung: Für die Theorie moderater Drehungen erhalten wir aus Gleichung (9.37) die Variation und Linearisierung

$$\begin{aligned} \delta\epsilon &= \delta u' + w'\,\delta w'\,, \qquad & \delta\kappa &= \delta\psi'\,, \\ \Delta\epsilon &= \Delta u' + w'\,\Delta w'\,, \qquad & \Delta\kappa &= \Delta\psi'\,, \end{aligned}$$

die die gleiche Struktur haben und daher beide durch (9.74) diskretisiert werden können. Die Linearisierung der Verzerrungen liefert

$$\Delta\delta\epsilon = \Delta w'\,\delta w'\,, \quad \Delta\delta\kappa = 0\,,$$

was dann wie für das geometrisch exakte Modell auf die Tangentenmatrix

$$\boldsymbol{K}_T^B = \bigcup_{j=1}^{n_e} \sum_{I=1}^{n} \sum_{K=1}^{n} \left[\int_0^{L_e} \boldsymbol{B}_I^{B\,T}\, \boldsymbol{D}^B \boldsymbol{B}_K^B\, dx + \int_0^{L_e} N\, \boldsymbol{G}_{IK}^B\, dx \right], \tag{9.87}$$

führt. Die Matrix $\boldsymbol{G}_{IK}^{B}$ lautet

$$\boldsymbol{G}_{IK}^{B} = \begin{bmatrix} 0 & 0 & 0 \\ 0 & H'_I\, H'_K & H'_I\, \bar{H}'_K\, \frac{L_e}{2} \\ 0 & \bar{H}'_I\, H'_K\, \frac{L_e}{2} & \bar{H}'_I\, \bar{H}'_K\, \frac{L_e^2}{4} \end{bmatrix} . \tag{9.88}$$

Bei der Theorie II. Ordnung wird nur der Einfluß der Normalkraft am verformten System berücksichtigt, s. z.B. (PETERSEN 1980). In dem Verzerrungsmaß (9.37) wird dabei der nichtlineare Anteil vernachlässigt, so daß die linearen Verzerrungen

$$\boldsymbol{\epsilon}^{II} = \sum_{I=1}^{2} \begin{bmatrix} N'_I & 0 & 0 \\ 0 & H''_I & \bar{H}''_I\, \frac{L_e}{2} \end{bmatrix} \boldsymbol{u}_I . \tag{9.89}$$

und deren Variation

$$\delta\boldsymbol{\epsilon}^{II} = \sum_{I=1}^{2} \boldsymbol{B}_I^{II}\, \boldsymbol{\eta}_I \quad \text{mit} \quad \boldsymbol{B}_I^{II} = \begin{bmatrix} N'_I & 0 & 0 \\ 0 & H''_I & \bar{H}''_I\, \frac{L_e}{2} \end{bmatrix} . \tag{9.90}$$

folgen. Im Prinzip der virtuellen Arbeiten (9.44) wird die Normalkraft in den linearen Anteil $EA\,u'$ und einen zusätzlichen Anteil $N\,w'\delta w'$ aufgespaltet

$$G(\mathbf{u}, \boldsymbol{\eta}) = \int_0^l (\,\delta u'\, EA\, u' + N\, w'\, \delta w' + \delta w''\, EI\, w''\,)\, dx - \int_0^l \boldsymbol{\eta}^T \mathbf{q}\, dx = 0, \tag{9.91}$$

wobei vorausgesetzt wird, daß die Normalkraft in jedem Rechenschritt konstant ist; also bei der Linearisierung als Konstante angesehen werden kann. Damit folgt dann für die tangentiale Steifigkeitsmatrix

$$\boldsymbol{K}_T^{II} = \bigcup_{j=1}^{n_e} \sum_{I=1}^{n} \sum_{K=1}^{n} \left[\int_0^{L_e} \boldsymbol{B}_I^{II^T}\, \boldsymbol{D}^B \boldsymbol{B}_K^{II}\, dx + \int_0^{L_e} N\, \boldsymbol{G}_{IK}^{B}\, dx \right] . \tag{9.92}$$

Hierbei entspricht die Matrix $\boldsymbol{G}_{IK}^{B}$ der in (9.87) angegebenen. Somit hat die Steifigkeitsmatrix der Theorie II. Ordnung im wesentlichen die gleiche Struktur wie die der Theorie moderater Drehungen. Nur der Einfluß des nichtlinearen Terms w'^2 auf die Normalkraft ist in der Materialgleichung vernachlässigt.

9.2.5 Beispiel

Im vorausgegangenen Abschnitt wurde neben der geometrisch exakten Theorie eine konsistente Näherungstheorie mit den Verzerrungsmaßen (9.36) (Berücksichtigung aller quadratisch auftretenden Terme) angegeben. Man erkennt aus Aufgabe 9.4, daß die in vielen praktischen Berechnungen angewandte Theorie II. Ordnung noch weitere Vernachlässigungen enthält. Daher ist es wichtig, den Anwendungsbereich dieser vereinfachten Theorie genau zu kennen. Während man mit der geometrisch exakten Theorie alle auftretenden Aufgabenstellungen behandeln kann, ist die Näherungstheorie (9.36) auf relativ kleine Verschiebungen und Verdrehungen beschränkt. Man kann sie jedoch auch für die Berechnung von Seilstrukturen verwenden. Die klassische

Theorie II. Ordnung versagt überall dort, wo sich die Normalkräfte erst durch den Term w'^2 aus der Materialgleichung ergeben, da dieser dort nicht enthalten ist. Dann ist die Theorie moderater Drehungen nach (9.37) anzuwenden (z.B. zur Beschreibung des Versteifungseffektes bei einem zwischen zwei feste Auflager eingehängten Träger).

In einem Beispiel sollen jetzt die unterschiedlichen theoretischen Ansätze verglichen werden. Dazu betrachten wir einen einhüftigen Rahmen, dessen Diskretisierung mit 20 finiten Balkenelementen in Bild 9.9 zusammen mit den Materialdaten in der Ausgangskonfiguration dargestellt ist. Der Rahmen ist durch eine Vertikallast $F = \lambda \cdot 1$ neben dem Stiel beansprucht. Die Berechnung der Lastverschiebungskurve geschieht mittels des Bogenlängenverfahrens, s. Kap. 5.1.5. In Bild 9.10 findet sich die verformte Konfiguration für einen Lastfaktor von $\lambda = 45$, die mittels der geometrisch exakten Theorie berechnet wurde.

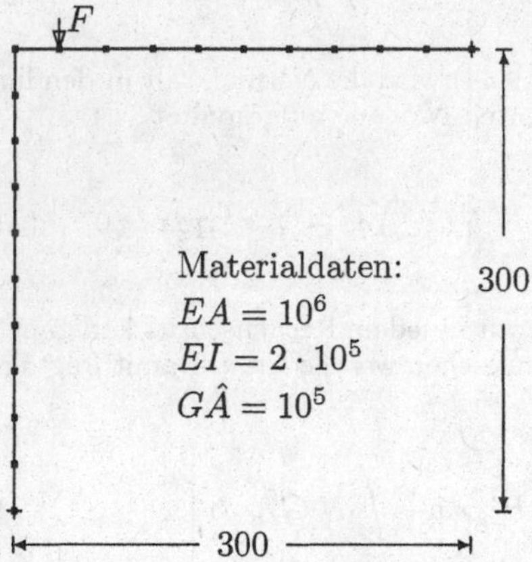

Bild 9.9. Einhüftiger Rahmen

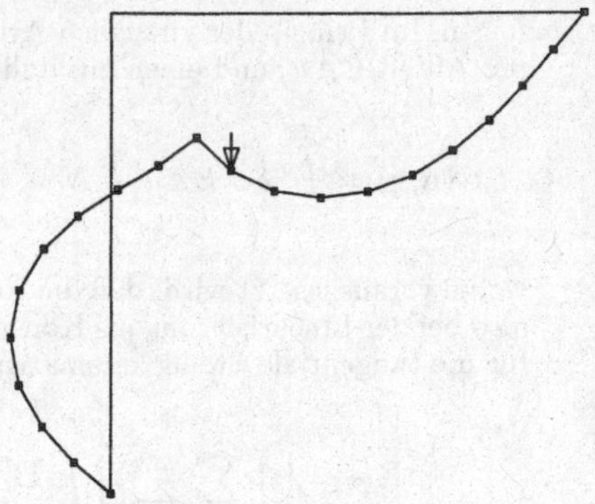

Bild 9.10. Verformte Struktur

In Bild 9.11 sind für die geometrisch exakte, die beiden anderen angegebenen Näherungstheorien und die Theorie 2. Ordnung die Lastverschiebungskurven dargestellt. Dabei ist die vertikale Verschiebungskomponente im Lastangriffspunkt über der Last aufgetragen. Man erkennt deutlich die Abweichungen. Die klassische Theorie II. Ordnung folgt der durch Punkte gekennzeichneten Kurve der geometrisch exakten Theorie nur in einem sehr geringen Bereich, d. h. sie ist nur für kleine Verschiebungen und Verdrehungen gültig und somit für die Berechnung überkritischer Zustände unbrauchbar. Häufig tritt aber innerhalb dieses Verformungsbereiches schon eine Spannungsüberschreitung auf, so daß die Theorie II. Ordnung dann für praktische Belange brauchbar ist.

Die Theorie der moderaten Drehungen nach Gl. (9.36) liefert etwas bessere Resultate, jedoch weicht auch sie ab dem Lastfaktor $\lambda = 28$ von der vollständig nichtlinearen Theorie ab. Interessant ist, daß die Theorie mo-

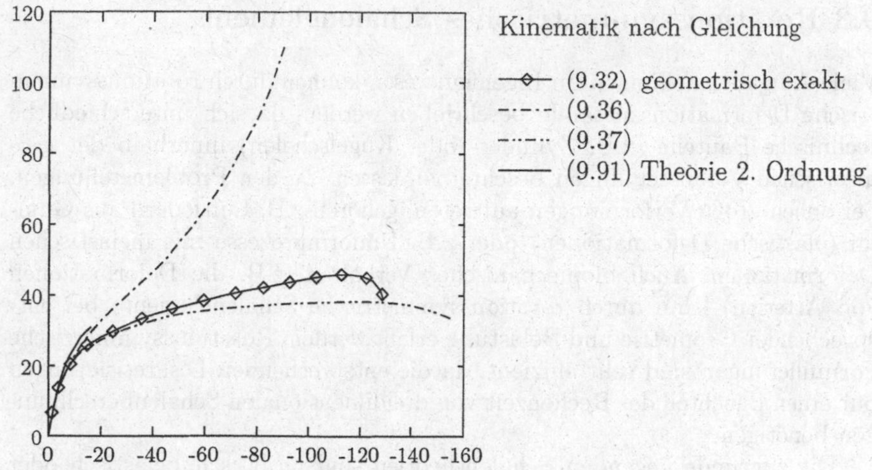

Bild 9.11 Rahmen Lastverschiebungskurve

derater Drehungen nach (9.37) die richtige Tendenz der Lösung wiedergibt und damit für die Abschätzung überkritischer Zustände herangezogen werden kann.

9.2.6 Zusammenfassung

In diesem Abschnitt wurde ein kurzer Überblick über geometrisch „exakte" Balkentheorien und ihre Näherungsstufen gegeben und deren Umsetzung in finite Elemente aufgezeigt. Zusammenfassend können wir folgendes feststellen.

Der Aufwand bei der Berechnung der Residuen (diskreten schwachen Form) und der Tangenten-(Steifigkeits)-matrizen ist für den geometrisch exakten und die Näherungen fast gleich. So spricht bei einer numerischen Berechnung nichts dagegen, das geometrisch exakte Modell zu wählen. Damit ist gewährleistet, daß für jede Berechnung, die FE-Analyse gegen die richtige theoretische Lösung konvergiert. Dabei sind die aus den Materialgleichungen resultierenden Voraussetzungen zu beachten (in unserem Fall müssen kleine Verzerrungen vorliegen).

Man sollte immer daran denken, daß exakte Lösungen von Näherungstheorien, die z.B. bei der Theorie II. Ordnung noch angegeben werden können, eben nicht exakt im Sinne der nichtlinearen Theorie sind. Es ist aber auch aus dem Beispiel abzulesen, daß natürlich für die überwiegende Anzahl der baupraktischen Rechnungen eine Näherungstheorie ausreichend genau ist.

9.3 Rotationssymmetrisches Schalenelement

Viele Aufgabenstellungen im Ingenieurwesen können durch rotationssymmetrische Deformationszustände beschrieben werden, da sich unterschiedliche technische Bauteile (z.B. Zylinder- oder Kugelschalen) innerhalb der geometrischen Voraussetzungen beschreiben lassen. Zu den Problemstellungen, bei denen große Verformungen auftreten, gehören z.B. Luftfedern aus Gummi (elastische Deformationen) oder z.B. Umformprozesse mit inelastischen Deformationen. Auch biomechanisches Verhalten (z.B. die Deformationen von Arterien) kann durch rotationssymmetrische Schalenelemente bei entsprechender Geometrie und Belastung erfaßt werden. Rotationssymmetrische Formulierungen sind sehr effizient, da die entsprechenden Diskretisierungen nur einen Bruchteil der Rechenzeit von dreidimensionalen Schalenberechnungen benötigen.

Die zugrunde liegenden Schalentheorien sind i.d.R. schubelastisch oder schubstarr. Als Spezialfall kann weiterhin noch das reine Membranverhalten betrachtet werden, das zur Beschreibung von Phänomenen aus dem Ingenieurwesen und der Biomechanik herangezogen werden kann. Hierzu gehört z.B. das Tiefziehen von Blechen oder der Aufblasvorgang von Ballonen aus gummiartigem Material. Aus diesem Grund sollen in den folgenden Ausführungen neben der Schalenformulierung auch die entsprechenden Gleichungen der Membrantheorie angegeben werden.

Alle genannten Problemklassen weisen i.d.R. neben großen Deformationen auch nichtlineares Materialverhalten auf. Die Formulierung der großen Deformationen kann wie im vorigen Abschnitt mit Bezug auf die Ausgangskonfiguration geschehen. Als Werkstoffmodell wollen wir hier zunächst das hyperelastische *Ogden*-Material verwenden, s. Abschn. 3.3.1, das eine große Klasse von gummiartigen Materialien einschließt. Weiterhin sollen auch große inelastische Verzerrungen im Rahmen der Metallplastizität und Materialgesetze der Biomechanik Verwendung finden, s. z.B. (Wriggers et al. 1995), (Holzapfel et al. 1996a) und (Holzapfel et al. 1996b).

Die Elementformulierung folgt im wesentlichen der in (Wriggers et al. 1995) angegebenen Beschreibung. Sie basiert auf einem geraden, kegelförmigen Element, mit dem jedoch beliebige Ausgangsgeometrien approximiert werden können. Der Spezialfall einer Membran ist in (Wriggers und Taylor 1990) hergeleitet.

9.3.1 Kinematik und Verzerrungen der rotationssymmetrischen Schale

Wir wollen hier – mit der gleichen Argumentation wie bei den Balken – ein geometrisch exaktes Schalenmodell beschreiben, das keine Einschränkungen hinsichtlich der Größe der auftretenden Deformationen beinhaltet.

Die entsprechenden nichtlinearen Verzerrungsmaße sollen hier nicht im Detail hergeleitet werden, sie finden sich z.B. in der Arbeit von (Wagner

1990) für schubelastische Rotationsschalen. Aufgrund der schubelastischen Formulierung ist es möglich, einfache C^0-Elemente zur Diskretisierung der entstehenden Gleichungen zu verwenden. Im Fall von dünnen Schalen ist eigentlich eine schubelastische Theorie nicht notwendig; es würde die klassische KIRCHHOFF-LOVE Theorie ausreichen. Diese jedoch verlangt nach einer Diskretisierung mit C^1-Elementen, da neben der Stetigkeit der Ansätze in den Verschiebungen noch die Stetigkeit der Verschiebungsableitung zu fordern ist. Dies bedeutet, daß die entsprechende Finite-Element-Formulierung komplizierter ist, s. z.B. für den linearen Fall (ZIENKIEWICZ and TAYLOR 1989).

Es ist bekannt, daß bei schubelastischer Formulierung im Fall dünner Schalen *locking* auftritt. Dann werden die Schubverzerrungen zu null und führen in der schwachen Form zu einer Zwangsbedingung. *Locking* kann jedoch im Fall der Rotationsschalen einfach umgangen werden. Die einfachste Abhilfe ist die reduzierte Integration. Sie führt hier zu keinem Rangabfall der Tangentenmatrix, s. z.B. für den linearen Fall (ZIENKIEWICZ et al. 1977). Aus diesem Grund kann auch für dünne Schalen eine schubelastische Theorie ohne weitere Komplikationen bei der Elementformulierung verwendet werden.

Wir wollen uns hier auf dünne Schalen konzentrieren. Dann wird die Schubverzerrung für C^0-Ansätze zwar mitgeführt, aber im Rahmen einer *penalty* Formulierung als Zwangsbedingung aufgefaßt, so daß eine Quasi-KIRCHHOFF Schalentheorie entsteht. Rotationselemente, die große Verschiebungen und Verdrehungen dünner Schalen beschreiben und die auf dieser Basis entwickelt wurden, finden sich in z.B. in (EBERLEIN et al. 1993). Diese Formulierung wird im folgenden näher beschrieben. Allgemeinere Modelle für Rotationsschalen, die neben schubelastischem Verhalten auch Dickenänderungen miteinbeziehen, finden sich in (EBERLEIN 1997).

Mit diesen Vorbemerkungen soll zunächst der Deformationszustand der Schale beschrieben werden, s. Bild 9.12. Dabei ist ein Punkt im Schalenraum in der Ausgangskonfiguration durch den Ortsvektor der Schalenmittelfläche, $\mathbf{X}_M$, den Normalenvektor, $\mathbf{N}$, und die lokale Koordinate in Dickenrichtung, ξ,

$$\mathbf{X} = \mathbf{X}_M + \xi\,\mathbf{N} \tag{9.93}$$

gegeben. Für ξ gilt die Beziehung $-\frac{t_0}{2} \le \xi \le +\frac{t_0}{2}$ mit der Schalendicke t_0 bezüglich der Ausgangskonfiguration. Ähnlich kann ein Punkt der verformten Schalenkonfiguration durch

$$\mathbf{x} = \mathbf{x}_M + \xi\,\mathbf{d} \tag{9.94}$$

mittels der Verschiebung der Schalenmittelfläche $\mathbf{x}_M$ und der durch den Direktorvektor $\mathbf{d}$ angegebenen Drehung, die auch noch eine Schubdeformation zuläßt, ausgedrückt werden. Explizit folgt bei Rotationssymmetrie nach Bild 9.12 für den Ortsvektor der Ausgangskonfiguration

$$\mathbf{X} = \begin{Bmatrix} s\,\sin\theta \\ s\,\cos\theta \end{Bmatrix} + \xi \begin{Bmatrix} -\cos\theta \\ \sin\theta \end{Bmatrix}, \tag{9.95}$$

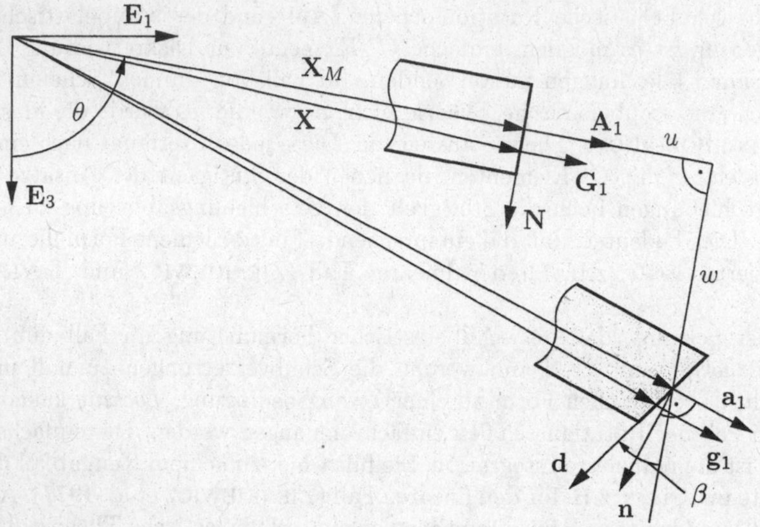

Bild 9.12 Schalenkinematik für Rotationssymmetrie

wobei die Koordinate s die Bogenlänge ist, die die Länge des Ortsvektors $\mathbf{X}_M$ beschreibt. Für den Ortsvektor in der Momentankonfiguration erhalten wir

$$\mathbf{x} = \left\{ \begin{array}{c} (s+u)\,\sin\theta - w\,\cos\theta \\ (s+u)\,\cos\theta + w\,\sin\theta \end{array} \right\} + \xi \left\{ \begin{array}{c} -\cos(\theta-\beta) \\ \sin(\theta-\beta) \end{array} \right\} . \qquad (9.96)$$

Damit können die physikalischen Komponenten des GREEN-LAGRANGEschen Verzerrungstensors für die Rotationsschale angegeben werden. Allgemein erhalten wir eine Aufspaltung des Verzerrungstensors, $\mathbf{E}$

$$\mathbf{E} = \mathbf{E}^m + \mathbf{E}^s + \xi\mathbf{E}^b \qquad (9.97)$$

in Membran (m)-, Biege (b)- und Schubterme (s), s. Abschn. 9.4. ξ ist wieder die lokale Koordinate in Dickenrichtung. Die mit ξ^2 multiplizierten Terme wurden hier weggelassen, da nur dünne Schalen betrachtet werden sollen.

Explizit ergeben sich Verzerrungen in meridionaler Richtung, E_1, Verzerrungen in Umfangsrichtung, E_2, sowie Schubverzerrungen E_{13}

$$E_1^m = u_{,s} + \tfrac{1}{2}(u_{,s}^2 + w_{,s}^2)$$

$$E_2^m = e_\theta + \tfrac{1}{2}e_\theta^2 \ \text{ mit } \ e_\theta = \tfrac{1}{r}(u \sin\theta - w\cos\theta) \quad , \quad r = s\sin\theta$$

$$E_1^b \ = -[(1+u_{,s})\cos\beta + w_{,s}\sin\beta]\beta_{,s} \tag{9.98}$$

$$E_2^b \ = \frac{\cos\theta}{r} - r\,c_2(1+e_\theta) \ \text{ mit } \ c_2 = \frac{1}{r^2}(\sin\theta\sin\beta + \cos\theta\cos\beta)$$

$$E_{13}^s = -(1+u_{,s})\sin\beta + w_{,s}\cos\beta$$

Hierin sind u und w die Verschiebungen im lokalen Koordinatensystem und β ist der Drehwinkel, der die ebene Drehung des Direktorvektors $\mathbf{d}$ beschreibt, s. Bild 9.12. Diese Verzerrungsmaße enthalten keine weiteren Näherungen als den kinematischen Ansatz (9.96) und sind für endliche rotationssymmetrische Verzerrungen und Drehungen von Rotationsschalen gültig.

Die Verzerrungen E_γ können auch mittels der Hauptdehnungen λ_γ gemäß (3.23) ausgedrückt werden. Bei Rotationsschalen mit rotationssymmetrischer Belastung ist dies besonders einfach, da nur die senkrecht zueinander stehenden Verzerrungen

$$E_1 = E_1^m + \xi E_1^b \qquad \text{und} \qquad E_2 = E_2^m + \xi E_2^b \tag{9.99}$$

auftreten. Diese sind zwangsläufig auch Hauptdehnungen. Aus der Beziehung $E_\gamma = 1/2\,(\lambda_\gamma^2 - 1)$ leiten sich mit (9.98) die Hauptdehnungen in expliziter Form

$$\lambda_1 = \sqrt{(1+u_{,s})^2 + w_{,s}^2 - 2\,\xi\,[(1+u_{,s})\cos\beta + w_{,s}\,\sin\beta]\,\beta_{,s}}$$
$$\tag{9.100}$$
$$\lambda_2 = \sqrt{(1+e_\theta)^2 + 2\,\xi\,[\,\tfrac{\cos\theta}{r} - r\,c_2\,(1+e_\theta\,)]}$$

her. Die Hauptdehnung λ_3 folgt aus der konstitutiven Gleichung und der Bedingung eines ebenen Spannungszustandes, der bei dünnen Schalen eine sinnvolle Annahme darstellt. Abschließend sei noch die Determinante J des materiellen Deformationsgradienten $\mathbf{F}$ angegeben, die hier einfach aus dem Produkt der Hauptdehnungen

$$J = \lambda_1\,\lambda_2\,\lambda_3\,. \tag{9.101}$$

folgt. Setzen wir Inkompressibilität ($J = 1$) voraus, so kann diese hier exakt erfaßt werden. Da die Hauptdehnungsrichtung von λ_3 bei dünnen Schalen normal zur Schalenfläche steht, ist sie einfach durch die Dickenänderung $\lambda_3 = t/t_0$ bestimmt, so daß die momentane Schalendicke bei Inkompressibilität durch

$$t = \frac{t_0}{\lambda_1\,\lambda_2}\,. \tag{9.102}$$

gegeben ist (t_0 ist die Schalendicke in der Ausgangskonfiguration).

9.3.2 Variationsformulierung

Unter der Annahme rotationssymmetrischer Geometrie und Belastung schreibt sich das Prinzip der virtuellen Arbeiten (3.278) mit Bezug auf die Ausgangskonfiguration als

$$G(\mathbf{u}, \boldsymbol{\eta}) = 2\,\pi \left[\int_{(C)} \int_{\xi} S_\gamma \, \delta E_\gamma \, r \, d\xi \, dS + \epsilon \int_{(C)} \int_{\xi} E^s_{13} \, \delta \, E^s_{13} \, r \, d\xi \, dS \right]$$
$$-2\,\pi \int_{(C)} \int_{\xi} \hat{t}_\gamma \, \eta_\gamma \, r \, d\xi \, dS = 0 \,. \tag{9.103}$$

Hierin wurde von der Summenkonvention, daß griechische Indizes von 1 bis 2 laufen ($\gamma = 1, 2$) Gebrauch gemacht. In (9.103) ist C die Kurve, die die Rotationsfläche der Schale beschreibt. Der Radius in der Ausgangskonfiguration wird mit r bezeichnet. δE_γ sind die virtuellen Verzerrungen, die sich aus (9.98) ergeben. η_γ bezeichnet die Variation von u_γ, die – wie schon in Abschn. 3.4 dargelegt – die wesentlichen Randbedingungen erfüllen muß: $\{\eta_\gamma \mid \eta_\gamma = 0 \quad \text{auf } \partial C_u\}$. Der Spannungsvektor $\hat{t}_\gamma$ in (9.103) ist durch die Oberflächenlasten gegeben. Für eine konfigurationsabhängige Druckbelastung p erhalten wir die Beziehung $\hat{t}_\gamma = p\, n_\gamma$, wobei n_γ der Normalenvektor in der Momentankonfiguration ist. Die entsprechende Formulierung für diesen Fall findet sich in Abschn. 4.2.5, Aufgabe 4.5.

Die arbeitskonformen 2. PIOLA-KIRCHHOFFschen Spannungen S_γ berechnen sich aus den CAUCHYschen Spannungen gemäß $\mathbf{S} = J\,\mathbf{F}^{-1}\,\boldsymbol{\sigma}\,\mathbf{F}^{-T}$, s. (3.82). Wir erhalten für die Hauptachsen 1 und 2

$$S_1 = J\,\lambda_1^{-2}\,\sigma_1 \qquad S_2 = J\,\lambda_2^{-2}\,\sigma_2 \,. \tag{9.104}$$

Im speziellen Fall der Inkompressibilität gilt mit $J = 1$

$$S_1 = \lambda_1^{-2}\,\sigma_1 \qquad S_2 = \lambda_2^{-2}\,\sigma_2 \,. \tag{9.105}$$

9.3.3 Materialgleichungen

Als Materialgleichung für die Rotationsschale wollen wir hier drei verschiedene nichtlineare Werkstoffgesetze diskutieren, die zu verschiedenen Anwendungen gehören. Dies sind konstitutive Beziehungen für gummiartige Materialien, für Metallplastizität und für ein biomechanisches Material.

Gummiartige Werkstoffe. Es sei hier die Materialgleichung (3.110) von (OGDEN 1972) für inkompressible gummiartige Materialien wiederholt, die auf einer, in den Hauptdehnungen λ angegebenen, Verzerrungsenergiefunktion basiert

$$W(\lambda_i) = \sum_r \frac{\mu_r}{\alpha_r} \left[\lambda_1^{\alpha_r} + \lambda_2^{\alpha_r} + \lambda_3^{\alpha_r} - 3 \right]. \tag{9.106}$$

μ_r und α_r sind konstitutive Konstanten, die aus Experimenten bestimmt werden müssen. Die CAUCHY Spannungen für ein inkompressibles Material folgen aus (3.131) analog zu (9.10)

$$\sigma_i = \lambda_i \frac{\partial W}{\partial \lambda_i} + p, \tag{9.107}$$

wobei p der Druck ist, der aus der Nebenbedingung $J = 1$ folgt. Im Fall des ebenen Spannungszustandes läßt sich dieser aus der Bedingung $\sigma_3 \equiv 0$ bestimmen. Mit der Inkompressibilitätsbedingung $\lambda_3 = (\lambda_1 \lambda_2)^{-1}$ erhalten wir das Ergebnis

$$\sigma_\gamma = \sum_r \mu_r \left[\lambda_\gamma^{\alpha_r} - (\lambda_1 \lambda_2)^{-\alpha_r} \right] \tag{9.108}$$

Nach Einsetzen dieser Beziehung in (9.105) folgen die 2. PIOLA-KIRCHHOFFschen Spannungen, die in der schwachen Form (9.103) benötigt werden.

Die inkrementelle Materialtangente mit Bezug auf die Ausgangskonfiguration wird aus

$$L_{\gamma\,\delta} = \frac{\partial S_\gamma}{\partial E_\delta} = \frac{\partial S_\gamma}{\partial \lambda_\beta} \frac{\partial \lambda_\beta}{\partial E_\delta} \tag{9.109}$$

bestimmt, s. auch Abschn. 3.3.4. Explizit erhalten wir für die Komponenten

$$\begin{aligned} L_{\gamma\,\gamma} &= \frac{1}{\lambda_\gamma^4} \sum_r \mu_r \left[(\alpha_r - 2)\, \lambda_\gamma^{\alpha_r} + (\alpha_r + 2)(\lambda_1 \lambda_2)^{-\alpha_r} \right] \quad (\gamma = \delta), \\ L_{\gamma\,\delta} &= \frac{1}{\lambda_\gamma^2 \lambda_\delta^2} \sum_r \mu_r \, \alpha_r \, (\lambda_1 \lambda_2)^{-\alpha_r} \quad (\gamma \neq \delta). \end{aligned} \tag{9.110}$$

Die konstitutiven Parameter μ_r und α_r müssen so gewählt werden, daß die in Gl. (3.111) aufgeführten Bedingungen eingehalten werden. Die dort aufgeführte Beziehung $2\mu = \sum_r \mu_r \alpha_r$ ist erforderlich, damit sich der inkrementelle Materialtensor bei kleinen Verzerrungen zu dem Materialtensor der linearen Theorie – dem HOOKEschen Gesetz – reduziert. Wir zeigen dies, indem wir die inkrementelle Materialmatrix $\mathbf{L}$, die in (9.110) definiert ist, im unverformten Referenzzustand ($\lambda_\gamma = 1$) auswerten.

$$\mathbf{L}\big|_{\lambda_\gamma = 1} = \sum_r \mu_r \alpha_r \begin{bmatrix} 2 & 1 \\ 1 & 2 \end{bmatrix}. \tag{9.111}$$

Das lineare HOOKEsche Gesetz lautet für die Membran

$$\mathbf{C} = \frac{E}{1 - \nu^2} \begin{bmatrix} 1 & \nu \\ \nu & 1 \end{bmatrix}. \tag{9.112}$$

Mit $2\mu(1 + \nu) = E$ ist $\mathbf{C}$ für den Fall der Inkompressibilität ($\nu = 0.5$) äquivalent zu $\mathbf{L}$ in (9.110).

Metallplastizität. Für die elastoplastische Analyse wird die lokale multiplikative Zerlegung des materiellen Deformationsgradienten, s. (3.177),

$$\mathbf{F} = \mathbf{F}^e\,\mathbf{F}^p \tag{9.113}$$

verwendet. Die allgemeinen Gleichungen finden sich in Abschn. 3.3.2. Die inkompatible Zwischenkonfiguration, die durch $\mathbf{F}^e$ gegeben ist, wird dabei als spannungsfrei angenommen. Im Fall der rotationssymmetrischen Deformationen kann die multiplikative Zerlegung auch in den Hauptdehnungen formuliert werden

$$\lambda_i = \lambda_i^e\,\lambda_i^p\,. \tag{9.114}$$

Mit der Einführung der logarithmischen Verzerrungen gemäß (6.129), die die Eigenwerte des HENCKYschen Tensors $\mathbf{E}^{(0)} = \ln \mathbf{U}$, s. (3.19),

$$\begin{aligned} \varepsilon_i = \ln \lambda_i\,, \quad \varepsilon_i^e = \ln \lambda_i^e\,, \quad \varepsilon_i^p = \ln \lambda_i^p \\ e = \ln J = \varepsilon_1 + \varepsilon_2 + \varepsilon_3 \end{aligned} \tag{9.115}$$

darstellen, kann die multiplikative Zerlegung (9.114) in eine additive

$$\varepsilon_i = \varepsilon_i^e + \varepsilon_i^p \tag{9.116}$$

umgewandelt werden. Das plastischen Fließens wird als isochorer Prozeß angenommen, womit die Beziehung

$$\det \mathbf{F}^p = J^p = \lambda_1^p\,\lambda_2^p\,\lambda_3^p = 1 \quad \text{oder} \quad e^p = \varepsilon_1^p + \varepsilon_2^p + \varepsilon_3^p = 0 \tag{9.117}$$

gilt. Weiterhin werden die elastischen Verzerrungen in ihren volumetrischen und deviatorischen Anteil zerlegt:

$$\bar\lambda_i^e = J^{-\frac{1}{3}}\,\lambda_i^e \quad \text{mit} \quad \bar\lambda_1^e\,\bar\lambda_2^e\,\bar\lambda_3^e = 1\,. \tag{9.118}$$

Aus Beziehung (9.115) folgt die additive Zerlegung der elastischen Verzerrungen

$$\bar\varepsilon_i^e = \varepsilon_i^e - \tfrac{1}{3}e \quad \text{mit} \quad \bar\varepsilon_1^e + \bar\varepsilon_2^e + \bar\varepsilon_3^e = 0\,. \tag{9.119}$$

Gleichungen (9.116) und (9.119) zeigen, daß unter den oben getroffenen Annahmen und der Einführung der logarithmischen Verzerrungen die kinematischen Gleichungen äquivalent zur linearen Theorie sind, so daß in diesem Fall die großen elastoplastischen Verzerrungen wie in der geometrisch linearen Theorie behandelt werden können, s. Abschn. 6.2.

Konsistent mit der Annahme von Isotropie wird jetzt eine Verzerrungsenergiefunktion für kleine elastische Verzerrungen, s. Anmerkung 6.2 (6.140), eingeführt, die allein von den elastischen Verzerrungen abhängt

$$W_{Lin}(\varepsilon_i^e) = \frac{\Lambda}{2}e^{e\,2} + \mu[(\varepsilon_1^e)^2 + (\varepsilon_2^e)^2 + (\varepsilon_3^e)^2]\,. \tag{9.120}$$

Λ und μ sind die LAMÉ-Konstanten, s. auch (3.116). Die Verzerrungsenergiefunktion (9.120) entspricht der der linearen Theorie, s. z.B. (GROSS et al. 1999). Die Beschränkung auf kleine elastischen Verzerrungen stellt für Metallplastizität kein Problem dar, da hier bei elastoplastischen Deformationen ohnehin nur kleine elastische Verzerrungen auftreten.

Wie z.B. in (HILL 1970) und (HOGER 1987) gezeigt wurde, sind die Hauptwerte des KIRCHHOFFschen Spannungstensors τ_i arbeitskonform zu den logarithmischen Verzerrungen ε_i^e. Damit erhält man mittels der Kettenregel aus der Verzerrungsenergiefunktion

$$\tau_i = \frac{\partial W_{Lin}(\varepsilon_i^e)}{\partial \varepsilon_i^e} = \Lambda\, e + 2\mu\, \varepsilon_i^e \,. \qquad (9.121)$$

Diese Beziehung kann jetzt mit (9.119) so umgeformt werden, daß eine entkoppelte Darstellung in den volumetrischen und deviatorischen Anteilen erfolgt

$$\tau_i = K\, e + 2\mu\, \bar{\varepsilon}_i^e \,. \qquad (9.122)$$

Die Verzerrungen in Dickenrichtung werden durch die Annahme des ebenen Spannungszustandes eliminiert

$$\tau_3 = K\, e + 2\mu \bar{\varepsilon}_3^e = 0 \,. \qquad (9.123)$$

Mit Gleichung $(9.119)_2$ kann die Verzerrung $\bar{\varepsilon}_3^e$ substituiert werden, woraus eine Gleichung für die Volumendehnung folgt

$$e = \frac{2\mu}{K + \frac{4}{3}\mu}\, (\varepsilon_1^e + \varepsilon_2^e) \,.$$

Die Spannungen τ_α ergeben sich mit $K = \frac{2\mu\,(1+\nu)}{3(1-2\nu)}$ und $\mu = \frac{E}{2(1+\nu)}$ nach einigen Umrechnungen zu

$$\tau_\alpha = \frac{E}{1-\nu^2}\, [(1-\nu)\, \varepsilon_\alpha^e + \nu\, (\varepsilon_1^e + \varepsilon_2^e)] \,. \qquad (9.124)$$

Man beachte, daß die Beziehung (9.124) den ebenen Spannungszustand exakt erfüllt.

Die Fließregel folgt aus dem Prinzip der maximalen plastischen Dissipation, das bereits in der Anmerkung 3.6 beschrieben wurde. Hier erhalten wir für die Hauptdehnungen

$$D^p = \tau_i \dot{\varepsilon}_i^p \longrightarrow \max \,. \qquad (9.125)$$

Um die als konvex angenommene Fließbedingung $f(\tau_i) = 0$ zu erfüllen, wird die LAGRANGEsche Funktion

$$L^p(\tau_i, \dot{\gamma}) = -\tau_i\, \dot{\varepsilon}_i^p + \dot{\gamma}\, f(\tau_i) \,, \qquad (9.126)$$

eingeführt, in der $\dot{\gamma}$ der LAGRANGEsche Multiplikator ist. Die Lösung des Sattelpunktsproblems (9.126) muß die Bedingungen

$$\frac{\partial L^p}{\partial \tau_i} = -\dot{\varepsilon}_i^p + \dot{\gamma}\,\frac{\partial f}{\partial \tau_i} = 0 \tag{9.127}$$

erfüllen und liefert die assoziative Fließregel

$$\dot{\varepsilon}_i^p = \dot{\gamma}\,\frac{\partial f}{\partial \tau_i}\,. \tag{9.128}$$

Es wird die klassische VON MISES Fließbedingung in den deviatorischen KIRCHHOFF Spannungen $\mathbf{s}$ formuliert

$$f(\boldsymbol{\tau}\,,\alpha) = \frac{3}{2} tr(\mathbf{s}^2) - Y^2(\alpha) \leq 0 \qquad \mathbf{s} = \operatorname{dev}\boldsymbol{\tau}\,, \tag{9.129}$$

wobei lineare isotrope Verfestigung angenommen wird

$$Y(\alpha) = Y_0 + \hat{H}\,\alpha\,. \tag{9.130}$$

Die Verfestigung hängt von den äquivalenten plastischen Verzerrungen α ab. Y_0 ist die anfängliche Fließspannung und $\hat{H}$ definiert den isotropen Verfestigungskoeffizienten. Die Hauptwerte des deviatorischen Spannungstensors $\mathbf{s}$ sind im Fall des ebenen Spannungszustandes durch

$$\mathbf{s} = \mathbf{A}\boldsymbol{\tau} \quad \text{mit} \quad \mathbf{s} = \begin{Bmatrix} s_1 \\ s_2 \end{Bmatrix}, \quad \boldsymbol{\tau} = \begin{Bmatrix} \tau_1 \\ \tau_2 \end{Bmatrix} \text{ und } \quad \mathbf{A} = \begin{bmatrix} 2 & -1 \\ -1 & 2 \end{bmatrix} \tag{9.131}$$

bestimmt. Damit kann die Fließbedingung (9.129) neu formuliert werden

$$f(\boldsymbol{\tau}\,,\alpha) = g^2(\boldsymbol{\tau}) - Y^2(\alpha) \leq 0 \quad \text{mit} \quad g^2(\boldsymbol{\tau}) = \frac{1}{2}\boldsymbol{\tau}^T\mathbf{A}\boldsymbol{\tau}\,. \tag{9.132}$$

Die plastischen Verzerrungen $\boldsymbol{\varepsilon}^p = \{\varepsilon_1^p, \varepsilon_2^p\}$ werden, wie bereits für den dreidimensionalen Fall in Abschn. 6.2.2 beschrieben, durch eine implizite EULER Integration der Fließregel (9.128) unter Beachtung von (9.132)

$$\boldsymbol{\varepsilon}_{n+1}^p = \boldsymbol{\varepsilon}_n^p + \int\limits_{t_n}^{t_{n+1}} \dot{\gamma}\frac{\partial f}{\partial \boldsymbol{\tau}} d\bar{t} = \boldsymbol{\varepsilon}_n^p + \gamma\mathbf{A}\boldsymbol{\tau}_{n+1} \tag{9.133}$$

berechnet. Hier beschreibt $\gamma = \int_{t_n}^{t_{n+1}} \dot{\gamma}\, d\bar{t}$ das Inkrement des Konsistenzparameters im Zeitschritt t_{n+1}. Die plastische Inkompressibilität – ausgedrückt durch $(9.117)_2$ – ist automatisch erfüllt, da $\mathbf{s}$ rein deviatorisch ist.

Als nächstes leiten wir aus der Fließbedingung (9.129) die Evolutionsgleichung für den Verfestigungsparameter α her. Mit (3.157) gilt

$$\dot{\alpha} = 2\,\dot{\gamma}\,Y(\alpha)\,. \tag{9.134}$$

Es folgt dann mit der impliziten EULER Integration für die Verfestigungsvariable im Zeitschritt t_{n+1}

$$\alpha_{n+1} = \alpha_n + 2\gamma\, Y(\alpha_{n+1})\,. \tag{9.135}$$

Damit erhält man für die Verfestigungsfunktion die Aufdatierungsformel

$$Y(\alpha_{n+1}) = Y_0 + \hat{H}\,[\alpha_n + 2\gamma Y(\alpha_{n+1})\,]\frac{Y_n}{1 - 2\gamma\hat{H}} \tag{9.136}$$

mit $Y_n = Y_0 + \hat{H}\alpha_n$. Infolge der Anwendung des impliziten EULER Verfahrens sind die plastischen Verzerrungen implizite Funktionen des Konsistenzparameters, so daß eine iterative Lösung zu ihrer Bestimmung notwendig ist, s. auch Abschn. 6.2.2. Diese erfolgt im Rahmen des in Abschn. 6.2.2 beschriebenen Prädiktor-Korrektor Verfahrens.

In Matrixnotation können die Hauptwerte der elastischen KIRCHHOFF-spannungen, die durch Gl. (9.124) gegeben sind, zu Beginn eines neuen Zeitschrittes als *trial* Spannungen

$$\boldsymbol{\tau}^{tr} = \mathbf{C}\,\boldsymbol{\varepsilon}^e = \mathbf{C}\,(\boldsymbol{\varepsilon}_{n+1} - \boldsymbol{\varepsilon}_n^p) \tag{9.137}$$

geschrieben werden, wobei zusätzlich zu (9.131) die Definitionen

$$\mathbf{C} = \frac{E}{1-\nu^2}\begin{bmatrix} 1 & \nu \\ \nu & 1 \end{bmatrix},\; \boldsymbol{\varepsilon} = \begin{Bmatrix} \varepsilon_1 \\ \varepsilon_2 \end{Bmatrix},\; \boldsymbol{\varepsilon}^e = \begin{Bmatrix} \varepsilon_1^e \\ \varepsilon_2^e \end{Bmatrix},\; \boldsymbol{\varepsilon}^p = \begin{Bmatrix} \varepsilon_1^p \\ \varepsilon_2^p \end{Bmatrix} \tag{9.138}$$

eingeführt wurden. Jetzt wird das in Abschn. 6.2.2 beschriebene Prädiktor-Korrektor oder auch Projektionsverfahren angewendet. Wenn die *trial* Spannungen die Fließbedingung erfüllen ($f(\boldsymbol{\tau}^{tr}, \alpha^{tr}) \le 0$), dann liegt innerhalb des Zeitschrittes eine elastische Deformation vor. Erfüllen die *trial* Spannungen die Fließbedingung nicht,

$$f(\boldsymbol{\tau}^{tr}) = \frac{1}{2}\boldsymbol{\tau}^{tr\,T}\mathbf{A}\boldsymbol{\tau}^{tr} - Y(\alpha_n)^2 > 0\,, \tag{9.139}$$

dann folgen die elastoplastischen Spannungen im Zeitschritt t_{n+1} aus (9.116) und (9.133)

$$\boldsymbol{\varepsilon}_{n+1} = \boldsymbol{\varepsilon}_{n+1}^e + \boldsymbol{\varepsilon}_{n+1}^p = \mathbf{C}^{-1}\boldsymbol{\tau}_{n+1} + \boldsymbol{\varepsilon}_n^p + \gamma\mathbf{A}\boldsymbol{\tau}_{n+1}\,. \tag{9.140}$$

Eine Umformung von (9.140) liefert

$$\boldsymbol{\tau}(\gamma)_{n+1} = (\mathbf{C}^{-1} + \gamma\mathbf{A})^{-1}\,(\boldsymbol{\varepsilon}_{n+1} - \boldsymbol{\varepsilon}_n^p) = \bar{\mathbf{C}}(\gamma)\,(\boldsymbol{\varepsilon}_{n+1} - \boldsymbol{\varepsilon}_n^p) \tag{9.141}$$

mit

$$\bar{\mathbf{C}}(\gamma) = [(\frac{1}{E} + 2\gamma)^2 + (\frac{\nu}{E} + \gamma)^2]^{-1}\begin{bmatrix} \frac{1}{E} + 2\gamma & \frac{-\nu}{E} - \gamma \\ \frac{-\nu}{E} - \gamma & \frac{1}{E} + 2\gamma \end{bmatrix}. \tag{9.142}$$

Die Spannungen $\boldsymbol{\tau}$ sind Funktionen des Konsistenzparameters γ, der aus der Fließbedingung $f(\gamma) = 0$ folgt. Die zugehörige nichtlineare Gleichung wird mittels des NEWTON-Verfahrens gelöst, s. auch Abschn. 6.2.2. Wir erhalten analog zu (6.90) die Iterationsvorschrift

$$\gamma_{i+1} = \gamma_i - f(\gamma_i)/f'(\gamma_i) \tag{9.143}$$

mit

$$\begin{aligned} f(\gamma_i) &= g^2(\gamma_i) - Y^2(\gamma_i) \\ f'(\gamma_i) &= -\mathbf{s}^T \bar{\mathbf{C}} \mathbf{s} - 4Y^2(\gamma_i)\bar{H} \\ \bar{H} &= \hat{H}(1 - 2\,\gamma_i\,\hat{H})^{-1} . \end{aligned} \tag{9.144}$$

Im Fall der Inkompressibilität ($\nu = 0.5$) ist eine geschlossene Lösung von Gleichung für den Konsistenzparameter ableitbar

$$\gamma^{ink} = \frac{1-\kappa}{6\mu\kappa} \quad \text{mit} \quad \kappa = \frac{Y_n + \delta\, g^{tr}}{g^{tr}\,(1+\delta)} \quad \text{und} \quad \delta = \frac{\hat{H}}{3\mu} . \tag{9.145}$$

Die Lösung (9.145) wird auch als Startwert $\gamma_0 = \gamma^{ink}$ für die in (9.143) beschriebene Iteration verwendet. Der *update* der Zwischenkonfiguration wird mittels Beziehung (9.133) erhalten. Damit sind alle Spannungen, die in die schwache Form (9.103) eingehen, aus (9.141) mit der Lösung von (9.143) bekannt. Die in der Linearisierung benötigte inkrementelle Materialmatrix ist durch (9.142) gegeben, wobei auch hier die Lösung von (9.143) einzusetzen ist.

Biomechanisches Materialverhalten. Als Beispiel für ein biomechanisches Material werden Arterien betrachtet, die im allgemeinen viskoelastisches Materialverhalten bei großen Dehnungen aufweisen. Hier soll nur der elastische Anteil durch eine Materialgleichung beschrieben werden, der z.B. zur Beschreibung von Aorten ausreicht. Will man Arterien in ihrem gesamten Beanspruchungsbereich beschreiben, der von kleinen bis zu großen Verzerrungen reicht, so ist eine Verzerrungenergiefunktion einzuführen, die in der Lage ist, im Bereich kleiner Verzerrungen isotropes und bei großen Dehnungen anisotropes Materialverhalten zu repräsentieren. Beschreibt man das isotrope Materialverhalten durch ein einfaches NEO-HOOKE-Modell, s. (3.113), und wählt für den anisotropen Anteil einen Ansatz nach (CHUONG and FUNG 1983), so folgt für die Verzerrungsenergiefunktion

$$W(\mathbf{E}) = c_1\,(I_E - 3) + c_2\, e^{Q-1} . \tag{9.146}$$

Hierin sind $\mathbf{E}$ der GREEN-LAGRANGEsche Verzerrungstensor und I_E seine erste Invariante. c_1 und c_2 sind Materialkonstanten und Q ist eine Funktion der Dehnungen E_{AA} in Umfangs-, Längs- und Radialrichtung

$$Q = a_1\, E_{11}^2 + a_2\, E_{22}^2 + a_3\, E_{33}^2 + +2\, a_4\, E_{11}\, E_{22} + 2\, a_5\, E_{22}\, E_{33} + 2\, a_6\, E_{11}\, E_{33} . \tag{9.147}$$

Die Komponenten E_{AB} werden für $(A \neq B)$ zu null angenommen. In Q treten sechs weitere Materialkonstanten auf, die wie c_1 und c_2 durch Experimente zu bestimmen sind. Versuche haben ergeben, daß sich die Arterien inkompressibel verhalten und $J = \lambda_1 \, \lambda_2 \, \lambda_3 = 1$ gilt.

Bei der Formulierung der Arterien mittels rotationssymmetrischer Schalen wird angenommen, daß die Spannungen in Dickenrichtung verschwinden. Damit verbleiben die 2. PIOLA-KIRCHHOFF-Spannungen in Längs- und Umfangsrichtung $(S_1 \,, S_2)$. Analog zu der Ableitung von (9.108) für inkompressibles Gummimaterial erhalten wir jetzt aus (9.146) und (9.147) mit $E_\gamma = \frac{1}{2}(\lambda_\gamma^2 - 1)$, s. (HOLZAPFEL et al. 1996b),

$$
\begin{aligned}
S_1 &= 2\,c_1 \,\{\, 1 - [(2\,E_2 + 1)(2\,E_1 + 1)^2]^{-1} \}\\
&\quad +2\,c_2\,(a_2\,E_1 + a_4\,E_2)\,e^Q \,,\\
S_2 &= 2\,c_1 \,\{\, 1 - [(2\,E_2 + 1)^2(2\,E_1 + 1)]^{-1} \}\\
&\quad +2\,c_2\,(a_2\,E_1 + a_4\,E_2)\,e^Q \,.
\end{aligned}
\tag{9.148}
$$

Die Konstanten a_3, a_5 und a_6 in (9.147) sind gleich null.

Die inkrementelle Materialtangente $\mathbf{L}$ mit Bezug auf die Ausgangskonfiguration folgt aus den Spannungen in (9.148). Wir erhalten

$$
\begin{aligned}
L_{11} &= 8\,c_1\,[(2\,E_2 + 1)(2\,E_1 + 1)^3]^{-1} + 2\,c_2\,[a_2 + 2\,(a_2\,E_1 + a_4\,E_2)]\,e^Q \,,\\
L_{12} &= 4\,c_1\,[(2\,E_2 + 1)^2(2\,E_1 + 1)^2]^{-1} \qquad (9.149)\\
&\quad +2\,c_2\,[a_4 + 2\,(a_2\,E_1 + a_4\,E_2)\,(a_4\,E_1 + a_1\,E_2)]\,e^Q \,,\\
L_{22} &= 8\,c_1\,[(2\,E_2 + 1)^3(2\,E_1 + 1)]^{-1} + 2\,c_2\,[a_1 + 2\,(a_4\,E_1 + a_1\,E_2)]\,e^Q \,,
\end{aligned}
$$

mit $L_{12} = L_{21}$. Dieses Material wurde in (HOLZAPFEL et al. 1996b) an Versuchsdaten angepaßt und für die Berechnung des Dilatationsvorganges bei Aorten angewendet.

9.3.4 Finite-Element-Formulierung

Die kinematischen Beziehungen (9.98) und die schwache Form des Gleichgewichtes (9.103) definieren zusammen mit der entsprechenden Materialgleichung das Randwertproblem. Die Lösung mittels finiter Elemente erfordert die Diskretisierung dieser Gleichungen. In der vorgestellten 3-Parametertheorie sind C^0-Ansätze ausreichend, so daß die in (4.17) gegebenen linearen Ansätze verwendet werden können. Damit werden jetzt die Ansätze für die Verschiebungen und Verdrehungen definiert, die auf die lokale Schalenmittelfläche gemäß Bild 9.13 bezogen sind.

$$
\mathbf{u}_e = \sum_{I=1}^{2} N_I(\zeta)\,\mathbf{u}_I \,, \tag{9.150}
$$

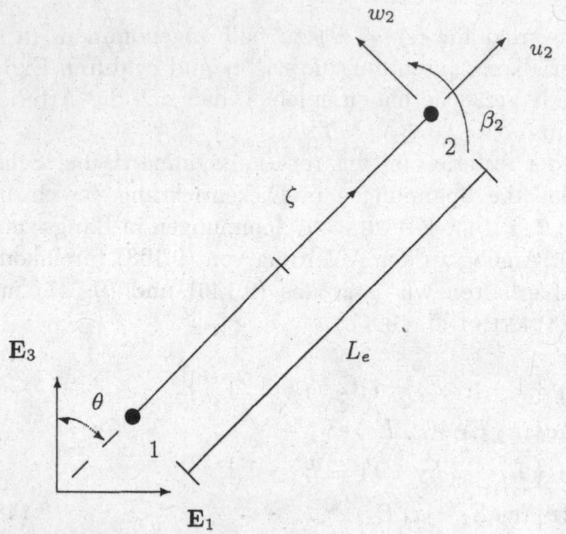

Bild 9.13 3–Parameter–Schalenelement.

wobei die Verschiebungen u und w, sowie die Verdrehung β in dem Vektor $\mathbf{u}_e = \{\, u_e \,, w_e \,, \beta_e \,\}^T$ zusammengefaßt werden. Entsprechend kann jetzt auch die Variation der Verschiebungen und Verdrehungen formuliert werden

$$\boldsymbol{\eta}_e = \sum_{I=1}^{2} N_I(\zeta)\, \boldsymbol{\eta}_I \,, \tag{9.151}$$

mit $\boldsymbol{\eta}_e = \{\, \delta u \,, \delta w \,, \delta\beta \,\}^T$. Durch Einsetzen dieser Näherungen in (9.98) folgen die Verzerrungen der rotationssymmetrischen Schale. In der schwachen Form (9.103) werden die virtuellen Verzerrungen für die Membran-, Biege- und Schubanteile benötigt. Letztere sind jedoch in der quasi-KIRCHHOFF Formulierung nur zur Erfüllung der Zwangsbedingung $E_{12} = 0$ mittels der *penalty* Methode eingeführt worden. Die Variation der Verzerrungen bestimmt sich unter Beachtung von (9.151) zu

$$\left\{ \begin{matrix} \delta E_1 \\ \delta E_2 \end{matrix} \right\} = \sum_{I=1}^{2} \boldsymbol{B}_I^{mb}\, \boldsymbol{\eta}_I \qquad \delta E_{13} = \sum_{I=1}^{2} \boldsymbol{B}_I^{pen}\, \boldsymbol{\eta}_I \,. \tag{9.152}$$

Hierin sind die $\boldsymbol{B}$-Matrizen wie folgt definiert

$$\boldsymbol{B}_I^{mb} = \begin{bmatrix} B_{11} & B_{12} & B_{13} \\ B_{21} & B_{22} & B_{23} \end{bmatrix} \tag{9.153}$$

mit

$$B_{11} = (\, 1 + u_{,\zeta} - \xi\, \beta_{,\zeta} \cos\beta \,)\, N_{I\,,\zeta}$$

$$
\begin{aligned}
B_{12} &= (w,_\zeta - \xi\,\beta,_\zeta \sin\beta\,)\, N_{I,\zeta} \\
B_{13} &= \xi\,\{[\,(1+u,_\zeta)\sin\beta - w,_\zeta\cos\beta\,]\,\beta,_\zeta\, N_I \\
&\qquad - [\,(1+u,_\zeta)\cos\beta + w,_\zeta\sin\beta\,]\, N_{I,\zeta}\,\} \\
B_{21} &= [\,(1+e_\theta)\,\frac{\sin\theta}{r} - \xi\, c_2\,\sin\theta\,]\, N_I \\
B_{22} &= [-(1+e_\theta)\,\frac{\cos\theta}{r} + \xi\, c_2\,\cos\theta\,]\, N_I \\
B_{23} &= \frac{\xi}{r}\,(1+e_\theta)(\,\cos\theta\sin\beta - \sin\theta\,\cos\beta\,]\, N_I
\end{aligned}
$$

sowie

$$
\boldsymbol{B}_I^{pen} = [-\sin\beta\, N_{I,\xi}\;, \cos\beta\, N_{I,\xi}\;, -[(1+u,_\zeta)\cos\beta + w,_\zeta\sin\beta] N_I\,]\;. \tag{9.154}
$$

In diesen Beziehungen sind die in (9.98) eingeführten Bezeichnungen verwendet worden. Jetzt kann die diskrete schwache Form des Gleichgewichtes basierend auf (9.103) angegeben werden. Es folgt

$$
\begin{aligned}
G(\mathbf{u}\,,\boldsymbol{\eta}) = \bigcup_{e=1}^{n_e} 2\,\pi \sum_{I=1}^{2} \boldsymbol{\eta}_I^T \Bigg[\int_{-1}^{+1}\int_{-1}^{+1} (\boldsymbol{B}_I^{mb})^T \begin{Bmatrix} S_1 \\ S_2 \end{Bmatrix} r\, \frac{L_e}{2}\, \frac{t_0}{2}\, d\hat{\xi}\, d\zeta \;+ \\
\epsilon\, t_0 \int_{-1}^{+1} (\boldsymbol{B}_I^{pen})^T E_{13}\, r\, \frac{L_e}{2} d\zeta - \int_{-1}^{+1} N_I \begin{Bmatrix} \hat{t}_1 \\ \hat{t}_2 \end{Bmatrix} r\, \frac{L_e}{2} d\zeta \Bigg] .
\end{aligned} \tag{9.155}
$$

Mit L_e ist die Elementlänge bezeichnet, s. Bild 9.13. Da im allgemeinen Fall eine nichtlineare Materialgleichung (z.B. (9.107) oder (9.142)) angewendet wird, kann die in der linearen Theorie übliche analytische Integration über Schalendicke nicht ausgeführt werden. Für die numerische Integration wird die GAUSS-Integration, s. Tabelle 4.1, gewählt. Dazu muß eine Transformation der Dickenvariablen auf die Länge 2 durchgeführt werden, so daß wir in (9.155) eine neue Variable $\hat{\xi} = \frac{t_0}{2}\,\xi$ erhalten. Im zweiten Term, der die Zwangsbedingung für die Quasi-KIRCHHOFF-Theorie darstellt, tritt ein lineares „Materialgesetz"mit dem *penalty* Parameter ϵ auf; hier kann vorab über die Dicke integriert werden.

Die für die Anwendung des NEWTON-Verfahrens notwendige Linearisierung der schwachen Form führt auf die Tangentenmatrix. Diese kann für die kontinuierliche Form aus (9.103) hergeleitet werden. Formal erhalten wir

$$
\begin{aligned}
DG(\mathbf{u}\,,\boldsymbol{\eta})\cdot\Delta\mathbf{u} = 2\,\pi \Bigg[\int_{(C)}\int_{\xi} (L_{\gamma\,\nu}\,\delta E_\gamma\,\Delta E_\nu + S_\gamma \Delta\delta E_\gamma\,)\, r\, d\xi\, dS \\
+\, \epsilon\, t_0 \int_{(C)} (\,\Delta E_{13}\,\delta\, E_{13} + E_{13}\,\Delta\delta E_{13}\,)\, r\, dS \Bigg] .
\end{aligned} \tag{9.156}
$$

Aus der Diskretisierung (9.152) ist die Matrixform für die Variationen von E_γ und E_{13} bekannt. Die Linearisierung der Verzerrungen hat bekanntlich die gleiche Struktur wie ihre Variationen, so daß

$$\begin{Bmatrix} \Delta E_1 \\ \Delta E_2 \end{Bmatrix} = \sum_{I=1}^{2} \boldsymbol{B}_I^{mb}\, \Delta \boldsymbol{u}_I \qquad \Delta E_{13} = \sum_{I=1}^{2} \boldsymbol{B}_I^{pen}\, \Delta \boldsymbol{u}_I \tag{9.157}$$

direkt aus (9.152) bis (9.154) folgt. Die Linearisierung der Variation ergibt für ein finites Element

$$\Delta\delta E_\gamma = \sum_{I=1}^{2} \sum_{K=1}^{2} \boldsymbol{\eta}_I^T\, \boldsymbol{G}_{\gamma\, IK}^{mb}\, \Delta \boldsymbol{u}_K \qquad \gamma = 1\,,2\,, \tag{9.158}$$

$$\Delta\delta E_{13} = \sum_{I=1}^{2} \sum_{K=1}^{2} \boldsymbol{\eta}_I^T\, \boldsymbol{G}_{IK}^{pen}\, \Delta \boldsymbol{u}_K\,. \tag{9.159}$$

Damit erhält man

$$G_h(\mathbf{u}\,,\boldsymbol{\eta}) \cdot \Delta\mathbf{u} = \bigcup_{e=1}^{n_e} \sum_{I=1}^{2} \sum_{K=1}^{2} \boldsymbol{\eta}_I^T\, 2\,\pi\, \boldsymbol{K}_{IK}\, \Delta \boldsymbol{u}_K\,, \tag{9.160}$$

worin $\boldsymbol{K}_{IK}$ die tangentiale Steifigkeitsmatrix eines Elementes ist

$$\begin{aligned} \boldsymbol{K}_{IK} = & \int_{-1}^{+1}\int_{-1}^{+1} [\,(\boldsymbol{B}_I^{mb})^T\, \boldsymbol{L}\, \boldsymbol{B}_K^{mb} + S_\gamma\, \boldsymbol{G}_{\gamma\, IK}^{mb}]\, r\, \frac{L_e}{2}\, \frac{t_0}{2}\, d\hat{\xi}\, d\zeta\, + \\ & \epsilon\, t_0 \int_{-1}^{+1} [\,(\boldsymbol{B}_I^{pen})^T\, \boldsymbol{B}_K^{pen} + E_{13}\, \boldsymbol{G}_{IK}^{pen}\,]\, r\, \frac{L_e}{2} d\zeta\,. \end{aligned} \tag{9.161}$$

Die Form der Matrizen $\boldsymbol{G}_{IK}^{mb}$ und $\boldsymbol{G}_{IK}^{pen}$ ist sehr komplex, so daß sie hier nicht explizit dargestellt werden. Sie können z.B. den Arbeiten (EBERLEIN 1997) oder (EBERLEIN et al. 1993) entnommen werden.

Alle Matrizen sind auf das in Bild 9.13 eingeführte lokale Koordinatensystem bezogen. Die Transformation der Matrizen auf das globale Koordinatensystem mit den Basisvektoren $\mathbf{E}_i$ muß noch erfolgen, damit der Zusammenbau der Elemente bei beliebigen rotationssymmetrischen Schalengeometrien erfolgen kann. Diese Transformation entspricht dem üblichen Standard, s. auch Anmerkung 9.1, den man auch bei Balkenelementen verwendet und soll daher nicht weiter beschrieben werden. Die zugehörige Matrixformulierung für die lineare Theorie kann hier direkt angewendet werden, da wir das Schalenelement mit Bezug auf die Ausgangskonfiguration formuliert haben. Für die entsprechenden Transformationsmatrizen s. Anmerkung 9.1 oder z.B. (GROSS et al. 1999), (KNOTHE und WESSELS 1991) oder (HUGHES 1987).

Da fast alle nichtlinearen Schalenprobleme Durchschlags- oder Verzweigungsverhalten aufweisen, ist es notwendig bei der Lösung der nichtlinearen Gleichungen Bogenlängenverfahren heranzuziehen, die im Abschn. 5.1.5 beschrieben wurden.

Aufgabe 9.5: Die Gleichungen der rotationssymmetrischen Schale sind für einen reinen Membranspannungszustand für gummielastisches Material zu spezialisieren, wobei die Linearisierung explizit anzugeben ist.

Lösung: Bei einem Membranspannungszustand entfallen die Schubverzerrungen, sowie die aus den Krümmungen resultierenden Verzerrungen. Damit reduzieren sich die Gleichungen (9.98) auf

$$\epsilon_1 = u_{,s} + \frac{1}{2}\,u_{,s}^2 + \frac{1}{2}\,w_{,s}^2 \tag{9.162}$$

$$\epsilon_2 = e_\theta + \frac{1}{2}\,e_\theta^2 \qquad \text{mit} \quad e_\theta = (\cos\theta\, u + \sin\theta\, w)\,/\,R\,, \tag{9.163}$$

wobei ϵ_1 und ϵ_2 die Membranverzerrungen in Meridian- und Umfangsrichtung sind. u and w sind die Verschiebung bezüglich des lokalen Koordinatensystems, s. Bild 9.12. Aus den Verzerrungen (9.103) berechnen wir die Hauptdehnungen gemäß der Vorgehensweise bei (9.100) zu

$$\lambda_1 = \sqrt{(1+u_{,s})^2 + w_{,s}^2}\,, \tag{9.164}$$

$$\lambda_2 = 1 + e_\theta\,. \tag{9.165}$$

Das Prinzip der virtuellen Verschiebungen oder die schwache Form des Gleichgewichtes der Membran folgt aus Gl. (9.103)

$$G(\mathbf{u},\boldsymbol{\eta}) = 2\,\pi\, t_0 \left[\int_{(C)} S_\gamma\,\delta\epsilon_\gamma\, r\, dS - \int_{(C)} \hat{\mathbf{t}}\cdot\boldsymbol{\eta}\, dS\right] = 0 \quad (\gamma = 1,2)\,. \tag{9.166}$$

Hierin sind die Variationen der Membranverzerrungen (9.163) einzusetzen. Da die Spannungen in der Membran über die Dicke konstant sind, kann auch bei nichtlinearem Materialverhalten eine Vorabintegration über die Dicke vorgenommen werden. Die Variationen von (9.163) lauten

$$\delta\epsilon_1 = (1+u_{,s})\delta u_{,s} + w_{,s}\,\delta w_{,s}\,,$$

$$\delta\epsilon_2 = (1+e_\theta)\,\delta e_\theta \qquad \text{mit} \quad \delta e_\theta = (\cos\theta\,\delta u + \sin\theta\,\delta w)\,/\,r\,. \tag{9.167}$$

Für die Linearisierung sind alle in (9.166) vorhandenen Feldgrößen, die von den Verschiebungen abhängen, zu betrachten. Dies ergibt ΔS_γ, $\Delta\epsilon_g$ und $\Delta\delta\epsilon_\gamma$. Mit der Produktregel erhalten wir

$$D\,G(\mathbf{u},\boldsymbol{\eta})\cdot\Delta\mathbf{u} = \int [\,\delta\epsilon_\gamma \frac{\partial S_\gamma}{\partial\epsilon_\beta}\,\Delta\epsilon_\beta + S_\gamma\,\Delta\delta\epsilon_\gamma\,]\, dS \tag{9.168}$$

Hierin sind zunächst die Ableitungen von S_γ nach ϵ_γ zu bestimmen. Sie folgen aus (9.110), so daß für das Inkrement der Spannungen die Matrixform $\Delta\mathbf{S} = \mathbf{L}\,\Delta\boldsymbol{\epsilon}$ oder explizit

$$\left\{\begin{array}{c}\Delta S_1\\ \Delta S_2\end{array}\right\} = \begin{bmatrix} L_{11} & L_{12}\\ L_{21} & L_{22}\end{bmatrix} \left\{\begin{array}{c}\Delta\epsilon_1\\ \Delta\epsilon_2\end{array}\right\} \tag{9.169}$$

folgt. Weiterhin können wir mit den oben angegebenen Beziehungen noch die Linearisierungen der Verzerrungen $\Delta\epsilon_\gamma$ und der virtuellen Verzerrungen $\Delta\delta\epsilon_\gamma$ angeben

$$\Delta\epsilon_1 = (1 + u_{,s})\,\Delta u_{,s} + w_{,s}\,\Delta w_{,s}\,, \tag{9.170}$$

$$\Delta\epsilon_2 = (1 + e_\theta)\,(\cos\theta\,\Delta u + \sin\theta\,\Delta w\,)/r\,, \tag{9.171}$$

$$\Delta\delta\epsilon_1 = \delta u_{,s}\,\Delta u_{,s} + \delta w_{,s}\,\Delta w_{,s}\,, \tag{9.172}$$

$$\Delta\delta\epsilon_2 = (\cos\theta\,\delta u + \sin\theta\,\delta w\,)\,(\cos\theta\,\Delta u + \sin\theta\,\Delta w\,)/r^2\,. \tag{9.173}$$

Ausgehend von den Gleichungen für die Membran kann ein einfaches isoparametrisches zwei Knotenelement formuliert werden, das dem in vorangegangenen Abschnitt entwickelten rotationssymmetrischen Schalenelement entspricht. Die Verschiebungen werden durch einen linearen Ansatz

$$u_\gamma = \sum_{I=1}^{2} N_I(\zeta)\,u_{I\,\gamma} \tag{9.174}$$

diskretisiert. Unter Verwendung der gleichen Approximation für die virtuellen Verzerrungen $\eta_\gamma = \sum_{I=1}^{2} N_I(\xi)\,\eta_{I\,\gamma}$ ergeben sich die Variationen (9.167) wie deren Linearisierungen (9.173) zu

$$\left\{\begin{matrix}\delta\epsilon_1\\ \delta\epsilon_2\end{matrix}\right\} = \sum_{I=1}^{2} \boldsymbol{B}_I \left\{\begin{matrix}\eta_1\\ \eta_2\end{matrix}\right\}_I\,, \qquad \left\{\begin{matrix}\Delta\epsilon_1\\ \Delta\epsilon_2\end{matrix}\right\} = \sum_{I=1}^{2} \boldsymbol{B}_I \left\{\begin{matrix}\Delta u_1\\ \Delta u_2\end{matrix}\right\}_I\,, \tag{9.175}$$

worin die $\boldsymbol{B}$-Matrix durch

$$\boldsymbol{B}_I = \sum_{I=1}^{2} \begin{bmatrix} (1+u_{,\zeta})\,N_{I,\zeta} & w_{,\zeta}\,N_{I,\zeta} \\ (1+e_\theta)\,\frac{\cos\theta}{r}\,N_I & (1+e_\theta)\,\frac{\sin\theta}{r}\,N_I \end{bmatrix} \tag{9.176}$$

definiert ist. Zur weiteren Ableitung des Elementes sind die linearisierten virtuellen Verzerrungen (9.173) zu approximieren, was auf

$$\Delta\delta\epsilon_\gamma = \sum_{I=1}^{2}\sum_{k=1}^{2} \langle\eta_1\,,\eta_2\rangle_I\,\boldsymbol{G}_{\gamma\,I}\,\boldsymbol{G}_{\gamma\,K}^T \left\{\begin{matrix}\Delta u_1\\ \Delta u_2\end{matrix}\right\}_J \tag{9.177}$$

führt. Die Operatormatrizen $\boldsymbol{G}_\gamma$ sind darin durch

$$\boldsymbol{G}_{1\,I} = \left\{\begin{matrix} N_{I,\zeta} \\ N_{I,\zeta}\end{matrix}\right\} \qquad \boldsymbol{G}_{2\,I} = \left\{\begin{matrix} \frac{\cos\theta}{R}\,N_I \\ \frac{\sin\theta}{R}\,N_I\end{matrix}\right\} \tag{9.178}$$

gegeben. Nun können wir die schwache Form des Gleichgewichtes für ein finites Element angeben, indem (9.175) in (9.166) eingesetzt wird

$$G_e(\mathbf{u},\boldsymbol{\eta}) = 2\,\pi\,t_0 \sum_{I=1}^{2} \boldsymbol{\eta}_I \left[\int_{-1}^{1} \boldsymbol{B}_I^T \left\{\begin{matrix}S_1\\ S_2\end{matrix}\right\} r\,\frac{L_e}{2}\,d\zeta - \int_{-1}^{1} N_I \left\{\begin{matrix}\hat{t}_1\\ \hat{t}_2\end{matrix}\right\} r\,\frac{L_e}{2}\,d\zeta\right]. \tag{9.179}$$

Hierin ist L_e die Elementlänge. Der 2. PIOLA-KIRCHHOFFsche Spannungstensor S_γ muß in (9.179) aus dem nichtlinearen Materialgesetz (9.108) mit (9.105) berechnet werden.

Die finite Elementapproximation der Linearisierung (9.168) liefert analog zu (9.160) für ein Element

$$D\,G^e(\mathbf{u},\boldsymbol{\eta})\,\Delta\mathbf{u} = \sum_{I=1}^{2}\sum_{K=1}^{2} \boldsymbol{\eta}_I\,\boldsymbol{K}_{T\,IK}\,\Delta\boldsymbol{u}_K \tag{9.180}$$

mit der tangentialen Steifigkeitsmatrix für das Element e

$$\boldsymbol{K}_{T\,IK} = 2\,\pi\,t_0 \int_{-1}^{1} (\,\boldsymbol{B}_I^T\,\boldsymbol{L}\,\boldsymbol{B}_K + S_1\,\boldsymbol{G}_{1\,I}\,\boldsymbol{G}_{1\,K}^T + S_2\,\boldsymbol{G}_{2\,I}\,\boldsymbol{G}_{2\,K}^T\,)\,r\,\frac{L_e}{2}\,d\zeta\,, \qquad (9.181)$$

worin $\boldsymbol{L}$ durch (9.109) definiert ist. Zur Integration von (9.179) und (9.181) ist für lineare Ansatzfunktionen eine 1-Punkt GAUSS-Quadratur ausreichend.

9.4 Allgemeine Schalenelemente

Der vorausgegangene Abschnitt beschäftigte sich mit rotationssymmetrischen Schalenelementen. Die Verallgemeinerung auf allgemeine dreidimensionale Schalenelemente soll jetzt in diesem Abschnitt erfolgen. Grundsätzlich könnte jede Schale auch als dreidimensionales Kontinuum berechnet werden. Eine entsprechende Diskretisierung findet sich im Bild 9.14 auf der linken Seite. Da nur ein Element über die Schalenhöhe angenommen wird, entspricht diese Vorgehensweise einer Schalentheorie, bei der das Ebenbleiben des Querschnitts unter Berücksichtigung der Dickenänderung vorausgesetzt wird. Leider führt die Anwendung der in den Abschn. 4.1.3 und 4.2 eingeführten reinen Verschiebungsinterpolationen zu einer Versteifung (*locking*), wenn dünne Schalen berechnet werden. Aus diesem Grund muß man bei dreidimensionalen Formulierungen Maßnahmen treffen, um das *locking* zu vermeiden, s. Kap. 10. Klassischerweise wendet man aber – wie in diesem Abschnitt erläutert – eine zweidimensionale Beschreibung, um die Schalengleichungen zu entwickeln, s. rechte Seite von Bild 9.14. Dies läßt unterschiedliche Ansätze zu, wobei allerdings bei bestimmten Schalenformulierungen auch *locking* Effekte auftreten können.

9.4.1 Vorbemerkungen

Zur Beschreibung des Schalenkontinuums, der Kinematik, der schwachen Form des Gleichgewichtes und der Materialgleichungen gibt es eine Vielzahl von Varianten. Diese sollen hier kurz diskutiert werden.

Schalenkontinuum und Schalenkinematik. Bei der Beschreibung des Schalenkontinuums gibt es zwei grundsätzliche Herangehensweisen, wenn man Finite-Element-Diskretisierungen angeben will. Diese sind in Bild 9.14 dargestellt.

- Klassischerweise geht man in der Schalentheorie von einer Mittelfläche aus, siehe den rechten Pfad in Bild 9.14. Basierend auf dieser Parametrisierung werden dann die Schalengleichungen (Kinematik, schwache Form, Materialgleichungen) aus den dreidimensionalen Gleichungen der Kontinuumsmechanik hergeleitet. Dabei gibt es eine Vielzahl von verschiedenen Approximationsstufen für die Kinematik in Dickenrichtung der Schale. Es

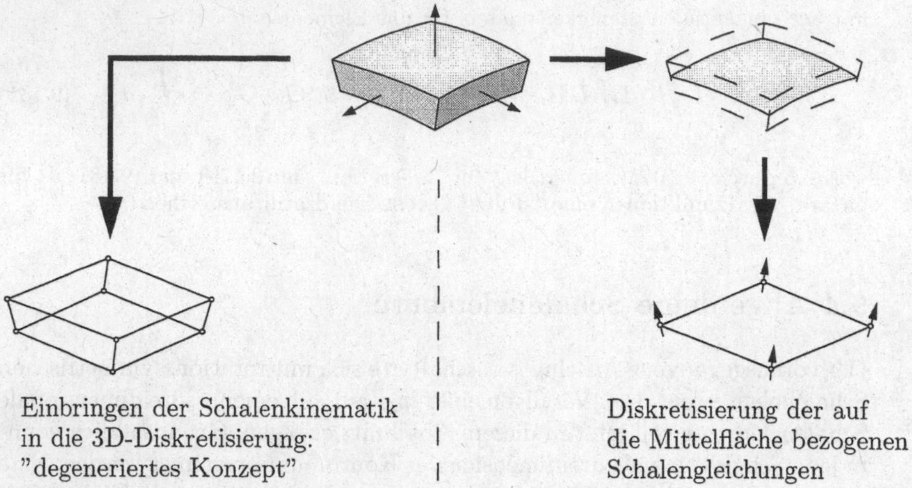

Bild 9.14 Diskretisierung von Schalen

sind unterschiedliche theoretische Ansätze möglich, die auf Gleichungen für dünne oder dicke Schalen führen oder auch Deformationen in Dickenrichtung zulassen. Man spricht auch – je nach Anzahl der einzuführenden Freiheitsgrade – von 5-, 6- oder 7 Parametertheorien. Basierend auf dieser Vorgehensweise sind unterschiedliche Formulierungen entstanden, um finite Elemente für Schalen mit endlichen Verschiebungen und Rotationen zu konstruieren.

- Der zweite Ansatz basiert auf dem sog. degenerierten Konzept, in dem von einem dreidimensionalen Festkörper ausgegangen wird und die Schalenkinematik erst in der Stufe der Finite-Element-Formulierung Berücksichtigung findet, s. Bild 9.14 linker Pfad. Wie bei der Schalentheorie wird hier Bezug auf eine Mittelfläche genommen, s. z.B. (Ramm 1976) oder (Bathe 1982). Mit diesem Ansatz kann auf eine schalentheoretische Herleitung der schwachen Form verzichtet werden, so daß dieser Zugang konzeptionell einfacher ist. Jedoch ist die Einführung von Schnittgrößen hier nicht direkt möglich. Die Herleitung finiter Elemente im Rahmen der Schalentheorie und auf der Basis des Degenerationskonzeptes wurde vergleichend in (Büchter and Ramm 1992) bewertet.
- Eine dritte Vorgehensweise geht direkt von den im Abschn. 4.2.1 vorgestellten Kontinuumselementen aus und führt explizit keine Schalenmittelfläche ein, sondern beläßt die Knoten auf oberer und unterer Deckfläche des Schalenkontinuums, s. z.B. (Hughes and Liu 1981), (Schoop 1986) (Kühborn and Schoop 1992), (Seifert 1996), (Miehe 1998) oder (Hauptmann and Schweizerhof 2000).

In allen genannten Herangehensweisen sind spezielle Vorkehrungen zu treffen, damit in den Elementen kein *locking* auftritt.

Oft wird bei der kinematischen Annahme der Deformation im Schalenkontinuum vom Ebenbleiben des Querschnitts ausgegangen. Dies führt zu schubelastischen Theorien, für die bei der Diskretisierung im Rahmen der Methode der finiten Elemente C^0-stetige Ansätze ausreichen. Natürlich wäre gerade bei dünnen Schalen die klassische KIRCHHOFF-LOVEsche Annahme sinnvoll. Diese führt jedoch zu der Forderung von C^1-stetigen Ansätzen, die für Dreiecks- und Viereckselemente nicht mit den primären Variablen konstruiert werden können. Vielversprechend sind in diesem Zusammenhang neue Formulierungen, die auf einer CAD-gerechten Beschreibung der Schalenoberfläche basieren und eine Diskretisierung mit BEZIER Polynomen ermöglichen, s. z.B. (CIRAK et al. 2000). Die Formulierung weicht jedoch vom klassischen FEM-Konzept ab, da die C^1-Stetigkeit nicht mit einem Element, sondern nur durch einen *patch* von Elementen erzielt werden kann.

Führt man neben der Hypothese des Ebenbleibens der Querschnitte keine weiteren Näherungen mehr ein, so spricht man von einer „geometrisch exakten"Theorie. Geometrisch exakte Schalentheorien sind gerade in den letzten Jahren verstärkt entwickelt worden, da mit der wachsenden Rechnerleistung die Möglichkeit gegeben ist, numerische Simulationen von komplexen nichtlinearen Schalenproblemen durchzuführen ohne Näherungen bezüglich der Modellbildung einführen zu müssen.

Erste Arbeiten zu dem Thema geometrisch exakte Schalentheorien wurden von (SIMO et al. 1989) und (WRIGGERS und GRUTTMANN 1989) publiziert. Herauszuheben ist in der ersten Arbeit die Formulierung einer singularitätenfreien Parametrisierung endlicher Rotationen und die Verwendung der isoparametrischen Abbildung für die Geometrieapproximation der Schale, womit alle sonst ko- oder kontravarianten Ableitungen vereinfacht als partielle Ableitungen dargestellt werden können. Dieser direkte Zugang wurde nachfolgend für verschiedene theoretische Ansätze der geometrisch exakten nichtlinearen Schalentheorien weiterentwickelt und als Grundlage zur Formulierung finiter Elemente benutzt, s. z.B. (SIMO et al. 1990), (BASAR and DING 1990), (WRIGGERS und GRUTTMANN 1993), (WAGNER und GRUTTMANN 1994), (BASAR and DING 1996) oder (BISCHOFF und RAMM 1997).

Genau wie bei den Balken kann man die Deformationen der Schalen klassifizieren und entsprechende Beschreibungen der Kinematik einführen. Eine grundlegende Arbeit von (PIETRASZKIEWICZ 1978) unterscheidet – basierend auf einer getrennten Betrachtung von Verschiebungen und Drehungen – die folgenden Typen von Drehungen: kleine, moderate, große und endliche Drehungen. Diese Unterscheidungen waren sowohl für theoretische Betrachtungen als auch für die Validierung von Näherungstheorien, die analytischen Lösungen als Basis dienten, von großer Wichtigkeit. So liegt noch heute vielen nichtlinearen Schalenelementen die Theorie moderater Drehungen zugrunde, da diese eine sehr einfache Beschreibung der Drehungen zuläßt. Mit diesem mathematischen Modell können relativ große Verschiebungen – bei Drehungen bis etwa 8 Grad – beschrieben werden, was für viele Ingenieuranwendungen ausreichend ist. Die entsprechenden Gleichungen sollen hier jedoch nicht angegeben werden.

Materialgleichungen. Es ist jedoch nicht nur die Schalenkinematik, die unterschiedliche Vorgehensweisen erfordert, sondern auch noch die Formulierung der Materialgleichungen für die Schale. Hier gibt es verschiedene Anforderungen seitens der Anwender. So kann es bei Stabilitätsproblemen wie dem Schalenbeulen durchaus ausreichend sein, mit einem elastischen Materialgesetz für kleine Verzerrungen zu arbeiten, das in der Lage ist, bei endlichen Rotationen die Starrkörperdrehungen exakt zu erfassen. Hier wäre z.B. die ST. VENANTsche Materialgleichung, s. (3.118) zu nennen. Biomechanische Anwendungen – wie z.B. die Analyse von Haut oder Muskelgewebe – benötigen anisotrope elastische Materialgleichungen für große Verzerrungen, s. auch Abschn. 9.3.3. Luftfedern aus Gummi liegen hyperelastische Materialgleichungen zugrunde; es sind z.B. Beziehungen vom OGDEN Typ (3.110) zu nennen. Die Simulation von Umformprozessen, z.B. beim Tiefziehen von Blechen, erfordert hingegen die Formulierung von Materialgleichungen für große elastoplastische Deformationen, die für isotrope Materialien im Abschn. 3.3.2 zu finden sind. Grundsätzlich gibt es die Möglichkeit, die Schalengleichungen in Spannungsresultierenden (Schnittgrößen) zu formulieren oder direkt die Spannungen der dreidimensionalen Theorie zu verwenden.

- Bei der klassischen Vorgehensweise der Entwicklung von Schalentheorien wird die Materialgleichung durch Einführung von Spannungsresultierenden auf die Mittelfläche der Schale projiziert. Dies ist bei ST. VENANT-Materialien sehr effizient. Jedoch impliziert dieser Prozeß Vereinfachungen, wenn nichtlineare Stoffgleichungen, z.B. für finite hyperelastische Deformationen, zu berücksichtigen sind, s. z.B. (LIBAI and SIMMONDS 1992). Schalenelemente für große Deformationen, die auf der Formulierung in Spannungsresultierenden basieren wurden u. a. von (SIMO et al. 1990B), (WRIGGERS und GRUTTMANN 1993), (KRÄTZIG 1993), und (SANSOUR 1995) hergeleitet.
- Eine alternative Form der Herleitung von Schalentheorien geht direkt von den Spannungen des Kontinuums aus. Dabei können zwei- oder dreidimensionale Materialgleichungen je nach Annahme des Spannungszustandes in der Schale eingesetzt werden. Die resultierenden Schalengleichungen (schwache Form) sind dann über die Dicke zu integrieren, s. z.B. (BETSCH et al. 1996) oder (EBERLEIN und WRIGGERS 1999) und die schematische Darstellung in Bild 9.7.
- Man kann auch unterschiedliche Schichten über die Schalendicke einführen und dann für jede Schicht die entsprechenden Materialgleichungen z.B. bei Faserverbundstrukturen formulieren, s. Bild 9.15 links. Dies entspricht einer h-Verfeinerung der Diskretisierung über die Schalendicke und ist dann vorzunehmen, wenn die betrachteten Lösungen keine hohe Regularität (wie etwa bei elasto-plastischen Deformationen) aufweisen. Die zweite Diskretisierungsvariante führt höhere Polynome über die Schalendicke ein und

kann als p-Verfeinerung gedeutet werden. Damit diese Strategie zum Erfolg führt, sollte die Lösung in Schalendickenrichtung hinreichend oft differenzierbar sein.

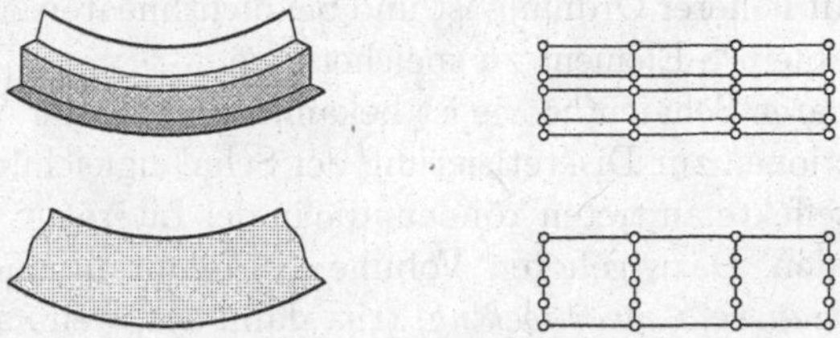

Bild 9.15 Schichtenmodelle von Schalen

Die Integration der Spannungen über die Dicke liefert dann die auf die Mittelfläche der Schale bezogenen Spannungsresultierenden. Beide Vorgehensweisen erfordern i.d.R. eine numerische Integration über die Schalendicke, s. z.B. (HUGHES and LIU 1981), (PARISCH 1991) oder (BÜCHTER et al. 1994). Durch das Schichtenmodell wird z.B. bei elastoplastischem Material die explizite Formulierung einer Fließregel und der Fließbedingung in den Spannungsresultierenden vermieden, die bei großen Deformationen aus theoretischer Sicht bedenklich ist.

Für die im ersten Punkt beschriebenen Spannungsresultierenden sind spezielle Materialgleichungen zu entwickeln. Dies gilt sowohl für finite Elastizität als auch für Plastizität. Bei letzterer gehen viele Formulierungen von der ILYUSHINschen Fließbedingung und der zugehörigen assoziierten Fließregel aus, s. z.B. (CRISFIELD 1997). Die Anwendung dieser Bedingung für Schalen mit finiten Deformationen findet sich in (SIMO and KENNEDY 1992).

Innerhalb der nächsten beiden Punkte können bei der dreidimensionalen Formulierung der Schalengleichungen alle Materialgleichungen, die für den dreidimensionalen Festkörper gelten, ohne Änderung übernommen werden, wenn die Kinematik Deformationen in Dickenrichtung der Schale zuläßt, s. z.B. (BÜCHTER et al. 1994), (DVORKIN et al. 1995), (SEIFERT 1996) oder (MIEHE 1998). Für den Fall der dünnen Schale ist die Annahme eines ebenen Spannungszustandes im Schalenkontinuum gerechtfertigt, Arbeiten hierzu sind z.B. (WRIGGERS et al. 1996). Entsprechende Formulierungen für Schalen mit elastoplastischem Materialverhalten sind z.B. in (ROEHL and RAMM 1996), (WRIGGERS et al. 1996), (SORIC et al. 1997), oder (EBERLEIN und WRIGGERS 1999) dokumentiert.

Finite-Element-Diskretisierungen. Neben den schalentheorischen Grundlagen für finite Deformationen sind in letzter Zeit auch neue Ansätze für finite Schalenelemente entwickelt worden. Die Literatur hierzu ist sehr umfangreich, wesentliche Ansätze sind in den bereits zitierten Arbeiten enthalten. Das Hauptanliegen bei der Finite-Element-Formulierung ist die Vermeidung von

Lockingeffekten bei einer Interpolation mit niedriger Ansatzordnung. Diese werden bei Problemen mit niedriger Regularität gewählt, z.B. bei elastoplastischen Analysen. Sie haben weiterhin den Vorteil, daß die Bandbreite des innerhalb der NEWTON-Iteration zu lösenden Gleichungssystems geringer als bei Ansätzen mit höherer Ordnung ist und bei nichtlinearen Analysen weniger Geschichtsvariable pro Element zu speichern sind.

Aus der linearen Schalentheorie ist bekannt, daß bei der Verwendung von C^0-Ansatzfunktionen zur Diskretisierung der Schalengleichungen verschiedene Versteifungseffekte auftreten können, die in der Literatur auch mit *locking* bezeichnet werden. Dazu gehören Volumen-, Membran- und Schublocking. Schublocking (*transvers shear locking*) tritt dann auf, wenn sich bei Elementen mit niedriger Ansatzordnung reine Biegezustände nicht ohne Aktivierung der Querschubverzerrungen einstellen. Infolge der Schrägstellung der Normalen können dann Querschubverzerrungen auftreten, die zum Schubterm in der schwachen Form beitragen, der bei reiner Biegung verschwinden muß. Dadurch entsteht eine zusätzliche Steifigkeit, die bei dünnen Schalen höher als die Biegesteifigkeit ist und somit zum Schublocking führt. Dies gilt auch für die quasi KIRCHHOFF Formulierung in (9.198). Membranlocking entsteht in ähnlicher Form wie das Schublocking wenn bei gekrümmten Schalenelementen Biegezustände nicht ohne Aktivierung der Membranzustände darstellbar sind. Das Volumenlocking tritt nur bei Schalenelementen mit Dickenänderungen auf, für die Diskussion dieses Effekts wird auf Abschn. 10 verwiesen. Für eine Diskussion der *locking* Effekte aus mathematischer Sicht sei auf (BRAESS 1992) verwiesen. Ingenieurmäßige Betrachtungen zu diesem Thema finden sich in den Dissertationen von (ANDELFINGER 1991) und (HAUPTMANN 1997) oder den Büchern von (KNOTHE und WESSELS 1991) und (KRÄTZIG und BASAR 1997). Zur Vermeidung der Lockingeffekte gibt es mehrere Möglichkeiten.

- **Erhöhung des Ansatzgrades:** Generell kann man den Grad des Ansatzpolynoms für die finiten Elemente soweit erhöhen, daß kein *locking* auftritt. Der dazu notwendige Polynomgrad ist jedoch sehr hoch. Dies bringt eine große Bandbreite des zu lösenden Gleichungssystems mit sich und führt zu Elementvektoren und -matrizen, die aufwendig zu berechnen sind. Weiterhin setzt diese Vorgehensweise eine hohe Regularität der Lösung voraus, die bei elastoplastischen Problemen meist nicht gegeben ist.
- **Reduzierte Integration:** Bei dieser Vorgehensweise werden alle oder nur einige Integrale, die zu den Elementvektoren und -matrizen führen, nicht mit der vollen (notwendigen) Integrationsordnung der numerischen Quadraturformeln ausgewertet. Dies vermeidet zwar das *locking*, führt aber zu Rangabfällen der Elementmatrizen, so daß zusätzliche Techniken wie *hour-glass* Stabilisierungen angewendet werden müssen, um den Rangabfall auszugleichen. Die reduzierte Integration wird bei Schalenelementen im wesentlichen auf den Term mit den Schubverzerrungen angewendet, um Schublocking zu vermeiden, s. z.B. die Übersicht in (ANDELFINGER 1991).

- **Gemischte Methoden:** Eine Vielzahl von finiten Elementen sind in den letzten Jahren entstanden, die auf der Basis von gemischten Variationsformulierungen beruhen. Für Kontinuumsprobleme finden sich diese im Abschn. 10. Gemischte Variationsprinzipien lassen sich auch bei Schalen anwenden. Hier insbesondere zur Vermeidung von Membran- und Volumenlocking, wobei letzteres für Schalenelemente der 6-Parametertheorie notwendig wird. Zu den weit verbreiteten Verfahren gehört die auf den inkompatiblen Moden, s. (WILSON et al. 1973), basierende *enhanced assumed strain* (EAS) Methode, die von (SIMO and ARMERO 1992) für nichtlineare Kontinuumselemente entwickelt wurde. Für Anwendungen auf Schalen, s. z.B. (ANDELFINGER und RAMM 1993), (BÜCHTER et al. 1994), (BETSCH und STEIN 1995) oder (EBERLEIN und WRIGGERS 1999) und die nachfolgenden Ausführungen.
- **Spezielle Ansätze:** Diese werden für die Interpolation bei Schalen i.d.R. für die Schubverzerrungen gewählt um das Schublocking auszuschalten. Hier hat sich der Ansatz von (BATHE and DVORKIN 1985) durchgesetzt, der erstmals für Platten von (HUGHES and TEZDUYAR 1981) angegeben wurde. Dieser Ansatz wird auch in (DVORKIN et al. 1995), (MIEHE 1998) und (EBERLEIN und WRIGGERS 1999) für große elastoplastische Deformationen angewendet.

Für lineare Probleme wurde in (MALKUS and HUGHES 1978) die Äquivalenz von gemischter und reduziert integrierter Vorgehensweise bei Volumenlocking gezeigt.

In den folgenden Abschnitten sollen zwei Schalenformulierungen diskutiert werden. Die erste stellt eine der einfachsten Formen dar, finite Deformationen für elastisches und elastoplastisches Materialverhalten zu modellieren. Hierbei werden die Schubdeformationen unterdrückt, was eine Materialgleichung für den ebenen Spannungszustand voraussetzt und die Berücksichtigung endlicher Rotationen erfordert. Das zugehörige finite Element ist nur für dünne Schalen geeignet. Das zweite Schalenelement basiert auf einer Schalentheorie, die eine Änderung der Dickenrichtung erlaubt und kinematisch einfacher zu handhaben ist, da die Rotationen durch einen Differenzvektor dargestellt werden können. Das Materialgesetz kann hier durchgehend dreidimensional formuliert werden. Ein Vergleich beider Formulierungen anhand verschiedener Beispiele schließt dieses Kapitel ab.

9.4.2 Kinematik

Schalen sind gekrümmte Bauteile, deren Abmessung in Dickenrichtung klein gegenüber den anderen sind. Aus diesem Grund wird eine Schale durch die Einführung einer Mittelfläche als Referenzfläche idealisiert. Damit ist es möglich, das Schalenkontinuum durch zwei Flächenparameter ξ^α bezüglich der Mittelfläche $\mathcal{M}$ und durch eine Koordinate ξ in Dickenrichtung zu beschreiben. Man wählt die Flächenparameter ξ^α i.d.R. als konvektive Koordinaten, die im Anhang A.1.2 definiert sind.

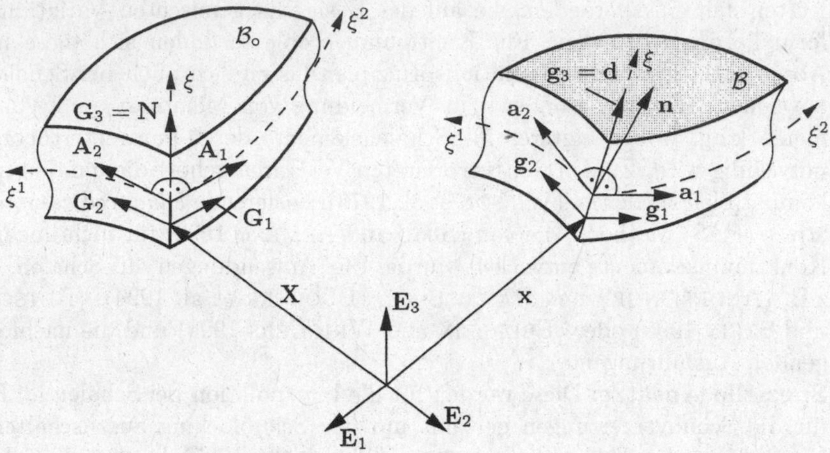

Bild 9.16 Geometrie der Schale

Mit der zusätzlichen Annahme, daß der Querschnitt bei der Deformation eben bleibt, können wir den Ortsvektor eines Punktes in der Momentankonfiguration durch

$$\varphi(\xi^1, \xi^2, \xi, t) = \varphi_M(\xi^\alpha, t) + \xi\, \mathbf{d}(\xi^\alpha, t) \quad \text{mit} \quad \xi \in [-\frac{h}{2}, +\frac{h}{2}] \tag{9.182}$$

darstellen, wobei der griechische Index α die Werte 1 und 2 annimmt. Der Direktor $\mathbf{d}$ beschreibt die Verdrehung des Querschnitts bei der Deformation und φ_M definiert die Deformation der Schalenmittelfläche $\mathcal{M}$, s. Bild 9.16. Da die Deformation der Schalenmittelfläche φ_M und der Direktor $\mathbf{d}$ jeweils durch 3 unbekannte Komponenten repräsentiert werden, spricht man auch von einer 6-Parameter Theorie. Ein Punkt im Schalenkontinuum der Ausgangskonfiguration läßt sich durch den Ortsvektor

$$\mathbf{X}(\xi^1, \xi^2, \xi, t) = \mathbf{X}_M(\xi^\alpha, t) + \xi\, \mathbf{N}(\xi^\alpha, t) \tag{9.183}$$

beschreiben, wobei $\mathbf{N}$ der Normalenvektor zur Schalenmittelfläche $\mathcal{M}$ in der Ausgangskonfiguration ist.

Die kovarianten Basisvektoren im Schalenraum bestimmen sich in der Ausgangskonfiguration gemäß der Beziehungen (3.36)

$$\begin{aligned} \mathbf{G}_\alpha &= \frac{\partial \mathbf{X}}{\partial \xi^\alpha} = \mathbf{A}_\alpha + \xi\, \mathbf{N}_{,\alpha}\,, \\ \mathbf{G}_3 &= \frac{\partial \mathbf{X}}{\partial \xi} = \mathbf{N}\,. \end{aligned} \tag{9.184}$$

Hierin wurde die Abhängigkeit der Basisvektoren von den Koordinaten ξ^α und der Zeit t nicht mehr explizit angegeben, um kürzere und übersichtlichere Formeln zu erhalten. $\mathbf{A}_\alpha$ sind die Tangentenvektoren an die Schalenmittelfläche $\mathcal{M}$, die sich aus der Ableitung $\mathbf{A}_\alpha = \frac{\partial X_M}{\partial \xi^\alpha}$ berechnen. Sie können zur Bestimmung des Normalenvektors herangezogen werden. Es gilt

$$\mathbf{N} = \frac{\mathbf{A}_1 \times \mathbf{A}_2}{\| \mathbf{A}_1 \times \mathbf{A}_2 \|} . \tag{9.185}$$

Für die Momentankonfiguration sind die Tangentenvektoren in analoger Weise anzugeben. Aus (9.182) folgt

$$\mathbf{g}_\alpha = \frac{\partial \varphi}{\partial \xi^\alpha} = \mathbf{a}_\alpha + \xi \, \mathbf{d}_{,\alpha} ,$$

$$\mathbf{g}_3 = \frac{\partial \varphi}{\partial \xi} = \mathbf{d} . \tag{9.186}$$

und damit der Normalenvektor als Kreuzprodukt der Tangentenvektoren $\mathbf{a}_\alpha$

$$\mathbf{n} = \frac{\mathbf{a}_1 \times \mathbf{a}_2}{\| \mathbf{a}_1 \times \mathbf{a}_2 \|} . \tag{9.187}$$

Die kinematischen Beziehungen werden jetzt verwendet, um den Deformationsgradienten mit Bezug auf die Schalenmittelfläche $\mathcal{M}$ anzugeben. Aus der Darstellung (3.39) folgt

$$\mathbf{F} = \mathbf{F}_{[C]} + \xi \, \mathbf{F}_{[L]} = \mathbf{g}_i \otimes \mathbf{G}^i \tag{9.188}$$

mit

$$\mathbf{F}_{[C]} = \mathbf{a}_\alpha \otimes \mathbf{G}^\alpha + \mathbf{d} \otimes \mathbf{G}^3 \quad \text{und} \quad \mathbf{F}_{[L]} = \mathbf{d}_{,\alpha} \otimes \mathbf{G}^\alpha ,$$

was eine Aufspaltung des Deformationsgradienten bezüglich der Dickenkoordinate ξ in einen konstanten $\mathbf{F}_{[C]}$ und einen linearen $\mathbf{F}_{[L]}$ Anteil bedeutet.

Mit der Angabe des Deformationsgradienten, s. (9.188), ist die Schale kinematisch vollständig beschrieben. Alle weiteren Verzerrungsmaße ergeben sich zwangsläufig aus (9.188) durch Einsetzen in die entsprechenden dreidimensionalen Beziehungen, so z.B. der rechte CAUCHY-GREEN-Tensor aus $\mathbf{C} = \mathbf{F}^T \mathbf{F}$. Im Gegensatz zu klassischen Schalentheorien, bei denen die Verzerrungsmaße spezifiziert werden, s. auch Anmerkung 9.3, erlaubt die schwache Formulierung in Abschn. 3.4.1 zusammen mit (9.188) eine effiziente Diskretisierung und Implementierung aller erforderlichen Verzerrungsmaße. Dieses Vorgehen stellt bei den dreidimensionalen Elementen für Festkörper schon länger den Stand der Technik dar.

ANMERKUNG 9.3 : Die Beziehung (9.188) kann in (3.15) eingesetzt werden, womit dann der GREEN-LAGRANGEsche Verzerrungstensor $\mathbf{E}$ für die Schalenkinematik (9.182) bestimmt ist. Wir erhalten

$$\mathbf{E} = \frac{1}{2} \left[E_{\alpha\beta} \, \mathbf{G}^\alpha \otimes \mathbf{G}^\beta + E_{\alpha 3} \left(\mathbf{G}^\alpha \otimes \mathbf{G}^3 + \mathbf{G}^3 \otimes \mathbf{G}^\alpha \right) + E_{33} \, \mathbf{G}^3 \otimes \mathbf{G}^3 \right] \tag{9.189}$$

mit den Komponenten

$$
\begin{aligned}
E_{\alpha\beta} &= (\mathbf{a}_\alpha + \xi\,\mathbf{d}_{,\alpha}) \cdot (\mathbf{a}_\beta + \xi\,\mathbf{d}_{,\beta}) - (\mathbf{A}_\alpha + \xi\,\mathbf{N}_{,\alpha}) \cdot (\mathbf{A}_\beta + \xi\,\mathbf{N}_{,\beta}), \\
E_{\alpha 3} &= (\mathbf{a}_\alpha + \xi\,\mathbf{d}_{,\alpha}) \cdot \mathbf{d}, \\
E_{33} &= \mathbf{d} \cdot \mathbf{d} - 1 .
\end{aligned} \tag{9.190}
$$

In diesen Beziehungen sind einige Vereinfachungen enthalten, da der Normalenvektor $\mathbf{N}$ *ein Einheitsvektor ist. Es gilt dann* $\mathbf{N} \cdot \mathbf{N} = 1$ *und* $\mathbf{N} \cdot \mathbf{N}_{,\alpha} = 0$*, weiterhin folgt aus (9.185), daß* $\mathbf{A}_\alpha \cdot \mathbf{N} = 0$ *ist.*

Die Verzerrungsmaße sind nur durch die Restriktion (9.182) eingeschränkt und gelten für beliebig große Verzerrungen. Man beachte aber, daß die kinematische Annahme (9.182) eine Näherung für ein wirklich dreidimensionales Kontinuum ist. So liefert (9.191)$_3$ *eine konstante Verzerrung in Dickenrichtung, die in der Realität nur äußerst selten bei speziellen Spannungszuständen auftritt.*

Die Verzerrung in Dickenrichtung ist null, wenn im kinematischen Ansatz (9.182) ein zusätzlicher Zwang eingebaut wird, bei dem der Direktor sich durch eine reine Drehung $\mathbf{R}$ *aus dem Normalenvektor ergibt*

$$
\mathbf{d} = \mathbf{R}\,\mathbf{N} . \tag{9.191}
$$

Dann ändert sich die Länge des Direktors während der Deformation nicht, also gilt $\|\,\mathbf{d}\,\| = 1$*, womit* E_{33} *gleich null wird. Durch diese Restriktion wird aus der 6-Parameter eine 5-Parameter Theorie.*

9.4.3 Parametrisierung der Rotationen

Wie bereits oben erwähnt wurde ist die Parametrisierung des Direktors $\mathbf{d}$ ein wichtiger Schritt bei der Beschreibung des Deformationsverhaltens der Schalenstruktur. Verschiedene Parametrisierungsvarianten sind in der Literatur zu finden, siehe z.B. (Betsch et al. 1998). Im folgenden sollen daraus drei ausgewählt werden, die dann auf unterschiedliche Schalenmodelle führen.

5-Parameter Modell. Die Parametrisierung basiert auf der Einführung eines inextensiblen Direktorfelds mit $\|\mathbf{d}\| = 1$ in (9.182). Mit dieser Annahme werden Dickenänderungen der Schale ausgeschlossen. Die Deformation des Direktors $\mathbf{d}$ ist dann eine reine Rotation des Normalenvektors $\mathbf{N}$ in (9.183). Die in dieser Annahme enhaltene Näherung ist im Grenzfall nur für dünne Schalen exakt.

Wir verwenden zwei verschiedene Möglichkeiten um finite Rotationen des Normalenvektors zu definieren:

1. Verwendung zweier Winkel als Freiheitsgrade und Beschreibung der Rotation durch elementare Drehungen um feste Achsen oder durch Einführung sphärischer Koordinaten. Diese Formulierung besitzt folgende Eigenschaften:
   - Additive Aufdatierung (*update*) der Winkel,
   - keine Speicherung von Variablen und
   - ist nicht singularitätenfrei.

2. Verwendung von linearisierten Rotationsfreiheitsgraden, wobei die endlichen Drehungen als Rotation um eine Achse angegeben werden. Die Eigenschaften dieser Beschreibung sind:
   - Multiplikative Aufdatierung durch Multiplikation von orthogonalen Matrizen,
   - Speicherung der Drehung des letzten Schrittes und
   - Singularitätenfreiheit für beliebige Rotationen.

Beide Vorgehensweisen sollen im folgenden kurz beschrieben werden. Eine vollständige Übersicht bezüglich der Möglichkeiten der Parametrisierung der Rotationen findet sich in (ARGYRIS 1982) oder basierend auf einer vergleichenden Betrachtung in (BETSCH et al. 1998).

Eine einfache und leicht zu implementierende Parametrisierung, die zu Pkt. 1 gehört, wurde von (RAMM 1976) angegeben. Dabei wird der Direktorvektor $\mathbf{d}$ als Funktion von zwei unabhängigen Winkeln (β_1, β_2) definiert, die sphärischen Koordinaten entsprechen

$$\mathbf{d} = \begin{Bmatrix} \cos\beta_1 \sin\beta_2 \\ \sin\beta_1 \sin\beta_2 \\ \cos\beta_2 \end{Bmatrix}. \tag{9.192}$$

Eine Darstellung der Winkel (β_1, β_2) ist in Bild 9.17 zu finden. Für $\sin\beta_2 = 0$, also $\beta_2 = (k-1)\pi$, $k \in \mathbb{Z}$ ist der Winkel β_1 nicht eindeutig bestimmt. In diesem Fall ist es notwendig, einen zu β_1 zugeordneten Winkel zu definieren, s. (RAMM 1976). Ansonsten ist aber diese Darstellung der Rotationen ohne weitere Einschränkungen anwendbar. Der Vorteil der in (9.192) angegebenen Darstellung liegt in der einfachen additiven Handhabung für die Aufdatierung (*update*) der Rotationen bei inkrementellen Lösungsverfahren, die bei den anderen Darstellungen nicht gegeben ist.

Die Schalenkinematik des 5-Parameter Konzeptes ist jetzt durch die drei unabhängigen Komponenten von φ_M, die die Deformation der Schalenmittelfläche beschreiben, und durch die beiden Winkel (β_1, β_2) definiert. Anstelle von φ_M kann auch der Verschiebungsvektor der Schalenmittelfläche $\mathbf{u}_M = \varphi_M - \mathbf{X}_M$ eingeführt werden. Beide Formulierungen sind gleichwertig, da die Variation oder die Linearisierung von $\mathbf{X}_M$ gleich null ist.

Eine Parametrisierung des Direktorfeldes nach Pkt. 2 kann z.B. durch die Verwendung der RODRIGUES Formel erhalten werden. Da wir bei der 5-Parameter Theorie die Deformationen in Dickenrichtung vernachlässigen ($\|\mathbf{d}\| = 1$), kann die Deformation des Direktors $\mathbf{d}$ durch eine reine Rotation wiedergegeben werden $\mathbf{d} = \mathbf{R}\,\mathbf{N}$. Die Änderung des Direktorvektors folgt aus der Zeitableitung des Skalarproduktes $\mathbf{d} \cdot \mathbf{d} = 1$ und liefert

$$\dot{\mathbf{d}} \cdot \mathbf{d} = 0 \qquad \Longleftrightarrow \qquad \dot{\mathbf{d}} = \boldsymbol{\omega} \times \mathbf{d}. \tag{9.193}$$

Hierin repräsentiert der achsiale Vektor $\boldsymbol{\omega}$ die Winkelgeschwindigkeit des Direktors. Der Rotationstensor $\mathbf{R}$ kann in Abhängigkeit von $\boldsymbol{\omega}$ durch die RODRIGUES Formel dargestellt werden

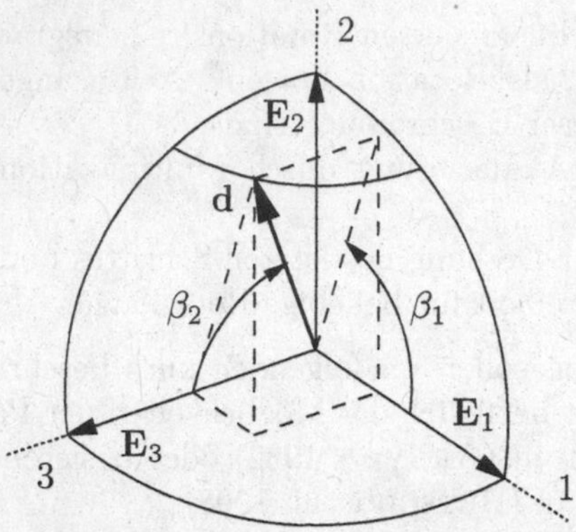

Bild 9.17 Parametrisierung des unausdehnbaren Direktors **d**

$$\mathbf{R} = \cos\theta\,\mathbf{1} + \frac{\sin\theta}{\theta}\,\hat{\boldsymbol{\omega}} + \frac{1-\cos\theta}{\theta^2}\,\boldsymbol{\omega}\otimes\boldsymbol{\omega} \quad ; \quad \theta = \|\boldsymbol{\omega}\| \tag{9.194}$$

mit der Matrixform

$$\boldsymbol{\omega} = \begin{Bmatrix} \omega_1 \\ \omega_2 \\ \omega_3 \end{Bmatrix} \quad \text{und} \quad \hat{\boldsymbol{\omega}} = \begin{bmatrix} 0 & -\omega_3 & \omega_2 \\ \omega_3 & 0 & -\omega_1 \\ -\omega_2 & \omega_1 & 0 \end{bmatrix}. \tag{9.195}$$

Diese Beziehung wird vielfach im Bereich der Dynamik starrer Körper verwendet. Eine detaillierte Ableitung der RODRIGUES Formel kann z.B. dem Buch von (DE BOER 1982) entnommen werden. Die Darstellung des Direktors **d** ist hier singularitätenfrei. Die drei Vektorkomponenten von $\boldsymbol{\omega}$ werden dann dazu benutzt, um **R** in (9.194) und damit **d** zu parametrisieren. Diese Formulierung wurde z.B. in (SIMO et al. 1989) gewählt.

6-Parameter Modell. Bei der Schalenkinematik des 6-Parameter Modells wird angenommen, daß der Direktorvektor **d** auch seine Länge ändern kann ($\|\mathbf{d}\| \neq 1$). Damit ist die Beschreibung von Dehnungen in Dickenrichtung möglich, was die Betrachtung dicker Schalen zuläßt. Der wesentliche Unterschied zu der 5-Parameter Theorie liegt darin, daß jetzt der Direktor ebenso wie auch die Deformation der Schalenmittelfläche als ein Vektorfeld definiert ist. Damit kann der Direktor bei der 6-Parameter Theorie wie ein Vektor behandelt werden und es ist keine spezielle Beschreibung von **d** durch finite Rotationen notwendig.

Wie bei der 5-Parameter Theorie kann ein Verschiebungsvektor eingeführt werden: $\mathbf{u}_M = \boldsymbol{\varphi}_M - \mathbf{X}_M$. Darüberhinaus definiert man nun anstelle des Direktorvektors ein Differenzvektor **w**. Damit wird der Normalenvektor **N** der Ausgangskonfiguration dem Direktorvektor **d** in der Momentankonfiguration über

$$\mathbf{d} = \mathbf{N} + \mathbf{w} \tag{9.196}$$

zugeordnet, s. Bild 9.18. Dies bedeutet, daß in dem 6-Parameter Konzept die drei Komponenten für den Verschiebungsvektor der Schalenmittelfläche $\mathbf{u}_M$ und die drei Komponenten des Differenzvektors $\mathbf{w}$ die primären Variablen darstellen, die diskretisiert werden müssen.

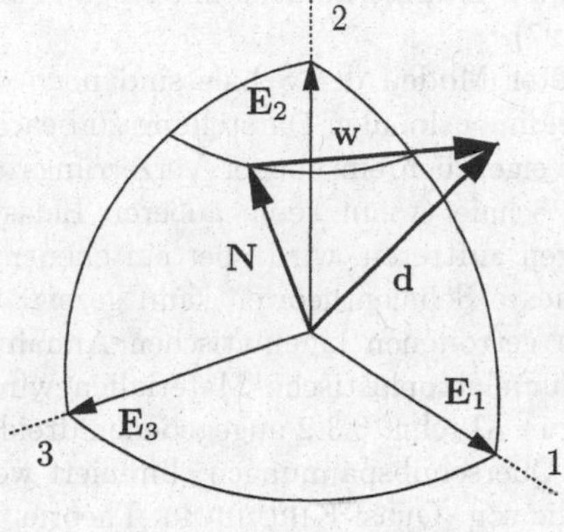

Bild 9.18 Parametrisierung des ausdehnbaren Direktors **d**

Eine weitere Möglichkeit zur Beschreibung der Dehnungen in Dickenrichtung befindet sich z.B. in (SIMO et al. 1990B). Dort wird eine multiplikative Zerlegung des Direktorvektors vorgeschlagen. Die Darstellung der Kinematik lautet dann

$$\varphi = \varphi_M + \xi\,\lambda\,\mathbf{d}\,. \tag{9.197}$$

Dabei wird der Direktorvektor wie in der 5-Parameter Theorie behandelt, d. h. $\|\,\mathbf{d}\,\| = 1$. Die Dehnung in Dickenrichtung wird ausschl. durch λ repräsentiert. Diese Beschreibung vermeidet einen Versteifungseffekt (*locking*), der infolge der Dehnungen in Dickenrichtung bei der Diskretisierung im Rahmen der Methode der finiten Elemente auftreten kann.

9.4.4 Schwache Form

Die schwache Form des Gleichgewichtes kann allgemein für das 6-Parameter Modell wie für das dreidimensionale Kontinuum formuliert werden, s. (3.275). Dies steht im Gegensatz zu klassischen Schalentheorien, in denen Spannungsresultierende mit Bezug auf die Schalenmittelfläche eingeführt werden. Die Spannungsresultierenden des 6-Parameter Modells folgen dann aus einer direkten Integration der Spannungen über die Schalendicke. Aufgrund der Nichtlinearität von (6.166) bezüglich ξ ist eine explizite Integration und somit die Darstellung in Spannungsresultierenden nicht möglich. Es muß eine numerische Integration über die Dicke durchgeführt werden. Bei der Formulierung im Rahmen der finiten Elemente bietet sich hier die Verwendung einer GAUSS-Quadratur an, s. Abschn. 4.1.1. Dies bedeutet anschaulich, daß die

Verzerrungen in verschiedenen Schichten (GAUSS-Punkte) in Dickenrichtung vorliegen, s. auch Abschn. 9.2.3. Sie werden dort benötigt, um die Spannungen gemäß der nichtlinearen Materialgleichungen zu bestimmen. Anstelle von (3.275) kann die schwache Form auch in Abhängigkeit des 2. PIOLA-KIRCHHOFFschen Spannungstensors (3.278) dargestellt werden. Eine detaillierte Darstellung des 6-Parametermodells mit Angabe aller Matrizen findet sich in (EBERLEIN 1997).

Für das 5-Parameter Modell der Schale sind noch einige Besonderheiten gegenüber der dreidimensionalen Darstellung zu beachten. Hier liegt aufgrund der Kinematik eigentlich ein ebener Verzerrungszustand vor. Da auf den Deckflächen der Schale (wenn keine äußeren Belastungen vorgegeben sind) keine Spannungen auftreten, wird aber ein ebener Spannungszustand angenommen. Für lineare Schalentheorien kann gezeigt werden, daß dieser Widerspruch mit den getroffenen kinematischen Annahmen konsistent ist, s. (KOITER 1960). Für elastoplastische Materialien wird der ebene Spannungszustand aus der in Abschn. 6.3.2 angegebenen dreidimensionalen Form entwickelt, wobei die Querschubspannungen eliminiert werden. Diese Vorgehensweise führt auf die sog. Quasi-KIRCHHOFF-Theorie, die z.B. in (EBERLEIN et al. 1993) für rotationssymmetrische Schalen diskutiert wurde. Mit der Unterdrückung der Querschubverzerrungen durch eine Penaltyformulierung folgt für die virtuelle innere Arbeit des 5-Parameter Modells

$$G_i(\mathbf{u},\boldsymbol{\eta}) = \int\limits_{\mathcal{M}}\int\limits_{h} S_{\alpha\beta}\,\delta E_{\alpha\beta}\,d\xi d\Omega + c_p\,h\int\limits_{\mathcal{M}} E_{\alpha 3}\,\delta E_{\alpha 3}\,d\Omega \tag{9.198}$$

$$\text{mit} \qquad E_{\alpha 3} = E_{3\alpha} = \tfrac{1}{2}\,\mathbf{a}_\alpha \cdot \mathbf{d} = 0\,.$$

Der Strafterm, mit dem die in (9.191) definierten Querschubverzerrungen $E_{\alpha 3}$ unterdrückt werden (c_p ist der *penalty* Parameter), ist im zweiten Integranden in (9.198) zu finden. Der erste Integrand enthält die 2. PIOLA-KIRCHHOFFschen Spannungen in der Schalenebene. Dickenverzerrungen tauchen in dieser Form nicht auf. Die Integration über das Schalenkontinuum ist aufgespalten in die Integration über die Dicke h und die Schalenmittelfläche $\mathcal{M}$, da bei nichtlinearem Materialverhalten die Spannungen nicht analytisch über die Dicke vorab integriert werden können. Infolge des konstanten *penalty* Parameters kann der zweite Term in (9.198) jedoch vorab über die Dicke integriert werden.

9.4.5 Materialgleichungen für die Schale

Nichtlineares Materialverhalten kann in vielfältiger Weise bei Schalenproblemen auftreten, s. dazu Abschn. 9.3.3. Wir wollen hier isotropes elastoplastisches Materialverhalten für finite Deformationen betrachten, wobei nur die für die Schalenformulierung neu hinzukommenden Beziehungen angegeben werden.

Beim 6-Parametermodell können direkt die Gleichungen herangezogen werden, die in Abschn. 6.3.2 algorithmisch für allgemeine dreidimensionale Spannungszustände entwickelt wurden.

Im Fall des ebenen Spannungszustandes, der im 5-Parameter Modell angenommen werden muß, sind noch zusätzliche Überlegungen notwendig, um die in 6.3.2 besprochenen Formulierungen und Algorithmen übertragen zu können. Solange nur kleine elastische Verzerrungen vorliegen (siehe die Verzerrungsenergiefunktion (6.140)) können die Spannungen in Dickerichtung explizit eliminiert werden, was in (WRIGGERS et al. 1995)) gezeigt wurde. Da dies zu effizienten Algorithmen führt, weiterhin aber auch das plastische Fließen von Metallen ausreichend genau beschreibt, wird die 5-Parameter Theorie hier auf kleine elastische, aber finite plastische Deformationen beschränkt.

Im Gegensatz zu dem 6-Parameter Konzept wird für die schwache Form des 5-Parameter Modells auf die Ausgangskonfiguration bezogen, s. (9.198). Dies bedeutet, daß Gl. (6.145) einer *pull back* Transformation unterzogen werden muß. Hieraus folgt ein allgemeines Eigenwertproblem zur Bestimmung der Hauptdehnungen, s. z.B. (IBRAHIMBEGOVIC 1994)

$$(\mathbf{C}_n^{p\,-1} - \lambda_{\alpha\,e}^{tr\,2}\,\mathbf{C}_{n+1}^{-1})\,\mathbf{N}_\alpha^{tr} = \mathbf{0}\,. \tag{9.199}$$

In dieser Beziehung treten wegen des ebenen Spannungszustandes nur Membranverzerrungen auf. Die Schubverzerrungen $C_{\alpha\,3}$ werden entsprechend des kinematischen Ansatzes zu null angenommen, siehe auch die *penalty* Formulierung in (9.198). Die Verzerrung in Dickenrichtung C_{33} ist beim ebenen Spannungszustand ungleich null. Sie kann jedoch, da sie in der schwachen Form nicht explizit auftritt, durch ein *post prozessing*, z.B. durch die Annahme der plastischen Inkompressibilität, berechnet werden. Eine allgemeine dreidimensionale Formulierung mit Bezug auf die Ausgangskonfiguration findet sich in (MIEHE 1998). Diese Formulierung nimmt Bezug auf die plastische Metrik analog zu Gl. (6.123).

Der Algorithmus zur Berechnung der Spannungen für den ebenen Spannungszustand entspricht im wesentlichen der Vorgehensweise in Abschn. 6.3.2. Er enthält die folgenden Schritte:

1. Es seien die Geschichtsvariablen $\mathbf{C}_n^{p\,-1}$ und α_n des letzten Zeitschrittes t_n gegeben. Ferner ist aus der Lösung des Randwertproblems der rechte CAUCHY-GREEN-Tensor $\mathbf{C}_{n+1}$ bekannt. Mit diesen Größen können jetzt die Eigenwerte aus
$$\mathbf{N}^{\alpha\,tr}(\mathbf{C}_{n+1}\,\mathbf{C}_n^{p\,-1}) = \lambda_{\alpha\,e}^{tr\,2}\,\mathbf{N}^{\alpha\,tr} \quad \rightsquigarrow \quad \varepsilon_{\alpha\,e}^{tr} = \ln \lambda_{\alpha\,e}^{tr} \tag{9.200}$$
bestimmt werden.
2. Das in Abschn. 6.3.2 beschriebene Projektionsverfahren liefert dann die Dehnungen $\varepsilon_{\alpha e}$, die KIRCHHOFF-Spannungen τ_α und den algorithmischen Tangentenmodul $C_{\alpha\beta}^{ALG}$ bezüglich der Hauptachsen.
3. Mit diesen Größen kann dann die plastische Metrik zur Zeit t_{n+1} bestimmt werden

$$\mathbf{C}_{n+1}^{p-1} = \sum_{\alpha=1}^{2} \mathbf{N}^{\alpha} \otimes \mathbf{N}^{\alpha} \qquad \text{mit} \qquad \mathbf{N}^{\alpha} = \left(\frac{\lambda_{\alpha\, e}}{\lambda_{\alpha\, e}^{tr}}\right) \mathbf{N}^{\alpha\, tr} . \tag{9.201}$$

Entsprechend folgt der 2. PIOLA-KIRCHHOFFsche Spannungstensor

$$\mathbf{S} = \sum_{\alpha=1}^{2} \frac{\tau_{\alpha}}{\lambda_{\alpha\, e}^{tr\, 2}} \mathbf{N}^{\alpha\, tr} \otimes \mathbf{N}^{\alpha\, tr} \tag{9.202}$$

und der algorithmische Tangentenmodul

$$\begin{aligned} \mathcal{L} = & \sum_{\alpha=1}^{2} \sum_{\beta=1}^{2} \frac{C_{\alpha\beta}^{ALG} - \tau_{\alpha}\, 2\, \delta_{\alpha\beta}}{\lambda_{\alpha\, e}^{tr\, 2}\, \lambda_{\beta\, e}^{tr\, 2}} (\mathbf{N}^{\alpha\, tr} \otimes \mathbf{N}^{\alpha\, tr} \otimes \mathbf{N}^{\beta\, tr} \otimes \mathbf{N}^{\beta\, tr}) + \\ & \sum_{\alpha \neq \beta} \frac{S_{\beta} - S_{\alpha}}{\lambda_{\beta\, e}^{tr\, 2} - \lambda_{\alpha\, e}^{tr\, 2}} (\mathbf{N}^{\alpha\, tr} \otimes \mathbf{N}^{\beta\, tr} \otimes \mathbf{N}^{\alpha\, tr} \otimes \mathbf{N}^{\beta\, tr} + \\ & \qquad \mathbf{N}^{\alpha\, tr} \otimes \mathbf{N}^{\beta\, tr} \otimes \mathbf{N}^{\beta\, tr} \otimes \mathbf{N}^{\alpha\, tr}) \end{aligned} \tag{9.203}$$

Die Berechnung der Spannungen und des algorithmischen Tangentenmoduls entspricht genau der Vorgehensweise des Algorithmus in Abschn. 6.3.2. Man beachte, daß in dem allgemeinen Eigenwertproblem (9.199) die zugehörigen ko- und kontravarianten Eigenvektoren auftreten. Sie sind über die Beziehung $\mathbf{N}^{\alpha\, \mathrm{tr}} \cdot \mathbf{N}_{\beta}^{\mathrm{tr}} = \delta_{\beta}^{\alpha}$ miteinander verknüpft. Der angegebene Algorithmus benötigt nicht explizit den Deformationsgradienten des Schalenraumes, da hier die *push forward* und *pull back* Operationen zur Transformation auf die entsprechenden Metriken entfallen. Jedoch wird der Deformationsgradient als kinematische Basis für eine effiziente Implementierung im Rahmen der Methode der finiten Elemente benötigt.

9.4.6 Finite-Element-Formulierung für das 5-Parameter Modell

Schalenelemente sind basierend auf unterschiedlichen Ansatzordnungen entwickelt worden, entsprechende Literaturverweise finden sich in Abschn. 9.4.1. Wir wollen uns hier wegen der Effizienz der Elemente nur mit Ansatzräumen niedriger Ordnung beschäftigen. Dies führt zu allgemeinen Vierknotenelementen mit bilinearen Ansatzfunktionen. Um die bekannten *locking* Phänomene zu vermeiden sind noch zusätzliche Überlegungen notwendig. Bevor wir darauf näher eingehen, soll zunächst das isoparametrische Konzept für die Schale betrachtet werden, das Basis für die Diskretisierung allgemeiner Schalengeometrien ist.

Isoparametrisches Konzept. In Abschn. 9.4.2 wurden krummlinige konvektive Koordinaten ξ^{α} eingeführt, um die Schalenmittelfläche $\mathcal{M}$ zu parametrisieren. Kovariante Basisvektoren folgen dann aus (9.184) oder (9.186). Zusammen mit (9.189) erhält man die Komponenten der Verzerrungen für generelle krummlinige Koordinaten. An diesem Punkt werden in klassischen Schalentheorien Verschiebungskomponenten eingeführt, um die Basisvektoren in der Momentankonfiguration durch die Basisvektoren bezüglich der Ausgangskonfiguration ausdrücken zu können. Dann treten kovariante Ableitungen der Verschiebungen in den Verzerrungsmaßen auf, s. z.B. (KLINGBEIL 1989). Die kovarianten Ableitungen lassen sich mit Hilfe von CHRISTOFFEL Symbolen beschreiben. Da die CHRISTOFFEL Symbole von der jeweiligen Schalengeometrie abhängen, erhält man keine allgemeine Form für die Verschiebungs-Verzerrungsbeziehungen der Schale. Wir wollen jedoch beliebige Freiformflächen mit finiten Schalenelementen beschreiben können. Dazu wird nicht im vorgenannten klassischen Sinne vorgegangen, sondern das isoparametrische Konzept direkt angewendet, um die Schalengeometrie genauso wie das Verschiebungs- und Rotationsfeld zu diskretisieren.

Im allgemeinen ist durch das isoparametrische Konzept eine eindeutige Abbildung vom Referenzraum des finite Elementes zu der Ausgangs- und der Momentankonfiguration definiert, s. auch Abschn. 4.1. Bei dieser Abbildung wird der Ortsvektor $\mathbf{X}$ zur Schalenmittelfläche und das Verschiebungsfeld $\mathbf{u}$ durch die gleichen Ansatzfunktionen N_I diskretisiert

$$\mathbf{u} = \sum_{I=1}^{n} N_I(\boldsymbol{\zeta})\, \boldsymbol{u}_I \quad ; \quad \mathbf{X} = \sum_{I=1}^{n} N_I(\boldsymbol{\zeta})\, \mathbf{X}_I . \tag{9.204}$$

n bezeichnet die Anzahl der Knoten des Elementes und $\boldsymbol{\zeta} = \{\zeta^1, \zeta^2\}$ sind die konvektiven Koordinaten. Für N_I werden die bilinearen Ansatzfunktionen (4.28) gewählt

$$N_I(\zeta^1, \zeta^2) = \frac{1}{4}\,(1 + \zeta^1 \zeta^1_I)\,(1 + \zeta^2 \zeta^2_I)\,. \tag{9.205}$$

Da die Ansatzfunktionen N_I sich auf die Referenzkonfiguration $\Omega_\square$ beziehen, siehe auch (4.28) und Bild 4.7, gilt gemäß (9.204) $\mathbf{X} = \mathbf{X}(\boldsymbol{\zeta})$. Damit ist der Ortsvektor $\mathbf{X}$, der die Ausgangskonfiguration B des Schalenkontinuums beschreibt, durch die Koordinaten $\boldsymbol{\zeta}$ des Referenzelementes $\Omega_\square$ gegeben. Mit dieser isoparametrischen Transformation wird die schwache Form – wie im dreidimensionalen Fall – auf das Referenzelement $\Omega_\square$ bezogen, s. auch (4.54).

Das im Abschn. 4.1 dargestellte isoparametrische Konzept kann nicht direkt bei den Schalen angewendet werden, da die isoparametrische Abbildung des ebenen Referenzschalenelementes in den dreidimensionalen Raum nicht singularitätenfrei ist. Um diese Singularität zu vermeiden wird eine modifizierte isoparametrische Beschreibung mit Bezug auf eine lokale kartesische Basis $\{\mathbf{E}_i^{loc}\}$ definiert, die im allgemeinen nicht mit dem globalen kartesischen Koordinatensystem der Referenzkonfiguration $\{\mathbf{E}_i\}$ übereinstimmt. Die lokale kartesische Basis wird aus den Basisvektoren $\mathbf{G}_\alpha$ der unverformten Ausgangskonfiguration für jede Schicht über die Elementdicke bestimmt. Im Element erhalten wir mit der isoparametrischen Formulierung aus (9.184)

$$\mathbf{G}_{\zeta^1} = \sum_{I=1}^{4} N_{I,\zeta^1}\, \mathbf{X}_I \quad ; \quad \mathbf{G}_{\zeta^2} = \sum_{I=1}^{4} N_{I,\zeta^2}\, \mathbf{X}_I\,. \tag{9.206}$$

Der zugehörige Normalenvektor $\mathbf{N}$ bestimmt sich durch das Kreuzprodukt von $\mathbf{G}_{\zeta^\alpha}$ analog zu (9.185). Damit kann die lokale kartesische Basis $\{\mathbf{E}_i^{loc}\}$ – wie in Bild 9.19 dargestellt – durch

$$\mathbf{E}_1^{loc} = \frac{\mathbf{G}_{\zeta^1}}{\|\mathbf{G}_{\zeta^1}\|} \quad ; \quad \mathbf{E}_3^{loc} = \mathbf{N} \quad ; \quad \mathbf{E}_2^{loc} = \mathbf{E}_3^{loc} \times \mathbf{E}_1^{loc} \tag{9.207}$$

definiert werden.

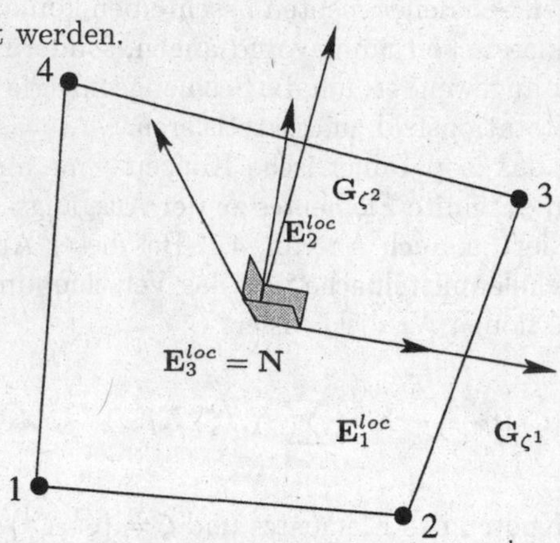

Bild 9.19 Lokales kartesisches Basissystem $\{\mathbf{E}_i^{loc}\}$

Der Gradient $\mathbf{J}$, der zu der modifizierten isoparametrischen Abbildung der Schale gehört, ist durch

$$\mathbf{J} = \operatorname{Grad}_\zeta \mathbf{X} = \frac{\partial \mathbf{X}}{\partial \boldsymbol{\zeta}} = \sum_{I=1}^{4} N_{I,\zeta^\alpha}(\boldsymbol{\zeta})\, \mathbf{X}_I \otimes \mathbf{E}_{\zeta^\alpha}^{loc} \quad \text{mit} \quad \zeta^\alpha = \zeta^1, \zeta^2 \tag{9.208}$$

gegeben. Mit Gl. (9.206) folgt

$$\mathbf{J} = \mathbf{G}_{\zeta^\beta} \otimes \mathbf{E}_{\zeta^\beta}^{loc} = (\mathbf{G}_{\zeta^\beta} \cdot \mathbf{E}_\alpha^{loc})\, \mathbf{E}_\alpha^{loc} \otimes \mathbf{E}_{\zeta^\beta}^{loc} \quad \text{mit} \quad \alpha = 1, 2\,. \tag{9.209}$$

In der Referenzkonfiguration können ζ^α als kartesische Koordinaten bezüglich der lokalen Basis $\mathbf{E}_\alpha^{loc}$, aufgefaßt werden, die in (9.207) definiert wurde. Durch Anwendung der Kettenregel folgt der Gradient der Ansatzfunktionen

$$\frac{\partial N_I}{\partial \boldsymbol{\zeta}} = \frac{\partial N_I}{\partial \mathbf{X}} \frac{\partial \mathbf{X}}{\partial \boldsymbol{\zeta}} = \frac{\partial N_I}{\partial \mathbf{X}}\, \mathbf{J} \tag{9.210}$$

mit $\dfrac{\partial N_I}{\partial \boldsymbol{\zeta}} = \nabla_\zeta N_I = N_{I,\zeta^\alpha}\, \mathbf{E}_{\zeta^\alpha}^{loc}$ und $\dfrac{\partial N_I}{\partial \mathbf{X}} = \nabla_{X^{loc}} N_I = N_{I,X_\alpha^{loc}}\, \mathbf{E}_\alpha^{loc}$. Da weiterhin die Transformation

$$\nabla_{X^{loc}} N_I = \mathbf{J}^{-T} \, \nabla_\zeta N_I \iff \begin{Bmatrix} N_{I,1} \\ N_{I,2} \end{Bmatrix} = \mathbf{J}^{-T} \begin{Bmatrix} N_{I,\zeta^1} \\ N_{I,\zeta^2} \end{Bmatrix} \tag{9.211}$$

gilt, können die Ableitungen nach den lokalen kartesischen Koordinaten X_α^{loc} in der Ausgangskonfiguration durch die Ableitungen bezüglich ζ^α in der Referenzkonfiguration ersetzt werden.

Die Idee des Einführens der lokalen kartesischen Basis ist für die allgemeine Formulierung von finiten Schalenelementen wesentlich. Es entfallen alle ko- und kontravarianten Ableitungen, die durch die Änderung der Basisvektoren im Schalenraum bei der klassischen Formulierung auftreten. Dies bedeutet, daß alle kinematischen Variablen bezüglich der lokalen kartesischen Basis $\mathbf{E}_i^{loc}$ auszudrücken sind, s. z.B. auch (Simo et al. 1990). Eine Transformation auf das globale kartesische Koordinatensystem $\{\mathbf{E}_i\}$, die für den Zusammenbau der Residuenvektoren und Tangentenmatrizen zum Gesamtsystem erforderlich ist, wird später diskutiert.

Formulierung des Schalenelementes. Die 5-Parameter Theorie basiert auf einem Direktorfeld, das unausdehnbar ist und so keine Verzerrungen in Dickenrichtung erlaubt. Weiterhin werden die Schubdeformationen unterdrückt, so daß man den Spannungszustand in der Schale als eben annehmen kann. Damit ist diese Theorie auf dünne Schalen beschränkt. Die zugehörige Parametrisierung wurde in Abschn. 9.4.3 diskutiert. Die Materialgleichungen können Abschn. 9.4.5 entnommen werden. In diesem Abschnitt wird nun die Diskretisierung der bisher formulierten Gleichungen mittels finiter Elemente angegeben.

Für die Berechnung des lokalen Deformationsgradienten $\mathbf{F}^{loc}$ nach (9.188) ist es nützlich, $\bar{\mathbf{F}}^{ref}$ vollständig in Größen der lokalen Basis $\{\mathbf{E}_i^{loc}\}$ auszudrücken

$$\bar{\mathbf{F}}_{[C]}^{ref} = \mathbf{a}_{\zeta^\alpha} \otimes \mathbf{E}_{\zeta^\alpha}^{loc} + \mathbf{d} \otimes \mathbf{N} \qquad \bar{\mathbf{F}}_{[L]}^{ref} = \mathbf{d}_{,\zeta^\alpha} \otimes \mathbf{E}_{\zeta^\alpha}^{loc} \, . \tag{9.212}$$

Die Interpolation der Basisvektoren $\mathbf{g}_{\zeta^\alpha}$ in (9.212) ist durch

$$\mathbf{g}_{\zeta^\alpha} = \sum_{I=1}^{4} N_{I,\zeta^\alpha} \, \mathbf{x}_I \qquad \text{mit} \quad \mathbf{x}_I = x_{I\,i} \, \mathbf{E}_i = \underbrace{x_{I\,i} \, \mathbf{E}_i \cdot \mathbf{E}_{0\,j}^{loc}}_{x_{I\,i}^{loc} \, \delta_{ij}} \, \mathbf{E}_{0\,j}^{loc} \tag{9.213}$$

gegeben. Dabei bezieht sich die lokale Basis $\{\mathbf{E}_{0\,i}^{loc}\}$ auf den Elementmittelpunkt. Mit (9.213) und $x_{I\,i}^{loc}$ folgt aus (9.212) eine Darstellung von $\bar{\mathbf{F}}^{ref}$, die invariant gegenüber Starrkörperrotationen ist. Dies bedeutet, daß $\bar{\mathbf{F}}^{ref}$ mit Bezug auf $\{\mathbf{E}_{0\,i}^{loc}\}$ zu einer Einheitsmatrix in der Ausgangskonfiguration wird. Der lokale Deformationsgradient berechnet sich mit der aus der isoparametrischen Abbildung stammenden Jacobi Matrix zu

$$\mathbf{F}^{loc} = \bar{\mathbf{F}}^{ref} \, \boldsymbol{J}^{-1} \, . \tag{9.214}$$

Für die konstitutive Materialbeschreibung gemäß Abschn. 9.4.5 sind die Spannungen noch auf die Hauptachsen zu transformieren. Da bei dem 5-Parametermodell nur ein ebener Spannungszustand betrachtet wird, folgt für die drei verbleibenden Spannungskomponenten $\{\bar{S}_i\}^T = \{S_{11}, S_{22}, S_{12}\}$ und die zwei Hauptspannungen $\{\bar{S}_j\}^{prin\,T} = \{S_1, S_2, 0\}$ die Transformation, s. auch (3.136)

$$\bar{S}_i = T_{ij}\,\bar{S}_j^{prin} \qquad i,j = 1,2,3$$

$$\text{mit} \quad T_{ij} = \begin{bmatrix} \cos^2\varphi & \sin^2\varphi & -2\,\sin\varphi\cos\varphi \\ \sin^2\varphi & \cos^2\varphi & 2\,\sin\varphi\cos\varphi \\ \sin\varphi\cos\varphi & -\sin\varphi\cos\varphi & \cos^2\varphi - \sin^2\varphi \end{bmatrix} . \tag{9.215}$$

Der Rotationswinkel φ wird mit den Komponenten des rechten CAUCHY-GREEN-Tensors bestimmt, da bei isotropem Materialverhalten Spannungen und Verzerrungen koaxial sind

$$\varphi = \frac{1}{2}\arctan\left(\frac{2\,C_{12}^{loc}}{C_{11}^{loc} - C_{22}^{loc}}\right) . \tag{9.216}$$

Die Komponenten des rechten CAUCHY-GREEN-Tensors in (9.216) folgen aus (3.15) unter Beachtung von (9.188), (9.239) und (9.214). Mögliche Singularitäten in (9.216), die bei $C_{11}^{loc} = C_{22}^{loc}$ im Nenner auftreten können, werden durch Perturbation einer Komponente mit einer kleine Zahl vermieden. Mit den vorgenannten Beziehungen lassen sich die Hauptdehnungen λ_α^{loc}

$$(\lambda_\alpha^{loc})^2 = \mathbf{T}^T\,\mathbf{C}^{loc}\,\mathbf{T} \qquad \text{mit} \quad T_{\alpha\beta} = \begin{bmatrix} \cos\varphi & -\sin\varphi \\ \sin\varphi & \cos\varphi \end{bmatrix} . \tag{9.217}$$

explizit angegeben.

Um die Formulierung der Finite-Element-Diskretisierung abzuschließen, wird die Matrixnotation für $\bar{\mathbf{F}}^{loc}$ analog zu (9.214) mit Bezug auf die lokale Basis $\{\mathbf{E}_i^{loc}\}$ eingeführt

$$\mathbf{F}^{loc} = \mathbf{F}_{[C]}^{loc} + \xi\,\mathbf{F}_{[L]}^{loc} = \begin{bmatrix} \mathbf{a}_1 & \mathbf{a}_2 & \mathbf{d} \end{bmatrix} + \xi \begin{bmatrix} \mathbf{d}_{,1} & \mathbf{d}_{,2} & \mathbf{0} \end{bmatrix} . \tag{9.218}$$

Die Approximation des Ortsvektors $\mathbf{X}_M$ und des Verschiebungsvektors $\mathbf{u}$ mit Bezug auf die Schalenmittelfläche $\mathcal{M}$ wird als nächstes angegeben. Diese Größen werden mit Bezug auf die in (9.213) definierten lokalen Koordinaten beschrieben

$$\begin{aligned} \mathbf{X}_M &= \{X_{M\,1}^{loc}, X_{M\,2}^{loc}, X_{M\,3}^{loc}\}^T = \sum_{I=1}^{4} N_I\,\mathbf{X}_{M\,I}^{loc} \\ \mathbf{u} &= \{u_1^{loc}, u_2^{loc}, u_3^{loc}\}^T \qquad = \sum_{I=1}^{4} N_I\,\mathbf{u}_I^{loc} . \end{aligned} \tag{9.219}$$

Für das 5-Parameterkonzept werden die Rotationen (β_1, β_2), die in Bild 9.17 illustriert sind, in gleicher Weise approximiert, s. z.B. (WAGNER und GRUTTMANN 1994). Zunächst werden bezüglich der Ausgangskonfiguration die Anfangswinkel $(\bar{\beta}_1, \bar{\beta}_2)$ bestimmt und interpoliert. Weiterhin wird ein isoparametrischer Ansatz für die inkrementellen Winkel (ω_1, ω_2), die die Deformation beschreiben, gewählt

$$\bar{\boldsymbol{\beta}} = \{\bar{\beta}_1, \bar{\beta}_2\}^T = \sum_{I=1}^{4} N_I \, \bar{\boldsymbol{\beta}}_I \,, \qquad \boldsymbol{\omega} = \{\omega_1, \omega_2\}^T = \sum_{I=1}^{4} N_I \, \boldsymbol{\omega}_I \,. \tag{9.220}$$

Die Basisvektoren $\mathbf{a}_\alpha$ in (9.218) und deren Variation folgen aus

$$\mathbf{a}_\alpha = \sum_{I=1}^{4} N_{I,\alpha} \, (\mathbf{X}_{M\,I}^{loc} + \mathbf{u}_I^{loc}) \qquad ; \qquad \delta \mathbf{a}_\alpha = \sum_{I=1}^{4} N_{I,\alpha} \, \delta \mathbf{u}_I^{loc} . \tag{9.221}$$

Hierin bestimmen sich die Ableitungen der Ansatzfunktionen $N_{I,\alpha}$ nach (9.211). Mit (9.220) können die Rotationen (β_1, β_2) und deren Variationen berechnet werden, die man zur Beschreibung des Direktorvektors $\mathbf{d}$ in (9.192) benötigt,

$$\boldsymbol{\beta} = \sum_{I=1}^{4} N_I \, (\bar{\boldsymbol{\beta}}_I + \boldsymbol{\omega}_I) \qquad ; \qquad \delta\boldsymbol{\beta} = \sum_{I=1}^{4} N_I \, \delta\boldsymbol{\omega}_I \,. \tag{9.222}$$

Die schwache Form des Gleichgewichtes beruht jetzt auf der Spezialisierung der Gl. (9.198) der 5-Parameter Theorie. Wir erhalten

$$\begin{aligned} G(\boldsymbol{u}, \boldsymbol{\alpha}, \boldsymbol{\eta}) = \bigcup_{e=1}^{n_e} \sum_{I=1}^{4} \boldsymbol{\eta}_I^T \Bigg\{ \int_{\mathcal{M}_e} \int_h \boldsymbol{B}_I^T \, \bar{\mathbf{S}} \, d\xi \, d\Omega + \\ c_p \, h \int_{\mathcal{M}_e} \boldsymbol{B}_I^{pen^T} \begin{Bmatrix} \mathbf{F}_3^{loc^T} \, \mathbf{F}_1^{loc} \\ \mathbf{F}_3^{loc^T} \, \mathbf{F}_2^{loc} \end{Bmatrix} d\Omega \Bigg\} + \text{„}Lastterme\text{“} = 0 \end{aligned} \tag{9.223}$$

Der Vektor der 2. PIOLA-KIRCHHOFFschen Spannungen $\bar{\mathbf{S}}$ ist bereits in (9.215) definiert worden. Der Penaltyparameter c_p muß vom Anwender gewählt werden. Der Vektor $\boldsymbol{\eta}_I$ enthält die Variationen $(\delta \boldsymbol{u}_I^{loc}, \delta\boldsymbol{\omega}_I)$. Mit $\mathbf{q}$ werden die Variationen der *enhanced* Parameter $\delta\boldsymbol{\alpha}_\gamma$ bezeichnet, die in (9.237) eingeführt wurden. Die Matrizen $\boldsymbol{B}_I, \boldsymbol{B}_I^{pen}$ lauten

$$\boldsymbol{B}_I = \begin{bmatrix} \boldsymbol{B}_1^T & B_{11} & B_{12} \\ \boldsymbol{B}_2^T & B_{21} & B_{22} \\ \boldsymbol{B}_3^T & B_{31} & B_{32} \end{bmatrix} , \tag{9.224}$$

mit $(\alpha, \beta = 1, 2)$

$$
\begin{aligned}
\boldsymbol{B}_\alpha^T &= \mathbf{F}_\alpha^{loc\,T}\, N_{I,\alpha} \\
\boldsymbol{B}_3^T &= \mathbf{F}_1^{loc\,T}\, N_{I,2} + \mathbf{F}_2^{loc\,T}\, N_{I,1} \\
B_{\alpha\beta}^T &= \xi\, \mathbf{F}_\alpha^{loc\,T} \,(\, \mathbf{d}_\beta^{loc}\, N_{I,\alpha} + \mathbf{d}_{\beta,\alpha}^{loc}\, N_I \,) \\
B_{3\alpha}^T &= \xi\, [\, \mathbf{F}_1^{loc\,T} \,(\, \mathbf{d}_\alpha^{loc}\, N_{I,2} + \mathbf{d}_{\alpha,2}^{loc}\, N_I \,) + \mathbf{F}_2^{loc\,T} \,(\, \mathbf{d}_\alpha^{loc}\, N_{I,1} + \mathbf{d}_{\alpha,1}^{loc}\, N_I \,)
\end{aligned}
$$

und

$$
\boldsymbol{B}_I^{pen} = \begin{bmatrix} \mathbf{F}_3^{loc\,T}\, N_{I,1} & \mathbf{F}_1^{loc\,T}\, \mathbf{d}_1^{loc}\, N_I & \mathbf{F}_1^{loc\,T}\, \mathbf{d}_2^{loc}\, N_I \\ \mathbf{F}_3^{loc\,T}\, N_{I,2} & \mathbf{F}_2^{loc\,T}\, \mathbf{d}_1^{loc}\, N_I & \mathbf{F}_2^{loc\,T}\, \mathbf{d}_2^{loc}\, N_I \end{bmatrix} . \tag{9.225}
$$

Die Vektoren $\mathbf{d}_\alpha^{loc}$ stammen aus der Variation des lokalen Direktorvektors, der in der 5-Parameter Theorie durch (9.192) bestimmt ist. Die Variation des auf die lokale Basis bezogenen Direktors lautet

$$
\delta \mathbf{d}^{loc} = \mathbf{d}_\alpha^{loc}\, \delta\beta_\alpha \tag{9.226}
$$

mit

$$
\mathbf{d}_1^{loc} = \begin{Bmatrix} -\sin\beta_1\, \sin\beta_2 \\ \cos\beta_1\, \sin\beta_2 \\ 0 \end{Bmatrix} \quad \text{und} \quad \mathbf{d}_2^{loc} = \begin{Bmatrix} \cos\beta_1\, \cos\beta_2 \\ \sin\beta_1\, \cos\beta_2 \\ -\sin\beta_2 \end{Bmatrix} . \tag{9.227}
$$

Die Linearisierung der diskretisierten schwachen Form (9.223) wird für die inkrementelle Lösung mittels des NEWTON-Verfahrens benötigt. Hieraus folgt ein System von Gleichungen für die unbekannten inkrementellen Verschiebungen $\Delta \mathbf{u}^{loc}$ und die inkrementellen Rotationswinkel $\Delta\boldsymbol{\omega}$

$$
\boldsymbol{K}_{uu} \begin{Bmatrix} \Delta \boldsymbol{u} \\ \Delta \boldsymbol{\omega} \end{Bmatrix} = -\boldsymbol{G}_u \tag{9.228}
$$

mit $\boldsymbol{u} = \{u_1^{loc}, u_2^{loc}, u_3^{loc}\}^T$. Die Tangentenmatrix in (9.228) ist durch

$$
\begin{aligned}
\boldsymbol{K}_{uu} = \bigcup_{e=1}^{n_e} \sum_{I=1}^{4} \sum_{J=1}^{4} \Bigg\{ & \int_{\mathcal{M}_e} \int_h \left(\boldsymbol{B}_I^T\, \bar{\mathbf{L}}\, \boldsymbol{B}_J + \boldsymbol{G}_{IJ}^1 \right) d\xi\, d\Omega + \\
& c_p\, h \int_{\mathcal{M}_e} \left(\boldsymbol{B}_I^{pen^T}\, \boldsymbol{B}_J^{pen} + \boldsymbol{G}_{IJ}^{pen} \right) d\Omega \Bigg\} .
\end{aligned} \tag{9.229}
$$

definiert. Die Komponenten des inkrementellen Materialtensors $\bar{\mathbf{L}}$ mit Bezug auf die im NEWTON-Verfahren gerade berechnete Konfiguration $\bar{\varphi}$ kann (6.167) entnommen werden. Die explizite Darstellung der Operatormatrizen $\boldsymbol{G}_{IJ}^1$ und $\boldsymbol{G}_{IJ}^{pen}$ folgt durch konsequente Anwendung der in Abschn. 3.5 angegebenen Linearisierungsvorschriften. Man erhält für $\boldsymbol{G}_{IJ}^1$:

$$
\boldsymbol{G}_{IJ}^1 = \begin{bmatrix} A\,\mathbf{1} & \xi\, \boldsymbol{b}_1 & \xi\, \boldsymbol{b}_2 \\ \xi\, \boldsymbol{c}_1^T & \xi\,(\, G_{11} + \xi\, H_{11}\,) & \xi\,(\, G_{12} + \xi\, H_{12}\,) \\ \xi\, \boldsymbol{c}_2^T & \xi\,(\, G_{21} + \xi\, H_{21}\,) & \xi\,(\, G_{22} + \xi\, H_{22}\,) \end{bmatrix} \tag{9.230}
$$

mit

$$
\begin{aligned}
\boldsymbol{b}_\eta &= A\, \boldsymbol{d}^{lok}_\eta + B_\beta\, \boldsymbol{d}^{lok}_{\eta\,,\beta} \qquad \boldsymbol{c}_\eta = A\, \boldsymbol{d}^{lok}_\eta + C_\alpha\, \boldsymbol{d}^{lok}_{\eta\,,\alpha} \\
G_{\eta\,\theta} &= \boldsymbol{F}^{lok\,T}_\alpha\, (\, D_{\alpha\,\beta}\, \boldsymbol{d}^{lok}_{\eta\,\theta\,\gamma}\, \beta_{\gamma\,,\beta} + (\, B_\alpha + C_\alpha\,)\, \boldsymbol{d}^{lok}_{\eta\,\theta}\,) \\
H_{\eta\,\theta} &= \boldsymbol{d}^{lok\,T}_\eta\, (\, A\, \boldsymbol{d}^{lok}_\theta + B_\beta\, \boldsymbol{d}_{\theta\,,\beta}\,) + \boldsymbol{d}^{lok\,T}_{\eta\,,\alpha}\, (\, C_\alpha\, \boldsymbol{d}^{lok}_\theta + D_{\alpha\,\beta}\, \boldsymbol{d}_{\theta\,,\beta}\,)
\end{aligned}
$$

und

$$
\begin{aligned}
A &= S_{\alpha\,\beta}\, N_{I\,,\alpha}\, N_{J\,,\beta} \qquad & B_\beta &= S_{\alpha\,\beta}\, N_{I\,,\alpha}\, N_J \\
C_\alpha &= S_{\alpha\,\beta}\, N_I\, N_{J\,,\beta} \qquad & D_{\alpha\,\beta} &= S_{\alpha\,\beta}\, N_I\, N_J\,.
\end{aligned}
$$

Weiterhin folgt für $\boldsymbol{G}^{pen}_{IJ}$:

$$
\boldsymbol{G}^{pen}_{IJ} = \begin{bmatrix} \boldsymbol{0} & A^{pen}\, \boldsymbol{d}^{lok}_1 & A^{pen}\, \boldsymbol{d}^{lok}_2 \\ B^{pen}\, \boldsymbol{d}^{lok\,T}_1 & C^{pen}_\alpha\, \boldsymbol{F}^{lok\,T}_\alpha\, \boldsymbol{d}^{lok}_{1\,1} & C^{pen}_\alpha\, \boldsymbol{F}^{lok\,T}_\alpha\, \boldsymbol{d}^{lok}_{2\,1} \\ B^{pen}\, \boldsymbol{d}^{lok\,T}_2 & C^{pen}_\alpha\, \boldsymbol{F}^{lok\,T}_\alpha\, \boldsymbol{d}^{lok}_{1\,2} & C^{pen}_\alpha\, \boldsymbol{F}^{lok\,T}_\alpha\, \boldsymbol{d}^{lok}_{2\,2} \end{bmatrix} \tag{9.231}
$$

mit

$$
\begin{aligned}
A^{pen} &= \boldsymbol{F}^{lok\,T}_3\, \boldsymbol{F}^{lok}_\alpha\, N_{I\,,\alpha}\, N_J\,, \\
B^{pen} &= \boldsymbol{F}^{lok\,T}_3\, \boldsymbol{F}^{lok}_\alpha\, N_I\, N_{J\,,\alpha}\,, \\
C^{pen}_\alpha &= \boldsymbol{F}^{lok\,T}_3\, \boldsymbol{F}^{lok}_\alpha\, N_I\, N_J\,.
\end{aligned}
$$

In diesen Beziehungen ist über die Indizes $\alpha\,,\beta = 1\,,2$ zu summieren. Die in diesen Beziehungen auftretenden Ableitungen und Linearisierungen des Direktorvektors folgen entweder bereits aus (9.221) und (9.226) oder aus

$$
\delta \boldsymbol{d}^{lok}_{,\,\alpha} = \boldsymbol{d}^{lok}_\beta\, \delta\beta_{\beta\,,\alpha} + \boldsymbol{d}^{lok}_{\gamma,\alpha}\, \delta\beta_\gamma \quad \text{mit} \quad \boldsymbol{d}^{lok}_{\gamma,\alpha} = \boldsymbol{d}^{lok}_{\gamma\beta}\, \beta_{\beta\,,\alpha}\,, \tag{9.232}
$$

wobei die Vektoren $\boldsymbol{d}^{lok}_{\alpha\,\beta}$ aus

$$
\begin{aligned}
\boldsymbol{d}^{lok\,T}_{11} &= \{\, -\cos\beta_1\, \sin\beta_2 \quad -\sin\beta_1\, \sin\beta_2 \quad 0\,\}\,, \\
\boldsymbol{d}^{lok\,T}_{12} &= \{\, -\sin\beta_1\, \cos\beta_2 \quad +\cos\beta_1\, \cos\beta_2 \quad 0\,\}\,, \\
\boldsymbol{d}^{lok\,T}_{22} &= \{\, -\cos\beta_1\, \sin\beta_2 \quad -\sin\beta_1\, \sin\beta_2 \quad -\cos\beta_2\,\}
\end{aligned} \tag{9.233}
$$

folgen. Die Linearisierung der Variation des Direktorvektors und seiner Ableitung liefert

$$
\Delta\delta \boldsymbol{d}^{lok} = \boldsymbol{d}^{lok}_{\alpha\beta}\, \Delta\beta_\alpha\, \delta\beta_\beta \quad \text{und} \quad \Delta\delta \boldsymbol{d}^{lok}_{,\alpha} = \boldsymbol{d}^{lok}_{\beta\gamma\delta} \beta_{\beta\,,\alpha}\, \Delta\beta_\gamma\, \delta\beta_\delta\,, \tag{9.234}
$$

wobei die neu definierten Vektoren $\boldsymbol{d}^{lok}_{\beta\gamma\delta}$ durch

$$
\begin{aligned}
&\boldsymbol{d}^{lok}_{111} = \boldsymbol{d}^{lok}_{111} = \boldsymbol{d}^{lok}_{122} = \boldsymbol{d}^{lok}_{212} = \boldsymbol{d}^{lok}_{221} = -\boldsymbol{d}^{lok}_1 \\
&\boldsymbol{d}^{lok}_{222} = -\boldsymbol{d}^{lok}_2 \\
&\boldsymbol{d}^{lok}_{121} = \boldsymbol{d}^{lok}_{211} = -\boldsymbol{d}^{lok}_{112} \qquad \text{mit} \\
&\boldsymbol{d}^{lok\,T}_{112} = \{\, -\cos\beta_1\, \cos\beta_2 \quad -\sin\beta_1\, \cos\beta_2 \quad 0\,\}
\end{aligned}
$$

gegeben sind.

Für die Integration des bilinearen 4-Knotenelementes ist eine 2×2 GAUSS-Quadratur zu wählen, damit kein Rangabfall bei den Tangentenmatrizen auftritt. Dies führt bei dem Schubterm – wie bereits erwähnt – zu Schublocking, s. z.B. den Überblick in (ANDELFINGER 1991). Die einfachste Methode Schublocking zu vermeiden basiert auf der selektiven Integration, die ursprünglich für Kontinuumselemente in (ZIENKIEWICZ et al. 1971) entwickelt und später von (HUGHES et al. 1977a) erfolgreich bei Plattenelemente angewendet wurde. Damit ist für den *penalty* Term in (9.198) eine Einpunktintegration zu wählen. Diese führt jedoch zu einem Rangabfall der tangentialen Steifigkeitsmatrix, der sich aber nur bei ganz speziellen Lagerbedingungen auswirkt, und in den meisten praxisnahen Lagerungsfällen nicht relevant ist. Die Technik nach (BATHE and DVORKIN 1985) ist alternativ auch auf den zweiten Term in (9.198) anwendbar.

Abschließend sein noch bemerkt, daß die lokalen Verschiebungskomponenten $\Delta u_{I\,i}^{loc}$ des Knotens eines finiten Elementes auf die globale Basis $\{\mathbf{E}_i\}$ bezogen werden müssen, damit der Zusammenbau der Elementmatrizen und -vektoren möglich wird. Dies kann durch die folgende Transformation geschehen, man vergleiche auch (9.213) und Anmerkung 9.1,

$$\Delta u_{I\,i}^{loc}\,\mathbf{E}_{0\,i}^{loc} = \underbrace{\Delta u_{I\,i}^{loc}\,\mathbf{E}_{0\,i}^{loc}\cdot\mathbf{E}_j}_{\Delta u_{I\,i}\,\delta_{ij}}\;\mathbf{E}_j\,. \tag{9.235}$$

Da im isoparametrischen Konzept alle Größen auf die Referenzkonfiguration $\Omega_\square$ bezogen sind, ist es notwendig, die Flächen- und Volumenelemente in den Integralen (9.229) und (9.223) von der Ausgangskonfiguration auf die Referenzkonfiguration zu tranformieren. Dies liefert

$$\begin{aligned} d\Omega_\circ &= \left\| \frac{\partial \mathbf{X}}{\partial \zeta^1} \times \frac{\partial \mathbf{X}}{\partial \zeta^2} \right\| d\zeta^1\, d\zeta^2 = J\, d\Omega_\square \qquad \text{mit} \qquad J = \det \mathbf{J}\,, \\ d\Omega &= d\xi\, d\mathcal{M}_e = \frac{h}{2}\, J\, d\hat{\xi}\, d\Omega_\square . \end{aligned} \tag{9.236}$$

Verbesserung der Membranverzerrungen. Von den oben vorgestellten Methoden zur Vermeidung von Versteifungseffekten bei Schalen kommt bei der Entwicklung des auf der 5-Parametertheorie basierenden finiten Elementes für die Beschreibung der Membranverzerrungen die *enhanced assumed strain* (EAS) Methode zum Einsatz. Um bei dem Element Schublocking zu unterdrücken, erfolgt weiterhin eine reduzierte Integration des Penaltyterms in (9.198). Damit wird die einfache Elementformulierung des voriegen Abschnittes zwar aufwendiger, dafür können aber auch Biegeprobleme in der Schalenebene gut beschrieben werden.

Die EAS Methode für den Membrananteil der Schale ist in 10.4 für das Kontinuum detailliert beschrieben. Aus diesem Grund sollen hier nur die für die Schale relevanten Beziehungen kurz dargestellt werden, die zu der Matrizenformulierung des finiten Schalenelementes beitragen. Basis ist das Variationsprinzip von HU-WASHIZU, das für den dreidimensionalen Körper in (3.286) angegeben wurde. Es wird für die Schalen zunächst als Dreifeldfunktional in den Verschiebungen **u**, dem Verschiebungsgradienten **H** und dem 1. PIOLA-KIRCHHOFFschen Spannungstensor **P** als unbekannte Feldgrößen geschrieben.

Die EAS Methodik basiert auf der grundlegenden Arbeit von (SIMO and RIFAI 1990) für die lineare Theorie und (SIMO and ARMERO 1992) für die nichtlineare Kontinuumstheorie. EAS Ansätze zur Entwicklung von Schalenelementen wurden in (ANDELFINGER und RAMM 1993) und (BETSCH 1996) vorgestellt. Leider zeigt diese Interpolation Instabilitäten bei großen Deformationen im Druckbereich, was erstmalig von (WRIGGERS und REESE 1996) beschrieben wurde. Für die Schalen ist dieses Problem nicht so gravierend, da Schalenstrukturen bei Auftreten von großen Druckspannungen Ausknicken oder Beulen und so bei Schalen i.d.R. keine großen inelastischen Deformationen in der Schalenebene auftreten. Insofern kann die EAS Methode trotz dieses Defcktes angewendet werden. Da sich bisher gezeigt hat, daß der sog. $CG4$ oder $Q1/E4T$ Ansatz von (KORELC and WRIGGERS 1996a), s. auch (GLASER and ARMERO 1998), etwas stabiler als die ursprüngliche $Q1/E4$ Interpolation von (SIMO and ARMERO 1992) ist, wird hier die $CG4$ Interpolation verwendet.

Der $CG4$ Ansatz führt nach (10.142) auf den inkompatiblen Verschiebungsgradienten $\bar{\mathbf{H}}_{CG4}^{ref}$ in der Referenzkonfiguration $\{\mathbf{E}_{\zeta^\alpha}^{loc}\}$ mit den inkompatiblen Ansatzfunktionen M_K

$$\bar{\boldsymbol{H}}_{CG4}^{ref} = \sum_{K=1}^{2} \begin{bmatrix} M_{K,\zeta^1}\,\alpha_1^1 & M_{K,\zeta^1}\,\alpha_2^1 & 0 \\ M_{K,\zeta^2}\,\alpha_1^2 & M_{K,\zeta^2}\,\alpha_2^2 & 0 \\ 0 & 0 & 0 \end{bmatrix} = \begin{bmatrix} \zeta^1\,\alpha_1^1 & \zeta^1\,\alpha_2^1 & 0 \\ \zeta^2\,\alpha_1^2 & \zeta^2\,\alpha_2^2 & 0 \\ 0 & 0 & 0 \end{bmatrix} \tag{9.237}$$

$$\text{mit} \qquad M_K = \frac{1}{2}\left[(\zeta^K)^2 - 1\right] \qquad ; \qquad K = 1, 2.$$

Aus dem Vergleich mit der Matrix des $Q1E4$, s. (10.49), erkennt man, daß der Ansatz $\bar{\boldsymbol{H}}_{CG4}^{ref}$ gerade die Transponierte von $\bar{\boldsymbol{H}}_{Q1E4}^{ref}$ ist, also gilt $\bar{\boldsymbol{H}}_{CG4}^{ref} = \bar{\boldsymbol{H}}_{Q1E4}^{ref\,T}$. Hieraus folgt, daß $\bar{\boldsymbol{H}}_{CG4}^{ref}$ kein Gradientenfeld bezüglich ζ^α ist im Gegensatz zu $\bar{\boldsymbol{H}}_{Q1E4}^{ref}$. Dennoch soll für $\bar{\boldsymbol{H}}_{CG4}^{ref}$ die Bezeichnung inkompatibler Verschiebungsgradient beibehalten werden.

Da $\bar{\boldsymbol{H}}_{CG4}^{ref}$ in (9.237) in der Ausgangskonfiguration definiert ist, muß dieser Gradient noch auf das lokale kartesische Basissystem $\{\mathbf{E}_i^{loc}\}$ transformiert werden. Da $\bar{\boldsymbol{H}}_{CG4}^{ref}$ kein Gradientenfeld ist, kann eine Transformation nach (9.211) nicht angewandt werden. Anstelle dessen muß eine vollständige Tensortransformation erfolgen

$$\bar{\boldsymbol{H}}^{loc} = \boldsymbol{J}^{-T}\,\bar{\boldsymbol{H}}^{ref}_{CG4}\,\boldsymbol{J}^{-1} \qquad \text{mit} \quad \mathbf{J} = \begin{bmatrix} \mathbf{G}_{\zeta^1}\cdot\mathbf{E}^{loc}_1 & \mathbf{G}_{\zeta^2}\cdot\mathbf{E}^{loc}_1 & 0 \\ \mathbf{G}_{\zeta^1}\cdot\mathbf{E}^{loc}_2 & \mathbf{G}_{\zeta^2}\cdot\mathbf{E}^{loc}_2 & 0 \\ 0 & 0 & 0 \end{bmatrix}. \qquad (9.238)$$

Diese Beziehung ist für konstante JACOBI Matrizen $\boldsymbol{J}$, s. (9.209), gültig. Um auch für verzerrte Netze *locking*freies Verhalten zu garantieren, wird (9.238) modifiziert

$$\bar{\boldsymbol{H}}^{loc} = \frac{J_0}{J}\,\boldsymbol{J}_0^{-T}\,\bar{\boldsymbol{H}}^{ref}_{CG4}\,\boldsymbol{J}_0^{-1} \qquad \text{mit} \quad J_0 = \det \boldsymbol{J}_0 \quad ; \quad J = \det \boldsymbol{J}. \qquad (9.239)$$

Der Index 0 zeigt an, daß die JACOBI Matrix im Elementmittelpunkt ($\zeta^1 = \zeta^2 = \xi = 0$) ausgewertet wird. Damit ist man in der Lage, konstante Spannungszustände sogar für verzerrte Netze wiederzugeben, s. (TAYLOR et al. 1976).

In diesem Fall haben $\bar{\mathbf{F}}^{ref}$ und $\bar{\boldsymbol{H}}^{ref}_{CG4}$ die gleiche Struktur und können daher, wie in (10.35) vorgeschrieben, addiert werden. Die Berechnung von $\mathbf{F}^{loc}$ folgt direkt aus (9.211) und (9.239)

$$\mathbf{F}^{loc} = \bar{\mathbf{F}}^{ref}\,\boldsymbol{J}^{-1} + \bar{\boldsymbol{H}}^{loc}. \qquad (9.240)$$

Eine alternative Transformation, die anstelle von (9.239) verwendet werden kann, ist in (SIMO et al. 1993) und (BETSCH 1996) angegeben. Sie lautet

$$\bar{\boldsymbol{H}} = \frac{J_0}{J}\,\bar{\mathbf{F}}_0\,\boldsymbol{J}_0\,\bar{\boldsymbol{H}}^{ref}_{Q1E4}\,\boldsymbol{J}_0^{-1}. \qquad (9.241)$$

Es sei angemerkt, daß es nicht notwendig ist, den kompatiblen Deformationsgradienten $\bar{\mathbf{F}}_0$ im Elementmittelpunkt zu berechnen, wie in (9.241) vorgesehen, wenn die lokale Form (9.240) des Deformationsgradienten zur Beschreibung der Schalenkinematik benutzt wird. Die entsprechende Notation wird jetzt auch für $\bar{\boldsymbol{H}}^{loc}$ aus (9.239) und $\mathbf{F}^{loc}$ nach (9.218) verwendet

$$\mathbf{F}^{loc} = \left[\, \bar{\mathbf{F}}^{loc}_{[C]\,1} + \xi\bar{\mathbf{F}}^{loc}_{[L]\,1} + \bar{\mathbf{H}}^{loc}_1 \quad \bar{\mathbf{F}}^{loc}_{[C]\,2} + \xi\bar{\mathbf{F}}^{loc}_{[L]\,2} + \bar{\mathbf{H}}^{loc}_2 \quad \bar{\mathbf{F}}^{loc}_{[C]\,3} \,\right]. \qquad (9.242)$$

Die schwache Form des Gleichgewichtes folgt aus dem HU-WASHIZU-Prinzip, s. (10.34). Dort sind die Beziehungen aus der schwachen Form der 5-Parameter Theorie (9.198) einzusetzen. Da in (10.37) die letzte Gleichung eine Orthogonalitätsbedingung darstellt, die bereits in den Ansätzen für die erweiterten Verzerrungen enthalten ist, sind nur die ersten zwei Gleichungen zu diskretisieren:

$$G(\boldsymbol{u},\boldsymbol{\alpha},\boldsymbol{\eta}) = \bigcup_{e=1}^{n_e} \sum_{I=1}^{4} \boldsymbol{\eta}_I^T \Bigg\{ \int_{\mathcal{M}_e} \int_h \boldsymbol{B}_I^T \, \bar{\mathbf{S}} \, d\xi \, d\Omega + c_p \, h \int_{\mathcal{M}_e} \boldsymbol{B}_I^{pen^T} \begin{Bmatrix} \mathbf{F}_3^{loc^T} \mathbf{F}_1^{loc} \\ \mathbf{F}_3^{loc^T} \mathbf{F}_2^{loc} \end{Bmatrix} d\Omega \Bigg\} = 0 \tag{9.243}$$

$$G(\boldsymbol{u},\boldsymbol{\alpha},\mathbf{q}) = \bigcup_{e=1}^{n_e} \mathbf{q}^T \int_{\mathcal{M}_e} \int_h \boldsymbol{D}^T \, \bar{\mathbf{S}} \, d\xi \, d\Omega = 0 .$$

Für die Matrix $\boldsymbol{D}_{4\times 3}$, die die *enhanced* Verzerrungen enthält, ergibt sich nach einiger Rechnung

$$\boldsymbol{D} = \begin{bmatrix} F_{\alpha 1} M_{\alpha 1} & F_{\alpha 1} M_{\alpha 2} & F_{\alpha 1} M_{(\alpha+2)1} & F_{\alpha 1} M_{(\alpha+2)2} \\ F_{\alpha 1} M_{\alpha 3} & F_{\alpha 2} M_{\alpha 4} & F_{\alpha 2} M_{(\alpha+2)3} & F_{\alpha 2} M_{(\alpha+2)4} \\ F_{\alpha 2} M_{\alpha 1} & F_{\alpha 2} M_{\alpha 2} & F_{\alpha 2} M_{(\alpha+2)1} & F_{\alpha 2} M_{(\alpha+2)2} \\ +F_{\alpha 1} M_{\alpha 3} & +F_{\alpha 1} M_{\alpha 4} & +F_{\alpha 1} M_{(\alpha+2)3} & +F_{\alpha 1} M_{(\alpha+2)4} \end{bmatrix}, \tag{9.244}$$

wobei die Komponenten M_{lm} mit $l, m = 1, \ldots, 4$ aus der Matrix

$$\boldsymbol{M} = \frac{J_0}{J} \begin{bmatrix} \zeta^1 (J_{011}^{-1})^2 & \zeta^1 J_{011}^{-1} J_{021}^{-1} & \zeta^1 J_{011}^{-1} J_{012}^{-1} & \zeta^1 J_{011}^{-1} J_{022}^{-1} \\ \zeta^1 J_{011}^{-1} J_{012}^{-1} & \zeta^1 J_{012}^{-1} J_{021}^{-1} & \zeta^1 (J_{012}^{-1})^2 & \zeta^1 J_{012}^{-1} J_{022}^{-1} \\ \zeta^2 J_{011}^{-1} J_{021}^{-1} & \zeta^2 (J_{021}^{-1})^2 & \zeta^2 J_{012}^{-1} J_{021}^{-1} & \zeta^2 J_{021}^{-1} J_{022}^{-1} \\ \zeta^2 J_{011}^{-1} J_{022}^{-1} & \zeta^2 J_{021}^{-1} J_{022}^{-1} & \zeta^2 J_{012}^{-1} J_{022}^{-1} & \zeta^2 (J_{022}^{-1})^2 \end{bmatrix} \tag{9.245}$$

folgen. $F_{\alpha\beta}$ mit $\alpha, \beta = 1, 2$ sind die Komponenten von $\mathbf{F}_\alpha^{loc}$, s. (9.218). In (9.244) ist über α zu summieren. Die Linearisierung von (9.243) liefert

$$\begin{bmatrix} \boldsymbol{K}_{uu} & \boldsymbol{K}_{u\alpha} \\ \boldsymbol{K}_{\alpha u} & \boldsymbol{K}_{\alpha\alpha} \end{bmatrix} \begin{Bmatrix} \Delta \boldsymbol{u} \\ \Delta \boldsymbol{\alpha} \end{Bmatrix} = - \begin{Bmatrix} \boldsymbol{G}_u \\ \boldsymbol{G}_\alpha \end{Bmatrix} \tag{9.246}$$

mit den Freiheitsgraden $\Delta \boldsymbol{u} = \{\Delta u_1^{loc}, \Delta u_2^{loc}, \Delta u_3^{loc}, \Delta\omega_1, \Delta\omega_2\}^T$ pro Elementknoten und den inkompatiblen Moden $\Delta\boldsymbol{\alpha} = \{\Delta\alpha_1^1, \Delta\alpha_2^1, \Delta\alpha_1^2, \Delta\alpha_2^2\}^T$ pro Element. Die inkompatiblen Moden $\Delta\boldsymbol{\alpha}$ können auf Elementebene eliminiert werden, so daß im globalen Gleichungssystem nur die Freiheitsgrade $\Delta\boldsymbol{u}$ auftreten. Dies folgt mittels einer Blockelimination, s. Abschn. 10.4 Gln. (10.95) und (10.96). Die einzelnen Tangentenmatrizen in (9.246) sind durch (9.229) und

$$\begin{aligned} \boldsymbol{K}_{u\alpha} &= \bigcup_{e=1}^{n_e} \sum_{I=1}^{4} \int_{\mathcal{M}_e} \int_h \left(\boldsymbol{B}_I^T \, \bar{\boldsymbol{L}} \, \boldsymbol{D} + \boldsymbol{G}_I^2 \right) d\xi \, d\Omega , \\ \boldsymbol{K}_{\alpha\alpha} &= \bigcup_{e=1}^{n_e} \int_{\mathcal{M}_e} \int_h \left(\boldsymbol{D}^T \, \bar{\boldsymbol{L}} \, \boldsymbol{D} + \boldsymbol{G}^3 \right) d\xi \, d\Omega . \end{aligned} \tag{9.247}$$

gegeben. Die Komponenten des inkrementellen Materialtensors $\bar{\boldsymbol{L}}$ mit Bezug auf die im NEWTON-Verfahren gerade berechnete Konfiguration $\bar{\varphi}$ kann

(6.167) entnommen werden. Die explizite Darstellung der Operatormatrizen $\boldsymbol{G}_I^2$ und $\boldsymbol{G}^3$ ist aufwendig. Für die 5-Parameter Theorie finden sich diese in (GRUTTMANN 1996) und (EBERLEIN 1997).

Verbesserung der Schubverzerrungen. An dieser Stelle soll der Ansatz nach (DVORKIN and BATHE 1984) und (BATHE and DVORKIN 1985) vorgestellt werden, der das aus dem Schubterm in (9.198) resultierende *locking* vermeidet ohne zusätzliche Freiheitsgrade wie beim EAS-Ansatz einzuführen. Mit diesem Ansatz, auch ANS (*Assumed Natural Strains*) genannt, kann der Schubterm in (9.198) durch eine 2×2 Integration berechnet werden, ohne daß ein Rangabfall wie bei der reduzierten Integration in (9.228) auftritt. Weiterhin liefert der ANS Ansatz auch eine höhere Genauigkeit bei verzerrten Elementgeometrien, s. z.B. (BETSCH 1996).

Der BATHE-DVORKIN-Ansatz basiert auf einer Interpolation der Schubverzerrungen mittels in einer Richtung konstanter und der anderen Richtung linearer Polynome. Bezogen auf die Referenzkonfiguration folgt

$$\left\{ \begin{matrix} \tilde{C}_{13}^{ref} \\ \tilde{C}_{23}^{ref} \end{matrix} \right\} = \frac{1}{2} \left\{ \begin{matrix} (1-\zeta^2)\, \bar{C}_{13\,B}^{ref} + (1+\zeta^2)\, \bar{C}_{13\,D}^{ref} \\ (1-\zeta^1)\, \bar{C}_{23\,A}^{ref} + (1+\zeta^1)\, \bar{C}_{23\,C}^{ref} \end{matrix} \right\}, \tag{9.248}$$

wobei die Komponenten des rechten CAUCHY-GREEN-Tensors mittels $\bar{\mathbf{F}}^{ref}$ in (9.212) berechnet werden. Die Kollokationspunkte A–D, an denen die Komponenten $\bar{C}_{\alpha 3}^{ref}$ ausgewertet werden, sind in Bild 9.20 definiert. Es gilt

$$\begin{aligned} &\bar{C}_{23\,A,C}^{ref} = \bar{\mathbf{F}}_{2\,A,C}^{ref^T}\, \bar{\mathbf{F}}_{3\,A,C}^{ref}, \qquad \bar{C}_{13\,B,D}^{ref} = \bar{\mathbf{F}}_{1\,B,D}^{ref^T}\, \bar{\mathbf{F}}_{3\,B,D}^{ref} \\ &\text{mit} \quad \bar{\mathbf{F}}^{ref} = \left[\bar{\mathbf{F}}_1^{ref} \quad \bar{\mathbf{F}}_2^{ref} \quad \bar{\mathbf{F}}_3^{ref} \right]. \end{aligned} \tag{9.249}$$

Hierin sind die Vektoren $\bar{\mathbf{F}}_i^{ref}$, die an den Kollokationspunkten A bis D auszuwerten sind, durch die bilinearen Ansatzfunktionen N_I gemäß (9.205) definiert. Die Umrechnung der Schubverzerrungen $\tilde{C}_{\alpha 3}^{ref}$ auf die in (9.207) eingeführten lokalen kartesischen Koordinaten X_i^{loc} erfolgt durch die isoparametrische Abbildung gemäß (9.211) und liefert

$$\left\{ \begin{matrix} \tilde{C}_{13}^{loc} \\ \tilde{C}_{23}^{loc} \end{matrix} \right\} = \boldsymbol{J}^{-T} \left\{ \begin{matrix} \tilde{C}_{13}^{ref} \\ \tilde{C}_{23}^{ref} \end{matrix} \right\}. \tag{9.250}$$

Damit ist der ANS Ansatz für die 5-Parametertheorie formuliert.

Ein Problem bei der Anwendung der ANS Interpolation bei großen plastischen Deformationen liegt darin, daß die modifizierten Schubverzerrungen $\tilde{C}_{\alpha 3}^{ref}$ auch eine Änderung des Deformationsgradienten $\mathbf{F}^{loc}$ in (9.214) mit sich bringen. Diese Änderung ist aber nur implizit in der Formulierung enthalten; man benötigt jedoch für die elasto-plastische Formulierung den zur Diskretisierung gehörigen Deformationsgradienten, um die Beziehungen (9.199)

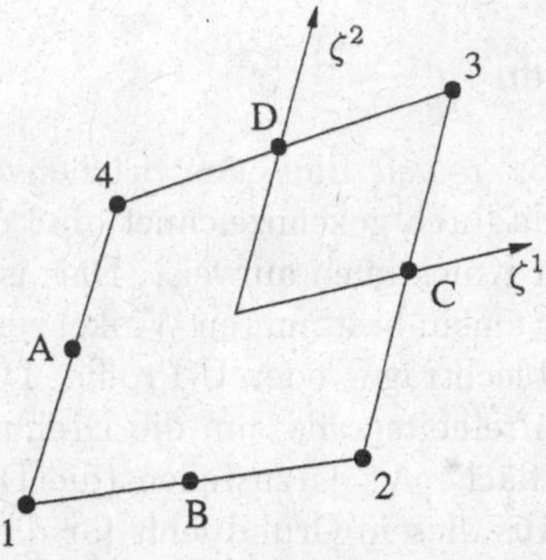

Bild 9.20 Kollokationspunkte für den BATHE-DVORKIN-Ansatz

und (9.217) auswerten zu können. Aus diesem Grund muß $\mathbf{F}^{loc}$ in konsistenter Weise mit der ANS Interpolation bestimmt werden. Eine entsprechende Strategie ist in (DVORKIN et al. 1995) angedeutet und in (EBERLEIN und WRIGGERS 1999) ausgeführt worden.

Ausgehend von der Tatsache, daß der rechte CAUCHY-GREEN-Tensor $\mathbf{C}^{loc}$ invariant gegenüber Starrkörperdrehungen ist, kann man von der polaren Zerlegung des Deformationsgradienten (3.21) für $\mathbf{F}^{loc}$ ausgehen und diesen in den Rotationstensor $\mathbf{R}$ und den Strecktensor $\mathbf{U}$ aufspalten. Da weiterhin der rechte CAUCHY-GREEN-Tensor unabhängig vom Rotationstensor ist, s. auch (3.23), kann ein zu dem ANS Ansatz kompatibler Deformationsgradient $\tilde{\mathbf{F}}^{loc} := \mathbf{F}^{loc}_{ANS}$ angegeben werden.

Dazu geht man von dem lokalen CAUCHY-GREEN-Tensor $\mathbf{C}^{loc} = \mathbf{F}^{loc^T}\,\mathbf{F}^{loc}$ aus und berechnet den Strecktensor $\mathbf{U}^{loc}$ aus dem Eigenwertproblem

$$(\mathbf{C}^{loc} - \lambda_{(i)}^2\,\mathbf{1})\,\mathbf{N}_{(i)} = \mathbf{0} \quad \Longrightarrow \quad \mathbf{U}^{loc}. \tag{9.251}$$

Jetzt kann der zugehörige Rotationstensor aus der polaren Zerlegung

$$\mathbf{R} = \mathbf{F}^{loc}\,\mathbf{U}^{loc^{-1}} \tag{9.252}$$

bestimmt werden. In gleicher Weise wird nun der zur ANS Interpolation gehörende Tensor $\tilde{\mathbf{C}}^{loc}$ berechnet und nach (9.251) $\tilde{\mathbf{U}}^{loc}$ bestimmt. Danach folgt $\tilde{\mathbf{F}}^{loc}$ unter Beachtung von (9.252) aus

$$\tilde{\mathbf{F}}^{loc} = \mathbf{R}\,\tilde{\mathbf{U}}^{loc} = \mathbf{F}^{loc}\,\mathbf{U}^{loc^{-1}}\,\tilde{\mathbf{U}}^{loc}. \tag{9.253}$$

Der modifizierte Deformationsgradient $\tilde{\mathbf{F}}^{loc}$ wird dann in (9.199) verwendet. Eine Linearisierung von $\tilde{\mathbf{F}}^{loc}$ ist nicht erforderlich, da er nicht direkt in die schwache Form eingeht, s. (EBERLEIN 1997). Weiterhin enthält $\tilde{\mathbf{F}}^{loc}$ eventuell den inkompatiblen Verschiebungsgradienten $\bar{\mathbf{H}}^{loc}$ gemäß (9.238), was bei der Anwendung der *enhanced strain* Strategie zur Verbesserung der Membranverzerrungen notwendig ist, um die Rotationen in (9.253) korrekt zu beschreiben.

9.4.7 Schalenverschneidungen

Häufig sind bei der Analyse von realen Bauteilen Schalenverschneidungen zu berücksichtigen. Diese sind dadurch gekennzeichnet, daß die Schalenmittelfläche nicht glatt ist, sondern Knicklinien aufweist. Dies ist z.B. der Fall, wenn zwei ebenen Bauteile unter einem bestimmten Winkel zusammenstoßen. Beispiele dafür sind hohe Stegblechträger oder U-Profile. Die 5-Parameter Theorie benötigt nur zwei Drehfreiheitsgrade, um die Drehung der Normalen bezüglich der Schalenmittelfläche $\mathcal{M}$ darzustellen (die Drehung um die Hochachse ist nicht relevant). Aus diesem Grund fehlt für die Transformation der Drehfreiheitsgrade an einer Verzweigung die dritte Komponente. Es soll hier ein 5/6-Parameter Konzept diskutiert werden, das den benötigten dritten Drehfreiheitsgrad an der Schalenverzweigung einführt und es damit ermöglich, Schalenverzweigungen im Rahmen der 5-Parameter Theorie zu behandeln.

Das 5/6-Parameter Konzept führt auf analoge Gleichungen, nur sind anstelle der Direktorvektoren (9.226) die entsprechenden Beziehungen der RODRIGUES Formel (9.193) und (9.194) einzusetzen.

Die Vorgehensweise wurde erstmalig von (HUGHES and LIU 1981) vorgestellt, und dann in (SIMO 1993) für den vorliegenden Fall formuliert. Man erhält generell zusammen mit den drei Verschiebungskomponenten von $\mathbf{u}$ ein 6-Parameter Modell für die Verzweigung, mit dem Rotationen um die Achse des Direktors beschrieben werden können. Diese Rotationen um die Direktorachse müssen bei glatten Schalen mit eindeutig bestimmten Vektorfeldern für die Normale verschwinden. Dies bedeutet, daß die Rotationen um die Direktorachse bei glatten Schalen zu eliminieren sind, da sonst das resultierende Gleichungssystem singulär wird. Diese Elimination kann dadurch erreicht werden, daß man die Komponenten des achsialen Vektors $\boldsymbol{\omega}$ in ein lokales kartesisches Basissystem $\mathbf{E}_{I\,i}^{loc}$ (definiert in (9.207)) transformiert. Dies muß in jedem finiten Element erfolgen, I entspricht hier der Knotennummer und i ist die Koordinatenrichtung. Die Koordinate in der Dickenrichtung (3-Richtung) dient dabei als eine feste Koordinatenachse in jedem Knoten. Entlang dieser Achse wird die Drehung um die Direktorachse durch einfache Vorgabe einer entsprechenden Randbedingung zu null gesetzt. Die folgenden Gleichungen fassen die beschriebene Strategie noch einmal zusammen

- Schalenverschneidung:

$$\boldsymbol{\omega} = \omega_{I\,i}\,\mathbf{E}_{I\,i} = \psi_{I\,i}\,,\mathbf{E}_{I\,i}^{loc} \tag{9.254}$$

- Glatte Schale:

$$\boldsymbol{\omega} = \psi_{I\,\alpha}\,\mathbf{E}_{I\,\alpha}^{loc} \qquad \text{und} \qquad \psi_{I\,3} = 0\,. \tag{9.255}$$

Mit dieser Vorgehensweise reduziert sich die erweiterte 5/6-Parameter Theorie für die Schalenverschneidung zu dem 5-Parameter Modell bei allen Elementknoten, die zu den glatten Schalenoberflächen gehören.

Man beachte, daß sich bei der 5/6-Parameter Theorie die Beziehung (9.219) nicht ändert. Jedoch wird die Beschreibung der Rotationen nicht durch (9.222) sondern mittels des achsialen Vektor $\boldsymbol{\omega}$ durchgeführt, der in (9.193) definiert wurde. $\boldsymbol{\omega}$ parametrisiert den Rotationstensor $\mathbf{R}$ auf der Basis der RODRIGUES Formel (9.194). Aus diesem Grund wird bei dem 5/6-Parameter Modell anstelle der Rotationswinkel $\boldsymbol{\beta}$ nach (9.222) der achsiale Vektor $\boldsymbol{\omega}$, s. (9.255)), durch den Ansatz

$$\boldsymbol{\omega} = \sum_{I=1}^{4} N_I \, \boldsymbol{\psi}_I \qquad ; \qquad \delta\boldsymbol{\omega} = \sum_{I=1}^{4} N_I \, \delta\boldsymbol{\psi}_I \,. \tag{9.256}$$

approximiert. Mit (9.222) oder (9.256) ist dann das Direktorfeld des 5- und 5/6-Parameter Konzeptes eindeutig definiert.

Bei dem 6-Parameter Modell ist diese spezielle Behandlung der Schalenverzweigungen eigentlich nicht notwendig, da sowohl drei Verschiebungen als auch drei Komponenten des Direktorvektors vorhanden sind. Es zeigt sich aber bei praktischen Berechnungen, daß *locking* eintritt. Aus diesem Grund ist es auch hier notwendig, ein 6/7-Parameter Modell an einer Schalenverzweigung zu verwenden. Die Beschreibung des entsprechenden Konzeptes ist in detaillierter Form in (BETSCH 1996) enthalten, der diese Vorgehensweise auf hyperelastische Schalenelemente angewendet hat.

9.5 Beispiele

In den Beispielen sind alle Berechnungen mit finiten Elemenenten ausgeführt worden, die entweder auf der vorgestellten 5-Parameter Theorie oder auf der in (EBERLEIN 1997) abgeleiteten 6-Parameter Theorie basieren. Vergleiche mit Ergebnissen weiterer Autoren finden sich bei den jeweiligen Anwendungen, die große plastische Deformationen beinhalten. Als erstes werden verschiedenen Schalen mit glatten Oberflächen unter Punkt- und Flächenlasten berechnet. Danach wird ein Beispiel mit Schalenverschneidung behandelt.

Bei allen Beispielen wurden fünf GAUSS-Punkte verwendet, um über die Schaledicke zu integrieren. Vergleichsrechnungen mit einer größeren Anzahl von Quadraturpunkten über die Schalendicke haben gezeigt, daß die gewählte Anzahl eine ausreichend genaue Auflösung der plastischen Zone über die Elementdicke gewährleistet. Die finiten Elemente der 5-Parameter quasi-KIRCHHOFF Theorie sind unempfindlich gegenüber der Wahl des Penaltyparameters c_p, der im Schubterm auftritt. In den Berechnungen wird dieser Parameter so gewählt, daß er eine Größenordnung über den gemittelten maximalen Einträgen der globalen Tangentenmatrix liegt, um eine schlechte Konditionierung zu vermeiden. Die EAS Methode wird in allen Beispielrechnungen angewandt. Für spezielle Probleme kann jedoch eine ebenso gute Lösung ohne ENHANCEMENT der Membranverzerrungen erzielt werden. Dies gilt oft dann, wenn ein reguläres Netz verwendet wird.

9.5.1 Biegung eines Kragträgers

In diesem Beispiel, das eigentlich ein Balkenproblem darstellt, soll das grundsätzliche Verhalten der Schalenelemente bei Biegung erläutert werden. Der Kragträger und seine Abmessungen sind in Bild 9.21 dargestellt. Die Berechnungen werden für unterschiedliche Verhältnisse von l/h durchgeführt. Für $l/h = 100$ sind Vergleichsresultate in der Arbeit von (DVORKIN et al. 1995) angegeben, die als Referenzlösung dienen. In Bild 9.22 sind die Lastverschie-

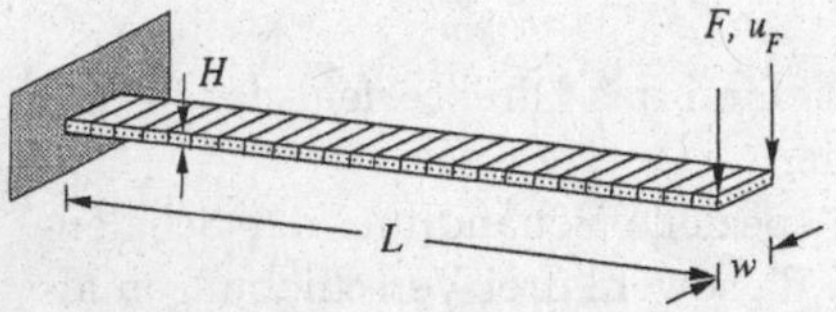

Materialdaten:	
$\mu = 4.6154 \cdot 10^6$	$\Lambda = 6.9231 \cdot 10^6$
$\tau_Y = 2.4 \cdot 10^4$	$K = 1.2 \cdot 10^5$
Geometrie:	
$l = 10$	$w = 1$

9.21 Biegung eine Kragträgers

bungskurven für vier unterschiedliche Verhältnisses l/h dargestellt. Für den Fall $l/h = 100$ stimmen die Lösungen sowohl der 5- als auch der 6-Parameter Theorie sehr gut mit der Referenzlösung überein. Hier liefern das 5- und 6-Parameter Modell fast identische Resultate. Dies gilt auch für den sehr dünnen Balken mit $l/h = 1000$. Man beachte hier, daß das 5-Parameter Element bereits mit 20 finiten Elementen eine konvergierte Lösung erreicht, während das 6-Parameter Element 30 Elemente benötigt. Dies läßt den Schluß zu – der sich auch in späteren Berechnungen bestätigt–, daß die 5-Parameter Theorie bessere Approximationseigenschaften im Grenzfall der dünnen Schale aufweist. Für einen sehr dicken Kragträger, bei dem das Verhältnis von Länge zu Dicke nur $l/h = 10/3$ beträgt, zeigt das 5-Parameter Element ein steiferes Verhalten im elastischen Bereich, da keine Schubdeformationen berücksichtigt werden. Jedoch in dem Moment, in dem plastische Deformationen auftreten, verschwindet der Unterschied in der Lösung. Dies liegt daran, daß sich beim Kragträger ein plastisches Gelenk (Fließgelenk) ausbildet. Entsprechendes Verhalten im plastischen Bereich wird auch bei den weiteren Beispielen unabhängig von der anfänglichen Schalengeometrie beobachtet.

9.5.2 Aufblasvorgang einer quadratischen Platte

Eine quadratische Platte wird durch einen konstanten Druck ($p_\circ = 10^{-2}$) belastet, der durch den Lastparameter $\lambda = f$ gesteigert wird, s. Bild 9.23. Die Platte ist NAVIER gelagert, so daß die vertikale Verschiebung u_3 zu null gesetzt wird. Wegen der Symmetrie wird nur ein Viertel der Platte mit 15×15 Elementen diskretisiert. Dabei wird zur äußeren Kante hin verfeinert. Die Lastverschiebungskurven wurden mit den 5- und 6-Parameter Modellen

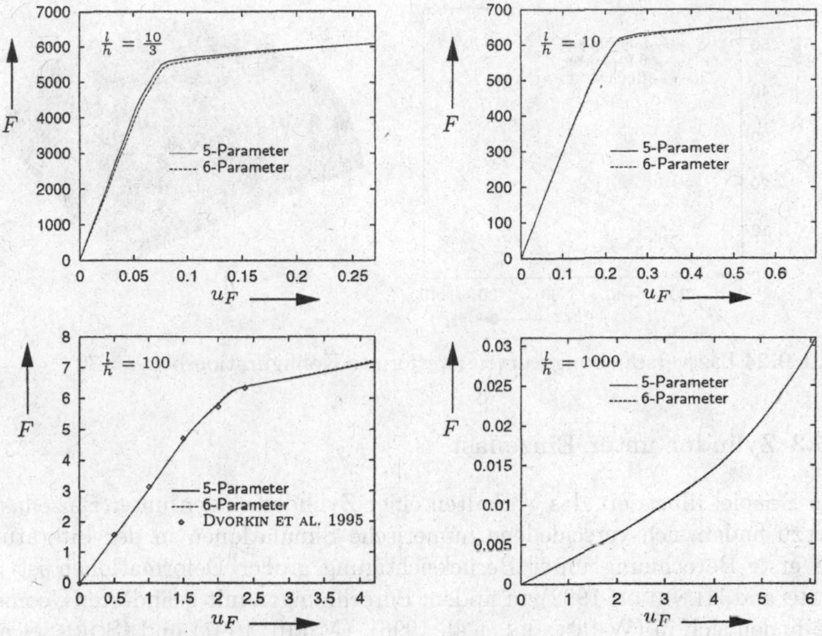

Bild 9.22 Lastverschiebungskurven

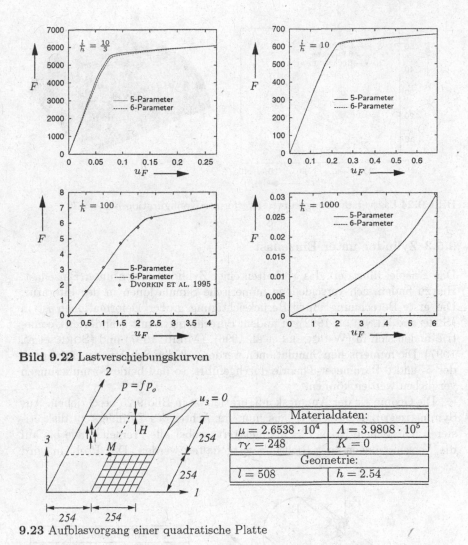

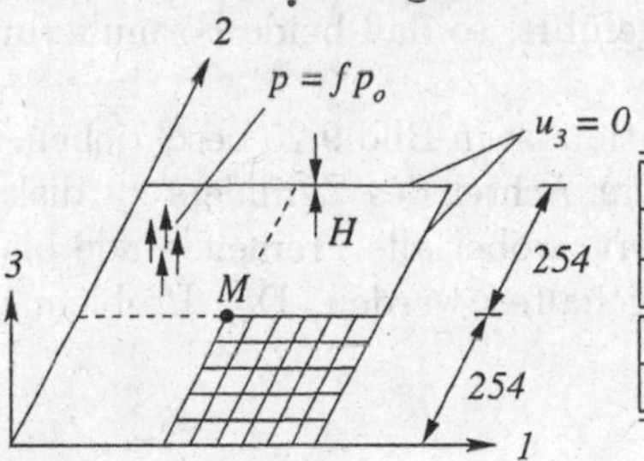

Materialdaten:	
$\mu = 2.6538 \cdot 10^4$	$\Lambda = 3.9808 \cdot 10^5$
$\tau_Y = 248$	$K = 0$
Geometrie:	
$l = 508$	$h = 2.54$

9.23 Aufblasvorgang einer quadratische Platte

berechnet, s. 9.24. Im Diagram ist der Lastparameter λ über der Mittenverschiebung $u_{3\,M}$ der Platte aufgetragen. Wie beim ersten Beispiel weist das 6-Parameter Schalenelement eine langsamere Konvergenz auf. Das quasi-KIRCHHOFF Element liefert bereits eine konvergierte Lösung mit 225 Elementen. Weiterhin sind Ergebisse von (BÜCHTER et al. 1994) in Bild 9.24 dargestellt. Eine gute Übereinstimmung besteht bis zur Mittenverschiebung $u_{3\,M} \approx 30$. Für größere Verschiebungen entsteht eine Differenz, die von der Aufbringung der Druckelastung $p = \lambda p_\circ$ herrührt, die in (BÜCHTER et al. 1994) als nicht deformationsabhängig angesetzt wurde. Man beachte, daß die verformte Konfiguration bei $\lambda = 70$ in Bild 9.24 eine beachtliche Änderung der Oberfläche aufweist.

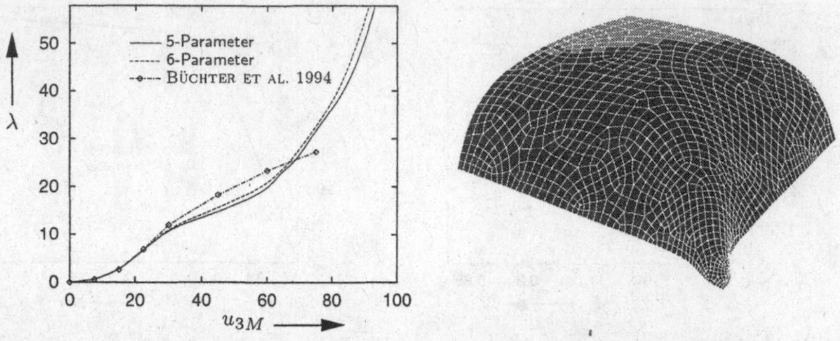

Bild 9.24 Lastverschiebungskurven ; verformte Konfiguration bei $\lambda = 70$

9.5.3 Zylinder unter Einzellast

Das Beispiel illustriert das Verhalten einer Zylinderschalen unter Einzellast. Hierzu finden sich verschiedene numerische Simulationen in der Literatur. Die erste Berechnung unter Berücksichtigung großer Deformationen ist in (SIMO and KENNEDY 1992) zu finden. Berechnungen mit geänderter Geometrie finden sich in (WRIGGERS et al. 1996), (MIEHE 1997) und (SORIC et al. 1997). Die numerischen Simulationen werden mit den Schalenelementen nach der 5- und 6-Parameter-Theorie durchgeführt, so daß beide Formulierungen verglichen werden können.

Die Geometrie der Anfangskonfiguration ist in Bild 9.25 beschrieben. Aus Symmetriegründen reicht es aus, nur ein Achtel des Zylinders zu diskretisieren. Die Schale ist in $z = 300$ gelagert, wobei alle Freiheitsgrade bis auf die Verschiebungen in z-Richtung festgehalten werden. Das Problem wird

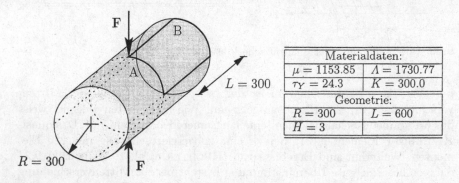

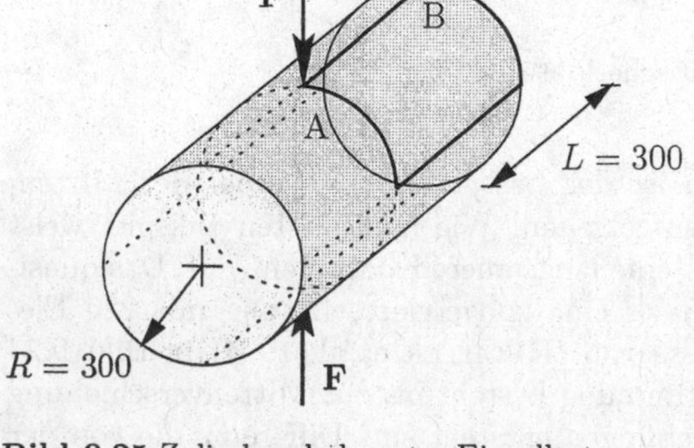

Materialdaten:	
$\mu = 1153.85$	$\Lambda = 1730.77$
$\tau_Y = 24.3$	$K = 300.0$
Geometrie:	
$R = 300$	$L = 600$
$H = 3$	

Bild 9.25 Zylinderschale unter Einzellast

verschiebungskontrolliert berechnet, wobei ein mittleres Verschiebungsinkrement von $\Delta u_F \approx 2.5$ gewählt wurde, das ein stabiles Konvergenzverhalten

innerhalb des NEWTON-Verfahrens garantiert. Damit wird die Gesamtlast in ungefähr 100 Lastschritten aufgebracht.
Für ein strukturiertes Netz mit 32×32 Elementen sind die Lastverschiebungskurven in Bild 9.26 dargestellt. Sie repräsentieren die vertikale Verschiebung u_F in Abhängigkeit der Last F. Das Konvergenzverhalten dieses Systems wurde in (WRIGGERS et al. 1996) studiert. Durch Vergleich mit den dort angegebenen Ergebnissen kann hier die 5-Parameter Lösung als Referenzlösung angesehen werden. Bild 9.26 zeigt, daß die Ergebnisse der 5- und 6-Parameter Theorie sehr nahe beieinanderliegen. Sie sind weiterhin in sehr guter Übereinstimmung mit der Lösung, die mit dreidimensionalen EAS Elementen (vgl. Abschn. 10.4) erzeugt wurde. Es soll hier noch einmal erwähnt werden, daß der Aufwand für die Berechnung der Elementmatrizen bei der 6-Parameter Theorie erheblich höher ist als der zur Erzeugung der quasi-KIRCHHOFF-Element (24 gegen 20 Freiheitsgrade und fünf anstelle von vier inkompatiblen Moden). Dabei ist die Lösung nicht wesentlich genauer. Bild 9.27 verdeutlicht

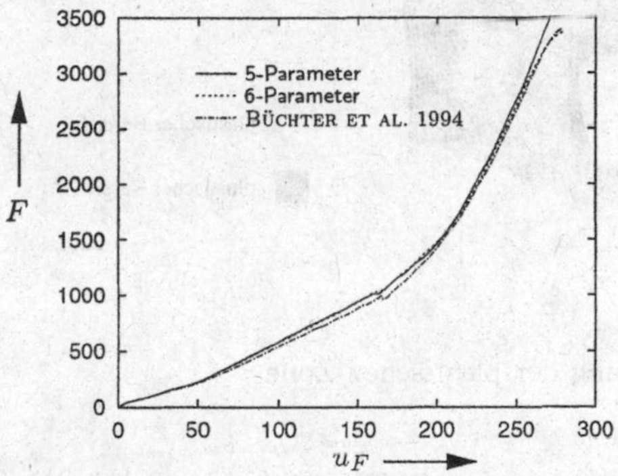

Bild 9.26 Last-Verschiebungskurve

die Entwicklung der plastischen Zone für das 5-Parameter Element. Hierzu wurde die plastische Vergleichsdehnung in der äußeren Schicht geplottet. Man beachte, daß der Querschnitt unter der Last sich während der Deformation zu einem Rechteck deformiert, wobei die Ecke unter zunehmender Last nach außen wandert.

9.5.4 Abschließende Bemerkungen

Aus den vorangegangenen Beispielen folgt, daß das quasi-KIRCHHOFF Schalenelement sehr gute Resultate auch für dicke Schalen liefert, wenn große plastische Deformationen auftreten. Aus diesem Grund ist es sicher sinnvoll, dieses effizientere Element für derartige Aufgabenstellungen einzusetzen. Auch in anderen Anwendungen konnte dieses Verhalten gezeigt werden,

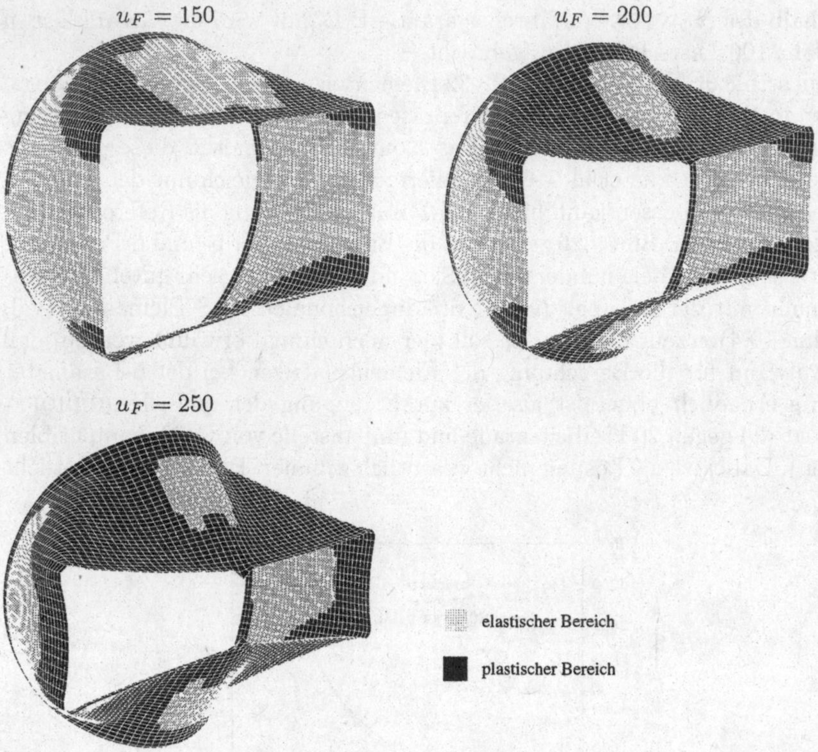

Bild 9.27 Entwicklung der plastischen Zone

s. (Eberlein und Wriggers 1999). Dies heist, daß die quasi-Kirchhoff-Schalenelemente für Probleme mit großen plastischen Deformationen (wie z.B. bei der Blechumformung) die effizienteste Lösung ermöglichen.

Jedoch gibt es insbesondere bei elastischen Materialverhalten Probleme, bei denen Randeffekte eine Rolle spielen, die mit der Kirchhoff Theorie nicht abgebildet werden können, erten siehe z.B. die Bestimmung der Querkräfte bei Navier gelagten Platten. Dann sollte die 6-Parameter Theorie zum Einsatz gelangen. Oder man verwendet gleich dreidimensionale finite Kontinuumselemente. Diese könnten auch mit den einfachen Schalenelementen gekoppelt werden, da die gestörten Randzonen meist kleine Ausdehnungen haben und die Kirchhoff Schalentheorie in den ungestörten Bereichen völlig ausreicht. Dies würde einer Vorgehensweise im Rahmen der Modelladaptivität entsprechen, wobei man weitergehend auch noch bei Schalen reine Membranelemente mit Biegeelementen koppeln könnte. Erste Ansätze hierzu finden sich z.B. in (Han und Wriggers 1998).

Es soll noch erwähnt werden, daß das Konvergenzverhalten des 6-Parameter Modells durch zusätzliche Ansätze nach der ANS Interpolation in Dickenrichtung verbessert werden kann, s. z.B. (BETSCH und STEIN 1995) oder (BISCHOFF und RAMM 1997). Dies wird dann oft auch als 7-Parameter Modell bezeichnet.

10. Spezielle Kontinuumselemente

10.1 Anforderungen an Kontinuumselemente

Die Suche nach finiten Elementen, die in genereller Weise für beliebige Problemstellungen in der Festkörpermechanik eingesetzt werden können, hat eine lange Geschichte, wie man an der großen Zahl von Veröffentlichungen zu diesem Thema sieht. Hauptziel bei dieser Entwicklung ist es, möglichst alle Forderungen, die in der folgenden Aufzählung angegeben sind, mit einer Elementformulierung zu erfüllen.

1. *Locking*freies Verhalten bei inkompressiblen Materialien,
2. gutes Biegeeigenschaften,
3. kein *locking* bei dünnen Elementen,
4. Unanfälligkeit bei Netzverzerrung,
5. gute Genauigkeit bei groben Netzen,
6. einfache Implementation von nichtlinearen Materialgleichungen und
7. Effizienz (z.B. möglichst wenig Integrationspunkte).

Die einzelnen Punkte resultieren aus unterschiedlichen Anforderungen. Der erste Punkt folgt aus der Behandlung spezieller Problemklassen, die in Ingenieuranwendungen gummiartige Materialien und elasto-plastische Materialgleichungen im Rahmen der J_2-Plastizität einschließen. In den letzten Jahren sind viele unterschiedliche spezielle finite Elemente zur Behandlung der genannten Problemstellungen entwickelt worden. Dies ist darin begründet, daß die klassischen Verschiebungselemente, die im Kap. 4 hergeleitet wurden, i.d.R. nicht ausreichen, um komplexes Materialverhalten zu beschreiben. Hier ist zum einen das inkompressible konstitutive Verhalten vieler gummiartiger Materialien zu nennen und zum anderen auch die Inkompressibilität des plastischen Fließens, die bei dem Verschiebungselement schon in der geometrische linearen Theorie zum sog. *locking* führen, s. z.B. (Braess 1992), (Zienkiewicz and Taylor 1989) oder (Hughes 1987). Finite Elemente, die gut für inkompressibles Materialverhalten geeignet sind, werden in Abschn. 10.2, 10.3 und 10.4 behandelt.

Der zweite und dritte Punkt der Aufzählung gewinnt dann Bedeutung, wenn dreidimensionale Festkörperelemente für die Berechnung von Balken- und Schalenproblemen herangezogen werden sollen, was z. B. bei Kontaktproblemen von Schalen eine genauere Beschreibung der Kontaktfläche als obere oder untere Oberfläche eines Elementes zuläßt. Hier können die dreidimensionalen Materialgleichungen beibehalten werden und es treten keine endlichen Rotationen als zusätzliche Variablen auf wie bei der Schalenformulierung, s. z.B. Abschn. 9.4.

Der vierte Punkt ist wesentlich, wenn moderne Methoden der Netzgenerierung eingesetzt werden sollen. Dabei werden im allgemeinen unstrukturierte Netze erzeugt, bei denen immer verzerrte Elementgeometrien auftreten, s. Abbildung 8.7. Weiterhin können finite Elemente während einer nichtlinearen Berechnung sehr stark deformiert werden.

Der fünfte Punkt hängt damit zusammen, daß bei Ingenieuranwendungen sehr komplexe dreidimensionale Bauteile zu analysieren sind, deren Größe an die Grenzen der heutigen Computergeneration stößt. Damit sind Teile der Struktur häufig nicht sehr fein auflösbar, so daß an diesen Stellen eine vertretbare Lösung nur mit Elementen berechnet werden kann, die eine ausreichende Genauigkeit auch bei grober Diskretisierung liefern. Dieser Punkt wird mit der rasant anwachsenden Geschwindigkeit der Prozessoren und der Speicherkapazitäten immer weniger Bedeutung haben.

Punkt sechs folgt aus der Tatsache, daß immer genauere mathematisch-physikalische Modelle zur Berechnung von Ingenieurstrukturen herangezogen werden müssen. Dies geht mit der Berücksichtigung finiter Deformationen oder nichtlinearen Materialgleichungen in den verbesserten Modellen einher. Um hier einen möglichst einfachen Zugang für den Anwender der Methode der finiten Elemente zu gewährleisten, sollten die Elementansätze so gewählt werden, daß sich sowohl die nichtlineare Geometrie als auch komplizierte Materialgleichungen einfach implementieren lassen.

Schließlich soll noch im siebten Punkt herausgehoben werden, daß die Implementation eines Elementes effizient und speicherplatzsparend sein muß, um große Ingenieuranwendungen mit mehreren hunderttausend Unbekannten in einem angemessenen Zeitrahmen lösen zu können. Dies ist in Hinblick auf moderne iterative Lösungsverfahren besonders wichtig, da bei guten Lösern der Zeitaufwand zur Aufstellung der tangentialen Steifigkeitsmatrix und rechten Seite von gleicher Größenordnung wie das Lösen ist.

Für nichtlineare Berechnungen haben sich insbesondere Elemente niedriger Ordnung als sehr robust erwiesen. Dies kann an einer niedrigen Regularität der Lösungen liegen. Daneben gilt, daß Elemente mit niedriger Ansatzordnung auf globale Tangentenmatrizen führen, die schächer besetzt sind als die Matrizen, die aus finiten Elementen mit höheren Ansätzen herrühren. Daraus folgt eine größere Effizienz, da die Lösung des zugehörigen Gleichungssystems schneller erfolgen kann, was speziell bei umfangreichen Diskretisierungen entscheidend ist. Ein wichtiger Punkt, der bei inelastischen Problemstellungen relevant ist und der häufig übersehen wird, ist mit der Speicherung der Geschichtsvariablen verknüpft. Die Geschichtsvariablen müssen an jedem GAUSS-Punkt vorgehalten werden. So bekommt man bei einem dreidimensionalen elastoplastischen Problem den in Tabelle 10.1 angegebenen

Speicherbedarf. Dabei wird ein Würfel mit 10^6 finiten Elementen und VON MISES Plastizität mit isotroper Verfestigung nach Abschn. 6.2.2 betrachtet, bei der sechs plastische Verzerrungskomponenten und eine Verfestigungsvariable pro Integrationspunkt gespeichert werden müssen. Da bei Verwendung

Tabelle 10.1: Speicherbedarf für Geschichtsvariablen bei 10^6 finiten Elementen

Ansatzordnung	Anzahl der GAUSS-Punkte	Speicherbedarf
1	1	56 MByte
1	8	448 MByte
2	27	1512 MByte

von iterativen Gleichungslösern oder speziellen auf der Sparsetechnik beruhenden Gleichungslösern, s. Abschn. 5.2, der Speicherplatzbedarf zwar größer ist aber etwa in der selben Größenordnung liegt, ist es gerade bei großdimensionierten Problemen wünschenswert, mit einer möglichst geringen Anzahl von Integrationspunkten zu arbeiten. Natürlich darf man hier nicht direkt die linearen und quadratischen Elemente vergleichen, da letztere eine höhere Konvergenzordnung aufweisen, wenn entsprechende Regularität des Problems vorliegt, siehe auch die Vorbemerkungen in Kap. 8. Liegt diese vor, dann werden entsprechend weniger quadratische Elemente benötigt, so daß dann der Speicherbedarf für die Geschichtsvariablen sinkt. (Nimmt man z.B. im obigen Beispiel an, daß pro Kante die Hälfte der Elemente bei quadratischem Ansatz ausreicht, so verringert sich der Speicherbedarf auf 189 MByte).

Der Speicherbedarf für die Geschichtsvariablen spielt bei expliziten Integrationsverfahren, die zur Simulation von z.B. Stoß- oder Shockproblemen eingesetzt werden, eine ganz erhebliche Rolle. Hier hat man nur das Residuum zu speichern, s. Abschn. 6.1.1, was im dreidimensionalen Fall 3 Einträge pro Knoten ausmacht, so daß für die oben angenommenen Diskretisierung mit 100^3 Elementen ungefähr $3 \times 101^3 = 3.091 \times 10^6$ Einträge des Residuums gespeichert werden müssen. Die Anzahl der zu speichernden Geschichtsvariablen beläuft sich aber bei der für lineare Elemente korrekten 2-Punkt GAUSS-Integration pro Koordinatenrichtung auf $2 \times 2 \times 2 \times 10^3 = 8 \times 10^6$, also insgesamt auf mehr als das Doppelte des für das Residuum benötigten Speicherplatzes. Wenn man solch große Probleme im Kernspeicher des Rechners halten will, um die Berechnungszeit möglichst kurz zu halten, dann sieht man, daß die Speicherung der Geschichtsvariablen eine nicht zu vernachlässigende Größe darstellt. Daher wird in expliziten Programmen häufig eine 1-Punkt GAUSS-Integration angewendet. Dies bedarf aber einer speziellen Elementformulierung, die auf Stabilisierungtechniken beruht. Diese wird in Abschn. 10.3 vorgestellt.

Da bekannt ist, daß das reine Verschiebungselement mit bi- oder trilinearem Verschiebungsansatz keine guten Konvergenzeigenschaften bei Biegeproblemen aufweist, hat man auch für diesen Zweck spezielle Elemente konstruiert. Mit diesen Elementen kann zwar die Konvergenzordnung nach (8.6) oder (8.10) nicht erhöht werden, aber die Konstante C wird kleiner, so daß bei gleicher Elementanzahl erheblich früher die gewünschte Genauigkeit erreicht werden kann. Das ideale finite Element wäre in diesem Zusammenhang ein Element, das sowohl für Inkompressibilität als auch für Biegung gleichermaßen gut geeignet ist.

Um Elemente zu konstruieren, die möglichst alle der sieben aufgestellten Forderungen erfüllen, sind verschiedene Herangehensweisen entwickelt worden. Zu diesen gehören unter anderen

- Techniken, die auf einer Unterintegration der Elemente beruhen,
- Stabilisierungsmethoden,
- Hybride oder gemischte Variationsprinzipien die auf der in den Spannungen geschriebenen Komplementärenergie beruhen,
- gemischtes Variationsprinzip nach HU-WASHIZU,
- gemischte Variationsprinzipien für Rotationsfelder,
- gemischte Variationsprinzipien für ausgewählte Größen.

Im folgenden diskutieren wir die verschiedenen Zugänge und erläutern die Unterschiede der einzelnen Diskretisierungstechniken, bevor wir einige Vorgehensweisen detailliert darstellen.

1. **Reduzierte Integration und Stabilisierung.** Die einfachste Methode, die auch gleichzeitig sehr effizient und speicherplatzsparend ist, liefert eine Unterintegration der Steifigkeitsmatrix. Unterintegration oder auch reduzierte Integration bedeutet eine Verwendung von weniger GAUSS-Punkten bei der Integration der Tangentenmatrizen und Residualvektoren als eigentlich für den gewählten Polynomgrad der Ansatzordnung notwendig wären. Diese reduzierte Integration wird zur Vermeidung des *lockings* bei Inkompressibilitätsproblemen auch häufig selektiv nur für den Druckanteil durchgeführt, s. z.B. (MALKUS and HUGHES 1978) oder (HUGHES 1980) und Abschn. 10.1. Zu dem Thema der reduzierten Integration existieren viele Varianten, die durch die Tatsache bedingt sind, daß bei der Unterintegration generell ein Rangabfall der tangentialen Steifigkeitsmatrix auftritt, der durch zusätzliche Maßnahmen behoben werden muß. Die zugehörigen Maßnahmen können generell unter dem Begriff Stabilisierungstechniken zusammengefaßt werden. Eine Literaturübersicht hierzu findet sich im Abschn. 10.3, in dem Stabilisierungstechniken nach (BELYTSCHKO et al. 1984) vorgestellt werden. Durch die Verwendung der reduzierten Integration einschl. Stabilisierung können Elemente konstruiert werden, die die Bedingungen 1., 4., 5., 6. und 7 erfüllen. Sie weisen also kein *locking* bei Inkompressibilität auf, sind recht genau bei groben Netzen, sind nicht sensibel gegenüber Netzverzerrungen und erlauben die Implementierung von allgemeinen Materialgesetzen. Schließlich liefert die reduzierte Integration die effizienteste Möglich-

keit das Elementresiduum und die zugehörige tangentiale Steifigkeitsmatrix zu berechnen (z.B. wird beim Achtknoten-Quaderelement nur ein GAUSSpunkt benötigt). Jedoch ist ein Nachteil der Formulierung, daß man künstliche Stabilisierungsparameter wählen muß. Im ungünstigsten Fall hängt dann die Lösung eines Problems direkt von den Stabilisierungsparametern ab, s. auch Abschn. 10.3.

2. **Hybride oder gemischte Variationsprinzipien.** Bei der Verwendung gemischter Variationsfunktionale sind unterschiedliche Zugänge möglich, um finite Elemente zu konstruieren. Im Fall der linearen Elastizität wurden hybride gemischte Formulierungen erstmalig von (PIAN 1964) angegeben, diese haben in der Folgezeit zur Konstruktion unterschiedlicher finiter Elemente geführt. Innerhalb dieser Vorgehensweise haben (PIAN and SUMIHARA 1984) ein Element entwickelt, das effizient und genau ist, und alle Punkte bis auf 6. erfüllt. Es gibt jedoch bislang keine Formulierung des Elementes für große Deformationen, da beliebige konstitutive Gleichungen nicht allgemein invertierbar sind, was jedoch bei der Entwicklung des Elementes vorausgesetzt wird.
3. **Angereicherte oder *enhanced* Verzerrungen auf der Basis des HU-WASHIZU-Prinzips.** In der ersten Arbeit von (SIMO and RIFAI 1990) wurden die *enhanced strain* Elemente für die geometrisch lineare Theorie entwickelt. In nachfolgenden Arbeiten haben dann (SIMO and ARMERO 1992) und (SIMO et al. 1993) eine Familie von finiten Elementen auf der Basis des Variationsprinzips von HU-WASHIZU für endliche Deformationen und inelastische Materialgleichungen hergeleitet. Diese Elemente stellen eine Weiterentwicklung der seit langem bekannten finiten Elemente mit inkompatiblen Moden dar, die von (WILSON et al. 1973) und (TAYLOR et al. 1976) erstmals für lineare Probleme vorgestellt wurden. Die *enhanced strain* Elemente erfüllen die Punkte 1. bis 6. der oben genannten Aufzählung und sind damit für generelle Anwendungen hervorragend geeignet. Leider haben diese Elemente einige Nachteile. Sie erfordern eine statische Kondensation auf Elementebene, was die Invertierung einer Matrix (im zweidimensionalen Fall 4×4 und im dreidimensionalen Fall 9×9 oder 12×12) bedeutet. Daher können die Elementmatrizen nicht effizient berechnet werden. Weiterhin sind durch die notwendige Speicherung der zu den inkompatiblen Moden gehörenden Freiheitsgrade zusätzliche Speicherplätze notwendig, siehe auch die Kommentare zu Tabelle 10.1. Ein weiterer Punkt, der immer noch Gegenstand von Untersuchungen ist, folgt aus dem von (WRIGGERS und REESE 1994), (WRIGGERS und REESE 1996) entdeckten *hour-glassing* der *enhanced strain* Elemente im Druckbereich bei großen Deformationen. Dies wird im Abschn. 10.4 näher diskutiert. Teilweise Abhilfe findet sich in den Arbeiten von (KORELC and WRIGGERS 1996a), (GLASER and ARMERO 1998) und (REESE and WRIGGERS 2000), wobei unterschiedliche Herangehensweisen verwendet werden, s. auch Abschn. 10.4.4.

4. **Gemischte Variationsprinzipien für Felder mit Rotationsfreiheitsgraden.** Wenn man neben der Gleichgewichtsbedingung auch noch die Momentengleichgewichtsbedingung, die gemäß (3.66) auf die Symmetrie des Spannungstensors führt, schwach formuliert, dann müssen Rotationsfreiheitsgrade als unabhängige Feldvariable eingeführt werden. Elemente, die auf einer derartigen Formulierung basieren wurden z.B. in (HUGHES and BREZZI 1989) konstruiert. Eine weitere Anwendung dieser Variationsprinzipien findet sich bei der Konstruktion von zweidimensionalen Elementen, die Grundlage für Schalenelementen sind, s. z.B. (IBRAHIMBEGOVIC et al. 1990), (IURA and ATLURI 1992) oder (GRUTTMANN et al. 1992).
5. **Gemischte Variationsprinzipien für ausgewählte Größen.** Oft müssen spezielle Zwangsbedingungen im numerischen Modell eingehalten werden. In diesen Fällen ist es angebracht, ein gemischtes Variationsprinzip aufzustellen, das genau auf die zu erfüllende Zwangsbedingung zugeschnitten ist. Das wohl herausragendste Beispiel hierfür ist das Einhalten der durch Inkompressibilität vorgegebenen Zwangsbedingung. Diese tritt wie bereits schon erwähnt bei gummiartigen elastischen Materialien und beim plastischen Fließen im Rahmen der J_2 Theorie auf. Das zugehörige spezielle Variationsprinzip geht von einer Aufspaltung der kinematischen Variablen aus, Details hierzu finden sich in Abschn. 10.2. Die notwendigen finiten Elemente erfüllen die in Punkt 1., 4., 5. und 7. angegebenen Bedingungen. Infolge des kinematischen Splits ist die Formulierung der Materialgleichungen erheblich aufwendiger als bei der Standardformulierung. Diese gilt insbesondere für die linearisierte Form, die dem NEWTON-Verfahren zugrunde liegt.

10.2 Gemischte Elemente für Inkompressibilität

Bei Problemen, in denen die Inkompressibilität des Materialverhaltens zu berücksichtigen ist, sind reine Verschiebungselemente ungeeignet, da sie zu *locking* neigen. *Locking* bedeutet in diesem Zusammenhang, daß die Zwangsbedingung der Inkompressibilität im elastischen Fall ($J = \det \mathbf{F} = 1$) oder bei plastischem Fließen ($J_p = \det \mathbf{F}_p = 1$), die den reinen Ausdehnungsmode eines finiten Elementes betrifft, nur im Zusammenhang mit einer erheblichen Versteifung der Biegemoden erfüllt werden kann, s. z.B. (HUECK et al. 1994). Aus diesem Grund spricht man auch von Volumenlocking. Abhilfe können gemischte Verfahren schaffen, s. z.B. (ZIENKIEWICZ and TAYLOR 1989) oder (BREZZI and FORTIN 1991). Unterschiedliche Möglichkeiten zur Konstruktion gemischter Elemente basieren auf den folgenden Darstellungen

- **Methode der LAGRANGEschen Multiplikatoren.** Hier wird die Nebenbedingung der Inkompressibilität direkt über die Methode der LAGRANGEschen Multiplikatoren eingebracht. Dazu geht man von einem Split der

Verzerrungsenergie, s. (3.119),

$$W = \hat{W} + p\,G(J) \quad \text{mit} \quad G(J) = 0 \tag{10.1}$$

aus. Die Nebenbedingung wird dabei i.d.R. als $G(J) = J - 1$ formuliert. Die Verzerrungsenergiefunktion $\hat{W}$ ist z.B. durch den Ansatz von MOONEY-RIVLIN (3.109) formulierbar. Finite Elemente, die auf dieser Methodik basieren, haben den Nachteil, daß im Gegensatz zu einer reinen Verschiebungsmethode zusätzliche Unbekannte – die LAGRANGEschen Multiplikatoren p – auftreten. Weiterhin müssen spezielle Techniken zur Gleichungslösung eingesetzt werden, um die entstehenden inkrementellen Gleichungssysteme für die Verschiebungen und den Druck

$$\begin{bmatrix} \boldsymbol{K}_{T\,uu} & \boldsymbol{B}_{T\,up} \\ \boldsymbol{B}_{T\,pu}^T & \boldsymbol{0} \end{bmatrix} \begin{Bmatrix} \Delta \boldsymbol{u} \\ \Delta \boldsymbol{p} \end{Bmatrix} = - \begin{Bmatrix} \boldsymbol{R}_u \\ \boldsymbol{R}_p \end{Bmatrix} \tag{10.2}$$

zu lösen, die in der Hauptdiagonalen Nullen aufweisen. Die Submatrix $\boldsymbol{K}_{T\,uu}$ resultiert aus $\hat{W}$ während $\boldsymbol{B}_{T\,up}$ aus der Diskretisierung des Terms $p\,G(J)$ stammt. Entsprechende Finite-Element-Formulierungen finden sich in (ODEN and KEY 1970) oder (DUFFET and REDDY 1983).

- **Gestörte LAGRANGEsche Methode.** Um mehr Variationsmöglichkeiten bei der Formulierung der Ansatzfunktionen zu bekommen, wird von der folgenden Verzerrungsenergie ausgegangen

$$W = \hat{W} + p\,G(J) - \frac{1}{2\,\epsilon}\,p^2 . \tag{10.3}$$

Die Nebenbedingung ist wieder durch $G(J) = J - 1$ gegeben. $\epsilon > 0$ ist ein Störparameter. Werden jetzt kontinuierliche Ansätze für Druck und Verschiebung gewählt, so folgt das Gleichungssystem

$$\begin{bmatrix} \boldsymbol{K}_{T\,uu} & \boldsymbol{B}_{T\,up} \\ \boldsymbol{B}_{T\,pu}^T & -\frac{1}{\epsilon}\,\boldsymbol{I} \end{bmatrix} \begin{Bmatrix} \Delta \boldsymbol{u} \\ \Delta \boldsymbol{p} \end{Bmatrix} = - \begin{Bmatrix} \boldsymbol{R}_u \\ \boldsymbol{R}_p \end{Bmatrix} , \tag{10.4}$$

aus dem im Gegensatz zu (10.2) die inkrementellen Verschiebungen und Drücke mit Standardgleichungslösern bestimmt werden können. Bei diskontinuierlichen Ansätzen für den Druck kann man auf Elementebene den Druck eliminieren, so daß generell die folgende inkrementelle Gleichung für die Verschiebung entsteht

$$\left[\boldsymbol{K}_{T\,uu} + \frac{1}{\epsilon}\,\boldsymbol{B}_{T\,up}^T\,\boldsymbol{B}_{T\,pu} \right] \Delta \boldsymbol{u} = -\boldsymbol{R}_u - \frac{1}{\epsilon}\,\boldsymbol{B}_{T\,up}\,\boldsymbol{R}_p . \tag{10.5}$$

Dies entspricht einer klassischen *penalty* Formulierung für die Nebenbedingung der Inkompressibilität. Allerdings hängt die Lösung von dem *penalty* Parameter ab. Für große ϵ verschwindet der Einfluß der Nebenbedingung. Wählt man dagegen für ϵ einen sehr kleinen Wert, dann wird die Konditionszahl des Gleichungssystem (10.5) eventuell so schlecht, daß spezielle Lösungsverfahren angewendet werden müssen. Arbeiten zu der Formulierung (10.5) wurden z.B. von (HÄGGBLAD und SUNDBERG 1983) oder (SUSSMAN and BATHE 1987) publiziert.

- HU-WASHIZU-**Funktional.** Hier wird die Inkompressibilität wie bei einer *penalty* Methode behandelt, aber über eine konstitutive Gleichung formuliert. Man geht von dem Funktional

$$H(\varphi, p, \theta) = W(\widehat{\mathbf{C}}) + K\,[\,G(\theta)]^2 + p\,(J - \theta) \tag{10.6}$$

aus, s. auch Abschn. 3.4.3, und wählt Ansätze für die Deformation φ, den Druck p und die volumetrische Variable θ. K ist hier der Kompressionsmodul. Die Formulierung von $W(\widehat{\mathbf{C}})$ erfolgt z.B. gemäß (3.119). Die zugehörige Diskretisierung im Rahmen der Methode der finiten Elemente wurde erstmals in (SIMO et al. 1985a) bereitgestellt.

Grundsätzlich müssen finite Elemente, die auf gemischten Variationsmethoden beruhen noch eine zusätzliche mathematische Bedingung erfüllen, die dann die Stabilität der Elementformulierung garantiert. Diese Bedingung ist als BB-Bedingung nach BABUSKA und BREZZI bekannt. Ihre Erfüllung bedeutet, daß die Matrix $\boldsymbol{B}_T$ in (10.4) keinen Rangabfall erleidet.

ANMERKUNG 10.1 : Im mathematischen Formalismus soll die BB-Bedingung hier für die inkompressible lineare Elastizitätstheorie angegeben werden. Mit der verkürzenden Schreibweise, s. auch Kap. 8 und Gl. (8.3), kann inkompressibles Verhalten durch die gemischte Form

$$\begin{aligned} a(\mathbf{u}, \boldsymbol{\eta}) + b(p, \boldsymbol{\eta}) &= f(\boldsymbol{\eta}) \qquad \forall \boldsymbol{\eta} \in V \\ b(q, \mathbf{u}) &= 0 \qquad \forall q \in Q \end{aligned} \tag{10.7}$$

beschrieben werden, wobei die einzelnen Terme durch

$$\begin{aligned} a(\mathbf{u}, \boldsymbol{\eta}) &= 2\,\mu \int_\Omega \mathbf{e}_D(\boldsymbol{\eta}) \cdot \mathbf{e}_D(\mathbf{u})\, d\Omega\,, \\ b(p, \boldsymbol{\eta}) &= \int_\Omega p \operatorname{div} \boldsymbol{\eta}\, d\Omega\,, \\ f(\boldsymbol{\eta}) &= \int_\Omega \hat{\mathbf{b}} \cdot \boldsymbol{\eta}\, d\Omega + \int_{\Gamma_\sigma} \hat{\mathbf{t}} \cdot \boldsymbol{\eta}\, d\Gamma \end{aligned} \tag{10.8}$$

definiert sind. Man beachte, daß in $(10.8)_1$ *der Verzerrungsdeviator (3.30) zu verwenden ist, um einen klaren Split von volumetrischen und deviatorischen Größen zu gewährleisten. Die Bedingung der Inkompressibilität wird im linearen Fall durch* $\operatorname{div} \mathbf{u} = 0$ *beschrieben und ist durch die Methode der LAGRANGEschen Multiplikatoren berücksichtigt.*

Im kontinuierlichen Fall bei entsprechend glatten Rändern liegen die Verschiebungen im SOBOLEV Raum H^1 ($\mathbf{v} \in V = H^1(\Omega)$, *für die Definition der Räume s. (8.7)). Für den Druck genügt der Raum* L^2 ($p \in Q = L^2(\Omega)$), *da keine Ableitungen des Druckes in (10.8) auftreten. Mit den FE Ansätzen für die Verschiebungen* $\mathbf{u}_h \in V_h \subset V$ *und den Druck* $p_h \in Q_h \subset Q$ *folgt die diskretisierte Form von (10.7)*

$$\begin{aligned} a(\mathbf{u}_h, \boldsymbol{\eta}_h) + b(p_h, \boldsymbol{\eta}_h) &= f(\boldsymbol{\eta}_h) \qquad \forall \boldsymbol{\eta}_h \in V_h \\ b(q, \mathbf{u}) &= 0 \qquad \forall q_h \in Q_h \end{aligned} \tag{10.9}$$

Die Bedingungen, die für diese Diskretisierung die Existenz, Eindeutigkeit und Stabilität gewährleisten sind die Elliptizitätsbedingung und die BB-Bedingung. Erstere heißt, daß für eine Konstante $\alpha > 0$ die Ansatzfunktionen $\boldsymbol{\eta}_h$ die Bedingung

$$a(\boldsymbol{\eta}_h\,,\boldsymbol{\eta}_h) \geq \alpha\,\|\,\boldsymbol{\eta}_h\,\|_V^2 \tag{10.10}$$

erfüllen müssen. Die Einhaltung der BB-Bedingung bedeutet, daß es eine Konstante $\beta > 0$ gibt, so daß

$$\inf_{q_h \in Q_h} \sup_{\boldsymbol{\eta}_h \in V_h} \frac{b(\,\boldsymbol{\eta}_h\,, q_h\,)}{\|\,\boldsymbol{\eta}_h\,\|_{H^1}\,\|\,q_h\,\|_{L^2}} \geq \beta \tag{10.11}$$

gilt. Wenn die finiten Elementansätze diesen beiden Beziehungen bei inkompressiblem Materialverhalten genügen, ist die Methode stabil.

Für allgemeine nichtlineare Anwendungen ist die BB-Bedingung noch nicht formuliert worden. Man kann sie sinngemäß für die Tangentenräume angeben, die zu einem bekannten Deformationszustand gehören. Die BB-Bedingung hat den Nachteil, daß sie nicht für ein Element direkt ausgewertet werden kann, sondern immer einen Elementpatch einbeziehen muß, s. z.B. (Brezzi and Fortin 1991) oder (Braess 1992). Eine numerischer Nachweismethode für die BB-Bedingung ist in (Chapelle and Bathe 1993) dargestellt.

In nächsten Abschnitt wird ein finites Element vorgestellt, das der letzten oben angegebenen Formulierungsmöglichkeit entspricht und das in vielen Finite-Element-Programmen implementiert ist. Bei diesem Element wird ein linearer Ansatz für das Verschiebungsfeld der deviatorischen Variablen gewählt. Zusätzlich werden die volumetrischen Variablen (Druck und Volumenänderung) durch einen konstanten Ansatz innerhalb der Hu-Washizu-Formulierung beschrieben.

10.2.1 Gemischtes Q1-P0 Element

Die kontinuumsmechanische Basis für das gemischte Q1-P0 Element ist bereits im Abschn. 3.4.3 diskutiert worden. Gleichung (3.293) gibt die schwache Form in räumlichen Größen wieder. Wir erhalten nach Einsetzen der Finite-Element-Approximationen für die virtuelle Verzerrung nach (4.92)

$$\nabla^S \boldsymbol{\eta}_e = \sum_{I=1}^{n} \boldsymbol{B}_{0\,I}\,\boldsymbol{\eta}_I\,. \tag{10.12}$$

Neben der virtuellen Verzerrung tritt in (3.293) noch die virtuelle Volumendehnung $\operatorname{div}\boldsymbol{\eta}$ auf. Ihre Diskretisierung führt auf

$$\operatorname{div}\boldsymbol{\eta}_e = \sum_{I=1}^{n} \boldsymbol{B}_{V\,I}\,\boldsymbol{\eta}_I\,, \tag{10.13}$$

wobei die Matrix

$$\boldsymbol{B}_{VI} = < N_{I,1}, N_{I,2}, N_{I,2} > \tag{10.14}$$

eingeführt werden kann, um den Divergenzoperator zu approximieren. Wie in Abschn. 4.2.3 gezeigt, sind die Ableitungen der linearen Ansatzfunktionen N_I, s. (4.40), nach den räumlichen Koordinaten auszuführen. Weiterhin werden konstante Ansätze für den Druck $J\,p = \tau_{vol}$, s. (3.126), und die Volumendehnung eingeführt

$$\tau_{vol\,e} = J\,p_e = J\,\bar{p} \qquad \theta_e = \bar{\theta} \tag{10.15}$$

Damit schreibt sich die schwache Form (3.293)

$$\begin{aligned}
D\Pi(\boldsymbol{\varphi}, p, \theta) \cdot \boldsymbol{\eta} &= \bigcup_{e=1}^{n_e} \sum_{I=1}^{n} \boldsymbol{\eta}_I^T \int_{\Omega_e} \{ \boldsymbol{B}_{0\,I}^T \boldsymbol{\tau}_{iso\,e} + J\,\boldsymbol{B}_{V\,I}^T \bar{p} \}\, d\Omega - \delta P_{EXT} = 0 \\
D\Pi(\boldsymbol{\varphi}, p, \theta)\, \delta p &= \int_{\Omega_e} \delta\bar{p}\,(J_e - \bar{\theta}\,)\, d\Omega = 0 \\
D\Pi(\boldsymbol{\varphi}, p, \theta)\, \delta\theta &= \int_{\Omega_e} \delta\bar{\theta}\,(\frac{\partial W}{\partial \theta} - \bar{p}\,)\, d\Omega = 0\,,
\end{aligned} \tag{10.16}$$

Hierin wird die Integration über die Ausgangskonfiguration ausgeführt. Die erste Gleichung stellt die schwache Form des Gleichgewichtes mit den KIRCHHOFF-Spannungen $\boldsymbol{\tau}$ dar. Die zweite Gleichung entspricht der Zwangsbedingung $J_e = \bar{\theta}$ und die dritte Gleichung liefert die Materialgleichung für den Druck $\bar{p}$, s. auch $(3.127)_1$. Die letzten beiden Gleichungen in (10.16) sind lokal zu erfüllen, da ein diskontinuierlicher, konstanter Ansatz für den Druck und die Volumendehnung gewählt wurde. Aus diesem Grund können beide Gleichungen direkt aufgelöst werden. Sie liefern mit (3.12)

$$\begin{aligned}
\bar{\theta} &= \frac{1}{\Omega_e} \int_{\Omega_e} J_e\, d\Omega = \frac{\varphi(\Omega_e)}{\Omega_e} \\
\bar{p} &= \frac{1}{\Omega_e} \int_{\Omega_e} \frac{\partial W}{\partial \theta}\, d\Omega = \frac{\partial W}{\partial \theta}(\bar{\theta})
\end{aligned} \tag{10.17}$$

Mit $(10.16)_1$ und (10.17) ist die Diskretisierung der gemischten schwachen Formulierung (3.293) bekannt. Man beachte, daß sich die volumetrische Variable θ einfach aus dem Quotienten des Volumens in der Momentankonfiguration zum Volumen in der Ausgangskonfiguration ergibt.

10.2.2 Linearisierung des Q1-P0 Elementes

Die Linearisierung der Gl. (10.16) liefert zunächst eine Matrixform des Q1-P0 Elementes, in der alle Variablen vorkommen. Aus der ersten Gleichung von (10.16) folgt mit (3.264), (4.110) und (4.111)

$$D^2\Pi \cdot \Delta u = \bigcup_{e=1}^{n_e} \sum_{I=1}^{n} \boldsymbol{\eta}_I^T [\sum_{K=1}^{n} \bar{\boldsymbol{K}}_{T_{IK}}^u \Delta \boldsymbol{u}_K + \boldsymbol{K}_{T_I}^p \Delta \bar{p}] \tag{10.18}$$

mit den Matrizen

$$\begin{aligned} \bar{\boldsymbol{K}}_{T_{IK}}^u &= \int_{\Omega_e} \big[(\nabla_{\bar{x}} N_I)^T (\bar{p}\, J\, \mathbf{1} + \bar{\boldsymbol{\tau}}_{iso\, e}) \nabla_{\bar{x}} N_K \\ &\quad + \bar{\boldsymbol{B}}_{0\,I}^T [(\mathbf{1} \otimes \mathbf{1} - 2\mathbb{I})\, \bar{p}\, J + \mathbb{c}_{iso}]\, \bar{\boldsymbol{B}}_{0\,K} \big]\, d\Omega\,, \\ \bar{\boldsymbol{K}}_{T_I}^p &= \int_{\Omega_e} \boldsymbol{B}_{V\,I}^T\, J\, d\Omega\,. \end{aligned} \tag{10.19}$$

Aus der zweiten Gleichung von (10.16) folgt mit der Linearisierung der JACOBI Determinante nach (3.316) und der entsprechenden Diskretisierung, s. (10.13),

$$\Delta\theta = \frac{1}{\Omega_e} \sum_{K=1}^{n} \int_{\Omega_e} \boldsymbol{B}_{V\,K}\, J\, d\Omega\, \Delta \boldsymbol{u}_K\,. \tag{10.20}$$

Die dritte Gleichung von (10.16) liefert bei Linearisierung

$$\Delta\bar{p} = \frac{\partial^2 W}{\partial \theta^2} \Delta\theta\,. \tag{10.21}$$

Setzt man jetzt (10.20) in (10.21) ein und verwendet dieses Ergebnis in (10.18) und (10.19), so werden die Variablen für den Druck $\Delta\bar{p}$ und für die volumetrische Größe $\Delta\theta$ auf Elementebene eliminiert. Es folgt eine Verschiebungsformulierung mit der tangentialen Steifigkeitsmatrix für die Elementknoten I und K

$$\begin{aligned} \bar{\boldsymbol{K}}_{T_{IK}}^{Q1P0} &= \int_{\Omega_e} \big[(\nabla_{\bar{x}} N_I)^T (\bar{p}\, J\, \mathbf{1} + \bar{\boldsymbol{\tau}}_{iso\, e}) \nabla_{\bar{x}} N_K \\ &\quad + \bar{\boldsymbol{B}}_{0\,I}^T [(\mathbf{1} \otimes \mathbf{1} - 2\mathbb{I})\, \bar{p}\, J + \mathbb{c}_{iso}]\, \bar{\boldsymbol{B}}_{0\,K} \big]\, d\Omega \\ &\quad + \frac{1}{\Omega_e} \int_{\Omega_e} \boldsymbol{B}_{V\,I}^T\, J\, d\Omega \left(\frac{\partial^2 W}{\partial \theta^2} \Omega_e \right) \frac{1}{\Omega_e} \int_{\Omega_e} \boldsymbol{B}_{V\,K}\, J\, d\Omega\,. \end{aligned} \tag{10.22}$$

Dieses Element erfüllt in der geometrisch linearen Theorie die BB-Bedingung nicht und kann daher unter speziellen Belastungsbedingungen Instabilitäten in der Lösung aufweisen. In praktischen Berechnungen hat sich jedoch ergeben, daß dieses Element für Aufgabenstellungen in der Festkörpermechanik mit fast inkompressiblem Materialverhalten sehr robust ist. Daher ist es in vielen kommerziellen FE-Programmen enthalten. Die Q2-P1 Variante des Elementes mit quadratischen Verschiebungsansätzen und linearen Ansätzen für den Druck hingegen erfüllt die BB-Bedingung der linearen Theorie, s. (BREZZI and FORTIN 1991).

10.3 Stabilisierte finite Elemente

Die Formulierung von stabilisierten finiten Elementen geschieht mit dem Ziel, ein vom numerischen Standpunkt aus effizientes Element zu erzeugen, das zusätzlich noch möglichst wenig Speicherplatz für eventuell auftretende Geschichtsvariablen verbraucht. Dieses Ziel ist am einfachsten durch eine Unterintegration zu erreichen. Leider tritt dabei als unerwünschter Nebeneffekt ein Rangabfall der tangentialen Steifigkeitsmatrix auf. Aus diesem Grund muß man das unterintegrierte Element stabilisieren. Dazu ist herauszufinden, welche Moden im Element zu stabilisieren sind. Diese folgen aus einer Spektralzerlegung der Steifigkeitsmatrix. Treten dort Nulleigenwerte zusätzlich zu den die Starrkörperbewegung beschreibenden Moden auf, dann sind die zu den Nulleigenwerten gehörenden Eigenvektoren zu stabilisieren. Für den zweidimensionalen linearelastischen Fall sind die sich bei der Spektralzerlegung ergebenden Eigenformen in Bild 10.1 dargestellt. In der ersten Reihe finden sich die Eigenformen für volumetrische Ausdehnung, die Elongation und den Schub; die zweite Reihe zeigt die Biegeeigenformen des Elementes.

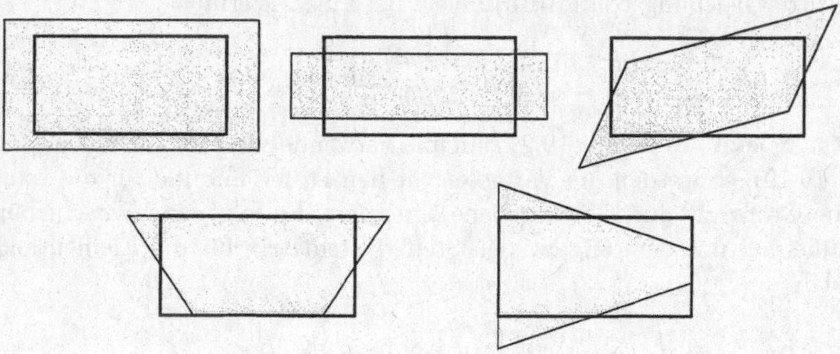

Bild 10.1 Eigenformen des rechteckigen 4-Knoten-Elementes

Es ist aus der linearen Theorie bekannt, daß bei der Unterintegration des Vierknotenelementes die zu den Biegeeigenvektoren gehörenden Eigenwerte null sind. Es wird diesen Formen also keine Verzerrungsenergie zugeordnet, so daß diese Moden bei entsprechender Anregung der rechten Seite einspringen. Da zwei Biegemoden die Form eines Stundenglases (*hour-glass*) annehmen können, wird die zugehörige Instabilitätsform auch *hour-glass* Mode genannt, s. auch Bild 10.2b.

Will man mit unterintegrierten Elementen arbeiten, so sind die finiten Elemente so zu stabilisieren, daß die *hour-glass modes* nicht einspringen. Dazu werden die Moden für eine beliebige Elementgeometrie in der Ausgangskonfiguration bestimmt und Ihnen eine Steifigkeit zugeordnet, die verhindert, daß der Mode aktiviert wird. Dies ist jedoch nicht trivial. Da man direkt aus dem

Variationsprinzip keinen Hinweis auf die Wahl der zugehörigen Steifigkeit bekommt, sind zusätzliche Überlegungen notwendig.

Zwei grundsätzliche Möglichkeiten stehen dabei zur Verfügung. Einmal kann man durch eine an die Berechnung mit unterintegrierten Elementen anschließende globale Projektion versuchen, die unerwünschten Modes aus der Gesamtlösung herauszufiltern. Dies wurde z.B. in der Arbeit von (JAQUOTTE and ODEN 1986) diskutiert. Eine Anwendung auf elastoplastische Probleme ist jedoch nicht möglich. Die zweite Möglichkeit besteht darin, den Verschiebungsansatz des finiten Elementes in einen linearen Anteil und den dazu orthogonalen Anteil zu zerlegen. Letzterer wird dann benutzt, die Stabilisierungsmatrix zu berechnen. Diese Idee wurde im Rahmen der linearen Theorie in (KOSLOFF and FRAZIER 1978) entwickelt. Nachfolgende Arbeiten von (BELYTSCHKO et al. 1984), s. auch ((HUGHES 1987), S. 251 ff.), geben mit der Einführung von sog. γ-Vektoren eine explizite Darstellung der Vektoren an, die zur Konstruktion der Stabilisierungsmatrix verwendet werden können. Während man bei linearen Berechnungen über die Äquivalenz zu gemischten Methoden, z.B. über die Formulierung von (PIAN and SUMIHARA 1984), die Möglichkeit hat, die Vorfaktoren der Stabilisierungsmatrix so zu bestimmen, daß das Element gleich gute Biegeeigenschaften besitzt, ist dies bei nichtlinearen Problemstellungen noch nicht vollständig zufriedenstellend gelungen. Ansätze finden sich in (BELYTSCHKO and BINDEMANN 1984) oder in (REESE et al. 1998). Letztere Vorgehensweise wird im Abschn. 10.4 detailliert vorgestellt.

Im folgenden wird die klassische Stabilisierung für unterintegrierte dreidimensionale Hexaederelemente mit linearem Verschiebungsansatz angegeben. Grundsätzlich wird dabei die tangentielle Steifigkeitsmatrix (4.75), die bereits im Abschn. 4.2.2 hergeleitet wurde, durch 1-Punkt GAUSS-Integration bestimmt

$$\bar{\boldsymbol{K}}^{1\times1}_{T_{IK}} = \int\limits_{\Omega_e} \left[(\nabla_X N_I)^T \, \bar{\boldsymbol{S}} \, \nabla_X N_K + \bar{\boldsymbol{B}}^T_{L\,I} \, \bar{\boldsymbol{D}} \, \bar{\boldsymbol{B}}_{L\,K} \right] d\Omega \, .$$

Die Matrixform ist für die Knotenkombination $I\,,K$ innerhalb eines finiten Elementes darstellt. In dieser Schreibweise hat die Submatrix $\bar{\boldsymbol{K}}_{T_{IK}}$ die Größe $n_{dof} \times n_{dof}$, wobei n_{dof} die Anzahl der Freiheitsgrade eines Elementes ist (bei dreidimensionalen Problemen gilt $n_{dof} = 3$). Die Indizes I und K sind den Knoten des Elementes und damit direkt der Diskretisierung zugeordnet. Die Summation über alle 8 Knoten des Hexaderelementes liefert dann die Tangentenmatrix für das finite Element e: $\bar{\boldsymbol{K}}^{1\times1}_{T_e}$. Man beachte, daß die 1-Punkt-Integration nur eine Auswertung im Elementmittelpunkt erfordert, s. Tabelle 4.1. Dadurch fallen alle Terme heraus, in denen die Koordinaten $\xi\,,\eta$ oder ζ auftreten. Somit läßt sich die Kodierung des Elementes erheblich vereinfachen und es kann eine hohe Effizienz erreicht werden.

Zu der unterintegrierten Matrix wird die Stabilisierungsmatrix $\bar{\boldsymbol{K}}^{stab}_{T_e}$ addiert und man erhält

$$\bar{\boldsymbol{K}}_{T_e} = \bar{\boldsymbol{K}}_{T_e}^{1\times 1} + \bar{\boldsymbol{K}}_{T_e}^{stab} . \tag{10.23}$$

mit der diagonalisierten Form nach (BELYTSCHKO et al. 1984)

$$\bar{\boldsymbol{K}}_{T_e}^{stab} = \sum_{k=1}^{12} \alpha_k \, \bar{\boldsymbol{\gamma}}_k \, \bar{\boldsymbol{\gamma}}_k^T . \tag{10.24}$$

Die skalaren Parameter $\alpha_k > 0$ sind frei wählbar, jedoch müssen sie in einer Größenordnung gewählt werden, die dazu führt, daß die Parameter die Lösung des Problems nicht beeinflussen. Dies gelingt leider nicht in allen Fällen (Beispiele hierzu sind in (REESE 1994) zu finden), so daß der Anwender bei der Anwendung dieses Konzeptes Erfahrung mitbringen muß. Die Bestimmung der Stabilisierungsvektoren $\bar{\boldsymbol{\gamma}}_k$ erfolgt im nächsten Abschnitt. Für allgemein verzerrte Netze haben schon (KOSLOFF and FRAZIER 1978) gezeigt, daß die Diagonalform von $\bar{\boldsymbol{K}}_{T_e}^{stab}$ mit nur 12 skalaren Parametern, s. (10.24), nicht ausreicht, um optimales Biegeverhalten zu erzielen. Für Anwendungen, bei denen keine Biegung auftritt, führt die Stabilisierungsmatrix in (10.24) zu guten Resultaten und läßt darüberhinaus eine effiziente Programmierung zu.

10.3.1 Stabilisierungsvektoren

Die im Abschn. 4.1.3 angegebenen isoparametrischen Ansatzfunktionen können auch in Vektorform dargestellt werden, was im vorliegenden Fall von Vorteil ist. Man erhält dann anstelle von (4.40) für die Formfunktion

$$\boldsymbol{N}(\boldsymbol{\xi}) = \frac{1}{8} \left[\boldsymbol{a}_1 + \xi \, \boldsymbol{a}_2 + \eta \, \boldsymbol{a}_3 + \zeta \, \boldsymbol{a}_4 + \eta \, \zeta \, \boldsymbol{a}_5 + \xi \, \zeta \, \boldsymbol{a}_6 + \xi \, \eta \, \boldsymbol{a}_7 + \xi \, \eta \, \zeta \, \boldsymbol{a}_8 \right] \tag{10.25}$$

mit den konstanten Vektoren

$$\begin{aligned}
\boldsymbol{a}_1^T &= \{\ \ 1,\ \ 1,\ \ 1,\ \ 1,\ \ 1,\ \ 1,\ \ 1,\ \ 1\} \\
\boldsymbol{a}_2^T &= \{-1,\ \ 1,\ \ 1,-1,-1,\ \ 1,\ \ 1,-1\} \\
\boldsymbol{a}_3^T &= \{-1,-1,\ \ 1,\ \ 1,-1,-1,\ \ 1,\ \ 1\} \\
\boldsymbol{a}_4^T &= \{-1,-1,-1,-1,\ \ 1,\ \ 1,\ \ 1,\ \ 1\} \\
\boldsymbol{a}_5^T &= \{\ \ 1,\ \ 1,-1,-1,-1,-1,\ \ 1,\ \ 1\} \\
\boldsymbol{a}_6^T &= \{\ \ 1,-1,-1,\ \ 1,-1,\ \ 1,\ \ 1,-1\} \\
\boldsymbol{a}_7^T &= \{\ \ 1,-1,\ \ 1,-1,\ \ 1,-1,\ \ 1,-1\} \\
\boldsymbol{a}_8^T &= \{-1,\ \ 1,-1,\ \ 1,\ \ 1,-1,\ \ 1,-1\}
\end{aligned}$$

Damit lassen sich jetzt die einzelnen Komponenten des Verschiebungsvektors $\mathbf{u}_e = u_i \, \mathbf{E}_i$ interpolieren

$$u_1 = \boldsymbol{N}^T \, \mathbf{v}_1 , \qquad u_2 = \boldsymbol{N}^T \, \mathbf{v}_2 , \qquad u_3 = \boldsymbol{N}^T \, \mathbf{v}_3 , \tag{10.26}$$

wobei die Vektoren $\boldsymbol{v}_i$ die Komponenten der Knotenverschiebung in Koordinatenrichtung i enthalten. Die Stabilisierungsvektoren folgen aus einer TAYLORreihenentwicklung der Ansatzfunktionen bezüglich des Elementmittelpunktes $\boldsymbol{\xi} = \boldsymbol{0}$ bis zur ersten Ordnung. Diese liefert für die Ansatzfunktion

$$\boldsymbol{N} = \boldsymbol{N}_0 + \left.\frac{\partial \boldsymbol{N}}{\partial \boldsymbol{X}}\right|_{\boldsymbol{\xi}=\boldsymbol{0}} (\boldsymbol{X} - \boldsymbol{X}_{|0}) + \boldsymbol{N}_\gamma \tag{10.27}$$

mit dem konstanten Term $\boldsymbol{N}_0$, einem linearen Term sowie dem Restglied $\boldsymbol{N}_\gamma$. $\boldsymbol{X}_0$ ist der Ortsvektor zum Elementmittelpunkt. Da in (10.27) nicht direkt nach $\boldsymbol{X}$ abgeleitet werden kann, folgt mit der JACOBI Matrix $\boldsymbol{J}_e$, s. Abschn. 4.1,

$$\begin{aligned} \boldsymbol{N} &= \boldsymbol{N}_0 + \left.\left(\frac{\partial \boldsymbol{N}}{\partial \boldsymbol{\xi}} \boldsymbol{J}_e^{-1}\right)\right|_{\boldsymbol{\xi}=\boldsymbol{0}} (\boldsymbol{X} - \boldsymbol{X}_{|0}) + \boldsymbol{N}_\gamma \\ &= [\, \boldsymbol{I} - (\boldsymbol{N}_{,\xi}\, \boldsymbol{J}_e^{-1})_{|0}\, \boldsymbol{X}_{kn}\,] \frac{1}{8}\, \boldsymbol{a}_1 + (\boldsymbol{N}_{,\xi}\, \boldsymbol{J}_e^{-1})_{|0}\, \boldsymbol{X} + \boldsymbol{N}_\gamma \,. \end{aligned} \tag{10.28}$$

In (10.28) wurde zur kompakteren Schreibweise die Matrix $\boldsymbol{X}_{kn}$ der Dimension 3×8 eingeführt, die die Koordinaten $\{ X_I , Y_I , Z_I \}$ der Ortsvektoren zu den Elementknoten $I = 1, 8$ enthält. Der Index 0 bei $\boldsymbol{J}_{|0}$ deutet die Auswertung von $\boldsymbol{J}_e$ an der Stelle $\boldsymbol{\xi} = \boldsymbol{0}$ an. Die ersten beiden Terme in (10.28) repräsentieren den in $\boldsymbol{X}$ linearen Anteil des Vektors der Formfunktionen. Man beachte, daß dieser Zusammenhang für beliebig verzerrte Elementgeometrien in der Ausgangskonfiguration gilt. Das Restglied kann jetzt durch die Beziehung $\boldsymbol{N}_\gamma = \boldsymbol{N} - \boldsymbol{N}_{lin}$ bestimmt werden. Dabei ist aber zu beachten, daß zur Erfüllung der allgemeinen Konvergenzkriterien der Methode der finiten Elemente, siehe Vorbemerkungen zu Abschn. 8, Starrkörperbewegungen und konstante Verzerrungszustände bei beliebiger Netzgeometrie wiedergegeben werden müssen. Diese Forderungen führen dazu, daß der Vektor $\boldsymbol{N}_\gamma$ orthogonal zu dem noch beliebigen linearen Teil der Formfunktion sein muß; ansonsten wird keine Darstellung konstanter Verzerrungszustände möglich, klassisch heißt diese Forderung: Erfüllung des *patch tests*, s. z.B. (BATHE 1982) oder (HUGHES 1987). Berücksichtigt man die Orthogonalität, so folgt nach einiger Rechnung, s. (BELYTSCHKO et al. 1984), für den *hour-glass* Anteil

$$\begin{aligned} \boldsymbol{N}_\gamma &= \frac{1}{8}\, [\, \boldsymbol{I} - (\boldsymbol{N}_{,\xi}\, \boldsymbol{J}_e^{-1})_{|0}\, \boldsymbol{X}_{kn}\,](\, \eta\, \zeta\, \boldsymbol{a}_5 + \xi\, \zeta\, \boldsymbol{a}_6 + \xi\, \eta\, \boldsymbol{a}_7 + \xi\, \eta\, \zeta\, \boldsymbol{a}_8\,) \\ &= \eta\, \zeta\, \boldsymbol{\gamma}_1 + \xi\, \zeta\, \boldsymbol{\gamma}_2 + \xi\, \eta\, \boldsymbol{\gamma}_3 + \xi\, \eta\, \zeta\, \boldsymbol{\gamma}_4 \,. \end{aligned} \tag{10.29}$$

Aus den Komponenten der Vektoren $\boldsymbol{\gamma}_k$ $(k = 1, 4)$ berechnen sich jetzt die 12 Stabilisierungsvektoren, indem die vier $\boldsymbol{\gamma}$-Vektoren für jede Komponente angeschrieben werden. Dann resultieren aus den $\boldsymbol{\gamma}$ Vektoren mit 8 Komponenten 12 $\bar{\boldsymbol{\gamma}}$-Vektoren mit jeweils $3 \times 8 = 24$ Komponenten. Explizit erhält man

$$
\begin{aligned}
\bar{\gamma}_1 &= \{\gamma_1^1, 0, 0, \gamma_1^2, 0, 0, \ldots, \gamma_1^8, 0, 0\}^T \\
\bar{\gamma}_2 &= \{\gamma_2^1, 0, 0, \gamma_2^2, 0, 0, \ldots, \gamma_2^8, 0, 0\}^T \\
\bar{\gamma}_3 &= \{\gamma_3^1, 0, 0, \gamma_3^2, 0, 0, \ldots, \gamma_3^8, 0, 0\}^T \\
\bar{\gamma}_4 &= \{\gamma_4^1, 0, 0, \gamma_4^2, 0, 0, \ldots, \gamma_4^8, 0, 0\}^T \\
\bar{\gamma}_5 &= \{0, \gamma_1^1, 0, 0, \gamma_1^2, 0, \ldots, 0, \gamma_1^8, 0\}^T \\
\bar{\gamma}_6 &= \{0, \gamma_2^1, 0, 0, \gamma_2^2, 0, \ldots, 0, \gamma_2^8, 0\}^T \\
\bar{\gamma}_7 &= \{0, \gamma_3^1, 0, 0, \gamma_3^2, 0, \ldots, 0, \gamma_3^8, 0\}^T \\
\bar{\gamma}_8 &= \{0, \gamma_4^1, 0, 0, \gamma_4^2, 0, \ldots, 0, \gamma_4^8, 0\}^T \\
\bar{\gamma}_9 &= \{0, 0, \gamma_1^1, 0, 0, \gamma_1^2, \ldots, 0, 0, \gamma_1^8\}^T \\
\bar{\gamma}_{10} &= \{0, 0, \gamma_2^1, 0, 0, \gamma_2^2, \ldots, 0, 0, \gamma_2^8\}^T \\
\bar{\gamma}_{11} &= \{0, 0, \gamma_3^1, 0, 0, \gamma_3^2, \ldots, 0, 0, \gamma_3^8\}^T \\
\bar{\gamma}_{12} &= \{0, 0, \gamma_4^1, 0, 0, \gamma_4^2, \ldots, 0, 0, \gamma_4^8\}^T
\end{aligned}
$$

Hierin sind γ_k^m ($k = 1,4$ und $m = 1,8$) die Komponenten der in (10.29) definierten $\boldsymbol{\gamma}$-Vektoren.

10.3.2 Schwache Form und Linearisierung

Die schwache Form für die *hour-glass* stabilisierten 8-Knoten Elemente folgt gemäß Abschn. 4.2.1. Die dort hergeleiteten Matrizen und Vektoren werden jetzt nur mittels der 1-Punkt-GAUSS-Integration ausgewertet. Wir erhalten für die innere virtuelle Arbeit aus (4.54)

$$
\int_B \delta \mathbf{E} \cdot \mathbf{S} \, dV = \bigcup_{e=1}^{n_e} \sum_{I=1}^{8} \boldsymbol{\eta}_I^T \int_{\Omega_\square} (\boldsymbol{B}_{L\,I}^T \boldsymbol{S}_e)_{|\,0} \det \mathbf{J}_{|\,0} \, d\square \,, \qquad (10.30)
$$

wobei der Index 0 andeutet, daß das Integral nur im Elementmittelpunkt $\boldsymbol{\xi} = \mathbf{0}$ zu berechnen ist. Das Residuum infolge der Stabilisierungsvektoren lautet

$$
G_{stab} = \bigcup_{e=1}^{n_e} \sum_{i=1}^{12} \boldsymbol{\eta}_e^T \, \alpha_i \, (\bar{\boldsymbol{\gamma}}_i^T \, \boldsymbol{u}_e) \, \bar{\boldsymbol{\gamma}}_i \,. \qquad (10.31)
$$

Hier enthalten die Vektoren $\boldsymbol{\eta}_e$ und $\boldsymbol{u}_e$ jetzt alle 24 Komponenten der Testfunktion und der Verschiebungen am Element Ω_e, so daß die in (10.30) vorkommende Summe über die Knoten I entfällt. Durch Zusammenfassen beider Terme und die Auswertung der Formel für die 1-Punkt-Integration folgt der Residuenvektor eines finiten Elementes nach (4.55)

$$
\begin{aligned}
\boldsymbol{R}_e \, (\boldsymbol{u}_e) &= \boldsymbol{R}_{e0} \, (\boldsymbol{u}_e) + \boldsymbol{K}_{stab} \, \boldsymbol{u}_e \\
&= 8 \sum_{I=1}^{8} \Big[\boldsymbol{B}_{L\,I}^T \boldsymbol{S} \Big]_{|\,0} \det \boldsymbol{J}_{|\,0} + \sum_{i=1}^{12} \alpha_i \, (\bar{\boldsymbol{\gamma}}_i^T \, \boldsymbol{u}_e) \, \bar{\boldsymbol{\gamma}}_i \,. \qquad (10.32)
\end{aligned}
$$

Die Linearisierung des Residuums liefert schließlich die tangentielle Steifigkeitsmatrix, die innerhalb des NEWTON-Verfahrens benötigt wird. Aus (4.75) erhalten wir für die 1-Punkt-Integration

$$\begin{aligned} \bar{\boldsymbol{K}}_{T_e} &= \bar{\boldsymbol{K}}_{T_{e0}} + \boldsymbol{K}_{stab} \\ &= \sum_{I=1}^{8} \sum_{K=1}^{8} 8 \left[(\nabla_X N_I)^T \,\bar{\boldsymbol{S}} (\nabla_X N_K) + \bar{\boldsymbol{B}}_{L\,I}^T \,\bar{\boldsymbol{D}} \,\bar{\boldsymbol{B}}_{L\,K} \right]_{|0} \det \boldsymbol{J}_{|0} \\ &+ \sum_{i=1}^{12} \alpha_i \,\bar{\boldsymbol{\gamma}}_i \,\bar{\boldsymbol{\gamma}}_i^T \,. \end{aligned} \tag{10.33}$$

Die Lösung der mittels (10.32) diskretisierten schwachen Form des Gleichgewichtes hängt von der Wahl der Parameter α_i ab. Für klassische dreidimensionale Anwendungen im Bereich der Festkörpermechanik spielen die tatsächlichen Werte von α_i keine so große Rolle. Sie können innerhalb einer gewissen Bandbreite gewählt werden, ohne daß sich ein Einfluß auf die erzielten Resultate zeigt. Bei Problemen, in denen Biegung eine Rolle spielt, ändert sich dies jedoch. In der linearen Theorie konnten bereits (KOSLOFF and FRAZIER 1978) durch einen speziellen Ansatz für die Parameter α_i eine Äquivalenz zu den Elementen mit inkompatiblen Verschiebungsansätzen nach (TAYLOR et al. 1976) zeigen. Damit erhielten sie neben der effizienten Formulierung auch noch ein hervorragendes Verhalten bei Problemen mit Biegung. Für nichtlineare Problemstellungen ist aufgrund der immer vorhandenen Kopplungen eine derartige Vorherbestimmung der Parameter α_i nicht explizit möglich. Jedoch hängt schon bei einem einfachen Kragbalken die Lösung, wie in (REESE 1994) gezeigt, direkt von dem Parameter α_i ab. Hier ist es erforderlich, eine Prozedur zu entwickeln, mit der die zu dem Biegeproblem passenden Parameter α_i bestimmt werden können. Dazu wird auf den Abschn. 10.4.3 verwiesen.

Es sei weiterhin angemerkt, daß die für die Ausgangskonfiguration entwickelten stabilisierten Elemente auch bezüglich der Momentankonfiguration formuliert werden können. Es sind dabei nur alle Größen mittels der Standardtransformationen auf die Momentankonfiguration abzubilden, s. Abschn. 4.2.3.

10.4 Enhanced Strain Element

Wie bereits in den Vorbemerkungen erwähnt wurde, ist es in der Festkörpermechanik wünschenswert, finite Elemente zu konstruieren, die möglichst universell einsetzbar sind. Die Elemente sollen in der Lage sein, große Deformationen für elastische oder inelastische Materialien zu modellieren. Daneben sollten sie auch noch physikalische Zwangsbedingungen – wie die Inkompressibilität – erfüllen, die bei Verschiebungselementen mit dem bekannten

Lockingphänomen verknüpft sind, s. Abschn. 10.2. Gute Eigenschaften bei biegebeanspruchten Strukturproblemen sind weiterhin von Vorteil, wenn man Bauteile beliebiger Form diskretisieren will. Eine weitere Anforderung besteht in der Robustheit der Elemente gegenüber starken Netzverzerrungen, die gerade bei großen Deformationen während des Verformungsvorganges auftreten können.

In den letzten fünfzehn Jahren wurden viele Elemente konstruiert, die, wie das Q1-P0-Element, für spezielle Problemklassen mit Erfolg eingesetzt werden können. Bei Berechnungen in der linearen Elastizitätstheorie kennt man viele Ansätze, die *locking*frei sind, gute Biegeeigenschaften besitzen und gegenüber Netzverzerrungen nicht anfällig sind. Diese Elemente basieren z.B. auf hybriden Formulierungen, s. (PIAN and SUMIHARA 1984), oder auf inkompatiblen Ansätzen, s. (TAYLOR et al. 1976). Auch die stabilisierten Elemente von (KOSLOFF and FRAZIER 1978) haben die entsprechenden Eigenschaften. Interessanterweise lassen sich die genannten Formulierungen ineinander überführen, s. (BISCHOFF et al. 1999a); es werden also ausgehend von unterschiedlichen Formulierungen die gleichen Elementmatrizen erzeugt. Eine variationelle Formulierung der Diskretisierungsvariante mit inkompatiblen Moden, die zuerst von (SIMO and RIFAI 1990) angegeben wurde, ist dabei besonders erfolgversprechend, weil sich dieses Konzept auch auf nichtlineare Problemstellungen – wie z.B. endliche elastische oder inelastische Deformationen – erweitern läßt.

Die in den Arbeiten von (SIMO and ARMERO 1992) und (SIMO et al. 1993) verfolgte Vorgehensweise zieht als Diskretisierungsbasis das HU-WASHIZU-Prinzip heran. Die aus dieser Formulierung entstehenden Elemente werden auch als *enhanced strain* oder *enhanced assumed strain* (EAS) Elemente bezeichnet.

Leider bieten auch die *enhanced strain* Elemente im Nichtlinearen keine Lösung für alle oben angesprochenen Probleme. Die Elemente werden unter Druckbelastung instabil, was erstmalig von (WRIGGERS und REESE 1994), s. auch (WRIGGERS und REESE 1996), festgestellt wurde. Daraufhin wurde versucht, stabilisierte Versionen auf der Basis der *enhanced strain* Formulierung zu entwickeln, die aber alle die in (WRIGGERS und REESE 1996) genannten Defekte nicht zufriedenstellend lösen. Entsprechende verbesserte Ansätze schlossen zwar die Instabilität für zweidimensionale Probleme im Druckbereich aus, s. (KORELC and WRIGGERS 1996a) und (GLASER and ARMERO 1998), führen aber zu Instabilitäten im Zugbereich. Eine eingehende Diskussion dieser Phänomene findet sich im Abschn. 10.4.4.

Bei der Herleitung der *enhanced strain* Elemente werden wir sowohl die von (SIMO and ARMERO 1992) verwendeten Ansatzfunktionen diskutieren als auch Ansatzfunktionen aus einer Taylorreihenentwicklung bestimmen, die in (WRIGGERS und HUECK 1996) entwickelt wurden.

10.4.1 Generelle Vorgehensweise, klassische Formulierung

Die Entwicklung der nichtlinearen Version der *enhanced* Elemente basiert auf einem allgemeinen gemischten Variationsprinzip. Nach (SIMO and ARMERO 1992) wird das HU-WASHIZU-Prinzip als Ausgangsbasis verwendet. Das Prinzip ist in den Deformationen $\boldsymbol{\varphi}$, dem Deformationsgradienten $\mathbf{F}$ und dem erstem PIOLA-KIRCHHOFFschen Spannungstensor $\mathbf{P}$ formuliert:

$$
\begin{aligned}
\Pi(\boldsymbol{\varphi}, \mathbf{F}, \mathbf{P}) = & \int_B [\, W(\mathbf{F}) + \mathbf{P} \cdot (\operatorname{Grad} \boldsymbol{\varphi} - \mathbf{F}\,)\,]\, dV \\
& - \int_B \boldsymbol{\varphi} \cdot \rho_0\, \hat{\mathbf{b}}\, dV - \int_{\partial B_\sigma} \boldsymbol{\varphi} \cdot \hat{\mathbf{t}}\, dA
\end{aligned}
\tag{10.34}
$$

$W(\mathbf{F})$ bezeichnet die Verzerrungsenergiefunktion des betrachteten elastischen Materials. Diese Formulierung ist analog zu dem in (3.286) angegebenen Prinzip. Zur Vereinfachung sollen im folgenden die beiden letzten Integralausdrücke durch den Lastterm P_{EXT} abgekürzt werden. Das Variationsprinzip von HU-WASHIZU wurde auf diese Art und Weise formuliert, um den Deformationsgradienten nach der Idee von (SIMO and ARMERO 1992) additiv in zwei Teile aufzuspalten. Dabei wird der lokale Deformationsgradient $\operatorname{Grad} \boldsymbol{\varphi}$ durch einen unabhängigen Gradienten $\bar{\mathbf{F}}$ ergänzt

$$
\mathbf{F} = \operatorname{Grad} \boldsymbol{\varphi} + \bar{\mathbf{F}}\,, \tag{10.35}
$$

so daß der Deformationsgradient $\mathbf{F}$ durch den *enhanced* Gradienten $\bar{\mathbf{F}}$ angereichert wird. Mit Gl. (10.35) folgt aus (10.34)

$$
\Pi(\boldsymbol{\varphi}, \bar{\mathbf{F}}, \mathbf{P}) = \int_B [\, W(\mathbf{F}) - \mathbf{P} \cdot \bar{\mathbf{F}}\,]\, dV - P_{EXT}\,, \tag{10.36}
$$

was die erste Variation von (10.34)

$$
\begin{aligned}
\int_B \operatorname{Grad} \boldsymbol{\eta} \cdot \frac{\partial W}{\partial \mathbf{F}}\, dV - \delta P_{EXT} &= 0 \\
\int_B \delta \bar{\mathbf{F}} \cdot (-\mathbf{P} + \frac{\partial W}{\partial \mathbf{F}}\,)\, dV &= 0 \\
\int_B \delta \mathbf{P} \cdot \bar{\mathbf{F}}\, dV &= 0
\end{aligned}
\tag{10.37}
$$

liefert. $\operatorname{Grad} \boldsymbol{\eta}$ bedeutet die Variation des Deformationsgradienten, s. auch (3.276). Die erste Gleichung stellt die schwache Form des Gleichgewichts dar, die zweite die konstitutive Beziehung. Gleichung $(10.37)_3$ entspricht einer Orthogonaliätsbedingung zwischen dem Spannungtensor und dem *enhanced* Gradienten $\bar{\mathbf{F}}$.

Gleichungen (10.35) und (10.37) bieten die Basis, um die inkompatiblen Moden konsistent in die Elementformulierungen einzubauen. Es sei hier noch angemerkt, daß man das HU-WASHIZU-Prinzip auch in anderen arbeitskonformen Variablen, wie dem 2. PIOLA-KIRCHHOFFschen Spannungstensor $\mathbf{S}$ und dem GREEN-LAGRANGEschen Verzerrungstensor $\mathbf{E}$ oder dem BIOTschen Spannungstensor $\mathbf{T}_B$ und dem rechten Strecktensor $\mathbf{U}$ hätte formulieren können. Von der Kontinuumsmechanik aus gesehen sind diese Formulierungen gleichwertig, führt man aber die Diskretisierung durch, so können sich aufgrund der unterschiedlichen Approximation der Tensoren Abweichungen ergeben.

Um die Implementierung effizient durchführen zu können, ist es sinnvoll, alle Größen in Gl. (10.37) in die Momentankonfiguration zu transformieren, s. auch Abschn. 4.2.3. Berechnet man den Deformationsgradienten nach Gl. (10.35) so erhält man aus (10.37)

$$\begin{aligned} \int_B \nabla^S \boldsymbol{\eta} \cdot (\, 2\, \mathbf{F} \, \frac{\partial W}{\partial \mathbf{C}} \, \mathbf{F}^T \,) \, dV - \delta P_{EXT} &= 0 \\ \int_B \delta \, \bar{\mathbf{h}}^S \cdot (-\boldsymbol{\tau} + 2\, \mathbf{F} \, \frac{\partial W}{\partial \mathbf{C}} \, \mathbf{F}^T \,) \, dV &= 0 \\ \int_B \delta \boldsymbol{\tau} \cdot \bar{\mathbf{h}} \, dV = 0 \,. \end{aligned} \tag{10.38}$$

Hier bedeutet $\nabla^S \boldsymbol{\eta} = \mathrm{sym}\,[\mathrm{Grad}\, \boldsymbol{\eta}\, \mathbf{F}^{-1}]$ der symmetrische Anteil der Variation des Deformationsgradienten bezüglich der Momentankonfiguration. $\mathbf{C} = \mathbf{F}^T \mathbf{F}$ ist der rechte CAUCHY-GREEN-Tensor, s. (3.15). Den *enhanced* Gradienten in der Momentankonfiguration erhält man aus $\bar{\mathbf{h}} = \bar{\mathbf{F}} \mathbf{F}^{-1}$. Der symmetrische KIRCHHOFFsche Spannungstensor berechnet sich mit den 1. PIOLA-KIRCHHOFF-Spannungen aus $\boldsymbol{\tau} = \mathbf{P}\, \mathbf{F}^T$ oder nach (3.83) aus den 2. PIOLA-KIRCHHOFF-Spannungen: $\boldsymbol{\tau} = \mathbf{F}\, \mathbf{S}\, \mathbf{F}^T$. Da $\boldsymbol{\tau}$ symmetrisch ist, liefern nur die symmetrischen Anteile des Deformationsgradienten $\nabla^S \boldsymbol{\eta}$ und des *enhanced* Gradienten $\bar{\mathbf{h}}^S$ einen Beitrag zu dem Skalarprodukt mit den KIRCHHOFF-Spannungen in Gl. (10.38).

Um das Modell zu komplettieren, wird eine Verzerrungsenergiefunktion W benötigt. Diese kann z.B. Abschn. 3.3.1 für elastische Materialien entnommen werden. Die KIRCHHOFF-Spannungen berechnen sich dann über die 2. PIOLA-KIRCHHOFF-Spannungen aus (3.101).

10.4.2 Diskretisierung

Zur Diskretisierung der Geometrie der Momentankonfiguration und damit auch der Verschiebungen in (10.35) wird ein isoparametrischer Ansatz gemäß (4.4) eingeführt

$$\mathbf{x}_e = \mathbf{X}_e + \mathbf{u}_e = \sum_{I=1}^{n} N_I(\boldsymbol{\xi})\, \mathbf{x}_I \qquad \text{mit} \quad x_I = X_I + u_I\,. \tag{10.39}$$

Hierin werden im zweidimensionalen Fall die bilinearen Ansatzfunktionen (4.28) verwendet. Für den dreidimensionalen Fall setzt man entsprechend die Ansatzfunktionen (4.40) ein. Aus (10.39) kann jetzt der konforme Anteil des Deformationsgradienten bestimmt werden. Mit (4.8) und (4.11) folgt

$$\operatorname{Grad} \boldsymbol{\varphi}_e = \sum_{I=1}^{n} \mathbf{x}_I \otimes \nabla_X N_I(\boldsymbol{\xi}) = \sum_{I=1}^{n} \mathbf{x}_I \otimes \mathbf{J}_e^{-T}\, \nabla_\xi N_I(\boldsymbol{\xi})\,. \tag{10.40}$$

Für den angereicherten Teil des Deformationsgradienten muß jetzt eine Interpolation gewählt werden, die jedoch inkompatibel sein kann. Hierzu schreiben wir den angereicherten Teil $\bar{\mathbf{F}}$ nach (GLASER and ARMERO 1998) in der Produktdarstellung

$$\bar{\mathbf{F}} = \mathbf{F}_0\, \bar{\mathbf{M}}\, \boldsymbol{\alpha} \tag{10.41}$$

Mit $\boldsymbol{\alpha}$ werden die *enhanced* Parameter bezeichnet, $\bar{\mathbf{M}}$ enthält die Ansatzfunktionen und $\mathbf{F}_0$ ist der konforme konstante Anteil des Deformationsgradienten (10.40), der am Elementmittelpunkt ausgewertet wird

$$\mathbf{F}_0 = \sum_{I=1}^{n} \mathbf{x}_I \otimes \nabla_X N_I(\mathbf{0})\,. \tag{10.42}$$

Diese Form des Ansatzes gewährleistet die Objektivität der *enhanced* Elementformulierung für beliebige Interpolationen $\bar{\mathbf{M}}$, s. (GLASER and ARMERO 1998). Diese Darstellung weicht von der in (SIMO and ARMERO 1992) propagierten Formulierung insofern ab, als dort $\bar{\mathbf{M}}$ im Sinne eines Gradienten eingeführt wurde und so ohne $\mathbf{F}_0$ interpoliert werden konnte, s. auch Aufgabe 10.1.

Die Ansätze für den angereicherten Teil $\bar{\mathbf{M}}$ beziehen sich zunächst auf die Ausgangskonfiguration Ω_e des Elementes. Da die inkompatiblen Ansätze wie auch die konformen isoparametrischen Ansätze aber in der Referenzkonfiguration $\Omega_\Box$ formuliert werden sollen, muß $\bar{\mathbf{M}}$ noch auf $\Omega_\Box$ transformiert werden (für die Bezeichnungen s. Bild 4.3). Dies geschieht mittels der Tensortransformation

$$\bar{\mathbf{M}} = \frac{j_0}{j}\, \mathbf{J}_0\, M(\boldsymbol{\xi})\, \mathbf{J}_0^{-1}\,. \tag{10.43}$$

Hierin bedeutet $\mathbf{J}_0$ die Tangentenabbildung zwischen Ω_e und $\Omega_\Box$ gemäß (4.7), die im Elementmittelpunkt ($\boldsymbol{\xi} = \mathbf{0}$) ausgewertet wird. Mit $j = \det \mathbf{J}_e$ wird die Determinante der Transformation bezeichnet; $j_0 = \det \mathbf{J}_0$ entspricht ihrer Auswertung im Elementmittelpunkt.

Jetzt sind die Ansätze für die *enhanced* Moden zu wählen. Diese können inkompatibel sein, da keine Ableitungen des angereicherten Deformationsgradienten in (10.37) auftreten. Allgemein gilt

$$\boldsymbol{M}(\boldsymbol{\xi})\boldsymbol{\alpha} = \sum_{L=1}^{n_{enh}} \boldsymbol{M}_L(\boldsymbol{\xi})\, \alpha_L \tag{10.44}$$

mit n_{enh} Ansätzen für die zusätzlichen inkompatiblen Moden. Die Interpolation kann für ein zweidimensionales Element kompakt in der Form

$$\boldsymbol{M}(\boldsymbol{\xi})\, \boldsymbol{\alpha} = \begin{bmatrix} M_1\,(\xi,\eta)\;\alpha_1 \; M_2\,(\xi,\eta)\;\alpha_2 \\ M_3\,(\xi,\eta)\;\alpha_3 \; M_4\,(\xi,\eta)\;\alpha_4 \end{bmatrix} \tag{10.45}$$

geschrieben werden. Hierin sind die Ansätze M_L noch zu bestimmen. Diese müssen die Orthogonalitätsbedingungen $(10.37)_3$ im Element erfüllen

$$\int_{\Omega_e} \delta \mathbf{P}_e \cdot \bar{\mathbf{F}}_e \, d\Omega = 0\,. \tag{10.46}$$

Für die Annahme konstanter Spannungen in Ω_e folgt hieraus mit (10.41) die Bedingung

$$\int_{\Omega_e} \bar{\mathbf{M}}\, d\Omega = 0\,, \tag{10.47}$$

die mit (10.43) schließlich auf

$$\int_{\Omega_\square} \boldsymbol{M}(\boldsymbol{\xi})\, d\square = 0 \tag{10.48}$$

führt. Letzterer Bedingung müssen die Ansätze M_L in (10.45) genügen. Dies ist für alle Polynome mit ungeraden Potenzen der Fall. Somit folgt als einfachster Ansatz mit vier *enhanced* oder inkompatiblen Moden

$$\boldsymbol{M}(\boldsymbol{\xi})^{2D}\, \boldsymbol{\alpha} = \sum_{L=1}^{4} \boldsymbol{M}(\boldsymbol{\xi})_L^{2D}\, \alpha_L = \begin{bmatrix} \xi\,\alpha_1 & \eta\,\alpha_2 \\ \xi\,\alpha_3 & \eta\,\alpha_4 \end{bmatrix}. \tag{10.49}$$

Das hierauf beruhende Element wird auch Q1/E4 Element genannt, s. (SIMO and ARMERO 1992). Dieses Element ist im linearen Fall dem Element mit inkompatiblen Moden von (TAYLOR et al. 1976) äquivalent.

Die entsprechende Interpolation für den dreidimensionalen Fall führt auf einen Ansatz des *enhanced* Deformationsgradienten mit neun Moden

$$\boldsymbol{M}^{3D}\, \boldsymbol{\alpha} = \sum_{L=1}^{9} \boldsymbol{M}(\boldsymbol{\xi})_L^{3D}\, \alpha_L = \begin{bmatrix} \xi\,\alpha_1 \; \eta\,\alpha_2 \; \zeta\,\alpha_3 \\ \xi\,\alpha_4 \; \eta\,\alpha_5 \; \zeta\,\alpha_6 \\ \xi\,\alpha_7 \; \eta\,\alpha_8 \; \zeta\,\alpha_9 \end{bmatrix}. \tag{10.50}$$

Diese Beziehung ist eine einfache Erweiterung der zweidimensionalen Ansätze und liefert das sog. Q1/E9 Element. Wie jedoch bereits in (SIMO et al. 1993) gezeigt, ist es notwendig noch weitere *enhanced* Moden hinzuzunehmen, um das Volumenlocking auszuschließen, das entsprechende Element wird mit Q1/E12 bezeichnet.

Die Matrizenformulierung der zugehörigen finiten Elemente basiert auf der Darstellung des Deformationsgradienten in Vektorform. Dies soll hier für den zweidimensionalen Fall im Grundsatz gezeigt werden. Eine detaillierte Darstellung basierend auf einer etwas anderen Herangehensweise findet sich dann in Aufgabe 10.1. Die Basis der Implementation kann sowohl die gemischte Formulierung in der Ausgangskonfiguration (10.37) sein als auch die Form (10.38), die auf die Momentankonfiguration bezogen ist. Wesentlich für eine effiziente Implementierung ist es, schwach besetzte Matrizen in der Elementformulierung zu erhalten. Wie schon bei den isoparametrischen Standardverschiebungselementen in den Abschn. 4.2.2 und 4.2.4 diskutiert, liefert die Formulierung (10.38) bezüglich der Momentankonfiguration die günstigere Variante.

In (10.38) sind die Größen $\nabla^S \boldsymbol{\eta}$ und $\delta\,\mathbf{h}^S$ zu diskretisieren, sowie die KIRCHHOFF-Spannungen mit (10.35) aus $\boldsymbol{\tau} = 2\,\mathbf{F}\,\frac{\partial W}{\partial C}\,\mathbf{F}^T$ zu berechnen. Mit (3.32) ergibt sich im Element Ω_e für die Variation des verschiebungsabhängigen Teils des Deformationsgradienten bezüglich der Momentankonfiguration

$$\nabla\,\boldsymbol{\eta}_e = \operatorname{Grad}\boldsymbol{\eta}_e\,\mathbf{F}_e^{-1} = \left[\sum_{I=1}^{n} \boldsymbol{\eta}_I \otimes \nabla_X N_I(\boldsymbol{\xi})\right]\mathbf{F}_e^{-1}\,, \tag{10.51}$$

worin für $\mathbf{F}$ der angereicherte Deformationsgradient nach (10.35) einzusetzen ist. Wie in (4.92) folgt dann für den symmetrischen Anteil die Matrixform

$$\nabla^S\,\boldsymbol{\eta}_e = \sum_{I=1}^{n} \begin{bmatrix} N_{I,1} & 0 \\ 0 & N_{I,2} \\ N_{I,2} & N_{I,1} \end{bmatrix} \begin{Bmatrix} \eta_1 \\ \eta_2 \end{Bmatrix}_I = \sum_{I=1}^{n} \boldsymbol{B}_I\,\boldsymbol{\eta}_I\,, \tag{10.52}$$

wobei die Ableitungen gemäß (10.51) zu bestimmen sind. Für die *enhanced* Moden folgt in Vektordarstellung

$$\delta\bar{\mathbf{h}}_e^S = \sum_{L=1}^{n_{enh}} \begin{bmatrix} M_{11}^L \\ M_{22}^L \\ M_{12}^L + M_{21}^L \end{bmatrix} \delta\alpha_L = \sum_{I=L}^{n_{enh}} \boldsymbol{G}_L\,\delta\alpha_L\,. \tag{10.53}$$

Hierin werden die Komponenten M_{11}^L, M_{12}^L, M_{21}^L und M_{22}^L gemäß (10.43) und (10.44) aus

$$\bar{\boldsymbol{M}}_L = \begin{bmatrix} M_{11}^L & M_{12}^L \\ M_{21}^L & M_{22}^L \end{bmatrix} = \mathbf{F}_0\,\frac{j_0}{j}\,\mathbf{J}_0\,\boldsymbol{M}(\boldsymbol{\xi})_L\,\boldsymbol{J}_0^{-1}\,\mathbf{F}_e^{-1} \tag{10.54}$$

ermittelt, wobei $\boldsymbol{M}(\boldsymbol{\xi})_L$ den L-ten Mode darstellt, s. (10.49). Mit dieser Matrixformulierung schreibt sich die schwache Form (10.35) als

$$\bigcup_{e=1}^{n_e}\left[\sum_I \delta\boldsymbol{\eta}_I{}^T \int_{\Omega_e} \boldsymbol{B}_I{}^T\,\boldsymbol{\tau}_e\,d\Omega\right] - \delta P_{EXT} = 0$$

$$\sum_L \delta\alpha_L \int_{\Omega_e} \boldsymbol{G}_L{}^T \boldsymbol{\tau}_e \, d\Omega = 0\,, \tag{10.55}$$

wobei $(10.35)_3$ direkt durch die Konstruktion der *enhanced* Ansätze erfüllt ist, s. (10.43). Die Lösung dieses nichtlinearen Gleichungssystems soll mit dem NEWTON-Verfahren erfolgen. Dazu wird jetzt noch die Linearisierung von (10.55) benötigt. Analog zu der Vorgehensweise in Abschn. 4.2.4 erhalten wir

$$\begin{bmatrix} \boldsymbol{K}_{u\,u} & \boldsymbol{K}_{u\,\alpha} \\ \boldsymbol{K}_{\alpha\,u} & \boldsymbol{K}_{\alpha\,\alpha} \end{bmatrix} \begin{Bmatrix} \Delta \boldsymbol{u} \\ \Delta \boldsymbol{\alpha} \end{Bmatrix} = - \begin{Bmatrix} \boldsymbol{G}_u \\ \boldsymbol{G}_\alpha \end{Bmatrix}. \tag{10.56}$$

Hierin sind die Submatrizen durch

$$\mathbf{K}_{u\,u} = \bigcup_{e=1}^{n_e} \sum_{I=1}^{n} \sum_{K=1}^{n} \int_{\Omega_e} [\boldsymbol{B}_I^T \boldsymbol{D}^{MR} \boldsymbol{B}_K + (\overline{\nabla}_x N_I)^T \boldsymbol{\tau}_e \, \overline{\nabla}_x N_K] \, d\Omega$$

$$\mathbf{K}_{u\,\alpha} = \bigcup_{e=1}^{n_e} \sum_{I=1}^{n} \sum_{M=1}^{n_{enh}} \int_{\Omega_e} [\, \boldsymbol{B}_I{}^T \boldsymbol{D}^{MR} \boldsymbol{G}_M \tag{10.57}$$

$$+ (\overline{\nabla}_x N_I)^T \boldsymbol{\tau}_e \, \boldsymbol{G}_M + (\overline{\nabla}_x N_I\big|_0)^T \boldsymbol{\tau}_e \, \boldsymbol{G}_M] \, d\Omega$$

$$\mathbf{K}_{\alpha\,\alpha} = \bigcup_{e=1}^{n_e} \sum_{L=1}^{n_{enh}} \sum_{M=1}^{n_{enh}} \int_{\Omega_e} [\, \boldsymbol{G}_L^T \boldsymbol{D}^{MR} \boldsymbol{G}_M + \bar{\boldsymbol{M}}_L \boldsymbol{\tau} \cdot \bar{\boldsymbol{M}}_M \,] \, d\Omega$$

definiert. Die Residuen $\boldsymbol{R}_u$ und $\boldsymbol{R}_\alpha$ ergeben sich direkt aus (10.55). Wie auch schon in den vorigen Gleichungen sind die Ableitungen nach x gemäß (10.51) zu bestimmen. Die Definition von $\boldsymbol{D}^{MR}$ findet sich in (4.111). $(\overline{\nabla}_x N_I\big|_0)$ bedeutet die Auswertung des Gradienten im Elementmittelpunkt, s. auch (10.42). Zur Lösung des Gleichungssystems (10.56) kann man in effizienter Weise eine Blockelimination einsetzen, da sich $\boldsymbol{K}_{\alpha\alpha}$ wegen der inkompatiblen Ansätze direkt auf Elementebene invertieren läßt. Dies ist explizit in Aufgabe 10.1 dargestellt.

Aufgabe 10.1: Man gebe die Diskretisierung und die resultierende Matrixformulierung für ein zweidimensionales Vierknotenelement nach dem HU-WASHIZU-Prinzip an, wobei die Ableitungen der Ansatzfunktionen und die Ansätze für die *enhanced* Terme mittels einer TAYLORreihenentwicklung bis zur zweiten Ordnung bezüglich des Elementmittelpunktes erfolgen sollen. Das Element soll die Berechnung großer elastischer Deformationen zulassen.

Lösung: Innerhalb des Elements Ω_e werden die Verschiebungen durch isoparametrische Formfunktionen approximiert. Die Verwendung einer TAYLORreihen-Entwicklung zweiter Ordnung um das Elementzentrum für die isoparametrischen Standard-Formfunktionen sowie für die inkompatiblen oder *enhanced* Moden führt zu expliziten Ausdrücken für die Gradienten-Operatoren. Für den Fall kleiner Verzerrungen wurde in (HUECK and WRIGGERS 1995) gezeigt, daß diese Erweiterung auch auf alle Terme angewendet werden kann, die mit dem *enhanced* Element assoziiert sind.

Bei der Formulierung für große Deformationen werden explizite Ausdrücke für den Standard- und den *enhanced* Verschiebungsgradienten in (10.35) entwickelt. Der Bezug ist dabei die Ausgangskonfiguration $\mathbf{X}$. Diese Gleichungen werden dann auf die Momentankonfiguration $\mathbf{x}$ transformiert.

Die bilinearen isoparametrischen Formfunktionen (4.28) werden zur Interpolation benutzt

$$N_I(\xi,\eta) = \frac{1}{4}\,(1+\xi\,\xi_I)(1+\eta\,\eta_I) = \frac{1}{4}\,(\,1\,+\,\xi_I\,\xi\,+\,\eta_I\,\eta\,+\,\xi_I\eta_I\,\xi\eta\,)\,. \tag{10.58}$$

ξ_I und η_I sind die Koordinaten des Knotens I in der ξ–η Referenzkonfiguration des Elementes. Die Koordinaten innerhalb des Elements sind durch

$$\begin{aligned} X &= a_0 + a_1\,\xi + a_2\,\xi\eta + a_3\,\eta \\ Y &= b_0 + b_1\,\xi + b_2\,\xi\eta + b_3\,\eta \end{aligned} \tag{10.59}$$

gegeben, wobei die Konstanten a_i wie folgt definiert werden

$$a_0 = \frac{1}{4}\sum_{I=1}^{4} X_I\,, \qquad a_1 = \frac{1}{4}\sum_{I=1}^{4} \xi_I\,X_I\,,$$

$$a_2 = \frac{1}{4}\sum_{I=1}^{4} \xi_I\,\eta_I\,X_I, \qquad a_3 = \frac{1}{4}\sum_{I=1}^{4} \eta_I\,X_I\,.$$

Die Konstanten b_i werden in analoger Weise berechnet, wobei X_I durch Y_I ersetzt wird. Mit Gl. (10.58) ergibt sich der Deformationsgradient innerhalb des Elements zu

$$\operatorname{Grad}\varphi_e = \sum_{I=1}^{4} \begin{bmatrix} N_{I,X}\,x_I & N_{I,Y}\,x_I \\ N_{I,X}\,y_I & N_{I,Y}\,y_I \end{bmatrix}. \tag{10.60}$$

Hierin sind x_I und y_I die Koordinaten des Knotens I in der Momentankonfiguration. In Gl. (10.60) werden die Ableitungen der Formfunktionen bezüglich X und Y benötigt. Eine TAYLORreihen-Entwicklung bis zur ersten Ordnung liefert

$$N_I = N_I|_0 + \left.\frac{\partial N_I}{\partial X}\right|_0 (\,X - X_0\,) + \left.\frac{\partial N_I}{\partial Y}\right|_0 (\,Y - Y_0\,) + N_{\gamma I}\,, \tag{10.61}$$

wobei um den Elementnullpunkt $\xi = \eta = 0$ entwickelt wird. Die verbleibenden Terme höherer Ordnung werden mit $N_{\gamma I}$ bezeichnet. Aus Gl. (10.58) erhält man $N_I|_0 = 1/4$. Am Elementmittelpunkt liefert die Kettenregel

$$\left\{ \begin{array}{c} \left.\dfrac{\partial N_I}{\partial X}\right|_0 \\ \left.\dfrac{\partial N_I}{\partial Y}\right|_0 \end{array} \right\} = \mathbf{J}_0^{-1} \left\{ \begin{array}{c} \left.\dfrac{\partial N_I}{\partial \xi}\right|_0 \\ \left.\dfrac{\partial N_I}{\partial \eta}\right|_0 \end{array} \right\}. \tag{10.62}$$

$\mathbf{J}_0$ ist die JACOBI Matrix $\mathbf{J}$, die hier nur bezüglich des Elementmittelpunktes ausgewertet wurde. Wie in (HUECK and WRIGGERS 1995) gezeigt, berechnen sich die Ableitungen der Formfunktionen im Elementmittelpunkt nach

$$\left.\frac{\partial N_I}{\partial X}\right|_0 = \frac{1}{4\,j_0}\,(\;\;b_3\,\xi_I - b_1\,\eta_I\,)\,, \tag{10.63}$$

$$\left.\frac{\partial N_I}{\partial Y}\right|_0 = \frac{1}{4\,j_0}\,(-a_3\,\xi_I + a_1\,\eta_I\,)\,. \tag{10.64}$$

Die Determinante von $\boldsymbol{J}$ ist durch $j = j_0 + j_1\,\xi + j_2\,\eta$ mit

$$j_0 = a_1\,b_3 - a_3\,b_1\,, \qquad j_1 = a_1\,b_2 - a_2\,b_1 \qquad \text{und} \qquad j_2 = a_2\,b_3 - a_3\,b_2$$

gegeben. Hieraus folgt für $\det \boldsymbol{J}_0 = j_0$. Unter Berücksichtigung von (10.63) und (10.64) liefert die Auflösung von Gl. (10.61) nach einigen Umformungen den Term höherer Ordnung

$$N_{\gamma I} = \gamma_I\,\xi\eta \qquad \text{mit} \quad \gamma_I = \frac{1}{4}\left(\xi_I\eta_I - \frac{j_2}{j_0}\,\xi_I - \frac{j_1}{j_0}\,\eta_I\right), \tag{10.65}$$

wobei der sog. Stabilisierungsvektor oder γ-Vektor eingeführt wird, s. auch Abschn. 10.3.

Analog zu Gl. (10.60) werden die Formfunktionen für den *enhanced* Gradienten $\bar{\mathbf{F}}$ in Gl. (10.35) bestimmt. (WILSON et al. 1973) haben die klassischen inkompatiblen Moden durch

$$M_1 = (1 - \xi^2) \qquad M_2 = (1 - \eta^2) \tag{10.66}$$

eingeführt. Diese repräsentieren eine diskontinuierliche Interpolation über die Elemente Ω_e. Eine Entwicklung mittels der TAYLORreihe um den Elementnullpunkt liefert für die inkompatiblen Moden

$$M_L = M_L|_0 + \left.\frac{\partial M_L}{\partial X}\right|_0 (X - X_0) + \left.\frac{\partial M_L}{\partial Y}\right|_0 (Y - Y_0) + M_{\gamma L}\,. \tag{10.67}$$

Der konstante Term ist $M_I|_0 = 1$. Nach der Kettenregel sind alle Terme erster Ordnung in Gl. (10.67) null. Damit folgt für die Terme höherer Ordnung in (10.67)

$$M_{\gamma 1} = -\xi^2 \qquad \text{und} \quad M_{\gamma 2} = -\eta^2\,. \tag{10.68}$$

Nun werden die Terme höherer Ordnung in Gln. (10.65) und (10.66) als TAYLORreihe zweiter Ordnung um den Elementmittelpunkt in X und Y entwickelt. Zur Vereinfachung werden die Terme im Vektor $\mathbf{q}^T = \{\,q_1,\,q_2,\,q_3\} = \{\,\xi^2,\,\xi\eta,\,\eta^2\,\}$ zusammengefaßt. Die TAYLORreihen-Entwicklung liefert

$$\mathbf{q} = \frac{1}{2}\left(\left.\frac{\partial^2\mathbf{q}}{\partial X^2}\right|_0 \Delta X^2 + 2\left.\frac{\partial^2\mathbf{q}}{\partial X\partial Y}\right|_0 \Delta X\,\Delta Y + \left.\frac{\partial^2\mathbf{q}}{\partial Y^2}\right|_0 \Delta Y^2\right) + \mathbf{r}_3 \tag{10.69}$$

mit $\Delta X = X - X_0$ und $\Delta Y = Y - Y_0$. Konstante Terme und Terme erster Ordnung treten in dieser Gleichung nicht auf, da $\mathbf{q}$ nur aus Termen höherer Ordnung besteht, die als Restglieder in der Entwicklung von N_I (10.61) und M_L (10.67) auftreten. Der Term $\mathbf{r}_3$ enthält Restglieder dritter Ordnung und soll im Weiteren vernachlässigt werden. Die Berechnung der zweiten Ableitungen in Gl. (10.69) sind ausführlich in (HUECK and WRIGGERS 1995) angegeben. Sie führen zu der Darstellung

$$\begin{aligned} N_{\gamma I} &= -\frac{1}{j_0^2}\,[\,b_1\,b_3\,\Delta X^2 - (\,a_1\,b_3 + a_3\,b_1\,)\,\Delta X\,\Delta Y + a_1\,a_3\,\Delta Y^2\,]\,\gamma_I\,,\\ M_{\gamma 1} &= -\frac{1}{j_0^2}\,[\,b_3^2\,\Delta X^2 - 2\,a_3\,b_3\,\Delta X\,\Delta Y + a_3^2\,\Delta Y^2\,]\,,\\ M_{\gamma 2} &= -\frac{1}{j_0^2}\,[\,b_1^2\,\Delta X^2 - 2\,a_1\,b_1\,\Delta X\,\Delta Y + a_1^2\,\Delta Y^2\,]\,. \end{aligned} \tag{10.70}$$

Mit diesen Gleichungen und mit (10.63) und (10.64) werden die Formfunktionen und die inkompatiblen Funktionen bis zur zweiten Ordnung angenähert. Mit Gln.

(10.61) und (10.70) erhält man schließlich die Ableitungen der Formfunktionen nach X und Y

$$\begin{aligned} N_{I,X} &= N_{I,X}|_0 + N_{I\gamma,X} \\ &= \frac{1}{4\,j_0}\,(\,b_3\,\xi_I - b_1\,\eta_I\,) - \frac{1}{j_0^2}\,[\,2\,b_1\,b_3\,\Delta X - (a_1\,b_3 + a_3\,b_1)\Delta Y\,]\,\gamma_I\,. \end{aligned} \tag{10.71}$$

Da Gl. (10.59) zu $\Delta X = a_1\xi + a_2\xi\eta + a_3\eta$ und $\Delta Y = b_1\xi + b_2\xi\eta + b_3\eta$ führt, erhält man explizite Ausdrücke für die Ableitungen von N_I nach X

$$N_{I,X} = \frac{1}{4\,j_0}\,(\,b_3\,\xi_I - b_1\,\eta_I\,) + \frac{1}{j_0}\,[-b_1\xi + \frac{1}{j_0}\,(j_1\,b_3 - j_2\,b_1)\,\xi\eta + b_3\,\eta\,]\,\gamma_I\,. \tag{10.72}$$

Analog folgt für die Ableitung von N_I nach Y

$$N_{I,Y} = \frac{1}{4\,j_0}\,(\,a_1\,\eta_I - a_3\,\xi_I\,) + \frac{1}{j_0}\,[\,a_1\xi + \frac{1}{j_0}\,(j_2\,a_1 - j_1\,a_3)\,\xi\eta - a_3\,\eta\,]\,\gamma_I\,. \tag{10.73}$$

Weiterhin bestimmt man mit Gln. (10.67) und (10.70) die Ableitungen der inkompatiblen Moden

$$\begin{aligned} M_{1,X} &= \frac{2}{j_0}\,b_3\,(\,\xi + \frac{j_2}{j_0}\,\xi\,\eta\,)\,, & M_{1,Y} &= \frac{2}{j_0}\,a_3\,(\,\xi + \frac{j_2}{j_0}\,\xi\,\eta\,)\,, \\ M_{2,X} &= \frac{2}{j_0}\,b_1\,(\,\eta + \frac{j_1}{j_0}\,\xi\,\eta\,)\,, & M_{2,Y} &= -\frac{2}{j_0}\,a_1\,(\,\eta + \frac{j_1}{j_0}\,\xi\,\eta\,)\,. \end{aligned} \tag{10.74}$$

Mit den Ausdrücken (10.72) bis (10.74) ist es nun möglich, die Gradienten (10.60) und (10.75) bezüglich der Referenzkonfiguration $\mathbf{X}$ zu berechnen. Für den *enhanced* Deformationsgradienten $\bar{\mathbf{F}}$ folgt

$$\bar{\mathbf{F}}_e = \sum_{L=1}^{2} \boldsymbol{\alpha}_L\,\bar{\boldsymbol{G}}_L^T \quad \text{mit} \quad \boldsymbol{\alpha}_L = \left\{ \begin{matrix} \alpha_L \\ \phi_L \end{matrix} \right\} \quad \text{und} \quad \bar{\boldsymbol{G}}_L = \left\{ \begin{matrix} M_{L,X} \\ M_{L,Y} \end{matrix} \right\}, \tag{10.75}$$

wobei α_L und ϕ_L die zu den *enhanced* Moden gehörenden Variablen bezüglich der Koordinatenrichtungen sind.

ANMERKUNG 10.2 : In den Gln. (10.72) bis (10.74) erscheint nur der konstante Term J_0 der Jacobi-Determinante im Nenner. Dieser Ausdruck ist proportional zu der Elementfläche und wird nicht null oder negativ, auch nicht bei Netzen mit stark verzerrten Elementen. Dies führt zu einer höheren Robustheit des Elementes gegen geometrische Verzerrung.

Benutzt man Gl. (10.38) als Basis für die nichtlineare Formulierung, so müssen die Gradienten in die momentane Konfiguration transformiert werden. Der Standard-Verschiebungsgradient transformiert sich nach $\nabla\,\mathbf{u} = (\mathrm{Grad}\,\mathbf{u})\,\mathbf{F}^{-1}$ auf den räumlichen Verschiebungsgradienten

$$\nabla\,\mathbf{u}_e = \sum_{I=1}^{4} \begin{bmatrix} N_{I,x}\,u_I & N_{I,y}\,u_I \\ N_{I,x}\,v_I & N_{I,y}\,v_I \end{bmatrix} \tag{10.76}$$

mit den Knotenverschiebungen u_I und v_I. Die Ableitungen der Formfunktionen nach $\mathbf{x}$ folgen im Zweidimensionalen aus der expliziten Form

$$\left\{ \begin{matrix} N_{I,x} \\ N_{I,y} \end{matrix} \right\} = \frac{1}{\det \mathbf{F}_e} \left\{ \begin{matrix} F_{22}\,N_{I,X} - F_{21}\,N_{I,Y} \\ -F_{12}\,N_{I,X} + F_{11}\,N_{I,Y} \end{matrix} \right\}. \tag{10.77}$$

Hierin sind F_{ik} die Komponenten des Deformationsgradienten $\mathbf{F}$, s. Gl. (10.35).

Gleichzeitig wird der *enhanced* Gradient in die Momentankonfiguration transformiert. Hier gilt – wie für den Verschiebungsgradienten – $\bar{\mathbf{h}} = \bar{\mathbf{F}}\,\mathbf{F}^{-1}$. Zusammen mit Gl. (10.75) folgt

$$\bar{\mathbf{h}}_e = \sum_{L=1}^{2} \boldsymbol{\alpha}_L\, \bar{\mathbf{g}}_L^T \quad \text{mit} \quad \bar{\mathbf{g}}_L = \mathbf{F}_e^{-T}\, \bar{\mathbf{G}}_L\,, \tag{10.78}$$

wobei gilt

$$\bar{\mathbf{g}}_L = \begin{Bmatrix} M_{L,x} \\ M_{L,y} \end{Bmatrix} = \frac{1}{\det \mathbf{F}} \begin{Bmatrix} F_{22}\, M_{L,X} - F_{21}\, M_{L,Y} \\ -F_{12}\, M_{L,X} + F_{11}\, M_{L,Y} \end{Bmatrix}. \tag{10.79}$$

Damit ist der *enhanced* Gradient in der gleichen Weise wie der Verschiebungsgradient in die momentane Konfiguration transformiert worden.

Die Diskretisierung der schwachen Form (10.38) erfordert eine Matrixform, die für den ebenen Verzerrungszustand auf die Matrizen

$$\boldsymbol{\tau} = \begin{Bmatrix} \tau_{11} \\ \tau_{22} \\ \tau_{12} \end{Bmatrix}, \ \mathbf{b} = \begin{Bmatrix} b_{11} \\ b_{22} \\ b_{12} \end{Bmatrix}, \ \nabla^S \boldsymbol{\eta} = \begin{Bmatrix} \eta_{,x} \\ \eta_{,y} \\ \eta_{,y} + \eta_{,x} \end{Bmatrix}, \ \delta\bar{\mathbf{h}}^S = \begin{Bmatrix} \delta h_{11} \\ \delta h_{22} \\ \delta h_{12} + \delta h_{21} \end{Bmatrix} \tag{10.80}$$

führt. Mit Gl. (3.117) erhält man für die KIRCHHOFF-Spannungen

$$\boldsymbol{\tau}_e = \begin{Bmatrix} \tau_{11} \\ \tau_{22} \\ \tau_{12} \end{Bmatrix}_e = \frac{\Lambda}{2}\,[J^2 - 1] \begin{Bmatrix} 1 \\ 1 \\ 0 \end{Bmatrix} + \mu \left[\begin{Bmatrix} b_{11} \\ b_{22} \\ b_{12} \end{Bmatrix} - \begin{Bmatrix} 1 \\ 1 \\ 0 \end{Bmatrix} \right], \tag{10.81}$$

wobei die diskrete Näherung für den linken CAUCHY-GREEN-Tensor $\mathbf{b}$ im Element

$$\mathbf{b}_e = \begin{Bmatrix} (F_{11})^2 + (F_{12})^2 \\ (F_{22})^2 + (F_{21})^2 \\ F_{11}\, F_{21} + F_{12}\, F_{22} \end{Bmatrix} \tag{10.82}$$

lautet. Die Komponenten des Deformationsgradienten $\mathbf{F}$ im Element berechnen sich aus Gl. (10.35) zusammen mit (10.60) und (10.75):

$$\begin{bmatrix} F_{11} & F_{12} \\ F_{21} & F_{22} \end{bmatrix}_e = \sum_{I=1}^{4} \begin{bmatrix} N_{I,X}\, x_I & N_{I,Y}\, x_I \\ N_{I,X}\, y_I & N_{I,Y}\, y_I \end{bmatrix} + \sum_{L=1}^{2} \begin{bmatrix} M_{L,X}\, \alpha_L & M_{L,Y}\, \alpha_L \\ M_{L,X}\, \phi_L & M_{L,Y}\, \phi_L \end{bmatrix} \tag{10.83}$$

Die Variation des symmetrischen Verschiebungsgradienten ist im Element durch

$$\nabla^S \boldsymbol{\eta}_e = \sum_{I=1}^{4} \boldsymbol{B}_I\, \boldsymbol{\eta}_I = \sum_{I=1}^{4} \begin{bmatrix} N_{I,x} & 0 \\ 0 & N_{I,y} \\ N_{I,y} & N_{I,x} \end{bmatrix} \begin{Bmatrix} \eta_{x\,I} \\ \eta_{y\,I} \end{Bmatrix} \tag{10.84}$$

gegeben. Dies definiert die $\mathbf{B}$-Matrix, s. auch (4.92). Die Ableitungen der Formfunktionen bezüglich der Momentankonfiguration berechnen sich aus Gl. (10.77) mit (10.72) und (10.73). Analog erhält man für die Variation des *enhanced* Verschiebungsgradienten $\bar{\mathbf{h}}$ mit (10.78) und (10.75)

$$\delta\bar{\mathbf{h}}_e^S = \sum_{L=1}^{2} \boldsymbol{G}_L\, \delta\boldsymbol{\alpha}_L = \sum_{L=1}^{2} \begin{bmatrix} M_{L,x} & 0 \\ 0 & M_{L,y} \\ M_{L,y} & M_{L,x} \end{bmatrix} \begin{Bmatrix} \delta\alpha_L \\ \delta\phi_L \end{Bmatrix} \tag{10.85}$$

In Gl. (10.85) müssen die Beziehungen (10.74) und (10.79) angewendet werden, um $M_{L,x}$ und $M_{L,y}$ zu berechnen.

Mit den Gln. (10.80) bis (10.85) liefert die Diskretisierung von Gl. (10.38) die Residuen für das *enhanced* Element

$$\left.\begin{array}{l} \bigcup\limits_{e=1}^{n_e} \left\{ \sum\limits_{I=1}^{4} \boldsymbol{\eta}_I^T \int\limits_{\Omega_e} \boldsymbol{B}_I^T \, \boldsymbol{\tau}_e \, d\Omega \right\} - \delta P_{EXT} = 0 \\ \sum\limits_{L=1}^{2} \delta \boldsymbol{\alpha}_L^T \int\limits_{\Omega_e} \boldsymbol{G}_L^T \, \boldsymbol{\tau}_e \, d\Omega = 0 \end{array} \right\} \Rightarrow \begin{array}{l} \boldsymbol{g}_u(\boldsymbol{u}, \boldsymbol{\alpha}) = \mathbf{0} \\ \boldsymbol{g}_\alpha^e(\boldsymbol{u}, \boldsymbol{\alpha}) = \mathbf{0}\,, \end{array} \tag{10.86}$$

wobei die Abkürzungen $\mathbf{g}_u = \mathbf{0}$ and $\mathbf{g}_\alpha^e = \mathbf{0}$ für die erste bzw. zweite Gleichung eingeführt wurden. Die letzte Gleichung ist nur auf Elementebene zu erfüllen. Dies folgt aus der Tatsache, daß die Interpolationsfunktionen für die *enhanced* Moden über die Elementgrenzen diskontinuierlich sind. Weiterhin kann die Interpolation des Spannungsfeldes in Gln. (10.37) und (10.38) so gewählt werden, daß Gl. $(10.38)_3$ nach (SIMO and ARMERO 1992) automatisch erfüllt ist.

ANMERKUNG 10.3 : Gleichung $(10.86)_2$ *führt für konstante Spannungen auf die Bedingung* $\int_{\Omega_e} \bar{\mathbf{G}}_L \, dV = 0$. *Diese muß erfüllt werden, um den Patch-Test für stückweise konstante Spannungsfelder zu bestehen. Mit den* enhanced *Funktionen in Gl. (10.74) wird diese Bedingung exakt erfüllt, wenn folgende Näherung für die Integrationsformel benutzt wird*

$$\int_B f(x,y)\, dV = \int_{-1}^{1}\int_{-1}^{1} f(\xi,\eta)\, j\, d\xi\, d\eta \approx \int_{-1}^{1}\int_{-1}^{1} f(\xi,\eta)\, j_0\, d\xi\, d\eta$$

Daher ist die Benutzung von j_0 *anstatt von* j *bei dem Wechsel auf das Referenzkoordinatensystem für die vorgestellte Elementformulierung von Bedeutung, s. auch (10.48).*

Um das nichtlineare Gleichungssystem (10.86) für die unbekannten Verschiebungen $\boldsymbol{u}$ und die *enhanced* Variablen $\boldsymbol{\alpha}$ zu lösen, wird üblicherweise das NEWTON-Verfahren benutzt, s. Abschn. 5.1.1. Dafür ist die Linearisierung von (10.86) notwendig. Wie in Abschn. 3.5.3 gezeigt wurde, transformiert man hierzu Gl. (10.38) auf die Ausgangskonfiguration.

$$\begin{aligned} G_u &= \int\limits_B \operatorname{Grad} \boldsymbol{\eta} \cdot (\, 2\, \mathbf{F}\, \frac{\partial W}{\partial \mathbf{C}}\,)\, dV - \delta P_{EXT} = 0\,, \\ G_\alpha &= \int\limits_B \delta\, \bar{\mathbf{F}}^S \cdot (2\, \mathbf{F}\, \frac{\partial W}{\partial \mathbf{C}}\,)\, dV = 0\,. \end{aligned} \tag{10.87}$$

Die Linearisierung wird – wie in Abschn. 3.5.3 eingeführt – mit $\Delta(\bullet)$ bezeichnet. Die Linearisierung von $\mathbf{F}$ liefert dann mit Gl. (10.35) $\Delta\mathbf{F} = \operatorname{Grad}\Delta\mathbf{u} + \Delta\bar{\mathbf{F}}$. Diese Beziehung wird benutzt, um $\mathbf{C} = \mathbf{F}^T\mathbf{F}$ zu linearisieren

$$\Delta\mathbf{C} = \Delta(\mathbf{F}^T\mathbf{F}) = [\,(\operatorname{Grad}\Delta\mathbf{u}\,)^T + \Delta\bar{\mathbf{F}}^T\,]\,\mathbf{F} + \mathbf{F}^T\,[\,\operatorname{Grad}\Delta\mathbf{u} + \Delta\bar{\mathbf{F}}\,] \tag{10.88}$$

Das Einsetzen der linearisierten kinematischen Beziehungen in Gl. (10.87) führt dann auf

$$\begin{aligned} \Delta G_u &= \int_B \operatorname{Grad}\boldsymbol{\eta} \cdot 2 \left[(\operatorname{Grad}\Delta\mathbf{u} + \Delta\bar{\mathbf{F}}) \frac{\partial W}{\partial \mathbf{C}} + \mathbf{F} \frac{\partial^2 W}{\partial \mathbf{C}\,\partial \mathbf{C}} \Delta\mathbf{C} \right] dV = 0 \\ \Delta G_\alpha &= \int_B \delta\bar{\mathbf{F}}^S \cdot 2 \left[(\operatorname{Grad}\Delta\mathbf{u} + \Delta\bar{\mathbf{F}}) \frac{\partial W}{\partial \mathbf{C}} + \mathbf{F} \frac{\partial^2 W}{\partial \mathbf{C}\,\partial \mathbf{C}} \Delta\mathbf{C} \right] dV = 0 \end{aligned} \tag{10.89}$$

Dieses Ergebnis wird in die Momentankonfiguration zurücktransformiert. Mit der Beziehung zwischen dem 2. PIOLA-KIRCHHOFF-Spannungstensor $\mathbf{S}$ und dem KIRCHHOFFschen Spannungen $\boldsymbol{\tau} = \mathbf{F}\,\mathbf{S}\,\mathbf{F}^T$, s. (3.83), und dem inkrementellen Materialtensor in der Momentankonfiguration $\mathbb{c}$ nach Gl. (3.231) erhält man nach einigen Umformungen

$$\begin{aligned} \Delta g_u &= \int_B \left\{ \nabla^S \boldsymbol{\eta} \cdot \mathbb{c}\,[\nabla^S(\Delta\mathbf{u})] + \nabla^S \boldsymbol{\eta}\, \nabla^S(\Delta\mathbf{u}) \cdot \boldsymbol{\tau} \right\} dV \\ &+ \int_B \left\{ \nabla^S \boldsymbol{\eta} \cdot \mathbb{c}\,[\Delta\bar{\mathbf{h}}] + \nabla^S \boldsymbol{\eta}\, \Delta\bar{\mathbf{h}} \cdot \boldsymbol{\tau} \right\} dV = 0 \\ \Delta g_\alpha &= \int_B \left\{ \delta\bar{\mathbf{h}}^S \cdot \mathbb{c}\,[\nabla^S(\Delta\mathbf{u})] + \bar{\mathbf{h}}^S\, \nabla^S(\Delta\mathbf{u}) \cdot \boldsymbol{\tau} \right\} dV \\ &+ \int_B \left\{ \delta\bar{\mathbf{h}}^S \cdot \mathbb{c}\,[\Delta\bar{\mathbf{h}}] + \delta\bar{\mathbf{h}}\, \Delta\bar{\mathbf{h}} \cdot \boldsymbol{\tau} \right\} dV = 0\,. \end{aligned} \tag{10.90}$$

Im Falle eines ebenen Verzerrungszustandes erhält man als expliziten Ausdruck für die konstutitiven Gleichungen (3.117), s. auch (3.258)

$$\boldsymbol{D} = \begin{bmatrix} e_1 & e_2 & 0 \\ e_2 & e_1 & 0 \\ 0 & 0 & g \end{bmatrix} \quad \text{mit} \quad \begin{aligned} e_1 &= \mu + \Lambda \\ e_2 &= \Lambda J^2 \\ g &= \mu - \tfrac{\Lambda}{2}\,[J^2 - 1] \end{aligned} \tag{10.91}$$

Die diskreten Operatoren zur Bestimmung von $\nabla^S \boldsymbol{\eta}$ und $\delta\bar{\mathbf{h}}^S$, sind in diskreter Form in (10.84) und (10.85) gegeben. Die gleichen Operatoren können jetzt auch für $\nabla^S(\Delta\mathbf{u})$ und $\Delta\bar{\mathbf{h}}^S$ verwendet werden. So lassen sich folgende Tangentenmatrizen definieren

$$\boldsymbol{K}_{u\,u} = \bigcup_{e=1}^{n_e} \sum_{I=1}^{4} \sum_{J=1}^{4} \int_{\Omega_e} \left[\boldsymbol{B}_I^T \boldsymbol{D}\, \boldsymbol{B}_J + G_{IJ}^1\, \mathbf{I}_{2\times 2} \right] d\Omega$$

$$\boldsymbol{K}_{u\,\alpha} = \bigcup_{e=1}^{n_e} \sum_{I=1}^{4} \sum_{L=1}^{2} \int_{\Omega_e} \left[\boldsymbol{B}_I^T \boldsymbol{D}\, \boldsymbol{G}_L + G_{IL}^2\, \mathbf{I}_{2\times 2} \right] d\Omega \tag{10.92}$$

$$\boldsymbol{K}_{\alpha\,\alpha} = \bigcup_{e=1}^{n_e} \sum_{L=1}^{2} \sum_{M=1}^{2} \int_{\Omega_e} \left[\boldsymbol{G}_L^T \boldsymbol{D}\, \boldsymbol{G}_M + G_{LM}^3\, \mathbf{I}_{2\times 2} \right] d\Omega \tag{10.93}$$

mit

$$\begin{aligned} G_{IJ}^1 &= \langle N_{I,x}\,,\, N_{I,y} \rangle \begin{bmatrix} \tau_{11} & \tau_{12} \\ \tau_{21} & \tau_{22} \end{bmatrix} \begin{Bmatrix} N_{J,x} \\ N_{J,y} \end{Bmatrix} \\ G_{IL}^2 &= \langle N_{I,x}\,,\, N_{I,y} \rangle \begin{bmatrix} \tau_{11} & \tau_{12} \\ \tau_{21} & \tau_{22} \end{bmatrix} \begin{Bmatrix} M_{L,x} \\ M_{L,y} \end{Bmatrix} \\ G_{LM}^3 &= \langle M_{L,x}\,,\, M_{L,y} \rangle \begin{bmatrix} \tau_{11} & \tau_{12} \\ \tau_{21} & \tau_{22} \end{bmatrix} \begin{Bmatrix} M_{M,x} \\ M_{M,y} \end{Bmatrix} \end{aligned}$$

Für beliebige $\boldsymbol{\eta}$ und $\delta\bar{\mathbf{h}}$ erhält man

$$\begin{aligned} \boldsymbol{K}_{u\,u}\,\Delta\boldsymbol{u} + \boldsymbol{K}_{u\,\alpha}\,\Delta\boldsymbol{\alpha} &= -\boldsymbol{g}_u \\ \boldsymbol{K}_{\alpha\,u}\,\Delta\boldsymbol{u} + \mathbf{K}_{\alpha\,\alpha}\,\Delta\boldsymbol{\alpha} &= -\boldsymbol{g}_\alpha \end{aligned} \qquad (10.94)$$

(SIMO and RIFAI 1990) haben gezeigt, daß die Block-Eliminationstechnik in Kombination mit dem NEWTON-Verfahren effizient anwendbar ist, um Gl. (10.94) zu lösen. Hierbei werden die Variablen $\boldsymbol{\alpha}$ auf Elementebene eliminiert

$$\Delta\boldsymbol{\alpha} = -\boldsymbol{K}_{\alpha\,\alpha}^{-1}\,(\,\boldsymbol{K}_{\alpha\,u}\Delta\boldsymbol{u} + \boldsymbol{g}_\alpha\,)\,, \qquad (10.95)$$

was zu einer Verschiebungsformulierung führt

$$(\,\boldsymbol{K}_{u\,u} - \boldsymbol{K}_{u\,\alpha}\,\boldsymbol{K}_{\alpha\,\alpha}^{-1}\,\boldsymbol{K}_{\alpha\,u}\,)\Delta\boldsymbol{u} = -\boldsymbol{g}_u + \boldsymbol{K}_{u\,\alpha}\,\boldsymbol{K}_{\alpha\,\alpha}^{-1}\,\boldsymbol{g}_\alpha\,. \qquad (10.96)$$

Eine effiziente Implementierung, bei der die Speicherung von $\boldsymbol{K}_{\alpha\,\alpha}^{-1}\,\boldsymbol{K}_{\alpha\,u}$ und $\boldsymbol{K}_{\alpha\,\alpha}^{-1}\,\boldsymbol{g}_\alpha$ auf Elementebene vermieden werden kann, ist in (SIMO et al. 1993) zu finden.

10.4.3 Kombination aus enhanced Formulierung und hour-glass Stabilisierung

Eine Möglichkeit, die Vorteile der stabilisierten *hour glass* Elemente nach (BELYTSCHKO et al. 1984) (hohe Effizienz) mit denen der *enhanced strain* Elemente (*locking*freies Verhalten) zu verknüpfen, wurde in (REESE et al. 1998) entwickelt. Ausgangspunkt sind die Beziehungen (10.32) und (10.33). Diese führen nach Assemblierung auf die nichtlineare Gleichung

$$\boldsymbol{R}_0 + \boldsymbol{K}_{stab}\,\mathbf{v} = \boldsymbol{P} \qquad (10.97)$$

und deren Linearisierung

$$(\,\boldsymbol{K}_{T0} + \boldsymbol{K}_{stab}\,)\,\Delta\mathbf{v} = \boldsymbol{P} - \boldsymbol{R}_0 - \boldsymbol{K}_{stab}\,\mathbf{v}\,. \qquad (10.98)$$

Um jetzt die explizite Form von $\boldsymbol{K}_{stab}$ für diese Formulierung herzuleiten, schreiben wir durch Umsortieren die Gleichungen für den Deformationsgradienten $\boldsymbol{F}$ und seinen *enhanced* Part $\bar{\boldsymbol{F}}$ in (10.35) als

$$\begin{aligned} \boldsymbol{F}_e &= \boldsymbol{B}\,\mathbf{x}_e & \qquad \operatorname{Grad}\boldsymbol{\eta}_e &= \boldsymbol{B}\,\boldsymbol{\eta}_e \quad \text{und} \\ \bar{\boldsymbol{F}}_e &= \boldsymbol{G}\,\boldsymbol{\alpha}_e & \qquad \delta\bar{\boldsymbol{F}}_e &= \boldsymbol{G}\,\delta\boldsymbol{\alpha}_e\,, \end{aligned} \qquad (10.99)$$

wobei Vektornotation eingeführt wird. Im zweidimensionalen Fall erhalten wir z.B. explizit für die Variation von $\boldsymbol{F}_e$ für den Ansatz nach (10.58)

$$\operatorname{Grad}\boldsymbol{\eta}_e = \begin{Bmatrix} \eta_{1,1} \\ \eta_{1,2} \\ \eta_{2,1} \\ \eta_{2,2} \end{Bmatrix} = \sum_{I=1}^{4} \boldsymbol{B}_I\,\boldsymbol{\eta}_I = \sum_{I=1}^{4} \begin{bmatrix} N_{I,X} & 0 \\ N_{I,Y} & 0 \\ 0 & N_{I,X} \\ 0 & N_{I,Y} \end{bmatrix} \begin{Bmatrix} \eta_{X\,I} \\ \eta_{Y\,I} \end{Bmatrix}. \qquad (10.100)$$

Diese Beziehung läßt sich auch kompakt als

$$\operatorname{Grad}\boldsymbol{\eta}_e = [\,\boldsymbol{B}_1\,,\boldsymbol{B}_2\,,\boldsymbol{B}_3\,,\boldsymbol{B}_4\,] \begin{Bmatrix} \eta_{X\,1} \\ \eta_{Y\,1} \\ \ldots \\ \eta_{X\,4} \\ \eta_{Y\,4} \end{Bmatrix} = \boldsymbol{B}\,\boldsymbol{\eta}_e \tag{10.101}$$

schreiben. Ausgehend von der TAYLORreihenentwicklung der Ansatzfunktion gemäß (10.61) kann jetzt auch die $\boldsymbol{B}$-Matrix in lineare und *hour-glass* Anteile aufgeteilt werden. Dies führt nach (REESE and WRIGGERS 2000) auf

$$\boldsymbol{B} = \boldsymbol{j}\,(\,\boldsymbol{B}_{lin}\,\boldsymbol{M}_{lin} + \boldsymbol{B}_{hg}\,\boldsymbol{M}_{hg}\,)\,. \tag{10.102}$$

Im zweidimensionalen Fall haben die in (10.102) eingebrachten Matrizen die Form

$$\boldsymbol{j} = \begin{bmatrix} \frac{\partial \xi}{\partial X} & \frac{\partial \eta}{\partial X} & 0 & 0 \\ 0 & 0 & \frac{\partial \xi}{\partial Y} & \frac{\partial \eta}{\partial Y} \\ \frac{\partial \xi}{\partial Y} & \frac{\partial \eta}{\partial Y} & 0 & 0 \\ 0 & 0 & \frac{\partial \xi}{\partial X} & \frac{\partial \eta}{\partial X} \end{bmatrix}, \tag{10.103}$$

$$\boldsymbol{B}_{lin} = \begin{bmatrix} 0 & 1 & 0 & 0 & 0 & 0 \\ 0 & 0 & 1 & 0 & 0 & 0 \\ 0 & 0 & 0 & 0 & 1 & 0 \\ 0 & 0 & 0 & 0 & 0 & 1 \end{bmatrix}, \qquad \boldsymbol{B}_{hg} = \begin{bmatrix} \eta & 0 \\ \xi & 0 \\ 0 & \eta \\ 0 & \xi \end{bmatrix}, \tag{10.104}$$

und

$$\boldsymbol{M}_{lin}^T = \begin{bmatrix} \boldsymbol{N}_0 & \boldsymbol{N}_{,X\,0} & \boldsymbol{N}_{,Y\,0} & \boldsymbol{O} & \boldsymbol{O} & \boldsymbol{O} \\ \boldsymbol{O} & \boldsymbol{O} & \boldsymbol{O} & \boldsymbol{N}_0 & \boldsymbol{N}_{,X\,0} & \boldsymbol{N}_{,Y\,0} \end{bmatrix},$$

$$\boldsymbol{M}_{hg}^T = \begin{bmatrix} \boldsymbol{\gamma} & \boldsymbol{O} \\ \boldsymbol{O} & \boldsymbol{\gamma} \end{bmatrix}. \tag{10.105}$$

Hierin sind in den Vektoren $\boldsymbol{N}_0$, $\boldsymbol{N}_{,X\,0}$ und $\boldsymbol{N}_{,Y\,0}$ die in den Gln. (10.61), (10.63) und (10.64) berechneten Komponenten $N_I|_0$, $\frac{\partial N_I}{\partial X}\big|_0$ und $\frac{\partial N_I}{\partial Y}\big|_0$ enthalten. In dem Vektor $\boldsymbol{\gamma}$ sind die Komponenten des γ-Vektors (10.65) zusammengefaßt.

Die *enhanced strain* Anteile sollen jetzt auch für den zweidimensionalen Fall spezifiziert werden, wobei von dem Ansatz (10.66) ausgegangen wird. Analog zu (10.100) folgt für die Variation des *enhanced strain* Gradienten in (10.35)

$$\delta\bar{\mathbf{F}}_e = \begin{Bmatrix} \delta\bar{F}_{11} \\ \delta\bar{F}_{12} \\ \delta\bar{F}_{21} \\ \delta\bar{F}_{22} \end{Bmatrix} = \sum_{L=1}^{2} \boldsymbol{G}_L\,\delta\boldsymbol{\varphi}_L = \sum_{I=1}^{4} \begin{bmatrix} M_{L,X} & 0 \\ M_{L,Y} & 0 \\ 0 & M_{L,X} \\ 0 & M_{L,Y} \end{bmatrix} \begin{Bmatrix} \delta\varphi_L \\ \delta\phi_L \end{Bmatrix}. \tag{10.106}$$

Dies läßt sich auch kompakt durch

$$\delta\bar{\mathbf{F}}_e = [\,\boldsymbol{G}_1\,,\,\boldsymbol{G}_2\,] \begin{Bmatrix} \delta\varphi_1 \\ \delta\phi_1 \\ \delta\varphi_2 \\ d\phi_2 \end{Bmatrix} = \boldsymbol{G}\,\delta\boldsymbol{\alpha}_e \tag{10.107}$$

Da die Approximation für den *enhanced Strain* Anteil keine konstanten und linearen Anteile enthält, kann die $\boldsymbol{G}$-Matrix auch im Rahmen einer TAYLORreihenentwicklung durch

$$\boldsymbol{G} = \boldsymbol{j}\,\hat{\boldsymbol{G}} \quad \text{mit} \quad \hat{\boldsymbol{G}} = \begin{bmatrix} \xi & 0 & 0 & 0 \\ 0 & \eta & 0 & 0 \\ 0 & 0 & \xi & 0 \\ 0 & 0 & 0 & \eta \end{bmatrix} \tag{10.108}$$

ausgedrückt werden. Mit diesen Matrizen kann die aus dem HU-WASHIZU-Prinzip folgende Variationsgleichung (10.37) diskretisiert werden. Dies liefert

$$\bigcup_{e=1}^{n_e} \boldsymbol{\eta}_e^T \int\limits_{\Omega_e} [\boldsymbol{j}\,(\boldsymbol{B}_{lin}\,\boldsymbol{M}_{lin} + \boldsymbol{B}_{hg}\,\boldsymbol{M}_{hg})]^T\,\boldsymbol{P}_e\,d\Omega - \delta P_{EXT} = 0$$

$$\delta\boldsymbol{\alpha}_e^T \int\limits_{\Omega_e} (\boldsymbol{j}\,\hat{\boldsymbol{G}})^T\,\boldsymbol{P}_e\,d\Omega = 0\,. \tag{10.109}$$

Damit die letzte Gleichung auf Elementebene identisch erfüllt wird, s. z.B. (TAYLOR et al. 1976), ist für eine verzerrte Elementgeometrie der gemäß (10.43) geänderte Ansatz $\boldsymbol{G} = \frac{j_0}{j}\,\boldsymbol{j}_0\,\hat{\boldsymbol{G}}$ zu verwenden. Für die Linearisierung der zweiten Gleichung von (10.109) erhalten wir mit der inkrementellen konstitutiven Matrix $\boldsymbol{A} = \frac{\partial^2 W}{\partial F\,\partial F}$

$$\delta\boldsymbol{\alpha}_e^T \Bigg[\int\limits_{\Omega_e} \hat{\boldsymbol{G}}^T\,\hat{\boldsymbol{A}}\boldsymbol{B}_{lin}\,d\Omega\,\boldsymbol{M}_{lin}\,\Delta\,\boldsymbol{u}_e + \int\limits_{\Omega_e} \hat{\boldsymbol{G}}^T\,\hat{\boldsymbol{A}}\boldsymbol{B}_{hg}\,d\Omega\,\boldsymbol{M}_{hg}\,\Delta\,\boldsymbol{u}_e$$

$$+ \int\limits_{\Omega_e} \hat{\boldsymbol{G}}^T\,\hat{\boldsymbol{A}}\hat{\boldsymbol{G}}\,d\Omega\,\Delta\,\boldsymbol{\alpha}_e \Bigg] = -\delta\boldsymbol{\alpha}_e^T \int\limits_{\Omega_e} \hat{\boldsymbol{G}}^T\,\hat{\boldsymbol{P}}_e\,d\Omega\,. \tag{10.110}$$

Hierin wurden die Abkürzungen $\hat{\boldsymbol{A}} = \boldsymbol{j}^T\,\boldsymbol{A}\,\boldsymbol{j}$ und für den 1. PIOLA-KIRCHHOFFschen Spannungstensor $\hat{\boldsymbol{P}}_e = \boldsymbol{j}^T\,\boldsymbol{P}_e$ eingeführt. Die Form (10.110) soll jetzt mit den Annahmen, daß $\hat{\boldsymbol{A}}$, $\hat{\boldsymbol{P}}$ und $\boldsymbol{j}\,dV$ innerhalb eines Elementes Ω_e konstant sind, vereinfacht werden. Diese Annahmen stellen für allgemeine Spannungszustände und Elementgeometrien eine Näherung dar. Da aber die Annahme konstanter Spannungszustände und parallelogrammartiger Elementformen eine exakte Auswertung von (10.110) ermöglicht, konvergiert die Lösung auch für allgemeine Netze und Spannungszustände bei hinreichend vielen Elementen, die dann im Grenzfall nur konstante Spannungen erleiden.

Mit diesen Vereinfachungen verschwindet das erste Integral in (10.110), da $\boldsymbol{B}_{lin}$ konstant und $\hat{\boldsymbol{G}}$ linear in ξ und η ist. Mit den Definitionen

$$\boldsymbol{K}_{\alpha u} = \int\limits_{\Omega_e} \hat{\boldsymbol{G}}^T \hat{\mathbf{A}}_0 \boldsymbol{B}_{hg} \, d\Omega_0 \quad \text{und} \quad \boldsymbol{K}_{\alpha\alpha} = \int\limits_{\Omega_e} \hat{\boldsymbol{G}}^T \hat{\mathbf{A}} \hat{\boldsymbol{G}} \, d\Omega_0 \tag{10.111}$$

folgt die Matrixbeziehung

$$\Delta \boldsymbol{\alpha} = -\boldsymbol{K}_{\alpha\alpha}^{-1} \boldsymbol{K}_{\alpha u} \boldsymbol{M}_{hg} \, \Delta \boldsymbol{v} \tag{10.112}$$

für die Ablösung der *enhanced* Variablen $\Delta\boldsymbol{\alpha}$ auf Elementebene. In (10.111) bedeutet der Index $()_0$ die Auswertung der entsprechenden Größe im Elementmittelpunkt (1-Punkt-Integration). Aus (10.102) und (10.108) folgt für die Inkremente der Gradienten mit (10.112)

$$\Delta \boldsymbol{F} + \Delta \bar{\boldsymbol{F}} = \boldsymbol{j} \, (\boldsymbol{B}_{lin} \boldsymbol{M}_{lin} + \boldsymbol{B}_{stab} \boldsymbol{M}_{hg}) \, \Delta \boldsymbol{v} \, , \tag{10.113}$$

wobei die neue $\boldsymbol{B}$-Matrix $\boldsymbol{B}_{stab}$ durch

$$\boldsymbol{B}_{stab} = \boldsymbol{B}_{hg} - \hat{\boldsymbol{G}} \boldsymbol{K}_{\alpha\alpha}^{-1} \boldsymbol{K}_{\alpha u} \tag{10.114}$$

definiert ist. Das Einsetzen dieser Beziehungen in die linearisierte Form von $(10.109)_1$ liefert unter der Beachtung, daß $\int_{\Omega_e} \boldsymbol{B}_{lin}^T \hat{\mathbf{A}}_0 \boldsymbol{B}_{stab} \, d\Omega_0$ und $\int_{\Omega_e} \hat{\boldsymbol{G}}^T \hat{\mathbf{A}}_0 \boldsymbol{B}_{stab} \, d\Omega_0$ gleich null sind, die tangentiale Steifigkeitsmatrix

$$\boldsymbol{K}_T = \boldsymbol{M}_{lin}^T \boldsymbol{K}_0 \boldsymbol{M}_{lin} + \boldsymbol{M}_{hg}^T \boldsymbol{K}_{stab} \boldsymbol{M}_{hg} \tag{10.115}$$

mit

$$\boldsymbol{K}_0 = \int\limits_{\Omega_e} \boldsymbol{B}_{lin}^T \hat{\mathbf{A}}_0 \boldsymbol{B}_{lin} \, d\Omega_0 \quad \text{und} \quad \boldsymbol{K}_{stab} = \int\limits_{\Omega_e} \boldsymbol{B}_{stab}^T \hat{\mathbf{A}}_0 \boldsymbol{B}_{stab} \, d\Omega_0 \, . \tag{10.116}$$

Da $\boldsymbol{B}_{lin}$ konstant ist, wird $\boldsymbol{K}_0$ mittels der 1-Punkt-GAUSS-Integration exakt integriert. $\boldsymbol{K}_{stab}$ kann analytisch integriert werden. Damit ist eine effiziente Berechnung von $\boldsymbol{K}_T$ möglich, die weiterhin den Vorteil besitzt, daß die Materialtangente am Elementmittelpunkt auszuwerten ist. Da weiterhin noch das Volumenelement auch in Elementmitte zu berechnen ist, ist das Element insensitiv gegenüber Elementverzerrungen.

Da die erste Matrix in (10.115) der Matrix $\boldsymbol{K}_{T0}$ (10.98) äquivalent ist, kann die zweite Matrix in (10.115) als Stabilisierungsmatrix gedeutet werden, die hier durch die *enhanced* Methode berechnet wird. Damit sind alle Matrizen in (10.98) bekannt. Da im Stabilisierungskonzept, s. Abschn. 10.3, von einer konstanten Stabilisierungsmatrix ausgegangen wird, muß auch hier die Stabilisierungsmatrix nach (10.115) während der NEWTON-Iteration innerhalb eines Lastschrittes konstant gehalten werden. Wählt man jetzt große Lastschritte, so kann die nach (10.115) berechnete Stabilisierungsmatrix im Sinne der *enhanced strain* Methode nicht optimal sein. Dann ist eine Nachiteration erforderlich, um die Matrix entsprechend zu aktualisieren. Diese Vorgehensweise entspricht einem USZAWA-Algorithmus.

10.4.4 Instabilitäten bei den enhanced Elementen

Die *enhanced strain* Elemente wurden in den letzten Jahren bevorzugt für die Berechnung einer Vielzahl von Aufgabenstellungen eingesetzt, die Anwendungen im Bereich finiter Deformationen mit elastischen oder inelastischen Materialiengleichungen einschließt. Vorteil der Elementformulierung ist die einfache Implementation von komplexen Materialbeziehungen. Weiterhin sind die Elemente gut für Situationen geeignet, bei denen Biegung oder inkompressibles Verhalten eine Rolle spielt. Zusätzlich weisen die Elemente eine gute Genauigkeit bei groben Netzen auf. Leider läßt sich bereits an einem einfachen Modellproblem zeigen, daß bei den *enhanced strain* Elementen Stabilitätsprobleme auftreten, s. (WRIGGERS und REESE 1994) oder (WRIGGERS und REESE 1996). Hier wird der homogene Spannungszustandes in einem rechteckigen Block unter Druckbelastung für den zweidimensionalen Fall untersucht. Dabei treten große elastische Deformationen auf. Die Definition des Problems findet sich in Bild 10.2a.

In diesem Fall tritt bei einem speziellen Deformationszustand ein Verlust der Eindeutigkeit der Lösung auf, der sich durch einen Nulleigenwert der Tangentenmatrix andeutet. Dies hat hier jedoch nichts mit physikalischen Stabilitätsproblemen zu tun, die in Kap. 7 diskutiert wurden. Dies erkennt man sofort aus dem zum Nulleigenwert gehörigen Eigenvektor, s. Bild 10.2b, der den klassischen Fall von *hour-glass* Moden zeigt. Das *enhanced strain* Element weist also bei diesem Deformationszustand einen Rangabfall auf. Dies kann übrigends auch bei komplexeren Deformationszuständen und anderen nichtlinearen Materialgesetzen beobachtet werden. Da das Phänomen auch

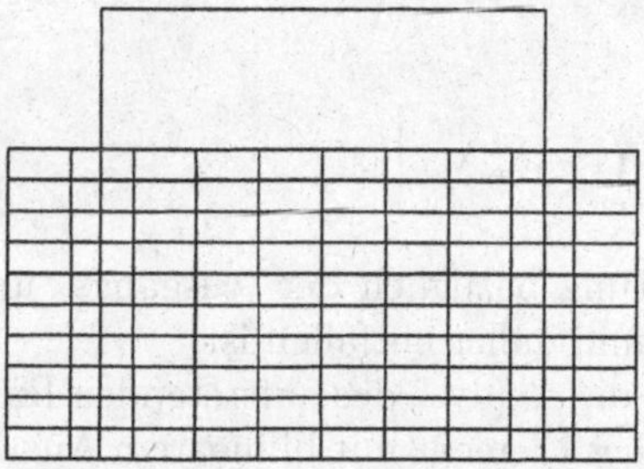

Bild 10.2a Homogene Deformation

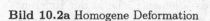

Bild 10.2b *Hourglass* Eigenvektor

schon bei einem einzigen Element auftreten kann, ist es möglich, eine analytische Untersuchung durchzuführen, in der alle Matrizen in geschlossener Form angegeben werden können. Hieraus läßt sich dann der Grund für das Versagen ableiten.

Die Untersuchungen werden für ein Element mit hyperelastischem Materialverhalten vorgenommen. Zugrunde liegt ein kompressibles Neo-HOOKE Material mit der in den Hauptdehnungen λ_i^2 des rechten CAUCHY-GREEN-Tensors, s. (3.15), angegebenen Verzerrungsenergie, s. auch (3.113) und (3.115),

$$W = \frac{1}{2}\mu\,[\,(\lambda_1^2 + \lambda_2^2 + \lambda_3^2) - 3\,] - \mu \ln J + \frac{\Lambda}{4}\,(\,J^2 - 1 - 2\ln J\,)\,. \tag{10.117}$$

Hierin ist $J = \lambda_1\,\lambda_2\,\lambda_3$ die JACOBI Determinante des Deformationsgradienten.

Da wir im Beispiel einen homogenen ebenen Verzerrungszustand in der rechtwinkligen Scheibe, s. Bild 10.2a, betrachten, kann die Analysis direkt in den Hauptdehnungen ausgeführt werden, da diese mit den kartesischen Koordinatenrichtungen übereinstimmen. Wir erhalten für die 1. PIOLA-KIRCHHOFF-Spannungen, $\mathbf{P} = \sum_{i=1}^{3} P_i\,\mathbf{n}_i \otimes \mathbf{N}_i$, nach z.B. (OGDEN 1984)

$$P_i = \frac{\partial W}{\partial \lambda_i} = \frac{1}{\lambda_i}\left[\,\mu\,(\lambda_i^2 - 1) + \frac{\Lambda}{2}\,(J^2 - 1)\,\right] \tag{10.118}$$

Weiterhin sollen noch die Koeffizienten des inkrementellen Materialtensors bezüglich einer Formulierung mit **P** angegeben werden. Nach einiger Rechnung analog zu der Ableitung in (3.252) folgt aus (10.118) $\mathbb{A}_{iJkL} = \partial P_{iJ} \,/\, \partial F_{kL}$ für die Nichtnullelemente des Materialtensors bezüglich der Hauptdehnungen mit $(i\,, j = 1\,, 2 \text{ and } i \neq j)$

$$\begin{aligned} \mathbb{A}_{iiii} &= \mu\,(\,1 + \frac{1}{\lambda_i^2}\,) + \frac{\Lambda}{2\,\lambda_i^2}\,(J^2 + 1) \\ \mathbb{A}_{iijj} &= \Lambda\,J \\ \mathbb{A}_{ijij} &= \mu \\ \mathbb{A}_{ijji} &= \frac{1}{\lambda_i\,\lambda_j}\left[\,\mu + \frac{\Lambda}{2}\,(1 - \lambda_i^2\,\lambda_j^2)\,\right], \end{aligned} \tag{10.119}$$

wobei hier die Unterscheidung der Ableitung bezüglich der Ausgangs- und Momentankonfiguration nicht notwendig und daher entfallen ist.

Wie schon oben erläutert, reicht es für die Analyse des auftretenden Rangabfalles aus, ein einzelnes isoparametrisches Element mit bilinearem Ansatz zu betrachten. Dieses wird so gewählt, daß die lokalen $\xi\,, \eta$-Achsen mit den globalen $X\,, Y$-Achsen in Bild 4.2, sowie die Elementfläche in der Referenz- und Ausgangskonfiguration übereinstimmen, s. Bild 10.3a. Für diese Diskretisierung können alle Vektoren und Matrizen in expliziter Form bestimmt werden. Die bilinearen Ansatzfunktionen können jetzt direkt in den kartesischen Koordinaten angegeben werden

$$N_I(X\,,Y) = \frac{1}{4}\,(1 + X\,X_I)(1 + Y\,Y_I)\,. \tag{10.120}$$

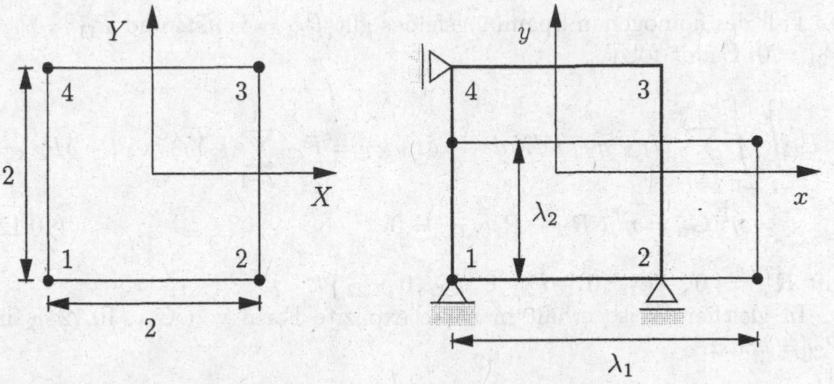

Bild 10.3 Untersuchtes Element und Homogene Deformation

Hieraus folgen direkt die Ableitungen, die für die Berechnung des Deformationsgradienten nach (10.100) benötigt werden,

$$N_{I,X} = \frac{X_I}{4}\,(\,1 + Y_I\,Y\,) \quad \text{und} \quad N_{I,Y} = \frac{Y_I}{4}\,(\,1 + X_I\,X\,)\,. \tag{10.121}$$

Damit ist die Matrix $\boldsymbol{B}_I$ in (10.100) linear in X and Y.

In Gl. (10.35) wird der Deformationsgradient durch $\bar{\mathbf{F}}$ angereichert. Mit der Interpolation durch die inkompatiblen Moden $M_L(X\,,Y)$, s. (TAYLOR et al. 1976) und (10.66), folgt für die im Verschiebungsgradienten (10.106) benötigten Ableitungen

$$M_{1,X} = -X\,, \quad M_{1,Y} = 0\,, \quad M_{2,X} = 0 \quad \text{und} \quad M_{2,Y} = -Y\,. \tag{10.122}$$

Jetzt können mit der oben angebenen Interpolation die beiden ersten Gleichungen der gemischten Formulierung (10.37) in Matrixform angegeben werden. Da wir es mit einem ebenen Spannungszustand zu tun haben, ist $P_{33} = 0$ und es müssen nur die vier Spannungskomponenten

$$\boldsymbol{P}^T = \{\,P_{11}\,, P_{12}\,, P_{21}\,, P_{22}\,\} \tag{10.123}$$

bestimmt werden. Hierin werden die Komponenten von $\boldsymbol{P}$ gemäß Gl. (10.118) mit dem Deformationsgradienten aus (10.35) berechnet. Damit folgt schließlich bezüglich der Ausgangskonfiguration für das laut Bild 10.3a zu untersuchende Element Ω_e

$$\begin{aligned} \sum_{I=1}^{4} \boldsymbol{\eta}_I^T \int_{\Omega_e} \boldsymbol{B}_I^T\, \boldsymbol{P}\, d\Omega - \delta P_{EXT} &= 0 \\ \sum_{L=1}^{2} \delta\boldsymbol{\varphi}_L^T \int_{\Omega_e} \boldsymbol{G}_L^T\, \boldsymbol{P}\, d\Omega &= 0\,. \end{aligned} \tag{10.124}$$

Im Fall des homogenen Spannungsfeldes gilt $P_{22} = konst.$ und $P_{11} = P_{12} = P_{21} = 0$. Damit folgt

$$P_{22} \int_{-1}^{1} \int_{-1}^{1} \sum_{I=1}^{4} N_{I,Y}\, \eta_{YI}\, t\, dX\, dY - \delta P_{EXT} = P_{22} \sum_{I=1}^{4} (-Y_I)\, \eta_{YI}\, t - \delta P_{EXT}$$
$$= \boldsymbol{\eta}^T\, \boldsymbol{G}_u = \boldsymbol{\eta}^T (\, \boldsymbol{R}_u - \boldsymbol{P}_{EXT}\,) = 0 \qquad (10.125)$$

mit $\boldsymbol{R}_u^T = \{\,0\,, -P_{22}\,, 0\,, -P_{22}\,, 0\,, P_{22}\,, 0\,, P_{22}\,\}\, t$.

In gleicher Weise erhält man die explizite Form von Gl. $(10.124)_2$ mit $P_{22} = konst.$

$$P_{22} \int_{-1}^{1} \int_{-1}^{1} \sum_{L=1}^{2} M_{L,Y}\, \delta\phi_L\, t\, dX\, dY = \delta\boldsymbol{\alpha}^T\, \boldsymbol{G}_\alpha = 0\,. \qquad (10.126)$$

In dieser speziellen Situation folgt mit (10.122): $\boldsymbol{G}_\alpha^T = \{\,0\,,0\,,0\,,0\,\}$.

Die Lösung der nichtlinearen Gleichungen (10.125) und (10.126) erfolgt i.d.R. mit dem NEWTON-Verfahren. Dazu muß die Tangentenmatrix der Residuen bestimmt werden. Aus der allgemeinen Form, s. auch (10.94), folgt hier explizit für das quadratische Element Ω_e

$$\boldsymbol{K}_{u\,u} = \begin{bmatrix} \boldsymbol{K}_{uu}^1 & \boldsymbol{K}_{uu}^2 \\ \boldsymbol{K}_{uu}^{2\,T} & \boldsymbol{K}_{uu}^1 \end{bmatrix} \quad \text{mit}$$

$$\boldsymbol{K}_{u\,u}^1 = \begin{bmatrix} 2a+2e & c+d & -2a+e & c-d \\ c+d & 2b+2e & -c+d & b-2e \\ -2a+e & -c+d & 2a+2e & -c-d \\ c-d & b-2e & -c-d & 2b+2e \end{bmatrix} t$$

$$\boldsymbol{K}_{u\,u}^2 = \begin{bmatrix} -a-e & -c-d & a-2e & -c+d \\ -c-d & -b-e & c-d & -2b+e \\ a-2e & c-d & -a-e & c+d \\ -c+d & -2b+e & c+d & -b-e \end{bmatrix} t$$

$$\boldsymbol{K}_{\alpha\,u} = \begin{bmatrix} 0 & \frac{4}{3}c & 0 & -\frac{4}{3}c & 0 & \frac{4}{3}c & 0 & -\frac{4}{3}c \\ \frac{4}{3}d & 0 & -\frac{4}{3}d & 0 & \frac{4}{3}d & 0 & -\frac{4}{3}d & 0 \\ 0 & \frac{4}{3}d & 0 & -\frac{4}{3}d & 0 & \frac{4}{3}d & 0 & -\frac{4}{3}d \\ \frac{4}{3}c & 0 & -\frac{4}{3}c & 0 & \frac{4}{3}c & 0 & -\frac{4}{3}c & 0 \end{bmatrix} t = \boldsymbol{K}_{u\,\alpha}^T$$

$$\boldsymbol{K}_{\alpha\,\alpha} = \begin{bmatrix} 8a & 0 & 0 & 0 \\ 0 & 8e & 0 & 0 \\ 0 & 0 & 8e & 0 \\ 0 & 0 & 0 & 8b \end{bmatrix} t \qquad (10.127)$$

hierin sind die Koeffizienten in den Matrizen durch

$$a = \frac{\mathbb{A}_{1111}}{6}; \quad b = \frac{\mathbb{A}_{2222}}{6}; \quad c = \frac{\mathbb{A}_{1122}}{4} = \frac{\mathbb{A}_{2211}}{4}$$
$$d = \frac{\mathbb{A}_{1221}}{4} = \frac{\mathbb{A}_{2112}}{4}; \qquad e = \frac{\mathbb{A}_{1212}}{6} = \frac{\mathbb{A}_{2121}}{6}$$

gegeben. Mit der Blockeliminationsmethode zur Lösung des linearen Gleichungssystem, s. (10.94), können die *enhanced* Variablen $\boldsymbol{\alpha}$ eliminiert werden. Daraus folgt mit $\boldsymbol{K} = \boldsymbol{K}_{uu} - \boldsymbol{K}_{u\alpha}\, \boldsymbol{K}_{\alpha\alpha}^{-1}\, \boldsymbol{K}_{u\alpha}^T$ das Gleichungssystem für die unbekannten Knotenverschiebungen

$$\boldsymbol{K} = \boldsymbol{K}_{uu} - \begin{bmatrix} f & 0 & -f & 0 & f & 0 & -f & 0 \\ 0 & g & 0 & -g & 0 & g & 0 & -g \\ -f & 0 & f & 0 & -f & 0 & f & 0 \\ 0 & -g & 0 & g & 0 & -g & 0 & g \\ f & 0 & -f & 0 & f & 0 & -f & 0 \\ 0 & g & 0 & -g & 0 & g & 0 & -g \\ -f & 0 & f & 0 & -f & 0 & f & 0 \\ 0 & -g & 0 & g & 0 & -g & 0 & g \end{bmatrix} t \tag{10.128}$$

mit

$$f = \frac{2}{9}\left(\frac{d^2}{e} + \frac{c^2}{b}\right) \qquad g = \frac{2}{9}\left(\frac{d^2}{e} + \frac{c^2}{a}\right)$$

Mit diesen Beziehungen ist die explizite Struktur der Elementmatrix für das homogene Spannungsfeld mit $P_{22} = konst.$ für den Fall großer Deformationen bekannt. Durch die Spezifikation von Randbedingungen, die zu dem homogenen Deformationsmuster gehören, s. Bild 10. 3b, kann das resultierende Matrixsystem noch weiter reduziert werden.

Um den Eigenvektor zu berechnen, der mit dem Rangabfall des *enhanced strain* Elementes verknüpft ist, reicht es aus, nur die Knotenverschiebungen $(u_2\,, u_3)$ zu berücksichtigen. Die Vertikalverschiebungen $(v_3 = v_4)$ folgen aus der Bedingung $P_{11} = 0$. Sie sind daher für die Analyse bekannt. Diese Überlegungen führen auf den Knotenverschiebungsvektor des in Bild 10.3b angegeben finiten Elementes: $\mathbf{v} = \{\,0\,, 0\,, u_2\,, 0\,, u_3\,, v_3\,, 0\,, v_4\,\}$. Zusätzlich folgt beim homogenen Spannungszustand noch: $u_2 = u_3$. Jedoch müssen wir beide Unbekannten u_2 and u_3 in der Berechnung belassen, um das *hour glass* Muster des Eigenvektors bestimmen zu können.

Die unbekannten Inkremente der *enhanced* Variablen $\Delta\boldsymbol{\alpha}$ folgen aus Gl. (10.95). Da mit (10.126) $\boldsymbol{G}_\alpha = \boldsymbol{0}$ ist, folgt durch Anwendung von (10.95) und aus der speziellen Struktur von $\boldsymbol{K}_{u\,\alpha}$, s. (10.127), daß $\boldsymbol{\alpha}$ für den homogenen Spannungszustand generell gleich null ist.

Mit der Spezifikation der Randbedingungen folgt die reduzierte Form von (10.128)

$$\boldsymbol{K} = \begin{bmatrix} 2a + 2e - f & a - 2e + f \\ a - 2e + f & 2a + 2e - f \end{bmatrix} t = \begin{bmatrix} A - f & B + f \\ B + f & A - f \end{bmatrix} t \tag{10.129}$$

Ein Rangabfall von $\boldsymbol{K}$ ist dann gegeben, wenn die Eigenwerte der Matrix kleiner oder gleich null sind. Die Eigenwerte folgen aus $\boldsymbol{K} - \omega\, \boldsymbol{I}$ und können über die Determinante

$$\frac{1}{t^2}\det\left(\boldsymbol{K} - \omega\, \boldsymbol{I}\right) = \omega^2 + 2\omega(f - A) + K\,, \quad \text{mit} \quad K = A^2 - B^2 - 2f(A + B) \tag{10.130}$$

bestimmt werden, was zu

$$\omega_{1,2} = A - f \pm \sqrt{(A - f)^2 - K} \quad \Longrightarrow \quad \left\{ \begin{array}{ll} \omega_1 = & A + B \\ \omega_2 = & A - B - 2\,f \end{array} \right. \tag{10.131}$$

führt. Die Koeffizienten A, B und f hängen von den Koeffizienten des konstitutiven Tensors (10.119) ab und damit auch von den Hauptstreckungen λ_1 and λ_2. Da die Normalspannung P_{11} gleich null ist, was auch für die Hauptspannung P_1 gilt, kann die Streckung λ_2 als Funktion von λ_1 bestimmt werden

$$P_1 = 0 = \frac{1}{\lambda_1}\left[\,\mu\,(\lambda_1^2 - 1) + \frac{\Lambda}{2}\,(J^2 - 1)\right] \longrightarrow \lambda_2 = \frac{1}{\lambda_1}\sqrt{1 - \frac{2\mu}{\Lambda}\,(\lambda_1^2 - 1)} \tag{10.132}$$

Mit dieser Beziehung lassen sich die Eigenwerte ω_1 und ω_2 der Tangentenmatrix $\boldsymbol{K}_T$ als Funktion in Abhängigkeit von λ_1 schreiben. Da

$$A + B = \frac{\mathbb{A}_{1111}}{2} = \mu + \frac{\Lambda}{2\,\lambda_1^2} \tag{10.133}$$

gilt, ist ω_1 immer für $\mu > 0$ und $\Lambda \geq 0$ positiv. Daher kann die *hour glass* Instabilität nur am zweiten Eigenwert abgelesen werden

$$\hat{\omega}_2(\lambda_1) = A - B - 2f = \frac{1}{6}\mathbb{A}_{1111} + \frac{2}{3}\mathbb{A}_{1212} - \frac{1}{6}\,\Big(\frac{\mathbb{A}_{1221}^2}{\mathbb{A}_{1212}} + \frac{\mathbb{A}_{1122}^2}{\mathbb{A}_{2222}}\Big) < 0\,. \tag{10.134}$$

Die Funktion $\omega_2 = \hat{\omega}_2(\lambda_1)$ ist im Bild 10.4 für die LAME Konstanten $\Lambda = 100.000$ und $\mu = 20$ dargestellt. Wie man aus Bild 10.4 erkennt, tritt ein

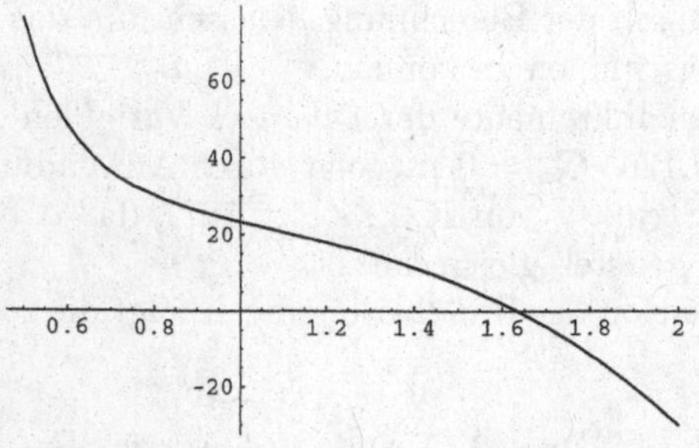

10.4 Eigenwertverlauf in Abhängigkeit von der Streckung λ_1

negativer Eigenwert ω_2 für eine Streckung $\lambda_1 > 1.6344$ auf. Aus (10.132) folgt dann $\lambda_2 < 0.6116$.

Der $\omega_2 = 0$ zugeordnete Eigenvektor berechnet sich aus $(\boldsymbol{K}_T - \omega_2\,\mathbf{1})\,\boldsymbol{\phi}_2 = \mathbf{0}$. Mit (10.127), (10.130) und (10.131) folgt für die Komponenten des Eigenvektors

$$\boldsymbol{\phi}_2^T = \{\boldsymbol{\phi}^{u\,T}, \boldsymbol{\phi}^{\alpha\,T}\} = \{1, -1, 0, \alpha_\alpha, 0, \beta_\alpha\} \tag{10.135}$$

Hierin entsprechen die ersten zwei Komponenten den Verschiebungskomponenten $\boldsymbol{\phi}^u$ in X-Richtung. Die letzten vier Komponenten gehören zu den *enhanced* Moden $\boldsymbol{\phi}^\alpha$ mit

$$\alpha_\alpha = \frac{d}{3\,e} = \frac{1}{2}\frac{\mathbb{A}_{1221}}{\mathbb{A}_{1212}} = \frac{1}{2\,J}\left[1 + \frac{\Lambda}{2\,\mu}\,(1 - J^2)\right]$$

$$\beta_\alpha = \frac{c}{3\,b} = \frac{1}{2}\frac{\mathbb{A}_{1122}}{\mathbb{A}_{2222}} = \frac{1}{2}\,\frac{\lambda_2^2\,J}{\frac{\mu}{\Lambda}\,(\lambda_2^2 + 1) + \frac{1}{2}\,(J^2 + 1)} \tag{10.136}$$

Für die oben angegebenen Werte von Λ und μ ergeben sich die in Bild 10.5 dargestellten Eigenvektoren.

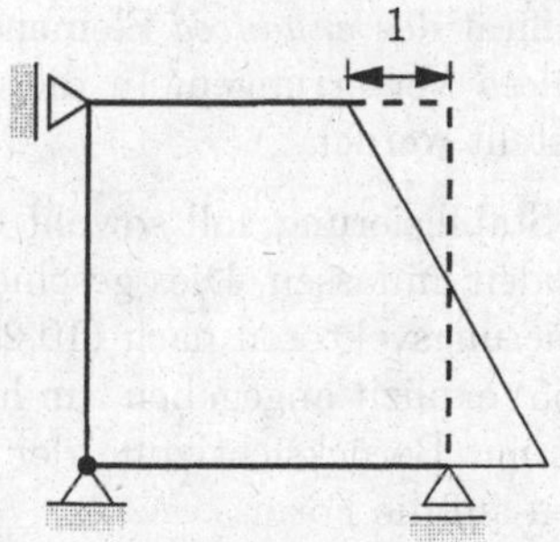

Bild 10.5a X-Komponente $\boldsymbol{\phi}^u$

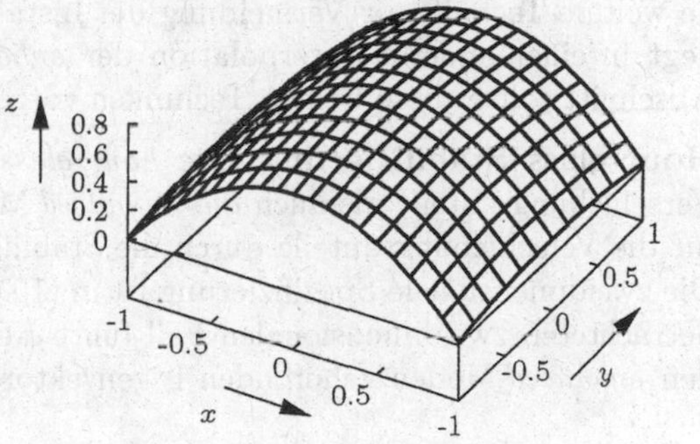

Bild 10.5b Y-Komponente $\boldsymbol{\phi}^\alpha$

ANMERKUNG 10.4 :

1. *Im linear elastischen Fall gilt $\lambda_1 \approx 1$, $\lambda_2 \approx 1$. Dann folgt aus (10.134)*

$$\hat{\omega}_2(1) = \frac{1}{6}\,(\Lambda - \frac{\Lambda^2}{\Lambda + 2\mu}\,) + \frac{5}{6}\mu\,.$$

Der Eigenwert ist für $\mu > 0$ immer positiv. Das beschriebene hour glass Phänomen tritt nicht auf.

2. *Die Eigenvektoren des reinen Q1-Verschiebungselementes können in gleicher Weise bestimmt werden. Dann ist f in (10.134) gleich null, was auf*

$$\omega_{1,2} = A \pm B \longrightarrow \begin{cases} \omega_1 = \frac{\mu}{2}(1 + \frac{1}{\lambda_1^2}) + \frac{\Lambda}{4\lambda_1^2}(J^2 + 1) > 0 \\ \omega_2 = \frac{\mu}{6}(5 + \frac{1}{\lambda_1^2}) + \frac{\Lambda}{12\lambda_1^2}(J^2 + 1) > 0 \end{cases}$$

führt. Auch hier tritt keine hour glass Instabilität für physikalisch sinnvolle Parameter der LÁME Konstanten ($\mu > 0\,, \Lambda \geq 0$) auf.

3. *Es kann gezeigt werden, daß die hour glass Instabilität nicht vom gewählten Materialmodell abhängt. In (*Reese *1994) oder (*Glaser *and* Armero *1998) wurden die gleichen Effekte für* Ogden*-Materialien festgestellt. Weiterhin ist in (*de Souza Neto *et al. 1995) das Auftreten des Instabilitätsverhaltens auch bei elasto-plastischen Deformationen festgestellt worden.*
4. *Die hour glass Instabilität ist nur dem Druckbereich der Deformation zuzuordnen, da für* $0 < \lambda_1 \leq 1$ *kein Nulleigenwert auftritt, s. Bild 10.4.*

Die hier nachgewiesenen *hour-glass* Moden kann man auch bei praktischen Berechnungen finden, die inhomogene Spannungszustände aufweisen. Da die besprochene Instabilitätseigenschaft der *enhanced* Formulierung infolge des Rangabfalls innerhalb eines Elementes eintritt, bemerkt man oft nur ein lokales Auftreten des Phänomens in den Zonen, die druckbeansprucht sind.

10.4.5 Stabilisierung der enhanced Formulierung

Es gibt mehrere Möglichkeiten, den im letzten Abschnitt beschriebenen Rangabfall der *enhanced* Elemente zu beheben. Eine Methode hat ihre Grundlage in der im Abschn. 10.3 diskutierten *hour glass* Stabilisierungstechnik. Eine weitere Technik zur Vermeidung der Instabilität des *enhanced* Elementes liegt in einer anderen Interpolation der *enhanced* Verzerrungen. In diesem Abschnitt sollen diese beiden Techniken vorgestellt werden.

Hour-glass Stabilisierung. Die *hour glass* Stabilisierung soll sowohl die Verschiebungsanteile als auch die *enhanced* Moden umfassen. Dies geschieht für die Verschiebungsanteile durch die Stabilisierungsvektoren nach (10.29). Die zweidimensionale Spezifizierung ist in (10.65) explizit angegeben. Im hier betrachteten zweidimensionalen Fall führt dies mit Berücksichtigung der zu den *enhanced* Moden gehörenden Eigenvektoren auf die Form

$$
\begin{aligned}
\bar{\gamma_1}^T &= \{\gamma_1\,, 0\,, \dots\,, \gamma_4\,, 0\,, 0\,, \alpha_\alpha\,, 0\,, \beta_\alpha\}\,, \\
\bar{\gamma_2}^T &= \{0\,, \gamma_1\,, \dots\,, 0\,, \gamma_4\,, \alpha_\alpha\,, 0\,, \beta_\alpha\,, 0\}\,.
\end{aligned} \tag{10.137}
$$

Hierin sind α_α und β_α durch (10.136) definiert. Die letzten 4 Terme geben daher die Stabilisierung der *enhanced* Anteile wieder.

Damit kann dann das stabilisierte inkrementelle Gleichungssystem für die Unbekannten $\boldsymbol{v}^T = \{\, \boldsymbol{u}^T\,, \boldsymbol{\alpha}^T \,\}$ durch

$$
(\boldsymbol{K}_T + \sum_{s=1}^{2} c_s\, \bar{\boldsymbol{\gamma}}_s\, \bar{\boldsymbol{\gamma}}_s^T)\Delta \boldsymbol{v} = -\boldsymbol{G} - \sum_{s=1}^{2} c_s\, \bar{\boldsymbol{\gamma}}_s (\bar{\boldsymbol{\gamma}}_s^T\, \boldsymbol{v}) \tag{10.138}
$$

angegeben werden, s. auch (10.94) und (10.33). Dies Gleichungssystem kann dann wie (10.96) durch Blockelimination gelöst werden.

Die Stabilisierung wird nur eingesetzt, wenn im Element negative Eigenwerte gefunden werden, was bei allgemeinen Vierecksgeometrien eine verallgemeinerte Berechnung der Eigenwerte im Element erfordert, s. z.B. (Glaser and ARMERO 1998). Das Problem dabei ist, daß die Komponenten des zu den *enhanced* Moden gehörenden Eigenvektors von der Deformation abhängen, s. (10.136). Eine vereinfachte Betrachtung zur Bestimmung der Konstanten α_α und β_α folgt aus der Berechnung der Konstanten für $\lambda_i \longrightarrow 1$ und $J \longrightarrow 1$

$$\alpha_\alpha = \frac{1}{2} \qquad \beta_\alpha = \frac{1}{2}\,\frac{\Lambda}{2\,\mu + \Lambda}\,. \tag{10.139}$$

Diese Prozedur wurde in ein zweidimensionales Q1E4-Element implementiert, für die Basisformulierung s. (SIMO and ARMERO 1992) oder (WRIGGERS und HUECK 1996). Beide Elemente weisen einen Rangabfall in den diskutierten homogenen Kompressionszuständen auf. Um den Einfluß der Stabilisierungsprozedur aufzuzeigen wird ein Block im ebenen Verzerrungszustand untersucht. Die Ausgangskonfiguration ist in Bild 10.6a für ein Netz mit 16 × 16 Elementen dargestellt. Am oberen Rand wurde eine konstante vertikale Verschiebung aufgebracht, so daß sich ein konstanter Spannungszustand einstellt. Als konstitutive Parameter wurden $\Lambda = 100.000$ und $\mu = 20$ gewählt, die schon beim Nachweis der Instabilität verwendet wurden. Der erste physikalische Eigenvektor findet sich in Bild 10.6b. Konvergenz der Lösung tritt für ein Netz mit 64 × 64 Elementen ein. Die kritische Streckung ist dann $\lambda_2 = 0.575$. Um zu untersuchen, wie stark sich die Änderung des Stabilisie-

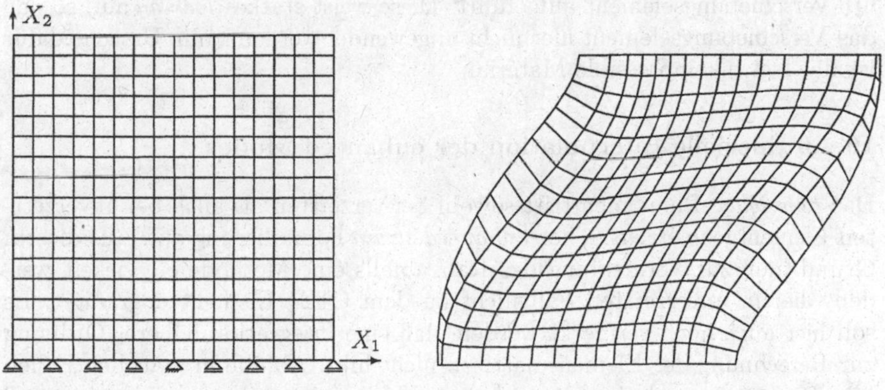

Bild 10.6a FEM Diskretisierung **Bild 10.6b** 1. physikalischer Eigenvektor

rungsparameters auf die Lösung auswirkt, wurde eine Reihe von Berechnungen durchgeführt, die auch eine Konvergenzstudie bezüglich der benötigten Feinheit des Netzes mit einschließt. Die Berechnung des in Bild 10.6a dargestellten Systems liefert die zur ersten physikalischen Verzweigung gehörende Streckung λ_2. Diese ist in Abhängigkeit von der Wahl des Parameters c_s und der Netzdichte in Tabelle 10.2 angegeben. Zum Vergleich ist die zu dem ersten Singularitätspunkt gehörende Streckung beim nichtstabilisierten *enhanced* Element in der ersten Zeile der Tabelle 10.2 dokumentiert. Die zu dem unphysikalischen *hour-glass* Mode, s. auch Bild 10. 2b, zugeordnete Streckung ist $\lambda_2 = 0.695$. Das Resultat ist unabhängig von der Netzverfeinerung, da es sich um das diskutierte Elementversagen infolge Rangabfalls handelt. Für ein Element wurde die in Bild 10.5a abzulesende Lösung eingetragen, die etwas abweicht, weil in diesem speziellen Fall mit anderen Randbedingungen gerechnet wurde.

Aus Tabelle 10.2 ist abzulesen, daß die Stabilisierungsprozedur die *hour-*

Tabelle 10.2: Zum ersten Singularitätsmode gehörende Streckung λ_2

FEM	1x1	8x8	16x16	32x32	64x64
$c_s = 0$	0.612	0.695	0.695	0.695	0.695
$c_s = 10\,\mu$	0.260	0.475	0.555	0.575	0.580
$c_s = 100\,\mu$	0.245	0.470	0.550	0.570	0.575
$c_s = 1000\,\mu$	0.245	0.470	0.550	0.570	0.575
$c_s = 10000\,\mu$	0.245	0.470	0.550	0.570	0.575
Q1-Element	—	0.040	0.085	0.165	0.370

glass Instabilität vermeidet. Die Lösung hängt nur in geringem Maße von der Wahl des Stabilisierungsparameters c_s ab. Die Formulierung konvergiert gegen die Streckung $\lambda_2 = 0.575$. Zum Vergleich ist noch die Lösung mit dem Q1-Verschiebungselement aufgeführt. Diese weist starkes *locking* auf, so daß das Verschiebungselement hier nicht angewendet werden kann. Ursache dafür ist das fast inkompressible Material.

10.4.6 Spezielle Interpolation der enhanced Modes

Das *hour-glass* Phänomen tritt sowohl bei verzerrten als auch bei unverzerrten Elementgeometrien in der *enhanced strain* Formulierung auf. Aus diesem Grund muß zur Vermeidung des Rangabfalls eine Methode entwickelt werden, die im unverzerrten Fall nicht zu dem Q1E4 Element degradiert. Es soll hier auch noch vermerkt werden, daß eine Integration höherer Ordnung zur Berechnung der Elementmatrizen nicht hilft. Abhilfe in manchen Fällen schafft eine Interpolation der *enhanced* Moden, die so konstruiert wird, daß die negativen Eigenwerte in (10.134) vermieden werden. Die zugehörige Vorgehensweise wurde in (Korelc and Wriggers 1996b) entwickelt. Ausgehend von der zweidimensionalen Formulierung (10.49) kann die Interpolation der inkompatiblen Moden in etwas allgemeinerer Form als

$$\widehat{\boldsymbol{M}}(\boldsymbol{\xi})^{2D}\,\boldsymbol{\alpha} = \sum_{L=1}^{4} \boldsymbol{M}(\boldsymbol{\xi})_L^{2D}\,\alpha_L = \begin{bmatrix} \xi\,\alpha_1 & M_2(\xi\,,\eta)\,\alpha_2 \\ M_3(\xi\,,\eta)\,\alpha_3 & \eta\,\alpha_4 \end{bmatrix}. \tag{10.140}$$

geschrieben werden. Die Interpolation auf der Hauptdiagonale von $\boldsymbol{M}^{2D}$ kann dabei nicht verändert werden, um Volumenlocking auszuschließen. Für die

Ansatzpolynome M_{12} und M_{21} wurden in (KORELC and WRIGGERS 1996b) Orthogonalitätsbedingungen aus der Eigenwertanalyse (10.130) entwickelt, die das Auftreten von negativen Eigenwerten auf Elementebene und damit den Rangabfall ausschließen. Diese Bedingungen lauten

$$\int_{\Omega_e} M_2(\xi,\eta)\, M_3(\xi,\eta)\, d\Omega = 0\,,$$
$$\int_{\Omega_e} M_2(\xi,\eta)\, d\Omega = 0\,, \tag{10.141}$$
$$\int_{\Omega_e} M_3(\xi,\eta)\, d\Omega = 0\,.$$

Anwendung dieser Bedingungen liefert im einfachsten Fall die Interpolation

$$\widehat{\boldsymbol{M}}(\boldsymbol{\xi})^{2D}\boldsymbol{\alpha} = \sum_{L=1}^{4} \boldsymbol{M}(\boldsymbol{\xi})^{2D}_L\,\alpha_L = \begin{bmatrix} \xi\,\alpha_1 & \xi\,\alpha_2 \\ \eta\,\alpha_3 & \eta\,\alpha_4 \end{bmatrix} = [\boldsymbol{M}(\boldsymbol{\xi})^{2D}]^T\,, \tag{10.142}$$

die die Transponierte der Interpolation (10.49) darstellt. Mit dieser auch CG4 oder Q1/E4T genannten Interpolation treten keine Instabilitäten mehr im Druckbereich auf, s. (KORELC and WRIGGERS 1996b) oder (GLASER and ARMERO 1998). Es sei noch angemerkt, daß die CG4 und Q1/E4 Interpolationen sich in der linearen Theorie nicht unterscheiden, s. (KORELC and WRIGGERS 1996b). Jedoch ist auch diese Formulierung nicht vollständig singularitätenfrei, da bei der Anwendung im Bereich großer elastoplastischer Deformationen unphysikalische Instabilitäten, die mit einem Rangabfall verbunden sind, im Zugbereich auftreten können. Dies gilt auch für die dreidimensionale Formulierung (CG9), die auf der Transponierten der Interpolationsmatrix (10.50) basiert.

Seit dem Erkennen der *hour glass* Instabilität des *enhanced* Elementes sind neben den oben beschriebenen Stabilisierungsmethoden weitere Vorschläge zur Vermeidung des Rangabfalles der Elemente bei großen Deformationen unterbreitet worden. Diese werden in der folgenden Aufzählung mit zugehörigen Literaturangaben kurz diskutiert.

1. Eine Möglichkeit zur Vermeidung des Rangabfalles des Q1/E4 Elementes ist durch einen Wechsel der Kontinuumsformulierung gegeben. (CRISFIELD et al. 1995) haben anstelle des Deformationsgradienten **F** den rechten Strecktensor **U** in einem HU-WASHIZU-Funktional verwendet. Dies allein hilft jedoch noch nicht, so daß im Sinne einer *co-rotational* Formulierung der Rotationstensor **R** nur im Mittelpunkt des Elementes ausgewertet wurde. Dieses Element zeigt kein *hour-glassing* in Druckzuständen. Allerdings ist die Formulierung sehr aufwendig, s. auch Aufgabe 3.10, und es müssen die Materialgleichungen für den BIOTschen Spannungstensor angegeben werden.

2. (DE SOUZA NETO et al. 1996) haben ein Element entwickelt, daß eine Interpolation der Verzerrungen mit einem konstanten Deformationsgradienten durchführt. Dieses Element weist keinen Rangabfall auf. Es hat jedoch mehrere Nachteile, die sich in einer – selbst bei elastischen Materialien – unsymmetrischen Tangentenmatrix und schlechten Biegeeigenschaften äußern.
3. Eine weitere Stabilisierungstechnik wurde von (GLASER and ARMERO 1998) im Zusammenhang mit dem Q1/E4T Element entwickelt. Hier addiert man zu dem Funktional (10.34), aus dem bereits die Spannungen eliminiert wurden, einen Stabilisierungsterm, der auf den volumetrischen Anteil der Deformation wirkt

$$\Pi_\alpha(\varphi, \mathbf{F}) = \Pi(\varphi, \mathbf{F}) + \int_B \frac{\alpha}{2} [\det \mathbf{F} - 1]^2 \, dV \,. \tag{10.143}$$

   Diese Vorgehensweise soll den *hour glass* Effekt im Zugbereich für die Q1/E4T oder CG4 Formulierung vermeiden, wenn ein kleiner Wert für α / μ gewählt wird, s. (GLASER and ARMERO 1998). Eine Vorschrift zur problemabhängigen Berechnung von α wird jedoch von den Autoren nicht angegeben.
4. In (BISCHOFF et al. 1999b) werden *least square* Methoden angewendet, die als Stabilisierungstechniken aus dem Bereich der numerischen Strömungsmechanik bekannt sind. Damit gelingt es den Autoren, deformationsabhängig das *hour glassing* der *enhanced* Elemente bei großen Deformationen zu vermeiden. Die Stabilisierung wird über deformationsabhängige Funktionen erzielt, allerdings in der zitierten Arbeit zunächst nur für Rechteckelemente.
5. In (REESE and WRIGGERS 2000) wird die im letzten Abschnitt geführte Stabilitätsanalyse der *enhanced strain* Formulierung dazu benutzt, eine Vorgehensweise zu entwickeln, bei der sich die Elementformulierung automatisch so ändert, so daß kein *hour glassing* auftritt. Dazu ist es erforderlich, bei der Berechnung der Elementmatrizen die Stabilitätsanalyse für eine allgemeine Elementform durchzuführen. Wenn dann der Eigenwert in (10.134) gleich null oder negativ ist, wird die Elementformulierung so geändert, daß keine Instabilitätserscheinung auftritt. Dazu sind verschiedene Fallunterscheidungen notwendig, die hier nicht im Einzelnen angegeben werden können, für Details s. (REESE and WRIGGERS 2000).

11. Kontaktprobleme

Die numerische Behandlung von Kontaktproblemen erfordert die Formulierung der kinematischen Beziehungen, die Angabe von Materialgesetzen, eine Variationsformulierung und deren Diskretisierung mittels finiter Elemente im Bereich der Kontaktfläche. Da diese Betrachtungen i.d.R. auf Variationsungleichungen führen, müssen noch spezielle Algorithmen zur Lösung der Kontaktprobleme konstruiert werden. Der industrielle Anwendungsbereich, der heute Kontaktformulierungen benötigt, reicht von Umformprozessen über Lagerberechnungen, Reifenberechnungen und Dichtungsproblemen bis hin zu *crash*-Analysen von Automobilen. Andere Anwendungen kommen z.B. aus der Biomechanik, wo künstliche Gelenke, Zahnimplantate oder auch das Zusammenwirken von medizinischen Instrumenten und Biomaterial (s. Kap. 6, Abschn. 3.5) zu untersuchen sind.

In diesem Kapitel sollen alle oben genannten Aspekte angesprochen werden, wobei nicht alle Themengebiete in voller Tiefe behandelt werden können. Wir wollen hier im Detail die grundlegenden kontinuumsmechanischen Voraussetzungen zur Behandlung von reibungsfreien und reibungsbehafteten Kontaktproblemen bei großen Deformationen und die zugehörige Diskretisierung besprechen.

11.1 Kontaktkinematik

Dieser Abschnitt faßt die Beziehungen zusammen, die notwendig sind, um die geometrischen Kontaktbedingungen zu beschreiben. Explizit werden die Penetrationsfunktion, die für den Normalkontakt benötigt wird, und der relative Gleitzustand, der im reibungsbehafteten Kontakt von Wichtigkeit ist, im Kontaktbereich diskutiert. Die erste Formulierung enthält auch die klassische Kontaktbedingung des Nichteindringens eines Körpers in einen anderen. Die hier angegebenen Herleitungen sind im wesentlichen der Arbeit (Wriggers und Miehe 1994) entnommen.

Zur Formulierung der kinematischen Kontaktbeziehungen nehmen wir an, daß zwei Körper großen Deformationen ausgesetzt sind und dabei in Kontakt gelangen. Die beiden Körper werden wie bisher in der Ausgangskonfiguration durch B^γ bezeichnet, wobei $\gamma = 1, 2$ den entsprechenden Körper bezeichnet.

Die Abbildung φ^γ bildet Punkte der Ausgangskonfiguration $\mathbf{X}^\gamma \in B^\gamma$ auf Punkte der verformten Konfiguration $\mathbf{x}^\gamma = \varphi^\gamma(\mathbf{X}^\gamma)$ ab.

Als erstes soll jetzt die Kontaktbedingung für den Normalkontakt beschrieben werden. Dazu wird die Annäherung der Körper in der Kontaktfläche betrachtet, die sich aus mikromechanischen Beobachtungen des Kontaktvorganges ergibt. Die Annäherung der beiden Kontaktflächen Γ_c^γ kann als eine mikroskopische Eindringung in die mathematischen Oberflächen in der verformten Konfiguration $\varphi^\gamma(\Gamma_c^\gamma)$ angesehen werden. In dieser Formulierung sind die möglichen Kontaktflächen durch $\Gamma_c^\gamma \subset \partial B^\gamma$ gegeben, s. Bild 11.1.

Um jetzt die Kontaktbedingung zu formulieren, unterscheiden wir zunächst die beiden am Kontakt beteiligten Oberflächen der Körper. Im englischen Sprachraum hat sich dazu die Bezeichnung der *slave* (Sklave) und *master* Fläche durchgesetzt, die wir hier auch verwenden wollen. Mit *slave* Fläche bezeichnen wir die Fläche, deren Punkte daraufhin geprüft werden, ob sie in die andere, *master* Fläche eindringen. Jetzt wird die *slave* Fläche dem Körper B^1 zugewiesen, was zunächst willkürlich erscheint. Jedoch können auch die Rollen von *slave* und *master* vertauscht werden, ohne daß das Endergebnis sich ändert wie wir später sehen werden. Mit diesen Vorbemerkungen bezeichnen wir mit $\varphi^1(\Gamma_c^1)$ die *slave* Fläche, die in die verformte *master* Fläche $\varphi^2(\Gamma_c^2)$ eindringt; diese können wir auch als bewegte Referenzfläche bezeichnen, s. Bild 11.1. Wir parametrisieren nun die *master* Fläche Γ_c^2 in ihrer Ausgangs-

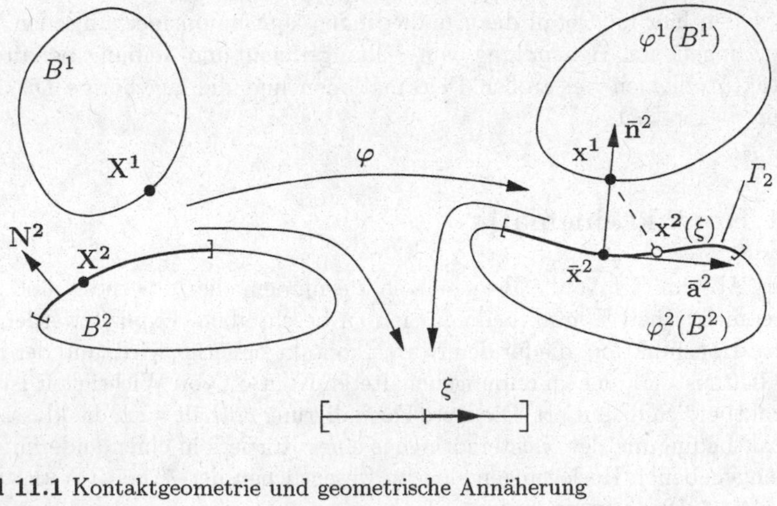

Bild 11.1 Kontaktgeometrie und geometrische Annäherung

und Momentankonfiguration durch die konvektiven Koordinaten ξ^1, ξ^2, d. h. die materiellen Oberflächen werden in der Ausgangskonfiguration durch $\mathbf{X}^2 = \hat{\mathbf{X}}^2(\xi^1, \xi^2)$ und in der Momentankonfiguration durch $\mathbf{x}^2 = \hat{\mathbf{x}}^2(\xi^1, \xi^2)$

beschrieben. Die zugehörigen Tangentenvektoren an die Kontaktflächen sind dann entsprechend durch $\mathbf{A}^2_\alpha = \hat{\mathbf{X}}^2_{,\alpha}(\xi^1, \xi^2)$ und $\mathbf{a}^2_\alpha = \hat{\mathbf{x}}^2_{,\alpha}(\xi^1, \xi^2)$ gegeben, worin $(\ )_{,\alpha}$ die Ableitung nach den konvektiven Koordinaten ξ^α ist.

Den Punkt $\bar{\mathbf{x}}^2 = \mathbf{x}^2(\bar{\boldsymbol{\xi}})$, der den minimalen Abstand zu einem festen Punkt $\mathbf{x}^1$ auf der *slave* Fläche hat, bestimmt man aus der Bedingung

$$\|\mathbf{x}^1 - \bar{\mathbf{x}}^2\| = \min_{\mathbf{x}^2 \subseteq \Gamma^2} \|\mathbf{x}^1 - \mathbf{x}^2(\boldsymbol{\xi})\|\,, \tag{11.1}$$

s. Bild 11.1, das den zweidimensionalen Fall illustriert. Beziehung (11.1) führt als Minimalproblem auf die zu erfüllende Bedingung

$$\frac{d}{d\,\xi^\alpha}\,\|\,\mathbf{x}^1 - \mathbf{x}^2(\xi^1,\xi^2)\,\| = \frac{\mathbf{x}^1 - \mathbf{x}^2(\xi^1,\xi^2)}{\|\,\mathbf{x}^1 - \mathbf{x}^1(\xi^1,\xi^2)\,\|} \cdot \mathbf{x}^2_{,\alpha}(\xi^1,\xi^2) = 0\,. \tag{11.2}$$

Hierin ist $\mathbf{x}^2_{,\alpha} = \mathbf{a}^2_\alpha$ Tangentenvektor zur *master* Fläche. Dieser muß im Lösungspunkt $\bar{\mathbf{x}}^2$ von (11.1) senkrecht zum Vektor $\mathbf{x}^1 - \mathbf{x}^2(\xi^1,\xi^2)$ stehen, so daß letzterer normal zur *master* Fläche steht, s. auch Bild 11.1.

Ist der Punkt $\bar{\mathbf{x}}^2$ bekannt, dann können wir eine Ungleichungsnebenbedingung aufstellen, die das Nichteindringen der Körper beschreibt. Dazu wird die Abstandsfunktion $g_N = [\,\mathbf{x}^1 - \mathbf{x}^2(\bar{\boldsymbol{\xi}})\,] \cdot \mathbf{n}^2(\bar{\boldsymbol{\xi}})$ eingeführt. Diese definiert die folgenden Zustände in der Kontaktzone Damit lautet die Zwangsbedingung

$g_N > 0$	kein Kontakt,
$g_N = 0$	perfekter Kontakt,
$g_N < 0$	Penetration.

des Kontaktes bei Ausschluß der Penetration

$$g_N = (\mathbf{x}^1 - \bar{\mathbf{x}}^2) \cdot \bar{\mathbf{n}}^2 \geq 0 \tag{11.3}$$

Für einige Algorithmen ist es sinnvoll im Kontaktbereich die Penetration durch die Funktion

$$g_N^- = \begin{cases} (\mathbf{x}^1 - \bar{\mathbf{x}}^2) \cdot \bar{\mathbf{n}}^2 & \text{falls } (\mathbf{x}^1 - \bar{\mathbf{x}}^2) \cdot \bar{\mathbf{n}}^2 < 0 \\ 0 & \text{sonst}\,. \end{cases} \tag{11.4}$$

auf der *slave* Fläche $\varphi^1(\Gamma^1_c)$ zu definieren. Die Penetrationsfunktion (11.4) liefert zwei Informationen:

1. g_N^- kann dazu dienen, lokal zu überprüfen, ob Kontakt eintritt. Es gilt dann:
$$\textit{Kontakt} \Leftrightarrow g_N < 0 \tag{11.5}$$
2. g_N^- wird für $g_N^- < 0$ als lokale kinematische Variable in der konstitutiven Beziehung für den Kontaktdruck verwendet.

Für den Fall des Kontaktes kann jetzt die Variation δg_N der Penetrationsfunktion berechnet werden. Aus (11.4) folgt

$$\delta g_N = [\boldsymbol{\eta}^1 - \hat{\boldsymbol{\eta}}^2(\bar{\boldsymbol{\xi}})] \cdot \bar{\mathbf{n}}^2 \tag{11.6}$$

mit der Testfunktion oder virtuellen Verschiebung $\boldsymbol{\eta}$.

Wenn ein Körper auf der Oberfläches eines anderen Körpers rutscht, so kann dieses relative tangentiale Rutschen durch die Änderung des minimalen Abstandes am Lösungspunkt $(\bar{\xi}^1, \bar{\xi}^2)$ ausgedrückt werden. Damit erhalten wir den Gleitweg des Punktes $\mathbf{x}^1$ auf der deformierten *master* Fläche aus

$$g_T = \int_{t_0}^{t} \| \dot{\bar{\xi}}^\alpha \, \bar{\mathbf{a}}^2_\alpha \| \, dt \,, \tag{11.7}$$

wobei t die Zeit ist, mit der der Pfad des Punktes $\mathbf{x}^1$ parametrisiert wird. t_0 gibt den Zeitpunktes des ersten Kontaktes von Punkt $\mathbf{x}^1$ mit der *master* Fläche an. Um das Integral in (11.7) auswerten zu können, muß die Zeitableitung von ξ^α am Projektionspunkt $\bar{\mathbf{x}}^2$ bekannt sein. Diese kann aus (11.2) bestimmt werden

$$\frac{d}{dt} [\, \mathbf{x}^1 - \bar{\mathbf{x}}^2(\bar{\xi}^1, \bar{\xi}^2) \,] \cdot \bar{\mathbf{a}}^2_\alpha = [\, \mathbf{v}^1 - \bar{\mathbf{v}}^2 - \bar{\mathbf{a}}_\beta \, \dot{\bar{\xi}}^\beta \,] \cdot \bar{\mathbf{a}}^2_\alpha + [\, \mathbf{x}^1 - \bar{\mathbf{x}}^2 \,] \cdot \dot{\bar{\mathbf{a}}}^2_\alpha = 0 \,. \tag{11.8}$$

Mit $\dot{\bar{\mathbf{a}}}^2_\alpha = \bar{\mathbf{v}}^2_{,\alpha} + \hat{\mathbf{x}}^2_{,\alpha\beta} \, \dot{\bar{\xi}}^\beta$ erhalten wir

$$\bar{H}_{\alpha\beta} \, \dot{\bar{\xi}}^\beta = \bar{R}_\alpha \,. \tag{11.9}$$

Die hier auftretenden Größen sind durch

$$\bar{H}_{\alpha\beta} = [\, \bar{a}_{\alpha\beta} + g_N \, \bar{b}_{\alpha\beta} \,] \,, \qquad \bar{R}_\alpha = [\, \mathbf{v}^1 - \hat{\mathbf{v}}^2(\bar{\boldsymbol{\xi}}) \,] \cdot \bar{\mathbf{a}}^2_\alpha + g_N \, \bar{\mathbf{n}}^2 \cdot \hat{\mathbf{v}}^2_{,\alpha}(\bar{\boldsymbol{\xi}}) \tag{11.10}$$

definiert. Die Tensoren $\bar{a}_{\alpha\beta}$ und $\bar{b}_{\alpha\beta}$ stellen wohlbekannte Größen aus der Differentialgeometrie dar, nämlich den Metrik- und den Krümmungstensor der verformten Oberfläche.

Mit diesen Vorüberlegungen kann jetzt die relative tangentiale Geschwindigkeit auf der momentanen *slave* Fläche $\varphi^1(\Gamma^1_c)$ definiert werden

$$\mathcal{L}_v \, \mathbf{g}_T \; := \; \dot{\bar{\xi}}^\alpha \, \bar{\mathbf{a}}^2_\alpha \,. \tag{11.11}$$

Aus dieser Gleichung läßt sich nun durch Integration das Gleiten in tangentialer Richtung bestimmen, so daß (11.11) eine Evolutionsgleichung für das Gleiten $\mathbf{g}_T$ darstellt. Wie wir im nächsten Abschnitt sehen werden, geht die relative tangentiale Geschwindigkeit $\mathcal{L}_v \, \mathbf{g}_T$ als lokale kinematische Variable in die konstitutive Beziehung für die tangentialen Kontaktspannungen ein.

ANMERKUNG 11.1:

1. *Der zweite Term auf der rechten Seite von (11.9) hängt von der Eindringung g_N ab. Im Fall einer strengen Einhaltung der Nebenbedingung für die Nichteindringung ($g_N = 0$) – z.B. mit der Methode der* LAGRANGE*schen Multiplikatoren – verschwindet dieser Anteil. Damit folgt*

$$\dot{\xi}^{\beta} = [\,\mathbf{v}^1 - \bar{\mathbf{v}}^2\,] \cdot \bar{\mathbf{a}}^{2\,\beta} \tag{11.12}$$

direkt aus der tangentialen Komponente der Geschwindigkeitsdifferenz am Kontaktpunkt. In diesem Fall ist $\mathcal{L}_v\,\mathbf{g}_T$ in (11.11) durch die Projektion der räumlichen Geschwindigkeiten auf die Tangentenebene im Kontaktpunkt bestimmt

$$\mathcal{L}_v\,\mathbf{g}_T = (\,\bar{\mathbf{a}}^2_\alpha \otimes \bar{\mathbf{a}}^{2\,\alpha}\,)\,[\,\mathbf{v}^1 - \bar{\mathbf{v}}^2\,] \tag{11.13}$$

2. *Wenn die Kontaktfläche eben ist, verschwindet der Krümmungstensor $\bar{b}_{\alpha\beta}$, womit sich die Beziehung (11.9) ebenfalls vereinfacht.*
3. *Für den zweidimensionalen Kontakt lassen sich die Ergebnisse aus (11.9) weiter spezifizieren*

$$\dot{\bar{\xi}} = \frac{1}{\bar{a}_{11} + g_N\,\bar{b}_{11}}\,\{\,[\,\mathbf{v}^1 - \mathbf{v}^2(\bar{\xi})\,] \cdot \mathbf{x}^2,_{\xi}(\bar{\xi}) + g_N\,\bar{\mathbf{n}}^2 \cdot \mathbf{v}^2,_{\xi}(\bar{\xi})\} \tag{11.14}$$

mit der Metrik $\bar{a}_{11} = \mathbf{x}^2,_{\xi}(\bar{\xi}) \cdot \mathbf{x}^2,_{\xi}(\bar{\xi})$ und der Krümmung $\bar{b}_{11} = \mathbf{x}^2,_{\xi\xi}(\bar{\xi}) \cdot \bar{\mathbf{n}}^2$. In diesem Fall vereinfacht sich die Beziehung (11.7) zur Berechnung des Gleitweges

$$g_T = \int_{t_0}^{t} \|\dot{\bar{\xi}}\,\bar{\mathbf{x}}^2_{,\xi}\|\,dt = \int_{\xi_0}^{\bar{\xi}} \sqrt{\bar{a}_{11}}\,d\xi\,. \tag{11.15}$$

Man beachte, daß sich das Integral jetzt durch die Oberflächenkoordinate ξ parametrisieren läßt, so daß die Zeit herausfällt.

Durch Vertauschen der Geschwindigkeit mit der Variation in (11.11) erhalten wir die virtuelle Änderung des Gleitens in tangentialer Richtung

$$\delta\mathbf{g}_T = \delta\bar{\xi}^{\alpha}\,\bar{\mathbf{a}}^2_{\alpha}\,. \tag{11.16}$$

11.2 Konstitutive Gleichungen in der Kontaktzone

In Abhängigkeit der Genauigkeit, die benötigt wird, das mechanische oder thermische Verhalten in der Kontaktzone zu beschreiben, sind aus der Literatur verschiedene Ansätze bekannt. Während man für die tangentiale Relativverschiebung immer eine konstitutive Gleichung (Reibgesetz) benötigt, kann man den Kontakt in Richtung der Flächennormalen generell durch zwei verschiedene Vorgehensweisen beschreiben.

11.2.1 Normalkontakt

Die erste, klassische Methode führt die Bedingung des Nichteindringens als geometrische Zwangsbedingung für die Verschiebungen normal zur Kontaktoberfläche ein. Bei dem zweiten Ansatz werden konstitutive Gleichungen auf der Kontaktoberfläche postuliert, die eine Annäherung der beiden am Kontakt beteiligten Körper beschreiben. Die erste Vorgehensweise führt für den Normalkontakt zu den sog. Kuhn-Tucker-Bedingungen

$$g_N \geq 0\,, \quad p_N \leq 0\,, \quad p_N\, g_N = 0\,, \tag{11.17}$$

wobei mit p_N der Kontaktdruck bezeichnet wird. Im zweiten Fall muß eine mikromechanische Betrachtungsweise gewählt werden, um die entsprechenden konstitutiven Gesetzmäßigkeiten für den Normalkontakt zu etablieren. Hier besteht die Vorgehensweise darin, daß man ein mechanisches Näherungsmodell für den Kontakt eines Bereiches der rauhen Oberflächen wählt und dann mittels einer statistischen Verteilung einen Mittelungsprozeß durchführt, um ein Gesetz für die Annäherung der beiden Körper in der Kontaktzone zu finden, s. z.B. (KRAGELSKY et al. 1982). Das mikromechanische Verhalten in der Kontaktzone hängt von Materialgrößen wie der Härte und von geometrischen Parametern wie der Oberflächenrauhigkeit ab. Wegen der hohen Komplexität des mikromechanischen Verhaltens können die Modelle nur die wesentlichen Phänomene abbilden. Im allgemeinen kann eine konstitutive Beziehung der Form

$$p_N = f\,(d) \quad \text{or} \quad d = h\,(p_N) \tag{11.18}$$

angegeben werden. Hierin sind f und h nichtlineare Funktionen des Abstandes der deformierten Mittelebenen der Kontaktoberflächen d oder des Kontaktdruckes p_N.

Der Abstand der deformierten Mittelebenen der Kontaktoberflächen kann mit der geometrischen Annäherung oder Abstandsfunktion g_N (11.4) in Beziehung gebracht werden

$$g_N = \zeta - d\,, \tag{11.19}$$

wobei ζ der Abstand der Mittelebenen der Kontaktfläche in der Ausgangskonfiguration ist. Diese ist als Abstand der Mittelebenen der zwei Oberflächen im Kontaktbereich Γ_c definiert, der entsteht, wenn sich die beiden Oberflächen gerade berühren, s. Bild 11.2.

Eine mögliche konstitutive Beziehung zur Beschreibung der Annäherung der

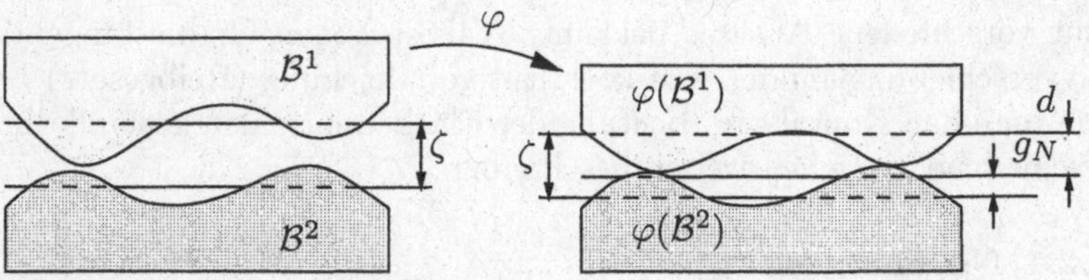

Bild 11.2 Physikalische Annäherung in der Kontaktzone Γ_c: unverformte und verformte Konfiguration.

Körper in der Kontaktzone hat nach (KRAGELSKY et al. 1982) die Form

$$p_N = c_N\,(\zeta - g_N)^{\alpha_N} \tag{11.20}$$

mit den konstitutiven Parametern c_N und α_N, die aus Experimenten zu bestimmen sind. Wie man leicht erkennt, kann die Beziehung (11.20) als ein Federgesetz mit nichtlinearer Charakteristik interpretiert werden. Dabei ist zu beachten, daß die Annäherung in der Kontaktzone nur sehr gering ist. Dies bringt den Nachteil einer sehr hohen Steifigkeit der Materialgleichung (11.20) mit sich. Bei einer numerischen Berechnung mittels finiter Elemente führt dies zu eine schlechten Konditionierung der tangentialen Steifigkeitsmatrix.

11.2.2 Tangentialkontakt

Für den tangentialen Kontakt (Haftung oder Reibung) ist das Verhalten in der Kontaktzone noch erheblich komplizierter. Hier beeinflussen viele unterschiedliche Faktoren das Reibverhalten. Dazu zählen unter anderem mikromechanische Eigenschaften wie die Oberflächenrauhigkeit und Oberflächentemperatur aber auch die Größe der vorhandenen Druckspannungen oder die tangentiale Geschwindigkeit in der Kontaktfläche. Entsprechend komplex kann die zugehörige Materialgleichung für den Reibkontakt werden. Da die die einzelnen Phänomene abbildenden Parameter nur mit großem Aufwand durch Versuche bestimmt werden können, wird in Ingenieuranwendungen häufig von dem klassischen COULOMBschen Gesetz Gebrauch gemacht, das nur einen zu bestimmenden Parameter – den Reibkoeffizienten – enthält. Jedoch sind auch verschiedene weitere Materialgleichungen für den Reibkontakt bekannt, die mikromechanische Phänomene berücksichtigen, s. z.B. (WOO and THOMAS 1980). Einen Überblick findet sich auch in (ODEN and MARTINS 1986). Den physikalischen Hintergrund beschreibt z.B. die Arbeit von (TABOR 1981). Im folgenden sollen die auf den in Abschn. 11.1 hergeleiteten kinematischen Beziehungen verwandt werden, um die konstitutiven Beziehungen in der Kontaktzone anzugeben. Sie beschreiben das Materialverhalten und damit die Haft- und Gleitbedingungen für die tangentiale Richtung.

Die Haftbedingung kann mit (11.11) als Zwangsbedingung für die tangentiale Bewegung formuliert werden

$$\mathcal{L}_v\,\mathbf{g}_T = \mathbf{0} \longrightarrow \mathbf{g}_T = \mathbf{0}\,. \tag{11.21}$$

Im Fall von Gleiten kann man das klassische COULOMBsche Gesetz anwenden

$$\mathbf{t}_T = -\mu\,|\,p_N\,|\,\frac{\mathcal{L}_v\,\mathbf{g}_T}{\|\,\mathcal{L}_v\,\mathbf{g}_T\,\|}\,, \tag{11.22}$$

wobei der Reibkoeffizient μ eine Funktion des Kontaktdruckes p_N, der relativen Gleitgeschwindigkeit $\mathcal{L}_v\,\mathbf{g}_T$, des resultierenden Gleitweges g_v oder der Temperatur θ sein kann: $\mu = \mu(\mathcal{L}_v\,\mathbf{g}_T\,, g_v\,, p_N\,, \theta)$.

Algorithmisch wurden Kontaktprobleme mit Reibung in den letzten Jahren verstärkt auf Basis der seitens der Plastizität bekannten Projektionsalgorithmen, s. Abschn. 6.2, behandelt. In diesem Zusammenhang sind verschiedene Materialgleichungen für den Reibkontakt formuliert worden, s. z.B. (MICHALOWSKI and MROZ 1978) oder (CURNIER 1984). Die Anwendung elasto-plastischer konstitutiver Beziehungen für die Reibung innerhalb von Berechnungen mittels der Methode der finiten Elemente erfolgte erstmals in (FREDRIKSSON 1976), um z.B. auch entfestigendes Verhalten in die Berechnungen einbeziehen zu können. Stellt man die entsprechenden Gleichungen zusammen, so treten nicht-assoziierte Gleitregeln auf. Der größte Vorteil der elasto-plastischen Formulierung liegt jedoch in der Möglichkeit, die Projektionsverfahren, die in (SIMO and TAYLOR 1985) entwickelt wurden, einzusetzen, was zuerst in (WRIGGERS 1987) für das COULOMBsche Reibgesetz erfolgte. Weitere Formulierungen finden sich für kleine Deformationen in (GIANNOKOPOULOS 1989) und für große Deformationen in (WRIGGERS et al. 1990).

Die wesentliche Idee der „elasto-plastischen“Formulierung ist eine Aufteilung des tangentialen Gleitens in einen elastischen Teil $\mathbf{g}_T^e$, der dem Haften entspricht, und einen plastischen oder irreversiblen Anteil $\mathbf{g}_T^s$, der mit dem Gleiten verknüpft ist, s. Bild 11.3

$$\mathbf{g}_T^e = \mathbf{g}_T - \mathbf{g}_T^s \,. \tag{11.23}$$

Diese Aufteilung kann auch als eine Regularisierung des Reibgesetzes gedeu-

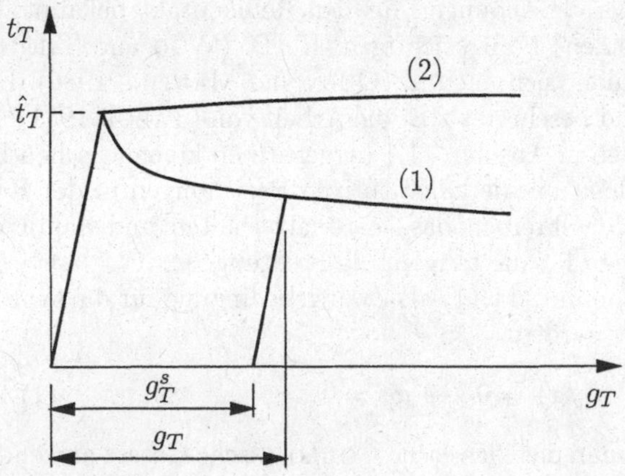

Bild 11.3 Materialgleichung für Gleiten und Haften

tet werden, bei der anstelle des reinen Haftens durch eine elastische Materialgleichung Mikroverschiebungen in tangentialer Richtung zugelassen werden.

Physikalisch kann man dies durch die Nachgiebigkeit der Spitzen der Oberflächenrauhigkeit in der Kontaktzone erklären. Das einfachst mögliche Modell für die Beschreibung des Haftens ist mit der Annahme von isotropem Verhalten verküpft, was auf die Beziehung

$$\mathbf{t}_T = c_T \, \mathbf{g}_T^e \tag{11.24}$$

führt mit der elastischen Konstante c_T. Wie im Normalkontakt sind die relativen elastischen Verschiebungen in tangentialer Richtung sehr gering, so daß hier i.d.R. ein großer Wert für die Federkonstante c_T anzunehmen ist, der zu einer schlechten Konditionierung der tangentialen Steifigkeitsmatrix führen kann.

Das „plastische"Gleiten g_T^s wird durch eine konstitutive Evolutionsgleichung beschrieben, die formal mit den Standardkonzepten der Elastoplastizitätstheorie hergeleitet werden kann. Dazu geben wir zunächst die Dissipationsleistung des Gleitvorganges

$$\mathcal{D}^s := \mathbf{t}_T \cdot \mathcal{L}_v \, \mathbf{g}_T^p \geq 0 \tag{11.25}$$

an. Weiterhin betrachten wir einen elastischen Bereich

$$\mathbb{E}_t = \{ \, \mathbf{t}_T \in \mathbb{R}^2 \mid \hat{f}_s(\mathbf{t}_T) \leq 0 \, \} \tag{11.26}$$

für die tangentialen Kontaktspannungen. In Gl. (11.26) ist

$$\hat{f}_s(\mathbf{t}_T) = \| \, \mathbf{t}_T \, \| - h(\, p_N \, , g_v \,) \leq 0 \tag{11.27}$$

die Gleitbedingung, die hier vom gegeben Kontaktdruck p_N und einer inneren Variablen g_v abhängt. Wie schon erwähnt sind weitere Abhängigkeiten möglich. Die innere Variable wird für die Beschreibung des Materialverhaltens in der Kontaktzone herangezogen. Mit ihr kann – wie in Bild 11.3 gezeigt – sowohl entfestigendes (1) als auch verfestigendes (2) Materialverhalten für die Reibung beschrieben werden. Die innere Variable wird durch

$$g_v = \int_0^t \| \, \mathcal{L}_v \, \mathbf{g}_T^s \, \| \, d\tau \tag{11.28}$$

definiert. Sie akkumuliert den vom Punkt $\mathbf{x}^1$ durchlaufenen Reibweg. Dieser Definition entspricht in der Elastoplastizität die Einführung der Vergleichsdehnung, s. 6.2.

Speziell kann für $\hat{f}_s(\mathbf{t}_T)$ eine Gleitbedingung gewählt werden, die auf das COULOMBsche Gesetz führt

$$\hat{f}_s(\mathbf{t}_T) = \| \, \mathbf{t}_T \, \| - \mu \, p_N \leq 0 \tag{11.29}$$

Der Reibkoeffizient μ ist dann ein Materialparameter, der – wie schon erwähnt – noch von verschiedenen Größen abhängen kann.

Durch das Festhalten von p_N erhält man aus dem Prinzip der maximalen plastischen Dissipation, siehe auch Anmerkung 3.6 und Gl. (3.172), konstitutive Evolutionsgleichungen für den Gleitvorgang

$$\mathcal{L}_v\, \mathbf{g}_T^s = \lambda \frac{\partial \hat{f}_s(\mathbf{t}_T)}{\partial \mathbf{t}_T} = \lambda\, \mathbf{n}_T \qquad \text{mit} \quad \mathbf{n}_T = \frac{\mathbf{t}_T}{\|\mathbf{t}_T\|}\,,$$
$$\dot{g}_v = \lambda\,. \tag{11.30}$$

Zusätzlich kann man die Belastungs- und Entlastungsbedingungen nach KUHN-TUCKER formulieren

$$\lambda \geq 0\,, \quad \hat{f}_s(\mathbf{t}_T) \leq 0\,, \quad \lambda\, \hat{f}_s(\mathbf{t}_T) = 0\,, \tag{11.31}$$

aus denen der plastische Parameter λ bestimmt wird.

11.3 Schwache Formulierung

Das Einbringen der Ungleichung (11.1), die die Kontaktbedingung repräsentiert, führt mit (3.282) auf eine Variationsungleichung der Form

$$\sum_{\gamma=1}^{2} \int_{\Omega^\gamma} \boldsymbol{\tau}^\gamma \cdot \nabla^S (\boldsymbol{\eta}^\gamma - \boldsymbol{\varphi}^\gamma)\, dV \geq \sum_{\gamma=1}^{2} \int_{\Omega^\gamma} \bar{\mathbf{f}}^\gamma \cdot (\boldsymbol{\eta}^\gamma - \boldsymbol{\varphi}^\gamma)\, dV - \int_{\Gamma_\sigma{}^\gamma} \bar{\mathbf{t}}^\gamma \cdot (\boldsymbol{\eta}^\gamma - \boldsymbol{\varphi}^\gamma)\, dA\,. \tag{11.32}$$

In dieser Variationsungleichung ist im Gegensatz zu (3.282) die Integration über das Gebiet Ω^γ auszuführen, das vom Körper $\mathcal{B}^\gamma$ in der Ausgangskonfiguration eingenommen wird. Aus diesem Grund tritt hier auch nicht der CAUCHYsche Spannungstensor sondern der KIRCHHOFFsche Spannungstensor auf. Dieser ist – wie auch der Gradientenoperator „$\nabla^S()$"– auf die verformte Konfiguration bezogen.

Basierend auf (11.32) ist die Deformation $(\boldsymbol{\varphi}^1, \boldsymbol{\varphi}^2) \in \mathbf{K}$ der beiden sich im Kontakt befindlichen Körper für Reibungsfreiheit zu finden. Hierbei ist die Menge $\mathbf{K}$ folgendermaßen definiert.

$$\mathbf{K} = \{\, (\boldsymbol{\eta}^1, \boldsymbol{\eta}^2) \in \mathbf{V} \,|\, [\boldsymbol{\eta}^1 - \hat{\boldsymbol{\eta}}^2(\bar{\xi}^1, \bar{\xi}^2)] \cdot \bar{\mathbf{n}}^2 \geq 0 \,\}\,. \tag{11.33}$$

Im Fall finiter elastischer Deformationen kann die Existenz der Lösung von (11.32) gezeigt werden, s. (CIARLET 1988) oder (CURNIER et al. 1992). Dazu muß die Verzerrungsenergiefunktion polykonvex sein, siehe dazu auch die Bemerkungen in Abschn. 3.3.1.

ANMERKUNG 11.2: In der geometrisch linearen Theorie kann die Gleichung (11.32) als Variationsungleichung der Form

$$a(\mathbf{u}, \mathbf{v} - \mathbf{u}) \geq f(\mathbf{v} - \mathbf{u})\,, \tag{11.34}$$

geschrieben werden. Hierin sind die Operatoren $a(\mathbf{u}\,,\mathbf{v})$ *und* $(\mathbf{u})$ *durch*

$$a(\mathbf{u},\mathbf{w}) = \int\limits_{\Omega} \boldsymbol{\varepsilon}(\mathbf{u}) \cdot \mathbb{C}_0[\boldsymbol{\varepsilon}(\mathbf{w})]\, d\Omega\,,$$

$$f(\mathbf{w}) = \int\limits_{\Omega} \hat{\mathbf{b}} \cdot \mathbf{w}\, d\Omega + \int\limits_{\Gamma_\sigma} \hat{\mathbf{t}} \cdot \mathbf{w}\, d\Gamma$$

definiert. Weiterhin ist durch Ω *das gesamte von beiden Körpern eingenommene Gebiet bezeichnet* $\Omega = \cup_\gamma \mathcal{B}^\gamma$. $\mathbb{C}_0$ *ist der Elastizitätstensor der linearen Theorie, dessen explizite Form sich in (3.260) findet. Der lineare Verzerrungstenor ist durch* $\boldsymbol{\varepsilon}(\mathbf{u}) = \frac{1}{2}\,(\nabla\mathbf{u} + \nabla^T\mathbf{u})$ *definiert. Die Lösung dieser Variationsungleichung muß jetzt wie in der nichtlinearen Formulierung bestimmt werden. Es muß also die Verschiebung* $\mathbf{u} \in \mathbf{K}$ *gefunden werden, so daß (11.34) für alle virtuellen Verschiebungen oder Testfunktionen* $\mathbf{v} \in \mathbf{K}$ *erfüllt wird*

$$\mathbf{K} = \{\mathbf{v} \in \mathbf{V} \,|\, (\mathbf{v}^1 - \bar{\mathbf{v}}^2) \cdot \bar{\mathbf{n}}^2 + g_0 \geq 0 \;on\; \Gamma_c\} \qquad (11.35)$$

*Die mathematische Struktur der Variationsungleichung (11.34) wird vertieft in (*DUVAUT *and* LIONS *1976) oder in (*KIKUCHI *and* ODEN *1988) diskutiert. Wegen der Ungleichungsnebenbedingung ist das Kontaktproblem auch bei geometrischer und materieller Linearität nichtlinear.*

Algorithmen zur Lösung von Variationsungleichungen existieren in großer Vielzahl. Sie stammen i.d.R. aus der Optimierungstheorie, siehe z.B. den Überblick in (LUENBERGER 1984). Für Diskretisierungen von Kontaktproblemen mittels finiter Elemente müssen aus der Menge der vorhandenen Algorithmen die ausgewählt werden, die effizient für eine große Anzahl von Unbekannten sind. Dabei scheinen die zum *mathematical programming* gehörenden Varianten nicht so schnell zu sein. Sie wurden jedoch in FEM Anwendungen benutzt, s. z.B. (CONRY and SEIREG 1971) oder (KLARBRING 1986). Erfolgversprechend sind auch die bei (BARTHOLD and BISCHOFF 1988) oder (BJÖRKMAN et al. 1995) vorgestellten Verfahren, die auf der sequentiellen quadratischen Programmierung beruhen. In den meisten Finite-Elemente-Programmen sind entweder Penalty-Verfahren oder die Methode der LAGRANGEschen Multiplikatoren implementiert. Bei diesen Verfahren werden die Ungleichungsnebenbedingungen über eine Menge von aktiven Gleichungsnebenbedingungen formuliert, die sich während der inkrementellen Lösung der nichtlinearen Gleichungen ändern kann. Damit erhält man anstelle der Variationsungleichung (11.32) die Variationsgleichung für die aktive Kontaktzone γ_c^{akt}

$$\sum_{\gamma=1}^{2} \Big\{ \int\limits_{\Omega^\gamma} \boldsymbol{\tau}^\gamma \cdot \operatorname{grad} \boldsymbol{\eta}^\gamma\, dV - \int\limits_{\Omega^\gamma} \bar{\mathbf{f}}^\gamma \cdot \boldsymbol{\eta}^\gamma\, dV - \int\limits_{\Gamma_\sigma{}^\gamma} \bar{\mathbf{t}}^\gamma \cdot \boldsymbol{\eta}^\gamma\, dA \Big\} + \text{„}Kontaktbeiträge\text{“} = 0 \qquad (11.36)$$

Für den Kontakt zwischen zwei Körpern können jetzt die „*Kontaktbeiträge*“im Rahmen der LAGRANGEschen Multiplikatoren oder mit dem Penaltyverfahren formuliert werden. Wir erhalten dann für die aktive Kontaktzone Γ_c^{akt}:

1. **Methode der LAGRANGEschen Multiplikatoren:**
$$\int\limits_{\Gamma_c^{akt}} (\lambda_N \, \delta g_N + \boldsymbol{\lambda}_T \cdot \delta \mathbf{g}_T \,) \, dA \tag{11.37}$$
λ_N ist der zu $g_N = 0$ gehörende LAGRANGEsche Multiplikator, der als Kontaktdruck p_N identifiziert werden kann. δg_N ist die Variation der Abstandsfunktion in Normalenrichtung (11.6). Der Term $\boldsymbol{\lambda}_T \cdot \delta \mathbf{g}_T$ beschreibt die Zwangsbedingungen in tangentialer Richtung. Für den Fall, daß diese durch (11.21) gegeben sind, ist λ_T die zum Haften gehörende Reaktion. Im Fall des Gleitens kann λ_T nicht als Reaktion interpretiert werden, sondern ist der Spannungsvektor in tangentialer Richtung $\mathbf{t}_T$, der aus den konstitutiven Beziehungen (11.24) bis (11.31) folgt.
2. **Penalty Methode:** Bei diesem Verfahren wird die Nebenbedingung $g_N = 0$ durch einen Strafterm in der Variationsgleichung berücksichtigt. Dies führt auf
$$\int\limits_{\Gamma_c} \epsilon_N \, g_N \, \delta g_N \, dA \,, \quad \epsilon_N > 0 \,. \tag{11.38}$$
Man kann zeigen, s. (LUENBERGER 1984), daß für $\epsilon_N \to \infty$ das Ergebnis der Methode der LAGRANGEschen Multiplikatoren äquivalent ist. Die Wahl eines zu großen Penaltyparameters führt aber zu einer schlechten Kondition der tangentialen Steifigkeitsmatrix. Wie bei den LAGRANGEschen Multiplikatoren haben wir zwischen Haften und Gleiten bei der Formulierung des tangentialen Kontaktes zu unterscheiden. Für die Zwangsbedingung des Haftens folgt
$$\int\limits_{\Gamma_c} (\epsilon_N \, g_N \, \delta g_N + \epsilon_T \, \mathbf{g}_T \cdot \delta \mathbf{g}_T \,) \, dA \,, \quad \epsilon_N > 0 \,, \epsilon_T > 0 \,. \tag{11.39}$$
Gleiten wird durch
$$\int\limits_{\Gamma_c} (\epsilon_N \, g_N \, \delta g_N + \mathbf{t}_T \cdot \delta \mathbf{g}_T \,) \, dA \,, \quad \epsilon > 0 \tag{11.40}$$
beschrieben. In letzterer Gleichung sind wieder die konstitutiven Beziehungen (11.24) bis (11.31) einzusetzen, um $\mathbf{t}_T$ zu bestimmen.

In den Gln. (11.37) bis (11.40) tritt die Variation der Abstandsfunktion g_N auf. Diese folgt aus Gl. (11.6). Entsprechend läßt sich die Variation der tangentialen Relativverschiebung aus (11.16) bestimmen.

ANMERKUNG 11.3:

1. *Wenn in der konstitutiven Gl. (11.24) der Parameter c_T durch den Penaltyparameter ϵ_T ausgetauscht wird, so spricht man von einer Penalty Regularisierung des Reibgesetzes für das Haften, s. auch (JU and TAYLOR 1988) oder (CURNIER and ALART 1988).*
2. *Eine weitere Möglichkeit, die Zwangsbedingungen des Kontaktes zu berücksichtigen, ist durch die direkte Elimination von Variablen gegeben. In diesem Fall können wir in der aktiven Kontaktzone Γ_c^{akt} die Zwangsbedingung $g_N = 0 \longrightarrow \mathbf{x}^1 \cdot \bar{\mathbf{n}}^2 = \hat{\mathbf{x}}_t^2 \cdot \bar{\mathbf{n}}^2$ auswerten und die Verschiebungen eliminieren, die entweder zu dem Körper $\mathcal{B}^1$ oder zu dem Körper $\mathcal{B}^2$ gehören. Diese Methode bedeutet in praktischen Anwendungen eine fortwährende Änderung der Anzahl der Unbekannten im globalen Gleichungssystem und ist entsprechend aufwendig zu codieren.*
3. *Eine weitere Technik für Probleme mit Ungleichungsnebenbedingungen stellt die Barrierenmethode dar. Bei diesem Verfahren wird der Term*
$$\int_{\Gamma_c} \epsilon_N \, \frac{1}{g_N^2} \, \delta g_N \, d\Gamma$$
zu der schwachen Form anstelle von (11.38) addiert. Dies bewirkt einen abstoßenden Effekt der beiden Oberflächen, der mit dem Quadrat des Abstandes abnimmt. Aus diesem Grund können in der Rechnung alle Zwangsbedingungen immer aktiv mitgeführt werden; bei genügend großem Abstand schwächt sich die Wirkung des Barrierenfunktionals sehr schnell ab. Jedoch darf während des Iterationsprozesses keine Eindringung von einem Körper in den anderen erfolgen. Aus diesem Grund sind spezielle Algorithmen anzuwenden, die dies verhinden, s. z.B. (BAZARAA et al. 1993).
4. *Eine Technik, die die Penalty- und die Barrierenmethode kombiniert, wurde in (ZAVARISE et al. 1998) angegeben. Durch eine spezielle Formulierung sind alle Abstandsfunktionen auf den Oberflächen der Körper aktiv, ohne daß – wie bei der reinen Barrierenmethode – eine Eindringung der Körper während der iterativen Lösung verhindert werden muß.*
5. *Eine sog. gestörte (perturbed) LAGRANGEsche Formulierung kann verwendet werden, um Penalty und LAGRANGEsche Multiplikatoren Verfahren innerhalb einer gemischten Methode zu kombinieren, s. z.B. (ODEN 1981) oder (SIMO et al. 1985b). Aus dieser Methode lassen sich spezielle gemischte Finite-Element-Methoden für den Kontakt herleiten.*
6. *Ein Hauptproblem bei der Anwendung der Penaltyverfahren ist die schlechte Kondition der tangentialen Steifigkeitsmatrix, wenn der Penaltyparameter sehr groß gewählt werden muß, um das Eindringen eines Körpers in den anderen zu vermeiden. Eine Methode zur Umgehung dieses Effektes folgt aus Verfahren, die bei der Behandlung inkompressibler Materialien Anwendung finden. Sie basieren auf einer augmented LAGRANGEschen Formulierung, s. z.B. (GLOWINSKI and LE TALLEC 1984). Diese wurde auch auf Kontaktprobleme angewendet, um die Zwangsbedingungen des Normalkontaktes zu erfüllen, s. (WRIGGERS et al. 1985) oder (KIKUCHI and ODEN 1988). Der zu der augmented LAGRANGEschen Formulierung gehörige USZAWA-Algorithmus basiert auf der Idee, den LAGRANGEschen Parameter während eines Iterationsschrittes festzuhalten und danach durch eine update Formel zu bestimmen. Dies führt auf die folgende schwache Form*
$$\sum_{\gamma=1}^{2} \Big\{ \int_{\mathcal{B}^\gamma} \boldsymbol{\tau}^\gamma \cdot \operatorname{grad} \boldsymbol{\eta}^\gamma \, dV - \int_{\mathcal{B}^\gamma} \bar{\mathbf{f}}^\gamma \cdot \boldsymbol{\eta}^\gamma \, dV - \int_{\Gamma_\sigma{}^\gamma} \bar{\mathbf{t}}^\gamma \cdot \boldsymbol{\eta}^\gamma \, dA \Big\}$$

$$+ \int_{\Gamma_c} [\bar{\lambda}_N + \epsilon_N \, g_N^L) \, \delta g_N + \mathbf{t}_T \cdot \delta \mathbf{g}_T] \, dA = 0 \tag{11.41}$$

mit dem update $\bar{\lambda}_{N_{new}} = \bar{\lambda}_{N_{old}} + \epsilon_N \, g_{N_{new}}$, der jedoch nur von erster Ordnung ist. Weitere Möglichkeiten den LAGRANGE *Multiplikator $\bar{\lambda}_N$ aufzudatieren können allgemein in (*BERTSEKAS *1984) oder im Kontext finiter Elementmethoden für Kontaktprobleme in (*ALART *and* CURNIER *1991) gefunden werden.*

11.4 Diskretisierung

Für eine allgemeine Formulierung von nichtlinearen Kontaktproblemen mittels der Methode der finiten Elemente muß das Gleiten eines Kontaktknotens über die gesamte Kontaktfläche erlaubt sein. Diese Kinematik wird durch eine Diskretisierung repräsentiert, die mit dem Namen „Knoten-zu-Segment"(NTS = *node-to-segment*) Kontakt verknüpft ist, s. Bild 11.5 für eine genauere Beschreibung. Die zugehörige Matrixformulierung einschl. der tangentialen Steifigkeitsmatrizen wurde erstmals von (WRIGGERS und SIMO 1985) für zweidimensionale Probleme des reibungsfreien Kontaktes angegeben. Die Erweiterung auf Kontakt mit Reibung findet sich z.B. in (WRIGGERS et al. 1990). Dreidimensionale Erweiterungen sind in (PARISCH 1989) für den reibungsfreien und in (LAURSEN and SIMO 1993) für den reibungsbehafteten Fall zu finden.

Im allgemeinen Fall finiter Deformationen können die Elementknoten in der Kontaktzone nicht mehr die gleiche Position einnehmen, s. Bild 11.4. Erste Implementationen dieses allgemeinen Falles sind für explizite Berechnungen in (HALLQUIST 1979) und (HUGHES et al. 1977b) zu finden. Andere Formulierungen finden sich bei (BATHE and CHAUDHARY 1985) oder (HALLQUIST et al. 1985). Heutzutage enthalten viele Programme auch die Möglichkeit Problemstellungen zu berechnen, bei denen ein Körper mit sich selbst in Kontakt gelangt, s. z.B. (HALLQUIST et al. 1992).

Bei der algorithmischen Implementierung müssen wir zwischen Knoten auf der Oberfläche der in Kontakt tretenden Körper unterscheiden, die möglicherweise in Kontakt kommen können und welche wo die Kontaktbedingung erfüllt ist, die also aktiv sind. Erstere werden hier mit $\mathcal{J}_C \in \Gamma$ bezeichnet. Die aktive Knoten sind durch $\mathcal{J}_A$ gegeben. Die folgenden Matrizenformulierungen werden nur für die letzteren Kontaktknoten formuliert und dann zur schwachen Form gemäß (11.36) hinzugefügt. Der wesentliche Unterschied zwischen der Methode der LAGRANGEschen Multiplikatoren (11.37) und dem Penaltyverfahren (11.38) liegt in dem Unterschied, daß die Methode der LAGRANGEschen Multiplikatoren eine gemischte Formulierung mit unterschiedlichen Ansätzen für λ_N und g_N zuläßt

$$\int_{\Gamma_c} \lambda_N \, \delta g_N \, d\Gamma \longrightarrow \int_{\Gamma_c^h} \lambda_{N\,c} \, \delta g_{N\,c} \, d\Gamma \tag{11.42}$$

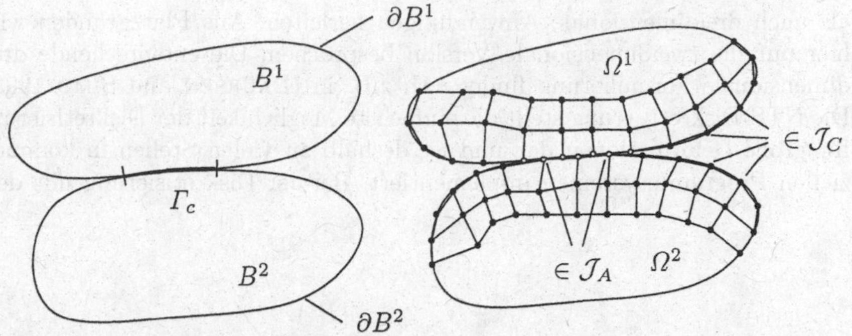

Bild 11.4 Diskretisierung für Kontakt mit finiten Deformationen

mit den Ansätzen für $\lambda_{N\,c}$ and $\delta g_{N\,c}$

$$\lambda_{N\,c} = \sum_K M_K(\xi)\,\lambda_{NK} \quad \text{und} \quad \delta g_{N\,c} = \sum_\Gamma N_I(\xi)\,\delta g_{NI}\,. \tag{11.43}$$

Man beachte, daß die Interpolationen in (11.43) so gewählt werden müssen, daß sie die BABUSKA-BREZZI-Bedingung erfüllen, die die Stabilität der gemischten Methode garantiert, s. auch (KIKUCHI and ODEN 1988). Bei der Penaltymethode ist nur eine Interpolation der Verschiebungsvariablen notwendig

$$\int_{\Gamma_c} \epsilon_N\, g_N\, \delta g_N\, d\Gamma \longrightarrow \int_{\Gamma_c^h} \epsilon_N\, g_{N\,c}\, \delta g_{N\,c}\, d\Gamma\,. \tag{11.44}$$

Hier wird der gleiche Ansatz für die Abstandsfunktion und deren Variation gewählt

$$g_{N\,c} = \sum_I N_I(\xi)\, g_{NI} \quad \text{und} \quad \delta g_{N\,c} = \sum_I N_I(\xi)\,\delta g_{NI} \tag{11.45}$$

Auch die Penalty Methode muß implizit der BABUSKA-BREZZI-Bedingung gehorchen. Dies liegt an der Äquivalenz beider Formulierungen, die durch die *perturbed* LAGRANGEsche Beschreibung (Anmerkung 11.3 Nr. 5) gezeigt werden kann und im Festkörperbereich in (MALKUS and HUGHES 1978) diskutiert wurde. Aus diesem Grund ist die Integration in (11.44) als Unterintegration so auszuführen, daß die Diskretisierung stabile Lösungen liefert. Eine geeignete Wahl bei linearen Ansätze ist z.B. die Trapezregel, für weitere Ansätze finden sich entsprechende Untersuchungen in (ODEN 1981).

11.4.1 NTS-Diskretisierung

Da wir Kontaktformulierungen angeben wollen, die beliebige Deformationen in der Kontaktzone zulassen, wird nur die Diskretisierung des NTS-Kontaktelementes beschrieben. Dies läßt sich sowohl für zweidimensionale als auch dreidimensionale Anwendungen herleiten. Aus Platzgründen wird hier nur die zweidimensionale Version besprochen. Die entsprechende dreidimensionale Formulierung findet sich z.B. in (LAURSEN and SIMO 1993). Die NTS-Diskretisierung stellt die einfachste Möglichlkeit der Diskretisierung für große Deformationen dar und ist deshalb an vielen Stellen in kommerziellen Programmsystemen implementiert. Bei der Diskretisierung mit dem

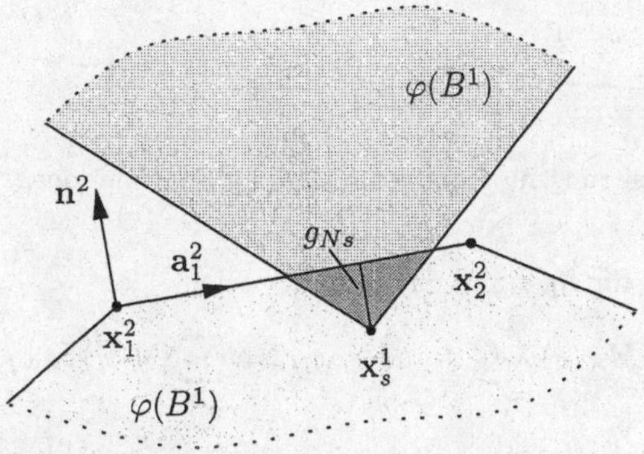

Bild 11.5 NTS Kontaktelement

NTS-Element nimmt man an, daß der sog. *slave* Knoten (s), der durch den Ortsvektor $\mathbf{x}_s^1$ in $\varphi(B^1)$ gegeben ist, mit dem sog. *master* Segment (1)–(2) in Kontakt kommt, das durch die Ortsvektoren $\mathbf{x}_1^2$ und $\mathbf{x}_2^2$ bezüglich $\varphi(B^2)$ definiert ist, s. Bild 11.5. Die kinematischen Beziehungen für diese Diskretisierung folgen direkt aus der kontinuumsmechanischen Formulierung, s. Abschn. 11.1. Mit einer linearen Interpolation der Oberfläche des *master* Elementes, die durch die Koordinate ξ beschrieben wird,

$$\hat{\mathbf{x}}^2(\xi) = \mathbf{x}_1^2 + (\mathbf{x}_2^2 - \mathbf{x}_1^2)\,\xi\,, \qquad 0 \leq \xi \leq 1\,, \tag{11.46}$$

können die Tangentenvektoren berechnet werden

$$\bar{\mathbf{a}}_1^2 = \hat{\mathbf{x}}^2(\xi)_{,1} = (\mathbf{x}_2^2 - \mathbf{x}_1^2)\,. \tag{11.47}$$

Der Tangentenvektor kann normiert werden, was zu $\mathbf{a}_1^2 = \bar{\mathbf{a}}_1^2 \,/\, l$ führt, mit der Länge des *master* Elementes $l = \| \mathbf{x}_2^2 - \mathbf{x}_1^2 \|$. Mit dem Einheitstangentenvektor $\mathbf{a}_1^2$ kann der Einheitsnormalenvektor des Segmentes (1)–(2) durch $\mathbf{n}^2 = \mathbf{e}_3 \times \mathbf{a}_1^2$ definiert werden.

$\bar{\xi}$ und g_{Ns} folgen aus der Lösung von (11.1) und (11.10), die die Projektion des *slave* Knotens $\mathbf{x}_s$ in (s) auf das *master* Segment (1)–(2) darstellt

$$\bar{\xi} = \frac{1}{l}(\mathbf{x}_s^1 - \mathbf{x}_1^2)\cdot \mathbf{a}_1^2 \qquad \text{und} \qquad g_{Ns} = \| \; \mathbf{x}_s^1 - (1-\bar{\xi})\,\mathbf{x}_1^2 - \bar{\xi}\,\mathbf{x}_2^2 \; \|\;. \tag{11.48}$$

Aus diesen Gleichungen und der kontinuierlichen Formulierung (11.6) folgt die Variation der Abstandsfunktion δg_{Ns}

$$\delta g_{Ns} = [\, \boldsymbol{\eta}_s^1 - (1-\bar{\xi})\, \boldsymbol{\eta}_1^2 - \bar{\xi}\, \boldsymbol{\eta}_2^2 \,] \cdot \mathbf{n}^2 \,. \tag{11.49}$$

Mit der Interpolation für die Koordinate $\hat{\mathbf{x}}^2(\xi) = \mathbf{x}_1^2 + \xi\,(\mathbf{x}_2^2 - \mathbf{x}_1^2)$ auf dem *master* Segment (1)–(2) erhält man aus (11.15)

$$g_{Ts} = \int_{\xi_0}^{\bar{\xi}} l\, d\xi = (\,\bar{\xi} - \xi_0\,)\, l \tag{11.50}$$

was zur diskreten Form der Variation des tangentialen Gleitweges

$$\delta g_{Ts} = l\, \delta\bar{\xi} \; + (\bar{\xi} - \xi_0)\, \delta l \tag{11.51}$$

führt. Aus (11.9) folgt für die gegebene Diskretisierung

$$\begin{aligned} \bar{H}_{11} &= (\bar{a}_{11} + g_N\, \bar{b}_{11}) = a_{11} = l^2 \\ \bar{R}_1 &= [\boldsymbol{\eta}^1 - \hat{\boldsymbol{\eta}}^2(\bar{\xi})] \cdot \bar{\mathbf{a}}_1^2 + g_N\, \mathbf{n}^2 \cdot \hat{\boldsymbol{\eta}}^2_{,\xi}(\bar{\xi}) \end{aligned}$$

und damit die Variation von $\bar{\xi}$

$$\delta\bar{\xi} = \frac{1}{l^2} \left\{ [\boldsymbol{\eta}^1 - \hat{\boldsymbol{\eta}}^2(\bar{\xi})] \cdot \bar{\mathbf{a}}_1^2 + g_N\, \mathbf{n}^2 \cdot \hat{\boldsymbol{\eta}}^2_{,\xi}(\bar{\xi}) \right\} . \tag{11.52}$$

Schließlich ergibt sich die Variation des tangentialen Gleitweges für das NTS-Element aus (11.50) mit $\delta\, l = [\boldsymbol{\eta}_2^2 - \boldsymbol{\eta}_1^2] \cdot \mathbf{a}_1^2$ zu

$$\delta g_{Ts} = [\, \boldsymbol{\eta}_s^1 - (1-\bar{\xi})\, \boldsymbol{\eta}_1^2 - \xi\, \boldsymbol{\eta}_2^2 \,] \cdot \mathbf{a}_1^2 + \frac{g_{Ns}}{l}\, [\boldsymbol{\eta}_2^2 - \boldsymbol{\eta}_1^2] \cdot \mathbf{n}^2 + \frac{g_{Ts}}{l}\, [\boldsymbol{\eta}_2^2 - \boldsymbol{\eta}_1^2] \cdot \mathbf{a}_1^2 \,. \tag{11.53}$$

Gleichungen (11.49) und (11.53) stellen die wesentlichen kinematischen Beziehungen des in Bild 11.5 gegebenen Kontaktelementes dar. Mit diesen können jetzt die Beiträge eines Kontaktelementes zur schwachen Form (11.39) angegeben werden. Dazu ist das Integral in (11.39) bezüglich der deformierten Kontaktoberfläche auszuwerten. Dies liefert mit der Annahme eines konstanten Kontaktdruckes

$$\int_{\varphi(\Gamma_c)} (\, p_N\, \delta g_N + t_T\, \delta g_T \,)\, d\gamma \longrightarrow \sum_{s=1}^{n_c} (\, P_{N\,s}\, \delta g_{Ns} + T_{T\,s}\, \delta g_{Ts} \,) \tag{11.54}$$

wobei hier die Summe über alle Beiträge der einzelnen aktiven Kontaktsegmente zu bilden ist. Dabei haben wir vorausgesetzt, daß die Kontaktnormalkraft $P_{Ns} = p_{Ns}\, a_s$ am diskreten Kontaktpunkt (s) aus der Penaltyformulierung über $P_{Ns} = \epsilon_N\, g_{Ns}\, a_s$ folgt. Die Tangentialkraft $T_{Ts} = t_{Ts}\, a_s$ wird im Fall des Haftens aus $T_{Ts} = \epsilon_T\, g_{Ts}\, a_s$ oder bei Gleiten aus der Integration des Reibgesetzes gewonnen, siehe nächster Abschnitt. a_s ist die Fläche des Kontaktelementes, die im zweidimensionalen Fall gleich l ist.

ANMERKUNG 11.4: Im Fall, daß mehr als ein slave Konten mit demselben master Segment in Berührung gelangt, ist die Fläche a_s nicht mehr durch die Gesamtfläche des master Segmentes gegeben, s. Bild 11.6. Dann wird die zugehörige Fläche aus den Mittelpunkten zwischen den Projektionen $\bar{\xi}$ der benachbarten slave Knoten bestimmt. Mit dem Zähler i, der den betrachteten slave Knoten s_i bezeichnet und den Nachbarknoten s_{i-1} und s_{i+1}folgt für die zu s_i gehörende Fläche

$$a_{s_i} = \frac{l}{2}\,(\,\bar{\xi}_{i+1} - \bar{\xi}_{i-1}\,)\,. \tag{11.55}$$

Fälle, die auch den Rand des Kontaktgebietes einschließen sind möglich, sollen hier aber nicht weiter diskutiert werden.

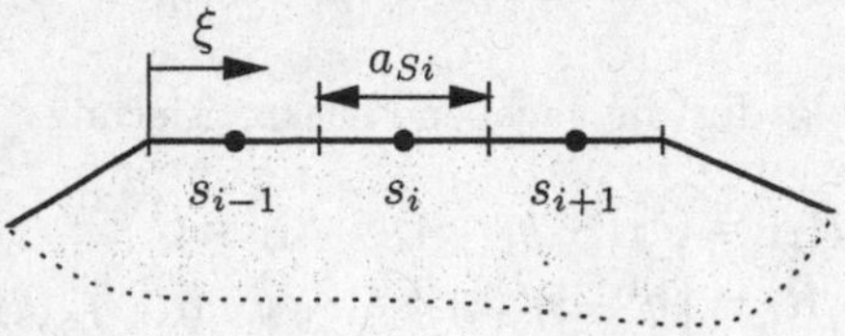

Bild 11.6 Mehrfache *slave* Knoten auf einem Segment

11.4.2 Matrizenform des Kontaktresiduums

Nach Gln. (11.39) und (11.54) folgt für die diskrete schwache Form, die zu einem Knoten (s) gehört

$$\delta g_{N\,s}\,P_{N\,s} + \delta g_{T\,s}\,T_{T\,s}\,. \tag{11.56}$$

Diese Gleichung soll in Matrizenform angegeben werden. Im ersten Teil in (11.56) erhalten wir dann für die Variation (11.49) der Abstandsfunktion

$$\delta g_{N\,s} = \boldsymbol{\eta}_s^T \mathbf{N}_s\,. \tag{11.57}$$

Mit ähnlicher Notation kann auch die Variation (11.53) des tangentialen Weges durch Matrizen beschrieben werden

$$\delta g_{T\,s} = \boldsymbol{\eta}_s^T \left(\mathbf{T}_s + \frac{g_{N\,s}}{l}\,\mathbf{N}_{0\,s} + \frac{g_{T\,s}}{l}\,\mathbf{T}_{0\,s} \right) = \boldsymbol{\eta}_s^T\,\hat{\mathbf{T}}_s\,. \tag{11.58}$$

In diesen Gleichungen wurden die im folgenden definierten Matrizen verwendet

$$\boldsymbol{\eta}_s = (\,\eta_s^1 \quad \eta_1^2 \quad \eta_2^2\,)^T\,, \tag{11.59}$$

$$\mathbf{N}_s = \left\{ \begin{matrix} \mathbf{n}^2 \\ -(1-\bar{\xi})\,\mathbf{n}^2 \\ -\bar{\xi}\,\mathbf{n}^2 \end{matrix} \right\}_s\,, \qquad \mathbf{N}_{0\,s} = \left\{ \begin{matrix} \mathbf{0} \\ -\mathbf{n}^2 \\ \mathbf{n}^2 \end{matrix} \right\}_s\,, \tag{11.60}$$

und

$$\mathbf{T}_s = \left\{ \begin{array}{c} \mathbf{a}_1^2 \\ -(1-\bar{\xi})\,\mathbf{a}_1^2 \\ -\bar{\xi}\,\mathbf{a}_1^2 \end{array} \right\}_s , \qquad \mathbf{T}_{0\,s} = \left\{ \begin{array}{c} \mathbf{0} \\ -\mathbf{a}_1^2 \\ \mathbf{a}_1^2 \end{array} \right\}_s . \tag{11.61}$$

Damit kann die virtuelle Arbeit des Kontaktelementes als $\boldsymbol{\eta}^T \mathbf{G}_s$ mit dem Elementresiduum

$$\mathbf{G}_s = P_{N\,s}\,\mathbf{N}_s + T_{T\,s}\,\hat{\mathbf{T}}_s . \tag{11.62}$$

geschrieben werden.

11.4.3 Integration des Reibgesetzes

Die Integration des Reibgesetzes (11.23) bis (11.31) führt auf einen algorithmischen *update* der tangentiellen Spannungen $\mathbf{t}_{T\,n+1}$. Da die zum Reibgesetz gehörenden Differentialgleichungen steif sind, ist ein implizites EULER Verfahren zu ihrer Integration auszuwählen, s. auch Abschn. 6.2. Dies wurde z.B. in (WRIGGERS 1987) oder (GIANNOKOPOULOS 1989) für den Reibkontakt vorgeschlagen. Die aus der Anwendung der Integration folgenden Ergebnisse werden für ein Zeitinkrement $\Delta t_{n+1} = t_{n+1} - t_n$ im folgenden zusammengestellt.

Das Inkrement des Reibweges innerhalb eines Zeitschrittes Δt_{n+1} ist durch

$$\Delta \mathbf{g}_{T\,n+1} = (\,\bar{\xi}^\alpha_{n+1} - \bar{\xi}^\alpha_n\,)\bar{\mathbf{a}}_{\alpha\,n+1} . \tag{11.63}$$

gegeben. Dieser inkrementelle Weg ist in einen elastischen (Haften) und einen plastischen (Gleiten) Teil, s. (11.23), zu zerlegen. Mit

$$\mathbf{t}^{tr}_{t\,n+1} = c_T\,(\,\mathbf{g}_{T\,n+1} - \mathbf{g}^s_{T\,n}\,) = \mathbf{t}_{T\,n} + c_T\,\Delta \mathbf{g}_{T\,n+1} \tag{11.64}$$

ist eine *trial* Spannung definiert, die die Spannung bei festgehaltenem Rutschweg liefert. Diese wird nun in die Gleitbedingung eingesetzt

$$f^{tr}_{s\,n+1} = \|\mathbf{t}^{tr}_{T\,n+1}\| - \mu\,p_{N\,n+1} . \tag{11.65}$$

Wenn der mit (11.64) berechnete Zustand elastisch ($f^{tr}_{s\,n+1} \le 0$) ist, dann tritt in dem Zeitschritt keine Reibung auf und es gilt für die Spannung zur Zeit t_{n+1} : $\mathbf{t}_{t\,n+1} = \mathbf{t}^{tr}_{t\,n+1}$. Im Fall, daß die Gleitbedingung im Zeitinkrement Δt_{n+1} überschritten wird, $f^{tr}_{s\,n+1} > 0$, muß eine Projektion der Spannungen auf den zulässigen Bereich erfolgen. Durch Anwendung des impliziten EULER Schemas folgt

$$\begin{aligned} \mathbf{g}^s_{T\,n+1} &= \mathbf{g}^s_{T\,n} + \lambda\,\mathbf{n}_{T\,n+1} , \\ g_{v\,n+1} &= g_{v\,n} + \lambda . \end{aligned} \tag{11.66}$$

Auf der Basis der in Kap. 6.2 beschriebenen Formulierungen und Algorithmen erhält man die auf den Gleitkegel projizierten Spannungen

$$\begin{aligned} \mathbf{t}_{T\,n+1} &= \mathbf{t}^{tr}_{t\,n+1} - \lambda\, c_T\, \mathbf{n}_{T\,n+1}\,, \text{mit} \\ \mathbf{n}_{T\,n+1} &= \mathbf{n}^{tr}_{T\,n+1}\,. \end{aligned} \tag{11.67}$$

Die Multiplikation von (11.67) mit $\mathbf{n}_{T\,n+1}$ führt dann auf eine Gleichung aus der der noch unbekannte Parameter λ berechnet werden kann

$$\kappa(\lambda) = \|\, \mathbf{t}^{tr}_{T\,n+1} \| - \hat{g}_s(p_{N\,n+1}\,, \theta\,, g_{v\,n+1}) - c_T\,\lambda = 0 \tag{11.68}$$

wobei $\hat{g}_s$ eine nichtlineare Funktion von λ ist. Dies heißt, daß man im allgemeinen eine iterative Methode wie das NEWTON-Verfahren zur Lösung anwenden muß,um $\kappa(\lambda) = 0$ zu lösen. Im Fall des COULOMBschen Modells kann die Bedingung (11.68) explizit nach λ aufgelöst werden

$$\lambda = \frac{1}{c_T}\,(\,\|\, \mathbf{t}^{tr}_{t\,n+1}\,\| - \mu\, p_{N\,n+1}) \tag{11.69}$$

Dies Ergebnis kann jetzt in (11.67) eingesetzt werden, womit die Tangentialspannungen bestimmt sind. Der Gleitweg im Zeitinkrement folgt weiterhin aus (11.66). Hier soll jetzt das Ergebnis für das COULOMBsche Reibgesetz angegeben werden model

$$\begin{aligned} \mathbf{t}_{T\,n+1} &= \mu\, p_{N\,n+1}\, \mathbf{n}^{tr}_{T\,n+1}\,, \\ \mathbf{g}^{s}_{T\,n+1} &= \mathbf{g}^{s}_{T\,n} + \frac{1}{c_T}\,(\,\|\, \mathbf{t}^{tr}_{t\,n+1}\,\| - \mu\, p_{N\,n+1}\,)\, \mathbf{n}^{tr}_{T\,n+1}\,. \end{aligned} \tag{11.70}$$

11.4.4 Algorithmen

Der Algorithmus ist mit der Definition von aktiven Mengen von Kontaktknoten verknüpft. Aktive Kontaktknoten oder -segmente ergeben sich aus der Auswertung der Penetrationsfunktion (11.4) für alle Knoten oder Segmente auf dem in Frage kommenden Kontaktrand. Für die durch (11.4) festgestellte Anzahl – hier mit n_c bezeichnet – wird dann das Problem gelöst wird. Bevor der zughörige Algorithmus angegeben wird, soll die Matrixformulierung des globalen Problems angegeben werden

$$\mathbf{G}^{p}_{c}(\mathbf{v}) = \mathbf{G}(\mathbf{v}) + \sum_{s=1}^{n_c} \mathbf{G}^{c}_{s}(\mathbf{v}) = \mathbf{0}\,, \tag{11.71}$$

wobei $\mathbf{G}(\mathbf{v})$ den Beitrag der Körper infolge der schwachen Form (11.36) darstellt. n_c sind die aktiven Kontaktsegmente, $\mathbf{G}^{c}_{s}$ wurde in (11.62) definiert.

Der Algorithmus zur Berechnung der Kontaktprobleme ist im Rahmen der aktiven Mengen wie folgt gegeben

- Initialisiere Algorithmus
- Setze: $\mathbf{v}_1 = \mathbf{0}$
  – LOOP über Iterationen : $i = 1,..,$ bis zur Konvergenz

  - Test für Kontakt: $g_{N\,s_i} \leq 0 \rightarrow$ aktiver Knoten
  - Löse: $\mathbf{G}_c(\mathbf{v}_i) = \mathbf{G}(\mathbf{v}_i) + \cup_{s=1}^{n_c} \mathbf{G}_s^c(\mathbf{v}_i) = \mathbf{0}$
  - Konvergenztest: $\|\mathbf{G}_c(\mathbf{v}_i)\| \leq TOL \Rightarrow$ END LOOP
- END LOOP

Dieser Algorithmus kann unter gegebenen Umständen verkürzt werden, wenn man die Auswertung der aktiven Knoten direkt in der iterativen Lösung von (11.71) vornimmt. Dies führt auf

- Initialisiere Algorithmus
- Setze: $\mathbf{v}_1 = \mathbf{0}$
  - LOOP über Iterationen: $i = 1, .., $ bis zur Konvergenz
    - Test für Kontakt: $g_{N\,s_i} \leq 0 \rightarrow$ aktiver Knoten
    - Berechne neues Lösungsinkrement aus: $[\,D\mathbf{G}(\mathbf{v}_i) + \cup_{s=1}^{n_c} D\mathbf{G}_s^c(\mathbf{v}_i)]\Delta\mathbf{v}_i = -\mathbf{G}_c(\mathbf{v}_{i-1})$
    - Konvergenztest: $\|\mathbf{G}_c(\mathbf{v}_i)\| \leq TOL \Rightarrow$ END LOOP
  - END LOOP

In letzterem Algorithmus ist mit $[\,D\mathbf{G}(\mathbf{v}_i) + \cup_{s=1}^{n_c} D\mathbf{G}_s^c(\mathbf{v}_i)]$ die Tangentenmatrix für das NEWTON-Verfahren definiert. Falls bei der vorgestellten Penaltymethode eine schlechte Kondition der Tangentenmatrizen auftritt, ist der USZAWA-Algorithmus anzuwenden, s. Anmerkung 11.3.6.

11.4.5 Linearisierung des Kontaktresiduums

Innerhalb des oben genannten Algorithmus zur Lösung des diskreten Kontaktproblems wird ein NEWTON-Verfahren angewendet.

Die zugehörigen Tangentenmatrizen sollen hier für die im Abschn. 11.4.1 eingeführte Diskretisierung zusammengefaßt werden. Für eine detaillierte Darstellung, s. z.B. (WRIGGERS und SIMO 1985) für den reibungsfreien Kontakt oder (WRIGGERS 1995) für reibungsbehaftete Probleme.

Die Tangentenmatrix für die Normalkomponente folgt aus dem Term $\delta g_{Ns}\, P_{N\,s}$ in (11.56). Man beachte dabei, daß in (11.49) die Abhängigkeit von $\bar{\xi}$ von den aktuellen Verschiebungen sowie die Änderung des Normalenvektors $\mathbf{n}^1$ zu berücksichtigen sind. Für die Penaltymethode folgt mit $P_{N\,s} = \epsilon_N\, g_{Ns}$ für die Tangentenmatrix

$$\mathbf{K}_{N\,s}^c = \epsilon_N \left[\mathbf{N}_s \mathbf{N}_s^T - \frac{g_{Ns}}{l}\left(\mathbf{N}_{0\,s}\mathbf{T}_s^T + \mathbf{T}_s\mathbf{N}_{0\,s}^T + \frac{g_{Ns}}{l}\mathbf{N}_{0\,s}\mathbf{N}_{0\,s}^T\right)\right] \quad (11.72)$$

Die hier verwendeten Matrizen wurden bereits in (11.60) und (11.61) definiert. Man beachte, daß bei geometrischer Linearität alle Terme in (11.72) verschwinden, die mit g_{Ns} multipliziert werden. Dies liefert die einfache Matrixstruktur $\mathbf{K}_{N\,s}^{L\,c} = \epsilon_N\, \mathbf{N}_s\, \mathbf{N}_s^T$.

Für die Bestimmung des tangentialen Anteils der Tangentenmatrix für ein Kontaktsegment muß der Term $\delta g_{Ts}\, T_{T\,s}$ linearisiert werden, der für Haften auf

$$\mathbf{K}^c_{T\,s} = c_T \left\{ [\,\hat{\mathbf{T}}_s \hat{\mathbf{T}}_s^T + \frac{g_{T\,s}}{l} \left[\mathbf{N}_s \mathbf{N}_{0\,s}^T + \mathbf{N}_{0\,s} \mathbf{N}_s^T \right.\right.$$
$$\left.\left. - \frac{g_{N\,s}}{l} \left(\mathbf{T}_{0\,s} \mathbf{N}_{0\,s}^T + \mathbf{N}_{0\,s} \mathbf{T}_{0\,s}^T \right) + \frac{g_{T\,s}}{l} \mathbf{N}_{0\,s} \mathbf{N}_{0\,s}^T \right] \right\} \tag{11.73}$$

führt. Auch bei dieser Form verschwinden alle Terme, die $g_{N\,s}$ enthalten, im Fall einer geometrisch linearen Situation. Man erhält dann: $\mathbf{K}^{L\,c}_{T\,s} = c_T\, \mathbf{T}_s\, \mathbf{T}_s^T$. Der Fall des Gleitens liefert einen zusätzlichen Anteil für (11.73).

Der entsprechende Ausdruck folgt aus der Linearisierung der algorithmischen *update* Formel (11.70) für das COULOMBsche Reibgesetz. Für das Knoten-zu-Segment Element resultiert aus (11.70) die explizite Matrixform

$$\mathbf{K}^{S\,c}_{T\,s} = \mathbf{K}^c_{T\,s} + \mu\, \epsilon_N \left(\mathbf{T}_s + \frac{g_{N\,s}}{l} \mathbf{N}_{0\,s} \right) \mathbf{N}_s^T \tag{11.74}$$

Man beachte, daß die Matrix $\mathbf{K}^{S\,c}_{T\,s}$ unsymmetrisch ist, was mit dem nichtassoziativen Charakter des COULOMBschen Reibgesetzes zusammenhängt.

A. Tensorrechnung

In dieser Formelsammlung sind einige Rechenregeln der Tensoralgebra und -analysis zusammengefaßt, die verschiedenen Literaturstellen – im wesentlichen (DE BOER 1982) und (MARSDEN and HUGHES 1983) – entnommen wurden. Die Zusammenstellung erhebt keinen Anspruch auf Vollständigkeit. Sie soll nur das Nachvollziehen der in den vorangegangenen Kapiteln entwickelten Gleichungen erleichtern. Eine vollständige Darstellung der Tensorrechnung findet man in den entsprechenden Textbüchern.

A.1 Tensoralgebra

A.1.1 Definition eines Tensors

Ein Tensor wird als lineare Abbildung zwischen zwei Vektorräumen $\mathcal{V}$ und $\mathcal{W}$ definiert. Dies ergibt

$$\begin{aligned} \mathbf{T} : \mathcal{V} &\mapsto \mathcal{W} \\ \mathbf{v} &\mapsto \mathbf{w} = \mathbf{T}\,\mathbf{v} \qquad \mathbf{v} \in \mathcal{V}, \mathbf{w} \in \mathcal{W}, \\ \mathbf{T}(\mathbf{u}+\mathbf{v}) &= \mathbf{T}\,\mathbf{u} + \mathbf{T}\,\mathbf{v}, \\ \mathbf{T}(\alpha\,\mathbf{u}) &= \alpha\,\mathbf{T}\,\mathbf{u}. \end{aligned}$$

Ein spezieller Tensor ist die Dyade, die aus Vektoren in den Vektorräumen $\mathcal{V}$ und $\mathcal{W}$ besteht

$$\mathbf{T} = \mathbf{a} \otimes \mathbf{b}, \qquad \mathbf{a} \in \mathcal{W}, \mathbf{b} \in \mathcal{V}.$$

Die lineare Abbildung eines Vektors $\mathbf{c}$ kann z.B. mittels einer Dyade erfolgen. Dies führt auf die folgende Rechenvorschrift

$$(\mathbf{a} \otimes \mathbf{b})\,\mathbf{c} = (\mathbf{b} \cdot \mathbf{c})\,\mathbf{a} \qquad \mathbf{c} \in \mathcal{V}.$$

Hier sind die Vektorräume so zu wählen, daß das Skalarprodukt $\mathbf{b} \cdot \mathbf{c}$ definiert ist, sich also $\mathbf{b}$ und $\mathbf{c}$ im selben Vektorraum befinden.

A.1.2 Basisdarstellung von Vektoren und Tensoren

Die in A.1.1 definierten Vektoren und Tensoren sind bezüglich einer Basis darzustellen. Im allgemeinen Fall geschieht dies bezüglich einer kovarianten $\mathbf{g}_i$ oder kontravarianten $\mathbf{g}^i$ Basis. Die zugehörigen konvektiven Koordinaten $\{\Theta^j\}$ kann man sich als auf dem Körper eingeritzt vorstellen, s. Bild A.1. Diese werden somit während des Verformungsvorganges mitdeformiert. Man geht davon aus, daß die kartesischen Koordinaten der Ausgangs- und Momentankonfiguration $\{X_A\}$ und $\{x_i\}$, s. Kap. 3, als Funktionen der konvektiven Koordinaten $\{\Theta^j\}$ geschrieben werden können

$$X_A = \hat{X}_A\,(\Theta^1,\Theta^2,\Theta^3)\,, \qquad x_i = \hat{x}_i\,(\Theta^1,\Theta^2,\Theta^3)\,.$$

Abgekürzt folgt: $\mathbf{X} = \hat{\mathbf{X}}\,(\Theta^j)$ und $\mathbf{x} = \hat{\mathbf{x}}\,(\Theta^j)$. Wenn man mit konvektiven

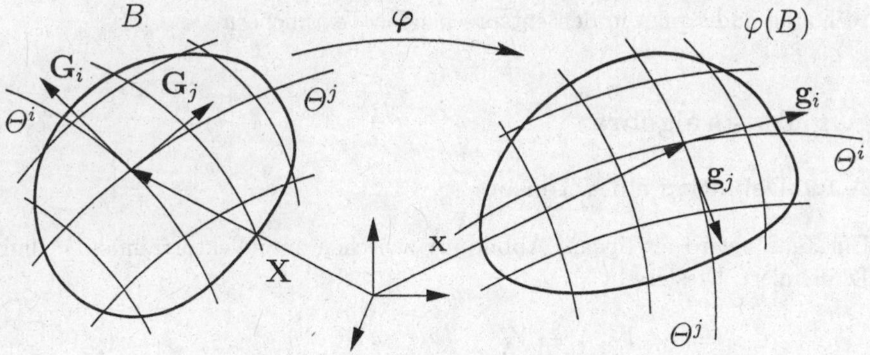

Bild A.1 Konvektive Koordinaten der Konfigurationen B und$\varphi(B)$

Koordinaten arbeitet, dann gilt für die kovarianten Basisvektoren in einem Punkt $\mathbf{X}$ in der Ausgangskonfiguration B eines Körpers

$$\mathbf{G}_j = \frac{\partial \mathbf{X}}{\partial \Theta^j} = \mathbf{X}_{,\,j}$$

und analog für einen durch $\boldsymbol{\varphi}\,(\mathbf{X},t)$ beschriebenen Punkt in der Momentankonfiguration $\varphi(B)$

$$\mathbf{g}_j = \frac{\partial \boldsymbol{\varphi}\,(\mathbf{X},t)}{\partial \Theta^j} = \boldsymbol{\varphi}_{,\,j}\,.$$

Die kovarianten Basisvektoren sind also Tangenten an die konvektiven Koordinatenlinien, s. Bild A.1.

Bezüglich dieser Basis lassen sich jetzt Vektoren und Tensoren darstellen. Für die weiteren Ausführungen wählen wir hier die Basis $\{\mathbf{g}_i\}$ bzw. $\{\mathbf{g}^i\}$.

Bevor wir die Basisdarstellungen der Vektoren und Tensoren angeben, soll noch die kontravariante Basis eingeführt werden. Hier gilt

$$\mathbf{g}_i \cdot \mathbf{g}^k = \delta_i^k$$

mit dem KRONECKER-Symbol der krummlinigen Basis

$$\delta_k^i = \begin{cases} 1 & \text{für } i = k \\ 0 & \text{für } i \neq k \end{cases} .$$

D. h. die kontravarianten Basisvektoren sind orthonormal zu den kovarianten Basisvektoren (z.B. $\mathbf{g}^1 \perp \mathbf{g}_2 , \mathbf{g}_3$).

- Darstellung der Vektoren bezüglich ko- bzw. kontravarianter Basis

$$\mathbf{u} = u^i \, \mathbf{g}_i \qquad \mathbf{v} = v_i \, \mathbf{g}^i$$

und Berechnung der Komponenten

$$u^i = \mathbf{u} \cdot \mathbf{g}^i , \quad v_i = \mathbf{v} \cdot \mathbf{g}_i .$$

Die ko- und kontravarianten Basisvektoren lassen sich durch den **Metriktensor**

$$\begin{aligned} \mathbf{g} &= g_{ik} \, \mathbf{g}^i \otimes \mathbf{g}^k , \\ \mathbf{g}^{-1} &= g^{ik} \, \mathbf{g}_i \otimes \mathbf{g}_k , \\ \mathbf{g}^{-1} \, \mathbf{g} &= \mathbf{1} . \end{aligned}$$

ineinander überführen. Dies liefert

$$\begin{aligned} \mathbf{g}^i &= g^{ik} \, \mathbf{g}_k , \\ \mathbf{g}_i &= g_{ik} \, \mathbf{g}^k . \end{aligned}$$

Im Fall von orthogonalen kartesischen Koordinaten $\{\mathbf{E}_i\}$ sind ko- und kontravariante Basen identisch. Es gilt dann $\mathbf{E}_i \cdot \mathbf{E}_k = \delta_{ik}$ und somit auch $g_{ik} = \delta_{ik}$ mit dem KRONECKER-Symbol der kartesischen Basis

$$\delta_{ik} = \begin{cases} 1 & \text{für } i = k \\ 0 & \text{für } i \neq k \end{cases}$$

Damit ist der Metriktensor gleich dem Einheitstensor.

- Bei der Darstellung eines zweistufigen Tensors lassen sich verschiedene Formen bezüglich ko- bzw. kontravarianter Basis finden

$$\begin{aligned} \mathbf{S} &= S^{ik} \, \mathbf{g}_i \otimes \mathbf{g}_k , \\ \mathbf{T} &= T^i_{\cdot k} \, \mathbf{g}_i \otimes \mathbf{g}^k , \\ \mathbf{U} &= U_{ik} \, \mathbf{g}^i \otimes \mathbf{g}^k , \end{aligned}$$

Die entsprechenden Komponenten folgen dann aus

$$S^{ik} = \mathbf{g}^i \cdot \mathbf{S}\,\mathbf{g}^k\,,$$
$$T^i_{.k} = \mathbf{g}^i \cdot \mathbf{T}\,\mathbf{g}_k\,,$$
$$U_{ik} = \mathbf{g}_i \cdot \mathbf{U}\,\mathbf{g}_k$$

mit den kovarianten $\mathbf{g}_i$ und den kontravarianten $\mathbf{g}^i$ Basisvektoren.

Im speziellen Fall eines kartesischen Koordinatensystems fallen ko- und kontravarianten Basisvektoren zusammen und wir erhalten für die Vektoren die Komponentenform

$$\mathbf{u} = u_i\,\mathbf{E}_i$$

und für die Tensoren

$$\mathbf{T} = T_{ik}\,\mathbf{E}_i \otimes \mathbf{E}_k\,,$$

wobei $\mathbf{E}_i$ die kartesische Basis darstellt. Grundsätzlich können alle nachfolgenden Formeln, die in ko- und kontravarianter Form geschrieben sind, durch Tiefstellen aller Indizes auf die karteische Form überführt werden.

Die lineare Abbildung eines Vektors mittels eines Tensors hat für allgemeine Tensoren zweiter Stufe und für die Dyade die folgenden Komponentendarstellungen

$$\begin{aligned}\mathbf{T}\,\mathbf{u} &= (T^{ik}\,\mathbf{g}_i \otimes \mathbf{g}_k)\,u_l\,\mathbf{g}^l = T^{ik}\,u_l(\mathbf{g}_k \cdot \mathbf{g}^l)\,\mathbf{g}_i\\ &= T^{ik}\,u_l\,\delta^l_k\,\mathbf{g}_i = T^{ik}\,u_k\,\mathbf{g}_i\,,\\ (\mathbf{a} \otimes \mathbf{b})\,\mathbf{c} &= (\mathbf{b} \cdot \mathbf{c})\,\mathbf{a} = (b^i\,c_i)\,a^m\,\mathbf{g}_m\end{aligned}$$

A.1.3 Produkte von Vektoren und Tensoren

Vektoren und Tensoren können über verschiedene Produkte miteinander verknüpft werden. Einige wichtige Möglichkeiten werden im Folgenden zusammengestellt.

1. Skalarprodukt von Vektoren und Tensoren:

$$\begin{aligned}\mathbf{a} \cdot \mathbf{b} &= a^i\,b_i\,,\\ (\mathbf{a} \otimes \mathbf{b}) \cdot (\mathbf{c} \otimes \mathbf{d}) &= (\mathbf{a} \cdot \mathbf{c})\,(\mathbf{b} \cdot \mathbf{d})\,,\\ \mathbf{S} \cdot \mathbf{T} &= (\,S^{ik}\mathbf{g}_i \otimes \mathbf{g}_k) \cdot (\,T^{lm}\mathbf{g}_l \otimes \mathbf{g}_m)\\ &= S^{ik}\,T^{lm}\,(\mathbf{g}_i \cdot \mathbf{g}_l)\,(\mathbf{g}_k \cdot \mathbf{g}_m) = S^{ik}\,T^{lm}\,g_{il}\,g_{km}\\ &= S^{ik}\,T_{ik}\,.\end{aligned}$$

2. Kreuzprodukt von Vektoren in einer kartesischen Basis:

$$\mathbf{a} \times \mathbf{b} = e_{ikl}\,a_i\,b_k\mathbf{E}_l\,,$$

mit dem Permutationssymbol

$$e_{ikl} = \begin{cases} 0 & \text{für } i=k\,, i=l\,, k=l\,, i=k=l \\ +1 & \text{für } ikl = 123\,, = 312\,, = 231 \\ -1 & \text{für } ikl = 321\,, = 213\,, = 132 \end{cases}$$

3. Produkt zweier Tensoren:

$$\begin{aligned} (\mathbf{a}\otimes\mathbf{b})\,(\mathbf{c}\otimes\mathbf{d}) &= (\mathbf{b}\cdot\mathbf{c})\,\mathbf{a}\otimes\mathbf{d}\,, \\ \mathbf{T}\,\mathbf{S} &= (T^{ik}\,\mathbf{g}_i\otimes\mathbf{g}_k)(\,S^{lm}\,\mathbf{g}_l\otimes\mathbf{g}_m) \\ &= T^{ik}\,S_{lm}\,(\mathbf{g}_k\cdot\mathbf{g}_l)\,\mathbf{g}_i\otimes\mathbf{g}_m \\ &= T^{ik}\,S_{lm}\,g_{kl}\,\mathbf{g}_i\otimes\mathbf{g}_m = T^{ik}\,S^l_k\,\mathbf{g}_i\otimes\mathbf{g}_l\,. \end{aligned}$$

A.1.4 Spezielle Formen von Tensoren

Transponierter Tensor

$$\begin{aligned} (\mathbf{a}\otimes\mathbf{b})^T &= \mathbf{b}\otimes\mathbf{a}\,, \\ \mathbf{T}^T &= T^{ik}\,\mathbf{g}_k\otimes\mathbf{g}_i\,, \\ \mathbf{u}\cdot\mathbf{T}\,\mathbf{v} &= \mathbf{v}\cdot\mathbf{T}^T\,\mathbf{u} \\ \mathbf{a}\cdot(\mathbf{b}\otimes\mathbf{c})\,\mathbf{d} &= \mathbf{d}\cdot(\mathbf{c}\otimes\mathbf{b})\,\mathbf{a}\,. \end{aligned}$$

Inverser Tensor

$$\mathbf{T}\,\mathbf{T}^{-1} = \mathbf{1}\,.$$

SHERMAN-MORRISON-Formel für die Inverse der Summe eines allgemeinen zweistufigen Tensors mit einem dyadischen Produkt

$$[\,\mathbf{T}+\mathbf{a}\otimes\mathbf{b}\,]^{-1} = \mathbf{T}^{-1} - \frac{\mathbf{T}^{-1}\,\mathbf{a}\otimes\mathbf{b}\,\mathbf{T}^{-1}}{1+\mathbf{b}\cdot\mathbf{T}^{-1}\,\mathbf{a}}\,.$$

Einheitstensor

$$\mathbf{1} = \delta^i_k\,\mathbf{g}_i\otimes\mathbf{g}^k = \mathbf{g}_i\otimes\mathbf{g}^i\,.$$

Der Einheitstensor bezüglich der kartesischen Basis lautet

$$\mathbf{1} = \delta_{ik}\,\mathbf{E}_i\otimes\mathbf{E}_k = \mathbf{E}_i\otimes\mathbf{E}_i\,.$$

Achsialer Vektor $\mathbf{t}_A$

$$\mathbf{T}_A\,\mathbf{v} = \mathbf{t}_A\times\mathbf{v}\,,$$

Spezialfall: $\mathbf{T}_A = \frac{1}{2}\,(\mathbf{a}\otimes\mathbf{b}-\mathbf{b}\otimes\mathbf{a}) \Rightarrow \mathbf{t}_A = \frac{1}{2}\,(\mathbf{b}\times\mathbf{a})$.

Orthogonaler Tensor erhält das Skalarprodukt

$$(\mathbf{Q}\,\mathbf{a}) \cdot (\mathbf{Q}\,\mathbf{b}) = \mathbf{a} \cdot \mathbf{b} = \mathbf{b} \cdot (\mathbf{Q}^T\,\mathbf{Q}\,\mathbf{a}) \Longrightarrow \mathbf{Q}^T\,\mathbf{Q} = \mathbf{1}$$

Hieraus folgen die Eigenschaften

$$\begin{aligned} \mathbf{Q}^{-1} &= \mathbf{Q}^T\,, \\ \mathbf{Q}\,\mathbf{Q}^T &= \mathbf{1}\,. \end{aligned}$$

In einer orthonormalen Basis $\{\mathbf{r}\,,\mathbf{s}\,,\mathbf{t}\}$ hat $\mathbf{Q}$ die Darstellung

$$\mathbf{Q} = \mathbf{r} \otimes \mathbf{r} + (\,\mathbf{s} \otimes \mathbf{s} + \mathbf{t} \otimes \mathbf{t}\,)\,\cos\theta - (\,\mathbf{s} \otimes \mathbf{t} - \mathbf{t} \otimes \mathbf{s}\,)\,\sin\theta\,.$$

Damit kann der orthogonale Tensor auch als Drehung um die Achse $\mathbf{r}$ gedeutet werden.

A.1.5 Eigenwerte und Invarianten von Tensoren

Bevor wir die Invarianten und Eigenwerte von Tensoren zweiter Stufe angeben, sollen noch zwei Definitionen vorangestellt werden. Diese betreffen die Spur und die Determinante eines Tensors.

Spur (Trace) eines Tensors

$$\begin{aligned} \operatorname{tr}\mathbf{T} = \mathbf{1} \cdot \mathbf{T} &= (\mathbf{g}_i \otimes \mathbf{g}^i) \cdot (\,T^{lm}\,\mathbf{g}_l \otimes \mathbf{g}_m) \\ &= (\mathbf{g}_i \cdot \mathbf{g}_l)\,(\mathbf{g}^i \cdot \mathbf{g}_m)\,T^{lm} = g_{il}\,\delta^i_m\,T^{lm} = T^l_l\,, \\ \operatorname{tr}(\mathbf{a} \otimes \mathbf{b}) &= \mathbf{a} \cdot \mathbf{b}\,, \end{aligned}$$

mit den Eigenschaften

$$\begin{aligned} \operatorname{tr}\mathbf{T}^T &= \operatorname{tr}\mathbf{T} \\ \operatorname{tr}(\mathbf{S} + \mathbf{T}) &= \operatorname{tr}\mathbf{S} + \operatorname{tr}\mathbf{T} \\ \operatorname{tr}(\mathbf{S}\,\mathbf{T}) &= \operatorname{tr}(\mathbf{T}\,\mathbf{S}) \\ \operatorname{tr}(\mathbf{S}\,\mathbf{T}) &= \mathbf{S} \cdot \mathbf{T} = S_{ik}\,T^{ik} = \operatorname{tr}(\mathbf{S}\,\mathbf{T}^T) = \mathbf{T}^T \cdot \mathbf{S}^T\,. \end{aligned}$$

Determinante

$$\begin{aligned} \det(\alpha\,\mathbf{T}) &= \alpha^3 \det\mathbf{T}\,, \\ \det(\mathbf{S}\,\mathbf{T}) &= \det\mathbf{S}\det\mathbf{T}\,, \\ \det(\mathbf{T}^{-1}) &= \frac{1}{\det\mathbf{T}}\,. \end{aligned}$$

bezüglich eines orthogonalen kartesischen Koordinatensystems gilt

$$\det\mathbf{T} = e_{ikl}\,T_{i1}\,T_{k2}\,T_{l3}$$

Aus dem speziellen Eigenwertproblem

$$(\mathbf{T} - \lambda\,\mathbf{1})\,\boldsymbol{\varphi} = \mathbf{0}$$

folgt eine kubische Bestimmungsgleichung für die Eigenwerte (charakteristisches Polynom)

$$\det(\mathbf{T} - \lambda\,\mathbf{1}) = \lambda^3 - I_T\,\lambda^2 + II_T\,\lambda - III_T = 0$$

mit den drei Invarianten des Tensors $\mathbf{T}$:

$$\begin{aligned} I_T &= \operatorname{tr}\mathbf{T} = T^i_i\,, \\ II_T &= \frac{1}{2}\left[(\operatorname{tr}\mathbf{T})^2 - \operatorname{tr}(\mathbf{T}^2)\right] = \frac{1}{2}\left[(T^i_i)^2 - T^i_m T^m_i\right], \\ III_T &= \det\mathbf{T} = \frac{1}{6}\left[(\operatorname{tr}\mathbf{T})^3 - 3\operatorname{tr}\mathbf{T}\operatorname{tr}(\mathbf{T}^2) + 2\operatorname{tr}(\mathbf{T}^3)\right]. \end{aligned}$$

Man kann aus den Invarianten eines symmetrischen reellwertigen Tensors die Eigenwerte λ_i und die zugehörigen Eigenrichtungen $\boldsymbol{\varphi}_i$ nach folgendem Schema explizit berechnen, s. z.B. (SIMO and HUGHES 1998),

$$\begin{aligned} r &= \frac{1}{54}\left(-2\,I_T + 9\,I_T\,II_T - 27\,III_T\right) \\ q &= \frac{1}{9}\left(I_T^2 - 3\,II_T\right) \\ \theta &= \arccos\left(r \,/\, \sqrt{q^3}\right) \\ \lambda_1 &= -2\sqrt{q}\,\cos[\,\theta/3\,] + \frac{1}{3}\,I_T \\ \lambda_2 &= -2\sqrt{q}\,\cos[(\theta + 2\pi)/3\,] + \frac{1}{3}\,I_T \\ \lambda_3 &= -2\sqrt{q}\,\cos[(\theta - 2\pi)/3\,] + \frac{1}{3}\,I_T \end{aligned}$$

Mit den so bestimmten Eigenwerten von $\mathbf{T}$ folgen dann die Eigenrichtungen, wobei drei Fälle zu unterscheiden sind

1. Alle Eigenwerte sind ungleich $\lambda_1 \neq \lambda_2 \neq \lambda_3$:

$$\boldsymbol{\varphi}_i \otimes \boldsymbol{\varphi}_i = \frac{\lambda_i}{2\,\lambda_i^3 - I_T\,\lambda_i^2 + III_T}\left(\mathbf{T}^2 - (I_T - \lambda_i)\,\mathbf{T} + \frac{III_T}{\lambda_i}\,\mathbf{1}\right)$$

2. Zwei Eigenwerte sind gleich $\lambda_i \neq \lambda_j = \lambda_k$:

$$\boldsymbol{\varphi}_j \otimes \boldsymbol{\varphi}_j = \mathbf{1} - \boldsymbol{\varphi}_i \otimes \boldsymbol{\varphi}_i$$

3. Alle Eigenwerte sind gleich $\lambda_i = \lambda_j = \lambda_k$:

$$\boldsymbol{\varphi}_i \otimes \boldsymbol{\varphi}_i = \mathbf{1}$$

mit Kenntnis der Eigenwerte ist es möglich die Invarianten darzustellen

$$\begin{aligned} I_T &= \lambda_1 + \lambda_2 + \lambda_3 \,, \\ II_T &= \lambda_1 \lambda_2 + \lambda_2 \lambda_3 + \lambda_3 \lambda_1 \,, \\ III_T &= \lambda_1 \lambda_2 \lambda_3 \,. \end{aligned}$$

Eine Verallgemeinerung liefert anstelle des charakteristischen Polynoms eine charakteristische Gleichung für den Tensor selbst. Dies ist unter dem Namen CAYLEY-HAMILTON Theorem bekannt

$$\mathbf{T}^3 - I_T \, \mathbf{T}^2 + II_T \, \mathbf{T} - III_T \, \mathbf{1} = \mathbf{0} \,.$$

Für schiefsymmetrische Tensoren $\mathbf{T}_A$ mit ihrem achsialen Vektor $\mathbf{t}_a$ bestimmen sich die Invarianten zu

$$\begin{aligned} I_{T_A} &= \operatorname{tr} \mathbf{T}_A = 0 \,, \\ II_{T_A} &= \| \, \mathbf{t}_A \, \|^2 \,, \\ III_{T_A} &= \det \mathbf{T}_A = 0 \,. \end{aligned}$$

Damit berechnen sich die Eigenwerte von $\mathbf{T}_A$ aus $\lambda^3 + \| \, \mathbf{t}_A \, \|^2 \, \lambda = 0$.

Mit den Eigenwerten kann ein symmetrischer Tensor $\mathbf{S}$ auch direkt bezüglich der Eigenrichtungen angegeben werden (Spektralzerlegung)

$$\mathbf{S} = \sum_{\alpha=1}^{3} \lambda_\alpha \, \boldsymbol{\varphi}_\alpha \otimes \boldsymbol{\varphi}_\alpha$$

Bezogen auf diese Form lassen sich jetzt auch weitere Tensoren wie

$$\begin{aligned} \ln \mathbf{S} &= \sum_{\alpha=1}^{3} \ln \lambda_\alpha \, \boldsymbol{\varphi}_\alpha \otimes \boldsymbol{\varphi}_\alpha \\ \mathbf{S}^{\frac{1}{2}} &= \sum_{\alpha=1}^{3} \sqrt{\lambda_\alpha} \, \boldsymbol{\varphi}_\alpha \otimes \boldsymbol{\varphi}_\alpha \end{aligned}$$

darstellen.

A.1.6 Tensoren höherer Stufe

Die Tensoren höherer Stufen werden am Beispiel von Dyaden erläutert. Sie sind dann einfach auf Tensoren, die bezüglich einer Basis gegeben sind, anwendbar. Es erfolgt eine Beschränkung auf drei- und vierstufige Tensoren.

1. Dreistufige Dyade

$$(\mathbf{a} \otimes \mathbf{b}) \otimes \mathbf{c} = \mathbf{a} \otimes \mathbf{b} \otimes \mathbf{c}$$

$$(\mathbf{a} \otimes \mathbf{b} \otimes \mathbf{c}) \, (\mathbf{d} \otimes \mathbf{e}) = (\mathbf{b} \cdot \mathbf{d}) \, (\mathbf{c} \cdot \mathbf{e}) \, \mathbf{a}$$

2. Vierstufige Dyade

$$(\mathbf{a} \otimes \mathbf{b}) \otimes (\mathbf{c} \otimes \mathbf{d}) = \mathbf{a} \otimes \mathbf{b} \otimes \mathbf{c} \otimes \mathbf{d}$$

$$(\mathbf{a} \otimes \mathbf{b} \otimes \mathbf{c} \otimes \mathbf{d})\,(\mathbf{f} \otimes \mathbf{g}) = (\mathbf{c} \cdot \mathbf{f})\,(\mathbf{d} \cdot \mathbf{g})\,(\mathbf{a} \otimes \mathbf{b})$$

Rechenregeln:

$$\begin{aligned}
(\mathbf{T} \otimes \mathbf{c})\,\mathbf{v} &= (\mathbf{c} \cdot \mathbf{v})\,\mathbf{T}\,,\\
(\mathbf{a} \otimes \mathbf{T})\,\mathbf{R} &= (\mathbf{T} \cdot \mathbf{R})\,\mathbf{a}\,,\\
(\mathbf{a} \otimes \mathbf{b} \otimes \mathbf{c})\,\mathbf{1} &= (\mathbf{b} \cdot \mathbf{c})\,\mathbf{a}\,,\\
(\mathbf{T} \otimes \mathbf{v})\,(\mathbf{a} \otimes \mathbf{b}) &= (\mathbf{b} \cdot \mathbf{v})\,\mathbf{T}\,\mathbf{a}\,,\\
(\mathbf{T} \otimes \mathbf{v})\,\mathbf{R} &= (\mathbf{T}\,\mathbf{R})\,\mathbf{v}\,,\\
(\mathbf{T} \otimes \mathbf{v})\,\mathbf{1} &= \mathbf{T}\,\mathbf{v}\,,\\
(\mathbf{T} \otimes \mathbf{R})\,\mathbf{S} &= (\mathbf{R} \cdot \mathbf{S})\,\mathbf{T}\,,\\
(\mathbf{T} \otimes \mathbf{R})\,\mathbf{v} &= \mathbf{T} \otimes \mathbf{R}\,\mathbf{v}\,,\\
(\mathbf{T} \otimes \mathbf{R})\,\mathbf{1} &= (\mathrm{tr}\mathbf{R})\,\mathbf{T}\,.
\end{aligned}$$

Allgemein lautet die Darstellung für einen Tensor vierter Stufe

$$\mathbb{C} = C^{ijkl}\,\mathbf{g}_i \otimes \mathbf{g}_j \otimes \mathbf{g}_k \otimes \mathbf{g}_l\,.$$

Ein Tensor vierter Stufe kann dann angewendet werden, um eine lineare Abbildung zwischen zwei Tensoren zweiter Stufe zu definieren

$$\begin{aligned}
\mathbf{U} &= \mathbb{C}\,[\,\mathbf{V}\,]\\
U^{ij}\,\mathbf{g}_i \otimes \mathbf{g}_j &= (\,C^{ijkl}\,\mathbf{g}_i \otimes \mathbf{g}_j \otimes \mathbf{g}_k \otimes \mathbf{g}_l)(V_{mn}\,\mathbf{g}^m \otimes \mathbf{g}^n\,)\\
&= C^{ijkl}\,V_{mn}\,\delta_k^m\,\delta_l^n\,\mathbf{g}_i \otimes \mathbf{g}_j = C^{ijkl}\,V_{kl}\,\mathbf{g}_i \otimes \mathbf{g}_j
\end{aligned}$$

A.2 Tensoranalysis

Hier werden Größen betrachtet, die Funktionen des Ortsvektors $\mathbf{X}$ und der Zeit t sind. Wir definieren die folgenden Felder

- Skalarfeld: $\alpha(\mathbf{X}, t)$
- Vektorfeld: $\mathbf{v}(\mathbf{X}, t)$
- Tensorfeld: $\mathbf{T}(\mathbf{X}, t)$

Beispiele für Skalarfelder sind Dichte, Druck oder Temperatur. Verschiebungen, Geschwindigkeiten oder Impuls lassen sich durch Vektorfelder beschreiben. Spannungen oder Verzerrungen werden durch Tensorfelder dargestellt.

A.2.1 Differentiation nach einer reellen Variablen

Der Ableitung nach einer reellen Variablen, z.B. nach der Zeit, liegt die folgende Definition zugrunde:

$$\text{Definition:} \qquad \dot{\mathbf{v}}(\mathbf{X},t) = \frac{\partial \mathbf{v}(\mathbf{X},t)}{\partial t}$$

Für skalar-, vektor- und tensorwertige Felder gelten Rechenregeln, die im folgenden dargestellt sind.

Rechenregeln:

$$\begin{aligned}
(\lambda\,\mathbf{v})^{\cdot} &= \dot{\lambda}\mathbf{v} + \lambda\dot{\mathbf{v}}\,,\\
(\mathbf{u}\otimes\mathbf{v})^{\cdot} &= \dot{\mathbf{u}}\otimes\mathbf{v} + \mathbf{u}\otimes\dot{\mathbf{v}}\,,\\
(\mathbf{u}\cdot\mathbf{v})^{\cdot} &= \dot{\mathbf{u}}\cdot\mathbf{v} + \mathbf{u}\cdot\dot{\mathbf{v}}\,,\\
(\mathbf{u}\times\mathbf{v})^{\cdot} &= \dot{\mathbf{u}}\times\mathbf{v} + \mathbf{u}\times\dot{\mathbf{v}}\,,\\
(\mathbf{T}\,\mathbf{v})^{\cdot} &= \dot{\mathbf{T}}\,\mathbf{v} + \mathbf{T}\,\dot{\mathbf{v}}\,,\\
(\mathbf{T}\,\mathbf{S})^{\cdot} &= \dot{\mathbf{T}}\,\mathbf{S} + \mathbf{T}\,\dot{\mathbf{S}}\,,\\
(\mathbf{T}\cdot\mathbf{S})^{\cdot} &= \dot{\mathbf{T}}\cdot\mathbf{S} + \mathbf{T}\cdot\dot{\mathbf{S}}\,,\\
(\mathbf{T}^T)^{\cdot} &= (\dot{\mathbf{T}})^T\,,\\
(\mathbf{T}^{-1})^{\cdot} &= -\mathbf{T}^{-1}\,(\dot{\mathbf{T}})\mathbf{T}^{-1}\,.
\end{aligned}$$

A.2.2 Gradientenbildung eines Feldes

Die Gradientenbildung eines Feldes liefert immer ein um 1 höherstufiges Feld, so ist z.B. der Gradient eines Skalarfeldes ein Vektorfeld.

$$\begin{aligned}
\mathbf{v} &= \operatorname{Grad}\alpha(\mathbf{X},t) = \frac{\partial\alpha}{\partial\mathbf{X}} = \frac{\partial\alpha}{\partial X_i}\mathbf{G}^i\,,\\
\mathbf{T} &= \operatorname{Grad}\mathbf{v}(\mathbf{X},t) = \frac{\partial\mathbf{v}}{\partial\mathbf{X}} = \frac{\partial\mathbf{v}}{\partial X_i}\otimes\mathbf{G}^i\,.
\end{aligned}$$

Oft wird anstelle des Gradientenoperators Grad auch der NABLA Operator ∇ eingeführt. Damit gilt analog

$$\begin{aligned}
\operatorname{grad}\alpha &= \nabla\,\alpha\,,\\
\operatorname{grad}\mathbf{u} &= \nabla\,\mathbf{u}\,.
\end{aligned}$$

Rechenregeln:

$$\begin{aligned}
\operatorname{Grad}(\alpha\,\beta) &= \operatorname{Grad}\alpha\,\beta + \alpha\operatorname{Grad}\beta\,,\\
\operatorname{Grad}(\alpha\,\mathbf{v}) &= \mathbf{v}\otimes\operatorname{Grad}\alpha + \alpha\operatorname{Grad}\mathbf{v}\,,\\
\operatorname{Grad}(\alpha\,\mathbf{T}) &= \mathbf{T}\otimes\operatorname{Grad}\alpha + \alpha\operatorname{Grad}\mathbf{T}\,,\\
\operatorname{Grad}(\mathbf{u}\cdot\mathbf{v}) &= (\operatorname{Grad}\mathbf{u})^T\mathbf{v} + (\operatorname{Grad}\mathbf{v})^T\mathbf{u}
\end{aligned}$$

oder in Indexnotation

$$
\begin{aligned}
(\alpha\,\beta)_{,i} &= \alpha_{,i}\,\beta + \alpha\,\beta_{,i}\,,\\
(\alpha\,v_i)_{,k} &= v_i\,\alpha_{,k} + \alpha\,v_{i,k}\,,\\
(\alpha\,T_{ik})_{,m} &= \alpha_{,m}\,T_{ik} + \alpha\,T_{ik,m}\,,\\
(u_i\,v_i)_{,k} &= u_{i,k}\,v_i + u_i\,v_{i,k}\,.
\end{aligned}
$$

Ist die skalare Variable α als Funktion eines vektorwertigen Felds $\mathbf{u}(\mathbf{X}\,t)$ oder die vektorwertige Variable $\mathbf{u}$ als Funktion eines skalaren Feldes $\alpha(\mathbf{X},t)$ gegeben, so gilt

$$
\begin{aligned}
\operatorname{Grad}\alpha\{\mathbf{u}(\mathbf{X},t)\} &= (\operatorname{Grad}\mathbf{u})^T\,\frac{\partial\alpha}{\partial\mathbf{u}}\,,\\
\operatorname{Grad}\mathbf{u}\{\alpha(\mathbf{X},t)\} &= \frac{\partial\mathbf{u}}{\partial\alpha}\otimes\operatorname{Grad}\alpha\,.
\end{aligned}
$$

Die Ableitung eines symmetrischen Tensors $\mathbf{T}$ nach sich selbst liefert einen vierstufigen Tensor. In Indexnotation folgt

$$
\left(\frac{\partial\mathbf{T}}{\partial\mathbf{T}}\right)_{iklm} = \frac{1}{2}\,(\,\delta_{il}\,\delta_{km} + \delta_{im}\,\delta_{kl}\,)\,.
$$

Analog erhält man für die Ableitung der Inversen

$$
\left(\frac{\partial\mathbf{T}^{-1}}{\partial\mathbf{T}}\right)_{iklm} = \frac{1}{2}\,(\,T^{-1}_{il}\,T^{-1}_{mk} + T^{-1}_{im}\,T^{-1}_{lk}\,)\,.
$$

Speziell gilt

$$
\begin{aligned}
\frac{\partial\mathbf{T}^{-1}}{\partial\mathbf{T}}\,[\,\mathbf{V}\,] &= -\mathbf{T}^{-1}\,\mathbf{V}\,\mathbf{T}^{-1}\,,\\
\frac{\partial\mathbf{T}^{-1}}{\partial\mathbf{T}}\,[\,\mathbf{T}\,]\otimes\mathbf{T}^{-1} &= -\mathbf{T}^{-1}\otimes\mathbf{T}^{-1}
\end{aligned}
$$

oder in Indexnotation

$$
\begin{aligned}
\left(\frac{\partial\mathbf{T}^{-1}}{\partial\mathbf{T}}\right)_{iklm} V_{lm} &= -T^{-1}_{ij}\,V_{jn}\,T^{-1}_{nk}\,,\\
\left(\frac{\partial\mathbf{T}^{-1}}{\partial\mathbf{T}}\right)_{iklm} T_{lm}\,T^{-1}_{no} &= -T^{-1}_{ik}\,T^{-1}_{no}\,.
\end{aligned}
$$

Mit der Produktregel folgt weiterhin

$$
\frac{\partial(\alpha\mathbf{S})}{\partial\mathbf{T}} = \mathbf{T}\otimes\frac{\partial\alpha}{\partial\mathbf{T}} + \alpha\,\frac{\partial\mathbf{S}}{\partial\mathbf{T}}\,.
$$

A.2.3 Divergenzbildung eines Feldes

Bei der Divergenzbildes eines Feldes wird die Stufe um 1 erniedrigt. So ist z.B. die Divergenz eines Tensorfeldes ein Vektorfeld.

$$\begin{aligned}\operatorname{Div}\mathbf{v}(\mathbf{X},t) &= \operatorname{Grad}\mathbf{v}(\mathbf{X},t)\cdot\mathbf{1}\,,\\ \operatorname{Div}\mathbf{T}(\mathbf{X},t) &= \operatorname{Grad}\mathbf{T}(\mathbf{X},t)\,\mathbf{1}\,,\end{aligned}$$

Rechenregeln:

$$\begin{aligned}\operatorname{Div}(\alpha\,\mathbf{v}) &= \mathbf{v}\cdot\operatorname{Grad}\alpha + \alpha\operatorname{Div}\mathbf{v}\,,\\ \operatorname{Div}(\alpha\,\mathbf{T}) &= \mathbf{T}\operatorname{Grad}\alpha + \alpha\operatorname{Div}\mathbf{T}\,,\\ \operatorname{Div}(\mathbf{T}\,\mathbf{v}) &= \mathbf{T}^T\cdot\operatorname{Grad}\mathbf{v} + \operatorname{Div}\mathbf{T}^T\cdot\mathbf{v}\,,\\ \operatorname{Div}(\mathbf{u}\otimes\mathbf{v}) &= (\operatorname{Grad}\mathbf{u})\,\mathbf{v} + (\operatorname{Div}\mathbf{v})\,\mathbf{u}\,,\\ \operatorname{Div}(\mathbf{u}\times\mathbf{v}) &= (\operatorname{Grad}\mathbf{u}\times\mathbf{v})\cdot\mathbf{1} - (\operatorname{Grad}\mathbf{v}\times\mathbf{u})\,,\end{aligned}$$

A.2.4 Rotation eines Vektorfeldes

Die Rotation eines Vektorfeldes ist wie folgt definiert:

$$\operatorname{Rot}\mathbf{v}(\mathbf{X},t) = e_{ijk}\frac{\partial\mathbf{v}}{\partial X_k}\,\mathbf{G}^j$$

mit dem Permutationssymbol e_{ijk}. **Rechenregeln:**

$$\begin{aligned}\operatorname{Rot}(\mathbf{u}\times\mathbf{v}) &= \operatorname{Div}(\mathbf{u}\otimes\mathbf{v} - \mathbf{v}\otimes\mathbf{u})\,,\\ \operatorname{Rot}(\mathbf{T}_A\,\mathbf{v}) &= [(\operatorname{Div}\mathbf{t}_A)\,\mathbf{1} - \operatorname{Grad}\mathbf{t}_A]\,\mathbf{v}\,,\\ \operatorname{Rot}\mathbf{T}\cdot\mathbf{1} &= 0 \qquad \text{für} \quad \mathbf{T} = \mathbf{T}^T\,.\end{aligned}$$

A.2.5 Ableitung der Invarianten nach einem Tensor

Die Invarianten eines symmetrischen Tensors $\mathbf{T}$: I_T, II_T, III_T sind bereits vorstehend definiert worden. Die Ableitung dieser Größen nach dem Tensor selbst ergeben

$$\begin{aligned}\frac{\partial I_T}{\partial\mathbf{T}} &= \mathbf{1}\,,\\ \frac{\partial II_T}{\partial\mathbf{T}} &= I_T\,\mathbf{1} - \mathbf{T}\,,\\ \frac{\partial III_T}{\partial\mathbf{T}} &= III_T\mathbf{T}^{-1}\,.\end{aligned}$$

Durch Anwendung des CAYLEY-HAMILTON Theorems $\mathbf{T}^3 - I_T\,\mathbf{T}^2 + II_T\,\mathbf{T} - III_T\,\mathbf{1} = \mathbf{0}$ gilt weiterhin

$$\frac{\partial III_T}{\partial \mathbf{T}} = \mathbf{T}^2 - I_T\,\mathbf{T} + II_T\,\mathbf{1}\,.$$

Für einen invertierbaren Tensor $\mathbf{A}$ zweiter Stufe gilt allgemein

$$\frac{\partial \mathrm{tr}\,\mathbf{A}}{\partial \mathbf{A}} = \mathbf{1}\,,$$
$$\frac{\partial \mathrm{tr}\,(\mathbf{A}^2)}{\partial \mathbf{A}} = 2\,\mathbf{A}^T\,,$$
$$\frac{\partial\,\det \mathbf{A}}{\partial \mathbf{A}} = \det \mathbf{A}\,\mathbf{A}^{-T}\,.$$

A.2.6 Pull back und push forward Operationen

In diesem Abschnitt sollen noch einmal die *pull back* (φ^*) und *push forward* (φ_*) Operationen zusammengefaßt erläutert werden. Die ko- bzw. kontravarianten Basisvektoren, die als Basis eines Tensors dienen, spannen den Tangentenraum $\{\mathbf{g}_i\}$, s. Bild A.1, bzw. den Raum der Einsformen $\{\mathbf{g}^i\}$ auf. Diese Basen besitzen ein unterschiedliches Transformationsverhalten beim Zurückziehen auf die Ausgangskonfiguration (*pull back*) und bei der Vorwärtstransformation auf die Momentankonfiguration (*push forward*). Die nachfolgende Tabelle zeigt das unterschiedliche Transformationsverhalten

$$\mathbf{g}_i = \mathbf{F}\,\mathbf{G}_i\,, \quad \mathbf{g}^i = \mathbf{F}^{-T}\,\mathbf{G}^i\,,$$

$$\mathbf{G}_i = \mathbf{F}^{-1}\,\mathbf{g}_i\,, \quad \mathbf{G}^i = \mathbf{F}^T\,\mathbf{g}^i\,.$$

Wie in den vorangegangenen Kapiteln bezeichnen kleine Buchstaben Größen in der Momentan- und große Buchstaben Größen in der Referenzkonfiguration. Damit sind die Basisvektoren $\mathbf{G}_i$ auf die Referenzkonfiguration B und die Basisvektoren $\mathbf{g}_i$ auf die Momentankonfiguration $\varphi(B)$ bezogen. Für die Transformation des Divergenzoperators gelten folgende Beziehungen:

$$\mathrm{div}\,\mathbf{v} = \tfrac{1}{J}\,\mathrm{Div}\,\mathbf{v}\,, \quad \mathrm{Div}\,\mathbf{v} = J\,\mathrm{div}\,\mathbf{v}\,.$$

In ähnlicher Weise lassen sich die Gradienten transformieren:

$$\mathrm{grad}\,\alpha = \mathbf{F}^{-T}\,\mathrm{Grad}\,\alpha\,, \quad \mathrm{Grad}\,\alpha = \mathbf{F}^T\,\mathrm{grad}\,\alpha\,,$$
$$\mathrm{grad}\,\mathbf{v} = \mathrm{Grad}\,\mathbf{v}\,\mathbf{F}\,, \quad \mathrm{Grad}\,\mathbf{v} = \mathrm{grad}\,\mathbf{v}\,\mathbf{F}^{-1}\,.$$

Tensoren können ebenso wie die Gradienten auf die Basissysteme der Referenz- und Momentankonfiguration bezogen werden. Hier soll dies am Beispiel des CAUCHYschen Spannungstensor $\boldsymbol{\sigma}$, der in der Momentankonfiguration definiert ist, erfolgen. Mit der Darstellung von $\boldsymbol{\sigma}$ bezüglich ko- und kontravarianter Basisvektoren

$$\boldsymbol{\sigma}^\flat = \sigma_{ik}\,\mathbf{g}^i \otimes \mathbf{g}^k\,,$$
$$\boldsymbol{\sigma}^\sharp = \sigma^{ik}\,\mathbf{g}_i \otimes \mathbf{g}_k\,,$$

$$\boldsymbol{\sigma}_1 = \sigma^i_{\cdot k}\, \mathbf{g}_i \otimes \mathbf{g}^k\,,$$

lauten die *pull back* und *push forward* Operationen

$$\begin{array}{ll} \textit{push forward} & \textit{pull back} \\[1em] \boldsymbol{\sigma}^\flat = \mathbf{F}^{-T}\, \boldsymbol{\Sigma}^\flat\, \mathbf{F}^{-1} & \boldsymbol{\Sigma}^\flat = \mathbf{F}^T\, \boldsymbol{\sigma}^\flat\, \mathbf{F} \\[1em] \boldsymbol{\sigma}^\sharp = \mathbf{F}\, \boldsymbol{\Sigma}^\sharp\, \mathbf{F}^T & \boldsymbol{\Sigma}^\sharp = \mathbf{F}^{-1}\, \boldsymbol{\sigma}^\sharp\, \mathbf{F}^{-T} \\[1em] \boldsymbol{\sigma}_1 = \mathbf{F}\, \boldsymbol{\Sigma}_1\, \mathbf{F}^{-1} & \boldsymbol{\Sigma}_1 = \mathbf{F}^{-1}\, \boldsymbol{\sigma}_1\, \mathbf{F}. \end{array}$$

Mit $\boldsymbol{\Sigma}$ ist hier der auf die Referenzkonfiguration B bezogene Spannungstensor bezeichnet.

A.2.7 Lie-Ableitung von Spannungstensoren

Die LIE-Ableitung eines Räumlichen Tensors ist durch

$$L_{\mathbf{V}}\,(\mathbf{t}) = \Phi_{t\,*}\,[\,\frac{d}{dt}\,\Phi^*_t\,(\mathbf{t})\,]\,.$$

gegeben. Sie kann auf die Tensoren angewendet werden, die in der Momentankonfiguration definiert sind, s. z.B. Abschn. 3.1.4. Die LIE-Ableitung liefert dort den zu einem Spannungstensor gehörenden Fluß . Durch die Definition mittels der *pull back* und *push forward* Operationen erkennt man leicht, daß bei der Berechnung von objektiven Flüssen mittels der LIE-Ableitung der Raum in dem der Tensor definiert ist, beachtet werden muß. Da die Spannungtensoren häufig auf eine kovariante Basis bezogen werden, soll für die weiteren Untersuchungen diese Basis zugrundegelegt werden. Durch Anwendung der LIE-Ableitung auf den KIRCHHOFFschen Spannungtensor $\boldsymbol{\tau}$ erhält man den OLDROYDschen Spannungsfluß

$$L_{\mathbf{V}}\,(\boldsymbol{\tau}^\sharp) = \dot{\boldsymbol{\tau}}^\sharp - \mathbf{l}\,\boldsymbol{\tau}^\sharp - \boldsymbol{\tau}^\sharp\,\mathbf{l}^T\,.$$

Der TRUESDELLsche Spannungsfluß $L^J_{\mathbf{V}}\,(\boldsymbol{\sigma}^\sharp)$ ergibt sich aus der Beziehung zwischen dem 2. PIOLA-KIRCHHOFFschen Spannungstensor und dem CAUCHYschen Spannungstensor

$$\begin{aligned} L^J_{\mathbf{V}}\,(\boldsymbol{\sigma}^\sharp) &= J^{-1}\,\mathbf{F}\,\frac{d}{dt}[\,J\mathbf{F}^{-1}\,\boldsymbol{\sigma}^\sharp\,\mathbf{F}^{-T}\,]\,\mathbf{F}^T \\ &= \dot{\boldsymbol{\sigma}}^\sharp - \mathbf{l}\boldsymbol{\sigma}^\sharp - \boldsymbol{\sigma}^\sharp\,\mathbf{l}^T + \boldsymbol{\sigma}^\sharp\,tr(\,\mathbf{d}\,)\,. \end{aligned}$$

Weitere bekannte Spannungsflüsse lassen sich analog herleiten. Es sei noch bemerkt, daß durch die Addition zweier objektiver Spannungsflüsse wieder ein objektiver Fluß entsteht.

A.2.8 Integralsätze

Die Integralsätze werden hier in zwei Kategorien zusammengefaßt. Die erste bezieht sich auf die Umwandlung von Flächen- in Volumenintegrale und die zweite auf die Umwandlung von Kurven- in Flächenintegrale.

Umwandlung von Flächen- in Volumenintegrale:

$$\int_{\partial B} \mathbf{u} \cdot \mathbf{n}\, da = \int_{B} \operatorname{Div} \mathbf{u}\, dv\,,$$

$$\int_{\partial B} \mathbf{T}\mathbf{n}\, da = \int_{B} \operatorname{Div} \mathbf{T}\, dv\,,$$

$$\int_{\partial B} (\mathbf{u} \times \mathbf{T}\mathbf{n})\, da = \int_{B} (\mathbf{u} \times \operatorname{Div} \mathbf{T} + \operatorname{Grad} \mathbf{u} \times \mathbf{T})\, dv\,,$$

$$\int_{\partial B} \mathbf{n} \times \mathbf{u}\, da = \int_{B} \operatorname{Rot} \mathbf{u}\, dv\,.$$

Da $\operatorname{Div} \mathbf{x} = 3$ ist, gilt ferner

$$V = \int_{B} dv = \frac{1}{3} \int_{\partial B} \mathbf{x} \cdot \mathbf{n}\, da\,.$$

Umwandlung von Kurven- in Flächenintegrale:

$$\oint_{C} \Phi\, d\mathbf{x} = \int_{\partial B} \mathbf{n} \times \operatorname{Grad} \Phi\, da\,,$$

$$\oint_{C} \mathbf{u} \times d\mathbf{x} = \int_{\partial B} (\operatorname{Div} \mathbf{u}\, \mathbf{1} - \operatorname{Grad}^{T} \mathbf{u})\, \mathbf{n}\, da\,,$$

$$\oint_{C} \mathbf{u} \cdot d\mathbf{x} = \int_{\partial B} \operatorname{Rot} \mathbf{u} \cdot \mathbf{n}\, da\,.$$

Literatur

AINSWORTH, M. und J. T. ODEN (1992). *A procedure for a posteriori error estimation for h–p finite element methods.* Computer Methods in Applied Mechanics and Engineering, 101:73–96.

ALART, P. and A. CURNIER (1991). *A mixed formulation for frictional contact problems prone to newton like solution methods.* Computer Methods in Applied Mechanics and Engineering, 92:353–375.

ALTENBACH, J. und H. ALTENBACH (1994). *Einführung in die Kontinuumsmechanik.* Teubner-Verlag, Stuttgart.

ANDELFINGER, U. (1991). *Untersuchungen zur Zuverlässigkeit Hybrid–Gemischter Finiter Elemente für Flächentragwerke.* Dissertation, Institut für Baustatik der Universität Stuttgart. Bericht Nr. 13.

ANDELFINGER, U. und E. RAMM (1993). *EAS–Elements for Two–Dimensional, Three–Dimensional Plate and Shell Structures and Their Equivalence to HR–Elements.* International Journal for Numerical Methods in Engineering, 36:1311–1337.

ARGYRIS, J. H. (1982). *An excursion into large rotations.* Computer Methods in Applied Mechanics and Engineering, 32:85–155.

ARGYRIS, J. H., K. S. PISTER, J. SZIMMAT, and K. J. WILLAM (1976). *Unified concepts of constitutive modelling and numerical solution methods for concrete creep problems.* Computer Methods in Applied Mechanics and Engineering, 10:199–246.

ARNOLD, D. N., R. S. FALK, and R. WINTHER (1997). *Preconditioning discret approximations of the reissner–mindlin plate model.* Mod. Numerical Analysis.

ATLURI, S. N. (1984). *On constitutive relations at finite strain: hypoelasticity and elasto-plasticity with isotropic and kinematic hardening.* Computer Methods in Applied Mechanics and Engineering, 43:137–171.

AXELSSON, O. (1994). *Iterative Solution Methods.* Cambridge University Press, Cambridge.

BABUSKA, I. and W. RHEINBOLDT (1978). *Error estimates for adaptive finite element computations.* SIAM Journal on Numerical Analysis, 15:736–754.

BABUSKA, I., S. T., C. S. UPADHYAY, S. K. GANGARAJ, and K. COPPS (1994). *Validation of a posteriori error estimators by numerical approach.* International Journal for Numerical Methods in Engineering, 37:1073–1123.

BANK, R. E. (1990). *Pltmg: A software package for solving elliptic partial differential equations.* Technical Report Vol. 7, Society for Industrial and Applied Methematics, Philadelphia.

BARTHOLD, F. J. and D. BISCHOFF (1988). *Generalization of newton type methods to contact problems with friction.* Journal Mec. Theor. Appl., pp. 97–110.

BASAR, Y. and Y. DING (1990). *Finite-Rotation Elements for Nonlinear Analysis of Thin Shell Structures*. International Journal of Solids & Structures, 26:83–97.

BASAR, Y. and Y. DING (1996). *Shear Deformation Models for Large Strain Shell Analysis*. International Journal of Solids & Structures, 34:1687–1708.

BASS, J. M. and J. T. ODEN (1987). *Adaptive finite element methods for a class of evolution problems in viscoplasticity*. International Journal of Engineering Science, 25:623–653.

BASTIAN, P. and G. WITTUM (1994). *On robust and adaptive multi-grid methods*. In HEMKER, P. W. and A. ET, eds.: *Multigrid methods IV. Proceedings of the fourth European multigrid conference*, pp. 1–17, Amsterdam. Birkhaeuser, ISNM, Int. Ser. Numer. Math. Volume 116.

BATHE, K. J. (1982). *Finite Element Procedures in Engineering Analysis*. Prentice-Hall, New Jersey.

BATHE, K. J. (1986). *Finite-Elemente-Methoden, Matrizen und lineare Algebra. Die Methode der finiten Elemente. Lösung von Gleichgewichtsbedingungen und Bewegungsgleichungen; Deutsche Übersetzung von P. Zimmermann*. Springer-Verlag, Berlin–Heidelberg–New York.

BATHE, K. J. and A. B. CHAUDHARY (1985). *A solution method for planar and axisymmetric contact problems*. International Journal for Numerical Methods in Engineering, 21:65–88.

BATHE, K.-J. and E. N. DVORKIN (1985). *A Four-Node Plate Bending Element Based on Mindlin/Reissner Plate Theory and a Mixed Interpolation* . International Journal for Numerical Methods in Engineering, 21:367–383.

BATHE, K. J., E. RAMM, and E. L. WILSON (1975). *Finite element formulation for large deformation analysis*. International Journal for Numerical Methods in Engineering, 9:353–386.

BAUMANN, M., R. KLARMANN und K. SCHWEIZERHOF (1990). *Algorithmen zur Optimierung von Gleichungssystemen bei Finite–Element–Berechnungen*. Technischer Bericht 2/1990, Institut für Baustatik, Karlsruhe.

BAZARAA, M. S., H. D. SHERALI und C. M. SHETTY (1993). *Nonlinear Programming, Theory and Algorithms*. J. Wiley, Chichester, second Aufl.

BECKER, A. (1985). *Berechnung ebener Stabtragwerke nach der Fließgelenktheorie II. Ordnung unter Berücksichtigung der Normal- und Querkraftinteraktion mit Hilfe der Methode der Finiten Elemente*. Technischer Bericht, Diplomarbeit am Institut für Baumechanik und Numerische Mechanik der Universität Hannover.

BECKER, E. und W. BÜRGER (1975). *Kontinuumsmechanik*. B.G. Teubner, Stuttgart.

BECKER, R. and R. RANNACHER (1996). *A feed-back approach to error control in finite element methods: Basic analysis and examples*. EAST-WEST J. Numerical Mathematics, 4:237–264.

BELYTSCHKO, T. and L. P. BINDEMANN (1984). *Assumed strain stabilization of the 4–node quadrilateral with 1–point quadrature for nonlinear problems*. Computer Methods in Applied Mechanics and Engineering, 88:311–340.

BELYTSCHKO, T., T. CHIAPETTA, and R. L. BARTEL (1976). *Efficient large–scale non–linear transient analysis by finite elements*. International Journal for Numerical Methods in Engineering, 10:579–596.

BELYTSCHKO, T., J. S.-J. ONG, W. K. LIU, and J. M. KENNEDY (1984). *Hourglass control in linear and nonlinear problems*. Computer Methods in Applied Mechanics and Engineering, 43:251–276.

BERGAN, P. G., G. HORRIGMOE, B. KRAKELAND, and T. H. SOREIDE (1978). *Solution techniques for non-linear finite element problems*. International Journal for Numerical Methods in Engineering, 12:1677–1696.

BERTSEKAS, D. P. (1984). *Constrained Optimization and Lagrange Multiplier Methods*. Academic Press, New York.

BESSELING, J. F. and E. VAN DER GIESSEN (1994). *Mathematical Modelling of Inelastic Deformations*. Chapman & Hall, London.

BETSCH, P. (1996). *Statische und dynamische Berechnungen von Schalen endlicher elastischer Deformationen mit gemischten Finiten Elementen*. Dissertation, Institut für Baumechanik und Numerische Mechanik der Universität Hannover. Bericht Nr. F 96/4.

BETSCH, P., F. GRUTTMANN und E. STEIN (1996). *A 4–node Finite Shell Element for the Implementation of n Assumed General Hyperelastic 3d–Elasticity at Finite Strains*. Computer Methods in Applied Mechanics and Engineering, 130:57–79.

BETSCH, P., L. MEYER und E. STEIN (1998). *On the Parametrization of Finite Rotations in Computational Mechanics: A Classification of Concepts with Application to Smooth Shells*. Computer Methods in Applied Mechanics and Engineering, 155:273–305.

BETSCH, P. und E. STEIN (1995). *An Assumed Strain Approach Avoiding Artificial Thickness Straining for a Nonlinear 4–Node Shell Element*. Communications in Applied Numerical Methods, 11:899–909.

BIDMON, W. (1989). *Zum Weiterreißverhalten von beschichteten Geweben*. Dissertation, Institut für Werkstoffe im Bauwesen der Universität Stuttgart. Mitteilung 1989/2.

BISCHOFF, M. und E. RAMM (1997). *Shear Deformable Shell Elements for Large Strains and Rotations*. International Journal for Numerical Methods in Engineering, 40:4427–4449.

BISCHOFF, M., E. RAMM und D. BRAESS (1999a). *A class of equivalent enhanced assumed strain and hybrid stress finite elements*. Computational Mechanics, 22:443–449.

BISCHOFF, M., W. A. WALL und E. RAMM (1999b). *Stabilized enhanced assumed strain elements for large strain analysis without artificial kinematic modes*. In: WUNDERLICH, W., Hrsg.: *ECCM 99*, S. 1–19, München. Lehrstuhl für Statik.

BJÖRKMAN, G., A. KLARBRING, B. SJÖDIN, T. LARSSON, and M. RÖNNQVIST (1995). *Sequential quadratic programming for non–linear elastic contact problems*. International Journal for Numerical Methods in Engineering, 38:137–165.

BODNER, S. R. and Y. PARTOM (1975). *Constitutive equations for elastic viscoplastic strain hardening materials*. Journal of Applied Mechanics, 42:385–389.

BOERSMA, A. (1995). *Algebraische Multigrid Methoden auf parallelen Rechnerarchitekturen und ihre Anwendung auf die Finite–Element–Methode*. Technischer Bericht, Dissertation, Fachbereich für Mechanik der TU Darmstadt.

BOERSMA, A. und P. WRIGGERS (1997). *An algebraic multigrid solver for finite element computations in solid mechanics*. Engineering Computations, 14:202–215.

BRAESS, D. (1992). *Finite Elemente*. Springer-Verlag, Berlin, Heidelberg, New York.

BRANDT, A. (1986). *Algebraic Multigrid Theory: The Symmetric Case*. Applied Mathematics and Computation, 19:23–56.

BRANDT, A., S. F. MCCORMICK und J. W. RUGE (1985). *Algebraic Multigrid (AMG) for Sparse Matrix Equations*. In: J., EVANS DAVID, Hrsg.: *Sparsity and its Applications*. Cambridge University Press.

BREMER, C. (1986). *Algorithmen zum effizienten Einsatz der Finite-Element-Methode*. Technischer Bericht 86–48, Institut für Statik, Braunschweig.

BRENDEL, B. und E. RAMM (1982). *Nichtlineare Stabilitätsuntersuchungen mit der Methode der finiten Elemente*. Ingenieur-Archiv, 51:337–362.

BREZZI, F. and M. FORTIN (1991). *Mixed and hybrid finite element Methods*. Springer, Berlin, Heidelberg, New York.

BÜCHTER, N. and E. RAMM (1992). *Shell Theory versus Degeneration – A Comparison in Large Rotation Finite Element Analysis*. International Journal for Numerical Methods in Engineering, 34:39–59.

BÜCHTER, N., E. RAMM, and D. ROEHL (1994). *Three-Dimensional Extension of Non-Linear Shell Formulation Based on the Enhanced Assumed Strain Concept*. International Journal for Numerical Methods in Engineering, 37:2551–2568.

BUFLER, H. (1984). *Pressure loaded structures under large deformations*. Zeitschrift für angewandte Mathematik und Mechanik, 64:287–295.

CHADWICK, P. (1999). *Continuum Mechanics*. Dover Publications, Mineola.

CHADWICK, P. and R. W. OGDEN (1971). *A theorem of tensor calculus and its application to isotropic elasticity.* Archives of Rational Mechanics, 44:54–68.

CHAPELLE, D. and K. J. BATHE (1993). *The inf–sup test.* Computers and Structures, 47:537–545.

CHUONG, C. J. and Y. FUNG (1983). *Three-dimensional stress distribution in arteries.* Journal of Biomechanical Engineering, 105:268–274.

CIARLET, P. G. (1988). *Mathematical Elasticity I: Three-dimensional Elasticity.* North-Holland, Amsterdam.

CIRAK, F., M. ORTIZ, and P. SCHRÖDER (2000). *Subdivision surfaces: a new paradigm for thin shell finite-element analysis.* International Journal for Numerical Methods in Engineering, 47:2039–2072.

CONRY, T. F. and A. SEIREG (1971). *A mathematical programming method for design of elastic bodies in contact.* Journal of Applied Mechanics, 38:1293–1307.

CRISFIELD, M. A. (1981). *A fast incremental/iterative solution prodedure that handles snap through.* Computers and Structures, 13:55–62.

CRISFIELD, M. A. (1991). *Non-linear Finite Element Analysis of Solids and Structures*, vol. 1. J. Wiley, Chichester.

CRISFIELD, M. A. (1997). *Non-linear Finite Element Analysis of Solids and Structures*, vol. 2. J. Wiley, Chichester.

CRISFIELD, M. A., G. F. MOITA, G. JELENIC, and L. P. R. LYONS (1995). *Enhanced lower-order element formulations for large strains.* Computational Mechanics, 17:62–73.

CRISFIELD, M. A. and J. SHI (1991). *A review of solution procedures and path-following techniques in relation to the non-linear finite element analysis of structures.* In P. WRIGGERS, W. WAGNER, ed.: *Computational Methods in Nonlinear Mechanics*, Berlin. Springer.

CRISFIELD, M. A. and J. SHI (1994). *A co-rotational element/time-integration strategy for non-linear dynamics.* International Journal for Numerical Methods in Engineering, 37:1897–1913.

CUITINO, A. and M. ORTIZ (1992). *A material-independent method for extending stress update algorithms from small-strain plasticity to finite plasticity with multiplicative kinematics.* Engineering Computations, 9:437–451.

CURNIER, A. (1984). *A theory of friction.* International Journal of Solids & Structures, 20:637–647.

CURNIER, A. and P. ALART (1988). *A generalized newton method for contact problems with friction.* J. Mec. Theor. Appl., 7:67–82.

CURNIER, A., Q. C. HE, and J. J. TELEGA (1992). *Formulation of unilateral contact between two elastic bodies undergoing finite deformation.* C. R. Acad. Sci. Paris, 314:1–6.

CUTHILL, E. and J. MCKEE (1969). *Reducing the bandwith of sparse symmetric matrices.* ACM Publications P-69, pp. 157–172.

DAFALIAS, Y. F. (1985). *The plastic spin.* Journal of Applied Mechanics, 52:865–871.

DAVIS, T. A. and I. S. DUFF (1999). *A combined unifrontal/multifrontal method for unsymmetric sparse matrices.* ACM Transactions on Mathematical Software, 25:1–19.

DE BOER, R. (1982). *Vektor- und Tensorrechnung für Ingenieure.* Springer-Verlag, Berlin.

DENNIS, J. E. and R. B. SCHNABEL (1983). *Numerical Methods for Unconstrained Optimization and Nonlinear Equations.* Prentice-Hall, Englewood Cliffs, New Jersey.

DESAI, C. S. and H. J. SIRIWARDANE (1984). *Constitutive Laws for Engineering Materials.* Prentice-Hall, Englewood Cliffs, New Jersey.

DHATT, G. and G. TOUZOT (1985). *The Finite Element Method Displayed.* J. Wiley, Chichester.

DRUCKER, D. C. and W. PRAGER (1952). *Soil mechanics and plastic analysis or limit design.* Quarterly Appl. Math., 10:157–165.

DUFF, I. S., A. M. ERISMAN, and J. K. REID (1989). *Direct methods for sparse matrices.* Clarendon Press, Oxford.

DUFFET, G. and B. D. REDDY (1983). *The Analysis of Incompressible Hyperelastic Bodies by the Finite Element Method.* Computer Methods in Applied Mechanics and Engineering, 41:105–120.

DUVAUT, G. and J. L. LIONS (1976). *Inequalitics in Mechanics and Physics.* Springer Verlag, Berlin.

DVORKIN, E. N. and K.-J. BATHE (1984). *A Continuum Mechanics Based Four-Node Shell Element for General Nonlinear Analysis.* Engineering Computations, 1:77–88.

DVORKIN, E. N., D. PANTUSO, and A. REPETTO (1995). *A Formulation of the MITC4 Shell Element for Finite Strain Elasto-Plastic Analysis.* Computer Methods in Applied Mechanics and Engineering, 125:17–40.

EBERLEIN, R. (1997). *Finite-Elemente-Konzepte für Schalen mit großen elastischen und plastischen Verzerrungen.* Dissertation, Institut für Mechanik IV der Technischen Hochschule Darmstadt.

EBERLEIN, R. und P. WRIGGERS (1999). *Finite Element Concepts for Finite Elastoplastic Strains and Isotropic Stress Response in Shells: Theoretical and Computational Analysis.* Computer Methods in Applied Mechanics and Engineering, 171:243–279.

EBERLEIN, R., P. WRIGGERS und R. TAYLOR (1993). *A Fully Non-Linear Axisymmetrical Quasi-Kirchhoff-Type Shell Element for Rubberlike Materials.* International Journal for Numerical Methods in Engineering, 36:4027–4043.

ERIKSSON, E. (1988). *On some path–related measures for non–linear structural f. e. problems.* International Journal for Numerical Methods in Engineering, 26:1791–1803.

ERINGEN, A.C. (1967). *Mechanics of Continua*. J. Wiley & Sons, New York, London, Sidney.

ESCHENAUER, H. und W. SCHNELL (1993). *Elastizitätstheorie*. BI Wissenschaftsverlag, Mannheim, dritte Aufl.

FEUCHT, M. (1999). *Ein gradientenabhängiges Gursonmodell zur Beschreibung duktiler Schädigung mit Entfestigung*. Dissertation, Institut für Mechanik der TU Darmstadt. Bericht Nr. D 17.

FINDLEY, W. N., J. S. LAI, and K. ONARAN (1989). *Creep and Relaxation of Nonlinear Viscoelastic Materials*. Dover Publications, New York.

FLETCHER, R. (1976). *Conjugated gradient methods for indefinite systems*. Lecture Notes in Mathematics, 506:773–789.

FLORY, P.J. (1961). *Thermodynamic relations for high elastic materials*. Trans. Faraday. Soc., 57:829–838.

FOURMENT, L. and J. L. CHENOT (1995). *Error estimators for viscoplastic materials: Applications to forming processes*. International Journal for Numerical Methods in Engineering, 38:469–490.

FREDRIKSSON, B. (1976). *Finite element solution of surface nonlinearities in structural mechanics with special emphasis to contact and fracture mechanics problems*. Computers and Structures, 6:281–290.

FRIED, I. (1984). *Orthogonal trajectory accession to the nonlinear equilibrium curve*. Computer Methods in Applied Mechanics and Engineering, 15:283–297.

GEAR, C. W. (1971). *Numerical Initial Value Problems in Ordinary Differential Equations*. Prentice-Hall, Englewood Cliffs.

GIANNOKOPOULOS, A. E. (1989). *The return mapping method for the integration of friction constitutive relations*. Computers and Structures, 32:157–168.

GLASER, S. and F. ARMERO (1998). *On the Formulation of Enhanced Strain Finite Elements in Finite Deformations*. Engineering Computations, 14:759–791.

GLOWINSKI, R. and P. LE TALLEC (1984). *Finite element analysis in nonlinear incompressible elasticity*. In *Finite Element, Vol. V: Special Problems in Solid Mechanics*. Prentice–Hall, Englewood Cliffs, New Jersey.

GOLUB, G. und J. M. ORTEGA (1996). *Scientific Computing, Eine Einführung in das wissenschaftliche Rechnen und Parallele Numerik*. Teubner-Verlag, Stuttgart.

GOLUB, G. H. and C. F. VAN LOAN (1989). *Matrix Computations*. John Hopkins University Press, Baltimore.

GOVINDJEE, S. and J. C. SIMO (1992). *Mullin's effect and the strain amplitiude dependence of the storage modulus*. International Journal of Solids & Structures, 29:1737–1751.

GROSS, D., W. HAUGER, W. SCHNELL und P. WRIGGERS (1999). *Technische Mechanik 4*. Springer, Berlin, dritte Aufl.

GRUTTMANN, F. (1996). *Theorie und Numerik dünnwandiger Faserverbundstrukturen*. Habilitation, Institut für Baumechanik und Numerische Mechanik der Universität Hannover. Bericht Nr. F 96/1.

GRUTTMANN, F., R. SAUER und W. WAGNER (2000). *Theory and Numerics of Three-dimensional Beams with Elastoplastic Material Behaviour*. International Journal for Numerical Methods in Engineering, 48:1675-1702.

GRUTTMANN, F. und E. STEIN (1988). *Tangentiale Steifigkeitsmatrizen bei Anwendung von Projektionsverfahren in der Elastoplastizitätstheorie*. Ingenieur-Archiv, 58:15–24.

GRUTTMANN, F., W. WAGNER und P. WRIGGERS (1992). *A Nonlinear Quadrilateral Shell Element with Drilling Degrees of Freedom*. Ingenieur Archiv, 62:474–486.

GURSON, A. L. (1977). *Continuum theory of ductile rupture by void nucleation and growth, part I*. Journal Engineering Material Technology, 99:2–15.

HABRAKEN, A. and S. CESCOTTO (1990). *An automatic remeshing technique for finite element simulation of forming processes*. International Journal for Numerical Methods in Engineering, 30:1503–1525.

HACKBUSCH, W. (1991). *Iterative Lösung großer schwachbesetzter Gleichungssysteme*. Teubner Verlag, Stuttgart.

HÄGGBLAD, B. und J. A. SUNDBERG (1983). *Large strain solutions of rubber components*. Computers and Structures, 17:835–843.

HALLQUIST, J. O. (1979). *Nike2d: An implicit, finite-deformation, finite element code for analysing the static and dynamic response of two-dimensional solids*. Technical Report UCRL–52678, University of California, Lawrence Livermore National Laboratory.

HALLQUIST, J. O., G. L. GOUDREAU, and D. J. BENSON (1985). *Sliding interfaces with contact-impact in large-scale lagrangian computations*. Computer Methods in Applied Mechanics and Engineering, 51:107–137.

HALLQUIST, J. O., K. SCHWEIZERHOF, and D. STILLMAN (1992). *Efficiency refinements of contact strategies and algorithms in explicit fe programming*. In OWEN, D. R. J., E. HINTON, and E. ONATE, eds.: *Proceedings of COMPLAS III*, pp. 359–384. Pineridge Press.

HAN, C. S. (1999). *Eine h-adaptive Finite-Element-Methode für elastoplastische Schalenprobleme in unilateralem Kontakt*. Dissertation, Institut für Baumechanik und Numerische Mechanik der Universität Hannover. Bericht Nr. F 99/2.

HAN, C. S. und P. WRIGGERS (1998). *A simple local a posteriori bending indicator for axisymmetrical membrane and bending shell elements*. Engineering Computations, 15:977–988.

HART, E. W. (1976). *Constitutive relations for the nonelastic deformation of metals*. Trans. ASME, J. Eng. Materials and Technology, 98:193–201.

HAUPTMANN, R. (1997). *Strukturangepasste geometrisch nichtlineare finite Elemente für Flächentragwerke.* Dissertation, Institut für M der Universität Fredericiana Karlsruhe. Bericht Nr. M 97/3.

HAUPTMANN, R. and K. SCHWEIZERHOF (2000). *A systematic development of 'solid–shell' element formulation for linear and nonlinear analyses employing only displacement degree of freedom.* International Journal for Numerical Methods in Engineering.

HENNING, A. (1975). *Traglastberechnung ebener Rahmen – Theorie II. Ordnung und Interaktion.* Technischer Bericht 75–12, Institut für Statik, Braunschweig.

HILBER, H., T. R. J. HUGHES, and R. L. TAYLOR (1977). *Improved numerical dissipation for time integration algorithms in structural dynamics.* Earthquake Engineering and Structural Dynamics, 5:283–292.

HILL, R. (1950). *The Mathematical Theory of Plasticity.* Clarendon Press, Oxford.

HILL, R. (1958). *A general theory of uniqueness and stability in elasto-plastic solids.* Journal of Mechanics and Physics of Solids, 6:236–249.

HILL, R. (1970). *Constitutive inequalities for isotropic elastic solids under finite strain.* Proceedings of the Royal Society, London, A314:457–472.

HINTON, E. and D. R. J. OWEN (1979). *An Introduction to Finite Element Computations.* Pineridge Press, Swansea.

HINTON, E., T. ROCK, and O. C. ZIENKIEWICZ (1976). *A note on mass lumping and related processes in the finite element method.* Earthquake Engineering and Structural Dynamics, 4:245–249.

HOFSTETTER, G. and H. A. MANG (1995). *Computational Mechanics of Reinforced Concrete Structures.* Vieweg, Berlin.

HOGER, A. (1987). *The stress conjugate to logarithmic strain.* International Journal of Solids & Structures, 23:1645–1656.

HOHENEMSER, K. und W. PRAGER (1932). *Über die Ansätze der Mechanik isotroper Kontinua.* Zeitschrift für angewandte Mathematik und Mechanik, 12:216–226.

HOIT, M. and E. L. WILSON (1983). *An equation numbering algorithm based on a minimum front criteria.* Computers and Structures, 16:225–239.

HOLZAPFEL, G. A. (2000). *Nonlinear Solid Mechanics.* Wiley, Chichester.

HOLZAPFEL, G.A., R. EBERLEIN, P. WRIGGERS, and H. WEIZSÄCKER (1996a). *Large strain analysis of soft biological and rubber-like membranes: Formulation and finite element analysis.* Computer Methods in Applied Mechanics and Engineering, 132:45–61.

HOLZAPFEL, G.A., R. EBERLEIN, P. WRIGGERS, and H. WEIZSÄCKER (1996b). *A new axisymmetrical membrane element for anisotropic, finite strain analysis of arteries.* Communications in Applied Numerical Methods, 12:507–517.

HUECK, U., B. REDDY, and P. WRIGGERS (1994). *On the stabilization of the rectangular four-node quadrilateral element.* Communications in Applied Numerical Methods, 10:555–563.

HUECK, U. and P. WRIGGERS (1995). *A formulation for the four-node quadrilateral element, part I: Plane element.* International Journal for Numerical Methods in Engineering, 38:3007–3037.

HUGHES, T. J. R. (1980). *Generalization of selective integration procedures to anisotropic and nonlinear media.* International Journal for Numerical Methods in Engineering, 15:1413–1418.

HUGHES, T. J. R. and F. BREZZI (1989). *On drilling degrees of freedom.* Computer Methods in Applied Mechanics and Engineering, 72:105–121.

HUGHES, T. J. R. and W. K. LIU (1981). *Nonlinear Finite Element Analysis of Shells: Part I. Threedimensional Shells.* Computer Methods in Applied Mechanics and Engineering, 26:331–362.

HUGHES, T. J. R., R. L. TAYLOR, and W. KANOKNUKULCHAI (1977a). *A Simple and Efficient Finite Element for Plate Bending.* International Journal for Numerical Methods in Engineering, 11:1529–1547.

HUGHES, T. J. R. and T. E. TEZDUYAR (1981). *Finite elements based upon mindlin plate theory with particular reference to the four-node bilinear isoparametric element.* Journal of Applied Mechanics, 48:587–596.

HUGHES, T. R. J. (1987). *The Finite Element Method.* Prentice Hall, Englewood Cliffs, New Jersey.

HUGHES, T. R. J., R. L. TAYLOR, and W. KANOKNUKULCHAI (1977b). *A finite element method for large displacement contact and impact problems.* In BATHE, K. J., ed.: *Formulations and Computational Algorithms in FE Analysis*, pp. 468–495, Boston. MIT–Press.

IBRAHIMBEGOVIC, A. (1994). *Finite Elastoplastic Deformations of Space–Curved Membranes.* Computer Methods in Applied Mechanics and Engineering, 119:371–394.

IBRAHIMBEGOVIC, A., R. L. TAYLOR, and E. L. WILSON (1990). *A robust quadrilateral membrane element with drilling degrees of freedom.* International Journal for Numerical Methods in Engineering, 30:445–457.

IRONS, B. (1971). *Quadrature rules for brick based finite elements.* International Journal for Numerical Methods in Engineering, 3:293–294.

IRONS, B. and S. AHMAD (1986). *Techniques of Finite Elements.* Ellis Horwood, Chichester, U.K.

ISAACSON, E. and H. B. KELLER (1966). *Analysis of Numerical Methods.* John Wiley, London.

IURA, M. and S. N. ATLURI (1992). *Formulation of a membrane finite element with drilling degrees of freedom.* Computational Mechanics, 39:417–428.

JAQUOTTE, O. P. and J. T. ODEN (1986). *An accurate and efficient a posteriori control of hourglass instabilities in underintegrated linear and nonlinear elasticity*. Computer Methods in Applied Mechanics and Engineering, 55:105–128.

JEPSON, A. and A. SPENCE (1985). *Folds in solutions of two parameter systems amd theri calculation, part i*. SIAM Journal on Numerical Analysis, 22:347–368.

JOE, B. (1995). *Quadrilateral mesh generation in polygonal regions*. Computer Aided Design, 27:209–222.

JOHNSON, C. (1987). *Numerical solution of partial differential equations by the finite element method*. Cambridge University Press.

JOHNSON, C. and P. HANSBO (1992). *Adaptive finite element methods in computational mechanics*. Computer Methods in Applied Mechanics and Engineering, 101:143–181.

JU, W. and R. L. TAYLOR (1988). *A perturbed lagrangian formulation for the finite element solution of nonlinear frictional contact problems*. Journal of Theoretical and Applied Mechanics, 7:1–14.

KAHN, R. (1987). *Finite–Element–Berechnungen ebener Stabwerke mit Fliss-gelenken und grossen Verschiebungen*. Technischer Bericht F 87/1, Forschungs- und Seminarberichte aus dem Bereich der Mechanik der Universität Hannover.

KAPPUS, R. (1939). *Zur Elastizitätstheorie endlicher Verschiebungen*. Zeitschrift für angewandte Mathematik und Mechanik, 19:271–361.

KELLER, H. B. (1977). *Numerical solution of bifurcation and nonlinear eigenvalue problems*. In RABINOWITZ, P., ed.: *Application of Bifurcation Theory*, pp. 359–384. Academic Press, New York.

KICKINGER, F. (1996). *Algebraic multigrid solver for discrete elliptic second order problems*. Technical Report 96-5, Department of Mathematics, Johannes Kepler University, Linz.

KIKUCHI, N. and J. T. ODEN (1988). *Contact Problems in Elasticity: A Study of Variational Inequalities and Finite Element Methods*. SIAM, Philadelphia.

KLARBRING, A. (1986). *A mathematical programming approach to three-dimensional contact problems with friction*. Computer Methods in Applied Mechanics and Engineering, 58:175–200.

KLINGBEIL, E. (1989). *Tensorrechnung für Ingenieure*. Hochschultaschenbücher, Band 197. Bibliographisches Institut, Zürich. 2. Auflage.

KNOTHE, K. und H. WESSELS (1991). *Finite Elemente*. Springer-Verlag, Berlin.

KOITER, W. T. (1960). *A consistent first approximation in the general theory of thin elastic shells*. In KOITER, W. T., ed.: *The Theory of Thin Elastic Shells*, pp. 12–33, Amsterdam. North–Holland.

KORELC, J. and P. WRIGGERS (1996a). *Consistent enhanced gradient for a stable four node enhanced element undergoing large strains*. Engineering Computations, 15:669–679.

KORELC, J. and P. WRIGGERS (1996b). *Improved enhanced strain 3-d element with taylor expansion of shape functions*. Computational Mechanics, 19:30–40.

KOSLOFF, D. and G. A. FRAZIER (1978). *Treatment of hourglass pattern in low order finite element codes*. International Journal for Numerical and Analytical Methods in Geomechanics, 2:57–72.

KOČVARA, M. and L. J. MANDE (1987). *A multigrid method for three dimensional elasticity and algebraic convergence estimates*. Applied Mathematics and Computation, 23:121–135.

KRAGELSKY, I. V., M. N. DOBYCHIN, and V. S. KOMBALOV (1982). *Friction and Wear — Calculation Methods, (Translated from The Russian by N. Standen)*. Pergamon Press.

KRÄTZIG, W. B. (1993). *'Best' Transverse Shearing and Stretching Shell Theory for Non–Linear Finite Element Simulations*. Computer Methods in Applied Mechanics and Engineering, 103:135–160.

KRÄTZIG, W. B. und Y. BASAR (1997). *Tragwerke 3, Theorie und Anwendung der Methode der Finiten Elemente*. Springer–Verlag, Berlin, Heidelberg.

KREISSIG, R. (1992). *Einführung in die PLastizitätstheorie*. Fachbuchverlag, Leipzig.

KREMPL, E., J. MCMAHON, and D. YAO (1986). *Viscoplasticity based on overstress with a differential growth law for the equilibrium stress*. Mechanics of Materials, 5:35–48.

KÜHBORN, A. and H. SCHOOP (1992). *A Nonlinear Theory for Sandwich Shells Including the Wrinkling Phenomenon*. Ingenieur-Archiv, 62:413–427.

KUHL, D. and E. RAMM (1996). *Constraint energy momentum algorithm and its application to nonlinear dynamics of shells*. Computer Methods in Applied Mechanics and Engineering, 136:293–315.

LADEVEZE, P. (1998). *Constitutive relation error estimators for time-dependent nonlinear f.e. analysis*. In IDELSOHN, S., E. ONATE, and E. DVORKIN, eds.: *Computational Mechanics*, Barcelona. CIMNE.

LADEVEZE, P. and D. LEGUILLON (1983). *Error estimate procedure in the finite element method and applications*. SIAM Journal on Numerical Analysis, 20:485–509.

LANGER, U. (1996). *Multigrid - Methoden*. Technischer Bericht, Institut für Mathematik, Johannes Kepler Universität Linz.

LAURSEN, T. A. and J. C. SIMO (1993). *A continuum–based finite element formulation for the implicit solution of multibody, large deformation frictional contact problems*. International Journal for Numerical Methods in Engineering, 36:3451–3485.

LEPPIN, C. and P. WRIGGERS (1997). *Numerical simulations of the behaviour of cohesionless soil*. In OWEN, D. R. J., E. HINTON, and E. ONATE, eds.: *Proceedings of COMPLAS 5*, Barcelona. CIMNE.

LIBAI, A. and J. G. SIMMONDS (1992). *Large-strain constitutive laes for the cylindrical deformation of shells*. International Journal of Nonlinear Mechanics, 16:91–103.

LIPPMANN, H. (1981). *Mechanik des plastischen Fließens*. Springer–Verlag, Berlin, Heidelberg.

LÖHNER, R. (1996). *Progress in grid generation via the advancing front technique*. Engineering Computations, 12:186–210.

LUBLINER, J. (1985). *A model of rubber viscoelasticity*. Mechancis Research Communications, 12:93–99.

LUBLINER, J. (1990). *Plasticity Theory*. Macillan, London.

LUENBERGER, D. G. (1984). *Linear and Nonlinear Programming*. Addison-Wesley Publishing Company, second ed.

LUMPE, G. (1982). *Geometrisch nichtlineare Berechnung von räumlichen Stabwerken*. Technischer Bericht 28, Institut für Statik, Universität Hannover.

MALKUS, D. S. and T. J. R. HUGHES (1978). *Mixed finite element methods - reduced and selective integration techniques: a unification of concepts*. Computer Methods in Applied Mechanics and Engineering, 15:63–81.

MALVERN, L. E. (1969). *Introduction to the Mechanics of a Continous Medium*. Prentice-Hall, Inc., Englewood Cliffs.

MANDEL, J. (1974). *Thermodynamics and Plasticity*. In *Foundations of Continuum Thermodynamics*, Delgado Domingers, J. J. and Nina, N. R. and Whitelaw, J. H. (Eds.), London. Macmillan. 283–304.

MARSDEN, J. E. and T. J. R. HUGHES (1983). *Mathematical Foundations of Elasticity*. Prentice-Hall, Inc., Englewood Cliffs.

MATTHIES, H. and G. STRANG (1979). *The solution of nonlinear finite element equations*. International Journal for Numerical Methods in Engineering, 14:1613–1626.

MAUGIN, G. A. (1992). *The Thermomechanics of Plasticity adn Fracture*. Cambridge University Press, Cambridge, New York.

MEIS, T. und U. MARKOWITZ (1978). *Numerische Behandlung partieller Differentialgleichungen*. Springer, Berlin, Heidelberg.

MEISEL, M. und A. MEYER (1995). *Implementierung eines parallelen vorkonditionierten Schur–Komplement CG–Verfahrens in das Programmpaket FEAP*. Technischer Bericht SPC 95–2, Institut für Mathematik, TU Chemnitz–Zwickau.

MEYER, A. (1990). *A parallel preconditioned conjugate gradient method using domain decomposition and inexact solvers on each subdomain*. Computing, 45.

MEYNEN, S., A. BOERSMA und P. WRIGGERS (1997). *Application of a parallel algebraic multigrid method for the solution of elasto-plastic shell problems*. Numerical Linear Algebra with Application, 4:223–238.

MICHALOWSKI, R. and Z. MROZ (1978). *Associated and non-associated sliding rules in contact friction problems.* Archives of Mechanics, 30:259–276.

MIEHE, C. (1993). *Kanonische Modelle multiplikativer Elasto–Plastizität. Thermodynamische Formulierung und numerische Implementation.* Technischer Bericht F 93/1, Forschungs- und Seminarberichte aus dem Bereich der Mechanik der Universität Hannover.

MIEHE, C. (1997). *A Formulation of Finite Elastoplasticity in Shells Based on Dual Co– and Contra–Variant Eigenvectors Normalized with Respect to a Plastic Metric.* In: OWEN, D. R. J., E. ONATE und E. HINTON, Hrsg.: *Computational Plasticity, Fundamentals and Applications*, Barcelona. CIMNE. 1922–1929.

MIEHE, C. (1998). *A theoretical and computational model for isotropic elastoplastic stress analysis in shells at large strains.* Computer Methods in Applied Mechanics and Engineering, 155:193–233.

MITTELMANN, H. D. and H. WEBER (1980). *Numerical methods for bifurcation problems - a survey and classification.* In MITTELMANN, H. D. and H. WEBER, eds.: *Bifurcation Problems and their Numerical Solution, ISNM 54*, pp. 1–45, Basel, Boston, Stuttgart. Birkhäuser.

MOONEY, M. (1940). *A theory of large elastic deformations.* Journal for Applied Physics, 11:582–592.

MOREAU, J. J. (1976). *Application of convex analysis to the treatment of elastoplastic strucures.* In GERMAIN, P. and B. NAYROLES, eds.: *Applications of Methods of Functional Analysis to Problems in Mechanics*, Berlin. Springer–Verlag.

MORMAN, K. N. (1987). *The generalized strain measure with applications to non–homogeneous deformations in rubber–like solids.* Journal of Applied Mechanics, 53:726–728.

NEEDLEMAN, A. (1972). *A numerical study of necking in circular cylindrical bars.* Journal of Mechanics and Physics of Solids, 20:111–127.

NEWMARK, N. M. (1959). *A method of computation for structural dynamics.* Proceedings of ASCE, Journal of Engineering Mechanics, 85:67–94.

ODEN, J. T. (1981). *Exterior penalty methods for contact problems in elasticity.* In WUNDERLICH, W., E. STEIN, and K. J. BATHE, eds.: *Nonlinear Finite Element Analysis in Structural Mechanics*, Berlin. Springer.

ODEN, J. T. and J. E. KEY (1970). *Numerical analysis of finite axisymmetrical deformations of incompressible elastic solids of revolution.* International Journal of Solids & Structures, 6:497–518.

ODEN, J. T. and J. A. C. MARTINS (1986). *Models and computational methods for dynamic friction phenomena.* Computer Methods in Applied Mechanics and Engineering, 52:527–634.

ODEN, J. T., T. ZOHDI, and G. J. RODIN (1996). *Hierarchical modelling of heterogeneous bodies.* Computer Methods in Applied Mechanics and Engineering, 138:273–298.

OGDEN, R. W. (1972). *Large deformation isotropic elasticity: on the correlation of theory and experiment for incompressible rubberlike solids.* Proc. of the Royal Society of London, 326:565–584.

OGDEN, R. W. (1982). *Elastic deformations of rubberlike solids.* In HOPKINS, H. G. and M. J. SEWELL, eds.: *Mechanics of Solids, The Rodney Hill 60th Anniversary Volume*, pp. 499–537. Pergamon Press.

OGDEN, R. W. (1984). *Non-Linear Elastic Deformations.* Ellis Horwood und John Wiley, Chichester.

ORAN, C. and A. KASSIMALI (1976). *Large deformations of framed structures under static and dynamic loads.* Computers and Structures, 6:539–547.

ORTEGA, J. and W. RHEINBOLDT (1970). *Iterative Solution of Nonlinear Equations in Several Variables.* Academic Press, New York.

ORTIZ, M. and J. J. QUIGLEY (1991). *Adaptive mesh refinement in strain localization problems.* Computer Methods in Applied Mechanics and Engineering, 90:781–804.

OWEN, D. R. J. and E. HINTON (1980). *Finite Elements in Plasticity: Theory and Practice.* Pineridge Press, Swansea, U.K.

OWEN, S. J. (1999). *A survey of unstructured mesh generation technology.* http://www.andrew.cmu.edu/user/sowen/survey/index.html.

PAPADRAKAKIS, M. (1993). *Solving Large-Scale Linear Problems in Solid and Structural Mechanics, in Solving Large-Scale Problems in Mechanics.* J. Wiley & Sons, Chichester.

PARISCH, H. (1989). *A consistent tangent stiffness matrix for three–dimensional non–linear contact analysis.* International Journal for Numerical Methods in Engineering, 28:1803–1812.

PARISCH, H. (1991). *An Investigation of a Finite Rotation Four Node Assumed Strain Element.* International Journal for Numerical Methods in Engineering, 31:127–150.

PERIC, D. and D. R. J. OWEN (1994). *On error estimates and adaptivity in elastoplastic solids: Applications to the numerical simulation of strain localization in classical and cosserat continua.* International Journal for Numerical Methods in Engineering, 37:1351–1379.

PERZYNA, P. (1963). *The constitutive equations for rate sensitive plastic materials.* Quarterly Applied Mathematics, 20:321–332.

PERZYNA, P. (1966). *Fundamental problems in viscoplasticity.* Advances in Applied Mechanics, 9:243–377.

PETERSEN, C. (1980). *Statik und Stabilität der Baukonstruktionen.* Vieweg & Sohn, Berlin.

PFLÜGER, A. (1975). *Stabilitätsprobleme in der Elastostatik.* Springer-Verlag, Berlin, Heidelberg, New York, dritte Aufl.

PIAN, T. H. H. (1964). *Derivation of element stiffness matrices by assumed stress distributions.* AIAA–J. 2, 7:1333–1336.

PIAN, T. H. H. and K. SUMIHARA (1984). *Rational approach for assumed stress finite elements.* International Journal for Numerical Methods in Engineering, 20:1685–1695.

PIETRASZKIEWICZ, W. (1978). *Geometrically nonlinear theories of thin elastic shells.* Technical Report 55, Mitteilungen des Instituts für Mechanik der Ruhr-Universität Bochum.

PRAGER, W. (1955). *Probleme der Plastizitätstheorie.* Birkäuser, Basel, Stuttgart.

PRAGER, W. (1961). *Einführung in die Kontinuumsmechanik.* Birkäuser, Basel, Stuttgart.

RAMM, E. (1976). *Geometrisch nichtlineare Elastostatik und Finite Elemente.* Technischer Bericht Nr. 76-2, Institut für Baustatik der Universität Stuttgart.

RAMM, E. (1981). *Strategies for tracing the nonlinear response near limit points.* In WUNDERLICH, STEIN, BATHE, ed.: *Nonlinear Finite Element Analysis in Structural Mechanics*, Berlin, Heidelberg, New York. Springer.

RAMM, E. and F. CIRAK (1997). *Adaptivity for nonlinear thin-walled structures.* In OWEN, D. R. J., E. HINTON, and E. ONATE, eds.: *Proceedings of COMPLAS 5*, pp. 145–163, Barcelona. CIMNE.

RANK, E., M. SCHWEINGRUBER, and M. SOMMER (1993). *Adaptive mesh generation and transformation of triangular to quadrilateral meshes.* Communications in Numerical Methods in Engineering, 9:121–129.

RANKIN, C. C. and F. A. BROGAN (1984). *An element independent corotational procedure for the treatment of large roations.* In SOBEL, L. H. and K. THOMAS, eds.: *Collapse Analysis of Structures*, pp. 85–100, New York. ASME.

RANNACHER, R. and F. T. SUTTMEIER (1997). *A posteriori error control in finite element methods via duality techniques: Application to perfect plasticity.* Technical Report 97-16, Institut for Applied Mathematics, SFB 359, University of Heidelberg.

RECKLING, K. A. (1967). *Plastizitätstheorie und ihre Anwendnung auf Festigkeisprobleme.* Springer–Verlag, Berlin, Heidelberg.

REESE, S. (1994). *Theorie und Numerik des Stabilitätsverhalten hyperelastischer Festkörper.* Technischer Bericht D 17, Institut für Mechanik der TH Darmstadt.

REESE, S. and S. GOVINDJEE (1998). *A theory of finite viscoelasticity and numerical aspects.* International Journal of Solids & Structures, 35:3455–3482.

REESE, S. and P. WRIGGERS (1995). *A finite element method for stability problems in finite elasticity.* International Journal for Numerical Methods in Engineering, 38:1171–1200.

REESE, S. and P. WRIGGERS (2000). *A new stabilization concept for finite elements in large deformation problems.* International Journal for Numerical Methods in Engineering, 48:79–110.

REESE, S., P. WRIGGERS, and B. D. REDDY (1998). *A new locking-free brick element formulation for continuous large deformation problems.* In *Proceedings of WCCM IV in Buenos Aires.*

REHLE, N. (1996). *Adaptive Finite Element Verfahren bei der Analyse von Flächentragwerken.* Technischer Bericht Nr. 20, Institut für Baustatik der Universität Stuttgart.

REISSNER, E. (1972). *On one-dimensional finite strain beam theory, the plane problem.* Journal of Applied Mathematics and Physics, 23:795–804.

RHEINBOLDT, W. (1981). *Numerical analysis of continuation methods for nonlinear structural problems.* Computers and Structures, 13:103–113.

RHEINBOLDT, W. (1984). *Methods for Solving Systems of Nonlinear Equations.* Society for Industrial and Applied Mathematics, Philadelphia.

RHEINBOLDT, W. (1985). *Error estimates for nonlinear finite element computations.* Computers and Structures, 20:91–98.

RICCIUS, J., K. SCHWEIZERHOF, and M. BAUMANN (1997). *Combination of adaptivity and mesh smoothing for the finite element analysis of shells with intersections.* International Journal for Numerical Methods in Engineering, 40:2459–2474.

RIKS, E. (1972). *The application of newtons method to the problem of elastic stability.* Journal of Applied Mechanics, 39:1060–1066.

RIKS, E. (1984). *Some computational aspects of stability analysis of nonlinear structures.* Computer Methods in Applied Mechanics and Engineering, 47:219–260.

RIVLIN, R. S. (1948). *Large elastic deformations of isotropic materials.* Proc. of the Royal Society of London, 241:379–397.

ROEHL, D. and E. RAMM (1996). *Large Elasto–Plastic Finite Element Analysis of Solids and Shells with the Enhanced Assumed Strain Concept.* International Journal of Solids & Structures, 33:3215–3237.

RUGE, J. W. (1986). *Amg for problems of elasticity.* Applied Mathematics and Computation, 19:293–309.

RUST, W. (1991). *Mehrgitterverfahren und Netzadaption für lineare und nichtlineare statische Finite–Element–Berechnungen von Flächentragwerken.* Technischer Bericht F91/2, Forschungs- und Seminarberichte aus dem Bereich der Mechanik der Universität Hannover.

SAAD, Y. (1985). *Practical use of polynomial preconditionings for the conjugate gradient method.* SIAM J. Sci. Stat. Comput., 4.

SAAD, Y. and M. H. SCHULTZ (1986). *Gmres: A generalized residual algorithm for solving non–symmetric linear systems.* SIAM J. Sci. Stat. Comput., 7:856–869.

SANSOUR, C. (1995). *A Theory and Finite Element Formulation of Shells at Finite Deformations Involving Thickness Change: Circumventing the Use of a Rotation Tensor*. Ingenieur-Archiv, 65:194–216.

SANSOUR, C., J. SANSOUR, and P. WRIGGERS (1996). *A finite element approach to the chaotic motion of geometrically exact rods undergoing plane deformations*. Nonlinear Dynamics, 11:189–212.

SANSOUR, C., P. WRIGGERS, and J. SANSOUR (1997). *Nonlinear dynamics of shells: Theory, finite element formulation and integration schemes*. Nonlinear Dynamics, 13:279–305.

SCHERF, O. (1997). *Kontinuumsmechanische Modellierung nichtlinearer Kontaktprobleme und ihre numerische Analyse mit adaptiven Finite-Element-Methoden*. Technischer Bericht D 17, Institut für Mechanik der TH Darmstadt.

SCHÖBERL, J. (1999). *Robust Multigrid Methods for Parameter Deoendent Problems*. Dissertation, Institut für Analysis und Numerik, Johannes Kepler Universität Linz.

SCHOOP, H. (1986). *Oberflächenorientierte Schalentheorien endlicher Verschiebungen*. Ingenieur-Archiv, 56:427–437.

SCHWARZ, H. R. (1981). *FORTRAN–Programme zur Methode der finiten Elemente*. Teubner, Stuttgart.

SCHWEIZERHOF, K. (1982). *Nichtlineare Berechnung von Tragwerken unter verformungsabhängiger Belastung mit finiten Elementen*. Technischer Bericht 82–2, Institut für Baustatik, Stuttgart.

SCHWEIZERHOF, K. and E. RAMM (1984). *Displacement dependent pressure loads in nonlinear finite element analysis*. Computers and Structures, 18:1099-1114.

SCHWEIZERHOF, K. and P. WRIGGERS (1986). *Consistent linearization for path following methods in nonlinear fe-analysis*. Computer Methods in Applied Mechanics and Engineering, 59:261–279.

SCHWETLICK, H. und H. KRETSCHMAR (1991). *Numerische Verfahren für Naturwissenschaftler und Ingenieure*. Fachbuchverlag, Leipzig.

SEIFERT, B. (1996). *Zur Theorie und Numerik Finiter Elastoplastischer Deformationen von Schalenstrukturen*. Dissertation, Institut für Baumechanik und Numerische Mechanik der Universität Hannover. Bericht Nr. F 96/2.

SEWELL, M. J. (1967). *On configuration–dependent loading*. Archives of Rational Mechanics, 23:321–351.

SHEPARD, M. S. and M. K. GEORGES (1991). *Three–dimensional mesh generation by finite octree technique*. International Journal for Numerical Methods in Engineering, 32:709–749.

SIMO, J. C. (1985). *A finite strain beam formulation. The three-dimensional dynamic problem. Part I*. Computer Methods in Applied Mechanics and Engineering, 49:55–70.

SIMO, J. C. (1987). *On a fully three-dimensional finite-strain viscoelastic damage model: Formulation and computational aspects.* Computer Methods in Applied Mechanics and Engineering, 60:153–173.

SIMO, J. C. (1988). *A framework for finite strain elastoplasticity based on the multiplicative decomposition and hyperelastic relations. part ii: computational aspects.* Computer Methods in Applied Mechanics and Engineering, 67:1–31.

SIMO, J. C. (1992). *Algorithms for static and dynamic multiplicative plasticity that preserve the classical return mapping schemes of the infinitesimal theory.* Computer Methods in Applied Mechanics and Engineering, 99:61–112.

SIMO, J. C. (1993). *On a Stress Resultant Geometrically Exact Shell Model. Part VII. Shell Intersections with 5/6–DOF Finite Element Formulations.* Computer Methods in Applied Mechanics and Engineering, 108:319–339.

SIMO, J. C. (1999). *Topics on the Numerical Analysis and Simulation of Plasticity*, vol. 7 of *Handbook of Numerical Analysis, eds. P. G. Ciarlet, J. L. Lions.* Elsevier Science.

SIMO, J. C. and F. ARMERO (1992). *Geometrically Non–Linear Enhanced Strain Mixed Methods and the Method of Incompatible Modes.* International Journal for Numerical Methods in Engineering, 33:1413–1449.

SIMO, J. C., F. ARMERO, and R. L. TAYLOR (1993). *Improved Versions of Assumed Enhanced Strain Tri–Linear Elements for 3D Finite Deformation Problems.* Computer Methods in Applied Mechanics and Engineering, 110:359–386.

SIMO, J. C., D. D. FOX, and M. S. RIFAI (1989). *On a stress resultant geometrical exact shell model. Part I: Formulation and optimal parametrization.* Computer Methods in Applied Mechanics and Engineering, 72:267–304.

SIMO, J. C., D. D. FOX, and M. S. RIFAI (1990). *On a stress resultant geometrical exact shell model. Part III: Computational Aspects of the Nonlinear Theory.* Computer Methods in Applied Mechanics and Engineering, 79:21–70.

SIMO, J. C., K. D. HJELMSTAD, and R. L. TAYLOR (1984). *Numerical formulations for finite deformation problems of beams accounting for the effect of transverse shear.* Computer Methods in Applied Mechanics and Engineering, 42:301–330.

SIMO, J. C. and T. J. R. HUGHES (1998). *Computational Inelasticity.* Springer, New York, Berlin.

SIMO, J. C. and J. G. KENNEDY (1992). *On a Stress Resultant Geometrically Exact Shell Model. Part V. Nonlinear Plasticity: Formulation and Integration Algorithms.* Computer Methods in Applied Mechanics and Engineering, 96:133–171.

SIMO, J. C. and C. MIEHE (1992). *Associative coupled thermoplasticity at finite strains: formulation, numerical analysis and implementation.* Computer Methods in Applied Mechanics and Engineering, 98:41–104.

SIMO, J. C. and K. S. PISTER (1984). *Remarks on rate constitutive equations for finite deformation problems.* Computer Methods in Applied Mechanics and Engineering, 46:201–215.

SIMO, J. C. and M. S. RIFAI (1990). *A class of assumed strain methods and the method of incompatible modes.* International Journal for Numerical Methods in Engineering, 29:1595–1638.

SIMO, J. C., M. S. RIFAI, and D. D. FOX (1990B). *On a Stress Resultant Geometrically Exact Shell Model. Part IV. Variable Thickness Shells with Through–The–Tickness Stretching.* Computer Methods in Applied Mechanics and Engineering, 81:91–126.

SIMO, J. C. and N. TARNOW (1992). *The discrete energy–momentum method. conserving algorithms for nonlinear elastodynamics.* Zeitschrift für angewandte Mathematik und Physik, 43:757–792.

SIMO, J. C. and R. L. TAYLOR (1985). *Consistent tangent operators for rate-independent elastoplasticity.* Computer Methods in Applied Mechanics and Engineering, 48:101–118.

SIMO, J. C. and R. L. TAYLOR (1986). *A return mapping algorithm for plane stress elastoplasticity.* International Journal for Numerical Methods in Engineering, 22:649–670.

SIMO, J. C. and R. L. TAYLOR (1991). *Quasi-incompressible finite elasticity in principal stretches. continuum basis and numerical algorithms.* Computer Methods in Applied Mechanics and Engineering, 85:273–310.

SIMO, J. C., R. L. TAYLOR, and K. S. PISTER (1985a). *Variational and projection methods for the volume constraint in finite deformation elastoplasticity.* Computer Methods in Applied Mechanics and Engineering, 51:177–208.

SIMO, J. C. and L. VU-QUOC (1986). *Three dimensional finite strain rod model. Part II: computational aspects.* Computer Methods in Applied Mechanics and Engineering, 58:79–116.

SIMO, J. C., P. WRIGGERS, and R. L. TAYLOR (1985b). *A perturbed lagrangian formulation for the finite element solution of contact problems.* Computer Methods in Applied Mechanics and Engineering, 50:163–180.

SIMO, J.C., R. TAYLOR, and P. WRIGGERS (1991). *A note on finite element implementation of pressure boundary loading.* Communications in Applied Numerical Methods, 7:513–525.

SKEIE, G., O. C. ASTRUP, and P. BERGAN (1995). *Application of adapted nonlinear solution strategies.* In WIBERG, N.-E., ed.: *Advances in Finite Element Technology*, pp. 212–236, Barcelona. CIMNE.

SLOAN, S. W. (1987). *A fast algorithm for constructing delaunay triangularization in the plane.* Adv. Eng. Software, 9:34–55.

SORIC, J., U. MONTAG, and W. B. KRÄTZIG (1997). *An Efficient Formulation of Integration Algorithms for Elastoplastic Shell Analysis Based on Layered Finite Element Approach.* Computer Methods in Applied Mechanics and Engineering, 148:315–328.

SOUZA NETO, E. A. DE, D. PERIC, M. DUTKO, and D. R. J. OWEN (1996). *Design of simple lower–order finite elements for large–deformation analysis of nearly incompressible solids.* International Journal of Solids & Structures, 33:3277–3296.

SOUZA NETO, E. A. DE, D. PERIC, G. C. HUANG, and D. R. J. OWEN (1995). *Remarks on stability of enhanced strain elements in finite elasticity and elastoplasticity.* In OWEN, D. R. J., E. HINTON, and E. ONATE, eds.: *Proceedings of COMPLAS 4*, vol. 1, pp. 361–372, Swansea. Pineridge Press.

SPENCE, A. and A. D. JEPSON (1984). *The numerical calculation of cusps, bifurcation points and isola formation points in two parameter problems.* In KÜPPER, T., H. D. MITTELMANN, and H. WEBER, eds.: *Numerical Methods for Bifurcation Problems, ISNM 70*, pp. 502–514, Basel, Boston, Stuttgart. Birkhäuser.

STEIN, E. and S. OHNIMUS (1996). *Dimensional adaptivity in linear elasticity with hierarchical test–spaces for h- and p- refinement processes.* Engineering Computations, 12:107–119.

STOER, J. und R. BULIRSCH (1990). *Numerische Mathematik 2.* Springer Verlag, Berlin, Heidelberg, Wien, dritte Aufl.

STRANG, G. and G. J. FIX (1973). *An Analysis of the Finite Element Method.* Prentice-Hall, Inc., Englewood Cliffs.

STUEBEN, K. (1983). *Algebraic multigrid (amg) experiences and comparisons.* Applied Mathematics and Computation, 13:419–451.

SUSSMAN, T. and K.-J. BATHE (1987). *A Finite Element Formulation for Nonlinear Incompressible Elastic and Inelastic Analysis.* Computers and Structures, 26:357–409.

SZABÓ, I. (1977). *Höhere Technische Mechanik.* Springer, Berlin, Heidelberg, Wien, fünfte ed.

TABOR, D. (1981). *Friction — The present state of our understanding.* Journal Lubrication Technology, 103:169–179.

TAYLOR, R. L. (1985). *Solution of linear equations by a profile solver.* Engineering Computations, 2:334–350.

TAYLOR, R. L., P. J. BERESFORD, and E. L. WILSON (1976). *A Non–Conforming Element for Stress Analysis.* International Journal for Numerical Methods in Engineering, 10:1211–1219.

TAYLOR, R. L., K. S. PISTER, and G. L. GOUDREAU (1970). *Thermomechanical analysis of viscoelastic solids.* International Journal for Numerical Methods in Engineering, 2:45–79.

TAYLOR, R. L., E. L. WILSON, and S. J. SACKETT (1981). *Direct solution of equations by frontal and varaible band, active column methods.* In

W. WUNDERLICH, E. STEIN and K. J. BATHE, eds.: *Nonlinear Finite Element Analysis in Structural Mechanics*, pp. 33–107. Springer-Verlag, Berlin, Heidelberg.

TRELOAR, L. R. G. (1944). *Stress-strain data for vulcanized rubber under various types of deformation*. Transactions of the Faraday Society., 40:59–70.

TRUESDELL, C. and W. NOLL (1965). *The nonlinear field theories of mechanics*. In FLÜGGE, S., ed.: *Handbuch der Physik III/3*. Springer, Berlin, Heidelberg, Wien.

TRUESDELL, C. and R. TOUPIN (1960). *The classical field theories*. In *Handbuch der Physik III/1*. Springer, Berlin, Heidelberg, Wien.

VAINBERG, M. M. (1964). *Variational Methods for the Study of Nonlinear Operators*. Holden Day, San Francisco.

VERFÜRTH, R. (1996). *A Review of A Posteriori Error Estimation and Adaptive Mesh-Refinement Techniques*. Wiley, Teubner, Chichester, New York, Stuttgart, Leipzig.

VOGEL, U. (1965). *Die Traglastberechnung stählerner Rahmentragwerke nach der Plastizitätstheorie II. Ordnung*. Stahlbau Verlag, Köln.

VOGEL, U. (1985). *Calibrating frames, vergleichsrechnungen an verschiedenen rahmen*. Der Stahlbau, 10:295–301.

VORST, H. A. VAN DEN (1992). *Bi–cgstab: A fast and smoothly converging variant of bi–cg for the solution of non–symmetric linear systems*. SIAM J. Sci. Stat. Comput., 13:631–644.

WAGNER, W. (1990). *A finite element model for non-linear shells of revolution with finite rotations*. International Journal for Numerical Methods in Engineering, 29:1455–1471.

WAGNER, W. (1991). *Zur Behandlung von Stabilitätsproblemen mit der Methode der Finiten Elemente*. Technischer Bericht F91/1, Forschungs- und Seminarberichte aus dem Bereich der Mechanik der Universität Hannover.

WAGNER, W. und F. GRUTTMANN (1994). *A Simple Finite Rotation Formulation for Composite Shell Elements*. Engineering Computations, 11:145–176.

WAGNER, W. und P. WRIGGERS (1988). *A Simple Method for the Calculation of Secondary branches*. Engineering Computations, 5:103–109.

WASHIZU, K. (1975). *Variational Methods in Elasticity and Plasticity*. Pergamon Press, Oxford, second ed.

WEBER, G. and L. ANAND (1990). *Finite defformation constitutive equations and a time integration procedure for isotropic hyperelastic–viscoelastic solids*. Computer Methods in Applied Mechanics and Engineering, 79:173–202.

WEMPNER, G. (1969). *Finite elements, finite roataions and small strains of flexible shells*. International Journal of Solids & Structures, 5:117–153.

WERNER, B. and A. SPENCE (1984). *The computation of symmetry-breaking bifurcation points*. SIAM Journal on Numerical Analysis, 21:388–399.

WIBERG, N. E., F. ABDULWAHAB, and S. ZIUKAS (1994). *Enhanced superconvergent patch recovery incorporating equilibrium and boundary conditions.* International Journal for Numerical Methods in Engineering, 36:3417–3440.

WILSON, E. L. and H. H. DOVEY (1978). *Solution or reduction of equilibrium equations for large complex structural systems*. Advances in Engineering Software, 1:19–25.

WILSON, E. L., R. L. TAYLOR, W. P. DOHERTY, and J. GHABOUSSI (1973). *Incompatible Displacements Models*. In *Numerical and Computer Models in Structural Mechanics*, Fenves S. J., Perrone N., Robinson A. R. and Schnobrich W. C. (Eds.), New York. Academic Press. 43–57.

WINDELS, R. (1970). *Traglasten von Balkenquerschnitten beim Angriff von Biegemoment, Längs- und Querkraft*. Der Stahlbau, 39:10–16.

WOO, K. L. and T. R. THOMAS (1980). *Contact of rough surfaces : A review of experimental works*. Wear, 58:331–340.

WOOD, W. L. (1990). *Practical Time–stepping Schemes*. Clarendon Press, Oxford.

WOOD, W. L., M. BOSSAK, and O. C. ZIENKIEWICZ (1981). *An alpha modification of newmark's method*. International Journal for Numerical Methods in Engineering, 15:1562–1566.

WRIGGERS, P. (1987). *On consistent tangent matrices for frictional contact problems*. In PANDE, G.N. and J. MIDDLETON, eds.: *Proceedings of NUMETA 87*, Dordrecht. M. Nijhoff Publishers.

WRIGGERS, P. (1988). *Konsistente Linearisierungen in der Kontinuumsmechanik und ihre Anwendung auf die Finite-Element-Methode*. Technischer Bericht Nr. F 88/4, Forschungs- und Seminarberichte aus dem Bereich der Mechanik der Universität Hannover.

WRIGGERS, P. (1995). *Finite Element Algorithms for Contact Problems*. Archive of Computational Methods in Engineering, 2:1–49.

WRIGGERS, P. und A. BOERSMA (1998). *A parallel algebraic multigrid solver for problems in solid mechanics discretized by finite elements*. Computers and Structures, 69:129–137.

WRIGGERS, P., R. EBERLEIN und F. GRUTTMANN (1995). *An Axisymmetrical Quasi-Kirchhoff-Type Shell Element for Large Plastic Deformations*. Archiv of Applied Mechanics, 65:465–477.

WRIGGERS, P., R. EBERLEIN und S. REESE (1996). *Comparison between Shell and 3D-Elements in Finite Plasticity*. International Journal of Solids & Structures, 33:3309–3326.

WRIGGERS, P. und F. GRUTTMANN (1989). *Large deformations of thin shells: Theory and Finite-Element- Discretization, Analytical and Computational Models of Shells*. In: NOOR, A. K., T. BELYTSCHKO und J. C. SIMO, Hrsg.: *ASME, CED-Vol.3*, Bd. 135-159.

WRIGGERS, P. und F. GRUTTMANN (1993). *Thin shells with Finite Rotations formulated in Biot Stresses Theory and Finite-Element-Formulation.* International Journal for Numerical Methods in Engineering, 36:2049–2071.

WRIGGERS, P. und U. HUECK (1996). *A Formulation of the Enhanced QS6-Element for Large Elastic Deformations.* International Journal for Numerical Methods in Engineering, 39:3039–3053.

WRIGGERS, P. und S. MEYNEN (1995). *Parallele Algorithmen und Hardware für Berechnungsverfahren des Ingenieurbaus.* In: RAMM, E., E. STEIN und W. WUNDERLICH, Hrsg.: *Finite Elemente in der Baupraxis*, München. Ernst & Sohn.

WRIGGERS, P. und C. MIEHE (1994). *Contact Constraints within Coupled Thermomechanical Analysis - A Finite Element Model.* Computer Methods in Applied Mechanics and Engineering, 113:301–319.

WRIGGERS, P., C. MIEHE, M. KLEIBER und J. SIMO (1992). *A Thermomechanical Approach to the Neching Problem.* International Journal for Numerical Methods in Engineering, 33:869–883.

WRIGGERS, P. und S. REESE (1994). *A note on enhanced strain methods for large deformations.* Technischer Bericht 3/94, Bericht des Instituts für Mechanik.

WRIGGERS, P. und S. REESE (1996). *A note on enhanced strain methods for large deformations.* Computer Methods in Applied Mechanics and Engineering, 135:201–209.

WRIGGERS, P., A. RIEGER und O. SCHERF (2000). *Comparison of different error measures for adaptive finite element techniques applied to contact problems involving large elastic strains.* Computer Methods in Applied Mechanics and Engineering.

WRIGGERS, P. und O. SCHERF (1995). *An adaptive finite element method for elastoplastic contact problems.* In: OWEN, D. R. J., E. HINTON und E. ONATE, Hrsg.: *Proceedings of COMPLAS 4*, Swansea. Pineridge Press.

WRIGGERS, P. und J. SIMO (1985). *A Note on Tangent Stiffnesses for Fully Nonlinear Contact Problems.* Communications in Applied Numerical Methods, 1:199–203.

WRIGGERS, P. und J. SIMO (1990). *A General Procedure for the Direct Computation of Turning and Bifurcation Points.* International Journal for Numerical Methods in Engineering, 30:155–176.

WRIGGERS, P., J. SIMO und R. TAYLOR (1985). *Penalty and Augmented Lagrangian Formulations for Contact Problems.* In: MIDDLETON, J. und G. PANDE, Hrsg.: *Proceedings of NUMETA Conference*, Rotterdam. Balkema.

WRIGGERS, P. und R. TAYLOR (1990). *A fully nonlinear axisymmetrical membrane element for rubberlike materials.* Engineering Computations, 7:303–310.

WRIGGERS, P., T. V. VAN und E. STEIN (1990). *Finite-Element-Formulation of Large Deformation Impact- Contact -Problems with Friction*. Computers and Structures, 37:319–333.

WRIGGERS, P., W. WAGNER und C. MIEHE (1988). *A Quadratically Convergent Procedure for the Calculation of Stability Points in Finite Element Analysis*. Computer Methods in Applied Mechanics and Engineering, 70:329–347.

ZAVARISE, G., P. WRIGGERS und B. A. SCHREFLER (1998). *A method for solving contact problems*. International Journal for Numerical Methods in Engineering, 42:473–498.

ZHU, J. Z., O. C. ZIENKIEWICZ, E. HINTON, and J. WU (1991). *A new approach to the development of automatic quadrilateral mesh generation*. International Journal for Numerical Methods in Engineering, 32:849–866.

ZIENKIEWICZ, O. C., J. BAUER, K. MORGAN, and E. ONATE (1977). *A simple and efficient element for axisymmetrical shells*. International Journal for Numerical Methods in Engineering, 11:1545–1558.

ZIENKIEWICZ, O. C. and R. L. TAYLOR (1989). *The Finite Element Method, 4rd Ed.*, vol. 1. McGraw Hill, London.

ZIENKIEWICZ, O. C. and R. L. TAYLOR (1991). *The Finite Element Method, 4rd Ed.*, vol. 2. McGraw Hill, London.

ZIENKIEWICZ, O. C., R. L. TAYLOR, and J. M. TOO (1971). *Reduced Integration Technique in General Analysis of Plates and Shells*. International Journal for Numerical Methods in Engineering, 3:275–290.

ZIENKIEWICZ, O. C. and J. Z. ZHU (1987). *A simple error estimator and adaptive procedure for practical engineering analysis*. International Journal for Numerical Methods in Engineering, 24:337–357.

ZIENKIEWICZ, O. C. and J. Z. ZHU (1992). *The superconvergent patch recovery (SPR) and adaptive finite element refinement*. Computer Methods in Applied Mechanics and Engineering, 101:207–224.

Index

Druck: Mercedes-Druck, Berlin
Verarbeitung: Stein + Lehmann, Berlin